Dominik · Steinhilber · Wurglics

Instrumentelle Analytik

kompakt

Reihe Kompakt-Lehrbuch

Andreas Bechthold
Pharmazeutische Biotechnologie kompakt
1. Aufl., 2013

Andreas Bechthold
Pharmazeutische Mikrobiologie kompakt
1. Aufl., 2012

Derendorf / Gramatté / Schäfer / Staab
Pharmakokinetik kompakt
3. Aufl., 2011

Dominik / Steinhilber / Wurglics
Instrumentelle Analytik kompakt
3. Aufl., 2013

Leistner / Breckle
Pharmazeutische Biologie kompakt
7. Aufl., 2008

Johannes Rybach
Physik kompakt
1. Aufl., 2012

Wätzig / Mehnert / Bühler
Mathematik und Statistik kompakt
1. Aufl., 2009

Weidenauer / Beyer
Arzneiformenlehre kompakt
1. Aufl., 2008

Dominik · Steinhilber · Wurglics

Instrumentelle Analytik kompakt

Mit kommentierten Originalfragen für Pharmazeuten

Andreas Dominik, Stockach
Dieter Steinhilber, Frankfurt/M.
Mario Wurglics, Frankfurt/M.

3., völlig neu bearbeitete und erweiterte Auflage

Mit 447 Abbildungen und 84 Tabellen

WVG Wissenschaftliche Verlagsgesellschaft Stuttgart

Anschriften der Autoren

Prof. Dr. Andreas Dominik
Zum Weierle 4
78333 Stockach-Wahlwies

Dr. Mario Wurglics
Institut für Pharmazeutische Chemie
Johann-Wolfgang-Goethe-Universität
Frankfurt/Main
Max-von-Laue-Str. 9
60438 Frankfurt/Main

Prof. Dr. Dieter Steinhilber
Institut für Pharmazeutische Chemie
Johann-Wolfgang-Goethe-Universität
Frankfurt/Main
Max-von-Laue-Str. 9
60438 Frankfurt/Main

Hinweise

Die in diesem Buch aufgeführten Angaben wurden sorgfältig geprüft. Dennoch können die Autoren und der Verlag keine Gewähr für deren Richtigkeit übernehmen.

Ein Markenzeichen kann warenzeichenrechtlich geschützt sein, auch wenn ein Hinweis auf etwa bestehende Schutzrechte fehlt.

Bibliografische Information der Deutschen Nationalbibliothek
Die Deutsche Nationalbibliothek verzeichnet diese Publikation in der Deutschen Nationalbibliografie; detaillierte bibliografische Daten sind im Internet unter http://dnb.d-nb.de abrufbar.

3., völlig neu bearbeitete und erweiterte Auflage, 2013

ISBN 978-3-8047-3074-8

Birkenwaldstr. 44, 70191 Stuttgart
www.wissenschaftliche-verlagsgesellschaft.de

Printed in Germany
Typografie und Umschlaggestaltung: deblik, Berlin
Satz: primustype, Robert Hurler GmbH, Notzingen
Druck und Bindung: Kösel, Krugzell
Umschlagabbildung: maigi/shutterstock

Vorwort

Die Methoden der instrumentellen Analytik sind mehr denn je wichtige Hilfsmittel zur Charakterisierung, Identifizierung und Prüfung der Reinheit von Substanzen. Sie sind in der Qualitätskontrolle von Arzneimitteln nicht mehr wegzudenken. Der Lehrbuchteil dieses Buches ist auf die Belange der Pharmaziestudenten zugeschnitten und soll ein grundlegendes Verständnis der instrumentellen Methoden in kompakter und gut verständlicher Form vermitteln. Schwerpunkt ist die Darstellung der Funktionsprinzipien und der Vor- und Nachteile der verschiedenen Analyseverfahren.

Obwohl wir den Multiple-Choice-Fragen kritisch gegenüberstehen, möchten wir mit der Zusammenstellung aller seit Frühjahr 1989 zum Thema „Instrumentelle Analytik“ gestellten Fragen den Studenten die Vorbereitung auf den Ersten Abschnitt der Pharmazeutischen Prüfung erleichtern. Wir weisen aber ausdrücklich darauf hin, dass die Bearbeitung der Fragen und Kommentare allein niemals das Studium dieses Lehrbuchs ersetzen kann.

Das Konzept, instrumentelle und analytische Methoden übersichtlich und kompakt darzustellen und wichtige Zusammenhänge zu erklären und zu verdeutlichen wurde auch in der dritten Auflage konsequent fortgesetzt. Das Buch wurde überarbeitet und um die thermoanalytischen Verfahren Thermogravimetrie und Differenzialthermoanalyse erweitert, die in der Praxis und in Examensfragen zunehmend an Bedeutung gewinnen. Die neuen MC-Fragen aus dem Bereich instrumentelle Analytik wurden aufgenommen und die Lösungen kommentiert.

Wir möchten uns beim Deutschen Apothekerverlag, insbesondere Herrn Dr. Rainer Mohr, für die kompetente Betreuung und erfreuliche Zusammenarbeit bedanken.

Mit diesem Buch möchten wir dazu beitragen, unseren Lesern das interessante Fachgebiet der instrumentellen Analytik nahe zu bringen und wünschen allen Studierenden viel Erfolg im Studium.

Gießen und Frankfurt/M, im Frühjahr 2013

Andreas Dominik
Dieter Steinhilber
Mario Wurglics

Inhaltsverzeichnis

Teil 2 Chromatographische Methoden

Anhang

Abkürzungsverzeichnis

α	Dissoziationsgrad
α	Selektivität (Chromatographie)
κ	elektrische Leitfähigkeit
Λ_0	Grenzleitfähigkeit
Λ_{eg}	Äquivalentleitfähigkeit
Λ_m	molare Leitfähigkeit
ω	Frequenz des Wechselstroms
Ω	Ohm
η	Überspannung (= Polarisation) oder Viskosität
ΔG	Gibbs-Enthalpie
ΔH	Reaktionswärme
ΔS	Reaktionsentropie
AAS	Atomabsorptionsspektroskopie
ÄP	Äquivalenzpunkt
APPI	Atmosphärendruck-Photoionisation
A_s	Symmetriefaktor (Chromatographie)
BSA	*N*,*O*-bis-(Trimethylsilyl)-acetamid
BSTFA	*N*,*O*-bis-(Trimethylsilyl)-trifluoracetamid
C	Celsius
CD	Circulardichroismus
CI	chemische Ionisation
CMC	kritische micellare Konzentration
CW	continuous wave dauerhafte, konstante Welle
D	Diffusionskoeffizient
DC	Dünnschichtchromatographie
DMSO	Dimethylsulfoxid
DTA	Differenzialthermoanalyse
E	elektrische Feldstärke
E^0	Normalpotential
ECD	electron capture detector Elektroneneinfangdetektor
EDTA	Ethylendiamintetraacetat
EI	electron impact ionisation Elektronenstoß-Ionisation
EMK	elektromotorische Kraft
EOF	elektroosmotischer Fluss
ESI	Elektron-Spray-Ionisierung
F	Faraday-Konstante
FAB	fast atom bombardment schneller Atombeschuss
FID	Flammenionisationsdetektor (in der Gaschromatographie)
FID	free induction decay freier Induktionszerfall (in der NMR-Spektroskopie)

FT	Fourier-Transformation
G	Leitwert (= Konduktanz)
GC	Gaschromatographie
GKE	gesättigte Kalomel-Elektrode
GS	Gleichstrom
HETP	hight equivalent to a theoretical plate Trennstufenhöhe
HPLC	high performance liquid chromatography Hochleistungsflüssigkeitschromatographie
HPTLC	high performance thin layer chromatography Hochleistungsdünnschichtchromatographie
I	Stromstärke
IC	internal conversion strahlungslose Deaktivierung
$\mathbf{I_D}$	Diffusionsgrenzstrom
IEF	isoelektrische Fokussierung
IR	Infrarot
ISC	intersystem crossing Übergang von Singulett- zu Triplett-Zuständen
K	Kelvin
k'	Kapazitätsfaktor (Chromatographie)
$\mathbf{K_a}$	Dissoziationskonstante
$\mathbf{K_D}$	Verteilungskoeffizient (Chromatographie)
LD	Laserdesorption
LE	Zeitelektrolyt
MALDI	matrixunterstützte Laserdesorption und -ionisation
MEKC	micellare elektrokinetische Chromatographie
MS	Massenspektrometrie
MSTFA	*N*-Methyltrimethylsilyltrifluoracetamid
n	Zahl der theoretischen Trennstufen (Chromatographie)
NMR	nuclear magnetic resonance Kernspinresonanz-Spektroskopie
NWE	Normal-Wasserstoff-Elektrode
ORD	optische Rotationsdispersion
PAGE	Polyacylamid-Gelelektrophorese
PC	Papierchromatographie
Ph. Eur.	Pharmacopoea Europaea Europäisches Arzneibuch
pI	isoelektrischer Punkt
ppb	parts per billion Teile von einer Billion
ppm	parts per million Teile von einer Million
Q	Ladungsmenge
QTE	Quecksilbertropfelektrode
RP	reversed phase Umkehrphase
$\mathbf{R_S}$	chromatographische Auflösung

SC	Säulenchromatographie
SDS	Sodium-Dodecylsulfate Natriumdodecylsulfat
SWE	Standard-Wasserstoff-Elektrode
TCD	thermal conductivity detector Wärmeleitfähigkeitsdetektor
TE	terminating electrolyte Folgeelektrolyt
TGA	thermogravimetrische Analyse
t_m	Totzeit
t_{m+s}	Bruttoretentionszeit
TMS	Tetramethylsilan
TMCS	Trimethylchlorsilan
TOF	Time-of-Flight-Massenfilter Flugzeitmassenanalysator
t_s	Nettoretentionszeit
U	Spannung
UPS	Ultraviolettphotoelektronenemissionsspektroskopie
UV-Licht	ultraviolettes Licht
U_Z	Zersetzungsspannung
VIS-Licht	Licht im sichtbaren Wellenbereich (400–800 nm)
WLD	Wärmeleitfähigkeitsdetektor
WS	Wechselstrom
XPS	X-ray photoelectron spectroscopy Röntgenphotoelektronenemissionsspektroskopie
Z_C	Wechselstromwiderstand

Teil 1: Optische und spektroskopische Methoden

1 Einführung

Die Methoden der instrumentellen Analytik gewinnen innerhalb der pharmazeutischen Analytik immer mehr an Bedeutung. Die Funktion dieser Verfahren unterscheidet sich grundlegend von der chemischer Analysen. Mit einer chemischen Analyse werden die **chemischen** Eigenschaften einer Probensubstanz bestimmt. Aus der Fähigkeit der Substanz, mit Nachweisreagenzien zu reagieren, kann auf ihre Struktur geschlossen werden.

Instrumentelle Analytik: Bestimmung der physikalischen Eigenschaften einer Probe

Im Gegensatz dazu werden mit den instrumentellen Methoden die **physikalischen** Eigenschaften einer Verbindung untersucht. Die Bestimmung einfacher physikalischer Eigenschaften (wie z. B. Schmelzpunkt, Siedepunkt oder Farbe) erfordert kaum apparativen Aufwand und liefert exakte Informationen zur Identifizierung einer Substanz. Mit den aufwendigeren optischen und spektroskopischen Methoden wird eine andere physikalische Eigenschaft einer Probe gemessen, nämlich die Art und Weise, wie die Moleküle mit elektromagnetischen Wellen in Wechselwirkung treten.

Um die Funktionsweise dieser Messung verstehen zu können, ist ein kurzer Ausflug in die Physik notwendig. Deshalb soll in diesem ersten Kapitel erklärt werden, was eine elektromagnetische Welle überhaupt ist, wie sie mit der Probensubstanz wechselwirken kann, und warum daraus Informationen über die Zusammensetzung der Substanz abgeleitet werden können.

1.1 Übersicht

Alle optischen und spektroskopischen Analysenmethoden zeigen neben Unterschieden auch viele Gemeinsamkeiten auf. Einige Begriffe werden bei allen Methoden verwendet und zunächst geklärt:

Spektrum

Jedes Spektrum ist eine Auftragung der Energie (x-Achse) gegen eine Intensität (y-Achse) (Einheiten für beide Achsen je nach Verfahren unterschiedlich)

Allen spektroskopischen Methoden ist gemeinsam, dass das Ergebnis einer Messung in Form eines Spektrums dargestellt wird (○ Abb. 1.1). In einem Spektrum ist auf der x-Achse immer die Energie der Strahlung aufgetragen, die mit der Probe wechselwirkt. In Abhängigkeit dieser Energie wird dann die Strahlungsintensität dargestellt. Aus historischen Gründen sind die Einheit der Energie auf der x-Achse und die Größe, mit der die Strahlungsintensität angegeben wird, bei den einzelnen spektroskopischen Methoden unterschiedlich. ◻ Tab. 1.1 gibt für die wichtigsten Methoden an, welche Größen jeweils auf x- und y-Achse aufgetragen sind.

Molekülspektroskopie

Unter dem Begriff Molekülspektroskopie werden allgemein alle spektroskopischen Methoden zusammengefasst, mit denen Eigenschaften von **Molekülen** bestimmt werden. Die wichtigsten Verfahren sind die UV/VIS-Spektroskopie, Fluorimetrie, IR- und Raman-Spektroskopie.

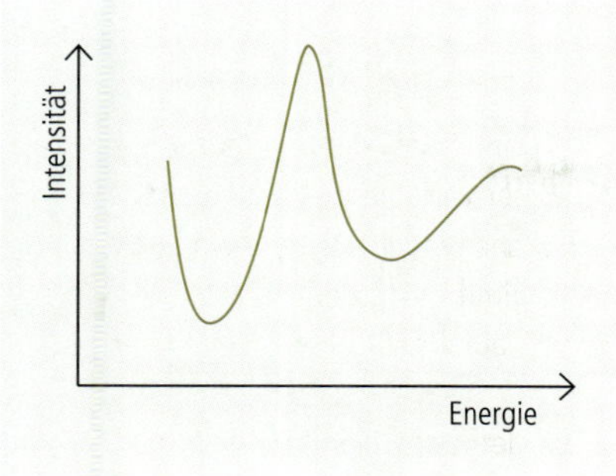

Abb. 1.1 Allgemeine Form eines Spektrums

Tab. 1.1 Die wichtigsten Arten der Spektroskopie

Methode	Messung von	Energie-Skala	Intensität-Skala
Spektralanalyse, Atomemissions-spektroskopie	Farbe des Lichts, das von Atomen oder Molekülen ausgesendet wird	Wellenlänge in nm	Intensität
Atomabsorptions-spektroskopie	Absorption von Strahlung durch Atome	Wellenlänge in nm	Absorption
UV/Vis-Spektroskopie	Absorption von UV/VIS-Strahlung durch Moleküle	Wellenlänge in nm	Absorption
Fluorimetrie	Intensität der als Fluoreszenzlicht ausgesendeten Strahlung von angeregten Molekülen	Wellenlänge in nm	Intensität
IR-Spektroskopie	Absorption von Infrarot-Licht durch Moleküle	Wellenzahl in cm^{-1}	Transmission
Kernspinresonanz-Spektroskopie	Umklappen von Kernspins im Magnetfeld	Resonanzfrequenz als ppm der Messfrequenz	Intensität

Atomspektroskopie

Alle spektroskopischen Methoden, die Eigenschaften von *Atomen* bestimmen, werden als atomspektroskopische Verfahren bezeichnet.

Optische Analyseverfahren

Alle optischen Methoden arbeiten mit sichtbarem Licht. Neben den genannten spektroskopischen Methoden bleiben noch die sog. chir-optischen Methoden Polarimetrie, optische Rotationsdispersions-Spektroskopie (ORD), Circulardichroismus-Messungen (CD) sowie die Refraktometrie. Die chir-optischen Methoden bestimmen die Auswirkung von Substanzen auf polarisiertes Licht. Bei der Refraktometrie wird der Brechungsindex der Probe gemessen.

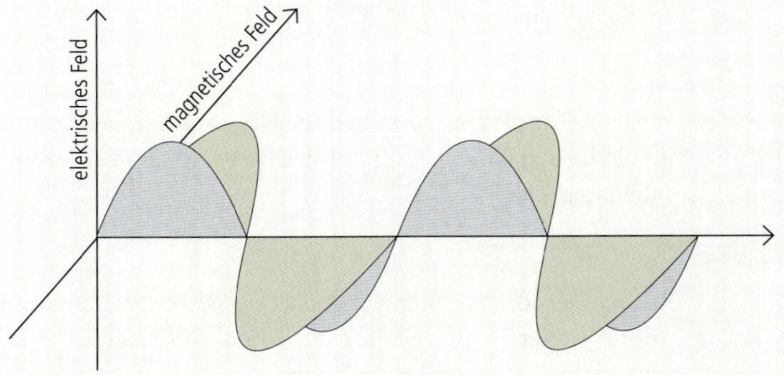

Abb. 1.2 Die elektromagnetische Welle

1.2 Die elektromagnetische Welle

Eine elektromagnetische Welle (auch elektromagnetische Strahlung genannt) besteht aus einem elektrischen und einem magnetischen Feld, die beide periodisch stärker und schwächer werden (Abb. 1.2). Nach den Gesetzen der Physik umgibt sich ein Magnetfeld, das schwächer wird, mit einem elektrischen Feld, und umgekehrt. Dadurch ist es möglich, dass sich die beiden Felder gegenseitig am Leben erhalten. Bei der freien elektromagnetischen Welle sind der elektrische Feldvektor E und der Vektor des magnetischen Flusses H in Phase.

Die Spektroskopie nutzt Wechselwirkungen elektromagnetischer Wellen mit Molekülen oder Atomen

Elektromagnetische Wellen können mit jeder Art von Materie wechselwirken. Dabei kann entweder das magnetische Feld oder das elektrische Feld einen Einfluss auf die Atome oder Moleküle der Materie haben. Das sichtbare Licht stellt einen Teil dieser Strahlung dar.

1.2.1 Wellenlänge, Frequenz und Energie

Verschiedene Arten elektromagnetischer Strahlung unterscheiden sich in ihrer Wellenlänge bzw. Frequenz. Die Wellenlänge gibt die Länge einer kompletten Schwingung im Raum an. Die Frequenz ist die Zahl der Schwingungen die pro Sekunde durchlaufen werden. Dementsprechend wird die Frequenz in der Einheit 1/s (eins durch Sekunde, die Schreibweise s^{-1} ist gleichbedeutend) angegeben. Für diese Einheit wurde auch die Bezeichnung Hz (Hertz) eingeführt ($1\,Hz = 1 \cdot s^{-1} = 1 \cdot 1/s$).

Die elektromagnetische Strahlung breitet sich im Vakuum mit einer konstanten Geschwindigkeit von ca. 300 000 km/s aus (Lichtgeschwindigkeit). Deshalb sind ihre Wellenlänge und ihre Frequenz nicht unabhängig voneinander, sondern stehen miteinander in enger Beziehung:

$$c = \nu \cdot \lambda$$

c ist das Symbol für die Lichtgeschwindigkeit, die Frequenz wird mit dem griech. Buchstaben ν (nü) und die Wellenlänge der Strahlung mit dem griech. Buchstaben λ (lambda) bezeichnet. Mit dieser Beziehung lassen sich Frequenz und Wellenlänge ineinander umrechnen. Die Energie E einer elektromagnetischen Welle hängt von ihrer Wellenlänge bzw. ihrer Frequenz ab. Es gilt:

Die Energie einer elektromagnetischen Welle kann als Frequenz, Wellenlänge oder Wellenzahl angegeben werden

$$E = h \cdot \nu$$

wobei h eine Naturkonstante ist (Planck'sches Wirkungsquantum $h = 6{,}626 \cdot 10^{-34}$ Js). Setzt man die Formeln ineinander ein, so ergibt sich der Ausdruck für die Energie der Strahlung in Abhängigkeit von der Wellenlänge:

$$E = h \cdot c \cdot 1 / \lambda$$

Das bedeutet, dass die Frequenz der Strahlung proportional ist zu ihrer Energie (je größer die Frequenz, desto größer ist die Energie), während die Wellenlänge umgekehrt proportional zur Energie ist (je größer die Wellenlänge, desto kleiner ist die Energie).

Das Spektrum der elektromagnetischen Wellen 1.2.2

Die Wellenlänge der elektromagnetischen Strahlung kann über einen sehr großen Bereich variieren und tritt je nach Wellenlänge auf sehr unterschiedliche Art in Erscheinung. Sichtbares Licht ist elektromagnetische Strahlung mit einer Wellenlänge zwischen ca. 400 und 800 nm (1 nm = 10^{-9} m). Die unterschiedliche Wellenlänge der Strahlung im sichtbaren Bereich nehmen wir als Farbe wahr (rotes Licht hat eine Wellenlänge von ca. 800 nm, blaues von ca. 500 nm).

Elektromagnetische Strahlung mit größeren Wellenlängen wird z. B. in Radargeräten oder zur Rundfunkübertragung eingesetzt (eine Radiosendung im 45-Meter-Band wird z. B. durch eine elektromagnetische Welle mit 45 m Wellenlänge übertragen.).

Das andere Extrem ist elektromagnetische Strahlung mit sehr kleinen Wellenlängen, die als Röntgenstrahlung (1 bis 0,1 nm) oder als radioaktive Gamma-Strahlung (Wellenlänge < 0,1 nm) in Erscheinung tritt. Eine Übersicht über die verschiedenen Arten der elektromagnetischen Strahlung ist in ○ Abb. 1.3 dargestellt. Diese Darstellung wird das **Spektrum der elektromagnetischen Wellen** genannt. In der Abbildung wird zusätzlich die Wirkung der Strahlung auf Atome und Moleküle gezeigt, was letztlich zu den verschiedenen Arten der spektroskopischen Messmethoden führt.

Spektrum der elektromagnetischen Wellen: von energiearmen Radiowellen bis zur energiereichen radioaktiven Strahlung. Das sichtbare Licht ist ein kleiner Ausschnitt davon

Merke

- Bei allen spektroskopischen Methoden wird die Wechselwirkung von elektromagnetischer Strahlung mit Atomen oder Molekülen gemessen.
- Das Ergebnis der Messung ist ein Spektrum (Diagramm: Intensität in Abhängigkeit der Energie der Strahlung).
- Sichtbares Licht ist ein kleiner Teil der elektromagnetischen Strahlung (zwischen 400 und 800 nm Wellenlänge).
- Monochromatische Strahlung enthält nur eine einzige Wellenlänge.

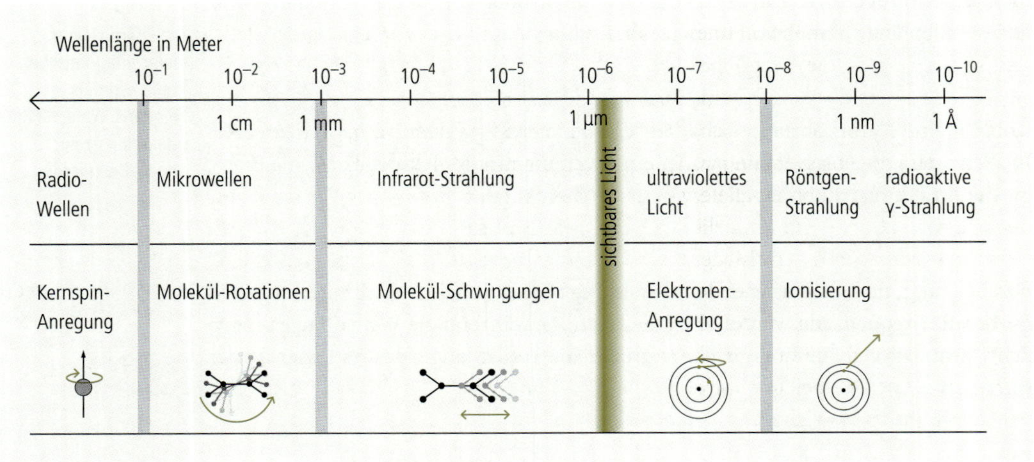

Abb. 1.3 Das Spektrum der elektromagnetischen Strahlung

1.3 Quantenmechanische Voraussetzungen der Spektroskopie

Wie bereits erwähnt, wird mit den spektroskopischen Analysenmethoden die Wechselwirkung von elektromagnetischer Strahlung und Atomen oder Molekülen untersucht. Wichtig ist dabei v. a. die Art und Weise, wie Energie von der Strahlung auf ein Molekül oder Atom übertragen werden kann. Die Wissenschaft, die diese Energieübertragung beschreibt, ist die Quantenmechanik.

Aus den Erkenntnissen der Quantenmechanik ergibt sich, dass Energie zwischen zwei Körpern nicht in beliebiger Menge ausgetauscht werden kann, sondern immer nur in Energiepaketen bestimmter Größe. Ein solches Energiepaket wird ein **Quant** genannt.

Im täglichen Leben ist diese Quantelung der Energie normalerweise nicht bemerkbar, da die Energiepakete außerordentlich klein sind. So ist z. B. nach der Quantenmechanik zu erwarten, dass im Auto die Energie vom Motor portionsweise (in Quanten) in Bewegung umgewandelt wird, und sich deshalb jeder Wagen ruckweise vorwärts bewegt. Das ist auch tatsächlich der Fall, nur sind die Energieportionen so klein, dass wir die winzigen Rucke nicht bemerken können.

Moleküle und Atome sind aber selbst sehr kleine Teilchen, und im Verlauf dieses Kapitels wird gezeigt, dass schon die Übertragung eines einzigen, winzig kleinen Energiepakets zu dramatischen Effekten im Molekül führen kann.

Der Energiegehalt eines Lichtquants hängt von der Wellenlänge der Strahlung ab. Es gilt $E = h \cdot \nu$

Lichtquant: Die Größe eines Quants elektromagnetischer Strahlung ist nicht immer gleich groß, sondern hängt von der Frequenz bzw. Wellenlänge der Strahlung ab. Sie lässt sich nach der im vorigen Abschnitt angegebenen Formel $E = h \cdot \nu$ berechnen. Wenn eine elektromagnetische Welle auf ein Atom oder Molekül trifft, kann sie nur Energiepakete der Größe $E = h \cdot \nu$ an das Atom oder Molekül abgeben, aber niemals Teile davon.

Nun gilt aber die Quantenmechanik nicht nur für Licht (bzw. Strahlung) sondern auch für Atome bzw. Moleküle. Das bedeutet, dass ein Molekül nicht Energie in beliebiger Menge aufnehmen kann, sondern wieder nur Quanten bestimmter Größe. Eine Übertragung von Energie von der Strahlung auf das Molekül ist deshalb nur möglich, wenn die Energiepakete, welche die Strahlung abgeben kann, zufällig genau gleich groß sind wie diejenigen, die das Molekül aufnehmen kann. Dann wird das Molekül in einen **energetisch angeregten Zustand** gehoben. In jedem anderen Fall tritt keine Wechselwirkung zwischen Strahlung und Molekül ein.

Die Größe der Energiepakete, die ein Molekül oder Atom aufnehmen kann, hängt davon ab, wie die zusätzliche Energie im Molekül oder Atom gespeichert wird. Das kann durch verschiedene Mechanismen geschehen. So können Elektronen in energetisch höherliegende Bahnen (Orbitale) gehoben oder ganz aus dem Atom herausgeschlagen werden. Ein Molekül kann durch Zufuhr von Energie zum Schwingen oder Rotieren gebracht werden. Auf welche Art und Weise Energie in den Atomkernen gespeichert wird, ist ausführlich in ▶ Kap. 12 (Kernspinresonanz-Spektroskopie) beschrieben.

Die Energie kann nur portionsweise, in sog. Quanten, von der Strahlung auf ein Molekül übertragen werden

1.3.1 Anregung von Atomen und Molekülen

Elektronenanregung in Atomen

Ein Atom besteht aus dem Atomkern und den Elektronen. Im Atomkern, der aus den positiv geladenen Protonen und den ungeladenen Neutronen besteht, ist fast die gesamte Masse des Atoms konzentriert. Die negativ geladenen Elektronen bewegen sich um den Atomkern und nehmen so den größten Teil des Platzbedarfs eines Atoms ein. Zusammengehalten wird ein Atom durch die Anziehung zwischen (negativen) Elektronen und (positivem) Atomkern. Um ein Elektron auf eine Bahn zu bringen, die weiter vom Atomkern entfernt ist, muss diese Anziehung überwunden werden, d. h. es muss dem Atom Energie zugeführt werden.

Die Elektronen können sich nicht beliebig um den Atomkern bewegen, sondern nur auf ganz bestimmten Bahnen (*engl.* orbital). Durch Absorption von elektromagnetischer Strahlung lassen sich Elektronen in ein weiter vom Atomkern entferntes Orbital (ein energetisch höher liegendes Orbital) heben. Wie im vorigen Abschnitt gezeigt, setzt dieser Vorgang voraus, dass die Energie des Strahlungsquants ($E = h \cdot \nu$) gerade so groß ist wie die Energiedifferenz zwischen dem Grundzustand und dem angeregten Zustand des Atoms.

Ist die Energie der Strahlung größer als die sog. Ionisierungsenergie, dann kann das Elektron auch ganz aus dem Atom herausgeschlagen werden (Ionisierung). Die zur Anregung von Elektronen in Atomen nötige Energie kann sehr unterschiedlich sein. Zur Anregung von Elektronen der Valenzschale eines Atoms genügt oft schon die Energie sichtbaren Lichts. Die spektroskopische Methode, die diesen Effekt ausnutzt, heißt UV/VIS-Spektroskopie.

Elektronenübergänge in Molekülen

Ebenso wie in Atomen können sich die Elektronen auch in Molekülen nur in bestimmten Orbitalen (den sog. Molekülorbitalen) aufhalten. Auch hier sind Anregungen von Elektronen in energetisch höher liegende Orbitale möglich.

Die Ionisierung von Molekülen ist ebenfalls möglich, spielt aber in der pharmazeutischen Analytik praktisch keine Rolle. Von Interesse sind vor allem Anregungen von Elektronen, die an Doppelbindungen beteiligt sind, oder Anregungen von freien Elektronenpaaren. Diese Anregungsenergien liegen im sichtbaren oder im ultravioletten Bereich (= über dem violetten Licht) des Spektrums (▶ Kap. 8 UV/VIS-Spektroskopie).

Ionisierung von Atomen und Molekülen

Zur Ionisierung von Atomen und Molekülen (Elektronen werden aus dem Atom oder Moleküle herausgelöst) ist energiereichere Strahlung nötig. Für äußere Elektronen genügt schon UV-Strahlung. Dies wird in der Ultraviolettphotoelektronenspektroskopie (UPS) genutzt.

Um Elektronen aus inneren Orbitalen (dicht am Atomkern) zu entfernen, ist energiereiche Röntgenstrahlung nötig. Ausgenutzt wird der Effekt in der Röntgenphotoelektronenspektroskopie (XPS).

Schwingungen

Zur Anregung von Molekülschwingungen ist weniger Energie nötig als zur Anregung von Elektronen. Hier genügt die sog. Infrarot-Strahlung (= unterhalb von Rot), deren Frequenz kleiner (und deren Wellenlänge größer) ist als die des sichtbaren Lichts. Die wichtigsten spektroskopischen Methoden dazu sind die IR- und die Ramanspektroskopie.

Rotationen

Auch Rotationen von Molekülen sind nicht in beliebiger Weise möglich. Sehr kleine Teilchen, wie z. B. Moleküle, können sich nur mit ganz bestimmten Rotationsgeschwindigkeiten drehen.

Jede dieser möglichen Drehungen entspricht einem sog. Rotationszustand des Moleküls. Jeder Rotationszustand hat eine ganz bestimmte Energie. Der Wechsel des Moleküls von einem Rotationszustand in einen anderen kann durch Absorption von Strahlung erfolgen, und damit kann der Energieunterschied der Rotationszustände bestimmt werden. Diese Energieunterschiede sind sehr aussagekräftig und für jedes Molekül typisch.

Die Größe der Anregungsenergien zur Rotationsspektroskopie entspricht der Energie der Quanten von Mikrowellenstrahlung. Die Wellenlänge beträgt ca. 1/1000 mm und ist damit noch größer als die des Infrarot-Lichts. In der pharmazeutischen Analytik spielt die Rotationsspektroskopie allerdings keine große Rolle, da sie nur mit gasförmigen Proben durchgeführt werden kann und einen relativ hohen apparativen Aufwand erfordert.

1.3.2 Jablonski-Term-Schema

Trifft eine elektromagnetische Welle ein Molekül, so kann dieses in einen angeregten Zustand übergehen, sofern die Energie eines Quants der Welle genau der Energiedifferenz zwischen dem Zustand in dem sich das Molekül befindet und einem der beschriebenen angeregten Zustände entspricht. Allerdings kann ein Molekül nicht nur auf eine einzige Art angeregt werden, sondern es ist möglich, dass mehrere der Anregungsmechanismen gleichzeitig genutzt werden. So kann ein Molekül z. B. einen Teil der Strahlungsenergie zur Anregung eines Elektrons verwenden und gleichzeitig zu schwingen beginnen.

Alle möglichen Energieniveaus eines Moleküls sind im sog. Jablonski-Term-Schema dargestellt (○ Abb. 1.4). Als dicke Balken sind die Energien der elektroni-

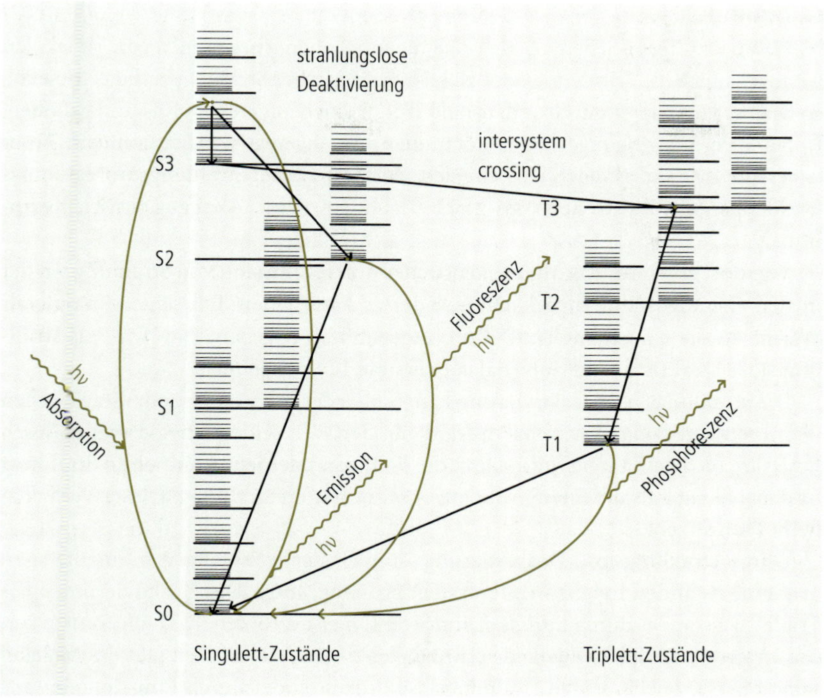

Abb. 1.4 Jablonski-Term-Schema

schen Zustände eines Moleküls zu erkennen. In jedem elektronischen Zustand gibt es eine Vielzahl möglicher Schwingungen, deren Energiedifferenz kleiner ist als die der Elektronenanregung. Zusätzlich kann jedes schwingende Molekül auch noch rotieren, was zu einer noch feineren Unterteilung der Energieniveaus führt.

Beim Betrachten des Jablonski-Term-Schemas könnte vermutet werden, dass fast jede beliebige Energie zu einer möglichen Anregung des Moleküls führen kann. Das trifft allerdings nicht zu, da die Quantenmechanik sehr genaue Regeln (die sog. Auswahlregeln) aufstellt, die nur wenige Übergänge zwischen den Energieniveaus erlauben. Die Auswahlregeln werden z. T. in den Kapiteln der jeweiligen Methoden kurz angesprochen. Ihre allgemeine Ableitung und Erklärung würde den Rahmen dieses Buches sprengen.

Singulett- und Triplett-Zustände

Die elektronischen Zustände sind im Jablonski-Term-Schema in zwei Spalten aufgeteilt, eine für die Singulett-Zustände und eine für die Triplett-Zustände. Im Singulett-Grundzustand liegen alle Elektronen des Moleküls in Paaren vor – die sog. Multiplizität der Elektronenspins ist 1 (Singulett). Im Triplett-Zustand ist ein Elektronenspin umgedreht. Ein Übergang zwischen Triplett- und Singulett-Zuständen durch Strahlungsvorgänge ist verboten.

Im Grundzustand liegen die meisten Moleküle als Singulett vor (Moleküle im Triplett-Zustand enthalten ungepaarte Elektronen und sind deshalb Radikale). Die angeregten Triplett-Zustände sind immer etwas energieärmer als die entsprechenden Singulett-Zustände, da dort die Elektronen nicht gepaart und deshalb weiter voneinander entfernt sind.

Anregungen

Alle möglichen Anregungen eines Moleküls können dem Jablonski-Term-Schema entnommen werden

Am Jablonski-Term-Schema lassen sich die möglichen Anregungen von Molekülen veranschaulichen. Trifft ein Quant elektromagnetischer Strahlung auf das Molekül, so wird es vom Singulett-Grundzustand (S_0) in einen angeregten Zustand gehoben, wobei auch Schwingungen oder Rotationen mit angeregt werden können. Dieser angeregte Zustand ist auch ein Singulett-Zustand, da bei Strahlungsprozessen das Umklappen des Elektronenspins nicht erlaubt ist. Dieser Vorgang heißt **Absorption.**

Von dort aus kann das Molekül entweder durch **Emission** von Strahlung wieder in den Grundzustand zurückkehren, oder es kann einen Teil seiner Energie als Wärme an die Umgebung (z. B. das Lösungsmittel) abgeben. Dies wird als **strahlungslose Deaktivierung (internal conversion, IC)** bezeichnet.

Die strahlungslose Deaktivierung kann entweder bis zum Grundzustand gehen (*vibrational relaxion*), oder das Molekül gibt den Rest seiner Energie wieder durch Emission ab. Die Energie (und damit die Frequenz) der jetzt emittierten Strahlung ist dabei kleiner als die Energie der zuvor absorbierten Strahlung. Dieses Verhalten heißt **Fluoreszenz.**

Durch strahlungslose Deaktivierung ist auch der Übergang von Singulett- zu Triplett-Zuständen möglich **(intersystem crossing, ISC).** Die Deaktivierung eines Triplett-Zustandes durch Emission von Strahlung ist verboten. Deshalb können solche angeregten Triplett-Zustände sehr langlebig sein. Mit der Zeit gibt das Molekül seine Energie wieder durch strahlungslose Prozesse oder durch Emission ab. Eine solche verbotene Emission, die Minuten oder auch erst Stunden nach der Absorption erfolgen kann, wird **Phosphoreszenz** genannt.

Merke

- Die Energie kann nur portionsweise, in sog. Quanten von der Strahlung auf ein Molekül übertragen werden.
- Die Energie eines Strahlungsquants kann mit der Formel $E = h \cdot \nu$ berechnet werden.
- Die Energie des Quants ist umso größer, je größer die Frequenz der Strahlung und je kleiner die Wellenlänge ist.
- Alle möglichen Anregungen eines Moleküls können dem Jablonski-Term-Schema entnommen werden.
- Atome ergeben Linienspektren, Moleküle (meist) Bandenspektren.

Linienspektrum

Bei manchen spektroskopischen Methoden enthalten die Spektren sehr scharfe Absorptionen (sog. Absorptionslinien). Dieser Effekt tritt immer dann auf, wenn die Atome oder Moleküle nur auf eine einzige Art angeregt werden können.

So liefert z. B. die Absorptionsspektroskopie von sichtbarem Licht an Atomen ein Linienspektrum. Weil einzelne Atome weder schwingen noch rotieren können, ist nur eine Elektronenanregung möglich. Sobald die Energie der Strahlung ($E = h \cdot \nu$) nur geringfügig größer oder kleiner ist als die Energie zur Elektronenanregung, findet keine Absorption mehr statt.

Bandenspektrum

Bei vielen spektroskopischen Methoden können, wie dem Jablonski-Term-Schema zu entnehmen ist, die Moleküle gleichzeitig auf unterschiedliche Art und Weise angeregt werden. Je nachdem, ob zusätzlich zu den Elektronen auch noch eine Schwingung oder Rotation angeregt wird, ist die Energie der Absorption von Molekül zu Molekül leicht unterschiedlich. Das führt im Spektrum zu breiten Absorptionen (sog. Absorptionsbanden).

Grundlagen der Absorptionsspektroskopie 1.4

Gesetzmäßigkeiten der Lichtabsorption 1.4.1

Lambert-Beer'sches Gesetz

Durchdringt ein Lichtstrahl ein homogenes Medium (Probe), so kann er durch Absorption an Intensität verlieren (○ Abb. 1.5). Der Abfall der Intensität ist nicht linear, sondern folgt dem Lambert-Beer'schen Gesetz:

Die Abnahme der Intensität eines Lichtstrahls in einem homogenen Medium wird durch das Lambert-Beer'sche Gesetz beschrieben

$$\log_{10} \frac{I_0}{I} = \varepsilon \cdot c \cdot b$$

I_0: ursprüngliche Intensität des Lichtstrahls
I: Intensität des Lichts nach Verlassen der Probe
c: Konzentration der Probe
b: Schichtdicke
ε: Absorptionskoeffizient

Das Lambert-Beer'sche Gesetz gilt allerdings nur, wenn die Schwächung der Strahlung in der Probe ausschließlich durch Absorption erfolgt! Daraus ergeben sich folgende Regeln für die Gültigkeit des **Lambert-Beer'schen Gesetzes**:

Das Lambert-Beer'sche Gesetz gilt nur unter bestimmten Bedingungen

- Die Lösung muss klar sein (keine Trübung durch ungelöste Stoffe, wie Suspensionen oder Kolloide)

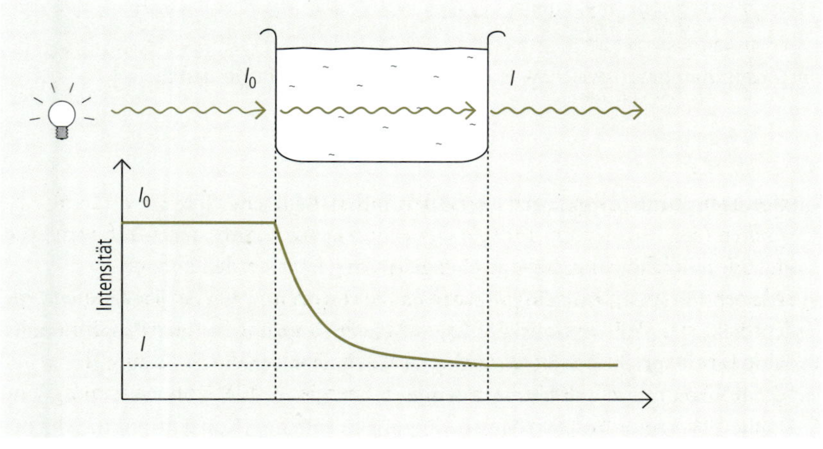

○ Abb. 1.5 Intensitätsverlauf eines Lichtstrahls in einer Probe nach dem Lambert-Beer'schen Gesetz

- Die verwendete Strahlung muss monochromatisch sein (sie darf nur eine einzige Wellenlänge enthalten)
- Die Lösung muss verdünnt sein (bei Lösungen, die sehr viel Licht absorbieren, gilt das Gesetz nicht mehr)
- Die sog. spektrale Bandbreite muss gering sein (das Lambert-Beer'sche Gesetz gilt nur für monochromatische Strahlung, da der Absorptionskoeffizient von der Wellenlänge abhängt).

Transmission

Die Transmission gibt an, welcher Bruchteil der Strahlung die Probe durchdrungen hat. Es gilt:

$$T = \frac{I}{I_0}$$

Absorption

Die Absorption ist der dekadische Logarithmus (*deka* = zehn; Logarithmus zur Basis 10) des Verhältnisses I_0/I, wobei I_0 die Intensität des Lichtstrahls vor der Probe und I die Intensität des Lichtstrahls nach dem Durchdringen der Probe ist. Sie ist eine dimensionslose Größe (besitzt keine Einheit).

Hinweis

Die Absorption hieß früher Extinktion. Die Bezeichnung Absorption wurde seit dem DAB 9 eingeführt, um sie der Bezeichnung *absorbance* im englischen Sprachraum anzugleichen. Allerdings ist bei der Verwendung der Bezeichnung Absorption Vorsicht geboten, da sie leicht mit der anschaulicheren Größe der prozentualen Absorption $A^{\%}$ verwechselt werden kann. $A^{\%} = 50\,\%$ heißt, dass 50 % des Lichts absorbiert werden. Die Absorption A beträgt dann aber

$$A = \log_{10}\frac{I_0}{I} = \log_{10}\frac{100}{50} = \log_{10}(2) = 0{,}30$$

Für die anschauliche prozentuale Absorption $A^{\%}$ gibt es seit dieser Namensänderung **keine** Bezeichnung mehr.

Der Zusammenhang zwischen Transmission und Absorption lautet:

$$A = \log_{10}\frac{1}{T}$$

Mit der Absorption formuliert, lautet das Lambert-Beer'sche Gesetz:

$$A = \varepsilon \cdot c \cdot b$$

Die Absorption von Strahlung ist proportional zur Konzentration der Lösung

Die Absorption A ist demnach proportional zur Konzentration der Probe sowie zur Schichtdicke. Der Absorptionskoeffizient ε (*griech.*: epsilon) ist der Proportionalitätsfaktor. ε entspricht der Steigung der Geraden, wenn in einem Diagramm A gegen die Konzentration c aufgetragen wird.

Da die Absorption von den Messbedingungen abhängt (Konzentration, Schichtdicke), ist es sinnvoll, im Spektrum nicht die Absorption selbst, sondern eine

stoffspezifische Größe aufzutragen. In der Ph. Eur. wird der molare Absorptionskoeffizient ε, und die spezifische Absorption $A_{1\text{cm}}^{1\%}$ definiert:
Der **molare Absorptionskoeffizient ε** entspricht der Absorption einer 1-molaren Lösung mit einer Schichtdicke von 1 cm

$$\varepsilon = \frac{A}{c \cdot b}$$

A: gemessene Absorption (dimensionslos!)
c: Konzentration in mol/l
b: Schichtdicke in cm
ε: molarer Absorptionskoeffizient in l / mol · cm

Die **spezifische Absorption** $A_{1\text{cm}}^{1\%}$ entspricht der Absorption einer einprozentigen Lösung (10 g pro Liter) und einer Schichtdicke von 1 cm

$$A_{1\text{cm}}^{1\%} = \frac{A}{c \cdot b}$$

A: gemessene Absorption (dimensionslos!)
c: Konzentration in % (Masse pro Volumen)
b: Schichtdicke in cm
$A_{1\text{cm}}^{1\%}$: molarer Absorptionskoeffizient in l / % · cm

Die Umrechnung zwischen den beiden Konstanten erfolgt mit der Formel (M_R: Molekülmasse):

$$A_{1\text{cm}}^{1\%} = \frac{10 \cdot \varepsilon}{M_R}$$

Sowohl ε als auch $A_{1\text{cm}}^{1\%}$ sind von der Wellenlänge abhängig. Um das zu verdeutlichen, wird oft die Bezeichnung $\varepsilon(\lambda)$ benutzt. Ist ε (oder $A_{1\text{cm}}^{1\%}$) für eine bestimmte Wellenlänge bekannt, so kann mit Hilfe des Lambert-Beer'schen Gesetzes die Konzentration einer Probe berechnet werden:

$$c = \frac{A}{A_{1\text{cm}}^{1\%} \cdot b}$$

Als stoffspezifische Größe wird der molare Absorptionskoeffizient ε oder die spezifische Absorption $A_{1\text{cm}}^{1\%}$ verwendet

Fehler der Absorption, Badewannenkurve

Als logarithmische Größe steht die Absorption nicht linear mit der gemessenen Lichtintensität in Zusammenhang. Daraus resultiert, dass der Messfehler von Ergebnissen, die in Form der Absorption angegeben werden, nicht über den gesamten Bereich der Skala gleich groß ist. Nur im Bereich von ca. $A = 0{,}2$ bis $A = 1{,}5$ ist der Fehler von A akzeptabel.

Bei kleineren sowie bei größeren Werten wird der relative Fehler der Absorption ($\Delta A/A$) sehr groß. Dabei ist zu beachten, dass dies ausschließlich eine Folge der Berechnung der Absorption ist und mit der Messgenauigkeit des verwendeten Messgerätes **nichts** zu tun hat. Auch durch sehr genaue Messungen lässt sich der Fehler der Absorption außerhalb dieser Grenzen nicht kontrollieren! Wird der Fehler der Absorption $\Delta A/A$ gegen die Größe der Absorption aufgetragen, so ergibt sich die sog. Badewannenkurve.

Absorptionen sollten nur im Bereich zwischen 0,2 und 1,5 gemessen werden, weil sonst der Messefehler sehr groß werden kann (Badewannenkurve)

Tab. 1.2 Fehler der Absorption bei einer gleichbleibenden Messgenauigkeit von einem Skalenteil [Skt] (bezogen auf die Intensität *I*). I_0 entspricht immer 100 Skalenteilen

Gemessene Intensität *I* in Skalenteilen [Skt]	Fehler von *I* in [Skt]	Absorption *A*	Fehler von *A*	Fehler von *A* in %
2,0	1,0	1,70	0,177	10,4 %
3,0	1,0	1,52	0,122	8 %
5,0	1,0	1,30	0,078	6 %
10	1,0	1,0	0,041	4 %
25	1,0	0,602	0,017	2,8 %
50	1,0	0,301	0,0086	2,8 %
75	1,0	0,123	0,0038	3,1 %
90	1,0	0,046	0,0050	11,0 %

Tab. 1.2 zeigt Messwerte und den relativen Fehler der jeweiligen Absorption, wenn Bestimmungen mit einer gleich bleibenden Messgenauigkeit von einem Skalenteil über einen größeren Messbereich hinweg durchgeführt werden.

Merke

- Das Lambert-Beer'sche Gesetz lautet: $A = \varepsilon \cdot c \cdot b$
- Die Absorption *A* ist der Logarithmus des Verhältnisses von I_0 zu *I*: $A = \log I_0 / I$
- Die Absorption ist proportional zur Konzentration.
- Absorptionen sollten nur im Bereich zwischen 0,2 und 1,5 gemessen werden.

1.4.2 Aufbau eines Absorptionsspektrometers

Der grundsätzliche Aufbau eines Spektrometers ist bei den meisten spektroskopischen Methoden ähnlich. Ein Absorptionsspektrometer besteht immer aus Lichtquelle, Monochromator, Probenhalterung (Küvette), Empfänger und einer Registriervorrichtung (Abb. 1.6).

Ein monochromatischer Lichtstrahl wird durch eine Küvette geleitet, die eine Probensubstanz in reiner oder gelöster Form enthält. Durch Variieren der Messwellenlänge kann das Spektrum registriert werden, das die gemessene Intensität in Abhängigkeit der Wellenlänge darstellt. Statt der Intensität kann auch eine abgeleitete Größe wie die Transmission oder die Absorption dargestellt werden. Ebenso kann die Wellenlängenskala durch eine Frequenz- oder sonstige Energieskala ersetzt sein (Abb. 1.1).

Die Intensität *I* der Strahlung wird nach der Probe gemessen. Zur Bestimmung von I_0 wird unter den gleichen Versuchsbedingungen eine leere Küvette (bei Messung von Reinsubstanzen) bzw. eine mit reinem Lösungsmittel gefüllte Küvette vermessen. Die Messung von *I* und I_0 kann entweder im Einstrahl- oder im Zweistrahl-Spektrometer erfolgen. Bei einem Einstrahl-Gerät werden Probe und Vergleichskü-

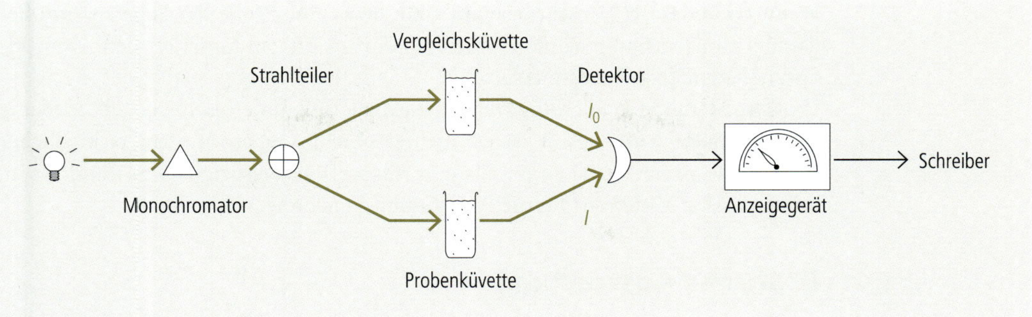

Abb. 1.6 Schematischer Aufbau eines Zweistrahl-Spektrometers

vette nacheinander im gleichen Strahlengang gemessen. Beim Zweistrahl-Spektrometer werden Probe und Vergleichsküvette in zwei getrennten Strahlengängen analysiert, sodass I und I_0 immer gleichzeitig zur Auswertung zur Verfügung stehen.

Die Funktionsweise der einzelnen Bauteile eines Spektrometers unterscheidet sich je nachdem, in welchem Bereich des Spektrums gearbeitet wird. Daher werden die Bauteile und Abweichungen von diesem allgemeinen Schema in den Kapiteln der jeweiligen Verfahren besprochen.

Quantitative Auswertung von Absorptionsspektren 1.5

Jedes Absorptionsspektrum kann grundsätzlich auf zwei Arten ausgewertet werden:

- Die Lage, die Zahl und das Aussehen der Absorptionslinien oder -banden liefern Hinweise auf die Struktur bzw. die Identität der untersuchten Verbindung (qualitative Auswertung).
- Aus der Intensität einer Absorptionslinie oder -bande lässt sich auch die Konzentration einer Probe bestimmen (quantitative Auswertung).

Zur Konzentrationsbestimmung muss der Zusammenhang von Intensität und Konzentration bekannt sein. Wenn das Lambert-Beer'sche Gesetz gilt, kann die Konzentration aus der Absorption berechnet werden (z. B. UV/VIS-Spektroskopie). Bei manchen spektroskopischen Methoden kann die Konzentration direkt aus der gemessenen Intensität abgeleitet werden (z. B. Fluorimetrie). Es gibt verschiedene Möglichkeiten der grafischen und rechnerischen quantitativen Auswertung.

Auswertung nach dem Lambert-Beer'schen-Gesetz 1.5.1

Bei vielen (aber nicht bei allen!) spektroskopischen Methoden gilt das Lambert-Beer'sche Gesetz. Das bedeutet, dass die Absorption bei einer Wellenlänge proportional zur Konzentration der Probe ist. Wenn der Absorptionskoeffizient $\varepsilon(\lambda)$ oder $A^{1\%}_{1\,\mathrm{cm}}$ der untersuchten Verbindung bei der Messwellenlänge bekannt ist, kann die Konzentration direkt berechnet werden:

$$c = \frac{A}{A^{1\%}_{1\,\mathrm{cm}} \cdot b}$$

Wenn $\varepsilon(\lambda)$ oder $A^{1\%}_{1cm}$ nicht bekannt sind, muss eine Probe der Substanz mit bekannter Konzentration gemessen werden, um aus diesem Messwert den Absorptionskoeffizienten zu berechnen.

Diese Methode ist allerdings relativ ungenau, weil nur eine einzige Eichmessung vorgenommen wird. Besser ist es, mehrere Eichlösungen mit unterschiedlicher Konzentration herzustellen, jeweils den Absorptionskoeffizienten zu bestimmen, und dann den Mittelwert für die Berechnung zu nehmen.

1.5.2 Grafische Auswertung

Kalibrierkurve

Genauer als mit der rechnerischen Methode, lässt sich eine Gehaltsbestimmung mit Hilfe einer Kalibrierkurve (Eichkurve) durchführen. Dazu müssen ebenfalls Eichlösungen mit unterschiedlichen Konzentrationen vermessen werden. Die Ergebnisse werden in einem Diagramm (x-Achse: Konzentration, y-Achse: Absorption) aufgetragen. Dann wird durch die Messpunkte eine Kurve gezeichnet.

Diese Kurve sollte möglichst rund und gleichmäßig sein, um die Messfehler der einzelnen Messpunkte gut auszugleichen. Auf jeden Fall ist es **falsch,** die Messpunkte mit **geraden Linien** zu verbinden. In das Diagramm kann dann der Messwert der unbekannten Probe eingezeichnet und die Konzentration abgelesen werden (o Abb. 1.7).

Kalibriergerade

Die Auswertung nach dem Lambert-Beer'schen Gesetz sollte mit Hilfe einer Kalibriergerade erfolgen (statt mit einer Eichkurve)

Nach Möglichkeit sollte statt der Eichkurve eine Kalibriergerade gezeichnet werden. Dazu muss die gemessene Größe u. U. in eine andere umgerechnet werden, die proportional zur Probenkonzentration ist. So wäre es ungünstig, bei einer photometrischen Bestimmung die gemessene Intensität I in das Diagramm einzutragen und eine Kalibrierkurve zu zeichnen. Stattdessen wird die Intensität in die Absorption A umgerechnet, sodass sich eine Kalibriergerade ergibt.

Die bessere Genauigkeit der Kalibriergerade resultiert daraus, dass hier eine zusätzliche Information zur Verfügung steht, nämlich dass die richtige Kurve gerade ist. Wenn ein Messpunkt weit von dieser Geraden entfernt liegt, dann war der Messfehler für diesen Punkt groß.

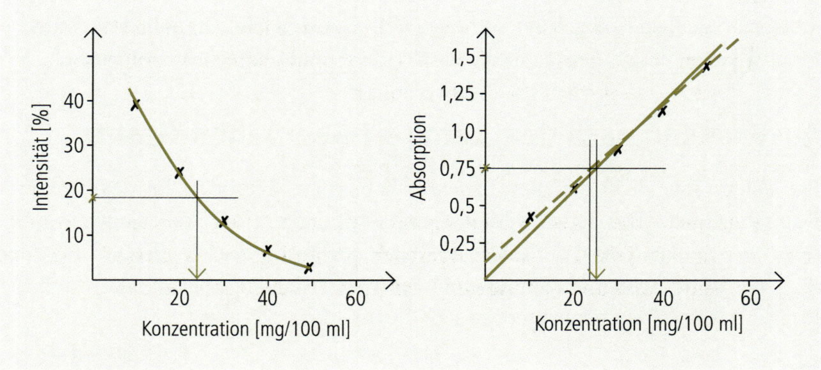

o **Abb. 1.7** Auswertung einer Messreihe mittels einer Kalibrierkurve und Kalibriergeraden

Wenn der Verlauf der Messpunkte aber eindeutig nicht zu einer Geraden passt, dann sollte überlegt werden, ob der lineare Zusammenhang zwischen Messgröße und Konzentration wirklich gegeben ist, oder ob nicht doch eine Kalibrierkurve gezeichnet werden muss (z. B. wenn das Lambert-Beer'sche Gesetz nicht gilt, weil die Probelösung trüb war).

Nullpunktsgerade

In manchen Fällen liefert die Theorie noch eine weitere Information. Oftmals muss die Eichgerade bei korrekter Messung eine Nullpunktsgerade sein. Dann kann die Eichgerade exakt durch den Nullpunkt gezeichnet werden, wodurch sie genauer wird, ohne dass genauere Messungen vorliegen.

Lineare Regressionsrechnung 1.5.3

Kalibriergeraden werden heute oftmals nicht mehr gezeichnet, da die meisten Taschenrechner die Funktion der linearen Regression anbieten. Dazu werden einfach die Messwerte in den Rechner eingegeben, und dieser berechnet dann die mathematische Form der Kalibriergerade (Geradengleichung). Die Konzentration der unbekannten Probe lässt sich auch aus dem Rechner abrufen. Die berechnete Geradengleichung hat die Form:

$$A = m \cdot c + A^0$$

A ist die gemessene Absorption, c die dazugehörige Konzentration, m die Steigung der Kalibriergeraden, und A^0 der Schnittpunkt der Geraden mit der y-Achse.

Die Berechnung einer Kalibriergeraden ist in der Praxis schnell und einfach, bringt aber auch Nachteile mit sich:

- Viele Taschenrechner können bis heute nicht ohne Weiteres Nullpunktsgeraden berechnen. Es kann deshalb genauer sein, die Nullpunktsgerade zu zeichnen, als eine Regression zu berechnen.
- Einer Zeichnung ist auf Anhieb anzusehen, ob der Kurvenverlauf tatsächlich eine Gerade ist, während der Taschenrechner immer eine Gerade berechnet, ob dies sinnvoll ist oder nicht!
- Messwerte mit einem besonders großen Fehler (sog. Ausreißer) können bei der grafischen Auswertung ignoriert werden. Der Rechner kann sie aber nicht erkennen.
- Werden die Zahlenwerte dem Rechner falsch eingegeben, dann liefert er ohne Bewertung ein unsinniges Ergebnis. Bei einer grafischen Auswertung ist ein unsinniges Messergebnis sofort zu erkennen.

Auswertemethoden gemäß Arzneibuch 1.5.4

Das Arzneibuch erlaubt zwei Methoden zur grafischen Auswertung von Gehaltsbestimmungen mit Hilfe von Kalibriergeraden. Beide Methoden können auch mit dem Taschenrechner und der linearen Regression durchgeführt werden.

Methode I

Auswertemethode I des Arzneibuchs entspricht einer Eichgerade

Die Methode **I** entspricht einer ganz normalen Ausgleichsgerade. Zur Erhöhung der Messgenauigkeit sollen mindestens drei Eichlösungen angelegt werden, deren Konzentrationen ungefähr im selben Bereich liegen wie die der zu bestimmenden Probe.

Zur Herstellung der Eichlösungen sollen dieselben Lösungsmittel bzw. Gemische mit den identischen Konzentrationen verwendet werden wie zur Aufarbeitung der Probe.

Am besten werden alle Bestimmungen mit Reagenzien aus denselben Vorratsbehältern durchgeführt. Zusätzlich soll jede Messung dreimal wiederholt werden. Die Messwerte ergeben sich jeweils aus dem Mittelwert der drei Ergebnisse.

Dann werden die Punkte in ein Diagramm eingetragen, die Kalibriergerade gezeichnet, und die gesuchte Konzentration abgelesen.

Methode II

Auswertemethode II des Arzneibuchs (Zumischmethode) ist prinzipiell ungenauer als Methode I

Die Methode **II**, oder **Zumischmethode,** ist nicht ganz so anschaulich. Hier muss nur eine einzige Eichlösung mit exakt eingestellter Konzentration angelegt werden. Zur Herstellung der Eichlösung und der Probe sollen wie bei Methode I möglichst Reagenzien und Lösungsmittel aus denselben Vorratsbehältern verwendet werden.

In mindestens drei gleich große Messkolben wird jeweils das gleiche Volumen Probelösung gefüllt. Dazu werden in jeden Kolben unterschiedliche Volumina der Eichlösung gegeben, z. B. 1. Kolben: 0 ml, 2. Kolben: 10 ml, 3. Kolben: 20 ml Eichlösung (◻ Tab. 1.3). Alle Kolben werden dann auf dasselbe Volumen aufgefüllt. Nun liegt eine Probenreihe vor, von der nicht die Konzentrationen, sondern nur die Unterschiede der Konzentrationen bekannt sind.

Jede Probe wird mindestens dreimal gemessen und der Mittelwert gebildet. Die Messwerte werden wie bei der Methode I gegen die Konzentration in ein Diagramm eingezeichnet. Die Ausgleichsgerade muss auf der linken Seite bis zum Schnittpunkt mit der x-Achse (= Konzentrationsachse) verlängert werden. Der Abstand des Schnittpunkts vom Koordinatenursprung (Nullpunkt) ist die gesuchte Konzentration (○ Abb. 1.8).

Es ist anzumerken, dass die Zumischmethode **immer** ungenauer ist als die Methode I. Es können eine Reihe von Fehlern auftreten, die es bei einer normalen Kalibriergerade nicht gibt:

- Es wird nur eine einzige Eichlösung hergestellt. Wägefehler mitteln sich deshalb nicht heraus.
- Der gesuchte Schnittpunkt liegt immer außerhalb des durch Messpunkte erfassten Bereichs (Extrapolation). Kalibriergeraden und Kalibrierkurven sind aber am genauesten, wenn der Analysenwert zwischen den Eichwerten liegt (Interpolation).
- Nur in dem Bereich, in dem Messpunkte vorliegen, lässt sich mit Sicherheit sagen, ob ein linearer Zusammenhang zwischen Messgröße und Konzentration vorliegt.
- Wenn am Messgerät die Nulllinie verschoben ist, d. h. auch eine Probe mit der Konzentration 0 einen gewissen Ausschlag zeigt, wird die Messung um diesen Betrag falsch!
- Wenn das Messgerät einen systematischen Fehler hat (z. B. immer 10 % zu viel anzeigt), dann wird die Steigung der Kalibriergeraden falsch, und damit auch das Ergebnis.

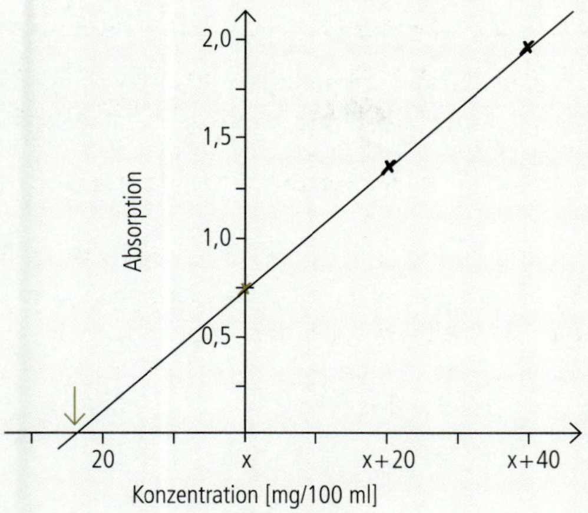

Abb. 1.8 Auswertung einer Messreihe nach der Zumischmethode (Methode II)

Tab. 1.3 Herstellung der Probenlösungen für eine Kalibrierung nach der Zumischmethode

Kolben	1	2	3
Probe	10 ml	10 ml	10 ml
Eichlösung	0 ml	10 ml	20 ml
Lösungsmittel	ad 100 ml	ad 100 ml	ad 100 ml

Übungen 1.6

1. Wann wird das Ergebnis einer Messung ein Spektrum genannt?
2. Ordnen Sie die folgenden spektroskopischen Methoden nach aufsteigender Energie der verwendeten Strahlung: IR, NMR, UV/VIS, AAS.
3. Wie groß ist die Energie (in Joule) eines Lichtquants von
   a) sichtbarem Licht der Wellenlänge 500 nm?
   b) Infrarotlicht der Wellenlänge 0,005 mm?
   c) Radiostrahlung mit einer Frequenz von 60 MHz?
4. Warum kann jede Materie nur Licht ganz bestimmter Wellenlängen absorbieren?
5. Bei einer photometrischen Bestimmung werden ein I_0 von 100 Skalenteilen und ein I von 25 Skalenteilen gemessen.
   a) Wie groß ist die Transmission?
   b) Wie groß ist die Absorption?
   c) Liegt die Absorption im akzeptablen Bereich?
6. Unter welchen Bedingungen kann eine Messreihe nach der Zumischmethode ausgewertet werden?

2 Refraktometrie

Die Refraktometrie ist die Messung des Brechungsindexes (auch Brechzahl genannt) einer Substanz. Der Brechungsindex ist eine stoffspezifische Größe, die in der pharmazeutischen Analytik v. a. zur Charakterisierung von Flüssigkeiten verwendet wird.

2.1 Physikalische Grundlagen

Brechungsindex

Elektromagnetische Strahlung breitet sich im Vakuum mit einer konstanten Geschwindigkeit von ca. 300 000 km/s aus. Diese sog. Lichtgeschwindigkeit ist eine wichtige Naturkonstante und wird mit dem Symbol *c* bezeichnet. In einem Medium (wie Luft, Gase, Flüssigkeiten oder Festkörper) ist ihre Geschwindigkeit aufgrund der Wechselwirkung mit den Atomen und Molekülen geringer.

An der Grenzfläche zwischen zwei Medien wird ein Lichtstrahl gebrochen. Stärke und Richtung der Brechung hängt vom Brechungsindex der Medien ab

Das Verhältnis zwischen der Lichtgeschwindigkeit im Vakuum und der in einem Medium (c^{Medium}) wird als Brechungsindex oder Brechzahl *n* des Mediums bezeichnet. Die Größe des Brechungsindexes ist von der Temperatur, dem Druck und von der Wellenlänge der Strahlung abhängig. Der Brechungsindex ist eine **Zahl** und hat keine Einheit.

$$n^{Medium}(\lambda) = \frac{c^{Luft}}{c^{Medium}(\lambda)}$$

Das Vakuum selbst hat einen Brechungsindex von exakt 1. Da die Geschwindigkeit des Lichts niemals größer ist als im Vakuum, ist der Brechungsindex aller Substanzen (bzw. jedes Mediums) größer als 1. Substanzen, die einen relativ kleinen Brechungsindex besitzen (nur wenig größer als 1), werden als **optisch dünn** bezeichnet, Substanzen mit einem großen Brechungsindex werden **optisch dicht** genannt.

Relativer Brechungsindex

Aus praktischen Gründen wird der Brechungsindex normalerweise nicht auf das Vakuum, sondern auf Luft bezogen. Das ergibt dann den sog. **relativen Brechungsindex**:

$$n_{rel.}^{Medium}(\lambda) = \frac{c^{Luft}(\lambda)}{c^{Medium}(\lambda)}$$

Der relative Brechungsindex von Luft ist deshalb bei jeder Wellenlänge $n_{rel.}(\lambda) = 1$, obwohl der absolute Brechungsindex wellenlängenabhängig ist (auch der absolute

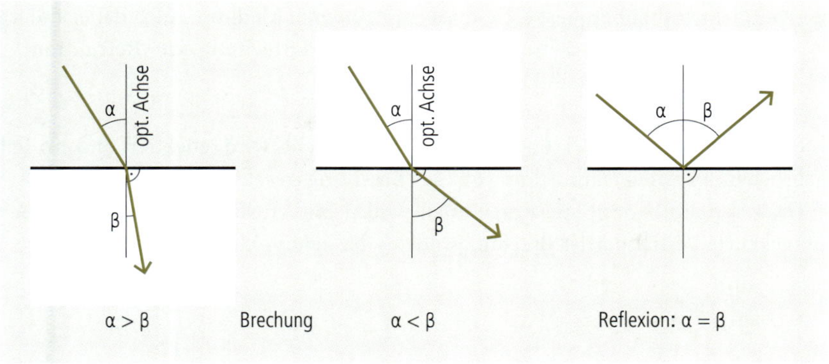

Abb. 2.1 a) Brechung eines Lichtstrahls beim Übertritt vom optisch dünneren zum optisch dichteren und b) vom optisch dichteren zum optisch dünneren Medium. c) Reflexion eines Lichtstrahls an einer Oberfläche

Brechungsindex von Luft ist allerdings im gesamten sichtbaren Bereich des Spektrums fast gleich groß, $n^{Luft} \approx 1{,}0003$).

Die Verwendung des relativen Brechungsindexes ist so üblich, dass meist der Index rel. weggelassen wird. Stattdessen soll nach Ph. Eur. die Messtemperatur und Messwellenlänge mit dem Symbol angegeben werden (n_{λ}^{T}).

Der relative Brechungsindex ist normalerweise auf Luft bezogen statt auf Vakuum

Abhängigkeiten des Brechungsindexes

Der Brechungsindex ist stark abhängig von der Dichte eines Materials. Je höher die Dichte, desto kleiner ist die Geschwindigkeit von Licht im Medium und desto größer ist deshalb der Brechungsindex. Manchmal wird in diesem Zusammenhang auch von der *optischen Dichte* gesprochen. Der Begriff sollte aber nicht mehr verwendet werden, weil er verwirrenderweise im Zusammenhang mit der UV/VIS-Spektroskopie manchmal auch für die Extinktion verwendet wird.

Der Brechungsindex ist ebenfalls temperaturabhängig. Dies lässt sich aber aus dem Zusammenhang zwischen Temperatur und Dichte eines Materials erklären: Meist nimmt die Dichte eines Materials mit steigender Temperatur ab. Deshalb nimmt dann der Brechungsindex ebenfalls mit steigender Temperatur ab.

Der relative Brechungsindex hängt unter anderem von der Temperatur und der Wellenlänge des Lichts ab

Merke

Der relative Brechungsindex (Brechzahl) ist
- auf Luft bezogen,
- temperaturabhängig,
- wellenlängenabhängig.

Lichtbrechung

Trifft ein Lichtstrahl auf die Grenze zwischen zwei Substanzen (eine sog. Phasengrenze zwischen zwei Medien) mit unterschiedlichem Brechungsindex, so sind zwei Effekte möglich:

- Der Lichtstrahl wird reflektiert. Dann gilt das Reflexionsgesetz: Einfallswinkel = Ausfallswinkel (Abb. 2.1, c).

- Der Lichtstrahl überquert die Grenze zum anderen Medium. Auch dabei ändert er seine Ausbreitungsrichtung. Dieser Effekt wird **Brechung** oder **Refraktion** genannt (Abb. 2.1, a und b).

Meistens treten beide Effekte auf, d. h. ein Teil des Lichts wird reflektiert und ein Teil gebrochen. Für die Lichtbrechung gilt das **Brechungsgesetz von Snellius:**

Das Verhältnis des Sinus von Einfallswinkel und Ausfallwinkel ist gerade das umgekehrte Verhältnis der Brechungsindizes der beiden Medien:

$$\frac{\sin a}{\sin \beta} = \frac{n_b}{n_a}$$

α: Einfallswinkel
β: Ausfallswinkel bzw. Brechungswinkel
n_a: Brechungsindex des Mediums, aus dem der Lichtstrahl kommt
n_b: Brechungsindex des Mediums, in das der Lichtstrahl eintritt

Merke

Aus dem Brechungsgesetz resultieren folgende Faustregeln:

- Tritt ein Lichtstrahl vom optisch dünneren in ein optisch dichteres Medium über, so wird er zur optischen Achse hin gebrochen (die optische Achse steht senkrecht auf der Oberfläche, an der die Brechung stattfindet).
- Tritt ein Lichtstrahl vom optisch dichteren ins optisch dünnere über, so wird er von der optischen Achse weg gebrochen.

Grenzwinkel der Totalreflexion

An einer Grenze vom optisch dichteren zum optisch dünneren Medium ist ein Sonderfall möglich. Der Ausfallswinkel ist dabei immer größer als der Einfallswinkel. Wird der Einfallswinkel immer mehr vergrößert, so erreicht der Ausfallswinkel irgendwann 90 °, d. h. der ausfallende Lichtstrahl verläuft dann parallel zur Grenze der beiden Medien. Bei weiterer Vergrößerung des Einfallswinkels würde der Ausfallswinkel sogar größer als 90 °. Das bedeutet, dass der Lichtstrahl gar nicht mehr in das andere Medium eindringt, sondern zurückgeworfen wird.

Dieser Fall lässt sich mit dem Gesetz der Lichtbrechung aber nicht mehr beschreiben, da dies nur dann gilt, wenn der Lichtstrahl tatsächlich von einem Medium in ein anderes übertritt. Da der Lichtstrahl in einem solchen Fall reflektiert wird, gilt das Reflexionsgesetz, und der Ausfallswinkel ist gleich dem Einfallswinkel.

Die Größe des Grenzwinkels der Totalreflexion hängt von der Größe der Brechungsindizes beider Medien ab

Der Winkel, bei dem dieser Effekt gerade eben eintritt, heißt **Grenzwinkel der Totalreflexion.** Die Größe des Grenzwinkels der Totalreflexion hängt von der Größe der Brechungsindizes beider Substanzen ab, und kann aus dem **Snellius**-Brechungsgesetz abgeleitet werden, indem β gleich 90 ° (und damit $\sin \beta = 1$) gesetzt wird:

$$\frac{\sin \alpha}{\sin 90^o} = \frac{n_b}{n_a};\ \sin \alpha = \frac{n_b}{n_a}$$

Merke

- Das Brechungsgesetz nach Snellius lautet:

$$\frac{\sin a}{\sin \beta} = \frac{n_b}{n_a}$$

- Das Reflexionsgesetz lautet: $\alpha = \beta$

Messung des Brechungsindexes 2.2

Der Brechungsindex ist eine charakteristische Größe jeder Substanz. Deshalb ist die Identifizierung einer unbekannten Probe möglich, indem der Brechungsindex gemessen und mit Literaturangaben verglichen wird (◘ Tab. 2.1). Dabei ist wichtig, dass die Messbedingungen mit denen der Literaturwerte übereinstimmen.

Die Ph. Eur. schreibt vor, dass der Brechungsindex einer Substanz bei 20 ± 0,5 °C mit dem Licht der D-Linie des Natriums (Wellenlänge λ = 589,3 nm, gelb) gemessen wird. Das Symbol des Brechungsindexes ist n_D^{20}.

Das Messgerät, mit dem der Brechungsindex bestimmt wird, heißt **Refraktometer.** Meist wird mit dem Refraktometer der Grenzwinkel der Totalreflexion bestimmt und mit Hilfe des Snellius'schen Brechungsgesetzes der Brechungsindex berechnet.

Aufbau und Funktion des Abbé-Refraktometers

Häufig wird zur Messung des Brechungsindex von Flüssigkeiten das Abbé-Refraktometer verwendet (○ Abb. 2.2). Das wesentliche Bauteil des Geräts ist ein Glasprisma, auf das die Probe aufgetragen wird. Der Brechungsindex von Glas ist größer als der der meisten Flüssigkeiten.

Zur Messung lässt man Licht unter verschiedenen Einfallswinkeln aus dem Glasprisma heraus auf die Substanz fallen und bestimmt den Winkel, bei dem kein Licht mehr durch die Probe hindurch geht (Totalreflexion). Das Sichtfenster des

Beim Abbé-Refraktometer wird der Grenzwinkel der Totalreflexion gemessen, um den Brechungsindex zu bestimmen

◘ Tab. 2.1 Brechungsindizes (Brechzahlen) einiger wichtiger Substanzen

Substanz	n_D^{20}
Wasser	1,333
Benzol	1,498
Pyridin	1,507
n-Hexan	1,372
Cyclohexan	1,424
Chloroform	1,444
Ethanol	1,359
Glas	1,5–1,9
Quarz	1,5–1,7

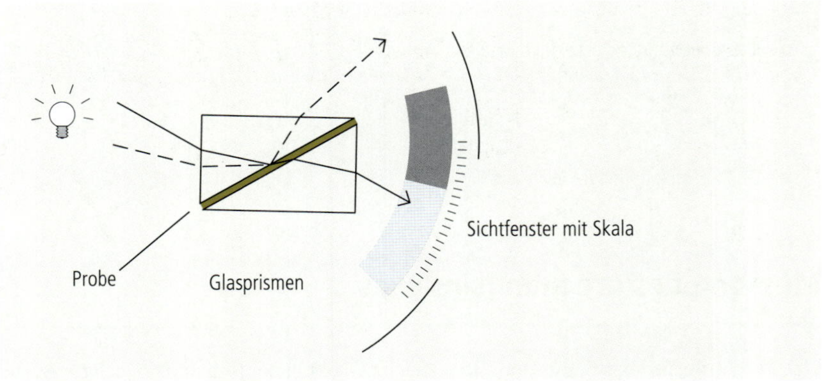

Abb. 2.2 Schematischer Aufbau eines Abbé-Refraktometers

Refraktometers ist hinter der Probe angeordnet. Es ist hell erleuchtet, wenn Licht die Probe durchdringt. Sobald der Einfallswinkel größer ist als der Grenzwinkel der Totalreflexion wird das Fenster dunkel.

Das zweite Glasprisma dient lediglich als Probenhalterung. Da hier das Licht vom optisch dünneren ins optisch dichte Medium fällt, kann an dieser Grenze zwischen Substanz und Glas keine Totalreflexion auftreten! Aus dem auf einer Skala ablesbaren Winkel lässt sich mit der aus dem Brechungsgesetz abgeleiteten Formel

$$n_{Probe} = n_{Glas} \cdot \sin\alpha$$

der Brechungsindex berechnen. Normalerweise ist auf der Skala des Messgerätes der Brechungsindex direkt angegeben, sodass eine Umrechnung entfällt.

2.3 Refraktometrie in der pharmazeutischen Analytik

In der pharmazeutischen Analytik wird die Refraktometrie zur Identifizierung von Substanzen, zur Reinheitsprüfung und in manchen Fällen zur Gehaltsbestimmung angewendet. Sie wird fast ausschließlich auf flüssige Proben angewendet, weil die Messung des Brechungsindexes einer Flüssigkeit einfach, schnell und genau ist.

Da der Brechungsindex eine stoffspezifische Größe ist, eignet er sich zur **Charakterisierung** von Verbindungen. Bei (fast) allen im Handel erhältlichen Flüssigkeiten ist der Brechungsindex bekannt und meist zur Kontrolle auf der Verpackung angegeben.

Um die Identität einer Flüssigkeit mit Hilfe des Brechungsindexes nachzuweisen, ist jedoch eine vorherige Reinheitskontrolle wichtig (z. B. chromatographisch), da der Brechungsindex schon durch geringe Verunreinigungen verändert wird.

Gerade deshalb eignet sich der Brechungsindex sehr gut zur **qualitativen Prüfung** auf **Reinheit** von Flüssigkeiten.

Refraktometrie ist eine einfache Methode zur Identitätskontrolle und zur qualitativen Prüfung auf Reinheit

Allerdings ist es oft nicht möglich, von der Größe der Abweichung des Brechungsindexes auf die Größe und Art einer Verunreinigung zu schließen. Deshalb wird die Refraktometrie selten zur *quantitativen* Analyse angewendet. Für eine refraktometrische **Gehaltsbestimmung** müssen immer Eichkurven angelegt werden,

Tab. 2.2 Referenzsubstanzen zur Kontrolle des Refraktometers

Referenzsubstanz	n_D^{20}	$\Delta n/\Delta t$
Trimethylpentan	1,392	-0,00049
Tetrachlorkohlenstoff	1,461	-0,00057
Toluol	1,497	-0,00056
Methylnaphthal n	1,616	-0,00048

n_D^{20} : Brechungsindex, $\Delta n/\Delta t$: Temperaturkoeffizient

die die Größe des Brechungsindexes in Abhängigkeit einer Substanzkonzentration wiedergeben.

Refraktometrie in der Ph. Eur. 2.3.1

In der Ph. Eur. wird die Messung des Brechungsindexes (der Brechzahl) zur Charakterisierung von Flüssigkeiten und zur Gehaltsbestimmung von Lösungen verwendet.

Forderungen an das Refraktometer

Nach Ph. Eur. muss ein Refraktometer bei einer Wellenlänge von 589,3 nm (D-Linie des Natriumlichts) messen. Verfügt das Messgerät über ein Kompensatorsystem, so kann auch mit weißem Licht (= polychromatisch: weißes Licht enthält alle Wellenlängen zwischen 400 nm und 800 nm) gearbeitet werden. Die Messtemperatur muss 20 ± 0,5 °C betragen, und die Temperatur muss auf mindestens 0,5 °C genau abzulesen sein.

Die Messgenauigkeit muss mindestens drei Dezimalstellen betragen. Zur Kontrolle des Refraktometers gibt das Arzneibuch die in Tab. 2.2 genannten Substanzen an.

Mit den Werten für den Temperaturkoeffizienten kann auch die Temperaturabhängigkeit des Brechungsindexes überprüft werden. Zur Kontrolle der Brechungsindizes sollen statt den tabellierten Werten die auf der Beschriftung der Substanzen angegebenen verwendet werden, falls diese voneinander abweichen!

Übungen 2.4

- Warum kann beim Übergang eines Lichtstrahls vom optisch dünneren zum optisch dichteren Medium niemals Totalreflexion stattfinden?
- Wie groß ist die relative Brechzahl von Luft bei 570 nm?
- Ein Lichtstrahl trifft aus Luft auf eine Wasseroberfläche. Wie ist sein Ausfallswinkel (im Wasser) wenn sein Einfallswinkel 25 ° ist? Wie groß ist der Grenzwinkel der Totalreflexion?

3 Polarimetrie

Die Polarimetrie beruht auf der optischen Aktivität von Molekülen

Polarimetrie ist eine Messmethode, die auf der optischen Aktivität von Molekülen beruht. Eine Verbindung wird als optisch aktiv bezeichnet, wenn sie in der Lage ist, die Schwingungsebene linear polarisierten Lichts zu drehen.

3.1 Grundlagen der Polarimetrie

3.1.1 Polarisiertes Licht

Linear polarisiertes Licht

Licht ist elektromagnetische Strahlung und besteht aus einem schwingenden elektrischen und einem schwingenden magnetischen Feld (▶ Kap. 1). Bei normalem Licht (das z. B. von einer Glühbirne ausgestrahlt wird) ist die Richtung, in der die Felder schwingen völlig willkürlich und bei verschiedenen Anteilen desselben Lichtstrahls unterschiedlich. Wird ein solcher Lichtstrahl derart gefiltert, dass nur die Wellen übrig bleiben, die in derselben Richtung schwingen, so erhält man **linear polarisiertes Licht** (○ Abb. 3.1). Der Filter, der polarisiertes Licht herstellen kann, heißt **Polarisator.**

Circular polarisiertes Licht

Auch beim circular polarisierten Licht schwingen die Felder nur in einer einzigen Richtung. Diese Richtung ändert sich allerdings ständig. Das elektrische und magnetische Feld bewegt sich dadurch schraubenförmig (wie auf einer Wendeltreppe) vorwärts.

Die Drehrichtung der Schraube kann entweder links oder rechts herum sein. Wenn eine Links-Schraube von einer Rechts-Schraube überlagert wird, dann ergibt sich wieder linear polarisiertes Licht, da sich die Drehung nach links mit der Drehung nach rechts gerade aufhebt. Deshalb kann man sich auch jeden linear polarisierten Lichtstrahl aus zwei circular polarisierten aufgebaut denken.

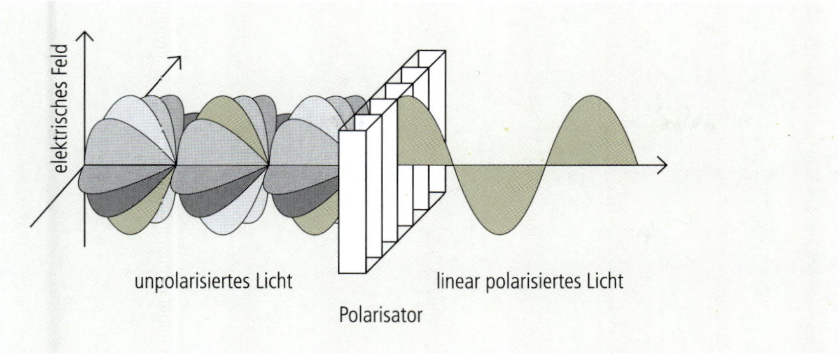

Abb. 3.1 Unpolarisiertes Licht wird durch den Polarisator zu linear polarisiertem Licht

Wechselwirkung von optisch aktiven Molekülen mit polarisiertem Licht

Optisch aktive Moleküle beeinflussen die Ausbreitung von circular polarisiertem Licht unterschiedlich, je nachdem, ob das Licht eine Links- oder eine Rechts-Schraube ist. Wenn ein linear polarisierter Lichtstrahl auf ein solches Molekül fällt, dann wird eine der beiden Schrauben (links oder rechts) stärker „gebremst" als die andere. Die beiden circular polarisierten Lichtstrahlen kommen dadurch sozusagen „aus dem Takt". Das Licht bleibt dennoch polarisiert, allerdings ändert sich die Schwingungsebene des linear polarisierten Lichts. Diese Drehung der Schwingungsebene wird **optische Drehung** genannt.

Optisch aktive Moleküle drehen die Polarisationsebene linear polarisierten Lichts

3.1.2 Chiralität

Optische Aktivität von Molekülen

Voraussetzung für die optische Aktivität einer Verbindung ist die Chiralität. Ein Molekül wird als chiral bezeichnet, wenn es zwei Isomere gibt, die sich zueinander verhalten wie Bild und Spiegelbild (Achtung: Zwar lässt sich zu jedem Molekül ein Spiegelbild zeichnen, aber meist ist das Spiegelbild nur verdreht und mit dem Original identisch!). Dies kommt auch in der Bezeichnung Chiralität zum Ausdruck (*griech.* chiral = händig, die Moleküle verhalten sich zueinander wie die rechte und linke Hand). Die beiden zueinander spiegelbildlichen Moleküle werden **Enantiomere** genannt.

Chirale Moleküle sind optisch aktiv

Die Enantiomere unterscheiden sich in ihren chemischen und physikalischen Eigenschaften nur durch zwei Effekte:

- Sie reagieren unterschiedlich mit anderen chiralen Molekülen.
- Sie drehen die Polarisationsebene von linear polarisiertem Licht jeweils um denselben Winkel, aber in entgegengesetzter Richtung.

Alle anderen chemischen und physikalischen Eigenschaften sind identisch.

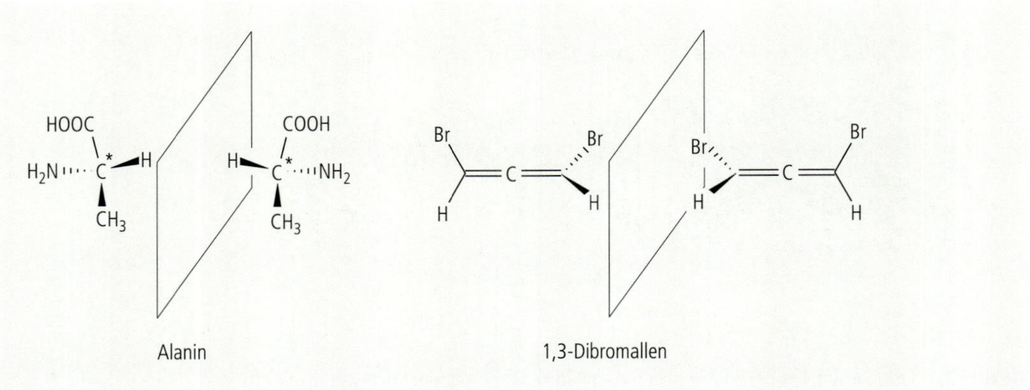

Abb. 3.2 Beispiele für chirale Moleküle: a) Die Aminosäure Alanin, mit einem asymmetrischen Kohlenstoffatom als Grund für die Chiralität; b) 1,3-Dibromallen, ein chirales Molekül ohne asymmetrisches C-Atom

Enantiomere Moleküle

Oft sind in chiralen Verbindungen sog. asymmetrische Kohlenstoffatome vorhanden (C-Atome, die mit vier verschiedenen Resten verbunden sind). Allerdings sind asymmetrische C-Atome weder eine zwingende Bedingung für Chiralität, noch sind alle Moleküle mit asymmetrischen C-Atomen chiral.

Häufig sind asymmetrische C-Atome der Grund für die Chiralität. Es gibt aber auch Moleküle mit asymmetrischen C-Atomen, die nicht chiral sind, sowie chirale Moleküle ohne asymmetrische C-Atome

Moleküle können chiral sein, ohne asymmetrische C-Atome zu enthalten, wenn sie über ein starres Gerüst verfügen (Abb. 3.2). Bei Molekülen mit mehreren asymmetrischen Kohlenstoffatomen kann es Isomere geben, die nicht chiral sind (vgl. Lehrbücher der Stereochemie). Solche Verbindungen nennt man **Diastereomere.** So gibt es z. B. von der Weinsäure drei isomere Formen: (+)-Weinsäure, (-)-Weinsäure und die sog. *meso*-Weinsäure. (+)- und (-)-Weinsäure sind ein Enantiomerenpaar (und optisch aktiv), die meso-Form ist diastereomer zu den anderen und nicht optisch aktiv!

Nomenklatur

Es gibt verschiedene Systeme, um chirale Moleküle zu bezeichnen (vgl. Lehrbücher der Stereochemie).

Nach der **Fischer**-Nomenklatur bezeichnet man die Enantiomere mit D und L. Nach der **Cahn-Ingold-Prelog**-Nomenklatur wird ein Enantiomer als R-, das andere als S-Isomer bezeichnet.

Enantiomere drehen die Polarisationsebene linear polarisierten Lichts jeweils um den gleichen Betrag in entgegengesetzter Richtung

Zusätzlich wird die Richtung, in welche die Schwingungsebene des polarisierten Lichts gedreht wird als (+) = im Uhrzeigersinn, oder (–) = gegen den Uhrzeigersinn angegeben. Diese Kennzeichnung ist nötig, weil sich weder der Betrag noch die Richtung der optischen Drehung aus der Struktur der Verbindung ableiten lassen. Es gibt deshalb D-Verbindungen mit positivem oder negativem Drehwert, sowie L-Verbindungen mit positivem oder negativem Drehwert.

Merke

- Chirale Substanzen drehen die Schwingungsebene linear polarisierten Lichts (optische Aktivität, optische Drehung).
- Von chiralen Substanzen gibt es immer ein Paar spiegelbildlicher Enantiomere, deren spezifische Drehung jeweils gleich groß ist, aber ein entgegengesetztes Vorzeichen besitzt.
- Die Richtung der Drehung (+ oder -) lässt sich weder aus der D/L- noch aus der R/S-Nomenklatur vorhersagen; d. h. alle Kombinationen sind möglich.

Optische Aktivität von Kristallen

Manche Moleküle, die nicht chiral sind, können in chiralen Kristallen kristallisieren. Dabei sind dann die zwei möglichen Kristalle spiegelbildlich zueinander. Lässt man einen linear polarisierten Lichtstrahl durch einen solchen Kristall fallen, dann wird die Schwingungsebene des Lichts gedreht. Lösungen solcher Verbindungen zeigen natürlich keine optische Aktivität mehr. Ein Beispiel für einen chiralen Kristall ist Quarz.

Optische Drehung

3.1.3

Die optische Drehung ist der Drehwinkel α, um den die Schwingungsebene von linear polarisiertem Licht beim Durchstrahlen einer Probe gedreht wird. Die optische Drehung wird in Grad gemessen. Die Größe der optischen Drehung einer Probe hängt von der Schichtdicke und der Konzentration der Probe, sowie von der Temperatur, der Art des Lösungsmittels und der Wellenlänge des verwendeten Lichts ab.

Spezifische Drehung

Die spezifische Drehung ist eine Stoffkonstante

Die spezifische Drehung (spezifischer Drehwert) $[\alpha]_D^{20}$ einer Lösung entspricht dem Drehwinkel α (in Grad), um den die Polarisationsebene linear polarisierten Lichts gedreht wird, wenn die Konzentration 1 g/ml und die Dicke der Küvette 10 cm (1 dm) ist. Die Angabe $[\alpha]_D^{20}$ bedeutet, dass die Messung bei einer Temperatur von 20 °C mit Licht der D-Linie des Natriums (Wellenlänge $\lambda = 589{,}3$ nm) erfolgt.

Wird die Messung mit einer anderen Konzentration in einer anderen Küvette durchgeführt, so kann $[\alpha]_D^{20}$ aus dem gemessenen Winkel α berechnet werden:

$$[\alpha]_D^{20} = \frac{\alpha \cdot 100}{l \cdot c}$$

α: gemessener Winkel α in Grad
l: Schichtdicke in dm
c: Konzentration der Probe in g/100 ml

Achtung: $[\alpha]_D^{20}$ ist zwar zahlenmäßig gleich groß wie der Drehwinkel, den man unter den definierten Bedingungen messen würde, aber die Einheit des spezifischen Drehwerts ist **nicht** Grad (°), sondern Grad · ml /(dm · g), wie aus der angegebenen Formel leicht abgeleitet werden kann.

Da diese Einheit unhandlich ist, kann die spezifische Drehung auch ohne Einheit (als Zahl, oder Dreh**wert**) angegeben werden. Die auch in der Literatur häufig verwendete Einheit Grad ist **falsch**, und sollte ebenso vermieden werden, wie die irreführende Bezeichnung **spezifischer Drehwinkel**!

Die Größe der optischen Drehung ist (normalerweise) proportional zur Konzentration und Schichtdicke der Probe

Bei der Bestimmung von reinen Flüssigkeiten wird die Konzentration durch die Dichte ρ (*griech.*: rho) der Probe ersetzt. ρ_{20} ist die Dichte bei 20 °C. Im Arzneibuch wird statt der Dichte die sog. **Relative Dichte** δ_{20}^{20} verwendet, die auf die Dichte von Wasser bei 20 °C bezogen ist.(δ_{20}^{20} von Wasser ist genau 1).

$$d_{20}^{20} = \frac{\rho_{20}}{\rho_{20}(Wasser)}$$

Die spezifische Drehung reiner Flüssigkeiten ist dann:

$$[\alpha]_D^{20} = \frac{\alpha \cdot 100}{l \cdot d_{20}^{20}}$$

Merke

Die spezifische Drehung (spezifischer Drehwert) ist gleich dem Winkel, um den die Schwingungsebene linear polarisierten Lichts gedreht wird bei

- 10 cm (= 1 dm) Schichtdicke und
- einer Konzentration von 1 g/ml.

Spezifische Drehung im SI

Im internationalen Einheitensystem SI (Système Internationale d'Unites) wird eine andere Definition für die spezifische Drehung $[\alpha_m]_D^{20}$ angegeben, die allerdings im Arzneibuch keine Anwendung findet. Dort wird die Konzentration in kg/m^3 (Kilogramm pro Kubikmeter), die Schichtdicke in m (Meter), und der Winkel in rad (Radiant) gemessen. Die verschiedenen spezifischen Drehungen lassen sich leicht ineinander umrechnen:

$$[\alpha_m]_D^{20} = 0{,}1745 \cdot [\alpha]_D^{20}$$

Merke

- Die Größe der optischen Drehung ist (normalerweise) proportional zur Konzentration und Schichtdicke der Probe.
- Die optische Drehung hängt von der Temperatur, der Wellenlänge des Lichts und vom Lösungsmittel ab.

3.2 Messung der optischen Drehung

Zur Messung der optischen Drehung wird monochromatisches, linear polarisiertes Licht benötigt. Dieses Licht wird durch die Probe geleitet, wobei sich die Ebene der Schwingung des Lichts ändert. Der Winkel, um den die Ebene gegenüber einer Messung am reinen Lösungsmittel (bei reinen Flüssigkeiten als Probe gegenüber der leeren Küvette) verdreht ist, ist die optische Drehung.

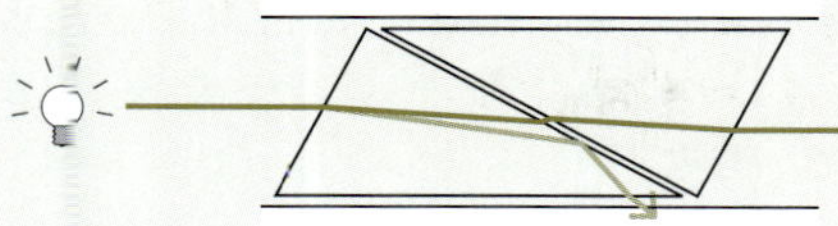

Abb. 3.3 Nicol'sches Prisma

Polarimeter

3.2.1

Das Polarimeter besteht aus der Lichtquelle, dem Polarisator, der Küvette und dem Analysator. Als **Lichtquelle** kann eine Natriumdampflampe verwendet werden. Oft wird aber einfach das Licht einer Glühlampe mit Hilfe eines Farbfilters monochromatisiert. Polarisator und Analysator sind Polarisationsfilter. Meist werden sog. **Nicol'sche Prismen** verwendet.

Nicol'sches Prisma

Zur Herstellung linear polarisierten Lichts wird in Polarimetern häufig ein sog. Nicol'sches Prisma verwendet

Ein Nicol'sches Prisma ist ein Kristall aus Kalkspat. Kalkspat hat die erstaunliche Eigenschaft, Licht in unterschiedliche Richtungen zu brechen, je nachdem, in welcher Richtung die elektrischen und magnetischen Felder schwingen. Strahlt man unpolarisiertes Licht in den Kristall ein, so verlassen zwei Lichtstrahlen den Kristall an unterschiedlichen Stellen. Jeder dieser beiden Lichtstrahlen ist polarisiert. Für ein Nicol'sches Prisma wird der Kalkspat so geformt, dass einer der polarisierten Lichtstrahlen fast gerade durchfällt, während der andere seitlich abgelenkt wird (Abb. 3.3).

Messprinzip

3.2.2

Das unpolarisierte Licht der Lichtquelle wird durch den Polarisator in linear polarisiertes Licht umgewandelt. Das polarisierte Licht wird durch die Küvette und dann durch den Analysator geleitet. Der Analysator ist ein drehbar montiertes Nicol'sches Prisma.

Befindet sich im Strahlengang keine Analysenprobe, so ist die Helligkeit des Lichtstrahls nach Verlassen des Analysators am größten, wenn die Polarisationsebenen von Analysator und Polarisator genau parallel stehen. Sind die Ebenen genau senkrecht zueinander, so verlässt kein Licht den Analysator.

Beide Fälle (ganz hell oder ganz dunkel) können zur Analyse benutzt werden. Meist wird die Einstellung mit der kleinsten Helligkeit auf der Winkelskala des Analysators als Nullpunkt gekennzeichnet.

Befindet sich nun eine Probe in der Küvette, dann wird die Polarisationsebene des Lichts gedreht, und die Stellung des Analysators stimmt nicht mehr mit der Polarisationsebene überein. Der Lichtstrahl ist wieder heller. Der Analysator muss dann so weit gedreht werden, bis die Helligkeit wieder am geringsten ist. Der Winkel, um den der Analysator nachgestellt werden muss, entspricht genau dem Drehwinkel, um den die Polarisationsebene in der Probe gedreht wurde. Der Winkel kann auf der Winkelskala abgelesen werden.

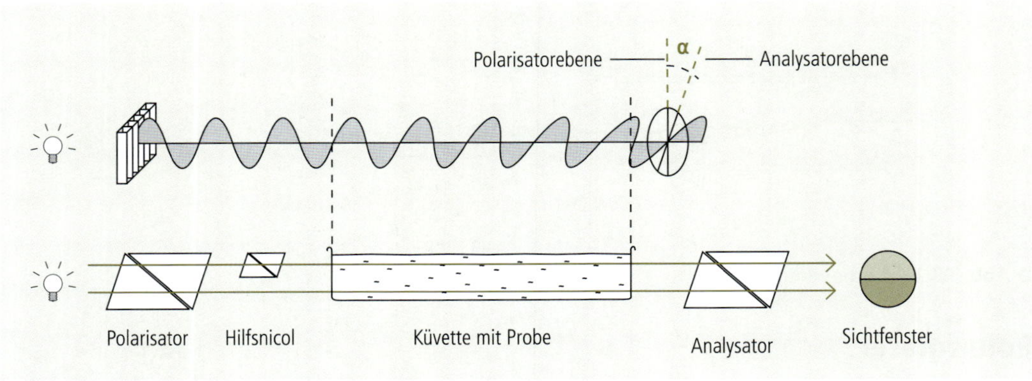

Abb. 3.4 Funktionsprinzip eines Polarimeters

Heute wird dieses Messprinzip in automatischen Polarimetern angewendet. Dabei wird die Helligkeit durch eine Photozelle gemessen. Ein Elektromotor dreht den Analysator, bis das Helligkeitsminimum erreicht ist. Der gemessene Drehwinkel wird auf einem Messgerät angezeigt.

3.2.3 Halbschattenpolarimeter

Für einfache Polarimeter, bei denen die Helligkeit mit dem Auge abgeschätzt wird, ist das beschriebene Funktionsprinzip ungeeignet, da es dem menschlichen Auge kaum möglich ist, die Einstellung der kleinsten oder größten Helligkeit genau zu erkennen.

Deshalb werden sog. Halbschattenpolarimeter verwendet, bei denen das Sichtfeld in zwei (oder drei) Bereiche eingeteilt ist, die auf gleiche Helligkeit eingestellt werden müssen.

Dazu wird ein Teil des polarisierten Lichts durch ein weiteres Nicol'sches Prisma (das sog. Hilfsnicol) geleitet und seine Polarisationsebene um wenige Grad gedreht (Abb. 3.4). Beide Lichtstrahlen fallen durch die Probe sowie den Analysator und werden in getrennten Bereichen des Sichtfensters angezeigt. Gleiche Helligkeit in den Sichtfenstern ist immer dann erreicht, wenn die Ebene des Analysators gerade auf den Mittelwert zwischen den beiden Lichtstrahlen eingestellt ist.

Auf den ersten Blick überraschend am Strahlengang des Halbschattenpolarimeters ist, dass beide polarisierten Lichtstrahlen durch die Probenküvette gehen. Zur Erläuterung sind in Abb. 3.5 die Schwingungsebenen beider Lichtstrahlen an verschiedenen Stellen des Polarimeters dargestellt. Aus der Abbildung lässt sich auch ablesen, dass der Analysator zum Abgleich der Helligkeiten genau um den Winkel α verstellt werden muss, um den die Ebenen der polarisierten Lichtstrahlen durch die Probe gedreht werden.

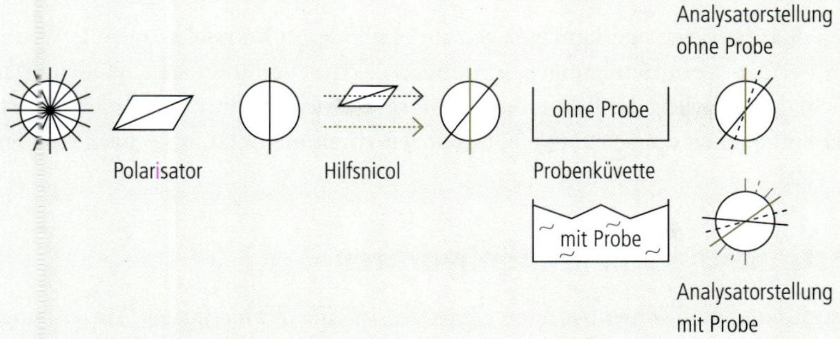

Abb. 3.5 Schematische Darstellung der Ebenen der polarisierten Lichtstrahlen im Halbschattenpolarimeter: Der Analysator muss um den gleichen Winkel nachgestellt werden, um den die Probe die Ebene des polarisierten Lichts dreht (hier 55 °). Der Analysator ist als gestrichelte Linie dargestellt.

Polarimetrie in der pharmazeutischen Analytik 3.3

Die Polarimetrie ist eine wichtige Methode in der pharmazeutischen Analytik, da sehr viele als Arzneistoffe verwendete Substanzen optisch aktiv sind. Die Messung der optischen Drehung dient zur Identifizierung sowie zur Gehaltsbestimmung und Reinheitskontrolle von chiralen Verbindungen.

Gehaltsbestimmung 3.3.1

Polarimetrische Gehaltsbestimmung ist möglich, da die Größe der optischen Drehung direkt proportional zur Konzentration ist

Die Größe der optischen Drehung ist in einem großen Bereich proportional zur Konzentration. Der Gehalt einer Lösung kann mit Hilfe einer Eichgeraden oder (wenn die spezifische Drehung bekannt ist) rechnerisch bestimmt werden. Aus der Definitionsgleichung der spezifischen Drehung folgt:

$$c = \frac{\alpha_{gemessen} \cdot 100}{[\alpha]_D^{20} \cdot l}$$

α: gemessener Winkel α in Grad
l: Schichtdicke in dm
c: Konzentration der Probe in g/100 ml
100: Umrechnungsfaktor für die verschiedenen Einheiten

Es gibt allerdings auch einige Fälle, in denen der gemessene Winkel von diesem linearen Gesetz abweicht, sodass die Auswertung mit einer Eichkurve vorgenommen werden muss. So zeigt z. B. der **spezifische Drehwert** (der eigentlich eine Stoffkonstante sein soll) von Weinsäure eine starke Konzentrationsabhängigkeit.

3.3.2 Reinheitsprüfung

Optisch aktive Verunreinigungen können polarimetrisch erkannt werden

Die Polarimetrie ist nur dann eine genaue Methode zur Reinheitskontrolle, wenn es sich bei den Verunreinigungen um optisch aktive Verbindungen handelt. Dann weicht der Drehwert der Probe, der sich normalerweise additiv aus den Drehwerten aller enthaltenen optisch aktiven Substanzen zusammensetzt, u. U. stark vom Sollwert ab.

3.3.3 Bestimmung von Kohlenhydraten

Bestimmung von Kohlenhydraten (Zuckern) ist eine der häufigsten Anwendungen der Polarimetrie, da diese oft einen großen spezifischen Drehwert besitzen und einfach verfügbar und zu handhaben sind. Allerdings zeigen viele Kohlenhydrate ein besonderes Verhalten: Der Drehwert frisch hergestellter Lösungen verändert sich zunächst stark.

Mutarotation

Die Veränderung des Drehwerts frisch hergestellter Kohlenhydratlösungen heißt Mutarotation und sei am Beispiel der Glukose erklärt:

D-Glucose kann in drei verschiedenen Formen vorliegen: Als offenkettiger Aldehyd oder als Sechsring (sog. Pyranose), wobei es zwei verschiedene Möglichkeiten des Ringschlusses gibt. Die beiden so entstehenden Moleküle werden als α-D-Glucose bzw. β-D-Glucose bezeichnet. Käufliches Glucose-Pulver enthält ausschließlich α-D-Glucose.

Beim Lösen dieser Pyranose kann sich nun der Ring öffnen und es stellt sich ein Gleichgewicht zwischen den drei möglichen Formen ein. Im Gleichgewicht liegen dann alle drei Spezies gemeinsam vor: α-D-Glucose zu 36 %, β-D-Glucose zu 64 % und die offenkettige Form zu weniger als 0,1 %.

Im Polarimeter wird nach dem Lösen zunächst der Drehwert der gelösten α-D-Glucose beobachtet ($[\alpha]_D^{20} = +112{,}2$). Mit der Zeit wird sich aber das Gleichgewicht einstellen und α-D-Glucose in β-D-Glucose umgewandelt, die einen Drehwert von $[\alpha]_D^{20} = +18{,}7$ hat. Dadurch ändert sich der Drehwert so lange, bis die Gleichgewichtskonzentrationen erreicht sind und der spezifische Drehwert einen konstanten Wert von + 52,7 behält.

Diese **Mutarotation** dauert je nach pH-Wert des Lösungsmittels einige Minuten bis ca. eine Stunde. Anzumerken ist, dass α-D-Glucose und β-D-Glucose kein Enantiomerenpaar sind. Diese spezielle Art von Diastereoisomeren bezeichnet man als Anomere.

Mutarotation tritt bei allen Kohlenhydraten auf, die im Gleichgewicht zwischen Ring- und offenkettiger Form vorliegen.

3.3.4 Kontrolle optisch aktiver Substanzen

Bei den meisten chiralen Arzneistoffen besitzt nur eines der beiden Enantiomeren die gewünschte pharmakologische Wirkung, während das andere unwirksam ist oder eine andere Wirkung hat. Deshalb ist es wichtig, die Reinheit solcher Substanzen zu prüfen und zu charakterisieren. Die Messung des optischen Drehwerts ist die einzige physikalische Messmethode, um eine solche Reinheitsprüfung durchzuführen.

Dazu wurde die Größe der sog. optische Reinheit und der Enantiomerenüberschuss definiert. Die **optische Reinheit** z. B. des (+)-Isomeren in einem Enantiomerengemisch ist

Die Enantiomerenreinheit von Arzneistoffen kann polarimetrisch bestimmt werden

$$P(+) = \frac{\alpha_{\text{exp}}}{\alpha(+)}$$

$P(+)$: optische Reinheit des rechtsdrehenden Enantiomeren (+)
α_{exp}: gemessene optische Drehung
$\alpha(+)$: theoretische optische Drehung, wenn das reine Enantiomere vorliegen würde

Ein völlig reines Enantiomer hat die optische Reinheit 1,0. Der **Enantiomerenüberschuss (*ee* =** enantiomeric excess) lässt sich aus der opt. Reinheit berechnen:

$$ee(+) = c(+) - c(-)$$
$$ee(+) = P(+) \cdot c(gesamt)$$

$ee(+)$: Enantiomerenüberschuss des rechtsdrehenden Enantiomeren
$c(+)$: Konzentration des rechtsdrehenden Enantiomeren
$c(-)$: Konzentration des linksdrehenden Enantiomeren

Der *ee*-Wert gibt den Konzentrationsüberschuss eines der beiden Enantiomeren an. Beim völlig reinen Enantiomeren ist der *ee* gleich der Gesamtkonzentration.

Eine Besonderheit tritt beim Einsetzen der Konzentrationen in die Formel zur Berechnung der Enantiomerenreinheit auf: Eigentlich müssen die Stoffmengenkonzentrationen (Molaritäten) verwendet werden. Da Enantiomere aber *immer* exakt das gleiche Molgewicht haben, können stattdessen auch die Massenkonzentrationen verwendet werden (z. B. Massenprozent, g pro Liter, usw.).

3.3.5 Polarimetrie in der Ph. Eur.

Im Arzneibuch wird der spezifische Drehwert als charakteristische Größe chiraler Verbindungen angegeben. Allerdings kommen heute (noch) die meisten chiralen Arzneistoffe als Enantiomerengemische auf den Markt, da eine Trennung der Enantiomeren sehr aufwendig und teuer ist und ggf. eine Neuzulassung erfordert.

Durchführung der Messung

Nach Ph. Eur. müssen polarimetrische Bestimmungen bei 20 ± 0,5 °C durchgeführt werden, es sei denn, in der Monographie ist die Temperaturkorrektur für andere Temperaturen angegeben.

Der Nullpunkt des Geräts ist zu prüfen. Dazu wird eine Küvette mit reinem Lösungsmittel vermessen.

Bei der Bestimmung reiner Flüssigkeiten wird der Nullpunkt mit einer leeren Küvette bestimmt. Um Ableseungenauigkeiten der Winkelskala auszugleichen, sollen alle Messungen mindestens fünfmal wiederholt und dann der Mittelwert bestimmt werden.

Kontrolle des Polarimeters

Das Arzneibuch verwendet Zuckerlösungen zur Kontrolle des Polarimeters. Vor der Messung ist die Einstellung des Mutarotationsgleichgewichts abzuwarten.

3.4 Übungen

1. Eine Lösung von 6 g einer unbekannten Substanz in 100 ml Wasser zeigt einen Drehwinkel von + 97 °. Wie lässt sich entscheiden, ob der Drehwert + 97 ° oder –263 ° ist?
2. Eine Lösung von L-Alanin ($[\alpha]_D^{20} = 2{,}7$) in Wasser zeigt eine optische Drehung von 0,51 ° (Küvettenlänge l = 10,0 cm, Messtemperatur = 20,0 °C, Messwellenlänge: Na-D-Linie).
   a) Wie groß ist der Gehalt der Lösung in % (m/V)?
   b) Warum zeigt Alanin optische Aktivität?
   c) Welcher Drehwinkel würde bei einer Lösung der gleichen Konzentration von D-Alanin gemessen werden?

Spektralpolarimetrie

4

In der Polarimetrie (▶ Kap. 3) wird die Drehung der Schwingungsebene von monochromatischem linear polarisiertem Licht gemessen, um chirale Substanzen zu identifizieren oder deren Konzentration zu bestimmen.

Sehr viel weitergehende Aussagen über die Struktur einer untersuchten Verbindung lassen sich machen, wenn der Drehwinkel nicht nur bei einer einzigen Wellenlänge, sondern über einen ganzen Spektralbereich gemessen wird. Aus der Polarimetrie wird dann die Spektralpolarimetrie.

Die besondere Bedeutung der spektralpolarimetrischen Verfahren liegt darin, dass mit diesen Methoden die **absolute Konfiguration** von chiralen Verbindungen erkannt werden kann! Dies ist mit der Polarimetrie nicht möglich, da es keine Regeln gibt, mit denen das Vorzeichen der optischen Drehung aus der Struktur einer Verbindung abgeleitet werden kann.

Bei der Spektralpolarimetrie wird die Drehung der Polarisationsebene linear polarisierten Lichts in Abhängigkeit von der Wellenlänge des polarisierten Lichts gemessen

4.1 Grundlagen der Spektralpolarimetrie

4.1.1 Optische Rotationsdispersion (ORD)

Wird die Größe der optischen Drehung in Abhängigkeit der Wellenlänge des polarisierten Lichts in einem Diagramm aufgetragen, dann ergibt sich die Kurve der optischen Rotationsdispersion (sog. ORD-Kurve).

Normalerweise wird der Betrag der optischen Drehung mit zunehmender Wellenlänge immer kleiner (sog. **normale ORD** ○ Abb. 4.1). Das gilt aber nur, solange die Substanz in dem gemessenen Wellenlängenbereich kein Licht absorbiert. An den Stellen, an denen eine Absorption auftritt, ist der Kurvenverlauf komplizierter. Die ORD-Kurve hat dann einen S-förmigen Verlauf. Eine solche Kurve wird **ano-**

Der Betrag des Drehwerts wird bei normaler ORD mit zunehmender Wellenlänge kleiner (sog. normale ORD). Bei der Wellenlänge einer Lichtabsorption tritt eine sog. anomale ORD auf: Ein S-förmiger Verlauf der Kurve

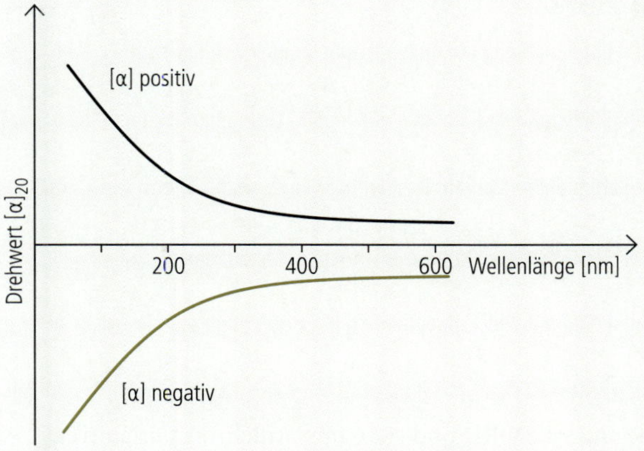

○ **Abb. 4.1** Normale ORD-Kurve bei positiver oder negativer optischer Drehung

male ORD genannt. Das Auftreten einer anomalen ORD wird auch als **Cotton-Effekt** bezeichnet.

Merke

ORD

- Die Kurve der optischen Rotationsdispersion (ORD) gibt den Drehwert einer Substanz in Abhängigkeit der Wellenlänge des polarisierten Lichts an.
- Der Betrag des Drehwerts wird bei *normaler* ORD mit zunehmender Wellenlänge immer kleiner.
- Wenn eine Lichtabsorption vorliegt, resultiert eine sog. anomale ORD-Kurve (Cotton-Effekt).

4.1.2 Circulardichroismus (CD)

Jeder polarisierte Lichtstrahl lässt sich auch als Überlagerung von zwei circular polarisierten Lichtstrahlen (einer mit einer Linksschraube und einer mit einer Rechtsschraube) sehen. Die optische Drehung kommt durch die unterschiedliche Ausbreitungsgeschwindigkeit der beiden Schrauben in einem optisch aktiven Medium zustande (▶ Kap. 3).

Auch die Stärke der Absorption von Licht ist von seiner Polarisation abhängig. Auch hier gilt, dass bei optisch aktiven Medien die Absorption von links circular polarisiertem Licht (Linksschraube) anders ist als die von rechts circular polarisiertem Licht. Wird in einem Spektrum die Differenz der beiden Absorptionskoeffizienten (Linksschraube – Rechtsschraube) aufgetragen, dann ergibt sich die Kurve des Circulardichroismus:

$$\Delta\varepsilon = \varepsilon_{links} - \varepsilon_{rechts}$$

Bei nicht optisch aktiven Verbindungen ist $\Delta\varepsilon$ immer Null. Bei optisch aktiven Verbindungen erscheint an der Stelle der Absorption entweder ein positiver oder ein negativer Ausschlag. Man spricht dementsprechend vom positiven oder negativen Circulardichroismus.

Optisch aktive Substanzen zeigen bei der Wellenlänge einer Lichtabsorption einen sog. Cotton-Effekt

Das Maximum der Circulardichroismus-Kurve ist gerade in der Mitte der S-förmigen anomalen ORD-Kurve.

Merke

CD

- Der Circulardichroismus einer Substanz ist immer Null, außer wenn ein Cotton-Effekt vorliegt.
- Ungefähr an dieser Stelle hat die Substanz ein Absorptionsmaximum.

4.1.3 Cotton-Effekt

Die Tatsache, dass eine anomale ORD und ein Circulardichroismus auftreten, wird auch als Cotton-Effekt bezeichnet. Ein positiver Circulardichroismus entspricht einem positiven Cotton-Effekt und umgekehrt. Da sowohl das Vorzeichen der opti-

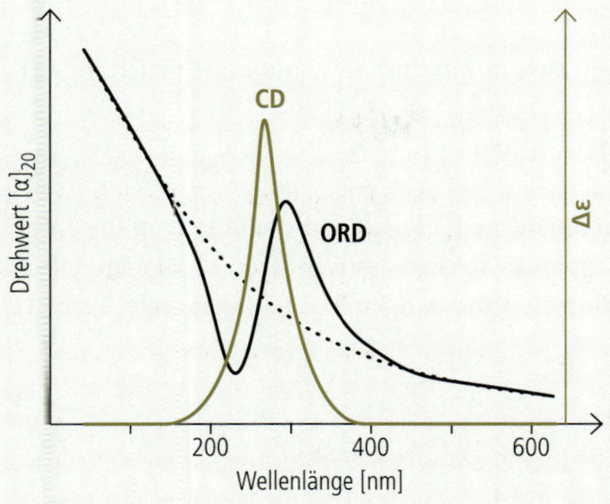

Abb. 4.2 Anomale ORD und CD bei positivem Cotton-Effekt und positiver optischer Drehung

schen Drehung, als auch das der ORD positiv oder negativ sein kann, gibt es vier verschiedene Möglichkeiten für das Aussehen einer anomalen ORD-Kurve.

Trotzdem lässt sich aus der ORD-Kurve das Vorzeichen des Cotton-Effekts leicht ablesen: Beim **positiven** Cotton-Effekt geht der erste Ausschlag der Kurve **immer nach unten,** beim negativen geht der erste Ausschlag immer nach oben.

Messung von ORD und CD 4.2

Die Messung der optischen Rotationsdispersion ORD ist verhältnismäßig einfach. Dazu muss mit einem Polarimeter die optische Drehung bei verschiedenen Wellenlängen bestimmt werden. Die heutigen Messgeräte tun dies automatisch und geben dann die ORD-Kurve aus.

Die Bestimmung des Circulardichroismus CD ist komplizierter. Theoretisch müsste dazu die Absorption von circular polarisiertem Licht gemessen werden. Da allerdings nur die Differenz $\Delta\varepsilon$ benötigt wird und nicht die einzelnen Absorptionskoeffizienten ε_{links} und ε_{rechts}, lässt sich die Messung in der Praxis einfacher mit einem sog. Ellipsometer durchführen, dessen Funktion allerdings recht kompliziert ist und hier nicht erklärt werden soll.

ORD und CD in der pharmazeutischen Analytik 4.3

Optische Rotationsdispersion- und Circulardichroismus-Messungen sind in der pharmazeutischen Chemie von großer Bedeutung, da mindestens 30 % aller Arzneistoffe chiral sind.

In der pharmazeutischen Forschung spielen zudem Naturstoffe eine wichtige Rolle. Viele neue Wirkstoffe sind von Naturstoffen abgeleitete Verbindungen. Solche Naturstoffe haben meist eine komplizierte Struktur mit vielen chiralen Zentren. Die spektralpolarimetrischen Verfahren bieten von allen physikalischen Analysenmethoden als einzige die Möglichkeit, die absolute Konfiguration und Struktur solcher Naturstoffe zu bestimmen.

Deshalb ist damit zu rechnen, dass in Zukunft diese Methoden auch im Arzneibuch verankert werden.

Quantitative Analytik

ORD- und CD-Kurven werden im Normalfall nicht zur quantitativen Bestimmung verwendet. Dazu genügen die apparativ weniger aufwendigen Methoden der Drehwert- (Polarimetrie) oder Absorptionsmessung mit unpolarisiertem Licht (UV/VIS-Spektroskopie).

Identitätsprüfung

Zur eindeutigen Identifizierung einer chemischen Verbindung ist eine ORD-Kurve natürlich sehr viel besser geeignet als die polarimetrische Messung des Drehwerts bei nur einer Wellenlänge. Da die $[\alpha]_{\mathrm{D}}^{20}$-Werte von vielen Substanzen zufällig gleich sind, ist die ORD-Kurve spezifischer für eine Verbindung.

4.3.1 Strukturaufklärung

ORD und CD sind wichtige Methoden zur Strukturaufklärung chiraler Substanzen

ORD- und CD-Messungen sind wichtige Methoden zur Strukturaufklärung chiraler Verbindungen. Es ist nämlich möglich, aus der Struktur einer Verbindung das Vorzeichen und die ungefähre Stärke des Cotton-Effekts abzuleiten!

Dies führt zu einer großen Erweiterung im Vergleich mit der Polarimetrie, bei der die Vorhersage des Drehwerts nicht möglich ist.

Empirische Regeln

Mit der sog. Oktanden-Regel lässt sich der Cotton-Effekt von Cyclohexanon-Derivaten vorhersagen

Für den Cotton-Effekt gibt es mehrere einfache empirische (d. h. aus der Erfahrung abgeleitete) Regeln, mit denen von der Struktur auf die CD-Kurve geschlossen werden kann. Die bekannteste ist die sog. **Oktanden-Regel**, die für Cyclohexanon-Derivate gilt:

Bei allen chiralen Cyclohexanon-Derivaten tritt bei der $n \rightarrow \pi^*$ Absorption der Carbonyl-Gruppe (bei ca. 300 nm Wellenlänge) ein Cotton-Effekt auf. Aus der Richtung, in die die Reste am Sechsring zeigen, lässt sich der Cotton-Effekt vorhersagen. Wenn das CD- oder ORD-Spektrum eines unbekannten Cyclohexanon-Derivates vorliegt, kann auf die Lage der Reste am Ring (axial oder äquatorial) geschlossen werden. Dies ist in der Praxis etwas kniffelig und soll hier nicht vertieft werden.

Rechnungen

Der Cotton-Effekt lässt sich auch (allerdings mit sehr aufwendigen Verfahren) direkt berechnen.

Merke

Mit CD- und ORD-Messungen lässt sich die absolute Konfiguration (R oder S) chiraler Verbindungen bestimmen.

Übungen

4.4

1. Wie verlaufen die ORD-Kurve und die CD-Kurve einer wässrigen D-Glucose-Lösung im Wellenlängenbereich von 800 nm bis 300 nm? (D-Glucose besitzt einen spez. Drehwert von $[\alpha]_D^{20} = 52{,}7$)
2. Testosteron ist ein Cyclohexanon-Derivat. Aus der Oktandenregel lässt sich für die Absorption bei 238 nm ein positiver Cotton-Effekt vorhersagen. Der spezifische Drehwert beträgt $[\alpha] = 209$. Wie ist der prinzipielle Verlauf der ORD- und der CD-Kurve im Bereich der Lichtabsorption?

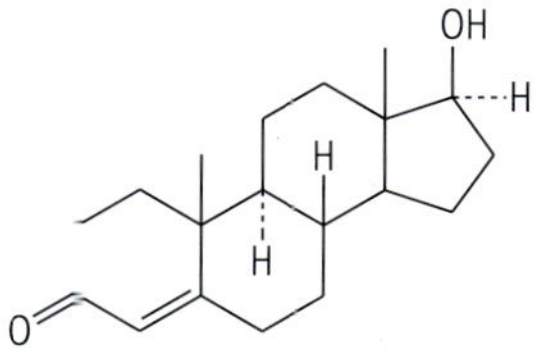

Testosteron

5 Kolorimetrie

Die quantitative Bestimmung der Farbe einer Lösung wird als Kolorimetrie bezeichnet

Als Kolorimetrie wird die quantitative Bestimmung von Substanzen auf Grund ihrer Farbe bezeichnet. Eine chemische Verbindung ist immer dann farbig, wenn sie Strahlung im Spektralbereich des sichtbaren Lichts (400 bis 800 nm) absorbiert.

Oftmals genügt der Vergleich der Farbe einer Substanz mit der einer Referenzsubstanz zur Identifizierung. Deshalb ist der instrumentelle Aufwand für kolorimetrische Bestimmungen sehr klein. Natürlich ist dann die Genauigkeit auch nicht besonders groß.

5.1 Grundlagen

5.1.1 Absorption von sichtbarem Licht

Spektrum des sichtbaren Lichts

Das Spektrum des sichtbaren Lichts umfasst die elektromagnetische Strahlung mit den Wellenlängen von 400 bis 800 nm. Die kurzwellige und energiereiche Strahlung mit 400 nm Wellenlänge ist blau-violettes Licht. Mit länger werdender Wellenlänge ändert sich die Farbe des Lichts von violett über blau, grün, gelb, orange bis zum roten Licht, das die größte Wellenlänge (ca. 800 nm) und die kleinste Energie hat.

Auf der energiereichen Seite schließt sich der Bereich des ultravioletten Lichts (UV) an. Das energieärmere, nicht mehr sichtbare Licht heißt Infrarot-Strahlung (○ Abb. 1.3).

Weißes Licht

Das natürliche Licht erscheint dem menschlichen Auge weiß. Das liegt daran, dass dieses Licht alle Wellenlängen des sichtbaren Spektrums enthält. Sobald eine Wellenlänge fehlt, wird das vom Auge registriert, und das Licht erscheint farbig.

Komplementärfarben

Die Farbe des Lichts ist aber nicht die Farbe der fehlenden Wellenlänge, sondern die Mischfarbe aller noch vorhandener Wellenlängen. Lässt man z. B. Licht durch eine Substanz fallen, die rotes Licht absorbiert, dann ist das restliche Licht grün.

Eine farbige Substanz absorbiert Licht der Komplementärfarbe

Deshalb erscheint eine Substanz, die rotes Licht absorbiert dem menschlichen Auge grün. Wenn im weißen Licht dagegen Grün fehlt, dann ist der Rest rot. Grün und Rot sind sog. **Komplementärfarben** (□ Tab. 5.1).

Voraussetzung für die Farbigkeit

Moleküle mit mehreren konjugierten Doppelbindungen können sichtbares Licht absorbieren

Durch die elektromagnetische Strahlung im sichtbaren Wellenlängenbereich können in Molekülen Elektronen angeregt werden. Für die allermeisten dieser möglichen Anregungen genügt aber die Energie des sichtbaren Lichts nicht, sondern es ist das energiereichere ultraviolette Licht nötig (▶ Kap. 8). Nur wenn ein Molekül sehr

Tab. 5.1 Komplementärfarben: Farbe des Restlichts, wenn eine bestimmte Wellenlänge absorbiert wurde

Fehlende Farbe im Licht	Wellenlänge nm	Farbe des Restlichts (Komplementärfarbe)
Dunkelblau	430	Gelb
Blau	450	Orange
Grün	505	Rot
Gelb	550	Dunkelblau
Orange	590	Blau
Rot	700	Grün

viele konjugierte Doppelbindungen enthält, kann es das relativ energiearme sichtbare Licht absorbieren. Auch viele anorganische Komplexverbindungen sind farbig.

Merke
Mit der Kolorimetrie werden Gehaltsbestimmungen und Reinheitsprüfungen durch Vergleich der Farbe einer Lösung mit einer Vergleichslösung durchgeführt.

Durchführung der Messung 5.2

Farbvergleichslösungen 5.2.1

Je konzentrierter eine Lösung ist, umso intensiver (tiefer) ist die Farbe. Die einfachste Möglichkeit, die Konzentration der Lösung einer farbigen Substanz zu bestimmen, ist der Vergleich mit Referenzlösungen. Dazu wird eine Reihe von Lösungen der Analysensubstanz mit unterschiedlichen Konzentrationen hergestellt und die Farbe (bzw. Farbtiefe) mit der Analyse verglichen.

Merke
Beim Vergleich der Farben muss beachtet werden:
- Das verwendete Licht sollte weiß sein.
- Der Hintergrund muss ebenfalls weiß sein, sonst mischt sich die Farbe der Lösung mit der des Hintergrundes.
- Die Schichtdicke, durch die die Lösungen betrachtet werden, muss bei allen Lösungen gleich groß sein.

Kolorimeter 5.2.2

Eine etwas aufwendigere, aber auch exaktere Analyse ist mit einem Kolorimeter möglich. Auch bei diesem Gerät wird die Farbintensität mit der einer Vergleichslösung „frei Auge“ verglichen. Allerdings lässt sich hier die Schichtdicke verändern, sodass nur eine einzige Vergleichslösung hergestellt werden muss.

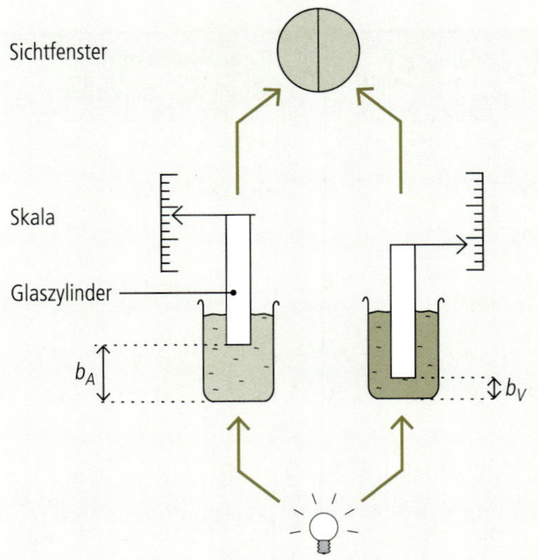

Abb. 5.1 Schematischer Aufbau eines Eintauchkolorimeters

Geräteaufbau

Am weitesten verbreitet sind die sog. Eintauchkolorimeter (Abb. 5.1). Analysenlösung und Vergleichslösung werden in je eine Küvette gefüllt. In jede Küvette wird ein Glaszylinder eingetaucht. Die Schichtdicke ist der Abstand zwischen Küvettenboden und Glaszylinder und kann als b_A und b_V am Gerät abgelesen werden.

Beim Eintauchkolorimeter wird die Farbtiefe einer Lösung mit der einer Vergleichslösung verglichen

Zur Messung müssen beide Glaszylinder so eingestellt werden, dass die Helligkeit (bzw. Farbtiefe) bei Analyse und Vergleich gerade gleich ist. Die Konzentration der Analyse lässt sich aus den Schichtdicken und der Konzentration der Vergleichslösung berechnen:

$$c_A = c_V \cdot \frac{b_V}{b_A}$$

Hinweis

Diese Formel scheint dem Lambert-Beer'schen Gesetz zu widersprechen, da nur die Intensität und nicht die Absorption (der Logarithmus) ausgewertet wird. Tatsächlich ist diese Vereinfachung möglich, weil im Kolorimeter immer auf gleiche Intensität abgeglichen wird. Wenn die Intensitäten I_V und I_A gleich sind, dann sind auch die Absorptionen gleich! Selbstverständlich gilt das Lambert-Beer'sche Gesetz auch bei der Kolorimetrie und deshalb besteht **kein** linearer Zusammenhang zwischen der Intensität und der Konzentration.

5.3 Kolorimetrie in der pharmazeutischen Analytik

In der pharmazeutischen Analytik wird die relativ ungenaue Kolorimetrie heute kaum noch eingesetzt. Die Fehler sind meist größer als 5 %, weil ein genauerer Helligkeitsvergleich mit dem Auge nicht möglich ist. Diese einfache Methode kann deshalb nicht mit den sehr viel genaueren photometrischen Methoden konkurrieren (▶ Kap. 8).

5.3.1 Kolorimetrie in der Ph. Eur.

In der Ph. Eur. wird die Kolorimetrie unter dem Stichwort *Färbung von Flüssigkeiten* abgehandelt. Farbvergleiche werden oft benutzt, um die Reinheit von Arzneistoffen zu überprüfen.

So können gefärbte Verunreinigungen in farblosen Arzneistoffen erkannt werden. In vielen Fällen müssen die Verunreinigungen erst mit einem Farbreagenz sichtbar gemacht werden. So können z. B. Metall-Kationen in gefärbte Komplexe überführt werden.

Zum Vergleich der Farbe muss nicht unbedingt eine Lösung derselben Substanz verwendet werden. Es können auch standardisierte Farblösungen eingesetzt werden. Die Farbe der Probe darf dann nicht dunkler sein als die der Vergleichslösung. Der Vergleich kann nach zwei Methoden durchgeführt werden.

Methode I

Nach der einfacheren Methode werden je 2 ml Probe und Vergleich in gleiche farblose Reagenzgläser mit 12 mm Durchmesser gefüllt. Die Interpretation der Farben wird bei Tageslicht gegen einen weißen Hintergrund durchgeführt, wobei **horizontal** durch die Reagenzgläser geschaut wird.

Methode II

Bei dieser genaueren Methode werden Probe und Vergleich jeweils 40 mm hoch in Glaszylinder mit ebenem Boden gefüllt (sog. Neßler-Zylinder). Die Gefäße werden auf einen weißen Untergrund gestellt und die Farbe wird von oben auf die Lösungen blickend beurteilt. Auch diese Bestimmung kann bei Tageslicht durchgeführt werden.

Standard-Farbvergleichslösungen

Die Ph. Eur. schreibt fünf Farbreferenzlösungen vor, deren Farbe zum Vergleich verwendet wird. Diese Lösungen werden nach ihren Farben als **B** (Braun), **BG** (Bräunlich-Gelb), **G** (Gelb), **GG** (Grünlich-Gelb) und **R** (Rot) bezeichnet. Die Lösungen werden durch Mischen aus drei Stammlösungen für Gelb, Rot und Blau hergestellt:
- Gelbe Lösung: Eisen(III)-chlorid ($FeCl_3$),
- rote Lösung: Cobalt(II)-chlorid ($CoCl_2$),
- blaue Lösung: Kupfer(II)-sulfat ($CuSO_4$).

Das Arzneibuch gibt Vorschriften zur Herstellung der Lösungen und der Mischungen an. Außerdem werden für jede Farblösung eine Reihe genau definierter Verdünnungen festgelegt.

5.4 Übungen

1. β-Carotin hat eine orangerote Farbe, Kupfersulfat eine blaue. Bei welcher der beiden Verbindungen ist energiereicheres Licht zur Anregung der Elektronen nötig?
2. Warum können beim Eintauchkolorimeter die Intensitäten direkt verglichen werden (ohne zuerst die Absorption zu berechnen)? Wie lässt sich die kolorimetrische Auswerteformel aus dem Lambert-Beer'schen Gesetz ableiten?

Atomabsorptionsspektroskopie

6

Mit der Atomabsorptionsspektroskopie (AAS) lässt sich der Gehalt eines bestimmten chemischen Elements (also einer Atomsorte) in einer Probe bestimmen. Im Normalfall ist es gleichgültig, in welcher *chemischen* Form (kovalent gebunden in einem Molekül oder als Salz) das Element vorliegt.

Bei der AAS wird der Gehalt eines Elements bestimmt. Die Art der chemischen Verbindung spielt keine Rolle

Im Gegensatz zur Flammenphotometrie (▶ Kap. 7) ist die AAS eine absorptionsspektroskopische Methode, d. h. es wird gemessen, wie stark Licht (meist im UV/VIS-Bereich) von den Atomen absorbiert wird. Die AAS ist eine sehr genaue Methode, mit der sich eine Vielzahl von Elementen bestimmen lässt. Die Nachweisgrenze vieler Metalle liegt unterhalb von einem ppm (*parts per million*).

Physikalische Grundlagen — 6.1

Linienspektrum von Atomen — 6.1.1

Absorptionsspektrum des Wasserstoff-Atoms

Das einfachste Atom ist das Wasserstoffatom, das nur ein einziges Elektron besitzt. Durch Bestrahlen mit elektromagnetischer Strahlung kann dieses Elektron von seiner *Bahn* (Orbital) in ein höher liegendes Orbital angehoben werden. Da es viele höher liegende Orbitale gibt, in die das Elektron gelangen kann, sind im Absorptionsspektrum viele Absorptionen zu sehen.

Das Spektrum von Atomen ist ein Linienspektrum, weil neben der Elektronenanregung keine anderen Anregungen möglich sind (▶ Kap. 1.3). Der Wellenlängenbereich der Absorptionslinien reicht vom IR-Bereich über den sichtbaren Bereich bis zum UV-Licht. Jede Linie des Spektrums entspricht einer möglichen Anregung des Elektrons.

Das Atomabsorptionsspektrum ist ein Linienspektrum

Das eine Elektron des H-Atoms muss natürlich nicht immer im energetisch günstigsten Orbital sein. Wenn in einem Atom das Elektron z. B. schon im zweiten Orbital ist, kann es auch von dort aus in alle restlichen anderen Orbitale angeregt werden. Die Absorptionslinien lassen sich deshalb zu sog. **Serien** zusammenfassen, wobei innerhalb jeder Serie das Elektron vom selben Ausgangszustand ausgehend angeregt wird (○ Abb. 6.1).

Absorption und Emission

Durch Bestrahlen mit Licht geeigneter Wellenlänge können die Elektronen eines Atoms angeregt werden. Die Anregungsenergie kann aber auch auf andere Weise zugeführt werden, z. B. thermisch (durch Erhitzen).

Die Elektronen dieser angeregten Atome können wieder in den Ausgangszustand zurückfallen, wobei die überschüssige Energie wieder als Strahlung abgegeben wird. Die Atome senden deshalb Licht aus, das genau die Wellenlängen enthält, die zur Anregung absorbiert wurden. Auch dieses Emissionsspektrum der Atome ist ein Linienspektrum. Es ist weitgehend invers zum Absorptionsspektrum (○ Abb. 6.2).

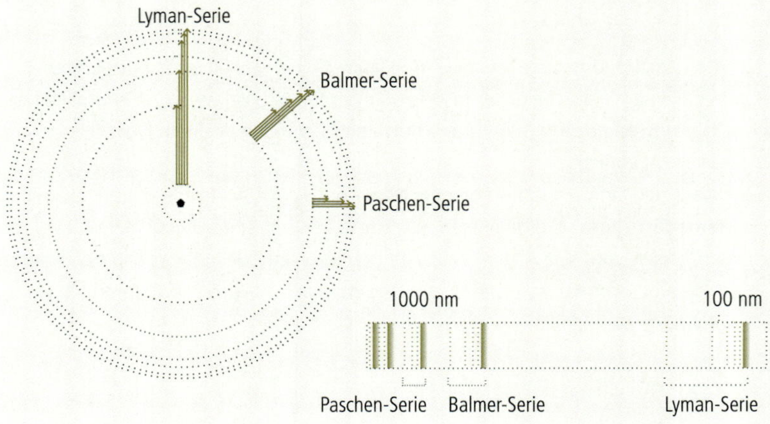

Abb. 6.1 Elektronenorbitale und Serien von Wasserstoff

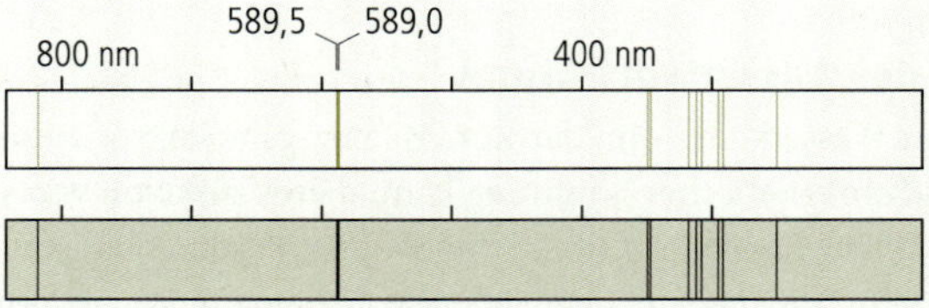

Abb. 6.2 Absorptions- und Emissionsspektrum von Natrium

Spektren höherer Atome

Alle anderen Atome besitzen mehr Elektronen als das Wasserstoffatom. Demzufolge sind ihre Absorptionsspektren komplizierter, d. h. es sind mehr Elektronenübergänge möglich. Allerdings ergeben sich **immer** Linienspektren. Die Intensität der meisten Linien ist sehr klein, und im gesamten UV/VIS-Bereich gibt es oft nur wenige Linien, deren Intensität die aller anderen um das Tausendfache oder mehr übersteigt. Bei manchen Elementen gibt es sogar nur eine einzige intensive Absorptionslinie.

Merke

- Die Atomabsorptionsspektroskopie weist chemische Elemente (meist Metalle) in beliebigen Proben nach.
- Die Spezifität sowie die Empfindlichkeit sind sehr hoch (Messungen im ppm-Bereich).
- Das Lambert-Beer'sche Gesetz gilt, allerdings muss trotzdem mit Kalibriergeraden ausgewertet werden.

Prinzip der Atomabsorptionsspektroskopie 6.1.2

Atomisierung in der Flamme

Um die Absorption von Atomen für deren quantitative Bestimmung zu nutzen, dürfen die Atome nicht über chemische Bindungen mit anderen Atomen verknüpft sein, denn dadurch würden die Anregungsenergien der Elektronen verändert. Zur Trennung der Atome sprüht man eine Lösung der zu untersuchenden Probe in die Flamme eines Gasbrenners. Durch die Hitze der Flamme werden alle chemischen Bindungen gespalten, und die Atome liegen einzeln vor (Atomisierung). Die Konzentration dieser isolierten Atome kann dann absorptionsspektroskopisch gemessen werden.

Resonanzanregung

Die Konzentration (Zahl) der isolierten Atome in der Flamme eines AAS-Spektrometers ist sehr gering. Um eine messbare Absorption zu erhalten, muss deshalb das Licht, mit dem gemessen wird, sehr intensiv sein. Außerdem ist das Absorptionsspektrum der Atome ein Linienspektrum, d. h. die Messwellenlänge muss ganz genau mit der Absorptionswellenlänge übereinstimmen. Wenn sie auch nur wenig daneben liegt (wenige nm), können die Atome die Strahlung schon nicht mehr absorbieren und eine Messung ist nicht möglich.

Um diese Probleme zu beseitigen, wird als Lichtquelle eine sog. **Hohlkathodenlampe** verwendet. In dieser Lampe werden Atome desselben Elements, das auch bestimmt werden soll, zum Strahlen gebracht. Die Hohlkathodenlampe erzeugt deshalb ein Emissionsspektrum des Elements, dessen Absorption gemessen werden soll. Dadurch ist gewährleistet, dass genau die **richtigen** Wellenlängen mit hoher Intensität im Messlicht vorhanden sind. Eine solche Vorgehensweise wird Resonanzanregung genannt.

Auswertung

Wie bei jeder Absorptionsspektroskopie gilt in der AAS das **Lambert-Beer'sche Gesetz.** Deshalb ist die logarithmisch definierte **Absorption** proportional zur Konzentration der Probe (▶ Kap. 1.4):

$$A(\lambda) = \log \frac{I_0}{I}$$
$$A(\lambda) = \varepsilon(\lambda) \cdot c \cdot b$$

Allerdings sind bei der AAS die Voraussetzungen für die Gültigkeit des Lambert-Beer'schen Gesetzes nicht immer alle erfüllt.

- Es gibt hier keine Lösungen, sondern gasförmige verdampfte Proben, deren Konzentration nicht angegeben werden kann.
- Es gibt keine Küvette und die Küvettendicke b entspricht der nicht genau definierbaren Größe der Flamme.
- Die Messbedingungen lassen sich nur schwierig über einen längeren Zeitraum konstant halten, weil Flammentemperatur, Gaszufuhr und Zufuhr der Probe sich leicht ändern können.

Bei der AAS gilt zwar im Prinzip das Lambert-Beer'sche Gesetz, es muss aber dennoch mit Eichkurven gearbeitet werden

In der Praxis ergibt sich daher oft kein linearer Zusammenhang zwischen Absorption und Konzentration. Ein Diagramm, in dem die Absorption A gegen die Konzentration aufgetragen ist, ergibt dann keine Gerade, sondern eine Kurve.

Da weder die Konzentration c noch die Schichtdicke b bekannt sind, lässt sich der Absorptionskoeffizient $\varepsilon(\lambda)$ auch nicht berechnen. Zur Auswertung der Analyse muss deshalb immer eine Kalibriergerade (oder eine Kalibrierkurve) angelegt werden.

Merke

- Atome zeigen ein Linienspektrum mit sehr scharfen Absorptionslinien.
- Bei der AAS wird nur eine einzige Linie im Spektrum zur Bestimmung verwendet.
- Die Messlinie sollte möglichst intensiv und isoliert sein.
- Im Atomabsorptionsspektrometer wird eine sog. Resonanzlinie zur Messung verwendet.

6.2 Geräteaufbau

Der Aufbau eines AAS-Spektrometers entspricht dem eines normalen Absorptionsspektrometers mit Lichtquelle, Analysenkammer, Monochromator, Detektor und Anzeige (○ Abb. 6.3).

Lichtquelle

Als Lichtquelle für die AAS verwendet man eine sog. Hohlkathodenlampe. Diese besteht aus einem Glaskolben, in dem sich ein Edelgas unter geringen Druck befindet (1–10 mbar). Die Edelgasatome werden ionisiert und auf die Oberfläche einer Metallkathode geschossen. Diese Kathode ist mit einem Überzug aus dem Metall versehen, das bestimmt werden soll.

Durch den Stoß werden Metallatome aus der Metalloberfläche herausgeschlagen und gleichzeitig (oder später durch einen weiteren Stoß) deren Elektronen angeregt. Wenn die so aktivierten Atome wieder in den Ausgangszustand zurückfallen, geben sie die überschüssige Energie in Form von Strahlung wieder ab.

Für die Bestimmung jedes chemischen Elements wird eine spezielle Lampe benötigt, bei der die Kathode mit diesem Element überzogen ist.

Als Lichtquelle wird bei der AAS eine Hohlkathodenlampe mit dem Element verwendet, das bestimmt werden soll

Brenner

Zur Erzeugung der Flamme werden Gasbrenner verwendet. Die Flammentemperatur darf nicht zu groß sein, weil die Probe zwar atomisiert werden muss, die Atome aber nicht thermisch angeregt oder gar ionisiert werden dürfen. Die entstehenden Ionen zeigen ein anderes Linienspektrum und sind somit der Bestimmung entzogen. Es gibt deshalb eine optimale Temperatur für jede Bestimmung.

Die Lösung der Probe wird in die Gaszuführung gesprüht, sodass sie in der Flamme gleichmäßig verteilt ist.

Monochromator

Obwohl das Licht der Hohlkathodenlampe schon für jede Bestimmung angepasst ist, kann nicht auf einen Monochromator verzichtet werden. Erstens liefert die Lampe kein monochromatisches Licht, sondern ein Gemisch aller Wellenlängen im Linienspektrum eines Elements. Daher besteht die Gefahr, dass zufällig doch noch

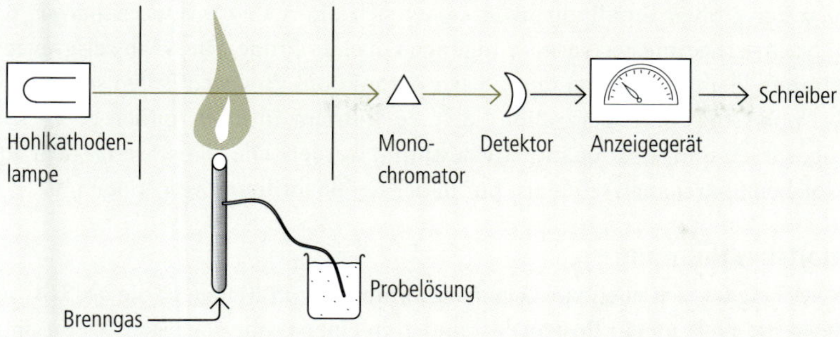

Abb. 6.3 Schematischer Aufbau eines Atomabsorptionsspektrometers

6

Tab. 6.1 Einige Metalle, die mit der AAS bestimmt werden können

Element	Wellenlänge in nm
Aluminium	309,3
Arsen	189,0
Blei	283,3
Cadmium	288,8
Chrom	357,9
Kupfer	327,4
Lithium	607,8
Natrium	589,0 und 589,6
Nickel	300,2
Quecksilber	253,7
Zink	213,9

andere Atomsorten eine der Emissionslinien absorbieren können. Zweitens leuchtet die Flamme ja auch selbst, vor allem wenn Lösungsmittel verbrennt.

Zur Messung wird eine Emissionslinie gewählt, die möglichst intensiv ist und bei der möglichst nur das zu bestimmende Element absorbieren kann (die Linie **muss isoliert** sein).

AAS in der pharmazeutischen Analytik 6.3

Eine große Zahl von Elementen sind mit der Atomabsorptionsspektroskopie erfassbar. Vor allem Metalle, die starke Absorptionen im UV/VIS-Bereich des Spektrums zeigen, können sehr genau bestimmt werden (Tab. 6.1). Dabei spielt es keine Rolle, in welcher chemischen Form das jeweilige Element in der Probe vorliegt.

Spurenanalyse

Wegen ihrer großen Empfindlichkeit kann die AAS zur Spurenanalyse eingesetzt werden

Wegen der großen Empfindlichkeit eignet sich die AAS zur Spurenanalyse, d. h. zum Nachweis geringster Verunreinigungen in einer Probe. Die Nachweisgrenze ist fast immer kleiner als 1 ppm (*engl.:* parts per million), in vielen Fällen sogar unterhalb 1 ppb (*engl.:* parts per billion), d. h. 1 g Substanz in 1000 Tonnen gelöst kann nachgewiesen und sogar quantitativ bestimmt werden. Die Fehlergrenze liegt auch bei solchen Spurenanalysen meist nur in der Größenordnung von einigen %.

Gehaltsbestimmung

Die AAS eignet sich auch zur Gehaltsbestimmung von Metallen, die als Salz oder anderweitig (z. B. an ein Protein) gebunden in einer Probe vorliegen. Wenn die zu bestimmende Konzentration groß ist, muss die Probe vor der Messung stark verdünnt werden.

Hydridtechnik

Sollen Elemente bestimmt werden, die gasförmige Hydride bilden (z. B. Zinn, Arsen, Antimon, Bismut, Selen, Tellur, Germanium) kann mit einem Trick die Empfindlichkeit und Genauigkeit der Methode noch erhöht werden:

Besonders hohe Empfindlichkeit und Genauigkeit kann mit der Hydridtechnik erreicht werden (für Elemente, die gasförmige Hydride bilden)

So kann beispielsweise Arsen in der Probenlösung mit Hilfe von naszierendem Wasserstoff in gasförmigen Arsenwasserstoff AsH_3 überführt werden. Dieser wird dann in einem heißen Quarzrohr wieder in die Atome zerlegt und dort durch AAS bestimmt. Bei 1000 – 1200 K zerfallen die Moleküle dann wieder in die Atome.

Die Methode hat mehrere Vorteile:

- Die Heizung kann elektrisch erfolgen und somit kann die optimale Temperatur eingestellt und gehalten werden kann.
- Das zu bestimmende Arsen wird aus der Analysenlösung abgetrennt und kann ohne Störungen durch andere Inhaltsstoffe detektiert werden.

6.3.1 AAS in der Ph. Eur.

Das Arzneibuch verwendet die AAS oft zur Reinheitskontrolle. Vor allem Verunreinigungen durch Schwermetalle (z. B. Zink, Blei, Quecksilber) können so einfach, schnell und genau nachgewiesen werden. Solche Metalle können entweder durch Umwelteinflüsse (bei aus Naturstoffen hergestellten Arzneistoffen) oder durch das Produktionsverfahren (Kupfer, Eisen usw.) in Arzneimittel gelangen.

Weitere Beispiele sind die Bestimmungen von Elektrolyten wie Calcium, Magnesium, Eisen usw. im Blutserum, die in der klinischen Chemie eine große Rolle spielen. Für andere Bestimmungsverfahren, z. B. nasschemische Analysen, müsste das Blut zuerst aufwendig aufgearbeitet werden. In der Flamme des Atomabsorptionsspektrometers verbrennen alle Bestandteile, die stören könnten.

Auswertemethoden

Das Arzneibuch sieht zur Auswertung die „Kalibriergeradenmethoden“ Methode I und Methode II vor (▶ Kap. 1.5.4).

Methode I ist die Auswertung mit einer Kalibriergerade. Bei der AAS sollte allerdings im Einzelfall geprüft werden, ob die Lage der Messpunkte im Diagramm wirklich eine Gerade ergibt. Ansonsten muss eine Ausgleichskurve durch die Punkte gelegt werden.

Bei der Anwendung der **Methode II** ist besonders bei der AAS große Vorsicht geboten, weil bereits kleine Abweichungen vom geraden Verlauf der Kurve bei dieser Auswertung einen großen Fehler des Ergebnisses verursachen.

Übungen 6.4

1. Warum ist das Absorptionsspektrum der Atome in einer Gasbrennerflamme ein Linienspektrum?
2. Warum lässt sich für die atomabsorptionsspektrokopische Bestimmung eines Metalls kein Absorptionskoeffizient angeben?
3. Was sind die Vorteile der AAS gegenüber anderen absorptionsspektroskopischen Analysenmethoden?

7 Flammenphotometrie

Bei der Flammenphotometrie wird der Gehalt eines Elements bestimmt. Die Art der chemischen Verbindung spielt keine Rolle

Mit der Flammenphotometrie lässt sich der Gehalt eines bestimmten chemischen Elements (also einer Atomsorte) in einer Probe bestimmen. Dabei ist es im Normalfall ohne Bedeutung, in welcher **chemischen** Form (kovalent gebunden in einem Molekül oder als Ionen beigemischt) das Element vorliegt.
Zur Messung wird die Probe in einer Flamme so stark erhitzt, dass jedes Atom eine charakteristische Strahlung aussendet. Diese Strahlung kann zur qualitativen und quantitativen Bestimmung des Elements verwendet werden.

Atomemissionsspektroskopie

Die Flammenphotometrie ist ein emissionsspektroskopisches Verfahren

Alle analytischen Verfahren, bei denen die Strahlung gemessen wird, die von der Probe ausgesendet (emittiert) wird, werden emissionsspektroskopische Verfahren genannt. Wird die Emission von **Atomen** gemessen, spricht man von der Atomemissionsspektroskopie.

Die Flammenphotometrie ist eine atomemissionsspektroskopische Methode. Bei den anderen atomemissionspektroskopischen Verfahren werden die Atome nicht in einer Flamme, sondern z. B. durch Erhitzen in einem elektrischen Ofen zum Strahlen gebracht.

7.1 Physikalische Grundlagen

7.1.1 Emissionsspektrum von Atomen

Jedes Atom besteht aus einem Atomkern und der Elektronenhülle. Der Atomkern ist aus den positiv geladenen Protonen und Neutronen aufgebaut. Die Elektronenhülle besteht aus den Elektronen, die sich auf genau festgelegten **Bahnen** (Orbitalen) um den Atomkern bewegen. Zu jedem Orbital gehört eine bestimmte Energie des Elektrons. Diese Orbitalenergien sind bei jedem Atomtyp (Element) verschieden, sodass durch ihre Messung jedes Element einzeln in einer Probe nachgewiesen werden kann.

Das Emissionsspektrum eines Atoms entspricht fast genau dem Absorptionsspektrum, nur dass die Absorptionen hier durch die entsprechenden Emissionen ersetzt sind. Auch das Emissionsspektrum eines Atoms ist ein Linienspektrum. Das Licht, das von einem erhitzten Atom ausgesendet wird, enthält deshalb nur eine bestimmte Anzahl von Wellenlängen (**○** Abb. 6.2).

Die Intensität der einzelnen Linien ist unterschiedlich. Die Wellenlänge der emittierten Strahlung reicht vom Infrarot-Licht bis zum ultravioletten Licht (ca. 10 000 nm bis 100 nm). Viele Metalle, v. a. Alkali- und Erdalkalimetalle, zeigen intensive Linien im sichtbaren Bereich (z. B. Natrium: 589 nm; 589,5 nm).

Tab. 7.1 Chemische Elemente, die mit der Flammenphotometrie bestimmt werden können

Metall	Wellenlänge der intensivsten Emissionslinien
Barium	455 nm
Blei	368,4 nm
Calcium	422,7 nm
Kalium	766,5 nm und 770 nm
Kupfer	324,8 nm
Lithium	669,9 nm
Natrium	589,0 und 589,8 nm
Silber	338,9 nm

Prinzip der Flammenphotometrie 7.1.2

Bei der Flammenphotometrie wird die gelöste Probe mit einem Zerstäuber in die Flamme eines Gasbrenners gesprüht. Die chemischen Verbindungen (Salze oder Moleküle) werden in der heißen Flamme zuerst in die neutralen Atome gespalten (sog. **Atomisierung**). In diesen Atomen können dann Elektronen durch die Hitze in ein höher liegendes Atomorbital angehoben werden (das Atom wird thermisch angeregt).

Wenn die Elektronen aus den angeregten Atomen wieder in das energieärmere Orbital zurückfallen, geben sie die vorher aufgenommene Energie als elektromagnetische Strahlung wieder ab.

Die Wellenlänge der abgegebenen Strahlung hängt davon ab, um welches Element es sich bei dem Atom handelt.

Die **Nachweisgrenze** ist sehr niedrig (ppm bis ppb: 10^{-6} bis 10^{-9}), sodass sich mit Hilfe der Flammenphotometrie geringste Mengen (Spuren) von Metallen oder deren Salzen nachweisen lassen.

Intensität der Lichtemission

Da hier eine emissionsspektroskopische Methode vorliegt, gilt das Lambert-Beer'sche Gesetz nicht. Vielmehr wird umso mehr Strahlung ausgesendet, je mehr Atome eines Elements in der Flamme sind und die Intensität der Strahlung ist direkt proportional zur Konzentration des Elements in der Probe (d. h. doppelte Konzentration = doppelte Intensität).

Bei der Flammenphotometrie gilt das Lambert-Beer'sche Gesetz **nicht**

Die beobachtete Intensität weicht allerdings meist stark von diesem theoretischen linearen Gesetz ab, weshalb in der Praxis mit Kalibrierkurven gearbeitet werden muss.

Temperatur der Flamme

Die Stärke der Lichtemission hängt von der Temperatur der Flamme ab. Bei niedriger Temperatur genügt die Energie nicht zur Anregung der Atome. Bei zu hoher Temperatur können Elektronen aus den Atomen herausgeschlagen werden (Ionisie-

Tab. 7.2 Brenngase für die Flammenphotometrie

Erdgas/Luft (Bunsenbrenner)	ca. 1900–2000 Grad
Acetylen/Luft	ca. 2200–2500 Grad
Acetylen/Sauerstoff	ca. 3000–3200 Grad

rung). Da die entstehenden Ionen ein anderes Spektrum zeigen als die neutralen Atome, nimmt die Intensität der Emission der Atome dann wieder ab.

Es gibt somit für jede Atomsorte einen optimalen Temperaturbereich, in dem die Ausstrahlung des Linienspektrums der Atome am stärksten ist.

Die Temperatur kann beeinflusst werden, indem nur in einem kleinen Bereich der Flamme (z. B. in der Spitze) gemessen oder die Zusammensetzung des Brenngases verändert wird (Tab. 7.2).

Merke

- Für eine flammenphotometrische Bestimmung eines Elements ist es gleichgültig, wie das Element in der Probe chemisch gebunden ist.
- Die Flammenphotometrie ist eine sehr empfindliche Methode und eignet sich zur Spurenanalyse. Die Nachweisgrenze ist oft niedriger als 1 ppm (1 g in 1 Tonne Substanz).

7.2 Geräteaufbau

Ein Flammenphotometer gleicht einem Absorptionsspektrometer ohne Lichtquelle, da die Probe das Licht selbst ausstrahlt (Abb. 7.1). Meist ist um die Flamme ein Spiegel angebracht, um möglichst viel des emittierten Lichts aufzufangen und in den Detektor zu leiten.

Ein Monochromator ist nötig, weil das Licht von anderen Atomen oder von der Flamme selbst die Messung verfälschen würde. Zur Konzentrationsbestimmung wird eine einzige, möglichst intensive Emissionswellenlänge des Elements aus dem Licht der Flamme isoliert. Dann lässt sich dieses Element völlig unabhängig von der Zusammensetzung der Probe selektiv bestimmen.

Als Detektor wird eine Photozelle verwendet, da im Normalfall nur im UV/VIS-Bereich gearbeitet wird.

7.3 Messung

Probenvorbereitung

Die Probe wird normalerweise in Wasser gelöst, da organische Lösungsmittel in der Flamme verbrennen und das dabei entstehende Licht die Bestimmung stören kann. Dann wird die Lösung mit gleichmäßiger Geschwindigkeit durch den Zerstäuber dem Brenngas zugemischt.

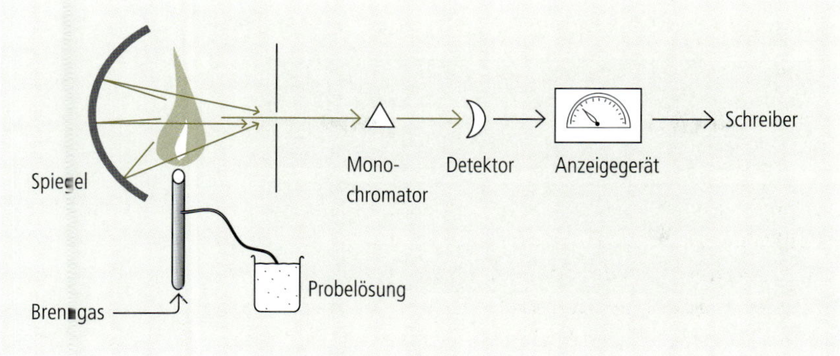

Abb. 7.1 Schematischer Aufbau eines Flammenphotometers

Gehaltsbestimmung

Das Flammenphotometer registriert die Intensität der Strahlung bei der Messwellenlänge. Der Wert muss **nicht** in die logarithmische Größe (Absorption) umgerechnet werden, da bei den Emissionsmethoden das Lambert-Beer'sche Gesetz **nicht** gilt. Die Auswertung kann nur über Kalibriergeraden oder Kalibrierkurven erfolgen.

Flammenphotometrie in der pharmazeutischen Analytik 7.4

Wegen der niedrigen Nachweisgrenze und der hohen Selektivität werden flammenphotometrisch hauptsächlich Verunreinigungen von Arzneistoffen durch Salze oder Metalle nachgewiesen. Solche Verunreinigungen können durch die Herstellung entstehen, wie z. B. durch Reste von Katalysatoren, die zur Umsetzung gebraucht werden, oder durch Abrieb von Aufbewahrungsbehältern und Reaktionsgefäßen.

Sollen höhere Konzentrationen erfasst werden, dann müssen die Probelösungen u. U. stark verdünnt werden (z. B. 1000- oder 10 000-fach), um exakte Messergebnisse zu erhalten.

Flammenphotometrie in der Ph. Eur.

Das Arzneibuch schreibt vor, dass alle flammenphotometrischen Messungen mit jeder Probe mindestens dreimal wiederholt werden. Das Ergebnis wird durch Bildung des Mittelwerts ermittelt, wodurch der Messfehler verringert wird. (Die Flammenphotometrie ist zwar eine sehr genaue Methode, da sie aber oft zur Spurenanalyse verwendet wird, ist eine möglichst hohe Messgenauigkeit besonders wichtig!).

Zur Auswertung kann entweder eine Eichkurve (**Methode I**) oder die Zumischmethode (**Methode II**, ▶ Kap. 1.5.4) verwendet werden. Die Zumischmethode ist hier nur unter Vorbehalt anwendbar, da die Abhängigkeit der Intensität vom Gehalt der Probe nicht immer linear ist.

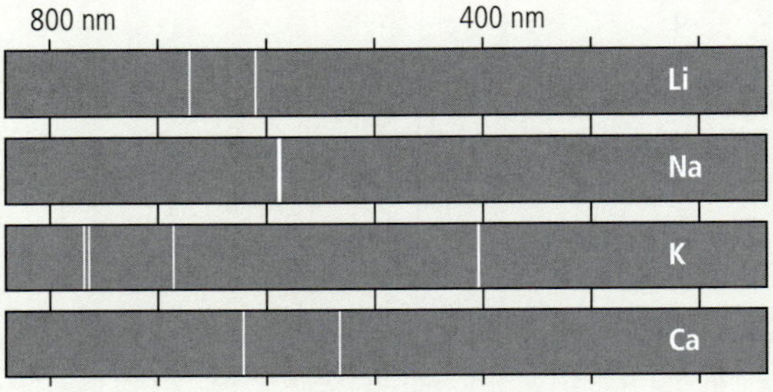

Abb. 7.2 Linienspektren einiger Alkali- und Erdalkalimetalle, wie sie im Handspektroskop erscheinen

7.5 Spektralanalyse

Die Spektralanalyse ist eine sehr einfache qualitative Form der Flammenphotometrie. Als Messgerät wird ein Bunsenbrenner verwendet, der Detektor ist das menschliche Auge. Somit ist der Messbereich auf das sichtbare Licht reduziert.

Durchführung der Messung

Bei der Spektralanalyse wird das Licht, das von den Atomen einer Probe in der Bunsenbrennerflamme ausgestrahlt wird, mit einem Handspektrometer analysiert

Wie bei der Flammenphotometrie wird die Probe, wenn möglich, in Wasser gelöst. Die Lösung wird dann in eine Bunsenbrennerflamme gebracht. Am einfachsten wird dazu ein Tropfen an einem Magnesiastäbchen in die Flamme gehalten.

Besser ist es aber, die Lösung vor den Lufteinsauglöchern des Bunsenbrenners zu versprühen. Dazu kann ein glühendes Magnesiastäbchen dienen, oder die Messlösung wird mit Salzsäure versetzt und ein Zinkkorn hineingeworfen. Durch die Wasserstoffentwicklung sprudelt die Probe und versprüht die Substanz.

Detektion

Bei einfachen Bestimmungen genügt es, die Farbe der Flamme zu beurteilen. Zum sicheren Nachweis einzelner Elemente sollte aber ein Handspektroskop verwendet werden. Dadurch wird das farbige Licht in sein Spektrum aufgespalten, und die einzelnen farbigen Emissionslinien der Elemente werden sichtbar (Abb. 7.2).

Merke

- Die Spektralanalyse ist eine vereinfachte Methode zum qualitativen Nachweis von Elementen (v. a. Alkali- und Erdalkalimetalle) mit dem Bunsenbrenner.
- Die wichtigsten Elemente, die spektralanalytisch nachgewiesen werden können, sind: Natrium: gelb, Lithium: rot, Kalium: rot, Calcium: hellrot, Strontium: rot, Barium: grün, Kupfer: grün.

Anwendungen

Grundsätzlich können alle Elemente nachgewiesen werden, die intensive Emissionslinien im sichtbaren Bereich des Spektrums haben. Das sind vor allem die Salze der Alkali- und Erdalkalimetalle (◻ Tab. 7.1).

Übungen 7.6

1. Warum ist die Strahlungsintensität einer Emissionslinie in einer Flamme bei einer bestimmten Temperatur am größten, und bei höherer und niedrigerer Temperatur kleiner?
2. Warum ist zur Flammenphotometrie ein Monochromator nötig, obwohl viele Elemente im Messbereich nur wenige Emissionswellenlängen ausstrahlen?

8 UV/VIS-Spektroskopie

Viele organische Moleküle können sichtbares Licht absorbieren. Diese Moleküle erscheinen dann farbig, da die Strahlung des sichtbaren Lichts dem Auge nur dann weiß erscheint, wenn sie alle möglichen Wellenlängen aus diesem Bereich des Spektrums (ca. 400–800 nm Wellenlänge) enthält. Fehlt z. B. rotes Licht, dann hat das restliche Licht eine grüne Farbe (▶ Kap. 5).

Bei der UV/VIS-Spektroskopie werden die Bindungselektronen von Molekülen angeregt

In Molekülen können durch die Energie des sichtbaren Lichts Elektronen in energiereichere Molekülorbitale angehoben werden. Meist ist allerdings die nötige Energie für eine solche Anregung größer als die des sichtbaren Lichts. Die Absorptionen liegen dann im Bereich des sog. ultravioletten Lichts. Die Wellenlänge dieser Strahlung ist kleiner als die des sichtbaren Lichts und die Energie somit größer. Deshalb werden für die **Elektronenspektroskopie** von Molekülen die Bereiche des sichtbaren und des ultravioletten Lichts zusammengefasst, was zur UV/VIS-Spektroskopie führt.
Der Messbereich umfasst dann die Wellenlängen von ca. 200–800 nm.

8.1 Physikalische Grundlagen

8.1.1 Elektronen in Molekülen

Molekülorbitale

Ebenso wie in Atomen, befinden sich auch in Molekülen die Elektronen auf genau festgelegten Bahnen (den sog. Orbitalen, hier **Molekülorbitale MO**). Die Verteilung aller Elektronen im Molekül bzw. das Aussehen der Molekülorbitale ist sehr kompliziert und kann nur mit aufwendigen quantenmechanischen Methoden berechnet werden.

Für die UV/VIS-Spektroskopie sind allerdings nur wenige Elektronen von Interesse. Nur die Elektronen, die am weitesten von den Atomkernen entfernt sind (das sind die in den energiereichsten Orbitalen), können nämlich mit UV/VIS-Licht angeregt werden. Für alle anderen ist mehr Energie notwendig.

Die Molekülorbitale eines Moleküls lassen sich übersichtlich in verschiedene Typen einteilen (o Abb. 8.1).

- **Core-Orbitale** enthalten die sog. inneren Elektronen. Diese Elektronen tragen (in erster Näherung) nichts zu den chemischen Bindungen bei. Um solche Elektronen anzuregen, ist sehr energiereiche Röntgenstrahlung nötig. Sie sind für die UV/VIS-Spektroskopie nicht von Interesse.

σ-Orbitale enthalten die Elektronen der Einfachbindungen

- **σ-Orbitale** (*griech.*: sigma) enthalten die Elektronen der Einfachbindungen zwischen den Atomen eines Moleküls. Jedes bindende Orbital, das mit 2 Elektronen besetzt ist, ergibt eine Einfachbindung. Die σ-Orbitale entstehen durch Überlappung von Atomorbitalen, die entlang der Bindungen eines Moleküls orientiert sind. Durch eine solche Überlappung entsteht immer neben dem bindenden Orbital auch ein antibindendes **σ*-Orbital.** Das Symbol eines antibindenden Orbitals ist der hochgestellte Stern. Das antibindende Orbital ist stets energiereicher als das bindende. Normalerweise sind die antibindenden

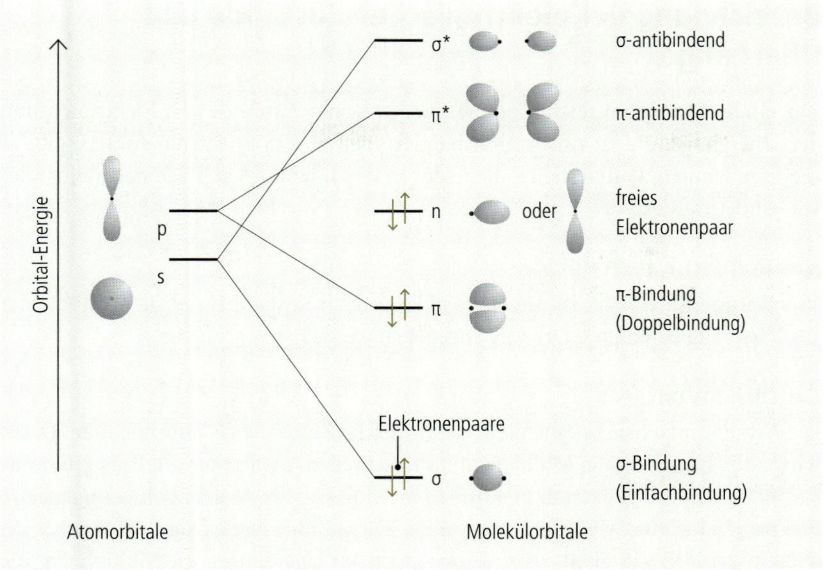

Abb. 8.1 Schematische Darstellung der Elektronenorbitale und ihrer relativen Energie)

8

Orbitale nicht mit Elektronen besetzt, da dies so ungünstig ist, dass sich der Bindungsgrad einer chemischen Bindung im Molekül dann verkleinert.

- π-**Orbitale** (*griech.*: pi) entstehen durch Überlappung von Atomorbitalen, die senkrecht zu den Bindungen angeordnet sind. Sie sind für die Doppel- und Mehrfachbindungen im Molekül verantwortlich. Da die Bindungsstärke der Mehrfachbindungen im Verhältnis kleiner ist als die von Einfachbindungen, sind die π-Orbitale energiereicher als die σ-Orbitale. Die dazugehörigen antibindenden π*-Orbitale sind entsprechend energieärmer als die antibindenden σ*-Orbitale.

π-Orbitale enthalten die Elektronen der Doppelbindungen

- n-**Orbitale** enthalten Elektronen der freien, nicht bindenden Elektronenpaare eines Moleküls (z. B. an Sauerstoff oder Stickstoffatomen). Die relative Energie der n-Orbitale liegt in der Mitte zwischen zusammengehörigen bindenden und antibindenden Orbitalen.

n-Orbitale enthalten die Elektronen der freien Elektronenpaare

HOMO und LUMO

Prinzipiell sind Elektronenübergänge von jedem besetzten Molekülorbital in jedes unbesetzte möglich. Damit ein Übergang allerdings durch UV/VIS-Licht angeregt werden kann, darf die Energiedifferenz zwischen den Molekülorbitalen nicht zu groß sein. Normalerweise sind deshalb nur Übergänge von π nach π* oder von n nach π* im Spektrum sehen.

Das energiereichste (höchste) Molekülorbital, das mit Elektronen besetzt ist, wird als **HOMO** (Highest occupied molecular orbital), das niedrigste unbesetzte als **LUMO** (Lowest unoccupied molecular orbital) bezeichnet. Der Elektronenübergang, der in einem Molekül am wenigsten Energie erfordert, ist demnach das Wechseln eines Elektrons aus dem HOMO in das LUMO.

Die Anregung mit der niedrigsten Energie (der längsten Wellenlänge) ist die vom HOMO ins LUMO

8.1.2 Bezeichnung der elektronischen Zustände und Übergänge

Zur eindeutigen Kennzeichnung der energetischen Zustände von Elektronen und der Übergänge, die zu Absorptionsbanden im UV/VIS-Spektrum führen, gibt es mehrere Nomenklatursysteme, die leider in der Literatur auch alle nebeneinander verwendet werden.

Nomenklatur nach Kasha

Vernünftig und einfach ist die Nomenklatur nach Kasha, bei der die Symbole der am Übergang beteiligten Orbitale angegeben werden ($\pi \rightarrow \pi^*$, $n \rightarrow \pi^*$).

Durchnummerieren

Dies ist die einfachste Möglichkeit, elektronische Zustände zu kennzeichnen. Dabei wird noch nach der sog. *Multiplizität* unterschieden, die immer um Eins größer ist als die Zahl der ungepaarten Elektronen im Molekül. Ein Molekül ohne ungepaarte Elektronen hat eine Multiplizität von Eins. Diese Zählweise ist sinnvoll, da sich bei allen in der UV/VIS-Spektroskopie beobachteten Übergängen die Multiplizität **nie** ändern darf (ein Gesetz der Quantenmechanik, das nicht so einfach erklärbar ist!).

Die meisten Moleküle haben im Grundzustand keine ungepaarten Elektronen und somit die Multiplizität Eins. Das wird als *Singulett* bezeichnet. Die möglichen Übergänge sind dann $S_0 \rightarrow S_1$, $S_0 \rightarrow S_2$, usw. Moleküle mit 2 ungepaarten Elektronen haben z. B. die Multiplizität 3 (Triplett). Die entsprechenden Zustände heißen dann T_1, T_2, usw.

Gruppentheorie

Ebenfalls weit verbreitet ist die Bezeichnung der Molekülorbitale mit den sog. Term-Symbolen aus der Gruppentheorie (${}^1A_2 \leftarrow {}^1A_1$, ${}^1B_{1u} \leftarrow {}^1A_{1g}$). Diese Bezeichnung enthält mehr Information, allerdings ist es recht kompliziert, die richtigen Symbole zu bestimmen. Die hochgestellte Zahl gibt wieder die Multiplizität an. Die restlichen Buchstaben und Zahlen beziehen sich auf die Symmetrieeigenschaften aller Elektronen des Moleküls.

8.1.3 Auswahlregeln

Mit den Auswahlregeln lässt sich vorhersagen, welche Übergänge erlaubt sind und welche nicht

Im Prinzip sollte eine Anregung von Elektronen von jedem besetzten Molekülorbital in jedes unbesetzte möglich sein. Das würde zu einer großen Zahl von Absorptionen im Spektrum führen. Tatsächlich finden die meisten der möglichen Elektronenanregungen nicht statt. Sie sind **verboten.** Welche Anregungen verboten sind, lässt sich mit den sog. Auswahlregeln ableiten.

Allerdings sind oft auch verbotene Übergänge im Spektrum zu sehen – jedoch nur sehr schwach. Verbotene Übergänge sind nicht wirklich verboten, sondern nur unwahrscheinlich und finden deshalb seltener statt als erlaubte Übergänge.

Spin-Verbot

Das Spin-Verbot besagt, dass sich die Multiplizität des elektronischen Zustands eines Moleküls bei der Anregung nicht ändern darf. Es sind deshalb nur Übergänge von Singulett- in Singulett-, oder von Triplett- in Triplett-Zustände möglich.

Anschaulich bedeutet das Spin-Verbot, dass sich der Spin eines Elektrons, während es von einem Molekülorbital in ein anderes wechselt, **nicht** umdrehen darf!

Merke

- Bei der UV/VIS-Spektroskopie werden die Bindungselektronen von Molekülen angeregt.
- Die energieärmste (langwelligste) Anregung, die möglich ist, ist immer der HOMO-LUMO-Übergang.
- Die Auswahlregeln legen fest, ob ein Elektronenübergang zwischen zwei Orbitalen wahrscheinlich ist oder nicht.

Überlappungsverbot

Ein Elektron kann nur von einem Orbital in ein anderes wechseln, wenn sich die beiden Molekülorbitale auch räumlich überlappen. Sind die Orbitale zu weit voneinander entfernt, so kann das Elektron nicht in das andere Orbital gelangen! Es ist auch möglich, dass sich zwei Orbitale, die dicht beieinander sind, auf Grund ihrer Form nicht überschneiden.

Regel von Laporte

Die Regel von Laporte (auch Paritätsverbot) gilt nur für Moleküle, die ein Symmetriezentrum besitzen (die punktsymmetrisch sind, wie z. B. Ethen oder Benzol). Bei solchen Molekülen sind nur Elektronenübergänge zwischen Orbitalen möglich, die unterschiedliche Symmetrieeigenschaften bezüglich des Symmetriezentrums aufweisen (sog. Parität).

In der gruppentheoretischen Nomenklatur der Elektronenzustände wird die Parität durch den Index **u** (= ungerade) oder **g** (= gerade) gekennzeichnet. Erlaubt sind deshalb nur u→g oder g→u.

Symmetrieverbot

Bei nicht punktsymmetrischen Molekülen gilt die Regel von Laporte nicht. Aber auch hier kann ein Übergang auf Grund der Symmetrie der Orbitale verboten sein.

Form der Absorptionsbanden 8.1.4

Das UV/VIS-Spektrum ist ein Bandenspektrum (▶ Kap. 1.3.2). Beim Wechsel eines Elektrons in ein anderes Molekülorbital kann das Molekül zusätzlich noch zum Schwingen gebracht werden. Da auf diese Weise in verschiedenen Molekülen unterschiedlich viel Energie für Molekülschwingungen verbraucht wird, ist im Spektrum nicht eine scharfe Absorptionslinie, sondern eine mehr oder weniger breite Bande zu beobachten.

Wenn Spektren von gasförmigen Proben registriert werden, besitzen die Banden oftmals auf Grund der Schwingungen eine ausgeprägte Feinstruktur. Dann lassen sich sogar die Schwingungsenergien ablesen.

8.2 Chromophore und auxochrome Gruppen

Chromophor

Das Chromophor ist das mesomere System, das zu Absorptionen führt, die im UV/VIS-Spektrum sichtbar sind

Damit eine Elektronenanregung im Energiebereich des UV- oder VIS-Lichts möglich ist, muss ein Molekül Elektronen in π- oder n-Orbitalen besitzen. Der Teil eines Moleküls, der Elektronen in solchen Orbitalen zur Verfügung stellt, heißt Chromophor.

Das Chromophor der UV/VIS-Spektroskopie besteht immer aus mindestens zwei konjugierten Doppelbindungen

Ein Chromophor für die UV/VIS-Spektroskopie besteht immer aus mindestens zwei Doppelbindungen, die miteinander in Konjugation stehen müssen. Moleküle ohne Doppelbindungen oder mit nur isoliert stehenden Doppelbindungen zeigen keine Absorption im UV/VIS-Bereich. Selbstverständlich können auch in diesen Molekülen Elektronen angeregt werden – die Energie dazu ist aber so groß, dass UV-Licht nicht ausreicht. Die Wellenlänge der elektromagnetischen Strahlung müsste noch kürzer sein, um die benötigte Energie aufzubringen,

Auch ein größeres mesomeres System ist möglich, wobei die Absorptionswellenlänge umso größer ist, je größer das mesomere System ist (größere Wellenlänge heißt kleinere Energie).

Am Chromophor können auch Heteroatome mit freien Elektronenpaaren beteiligt sein, wenn diese Elektronenpaare an der Mesomerie teilhaben. Befinden sich im Molekül mehrere Chromophore, die aber räumlich voneinander getrennt (nicht konjugiert) sind, so stellt das Spektrum die Überlagerung der Spektren der einzelnen Chromophore dar.

Auxochrome Gruppen

Weitere funktionelle Gruppen im Molekül können die Energien der Molekülorbitale des Chromophors und damit die Absorption von UV/VIS-Licht beeinflussen.

Auxochrome Gruppen beeinflussen die Absorption des Chromophors

Wenn solche auxochromen Gruppen mit dem Chromophor in Konjugation stehen und das mesomere System erweitern, dann wird die UV/VIS-Absorption in den langwelligen Bereich verschoben.

Merke

Einflüsse auxochromer Gruppen auf die Absorptionsbanden im UV/VIS-Spektrum:

- **bathochrom:** zu längeren Wellenlängen (und kleinerer Energie) verschoben (Richtung Rot),
- **hypsochrom:** zu kürzeren Wellenlängen (und größerer Energie) verschoben (Richtung Blau),
- **hyperchrom:** Verstärkung der Absorption (bei gleicher Wellenlänge),
- **hypochrom:** Abschwächung der Absorption.

Inkrement-Systeme

Mit dem Konzept von Chromophoren und auxochromen Gruppen lässt sich die Absorptionswellenlänge von Molekülen vorhersagen.

Wenn die Absorption des Chromophors bekannt ist, muss für jede auxochrome Gruppe im Molekül ein sog. **Inkrement** dazugezählt werden. Von Woodward wurden Inkrementsysteme entwickelt, mit denen die langwelligste Absorption ungesät-

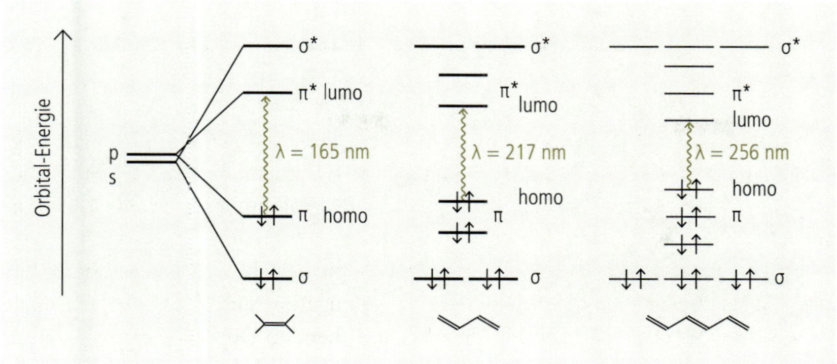

Abb. 8.2 Orbitalschema von Ethen, Butadien und Hexatrien

tigter Verbindungen näherungsweise vorhergesagt werden kann (sog. Woodward-Regeln).

Auxochrome Gruppen besitzen meist auch π- oder n-Elektronen, die mit denen des Chromophors in Konjugation sind.

8.2.1 Konjugierte C=C-Doppelbindungen

Die wichtigsten Chromophore sind konjugierte Doppelbindungen. Grundsätzlich ist die Absorption umso langwelliger, je größer das konjugierte System ist.

Bei einer einzelnen Doppelbindung liegt die Absorption bei weniger als 200 nm außerhalb des (normalen) Messbereichs. Ab zwei Doppelbindungen lässt sich die Absorption im UV-Bereich messen. Liegen viele Doppelbindungen in Konjugation vor (mehr als 5 oder 6), dann ist die Absorptionswellenlänge im sichtbaren Bereich (> 400 nm) und die Substanz ist farbig.

Die Absorption einer isolierten Doppelbindung liegt bei einer Wellenlänge von kleiner als 200 nm

Orbitale und Übergänge

Das Orbitalschema der C=C-Doppelbindung ist sehr einfach (Abb. 8.2). Die Einfachbindung ergibt ein σ- und ein π*-Orbital, die Doppelbindung ein π- und ein π*-Orbital. Der Abstand zwischen HOMO und LUMO (Übergang: π→π*, ▶ Kap. 8.1.1) entspricht ca. 165 nm.

Mit jeder weiteren konjugierten Doppelbindung gibt es mehr bindende und antibindende Orbitale, wodurch der Abstand zwischen HOMO und LUMO immer kleiner und die Absorption in den langwelligen Bereich verschoben wird.

Dien-Regel

In einem Molekül mit konjugierten C=C-Doppelbindungen (ohne Heteroatome!) muss zunächst die längste mögliche konjugierte Kette abgezählt werden. Bei Verzweigungen im konjugierten System wird der Seitenzweig nur als auxochrome Gruppe behandelt, der die Wellenlänge der langwelligsten (energieärmsten) Absorption kaum beeinflusst.

Für das Basischromophor gibt es mehrere Möglichkeiten. Wenn mehr als eine auf das Molekül passt, dann muss das mit der größten Wellenlänge genommen werden. Für auxochrome Gruppen, die direkt an das konjugierte System gebunden sind, werden Inkremente dazugezählt (Abb. 8.3).

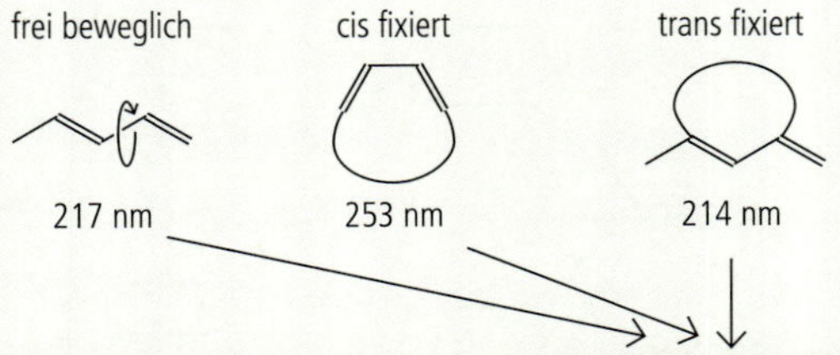

Dien-Regel:

Basischromophor (Dien):		
für jede weitere konjugierte Doppelbindung:	n · 30 nm =	
für jede exocyclische Doppelbindung zusätzlich:	n · 5 nm =	
jede Gruppe, die direkt am Chromophor gebunden ist, erhöht die Absorptionswellenlänge um:		
Alkyl-Rest	n · 5 nm =	
—O—Alkyl-Rest	n · 6 nm =	
—S—Alkyl-Rest	n · 30 nm =	
—N—Rest	n · 60 nm =	
Halogen	n · 5 nm =	
Summe (= langwelligste Absorption der Verbindung)	=	

Abb. 8.3 Schema zur Berechnung der langwelligsten Absorption eines Polyens (Dien-Regel)

Eine Besonderheit sind die sog. exozyclischen Doppelbindungen: Jede Doppelbindung, die außen an einem Ringsystem gebunden ist, muss gesondert berücksichtigt werden. Dabei ist es gleichgültig, ob die Doppelbindung wieder zu einem anderen Ring gehört (siehe Beispiele). Aber Vorsicht: Diese Regeln gelten **nicht** für aromatische Verbindungen.

Beispiele zur Dien-Regel

1.

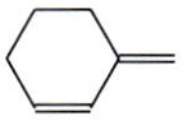

Chromophor trans-fixiert:	214 nm
eine Bindung exocyclisch:	+ 5 nm
zwei Alkylreste:	+ 2 · 5 nm
langwelligste Absorption:	229 nm
gemessene Wellenlänge:	232 nm

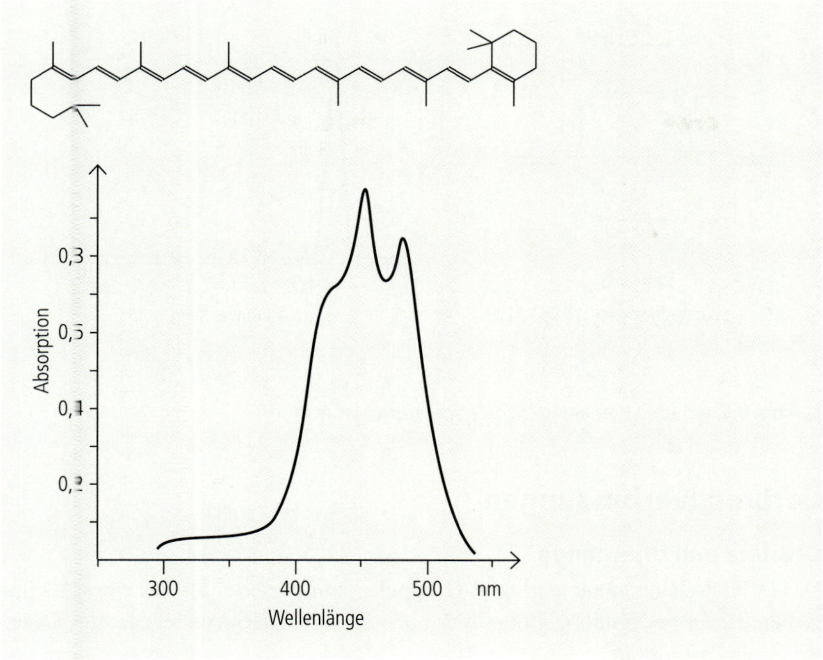

Abb. 8.4 UV/VIS-Spektrum von β-Carotin

2. 2-β-Carotin, Abb. 8.4

Chromophor frei:	217 nm
neun weitere Doppelbindungen:	+ 9 · 30 nm
zehn Alkylreste:	+ 10 · 5 nm
langwelligste Absorption:	537 nm
gemessene Wellenlänge:	490 nm

Weitere Beispiele sind im Fragen-Teil zu finden, da das IMPP regelmäßig solche Inkrement-Berechnungen fragt!

Quadratwurzelgesetz

Die langwelligste Absorption eines konjugierten Polyens (λ_{max}), das keine auxochromen Gruppen enthält, hängt hauptsächlich von der Zahl der Doppelbindungen (n) ab (Quadratwurzelgesetz):

Die langwelligste Absorption eines Polyens kann mit dem Quadratwurzelgesetz abgeschätzt werden

$$\lambda_{max} = 31 + 134 \cdot \sqrt{n}$$

Durch Umformen erhält man die Formel, mit der die Zahl der Doppelbindungen aus der Wellenlänge des langwelligsten Absorptionsmaximums abgeschätzt werden kann:

$$n = \left(\left(\lambda_{max} - 31\right) / 134\right)^2$$

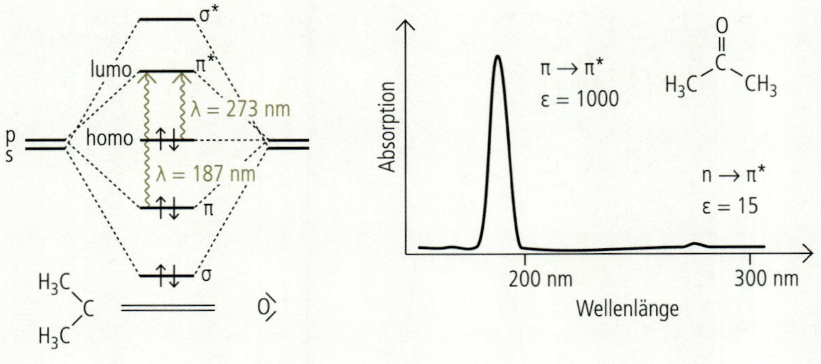

Abb. 8.5 Orbitalschema und UV/VIS-Spektrum von Aceton

8.2.2 Carbonylverbindungen

Orbitale und Übergänge

Das Orbitalschema einer Carbonyl-Gruppe ist komplizierter als das eines Alkens. Neben der Doppelbindung gibt es hier noch die freien Elektronenpaare des Sauerstoffs, also n-Orbitale.

Der energieärmste Übergang ist deshalb der n→π*-Übergang mit einer Wellenlänge von ca. 275–300 nm. Dieser Übergang ist allerdings **verboten** (Überlappungsverbot!) und nur sehr schwach (ε = 10–30). Die erforderliche Energie für die π→π*-Anregung ist größer, die Wellenlänge der Absorption liegt unterhalb 200 nm (Abb. 8.5).

> **Hinweis**
> Die energetisch am höchsten liegenden Elektronen sind die freien Elektronenpaare des Carbonyl-Sauerstoffs (p-Atomorbital). Die Doppelbindung zwischen C und O besteht ebenfalls aus π-Orbitalen. Die Form der p-Orbitale (p_x, p_y, p_z) ist so, dass sich die Orbitale eines Atoms gegenseitig überhaupt nicht überlappen.

Keton-Regel

Befinden sich noch weitere Doppelbindungen in Konjugation mit der Carbonyl-Gruppe, dann wird auch hier der Abstand zwischen HOMO und LUMO kleiner und die Absorption langwelliger. In Abhängigkeit von den auxochromen Gruppen können solche Carbonyl-Verbindungen sogar farbig sein, d. h. langwellige Absorptionen im Bereich des sichtbaren Lichts haben.

Die Wellenlänge der Absorption eines α-β-ungesättigten Ketons kann mit der Keton-Regel abgeschätzt werden

Auch die Wellenlänge der π→π*-Absorption solcher α-β-ungesättigter Carbonylverbindungen lässt sich mit Inkrementen berechnen. Als Basischromophor dient entweder ein Aldehyd, ein Keton oder eine Säure. Der Einfluss von Substituenten ist abhängig vom Abstand zu der Carbonyl-Funktion (Abb. 8.6). Auch hier müssen die Doppelbindungen, die exocyclisch zu einem Ring liegen, besonders berücksichtigt werden (siehe Dien-Regel in ▶ Kap. 8.2.1). Wenn innerhalb eines Ringes eine Dien-Struktur vorliegt (ein sog. homoanulares Dien), dann führt dies zu weiteren Inkrementen.

Außerdem muss bei Carbonylverbindungen noch beachtet werden, dass die Wellenlänge der Absorption sehr stark vom verwendeten Lösungsmittel abhängt.

Beispiel zur Keton-Regel

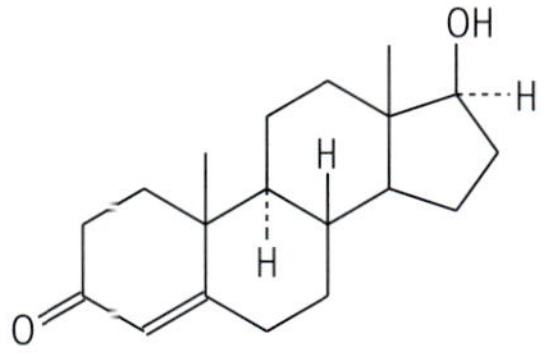

Testosteron

- Chromophor Keton: 215 nm
- eine Doppelbindung exocyclisch: + 5 nm
- zwei Alkylreste in β-Position: + 2 · 12 nm
- langwelligste Absorption: 244 nm
- gemessene Wellenlänge: 238 nm

Lösungsmitteleinflüsse

8.2.3

Lösungsmittel können einen großen Einfluss auf das Absorptionsspektrum einer Substanz haben. Die Wellenlänge der Absorption wird beeinflusst, weil das Lösungsmittel die energetische Lage der Molekülorbitale verändert. Die Intensität einer Absorption wird beeinflusst, weil das Lösungsmittel durch Wechselwirkung mit dem Molekül dessen Symmetrie verändern und damit Übergangsverbote lockern kann.

Merke

Beim Wechsel vom unpolaren zu einem polareren Lösungsmittel werden
- π→π*-Anregungen energieärmer (bathochrome Verschiebung, positive Solvatochromie),
- n→π*-Anregungen energiereicher (hypsochrome Verschiebung, negative Solvatochromie).

Bei der Protonierung eines Chromophors ergibt sich fast immer eine hypsochrome Verschiebung.

Polarität

Freie Elektronenpaare (in n-Orbitalen) können stark mit polaren Lösungsmitteln wechselwirken, indem sich z. B. Wasserstoffbrücken zwischen Lösungsmittel und Elektronenpaar ausbilden. Die Energie des Elektronenpaars (und damit des n-Orbitals) wird deshalb in polaren Lösungsmitteln stets gesenkt.

Beim Wechsel vom unpolaren zu einem polareren Lösungsmittel werden π→π*-Anregungen bathochrom und n→π*-Anregungen hypsochrom verschoben

Auch die Energie der **π*-Orbitale** wird im polaren Lösungsmittel gesenkt, aber nicht so stark wie die der n-Orbitale. Der Einfluss des Lösungsmittels auf die bindenden **π-Orbitale** ist dagegen gering, da diese sich relativ dicht an den Atomkernen befinden und wenig mit dem Lösungsmittel in Kontakt kommen (○ Abb. 8.7). Daraus folgt, dass beim Wechsel vom unpolaren zu einem polareren Lösungsmittel π→π*-Anregungen bathochrom und n→π*-Anregungen hypsochrom verschoben werden.

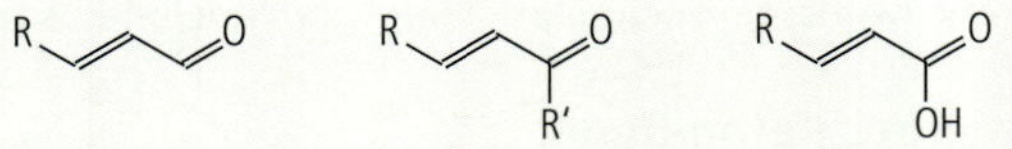

207 nm 215 nm 193 nm

Keton-Regel:

Basischromophor (α-β-ungesättigte Carbonyl-Verbindungen):							
für jede weitere konjugierte Doppelbindung:	n · 30 nm					=	
für jede exocyclische Doppelbindung zusätzlich:	n · 5 nm					=	
für jedes homoanulare Dien zusätzlich:	n · 39 nm					=	
jede Gruppe am Chromophor erhöht die Absorptionswellenlänge in Abhängigkeit vom Abstand zur Carbonyl-Gruppe um *x* nm:							
Alkyl-Rest	n ·	10	12	18	18	=	
—O—Alkyl-Rest	n ·	35	30	17	31	=	
—O—Acyl-Rest	n ·	6	6	6	6	=	
—Cl	n ·	15	12	–	–	=	
—Br	n ·	25	30	–	–	=	
—OH	n ·	25	30	–	50	=	
—$N(R)_2$	n ·	–	95	–	–	=	
		α	β	γ	δ		
Lösungsmittelkorrektur:	Ethanol, Methanol	0 nm					
	Chloroform	+ 1 nm					
	Dioxan	+ 5 nm					
	Ether	+ 7 nm					
	Hexan, Cyclohexan	+ 11 nm					
	Wasser	– 8 nm					
Summe (= Wellenlänge des erlaubten Übergangs)						=	

Abb. 8.6 Schema zur Berechnung der Wellenlänge des erlaubten Übergangs einer α-β-ungesättigten Carbonylverbindung

Beim Wechsel vom basischen ins saure Lösungsmittel lässt sich fast immer eine hypsochrome Verschiebung beobachten

pH-Wert

UV/VIS-Absorptionen zeigen oft eine starke Abhängigkeit vom pH-Wert der Lösung. Bis auf wenige Ausnahmen (z. B. Benzoesäure), zeigen alle Chromophore, die protoniert werden können, beim Wechsel vom basischen ins saure Lösungsmittel eine hypsochrome Verschiebung.

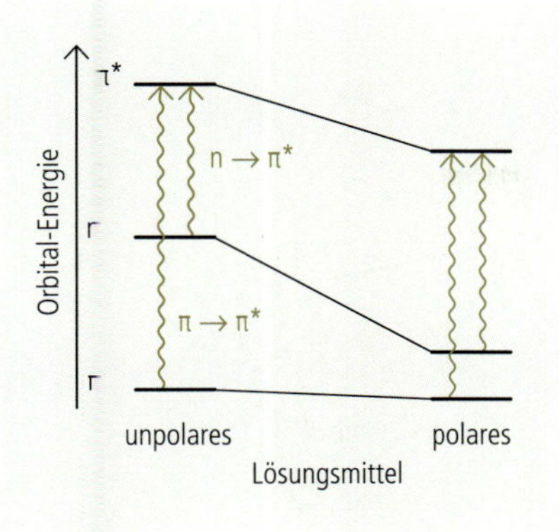

Abb. 8.7 Einfluss der Polarität des Lösungsmittels auf die Energie von π- und n-Orbitalen

Wenn freie Elektronenpaare an der Mesomerie beteiligt sind, führt die Protonierung dieser Elektronenpaare zu einer Verkleinerung des Chromophors. Umgekehrt kann die Deprotonierung eines Heteroatoms im basischen Lösungsmittel zur Vergrößerung der Chromophors und damit zu einem bathochromen Shift führen (Beispielspektren ▶ Kap. 8.2.5).

Aromaten 8.2.4

Orbitale und Übergänge

Das Orbitalschema von Benzol ist noch komplizierter als das der Carbonyl-Gruppe. HOMO und LUMO sind hier jeweils zweifach entartete Zustände. Das heißt, es gibt je zwei Molekülorbitale mit exakt identischer Energie. Zudem ist Benzol ein sehr symmetrisches Molekül, weshalb die langwelligsten Anregungen symmetrieverboten sind. Die langwelligste erlaubte Bande (sog. β-Bande) hat einen molaren Absorptionskoeffizienten von ε = 50 000 bis 100 000 und erscheint beim Benzol bei ca. 184 nm (Tab. 8.1).

Im Spektrum sind aber meist noch zwei verbotene langwelligere Übergänge zu sehen (Abb. 8.8). Die sog. p-Bande tritt oft als Schulter an der β-Bande auf. Die α-Bande ist (wenn sie zu erkennen ist) immer die langwelligste Absorption eines Aromaten mit einem Absorptionskoeffizienten von nur ε = 100–200.

Die langwelligste Absorption eines Aromaten (α-Bande) ist verboten, aber dennoch oft als sehr schwache Bande mit Feinstruktur zu erkennen

Beim Benzol und bei einfach substituierten Aromaten ist eine Feinstruktur der α-Bande zu erkennen. Diese kommt durch die Überlagerung mit den Molekülschwingungen des Benzols zustande. Durch diese Schwingungen wird das Symmetrieverbot „gelockert", da das schwingende Molekül nicht mehr so symmetrisch ist wie ein starres Molekül. Deshalb fehlt im Spektrum auch immer der Peak, der der Anregung des nicht schwingenden Moleküls entspricht.

Tab. 8.1 Nomenklatur der Elektronenanregungen von Benzol

Bande	Übergang	Wellenlänge	Absorptionskoeffizient
α-Bande	π → π*	256 nm	ε = 204
p-Bande	π → π*	203 nm	ε = 7 400
β-Bande	π → π*	184 nm	ε = 60 000

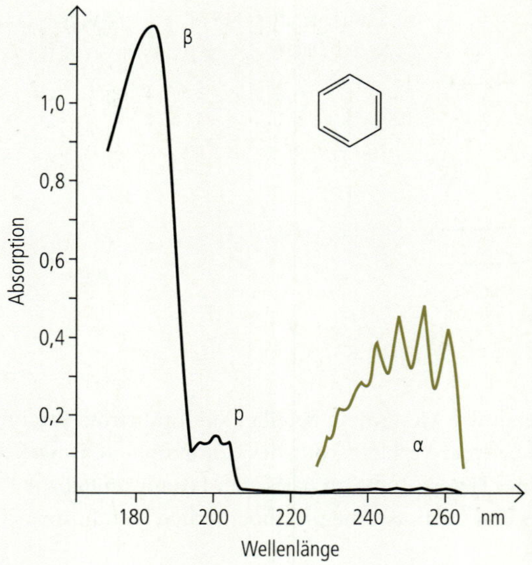

Abb. 8.8 Absorptionsspektrum von Benzol

Die Energie der langwelligsten Absorption ist die Energie des $\pi \rightarrow \pi^*$-Übergangs plus der Energie der Schwingung! Wenn die Energiedifferenz der einzelnen „Finger" der α-Bande in Wellenzahlen umgerechnet wird, dann ergeben sich 520 cm^{-1} bzw. 920 cm^{-1} (diese Schwingungsanregungen können auch direkt in der IR-Spektroskopie beobachtet werden, ▶ Kap. 10).

UV/VIS-Absorptionen von einfach substituierten Aromaten

Durch Substituenten am Benzol werden die Absorptionen meist bathochrom verschoben. Die verbotenen Übergänge werden intensiver, da die Symmetrie des Benzols durch die Substituenten gestört und das Symmetrie-Verbot gelockert wird (◘ Tab. 8.2).

UV/VIS-Absorptionen von mehrfach substituierten Aromaten

Bei mehrfach substituierten Aromaten lässt sich die Wellenlänge der Absorptionen nicht einfach ableiten. Als sehr grobe Näherung können die Effekte der einzelnen Substituenten addiert werden. Die Ergebnisse sind relativ gut, wenn die Substituenten keine mesomeren Effekte auf den aromatischen Kern ausüben (z. B. Alkylreste). Zur Mesomerie befähigte Reste (wie NH_2 oder $-O^-$) können sich allerdings gegenseitig beeinflussen, sodass der Effekt schwierig vorhersagbar ist.

Besonders stark ausgeprägt ist die Wechselwirkung der Reste bei *para*-disubstituierten Aromaten, wenn ein Rest elektronenschiebend und der andere elektronenziehend ist (sog. **Push-pull-Effekt**).

Tab. 8.2 UV-Absorptionen von einfach substituierten Benzolen in Wasser

Rest	Absorptionsmaximum in nm; Veränderung gegenüber Benzol		Absorptionskoeffizient ε	Absorptionsmaximum des verbotenen Übergangs in nm; Veränderung gegenüber Benzol		Absorptionskoeffizient ε
-H	203,5	0	7400	254	0	204
$-NH_3^+$	203	-0,5	7500	254	0	160
$-CH_3$	207	+3,5	7000	261	+7	225
-I	207	+3,5	7000	257	+3	700
-Cl	209,5	+6	7400	264	+10	190
-Br	210	+6,5	8000	261	+7	192
-OH	210,5	+7	6200	270	+16	1450
$-SO_3H$	213	+9,5	7800	263	+9	290
$-OCH_3$	217	+13,5	6400	269	+15	1500
$-COO^-$	224	+20,5	8700	268	+14	560
-COOH	230	+26,5	11 600	273	+19	970
$-NH_2$	230	+26,5	8600	280	+26	1430
$-O^-$	235	+31,5	9400	287	+33	2600
$-CH{=}CH_2$	248	+44,5	14 000	282	+28	750
-CHO	249	+45,5	11 500	280	+26	1400

Weitere Beispiele 8.2.5

Toluol

Im Spektrum von Toluol (Abb. 8.9) ist die langwelligste Absorption gegenüber Benzol um ca. 7 nm bathochrom verschoben. Der Absorptionskoeffizient ist größer (hyperchromer Effekt) weil die Symmetrie des Moleküls nicht mehr so hoch ist wie die von Benzol. Die Feinstruktur der α-Bande ist noch zu sehen.

Benzocain

Abb. 8.10 zeigt das UV/VIS-Spektrum von Benzocain bei verschiedenen pH-Werten. Im neutralen Lösungsmittel (Methanol) ist die α-Bande nicht zu sehen. Die langwelligste Absorption ist die p-Bande, die hier wegen des Push-pull-Effekts zwischen Ester- und Aminogruppe stark bathochrom verschoben ist. Aus demselben Grund ist auch die Intensität der Bande verstärkt.

Im Sauren liegt die Amino-Gruppe protoniert vor, und trägt deshalb nicht zum mesomeren System bei. Die Intensität der Banden ist somit drastisch kleiner (kein Push-pull-Effekt mehr), und es zeigt sich eine hypsochrome Verschiebung um ca. 20 nm.

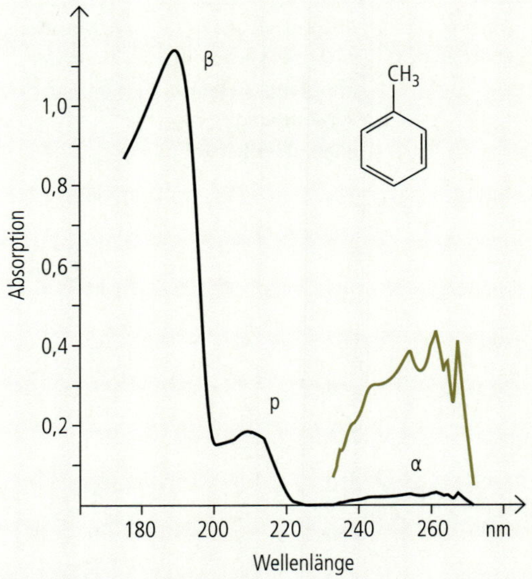

Abb. 8.9 UV/VIS-Spektrum von Toluol

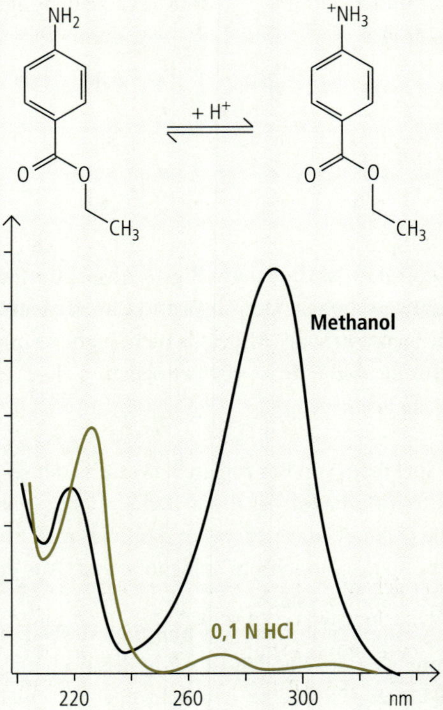

Abb. 8.10 UV/VIS-Spektrum von Benzocain

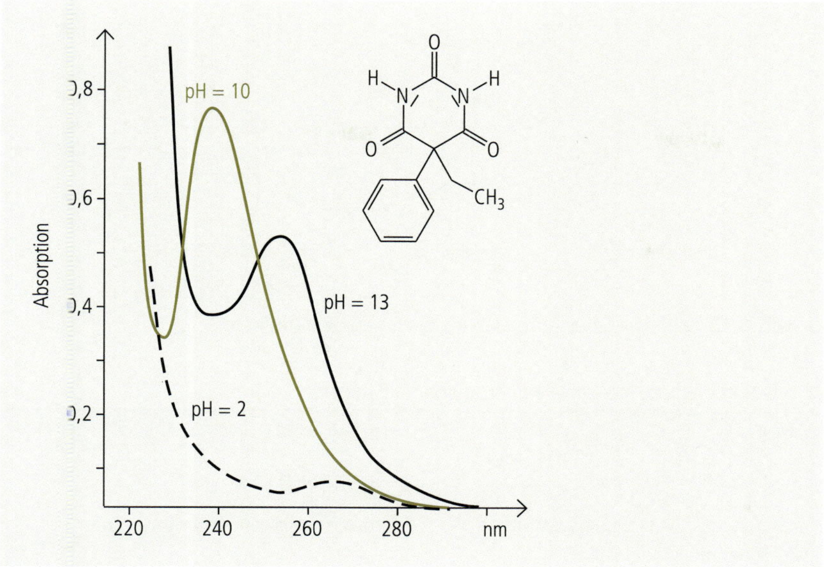

Abb. 8.11 UV/VIS-Spektrum von Phenobarbital

Phenobarbital

Phenobarbital ist eine zweiwertige Säure, weshalb die Größe des mesomeren Systems (des Chromophors) stark vom pH-Wert abhängt. Im alkalischen Milieu ist die Substanz zweifach deprotoniert und zeigt die langwelligste Verschiebung. Das Absorptionsmaximum der vollständig protonierten Form liegt unterhalb von 220 nm außerhalb des Messbereichs.

Geräteaufbau und Messung 8.3

Zur Registrierung von UV/VIS-Spektren werden heute üblicherweise Zweistrahlspektrometer eingesetzt (Abb. 8.12). Monochromatisches Licht der Intensität I_0 dringt durch die Probe. Diese absorbiert einen Teil des Lichts und verringert die Intensität auf den Wert I. Vom Spektrometer wird die Absorption $A = \log(I_0/I)$ angezeigt, die zur Konzentration der Probe proportional ist: Bei doppelter Konzentration ist die Absorption doppelt so groß.

Bauteile des UV/VIS-Spektrometers 8.3.1

Lichtquelle

Als Lichtquelle für den UV-Bereich dient meist eine Wasserstoff-Gasentladungslampe, die bei Wellenlängen zwischen 170 nm und 330 nm Licht hoher Intensität liefert. Durch Zumischen von Deuterium (D_2) zum Gas lässt sich die Intensität noch erhöhen. Das Licht für den VIS-Bereich wird meist mit einer Wolfram-Halogen-Glühlampe erzeugt.

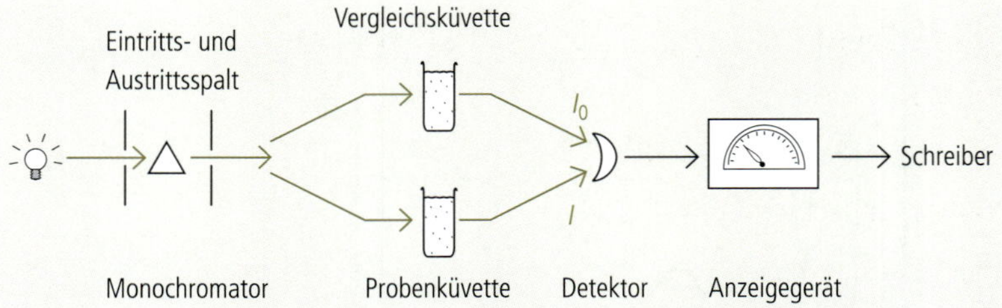

Abb. 8.12 Schematischer Aufbau eines Zweistrahl-Spektrometers

Tab. 8.3 Vor- und Nachteile von Prismen und Gittern

Prisma	Gitter
Auftrennung im UV groß	Auftrennung im VIS groß
Kurzwelliges Licht (blau) wird stärker aufgetrennt als langwelliges	Lineare Wellenlängenskala
Ein großer Spektralbereich kann von einem Prisma abgedeckt werden	Wechsel von Gittern für unterschiedliche Wellenlängenbereiche nötig
Große Prismen sind teuer	Billig und einfach herzustellen
Prisma muss für die Messwellenlängen durchlässig sein (Glas: nur Wellenlängen > 300 nm, Quarz: > 200 nm)	Am Gitter findet grundsätzlich keine Absorption des Lichts statt

Monochromator

Der Monochromator filtert aus dem polychromatischen Licht eine Wellenlänge bzw. einen schmalen Wellenlängenbereich heraus. Dazu kann ein Prisma oder ein optisches Gitter verwendet werden. Beide haben Vor- und Nachteile (Tab. 8.3). Meist ist im UV-Bereich das Prisma und im VIS-Bereich das Gitter überlegen.

Als Monochromator bei der UV/VIS-Spektroskopie können Prismen oder Gitter verwendet werden

Spaltbreite

Vor und nach dem Monochromator befindet sich im Strahlengang je ein Spalt (Eintrittsspalt und Austrittsspalt). Eintrittsspalt und Austrittsspalt begrenzen die sog. **spektrale Bandbreite** des Spektrometers. Je breiter der Spalt, desto mehr verschiedene Wellenlängen können den Monochromator verlassen. Je schmaler der Spalt, desto monochromatischer ist das Licht und umso besser wird das Auflösungsvermögen.

Allerdings darf der Spalt auch nicht zu schmal sein, da sonst die Intensität des Lichtstrahls zu klein wird (je schmaler der Spalt, desto weniger Licht wird insgesamt durchgelassen). Die sog. **förderliche Spaltbreite** ist immer so klein wie nötig, aber so groß wie möglich.

Tab. 8.4 Lösungsmittel für die UV/VIS-Spektroskopie

Lösungsmittel	Messbereich λ größer als
Wasser	200 nm
n-Hexan, Petrolether, Cyclohexan	200 nm
Methanol, Ethanol, Isopropanol	210 nm
Diethylether	215 nm
Dichlormethan	220 nm
Chloroform	240 nm
Tetrachlorkohlenstoff	260 nm
Benzol, Toluol	280 nm

Küvetten

UV/VIS-spektrometrisch werden fast ausschließlich gelöste Proben bestimmt. Die Küvetten bestehen aus Glas oder Quarz. Das Material richtet sich v. a. nach dem Messbereich. Glas ist nur für Wellenlängen >300 nm durchlässig, Quarz bis ca. 200 nm. Da die Länge der Küvetten geeicht ist (meist 1 cm), müssen sie sehr vorsichtig behandelt werden. Beispielsweise kann sich durch Trocknen im Trockenschrank die Länge der Küvette geringfügig ändern, was zu Fehlern in allen folgenden Bestimmungen führt. Auch dürfen die Küvetten nicht an den optischen Fenstern angefasst werden, weil sonst Schmutz zurückbleibt, der die Messung stört.

Küvetten für die UV/VIS-Spektroskopie können aus Glas oder Quarz hergestellt sein

Detektor

Der Detektor muss die Intensität des sichtbaren und des UV-Lichts messen können. Dazu werden Photozellen oder Photoelemente verwendet. Bei empfindlichen Geräten nimmt man auch sog. Photomultiplier, die auch geringste Lichtintensitäten noch exakt messen können, sodass die Messung mit sehr kleiner Spaltbreite erfolgen kann.

Lösungsmittel 8.3.2

An die Lösungsmittel zur UV/VIS-Spektroskopie werden sehr hohe Anforderungen gestellt. Das Lösungsmittel sollte in dem Bereich, der registriert werden soll, selbst keine Absorptionen zeigen. In der Praxis wird meist der Messbereich auf der kurzwelligen Seite des Spektrums durch die Eigenabsorption des Lösungsmittels begrenzt (Tab. 8.4). Auch die Reinheit der verwendeten Lösungsmittel ist wichtig, da viele Verunreinigungen im UV/VIS-Spektrum zu sehen sind.

UV/VIS-Spektrum 8.3.3

Im UV/VIS-Spektrum wird auf der x-Achse die Wellenlänge von links nach rechts dargestellt. Rechts im Spektrum sind große Wellenlängen und somit Absorptionen mit kleiner Energie zu finden. Auch wenn eine andere Energieskala (wie z. B. die Frequenz oder die Wellenzahl) verwendet wird, ist die Darstellung immer so, dass die Energie von rechts nach links zunimmt.

Tab. 8.5 Die Bezeichnungen der verschiedenen Messgrößen für die UV/VIS-Spektroskopie wurden in den letzten Jahren geändert und international angeglichen

Deutsche Bezeichnung	Englische Bezeichnung	Definition	Einheit
Gibt es nicht!	absorption	$1\text{-}I/I_0$, Teil der Lichtintensität der absorbiert wurde	Keine Einheit (Angabe in %)
Transmission, Durchlässigkeit	transmittance	$T = I/I_0 \cdot 100$, Teil der Lichtintensität, der nicht absorbiert wird	Keine Einheit (Angabe in %)
Absorption	absorbance	$A = \log(I_0/I)$ $= \log(1/T) = -\log(T)$	Keine Einheit
Extinktion	Alte Bezeichnung für die Absorption		
Molarer Absorptionskoeffizient	absorptivity	ε_λ Absorption einer Lösung von 1 mol/l und 1,0 cm Schichtdicke bei der Wellenlänge λ	l/(mol · cm); Einheit wird meist weggelassen!
Spezifische Absorption	absorption coefficient	$A_\lambda^{1\%}$ Absorption einer 1 %igen Lösung in einer Schichtdicke von 1 cm.	1/(% · cm); Einheit wird meist weggelassen!

Als Einheit für die Wellenlänge wird meist nm (Nanometer 1 nm = 10^{-9} m) verwendet, seltener die Wellenzahl (▶ Kap. 10) oder mμ (Millimikron oder Millimü; 1 mμ = $10^{-3} \cdot 10^{-6}$ m = 10^{-9} m = 1 nm).

Im UV/VIS-Spektrum wird meist auf der x-Achse die Wellenlänge und auf der y-Achse die Absorption oder der Absorptionskoeffizient aufgetragen

Als Messgröße wird auf der y-Achse des Spektrums meist die Absorption *A* angegeben (Bezeichnungen der Messgrößen ◻ Tab. 8.5). Sinnvolle Werte von *A* liegen nur im Bereich von 0,2 bis ca. 1,5. Wenn bei einer Messung größere Absorptionen registriert werden, ist eine Wiederholung der Bestimmung mit einer verdünnteren Probe erforderlich, da sonst der Messfehler zu groß ist (▶ Kap. 1.4).

Ist die Konzentration der Probe bekannt, so kann im Spektrum der spezifische oder der molare Absorptionskoeffizient ε angegeben werden. Dieser wird dann meist auf einer logarithmischen Skala aufgetragen, da ε Werte von 0 bis 100 000 annehmen kann.

8.4 Photometrie

Als Photometrie wird die Gehaltsbestimmung einer Probe durch die Messung der Absorption einer Wellenlänge im UV/VIS-Bereich bezeichnet. Ein Photometer muss deshalb im Gegensatz zum Spektrometer kein Spektrum registrieren können, dafür aber Einzelmessungen mit großer Genauigkeit erlauben. Die heute verwendeten Geräte sind meist sog. Spektralphotometer; sie können sowohl ein Spektrum registrieren, als auch genaue Absorptionen messen.

Absorptionsmessung

8.4.1

Bei der UV/VIS-Spektroskopie gilt das Lambert-Beer'sche Gesetz

Die UV/VIS-Spektroskopie ermöglicht sehr genaue Gehaltsbestimmungen von gelösten Proben. Es gilt das **Lambert-Beer'sche Gesetz,** das besagt, dass die Absorption einer Lösung proportional zur Konzentration ist (▶ Kap. 1.4):

$$A = \varepsilon \cdot c \cdot b$$

A: Absorption $A = \log I_0/I$
ε: Absorptionskoeffizient
c: Konzentration
b: Dicke der Küvette

Ist der molare Absorptionskoeffizient ε_λ oder der spezifische Absorptionskoeffizient $A_\lambda^{1\%}$ der zu bestimmenden Substanz bei einer Wellenlänge bekannt, dann kann die Konzentration c der Probe aus der gemessenen Absorption A berechnet werden:

$$c = \frac{A}{\varepsilon \cdot b} \quad \text{oder} \quad c = \frac{A}{A_\lambda^{1\%} \cdot b}$$

Für genaue Bestimmungen sollte die spezifische Absorption mit einer Eichlösung selbst bestimmt werden, weil nur so alle geräteabhängigen Störfaktoren berücksichtigt werden können. Dazu wird zuerst ein Übersichtsspektrum registriert und eine geeignete Wellenlänge für die Bestimmung ausgewählt. Diese Messwellenlänge sollte mit einem Absorptionsmaximum zusammenfallen (Messgenauigkeit) und in einem Bereich liegen, in dem keine Verunreinigungen zu sehen sind (soweit diese bekannt sind).

Aus dem Spektrum lässt sich $A_\lambda^{1\%}$ oder ε bei der ausgewählten Wellenlänge berechnen:

$$A_\lambda^{1\%} = \frac{A}{c \cdot b} \quad \text{oder} \quad \varepsilon_\lambda = \frac{A}{c \cdot b}$$

Die förderliche Spaltbreite ist bei einer quantitativen photometrischen Bestimmung größer als beim Aufnehmen eines Spektrums, weil nicht eine gute Auflösung, sondern eine möglichst große Intensität wichtig ist. Eine bessere Messgenauigkeit ist durch Anlegen einer Kalibriergeraden aus mehreren Eichlösungen zu erreichen.

Merke

Um eine möglichst hohe photometrische Messgenauigkeit zu erreichen, muss folgendes beachtet werden:

- Die gemessene Absorption muss zwischen 0,2 und 1,4 liegen.
- Eine Eichgerade erstellen oder mehrere Eichmessungen durchführen.
- Messung möglichst am Absorptionsmaximum.
- Vorsichtiger Umgang mit den Küvetten.

Stoffgemische

8.4.2

Gemische aus zwei Komponenten lassen sich leicht photometrisch bestimmen. Die Absorption einer Lösung ist immer genau die Summe aller Absorptionen der gelösten Stoffe (plus der Absorption des Lösungsmittels). Sollen zwei Stoffe nebeneinander bestimmt werden, dann müssen Messungen bei zwei verschiedenen Wellenlängen durchgeführt werden.

Zunächst werden wieder die Spektren beider Einzelsubstanzen registriert und die beiden Messwellenlängen ausgewählt. Bei der ersten Messwellenlänge sollte eine der Substanzen eine möglichst große, und die andere eine möglichst kleine Absorption haben. Das sollte bei der zweiten Messwellenlänge gerade umgekehrt sein. Die jeweils kleinere Absorption muss dabei nicht Null sein, die Genauigkeit der Bestimmung wird aber umso größer, je größer der Unterschied ist.

Von beiden Substanzen **A** und **B** kann für jede Messwellenlänge $\lambda_1$und λ_2 die spezifische Absorption dem Spektrum entnommen werden:

$$A^{1\%}_{1\mathrm{cm}}(A,\lambda_1) = \frac{A(A,\lambda_1)}{c(A)\cdot b}$$

ist die spez. Absorption der Substanz **A** bei der Wellenlänge l_l. $A(A, \lambda_1)$ ist die gemessene Absorption der Eichlösung der Substanz **A** bei der Wellenlänge λ_1, der Konzentration c(A)und der Schichtdicke b. Insgesamt müssen deshalb vier Werte berechnet werden:

$$A^{1\%}_{1\mathrm{cm}}(A,\lambda_1),\quad A^{1\%}_{1\mathrm{cm}}(A,\lambda_2),\quad A^{1\%}_{1\mathrm{cm}}(B,\lambda_1),\quad A^{1\%}_{1\mathrm{cm}}(B,\lambda_2).$$

Dann wird die Absorption der Probelösung mit dem Gemisch bei beiden Wellenlängen $\lambda_1$und $\lambda_2$gemessen. Da die Gesamtabsorption gleich der Summe aller Einzelabsorptionen ist, gilt:

$$A(gesamt,\lambda_1) = A(A,\lambda_1) + A(B,\lambda_1)$$
$$A(gesamt,\lambda_1) = A^{1\%}_{1\mathrm{cm}}(A,\lambda_1)\cdot c(A)\cdot b + A^{1\%}_{1\mathrm{cm}}(B,\lambda_1)\cdot c(B)\cdot b$$

Dasselbe gilt auch für die zweite Messwellenlänge λ_2

$$A(gesamt,\lambda_2) = A^{1\%}_{1\mathrm{cm}}(A,\lambda_2)\cdot c(A)\cdot b + A^{1\%}_{1\mathrm{cm}}(B,\lambda_2)\cdot c(B)\cdot b$$

Es ergeben sich zwei Gleichungen mit zwei Unbekannten (c(A)und c(B)), und das Gleichungssystem ist lösbar.

$$c(A) = \frac{A(gesamt,\lambda_2)\cdot A^{1\%}_{1\mathrm{cm}}(B,\lambda_1) - A(gesamt,\lambda_1)\cdot A^{1\%}_{1\mathrm{cm}}(B,\lambda_2)}{A^{1\%}_{1\mathrm{cm}}(A,\lambda_2)\cdot A^{1\%}_{1\mathrm{cm}}(B,\lambda_1) - A^{1\%}_{1\mathrm{cm}}(A,\lambda_1)\cdot A^{1\%}_{1\mathrm{cm}}(B,\lambda_2)}\cdot\frac{1}{b}$$

$$c(B) = \frac{A(gesamt,\lambda_1)\cdot A^{1\%}_{1\mathrm{cm}}(A,\lambda_2) - A(gesamt,\lambda_2)\cdot A^{1\%}_{1\mathrm{cm}}(A,\lambda_1)}{A^{1\%}_{1\mathrm{cm}}(A,\lambda_2)\cdot A^{1\%}_{1\mathrm{cm}}(B,\lambda_1) - A^{1\%}_{1\mathrm{cm}}(A,\lambda_1)\cdot A^{1\%}_{1\mathrm{cm}}(B,\lambda_2)}\cdot\frac{1}{b}$$

Formeln zur Berechnung der Konzentration eines Stoffgemisches

Strukturaufklärung mit der UV/VIS-Spektroskopie 8.5

Auswertung des Spektrums 8.5.1

Das UV/VIS-Spektrum ist meist nicht ganz so hilfreich zur Aufklärung der Struktur einer unbekannten Verbindung wie z. B. das NMR- oder IR-Spektrum. Aus den Absorptionen im Spektrum lässt sich auf Chromophore und eventuell auf im Molekül vorhandene Gruppen schließen. Dabei müssen nicht nur die Wellenlänge des Absorptionsmaximums, sondern auch der Absorptionskoeffizient und die Form der Banden berücksichtigt werden.

Absorptionsmaximum

Um Chromophore zu finden, die ihr Absorptionsmaximum bei einer bestimmten Wellenlänge haben, können entweder Literaturspektren zum Vergleich verwendet oder die Wellenlänge mit einer Inkrement-Regel berechnet werden. So lässt sich z. B. die Anzahl konjugierter Doppelbindungen in einem Polyen aus der Absorptionswellenlänge bestimmen.

Absorptionskoeffizient

Die Größe des Absorptionskoeffizienten sagt etwas darüber aus, ob der Bande ein erlaubter oder ein verbotener Übergang zugrunde liegt. Damit lässt sich die Zahl der möglichen Chromophore einschränken.

Form der Bande

Die Form und die Feinstruktur der Bande hat oft ein typisches Aussehen. So ist z. B. die feinstrukturierte, wenig intensive α-Bande eines Aromaten oft eindeutig zu identifizieren. Aus der Größe der bathochromen Verschiebung lassen sich Schlüsse auf Substituenten am Aromaten ziehen. Allerdings ist die Feinstruktur der Bande meist nur beim unsubstituierten oder einfach substituierten Aromaten zu erkennen.

Messung in verschiedenen Lösungsmitteln/pH-Wert

Wenn die Lage des Absorptionsmaximums vom pH-Wert des Lösungsmittels abhängt, dann ist das Chromophor protonierbar. Durch Messung bei mehreren verschiedenen pH-Werten lässt sich die Säure- oder Basenstärke der chromophoren funktionellen Gruppe abschätzen.

UV/VIS-Spektroskopie in der pharmazeutischen Analytik 8.6

In der pharmazeutischen Analytik spielen UV/VIS-spektroskopische und photometrische Bestimmungen eine wichtige Rolle. Die meisten Arzneistoffe zeigen Absorptionen im UV/VIS-Bereich und können deshalb durch ihr Spektrum identifiziert werden. Auch Reinheitsprüfungen und Gehaltsbestimmung sind möglich.

UV/VIS-Spektroskopie wird meist zur Gehaltsbestimmung oder zur Reinheitskontrolle eingesetzt

8.6.1 Anforderungen an das Spektrometer/Photometer nach Ph. Eur.

Das Arzneibuch schreibt genaue Fehlertoleranzen des Spektrometers oder Photometers vor.

Messbereich

Der Messbereich des Gerätes muss von 200 nm bis 800 nm reichen.

Messbedingungen

Die Schichtdicke der Küvette soll 1 cm betragen. Die zulässige Abweichung beträgt nur 0,005 cm. Obwohl die Messtemperatur im Normalfall kaum einen Einfluss auf das Spektrum oder die gemessene Absorption hat, schreibt die Ph. Eur. eine Temperatur von 20 °C ±1 °C vor. Die Eigenabsorption des Lösungsmittels soll 0,4 nicht überschreiten.

Kontrolle der Wellenlängenskala

Die Wellenlängenskala des Messgerätes kann überprüft werden, indem die Lage der Absorptionsmaxima von Referenzsubstanzen mit den Literaturwerten verglichen wird. In der Ph. Eur. sind dazu die Wellenlängen einer Holmiumperchlorat-Lösung tabelliert.

Eine weitere Möglichkeit besteht darin, Wellenlängen der Emissionslinien von Gasentladungslampen zu messen. Solche Lampen strahlen intensives Licht aus, das nur wenige Wellenlängen enthält. In Photometern sind solche Lampen oft als zusätzliche Lichtquelle eingebaut, um Absorptionsmessungen bei diesen Wellenlängen durchzuführen. Die Wellenlängen der Emissionslinien einer Wasserstoff- und einer Quecksilberdampf-Gasentladungslampe sind in der Ph. Eur. tabelliert.

Kontrolle der Absorption

Zur Eichung der Absorptionsskala soll eine Kaliumdichromat-Lösung bestimmt werden. Die spezifische Absorption ist in der Ph. Eur. für verschiedene Wellenlängen angegeben. Die gemessene Absorption muss innerhalb der angegebenen Toleranzen liegen.

Streulicht

Jede spektroskopische Messung kann durch Streulicht gestört werden (das ist Licht, das in den Detektor trifft, aber nicht aus der Probe stammt). Die gemessene Lichtintensität ist dann zu groß, bzw. die registrierte Absorption zu klein. Zur Kontrolle kann eine 1,2-prozentige Kaliumchlorid-Lösung bei 200 nm bestimmt werden. Die Absorption darf bei 1 cm Schichtdicke nicht kleiner sein als 2.

Spektrale Bandbreite

Die spektrale Bandbreite wird durch die Größe des Monochromatorspalts beeinflusst. Je breiter der Spalt ist, desto größer ist der Wellenlängenbereich, der den Monochromator verlässt. Nach Ph. Eur. soll die spektrale Bandbreite bei photometrischen Bestimmungen immer viel kleiner sein als die halbe Breite des zu bestimmenden Peaks.

Übungen

8.7

1. Warum können die Anregungen der sog. core-Elektronen (innere Schalen) mit der UV/VIS-Spektroskopie nicht beobachtet werden?
2. Geben Sie eine kurze Definition der folgenden Begriffe an:
   - Chromophor
   - auxochrome Gruppe
   - bathochromer Shift
   - hypsochromer Shift
   - hyperchromer Shift
   - hypochromer Shift
3. Warum ist bei vielen substituierten Benzol-Derivaten die Absorption der α-Bande stärker als beim Benzol selbst?
4. Warum wird in vielen Fällen beim Protonieren einer Substanz ein hypsochomer Shift beobachtet?
5. Eine photometrische Messung einer Lösung von 9,5 mg Paracetamol in 1000 ml Methanol ergab bei einer Wellenlänge von 250 nm eine Absorption von 0,86. Eine Lösung von 0,325 g einer Probe in 100 ml Methanol ergab unter identischen Messbedingungen eine Absorption von 0,65. Wie groß ist die Konzentration der Probe an Paracetamol (in %)?
6. Wie verändert sich das UV/VIS-Spektrum von Aceton (○ Abb. 8.5) wenn vom relativ unpolaren Lösungsmittel Hexan zu Methanol gewechselt wird?

9 Fluorimetrie

Fluorimetrie ist eine emissionsspektroskopische Methode

Werden Moleküle mit Licht des UV/VIS-Bereichs bestrahlt, tritt oft eine Absorption der Strahlung ein. Manche Substanzen haben die Eigenschaft, während des Bestrahlens Licht anderer Wellenlänge wieder auszusenden. Dieser Effekt heißt **Fluoreszenz.** Durch Messung der Intensität des Fluoreszenzlichts lassen sich, wie durch Messung der Absorption, Substanzen identifizieren und Konzentrationsbestimmungen durchführen.

9.1 Physikalische Grundlagen der Fluorimetrie

9.1.1 Absorption und Fluoreszenz

Alle Vorgänge, die sich bei der Bestrahlung einer Probe mit UV-Strahlung oder sichtbarem Licht ereignen können, sind im Jablonski-Term-Schema zu sehen (▶ Kap. 1.3.2). Wenn die Energie der Strahlung gerade einer Anregungswellenlänge entspricht, kann ein Elektron in ein energetisch höher liegendes, unbesetztes Molekülorbital angehoben werden. Dabei kann gleichzeitig auch noch eine Molekülschwingung oder Rotation mit angeregt werden. Das so angeregte Molekül kann seine überschüssige Energie auf unterschiedliche Art und Weise wieder abgeben:

- **Spontane Emission:** Das Elektron fällt zurück ins untere Orbital und die Energie wird als Licht wieder abgestrahlt. Die Emissionswellenlänge ist gleich der Anregungswellenlänge.
- **Strahlungslose Deaktivierung:** Die Energie wird durch Stöße mit Nachbarmolekülen (z. B. Lösungsmittel) auf andere Moleküle verteilt. Das führt zur Erwärmung der Probe; die Strahlungsenergie wird letztlich vollständig in Wärme umgesetzt.
- **Fluoreszenz:** Die strahlungslose Deaktivierung muss nicht immer vollständig sein. Das Molekül bleibt dann auf einem Energieniveau zwischen Grundzustand und angeregtem Zustand hängen. Wird der Rest der Energie wieder durch Abstrahlen von Licht abgegeben, so erfolgt Fluoreszenz (○ Abb. 9.1).

Daraus ist zu schließen, dass die Energie der Fluoreszenzlichts kleiner ist als die des zuvor absorbierten Lichts. Die Fluoreszenzwellenlänge ist deshalb größer als die Anregungswellenlänge.

In vielen Fällen liegt die Anregungswellenlänge im UV-Bereich und die ausgesandte Strahlung im sichtbaren Bereich des Lichts. Solche Verbindungen werden z. B. Waschmitteln zugesetzt: die fluoreszierenden Substanzen verbleiben auf den Kleidungsstücken. Sie absorbieren unsichtbares UV-Licht, das in unserem natürlichen Licht immer auch enthalten ist und strahlen weißes sichtbares Licht aus. Da-

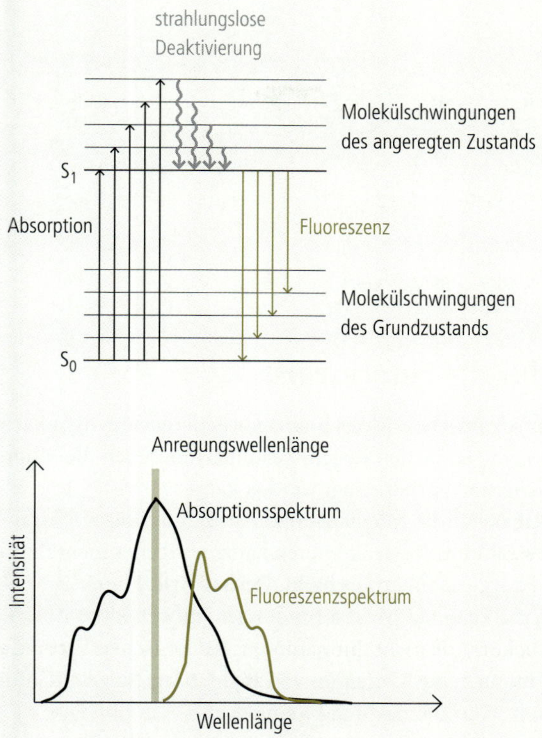

Abb. 9.1 Absorption und Fluoreszenz

durch sieht das Kleidungsstück dann viel weißer und heller aus, als es eigentlich ist (nicht nur sauber, sondern rein!).

Fluoreszenzspektrum 9.1.2

Analog zum Absorptionsspektrum, lässt sich auch das Fluoreszenzspektrum einer Substanz registrieren. Die Probe wird dazu mit monochromatischem Licht bestrahlt. Gemessen wird das emittierte Licht in Abhängigkeit von der Emissionswellenlänge.

Selbstverständlich hängt das Aussehen des Fluoreszenzspektrums (Zahl und Lage der Absorptionsmaxima) von der verwendeten Anregungswellenlänge ab. Oft sind das Fluoreszenzspektrum und das Absorptionsspektrum ungefähr spiegelbildlich. Das ist aber nur dann der Fall, wenn die Schwingungsniveaus im elektronisch angeregten Molekül ähnlich angeordnet sind wie im Grundzustand. Im Fluoreszenzspektrum ist die Schwingungsfeinstruktur des Grundzustandes zu sehen, im Absorptionsspektrum die des angeregten Zustandes.

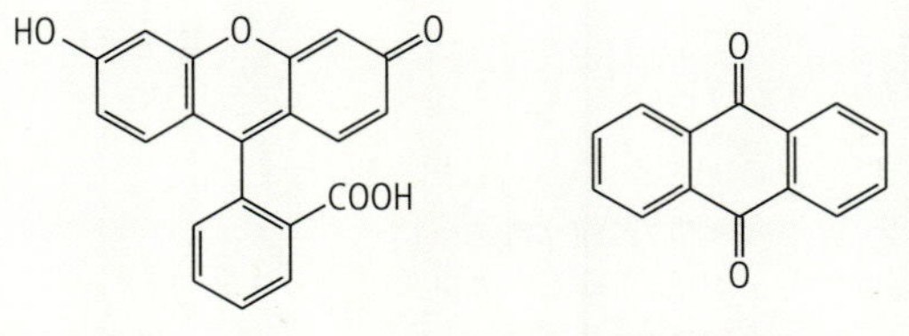

Abb. 9.2 Beispiele für fluoreszierende Moleküle

9.1.3 Voraussetzungen für die Fluoreszenz

Nur wenige organische Moleküle zeigen Fluoreszenz

Von den vielen möglichen organischen Molekülen fluoreszieren nur die allerwenigsten und es sind bisher keine einfachen Regeln bekannt, mit denen die Fluoreszenz eines Moleküls mit Sicherheit vorhergesagt werden kann.

Eine wichtige Rolle spielt sicher die Möglichkeit zur strahlungslosen Deaktivierung. Ein Molekül, das gut strahlungslos deaktivieren kann, wird eher nicht fluoreszieren, weil es seine ganze Energie als Wärme abgibt. Deshalb tritt Fluoreszenz eher bei starren Molekülen auf, die keine drehbaren Bindungen aufweisen (Abb. 9.2). Es gibt aber auch starre Moleküle, die nicht fluoreszieren. Bei ionischen Verbindungen ist erstaunlicherweise oft auch das Gegenion von Bedeutung. So zeigt Chininsulfat eine starke Fluoreszenz, Chininchlorid fast keine.

Einen Hinweis kann das Absorptionsspektrum liefern: wenn die Banden eine Schwingungsfeinstruktur zeigen, ist auch die Fluoreszenz eher wahrscheinlich. Innermolekulare Schwingungen und Drehbewegungen, die nur wenig Energie erfordern, löschen nämlich die Feinstruktur der Absorptionsbanden und die Fluoreszenz.

Merke

- Die Fluorimetrie ist eine emissionsspektroskopische Methode, bei der das Lambert-Beer'sche Gesetz nicht gilt.
- Theoretisch ist die Fluoreszenzintensität direkt linear zur Konzentration einer Probe.
- Da der theoretische lineare Zusammenhang oft nicht erfüllt ist, muss mit Eichkurven gearbeitet werden.

9.1.4 Intensität der Fluoreszenz

Die Intensität des Fluoreszenzlichts bei einer bestimmten Wellenlänge $I(\lambda)$gehorcht der Formel:

$$I(\lambda) = \varepsilon \cdot I_0 \cdot Q \cdot c \cdot const.$$

ε: Absorptionskoeffizient der Substanz bei der Anregungswellenlänge
I_0: Intensität des Anregungslichts
Q: Quantenausbeute der Fluoreszenz
c: Konzentration der Probe
const: Konstante

Die sog. Quantenausbeute Q gibt an, wie viele der absorbierten Licht-Photonen in Form von Fluoreszenzlicht wieder ausgesendet werden. $Q = 0$ % heißt keine Fluoreszenz. Bei $Q = 100$ % wäre die Intensität des Fluoreszenzlicht gerade so groß wie die Abnahme der Intensität des Anregungslichts.

Das bedeutet, dass im Idealfall die Fluoreszenzintensität direkt proportional zur Probenkonzentration ist und das Lambert-Beer'sche Gesetz **nicht** gilt! Wenn die Intensität gegen die Probenkonzentration in ein Diagramm einzeichnet wird, ergibt sich eine Gerade.

Bei der Fluorimetrie gilt das Lambert-Beer'sche Gesetz nicht

Die gemessene Fluoreszenzstärke gehorcht allerdings oft nicht dem theoretischen Gesetz. Die Gesamtintensität des Fluoreszenzlichts ist meist so gering, dass schon kleinste Fehler in der Messung zu großen Abweichungen führen:

- Schwankungen in der Anregungsintensität I_0.
- Die Quantenausbeute unterscheidet sich je nach Lösungsmittel, Anregungswellenlänge und Konzentration der Lösung.
- Der Proportionalitätsfaktor *const.* ist abhängig von den Messbedingungen.

Um diese Fehlerquellen zu umgehen, sollte im Normalfall eine Kalibrierkurve gezeichnet werden, die mit mehreren Probelösungen bekannter Konzentration erstellt wird.

Reproduzierbarkeit

Die große Fehleranfälligkeit der Methode bedingt auch eine schlechte Reproduzierbarkeit der Ergebnisse. Es ist wenig sinnvoll, gemessene Intensitäten zu tabellieren, da bei der Messung mit einem anderen Messgerät oder mit anderem Lösungsmittel ein anderer Verlauf der Kalibrierkurven resultiert.

Diese mangelnde Reproduzierbarkeit darf allerdings nicht mit Ungenauigkeit verwechselt werden. Wenn gewissenhaft gearbeitet wird und Kalibrierkurven aufgestellt werden, ist die Fluorimetrie eine der genauesten und empfindlichsten spektroskopischen Methoden überhaupt.

Merke

- Planare und starre Moleküle zeigen Fluoreszenz.
- Bei Salzen hat das Gegenion Einfluss auf die Fluoreszenzstärke.
- Die Fluoreszenz ist immer sehr viel schwächer als die Intensität des Anregungslichts.
- Das Fluoreszenzlicht ist immer langwelliger (energieärmer) als das Anregungslicht.

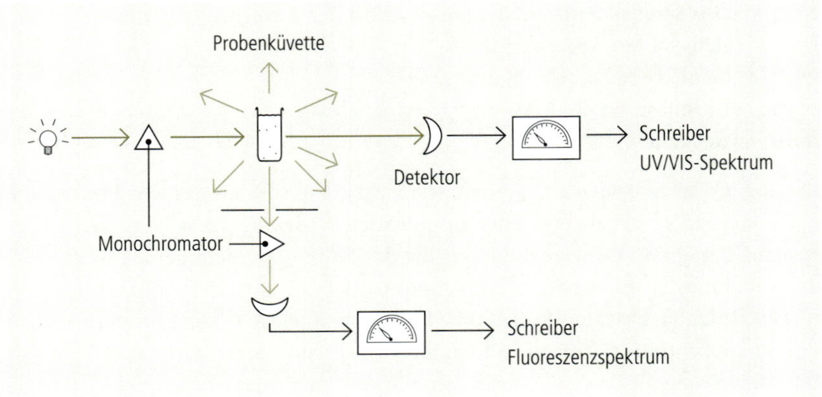

Abb. 9.3 Schematischer Aufbau eines Fluorimeters

9.2 Geräteaufbau und Messung

9.2.1 Fluorimeter

Im Vergleich mit einem Absorptionsspektrometer besitzt ein Fluorimeter zusätzliche optische Bauteile (Abb. 9.3). Neben dem Strahlengang des Spektrometers gibt es noch einen zweiten für das Fluoreszenzlicht. Dieses wird von den meisten Geräten senkrecht zur Einstrahlungsrichtung gemessen. Auf diese Weise werden die Strahlengänge im Gerät gut getrennt. Selbstverständlich sind aber auch andere Messwinkel möglich, da das Fluoreszenzlicht in alle Richtungen gleich stark von der Probe ausgestrahlt wird.

Vor dem Detektor für das Fluoreszenzlicht befindet sich noch ein zweiter Monochromator. Bei einfachen Messgeräten kann hier auch ein sog. **Kantenfilter** verwendet werden, das gewährleistet, dass nur die ausgesendete Fluoreszenzstrahlung registriert wird und nicht das Anregungslicht der Lichtquelle.

Bauteile

Die Lichtquellen, Monochromatoren und andere optische Bauteile im Fluorimeter sind im Prinzip denen des UV/VIS-Spektrometer vergleichbar. An die Küvetten werden größere Forderungen gestellt. Da das emittierte Licht in einer anderen Richtung gemessen wird als die Absorption, muss die Länge der Küvetten in zwei Richtungen geeicht sein, während zur Absorptionsspektroskopie immer nur eine Richtung genügt. Üblicherweise werden Küvetten verwendet, die 1 cm · 1 cm Grundfläche haben. Detektoren für die Fluorimetrie müssen empfindlich sein, weil die Intensität des Fluoreszenzlichts sehr schwach ist. Deshalb werden oftmals sog. Photoelektronenmultiplier eingesetzt, die auch noch sehr kleine Lichtintensitäten registrieren können.

Durchführung der Messung 9.2.2

Anregungswellenlänge

Normalerweise wird zuerst ein Absorptionsspektrum der zu bestimmenden Substanz registriert, aus dem dann eine geeignete Anregungswellenlänge gewählt wird. Günstig ist das Absorptionsmaximum der Probe. Wenn die Substanz bei der Anregungswellenlänge überhaupt keine Absorption zeigt, kann sie nicht mit der Strahlung wechselwirken. Das Licht geht dann völlig unbeeinflusst durch die Probe hindurch, die dann natürlich auch keine Fluoreszenz zeigt.

Fluoreszenzspektrum

Nun wird die Probe mit der ausgewählten Anregungswellenlänge bestrahlt. Mit dem zweiten Monochromator kann der gesamte Spektralbereich des Fluoreszenzlichts gemessen und das Fluoreszenzspektrum registriert werden. Das Fluoreszenzspektrum beginnt mit der Anregungswellenlänge, da kurzwelligeres (d. h. energiereicheres) Licht nicht vorkommen kann. Wenn auch bei kürzeren Wellenlängen eine Intensität angezeigt wird, so ist dies auf Streulicht oder andere Fehlerquellen zurückzuführen.

Messwellenlänge

Bei der quantitativen Fluorimetrie wird der zweite Monochromator auf die Wellenlänge des Fluoreszenzmaximums eingestellt, um eine möglichst große Fluoreszenzintensität zu erhalten.

Allerdings sollte die Messwellenlänge nicht zu dicht bei der Anregungswellenlänge liegen. Wenn die Messwellenlänge nämlich innerhalb einer Absorptionsbande liegt, kann das Fluoreszenzlicht von der Probe sofort wieder absorbiert werden. Dadurch wird seine Intensität geschwächt, und der lineare Zusammenhang zwischen Intensität und Konzentration geht verloren (denn für die Absorption gilt immer das Lambert-Beer'sche Gesetz).

Fluorimetrie in der pharmazeutischen Analytik 9.3

In der pharmazeutischen Analytik ist die Fluorimetrie sehr hilfreich. Zwar fluoreszieren nicht alle Arzneistoffe, aber diejenigen, die fluoreszieren, können sehr genau und selektiv (neben anderen nicht fluoreszierenden Substanzen) nachgewiesen werden. Anwendungen liegen in der Identifizierung, Reinheitsprüfung und Gehaltsbestimmung fluoreszierender Arzneistoffe.

Fluorimetrische Gehaltsbestimmungen 9.3.1

Quantitative Messungen können fluorimetrisch sehr genau durchgeführt werden. Da nur wenige Substanzen fluoreszieren, müssen die Proben oftmals nicht aufgearbeitet oder gereinigt zu werden. Selbst große Überschüsse an Begleitsubstanzen stören die Messung nicht, wenn diese nicht zufällig auch fluoreszieren.

Fluoreszierende Verbindungen können sehr genau quantitativ bestimmt werden ohne dass sie vorher abgetrennt werden müssen

Die Genauigkeit erlaubt Spurenanalysen mit einer Nachweisgrenze bis in den ppb-Bereich (*parts per billion* = 1 mg Substanz pro Tonne Probe!). Allerdings muss zur Eichung **immer** eine Referenzlösung bekannter Konzentration mit vermessen

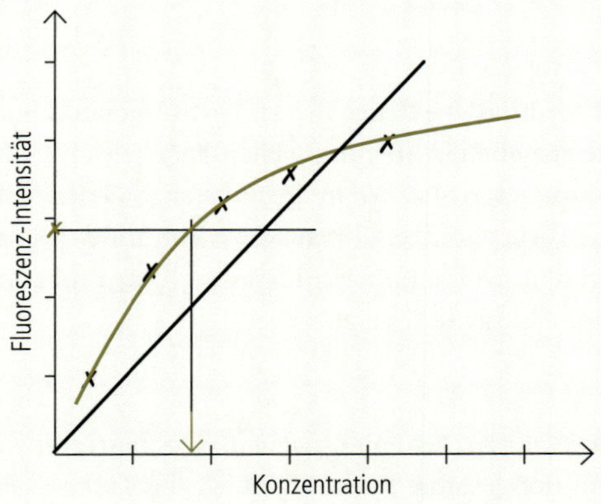

○ Abb. 9.4 Kalibrierkurve und theoretischer Verlauf der Fluoreszenzintensität bei der fluorimetrischen Bestimmung von Chininsulfat

oder eine Kalibrierkurve gezeichnet werden, da nur so die geräteabhängigen Größen berücksichtigt werden können (○ Abb. 9.4).

Rechnerische Methode

Wenn bekannt ist, dass bei einer bestimmten Analyse der theoretische lineare Zusammenhang zwischen der Intensität und der Konzentration gegeben ist, dann genügt zur Eichung eine einzige Messung der Referenzsubstanz. Die Probenkonzentration kann dann einfach berechnet werden:

$$c(\text{Probe}) = \frac{I(\text{Probe})}{I(\text{Standard})} \cdot c(\text{Standard})$$

9.3.2 Fluorimetrische Strukturaufklärung

Die Vorhersage, ob eine Verbindung fluoresziert oder nicht, ist nur schwierig möglich

Zur Strukturaufklärung kann die Fluorimetrie nur selten verwendet werden. Allerdings kann es sehr sinnvoll sein, zu prüfen, ob eine unbekannte Substanz fluoresziert. Das Auftreten von Fluoreszenz schränkt dann die mögliche Struktur stark ein.

Der Vergleich des Fluoreszenzspektrums mit Literaturspektren kann zur Identifizierung einer Substanz verwendet werden.

Merke

Fluoreszierende Verbindungen sind oft

- starre Moleküle mit großen mesomeren Systemen und Doppelbindungen,
- Aromaten und kondensierte Aromaten,
- Heterocyclen,
- Carbonylverbindungen.

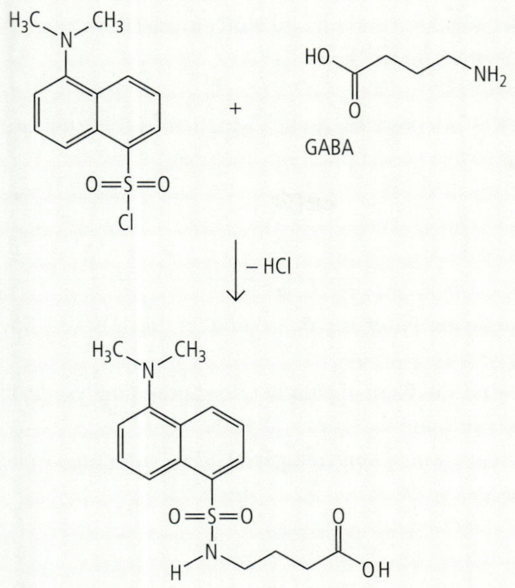

o Abb. 9.5 Nachweis von γ-Aminobuttersäure durch Fluoreszenzmarkierung

Fluoreszenzmarkierung 9.3.3

Um die Vorteile der Fluorimetrie (hohe Selektivität und Genauigkeit) auch zur Bestimmung nicht fluoreszierender Substanzen auszunutzen, können fluoreszierende Gruppen in die zu bestimmenden Moleküle eingebaut werden. Dabei bleibt die Selektivität erhalten, da die fluoreszierenden Reagenzien nur mit bestimmten funktionellen Gruppen reagieren können.

Gebräuchliche sog. **Fluoreszenzmarker** sind aromatische Sulfonsäurechloride. Diese können z. B. mit Aminen reagieren, sodass alle Amine der Probe nach der Reaktion eine fluoreszierende Gruppe tragen und fluorimetrisch erfasst werden können (o Abb. 9.5).

Nicht fluoreszierende Verbindungen können unter Umständen nach Fluoreszenzmarkierung fluorimetrisch bestimmt werden

Die Fluoreszenzmarkierung wird auch in Kombination mit chromatographischen Methoden verwendet. So können z. B. die fluoreszenzmarkierten Amine mit einem Fluoreszenzdetektor beim Verlassen einer HPLC-Säule nachgewiesen werden (▶ Kap. 18.5.2).

Fluorimetrie in der Ph. Eur. 9.3.4

Anforderungen an das Fluorimeter

Das Arzneibuch fordert **immer** Messungen im Vergleich mit Referenzsubstanzen. Damit werden alle Fehler, die auf die Verwendung von unterschiedlichen Messgeräten zurückgehen, von vornherein ausgeschlossen. Dementsprechend wird der Aufbau des Spektrometers in der Ph. Eur. nicht vorgeschrieben.
Der Winkel, unter dem das Fluoreszenzlicht gemessen wird, soll 90° betragen, allerdings dürfen auch andere Messgeräte verwendet werden.

Die Intensität soll vor jeder Messung mit einer Küvette, die nur Lösungsmittel (bzw. Probe ohne die zu bestimmende Substanz) enthält, auf Null eingestellt werden.

Referenz

Als Referenz zum Erstellen der Kalibriergerade ist nach Möglichkeit die zu bestimmende Substanz zu verwenden.

9.4 Übungen

1. Was sind die Vor- und Nachteile der Fluorimetrie gegenüber der UV/VIS-Spektroskopie?
2. Warum sind die Selektivität und die Genauigkeit bei der Spurenanalyse größer gegenüber der UV/VIS-Spektroskopie?
3. Warum ist das Fluoreszenzlicht immer langwelliger als die Anregungswellenlänge?

IR-Spektroskopie

10

Die Infrarot-Spektroskopie (bzw. IR-Spektroskopie) ist eine absorptionsspektroskopische Methode und gleicht im Prinzip der UV/VIS-Spektroskopie. Nur wird hier die Probe nicht mit sichtbarem Licht bestrahlt, sondern mit Infrarot-Strahlung. Die Wellenlänge dieser Strahlung ist größer als die des sichtbaren Lichts; der Infrarot-Bereich schließt sich jenseits des roten Lichts an den sichtbaren Bereich des Spektrums an.

Die Energie der IR-Strahlung ist zu klein zur Anregung von Elektronen in den Molekülen. Stattdessen können die Moleküle in Schwingung versetzt oder zum Rotieren gebracht werden. Die IR-Spektroskopie wird deshalb auch als **Schwingungs-Spektroskopie** bezeichnet.

Bei der IR-Spektroskopie werden durch Infrarotlicht Molekülschwingungen und -rotationen angeregt

Die Bedeutung der IR-Spektroskopie liegt v. a. in der Identifizierung von Substanzen, da das IR-Spektrum sehr typisch für jede chemische Verbindung ist. Schon kleine Veränderungen in der Struktur der Verbindung verändern das IR-Spektrum stark. Viele funktionelle Gruppen geben sich im IR-Spektrum zu erkennen und sind somit einfach nachweisbar. Außerdem ergeben praktisch alle Verbindungen der organischen Chemie ein auswertbares IR-Spektrum.

Physikalische Grundlagen der IR-Spektroskopie

10.1

Infrarot-Strahlung

10.1.1

Als Infrarot-Strahlung wird der Bereich des elektromagnetischen Spektrums mit Wellenlängen zwischen 800 nm und 500 µm bezeichnet. Dabei kann zwischen dem nahen Infrarot (= dicht am sichtbaren Licht) und dem fernen Infrarot unterschieden werden. Aus historischen Gründen wird hier als Einheit für die Strahlungsenergie nicht die Wellenlänge, sondern die Wellenzahl $\tilde{\nu}$ (*griech.* nü, sprich nü-Schlange) verwendet, die dem Kehrwert der Wellenlänge entspricht:

$$\tilde{\nu} = \frac{1}{\lambda} = \frac{1}{c} \cdot \nu$$

$\tilde{\nu}$: Wellenzahl
λ: Wellenlänge
ν: Schwingungsfrequenz der elektromagnetischen Welle
c: Lichtgeschwindigkeit

Die Wellenzahl ist demnach, wie die Frequenz einer elektromagnetischen Welle, proportional zu deren Energie; d. h. je größer die Wellenzahl, desto größer ist die Energie der Strahlung. Die Einheit der Wellenzahl ist cm^{-1} (= 1/cm; sprich: pro cm) und gibt die Zahl der Schwingungen einer Welle pro Zentimeter an.

Im IR-Spektrum wird die Wellenzahl als Energieskala auf der x-Achse aufgetragen

Merke

- IR-Spektroskopie erfasst Molekülschwingungen.
- Die Energie von Infrarot-Strahlung ist kleiner als die von sichtbarem, rotem Licht.
- Jedes Molekül mit *n* Atomen kann *3n - 6* verschiedene Schwingungen ausführen (sog. Normalschwingungen).

Merke

IR-Aktivität:

- Eine Molekülschwingung, die zu einer Bande im IR-Spektrum führt, wird als IR-aktiv bezeichnet.
- Eine Schwingung ist dann IR-aktiv, wenn sich im Verlauf der Schwingung das Dipolmoment des Moleküls verändert.
- Polare funktionelle Gruppen mit Heteroatomen führen deshalb meist zu intensiven Banden im IR-Spektrum.
- Unpolare Molekülteile ergeben schwache Banden.
- Vollständig symmetrische Schwingungen sind nicht IR-aktiv.

IR-Strahlung, Wärmestrahlung

Durch IR-Strahlung werden die Moleküle zum Schwingen angeregt. Die Stärke, mit der Moleküle in einem beliebigen Material schwingen, zeigt sich an seiner Temperatur während oder nach der Bestrahlung. Je stärker die Schwingungen sind, desto wärmer erscheint das Material; je kälter es ist, desto weniger bewegen sich die Moleküle.

IR-Strahlung ist Wärmestrahlung

Auch auf der Haut erzeugt IR-Strahlung eine warme Empfindung, sie wird deshalb als Wärmestrahlung bezeichnet. Lampen, die IR-Strahlung aussenden, werden als Heizstrahler verwendet (sog. Rotlicht-Lampen, weil diese neben der IR-Strahlung auch noch etwas sichtbares rotes Licht ausstrahlen).

10.1.2 Normalschwingungen

Einfaches Molekülmodell

Um eine Vorstellung von einem schwingenden Molekül zu bekommen, stellt man sich das Molekül als ein Gebilde vor, in dem die Atome durch Kugeln ersetzt worden sind. Die Kugeln sind durch Metallfedern miteinander verbunden. Die Stärke der Federn entspricht dann der Stärke der chemischen Bindungen zwischen den Atomen. Das Gewicht der Kugeln entspricht dem Gewicht der Atome. Wird ein solches „Molekül" angeregt (z. B. durch einen Stoß), dann können die Kugeln hin und her schaukeln, da sie ja nicht starr miteinander verbunden sind (○ Abb. 10.1).

Je stärker die Kugeln angestoßen werden, umso stärker können sie schwingen. Im einfachsten Fall eines zweiatomigen Moleküls lässt sich die Frequenz ν einer solchen Schwingung einfach mit den Methoden der Mechanik berechnen. Es gilt

$$\nu = \frac{1}{2\pi} \cdot \sqrt{\frac{k}{\mu}}$$

Dabei ist k die Kraftkonstante der Feder und μ die sog. **reduzierte Masse**, die aus der Masse der beiden Kugeln berechnet werden kann:

$$\mu = \frac{m_1 \cdot m_2}{m_1 + m_2}$$

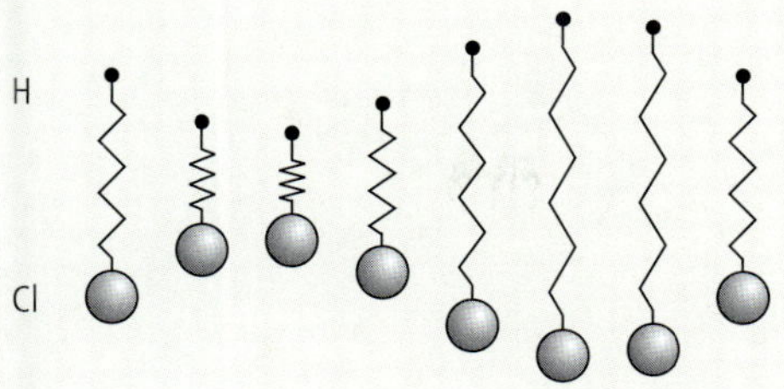

Abb. 10.1 Schwingung des mechanischen Modells von HCl

Molekülschwingungen

Werden die Ergebnisse des einfachen mechanischen Molekülmodells auf ein richtiges Molekül übertragen, dann folgt, dass die Energie zur Anregung einer Schwingung zwischen zwei Atomen umso größer ist, je **stärker** die Bindung zwischen den Atomen ist, und je **leichter** die Atome sind.

Allerdings lassen sich so die Schwingungen eines Moleküls nur näherungsweise beschreiben.

Freiheitsgrade

Die Bewegungen der Moleküle müssen, wie bei allen spektroskopischen Methoden, nach den sehr viel weniger anschaulicheren Methoden der Quantenmechanik behandelt werden. Diese fordern, dass sich ein Molekül nicht in beliebiger Weise bewegen kann. Vielmehr besitzt jedes Molekül nur eine begrenzte Zahl von sog. (Bewegungs-) Freiheitsgraden N, die immer genau dreimal so groß ist wie die Zahl der Atome n im Moleküls.

$$N = 3 \cdot n$$

Jeder Freiheitsgrad beschreibt genau eine mögliche Bewegung des Moleküls. Weil sich jedes Molekül in alle drei Raumrichtungen x, y oder z bewegen kann, entfallen immer drei dieser Freiheitsgrade auf die sog. **Translation** des Moleküls.

Ebenso kann sich ein Molekül um die x-, y- oder z-Achse drehen. Drei weitere Freiheitsgrade beziehen sich deshalb auf Molekülrotationen. Damit bleiben für jedes Molekül $3n$-6 Möglichkeiten für Schwingungen (bei linearen Molekülen $3n$-5). Diese Schwingungen werden als **Normalschwingungen** eines Moleküls bezeichnet.

Hinweis

Bei linearen Molekülen gibt es allerdings nur zwei Rotationen. Die Drehung um die Verbindungsachse der Atome ist nicht möglich. Weil alle Atome des Moleküls auf dieser Achse liegen, würde sich bei einer solchen Drehung kein Atom bewegen!

So besteht z. B. ein Wassermolekül (H_2O) aus drei Atomen und besitzt demnach $3 \cdot 3 - 6 = 3$ mögliche Normalschwingungen (Abb. 10.2). Das linear aufgebaute Kohlendioxid besitzt $3 \cdot 3 - 5 = 4$ mögliche Normalschwingungen (Abb. 10.3).

10

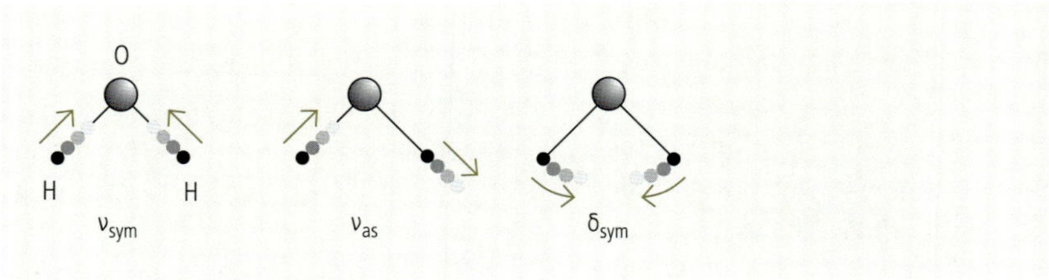

Abb. 10.2 Normalschwingungen von Wasser (H_2O)

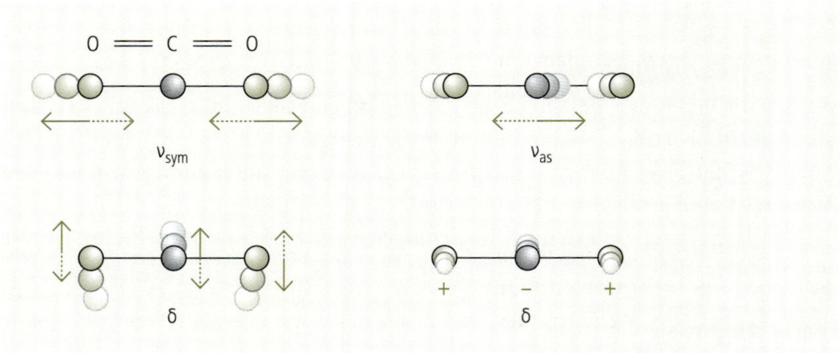

Abb. 10.3 Die vier Normalschwingungen von CO_2: Die symmetrische Valenzschwingung ν_{sym} ist nicht IR-aktiv. Die beiden Deformationsschwingungen δ sind identisch, außer dass sich bei einer die Atome in der dargestellten Ebene bewegen, bei der anderen nach oben und unten.

Kleine Moleküle besitzen nur wenige Schwingungsfreiheitsgrade. Die Zahl steigt allerdings schnell an, wenn die Moleküle größer werden. So ergeben sich z. B. für Benzol (C_6H_6) schon $12 \cdot 3 - 6 = 30$ Schwingungen.

Charakteristische Schwingungen

Gerüstschwingungen sind Schwingungen des gesamten Moleküls und lassen sich **nicht** einzelnen Bindungen zuordnen

Charakteristische Schwingungen lassen sich einzelnen Bindungen oder Gruppen von Atomen zuordnen

Während bei kleinen Molekülen (z. B. drei Atome) alle Normalschwingungen noch anschaulich dargestellt werden können, ist dies bei der großen Zahl der Schwingungen größerer Moleküle nicht möglich. Oftmals bewegen sich im Verlauf einer Schwingung sehr viele oder sogar alle Atome des Moleküls. Eine solche Schwingung wird **Gerüstschwingung** (auch Molekül- oder Skelettschwingung) genannt.

Manche Schwingungen eines Moleküls lassen sich aber doch einzelnen Atomen oder Atomgruppen zuordnen. So tritt z. B. bei allen Substanzen, die eine Carbonyl-Gruppierung enthalten, eine Normalschwingung auf, bei der sich (fast) nur die Länge der C=O-Doppelbindung verändert. Diese Schwingung hat dann auch immer fast dieselbe Anregungsenergie, sodass bei allen Carbonylverbindungen im IR-Spektrum eine Absorption an fast derselben Stelle zu beobachten ist.

Mit Hilfe solcher sog. charakteristischer Schwingungen lassen sich eine Vielzahl von funktionellen Gruppen bzw. Strukturelementen im IR-Spektrum erkennen.

Bezeichnung der Normalschwingungen

Bei einer **Valenzschwingung** bewegen sich die Atome entlang einer Bindungsachse aufeinander zu, bzw. voneinander weg. Valenzschwingungen werden mit dem griechischen Buchstaben ν (nü) bezeichnet. Zur genaueren Kennzeichnung kann als Index angegeben werden, ob es sich um eine symmetrische oder eine asymmetrische Schwingung handelt (ν_{sym}, ν_{as}).

Bei **Deformationsschwingungen** werden Bindungswinkel im Molekül verändert. An einer solchen Schwingung müssen deshalb mindestens drei Atome beteiligt sein. Deformationsschwingungen werden mit dem griechischen Buchstaben δ (delta) bezeichnet (δ_{sym}, δ_{as}).

Eine Besonderheit stellen die sog. **Out-of-plane-Schwingungen** dar (δ_{oop} oder Γ, *griech.* Gamma), die bei planaren Molekülen auftreten können. Dabei schwingen Wasserstoffatome aus der Molekülebene heraus, was oftmals zu typischen, scharfen Banden im IR-Spektrum führt.

IR-Aktivität 10.1.3

Nicht jede Normalschwingung eines Moleküls führt auch zu einer Bande im IR-Spektrum. Die Voraussetzung für eine Absorption von IR-Strahlung ist, dass die elektromagnetische Welle mit dem Molekül überhaupt in Wechselwirkung treten kann. Das ist nur möglich, wenn sich im Verlauf einer Schwingung des Moleküls dessen Dipolmoment ändert. Andernfalls kann die Schwingung durch IR-Strahlung nicht angeregt werden und es findet keine Absorption statt.

Eine solche Schwingung ist dann **nicht IR-aktiv** und im IR-Spektrum nicht zu sehen.

Nicht IR-aktive Schwingungen kommen in unpolaren und in symmetrischen Molekülen vor. So ist z. B. die Valenzschwingung im Stickstoff-Molekül nicht IR-aktiv, weil das symmetrische N_2-Molekül kein Dipolmoment besitzt und während der Schwingung auch keines entsteht. Aus demselben Grund ist auch die symmetrische Valenzschwingung des linear gebauten Kohlendioxids nicht IR-aktiv. Dagegen sind die asymmetrische Valenzschwingung und die Deformationsschwingung im Spektrum zu sehen, weil das Molekül im verzerrten Zustand, während der Schwingung, ein Dipolmoment erhält.

Nicht alle möglichen Schwingungen eines Moleküls sind im IR-Spektrum sichtbar

Das IR-Spektrum 10.1.4

Die IR-Absorptionen sind keine scharfen Linien, sondern mehr oder weniger breite sog. Banden (▶ Kap. 1.3.2). Das Spektrum ist deshalb ein Bandenspektrum (**o** Abb. 10.4).

Das IR-Spektrum ist ein Bandenspektrum

Es wird normalerweise im Bereich zwischen 4000 cm^{-1} und 400 cm^{-1} registriert. Da bei kleinen Wellenzahlen sehr viel mehr Banden beobachtet werden als bei großen Wellenzahlen, wird keine lineare Skala verwendet. Entweder ist die Darstellung logarithmisch, oder der Bereich oberhalb 2000 Wellenzahlen wird mit der halben Genauigkeit dargestellt.

Registriert wird außerdem im IR-Spektrum nicht die Absorption, sondern die Transmission in Prozent. 100 % Transmission bedeutet, dass keine Strahlung absorbiert wird, weshalb die Nulllinie im Spektrum immer oben ist.

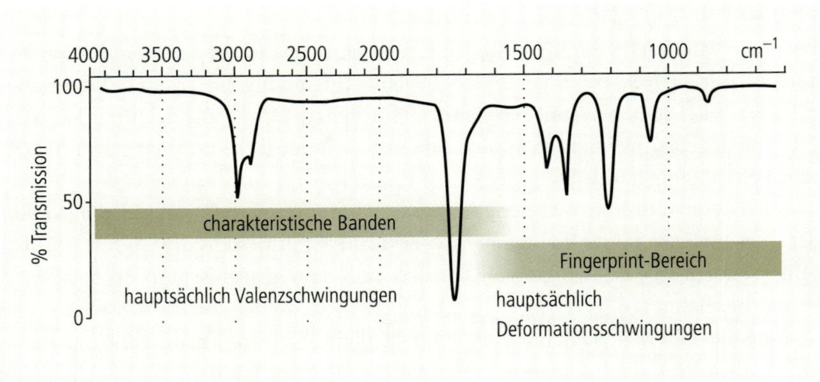

Abb. 10.4 IR-Spektrum von Aceton

Merke

Die wichtigsten Schwingungsarten von Molekülen sind
Valenzschwingung: ν,
Deformationsschwingung: δ,
Out-of-plane-Schwingung: Γ.

Merke

Zur Charakterisierung der Stärke und Form von IR-Banden werden nicht ihre Absorptionen angegeben, sondern es wird nur eine grobe Einteilung vorgenommen:

ss	very strong	sehr stark
s	strong	stark
m	medium	mittel
w	weak	schwach
b	broad	breit
sp	sharp	scharf

10.2 Apparativer Aufbau

10.2.1 IR-Spektrometer

Prinzipiell gleicht der Aufbau eines IR-Spektrometers dem eines UV/VIS-Absorptionsspektrometers, bestehend aus Lichtquelle, Probenküvette, Monochromator und Empfänger (Abb. 10.5). Die Geräte können als Ein- oder Zweistrahlgerät konstruiert sein. Alle lichtdurchlässigen Bauteile im Strahlengang des Spektrometers müssen aus Halogenid-Kristallen (meist Kaliumbromid oder Natriumchlorid) hergestellt werden, da Glas, Quarz und Kunststoffe für IR-Strahlung undurchlässig sind.

In modernen Spektrometern werden deshalb zur Bündelung des IR-Lichts keine Linsen, sondern Spiegelsysteme verwendet.

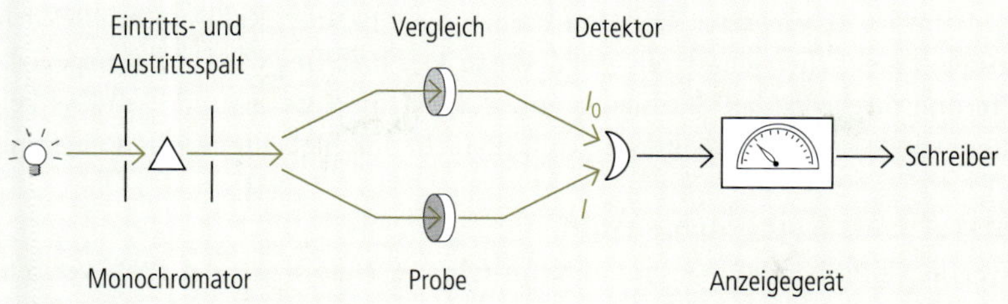

Abb. 10.5 Schematischer Aufbau eines IR-Spektrometers

Da auch Luft Absorptionen im IR-Spektrum zeigt (z. B. Schwingungen von CO_2, H_2O usw.), werden die Geräte meist mit Stickstoff gespült. Das erhöht zudem die Lebensdauer der aus Alkalihalogeniden hergestellten optischen Bauteile, da diese hygroskopisch sind und durch Luftfeuchtigkeit zerstört werden.

Lichtquelle

Zur Erzeugung des Infrarot-Lichts wird ein Keramikstab (meist der sog. Nernst-Stift, der hauptsächlich aus ZrO_2 besteht) elektrisch auf 1500 bis 2000 °C erhitzt und zum Glühen gebracht, sodass er die gewünschte Wärmestrahlung aussendet.

Monochromator

Als Monochromatoren können Prismen aus Kaliumbromid verwendet werden, die allerdings eine schlechte Auftrennung des IR-Lichts ergeben und zudem empfindlich gegen Luftfeuchtigkeit sind. Besser ist die Verwendung von optischen Gittern, die auf Metallspiegel geritzt werden (▶ Kap. 8.3).

Empfänger

Zur Messung der Strahlungsintensität werden meist Thermoelemente verwendet. Das sind elektrische Bauteile, deren elektrischer Widerstand sehr stark temperaturabhängig ist. Damit wird die Intensität des IR-Lichts (= Wärmestrahlung) in ein elektrisches Signal umgewandelt, das elektronisch verstärkt und registriert werden kann.

10.2.2 Probenvorbereitung und Küvetten

IR-Spektren können von festen, flüssigen, gasförmigen oder gelösten Proben aufgenommen werden. Alle Teile der Küvetten und Probenhalterungen, die sich im Strahlengang des Spektrometers befinden, müssen aber aus IR-durchlässigem Material wie Kaliumbromid oder Kochsalz hergestellt werden. Da die Spektren normalerweise nicht quantitativ ausgewertet werden (es werden keine Absorptionskoeffizienten bestimmt) muss für Routinespektren keine exakte Konzentration bzw. Schichtdicke eingehalten werden.

Feststoffe als Kaliumbromid-Pressling

Feste Proben können als KBr-Pressling gemessen werden

Häufig werden Feststoffe in Kaliumbromid (KBr) eingebettet vermessen. Dazu wird ca. 1 mg Substanz mit ca. 100 mg wasserfreiem KBr-Pulver im Mörser verrieben. Das

Gemisch wird dann unter mehreren Bar Druck im Vakuum zu einem Pressling von etwa 1 mm Dicke verpresst. Dabei zerfließen die einzelnen Kaliumbromid-Körner zu einer einheitlichen glasklaren festen Masse. Der Pressling wird in einer speziellen Halterung direkt in den Strahlengang des Spektrometers montiert, sodass keine weiteren Teile der Probenhalterung vom IR-Licht durchleuchtet werden müssen.

Feststoffe als Nujol-Suspension

Pulverisierte Proben können mit Paraffin-Öl (sog. Nujol) zu einer Paste verrieben werden, die dann in einer Flüssigkeitsküvette vermessen wird. Dabei stören allerdings die Eigenabsorptionen des Paraffin-Öls, weshalb diese Methode heute kaum noch angewendet wird.

Flüssigkeiten

Das IR-Spektrum von Flüssigkeiten wird am besten in Substanz (d. h. unverdünnt) gemessen. Dazu wird ein Tropfen der Probe zwischen zwei Natriumchlorid-Platten zu einem dünnen Film gepresst.

Lösungen

Von gelösten Proben werden eher selten IR-Spektren bestimmt, da die Konzentration sehr groß sein muss und alle Lösungsmittel selbst IR-Absorption zeigen

Probelösungen können im Prinzip wie reine Flüssigkeiten bestimmt werden. Weil allerdings die Konzentration der Probe in einer Lösung kleiner ist, genügt oft die dünne Schichtdicke des Flüssigkeitsfilms nicht. Deshalb wird zwischen die Natriumchlorid-Platten der Flüssigkeitenküvette noch ein Distanzring aus Kunststoff (z. B. $^{1}/_{10}$ mm oder $^{1}/_{2}$ mm dick) gelegt, der eine exakte Schichtdicke einstellt.

Nach Möglichkeit sollten jedoch keine Spektren gelöster Proben aufgenommen werden, weil jedes Lösungsmittel selbst Absorptionen im IR-Spektrum zeigt. Die Vergleichsküvette muss auf jeden Fall mit dem reinen Lösungsmittel gefüllt sein. Darüber hinaus sollte das Lösungsmittel so gewählt werden, dass seine Eigenabsorptionen in einem Wellenzahlbereich liegen, der bei der Bestimmung nicht stört. Zudem kommen nur relativ unpolare Lösungsmittel in Betracht, weil sich sonst die NaCl-Platten auflösen würden.

10.2.3 Fourier-Transform-IR (FT-IR)

Einen grundsätzlich anderen Aufbau des IR-Spektrometers ermöglicht die Fourier-Transform-Technik, die heute in neuen Geräten meist eingesetzt wird. Das ist eine neue Methode, deren Prinzip dem der FT-NMR-Spektroskopie ähnelt. Dabei wird kein Monochromator benötigt. Stattdessen wird ein sog. Interferometer verwendet, mit dessen Hilfe das **Interferogramm** registriert wird. Aus diesem kann mittels einer komplizierten mathematischen Operation, der Fourier-Transformation, mit Hilfe eines Computers das IR-Spektrum berechnet werden.

Der Vorteil dieser Methode ist, wie bei der NMR-Spektroskopie, v. a. die sehr viel schnellere Messung, weil nicht mehr jede Wellenlänge einzeln eingestellt werden muss. Außerdem entfallen die Probleme mit der Einstellung des Monochromatorspalts, die eine quantitative Auswertung des Spektrums erschweren (▶ Kap. 10.5). Möglich wurde die Anwendung dieser Technik aber erst durch die moderne Computertechnik, weil die Fourier-Transformation nur mit einem leistungsfähigen Computer durchgeführt werden kann.

ATR-Infrarotspektroskopie 10.2.4

Substanzen, von denen sich keine homogenen IR-durchlässigen Proben herstellen lassen, können in einer speziellen Probenhalterung unter Mehrfachreflexion bestimmt werden. Die Methode heißt ATR (*engl.*: attenuated total reflection; abgeschwächte Totalreflexion).

Dabei macht man sich den Effekt zunutze, dass eine Lichtwelle, die an einer Grenzfläche reflektiert wird, auch ein kleines Stück in das dahinterliegende Material eindringt. Obwohl dies nur etwa eine halbe Wellenlänge weit ist, genügt das, um IR-Absorptionen des Materials hinter der Grenze zu messen.

Zur Messung wird die Probe auf eine dünne Platte aus IR-durchlässigem Material aufgetragen. Das Messlicht trifft von unten durch die Platte auf die Probe und wird an der Grenze reflektiert. Um den Effekt zu vergrößern, wird die Probenhalterung so im Strahlengang montiert, dass nicht nur eine, sondern viele Reflexionen auftreten (Mehrfachreflexion). Damit an der Phasengrenze zwischen Halterung und Probe Totalreflexion auftritt, muss der Brechungsindex der Halterung größer sein als der der Probe (▶ Kap. 2). Die als Halterung dienende Platte wird z. B. aus Thalliumbromidiodid hergestellt.

Mit diese Technik lassen sich auch Feststoffe oder Pulver direkt analysieren, obwohl diese nicht durchsichtig sind.

Da die Probenvorbereitung bei dieser Methode sehr viel einfacher ist und keine Störungen durch Küvetten und Lösungsmittel zu befürchten sind, setzt sich dieses Messverfahren immer mehr auch für Standardanwendungen durch.

IR-aktive Schwingungen organischer Moleküle 10.3

IR-Spektroskopie ist *Schwingungs*spektroskopie. Im Energiebereich des IR-Spektrums liegen Schwingungen von kovalenten chemischen Bindungen. Deshalb absorbieren (fast) alle Substanzen, die kovalente Bindungen enthalten bzw. aus Molekülen bestehen, das IR-Licht.

Ausnahmen sind symmetrische Moleküle, bei denen die Schwingungen nicht IR-aktiv sind und binäre Salze wie Natriumchlorid (NaCl) oder Kaliumbromid (KBr), die rein ionisch aufgebaut sind. Salze aus Molekülionen zeigen allerdings wieder die Banden der Molekülschwingungen. So sind z. B. im Spektrum von Ammoniumsulfat (NH_4SO_4) sowohl die Schwingungen des Ammoniums als auch die Schwingungen des Sulfat-Ions zu sehen (○ Abb. 10.13).

Die Vielzahl der Schwingungsfreiheitsgrade organischer Moleküle lässt sich überblicken, wenn sie bestimmten Strukturelementen der Moleküle zugeordnet werden.

Charakteristische Schwingungen

Einige funktionelle Gruppen und Strukturelemente von Molekülen führen zu immer gleichen und damit sehr typischen Absorptionen, den sog. charakteristischen Banden. Schon die sehr einfache Auswertung dieser wenigen Banden kann wichtige Informationen über die untersuchte Substanz liefern.

Charakteristische Schwingungen lassen sich einzelnen Bindungen oder Gruppen von Atomen zuordnen

Fingerprint-Bereich

Gerüstschwingungen werden als sog. *Fingerprint* ausgewertet

Die größte Zahl schwierig interpretierbarer Gerüstschwingungen ist im Spektrum im Bereich zwischen 1400 cm^{-1} und 600 cm^{-1} zu finden. Dieser Teil des IR-Spektrums ist wie ein Fingerabdruck typisch für die Struktur eines Moleküls und kann sich schon bei einer geringen Änderung der Struktur drastisch ändern. Er wird als deshalb Fingerprint-Bereich bezeichnet.

Eine Auswertung des Fingerprint-Bereichs erfolgt am einfachsten, indem er mit Spektren bekannter Substanzen verglichen wird. Heute werden dazu Computerdatenbanken verwendet, die direkt im Auswertecomputer des Spektrometers integriert sind. Somit kann ein eben registriertes Spektrum automatisch mit dem von Tausenden bekannter Substanzen verglichen und mit etwas Glück die Probe identifiziert werden.

10.3.1 Schwingungen des Kohlenstoff-Gerüsts

Hinweise auf das Grundgerüst eines untersuchten Moleküls geben die Banden der Kohlenstoff-Kohlenstoff-Valenzschwingungen sowie die der C-H-Valenzschwingungen und der CH_2- und CH_3-Deformationsschwingungen.

Valenzschwingungen der C-C-Einfachbindung

Die Valenzschwingungen der C-C-Einfachbindungen lassen sich im Normalfall nicht isoliert interpretieren, da dies die Gerüstschwingungen sind, die zu einer Vielzahl von Banden im Fingerprint-Bereich führen.

Valenzschwingungen der C=C-Doppelbindung

Die Energie der Valenzschwingung der C=C-Doppelbindung liegt zwischen 1675 cm^{-1} und 1630 cm^{-1}. Die Bande dieser Schwingung erscheint allerdings im IR-Spektrum oft nicht (oder nur sehr schwach), weil sich bei symmetrischen Molekülen, wie z. B. Ethen ($H_2C{=}CH_2$), während der Schwingung das Dipolmoment des Moleküls nicht ändert. Die Schwingung ist dann nicht IR-aktiv.

Valenzschwingungen der C≡C-Dreifachbindung

Die Bande der ν(C≡C) bei 2150 cm^{-1} bis 2100 cm^{-1} ist sehr charakteristisch, weil sie scharf ist und weil in diesem Wellenzahlbereich kaum andere Absorptionen auftreten (außer denen anderer Dreifachbindungen). Die Intensität der Bande ist wegen der fehlenden Polarität der Bindung allerdings oft gering.

C-H-Valenzschwingungen

Im IR-Spektrum erscheinen die Banden der ν(C-H) zwischen 3100 cm^{-1} und 2850 cm^{-1}. Die genaue Lage der scharfen Banden hängt von der Bindungsstärke der C-H-Bindung und damit von der Bindungssituation des beteiligten Kohlenstoff-Atoms ab (○ Abb. 10.6). Die genaue Lage und Zahl der Banden der ν(C-H) gibt Hinweise auf die Bindungsart der Kohlenstoff-Atome und damit auf das Grundgerüst des Moleküls.

Als Faustregel gilt:

- größer als 3000 cm^{-1}: aromatische C-H-Bindungen (genauer: H-Atome an ungesättigten C-Atomen),
- kleiner als 3000 cm^{-1}: aliphatische C-H-Bindungen.

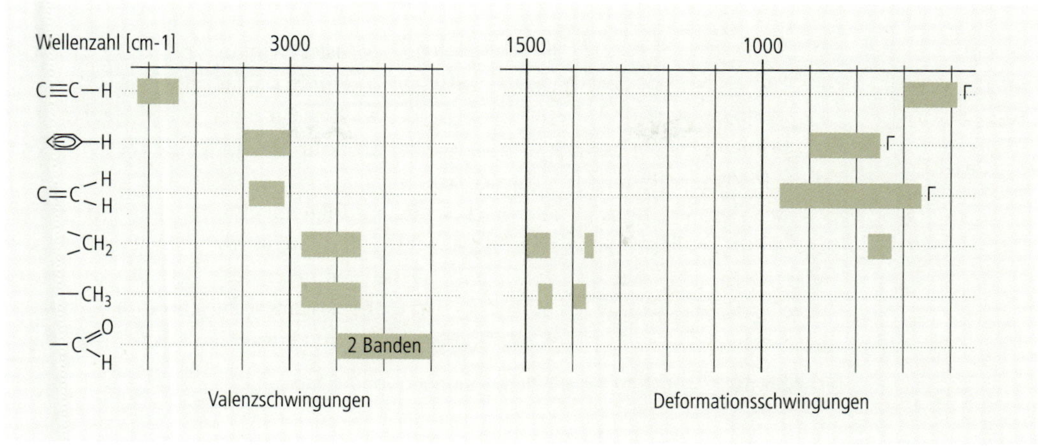

Abb. 10.6 Wellenzahlen von C-H-Valenz- und Deformationsschwingungen

C-H-Deformationsschwingungen

CH_2-Gruppen und CH_3-Gruppen sind zu einer Reihe von Deformationsschwingungen fähig, die allerdings nicht alle IR-aktiv sind.

CH_3: Typische Banden sind bei 1460 cm^{-1} und bei 1390 cm^{-1} zu finden.

CH_2: Methyl-Gruppen können zu symmetrischen und asymmetrischen Deformationsschwingungen angeregt werden, welche typischerweise zu Banden bei ca. 1370 cm^{-1}, zwischen 1500 cm^{-1} und 1450 cm^{-1} sowie zwischen 800 cm^{-1} und 700 cm^{-1} führen.

C-H-Out-of-plane-Schwingungen

Die sog. Γ-Schwingungen (großes griechisches **Gamma**) treten bei planar gebauten Molekülen auf. Bei diesen Schwingungen werden Wasserstoff-Atome aus der Molekülebene heraus gebogen. Sie sind relativ energiearm und erscheinen im IR-Spektrum bei Wellenzahlen von weniger als 1000 cm^{-1} als scharfe (spitze) Banden.

Die Zahl und Lage der Banden der Out-of-plane-Schwingung kann Hinweise auf die Art der Substitution von Olefinen und Aromaten geben (cis/trans, Zahl der Substituenten).

Schwingungsbanden spezieller Substanzklassen 10.3.2

Alkane (gesättigte Kohlenwasserstoffe)

Alle Kohlenwasserstoffe zeigen die typischen C-H-Valenzschwingungen bei ca. 3000 cm^{-1}. Bei Molekülen ohne Doppelbindungen liegen alle Banden unterhalb 3000 cm^{-1}. Ebenfalls im Spektrum zu sehen sind die Deformationsschwingungen der Methyl- und Methylen-Gruppen (-CH_3 und -CH_2-).

Im IR-Spektrum von Alkanen sind die Banden der C-H-Valenz und -Deformationsschwingungen zu sehen

Alkene (Moleküle mit C=C-Doppelbindungen)

Im Spektrum eines Alkens tritt die Bande der Valenzschwingungen der C=C-Doppelbindung zwischen 1600 cm^{-1} und 1700 cm^{-1} auf. Die Schwingung ist allerdings bei symmetrischen Alkenen **nicht** IR-aktiv und auch sonst meist sehr schwach, weil die C=C-Doppelbindung unpolar ist.

Im IR-Spektrum von Alkenen sind die Banden der C=C-Valenzschwingungen oft nicht zu sehen

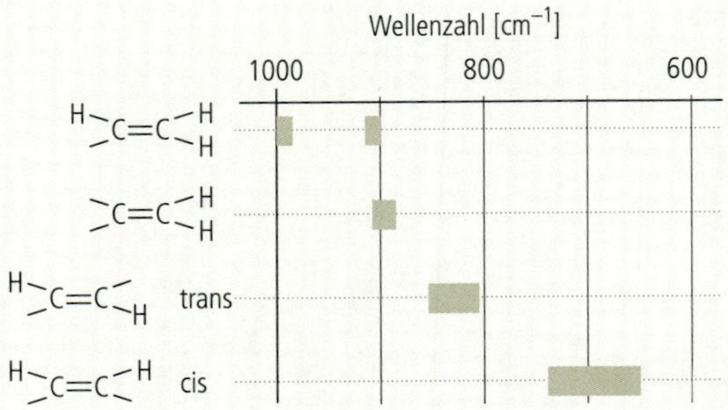

Abb. 10.7 C-H-Out-of-plane-Schwingungen von Alkenen

Wenn direkt an der Doppelbindung noch mindestens ein Wasserstoffatom gebunden ist, dann können die scharfen Banden der Out-of-plane-Schwingung (Γ) bei Wellenzahlen unterhalb 1000 cm^{-1} beobachtet werden. Sofern diese meist nur wenig intensiven Banden nicht durch die Gerüstschwingungen überdeckt werden, kann aus ihnen der Typ der Doppelbindung abgelesen werden (Abb. 10.7).

Alkine (Moleküle mit C≡C-Dreifachbindungen)

Im IR-Spektrum von Alkinen sind die Banden der C≡C-Valenzschwingungen meist leicht erkennbar

Alkine sind an der Bande der Valenzschwingungen der Dreifachbindung zu erkennen (2000 cm^{-1} bis 2500 cm^{-1}). Wie bei den Alkenen ist diese Schwingung wieder nur bei unsymmetrischen Molekülen IR-aktiv. In diesem Bereich des Spektrums können aber sonst nur noch Banden von Valenzschwingungen anderer Dreifachbindungen (z. B. Nitril -C-N) oder Schwingungen kumulierter Doppelbindungen liegen. Deshalb ist die Bande oft gut zu sehen und zuzuordnen.

Wenn direkt an der Dreifachbindung noch ein Wasserstoffatom gebunden ist, dann muss die Bande der zugehörigen Valenzschwingung deutlich über 3000 cm^{-1} liegen (bis ca. 3300 cm^{-1}).

Aromaten

Im IR-Spektrum von Aromaten sind die Banden der C-C-Valenzschwingungen und der CH-Valenzschwingungen meist gut erkennbar

Aromaten sind meist gut an ihrer Gerüstschwingung (quasi Valenzschwingung der 1½-fachen C-C-Bindung) zu erkennen, die zu mehreren sehr scharfen, aber nur schwachen Banden zwischen 1600 cm^{-1} und 1450 cm^{-1} führt. Typischerweise ergeben sich vier Banden die als zwei Paare angeordnet sind. Ein Bandenpaar liegt dann bei ca. 1600 cm^{-1}, das andere bei ca. 1500 cm^{-1} (▶ Beispielspektren).

Die Banden der C-H-Valenzschwingungen am Aromaten liegen wenig oberhalb 3000 cm^{-1}. Zusätzlich können zwischen 2000 cm^{-1} und 1600 cm^{-1} mehrere schwache Banden mit gleichem Abstand auftreten, die allerdings nicht immer sichtbar sind (Kombinationsbanden). Dieses als **Sägezahn** bezeichnete Phänomen ist, wenn vorhanden, ein sicherer Hinweis auf aromatische Strukturelemente.

Die Out-of-plane-Schwingungen des Aromaten erscheinen als Banden zwischen 800 cm^{-1} und 600 cm^{-1} und sind meist scharf und gut erkennbar. Aus der genauen Lage und Zahl der Γ-Schwingungen kann auf das Substitutionsmuster des Aromaten geschlossen werden (Abb. 10.8).

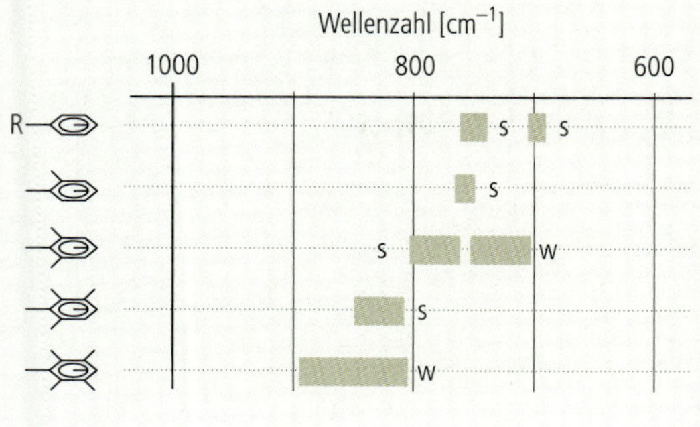

Abb. 10.8 C-H-Out-of-plane-Schwingungen von Aromaten

Schwingungsbanden funktioneller Gruppen

10.3.3

Funktionelle Gruppen eines Moleküls sind meist einfach dem IR-Spektrum zu entnehmen. Da solche Teilstrukturen polar sind, sind die Banden der Valenz- und Deformationsschwingungen funktioneller Gruppen intensiver und breiter als die der Gerüstschwingungen.

Alkohole, Phenole, Carbonsäuren

Die Bande der Valenzschwingungen der O-H-Bindung erscheint zwischen 3600 cm^{-1} und 3100 cm^{-1}. Sie ist sehr intensiv und manchmal sehr breit (über 500 cm^{-1}). Das liegt daran, dass Moleküle mit freien Hydroxygruppen (ebenfalls Aminogruppen) in der Lage sind, Wasserstoffbrückenbindungen auszubilden.

Die Bande der O-H-Valenzschwingung dominiert häufig das IR-Spektrum

Eine breite Bande bei ca. 3400 cm^{-1} im Spektrum eines Moleküls, das sicher keine OH- oder NH_2-Gruppen trägt, lässt vermuten, dass die Probe Wasser enthält.

Auch die C-O-Valenzschwingung ist bei 1250 cm^{-1} bis 1000 cm^{-1} als intensive Bande zu erkennen. Allerdings liegen in diesem Wellenzahlbereich oft auch Gerüstschwingungen (Fingerprint-Bereich), sodass eine eindeutige Zuordnung nicht immer ohne Weiteres möglich ist.

Amine

Die Bande der N-H-Valenzschwingung liegt zwischen 3700 cm^{-1} und 3300 cm^{-1} und ist, wie die der ν(O-H), oft sehr breit. Bei protonierten Ammonium-Salzen ist die Bande zu kleineren Wellenzahlen verschoben (kleiner als 3000 cm^{-1}). NH_2-Gruppen zeigen in gut aufgelösten Spektren zwei Banden, die der symmetrischen und der asymmetrischen Valenzschwingung entsprechen und die ca. 200 cm^{-1} weit auseinander liegen.

Die Banden der N-H-Valenzschwingungen sind sehr intensiv und erlauben oft Rückschlüsse auf die Substitution des Amins

Carbonyl-Verbindungen

Die Carbonyl-Funktion ist das IR-spektroskopisch am sichersten nachweisbare Strukturelement. Die Bande der Valenzschwingung der C=O-Doppelbindung ist so intensiv und charakteristisch, dass sie nicht übersehen werden kann. Sie liegt zwischen 1750 cm^{-1} und 1690 cm^{-1} und ist bei allen Carbonyl-Verbindungen (Ketone, Aldehyde, Säuren, Ester usw.) zu sehen (Abb. 10.9). Die genaue Lage der Bande

Die Bande der C=O-Valenzschwingung ist sehr typisch und oft als erste Bande des Spektrums zuzuordnen

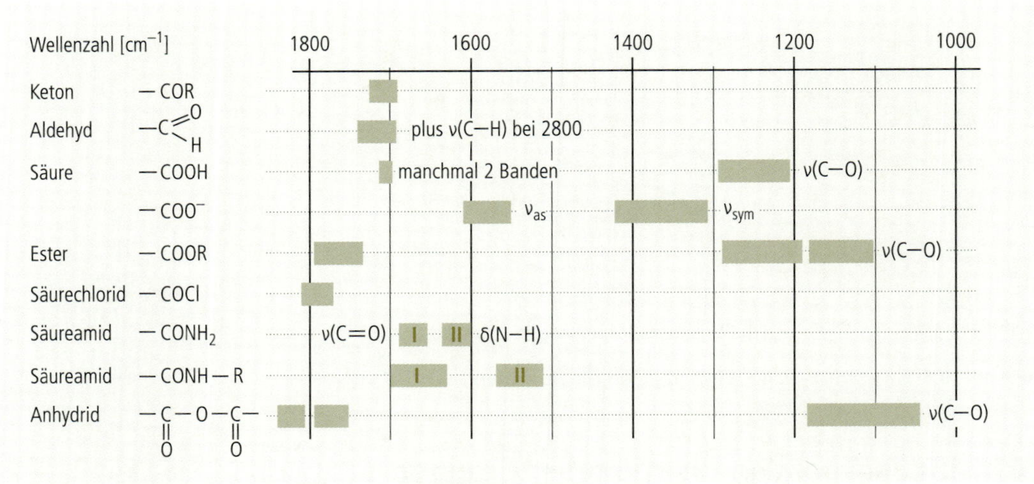

Abb. 10.9 Absorptionsbanden von Carbonylverbindungen

kann Aufschluss über die Art der Carbonylverbindung geben. Bei vielen Carbonylverbindungen treten noch weitere typische Banden auf:

- Carbonsäuren: ν(C-O), ca. 1300 cm^{-1}; δ(O-H), ca. 1400 cm^{-1}
- Ester: ν(C-O-C), 2 Banden. Bei ca. 1300 cm^{-1} erscheint die Bande der C-O-Bindung direkt an der Carbonyl-Gruppe, deren Bindungsstärke aufgrund der Mesomerie etwas größer ist. Die zweite C-O-Valenzschwingung (auf der Alkohol-Seite des Esters) liegt zwischen 1200–1000 cm^{-1} und somit im selben Bereich wie die Etherschwingung.
- Säureamide: δ(NH_2), Deformationsschwingung der NH_2-Gruppe bei ca. 1400 cm^{-1} (Amid II-Bande)
- Aldehyde: ν(C-H), des Aldehyd-Wasserstoffs bei besonders kleinen Wellenzahlen um 2800 cm^{-1}.

Amide

Amide geben sich im IR-Spektrum durch drei Banden zu erkennen, die als *Amid I*, *Amid II* und *Amid III* bezeichnet werden.

Amid I entspricht der C=O-Valenzschwingung. Durch die elektronenziehende Wirkung der benachbarten Aminogruppe ist die Bindung geschwächt und die Bande erscheint bei kleineren Wellenzahlen als bei anderen Carbonylen.

Amid II ist die Bande der NH_2-Deformationsschwingung, die bei primären Aminen knapp unterhalb von Amid I liegt (oft nur als Schulter von Amid I erkennbar).

Amid III ist die Bande der C-N-Valenzschwingung, die um 1400 cm^{-1} liegt und deshalb oft nicht zu identifizieren ist, da hier viele Banden des Fingerprintbereichs stören.

- **Primäre Amide (R-CO-NH_2):** Zeigen alle drei Banden: Amid I: 1690–1640 cm^{-1}. Amid II: 1640–1620 cm^{-1} (oft als Schulter). Amid III: 1430–1390 cm^{-1}.
- **Sekundäre Amide (R-CO-NHR):** Amid I: 1680–1620 cm^{-1}. Amid II ist durch einen Fermi-Resonanz genannten Effekt aufgespalten in zwei Banden bei 3100 und 1550 cm^{-1}. Amid III: 1300–1250 cm^{-1}.
- **Tertiäre Amide (R-CO-NR_2):** Nur Amid I: 1650–1630 cm^{-1}.

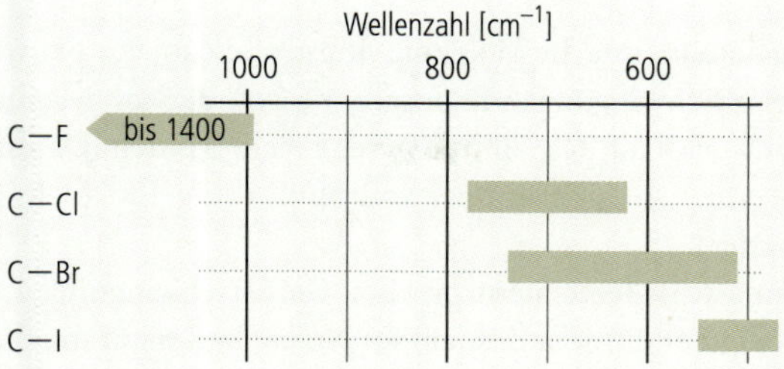

Abb. 10.10 C-X-Valenzschwingungen von Halogeniden

Ether

Ether sind nur an der Bande der C-O-C-Valenzschwingung (sog. Etherschwingung) zu erkennen. Diese ist zwar intensiv und oft relativ breit, liegt aber bei ca. 1100 cm^{-1} im Bereich der Gerüstschwingungen und kann übersehen bzw. fälschlicherweise zugeordnet werden.

Ether sind im IR-Spektrum oft nicht eindeutig zu identifizieren

Halogenhaltige Verbindungen

Die Valenzschwingungen der Kohlenstoff-Halogen-Bindungen sind sehr energiearm, da Halogenatome eine große Masse besitzen (▶ Kap. 10.1.2). Die intensiven Banden sind deshalb im Bereich kleiner Wellenzahlen, zwischen 600 cm^{-1} und 800 cm^{-1}, zu finden (**o** Abb. 10.10). Die Banden sind oft breiter als die der Γ-Schwingung und so zu unterscheiden.

10

Banden sonstiger Hetero-Gruppen

Auch praktisch alle anderen funktionellen Gruppen eines Moleküls geben sich im IR-Spektrum zu erkennen. Allerdings sind die Banden nicht so typisch und eindeutig zuzuordnen wie die der oben aufgeführten. Vor allem bei Absorptionen, die im Fingerprint-Bereich des Spektrums liegen, ist Vorsicht geboten, da hier sowieso nur die wenigsten Banden zugeordnet werden können und Gerüstschwingungen zu Banden an beliebiger Stelle im Fingerprint-Bereich führen können.

Merke

Die wichtigsten charakteristischen Schwingungen im IR-Spektrum sind:

3700–500 cm^{-1}	ss, b	Hydroxide ν(O-H)
3500–300 cm^{-1}	ss	Amine ν(H-H)
2300–200 cm^{-1}	s	Nitrile ν(C=N)
	w	Alkine ν(C=C)
1800–700 cm^{-1}	ss	Carbonyle ν(C=O)
1600–400 cm^{-1}	w, sp	Alkene, Aromaten ν(C=C)
1000–300 cm^{-1}	s	Ether, Hydroxide, Ester, Carbonsäuren ν(C-O)

10.3.4 Vorgehensweise bei der Interpretation

Wie schon erläutert, besitzen bereits einfache Moleküle eine große Zahl von Schwingungsmöglichkeiten (richtiger: Schwingungsfreiheitsgrade), von denen viele auch IR-aktiv sind. Ein IR-Spektrum enthält deshalb meist sehr viele Banden. Da diese zudem oft sehr breit sind, werden sie nicht immer vollständig aufgelöst (d. h. die Banden liegen z. T. übereinander).

Die meisten Absorptionen im IR-Bereich entsprechen Gerüstschwingungen, an denen sehr viele Atome beteiligt sind. Es ist deshalb im Normalfall nicht möglich, alle Banden eines Spektrums genau einer bestimmten Schwingung zuzuordnen. *Eine vollständige Interpretation des Spektrums ist außerordentlich schwierig.*

Um die Interpretation eines auf den ersten Blick verwirrenden IR-Spektrums zu erleichtern, wird eine formale, schrittweise Vorgehensweise empfohlen. Die Vorgehensweise ist dabei so logisch, dass nur wenig **aktives** Wissen nötig ist. Deshalb müssen zur Anwendung keine mehrseitigen Wellenzahl-Tabellen auswendig gelernt werden.

Alle Beispielspektren sind auf diese Weise interpretiert und können zur Übung verwendet werden.

Bei der Interpretation wird am besten von links nach rechts vorgegangen, da die charakteristischen Banden im Bereich großer Wellenzahlen einfacher zuzuordnen sind als die Gerüstschwingungen im rechten Teil des Spektrums.

1. Erster Blick

Bei der Interpretation des IR-Spektrums werden als erstes die auffälligsten Banden zugeordnet

Bei der Interpretation eines IR-Spektrums werden zuerst die wichtigsten charakteristischen Banden gesucht. Je nachdem, ob diese Banden im Spektrum vorhanden sind oder nicht, kann mit großer Sicherheit auf die Anwesenheit **bzw.** Abwesenheit folgender Strukturelemente geschlossen werden (Abb. 10.11):

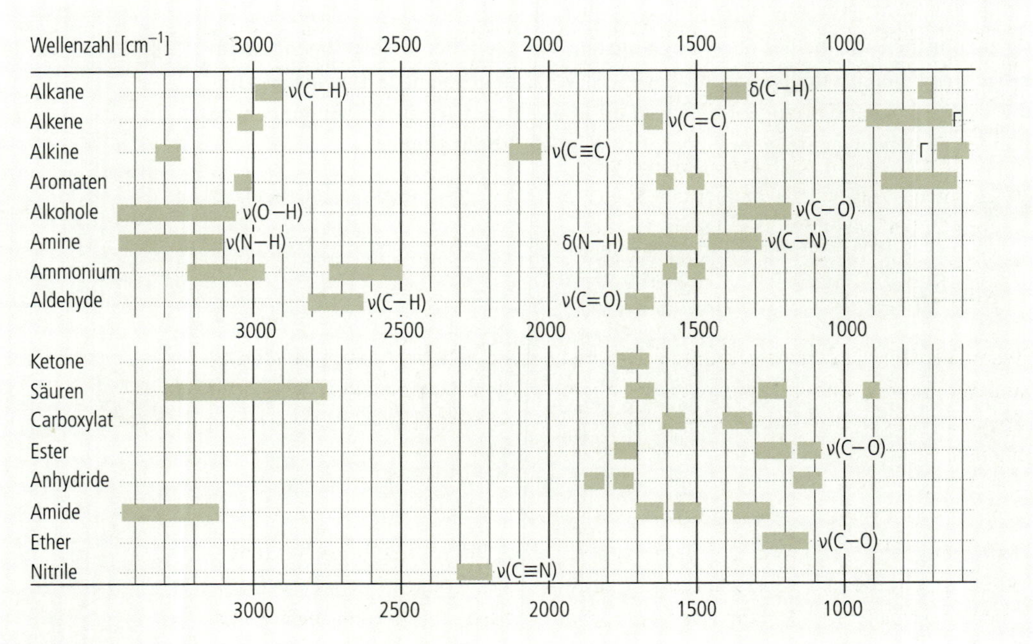

Abb. 10.11 Übersicht über die wichtigsten charakteristischen Schwingungen im IR-Spektrum

- Intensive Bande > 3300 cm^{-1}: ν(O-H), ν(N-H) → OH-/NH-Gruppen. Wenn die Bande sehr breit ist, könnte auch eine Verunreinigung durch Wasser vorliegen.
- Intensive Bande bei 1700 cm^{-1}: ν(C=O) → Carbonyl-Funktion.
- Banden knapp oberhalb 3000 cm^{-1}: ν(C-H) → C-H-Valenzschwingungen von ungesättigten Verbindungen (Alkene, Aromaten).
- Banden knapp unterhalb 3000 cm^{-1}: ν(C-H) → C-H-Valenzschwingungen von gesättigten Verbindungen (Alkane).
- Wenig intensive, spitze Bande zwischen 2000 und 2500 cm^{-1}: ν (C≡C), ν (C≡N) → Valenzschwingungen von Dreifachbindungen oder kumulierten Doppelbindungen.

2. Genauere Analyse

Als weitere charakteristische Banden können gesucht werden:

- Sägezahn-Schwingungen des Aromaten zwischen 1700 und 2500 cm^{-1}.
- Valenzschwingungen von C=C-Doppelbindungen oder Aromaten als meist scharfe und schwache Peaks zwischen 1450 und 1650 cm^{-1}.
- Out-of-plane-Schwingungen planarer Strukturelemente liefern sehr scharfe Banden unterhalb 1000 cm^{-1}.
- Deformationsschwingungen von CH_2- und CH_3-Gruppen im Fingerprint-Bereich des Spektrums.

Diese Banden sind nicht so eindeutig wie die erstgenannten. Da sie oft nur sehr schwach sind, können sie übersehen oder von anderen Banden im Spektrum verdeckt werden. Aus dem Fehlen dieser Absorptionen kann deshalb nicht mit Sicherheit auf die Abwesenheit der Strukturelemente geschlossen werden.

3. Zuordnung zu funktionellen Gruppen

Nun müssen die gefundenen Banden funktionellen Gruppen zugeordnet werden. Dabei ist zu beachten, dass sich **keine** Widersprüche ergeben und dass viele funktionelle Gruppen zu **mehreren** charakteristischen Banden im Spektrum führen. Für diesen Schritt ist deshalb etwas kombinatorische Detektivarbeit nötig.
Beispiele:

- Hydroxygruppen zeigen ν(O-H) und ν(C-O).
- Aromaten zeigen ν(C-H) oberhalb 3000 cm^{-1} und C-C-Valenzschwingungen und Out-of-plane Schwingungen.
- Ester weisen neben der Carbonyl-Bande noch zwei getrennte Banden der ν(C-O) auf, usw.

Wenn Verdacht auf eine bestimmte funktionelle Gruppe besteht, dann müssen die anderen Banden dieser Gruppe gezielt gesucht werden. So lassen sich Banden im Spektrum finden und interpretieren, die auf den ersten Blick zunächst unerkannt blieben.

4. Suche nach weiteren interpretierbaren Banden

Im letzten Schritt sollte noch geprüft werden, ob es im Spektrum noch intensive oder typische Banden gibt, die bisher ignoriert wurden. Dazu kann eine Tabelle charakteristischer Banden zur Hand genommen werden, um zu versuchen, weitere funktionelle Gruppen im Spektrum zu erkennen:

- Halogene,
- schwefelhaltige Heterogruppen,
- sonstige Heterogruppen (Abb. 10.12),
- anorganische Ionen (Abb. 10.13).

Es gibt allerdings in fast jedem IR-Spektrum intensive Banden, die nicht mit Sicherheit zugeordnet werden können.

5. Ergebnis

Die dargestellte Methode ist, wenn sie sorgfältig durchgeführt wird, einfach und schnell. Allerdings muss das Ergebnis der Interpretation nachher noch übersichtlicher zusammengefasst werden. Dazu wird am besten eine einfache Tabelle verwendet (Tab. 10.1).

Tab. 10.1 Einfache Tabelle zur Darstellung des Ergebnisses einer IR-Spektreninterpretation

Wellenzahl, Form	Zuordnung	Strukturelement

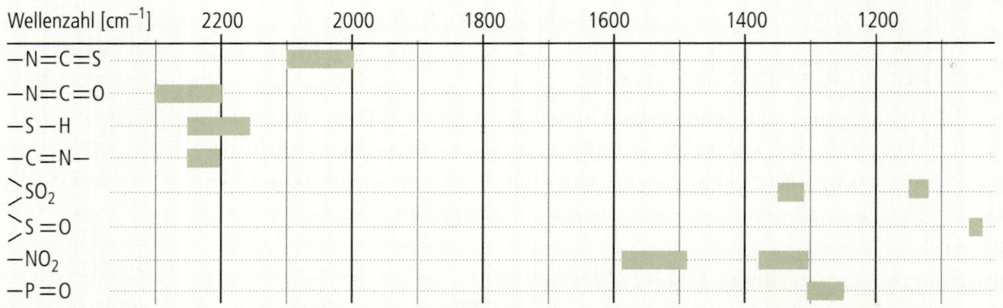

Abb. 10.12 Banden sonstiger Heterogruppen

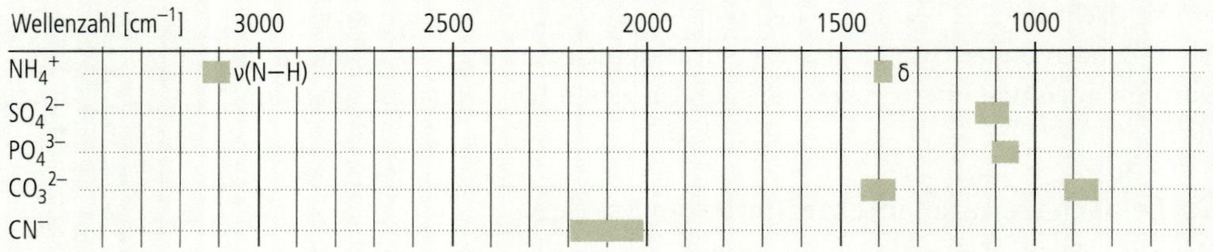

Abb. 10.13 Banden anorganischer Verbindungen

Weitere Interpretation

Natürlich ist prinzipiell eine noch viel weitergehende Auswertung des Spektrums möglich, die nicht nur Aussagen über das Vorhandensein bestimmter Strukturelemente macht, sondern auch noch Hinweise auf die Struktur in deren Umgebung liefert. Allerdings kann eine solche Interpretation im Rahmen einer Kurzeinführung nicht erlernt werden, sondern erfordert die ausführliche Ausbildung durch einen erfahrenen Analytiker.

10.3.5 Beispiel-Interpretationen

Stilben

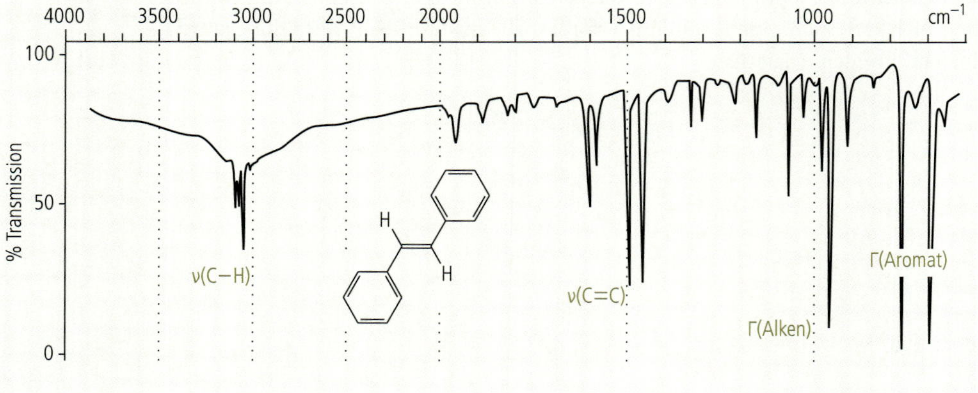

Abb. 10.14 IR-Spektrum von Stilben

1. Erster Blick

sicher: > 3000 cm^{-1} → H an ungesättigten C-Atomen

nicht:

- aliphatische C-H
- OH, NH
- C=O

2. Genauere Analyse

- 2000–1700 cm^{-1}: Sägezahn (Aromat)
- 1650–1450 cm^{-1}: typisches Muster der 4 scharfen Banden aromatischer Gerüstschwingungen
- 800–700 cm^{-1}: oop-Schwingungen eines Aromaten

3. Zuordnung zu funktionellen Gruppen

Aromat!

4. Weitere charakteristische Banden

- 960 cm^{-1}: oop-Schwingung einer Doppelbindung

Tab. 10.2 Interpretation des IR-Spektrums von Stilben

Wellenzahl, Form	Zuordnung	Strukturelement
3000–3090 cm^{-1} (sp)	ν (C-H)	Valenzschwingungen aromatischer und olefinischer C-H-Bindungen
1600 - 2000 cm^{-1}	Gerüstschwingung	Sägezahn monosubstituierter aromatischer Verbindungen
1450 cm^{-1} 1500 cm^{-1} 1580 cm^{-1} 1600 cm^{-1} (alle sp)	ν (C_{ar}-C_{ar})	Typische Anordnung der Valenzschwingungen des Aromaten in zwei Paaren scharfer Peaks
960 cm^{-1} (sp)	Γ (Alken)	Out-of-plane-Schwingung der H-Atome am Alken
690 cm^{-1} (sp) 760 cm^{-1} (sp)	Γ (Aromat)	Out-of-plane-Schwingung der H-Atome am Aromaten: monosubstituiert

Anmerkung: Die Valenzschwingung der C=C-Doppelbindung ist nicht IR-aktiv (symmetrisches Molekül!).

Lidocain

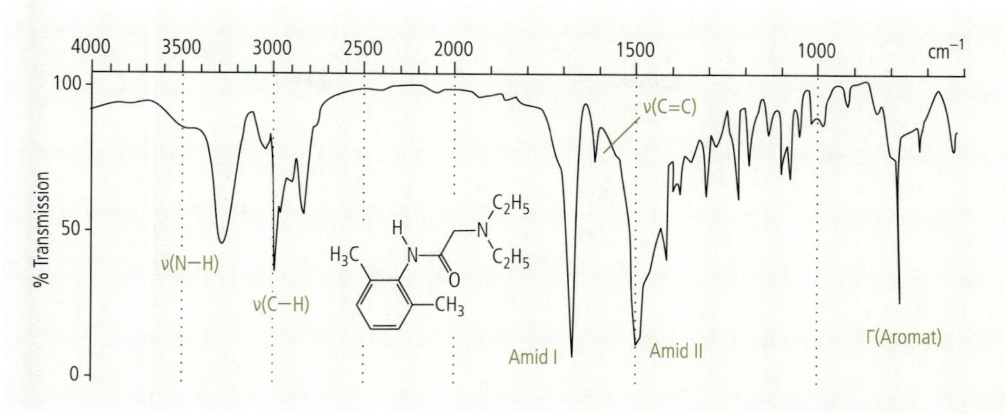

Abb. 10.15 IR-Spektrum von Lidocain

1. Erster Blick

sicher:

- 3300 cm^{-1}: N-H oder O-H
- 3000 cm^{-1}: H an gesättigten C-Atomen
- 1680 cm^{-1}: Carbonyl-Bande

2. Genauere Analyse

- 3000 cm^{-1}: wenig H an ungesättigten C-Atomen
- 1500 cm^{-1}: intensive Bande einer NH_x-Deformationsschwingung (Amid?)
- 800–700 cm^{-1}: oop-Schwingungen eines Aromaten

3. Zuordnung zu funktionellen Gruppen

- Aromat: ν (C-H), Γ(tri-substituiert), zusätzlich bei 1610 cm^{-1} die Valenzschwingungen des Aromaten!
- Aliphat: ν (C-H)
- Säureamid: Amidbanden I und II, N-H-Valenzschwingung
- Hydroxyl-Gruppe kann nicht sein, da keine Bande für die Valenzschwingung der C-O-Einfachbindung vorhanden ist

4. Weitere charakteristische Banden

Keine

5. Ergebnis

Tab. 10.3 Interpretation des IR-Spektrums von Lidocain

Wellenzahl, Form	Zuordnung	Strukturelement
3300 cm^{-1} (b)	ν(N-H)	N-H-Gruppe, Säureamid
3100–3000 cm^{-1} (w)	ν(C-H)	Aromat
3000–2800 cm^{-1} (sp)	ν(C-H)	Alkyl-Reste
1680 cm^{-1} (ss) 1500 cm^{-1} (ss)	Amid I Amid II	Amid
1610 cm^{-1} (w, sp)	ν(C=C)	Aromat
760 cm^{-1} (sp)	Γ(Aromat)	Aromat, 3-fach substituiert

Mesidin (2,4,6-Trimethylanilin)

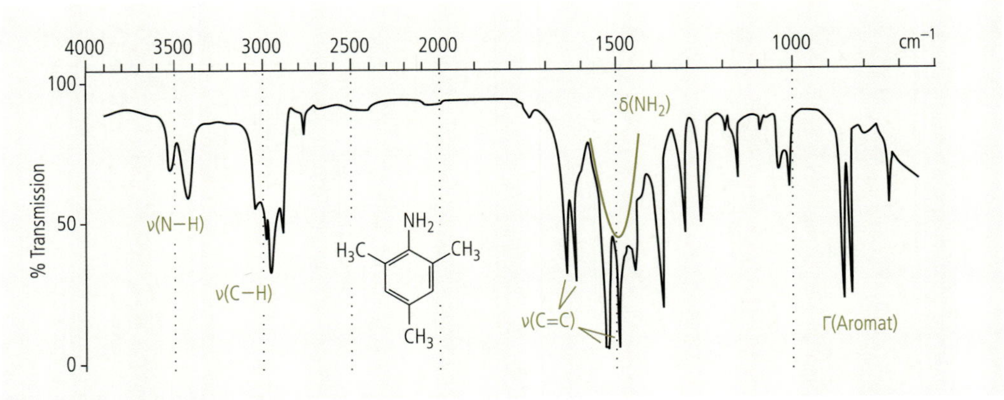

Abb. 10.16 IR-Spektrum von Mesidin

1. Erster Blick

sicher:

- 3400, 3600 cm^{-1}: N-H oder O-H
- $> 3000\ cm^{-1}$: H an ungesättigten C-Atomen
- $< 3000\ cm^{-1}$: H an gesättigten C-Atomen

nicht:

- Carbonyl-Bande

2. Genauere Analyse

- 1650–1450 cm^{-1}: typisches Muster der 4 scharfen Banden aromatischer Gerüstschwingungen (außergewöhnlich stark!)
- 800–900 cm^{-1}: oop-Schwingungen eines Aromaten

3. Zuordnung zu funktionellen Gruppen

- Aromat: ν(C-H), ν(C=C), Γ
- Aliphat: ν(C-H)
- Amin: symmetrische und asymmetrische Valenzschwingungen einer NH_2-Gruppe
- Hydroxyl-Gruppe kann nicht sein, da keine Bande für die Valenzschwingung der C-O-Einfachbindung vorhanden ist

4. Weitere charakteristische Banden

- 1450 cm^{-1}: ? (evtl. NH_2-Deformationsschwingung)
- 1380 cm^{-1}: ? (evtl. C-N-Valenzschwingung)

5. Ergebnis

Tab. 10.4 Interpretation des IR-Spektrums von Mesidin

Wellenzahl, Form	Zuordnung	Strukturelement
3550 cm^{-1} 3400 cm^{-1}	ν(N–H)	NH_2-Gruppe
3100–3000 cm^{-1} (w)	ν(C–H)	Aromat
3000–2850 cm^{-1} (sp)	ν(C–H)	Alkyl-Reste
1640 cm^{-1} 1610 cm^{-1} 1530 cm^{-1} 1490 cm^{-1} (alle s, sp)	ν(C=C)	Aromat
830 cm^{-1} 850 cm^{-1} (sp)	Γ(Aromat)	Aromat

Anmerkung: Bei aromatischen Aminen sind die sonst schwachen Banden der ν(C=C) oft sehr intensiv, da genau unter diesen Banden noch die breite Bande der NH_2-Deformationsschwingung versteckt ist.

n-Dodecan

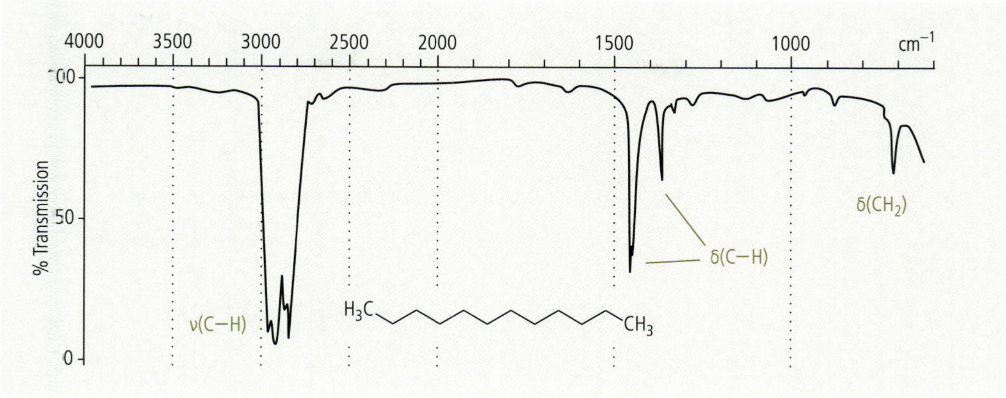

Abb. 10.17 IR-Spektrum von n-Dodecan

Tab. 10.5 Interpretation des IR-Spektrums von n-Dodecan

Wellenzahl, Form	Zuordnung	Strukturelement
3000–2800 cm^{-1}	ν(C-H)	Alkyl-H-Atome
1450 cm^{-1} 1350 cm^{-1} (sp)	$δ(CH_2)$	Deformationsschwingungen von CH_2-Gruppen
730 cm^{-1}	$δ(CH_2)$	sog. Rocking-Schwingung, die bei Alkyl-Ketten ab einer Kettenlänge von 4 CH_2-Gruppen auftritt

Benzylalkohol

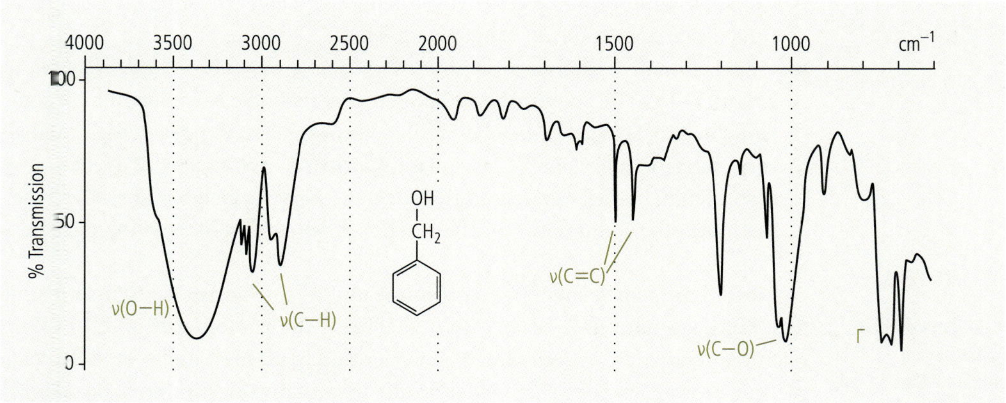

Abb. 10.18 IR-Spektrum von Benzylalkohol

10

Tab. 10.6 Interpretation des IR-Spektrums von Benzylalkohol

Wellenzahl, Form	Zuordnung	Strukturelement
3400 cm^{-1} (ss, b)	ν(O-H)	Breite Bande für assoziierte OH-Gruppen
3150–3050 cm^{-1}	ν(C-H)	H-Atome am Aromaten
2950–2800 cm^{-1}	ν(C-H)	Alkyl-H-Atome
2000–1600 cm^{-1}	Gerüstschwingung	Kombinationsbanden des Aromaten (Sägezahn)
1500 cm^{-1} (m, sp) 1440 cm^{-1} (m, sp)	ν(C=C)	Doppelbindungs-Valenzschwingungen des Aromaten
1040 cm^{-1} (ss)	ν(C-O)	C-O-Valenzschwingung der Hydroxi-Gruppe
800–700 cm^{-1}	Γ(Aromat)	Out-of-plane-Schwingungen des monosubst. Aromaten

10.4 Quantitative IR-Spektroskopie

Im analytischen Routinebetrieb wird die IR-Spektroskopie meist nur qualitativ durchgeführt. Die Menge der untersuchten Substanz wird nicht exakt eingewogen und bei der Interpretation der Spektren wird nicht die genaue Transmission (bzw. Absorption) angegeben. Das hat sowohl praktische als auch theoretische Gründe:

- Die Extinktionskoeffizienten sind im IR-Bereich sehr viel kleiner als im UV/VIS-Bereich des Spektrums. Deshalb müssen IR-Spektren mit sehr konzentrierten Proben oder Reinsubstanzen registriert werden. Das Lambert-Beer'sche Gesetz gilt aber streng genommen nur für *verdünnte Lösungen* (▶ Kap. 1.4).
- IR-Licht lässt sich nicht so einfach monochromatisieren wie UV-Licht. Da die Wellenlänge der Strahlung größer ist, muss der Monochromatorspalt (der die Größe des Wellenlängenfensters festlegt) breiter sein. Bei zu schmalem Spalt kann sonst die Strahlung gebeugt werden, was zu einer drastischen Verringerung der Intensität führt (Beugung am Spalt).
- Eine quantitative Analyse setzt *exakte Probenkonzentrationen und Schichtdicken* voraus. Für die IR-Spektroskopie können aber nicht die Küvetten mit konstanter Schichtdicke wie für die UV/VIS-Spektroskopie verwendet werden, weil alle verwendeten Materialien (Glas, Quarz, Kunststoff, usw.) selbst IR-Licht absorbieren. Die verwendbaren Küvetten aus wasserlöslichen Materialien wie Kochsalz oder Kaliumbromid altern sehr schnell und werden dann ungenau.

Die IR-Spektroskopie wird häufig zur Strukturaufklärung und zur Reinheitsbestimmung, aber nur selten zur Gehaltsbestimmung verwendet

Somit sind die gemessenen Transmissionen und Absorptionen häufig relativ ungenau. Zur quantitativen Analyse wird deshalb eher die Photometrie im UV/VIS-Bereich verwendet, die experimentell einfacher durchzuführen und sehr viel genauer ist. Nur in wenigen speziellen Fällen ist die quantitative Bestimmung aus dem IR-Spektrum trotzdem sinnvoll.

- **Simultanbestimmung:** Substanzen, deren UV/VIS-Spektren sich nicht unterscheiden, können nebeneinander bestimmt werden, wenn sie unterschiedliche IR-Absorptionen zeigen.

- Substanzen, die **keine Absorption im UV/VIS-Bereich** zeigen, können IR-spektrometrisch erfasst werden.
- IR-spektroskopische **Reinheitsprüfung** ist oftmals sinnvoll, wenn Verunreinigungen in der Probe zu zusätzlichen Peaks im Spektrum führen.
- Um eine ausreichende Genauigkeit zu gewährleisten, muss bei quantitativen IR-Messungen allerdings immer eine Kalibrierkurve gezeichnet oder mit internem Standard gearbeitet werden.

Merke

Quantitative IR-Spektroskopie:

- IR-Spektren werden meist nur qualitativ registriert (keine exakte Einwaage der Probe).
- Zur quantitativen Bestimmung muss die Transmission in die Absorption umgerechnet werden.
- Die Bestimmung einer Substanz im IR-Bereich ist meist ungenauer als eine photometrische Messung im UV/VIS-Bereich (weil die Extinktionskoeffizienten viel kleiner sind).
- Zur rein qualitativen Reinheitsprüfung ist die IR-Spektroskopie oftmals gut geeignet, weil praktisch jede Verunreinigung zu einer Veränderung des Spektrums führt.

Berechnung der Absorption aus dem IR-Spektrum

Zur quantitativen Auswertung des IR-Spektrums muss die registrierte Transmission in die Absorption umgerechnet werden (○ Abb. 10.19).

Als **Nulllinie** ist im Normalfall *nicht* die Linie bei 100 % Transmission geeignet, da die meisten Proben eine Grundabsorption zeigen, die allen Peaks eines Bereichs des Spektrums überlagert ist. Deshalb wird die Basislinie als Tangente an die Basis des zur Bestimmung verwendeten Peaks gezeichnet und als Nulllinie verwendet.

Die **Intensität** I wird von der Spitze des Peaks zur Linie mit 0 % Transmission gemessen.

Die **Intensität** I_0 ist der Abstand von der neu definierten Basislinie zur 0 %-Linie.

Dann kann die Absorption $A(\lambda)$ berechnet werden:

$$A(\lambda) = \log \frac{I_0}{I}$$

In welcher Einheit die Abstände aus dem IR-Spektrum abgelesen werden (z. B. mm, cm oder willkürliche Skalenteile), spielt dabei keine Rolle, da das Verhältnis I_0/I immer gleich groß ist.

Aus der Absorption A kann dann mit Hilfe des Lambert-Beer'schen Gesetzes die Konzentration der Probe berechnet werden (ε: molarer Extinktionskoeffizient, d: Schichtdicke):

$$c = \frac{A(\lambda)}{\varepsilon(\lambda) \cdot d}$$
$$c = const \cdot A(\lambda)$$

Da die Extinktionskoeffizienten meist nicht angegeben werden können (unbekannte Schichtdicke und Konzentration im Pressling), muss die Absorption von

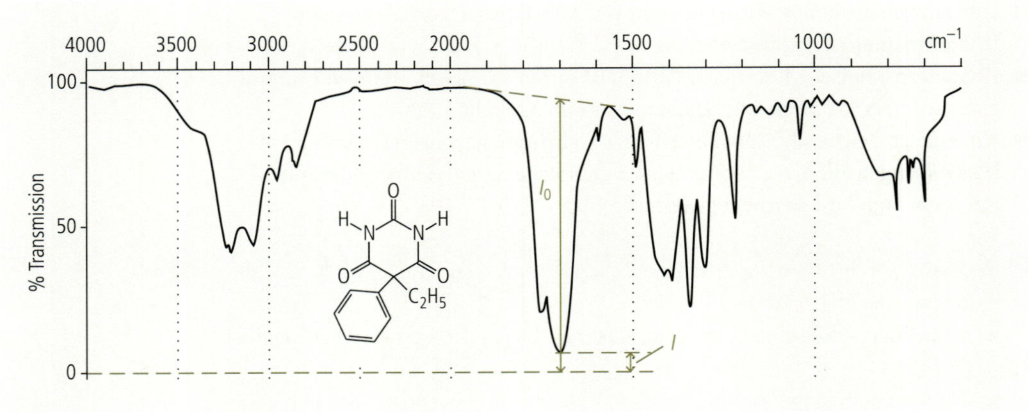

Abb. 10.19 Quantitative Auswertung der Carbonyl-Bande im IR-Spektrum von Phenobarbital

Proben mit bekanntem Gehalt bestimmt werden, sodass die Konstante *const.* ermittelt werden kann. Noch genauere Ergebnisse lassen sich mit einer Kalibriergeraden erhalten.

Reinheitskontrolle

Da sich das IR-Spektrum aller chemischen Substanzen unterscheidet, ist es sehr gut zur Reinheitskontrolle geeignet.

Jede Verunreinigung verändert ein IR-Spektrum. Fast jede Verunreinigung führt zu zusätzlichen Banden im IR-Spektrum.

Gegenüber der Reinsubstanz können entweder **zusätzliche Banden** sichtbar sein, oder einzelne Banden zeigen eine größere Intensität. Wenn die Art der Verunreinigung bekannt ist, kann eine Eichkurve angelegt und die Reinheit der Probe quantitativ bestimmt werden (wobei allerdings die Genauigkeit nicht allzu groß ist).

10.5 IR-Spektroskopie in der pharmazeutischen Analytik

In der pharmazeutischen Analytik spielt die IR-Spektroskopie eine wichtige Rolle zur Identifizierung, Gehaltsbestimmung und Reinheitskontrolle von Arzneistoffen. Der Vorteil gegenüber anderen Methoden ist, dass ein IR-Spektrum für jede Substanz sehr charakteristisch ist. Es gibt praktisch keine zwei Arzneistoffe, die das gleiche IR-Spektrum liefern.

Information aus dem IR-Spektrum

Grundsätzlich liefert das IR-Spektrum Information über funktionelle Gruppen und Strukturelemente einer Substanz. Dagegen ist es verhältnismäßig schwierig, auf Grund des Spektrums Aussagen über das Grundgerüst zu erhalten. Somit bietet die IR-Spektroskopie eine Ergänzung zu anderen spektroskopischen Methoden, wie z. B. die NMR-Spektroskopie, mit der sich das Grundgerüst einer Verbindung relativ einfach zusammenfügen lässt.

IR-Spektren sind deshalb ein wichtiges Werkzeug im Werkzeugkasten zur Aufklärung der Struktur neuer oder unbekannter Moleküle sowie zur Identifizierung von Substanzen.

Merke

In der pharmazeutischen Analytik wird die IR-Spektroskopie zur Identifizierung von Arzneistoffen und zur Reinheitskontrolle eingesetzt, weil

- sich praktisch alle Arzneistoffe in ihrem IR-Spektrum unterscheiden,
- sich Verunreinigungen fast immer auf das Spektrum auswirken.

Identifizierung von Substanzen 10.5.1

Um eine Substanz zu identifizieren, wird ihr IR-Spektrum registriert und mit dem einer Referenzsubstanz verglichen. Zum Beweis der Identität müssen die Lage der Banden sowie ihre *relative Intensität* übereinstimmen. Die absolute Intensität (die Transmission bzw. Absorption) muss nicht gleich sein, da die Konzentration in der Probe normalerweise nicht festgelegt ist.

Referenzsubstanz

Das Spektrum der Vergleichssubstanz wird am besten mit demselben Messgerät unter denselben Aufnahmebedingungen wie das der Probe registriert. Nach Arzneibuch müssen standardisierte Referenzsubstanzen (sog. **CRS**, **c**hemische **R**eferenz**s**ubstanzen) verwendet werden, die vom Sekretariat der europäischen Arzneibuchkommission bezogen werden können.

Referenzspektren

Es ist auch möglich, das IR-Spektrum der Probe mit einem Referenzspektrum zu vergleichen. Diese Methode ist prinzipiell schneller, allerdings müssen alle geräteabhängigen Fehler ausgeschlossen werden. Vor der Messung müssen deshalb die Eichung der Wellenzahlskala sowie die Auflösung des Spektrometers überprüft werden.

Polymorphie

Beim Vergleich des IR-Spektrums einer Probe mit dem einer Referenzsubstanz kann ein weiteres Problem auftreten. Im Gegensatz zu (fast) allen anderen spektroskopischen Arbeitsweisen werden IR-Spektren meist von festen Substanzen und nicht von Lösungen registriert. Viele Substanzen können aber, z. B. in Abhängigkeit vom Lösungsmittel, in unterschiedlichen Formen auskristallisieren (Polymorphie).

Da sich die IR-Spektren solcher unterschiedlicher Modifikationen derselben Substanz (sog. Polymorphe) unterscheiden, müssen zum vollständigen Identitätsbeweis einer Substanz u. U. Probe und CRS gelöst und unter gleichen Bedingungen auskristallisiert werden.

Die IR-Spektroskopie wird häufig zur Identifizierung von Substanzen durch Vergleich des Spektrums mit einer Spektrenbibliothek verwendet

Spektrenbibliotheken

Zur Identifizierung einer unbekannten Probe kann das IR-Spektrum mit Spektren aus einer Spektrenbibliothek verglichen werden. Dies wird heute meist mit Computerunterstützung durchgeführt und gestattet den Nachweis fast aller Arzneistoffe in Sekundenschnelle.

10.5.2 Reinheitsprüfung, Gehaltsbestimmung

Zur Gehaltsbestimmung eines Arzneistoffes ist eine quantitative Auswertung des Spektrums nötig (▶ Kap. 10.4). Zur Prüfung auf Reinheit genügt auch ein ohne exakte Einwaage registriertes Spektrum, wenn die gesuchte Verunreinigung zu einem (oder mehreren) zusätzlichen Banden im Spektrum führt. Allein durch die Anwesenheit zusätzlicher Banden kann die Verunreinigung qualitativ nachgewiesen werden. Zur quantitativen Bestimmung muss aber natürlich zusätzlich eine Eichmessung mit einer definierten Menge der Verunreinigung durchgeführt werden.

Polymorphe

Eine wichtige Rolle spielt die IR-Spektroskopie bei der Kontrolle von Arzneistoffen, die in mehreren Modifikationen vorkommen können (polymorphe Substanzen). Die biologische Wirksamkeit der einzelnen Polymorphe kann unterschiedlich sein. Eine Bestimmung eines einzelnen Polymorphs ist nur möglich, wenn die Probe zur Analyse nicht gelöst werden muss. Eine IR-spektroskopische Messung als Kaliumbromid-Pressling ist deshalb meist die analytische Methode der Wahl! Die IR-Spektren der Polymorphe unterscheiden sich oft.

10.5.3 Strukturermittlung

In der pharmazeutischen Forschung ist die IR-Spektroskopie neben der NMR-Spektroskopie eine der wichtigsten spektroskopischen Methoden zur Aufklärung der Struktur von unbekannten Verbindungen. Mit Hilfe des IR-Spektrums können v. a. die funktionellen Gruppen im Molekül erkannt werden. Somit lassen sich z. B. Naturstoffe zu bestimmten Substanzklassen zuordnen. Der synthetisch arbeitende Chemiker kann klären, ob ein Syntheseschritt, bei dem eine funktionelle Gruppe eingeführt werden sollte, erfolgreich war.

10.5.4 IR-Spektroskopie in der Ph. Eur.

Die Ph. Eur. schreibt die Vorgehensweise zur IR-spektroskopischen Bestimmung von Flüssigkeiten, festen Substanzen und Gasen vor. Außerdem werden die Mindestanforderungen an das Spektrometer sowie eine Vorschrift zur Eichung und Kontrolle des Messgeräts angegeben.

Identifizierung von Arzneistoffen

Da das IR-Spektrum sehr typisch für jede chemische Substanz ist, lassen sich fast alle Arzneistoffe IR-spektroskopisch identifizieren (▶ Kap. 10.5.1).

Anforderungen an das Spektrometer

Das Spektrometer muss monochromatisches Licht im Bereich zwischen 4000 cm^{-1} und 670 cm^{-1} zur Verfügung stellen (in Ausnahmen bis 200 cm^{-1}) und die Transmission (Verhältnis von durchgelassener zu eingestrahlter Lichtintensität) in Abhängigkeit der Wellenzahl registrieren.

Hinweis
Die modernen FT-IR-Spektrometer fallen nicht unter diese Definition. Da diese Geräte aber viel genauer sind als die konventionellen Spektrometer, können sie in der Praxis auch verwendet werden.

Eichung des Spektrometers

Zur Überprüfung des Spektrometers ist in der Ph. Eur. das Spektrum eines 0,05 mm dicken Polystyrolfilms angegeben. Die Wellenzahlen der Absorptionsmaxima sind tabelliert und müssen innerhalb der angegebenen Toleranzen mit dem selbst registrierten Spektrum des Polystyrolfilms übereinstimmen.

Zur Kontrolle der Auflösung sind auch die relativen Intensitäten zweier Absorptionsmaxima mit den benachbarten Minima angegeben. Der Unterschied zwischen Maximum und Minimum darf den angegebenen Wert nicht unterschreiten, damit das Auflösungsvermögen des Spektrometers ausreichend ist.

Übungen 10.6

1. Welche Materialien sind zur Herstellung der optischen Bauteile eines IR-Spektrometers geeignet?
2. Die Bande der Valenzschwingung einer C-O-Einfachbindung ν(C-O)erscheint im IR-Spektrum zwischen 1000 und 1200 Wellenzahlen. Ist die Bande der ν(C-S) bei einer größeren oder kleineren Wellenzahl zu erwarten?
3. Welche Strukturelemente führen i. A. zu intensiven Banden im IR-Spektrum?
4. Welche Strukturelemente sind im IR-Spektrum meist schwach oder gar nicht zu sehen?
5. Wie lassen sich IR-spektroskopisch die Bindungsstärken von chemischen Bindungen bestimmen?
6. Interpretieren Sie das IR-Spektrum von Phenobarbital (**o** Abb. 10.19) und ordnen Sie die charakteristischen Banden im Spektrum den Schwingungen des Moleküls zu!
7. Warum eignet sich die IR-Spektroskopie besser zur Identifizierung eines Arzneistoffs als z. B. die UV/VIS-Spektroskopie?

11 Raman-Spektroskopie

Bei der Raman-Spektroskopie werden Molekülschwingungen und -rotationen registriert

Die Raman-Spektroskopie ist wie die IR-Spektroskopie eine Methode, bei der Molekülschwingungen bestimmt werden. Allerdings wird hier ein Emissionsspektrum registriert, d. h. es wird nicht die Stärke der Absorption gemessen, sondern die Intensität des Lichts, das von der Probe selbst ausgestrahlt wird.
Das Raman-Spektrum kommt somit auf Grund anderer physikalischer Vorgänge zustande als das IR-Spektrum und im Spektrum sind z. T. andere Molekülschwingungen zu sehen.

11.1 Physikalische Grundlagen

11.1.1 Raman-Effekt

Grundsätzlich basieren alle spektroskopischen Verfahren auf der Tatsache, dass elektromagnetische Strahlung nur dann von einem Molekül absorbiert werden kann, wenn die Energie ihrer Lichtquanten genau gleich groß ist wie die Energiedifferenz zwischen Grundzustand und angeregtem Zustand des Moleküls (▶ Kap. 1.3). Diese grundlegende Bedingung ist allerdings bei der Raman-Spektroskopie nicht erfüllt. Der Raman-Effekt beruht auf der geringen, immer vorhandenen Absorption. Diese ist aber so klein, dass sie im normalen Absorptionsspektrum in der Nulllinie verschwindet.

Zur Messung wird die Probe mit monochromatischem Licht bestrahlt, dessen Energie eigentlich nicht zu einer Absorption führen kann. Die Moleküle, die ein Quant dieser Strahlung mit der **falschen Energie** absorbieren, werden in einen sog. **virtuellen angeregten Zustand** angehoben, der nicht genau beschrieben werden kann. Die Moleküle kehren schon nach Sekundenbruchteilen wieder in den Ausgangszustand zurück und strahlen dabei die Energie wieder ab.

Raman-Spektroskopie ist eine emissionsspektroskopische Methode

Diese Strahlung wird in jede Richtung emittiert und sie kann gemessen werden, wenn der Detektor außerhalb des Strahlengangs des Anregungslichts angebracht ist, sodass das Licht, das direkt aus der Lichtquelle kommt, nicht registriert wird. Die Intensität dieses sog. **Streulichts** ist sehr gering und entspricht der Absorption der „falschen" (nicht passenden) Lichtquanten.

11.1.2 Raman-Spektrum

Wird in einem Diagramm die Intensität des Streulichts gegen die Wellenlänge aufgetragen, dann ergibt sich das Raman-Spektrum (○ Abb. 11.1). Der bei weitem stärkste Peak ist bei der Anregungswellenlänge zu finden. Erst wenn das Spektrum extrem verstärkt wird, ist zu erkennen, dass ein geringer Teil des Streulichts auch andere Wellenlängen hat. Bei größeren Wellenlängen sind die sog. Stokes-Linien und bei kleineren Wellenlängen die Anti-Stokes-Linien zu finden.

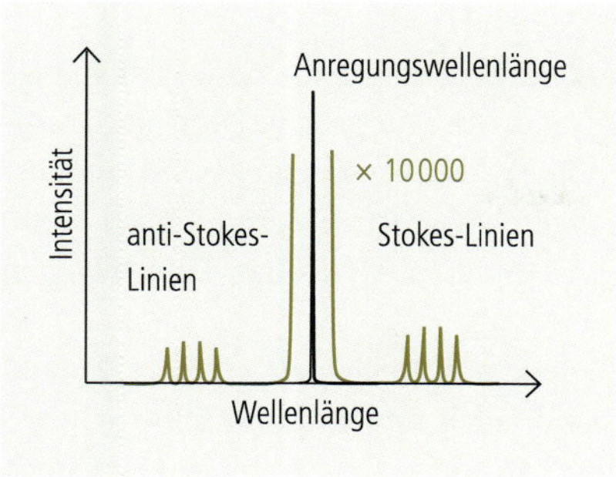

Abb. 11.1 Spektrale Zerlegung des Streulichts (schwarz: normales Spektrum, farbig: 10000-fach verstärkt)

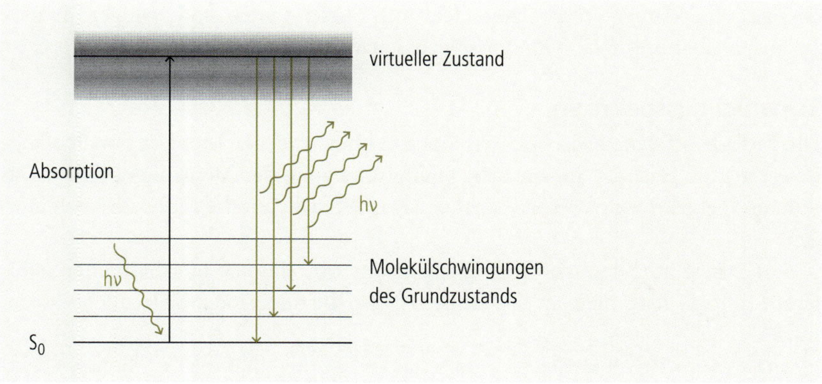

Abb. 11.2 Der Raman-Effekt und die Entstehung der Stokes-Linien

Stokes-Linien

Die Banden im Spektrum mit größerer Wellenlänge als das Anregungslicht werden als Stokes-Linien bezeichnet. Sie sind möglich, weil ein Molekül aus dem virtuellen angeregten Zustand nicht unbedingt wieder in den Ausgangszustand zurückfallen muss. Es kann sein, dass das Molekül in einem Schwingungszustand „hängen bleibt". Nach dem Abstrahlen des Lichts schwingt das Molekül noch. Die Energie der Schwingung fehlt dann dem Streulicht und die Wellenlänge ist größer (Abb. 11.2).

Stokes-Linien haben eine größere Wellenlänge als das Anregungslicht

Insgesamt betrachtet sieht der Raman-Effekt also so aus, als würde ein Quant des Lichts einen Teil seiner Strahlung an ein Molekül abgeben. Das ist aber nach den Gesetzen der Quantenmechanik **niemals** möglich (▶ Kap. 1.3).

Der Raman-Effekt ist vielmehr ein 2-Photonen-Prozess: ein Quant des Anregungslichts wird komplett absorbiert, und ein zweites Quant (mit anderer Energie) wird vom Molekül komplett wieder abgegeben.

Merke

- Die Raman-Spektroskopie ist eine emissionsspektroskopische Methode.
- Sie beruht auf einem 2-Photonen-Prozess.
- Das gemessene sog. Streulicht hat eine extrem kleine Intensität.
- Raman-Spektroskopie ist Schwingungsspektroskopie.
- IR und Raman ergänzen sich gegenseitig.

Anti-Stokes-Linien

Im Raman-Spektrum sind auch Linien zu erkennen, die eine kleinere Wellenlänge (und damit eine größere Energie) besitzen als das Anregungslicht. Diese sog. Anti-Stokes-Linien entstehen, wenn Moleküle schon in einem angeregten Schwingungszustand sind, bevor sie durch die Strahlung angeregt werden. Das ist möglich, wenn die Moleküle z. B. durch Zusammenstöße mit anderen Molekülen zu schwingen beginnen.

Fällt ein solches schwingendes Molekül aus dem virtuellen angeregten Zustand zurück, dann kann es bis in den Grundzustand fallen und dadurch seine Schwingung verlieren. Die Energie der Schwingung wird dem abgestrahlten Licht noch zusätzlich mitgegeben. Dadurch erhält das ausgestrahlte Photon eine größere Energie bzw. eine kleinere Wellenlänge. Die Anti-Stokes-Linien sind weniger intensiv, ansonsten aber ungefähr symmetrisch zu den Stokes-Linien.

Schwingungsspektrum

Die Energiedifferenz zwischen den Stokes-Linien und der Anregungswellenlänge ist gerade die Energie, die zur Schwingungsanregung der Moleküle nötig ist. Das Raman-Spektrum zeigt deshalb analog zum IR-Spektrum die Molekülschwingungen.

Zur Darstellung des Schwingungsspektrums wird deshalb nur diese Energiedifferenz (mit Wellenzahlen cm^{-1} als Einheit) gegen die Intensität des Streulichts aufgetragen.

Um es vom IR-Spektrum zu unterscheiden, ist die Nulllinie des Raman-Spektrums immer unten, sodass in dasselbe Diagramm das IR- und das Raman-Spektrum eingezeichnet werden kann.

11.1.3 Raman-aktive Schwingungen

Raman-Spektrum und IR-Spektrum ergänzen sich oft, da unterschiedliche Schwingungen sichtbar sind

Ebenso wie im IR-Spektrum sind auch im Raman-Spektrum nicht alle Molekülschwingungen zu sehen. Das Kriterium ist hier die Polarisierbarkeit des Moleküls bzw. des schwingenden Molekülteils.

Die Polarisierbarkeit ist ein Maß dafür, wie leicht sich die Elektronen im Molekül bewegen lassen (große mesomere Systeme sind z. B. gut polarisierbar). Nur wenn sich die Polarisierbarkeit während der Schwingung ändert, ist die Schwingung Raman-aktiv.

Natürlich ist es schwierig, aus der Struktur eines Moleküls die Polarisierbarkeit abzuleiten. Dazu müssen aufwendige Rechnungen durchgeführt werden. Als Faustregel kann gelten, dass Schwingungen an eher **unpolaren** sowie **symmetrischen** Molekülteilen oder Molekülen Raman-aktiv sind.

Merke

Da im Raman-Spektrum oft andere Molekülschwingungen sichtbar sind als im IR, ergänzen sich die beiden Methoden sehr gut. In manchen Fällen sind IR- und Raman-Spektrum genau komplementär, d. h. eine Molekülschwingung ist entweder im Raman- oder im IR-Spektrum zu sehen. Das ist aber kein Gesetz und es ist auch möglich, dass eine Schwingungsbande sowohl IR- als auch Raman-aktiv ist oder weder noch.

Vergleich IR- und Raman-Spektroskopie 11.1.4

Gegenüber der IR-Spektroskopie hat die Raman-Spektroskopie Vor- und Nachteile. Der apparative Aufwand ist sehr viel größer, weil für die Anregung sehr intensives monochromatisches Licht gebraucht wird, und weil die Intensität des gemessenen Streulicht sehr klein ist.

Der größte Vorteil ist, dass die gesamte Strahlung im Spektrometer im sichtbaren Bereich liegt (wenn zur Anregung sichtbares Licht verwendet wird). Deshalb können alle optischen Bauteile aus normalem Glas hergestellt und beliebige farblose Lösungsmittel zum Lösen der Probe verwendet werden (◘ Tab. 11.1). Vor allem kann im Gegensatz zur IR-Spektroskopie auch Wasser verwendet werden (Wasser absorbiert IR-Strahlung und ist für die IR-Spektroskopie völlig ungeeignet).

Häufig sind Raman- und IR-Spektren komplementär. Banden sind entweder im Raman oder im IR zu sehen. Somit ergänzen sich die Methoden sehr gut (○ Abb. 11.3).

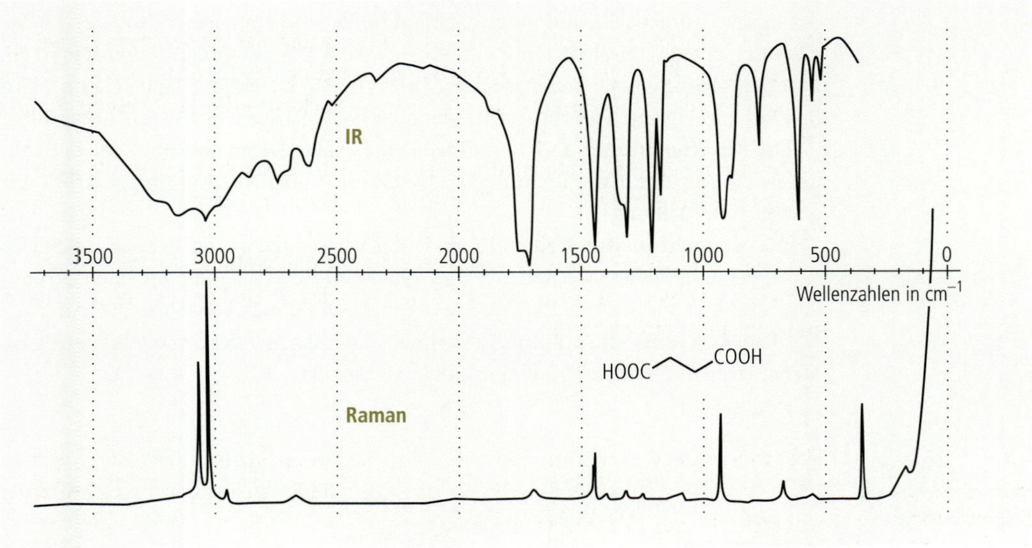

○ **Abb. 11.3** Raman-Spektrum und IR-Spektrum von Bernsteinsäure (Ethandicarbonsäure)

◘ **Tab. 11.1** Vergleich IR- und Raman-Spektroskopie

	IR	Raman
Effekt	Molekülschwingungen	Molekülschwingungen
Sichtbare Schwingungen	Polare Gruppen, unsymmetrische Schwingungen	Unpolare Gruppen, symmetrische Schwingungen
Strahlung	Infrarot-Licht	Sichtbares Licht
Optische Bauteile	Aus Alkali-Halogeniden	Aus normalem Glas
Lösungsmittel	Am besten gar keines (immer mehr oder weniger störend)	Alle farblosen möglich (keine Störung)
Apparativer Aufwand	Relativ klein	Relativ groß
Lichtquelle	Wärmestrahler	Laser
Detektor	Thermowiderstand	Photoelektronenmultiplier

11.2 Geräteaufbau

Der apparative Aufwand bei der Raman-Spektroskopie ist relativ groß. Wichtig ist vor allem, dass das Anregungslicht sehr intensiv und sehr gut monochromatisiert ist, d. h. es darf wirklich nur aus einer Wellenlänge bestehen und nicht aus einem Wellenlängenbereich (d. h. sehr kleines Wellenlängenfenster). Die Wellenlänge des Anregungslichts muss allerdings nicht variabel sein sein, da für alle Messungen dieselbe Anregungswellenlänge verwendet werden kann.

Der Detektor und der davor liegende Monochromator sind außerhalb des Strahlenganges des Anregungslichtes angeordnet, sodass dieses nicht direkt registriert wird (**o** Abb. 11.4).

Alle optischen Bauteile, wie Linsen, Fenster und Küvetten, können aus gewöhnlichem Glas hergestellt sein.

Als monochromatische und intensive **Lichtquelle** wird ein Laser verwendet. Dieser erzeugt Licht, das tatsächlich nur eine einzige Wellenlänge enthält. Außerdem ist ein Laserstrahl sehr gut gebündelt, sodass er nicht in den Detektor gelangen kann. Häufig wird ein Argon-Laser verwendet, der eine Wellenlänge von 488 nm ausstrahlt.

Die **Küvetten** müssen in 2 Richtungen eine exakte Dicke haben, in der Bestrahlungsrichtung und in der Richtung des Detektors (in der Absorptionsspektroskopie genügt eine Richtung).

Als **Monochromator** wird meist ein Gitter verwendet, da der Bereich des Spektrums, der aufgespalten werden muss, sehr klein ist. Bei Anregung mit einem Argon-Laser umfasst das gesamte Raman-Spektrum einen Bereich von 0 bis 4000 cm^{-1}.
Der **Detektor** muss sehr empfindlich sein, da die Intensität des Streulichts gering ist. Meist wird ein Photoelektronenmultiplier verwendet.

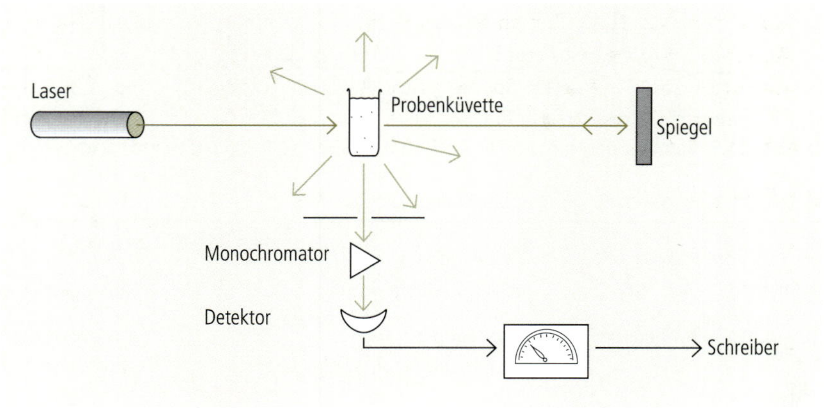

o Abb. 11.4 Schematischer Aufbau eines Raman-Spektrometers

Raman-Spektroskopie in der pharmazeutischen Analytik 11.3

In der pharmazeutischen Analytik ist die Raman-Spektroskopie von untergeordneter Bedeutung, da sie meist nicht die Methode der Wahl für Routinebestimmungen (Gehaltsbesimmung, Reinheitskontrolle) darstellt. Die Anwendungsbereiche liegen eher in der Forschung, wo die Raman-Spektroskopie zur Strukturaufklärung unbekannter Stoffe und zur Lösung spezieller analytischer Probleme angewendet wird.

Anwendungen 11.3.1

Die Raman-Spektroskopie liefert wie die IR-Spektroskopie wichtige Informationen zur **Strukturaufklärung** unbekannter Substanzen. Vor allem die Kombination aus IR- und Raman-Spektrum ist sehr aussagekräftig.

Die intensiven IR-Banden polarer funktioneller Gruppen (-OH, C=O, usw.) sind im Raman-Spektrum meist schwach oder überhaupt nicht vorhanden. Dagegen treten mehr Schwingungen des unpolaren Kohlenstoffgerüsts auf.

Eine wichtige Rolle spielt die Raman-Spektroskopie daher als Hilfe zur **Interpretation von IR-Spektren.** Durch die zusätzliche Information des Raman-Spektrums wird oftmals eine Zuordnung von IR-Banden erst möglich.

Zur **Gehaltsbestimmung** wird die Raman-Spektroskopie selten verwendet, da die einfacheren Methoden wie IR- oder UV/VIS-Spektroskopie dazu genügen oder sogar geeigneter sind.

Übungen 11.4

1. Was unterscheidet die Raman-Spektroskopie von den meisten anderen spektroskopischen Analyseverfahren?
2. Warum können im Raman-Spektrometer alle optischen Bauteile aus Glas bestehen, obwohl die registrierte Energie im Bereich der IR-Strahlung liegt?

12 Kernspinresonanz-Spektroskopie (NMR)

NMR-Spektroskopie ist heute die wichtigste Methode zur Strukturaufklärung organischer Verbindungen

Grundlage der Kernspinresonanz-Spektroskopie (Nuclear Magnetic Resonance = NMR) ist das Verhalten von Atomkernen in einem Magnetfeld. Zur Messung wird eine Probe in einem starken Magnetfeld elektromagnetischer Strahlung ausgesetzt. Das so registrierte NMR-Spektrum gibt Aufschluss über die Zahl der Atome in einem Molekül sowie über deren Verknüpfung und Abstände.
Deshalb ist die NMR-Spektroskopie heute mit Abstand die wichtigste Methode zur Strukturaufklärung unbekannter Substanzen.

12.1 Physikalische Grundlagen der Kernspinresonanz-Spektroskopie

Manche Atomkerne besitzen selbst ein sog. magnetisches Moment, d. h. sie sind Magneten. Ein solcher „Atomkern-Magnet" verhält sich deshalb im Magnetfeld wie eine kleine Kompassnadel (○ Abb. 12.1). Im Magnetfeld der Erde versucht sich die Kompassnadel auszurichten, bis der Nordpol genau nach Norden zeigt. Damit der Kompass eine andere Stellung einnimmt, muss Energie aufgewendet werden.

Beim Loslassen der Kompassnadel aus dieser verdrehten Stellung wird diese Energie wieder frei.

Physikalisch besser ausgedrückt bedeutet das, dass es für eine Kompassnadel im Magnetfeld Zustände gibt, die sich energetisch unterscheiden, je nachdem, in welche Richtung die Kompassnadel zeigt. Das gleiche gilt auch für die magnetischen Atomkerne. Je nachdem, in welche Richtung das magnetische Moment des Atomkerns zeigt, ist seine Energie im Magnetfeld unterschiedlich.

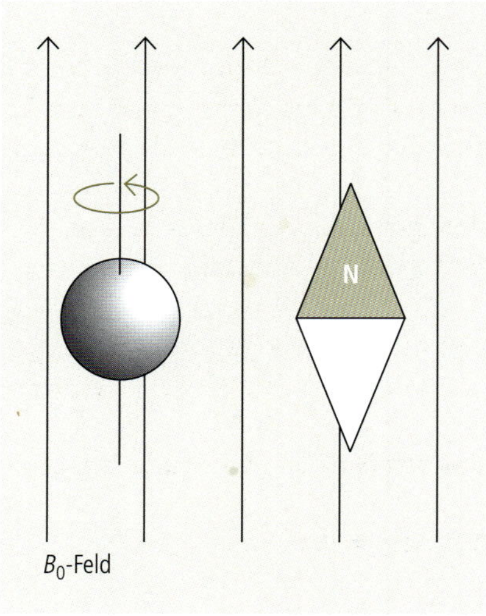

○ **Abb. 12.1** Darstellung eines Atomkerns als Kompassnadel im Magnetfeld

Einen wichtigen Unterschied gibt es allerdings zwischen einem magnetischen Atomkern und einer Kompassnadel: Atomkerne müssen die Gesetze der Quantenmechanik einhalten (▶ Kap. 1.3). Deshalb kann sich der Atomkern-Magnet nicht beliebig im Magnetfeld drehen. Es gibt nur eine begrenzte Zahl von Richtungen, in die der Magnet zeigen kann und die mit der sog. Kernspinquantenzahl charakterisiert werden. Die Energieunterschiede zwischen diesen Einstellmöglichkeiten werden mit Hilfe der NMR-Spektroskopie gemessen.

Für die pharmazeutische Analytik ist die NMR-Spektroskopie sehr wichtig, da die Lage dieser Energieniveaus Hinweise auf die Struktur einer chemischen Verbindung in der Umgebung des Atomkerns gibt.

Atome im Magnetfeld 12.1.1

Isotope

Ein Atom besteht aus dem Atomkern und der Elektronenhülle. In der NMR-Spektroskopie werden die unterschiedlichen Atomsorten durch ihr unterschiedliches Verhalten im Magnetfeld nachgewiesen. Der Atomkern besteht aus Protonen und Neutronen. Die Zahl der Protonen eines Kerns ist gleich der Ordnungszahl des entsprechenden Elements im Periodensystem. Alle Atome eines Elements haben die gleiche Zahl an Protonen in ihren Kernen, die Zahl der Neutronen kann aber unterschiedlich sein.

Atome eines chemischen Elements, die unterschiedlich viele Neutronen besitzen, heißen **Isotope.** Die Isotope eines Elements haben (fast) völlig identische chemische Eigenschaften, unterscheiden sich aber in ihrem magnetischen Verhalten.

Kernspinquantenzahl

Das Verhalten einer Sorte von Atomkernen im Magnetfeld wird von der Kernspinquantenzahl I bestimmt. Die Größe von I hängt von der Zahl der Protonen **und** Neutronen ab, sodass verschiedene Isotope des gleichen Elements eine unterschiedliche Kernspinquantenzahl haben können. Ein NMR-Spektrum wird deshalb immer nur von einem einzigen Isotop registriert. Die Kernspinquantenzahl aller Atome ist größer oder gleich Null und kann ganze oder halbzahlige Werte haben, also 0, 1/2, 1, 3/2, 2, usw. (◘ Tab. 12.1).

Wenn die Kernspinquantenzahl $I = 0$ ist, kann von diesem Atomkern kein NMR-Spektrum registriert werden, da er kein Magnet ist. Ob die Kernspinquantenzahl null ist oder nicht, hängt von der Zahl von Protonen und Neutronen im Atomkern ab.

Nur Atomkerne mit einer Kernspinquantenzahl ungleich null können NMR-spektroskopisch bestimmt werden

Die Zahl der Protonen gibt genau die Ordnungszahl im Periodensystem an. Die Summe aus Protonen und Neutronen bezeichnet man als Massenzahl, da sie in etwa der Atommasse entspricht.

Beispiel: ^{12}C hat die Massenzahl 12 und wie jedes Kohlenstoffatom die Ordnungszahl 6. Der Kern besteht demnach aus 6 Protonen und 6 Neutronen. Ein ^{13}C-Kern enthält ebenfalls 6 Protonen aber 7 Neutronen.

Ob ein Atomkern eine Kernspinquantenzahl von Null hat, lässt sich mit folgender Regeln ableiten:

Atomkerne haben eine Kernspinquantenzahl von $I = 0$, wenn

- ihre Massenzahl ungerade ist
- ihre Massenzahl gerade **und** ihre Ordnungszahl ungerade ist.

Alle anderen Atomkerne haben eine Kernspinquantenzahl ungleich null und sind der NMR-Spektroskopie zugänglich.

Wichtig zu wissen ist, welche Elemente, die in Arzneistoffen häufig vorkommen, so erfasst werden können (◘ Tab. 12.1):

- **Kohlenstoff:** Das häufigste Isotop ^{12}C hat 6 Protonen und 6 Neutronen und somit $I = 0$. ^{13}C, mit einem Neutron mehr, zeigt allerdings eine Kernspinquantenzahl von $I = 1/2$. Da ^{13}C zu 1,11 % in der Natur vorkommt, kann Kohlenstoff im NMR erfasst werden.
- **Wasserstoff:** ^{1}H hat $I = 1/2$ und NMR ist deshalb möglich.
- **Sauerstoff:** Das Isotop ^{16}C kommt zu 99,76 % in der Natur vor und ist nicht im NMR zu sehen (8 Protonen und 8 Neutronen). ^{17}O hat $I = 5/2$, kommt nur zu 0,04 % vor. Sauerstoff ist deshalb im NMR nicht erfassbar.
- **Stickstoff:** Das zu 99,6 % in der Natur vorkommende Isotop ^{14}N hat $I = 1$ und ist NMR-aktiv.

Die wichtigsten Atomkerne für die NMR-Spektroskopie sind: ^{1}H, ^{13}C, und ^{15}N. (Das zu 99,6 % in der Natur vorkommende Isotop ^{14}N eignet sich nicht gut, da es zu sehr breiten Linien führt)

◘ Tab. 12.1 Kernspinquantenzahlen und Häufigkeit im natürlichen Isotopengemisch einiger in der organischen Chemie wichtiger Atomkerne

Atomkern	Kernspinquantenzahl *I*	$\gamma^{(1)}$	Natürliche Häufigkeit des Isotops in %
^{1}H	1/2	26,752	99,985
^{2}H (= D)	1	4,107	0,015
^{10}B	3	2,875	19,6
^{11}B	3/2	8,584	80,4
^{12}C	0	0	98,89
^{13}C	1/2	6,728	1,11
^{14}N	1	1,934	99,6
^{16}O	0	0	99,76
^{17}O	5/2	-3,628	0,04
^{18}O	0	0	0,20
^{19}F	1/2	25,181	100
^{31}P	1/2	10,841	100
^{32}S	0	0	95,0
^{33}S	3/2	2,053	0,76

1) magnetogyrisches Verhältnis γ in 10^7 rad/Ts

Magnetisches Moment

Die Ursache des magnetischen Moments eines Atomkerns ist der **Kernspin**, der anschaulich angibt, wie schnell sich ein Atomkern um die eigene Achse dreht. Wie jedes rotierende Teilchen, besitzt der Atomkern dann einen sog. Drehimpuls *p*. Der Drehimpuls eines Atoms lässt sich aus der Kernspinquantenzahl berechnen:

$$p = \sqrt{I(I+1)} \cdot \frac{h}{2\pi}$$

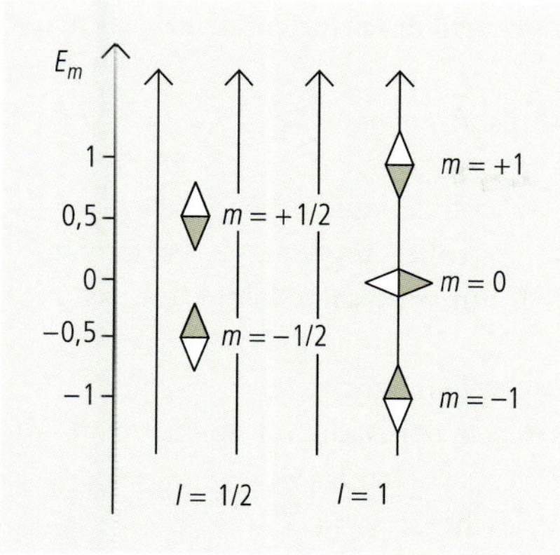

Abb. 12.2 Mögliche Orientierungen eines Atomkerns mit $I = 1/2$ (z. B. ^1H) und eines Atomkerns mit $I = 1$ (z. B. ^2H = Deuterium) im Magnetfeld B_0

Merke

- In der NMR-Spektroskopie wird der Energieunterschied verschiedener Orientierungen im Magnetfeld bestimmt.
- Es können nur Kerne (Isotope) mit einer Kernspinquantenzahl von $I \neq 0$ nachgewiesen werden.
- Die wichtigsten NMR-aktiven Isotope sind ^1H, ^{13}C, ^{15}N, ^{17}O und ^{31}P.
- Die Energieunterschiede entstehen erst im Magnetfeld. Außerhalb des Magnetfeldes ist keine NMR-Spektroskopie möglich!.
- Die Größe der Energieunterschiede ist umso größer, je stärker das Magnetfeld ist.

h ist eine Naturkonstante, das sog. Plancksche Wirkungsquantum. Aus dem Drehimpuls kann das magnetische Moment μ (*griech.* mü) berechnet werden, wenn das sog. **magnetogyrische Verhältnis** γ (*griech.* gamma, auch gyromagnetisches Verhältnis) bekannt ist. γ ist eine für jeden Atomkern typische Konstante (Tab. 12.1).

$$\mu = \gamma \cdot \sqrt{I(I+1)} \cdot \frac{h}{2\pi}$$

$$\gamma = \frac{\mu}{p}$$

Atomkerne mit einer Kernspinquantenzahl von $I = 0$ (z. B. ^{12}C) besitzen demnach kein magnetisches Moment und können auch nicht NMR-spektroskopisch untersucht werden!

Alle anderen Atomkerne können ganz bestimmte Orientierungen einnehmen. Jede dieser Orientierungen lässt sich durch eine weitere Quantenzahl, die sog. **magnetische Quantenzahl *m***, kennzeichnen. m kann alle Werte zwischen $-I$ und $+I$ annehmen, die sich aber immer um Eins unterscheiden müssen ($m = -I, -I+1, -I+2, \ldots, I-1, I$).

Bei einem Atomkern mit $I = 1/2$ (z. B. ^1H), gibt es für m demnach zwei Möglichkeiten (-1/2 und + 1/2). Bei einem Atomkern mit $I = 1$ (z. B. ^2H), gibt es für m demnach drei Möglichkeiten (-1, 0, + 1) (Abb. 12.2). Allgemein ergeben sich $n = 2I + 1$ Möglichkeiten.

Jeder Orientierung m des Atomkerns im Magnetfeld B_0 entspricht dann die Energie E_m:

$$E_m = -\mu_B \cdot B_0 = -\gamma \cdot p_B \cdot B_0$$
$$E_m = -\gamma \cdot m \cdot \frac{h}{2\pi} \cdot B_0$$

μ_B: Teil des magnetischen Moments μ in Richtung des Magnetfeldes B_0
B_0: Magnetfeld des NMR-Spektrometers
γ: magnetogyrisches Verhältnis des Atomkerns
m: magnetische Quantenzahl

Hinweis

Als Symbol für die Magnetfeldstärke wird in der Physik H verwendet, die Einheit ist $[H]$ = A/m. Üblicherweise werden Magnetfelder aber nicht durch ihre Feldstärke, sondern durch die sog. **magnetische Flussdichte** B (auch magnetische Induktion) charakterisiert (d. h. in den Formeln kommt meist nur B vor).
Es gilt $B = \mu_0 \cdot \mu_r \cdot H$. Die magnetische Flussdichte B wird in der Einheit Tesla (T) angegeben; $1 T = 1 Vs/m^2$ (alte Einheit: Gauß, $1 G = 10^{-4} T$).
Korrekterweise sollte daher nicht vom Magnetfeld, sondern immer vom Feld der magnetischen Induktion (oder kurz B-Feld) gesprochen werden.

12.1.2 Kernspinresonanz

Resonanzbedingung

In einem Magnetfeld richten sich die Atome einer Substanz entsprechend ihrer Kernspinquantenzahl in verschiedenen Orientierungen aus. Zur Messung der Energieunterschiede dieser Orientierungen wird die Probe mit elektromagnetischer Strahlung bestrahlt.

Wenn die Energie der Strahlung ($E = h \cdot \nu$) gerade so groß ist wie der Energieunterschied ΔE zwischen zwei Energieniveaus (m und $m+1$), dann kann ein Atomkern in die nächste energiereichere Orientierung gedreht werden, wobei ein Quant der Strahlung absorbiert wird. Die Energiedifferenz zwischen zwei benachbarten Niveaus lässt sich leicht berechnen:

$$h\nu = \Delta E = E_{m+1} - E_m$$
$$= -\gamma \cdot (m+1) \cdot \frac{h}{2\pi} \cdot B_0 - \left(-\gamma \cdot m \cdot \frac{h}{2\pi} \cdot B_0\right)$$
$$h\nu = \Delta E = \gamma \cdot \frac{h}{2\pi} \cdot B_0$$

und führt zur Resonanzbedingung:

$$\nu = \frac{\gamma}{2\pi} \cdot B_0$$

ν: Resonanzfrequenz (Frequenz der Strahlung, deren Energie zur Anregung führt)
B_0: magnetisches B-Feld des NMR-Spektrometers
γ: magnetogyrisches Verhältnis des Atomkerns

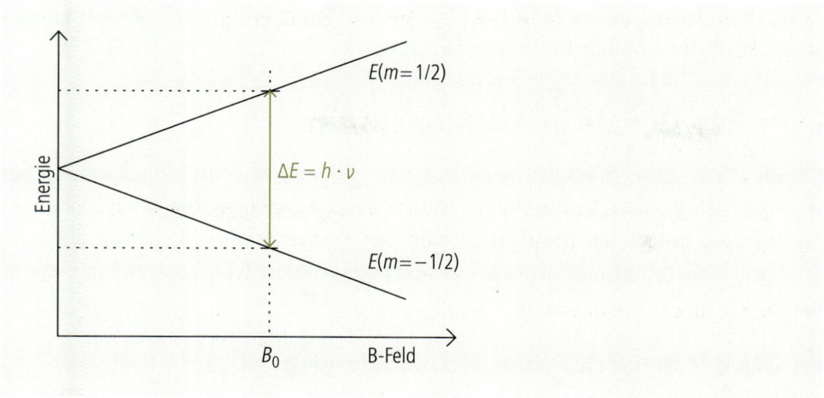

Abb. 12.3 Energieniveaus eines Wasserstoffkerns (^1H) im Magnetfeld (richtig: B-Feld) in Abhängigkeit der Magnetfeldstärke

Bei der NMR-Spektroskopie hängt die Energie der Anregung von der Stärke des angelegten Magnetfelds ab

Das heißt: Die Größe der Anregungsenergie (Resonanzenergie) hängt von der Stärke des Magnetfelds ab.

Darin unterscheidet sich die Spinresonanz-Spektroskopie von allen anderen Spektroskopiearten. Normalerweise sind die gemessenen Energien naturgegebene Größen (UV/VIS: Elektronenorbitale, IR: Schwingungsniveaus, usw.). Die Energieniveaus der NMR-Spektroskopie entstehen dagegen erst durch das Anlegen eines Magnetfeldes im NMR-Spektrometer. Außerhalb des Magnetfeldes ist $B_0 = 0$ und die Resonanzbedingung $h\nu = \Delta E = 0$.

Das bedeutet, dass je größer das Magnetfeld ist, desto größer wird auch die Resonanzenergie (Abb. 12.3). Damit ist es in der NMR-Spektroskopie möglich, durch Wahl der Messbedingungen die Anregungsenergien zu beeinflussen!

Diese Freiheit besteht allerdings nur theoretisch, da schon sehr starke Magnetfelder benötigt werden, um überhaupt Messung durchführen zu können. Selbst mit den stärksten heute herstellbaren Magneten ist die Resonanzenergie ΔE im Vergleich zu anderen Spektroskopiearten sehr klein (Abb. 1.3). Die Wellenlänge der benötigten Strahlung beträgt ca. 1 bis 100 Meter (Radiowellen, vgl. 200–800 nm bei der UV/VIS-Spektroskopie).

Intensität des Signals

Die kleine Energiedifferenz zwischen Grundzustand und angeregtem Zustand führt zu einem weiteren Problem der NMR-Spektroskopie. Jede Substanz besitzt eine gewisse thermische Energie, die umso größer ist, je höher die Temperatur ist.

Diese thermische Energie ist bei Raumtemperatur bereits um ein Vielfaches größer als die Resonanzenergie. Demzufolge können die Atomkerne auch ohne zusätzliche Energieeinstrahlung von außen in den angeregten Zustand gelangen. Tatsächlich ist bei Raumtemperatur die Zahl der Atome mit höherem energetischen Zustand und die Zahl von Atomen, die sich im Grundzustand befinden, praktisch identisch. Der Überschuss von Atomen im Grundzustand beträgt nur etwa eins zu einer Million (10^{-6}). Wären, wie bei anderen Spektroskopiearten üblich, alle Atomkerne im Grundzustand, dann wäre die Absorption im NMR-Spektrometer 1 Million mal stärker.

Deshalb ist der apparative Aufwand für die NMR-Spektroskopie sehr groß und es ist eine relativ große Menge Probesubstanz nötig.

12.1.3 Lage der Signale im NMR-Spektrum

Für die Anwendung der NMR-Spektroskopie in der Chemie und Pharmazie ist besonders wichtig, dass die Resonanzfrequenz eines Atomkerns von der Art der chemischen Bindungen des Atoms sowie von den Atomen in der Umgebung abhängt. Beides hat einen Einfluss auf die lokale Stärke des Magnetfelds am Ort jedes Atomkerns.

Effektive Magnetfeldstärke und Abschirmung

Die Elektronen eines Atoms schirmen jedes Magnetfeld ein wenig ab. Deshalb ist es am Atomkern immer schwächer als außerhalb des Atoms. Die Größe der Abschirmung wird durch die sog. **Abschirmungskonstante** σ (*griech.*: sigma) beschrieben. Die **effektive Magnetfeldstärke** $\boldsymbol{B_{eff}}$ beim Atomkern ist gleich der Stärke des Magnetfelds B_0 minus der Abschirmung:

$$B_{eff} = B_0 - B_{Abschirm}$$
$$B_{eff} = B_0 - \sigma B_0 = B_0 \cdot (1 - \sigma)$$

Mit der effektiven Magnetfeldstärke formuliert lautet die Resonanzbedingung:

$$\nu = \frac{\gamma}{2\pi} \cdot B_0 \cdot (1 - \sigma)$$

Die Abschirmungskonstante eines Atoms ist umso größer, je größer die Elektronendichte um den Atomkern ist. Befinden sich in der Nachbarschaft eines Atomkerns elektronenziehende Gruppen, so wird die Elektronendichte an diesem Kern verringert. Der Atomkern wird dadurch *entschirmt* und seine Resonanzfrequenz wird größer (○ Abb. 12.3).

Standard TMS

Da die Anregungsenergie von den Messbedingungen (Magnetfeld) abhängt, wird die chemische Verschiebung als Bruchteil der Verschiebung gegenüber dem Standard in ppm (parts per million) angegeben

Da die Resonanzfrequenz eines Atomkerns im Molekül von der Stärke des Magnetfelds im Spektrometer abhängt, ist sie keine charakteristische Größe eines Atomkerns. Deshalb ist es nicht sinnvoll, als Ergebnis der NMR-Messung die Resonanzfrequenz anzugeben. Stattdessen werden die Resonanzfrequenzen auf eine Standardverbindung bezogen. Heute wird normalerweise Tetramethylsilan (TMS) als Standard verwendet (○ Abb. 12.4). Sowohl im ^{1}H-NMR als auch im (entkoppelten) ^{13}C-NMR-Spektrum zeigt diese Verbindung nur einen einzigen Peak. Die Entschirmung der Kohlenstoff- und Wasserstoffkerne im TMS ist kleiner als in den meisten anderen organischen Verbindungen, da das zentrale Siliziumatom eine kleinere Elektronegativität hat als Kohlenstoff. Das Signal des Standards stört deshalb normalerweise auch nicht im Spektrum, da es als einzelner Peak ganz am Rande des Messbereichs erscheint.

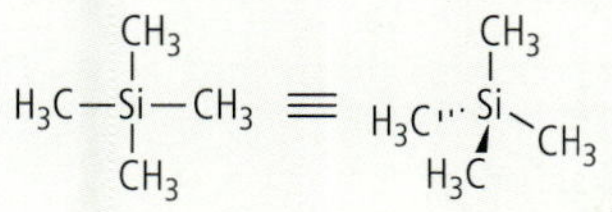

Abb. 12.4 Tetramethylsilan (TMS)

Chemische Verschiebung

Die auf TMS bezogenen Resonanzfrequenzen werden als **chemische Verschiebung (chemical shift) δ** (*griech.*: delta) bezeichnet:

$$\delta = \frac{\nu - \nu(TMS)}{\nu(TMS)} \cdot 10^6$$

Da der Unterschied der Resonanzfrequenzen im Vergleich zur TMS-Frequenz sehr klein ist, wird das Frequenzverhältnis mit einer Million (10^6) multipliziert und die chemische Verschiebung in **ppm** (*engl.*: parts per million) angegeben.

Die so definierte chemische Verschiebung ist eine charakteristische Größe für jeden Atomkern eines Moleküls und unabhängig von der Stärke des Magnetfelds, da sie nur den Teil der Resonanzfrequenz von TMS angibt.

Der Bereich der δ-Werte umfasst bei der ^{1}H-NMR-Spektroskopie ca. 0 ppm bis 10 ppm, bei der ^{13}C-NMR-Spektroskopie ca. 0 ppm bis 200 ppm.

Die Anforderungen an die Messgenauigkeit des NMR-Spektrometers sind somit enorm groß, da der gesamte Messbereich nur den 100 000sten Teil der Messfrequenz umfasst.

Da die Resonanzfrequenz proportional zur Magnetfeldstärke B_0 ist, lässt sich die chemische Verschiebung auf zwei Arten interpretieren:
Eine chemische Verschiebung von $\delta = 5$ ppm kann bedeuten,

- dass die Resonanzfrequenz des Kerns um 5 Millionstel Teile größer ist, als die von TMS (bei gleicher Magnetfeldstärke),
- oder dass das Magnetfeld um 5 Millionstel Teile kleiner werden muss, damit dieser Atomkern dieselbe Resonanzfrequenz hat wie zuvor TMS.

12

Das NMR-Spektrum

Im NMR-Spektrum wird die chemische Verschiebung δ auf einer Skala von rechts nach links dargestellt.

Ein Peak, der im Spektrum weit **links** erscheint, hat demnach eine große chemische Verschiebung. Die entsprechenden Kerne sind **stark entschirmt**. Starke Entschirmung bedeutet, dass am Ort des Atomkerns ein relativ starkes Magnetfeld wirkt und somit ein schwächeres Magnetfeld B_0 genügt, damit der Kern dieselbe Resonanzfrequenz besitzt wie TMS.

Man sagt deshalb, dieser Kern sei ins **tiefe Feld** verschoben (die Bezeichnung ist im ersten Moment verwirrend – „tiefes Feld" heißt hier: schwaches Feld und ist das Gegenteil des hohen bzw. starken Feldes).

Für die Bezeichnung von Peaks im Spektrum können die Bezeichnungen *stark entschirmt, tieffeldverschoben* oder *bei großer chemischer Verschiebung* völlig synonym verwendet werden (Abb. 12.5).

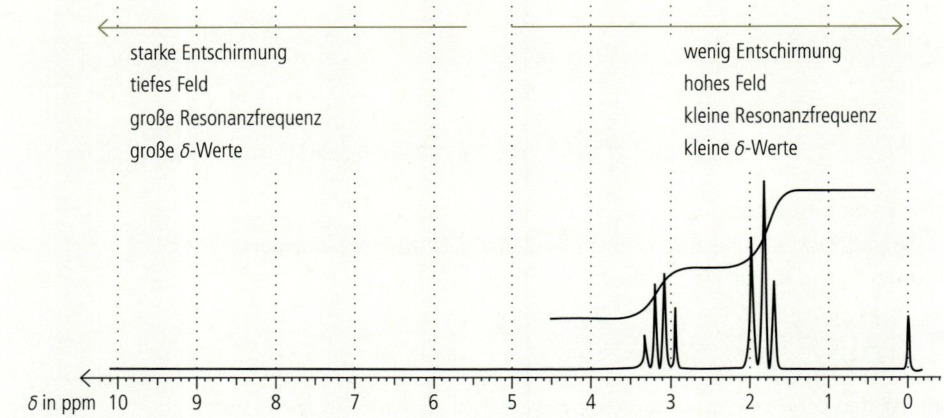

Abb. 12.5 ^{1}H-NMR-Spektrum von Iodethan

12.1.4 Signalaufspaltung

Die Resonanzsignale im NMR-Spektrum erscheinen meist nicht als einzelne Peaks, sondern sind in typische Muster aufgespalten. Alle Absorptionen eines Kerns werden als **Signal**, die einzelnen Peaks der Aufspaltung als **Linien** bezeichnet.

Das Aufspaltungsmuster (Zahl der Linien und relative Intensität der Linien) heißt „**Feinstruktur**" des Signals. Aus der Analyse der Feinstruktur lassen sich wichtige Informationen zur Interpretation eines NMR-Spektrums ableiten.

Nach der Zahl der Aufspaltungen wird ein NMR-Signal ein Singulett (1 Linie), Dublett (2 Linien), Triplett, usw. genannt, oder Multiplett, wenn die Zahl der Linien nicht angegeben werden kann (Tab. 12.2). Die Ursache der Signalaufspaltung ist die sog. *Kopplung* von Kernspins innerhalb eines Moleküls.

Spin-Spin-Kopplung

Jeder Atomkern mit $I \neq 0$ ist selbst ein kleiner Magnet und erzeugt deshalb ein Magnetfeld. Dieses Magnetfeld ist unabhängig vom äußeren Magnetfeld B_0 des NMR-Spektrometers und immer vorhanden und immer gleich groß (es ist eine Eigenschaft jedes Atomkerns). Ein zweiter Atomkern in der Nähe wird durch dieses Magnetfeld beeinflusst.

Im NMR-Spektrometer wird dadurch natürlich auch die effektive Stärke des lokalen Magnetfelds B_{eff} in der Umgebung dieses zweiten Atomkerns um einen geringen Betrag verändert, je nachdem, in welche Richtung das magnetische Moment des ersten Atomkerns zeigt (Abb. 12.6). Die Resonanzfrequenzen von gleichen Atomkernen in verschiedenen Molekülen unterscheiden sich deshalb je nachdem, wie die benachbarten Atomspins angeordnet sind. Als Folge erscheint das Signal im NMR-Spektrum in mehrere Peaks aufgespalten.

Die Kopplung funktioniert natürlich auch rückwärts, sodass immer die Signale beider koppelnder Kerne aufgespalten sind.

Der Abstand zweier benachbarter Linien eines Signals ist die **Kopplungskonstante** J zwischen den koppelnden Atomkernen. J ist eine Eigenschaft des Moleküls

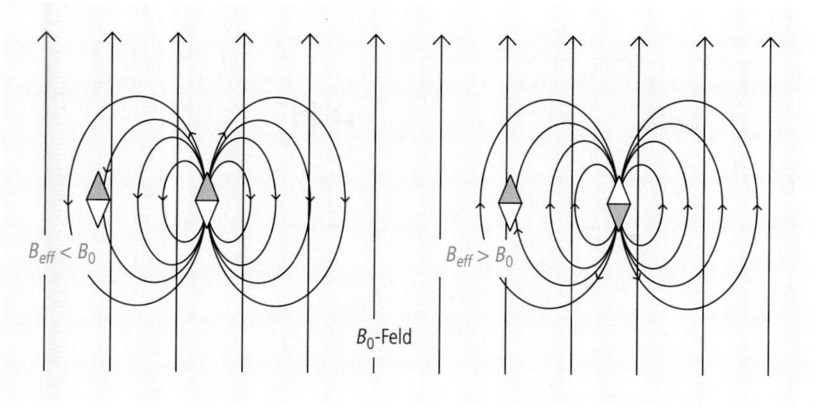

Abb. 12.6 Einfluss des Magnetfelds eines benachbarten Atomkerns auf das lokale B-Feld

und unabhängig vom Magnetfeld B_0 des NMR-Spektrometers. Sie wird deshalb in Hz (Hertz) und nicht in ppm angegeben.

Da eine Kopplung immer (mindestens) zwei Partner erfordert, muss es im NMR-Spektrum zu jedem aufgespaltenen Signal ein weiteres mit der gleichen Kopplungskonstante geben.

Merke

- Die Resonanzfrequenzen der NMR-Spektroskopie liegen im Bereich der Radiowellen (einige Zentimeter bis Meter Wellenlänge).
- Die chemische Verschiebung δ gibt die Resonanzfrequenz in Bezug auf den Standard Tetramethylsilan (TMS) an.
- δ ist umso größer, je stärker ein Atomkern entschirmt ist.
- Gründe für die Entschirmung sind polare Bindungen (Verkleinerung der Elektronendichte um den Kern) oder Anisotropieeffekte (an Mehrfachbindungen und Aromaten).
- Für die Bezeichnung von Peaks im Spektrum können die Bezeichnungen *stark entschirmt, tieffeldverschoben* oder *bei großer chemischer Verschiebung* völlig synonym verwendet werden.

Die Kopplung zwischen Atomkernen wird normalerweise durch die Bindungen übertragen. Dadurch können Kopplungen über größere Abstände wirken, als das durch den räumlichen Abstand der Atome möglich wäre.

Die Kopplungskonstante wird allerdings kleiner, je mehr Bindungen zwischen den koppelnden Kernen liegen. Kopplungen über mehr als drei Bindungen hinweg sind meist nicht messbar. Die Bezeichnung der Kopplungen erfolgt nach der Zahl der überbrückten Bindungen.

- 1 Bindung: direkte Kopplung (^{1}J),
- 2 Bindungen: geminale Kopplung (^{2}J),
- 3 Bindungen: vicinale Kopplung (^{3}J),
- mehr als 3 Bindungen: Fernkopplung, long-range Kopplung (^{n}J).

Tab. 12.2 Aufspaltungsmuster und Intensitäten von Multipletts durch Kopplung mit $I = 1/2$-Kernen

Zahl der Nachbaratome mit $I = 1/2$	Zahl der Linien im Spektrum	Intensitäten (nach dem sog. Pascal'schen Dreieck)
0	1 (Singulett)	1
1	2 (Dublett)	1:1
2	3 (Triplett)	1:2:1
3	4 (Quadruplett, Quartett)	1:3:3:1
4	5 (Quintett)	1:4:6:4:1
5	6 (Sextett)	1:5:10:10:5:1

Aufspaltungsmuster

Die Zahl der Linien, in die ein NMR-Signal aufspaltet, hängt von der Zahl der Atomkerne in der Umgebung sowie von den möglichen Orientierungen jedes Nachbarkerns ab.

Die Zahl der möglichen Orientierungen des Kernspins wird durch die Kernspinquantenzahl I vorgegeben: $n = 2I + 1$. Ein Nachbarkern mit dem Kernspin I ergibt eine Aufspaltung in $2I + 1$ Linien.

Ist eine Kopplung mit mehreren Atomkernen möglich, so ergibt sich die Zahl der Linien aus allen möglichen Kombinationen der Kernspins. Bei m koppelnden Nachbarkernen mit der Kernspinquantenzahl I sind das $m \cdot 2I + 1$ Linien.

Aufspaltungsmuster für $I = 1/2$-Kerne

Kopplungen mit $I = 1/2$-Kernen erzeugen ein oft einfach interpretierbares Aufspaltungsmuster: Die Zahl der Linien ist um eins größer als die Zahl der koppelnden Kerne

Kopplungen von $I = 1/2$-Kernen sind besonders wichtig, da die meisten Atomkerne in organischen Verbindungen diese Kernspinquantenzahl besitzen. Die Aufspaltung dieser Kerne ist in der Praxis einfacher vorherzusagen, als das der Theorie nach scheint: Die Zahl der Linien ist immer um eins größer als die Zahl aller koppelnden Atome: $n = m + 1$.

Die Intensitäten der einzelnen Linien resultieren aus der Zahl der Anordnungen die jeweils zu der gleichen Veränderung des Magnetfelds führen. Je mehr Anordnungen die gleiche Linie ergeben, desto größer wird die Intensität.

Die Intensitäten der Aufspaltungsmuster lassen sich auch aus dem sog. Pascal'schen Dreieck ableiten, das nach einfachen Regeln aufgebaut ist:

- jede Zeile enthält eine Zahl mehr als die vorige,
- außen steht immer 1,
- jede Zahl ist die Summe der beiden darüber liegenden Zahlen.

Im ^1H-NMR-Spektrum von Iodethan (Abb. 12.5) ist das Signal der Methyl-Gruppe ist in 3 Linien aufgespalten (wegen der Kopplung mit den 2 Protonen der CH_2-Gruppe). Das Signal der Methylen-Gruppe ist wegen der Kopplung mit den 3 Protonen der CH_3-Gruppe in 4 Linien aufgespalten.

Aufspaltungsmuster für $I = 1$-Kerne

Kerne mit Kernspinquantenzahlen größer als 1/2 kommen in „normalen" organischen Verbindungen nicht häufig vor. Wichtige $I = 1$-Kerne sind z. B. Deuterium ^2H

Tab. 12.3 Aufspaltungsmuster und Intensitäten von Multipletts durch Kopplung mit $I = 1$-Kernen

Zahl der Nachbaratome mit $I = 1$	Zahl der Linien im Spektrum	Intensitäten
0	1 (Singulett)	1
1	3 (Triplett)	1:1:1
2	5 (Quintett)	1:2:3:2:1
3	7 (Septett)	1:3:6:7:6:3:1

oder Stickstoff ^{14}N (dessen Kopplungen allerdings meist im Spektrum nicht zu sehen sind). Eine Kopplung mit solchen Kernen führt zu einer anderen Feinstruktur der Signale (Tab. 12.3). Die Regeln für das Dreieck mit den Intensitäten sind:

- jede Zeile enthält zwei Zahlen mehr als die vorige,
- außen steht immer 1,
- jede Zahl ist die Summe der drei darüber liegenden Zahlen.

Spektren höherer Ordnung

Die Signalaufspaltung der NMR-Spektren gehorcht diesen einfachen Regeln allerdings nur, wenn der Unterschied der Resonanzfrequenzen der koppelnden Kerne mindestens 10-mal größer ist als die Kopplungskonstante ($\Delta\nu/J > 10$).

Solche Spektren werden **Spektren 1. Ordnung** genannt. Ist diese Bedingung nicht erfüllt (zu große Kopplungskonstante bzw. zu kleiner Unterschied in der Resonanzfrequenz der Kerne) dann ergibt sich ein sog. Spektrum **höherer Ordnung**, bei dem sich die Feinstruktur der Signale meist nicht mehr so einfach auswerten lässt.

Die Aufspaltungsmuster können dann sehr kompliziert sein und die chemischen Verschiebungen sind dem Spektrum oft nicht mehr zu entnehmen. Die Interpretation solcher Spektren höherer Ordnung ist nur mit aufwendigen Computersimulationen möglich. Allerdings lässt sich eine Aufspaltung höherer Ordnung oft in eine der ersten Ordnung zurückführen, wenn die Messung in einem stärkeren Magnetfeld wiederholt wird. Dadurch verändern sich die Resonanzfrequenzen der Kerne (die Frequenzen werden größer und die Unterschiede werden größer), aber die Kopplungskonstante ändert sich nicht!

Peakaufspaltungen, die durch Kopplungen von Kernen mit *fast* gleicher chemischer Verschiebung entstehen, können oft nicht einfach erklärt werden (Spektren höherer Ordnung)

Merke

Für die Aufspaltung 1. Ordnung von NMR-Signalen gilt:

- Der Unterschied der Resonanzfrequenzen zweier koppelnder Kerne muss mindestens 10-mal so groß sein, wie die Kopplungskonstante:
  $$\frac{\Delta\nu}{J} \geq 10$$
- Die chemische Verschiebung des Kerns ist der Mittelwert aller Linien des Multipletts.
- Die Kopplungskonstante ist der Abstand zwischen zwei benachbarten Linien.
- Der Abstand zwischen allen Linien eines aufgespaltenen Signals ist gleich.
- Die Kopplungskonstante wird in Hertz (Hz) angegeben.

Treten in einem Spektrum überhaupt keine Kopplungen auf (nur Singuletts), so liegt ein Spektrum **0. Ordnung** vor.

Da die Kopplungskonstante J zweier Kerne im Molekül immer gleich groß ist, die Resonanzfrequenz aber von der Magnetfeldstärke B_0 des NMR-Spektrometers abhängt, lässt sich das Verhältnis $\Delta\nu/J$ beeinflussen. $\Delta\nu$ wird immer größer, wenn B_0 größer wird. Durch Verstärken des Magnetfelds lässt sich deshalb ein Spektrum höherer Ordnung in ein Spektrum 1. Ordnung verwandeln (sofern es technisch möglich ist, ein ausreichend starkes Magnetfeld zu erzeugen, Abb. 12.17).

Merke

- Spektrum 0. Ordnung: Keine koppelnden Kerne (nur Singuletts).
- Spektrum 1. Ordnung: Kopplungen mit (einfache Aufspaltungsregeln): $\frac{\Delta\nu}{J} \geq 10$
- Spektrum höherer Ordnung: Komplizierte Kopplungen (oftmals nicht interpretierbar).

Voraussetzungen für die Kopplung

Damit Atomkerne miteinander koppeln, müssen beide eine Kernspinquantenzahl ungleich null haben. Sie dürfen auch nicht zu weit voneinander entfernt sein, da sonst die Kopplungskonstante unmessbar klein wird.

Kerne mit *exakt* gleicher chemischer Verschiebung koppeln nicht

Auch ist die Kopplung von Kernen mit genau identischer Resonanzfrequenz im Spektrum nicht zu sehen, da diese Kerne immer gleichzeitig in Resonanz kommen und deshalb im Resonanzfall keine eindeutige Orientierung der magnetischen Momente mehr vorliegt. Solche Kerne mit gleicher Resonanzfrequenz (bzw. gleicher chemischer Verschiebung) werden **isochron** genannt. Es ist dabei gleichgültig, ob die Kerne nur zufällig dieselbe Resonanzfrequenz haben oder ob sie **chemisch äquivalent** sind, was bedeutet, dass die Atome an äquivalenten Stelle im Molekül gebunden sind (wie z. B. die 3 H-Atome einer Methylgruppe).

In hoch aufgelösten Spektren können auch chemisch äquivalente Kerne Aufspaltungen verursachen, es sei denn, sie sind auch **magnetisch äquivalent**. Das sind die Kerne nur dann, wenn sie isochron sind und auch genau gleiche Kopplungskonstanten zu jedem einzelnen anderen Kern des Moleküls haben (Abb. 12.7). So ist z. B. beim Chlorbenzen die Kopplungskonstante $J(H^1\text{-}H^4)$ sicher anders als $J(H^5\text{-}H^4)$. Die beiden ortho-H-Atome (und ebenso die beiden meta-H-Atome) sind deshalb **nicht** magnetisch äquivalent, obwohl sie chemisch äquivalent sind.

Nomenklatur von Spinsystemen

Alle Atomkerne, die miteinander koppeln, werden als **Spinsystem** zusammengefasst. Zur Bezeichnung des Spinsystems bekommt jeder Atomkern einen Buchstaben des Alphabets, wobei der Abstand der Buchstaben in etwa dem Unterschied der Resonanzfrequenzen entsprechen soll.

Die Zahl identischer Kerne wird als Index angegeben.

Zwei Kerne, die sich in ihrer Resonanzfrequenz stark unterscheiden ($\Delta\nu$ viel größer als J, Spektrum 1. Ordnung) ergeben z. B. ein AX-System.

Sind zwei Kerne magnetisch äquivalent und koppeln beide mit einem dritten ($J < 1/10\ \Delta\nu$, Spektrum 1. Ordnung) dann wäre das ein AX_2-System.

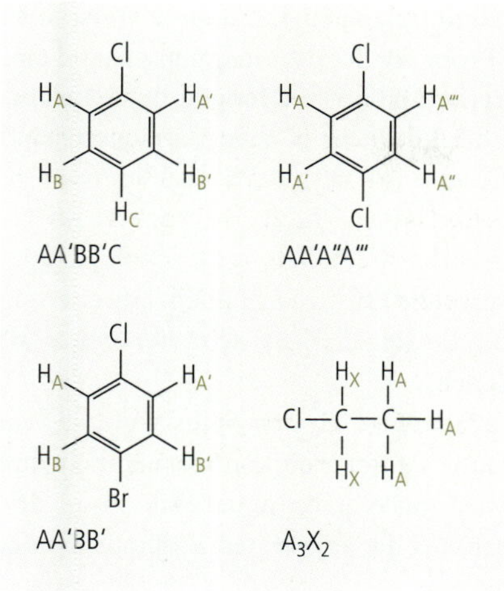

Abb. 12.7 Beispiele zur Nomenklatur von Spinsystemen

Chemisch, aber **nicht** magnetisch äquivalente Kerne werden durch einen Strich gekennzeichnet (AA'BB'-System).

Liegen die Resonanzfrequenzen chemisch nicht äquivalenter Kerne dicht zusammen, dann verwendet man zu ihrer Bezeichnung Buchstaben vom Anfang des Alphabets (z. B. AB, AB_2). Aus der Bezeichnung ist deshalb zu erkennen, ob das Spinsystems ein Spektrum 1. Ordnung (AX, A_2X, AMX, …) oder höherer Ordnung (AB, A_2B, ABC, …) ergibt (Abb. 12.7).

Relaxation 12.1.5

Durch das Bestrahlen der Probe mit Radiowellen werden beim NMR-Experiment die Kernspins von der energetisch günstigeren in die ungünstigere Lage gedreht. Nach einiger Zeit fallen die angeregten Kerne in den Grundzustand zurück, was als **Relaxation** bezeichnet wird.

Im Spektrum macht sich die Relaxation in der Linienbreite der Signale bemerkbar: je länger die Atomkerne im angeregten Zustand bleiben, desto schmaler werden die Peaks; je kürzer die Relaxationszeit, desto breiter werden die Peaks.

Relaxation beeinflusst die Breite der Peaks

Spin-Gitter-Relaxation

Zur Anregung eines Kerns muss die Anregungsenergie aufgebracht werden, indem eine elektromagnetische Welle entsprechender Energie eingestrahlt wird. Auch für den umgekehrten Prozess (das Zurückfallen in den Grundzustand) ist eine Strahlung der gleichen Frequenz nötig (das ist zwar nicht so einleuchtend, aber tatsächlich muss die Resonanzbedingung bei **jedem** Übergang zwischen den Energieniveaus erfüllt sein).

Die für die Relaxation nötige Strahlung wird von den Molekülen der Probe selbst sowie von den Lösungsmittelmolekülen erzeugt, die sich in der Lösung ständig bewegen. Weil die Moleküle aus geladenen Teilchen (Elektronen und Atomkernen) aufgebaut sind, erzeugen sie kleine elektrische und magnetische Felder von ganz verschiedenen Wellenlängen. Darunter kann auch zufällig die Wellenlänge sein, die gerade der Resonanzfrequenz eines Atomkerns entspricht. Dieser Atomkern kann dann seine Orientierung im Magnetfeld ändern (relaxieren). Auf diese Weise stellt sich, einige Zeit nach der Anregung, in der Probe wieder der Ausgangszustand ein.

Die **Spin-Gitter-Relaxationszeit** (auch **T1**-Relaxationszeit, longitudinale Relaxationszeit) ist ein Maß für die Zeit, die für die Rückkehr in den Ausgangszustand nötig ist.

Spin-Spin-Relaxation

Neben der T1-Relaxation können auch noch andere Effekte zur Linienverbreiterung im NMR-Spektrum führen. Tatsächlich sind die Signale meist sehr viel breiter, als sie nach der Spin-Gitter-Relaxation sein dürften.

Der Grund hierfür sind Wechselwirkungen zwischen den Spins von gleichen Atomkernen. Zwei dicht beieinander liegende Atomkerne können nämlich ihre Energie untereinander austauschen (einer wird angeregt, der andere fällt ins niedrigere Energieniveau). Dadurch wird die Lebenszeit der angeregten Zustände kleiner und die NMR-Signale werden breiter.

Diese sog. Spin-Spin-Relaxation (**T2-Relaxation,** transversale Relaxation) führt nicht dazu, dass der Ausgangszustand (vor dem Anregen der Kernspins im NMR-Spektrometer) wieder hergestellt wird, weil die Zahl der Atomkerne, die sich im angeregten und im Grundzustand befinden, während der T2-Relaxation gleich bleibt. Sie führt aber dazu, dass die Signale sehr breit werden.

Merke

Kerne sind

- **isochron**, wenn sie dieselbe Resonanzfrequenz besitzen,
- **chemisch äquivalent**, wenn sie die gleiche Umgebung im Molekül besitzen,
- **magnetisch äquivalent**, wenn sie chemisch äquivalent sind und dieselben Kopplungen zu **jedem einzelnen** anderen Kern im Molekül zeigen.

12.2 Aufbau und Funktion des NMR-Spektrometers

12.2.1 Anforderungen an das Spektrometer

Der Aufbau des NMR-Spektrometers weicht vom Aufbau eines Absorptionsspektrometers für den UV/VIS- oder IR-Bereich ab, da die Anforderungen an die Messgenauigkeit des Instruments hier sehr viel höher sind. Die Absorption der Strahlung beträgt nur weniger als ein Millionstel der Gesamtintensität und der gesamte Messbereich umfasst nur ca. ein Millionstel der Messfrequenz (übertragen auf die UV/VIS-Spektroskopie würde der Messbereich z. B. von 300,0000 bis 300,0001 nm reichen).

Empfindlichkeit der Kerne

Alle Eigenschaften, die die Messung beeinflussen, werden als *relative Empfindlichkeit* zusammengefasst. Günstig ist eine große Häufigkeit des Isotops im natürlichen Isotopengemisch (^{1}H: fast 100 % = große Empfindlichkeit, ^{13}C: nur 1,1 % = kleine Empfindlichkeit), sowie ein großes magnetogyrisches Verhältnis γ. Der apparative Aufwand wird umso größer, je unempfindlicher eine Kernsorte (Isotop) gegenüber der Radiostrahlung ist.

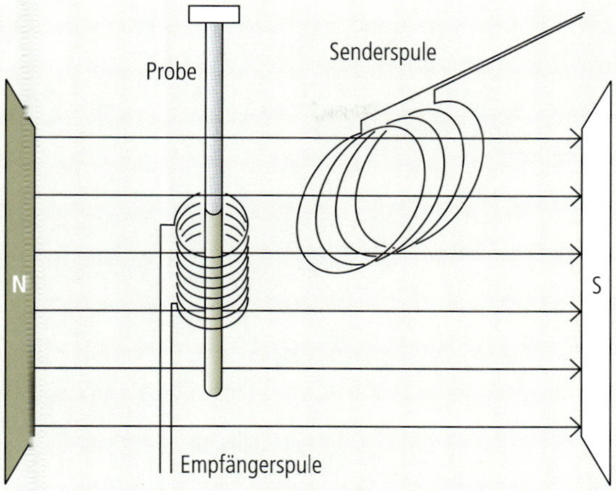

Abb. 12.8 Aufbau eines Continuous-Wave-Spektrometers

Magnetfeld

Auflösung und Genauigkeit der NMR-Spektren werden besser, je stärker das Magnetfeld ist, in dem sich die Probe befindet. Mit wassergekühlten Elektromagneten lassen sich Felder von bis zu ca. 2 T Stärke erreichen. Die Resonanzfrequenz der Protonen von Tetramethylsilan (TMS) ist dann ca. 80-100 MHz. Größere Resonanzfrequenzen bis zu 1000 MHz (entspricht 23,5 T B-Feld-Stärke) lassen sich mit Hilfe von supraleitenden Magneten erreichen. Diese Magneten werden mit flüssigem Helium fast bis auf den absoluten Nullpunkt der Temperatur abgekühlt und erzeugen extrem starke Magnetfelder.

Continuous-Wave-Spektrometer 12.2.2

Der Aufbau des Continuous-Wave-Spektrometers (CW-Spektrometers) ist in Abb. 12.8 gezeigt. Die Probe befindet sich im Magnetfeld zwischen den Polen des Magneten. Mit der Senderspule wird monochromatische Strahlung erzeugt. Die Absorption kann allerdings nicht direkt gemessen werden, da sie viel zu klein ist (kleiner 10^{-6} der Gesamtintensität). Deshalb wird mit einer zusätzlichen Empfängerspule (= Antenne; die Strahlung besteht aus Radiowellen!) die Strahlung gemessen, die die Probe im rechten Winkel verlässt.

Das ist möglich, weil jeder Atomkern, der in Resonanz ist, mit seiner Resonanzfrequenz strahlt. Die Stärke dieser Strahlung wird im Spektrum registriert. Bei der **frequency-sweep**-Methode wird dann die Frequenz der Senderstrahlung variiert, sodass das Spektrum über den gesamten Messbereich aufgenommen werden kann.

1 ppm im Spektrum entspricht dann einer Änderung der Frequenz um 1 Millionstel. Bei der sog. **field-sweep**-Methode bleibt die Frequenz des Senders konstant und dafür wird die Feldstärke des Magneten verändert. 1 ppm im Spektrum entspricht dann einer Änderung der Feldstärke um $1 \cdot 10^{-6}$. Weil alle Resonanzfrequenzen aber proportional zur Magnetfeldstärke sind, ergibt sich in beiden Fällen genau dasselbe Spektrum. Es ist einem NMR-Spektrum **nicht** anzusehen, nach welcher der beiden Methoden es registriert wurde.

12

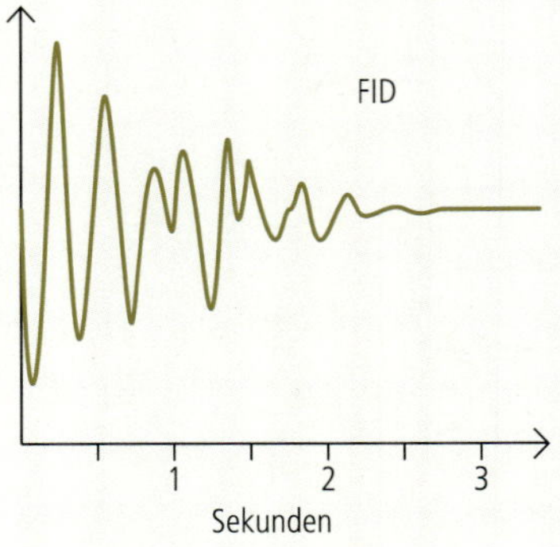

Abb. 12.9 Free Induction Decay (FID)

12.2.3 Puls-Spektrometer

Die Funktion des Puls-NMR-Spektrometers (auch **Fourier-Transform- oder FT-NMR-Spektrometer**) unterscheidet sich von der des CW-Spektrometers. Hier wird keine monochromatische Strahlung verwendet, sondern der Sender erzeugt einen kurzen elektromagnetischen Puls, der alle Frequenzen des Messbereichs gleichzeitig enthält. Nach Senden des Pulses wird die Sendespule auf Empfang geschaltet und registriert nun die Strahlung, die von der Probe ausgesendet wird.

Der so registrierte sog. **FID (Free Induction Decay** = freier Induktionsabfall) ist nicht das NMR-Spektrum, sondern die Überlagerung aller Wellen, die von der Probe abgestrahlt werden. Der FID fällt in einigen Sekunden (bis alle Kerne wieder im Grundzustand sind) auf null ab. Ein Computer kann mit einer komplizierten mathematischen Operation, der sog. Fourier-Transformation, den FID in das NMR-Spektrum umrechnen (Abb. 12.9).

Der Vorteil der FT-Spektroskopie besteht vor allem in der sehr kurzen Messzeit. Bereits nach 1–2 Sekunden ist die Messung beendet. Dieselbe Probe kann daher mehrmals hintereinander gemessen und die Spektren miteinander addiert werden. Das Signal/Rauschverhältnis des Spektrums wird bei n Messungen um den Faktor $\sqrt{n}$ verbessert.

12.3 ^{1}H-NMR-Spektroskopie

^{1}H-NMR-Spektroskopie liefert sehr viel Information über die Struktur einer organischen Verbindung

In der chemischen und pharmazeutischen Analytik ist die Kernresonanz-Spektroskopie von ^{1}H-Wasserstoff-Kernen (auch Protonenresonanz-Spektroskopie) sehr wichtig und am weitesten verbreitet. Der ^{1}H-Kern kommt mit einer Häufigkeit von fast 100 % im natürlichen Isotopengemisch vor und ist deshalb relativ empfindlich.

Die Kernspinquantenzahl ist $I = 1/2$, was zu einer verhältnismäßig einfachen Aufspaltung der Signale (Feinstruktur) führt. Da die meisten organischen chemischen Verbindungen viele H-Atome enthalten, ist die Aussagekraft eines ^{1}H-Spektrums sehr groß. Oft lässt sich alleine aus diesem Spektrum die genaue Struktur einer unbekannten Verbindung ableiten.

Zur ^{1}H-NMR-Spektroskopie wurden früher meist CW-Spektrometer mit einer Messfrequenz von 80 MHz benutzt. In den letzten Jahren hat sich allerdings die Technik enorm weiterentwickelt, sodass heute neue Spektrometer nach dem Pulsverfahren mit Messfrequenzen bis 1000 MHz arbeiten.

Merke

Die Anforderungen an ein NMR-Spektrometer sind sehr groß, weil

- nur ein Millionstel der Atomkerne der Probe erfasst wird,
- der gesamte Messbereich nur ein Millionstel der Strahlungsenergie ausmacht.

Probenvorbereitung 12.3.1

Standard

Der Standard (TMS) wird am besten direkt der Probelösung zugefügt, er kann sich aber auch in einer getrennten Halterung neben der Probe befinden.

Lösungsmittel

^{1}H-NMR-Lösungsmittel dürfen selbst nicht im Spektrum sichtbar sein

^{1}H-NMR-Spektren werden meist von gelösten Proben aufgenommen. Das Lösungsmittel darf keine Wasserstoffatome enthalten, da diese auch zu Absorptionen im NMR-Spektrum führen würden.

In Frage kommen z. B. Tetrachlorkohlenstoff (CCl_4), Kohlendisulfid (CS_2) oder sog. deuterierte Lösungsmittel, bei denen alle H-Atome durch Deuterium ersetzt sind. Deuterium ist auch ein NMR-aktiver Kern ($I = 1$), aber seine Resonanzfrequenz liegt außerhalb des Messbereichs des ^{1}H-NMR-Spektrums. Häufig wird Deuterochloroform ($CDCl_3$) oder deuteriertes Dimethylsulfoxid (D_3C-S(O)-CD_3, DMSO) verwendet.

Werden deuterierte Lösungsmittel verwendet, kann oftmals sogar auf einen Standard verzichtet werden. Diese Lösungsmittel enthalten noch geringe Spuren Wasserstoff, die zu kleinen Peaks im Spektrum führen und zur Justierung der δ-Skala verwendet werden können ($CDCl_3$: 7,24 ppm, Singulett; DMSO: 2,49 ppm, Quintett). Die Lösungsmittel-Moleküle erscheinen im Spektrum als schwache Multipletts. Die Signalaufspaltung resultiert aus der Kopplung des ^{1}H-Kerns mit Deuterium-Kernen ($I = 1$).

Chemische Verschiebung 12.3.2

Der Messbereich der ^{1}H-NMR-Spektroskopie reicht etwa von 0 bis 10 ppm

Die Größe der chemischen Verschiebung eines Protons hängt von seiner Abschirmung, d. h. von der Dichte der Elektronen in seiner Umgebung ab. Je stärker ein Proton abgeschirmt ist, desto kleiner ist seine chemische Verschiebung (▶ Kap. 12.1.3).

Die Elektronendichte in der Umgebung eines Atoms kann durch die Elektronegativität der Nachbaratome sowie durch Mesomerie oder Anisotropieeffekte beeinflusst werden.

Elektronegativität

Elektronegative Bindungspartner ziehen Elektronen vom Nachbaratom ab. Dadurch wird die Elektronendichte kleiner und der Atomkern wird *entschirmt.* Der Effekt ist am stärksten, wenn ein Atom direkt mit einem Heteroatom (z. B. N, O, Halogen usw.) verbunden ist, er ist aber auch über mehrere Bindungen hinweg messbar.

Anisotropie

Anisotrope Effekte können zu großen chemischen Verschiebungen führen

Anisotropie von chemischen Bindungen bedeutet, dass ihr Einfluss auf die chemische Verschiebung benachbarter Atomkerne nicht in alle Richtungen gleich groß ist. Besonders wichtig ist der Effekt bei Mehrfachbindungen (○ Abb. 12.10).

Protonen an **C=C-Doppelbindungen:** Die Tieffeldverschiebung (δ zwischen 4 und 8) im Vergleich zu Protonen an C-C-Einfachbindungen ist auf die größere Polarität der C-H-Bindung an einem sp^2-hybridisierten C-Atom sowie auf den Anisotropieeffekt zurückzuführen (○ Abb. 12.10).

Protonen an **C≡C-Dreifachbindungen:** Obwohl die Polarität der C-H-Bindung im Vergleich zur Doppelbindung noch größer ist, erscheinen die Signale der Protonen im hohen Feld (δ = 1–2 ppm, ○ Abb. 12.10).

Protonen an **Aromaten:** An Aromaten tritt ein besonders starker Anisotropieeffekt auf. Im ringförmigen mesomeren System des Aromaten kann nämlich durch das Magnetfeld des Spektrometers ein Strom induziert werden (wie in einem kreisförmig gebogenen Draht). Dieser sog. Ringstrom wirkt wie ein Elektromagnet und erzeugt ein Magnetfeld, das so gerichtet ist, dass die Feldstärke im Innern des Aromaten verkleinert und außerhalb verstärkt wird (○ Abb. 12.11). Die Protonen am Aromaten befinden sich deshalb in einem stärkeren Magnetfeld (das Feld des Spektrometers wird weniger abgeschirmt) und sind stark entschirmt (δ zwischen 7 und 9 ppm).

Wasserstoffbrücken

Die Elektronendichte (und damit die Abschirmung) eines H-Atoms in einer Wasserstoffbrücke (v. a. O-H-, oder N-H-Gruppe) hängt von der Stärke der Wasserstoffbrückenbindung ab. Je stärker die Bindung ist, desto stärker ist das Proton entschirmt. Wasserstoffbrücken sind aber ein intermolekularer Effekt, der vom Lösungsmittel, von der Konzentration und der Temperatur beeinflusst werden kann. Deshalb können Protonen, die zur Wasserstoffbrückenbindung fähig sind, je nach Messbedingungen an unterschiedlichen Stellen im Spektrum erscheinen.
Übersichtstabellen ○ Abb. 12.12, ○ Abb. 12.13, ○ Abb. 12.14 und ○ Abb. 12.15.

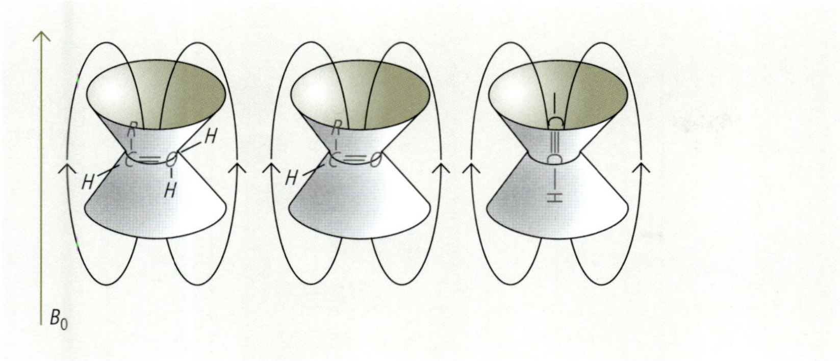

Abb. 12.10 Anisotropie von Mehrfachbindungen: Atome innerhalb der Abschirmungskegel sind stärker abgeschirmt (kleinere chemische Verschiebung) als außerhalb

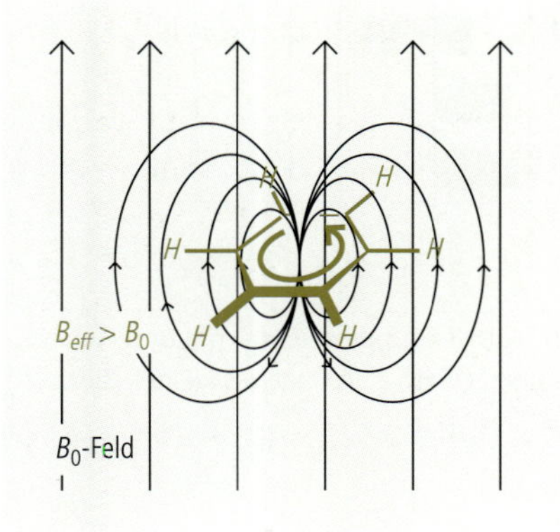

Abb. 12.11 Anisotropie von Benzol auf Grund des Ringstroms des aromatischen Kerns

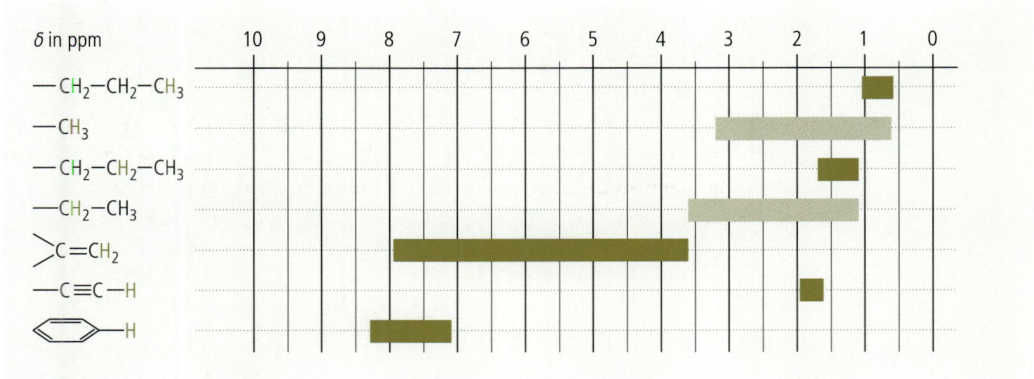

Abb. 12.12 Typische chemische Verschiebungen verschiedener Arten von H-Atomen im ^{1}H-NMR-Spektrum

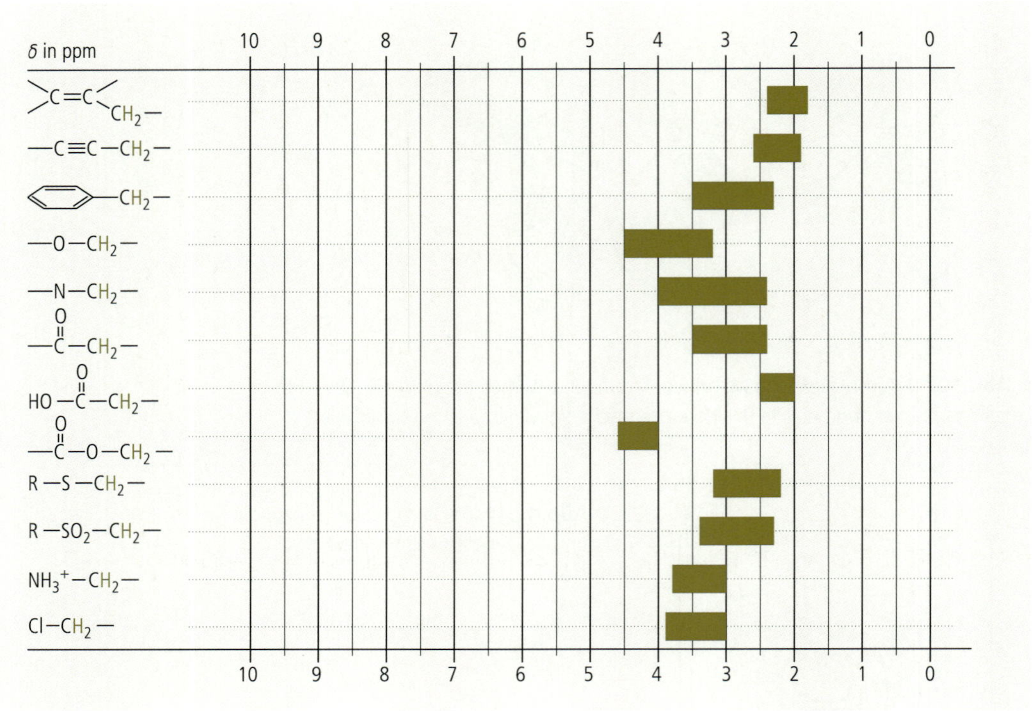

Abb. 12.13 ^{1}H-chemische Verschiebungen von Wasserstoffatomen in Methyl-Gruppen (-CH_2-) mit unterschiedlicher Nachbarschaft. Die Entschirmung der entsprechenden Methyl-Gruppen (-CH_3) ist i. A. etwas kleiner, die von Wasserstoffatomen an tertiären C-Atomen (C–H) etwas größer

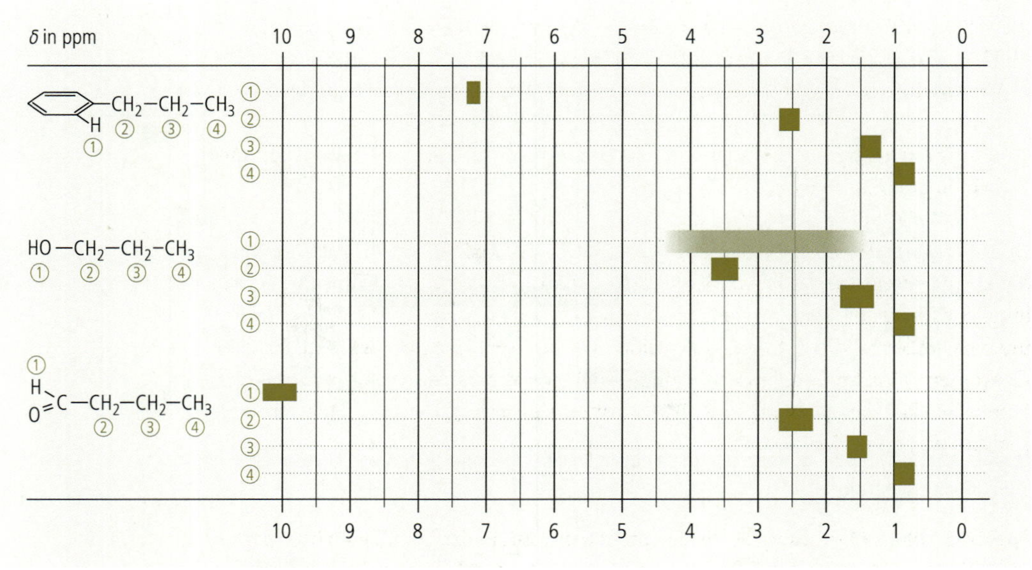

Abb. 12.14 Beispiele für die Abhängigkeit der Entschirmung vom Abstand einer funktionellen Gruppe

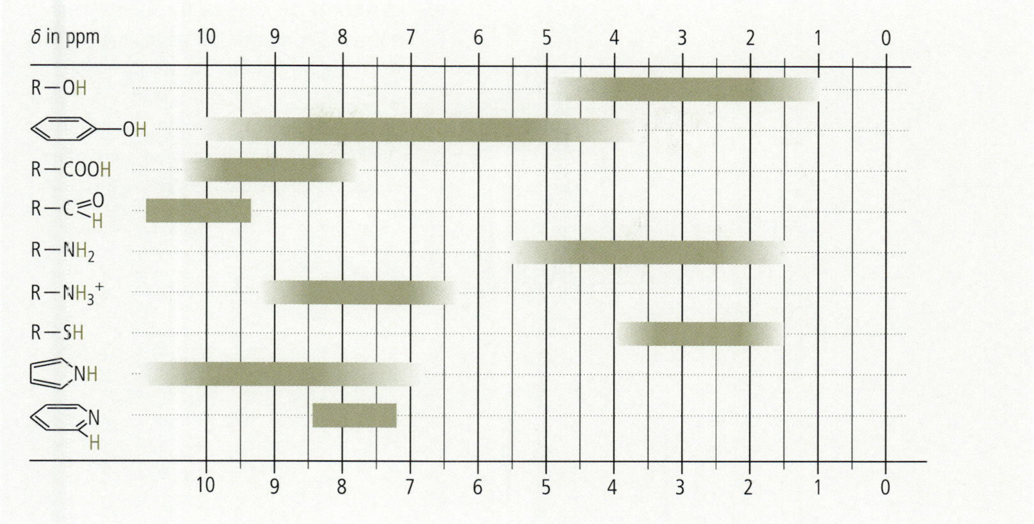

Abb. 12.15 [1]H-chemische Verschiebungen von Wasserstoffatomen in funktionellen Gruppen

Spin-Spin-Kopplung

12.3.3

Aufspaltung 1. Ordnung

Weil im Spektrum 1. Ordnung die Aufspaltung der Peaks immer symmetrisch ist, kann die chemische Verschiebung in der Mitte aller Linien eines Multipletts abgelesen werden.

^{1}H-NMR-Spektren mit Aufspaltungen 1. Ordnung sind meist relativ einfach zu interpretieren

Für die Signalaufspaltung im ^{1}H-NMR-Spektrum müssen meist nur Kopplungen zwischen Protonen berücksichtigt werden. In vielen Fällen genügt es, ausschließlich die vicinalen Kopplungen (über 3 Bindungen hinweg) zu berücksichtigen, weil

- H-Atome am selben C-Atom sind oft näherungsweise isochron (gleiche chemische Verschiebung) sind, weshalb ihre Kopplung nicht beobachtet werden kann.
- Long-range-Kopplung über mehr als 4 Bindungen ist meist zu schwach ist, um beobachtbar zu sein.

Damit ergibt sich die Zahl der koppelnden Kerne als die Zahl der Wasserstoffatome, die an die direkt benachbarten Kohlenstoffatome gebunden sind. Sind die Kopplungskonstanten zu allen koppelnden Kernen etwa gleich, so ist die Zahl der Linien um eins größer als die Zahl der koppelnden H-Atome (n H-Atome an benachbarten C-Atomen → Aufspaltung in $n + 1$ Linien). Bei zwei verschiedenen Kopplungskonstanten (m Nachbaratome und n Nachbaratome) ergibt sich eine kompliziertere Aufspaltung in $(n+1) \cdot (m+1)$ Linien.

Aufspaltung höherer Ordnung

Spektren höherer Ordnung lassen sich nicht mehr mit einfachen Regeln interpretieren. Die chemische Verschiebung ist nicht die Mitte der Peaks. In manchen Fällen kann man das zugrunde liegende Spinsystem am typischen Aufspaltungsmuster er-

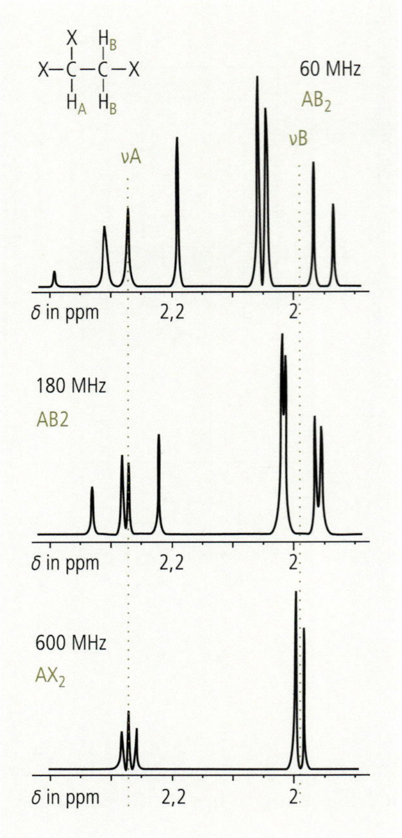

Abb. 12.16 Beispiel für Spinsysteme höherer Ordnung: Übergang einer Aufspaltung höherer Ordnung in eine Aufspaltung 1. Ordnung durch Erhöhung der Messfrequenz (Computersimulation). Die Kopplungskonstante zwischen den koppelnden Kernen beträgt J = 7 Hz

kennen, und so das gesamte Spinsystem einer Teilstruktur der Probenverbindung zuordnen (Abb. 12.16).

Eine Möglichkeit zur Auswertung von Aufspaltungen höherer Ordnung ist die Simulation des Spektrums mit einem Computer. Dazu werden chemische Verschiebungen und Kopplungskonstanten solange variiert, bis das berechnete Spektrum mit dem gemessenen übereinstimmt.

Aufspaltungsmuster zweifach substituierter Aromaten

^{1}H-NMR-Spektren von Aromaten mit Aufspaltungen höherer Ordnung sind oft interpretierbar, da sie typische Muster zeigen

Da die H-Atome an Aromaten oft fast gleiche Entschirmung zeigen, erscheinen die Signale aller H-Atome am Aromaten oft als Multiplett höherer Ordnung. Der Aufspaltung zugrunde liegen aber nur eine begrenzte Zahl möglicher Spinsysteme: Für eine zweifache Subsitution gibt es nur die drei Möglichkeiten ortho, meta, oder para. Diese erzeugen meist ein typisches Muster, das im Spektrum erkannt werden kann (Abb. 12.17, Abb. 12.18).

- Para-disubstituierte Aromaten geben sich oft leicht zu erkennen. Sie zeigen zwei symmetrische Peakgruppen, die wie Dubletts aussehen.
- Ortho-disubstituierte Aromaten erzeugen 4 Peakgruppen aus jeweils 2 Dubletts und 2 Tripletts.
- Meta-disubstituierte Aromaten erzeugen 4 Peakgruppen: Ein Singulett, jeweils 2 Dubletts und 1 Triplett.

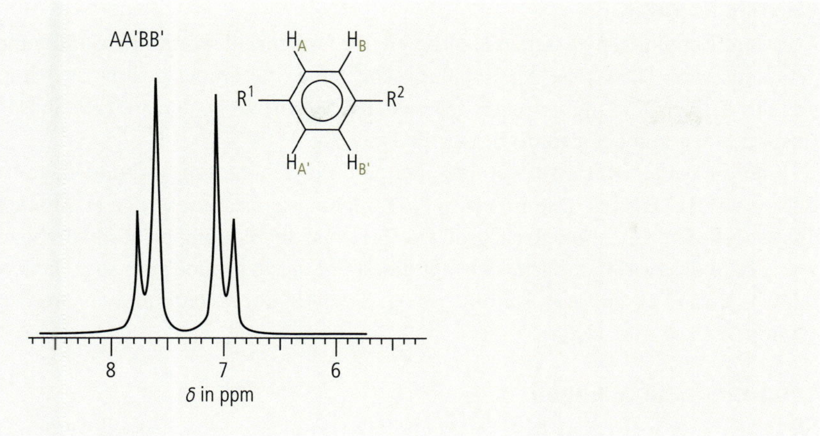

Abb. 12.17 Beispiel für Spinsysteme höherer Ordnung: Berechnetes Spektrum eines AA'BB'-Systems, für einen para-disubstituierten Aromaten

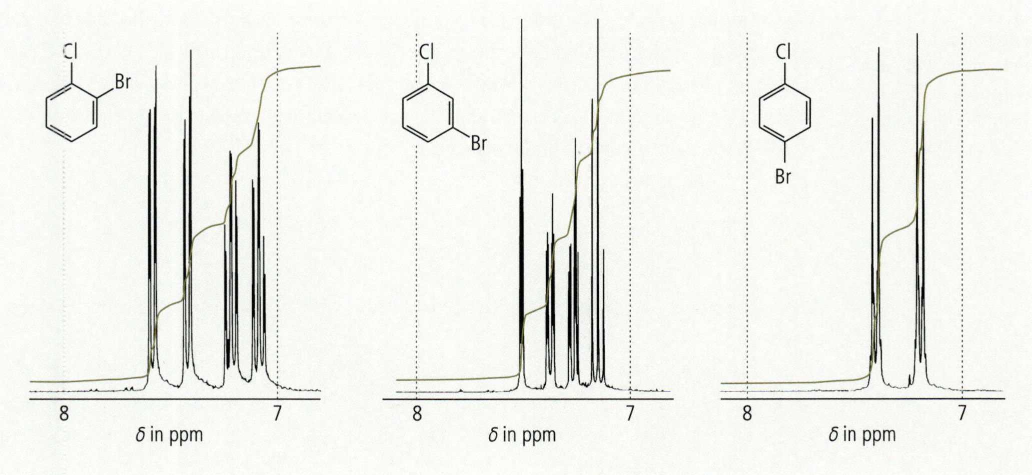

Abb. 12.18 Die 300 MHz ^{1}H-NMR-Spektren von ortho-, meta- und para-Chlor-Brombenzol

Die Reihenfolge der Peakgruppen kann dabei variieren, da diese von den Eigenschaften der beiden Substituenden abhängt (beim ortho-disubstituierten Aromaten können die beiden Tripletts z. B. in der Mitte sein oder beide auf einer Seite).

Die chemische Verschiebung aller Multipletts liegt zwischen 7,1 ppm und 8,3 ppm.

Das Integral über dem gesamten Multiplett muss natürlich mit der Anzahl der Wasserstoffatome am Aromaten übereinstimmen.

Geminale Kopplungen

Dies sind Kopplungen zwischen H-Atomen am selben C-Atom. Die Kopplungskonstante liegt zwischen –30 Hz und +7 Hz. Geminale Kopplungen sind allerdings meist nicht zu beobachten, da die geminalen Protonen oft isochron sind.

Vicinale Kopplungen

Dies sind Kopplungen zwischen H-Atomen, die an benachbarte Kohlenstoffatome gebunden sind. Die Größe der Kopplungskonstante (die immer positiv ist) hängt von der Art der Bindung zwischen den beiden C-Atomen, von den anderen Substituenten, sowie von der Geometrie des Moleküls ab.

Sind die beiden Kohlenstoffatome über eine Einfachbindung verbunden, so ist diese meist frei drehbar. Dadurch wird die Kopplungskonstante zu allen H-Atomen am benachbarten C-Atom gleich groß (ca. 7 Hz). Ist die Bindung nicht frei drehbar, wie z. B. in Ringverbindungen, so hängt die Kopplungskonstante vom sog. Diederwinkel H-C-C-H ab und kann der sog. Karplus-Kurve entnommen werden (**o** Abb. 12.19, **o** Abb. 12.20).

Long-range-Kopplungen

Sie gehen über mehr als 3 Bindungen und können meist vernachlässigt werden (*J* kleiner 1 Hz). Größere Kopplungskonstanten können beobachtet werden, wenn die Atome über konjugierte Doppelbindungen miteinander verbunden sind.

Kopplung mit OH-/NHx-Gruppen

Kopplungen zu Protonen in OH- oder NH-Gruppen sind im ^{1}H-NMR-Spektrum oft nicht sichtbar

Wasserstoffatome in OH- oder NH-Gruppen können als Proton an Lösungsmittel- oder andere Moleküle abgegeben werden (Säure-Base-Reaktionen). Da diese Reaktion sehr schnell ist, kann es vorkommen, dass die Protonen während der Messung ihren Platz wechseln. Das führt dazu, dass die Kopplungen mit diesen Protonen im NMR-Spektrum oftmals verschwinden.

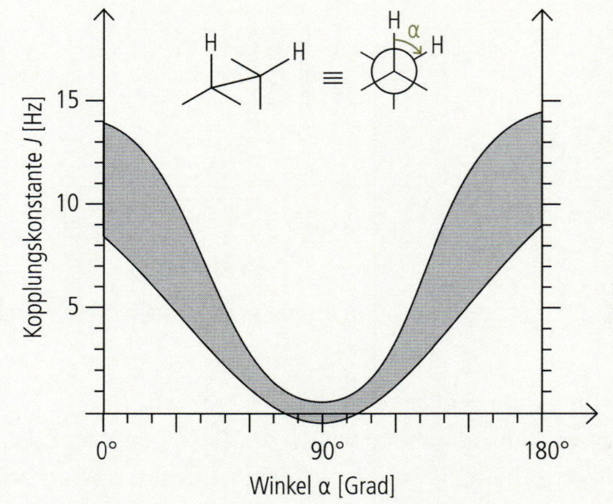

o Abb. 12.19 Karplus-Kurve zur Abschätzung der vicinalen Kopplungskonstante an nicht frei drehbaren C-C-Einfachbindungen

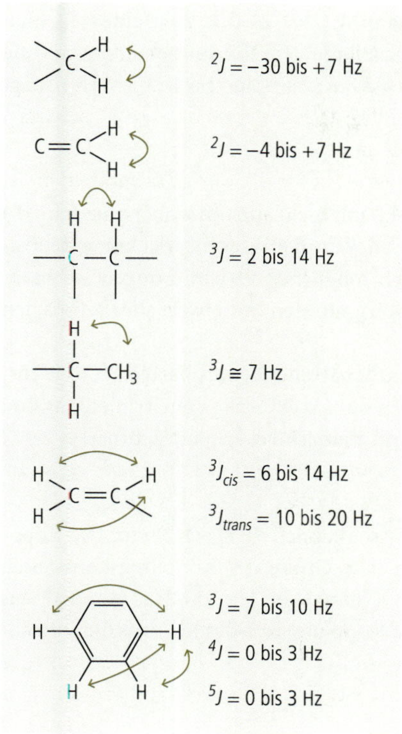

Abb. 12.20 Kopplungskonstanten von H-H-Kopplungen

Merke

^{1}H-NMR-Spektroskopie:

- Für die Strukturaufklärung sehr wichtig, weil das Spektrum viel Information enthält und sehr leicht auszuwerten ist.
- Der ^{1}H-Kern hat eine große Empfindlichkeit (natürliches Vorkommen fast 100 %, großes magnetogyrisches Verhältnis γ).
- Der Messbereich reicht von 0 ppm bis 10 ppm (oft wird nur bis 8 ppm registriert).
- Die Wasserstoffatome werden durch elektronenziehende Gruppen und durch Anisotropieeffekte entschirmt.
- Im Spektrum sind meist nur Kopplungen zwischen Wasserstoffatomen zu sehen, die an benachbarten Kohlenstoffatomen gebunden sind.

12.3.4 Kopplung mit anderen Kernen

Grundsätzlich können Protonen mit allen Kernen koppeln, die eine Kernspinquantenzahl von $I \neq 0$ haben (Tab. 12.1).

Kohlenstoff

Das *normale* Kohlenstoff-Isotop ^{12}C hat $I = 0$. ^{13}C ($I = 1/2$) ist im natürlichen Isotopengemisch nur mit ca. 1,1 % vertreten. Die Kopplungen mit ^{13}C führen also zu Peaks, deren Fläche nur ca. 1 % der ungekoppelten ausmacht. Die Kopplung mit einem ^{13}C-Kern führt zu einer Dublett-Aufspaltung ($I = 1/2$), d. h. zu je einem kleinen Peak rechts und links des Signals (sog. ^{13}C-Satelliten). Im Routinespektrum sind sie normalerweise nicht zu sehen. Die Kopplungskonstante kann bis zu mehreren hundert Hz groß sein.

Stickstoff

^{1}H-^{14}N-Kopplungen treten im ^{1}H-NMR-Spektrum nicht auf, obwohl fast ausschließlich das Isotop ^{14}N mit $I = 1$ vorkommt. Der Stickstoffkern hat extrem kurze Relaxationszeiten, sodass er ständig zwischen den möglichen Orientierungen wechselt. Das geht so schnell, dass ein benachbarter Kern nur den Mittelwert aller möglichen Orientierungen bemerkt.

Ohne diese sog. **Entkopplung** müsste das Signal eines benachbarten Protons entsprechend der 3 Orientierungsmöglichkeiten des $I = 1$-Kerns in ein Triplett aus drei gleich großen Peaks aufspalten (in manchen Fällen ist das Triplett sichtbar!).

Fluor

Im natürlichen Isotopengemisch kommt ausschließlich ^{19}F ($I = 1/2$) vor. Die Kopplungen sind im NMR-Spektrum zu sehen. Die Größe der Kopplungskonstanten hängt vom Abstand des Fluor-Atoms ab (vicinal: bis ca. 100 Hz, geminal: bis ca. 50 Hz), sind also sehr viel größer als die Kopplungskonstanten zwischen Protonen.

Phosphor

Auch Phosphor kommt in der Natur nur als ^{31}P ($I = 1/2$) vor. Neben den vicinalen und geminalen Kopplungen (J: 0–30 Hz) ist hier auch die Kopplung von Wasserstoffkernen zu beachten, die direkt an das Phosphoratom gebunden sind. Die Kopplungskonstanten können dann mehrere 100 Hz betragen. Die Aufspaltungsmuster entsprechen denen der H-H-Kopplung ($I = 1/2$).

Merke

Folgende Eigenschaften des ^{1}H-NMR-Spektrums lassen sich auswerten:

- Die Lage der Resonanzfrequenzen (**chemische Verschiebung**) gibt Hinweise auf benachbarte funktionelle Gruppen (Elektronegativität, Mesomerie, Anisotropie).
- Die **Feinstruktur** der Signale gibt die Zahl und Art benachbarter Atome an.
- Die **Intensität** ist proportional zur Zahl der Atomkerne im Molekül, die das Signal ergeben.
- Aus der **Kopplungskonstante** kann auf Bindungswinkel und Konformationen geschlossen werden.

12.3.5 Intensität der Signale

Aus der Intensität der Signale im ^{1}H-NMR-Spektrum lässt sich direkt die Zahl entsprechender H-Atome ablesen

Im ^{1}H-NMR-Spektrum ist die Fläche eines Signals ein direktes Maß für die Zahl der Protonen, die dieses Signal ergeben. Tritt eine Aufspaltung ein (Kopplung), dann muss die Fläche aller Peaks des Multipletts zusammengezählt werden. Heute werden ^{1}H-NMR-Spektren routinemäßig mit einer zusätzlichen Integrationskurve versehen.

Tab. 12.4 Tabelle zur Auswertung eines NMR-Spektrums

Nr.	δ [ppm]	Integral	Signalform	Nachbarn	J [Hz]	Fragment
Bezeichnung des Signals	Chemische Verschiebung	Zahl der Protonen	Aufspaltungsmuster, Dacheffekt	Zahl der koppelnden Kerne, welche Kerne?	Kopplungskonstante	Mögliches Strukturelement, welche Protonen?

Interpretation des ^{1}H-NMR-Spektrums 12.3.6

Zur systematischen Interpretation von ^{1}H-NMR-Spektren hat sich eine Tabelle bewährt, in der die aus dem Spektrum entnehmbaren Informationen zusammengefasst sind (Tab. 12.4).

Chemische Verschiebung

Die chemische Verschiebung ist im Spektrum 1. Ordnung die Mitte aller Linien, die zu einem Signal gehören. Liegt eine Aufspaltung höherer Ordnung vor, so wird nur der Bereich angegeben. Die Einheit der chemischen Verschiebung ist ppm. Bei Angaben in Hz muss natürlich die Messfrequenz des Spektrometers bekannt sein.

Der Abstand zwischen allen Linien eines Multipletts muss bei einen Spektrum 1. Ordnung immer gleich groß sein. Ist dies nicht so, dann liegt entweder eine Aufspaltung höherer Ordnung vor, oder es handelt sich um zwei (oder mehr) Signale, die sich zufällig überlappen.

Integral

Zur Auswertung der Integralkurve werden die Flächen aller Peaks zusammengezählt und durch die Zahl der Protonen im Molekül dividiert. Dann müssen nur noch die einzelnen Integrale durch diesen Wert geteilt werden, um die Zahl der einzelnen Protonen zu erhalten.

Aufspaltungsmuster

Das Aufspaltungsmuster (Singulett, Dublett, Triplett, ...) gibt direkt die Zahl der koppelnden H-Atome an (Aufspaltung - 1 = Zahl). Lässt sich das Muster nicht genau erkennen (zu schlechte Auflösung oder Aufspaltung höherer Ordnung) so wird Multiplett angegeben.

Kopplungskonstante

Die Kopplungskonstante J ist der Abstand zweier Linien im Signal. J wird in Hz angegeben, da sie unabhängig von der Messfrequenz ist (Linienabstand [in ppm] · Messfrequenz = J in Hz).

Zuordnung der Kopplungen

Es gibt im Spektrum zwei Hinweise darauf, welche Protonen miteinander koppeln.

Linienabstand: Die Kopplungskonstante ist für beide koppelnden Partner immer gleich groß. Wenn es also im Spektrum eine Peakgruppe gibt, die mit der Kopplungskonstante J aufgespalten ist, dann **muss** es noch eine zweite Peakgruppe mit dem gleichen Abstand zwischen den Peaks, d. h. mit der gleichen Kopplungskonstante geben! Diese beiden Signale gehören dann zu den koppelnden Protonen.

Dacheffekt: Die relativen Intensitäten der Peaks innerhalb eines Multipletts stimmen meist nicht exakt mit den theoretischen Werten überein. Oft sind die Peaks auf einer Seite der Peakgruppe größer als die auf der anderen Seite. Die Seite der größeren Peaks zeigt die Richtung, in der das Signal der koppelnden H-Atome zu suchen ist (**o** Abb. 12.21).

Zusätzliche Hilfsmittel

Liegen die Linien von verschiedenen aufgespaltenen Signalen im Spektrum zufällig übereinander, dann lassen sich die einzelnen Peaks oft nicht eindeutig den Signalen zuordnen. Hier kann eine **Messung mit anderer Messfrequenz** weiterhelfen:

Bei einer anderen Messfrequenz bleibt die chemische Verschiebung (in ppm) erhalten. Der Linienabstand eines Signals ändert sich aber, da die Kopplungskonstante in Hz gleich groß bleibt. Bei der Messung mit anderer Messfrequenz verschieben sich deshalb die Peaks im Spektrum, die Mittelpunkte der aufgespaltenen Signale müssen aber an der gleichen Stelle bleiben.

Auch wenn eine nicht interpretierbare **Aufspaltung höherer Ordnung** vorliegt, kann eine Messung mit größerer Messfrequenz weiterhelfen. Da die Kopplungskonstante immer gleich groß bleibt, ist das Verhältnis $\Delta\nu/J$ veränderlich, sodass sich theoretisch jedes Spektrum durch Erhöhen der Messfrequenz in ein Spektrum 1. Ordnung verwandeln lässt (**o** Abb. 12.18). In der Praxis gibt es natürlich technische Grenzen, da eine Erhöhung der Messfrequenz nur durch eine Verstärkung des Magnetfelds des Spektrometers möglich ist.

Zur Identifizierung der Signale von aciden Wasserstoffatomen (O-H, N-H, S-H, usw.), die als Proton abgespalten werden können und deren Lage im Spektrum kaum vorhersagbar ist, kann die Probe vor der Messung mit deuteriertem Wasser oder Methanol (D_2O, CD_3-OD) geschüttelt werden. Dadurch werden die sog. **austauschbaren Protonen** gegen Deuterium ausgetauscht. Die dazugehörigen Signale im Spektrum verschwinden dann. Bei der Berechnung der Integrale dürfen diese Protonen dann natürlich auch nicht mehr berücksichtigt werden.

Beispielspektren

12.3.7

Beispielspektrum 1

Beispiel 1 zeigt das 60 MHz ^{1}H-NMR-Spektrum von Ethylbenzol. Im Spektrum sind 3 Signale erkennbar. Zusätzlich erfolgt noch eine Aufspaltung der Signale auf Grund der Spin-Spin-Kopplung. Die chemische Verschiebung muss in der Mitte der Peaks abgelesen werden. Das Signal der Methyl-Gruppe **(c)** ist aufgrund der Kopplung mit 2 benachbarten Protonen in ein Triplett aufgespalten. Das Signal der Methylen-Gruppe **(b)** erscheint als Quartett (Kopplung mit den drei benachbarten Protonen der CH_3-Gruppe). Triplett und Quartett zeigen einen leichten Dacheffekt.

Die Kopplungskonstante kann dem Quartett oder dem Triplett entnommen werden. Sie ist jeweils der Abstand zwischen 2 Linien: 0,13 ppm. Umrechnung in Hertz:

$0{,}13\ \text{ppm} \cdot 60 \cdot \text{MHz} = 0{,}13 \cdot 10^{-6} \cdot 60 \cdot 10^{6} = 7{,}8\ \text{Hz}$

Die aromatischen Protonen **(a)** erscheinen als Singulett, das eigentlich ein nicht aufgelöstes Multiplett des AA'BB'C-Systems ist.

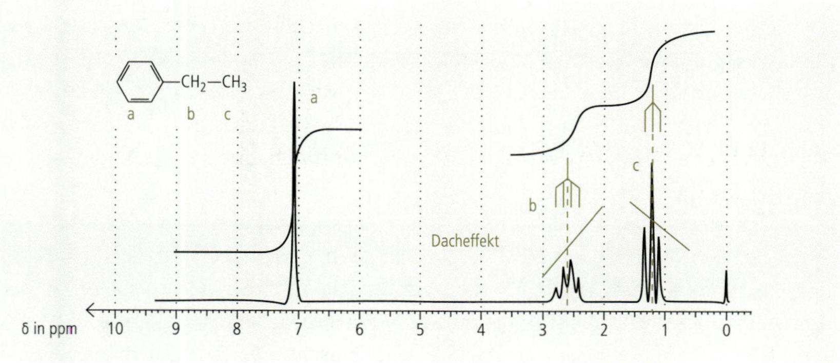

Abb. 12.21 60 MHz ^{1}H-NMR-Spektrum von Ethylbenzol

Tab. 12.5 Auswertung des Beispielspektrums 1

Nr.	δ [ppm]	Integral	Signalform	Nachbarn	J [Hz]	Fragment
a	7,1	5	Singulett	–	–	Phenylgruppe (einfach substituierter Aromat)
b	2,6	2	Quartett, Dacheffekt nach rechts	3	7,8	-CH_2- am Aromaten, koppelt mit c
c	1,2	3	Triplett, Dacheffekt nach links	2	7,8	-CH_3 leicht tieffeldverschoben, koppelt mit b

Die Auswertung der Integralkurve ergibt: 11,5 mm + 10 mm + 20 mm = 41,5 mm entsprechend den insgesamt 10 H-Atomen des Moleküls. Damit entspricht 1 H-Atom 41,5/10 = 4,15 mm. Daraus folgt: 11,5 mm = 3 H; 10 mm = 2 H und 20 mm = 5 H.

Beispielspektrum 2

Beispiel 2 zeigt das 60 MHz ^{1}H-NMR-Spektrum von *n*-Propylbenzol. Das Molekül enthält gegenüber Beispiel 1 eine weitere CH_2-Gruppe, die zu einem weiteren Signal im Spektrum führt. Die endständige Methyl-Gruppe ist hier so weit vom Aromaten entfernt, dass praktisch kein Anisotropieeffekt mehr zu erkennen ist ($\delta < 1$ ppm). Die mittlere CH_2-Gruppe ist in 6 Linien aufgespalten, weil sie mit den 3 Protonen der CH_3-Gruppe und den 2 Protonen der benachbarten CH_2-Gruppe koppelt. Da die koppelnden Kerne nicht alle gleich sind, ist die Sextett-Aufspaltung etwas gestört, aber noch erkennbar.

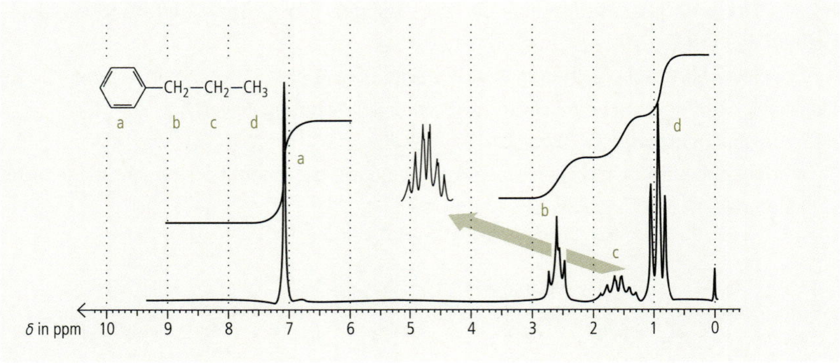

Abb. 12.22 60 MHz ^{1}H-NMR-Spektrum von n-Propylbenzol

Tab. 12.6 Auswertung des Beispielspektrums 2

Nr.	δ [ppm]	Integral	Signalform	Nachbarn	J [Hz]	Fragment
a	7,1	5	Singulett	–	–	Phenylgruppe (einfach substituierter Aromat)
b	2,6	2	Triplett, Dacheffekt nach rechts	2	7,5	-CH_2- am Aromaten, tieffeldverschoben, koppelt mit c
c	1,6	2	Sextett	5	7,5	-CH_2- leicht tieffeldverschoben, koppelt mit b und d
d	0,9	3	Triplett, Dacheffekt nach links	2	7,5	-CH_3 am Aliphaten, koppelt mit c

Beispielspektrum 3

Im ^{1}H-NMR-Spektrum von Ephedrin sind mehr Signale zu erkennen als in den bisherigen Beispielen. Trotzdem können alle den Wasserstoffatomen des Moleküls zugeordnet werden.

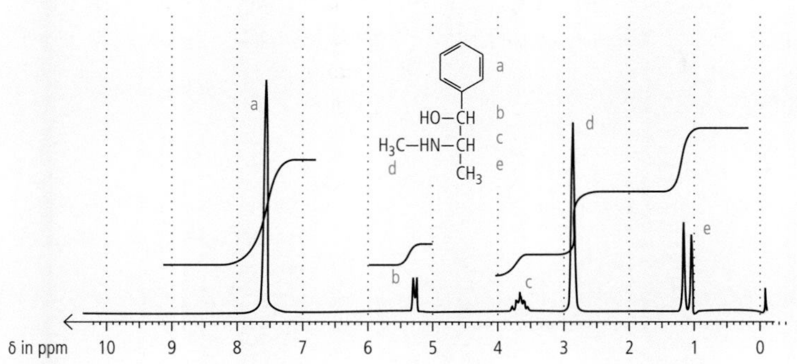

Abb. 12.23 80 MHz ^{1}H-NMR-Spektrum von Ephedrin

Tab. 12.7 Auswertung des Beispielspektrums 3

Nr.	δ [ppm]	Integral	Signalform	Nachbarn	J [Hz]	Fragment
a	7,6	5	Singulett	–	–	Phenylgruppe (einfach substituierter Aromat)
b	5,3	1	Dublett	1	5,8	-CH- am Aromaten, tieffeldverschoben durch OH-Gruppe, koppelt mit c
c	3,55	1	Quintett	4	?	-CH- tieffeldverschoben durch NH-Gruppe, koppelt mit b und e
d	2,9	3	Singulett	–	–	-CH_3 am Amin
e	1,1	3	Dublett	1	9,0	CH_3-Gruppe, koppelt mit c

Tab. 12.8 Vergleich der ^{1}H-NMR- mit der ^{13}C-MNR-Spektroskopie

	^{1}H-NMR	^{13}C-NMR
Empfindlichkeit	fast 100 % der Wasserstoffkerne werden erfasst	nur ca. 1,1 % aller Kohlenstoffkerne werden erfasst
Messbereich	0 bis 10 ppm	–10 bis 250 ppm
Standard	Tetramethylsilan (TMS)	Tetramethylsilan (TMS)
Kopplungen	meist nur ^{1}H-^{1}H, sofern keine Heteroatome vorhanden sind (z. B. ^{19}F, ^{31}P, ...)	viele ^{13}C-^{1}H-Kopplungen
Messmethode	CW oder Puls	nur Puls, meist Breitband-entkoppelt oder Off-Resonance-entkoppelt
Signal-Intensität	proportional zur Zahl der Atome	nicht auswertbar
Auswertung	chemische Verschiebung, Feinstruktur, Kopplungskonstante, Integral	oft nur chemische Verschiebung

12.4 ^{13}C-NMR-Spektroskopie

Die NMR-Spektroskopie an Kohlenstoffkernen erfordert mehr apparativen Aufwand als die Protonenresonanz-Spektroskopie. Das „normale" Kohlenstoffisotop ^{12}C besitzt eine Kernspinquantenzahl von $I = 0$ und kann daher im NMR-Spektrum nicht erfasst werden. Das Isotop ^{13}C ($I = 1/2$) kommt aber nur zu ca. 1,1 % in der Natur vor; d. h. nur etwa jedes hundertste C-Atom der Probe wird erfasst.

Auch ist das magnetische Moment des Kerns kleiner als das von ^{1}H, sodass insgesamt die Absorptionen in der ^{13}C-NMR-Spektroskopie noch sehr viel kleiner sind als die der ^{1}H-NMR-Spektroskopie (Tab. 12.8). Deshalb konnte diese Spektroskopie auch erst durch die Einführung der Puls-Messmethode Verbreitung finden.

Das ^{13}C-Spektrum kann nur durch Aufsummieren vieler Einzelmessungen derselben Probe erhalten werden.

12.4.1 ^{13}C-chemische Verschiebungen

Der Messbereich der ^{13}C-NMR-Spektroskopie reicht etwa von -10 bis 250 ppm

Die ^{13}C-chemischen Verschiebungen liegen im Normalfall zwischen -10 ppm und 250 ppm bezogen auf TMS (Abb. 12.24 und Abb. 12.25), womit der Messbereich bedeutend größer ist als beim ^{1}H-NMR (dort 0–10 ppm). Daraus resultiert, dass auch bei komplizierten Verbindungen, die viele unterschiedlich gebundene Kohlenstoffatome enthalten, die Signale aller C-Atome gut getrennt werden können. Deshalb hat die ^{13}C-Spektroskopie z. B. für kompliziert aufgebaute Naturstoffe, deren ^{1}H-Spektren sehr unübersichtlich sind, eine enorme Bedeutung.

Die Größe der chemischen Verschiebung wird von der Zahl der gebundenen Reste (Substitutionsgrad), der Hybridisierung und von funktionellen Gruppen beeinflusst. Anisotropie-Effekte (wie beim ^{1}H-NMR) spielen hier nur eine untergeordnete Rolle.

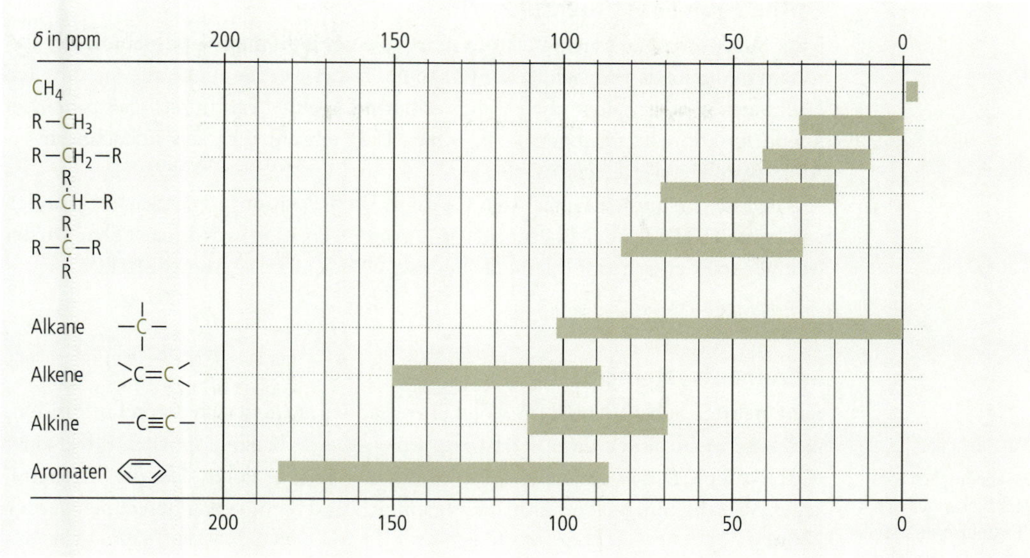

Abb. 12.24 ^{13}C-chemische Verschiebungen von unsubstituierten Kohlenwasserstoffen

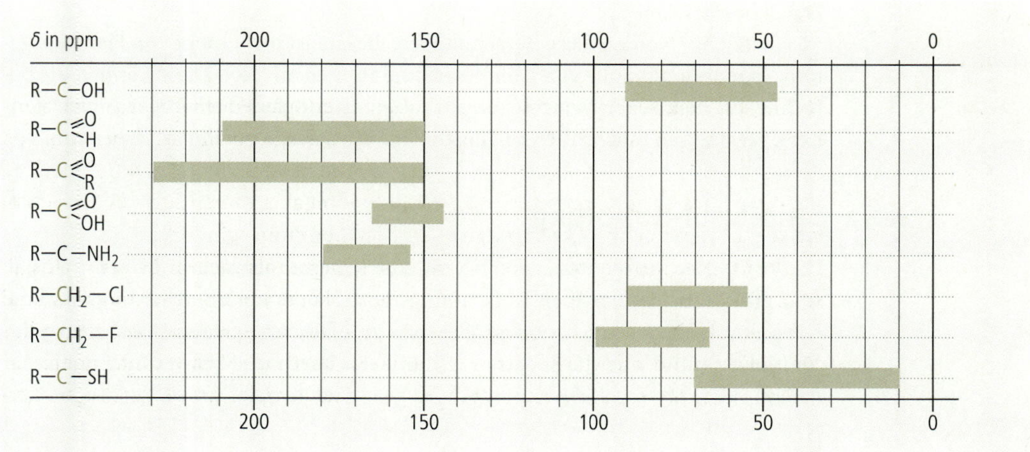

Abb. 12.25 ^{13}C-chemische Verschiebungen von Kohlenwasserstoffen mit funktionellen Gruppen

Zahl der Reste

Die ^{13}C-chemische Verschiebung steigt normalerweise mit dem Substitutionsgrad:

$$\delta(CH_4) < \delta(C_{primär}) < \delta(C_{sekundär}) < \delta(C_{tertiär}) < \delta(C_{quartär})$$

Hybridisierung

Einen großen Einfluss auf die Entschirmung hat die Hybridisierung eines Kohlenstoffatoms. Die chemische Verschiebung nimmt in der Reihe $sp^3 \rightarrow sp \rightarrow sp^2$ zu. Durch funktionelle Gruppen kann diese Reihenfolge im Einzelfall auch verändert werden.

Einfluss von Substituenten

Jeder Substitutent an einem C-Atom führt zu einer typischen Verschiebung der Resonanzfrequenz der benachbarten C-Atome. Dabei werden nicht nur die direkten Nachbarn, sondern auch noch weiter entfernte Atome beeinflusst. Elektronenziehende funktionelle Gruppen (z. B. -OH, -Hal) entschirmen das benachbarte C-Atom (größere Werte von δ).

Die Entschirmung des nächsten C-Atoms (in β-Position) ist schwächer (ähnlich wie beim ^{1}H-NMR); das übernächste C-Atom (γ-Position) wird meist aber wieder weniger stark entschirmt (kleinere chemische Verschiebung, sog. **γ-Effekt).**

Inkrementsysteme

Die chemischen Verschiebungen der ^{13}C-Atomkerne lassen sich relativ einfach mit Tabellen berechnen

Sind mehrere Substituenten im Molekül vorhanden, so lässt sich deren Einfluss einfach zusammenzählen. Zwei -OH-Gruppen ergeben z. B. den doppelten Effekt einer -OH-Gruppe. Dieses einfache additive Verhalten hat zur Folge, dass die ^{13}C-chemischen Verschiebungen verhältnismäßig einfach und recht genau berechnet werden können.

Dazu wurden sog. Inkrementsysteme entwickelt, mit deren Hilfe die chemischen Verschiebungen von fast allen organischen Verbindungen vorhergesagt werden können. Diese Inkrementsysteme sind in der weiterführenden NMR-Literatur im Detail beschrieben.

Heutzutage werden diese Berechnungen aber meist nicht mehr von Hand ausgeführt, sondern mit Hilfe von Computerprogrammen erledigt. Diese können die berechneten chemischen Verschiebungen zusätzlich mit denen einer Spektren-Datenbank vergleichen und so die Genauigkeit der Vorhersage nochmals verbessern.

12.4.2 Spin-Spin-Kopplung

Da der ^{13}C-Kern ebenso wie der ^{1}H-Kern eine Kernspinquantenzahl von $I = 1/2$ hat, sind grundsätzlich dieselben Aufspaltungsmuster zu erwarten. Allerdings sind die Kopplungskonstanten sehr viel größer, was zu einer sehr großen Aufspaltung der Multipletts führt, und die Spektren oft unübersichtlich und schwer interpretierbar macht.

^{13}C-^{13}C-Kopplungen

Kopplungen zwischen ^{13}C-Atomkernen treten nicht auf, da nur selten 2 Atome dieses Isotops im selben Molekül sind

Kopplungen zwischen ^{13}C-Kernen treten im NMR-Spektrum allerdings nicht auf, weil das ^{13}C-Isotop sehr selten ist. So ist die Wahrscheinlichkeit, dass in einem Molekül mit zwei Kohlenstoffatomen (z. B. Ethan) überhaupt ein ^{13}C-Kern enthalten ist nur ca. 2,2 %. Eine Kopplung kann aber nur auftreten, wenn zwei ^{13}C-Kerne im gleichen Molekül enthalten sind. Die Wahrscheinlichkeit dafür ist noch viel kleiner, nämlich nur $1{,}1\,\% \cdot 1{,}1\,\% = 0{,}012\,\%$. Da heißt, nur bei 0,012 % der Moleküle kann demnach eine Kopplung eintreten. Diese Signale sind zu schwach, um im Routinespektrum registriert zu werden.

Merke

Kopplungen im ^{13}C-NMR-Spektrum:

- große Signalaufspaltung wegen Kopplungen mit Wasserstoff-Kernen (geminal, vicinal usw.),
- keine Kopplung zwischen ^{13}C-Kernen,
- Spektren werden meist Breitband-entkoppelt oder Off-Resonance-entkoppelt registriert.

^{13}C-^{1}H-Kopplungen

Die Kopplungen mit Wasserstoffkernen sind im ^{13}C-NMR-Spektrum zu sehen, sofern es nicht entkoppelt registriert wurde. Die Kopplungskonstante hängt stark vom Abstand der beiden Atome ab.

Bei **benachbarten** Atomen liegt die Kopplungskonstante zwischen 100 Hz und 300 Hz. Die Kopplung mit einem H-Atom am benachbarten C-Atom liegt zwischen +70 und -20 Hz. Die Kopplung über drei Bindungen hinweg ist noch kleiner und beträgt 0 bis 15 Hz.

Kopplungen mit anderen Kernen

Natürlich sind im ^{13}C-Spektrum alle Kopplungen beobachtbar, die auch im ^{1}H-Spektrum zu sehen sind. Die Kopplung mit **Deuterium** (^{2}H) tritt auf, wenn in deuteriertem Lösungsmittel gemessen wird. Dann ergibt sich für den Lösungsmittelpeak ein Multiplett.

Entkopplung 12.4.3

Damit die ^{13}C-Spektren leichter interpretierbar sind, werden bei Routinespektren oft die Kopplungen zu den Wasserstoffatomen unterdrückt (○ Abb. 12.26). Solche Spektren werden Protonen-entkoppelt genannt.

Breitband-Entkopplung

Zum Ausschalten aller ^{13}C-^{1}H-Kopplungen wird die sogenannte Protonen-Breitband-Entkopplung eingesetzt. Dabei wird zusätzlich zur Messstrahlung noch die Resonanzfrequenz aller Wasserstoffkerne auf die Probe eingestrahlt. Das stört die Messung nicht, da diese Frequenz weit außerhalb des Messbereichs für die ^{13}C-Kerne liegt.

Durch Breitband-Entkopplung können alle Kopplungen zwischen ^{13}C- und ^{1}H-Atomkernen unterdrückt werden

Da jetzt alle Wasserstoffkerne immer in Resonanz sind, klappen sie ständig zwischen ihren möglichen Energiezuständen hin und her. Das geht so schnell, dass die benachbarten C-Atome nur den Mittelwert des erzeugten Magnetfelds „sehen" und es tritt keine Aufspaltung der Signale ein.

Ein weiterer Nutzen dieser Methode ist, dass die Signale intensiver werden, da jetzt die gesamte Intensität des Multipletts auf einen Peak fällt.

Off-Resonance-Entkopplung

Der Nachteil entkoppelter Spektren ist, dass ein großer Teil Strukturinformation, die Feinstruktur der Signale, nicht mehr vorhanden ist. Um das zu umgehen, wird statt der Breitband-Entkopplung eine Entkopplungsfrequenz verwendet, die knapp neben der Resonanzfrequenz der Protonen liegt. Dabei verschwinden die meisten

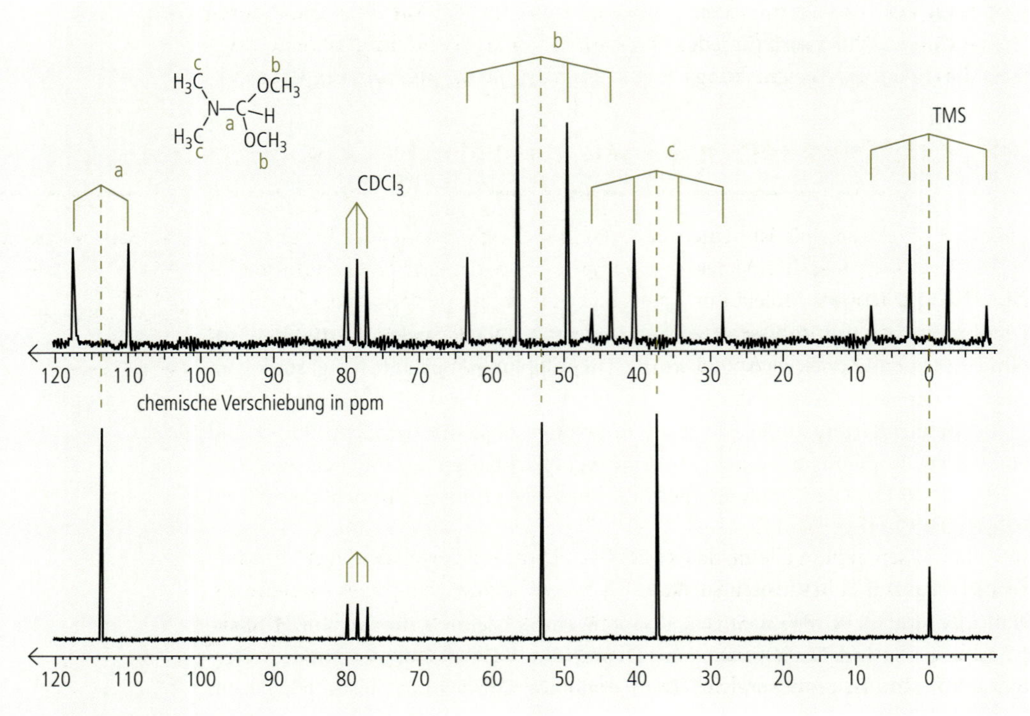

Abb. 12.26 ^{13}C-NMR-Spektrum mit Kopplungen und entkoppelt

Kopplungen auch, nur die Kopplungen zwischen direkt benachbarten Kernen bleiben mit verkleinerten Kopplungskonstanten sichtbar.

12.4.4 Signalintensität

Die Signalintensität kann im ^{13}C-NMR nicht ausgewertet werden

^{13}C-NMR-Spektren werden normalerweise nicht integriert, d. h. die Intensität der Signale kann nicht ausgewertet werden. Die Signalintensität entspricht hier auch nicht der Anzahl der Atome, wie beim ^{1}H-NMR, da die Stärke der Absorption noch von anderen Faktoren abhängt.

Merke

- Es gibt im ^{13}C-NMR-Spektrum so viele Signale, wie es chemisch nicht äquivalente Kohlenstoffatome im Molekül gibt.
- Die chemische Verschiebung jedes Kohlenstoffatoms lässt sich relativ genau im Voraus berechnen.

12.4.5 Interpretation des ^{13}C-NMR-Spektrums

^{13}C-NMR-Spektren werden routinemäßig meist entkoppelt registriert, sodass sich nur die chemischen Verschiebungen auswerten lassen. Da der Messbereich sehr groß ist (-20 ppm bis 200 ppm), liegen auch bei großen Molekülen die Signale meist weit genug auseinander, um jedem Kohlenstoffatom im Molekül einen Peak zuordnen zu können. Dazu wird für jedes Kohlenstoffatom mit Hilfe eines Inkrementsystems die chemische Verschiebung berechnet und mit dem Spektrum verglichen.

12.5 NMR-Spektroskopie in der pharmazeutischen Analytik

Die NMR-Spektroskopie ist heute mit Abstand die wichtigste Methode zur Strukturaufklärung organischer Moleküle. Die Spektren enthalten Strukturinformationen über das gesamte Molekül und sind sehr einfach zu interpretieren. Schon mit begrenzten Grundkenntnissen (wie z. B. in diesem Buch dargestellt) lassen sich die NMR-Spektren sehr vieler Arzneistoffe vollständig erklären.

NMR-Spektroskopie ist heute die wichtigste Methode zur Strukturaufklärung organischer Verbindungen

12.5.1 Anwendungen

Strukturaufklärung

In vielen Fällen genügt alleine das ^{1}H-NMR-Spektrum zur vollständigen Strukturaufklärung einer unbekannten Substanz oder zur Identifizierung eines Arzneistoffs. Mit Hilfe eines ^{13}C-NMR-Spektrums kann oft sehr schnell der Erfolg einer Synthese geprüft werden. Dazu lässt man einen Computer das Spektrum der gewünschten Substanz berechnen und vergleicht es mit dem gemessenen.

Reinheitsprüfung

Da im ^{1}H-NMR-Spektrum die Intensität der Signale genau der Konzentration der entsprechenden Protonen entspricht, lässt sich das Spektrum theoretisch auch quantitativ auswerten. Das wird allerdings selten gemacht, da es sehr kompliziert ist, NMR-Spektren von Stoffgemischen zu interpretieren. Eine Reinheitsprüfung ist aber trotzdem leicht möglich, weil sich alle Verunreinigungen, die selbst Wasserstoffatome enthalten, durch eigene Signale im Spektrum bemerkbar machen.

Auch mit dem ^{13}C-NMR-Spektrum lässt sich die Reinheit einer Substanz sehr einfach prüfen, ohne dass dazu das Spektrum im Detail ausgewertet werden muss. Es muss im Spektrum für jede Sorte chemisch nicht äquivalenter Kohlenstoffatome genau einen Peak geben. Ist die Zahl der Signale im Spektrum größer, so müssen diese von Verunreinigungen stammen. Eine quantitative Auswertung des ^{13}C-NMR-Spektrums ist allerdings nicht möglich, weil die Intensität der Signale hier nicht proportional zur Konzentration ist.

12.6 Übungen

1. Worin unterscheidet sich die Kernspinresonanz-Spektroskopie von anderen spektroskopischen Methoden?
2. Welche Eigenschaften eines Atomkerns werden zu seiner sog. Empfindlichkeit zusammengefasst?
3. Warum ist ein starkes Magnetfeld so wichtig für die Kernspinresonanz-Spektroskopie?
4. In welcher Einheit wird die Energie im NMR-Spektrum angegeben und wie ist diese definiert?
5. Was ist die hauptsächliche Anwendung der ^{1}H-NMR-Spektroskopie?
6. Welche Informationen lassen sich aus der Feinstruktur eines NMR-Signals ableiten?
7. Warum sind im ^{1}H-NMR-Spektrum meist nur vicinale Kopplungen zu sehen?
8. Erklären Sie die Signalaufspaltung im Spektrum von Iodethan (○ Abb. 12.5)!
9. Interpretieren Sie das Spektrum in Abb. 12.27, und schlagen Sie eine Struktur für die Verbindung vor!
10. Wie groß muss im Beispiel von Abb. 12.16 die Messfrequenz mindestens sein, damit sich eine Aufspaltung 1. Ordnung ergibt?
11. Warum ist das Signal von TMS in einem gekoppelt registrierten ^{13}C-NMR-Spektrum in ein Quartett aufgespalten (○ Abb. 12.26)?
12. Warum zeigt das Signal des Lösungsmittels ($CDCl_3$) auch im entkoppelten Spektrum eine Aufspaltung?

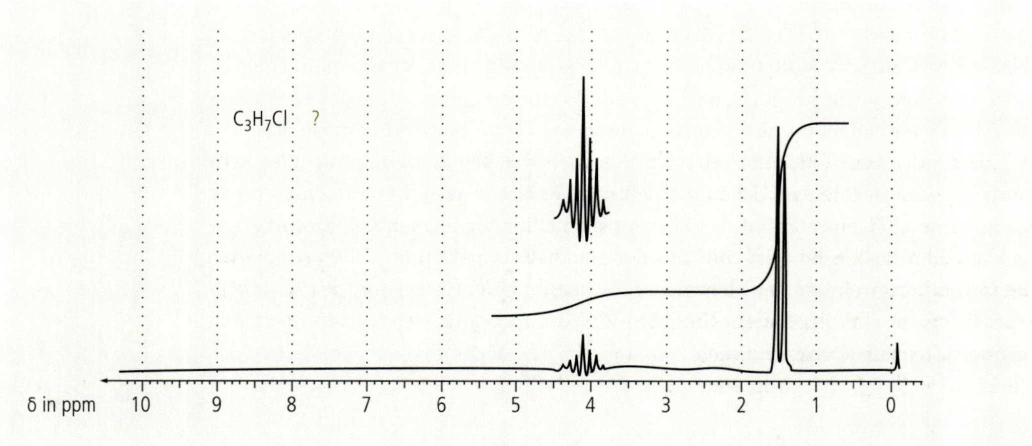

○ **Abb. 12.27** 60 MHz ^{1}H-NMR-Spektrum einer unbekannten Substanz für Übungsaufgabe 9

Massenspektrometrie

13

Die Massenspektrometrie unterscheidet sich grundsätzlich von den anderen spektroskopischen Methoden. Sie ist keine spektroskopische Methode, da sie zur Registrierung eines Spektrums nicht die Absorption elektromagnetischer Strahlung nutzt (deshalb auch Massenspektro**metrie**).

Im Massenspektrometer werden vielmehr die Moleküle der Probe nach ihrer Molekülmasse aufgetrennt. Im Spektrometer zerfallen die Moleküle noch in eine Vielzahl von Fragmenten, die alle im Massenspektrum registriert werden.

Das Muster der Fragmente ist für jede Substanz so typisch wie ein Fingerabdruck. Deshalb eignet sich die Massenspektrometrie zur Identifizierung von chemischen Verbindungen. Auch zur Strukturaufklärung einer unbekannten Verbindung kann die Massenspektrometrie verwendet werden, da man aus den Fragmenten mit Hilfe der bekannten Fragmentierungsreaktionen die ursprünglichen Moleküle wieder rekonstruieren kann.

Bei der Massenspektrometrie werden Moleküle oder Molekülfragmente anhand ihrer Masse analysiert

13.1 Physikalische Grundlagen

Bei der Massenspektrometrie werden die Probenmoleküle verdampft und anschließend ionisiert. Die Ionen lassen sich dann durch elektrische und magnetische Felder beschleunigen und anhand ihrer Masse auftrennen.

13.1.1 Geladene Teilchen in elektrischen und magnetischen Feldern

Elektrisches Feld

Wird ein geladenes Teilchen in ein elektrisches Feld gebracht, so beginnt es zu wandern. Negativ geladene Teilchen werden zum Pluspol des Feldes gezogen, positiv geladene zum Minuspol (○ Abb. 13.1). Dasselbe gilt für die ionisierten Moleküle.

Das elektrische Feld wird mit einem **Kondensator** erzeugt, der aus zwei gegenüberliegenden Metallplatten besteht, an die eine elektrische Spannung angelegt wird. Wird ein positiv geladenes Teilchen (Molekül) vom Pluspol bis zum Minuspol eines Kondensators beschleunigt, dann hat es die Geschwindigkeit v und die kinetische Energie E_{kin} (Bewegungsenergie).

Merke

- Im Massenspektrometer werden Moleküle ionisiert und fragmentiert.
- Die geladenen Moleküle und Fragmente werden nach ihrer **Massenzahl** *m/z* aufgetrennt.
- Die Fragmente eines Moleküls geben einen Hinweis auf seine **Struktur**.

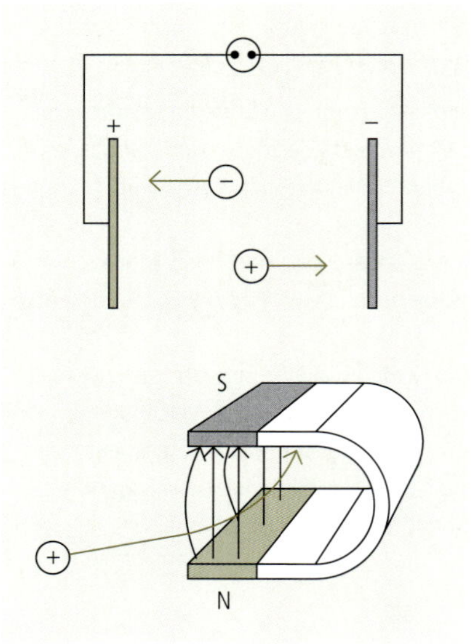

Abb. 13.1 Verhalten von geladenen Teilchen a) im elektrischen Feld eines Kondensators, b) im Magnetfeld

Die Größe der Bewegungsenergie hängt nur von der Ladungszahl z des Moleküls und von der elektrischen Spannung U am Kondensator ab:

$$E_{kin} = U \cdot z$$

Daraus ergibt sich die Geschwindigkeit des Moleküls:

$$E_{kin} = \frac{1}{2} \cdot m \cdot v^2$$

$$v = \sqrt{\frac{2 \cdot z \cdot U}{m}}$$

Alle Moleküle mit derselben Ladung haben demnach die gleiche Bewegungsenergie, wenn sie mit derselben Spannung beschleunigt wurden. Die Geschwindigkeit jedes Moleküls ist aber von seiner Masse abhängig. Je größer die Masse, desto geringer ist die Geschwindigkeit.

Magnetisches Feld

Geladene Teilchen oder Moleküle werden wie ungeladene von einem Magnetfeld nicht beeinflusst. Die geladenen Teilchen erfahren im Magnetfeld nur dann eine Kraft, wenn sie sich bewegen. Dann wirkt auf die Teilchen die sog. Lorentz-Kraft. Diese ist immer senkrecht zur Bewegungsrichtung, d. h. die fliegenden Moleküle werden zur Seite abgelenkt.

$$F_{Lorentz} = B \cdot z \cdot v$$

$F_{Lorentz}$: Lorentz-Kraft
B: magnetische Feldstärke
z: Ladung der Teilchen
v: Geschwindigkeit der Teilchen

B ist die Stärke des magnetischen Flusses, die normalerweise als Maß für die Magnetfeldstärke benutzt wird. Durch den Einfluss der Lorentz-Kraft bewegen sich die Moleküle im magnetischen Feld auf einer Kreisbahn, auf der die Lorentz-Kraft von der Zentrifugalkraft F_z kompensiert wird:

$$F_Z = \frac{m \cdot v^2}{r}$$

F_Z: Zentrifugal-Kraft
m: Masse der Moleküle
z: Ladung der Teilchen
v: Geschwindigkeit der Teilchen

Der Radius r der Kreisbahn lässt sich durch Gleichsetzen der Formeln der Lorentz-Kraft und der Zentrifugalkraft berechnen. Er ist umso größer, je größer die Masse, je größer die Geschwindigkeit und je kleiner das Magnetfeld ist:

$$F_{Lorenz} = F_Z$$
$$B \cdot z \cdot v = \frac{m \cdot v^2}{r}$$
$$r = \frac{m \cdot v}{z \cdot B}$$

Funktion des Massenspektrometers 13.1.2

Im Massenspektrometer werden die Moleküle am einfachsten durch einen Elektronenstoß ionisiert. Die entstandenen geladenen Teilchen werden dann in einem elektrischen Feld beschleunigt. Damit erhalten sie genau dieselbe Energie, aber sie haben je nach ihrem Gewicht eine andere Geschwindigkeit.

Im zweiten Teil des Massenspektrometers, dem sog. **Analysator,** herrscht ein starkes Magnetfeld. Hier werden die Moleküle und Fragmente unterschiedlich stark abgelenkt. Die Flugbahnen sind umso stärker gekrümmt, je leichter die Teilchen sind.

Wenn die Gleichungen für das elektrische und das magnetische Feld (über die Geschwindigkeit) ineinander eingesetzt werden, so ergibt sich die Grundgleichung der Massenspektrometrie:

$$\frac{m}{z} = \frac{r^2 \cdot B^2}{2U}$$

m: Masse der Moleküle
z: Ladung der Teilchen
r: Ablenkradius im Magnetfeld des Analysators
B: Stärke des Magnetfelds
U: Beschleunigungsspannung

Mit dieser Formel kann berechnet werden, wie groß der Ablenkradius r für ein geladenes Molekül oder Fragment mit der Masse m und der Ladung z ist.

Die geladenen Moleküle oder Molekülfragmente werden nach ihrer Massenzahl m/z aufgetrennt

Jede Spezies mit unterschiedlichem Verhältnis m/z verlässt deshalb den Analysator an einer anderen Stelle. Wird z. B. an der Rückwand des Analysators ein fotografischer Film angebracht, so wird er an den Stellen geschwärzt, wo Molekülfragmente auftreffen.

13.1.3 Das Massenspektrum

Im Massenspektrum wird auf der x-Achse das Verhältnis *m/z* aufgetragen. *m/z* wird die **Massenzahl** des Fragments genannt. Die Bezeichnung Massenzahl resultiert aus der Tatsache, dass im Massenspektrum normalerweise nur ganzzahlige Werte für *m/z* angegeben werden. Die Einheit der Masse *m* ist 1 amu (**a**tomic **m**ass **u**nit, andere Bezeichnung **u** oder Dalton **D**). 1 amu ist exakt ein Zwölftel der Masse eines Atoms des ^{12}C-Isotops.

Hinweis

Genau genommen gibt es zwei verschiedene Definitionen der atomaren Masseneinheit. In der Chemie wird 1 amu auf die Masse von Kohlenstoff bezogen. In der Physik wird es von physikalischen Naturkonstanten abgeleitet. Das „physikalische" amu hat deshalb eine geringfügig andere Größe als das „chemische" amu.

Im Massenspektrum wird die Intensität (y-Achse) gegen die Massenzahl *m/z* (x-Achse) aufgetragen

Auf der y-Achse ist die relative Intensität der Peaks dargestellt, die sich auf den größten Peak im Spektrum bezieht (den sog. **Basispeak**). Da nur das Verhältnis *m/z* registriert wird, ergeben Ionen mit doppelter Masse **und** doppelter Ladung ein Signal an derselben Stelle. Allerdings sind die meisten Fragmente (zumindest bei der Elektronenstoß-Ionisation) nur einfach geladen, sodass in der Regel *m/z* der Masse des Fragments entspricht.

13.2 Aufbau des Massenspektrometers

Das Massenspektrometer ist eine evakuierte Kammer, in der die Moleküle ionisiert und dann den elektrischen und magnetischen Feldern ausgesetzt werden. Das Vakuum innerhalb des Geräts muss sehr gut sein, da die Moleküle und Fragmente bis zu mehrere Meter weit fliegen müssen, ohne durch Zusammenstöße mit Luft- oder Gasmolekülen gebremst zu werden (**o** Abb. 13.2).

13.2.1 Probeneinlass

Der Probeneinlass hat die Aufgabe, die Probe in das Spektrometer zu bringen, ohne dabei das Vakuum zu zerstören.

Am einfachsten ist das bei gasförmigen Proben, die direkt mit einer Spritze durch ein Silikon-Septum in die Probenkammer gespritzt werden können. Die Probenkammer wird ständig mit einer Vakuumpumpe evakuiert (entlüftet). Durch ein kleines Loch (Schleuse, oder *engl.* Leak) können dann die Probenmoleküle langsam in das eigentliche Spektrometer diffundieren.

Feste Proben führt man in einem kleinen Tiegel über eine Schleuse in die Probenkammer ein. Der Tiegel muss dann erhitzt werden, um die Substanz zu verdampfen. Der Probenbedarf ist sehr gering. Für Standardspektren genügen Bruchteile eines Milligramms.

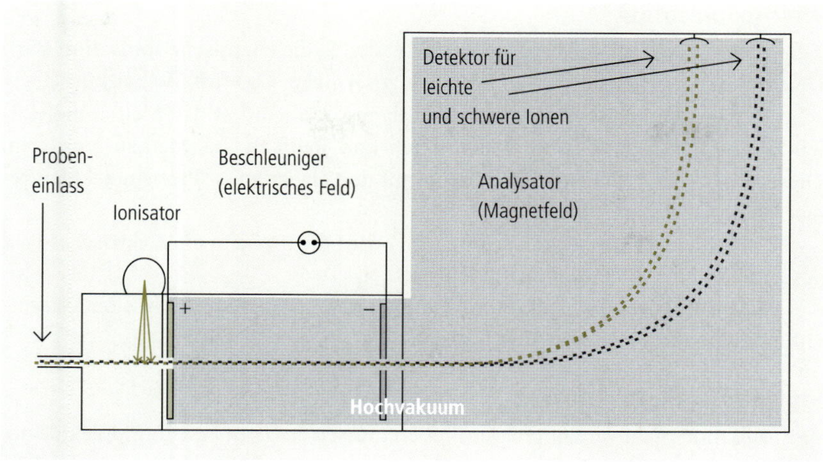

Abb. 13.2 Schematischer Aufbau eines Massenspektrometers

Ionisator

13.2.2

Die Art der Fragmentierung eines Moleküls hängt sehr stark von der Ionisierung ab. Zwei Massenspektren derselben Substanz unterscheiden sich stark, wenn die Moleküle auf eine andere Art ionisiert wurden.

Elektronenstoß-Ionisation (EI)

Die ursprüngliche Ionisierungsmethode der MS ist die Elektronenstoß-Ionisation (*engl.* electron impact, EI), bei der die Moleküle mit Elektronen beschossen werden.

Wird ein Molekül von einem Elektron getroffen, so kann aus dem Molekül wiederum ein Elektron herausgeschlagen werden. So entstehen positiv geladene Ionen, die meist sehr instabil sind und noch im Ionisator zerfallen. Alle Ionen und Fragmente sind deshalb positiv geladen.

Elektronenstoß-Ionisation ist eine harte Ionisierungsmethode: Die Moleküle zerfallen in viele Fragmente

Diese EI-Ionisierung ist technisch einfach, hat aber auch Nachteile:

- Da die Elektronen viel Energie auf die Moleküle übertragen, zerfallen diese sehr schnell. Bei vielen Verbindungen ist deshalb im Massenspektrum der Peak des gesamten Moleküls (sog. **Molekülpeak**) nicht mehr zu sehen. Für die chemische Analytik ist der Molekülpeak aber wichtig, da er die Molekülmasse der untersuchten Verbindung angibt.
- Die EI-Methode funktioniert nur mit Proben, die verdampfbar sind.

Weiche Ionisation – Allgemeines

Mit den sog. weichen Ionisierungsmethoden können Moleküle so vorsichtig ionisiert werden, dass die Molekülionen nicht weiter zerfallen und registriert werden können. Das hat den Vorteil, dass direkt die Molekülmasse aller in der Probe enthaltenen Substanzen abgelesen werden kann. Häufig genügt dies schon, um alle Inhaltsstoffe eindeutig zu identifizieren.

Weiche Ionisation

Weiche Ionisierungsmethoden werden verwendet, wenn die Moleküle bei der Ionisierung nicht zerfallen sollen

Eine wichtige weiche Ionisierungsmethode ist z. B. die **chemische Ionisation (CI).** Dazu wird in die Ionisierungskammer ein zusätzliches Gas (oft Methan) im Überschuss zugegeben. Die Elektronen stoßen dann vor allem mit den Methanmolekülen zusammen, sodass verschiedene Ionen und Radikale aus Methan entstehen. Diese aktivierten Teilchen können dann mit den eigentlichen Probemolekülen reagieren und diese ionisieren.

Bei der **Elektro-Spray-Ionisierung** (ESI) wird die Probe in ein elektrisches Feld gesprüht und dabei sehr schonend ionisiert.

Die **Atmosphärendruck-Photoionisation** (APPI) verwendet Licht einer Gasentladungslampe zu Ionisierung der Moleküle.

Ionisation von Feststoffen

Zur Ionisation nicht verdampfbarer Proben müssen aus dem Feststoff Moleküle herausgesprengt werden. Das ist z. B. mit einem Laserstrahl **(laser-desorption, LD)** oder mit einem Strahl aus beschleunigten Atomen **(fast atom bombardment, FAB)** möglich.

MALDI-Ionisation wird häufig in der Proteinanalytik verwendet

Eine wichtige Ionisierungsmethode ist heute die sog. **MALDI** (matrixunterstützte Laserdesorption und Ionisation), die v. a. für die massenspektrometrische Untersuchung von Proteinen, Peptiden oder Oligonukleotiden verwendet wird.

Dazu wird eine Lösung der zu analysierenden Probe mit einer Lösung der sog. *Matrix* vermischt. Nachdem ein Tropfen dieses Gemisches eingetrocknet ist, erhält man einen Feststoff, bei dem in der Matrix die Probenmoleküle eingeschlossen sind.

Als Matrix kann z. B. 2,5-Dihydroxybenzoesäure oder 4-Hydroxypicolinsäure verwendet werden.

Aus diesem Feststoff können mit einem Laser einzelne Moleküle „herausgeschossen“ und ionisiert werden. Dies ist so schonend, dass sogar Oligopeptide oder Oligonukleotide als ganzes Oligomer ins Vakuum gebracht und ionisiert werden können.

Merke

Die Methode, mit der ein Molekül ionisiert wird, hat großen Einfluss auf das Aussehen des Massenspektrums:

- Bei Routinespektren wird meist die Elektron Impact Ionisierung (EI) verwendet.
- Die EI-Ionisierung führt zu einer starken Fragmentierung, sodass der Molekülpeak oft nur schwach oder überhaupt nicht registrierbar ist.
- Bei den weichen Ionisierungsmethoden (z. B. CI) wird weniger Fragmentierung und ein stärkerer Molekülpeak beobachtet.
- Nicht verdampfbare Feststoffe können mit der LD- oder FAB-Methode ionisiert werden.

13.2.3 Massentrennung

Die geladenen Moleküle müssen zur Trennung zunächst im elektrischen Feld beschleunigt werden. Dazu werden die positiven Ionen in Richtung einer negativ geladenen Platte eines Kondensators (ca. 2000 bis 10000 Volt) beschleunigt. Diese

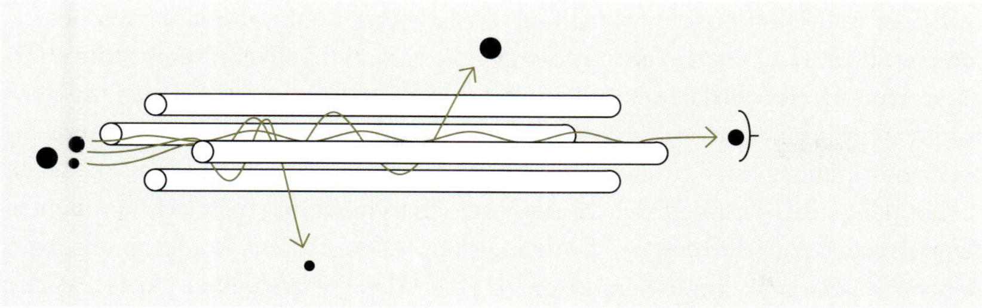

Abb. 13.3 Funktionsprinzip eines Quadrupol-Massenfilters

Platte hat in der Mitte ein kleines Loch, durch das die beschleunigten Ionen in den Analysator weiterfliegen können.

Magnetische Fokussierung

Im Analysator werden die Moleküle in einem starken Magnetfeld abgelenkt. Die Ablenkung ist umso stärker, je leichter die Moleküle oder Fragmente sind.

Elektrische Fokussierung

Hochauflösende Massenspektrometer besitzen zusätzlich zur magnetischen Fokussierung noch eine elektrische Fokussierung, bei der die fliegenden Ionen erneut in einem elektrischen Feld abgelenkt werden. Dabei werden die Ionen nicht nach ihrer Masse getrennt, sondern nach ihrer Energie, sodass Ungenauigkeiten bei der Beschleunigung der Ionen ausgeglichen werden.

Quadrupol-Massenfilter

Es gibt heute auch noch andere neu entwickelte Verfahren zur Massentrennung, z. B. das Quadrupol-Massenfilter. Bei diesen Geräten werden die Ionen nicht im magnetischen Feld getrennt, sondern in einem sog. Quadrupol-Feld zwischen vier Metallstäben, an denen ganz bestimmte Wechselspannungen liegen (Abb. 13.3). Die Ionen bewegen sich auf sehr komplizierten Bahnen durch diesen Analysator. Mit einer Computersteuerung wird der Quadrupol so eingestellt, dass immer nur eine Ionensorte mit bestimmter Masse das Ende des Analysators erreicht. Alle anderen prallen gegen die Gehäusewand.

Time-of-Flight-Massenfilter (TOF)

Beim TOF- oder Flugzeitmassenanalysator werden die Ionen nicht abgelenkt, sondern man lässt sie einfach 1–3 m weit geradeaus fliegen. Da ihre Geschwindigkeit abhängig von der Masse ist, kommen Ionen mit kleiner Masse früher am Ende dieser Flugstrecke an als solche mit größerer Masse. Im Analysator wird deshalb die Flugzeit gemessen. Dies muss sehr genau geschehen, da die Geschwindigkeit der Ionen ca. 10 000 m/s beträgt.

MS/MS 13.2.4

Für spezielle Anwendungen gibt es heute auch sog. MS/MS-Geräte, bei denen zwei Masseanalysatoren hintereinander geschaltet sind. Diese werden z. B. zur Analyse von Proteinen verwendet.

Mit einer weichen Ionisierungsmethode wird die Probe eines Proteingemisches ionisiert (z. B. MALDI). Im ersten Massenanalysator wird ein einzelnes Protein abgetrennt. Dieses wird dann, z. B. durch Kollision mit einem verdünnten Gas fragmentiert und die entstehenden Fragmente wieder in einem zweiten Massenanalysator untersucht.

Somit lässt sich in einem Schritt das Gemisch trennen und die Einzelkomponentengleich massenspektrometrisch untersuchen. Diese Geräte werden dann, nach den verwendeten Technologien, z. B. MALDI-TOF-TOF genannt.

13.2.5 Detektor

Zum Nachweis der Ionen werden meist Sekundärelektronenvervielfacher eingesetzt. Diese verstärken den sehr kleinen Strom, der fließt, wenn ein Ion auf einen elektrisch leitenden Draht fällt. Die Signale werden von einem Computer in das Massenspektrum umgesetzt.

Für spezielle Anwendungen der hochauflösenden Massenspektrometrie können aber auch heute noch fotografische Filme als Detektoren eingesetzt werden. Der Film wird an der Rückwand des Analysators angebracht und an den Stellen, an denen Ionen auftreffen, geschwärzt.

13.3 Fragmentierungsreaktionen

Die im Ionisator erzeugten positiv geladenen Molekülionen zerfallen zum größten Teil sofort in kleinere Bruchstücke. In den meisten Fällen werden dabei die chemischen Bindungen **homolytisch,** d. h. in der Mitte, gespalten. Die Fragmente sind deshalb Radikale und eines der zwei Bruchstücke behält die positive Ladung (Radikal-Kation).

Die ungeladenen Bruchstücke können im elektrischen Feld nicht bewegt und deshalb auch nicht analysiert werden.

Aus den detektierten Fragmenten lässt sich die Struktur der ursprünglichen Moleküle rekonstruieren

Welche Bindungen im Molekül bevorzugt gespalten werden, hängt davon ab, wie stabil die entsprechenden Spaltprodukte sind. Besonders gut kann eine Ladung immer in einem mesomeren System stabilisiert werden. Deshalb sind Spaltungen in Nachbarschaft zu einem mesomeren System besonders begünstigt (deshalb gibt es beispielsweise die Benzylspaltung oder die Allylspaltung).

Auch die Nachbarschaft von Heteroatomen begünstigt eine Ladungsstabilisierung, weshalb auch Spaltungen neben Heteroatomen erleichtert sind (α-Spaltung).

Im Massenspektrum sind aber auch Fragmente zu finden, die durch Spaltung von „normalen“ Kohlenstoff-Kohlenstoffbindungen entstanden sind.

13.3.1 Formulierung der Fragmentierungsreaktionen

Die Fragmentierungsreaktionen eines Moleküls können mit zwei Methoden, einer einfachen und einer komplizierten, formuliert werden:

- Einzeichnen der Bruchstellen in die Strukturformel. Allerdings erscheinen nicht immer beide Bruchstücke im Spektrum, da immer nur eines die positive Ladung behält und das ungeladene Fragment nicht registriert werden kann.

- Ausführliche Formulierung der Zerfallsreaktion mit Mechanismus. Nur so können Umlagerungen oder Weiterreaktionen von Fragmenten richtig beschrieben werden.

Das Ausgangsmolekül einer Fragmentierung ist immer ein positiv geladenes Radikal-Kation. Weil oft schwierig anzugeben ist, wo das Radikal und wo die Ladung im Molekül lokalisiert sind, können die Symbole für das Radikal (•) und für die Ladung (+) außerhalb des Moleküls an eine eckige Klammer geschrieben werden.

Mechanismen der Fragmentierungsreaktionen 13.3.2

Benzyl-Spaltung

Besonders leicht kann ein Molekül gespalten werden, wenn ein Benzyl-Kation dabei entsteht (○ Abb. 13.4). Das Fragment stabilisiert sich, indem es sich in ein sog. Tropylium-Kation umlagert. Dieses Tropylium-Kation ist planar und hat 6 π-Elektronen. Es ist deshalb aromatisch und analog zu Benzol sehr stabil.

Ein Benzyl-Fragment mit der Massenzahl $m/z = 91$ tritt im Massenspektrum praktisch immer auf, wenn die Probe eine Benzylgruppe enthält.

Das Tropylium kann unter Abspaltung von Ethin (C_2H_2) zum Cyclopentadienyl weiterreagieren (○ Abb. 13.11), was zu einem weiteren Peak mit $m/z = 65$ führt.

Allyl-Spaltung

Auch die Spaltung einer Bindung in Nachbarschaft zu einer einzigen Doppelbindung (Allyl-Stellung) führt zur Bildung eines mesomeriestabilisierten Kations (○ Abb. 13.5). Zwar ist die Stabilisierung geringer als beim Benzyl, aber gegenüber der Spaltung einer normalen C-C-Bindung ist diese Reaktion begünstigt.

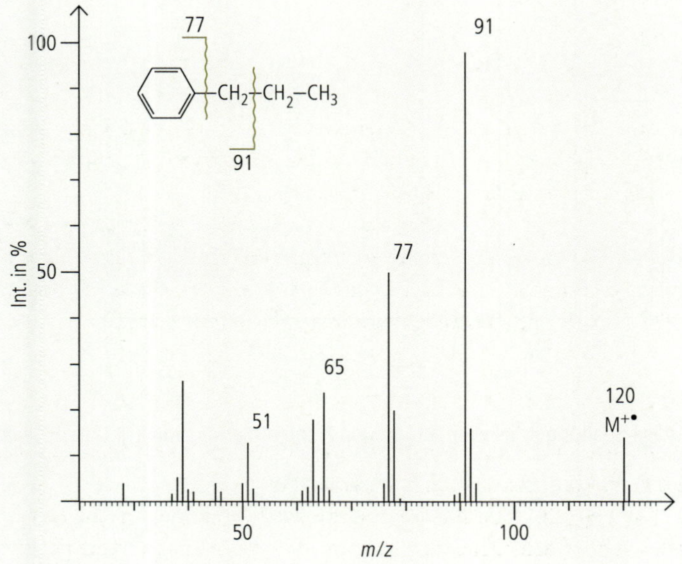

○ **Abb. 13.4** Benzylspaltung: Massenspektrum und Fragmentierung von n-Propylbenzol

13

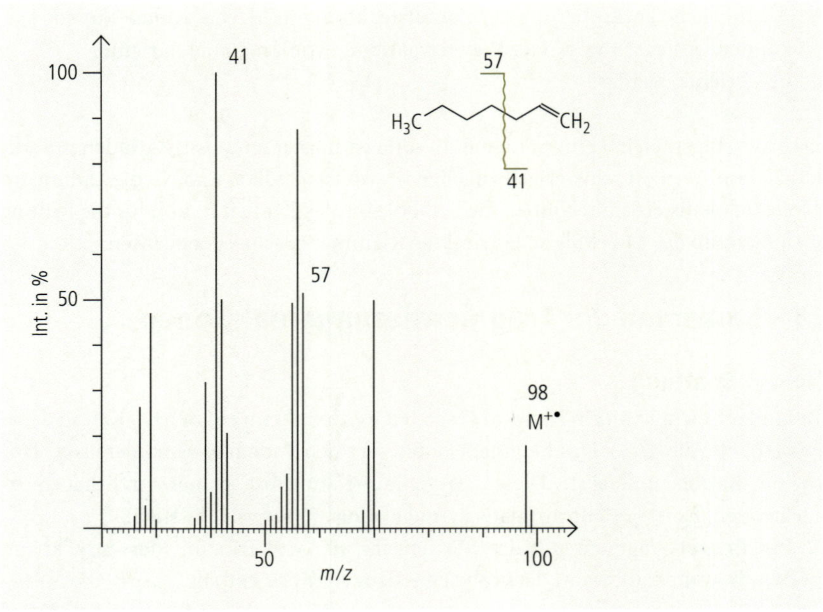

Abb. 13.5 Allyl-Spaltung: Massenspektrum und Fragmentierung von n-Hepten

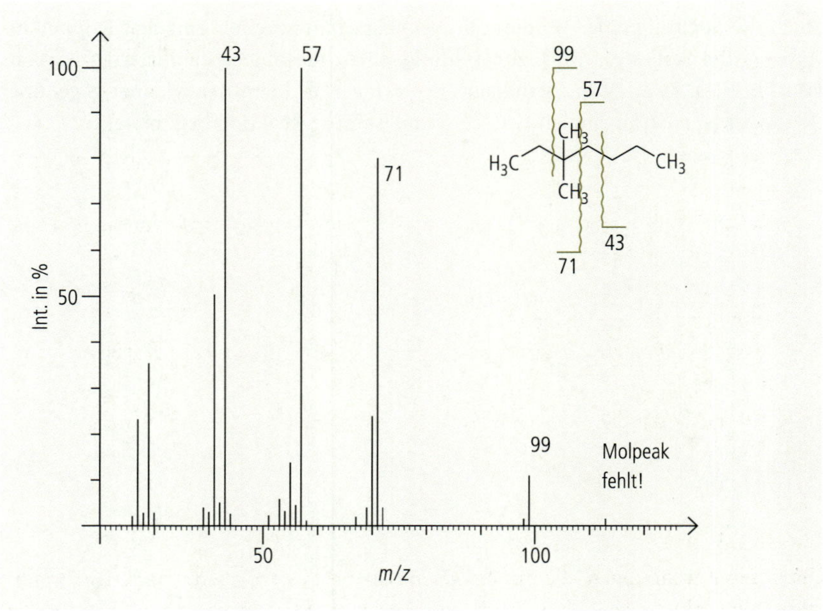

Abb. 13.6 Alkyl-Spaltung: Massenspektrum und Fragmentierung von 3,3-Dimethylheptan

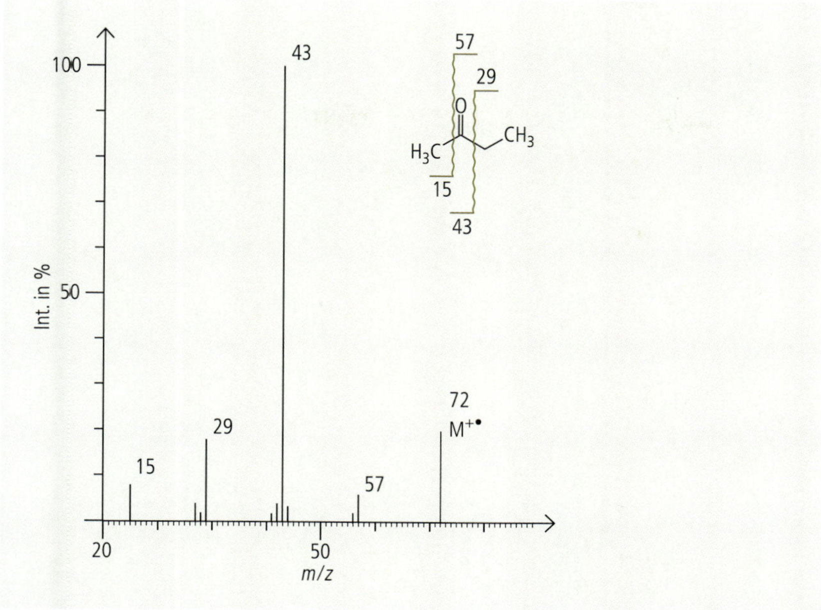

Abb. 13.7 α-Spaltung: Massenspektrum und Fragmentierung von Butan-2-on

Merke

Die meisten Fragmentierungen lassen sich mit wenigen einfachen Regeln beschreiben:

- Eine Fragmentierung ist immer dann günstig, wenn das entstehende Radikal bzw. Kation stabil ist.
- Auch die Abspaltung eines neutralen Moleküls (z. B. Kohlenmonoxid, Ethen) ist günstig.
- Besonders bevorzugt sind Spaltungen neben mesomeren Systemen im Molekül (Benzyl- oder Allyl-Spaltung).
- Ebenfalls erleichtert sind Spaltungen neben Heteroatomen (O, N, ...); besonders in α-Stellung (d. h. mit einer Bindung Abstand zum Heteroatom).
- Gesättigte Kohlenwasserstoffe werden v. a. an Verzweigungen des Gerüstes gespalten.
- Durch Umlagerungen (RDA, McLafferty) können auf den ersten Blick überraschende Fragmente entstehen.

Alkylspaltung

Unter den Bedingungen, die im Massenspektrometer herrschen, können auch normale, nicht aktivierte Kohlenstoffbindungen gespalten werden (Abb. 13.6). Die Stabilität der Fragmente steigt auch hier in dem Maße, wie die Ladung stabilisiert werden kann. Die Stabilität steigt, je höher substituiert das geladene Kohlenstoffatom ist. Die Spaltung wird deshalb bevorzugt an einer Verzweigung der Kohlenstoffkette erfolgen.

$^{\bullet+}CR_3 > {}^{\bullet+}CHR_2 > {}^{\bullet+}CH_2R$

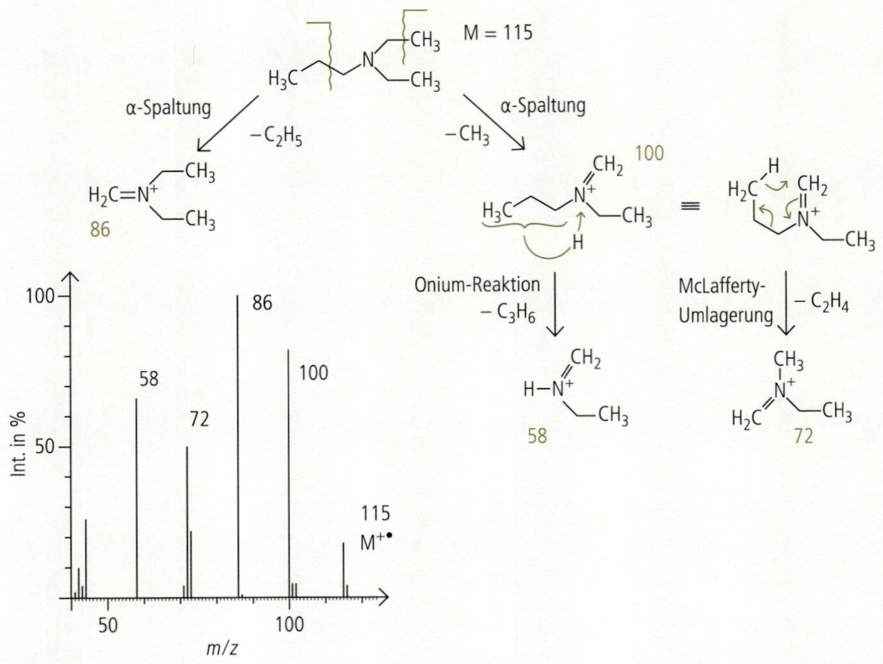

Abb. 13.8 Onium-Reaktion: Massenspektrum und Fragmentierung von Propyldiethylamin

α-Spaltung

Auch ein benachbartes Heteroatom kann mit seinen freien Elektronenpaaren ein Radikal-Kation stabilisieren. Bevorzugt werden Bindungen in α-Stellung zu Heteroatomen gespalten. Mit großer Wahrscheinlichkeit treten solche α-Spaltungen in Carbonyl-Verbindungen, Ethern, sowie in Nachbarschaft zu OH-, SH- oder Aminogruppen auf (Abb. 13.7).

Onium-Reaktion

Ein durch α-Spaltung entstandenes Kation kann auf typische Weise weiter zerfallen. Da diese Kationen Amm**onium,** Ox**onium,** Sulf**onium** usw. heißen, wird diese Weiterreaktion Onium-Reaktion genannt.

Bei der Reaktion wird ein Wasserstoffatom aus einem an das Heteroatom gebundenen Rest dem Heteroatom übertragen und der Rest abgespalten (Abb. 13.8).

Die Schreibweise der Reaktion deutet an, dass normalerweise nicht angegeben werden kann, welches H-Atom übertragen wird (da das abgespaltene Fragment nicht geladen ist, kann es nicht registriert werden).

Decarbonylierung

Radikal-Kationen, die durch α-Spaltung aus einer Carbonyl-Gruppe entstanden sind, können oft sehr leicht ein Molekül CO abspalten. Im Massenspektrum erscheint dann neben dem Peak des Fragments noch ein zweiter mit um 28 kleinerer Massenzahl.

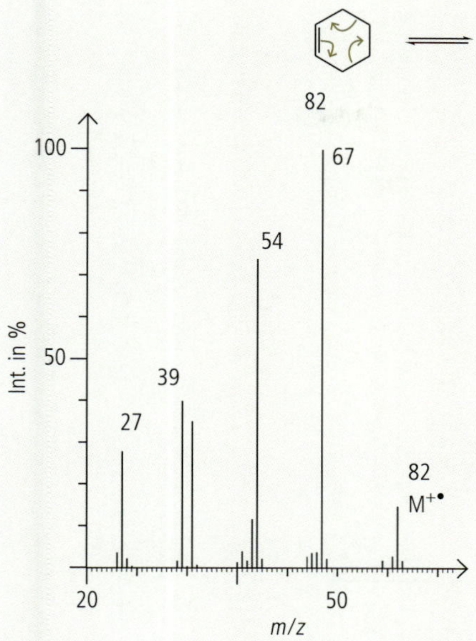

Abb. 13.9 Retro-Diels-Alder-Reaktion und Massenspektrum von Cyclohexen

Retro-Diels-Alder-Reaktion

Die Diels-Alder-Reaktion ist eine Reaktion, bei der aus einem *Dien* und einem *Dienophil* in einem Schritt ein Sechsring gebildet wird (▶ Lehrbücher der organischen Chemie). Im Massenspektrometer (Abb. 13.9) kann diese Reaktion rückwärts ablaufen (Retro-).

Alle Sechsringe, die eine Doppelbindung enthalten, können so in das Dien und das Dienophil zerfallen. Der Ring kann, muss aber nicht, Heteroatome enthalten. Er darf auch in ein gößeres Ringsystem mit eingebaut sein.

Die positive Ladung bleibt vorzugsweise am Dien, da hier meist das größere mesomere System vorliegt.

McLafferty-Umlagerung

Bei dieser Umlagerung wird ein H-Atom über einen Sechsring-Übergangszustand auf eine Doppelbindung übertragen. Gleichzeitig wird ein neutrales Molekül Ethylen (oder substituiertes Ethylen) abgespalten (Abb. 13.10).

Das abgespaltene Molekül ist im Massenspektrum nicht als Peak zu sehen, sondern nur als Massendifferenz zwischen zwei Peaks (z. B. kann eine Differenz von 28 auf die Abspaltung von Ethylen hindeuten).

Wichtig bei der Formulierung dieser Umlagerung ist, dass sie immer über 6 Atome läuft. Die Doppelbindung ist oft eine Carbonyl-Gruppe (Keton, Aldehyd, Säure, …), kann aber auch eine C=C- oder sonstige Doppelbindung sein.

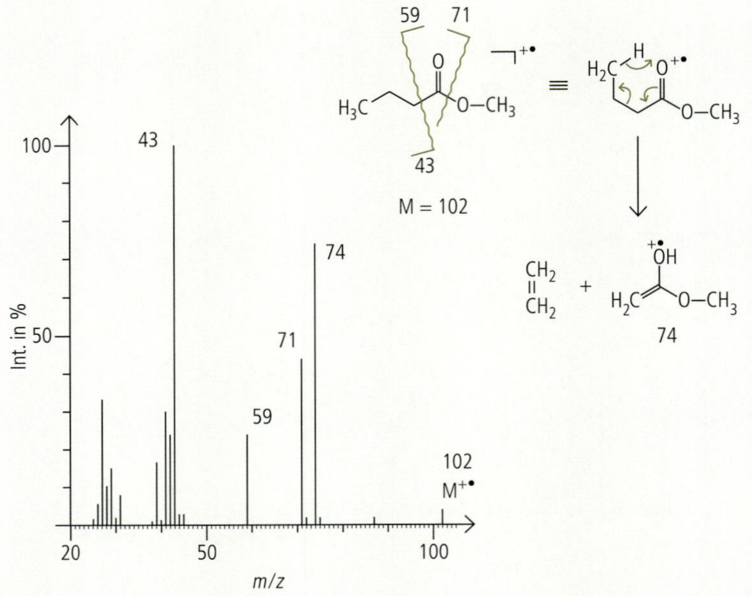

Abb. 13.10 McLafferty-Umlagerung von n-Butansäuremethylester

> **Merke**
>
> **Umlagerungsreaktionen** im Massenspektrometer:
>
> - Bei allen Cyclohexen-verwandten Verbindungen (Sechsring mit einer Doppelbindung) ist eine Retro-Diels-Alder-Reaktion möglich.
> - Eine McLafferty-Umlagerung ist bei allen Verbindungen möglich, bei denen ein Wasserstoffatom über einen Sechsring-Übergangszustand an eine Doppelbindung übertragen werden kann.
> - Carbonyl-Verbindungen mit einer Ethylgruppe in Bindungen Abstand spalten leicht Ethylen (C_2H_4, $\Delta^m = 28$) ab.

13.3.3 Fragmentierungen einzelner Verbindungsklassen

Viele Verbindungsklassen organischer Moleküle geben sich im Massenspektrum durch typische Spaltungsmuster zu erkennen. Eine genaue Interpretation eines Massenspektrums ist sehr schwierig und erfordert viel Erfahrung. Allerdings lassen sich schon mit wenigen einfachen Regeln viele Massenspektren verstehen.

Aromaten

Aromaten geben sich im Massenspektrum oft durch Fragmente bei $m/z = 77$ und 51 zu erkennen

Verbindungen, die einen Phenylrest enthalten, zeigen meist die Peaks des C_6H_5-Fragments und des C_4H_3-Fragments ($m/z = 77$ bzw. 51). Wenn ein Benzylrest vorhanden ist, kommen noch die Signale des Tropyliums und des Cyclopentadienyls dazu ($m/z = 91$ bzw. 65). Oft ist der Tropylium-Peak der Basispeak eines solchen Spektrums (Abb. 13.11).

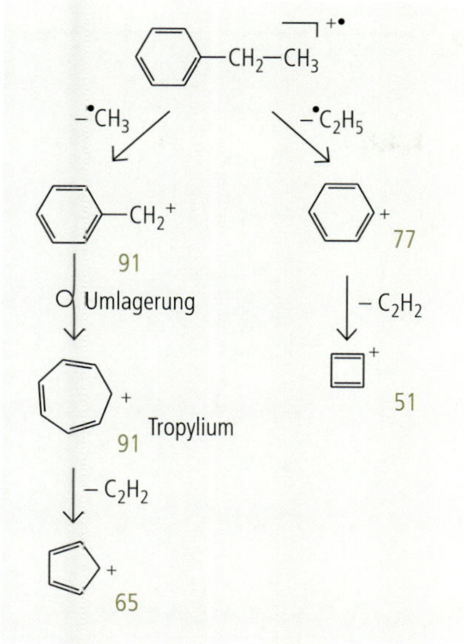

Abb. 13.11 Fragmentierungsreaktionen von Aromaten

Achtung: Wenn der Aromat mehrfach substituiert ist, dann sind auch an den Fragmenten die Substituenten noch vorhanden, sodass der Tropylium-Peak bei einer größeren Massenzahl zu erwarten ist!

Carbonyl-Verbindungen

Aliphatische Aldehyde, Ketone und Carbonsäurederivate zeigen oft eine McLafferty-Umlagerung, sofern sie ein Wasserstoffatom mit vier Bindungen Abstand zur Carbonyl-Gruppe enthalten (Abb. 13.10).

Carbonyl-Verbindungen geben sich im Massenspektrum oft durch Peaks mit einer Differenz von bei m/z = 28 zu erkennen (Abspaltung von CO)

Auch die Abspaltung eines neutralen CO-Moleküls aus dem ersten Fragment ergibt einen weiteren Peak mit einer Differenz von 28 Massenzahlen.

Stickstoffhaltige Moleküle

In vielen organischen Verbindungen kommen nur die Elemente C, O, S, H und Halogene vor. Beim Betrachten der Massenspektren solcher Verbindungen fällt auf, dass alle Molekülpeaks geradzahlige und die meisten Fragmente ungeradzahlige Massenzahlen m/z haben. Daraus lässt sich eine Regel ableiten:

Die Zahl der Stickstoffatome bestimmt, ob der Massenpeak eine geradzahlige oder eine ungeradzahlige Massenzahl hat

Wenn Moleküle nur die Elemente C, H, O, S, Halogene und N enthalten, dann gilt

- Die Molekülmasse ist **gerade,** wenn sich kein Stickstoff oder eine gerade Zahl (2, 4, 6 usw.) von N-Atomen im Molekül befindet.
- Die Molekülmasse ist **ungerade,** wenn sich genau ein Stickstoff oder eine ungerade Zahl (1, 3, 5 usw.) von N-Atomen im Molekül befindet.
- Bei einem Molekül mit genau einem Stickstoffatom haben die Fragmente, die den Stickstoff noch enthalten, *meist* eine geradzahlige Massenzahl und die anderen eine ungeradzahlige.

Tab. 13.1 Elemente, die in der Natur fast isotopenrein sind

Element	Isotope	Häufigkeit
Wasserstoff	^{1}H	99,9985 %
	^{2}H	0,015 %
Kohlenstoff	^{12}C	98,89 %
	^{13}C	1,11 %
Stickstoff	^{14}N ^{15}N	99,64 % 0,36 %
Sauerstoff	^{16}O	99,76 %
	^{17}O	0,04 %
	^{18}O	0,20 %

Tab. 13.2 Elemente, die in mehreren Isotopen mit großer Häufigkeit vorkommen

Element	Isotope	Häufigkeit
Schwefel	^{32}S	95,0 %
	^{33}S	0,76 %
	^{34}S	4,22 %
Chlor	^{35}Cl	75,77 %
	^{37}Cl	24,23 %
Brom	^{79}Br	50,69 %
	^{81}Br	49,31 %

Isotopenpeaks

Viele chemische Elemente kommen in der Natur in unterschiedlichen **Isotopen** vor, die sich in der Zusammensetzung ihres Atomkerns unterscheiden. Für die Chemie spielt das keine Rolle, weil alle Isotope eines Elements dieselben chemischen Eigenschaften haben.

Im Massenspektrum geben sich die einzelnen Isotope eines Elements zu erkennen, da sie eine unterschiedliche Atommasse besitzen. Anhand der natürlich vorkommenden Isotope lassen sich die chemischen Elemente in drei Gruppen einteilen:

- Elemente, die aus einem einzigen Isotop bestehen. Alle Atome dieses Elements in der Natur haben dieselbe Masse: Fluor (19 amu), Phosphor (31 amu).
- Elemente, die **fast** nur als einzelnes Isotop vorkommen. Nur ein sehr kleiner Teil der Atome dieses Elements unterscheidet sich in der Masse vom Rest (Tab. 13.1).
- Elemente, die in der Natur in mehreren Isotopen mit großer Häufigkeit vorkommen (Tab. 13.2).

Wenn in einem Molekül nur Elemente der ersten beiden Gruppen vorkommen, dann sind im Massenspektrum neben jedem intensiven Peak nur noch sehr kleine Peaks mit um eins und zwei größerer Massenzahl zu finden, die von Fragmenten herrühren, die schwerere Isotope einzelner Elemente enthalten (sog. Isotopenpeaks).

Sind Elemente der dritten Gruppe enthalten, dann treten intensive Isotopenpeaks des Molekülpeaks auf. Auch alle Fragmente, welche die entsprechenden Elemente noch enthalten, zeigen dieselben Isotopenpeaks. Die wichtigsten Elemente, die sich so zu erkennen geben, sind Chlor, Brom und Schwefel.

Chlor, Brom und Schwefel erzeugen typische Isotopenpeaks, deren relative Intensität der Häufigkeit der Isotope entspricht

13.4 Auswertung von Massenspektren

Der Ansatz zur Interpretation des Massenspektrums hängt davon ab, ob die Struktur der untersuchten Verbindung bekannt ist oder nicht. Es ist immer einfacher, zu prüfen, ob ein Massenspektrum von einem Molekül mit gegebener Struktur stammen kann. Bei der Strukturaufklärung einer unbekannten Substanz ist es daher günstig, wenn schon eine oder mehrere Hypothesen für die Struktur bestehen. Mit Hilfe des Massenspektrums kann dann geklärt werden, welche der möglichen Strukturen in Frage kommt.

13.4.1 Spektrum einer bekannten Substanz

In der Laborpraxis wird ein Massenspektrum oft zum Nachweis registriert, ob eine synthetisierte Verbindung tatsächlich die gewünschte Struktur besitzt. In diesem Fall kann theoretisch nachvollzogen werden, wie die bekannte Struktur fragmentieren kann. Die im Spektrum registrierten Massenzahlen müssen mit denen der vorhergesagten Fragmente übereinstimmen.

Lässt sich das Spektrum auf diese Art und Weise nicht reproduzieren, dann hat die Substanz nicht die vorgegebene Struktur.

Die Software moderner Massenspektrometer enthält bereits Spektrenbibliotheken bekannter Substanzen, die durch den Vergleich mit dem gemessenen Spektrum direkt identifiziert werden können

Molekülpeak

Der Peak im Spektrum mit der größten Masse ist meist der Molekülpeak. Er muss mit der Molekülmasse übereinstimmen. Allerdings ist der Molekülpeak im Spektrum nicht immer sichtbar. V. a. nach einer EI-Ionisierung kann das Molekül-Kation so instabil sein, dass es für eine Registrierung zu schnell zerfällt.

Erste Fragmentierung

Oft sind im Massenspektrum intensive Peaks von Fragmenten zu sehen, die durch eine einfache Fragmentierungsreaktion entstehen.

- Befindet sich ein Sauerstoff- oder Stickstoffatom in der Verbindung, so ist fast immer eine α-Spaltung zu sehen.
- Wenn eine Benzyl-Gruppe enthalten ist, dann sollten die Peaks bei $m/z = 91$ (Tropylium) und $m/z = 65$ (Cyclopentadienylium) vorhanden sein.
- Das Kohlenstoffgerüst wird vorzugsweise an Verzweigungen gespalten.
- Eine McLafferty-Umlagerung ist immer dann möglich, wenn sich das Molekül so zeichnen lässt, dass über einen Sechsring ein Wasserstoffatom an eine Doppelbindung übertragen werden kann.

- Befindet sich in der Verbindung ein Cyclohexen-Strukturelement (Sechsring mit einer Doppelbindung), kann evtl. eine Retro-Diels-Alder-Reaktion ablaufen.

13.4.2 Spektrum einer unbekannten Struktur

Auch dem Massenspektrum einer völlig unbekannten Verbindung können Informationen entnommen werden.

Molekülpeak

Der Peak, der dem Molekül-Kation entspricht, ist in den meisten Massenspektren vorhanden und gibt die Molekülmasse an. Fehlt der Molekülpeak, so muss ein weiteres Spektrum mit einer weichen Ionisierungsmethode registriert werden.

Stickstoff-Regel

Wenn der Molekülpeak eine gerade Massenzahl hat, dann bedeutet das, dass in einem Molekül der Verbindung kein Stickstoff oder eine gerade Zahl von Stickstoffatomen enthalten ist (▶ Kap. 13.3.3).

Isotopenpeaks von Kohlenstoff ^{13}C

Das Kohlenstoffisotop mit der Masse 13 u ist nur zu 1,1 % in der Natur enthalten. Das bedeutet, dass es zu jedem Peak im Spektrum noch einen kleinen weiteren gibt, der um eine Massenzahl größer und nur etwa 1/100 so hoch ist. Wenn es die Genauigkeit des Spektrums erlaubt und der Molekülpeak intensiv genug ist, lässt sich der Isotopenpeak des Molpeaks (M+ 1-Peak) auswerten:

Im **Methan** (CH_4, M= 16), das ein C-Atom enthält, ist mit einer Wahrscheinlichkeit von 1,1 % ein ^{13}C enthalten. Im Spektrum erscheint der Molpeak bei $m/z = 16$ und der M+ 1-Peak bei $m/z = 17$. Der M+ 1-Peak hat nur 1,1 % der Intensität von M.

Im **Ethan** (C_2H_6) kann jedes der beiden C-Atome ein ^{13}C-Atom sein. Die Wahrscheinlichkeit, dass ein ^{13}C im Molekül ist, ist deshalb $2 \cdot 1{,}1\,\% = 2{,}2\,\%$. Hier ist deshalb der M+ 1-Peak doppelt so hoch wie der bei Methan.

Aus der Größe des ^{13}C-Isotopenpeaks des Molekülpeaks lässt sich die Zahl der C-Atome im Molekül berechnen

Daraus lässt sich die Regel ableiten, dass die Intensität des M+ 1-Peaks im Verhältnis zum M-Peak gleich 1,1 % mal die Zahl der C-Atome im Molekül ist. Rückwärts lässt sich die Zahl der Kohlenstoffatome $n(C)$ des Moleküls aus dem Verhältnis der Intensitäten $I(M)$ und $I(M+1)$ berechnen:

$$n(\mathrm{C}) = \frac{I(M+1)}{I(M) \cdot 0{,}011}$$

Isotopenpeaks von Chlor

Chlor und Brom geben sich durch ihre Isotopenpeaks zu erkennen

Wenn in einem Molekül ein Cl-Atom enthalten ist, dann befindet sich in ca. 75 % der Moleküle ein Cl-Atom mit der Masse 35 amu und in den restlichen 25 % ein Cl-Atom mit der Masse 37 amu. Im Massenspektrum treten deshalb immer Doppelpeaks im Verhältnis 3:1 auf, was der Häufigkeit der Isotope entspricht.

Am deutlichsten ist dies beim Molekülpeak zu sehen. Dieselbe Aufspaltung erfolgt aber auch bei allen Fragmenten, die Chlor enthalten.

Wenn sich mehrere Cl-Atome im Molekül befinden, zeigen die Peaks andere typische Isotopenmuster (○ Abb. 13.12).

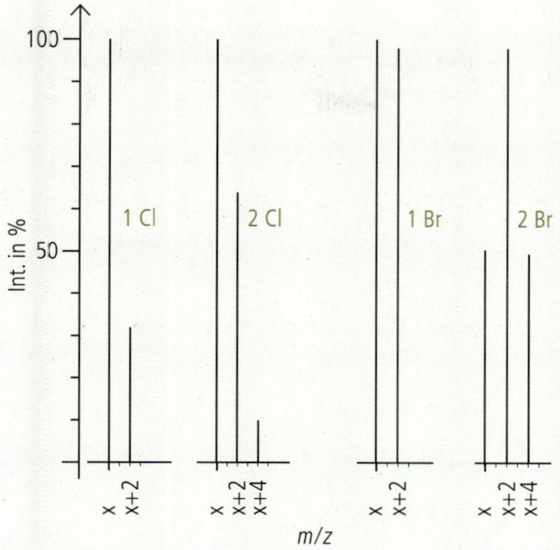

Abb. 13.12 Isotopenmuster von Molekülpeak und Fragmenten, wenn sich Cl-Atome oder Br-Atome im Molekül befinden

Isotopenpeaks von Brom

Wie beim Chlor gibt es auch beim Brom 2 häufige Isotope, die sich um 2 Massenzahlen unterscheiden. Die Häufigkeit der Isotope unterscheidet sich von der des Chlors, weshalb die Isotopenmuster auch etwas anders aussehen (Abb. 13.12).

Serien

Unter einer Serie versteht man mehrere Peaks, die denselben Abstand zueinander haben. Eine häufig beobachtete Serie ist eine Folge von Peaks mit dem Abstand von jeweils 14 Massenzahlen. Diese Serie tritt bei unverzweigten Alkanen auf und entspricht der schrittweisen Abspaltung von CH_2-Gruppen.

Schlüsselbruchstück

Es gibt Molekülfragmente, die so stabil sind, dass sie fast immer erscheinen, wenn im Molekül eine bestimmte Gruppe oder ein Strukturelement enthalten ist. Aus den Peaks dieser Fragmente kann direkt auf Gruppen des Moleküls geschlossen werden (Tab. 13.3).

Da im Massenspektrum nur die geladenen Bruchstücke der Moleküle registriert werden, treten alle ungeladenen Fragmente nicht als Peak in Erscheinung. Im Spektrum sind sie aber trotzdem zu erkennen, und zwar als Differenz zwischen zwei Peaks. Deshalb können diese Differenzen typische Werte annehmen, die dann auf abgespaltene neutrale Fragmente hinweisen (Tab. 13.4).

Übergangssignale

Normalerweise sollen die Moleküle im Massenspektrometer bei der Ionisierung zerfallen, sodass die Fragmente getrennt und registriert werden können. Es ist aber auch möglich, dass ein Molekül erst während oder nach der Beschleunigung zerfällt.

Tab. 13.3 Wichtige Schlüsselbruchstücke, die im Massenspektrum als Peaks auftreten können

m/z	Fragment	Strukturelement, Reaktion (andere Fragmente des Strukturelements)
29	$C_2H_5^+$	Fragment aus Alkanen (Ethyl)
30	$H_3C\text{-}NH+$	Onium
31	$H_3C\text{-}O^+$	Onium-Reaktion von Methyl-Ethern oder Methyl-Estern
34 36	$H_2S^{+\bullet}$	aus S-H-haltigen Verbindungen (Schwefel-Isotopenpeak bei *m/z* + 2)
43	$C_3H_7^+$	Propyl-Gruppen
43	$H_3C\text{-}CO^+$	Methyl-Ketone
44	$H_2C{=}CHOH^{+\bullet}$	aus Aldehyden
44	$H_3CNH\text{-}CH_2^+$	aus tertiären Aminen
51	$C_4H_3^+$	Dehydro-Cyclobutadien aus Aromaten (siehe *m/z* 77)
57	$C_4H_9^+$	Fragment aus Alkanen (Butyl)
58	$H_5C_2NH\text{-}CH_2^+$	aus tertiären Aminen
61	$H_5C_2S^+$	aliphatische Thiole (Isotopenpeak *m/z* + 2)
65	$C_5H_5^+$	Cyclopentadienyl aus Benzylgruppen (siehe *m/z* 91)
71	$C_5H_{11}^+$	Fragment aus Alkanen (Pentyl)
76	$C_6H_4^{+\bullet}$	aus disubstituierten Aromaten
77	$C_6H_5^+$	aus Phenylderivaten (siehe *m/z* 51)
79	Br^+	Brom-haltige Verbindungen (Brom-Isotopenpeak bei *m/z* + 2)
80	$C_5H_6N^+$	aus N-Alkyl-Pyrrol- oder Piperidin-Derivaten
81	Br^+	Brom-haltige Verbindungen (Brom-Isotopenpeak bei *m/z* - 2)
85	$C_6H_{13}^+$	Fragment aus Alkanen (Hexyl)
91	$C_7H_7^+$	Tropylium-Ion aus Benzyl-Gruppe (siehe *m/z* 65)
93	$C_4H_8Cl^+$	aus Chloralkanen (Isotopenpeak *m/z* + 2)
93	H_2CBr^+	Bromalkane (Isotopenpeak *m/z* + 2)
94	$C_6H_5OH^{+\bullet}$	aus Phenylethern
95	H_2CBr^+	Bromalkane (Isotopenpeak *m/z* - 2)
98	$C_6H_{12}N^+$	aus Piperidin-Derivaten
105	$C_7H_6\text{-}CH_3^+$	Methyl-Tropylium aus disubstituierten Aromaten
105	$C_6H_5\text{-}CO^+$	aus Benzoesäure-Derivaten (siehe *m/z* 77)
122	$C_6H_5\text{-}COOH^{+\bullet}$	aus Benzoesäureestern

Tab. 13.4 Wichtige neutrale Bruchstücke, die im Massenspektrum als Differenz zwischen den Peaks in Erscheinung treten

Δ *m/z*	Abgespaltenes Fragment	Strukturelement, Reaktion (andere Fragmente des Strukturelements)
14	- CH_2	Serie von Alkanen
15	- CH_3	Alkane
16	- NH_2	Amine
16	- O	Alkohole
17	- OH	Alkohole, Säuren
18	- H_2O	Wasserabspaltung aus Säuren oder Alkoholen
26	- C_2H_2	z. B. aus Aromaten (siehe *m/z* 91, 77, 65, 55)
27	- HCN	Blausäure-Abspaltung aus Aminen oder N-Heterocyclen
28	- C_2H_4	Ethylen-Abspaltung z. B. durch McLafferty-Umlagerung aus Alkylestern
28	- CO	Decarbonylierung nach α-Spaltung an einer Carbonyl-Gruppe
31	- H_3CO	aus Methylethern, Methylestern, prim. Alkoholen
34	- SH_2	aus Thiolen (Isotopenpeaks)
44	- CO_2	Decarboxylierung von Carbonsäuren
44	- $C(O)NH_2$	aus Säureamiden
77	- C_6H_5	Abspaltung einer Phenyl-Gruppe
91	- C_7H_7	Abspaltung einer Benzyl-Gruppe

Da das Fragment dann beim Beschleunigen im elektrischen Feld eine andere Masse besitzt als im Analysator, erscheinen die Signale solcher Fragmente bei zu kleinen Massenzahlen. Diese sog. Übergangssignale sind im Spektrum als wenig intensive Signale zu erkennen, die sich über mehrere Massenzahlen verteilen.

Die Masse $m(\ddot{u}berg)$, bei der ein Übergangssignal erscheint, kann berechnet werden, wenn die Masse des vollständigen Fragments $m(voll)$ und die Masse des zerfallenen Fragments $m(zerf)$ bekannt sind:

$$m(\ddot{u}berg) = \frac{m^2(zerf)}{m(voll)}$$

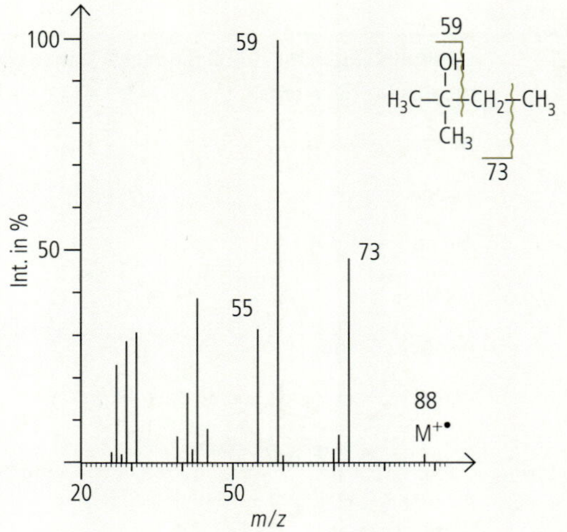

○ Abb. 13.13 Beispiel 1: Massenspektrum von 2-Methyl-2-Butanol (Ionisierung: EI)

13.5 Beispiele

Beispiel 1: 2-Methyl-2-butanol

$C_5H_{11}OH$, M = 88 u

Im Beispielspektrum 1 (○ Abb. 13.13) ist das EI-Massenspektrum von 2-Methyl-2-butanol dargestellt. Der Basispeak entspricht einer Spaltung am tertiären Kohlenstoffatom und gleichzeitig in α-Stellung zum Sauerstoff.

Zusätzlich treten Peaks mit einer Massendifferenz von 18 auf, die jeweils einer Abspaltung von H_2O aus dem Fragment entsprechen.

Beispiel 2: p-Chlorbenzophenon

$C_{13}H_{11}OCl$, M = 216,5 u

Beispiel 2 (○ Abb. 13.14) ist ein chlorhaltiges Molekül. Seine Molekülmasse ist nicht ganzzahlig, da in der Natur zwei verschiedene Chlor-Isotope vorkommen, die sich in ihrer Atommasse um 2 u unterscheiden. Im Massenspektrum erscheint deshalb der Molekülpeak nicht bei 216,5, sondern es gibt zwei Molekülpeaks bei *m/z* = 216 und 218, deren Intensitätsverhältnis der Häufigkeit der beiden Isotope entspricht (ca. 3:1).

Die Spaltung des Moleküls tritt bevorzugt in α-Stellung zum Sauerstoff ein, was gleichzeitig auch als Benzylspaltung aufgefasst werden kann.

Aus den zwei möglichen Spaltstellen ergeben sich die 4 intensivsten Peaks im Spektrum. Die Fragmente, die noch das Cl-Atom enthalten, sind an den *m/z* + 2 - Isotopenpeaks zu erkennen, die jeweils 32 % der Intensität besitzen.

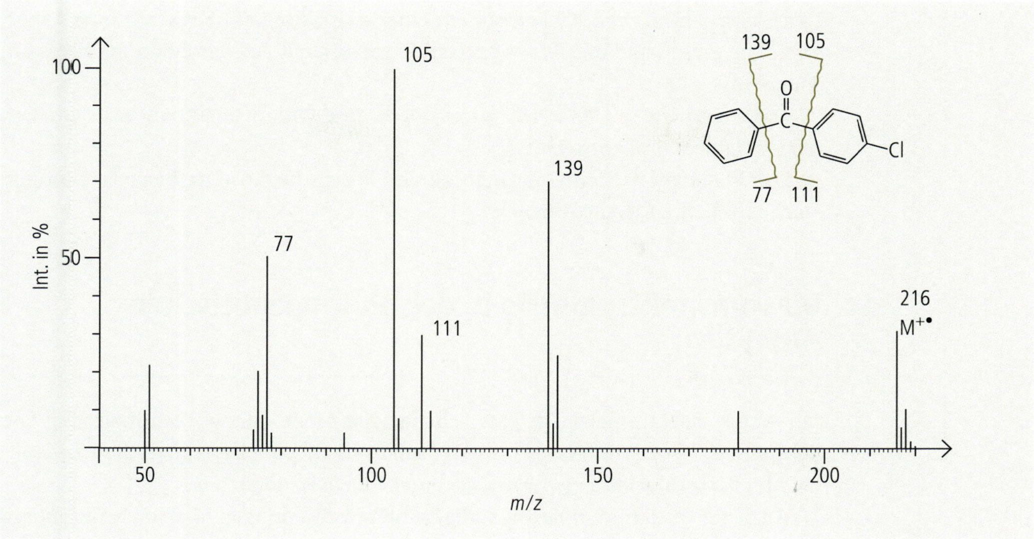

Abb. 13.14 Beispiel 2: Massenspektrum von p-Chlorbenzophenon (Ionisierung: EI)

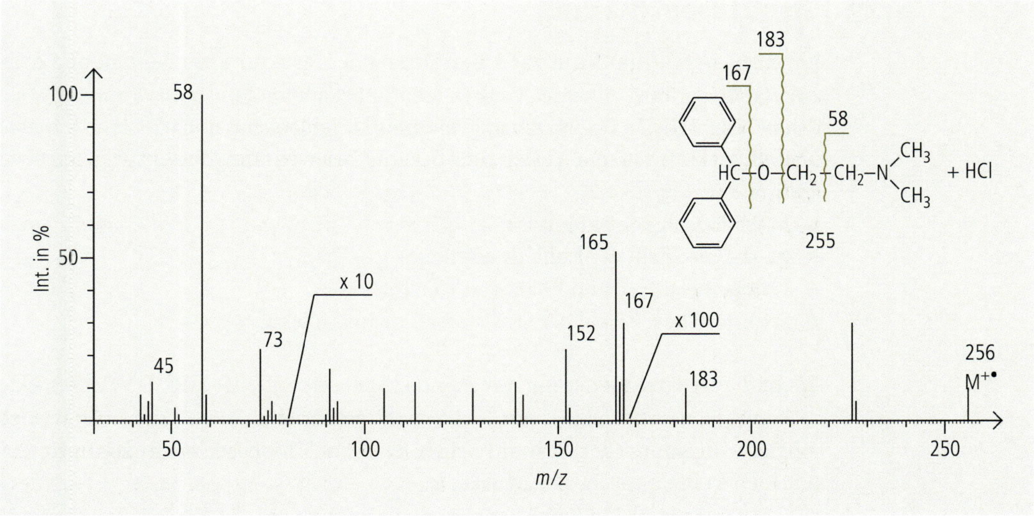

Abb. 13.15 Beispiel 3: Massenspektrum von Diphenhydramin-Hydrochlorid (Ionisierung: EI)

Beispiel 3: Diphenhydramin-Hydrochlorid

$C_{17}H_{21}NO \cdot HCl$, M = 291,5 u

Im Massenspektrum von Diphenhydramin-Hydrochlorid (Abb. 13.15) ist der Molekülpeak nicht bei $m/z = 291{,}5$, da Hydrochloride ionische Verbindungen sind und im Massenspektrometer gespalten werden. Deshalb ist das größte registrierte Fragment die quartäre Ammoniumverbindung ohne Chlorid, und es treten im Spektrum auch keine Chlor-Isotopenpeaks auf.

Im Spektrum sind die Bereiche großer Massenzahlen 10-fach bzw. 100-fach verstärkt dargestellt.

Der Basispeak mit $m/z = 58$ entspricht einer α-Spaltung am Stickstoff oder Sauerstoff. Die Fragmente mit $m/z = 183$ und 73 resultieren aus der Spaltung direkt am Sauerstoff.

Das Fragment mit $m/z = 45$ kann durch eine Onium-Reaktion aus dem tert. Aminfragment (73) entstehen.

Das Fragment $m/z = 167$ entsteht durch die sehr begünstigte Benzylspaltung in Nachbarschaft zu zwei Aromaten.

13.6 Massenspektrometrie in der pharmazeutischen Analytik

Die Massenspektrometrie ist eine sehr genaue Methode zur Identifizierung von Substanzen. Verunreinigungen stören oftmals nicht, da schon durch die Anwesenheit des Molekülpeaks eine relativ sicherer Nachweis möglich ist.

Auch zur Strukturaufklärung unbekannter Verbindungen (z. B. pharmazeutisch interessanter Naturstoffe) ist die Massenspektrometrie heute unverzichtbar. Der Substanzbedarf für eine Analyse ist extrem klein (1 mg bis 1/1000 mg).

13.6.1 Strukturaufklärung

Ein Massenspektrum kann zur Überprüfung der Struktur einer Verbindung oder zur Strukturermittlung einer vollkommen unbekannten Substanz verwendet werden (▶ Kap. 3.4). Zu Beginn einer Strukturaufklärung (wenn noch überhaupt nichts über die zu bestimmende Verbindung bekannt ist) liefert das Massenspektrum erste Hinweise (▶ Kap. 13.4.2).

- Molekülpeak: Molekülmasse
- M+1-Peak: Zahl der Kohlenstoffatome
- Isotopenpeaks: Art und Zahl von Heteroatomen
- Stickstoff-Regel: Zahl der Stickstoffatome im Molekül

Wenn die Strukturaufklärung mit anderen Methoden (NMR-, IR-, UV/VIS-Spektroskopie, Elementaranalyse, usw.) so weit fortgeschritten ist, dass nur noch wenige mögliche Strukturen zur Auswahl stehen, kann mit Hilfe des Massenspektrums entschieden werden, welche die korrekte ist.

Dazu müssen alle in Frage kommenden Strukturen in der Theorie fragmentiert werden. Im Massenspektrum der Probe sollten alle wichtigen Fragmente der richtigen Struktur sichtbar sein. Die Interpretation des Massenspektrums kann deshalb den Beginn sowie den Abschluss der Strukturaufklärung einer unbekannten Verbindung in der pharmazeutischen Analytik markieren.

13.6.2 GC-MS-Kombination

Eine besondere Bedeutung hat auch die Kopplung von Gaschromatographie und Massenspektrometrie erlangt. Dabei wird ein Massenspektrometer als Detektor hinter den Gaschromatographen geschaltet. Die Substanz- und Trägergasmengen, mit denen heutige Kapillarsäulen arbeiten, sind so gering, dass das Ende der Chromatographiesäule direkt in das Massenspektrometer münden kann.

Mit diesem Detektor kann von jedem Peak des Chromatogrammes ein Massenspektrum registriert und somit jede getrennte Substanz identifiziert werden. Die GC-MS verbindet deshalb die hohe Trennleistung der Gaschromatographie mit dem großen Informationsgehalt des Massenspektrums.

Bei einfachen GC-MS-Geräten erfolgt die Detektion z. B. mit einem Quadrupol-Massenfilter. Dieser kann z. B. auf die Molekülmasse einer gesuchten Verbindung eingestellt werden, sodass er nur dann ein Signal registriert, wenn diese Verbindung die Säule verlässt.

Quantitative Massenspektrometrie 13.6.3

Da die Massenspektrometrie sehr kleine Substanzmengen außerordentlich genau bestimmen kann, eignet sie sich auch zur quantitativen Analytik (meist Spurenanalytik). Problematisch ist lediglich die nicht reproduzierbare Probenzuführung im Massenspektrometer, sodass zur quantitativen Massenspektrometrie ein interner Standard verwendet werden muss. Dazu werden am besten isotopenmarkierte Moleküle der zu bestimmenden Verbindung benutzt.

Wegen der schlechten Reproduzierbarkeit einer MS-Analyse muss bei quantitativen Bestimmungen mit internen Standards gearbeitet werden

Dies kann am Beispiel der Bestimmung von Spuren von Benzol in einer Trinkwasserprobe veranschaulicht werden: Als erstes wird der Probe eine genau abgewogene Menge von deuteriertem Benzol (alle sechs Wasserstoffatome durch Deuterium ersetzt) zugesetzt (z. B. 0,01 mg). Die nachfolgende Isolierung des Benzols aus der Probe muss nicht sorgfältig durchgeführt werden, da das deuterierte Benzol praktisch die identischen chemischen Eigenschaften hat wie das undeuterierte. Es wird deshalb bei der Aufarbeitung anteilmäßig immer gleich viel Benzol und Standard gewonnen. Wenn von der aufgearbeiteten Probe ein Massenspektrum registriert wird, enthält dieses neben dem Benzol-Molekülpeak (bei $m/z = 78$) noch den des isotopenmarkierten Benzols (bei $m/z = 84$).

Die Intensität des Peaks bei 84 u entspricht dann genau 0,01 mg in der ursprünglichen Probe, sodass durch Vergleich der Intensitäten der Molpeaks der Gehalt an Benzol leicht berechnet werden kann.

Eine weitere Vereinfachung der Methode ergibt sich, wenn die Bestimmung mit einer GC-MS-Kopplung durchgeführt wird. Weil dann die Trennung in der GC-Säule stattfindet, kann auf eine Isolierung des Benzols verzichtet werden kann. Die isotopenmarkierten Verbindungen haben praktisch identische Retentionszeiten, sodass das Massenspektrum des Benzolpeaks des Chromatogrammes Analyse und Standard enthält.

Die Vorgehensweise mit isotopenmarkierten Standards und GC-MS-Kopplung erlaubt Routineanalysen, bei denen innerhalb weniger als einer Stunde Probenkonzentrationen im Femtogramm-Bereich (10^{-15} g = 0,000 000 000 000 001 g) quantitativ mit einer Genauigkeit von 1 % erfasst werden können.

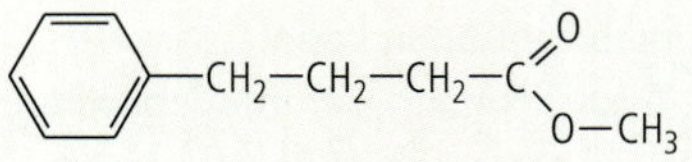

Abb. 13.16 Struktur der Verbindung für Übungsaufgabe 4

13.7 Übungen

1. Welche Kraft erfahren geladene Teilchen im elektrischen und im magnetischen Feld?
2. Wovon hängt der Ablenkradius eines Fragments im Analysator des Massenspektrometers ab?
3. Warum werden in der Massenspektrometrie zunehmend die sog. weichen Ionisierungsmethoden eingesetzt?
4. Welche bevorzugte Fragmentierung ist bei der in Abb. 13.16 dargestellten Verbindung zu erwarten?
5. Bei welchen Massenzahlen *m/z* sind theoretisch im Massenspektrum von p-Bromalkylbenzol Signale zu erwarten und wie sind die relativen Intensitäten?

14 Thermoanalytische Methoden

Die thermoanalytischen Analysenmethoden gehören nicht direkt zur Spektroskopie, sind aber wichtige instrumentelle Verfahren zur Untersuchung und Charakterisierung von Arzneistoffen.

Allen Verfahren gemeinsam ist, dass die Probe unter kontrollierten Bedingungen langsam erhitzt wird, während gleichzeitig Parameter der Probe gemessen werden. Gemessen wird beispielsweise die Masse (Gewicht) der Probe (bei der Thermogravimetrie) oder ihre aktuelle tatsächliche Temperatur (bei der Differenzialthermoanalyse).

Bei der Thermoanalyse wird Gewicht oder Temperatur einer Probe während des Erhitzens gemessen

14.1 Thermogravimetrie

14.1.1 Physikalische Grundlagen

Bei der Thermogravimetrie (TG, oder auch thermogravimetrische Analyse, TGA) wird die Masseänderung einer Probe während des Erhitzens gemessen. Gründe für die Veränderung der Masse können sein:

- Verdampfen oder Sublimieren eines Inhaltsstoffs
- Abspaltung von Kristallwasser
- Zersetzung mit Entweichen gasförmiger Zerfallsprodukte
- Ablauf chemischer Reaktionen zwischen Inhaltsstoffen mit Entstehung gasförmiger Produkte
- Oxidation der Probe durch Reaktion mit dem Luftsauerstoff. Dabei können entweder Verbrennungsgase entweichen oder Sauerstoff gebunden werden.

Die meisten der möglichen Prozesse führen zu einer Verringerung der Masse. Nur durch Reaktion mit der Umgebungsluft, oder einem anderen Gas, kann die Masse auch zunehmen.

Meist nimmt das Gewicht einer Probe während des Erhitzens ab

Um Oxidation zu vermeiden, wird die TGA deshalb häufig auch unter Schutzgasatmosphäre durchgeführt.

Merke

In der Thermogravimetrie wird die Gewichtsveränderung einer Probe bei Temperaturerhöhung gemessen.

Wichtige erfasste Effekte sind:

- Entweichen von Kristallwasser
- Zersetzung von Inhaltsstoffen
- Verdampfung und Sublimation von Inhaltstoffen oder Zersetzungsprodukten
- Oxidation von Inhaltsstoffen, wenn die Analyse an Luft ausgeführt wird.

Der Stoffumsatz bei diesen Prozessen kann aus der Massenänderung direkt berechnet werden (z. B. Berechnung des ursprünglichen Kristallwassergehalts der Probe).

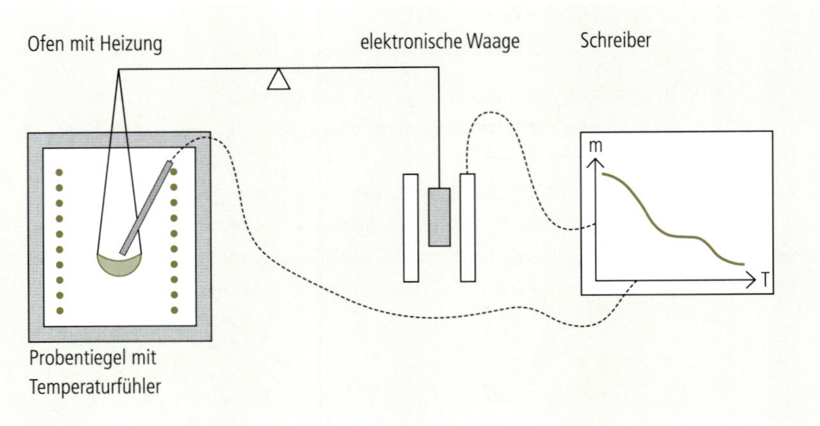

Abb. 14.1 Schematischer Aufbau eines Thermogravimeters

Temperaturbereich

Meist startet man eine TGA bei Raumtemperatur und heizt langsam bis auf mehrere hundert Grad Celsius oder bis zu 1500 °C auf, bis alle möglichen Abspaltungs- und Zerfallsreaktionen abgelaufen sind.

Nicht selten hat am Ende der Untersuchung die Masse der Probe drastisch abgenommen oder die Probe ist vollständig verdampft (der Tiegel ist leer oder enthält nur noch Substanzreste).

14.1.2 Geräteaufbau

Der Tiegel für die Probe besteht aus einem hitzebeständigen und chemisch inerten Material (z. B. Platin). Er wird in einem Ofen an eine empfindliche elektronische Waage gekoppelt, die das aktuelle Gewicht an die Steuerung übermittelt.

Ein Temperaturfühler misst die Temperatur im Tiegel und liefert diese ebenfalls an die Steuerung (Abb. 14.1).

Temperaturprogramm

Zur Temperaturerhöhung wird ein Temperaturprogramm verwendet, das im einfachsten Fall die Temperatur langsam und linear vom Ausgangs- bis zum Endwert erhöht. Es sind aber auch andere Temperaturprogramme möglich. So kann beispielsweise die Temperatur in bestimmten Bereichen langsamer oder schneller gesteigert werden, oder eine bestimmte Temperatur wird gehalten, bis eine Reaktion beendet ist.

Das Temperaturprogramm hat einen Einfluss auf das Ergebnis. Bei zu schneller Steigerung der Temperatur wird das Thermogravigramm verfälscht und ungenau, da die Temperatur u. U. schon weiter steigt, bevor eine Reaktion abgeschlossen ist.

Schutzgas

TG-Analysen können in normaler Luft oder unter Schutzgas durchgeführt werden. An Luft besteht die Möglichkeit zur Oxidation.

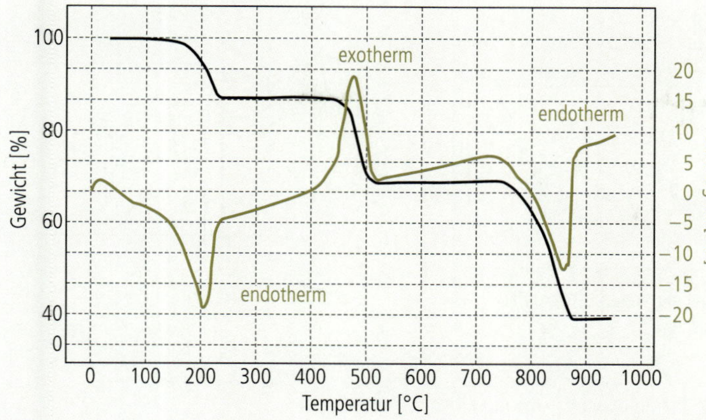

○ Abb. 14.2 TGA und DTA von Calciumoxalat ($CaC_2O_4 \cdot H_2O$) im Bereich von Raumtemperatur bis 900 °C

Beispiel 14.1.3

○ Abb. 14.2 zeigt das TGA von Calciumoxalat. Zu sehen sind drei Stufen der Gewichtsabnahme:

- Die erste Stufe entspricht der Abspaltung von Kristallwasser, das ab ca. 100 °C die Probe verlässt und verdampft. Aus der Größe der Massenabnahme kann abgelesen werden, dass genau 1 Äquivalent H_2O die Probe verlässt.
- $CaC_2O_4 \cdot H_2O \rightarrow CaC_2O_4 + H_2O$
- Die zweite Stufe bei ca. 420 °C zeigt die Abspaltung von CO, das wieder entweicht. Die Höhe der Stufe entspricht fast genau einem Äquivalent CO:
- $CaC_2O_4 \rightarrow CaCO_3 + CO$
- Die dritte Stufe bei ca. 680 °C protokolliert eine weitere Abspaltung eines Äquivalents CO_2. Am Ende der Untersuchung befindet sich Calciumoxid im Tiegel:
- $CaCO_3 \rightarrow CaO + CO_2$

Differenzialthermoanalyse 14.2

Physikalische Grundlagen 14.2.1

Die Differenzialthermoanalyse (DTA) gehört wie die Thermogravimetrie zu den Methoden der thermischen Analyse. Im Unterschied werden hier nicht die Massenveränderungen, sondern der Energieumsatz von chemischen Reaktionen oder physikalischen Effekten bestimmt, die sich während des Aufheizens abspielen.

Viele Effekte, die in der TGA sichtbar sind, geben sich in einer DTA ebenfalls zu erkennen. Es gibt aber auch Unterschiede:

- das Verdampfen oder Sublimieren eines Inhaltsstoffs sind endotherm,
- die Abspaltung von Kristallwasser ist endotherm,
- die Zersetzung der Probe kann exotherm oder endotherm sein,

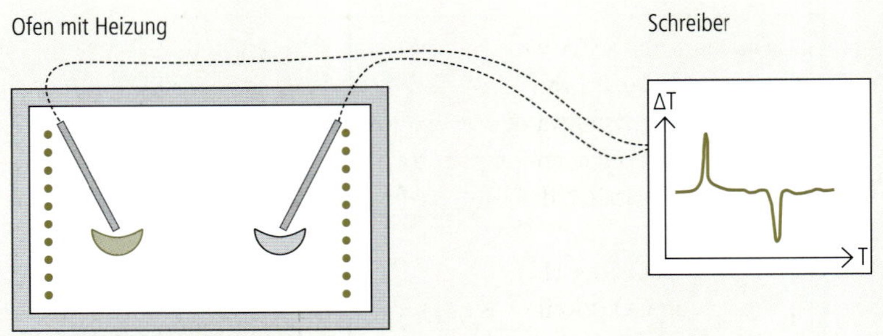

Abb. 14.3 Schematischer Aufbau eines DTA-Gerätes

- der Ablauf chemischer Reaktionen zwischen Inhaltsstoffen kann exotherm oder endotherm sein,
- die Oxidation der Probe durch Reaktion mit dem Luftsauerstoff ist exotherm.

Die folgenden Effekte führen nicht zu einer Veränderung der Masse und können deshalb nur in der DTA, aber nicht mit einer thermogravimetrischen Analyse erfasst werden:
- Schmelzen eines Inhaltsstoffs (endotherm),
- Phasenübergänge polymorpher Substanzen (exotherm oder endotherm).

Bei der DTA können alle Effekte erfasst werden, die mit einem Wärmeumsatz verbunden sind

Mit einer DTA können mehr Effekte beobachtet werden als mit einer TGA. Außerdem kann zusätzlich bestimmt werden, ob die Vorgänge exo- oder endotherm sind. Allerdings lässt die DTA keine Aussagen darüber zu, wie groß der Stoffumsatz jeweils ist. Deshalb ergänzen sich beide Methoden sehr gut.

14.2.2 Geräteaufbau

Abb. 14.3. Für die Differenzialthermoanalyse muss die Temperatur der Probe laufend mit der Temperatur einer Referenz verglichen werden. Beide werden im Ofen gleichermaßen erhitzt und ein Schreiber registriert nur die Temperaturdifferenz in Abhängigkeit der Ofentemperatur.

Merke
- Die DTA (Differenzialthermoanalyse) ergänzt die TGA (Thermogravimetrie).
- Der Massenumsatz kann nicht erfasst werden.
- Für jede Reaktion kann erkannt werden, ob diese exotherm oder endotherm ist.
- Auch Änderungen der Modifikation oder Schmelzvorgänge werden erfasst (die in einer TGA nicht zu sehen sind).

Beispiel 14.2.3

○ Abb. 14.2 zeigt auch das DTA von Calciumoxalat. Zu sehen sind drei Stufen der Gewichtsabnahme mit der Information, ob diese exotherm oder endotherm sind.

- Die Abspaltung von Kristallwasser, ist erwartungsgemäß endotherm. Erstens ist schon die Abspaltung selbst endotherm; zweitens wird das Wasser auch noch verdampft, sodass zusätzlich die Verdampfungswärme aufgebracht werden muss:
  $CaC_2O_4 \cdot H_2O \rightarrow CaC_2O_4 + H_2O$
- Die Abspaltung von CO (zweite Stufe des TGA) ist überaschenderweise exotherm. Der Grund liegt darin, dass diese Analyse an Luft gemacht wurde. Daher verbrennt das CO sofort weiter zu CO_2. Die dabei entstehende Energie überkompensiert die zur CO-Abspaltung benötigte Energie. Wenn die Analyse unter Schutzgas durchgeführt wird, ist dieser zweite Schritt ebenfalls endotherm.
  Diese nachgelagerte Reaktion konnte mit der gravimetrischen Analyse nicht erfasst werden, da die Gase CO, CO_2 und O_2 von der Waage nicht erfasst werden.
  $CaC_2O_4 \rightarrow CaCO_3 + CO$
  $2\,CO + O_2 \rightarrow CO_2$
- Die Kohlendioxid-Abspaltung (dritte Stufe) ist wieder wie erwartet endotherm:
  $CaCO_3 \rightarrow CaO + CO_2$

Thermoanalytische Methoden in der pharmazeutischen Analytik 14.2.4

Thermogravigramme und Differenzialthermogramme sind sehr typisch für viele Arzneistoffe sowie für galenische Formulierungen, da sowohl die Inhaltsstoffe charakteristische TGAs zeigen, als auch z. B. Zusatzstoffe.

Insbesondere in der Kombination aus beiden Methoden können Arzneistoffe, Formulierungen oder Zusatzstoffe mit relativ wenig apparativem Aufwand identifiziert werden.

Bestimmungen an Arzneistoffen

Folgende Untersuchen werden routinemäßig mit thermoanalytischen Methoden durchgeführt:

- **Bestimmung von Kristallwasser:** Mit der Thermogravimetrie kann exakt bestimmt werden, wie viel Kristallwasser bei welcher Temperatur die Probe verlässt.
- **Untersuchung von Reaktionsmechanismen** nicht-isothermer Prozesse: Die DTA detektiert jede chemische Reaktion, weil damit immer auch ein Wärmeumsatz verbunden ist. Wenn Reaktionsgase entstehen oder gebunden werden, kann eine Reaktion auch mit einer TGA untersucht werden.
- **Aufstellung von Phasendiagrammen:** Phasenumwandlungen sind immer mit Energieumsatz verbunden. Deshalb können sie in einer DTA untersucht werden.

Thermogravimetrie ist eine einfache Methode zur Bestimmung des Kristallwassers einer Probe

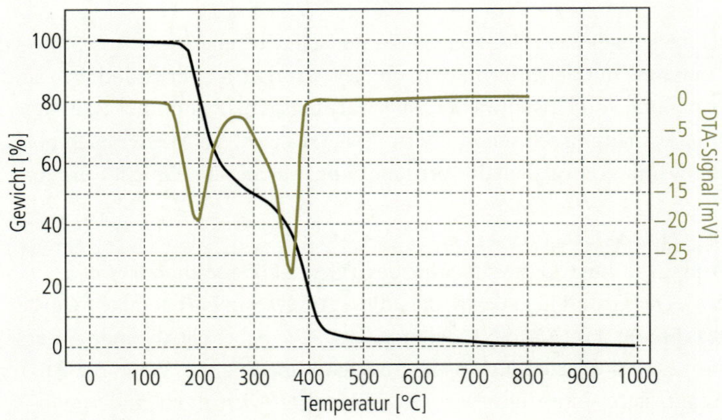

Abb. 14.4 TGA und DTA von Acetylsalicylsäure

- **Untersuchungen zur Kristallinität von Polymeren:** Polymere verändern ihre Struktur in Abhängigkeit von der Temperatur. Dies führt auch zu exothermen oder endothermen Phasenübergängen.
- **Bestimmung von Enthalpien** u. a. thermochemischen Daten: Wenn die Temperaturveränderungen sehr exakt gemessen werden und die Wärmekapazität von Probe und Gefäß bekannt ist (z. B. in einem Mikrokalorimeter), dann können auch z. B. Reaktionsenthalpien quantitativ mit einer DTA bestimmt werden.

Beispiel

Abb. 14.4 zeigt u. a. das TGA und das DTA von Acetylsalicylsäure (Aspirin®). Es ist nicht ganz so einfach zu interpretieren. Die erste Stufe zeigt bereits eine Massenabnahme von fast 50 %. Dies ist mit einer zu erwartenden Abspaltung von Essigsäure alleine nicht zu erklären. Es müssen bereits weitere Zerfallsreaktionen stattfinden. Nach einer Temperaturerhöhung auf über 600 °C bleibt fast nichts mehr übrig; d. h. der Probentiegel ist leer.

14.3 Übungen

Analysieren Sie das TGA von Aspirin.

1. Wie groß ist der Masseverlust der ersten Stufe bei ca. 190 °C?
2. Welche Molekülfragmente könnten für diesen Massenverlust verantwortlich sein?
3. Mit welcher spektroskopischen Methode könnten Sie den Rückstand, der nach der ersten Massenverringerung anfällt, untersuchen, um dessen Struktur aufzuklären?
4. Warum ist der Tiegel nach Beendigung der Analyse leer. Wo ist die Probe?

Teil 2: Chromatographische Methoden

15 Grundlagen der Chromatographie

15.1 Einführung

Trennung durch unterschiedliche Verweildauer in stationärer Phase

Die Auftrennung von Stoffgemischen und die Quantifizierung der einzelnen Stoffe ist häufig Voraussetzung für die Charakterisierung, Identifizierung und Qualitätskontrolle von Arzneistoffen. Als chromatographische Methoden werden Verfahren bezeichnet, bei denen eine stationäre und eine mobile Phase zur Auftrennung von Substanzen verwendet werden, wobei die Auftrennung auf einer unterschiedlichen Verweildauer der Analyten in der stationären und mobilen Phase beruht.

Definition

Unter einem Analyten versteht man die zu trennenden Substanzen.

15.1.1 Mobile Phase – stationäre Phase

Übergang zwischen mobiler und stationärer Phase

Die mobile Phase dient zum Transport der Probenkomponenten (Analyten) entlang der stationären Phase. Dabei erfolgt ein ständiger Übergang der Probenkomponenten von der mobilen zur stationären Phase und umgekehrt. Voraussetzung dafür ist, dass beide Phasen nicht miteinander mischbar sind. Je größer die Wechselwirkung einer Substanz mit der stationären Phase ist, desto langsamer erfolgt der Transport der Verbindung. Da sich die verschiedenen Probenbestandteile häufig in ihren physikalisch-chemischen Eigenschaften (Polarität, Ladung, Größe) unterscheiden, besitzen sie in der Regel unterschiedliche Affinitäten zur stationären Phase und werden verschieden schnell an ihr entlang transportiert (○ Abb. 15.1). Mobile Phasen können gasförmig oder flüssig sein, währen stationäre Phasen Feststoffe oder Flüssigkeiten darstellen können (□ Tab. 15.1).

Merke

Feste stationäre Phasen werden auch als **Sorbenzien**, flüssige als **Trennflüssigkeiten** bezeichnet. Für eine flüssige mobile Phase wird häufig auch der Begriff **Eluent** oder **Elutionsmittel** verwendet.

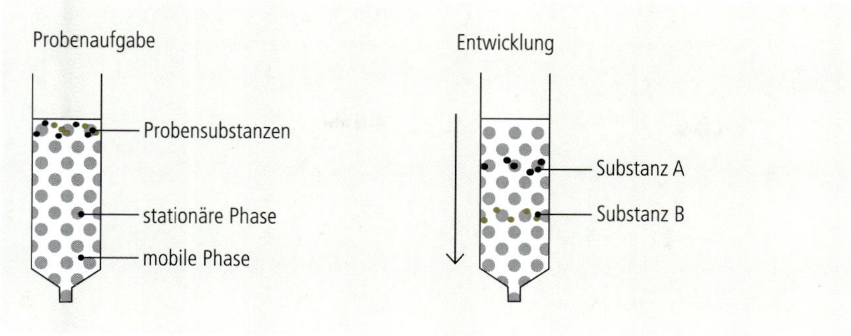

Abb. 15.1 Prinzip der chromatographischen Trennung

Tab. 15.1 Aggregatzustände mobiler und stationärer Phasen bei den verschiedenen chromatographischen Verfahren

Mobile Phase	Stationäre Phase	Verfahren
Gasförmig	Fest	Gaschromatographie
Gasförmig	Flüssig	Gaschromatographie
Flüssig	Fest	Säulenchromatographie
		Dünnschichtchromatographie
Flüssig	Flüssig	Papierchromatographie

Chromatographische Verfahren 15.1.2

Chromatographische Verfahren lassen sich je nach Ausführungstechnik einteilen:

- **Säulenchromatographie (SC).** Die stationäre Phase wird in eine Glas-, Kunststoff- oder Metallsäule gepackt und von der flüssigen mobilen Phase durchströmt.
- **Gaschromatographie (GC).** Hierbei handelt es sich strenggenommen ebenfalls um ein säulenchromatographisches Verfahren. Es wird eine gasförmige mobile Phase verwendet. Dies erfordert jedoch andere apparative Voraussetzungen als bei der konventionellen Säulenchromatographie mit flüssigen mobilen Phasen, sodass die Gaschromatographie als eigenständiges Verfahren behandelt wird.
- **Dünnschicht- und Papierchromatographie.** Bei der Dünnschichtchromatographie (DC) besteht die stationäre Phase aus einer dünnen Schicht, die auf einen Träger (z. B. Glasplatte oder Aluminiumfolie) aufgebracht ist. Bei der Papierchromatographie (PC) werden dünne Papierschichten als stationäre Phase verwendet. Es wird im Gegensatz zur Dünnschichtchromatographie kein gesonderter Träger benötigt.

15

Trennmechanismen 15.1.3

Wie bereits oben erwähnt, beruht die chromatographische Trennung auf dem unterschiedlichen Verhalten der einzelnen Probekomponenten bei Übergängen zwischen mobiler und stationärer Phase. In Tab. 15.2 sind die wichtigsten Trennme-

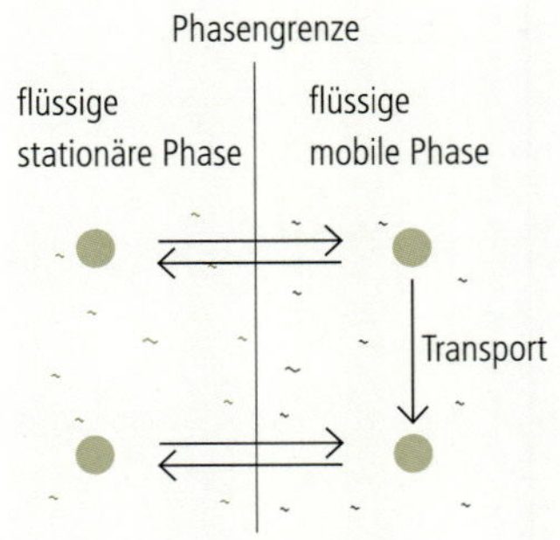

Abb. 15.2 Verteilungsvorgänge bei der chromatographischen Trennung

Tab. 15.2 Trennmechanismen bei chromatographischen Verfahren

Trennmechanismen	Chromatographische Verfahren
Verteilungsvorgänge	DC, SC, GC
Adsorptionsvorgänge	DC, SC, GC
Ionische Wechselwirkungen	DC, SC
Größenausschlussvorgänge	SC, GC

Verschiedene Trennmechanismen

chanismen und die jeweils häufig verwendete Ausführungstechnik (Dünnschichtchromatographie (DC), Säulenchromatographie (SC), Gaschromatographie (GC)) zusammengefasst.

Verteilungsvorgänge

Verteilung zwischen stationärer und mobiler Phase

Bei flüssiger mobiler und flüssiger stationärer Phase erfolgt die Trennung anhand der unterschiedlichen Löslichkeit der Probenkomponenten in mobiler und stationärer Phase. Zwischen mobiler und stationärer Phase stellt sich ein Verteilungsgleichgewicht ein (Verteilungschromatographie). Somit ist die Geschwindigkeit, mit der eine Substanz entlang einer Trennstrecke transportiert wird, vom Verteilungsverhalten der Substanz zwischen der stationären und der mobilen Phase abhängig. Je stärker das Verteilungsgleichgewicht auf Seiten der stationären Phase liegt, desto langsamer wird die Substanz durch das Säulenbett transportiert (Abb. 15.2).

Ein typischer Vertreter der Verteilungschromatographie ist die Papierchromatographie. Hier kommt es zu Verteilungsvorgängen zwischen der flüssigen mobilen Phase und dem Wasserfilm auf der Celluloseoberfläche.

Adsorptionsvorgänge

Prinzip der Adsorption

Unter Adsorption versteht man die (meist reversible) Bindung eines Stoffes an die Oberfläche eines anderen Stoffes. Dabei kommt es zum einen zu Wechselwirkungen von polaren Oberflächenstrukturen der stationären Phase mit den polaren Gruppen einer Verbindung, zum andern können Wechselwirkungen von lipophilen Oberflächenstrukturen der stationären Phase mit lipophilen Gruppen eines Stoffes vorliegen. Das Bindungsvermögen einer stationären Phase wird als **Aktivität** bezeichnet.

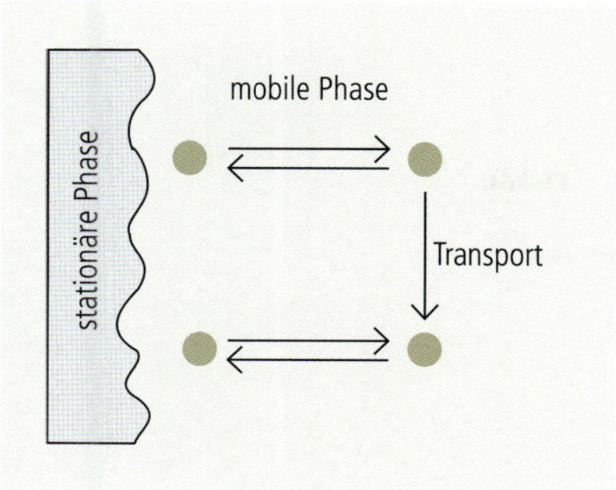

○ **Abb. 15.3** Adsorptionsvorgänge bei der chromatographischen Trennung

Beruht die chromatographische Trennung v. a. auf Adsorptionsvorgängen, so hängt die Geschwindigkeit, mit der eine Substanz entlang der Säule transportiert wird, vorwiegend von zwei Faktoren ab: Der Affinität der Substanz zur stationären Phase und der Fähigkeit des Fließmittels, eine Substanz von den Bindungsstellen der stationären Phase zu verdrängen (○ Abb. 15.3).

Adsorptionsvorgänge spielen bei dünnschichtchromatographischen Trennungen mit Kieselgel- oder Aluminiumoxidplatten eine wichtige Rolle.

Ionische Wechselwirkungen

Substanzen mit ionischem Charakter interagieren mit geladenen Oberflächenstrukturen der stationären Phase (Ionenaustauschchromatographie). Dabei binden positiv geladene Moleküle an negativ geladene Strukturen an der Oberfläche der stationären Phase und umgekehrt. Ionenaustauschvorgänge werden z. B. zur Trennung von Kationen oder Anionen an Kationen- bzw. Anionenaustauschern genutzt.

Ionische Wechselwirkungen

Ausschlussvorgänge

Aufgrund der Molekülgröße können Komponenten eines Gemisches von einem Teil der stationären Phase ausgeschlossen werden. Die Ausschlusschromatographie wird häufig zur Trennung von Peptiden, Proteinen oder DNA unterschiedlicher Molekülgröße benutzt. Als stationäre Phase dienen Gele mit definierter Porengröße, bei denen Moleküle ab einer bestimmten Größe vom Porenvolumen ausgeschlossen werden.

> **Merke**
> Chromatographische Trennungen können u. a. auf Verteilungsvorgängen, Adsorptionsvorgängen, ionischen Wechselwirkungen oder Größenausschluss beruhen.

15.1.4 Praktische Durchführung

Ausgehend von der *praktischen* Durchführung lassen sich chromatographische Systeme einteilen in:
- Säulenchromatographische Methoden z. B. Gaschromatographie, Hochdruckflüssigkeitschromatographie (HPLC),
- Methoden, bei denen die stationäre Phase als dünne Schicht vorliegt z. B. Dünnschichtchromatographie.

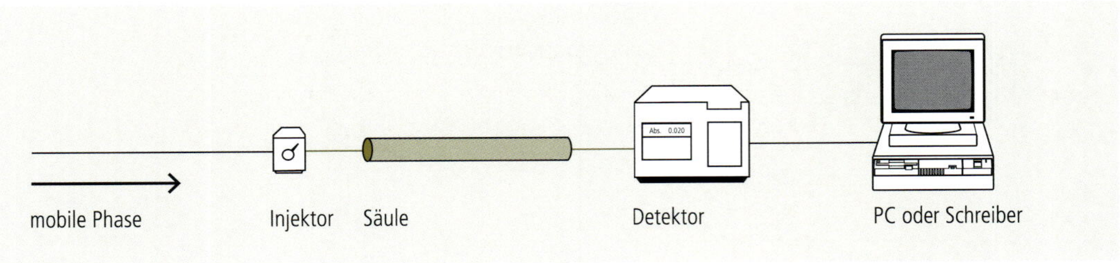

Abb. 15.4 Aufbau einer Säulenchromatographie

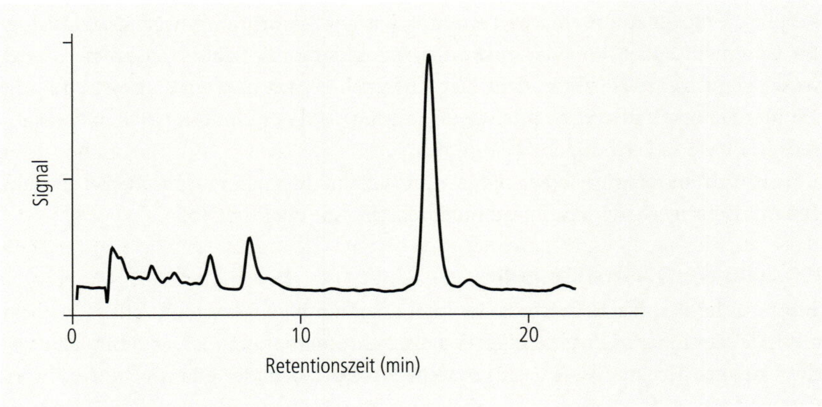

Abb. 15.5 Chromatogramm

Abb. 15.4 zeigt den typischen Geräteaufbau eines säulenchromatographischen Verfahrens. Die Probe wird nach der Probenaufgabe durch die mobile Phase vom Injektor zur Säule transportiert. Je größer die Affinität einer Probensubstanz zur stationären Phase ist, desto langsamer wandert die Verbindung durch das Säulenbett. Der Zeitpunkt des Austritts der Substanz aus dem Säulenbett wird durch den Detektor registriert, der sein Signal an einen Schreiber weitergibt. Mit dem Schreiber wird somit das Detektorsignal in Abhängigkeit von der Zeit registriert, die seit der Injektion der Substanz vergangen ist. Das so erhaltene Ergebnis einer chromatographischen Trennung wird als **Chromatogramm** bezeichnet. Substanzen, die vom Detektor registriert werden, bewirken einen Ausschlag des Schreibers. Aufgrund des kontinuierlichen Flusses der mobilen Phase hält sich eine Substanz nur kurz im Detektor auf und erscheint somit als Peak im Chromatogramm (Abb. 15.5).

Äußeres Chromatogramm

Inneres Chromatogramm

Bei einer säulenchromatographischen Methode müssen alle Substanzen dieselbe Wegstrecke zwischen Injektor und Detektor zurücklegen. Dabei wird die Zeit erfasst, die eine Substanz benötigt, um diese Wegstrecke zurückzulegen. Das Ergebnis dieses Registrierungsprinzips wird als **äußeres Chromatogramm** bezeichnet. Ein **inneres Chromatogramm** erhält man dagegen bei der Dünnschicht- und Papierchromatographie. Bei diesen chromatographischen Methoden wird die Strecke erfasst, welche die Substanzen nach einer *bestimmten* Zeit zurückgelegt haben. Die Substanzen befinden sich nach erfolgter Trennung zwischen der Auftragestelle und der Fließmittelfront.

Merke
Das Ergebnis einer chromatographischen Trennung wird als **Chromatogramm** bezeichnet. Dabei wird das Signal (Y-Achse) gegen die Retentionszeit (äußeres Chromatogramm) oder gegen die Laufstrecke (inneres Chromatogramm) aufgetragen.

Das chromatographische System 15.2

Ein chromatographisches System besteht, wie bereits oben ausgeführt, aus einer mobilen Phase und einer stationären Phase. Die Geschwindigkeit, mit der eine Substanz entlang der Säule transportiert wird, hängt von der Aufenthaltsdauer der Verbindung in der mobilen und der stationären Phase ab. Die Aufenthaltsdauer in den beiden Phasen ist wiederum von den chemisch-physikalischen Eigenschaften der Probe und der stationären bzw. mobilen Phase abhängig. In der Praxis bedeutet dies, dass das Fließmittel auf die Eigenschaften der zu trennenden Komponenten und auf die stationäre Phase abgestimmt werden muss. Beispiel: Um bei der Adsorptionschromatographie eine polare Substanz an einer stationären Phase mit polarer Oberfläche eluieren zu können, muss die mobile Phase in der Lage sein, um die Bindungsstellen an der stationären Phase zu konkurrieren. Das bedeutet, dass die Polarität der mobilen Phase in einem bestimmten Bereich liegen muss. Ist die Polarität der mobilen Phase zu gering, wird die Substanz nicht eluiert. Andererseits wird die Substanz mit der Fließmittelfront eluiert, wenn eine mobile Phase mit zu hoher Polarität verwendet wird.

Zusammenspiel stationäre und mobile Phase

Die chromatographische Trennung 15.2.1

Die chromatographische Trennung beruht auf einem ständigen Übergang der Substanzen zwischen mobiler und stationärer Phase. Dieser Phasenübergang dient der Einstellung des Gleichgewichts zwischen der Substanzkonzentration in mobiler und stationärer Phase. Diese Gleichgewichtseinstellung wird aber durch die Wanderung des Fließmittels immer wieder gestört. Die Trennstrecke in einer Chromatographiesäule lässt sich daher in zahlreiche kleine Transportetappen bzw. **theoretische Trennstufen** unterteilen, wobei nach jeder Etappe eine Gleichgewichtseinstellung zwischen mobiler und stationärer Phase erfolgt.

Phasenübergang Analyt

Trennleistung

Den Trennvorgang an einer Säule kann man sich als Aufeinanderfolge zahlreicher Übergänge zwischen mobiler und stationärer Phase (z. B. Verteilungs- oder Adsorptionsvorgänge) vorstellen, wobei die Trennleistung einer Säule oder DC-Platte von der Anzahl dieser theoretischen Trennstufen abhängt.

Theoretische Trennstufe

Dies lässt sich anhand eines einfachen Ausschüttelvorgangs erläutern: Eine wässrige Lösung enthält zwei Stoffe A und B. Stoff B soll mit einem organischen Lösungsmittel aus der wässrigen Lösung ausgeschüttelt werden. Stoff A löst sich im organischen Lösungsmittel praktisch überhaupt nicht, Stoff B verteilt sich zwischen organischer und wässriger Phase im Verhältnis 9:1. Wird mit gleichen Volumina von wässriger und organischer Phase einmal ausgeschüttelt, so befinden sich 90 % von Stoff B in der organischen Phase. Wird der Ausschüttelvorgang mit frischem Lösungsmittel wiederholt, so sind insgesamt 99 % von Stoff B in der organischen Phase, nach 3 Ausschüttelvorgängen sind es 99,9 %. Der Grad der Auftrennung der beiden Substanzen ist also umso besser, je mehr Verteilungsvorgänge stattfinden. Überträgt man dieses Prinzip auf die Chromatographie, so lässt sich verallgemeinern:

Merke

Die Trennleistung einer Säule ist umso größer, desto mehr theoretische Trennstufen eine Säule besitzt.

Die Trennstufenzahl bzw. die Trennleistung einer Säule wird wesentlich von der Säulenlänge, der Partikelgröße, der Packungsdichte und den Oberflächeneigenschaften (z. B. Porengrößenverteilung) der stationären Phase beeinflusst. Je länger die Säule, je kleiner und gleichmäßiger die Partikelgröße der stationären Phase ist, desto höher ist die Trennleistung.

Verteilungsverhalten

Phasenverteilung Analyt

Neben der Anzahl der theoretischen Trennstufen ist das Verteilungsverhalten der Substanzen zwischen mobiler und stationärer Phase wichtig. Zwei Substanzen, die ein ähnliches Verteilungsverhalten besitzen, sind schwieriger zu trennen als Substanzen, die sich in dieser Hinsicht stark unterscheiden. Das Verteilungsverhalten einer Substanz lässt sich durch den Verteilungskoeffizienten *k* (Arzneibuchtext: Gleichgewichts-Verteilungskoeffizient K_C) charakterisieren, welcher dem Verhältnis der Substanzkonzentration in der stationären Phase c_s und in der mobilen Phase c_m entspricht.

Verteilungskoeffizient *k*

$$k = \frac{c_s}{c_m}$$

Kapazitätsfaktor *k'*

Gehen in die Berechnungen auch die Volumina (V_s, V_m) der beiden Phasen ein, so wird die Größe als Verteilungszahl, Retentionsfaktor, Kapazitätsfaktor oder als Mengenverhältnis *k'* (Arzneibuch: Massenverteilungsverhältnis D_m) bezeichnet.

$$k' = \frac{c_s \cdot V_s}{c_m \cdot V_m}$$

Der Verteilungskoeffizient bzw. die Verteilungszahl sind stoffspezifische Größen, die jedoch nur in einem bestimmten Konzentrationsbereich einer Substanz eine Konstante darstellen (s. u.). Gleiches gilt für chromatographische Trennungen, die auf Adsorptionsvorgängen beruhen und durch den entsprechenden Adsorptionskoeffizienten charakterisiert werden.

Adsorptionsisotherme

Bei Adsorptionsvorgängen lässt sich das Verhältnis der Substanzkonzentrationen in mobiler und stationärer Phase grafisch wiedergeben (○ Abb. 15.6).

Dabei wird die Konzentration einer Substanz in der stationären Phase (d. h. der adsorbierte Anteil) gegen die Konzentration in der mobilen Phase aufgetragen. Die so erhaltene Gerade bzw. Kurve wird als **Adsorptionsisotherme**, bei Verteilungsvorgängen als **Verteilungsisotherme** bezeichnet. Im linearen Bereich stellt das Verhältnis c_s/c_m eine Konstante dar, deren Wert von den Eigenschaften des Stoffes, der

Verteilung und Temperatur

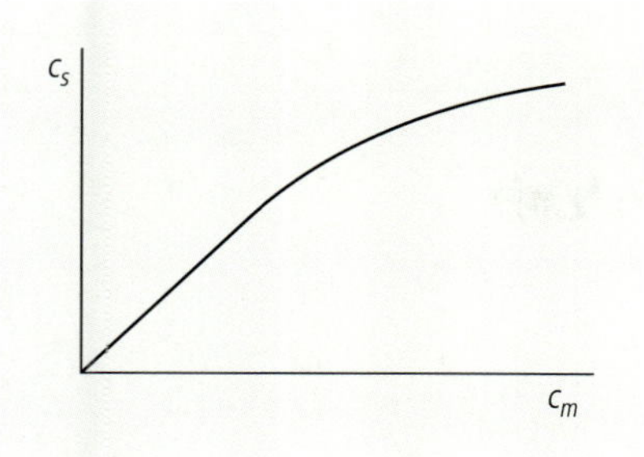

○ **Abb. 15.6** Adsorptionsisotherme. c_s = Gleichgewichtskonzentration von Stoff A in der stationären Phase, c_m = Gleichgewichtskonzentration von Stoff A in der mobilen Phase

mobilen Phase und der stationären Phase abhängt. Die Steigung der Kurve ist ein Maß für das Verteilungsverhalten bzw. Adsorptionsverhalten einer Substanz und zum Adsorptionskoeffizienten proportional. Je größer die Steigung ist, desto besser wird die Substanz von der stationären Phase festgehalten. ○ Abb. 15.7 zeigt die Adsorptionsisotherme der Verbindungen A und B. Wie man aus den beiden Adsorptionsisothermen ablesen kann, wird Stoff A stärker an die stationäre Phase gebunden. Die Wanderungsgeschwindigkeit von Stoff A ist daher geringer, er wird auf der DC-Platte nicht so weit transportiert wie Stoff B. Der gekrümmte Teil der Adsorptionsisotherme (○ Abb. 15.6) entspricht dem Sättigungsbereich. Hier ist die Adsorptionsfähigkeit der stationären Phase erschöpft, die Säule wird überladen. Außer von den oben genannten Parametern ist der Adsorptionskoeffizient einer Substanz daher in diesem Bereich noch von der aufgetragenen Substanzmenge abhängig.

Temperaturabhängigkeit

Das Verhältnis von c_s zu c_m, bzw. der Adsorptionskoeffizient ist **temperaturabhängig**, weil die Adsorption eines Stoffes an die Oberfläche der stationären Phase mit zunehmender Temperatur abnimmt. Die Steigerung der Wanderungsgeschwindigkeit von Substanzen mit der Temperaturzunahme lässt sich bei verschiedenen chromatographischen Techniken ausnutzen (z. B. Temperaturgradient bei der GC ▶ Kap. 19.5.2 oder HPLC ▶ Kap. 18.2.2).

Merke
Die Adsorption eines Stoffes an die Oberfläche der stationären Phase nimmt mit zunehmender Temperatur ab.

Selektivität

Aus ○ Abb. 15.7 wird deutlich, dass die Trennung von zwei Substanzen umso besser ist, je unterschiedlicher die Verteilungs- oder Adsorptionskoeffizienten der Stoffe A und B sind. Der Unterschied in den k'-Werten von zu trennenden Substanzen hängt wesentlich von der Art der stationären Phase ab. Wird eine stationäre Phase verwendet, an der die Substanzen stark unterschiedlich festgehalten werden, so erhält man eine gute Trennung. Man spricht von einer hohen **Selektivität** der Trennsäule. Mathematisch lässt sich die Selektivität durch das Verhältnis α der k'-Werte zweier Substanzen A und B beschreiben. Das Verhältnis α wird auch als **Trennfaktor** bezeichnet.

Selektivität einer Trennung

$$\alpha = \frac{k'_A}{k'_B}$$

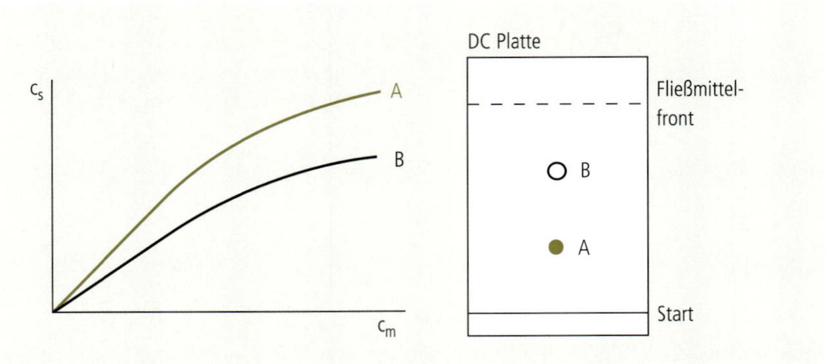

Abb. 15.7 Zusammenhang zwischen der Adsorptionsisothermen und der Wanderungsgeschwindigkeit

Je stärker sich α dem Wert 1 nähert, desto schlechter ist die Selektivität der Säule. Nimmt α den Wert 1 an, so können die beiden Substanzen mit dem gewählten chromatographischen System nicht getrennt werden. Das chromatographische System muss verändert werden, z. B. durch Verwendung einer anderen stationären Phase.

Merke
Die Qualität der Trennung zweier Substanzen hängt von der Trennleistung und der Selektivität der verwendeten Trennsäule ab.

15.2.2 Das chromatographische Resultat

Das Ergebnis einer chromatographischen Trennung wird als Chromatogramm erfasst (▶ Kap. 15.1.4). Bei einer säulenchromatographischen Methode wird der Zeitpunkt erfasst, an dem die Substanzen das Säulenbett verlassen und vom Detektor registriert werden. Es wird also das Detektorsignal in Abhängigkeit von der Zeit registriert, die seit der Injektion der Substanz in das chromatographische System vergangen ist (Abb. 15.8).

Retentionszeit

Retentionszeit als qualitative Aussage

Peakfläche zur Quantifizierung

Die Zeit, bei der eine Substanz die Säule verlässt, d. h. eluiert wird, wird als **Retentionszeit** bezeichnet. Die Retentionszeit kann in Stunden, Minuten oder Sekunden oder bei konstantem Fluss als das Volumen an mobiler Phase angegeben werden, welches für die Elution der Substanz benötigt wurde. Da die Retentionszeit in einem bestimmten chromatographischen System von den Substanzeigenschaften abhängt, erlaubt diese Angabe (mit gewissen Einschränkungen) Aussagen über die Identität eines Stoffes. Dagegen lässt sich die Peakfläche zur Quantifizierung einer Substanz nutzen, da die Höhe des Detektorsignals von der Substanzkonzentration abhängig ist, die sich zu einem bestimmten Zeitpunkt in der Detektormesszelle befindet. Anhand eines Chromatogramms lassen sich daher sowohl **qualitative** als auch **quantitative** Aussagen zu einer Substanz machen.

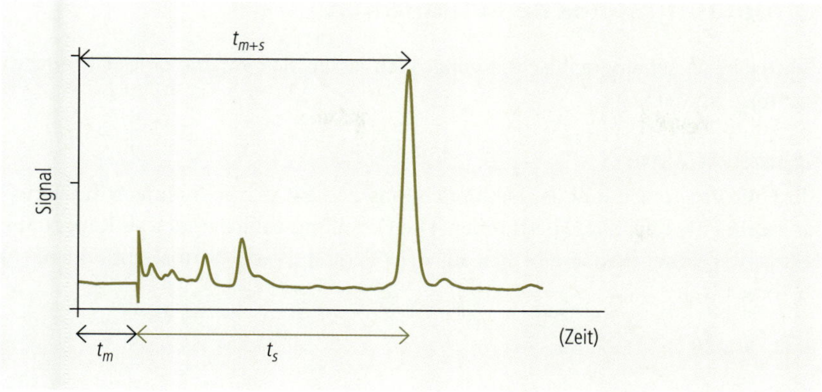

Abb. 15.8 Chromatogramm. t_m = Totzeit, t_s = Nettoretentionszeit, t_{m+s} = Gesamtretentionszeit

> **Merke**
> Die Retentionszeit eines Peaks kann für qualitative Aussagen über eine Substanz herangezogen werden, die Peakfläche liefert quantitative Aussagen.

Die Retentionszeit einer Verbindung hängt von der Aufenthaltsdauer in der stationären Phase ab. Je höher diese Aufenthaltsdauer ist, desto höher ist die Retentionszeit. Am schnellsten werden Substanzen eluiert, die theoretisch überhaupt nicht von der stationären Phase festgehalten werden. Die Zeit, welche für die Elution einer solchen Substanz benötigt wird, entspricht der Aufenthaltsdauer der Substanz in der mobilen Phase, sie wird als **Totzeit** t_m (m steht für **m**obile Phase) oder **Mobile-Phase-Zeit** (t_t) bezeichnet. Sie entspricht somit der Zeit, welche für den Transport einer Substanz vom Injektor bis zum Detektor benötigt wird. Da alle Substanzen dieselbe Wegstrecke zurücklegen müssen, ist die Totzeit (bzw. Mobile-Phase-Zeit) für alle Komponenten einer Analyse gleich. Die Retentionszeit einer Substanz, die von der stationären Phase festgehalten wird und deshalb nach der Totzeit eluiert, wird als **Brutto- oder Gesamtretentionszeit** t_{m+s} bezeichnet, da sich diese Größe aus der Summe der Aufenthaltszeiten in mobiler und stationärer Phase zusammensetzt (Abb. 15.8).

Totzeit

Bruttoretentionszeit

$$t_{m+s} = t_m + t_s$$

Die Differenz von Bruttoretentionszeit und Totzeit ergibt die **Nettoretentionszeit** t_s (s steht für **s**tationäre Phase), welche der Aufenthaltsdauer einer Substanz in der stationären Phase entspricht.

Nettoretentionszeit

> **Merke**
> Die Totzeit entspricht der Aufenthaltsdauer einer Substanz in der mobilen Phase. Die Nettoretentionszeit entspricht der Aufenthaltsdauer einer Substanz in der stationären Phase.

15.2.3 Chromatographische Kenngrößen

Zahlreiche chromatographische Kenngrößen lassen sich anhand eines Chromatogramms ermitteln.

Kapazitätsfaktor

Mit Hilfe der Totzeit und der Nettoretentionszeit lässt sich sehr einfach die Verteilungszahl *k'* (▶ Kap. 15.2.1) bestimmen. Die Verteilungszahl, die auch als **Kapazitätsfaktor** bezeichnet wird, ergibt sich aus dem Verhältnis von Nettoretentionszeit (t_s) zu Totzeit (t_m):

$$k' = \frac{t_s}{t_m}$$

Selektivität

Ein weiterer Parameter, der sich leicht aus einem Chromatogramm ermitteln lässt, ist die **Selektivität** α (▶ Kap. 15.2.1) einer Säule für die Trennung zweier Substanzen A und B. Mit obiger Gleichung ergibt sich:

$$\alpha = \frac{k'_A}{k'_B} = \frac{t_{sA}/t_m}{t_{sB}/t_m} = \frac{t_{sA}}{t_{sB}}$$

Da es sich hierbei um den Quotienten zweier Retentionszeiten handelt, wird α auch als **relative Retention** bezeichnet.

Theoretische Trennstufenzahl

Die Trennleistung einer Säule lässt sich anhand eines Chromatogramms ermitteln. Je höher die Trennleistung einer Säule ist, d. h. je mehr theoretische Trennstufen eine Säule besitzt (▶ Kap. 15.2.1), desto schmaler und höher sind die Peaks im Chromatogramm. Außer von der Trennleistung einer Säule ist die Peakbreite noch von der Retentionszeit abhängig, da eine hohe Retentionszeit zu einer breiteren statistischen Verteilung der Substanz und so zu größeren Peakbreiten führt. Ferner führen Diffusionseffekte in Längsrichtung der Trennrichtung zur Peakverbreiterung. Anhand der Peakbreite und der Gesamtretentionszeit (t_{m+s}) eines Substanzpeaks, der die Form einer Gaußschen Glockenkurve aufweisen sollte, ergibt sich für die Anzahl der theoretischen Trennstufen *n*:

Ermittlung theoretische Trennstufenzahl

$$n = 5{,}54 \cdot \left(\frac{t_{m+s}}{b_{0,5}}\right)^2$$

n: Zahl der theoretischen Trennstufen
t_{m+s}: Gesamtretentionszeit
$b_{0,5}$: Peakbreite in halber Höhe

Die Werte für die Retentionszeit und für die Peakbreite müssen in der gleichen Einheit angegeben werden, d. h. in cm oder min. Das Arzneibuch schreibt die Bestimmung beider Parameter in cm vor (○ Abb. 15.9). Wird statt der Bruttoretentionszeit die Nettoretentionszeit verwendet, so erhält man die effektive Trennstufenzahl. Die Anzahl der theoretischen Trennstufen ist nur dann eine Konstante, wenn ihr Wert

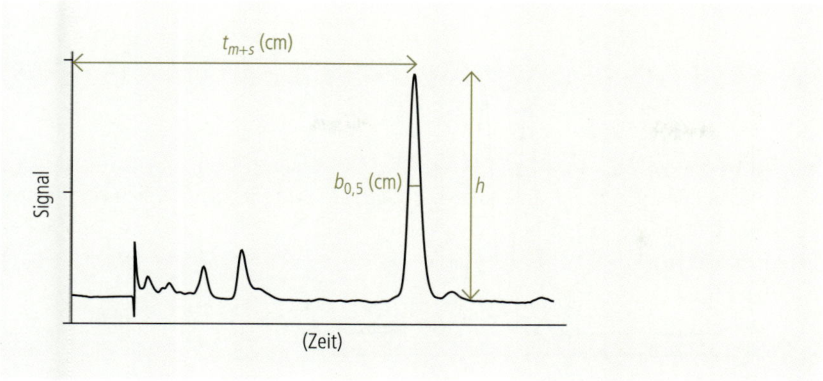

Abb. 15.9 Ermittlung der Trennleistung

nicht von der Retentionszeit bzw. vom Retentionsvolumen abhängt. Dies ist jedoch nur dann der Fall, wenn das Elutionsvolumen sehr viel größer als das Volumen der mobilen Phase innerhalb der chromatographischen Trennstrecke (= Totvolumen) ist. Für die Praxis bedeutet dies, dass die Trennstufenzahl nicht anhand eines Peaks mit sehr kleiner Retentionszeit bestimmt werden sollte. Die Anzahl der theoretischen Trennstufen, welche eine Säule besitzt, hängt von der Teilchengröße, der Korngrößenverteilung, der Oberfläche und der Packungsdichte der stationären Phase ab. Je kleiner die Teilchengröße, je homogener die Korngrößenverteilung und je länger die Säule ist, desto höher ist ihre Trennleistung.

Theoretische Trennstufenhöhe

Der Säulenabschnitt, der für einen abgeschlossenen Verteilungs- oder Adsorptionsvorgang benötigt wird, wird als theoretische Trennstufenhöhe bezeichnet. Die theoretische Trennstufenhöhe *h* (oder HETP = height equivalent to a theoretical plate) ergibt sich aus der Säulenlänge L und der Anzahl der theoretischen Trennstufen *n*:

HETP = L / n
L: Säulenlänge, n: Anzahl der theoretischen Trennstufen

Auflösung

Die Güte der Trennung zweier Peaks *a* und *b* lässt sich durch die chromatographische Auflösung (R_S) beschreiben (Abb. 15.10)

$$R_S = 1{,}18 \frac{(t_{Rb} - t_{Ra})}{b_{0,5a} + b_{0,5b}}$$

$b_{0,5}$: Peakbreite in halber Höhe (in mm)
t_R: Retentionszeit in mm (Abb. 15.5)

Die Werte für die Retentionszeiten und für die Peakbreiten müssen in der gleichen Einheit (z. B. in mm) angegeben werden.

Eine weitere Möglichkeit, die Trennung zweier Peaks zu charakterisieren ist das Peak-Tal-Verhältnis *p/v* (Abb. 15.10). Diese Methode kann als Kriterium zur Ab-

15

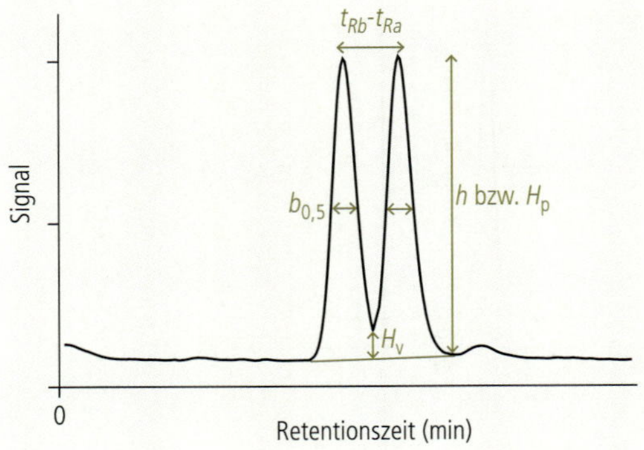

○ Abb. 15.10 Ermittlung der Auflösung zweier Peaks und des Peak-Tal-Verhältnisses

schätzung der Eignung eines chromatographischen Systems z. B. für die Prüfung auf verwandte Substanzen gem. Arzneibuch herangezogen werden, wenn keine Basislinientrennung der Peaks vorliegt.

$$p / v = \frac{H_p}{H_v}$$

H_p = Höhe des kleineren Peaks über der extrapolierten Basislinie
H_v = Höhe des niedrigsten Punkts der Kurve zwischen dem kleineren und dem größeren Peak über der extrapolierten Basislinie

Verbesserung der Auflösung

Verbesserung Substanz-Auftrennung

Wird mit einem chromatographischen System nur eine schlechte Trennung von zwei Peaks erzielt, so gibt es prinzipiell zwei Möglichkeiten, die Auftrennung zu verbessern:

- die Erhöhung der Trennleistung
- die Erhöhung der Selektivität.

Die Auswirkungen dieser Veränderungen auf das Chromatogramm sind in ○ Abb. 15.11 wiedergegeben. Die Erhöhung der Selektivität führt zu größeren Retentionszeitunterschieden, während eine höhere Trennleistung zu geringeren Peakbreiten führt. In beiden Fällen resultiert eine bessere Auftrennung der Peaks. Eine Erhöhung der Trennleistung lässt sich in der Praxis durch Erhöhung der Säulenlänge, Reduktion der Teilchengröße (▶ Kap. 19) oder durch Reduktion der Schichtdicke bei flüssigen stationären Phasen in der Gaschromatographie erreichen. Eine Erhöhung der Selektivität lässt sich ggf. durch Verwendung einer stationären Phase mit anderer chemischer Struktur (▶ Kap. 15.2.1) erzielen.

Peaksymmetrie

Außer einer ungenügenden Trennung zweier Peaks können Peakasymmetrien zu Fehlern führen, wenn die Peakhöhe zur Quantifizierung einer Substanz verwendet

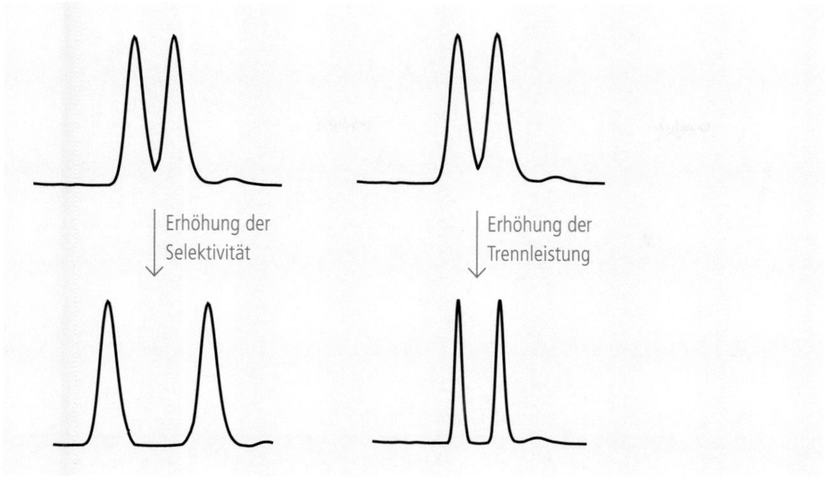

○ Abb. 15.11 Effekte von Änderungen der Selektivität und der Trennleistung auf das Chromatogramm

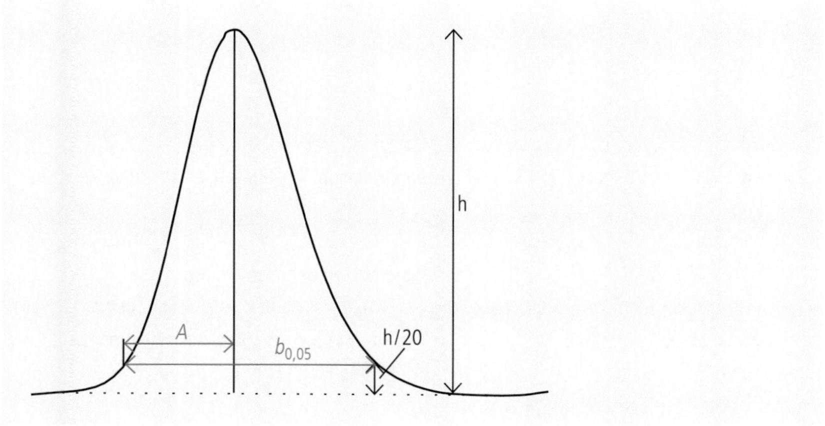

○ Abb. 15.12 Bestimmung des Symmetriefaktors

wird. Das Arzneibuch schreibt vor, dass der Symmetriefaktor A_s zwischen 0,8 und 1,5 liegen muss. Der Symmetriefaktor ergibt sich aus:

$$A_s = \frac{b_{0,05}}{2A}$$

$b_{0,05}$: Peakbreite bei einem 1/20 der Peakhöhe
A: Entfernung zwischen der durch das Maximum des Peaks gezogenen Senkrechten und dem aufsteigenden Kurvenast bei einem Zwanzigstel der Peakhöhe (○ Abb 15.12).

Peaks mit einem sogenannten *tailing* (Schwanzbildung) besitzen Symmetriefaktoren > 1, ein symmetrischer Peak ergibt einen Wert von 1, *heading* führt zu A_s-Werten < 1 (○ Abb. 15.13).

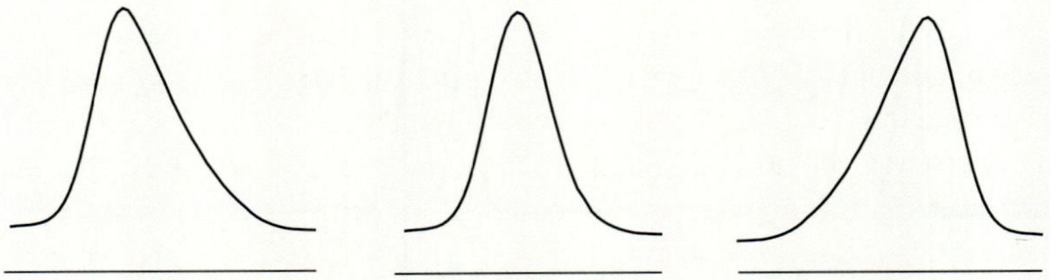

Abb. 15.13 Abweichungen von der Peaksymmetrie

Tab. 15.3 Übersicht über chromatographische Kenngrößen

Abkürzung	Bezeichnung
k	Verteilungskoeffizient
k'	Verteilungszahl, Mengenverhältnis
α	Selektivität, Trennfaktor
t_m	Totzeit oder Mobile-Phase-Zeit
t_s	Nettoretentionszeit
t_{m+s}	Bruttoretentionszeit
n	Theoretische Trennstufenzahl
HETP	Theoretische Trennstufenhöhe
R_s	Chromatographische Auflösung
A_s	Symmetriefaktor
$b_{0,5}$	Peakbreite in halber Höhe

15.3 Methoden zur Quantifizierung in der Chromatographie

Die Peakfläche ist in der Regel proportional zur Konzentration einer Substanz in der Probelösung und kann daher zur Quantifizierung herangezogen werden. Bei symmetrischen Peaks lässt sich die Peakfläche näherungsweise grafisch über das Produkt von Peakhöhe (h) und Peakbreite in halber Höhe ($b_{0,5}$) bestimmen:

$$F = h \cdot b_{0,5}$$

Bei asymmetrischen Peaks führt diese Berechnungsweise zu relativ großen Fehlern, in diesen Fällen lässt sich die Peakfläche näherungsweise unter Einbeziehung der Peakbreiten in 15 % und 85 % der Peakhöhe ($b_{0,15}$ bzw. $b_{0,85}$) wie folgt ermitteln:

$$F = h \cdot 1/2 \left(b_{0,15} + b_{0,85}\right)$$

Unter konstanten chromatographischen Bedingungen (d. h. konstanter Peakbreite in halber Höhe) kann auch die Peakhöhe für die Quantifizierung einer Substanz herangezogen werden. Die Quantifizierung über die Peak*fläche* ist jedoch in der Regel genauer als die Quantifizierung über die Peak*höhe* und dieser daher vorzuziehen. Eine weitere Methode, die allerdings weniger für die Auswertung großer Messreihen geeignet ist, ist die Bestimmung der Peakfläche durch Ausschneiden der Peaks aus dem Schreiberpapier und anschließendes Wiegen der ausgeschnittenen Papierstücke.

Quantifizierung von Analyten

Integratoren

Die Methode der Wahl zur Bestimmung der Peakfläche ist jedoch die mittels elektronischer **Integratoren**. Mathematisch entspricht die Fläche eines Peaks dem Integral des Detektorsignals über die Zeit. Wird das Signal vom Detektor als elektrische Spannung an den Integrator weitergegeben, so erhält man als Einheit für die Peakfläche V · s bzw. μV · s.

Als Integratoren werden heute oft Personal Computer mit entsprechender Hard- und Software eingesetzt. Personal Computer haben gegenüber den konventionellen Integratoren den Vorteil, dass die Zuordnung der Flächen zu den einzelnen Peaks leichter kontrolliert und interaktiv korrigiert werden kann. Außerdem erlauben Computer im Gegensatz zu konventionellen Integratoren die Archivierung und weitere Prozessierung großer Datenmengen.

15.3.1 Externe Standardmethode

Die Peakfläche ist zwar ein Maß für die injizierte Substanzmenge, sie erlaubt allerdings keine direkte Aussage über die in der Probe enthaltene Substanzmenge.

Anhand von Standards, d. h. mit Proben bekannter Konzentration, lassen sich aber **Korrektur**- bzw. **Responsfaktoren** (*f*) ermitteln, mit denen sich die Peakflächen (*F*) der Probe in die entsprechenden Substanzmengen (*m*) umrechnen lassen.

$$m = f \cdot F$$

Im Idealfall besteht eine lineare Beziehung zwischen dem Detektorsignal (d. h. der Peakfläche) und der applizierten Substanzmenge oder -Konzentration. Abweichungen von diesem Verhalten lassen sich durch Injektion verschiedener Standardkonzentrationen und Erstellung einer Kalibriergerade bzw. Eichkurve ermitteln. Bei der Kalibriergerade wird die Peakfläche gegen die Standardkonzentration aufgetragen. Da die Analyse von Standard und Probe getrennt erfolgt, der Standard also nicht zur Probe zugesetzt wird, bezeichnet man diese Methode auch als Quantifizierung mittels **externem Standard**.

Kalibriergerade bzw. Eichkurve

15.3.2 Interne Standardmethode

Bei dieser Methode wird der Probe eine bekannte Menge eines Standards zugesetzt, der sich von der zu analysierenden Substanz unterscheidet und im Chromatogramm als zusätzlicher Peak erscheint. Die Quantifizierung der Substanz beruht auf der Ermittlung des Verhältnisses der Peakflächen von internem Standard und der Substanz. Für Absolutbestimmungen muss das Verhältnis der Responsfaktoren von Probe und internem Standard anhand von Referenzsubstanzen ermittelt werden.

Die in einer Probe enthaltene Stoffmenge der zu bestimmenden Komponente x lässt sich wie folgt berechnen:

$$m_x = \frac{(m_s \cdot F_x \cdot f)}{F_s} \quad mit \quad f = \frac{f_x}{f_s}$$

m_x: Masse der zu bestimmenden Substanz
m_s: zugesetzte Menge an internem Standard
F_x: Peakfläche der zu bestimmenden Substanz
F_s: Peakfläche des internen Standards
f_x: Responsfaktor der zu bestimmenden Substanz
f_s: Responsfaktor des internen Standards

Kriterien interner Standard

Damit eine Substanz als interner Standard geeignet ist, muss sie bestimmte Kriterien erfüllen:

- sie sollte im Chromatogramm bei einer Retentionszeit erscheinen, bei der kein anderer Peak der Probe eluiert, und sollte in der Nähe der zu untersuchenden Komponenten eluieren
- sie sollte ähnliche chemische Eigenschaften wie die zu untersuchenden Verbindungen besitzen. Dies ist vor allem dann wichtig, wenn die Proben vor der chromatographischen Analyse aufbereitet (z. B. extrahiert) werden müssen
- Interner Standard und die zu bestimmende Substanz sollten ähnliche Responsfaktoren besitzen.

Die interne Standardmethode hat gegenüber den anderen Quantifizierungsmethoden den Vorteil, dass Ungenauigkeiten bei der Probeninjektion automatisch korrigiert werden. Außerdem werden Probenverluste bei Extraktionsschritten und Ungenauigkeiten bei Verdünnungsschritten während der Probenvorbereitung berücksichtigt, wenn der interne Standard vor der Probenaufbereitung zugesetzt wird.

15.3.3 Präzision der Quantifizierung

Die Genauigkeit chromatographischer Bestimmungen hängt von verschiedenen Parametern ab. Dazu gehören u. a. die Trennleistung, die Auftrennung der Peaks und die Empfindlichkeit des Detektionsverfahrens. Letztendlich spielt auch eine Rolle, wie weit die detektierten Signale über der Nachweisgrenze sind. Ein Maß dafür ist das Signal-Rausch-Verhältnis (*S/N*). Das Kurzzeitrauschen des Detektors macht sich im Chromatogramm durch eine verrauschte Basislinie bemerkbar, die sich bei der Darstellung der Basislinie bei entsprechender Empfindlichkeit als kleine Zacken sichtbar sind. Das Signal-Rauschverhältnis lässt sich nach folgender Formel berechnen:

$$S/N = \frac{2H}{h}$$

H = Höhe des Substanzpeaks
h = Höhe des Untergrundrauschens in einem Chromatogramm betrachtet über eine Distanz, die mindestens dem 5fachen der Peakbreite in halber Höhe des Substanzpeaks im Chromatogramm entspricht.

Übungen

15.4

1. Wie verändert sich die Peakbreite in halber Höhe mit zunehmender Retentionszeit?
2. Wie äußert sich eine hohe Trennleistung im Chromatogramm?
3. Welche chromatographischen Kenngrößen lassen sich anhand eines Chromatogramms ermitteln?
4. Gegen welche Größen (x-Achse) wird das Detektorsignal bei einem äußeren bzw. inneren Chromatogramm aufgetragen?
5. Wie kann die Trennleistung eines chromatographischen Systems erhöht werden?
6. Bei einer chromatographischen Trennung ermitteln Sie eine Totzeit von 2 min bei einem Fluss von 2 ml/min. Wie groß ist das Totvolumen?
7. Bei einem HPLC-Chromatogramm ist die Fläche eines Peaks zur jeweiligen Substanzmenge proportional. Unter welchen Umständen kann man die Peakhöhe für die Quantifizierung einer Substanz verwenden?
8. Sie wollen Diclofenac mittels HPLC und der internen Standardmethode bestimmen. Sie lösen dazu 120,0 mg internen Standard und 117,5 mg Diclofenac Vergleichssubstanz in einem bestimmten Volumen Lösungsmittel, analysieren 30 µl dieser Mischung und erhalten folgendes Ergebnis:

		Peakhöhe	$b_{0,5}$	Retentionszeit
Peak 1	Interner Standard	256 mm	5,6 mm	5,3 min
Peak 2	Diclofenac	126 mm	6,8 mm	7,8 min

Danach analysieren Sie 35 µl Ihres Probenextrakts, welchen Sie wie den Standard verdünnt haben und dem Sie vor der Extraktion 106,4 mg internen Standard zugesetzt hatten und erhalten folgendes Ergebnis:

		Peakhöhe	$b_{0,5}$	Retentionszeit
Peak 1	Interner Standard	208 mm	5,5 mm	5,38 min
Peak 2	Diclofenac	56 mm	6,7 mm	7,89 min

Berechnen Sie den Gehalt Ihrer Probe an Diclofenac.
Berechnen Sie die Wiederfindungsrate (in %) des internen Standards nach der Extraktion.

16 Stationäre Phasen und deren Elutionsverhalten

Abhängig von der verwendeten stationären Phase und den chromatographischen Bedingungen kann z. B. ein Adsorptionsvorgang auch von anderen Trennmechanismen wie Siebeffekten oder Ionenaustauschvorgängen begleitet sein. Die einzelnen stationären Phasen und ihre chromatographischen Eigenschaften werden im Folgenden dargestellt. Stationäre Phasen, die in der Gaschromatographie verwendet werden, sind in ▶ Kap. 19.3 aufgeführt.

16.1 Stationäre Phasen der Adsorptions- und Verteilungschromatographie

16.1.1 Kieselgel

Kieselgel als Adsorptionsphase

Kieselgel ist die am häufigsten verwendete stationäre Phase in der Dünnschichtchromatographie. Aufgrund freier OH-Gruppen an der Oberfläche besitzt Kieselgel polare Eigenschaften (○ Abb. 16.1). An Kieselgel werden deshalb bevorzugt polare Moleküle unter Ausbildung von H-Brücken gebunden.

16.1.2 Aluminiumoxid

Im Gegensatz zu Kieselgel spielen bei Al_2O_3 Lewis-Säure-Base-Wechselwirkungen eine große Rolle. Abhängig vom Herstellungsprozess kann Aluminiumoxid saure oder basische Eigenschaften aufweisen. Basisches Aluminiumoxid kann als Kationenaustauscher, saures Aluminiumoxid als Anionenaustauscher fungieren. Bei unpolaren Fließmitteln finden jedoch keine Austauschreaktionen, sondern nur Adsorptionsvorgänge statt.

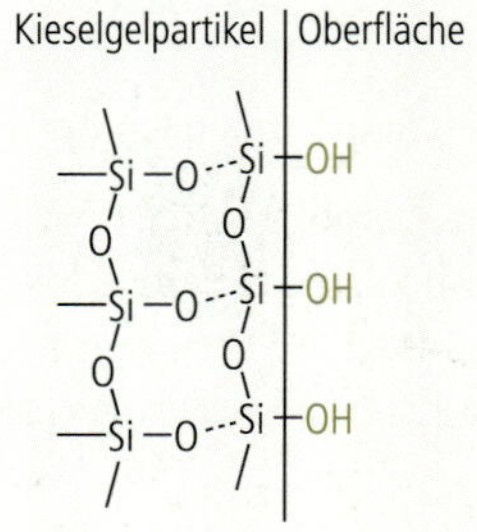

○ **Abb. 16.1** Struktur von Kieselgel

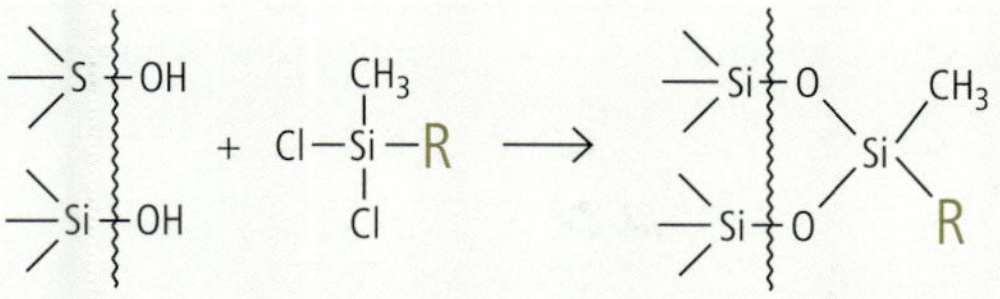

Abb. 16.2 Herstellung modifizierter Kieselgele

Cellulose 16.1.3

Cellulose wird häufig in der Dünnschichtchromatographie zur Trennung hydrophiler Substanzen wie Zucker oder Aminosäuren eingesetzt. Cellulose bildet eine Hydratschicht aus. Die Trennung beruht hauptsächlich auf der Verteilung der Substanzen zwischen der mobilen Phase und der Hydratschicht der Cellulose. Ein einfaches planarchromatographisches Verfahren mit Cellulose als stationärer Phase ist die Papierchromatographie.

Cellulose als Verteilungsphase

Chemisch modifizierte Kieselgele 16.1.4

Die Bindungseigenschaften von Kieselgel lassen sich durch Derivatisierung der freien OH-Gruppen an der Oberfläche verändern. Die Umsetzung von Kieselgel mit Organochlorsilanen erlaubt die Einführung verschiedener Reste an der Oberfläche der Teilchen (Abb. 16.2). Die chemische Struktur der eingeführten Reste R bestimmt im Wesentlichen die chromatographischen Eigenschaften dieser modifizierten Kieselgele (Tab. 16.1). Um die Wechselwirkung dieser Reste mit den zu trennenden Substanzen zu gewährleisten, kann der Abstand der funktionellen Gruppen von der Oberfläche des Trägers (z. B. Kieselgel) durch Abstandshalter (**Spacer**) verlängert werden. Als Spacer eignet sich u. a. eine kurze Alkylkette wie bei der Cyano- oder Aminopropylphase.

Modifizierte Kieselgele mit polaren Eigenschaften

Zu den modifizierten Kieselgelen mit polaren Eigenschaften gehören die Diol- und die Nitrilphase (Tab. 16.1). Aufgrund der benachbarten OH-Funktionen besitzt die Diolphase eine relativ hohe Affinität für mehrwertige Kationen.

Umkehrphasen

Eine sehr wichtige Gruppe bei den modifizierten Kieselgelen stellen die sogenannten **Umkehrphasen** dar. Sie entstehen durch Einführung lipophiler Gruppen wie Alkyl-, Phenyl- oder Cyclohexylreste (Tab. 16.1). Etwas problematisch für die chromatographischen Eigenschaften dieser Säulenmaterialien sind freie OH-Gruppen auf der Kieselgeloberfläche, welche auf unvollständige Derivatisierung zurückzuführen sind (Abb 16.3). Die freien OH-Gruppen bewirken, dass diese stationären Phasen sowohl polare als auch unpolare Eigenschaften besitzen, sodass das Retentionsverhalten von Substanzen schwierig vorherzusagen ist. Bei der Modifizierung nicht umgesetzte, freie OH-Gruppen werden daher in einer weiteren Umsetzung mit Trimethylchlorsilan entfernt (Abb. 16.3). Dieses Verfahren wird als **Endcapping** bezeichnet und führt zu stationären Phasen, die einen stark lipo-

Umkehrphasen: stationäre Phasen mit lipophilen Eigenschaften

Tab. 16.1 Stationäre Phasen in der Säulen- und Dünnschichtchromatographie

Einteilung	Stationäre Phase	Funktionelle Gruppen
Polare Verteilungsphase	Cellulose	-OH
Polare Adsorptionsphasen	Al_2O_3	-OH, Lewis-Säure
	Kieselgel	-OH
Polare modifizierte Kieselgele	Diolphase	$-CHOH-CH_2OH$
	Cyanopropylphase	$-CH_2-CH_2-CH_2-CN$
Unpolare modifizierte Kieselgele (Umkehrphasen)	C 2, C 4, C 8, C 18	-Alkyl
	Cyclohexylphasen	-Cyclohexyl
	Phenylphasen	-Phenyl
	Cyanopropylphasen (endcapped)	$-CH_2-CH_2-CH_2-CN$
Ionenaustauscherphasen	quartäre Amine	u. a. $-N(CH_3)_3^+$
	Diethylaminoethylphase (DEAE)	$-CH_2-CH_2-N(C_2H_5)_2$
	Aminopropylphase	$-CH_2-CH_2-CH_2-NH_2$
	Sulfonsäurephasen	$-SO_3^-$
	Carboxymethylphasen	$-CH_2-COO^-$

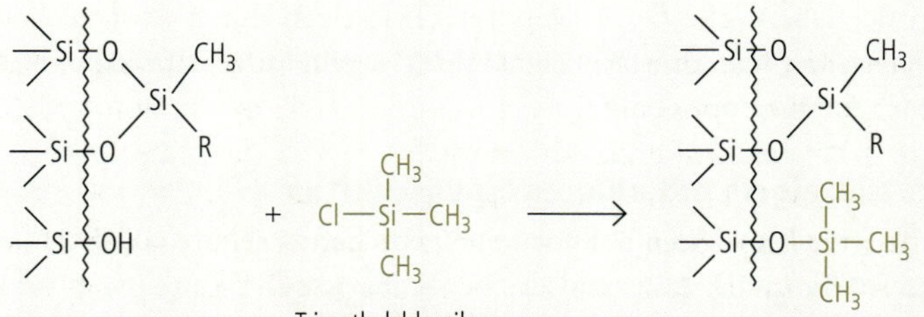

Abb. 16.3 Endcapping von Umkehrphasen

philen Charakter besitzen und praktisch keine polaren Interaktionen mehr eingehen können.

Lipophile Substanzen werden an solchen Säulenfüllungen besser gebunden als hydrophile, die Elutionsreihenfolge dreht sich im Vergleich zu einer polaren Phase um. Aufgrund dieser „umgekehrten" Eigenschaften werden derartige Phasen als Umkehrphasen (*engl.* Reversed Phase, abgekürzt RP) bezeichnet. Die am häufigsten verwendete Umkehrphase ist die C-18 Phase (Tab. 16.1), sie spielt heute in der Arzneistoffanalytik eine wichtige Rolle. Eine wichtige Einschränkung bei der Verwen-

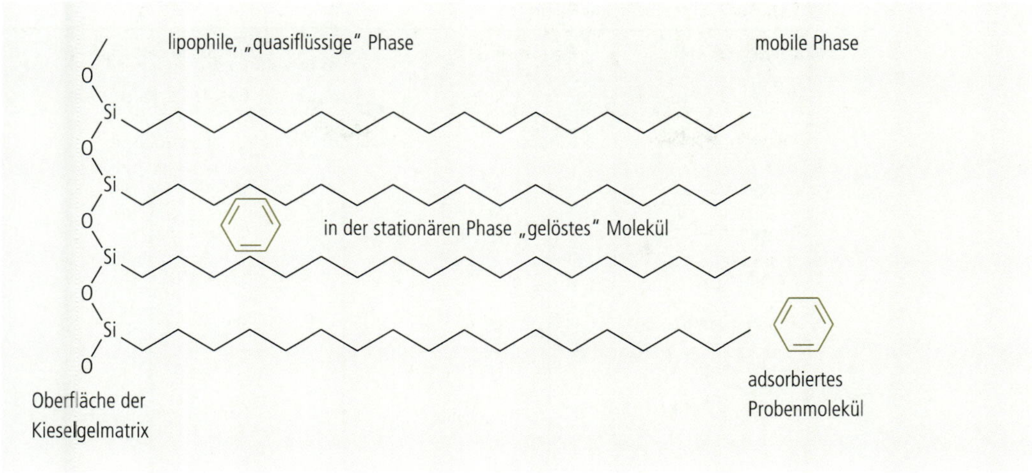

Abb. 16.4 Oberflächeneigenschaften von C-18 Phasen

dung chemisch modifizierter Kieselgele ist deren begrenzte Stabilität im alkalischen Milieu. Der pH-Wert des Fließmittels sollte im Bereich 2–8 liegen.

Für die Interaktion von Umkehrphasen mit Substanzen werden zwei Mechanismen diskutiert. Zum einen liegen Adsorptionsvorgänge vor, zum anderen kommt es zu Verteilungsvorgängen zwischen den Alkylresten der stationären Phase und der mobilen Phase. Dieser Effekt ist besonders bei Umkehrphasen mit langen Alkylketten (C-18 Phasen) sehr ausgeprägt (Abb. 16.4).

Das Elutionsmittel, eluotrope Reihe 16.1.5

Um Substanzen bei der Adsorptionschromatographie entlang der stationären Phase transportieren zu können, muss die mobile Phase in der Lage sein, mit den Bindungsstellen an der stationären Phase zu konkurrieren. Bei einer polaren stationären Phase (Kieselgel, Al_2O_3) gelingt dies umso besser, je polarer das Fließmittel ist. Ordnet man verschiedene Lösungsmittel nach ihrer Elutionskraft, so erhält man eine **eluotrope Reihe**. In Tab. 16.2 ist die eluotrope Reihe für Kieselgel dargestellt. Bei Verwendung einer Umkehrphase kehrt sich die Reihenfolge um, d. h. lipophile Lösungsmittel besitzen eine stärkere Elutionskraft als hydrophile (Tab. 16.2).

Elutionskraft mobiler Phasen

Merke
Hydrophile Lösungsmittel besitzen an polaren stationären Phasen eine hohe Elutionskraft, lipophile Lösungsmittel weisen an Umkehrphasen eine hohe Elutionskraft auf.

Ionenpaarchromatographie 16.1.6

Die Ionenpaarchromatographie kann bei allen ionischen und ionisierbaren Verbindungen angewendet werden. Sie beruht auf der Assoziation von Ionen entgegen gesetzter Ladung zu einem Ionenpaar, welches lipophile Eigenschaften aufweist und somit eine höhere Affinität zu einer lipophilen stationären Phase besitzt als die Ein-

Bildung von Ionenpaaren

Tab. 16.2 Die eluotrope Reihe

Lösungsmittel	Polarität	Elutionskraft	
		Kieselgel	C-18 U.
Hexan	Niedrig	Niedrig	Hoch
Cyclohexan	↓	↓	↑
Benzen			
Chloroform			
Dichlormethan			
Diethylether			
Ethylacetat			
Aceton			
Dioxan			
Acetonitril			
Methanol			
Wasser	Hoch	Hoch	Niedrig

zelkomponenten. Das Prinzip der Ionenpaarchromatographie wird häufig zur Analyse von Aminen (d. h. zahlreichen Arzneistoffen) an Umkehrphasen angewendet. Aufgrund der Alkalilabilität der Umkehrphasen ist es erforderlich, in einem pH-Bereich von 2–8 zu arbeiten. In diesem pH-Bereich kommt es zur Protonierung der Amine, es stellt sich ein pH-abhängiges Gleichgewicht zwischen der protonierten und unprotonierten Form ein. Um die Dissoziation der protonierten Amine zurückzudrängen, welche zu einem starken **Tailing** (Schwanzbildung, ▶ Kap. 15.2.3) führt, sollte bei möglichst niedrigen pH-Werten gearbeitet werden. Im protonierten Zustand werden die Verbindungen aufgrund ihrer hohen Polarität aber relativ schlecht von Umkehrphasen festgehalten. Die Zugabe eines Ionenpaarreagenzes zur mobilen Phase führt zur Ausbildung lipophiler Ionenpaare, was die Bindung der Substanz an die stationäre Phase erhöht. Gleichzeitig kommt es in der Regel zu einer Verbesserung der Peaksymmetrie. Als Ionenpaarreagenzien werden häufig Trifluoressigsäure und Heptansulfonsäure für Kationen und Tetrabutylammoniumsalze für Anionen verwendet (▶ Kasten).

Trennung von Aminen durch Ionenpaarchromatographie

Prinzip der Ionenpaarchromatographie

$\text{Probe}^{+} + \text{Ionenpaarreagenz}^{-} \longrightarrow \text{Ionenpaar (lipophil)}$

$\text{Probe}^{-} + \text{Ionenpaarreagenz}^{+} \longrightarrow \text{Ionenpaar (lipophil)}$

Ionenaustauschchromatographie 16.2

Prinzip 16.2.1

Als stationäre Phasen für Ionenaustauscher eignen sich geladene Gruppen, die an eine hochmolekulare Matrix wie z. B. Kieselgel oder synthetische Polymere gebunden sind. Die geladenen Gruppen binden entgegengesetzt geladene Ionen, sogenannte **Gegenionen**. Wird eine Probelösung appliziert, so werden die Gegenionen (z. B. Na^+) durch Moleküle der Probe, welche dieselbe Ladung tragen, ausgetauscht, und auf diese Weise an die stationäre Phase gebunden (○ Abb. 16.5). Neben ionischen Wechselwirkungen treten bei den meisten Ionenaustauschern noch Adsorptionsvorgänge auf.

Bestimmung des Ionenaustauschertyps durch funktionelle Gruppen

Für einen **Kationenaustauscher** eignen sich funktionelle Gruppen, die eine negative Ladung tragen, z. B. $-SO_3^-$, $-COO^-$. Funktionelle Gruppen von **Anionenaustauschern** tragen eine positive Ladung. Verwendet werden primäre bis quartäre Amine (□ Tab. 16.1).

Ionenaustauscher, deren funktionelle Gruppen im pH-Bereich 1–14 eine permanente Ladung besitzen (Sulfonsäuren, quartäre Amine), werden als *starke Ionenaustauscher* bezeichnet. Stationäre Phasen, deren Austauschereigenschaften pH-abhängig sind, werden als *schwache Ionenaustauscher* bezeichnet. Dazu gehören primäre, sekundäre und tertiäre Amine und Carboxymethylphasen (□ Tab. 16.1).

> **Merke**
> Ionische Substanzen können mittels Ionenaustauschchromatographie aufgetrennt werden

Anwendung 16.2.2

Proteinreinigung mit Ionenaustauschern

Die Ionenaustauschchromatographie wird häufig zur Reinigung von Proteinen und Peptiden benutzt. Liegt der pH-Wert der mobilen Phase oberhalb des isoelektrischen Punkts einer amphoteren Verbindung, so ist das Peptid negativ geladen, es bindet an einen Anionenaustauscher. Liegt der pH-Wert der mobilen Phase niedriger als der isoelektrische Punkt, dann kann ein Kationenaustauscher zur chromatographischen Trennung verwendet werden.

Elution bei Ionenaustauschern

An Ionenaustauscher gebundene Verbindungen können durch Erhöhung der Salzkonzentration (Ionenstärke) der mobilen Phase eluiert werden. Durch die erhöhte Ionenkonzentration werden die gebundenen Substanzen von ihren Bindungsstellen verdrängt, es erfolgt die reverse Austauschreaktion. Bei schwachen

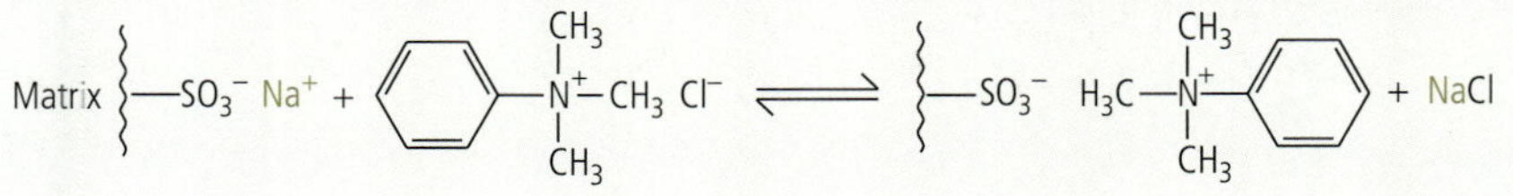

○ **Abb. 16.5** Beispiel für einen Kationenaustausch

Ionenaustauschern oder bei Substanzen, die keine permanente Ladung tragen, kann die Elution auch über den pH-Wert der mobilen Phase gesteuert werden.

Wird die Salzkonzentration (z. B. NaCl) durch Änderung der Fließmittelzusammensetzung während eines chromatographischen Laufes erhöht, spricht man von einem **Salzgradienten,** wird der pH-Wert verändert, so handelt es sich um einen **pH-Gradienten.** Ionenaustauscher mit großer Austauschkapazität können auch zur Wasserenthärtung und zum Entsalzen von Wasser verwendet werden. Dabei werden die im Wasser enthaltenen Kationen mittels Kationenaustauscher gegen H_3O^+ und die Anionen mittels Anionenaustauscher gegen OH^- ausgetauscht.

16.3 Ausschlusschromatographie

16.3.1 Prinzip

Trennung von Analyten in der Ausschlusschromatographie

Bei der Ausschlusschromatographie (oder Gelfiltration) werden Substanzen aufgrund ihrer Molekülgröße getrennt. Die Trennung beruht auf dem größenabhängigen Ausschluss von Verbindungen vom Porenvolumen der stationären Phase. Im Gegensatz zu den meisten anderen chromatographischen Verfahren (z. B. der Adsorptionschromatographie) beruht die Trennung bei der Ausschlusschromatographie nicht auf der Wechselwirkung zweier Phasen. Als stationäre Phasen dienen poröse Festkörper oder organische Polymere, die eine definierte Porengröße aufweisen (◘ Tab. 16.3). Je größer ein Molekül ist, desto kleiner wird der Anteil des Porenvolumens, welches der Substanz zur Verfügung steht. Diffundieren Moleküle in die Poren hinein, so werden sie so lange nicht weitertransportiert wie sie sich in den Poren befinden. Die Wanderungsgeschwindigkeit von Molekülen ist also umso größer, je geringer das zur Verfügung stehende Porenvolumen ist, d. h. je größer die Moleküle sind (○ Abb. 16.6).

Merke
Größere Moleküle werden bei der Ausschlusschromatographie schneller eluiert als kleine.

16.3.2 Scheinbarer Verteilungskoeffizient

Das Volumen, welches allen Substanzen zur Verfügung steht, wird als **äußeres Porenvolumen** bezeichnet. Das Volumen eines Gels, von dem ein Teil der Probenmoleküle aufgrund ihrer Molekülgröße ausgeschlossen ist, wird als **inneres Porenvolumen** bezeichnet. Die Verteilung einer Substanz zwischen dem äußeren und inneren Porenvolumen ist daher ein Maß für das Retentionsverhalten von Substanzen. Der scheinbare Verteilungskoeffizient K_D (Arzneibuch: Verteilungskonstante K_0) lässt sich bestimmen über:

$$K_D = \frac{V_e - V_0}{V_t - V_0}$$

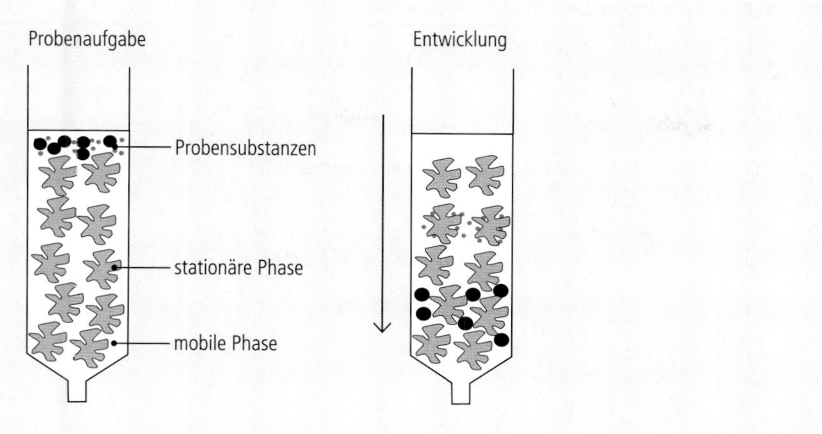

Abb. 16.6 Prinzip der Größenausschlusschromatographie

V_t: Retentionsvolumen einer Substanz, die in alle Poren eindringen kann (Mobile-Phase-Volumen)
V_0: Retentionsvolumen einer Substanz, die nicht in die Poren eindringt
V_e: Retentionsvolumen der gesuchten Substanz

Das Retentionsvolumen einer Substanz lässt sich bei konstanter Fließgeschwindigkeit (Flussrate) über die Retentionszeit berechnen:

$$V = Flussrate \cdot Retentionszeit$$

Wie aus dieser Gleichung hervorgeht, sind bei konstanter Fließgeschwindigkeit die Elutionsvolumina zur Retentionszeit proportional. Somit lässt sich der Verteilungskoeffizient nicht nur über die Elutionsvolumina berechnen, sondern auch anhand der entsprechenden Retentionszeiten.

Molekulargewichtsbestimmung

Da die Ausschlusschromatographie die Moleküle aufgrund ihrer Größe trennt, lässt sich diese Methode zur Molekulargewichtsbestimmung von Substanzen verwenden. Es besteht theoretisch eine lineare Beziehung zwischen dem Logarithmus des Molekulargewichts (MG) einer homologen Reihe und dem scheinbaren Verteilungskoeffizient.

$$\log(MG) \sim K_D$$

In der Praxis können jedoch Unregelmäßigkeiten in der Molekülform zu Abweichungen von diesem Verhalten führen. Die Ausschlusschromatographie wird häufig zur Molekulargewichtsbestimmung von nativen Proteinen oder Proteinkomplexen verwendet, da diese Methode unter Bedingungen durchgeführt werden kann, die nicht zur Denaturierung oder Inaktivierung der Proteine führen.

Tab. 16.3 Stationäre Phasen in der Ausschlusschromatographie

stationäre Phase	Zusammensetzung
Sepharose	gereinigte Agarose (Gruppen mit permanenter Ladung werden entfernt)
Sepharose CL	mit 2,3-Dibrompropanol querverknüpfte Sepharose
Dextran	α-1,6 verknüpfte Glucose mit α -1,3-ständigen Quervernetzungen
Sephadex	mit Epichlorhydrin quervernetztes Dextran
Sephacryl	mit N,N'-Methylenbisacrylamid quervernetztes Allyldextran
Polyacrylamid	Copolymer aus Acrylamid und N,N'-Methylenbisacrylamid
Kieselgel	
Polystyren	

16.3.3 Stationäre und mobile Phasen

Trenngele

Stationäre Phasen für die Ausschlusschromatographie sollten eine ausreichende mechanische und chemische Stabilität aufweisen. Außerdem sollten sie möglichst definierte Porendurchmesser besitzen und keinerlei polare Wechselwirkungen mit Substanzen eingehen können. Neben rigiden Materialien mit definierter Porengröße werden organische Polymere verwendet, die mit Wasser bzw. mit der mobilen Phase ein Gel ausbilden. Dazu zählen Agarose-, Dextran- und Polyacrylamidgele und deren Derivate (Tab. 16.3). Polystyren und lipophile Dextranderivate bilden Gele mit organischen Lösungsmitteln, sie eignen sich daher für chromatographische Trennungen mit organischen Fließmitteln. Die Quellung wenig quervernetzter Gele wie Dextran und einige Sephadex-Gele (und somit deren chromatographische Eigenschaften) hängt stark vom verwendeten Lösungsmittel ab. Diese Gele eignen sich daher kaum oder nur bedingt für organische Lösungsmittel. Außerdem sind sie mechanisch nicht so stabil wie stärker quervernetzte Gele (Sephacryl, Polyacrylamid), das Säulenbett kann bei hohen Flussraten der mobilen Phase unter Umständen komprimiert werden. Daher werden bei diesen stationären Phasen häufig wässrige, gepufferte Systeme als mobile Phase und niedrige Flussraten verwendet. Sephacryl- oder Polyacrylamidgele bilden mechanisch und chemisch stabilere Gele, es können organische Lösungsmittel und wässrige Systeme in einem breiten pH-Bereich als mobile Phase eingesetzt werden.

16.4 Affinitätschromatographie

Unter der Affinitätschromatographie werden Trennprinzipien zusammengefasst, die auf ganz spezifischen Wechselwirkungen zwischen Substanzen und stationärer Phase beruhen. Diese Methode spielt in der Biochemie eine große Rolle, dabei wird z. B. die Affinität eines Enzyms zu seinem Substrat oder Kofaktor, oder es werden Antigen-Antikörperwechselwirkungen für die chromatographische Trennung von Substanzen bzw. Proteinen ausgenutzt. Als stationäre Phase dient ein Träger (Aga-

Tab. 16.4 Beispiele für stationäre Phasen der Affinitätschromatographie

stationäre Phase	Spezifität
Avidin-Agarose	Biotin
ATP-Agarose	ATP-bindende Proteine
5'-AMP-Sepharose	Enzyme mit NAD^+ als Kofaktor
2',5'-ADP-Sepharose	Enzyme mit $NADP^+$ als Kofaktor
Blue-Sepharose	Enzyme mit Nukleotidkofaktoren, Albumin
Glutathion-Agarose	Glutathion-S-Transferase, Glutathion-Peroxidase

rose, Sepharose), an den z. B. der Kofaktor eines zu reinigenden Proteins kovalent gebunden ist (Tab. 16.4). Proteine, die eine hohe Affinität zu dem Kofaktor besitzen, werden von der stationären Phase sehr gut festgehalten. Die Elution der gebundenen Substanzen kann dann durch Zusatz des Kofaktors zur mobilen Phase, durch eine starke Erhöhung der Salzkonzentration oder ggf. durch pH-Änderung der mobilen Phase erreicht werden. Die Zugabe des Kofaktors erlaubt der mobilen Phase, mit der stationären Phase um die Bindung der Substanz zu konkurrieren. Die Erhöhung der Ionenstärke führt zur Herabsetzung der Wechselwirkung zwischen Substanz und stationärer Phase.

Elution bei Affinitätschromatographie

16.5 Chromatographische Trennung von Enantiomeren

Eine früher sehr häufig angewendete Methode zur Racemattrennung war die Bildung diastereomerer Salze. Dabei wird z. B. eine racemische Säure mit einer optisch aktiven Base versetzt, es entsteht ein diastereomeres Salzpaar. Aufgrund ihrer unterschiedlichen chemisch-physikalischen Eigenschaften können solche Diastereomere durch fraktionierte Kristallisation voneinander getrennt werden.

Ein ähnliches Prinzip wird bei der chromatographischen Trennung von Enantiomeren angewendet. Eine racemische Probensubstanz interagiert mit einem chiralen Bestandteil des chromatographischen Systems (= chiraler Selektor), sodass, während des Zeitraums der Wechselwirkung, das Enantiomerenpaar in ein Diasteromerenpaar überführt wird, bei dem sich die Diastereomeren aufgrund ihrer physikalisch-chemischen Eigenschaften (Stabilität, Löslichkeit, Siedetemperatur) unterscheiden, was dann zur chromatographischen Trennung genutzt wird.

Prinzip Enantiomerentrennung

Prinzip der chromatographischen Enantiomerentrennung: Überführung von Enantiomeren in Diastereomere durch Einführung eines zusätzlichen chiralen Zentrums

(S)-Probensubstanz + (R)-Selektor → (S)-Probensubstanz-(R)-Selektorkomplex
(R)-Probensubstanz + (R)-Selektor → (R)-Probensubstanz-(R)-Selektorkomplex
Racemat → Diastereomere

Anhand dieser Grundlagen ergeben sich verschiedene Voraussetzungen für die chromatographische Enantiomerentrennung. Eine Bedingung ist die Präsenz eines chiralen Selektors im chromatographischen System. Da die üblichen stationären

Chiraler Selektor

Phasen wie z. B. Kieselgel in der Flüssigchromatographie oder Polysiloxane in der GC nicht chiral sind, lassen sich mit diesen stationären Phasen keine Enantiomerentrennungen durchführen. Erst nach Einführung chiraler Zentren in die stationären Phasen durch entsprechende Derivatisierung oder bei der GC durch Belegung der stationären Phase mit chiralen Selektoren wie mit Cyclodextrinen sind diese zur Enantiomerentrennung geeignet.

Eine weitere Möglichkeit besteht im Zusatz eines chiralen Selektors zur mobilen Phase, der mit der Probe interagiert. Als dritte Möglichkeit bietet sich die Derivatisierung einer racemischen Probesubstanz mit einem chiralen Agens an, falls die zu bestimmende Verbindung eine funktionelle Gruppe wie z. B. eine Amino-, Hydroxy- oder Säurefunktion besitzt, die zur Derivatisierung genutzt werden kann. Durch die Derivatisierung werden die Enantiomere in Diastereomere überführt, die anschließend unter konventionellen, d. h. achiralen chromatographischen Bedingungen getrennt werden können.

Ob eine chirale stationäre Phase in der Praxis in der Lage ist, ein bestimmtes Racemat zu trennen, lässt sich allerdings nicht voraussagen. Chiralität der stationären Phase ist zwar eine notwendige, aber häufig nicht ausreichende Bedingung für die Trennung von Enantiomeren. Sehr oft ist man gezwungen, mehrere verschiedene chirale stationäre Phasen zu testen, bis ein geeigneter chiraler Selektor für ein bestimmtes Trennproblem gefunden wird. Dies hängt damit zusammen, dass eine chirale Substanz an mehreren Stellen mit der stationären Phase in Wechselwirkung treten muss, damit sich die unterschiedliche Konformation der beiden Enantiomeren am chiralen Zentrum auf das Adsorptionsverhalten auswirkt (○ Abb. 16.7).

Wie aus ○ Abb. 16.7 (oben) hervorgeht, interagiert das (S-)Enantiomer mit drei verschiedenen Bindungsstellen an der chiralen stationären Phase, während das (R)-Enantiomer aufgrund der unterschiedlichen Anordnung der Substituenten am chiralen C-Atom nur mit zwei Bindungsstellen interagieren kann. In ○ Abb. 16.7 (unten) binden beide Enantiomere nur an zwei (identischen) Stellen an die stationäre Phase. Dies hat zur Folge, dass die beiden Enantiomeren in diesem chromatographischen System nicht getrennt werden können.

Merke

Enantiomere lassen sich nicht in achiralen chromatographischen Systemen trennen. Es bestehen u. a. folgende Möglichkeiten, Enantiomere zu trennen:

- Verwendung einer chiralen stationären Phase.
- Zusatz eines chiralen Selektors zur mobilen Phase.
- Derivatisierung der Probe mit einem chiralen Agens und anschließende Trennung unter konventionellen (achiralen) chromatographischen Bedingungen.

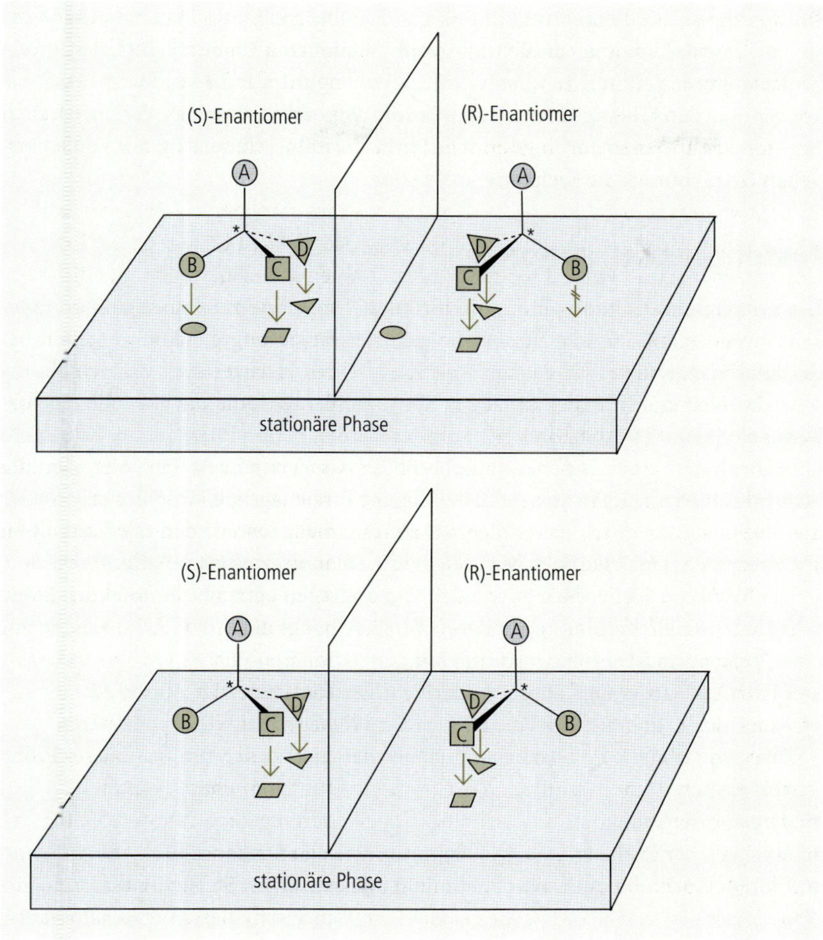

Abb. 16.7 Theorie der chromatographischen Enantiomerentrennung

Methoden zur Probenvorbereitung

16.6

Soll eine Substanz aus einer komplexen Mischung von Verbindungen chromatographisch bestimmt werden (z. B. aus biologischen Proben oder Pflanzen), ist es häufig notwendig, die Substanz vor der Injektion in den Chromatographen vom Großteil der Verunreinigung zu trennen. Sind geringe Mengen an festen Partikeln in der Probelösung, so müssen diese durch Zentrifugation oder Filtration der Probe entfernt werden.

16

Flüssig-flüssig-Extraktion

16.6.1

Flüssig-flüssig-Extraktion zur Probenvorbereitung

Ein klassisches Probenvorbereitungsverfahren ist die flüssig-flüssig-Extraktion. Hierbei wird in der Regel der pH-Wert der wässrigen Phase auf einen geeigneten Wert eingestellt, und die zu bestimmende Substanz mit einem organischen Lösungsmittel extrahiert. Die Nachteile der Methode sind, dass die Extraktion oft unvollständig ist, die Phasentrennung wegen Emulsionsbildung manchmal schlecht ist, und dass das Volumen des Extrakts vom Volumen der Probe abhängt, d. h. große Probenvolumina führen zu einem großen Volumen des Extrakts. Der Vorteil der konventionellen (flüssig-flüssig-) Extraktion liegt darin, dass das Verfahren auch bei großen Substanzmengen gut durchführbar ist. Eine Alternative zur konventionellen Extraktion ist die Festphasenextraktion.

16.6.2 Festphasenextraktion

Festphasenextraktion zur Probenvorbereitung

Die Festphasenextraktion wird zur Extraktion von Substanzen aus einem komplexen Substanzgemisch oder zur Aufkonzentrierung von Probenkomponenten bei der Spurenanalyse verwendet und mit Kartuschen durchgeführt. Bei den Kartuschen handelt es sich in der Regel um Kunststoffspritzen, die mit 100–500 mg Sorbens gefüllt sind (○ Abb. 16.8). Als Sorbens werden polare Phasen (z. B. Kieselgel), Umkehrphasen oder Ionenaustauscherphasen angeboten (□ Tab. 16.1). Da die Schwerkraft alleine nicht ausreicht, die flüssige Probe und die Waschlösungen oder die Elutionsmittel durch das Säulenbett zu transportieren, werden die Kartuschen auf Extraktionsvorrichtungen gesteckt, an die ein leichtes Vakuum gelegt wird.

Die Wahl des Sorbens hängt von den Eigenschaften der zu bestimmenden Substanz ab. Lipophile Verbindungen lassen sich z. B. mit einer C-18 Phase, ionische mit einer Ionenaustauscherphase extrahieren.

Arbeitsschritte Festphasenextraktion

Der Extraktionsvorgang kann in 4 Schritte unterteilt werden (○ Abb. 16.8):

- Konditionierung des Sorbens. Hierbei wird die Oberfläche der stationären Phase mit geeigneten Lösungsmitteln benetzt und für die Applikation der Probe vorbereitet,
- Aufgabe der Probe,
- Waschen der Probe mit einem Fließmittel geringer Elutionskraft,
- Elution der Probe mit einem Fließmittel mit ausreichender Elutionskraft.

Die Methode kann zum Aufkonzentrieren der Probe benutzt werden. Dabei wird ein großes Volumen der Probe durch die Kartusche gesaugt, und die gebundenen Probenkomponenten werden mit einem geringen Volumen Lösemittel eluiert.

Die Festphasenextraktion ist eine effiziente, einfach durchzuführende Extraktionsmethode mit geringem Lösemittelverbrauch.

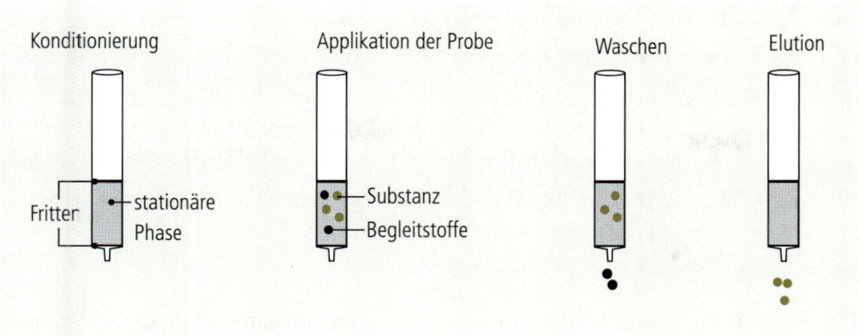

Abb. 16.8 Prinzip der Festphasenextraktion

Übungen

16.7

1. Ein Peptid mit einem pK_i-Wert von 6,6 soll mit einer Ionenaustauschersäule gereinigt werden. Beschreiben Sie die funktionellen Gruppen eines starken Kationen- und Anionenaustauschers und die chromatographischen Bedingungen bei denen das Peptid an den Austauschersäulen haftet und wie es eluiert werden kann.
2. Welche Eigenschaft von Molekülen spielt bei der gelchromatographischen Trennung die entscheidende Rolle?
3. Eine Substanz besitzt bei der chromatographischen Bestimmung an einer C-18 Säule und Methanol/Wasser 60/40 eine Retentionszeit von 16 min. Wie können Sie die Retentionszeit der Verbindung verringern?
4. Sie injizieren eine Insulin- und NaCl-haltige Lösung und führen eine Trennung an einer Sephacryl S-200 Säule durch. Was wird zuerst eluiert, NaCl oder Insulin?

17 Dünnschichtchromatographie

Die Dünnschichtchromatographie (DC) spielt in der Pharmazie bei der qualitativen und quantitativen Analyse von Substanzen eine wichtige Rolle. Das ist zum einen auf den geringen apparativen Aufwand zurückzuführen, zum anderen lassen sich zahlreiche Substanzen durch den Einsatz verschiedener Detektionsmethoden (z. B. Sprühreagenzien) problemlos und in niedrigen Mengen nachweisen.

17.1 Stationäre Phasen

Die stationäre Phase besteht aus einem Träger (Glasplatte, Aluminiumplatte), auf dem die Sorbenzien als dünne Schicht aufgetragen sind. Als Sorbenzien eignen sich zahlreiche verschiedene Materialien (◘ Tab. 17.1).

Im pharmazeutischen Bereich spielen Kieselgelplatten heute die größte Rolle. Wachsende Bedeutung erlangen in jüngster Zeit chemisch modifizierte Kieselgele, v. a. die C-18 Umkehrphase.

Im Gegensatz zu Kieselgel und dessen Derivaten besitzt Kieselgur nur ein geringes Adsorptionsvermögen, es wurde früher vor allem als Trägermaterial für verschiedene Imprägnierungen verwendet (◘ Tab. 17.1). Mit *Paraffinum subliquidum* imprägniertes Kieselgel kann zur Charakterisierung von fetten Ölen verwendet werden. Durch die Imprägnierung entsteht eine Umkehrphase, bei der die Trennung von Substanzen auf der unterschiedlichen Löslichkeit in der mobilen Phase und dem immobilisierten Paraffin beruht. In der DC wird Polyamid relativ selten als stationäre Phase angewendet. Es eignet sich v. a. zur Trennung phenolischer Verbindungen, da phenolische OH-Gruppen mit Polyamid starke H-Brücken ausbilden können.

◘ Tab. 17.1 Stationäre Phasen in der DC

Sorbens	Eigenschaften
Kieselgel	Polare Adsorptionsphase
Chemisch modifizierte Kieselgele	RP-Phasen (C-2, C-8, C-18), Nitril-, Diol-, Aminophasen
Kieselgur	Amorphes Kieselgel, aus Schalen von Kieselalgen gewonnen
Al_2O_3	Neutrale, basische oder saure Eigenschaften
Cellulose	Verteilungsphase, zur Auftrennung polarer Verbindungen geeignet
Polyamid	Umkehrphase mit hoher Affinität zu phenolischen Verbindungen

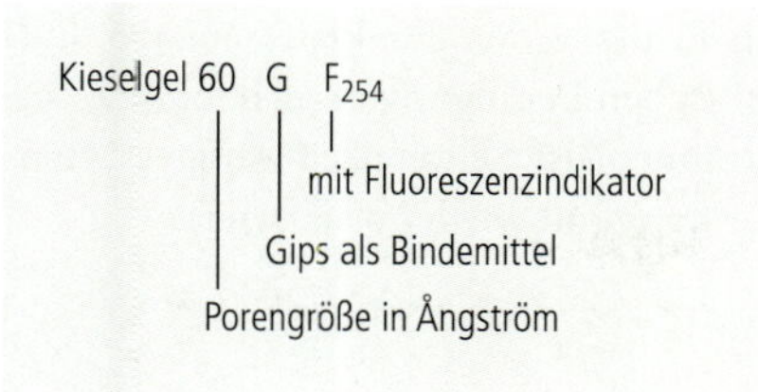

○ Abb. 17.1 Herstellerangaben bei DC-Platten

Spezifikationen bei DC-Platten 17.1.1

Spezifikationen Kieselgelplatten

Bei Platten für rein analytische Anwendungen beträgt die *Schichtdicke* des Sorbens ca. 0,25–0,5 mm. Platten, die zur präparativen Trennung von Substanzen verwendet werden, besitzen eine größere Schichtdicke (in der Regel 1 bis 2 mm). Die *Plattengrößen* liegen bei 10 × 20 oder 20 × 20 cm. Normalerweise werden Sorbenzien mit einer *Korngröße* von 10–40 µm verwendet. Um die Trennleistung der DC zu erhöhen, hat man jedoch Materialien mit kleinerer Korngröße (5–10 µm), engerer Korngrößenverteilung und gleichmäßigerer Beschichtung entwickelt. Derartige DC-Platten werden als **HPTLC-Platten** (*engl.*: high performance thin layer chromatography, Hochleistungs-Dünnschichtchromatographie) bezeichnet (▶ Kap. 17.6).

In der Regel wird Kieselgel mit einer durchschnittlichen *Porengröße* von 60 Å (Ångström) verwendet. Die Porengröße des verwendeten Materials lässt sich aus den Herstellerangaben ablesen (○ Abb. 17.1). Kieselgel G enthält ca. 13 % Gips als Bindemittel, der eine gute Haftfestigkeit auf dem Träger (Glasplatte) gewährleisten soll. Kieselgel H enthält als Bindemittel feines, amorphes SiO_2. Bei Fertigplatten entfällt meistens die Angabe des Bindemittels, da die Platten spezielle, chromatographisch inerte Bindemittel enthalten.

Kieselgelplatten mit Fluoreszenzindikator

Die Bezeichnung F_{254} kennzeichnet den Zusatz eines Fluoreszenzindikators, der durch Einstrahlung von UV-Licht mit einer Wellenlänge von 254 nm zur Fluoreszenz angeregt wird. Der Zusatz eines Fluoreszenzindikators erlaubt die Detektion von UV-absorbierenden Substanzen durch Bestrahlung der Platte mit UV-Licht (254 nm, ▶ Kap. 17.4).

Die Aktivität des Sorbens 17.1.2

Das Adsorptionsvermögen, d. h. die Aktivität (▶ Kap. 15.1.3) der stationären Phase beeinflusst das chromatographische Ergebnis. Je höher die Aktivität des Sorbens ist, desto besser wird eine Substanz von der stationären Phase adsorbiert, desto geringer ist folglich die Laufstrecke, die eine Substanz während der Entwicklung eines Dünnschichtchromatogramms zurücklegt. Die Aktivität eines Sorbens hängt v. a. vom Herstellungsprozess ab. Daher kann die Verwendung von DC-Platten unterschiedlicher Hersteller zu unterschiedlichen chromatographischen Ergebnissen führen.

Aktivität von Kieselgel

Kieselgel und Luftfeuchte

Die Aktivität von Kieselgel wird durch die relative Luftfeuchtigkeit beeinflusst. Durch das von der Luft aufgenommene Wasser wird ein Teil der adsorptionsaktiven Stellen belegt. Dadurch wird der Oberflächenanteil des Sorbens, welcher für chromatographische Adsorptionsprozesse zur Verfügung steht, verringert. Die Aktivität von Kieselgel wird also erniedrigt. Die Wasseraufnahme, d. h. die Gleichgewichtseinstellung anhand der relativen Luftfeuchte geschieht relativ schnell, sodass die vorherige Aktivierung von Kieselgel durch Erhitzen der DC-Platte auf 105 °C (1 Stunde) unter den normalen chromatographischen Bedingungen (d. h. ohne Kontrolle der Luftfeuchtigkeit) in der Regel nicht sinnvoll ist. Schon nach wenigen Minuten ist die Platte durch den Wassergehalt der Raumluft wieder deaktiviert.

Merke
Je höher die relative Luftfeuchtigkeit ist, desto niedriger ist die Aktivität des Kieselgels.

17.2 Mobile Phase

Entwicklungszeit und Wanderungsstrecke

Die mobile Phase, welche in der DC auch als Fließmittel bezeichnet wird, wird durch Kapillarkräfte entlang der Kieselgelschicht transportiert. Eine Kieselgelplatte kann daher sowohl vertikal (in der Normalkammer) als auch horizontal (HPTLC, ▶ Kap. 17.6) entwickelt werden. Die Wanderungsgeschwindigkeit hängt u. a. von der Viskosität und der Oberflächenspannung des Fließmittels ab. Mit zunehmender Entwicklungsstrecke verringert sich die Wanderungsgeschwindigkeit. Die Beziehung zwischen der Entwicklungsstrecke *s* und der Zeit *t*, welche für die Entwicklung benötigt wurde, ergibt sich aus

$$s^2 = K \cdot t$$

K: Fließkonstante

Aus dieser Gleichung lässt sich ablesen, dass die Wanderungsgeschwindigkeit der Fließmittelfront mit zunehmender Entfernung vom Startpunkt abnimmt. Als Fließmittel werden häufig Gemische verschiedener Lösungsmittel verwendet. Die Zusammensetzung des Fließmittels hängt von den Eigenschaften der Probe und dem verwendeten Sorbens ab. In ◘ Tab. 17.2 sind einige Fließmittel aufgelistet, die häufig zur dünnschichtchromatographischen Trennung von Arzneistoffen verwendet werden. Besitzen Substanzen saure oder basische Eigenschaften, so kann die Dissoziation und das damit verbundene *Tailing* (▶ Kap. 15.2.3) durch Zugabe von Säure (z. B. Essigsäure) oder Base (z. B. Diethylamin) zurückgedrängt werden.

◘ **Tab. 17.2** In der Arzneimittelanalytik häufig verwendete Fließmittel bei Kieselgelplatten

Substanz	Fließmittel	Zusammensetzung
Organische Säuren	Toluol/Isopropanol/NH_3 (25 %)	30/60/10
	Toluol/Aceton/HCOOH	60/39/1
Neutralstoffe	Methylenchlorid/Ethanol	90/10
	Toluol/Aceton	60/40
Alkaloide	Methylenchlorid/Aceton/NH_3 (25 %)	20/78/2
	Methylenchlorid/Methanol/NH_3	85/14/1
	Methylenchlorid/Diethylamin	90/10

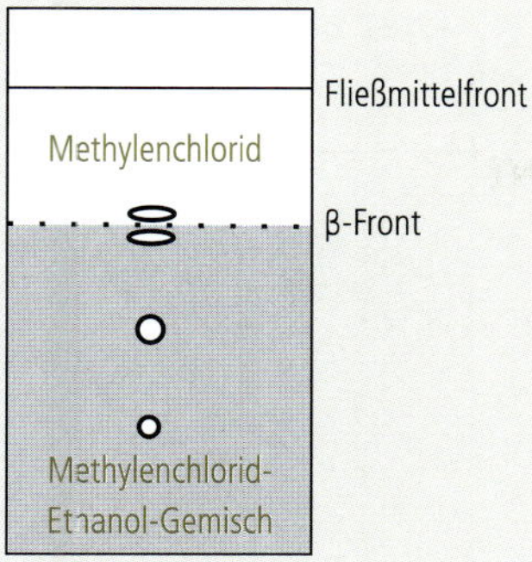

Abb. 17.2 Ausbildung einer β-Front

Beta-Fronten 17.2.1

Bei Fließmittelgemischen kann sich durch Adsorption oder Verdunstung einer Komponente während der Entwicklung die Zusammensetzung verändern. Kommt es zur vollständigen Adsorption einer Fließmittelkomponente durch das Sorbens, so fehlt diese Komponente ab einer bestimmten Entwicklungsstrecke und es kommt zur Ausbildung einer sogenannten β-Front (Abb. 17.2). Substanzen, die sich in der Nähe der β-Front befinden, werden als bandenförmige Flecke detektiert.

Kammersättigung 17.2.2

Wird die DC-Kammer mit Filterpapier ausgekleidet und nach dem Einfüllen des Fließmittels und vor dem Einbringen der DC-Platte eine Zeitlang stehengelassen, so erreicht man eine relativ schnelle Sättigung des Gasraums mit den Fließmitteldämpfen. Es handelt sich hierbei um eine **gesättigte** Kammer. Die Kammersättigung verhindert, dass leichtflüchtige Komponenten des Fließmittels während der Entwicklung des Chromatogramms verdampfen. Dagegen kommt es in ungesättigten Kammern bei leicht flüchtigen Lösungsmitteln zu stärkeren Änderungen der Fließmittelzusammensetzung entlang der Trennstrecke. Die chromatographischen Ergebnisse mit und ohne Kammersättigung sind daher nicht unbedingt miteinander vergleichbar.

Praktische Durchführung 17.3

Die Wahl des verwendeten Fließmittels hängt von den zu trennenden Substanzen ab. In Tab. 17.2 sind häufig verwendete Fließmittel für Kieselgel aufgelistet.

Die Wanderungsstrecke der einzelnen Substanzen lässt sich über das Fließmittel verändern (eluotrope Reihe, ▶ Kap. 16.1.5). Nach dem Mischen wird das Fließmittel in die DC-Kammer eingefüllt und ggf. eine Kammersättigung durchgeführt.

> **Merke**
> Die Erhöhung des Elutionsvermögens der mobilen Phase führt zu einer größeren Wanderungsstrecke der Substanzen.

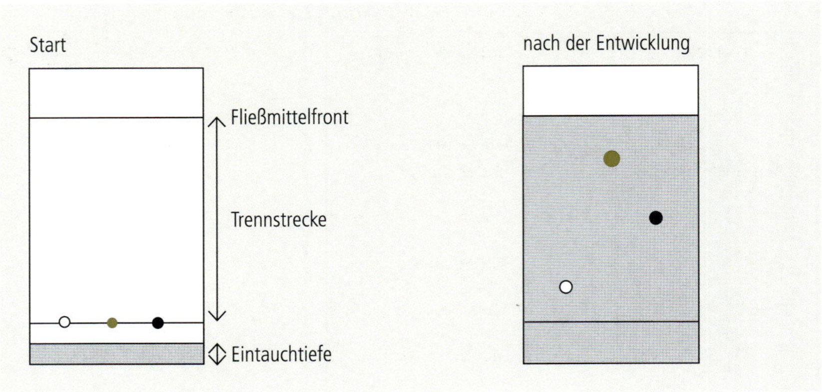

Abb. 17.3 Entwicklung eines Chromatogramms

Auftragen von Proben

Die zu untersuchenden Substanzen oder Proben werden in einem geeigneten organischen Lösungsmittel gelöst. Als günstig haben sich Konzentrationen von ca. 0,1–0,25 % erwiesen, d. h. 10 mg Substanz werden in 4–10 ml organischem Lösungsmittel gelöst. Das Auftragen der Lösung erfolgt mit Schmelzpunktkapillaren oder speziell dafür vorgesehenen Auftragekapillaren mit definiertem Volumen (häufig 2–10 µl). Beim Auftragen sollte darauf geachtet werden, dass der Substanzfleck möglichst klein bleibt. Große Substanzflecke verschlechtern die Trennung. Nach dem Auftragen wird das Lösungsmittel der Probe vollständig verdampft. Daher spielt das Lösungsmittel der Probe im Gegensatz zu säulenchromatographischen Methoden für das chromatographische Ergebnis nur eine untergeordnete Rolle. Der Abstand der Startlinie vom unteren Rand der Platte sollte so groß gewählt werden, dass die aufgetragenen Substanzflecke später in der Kammer nicht in das Fließmittel eintauchen (meistens sind 1–1,5 cm Abstand ausreichend; Abb. 17.3). Der Abstand zwischen den einzelnen Proben auf der DC-Platte sollte 1–1,5 cm betragen. Die äußeren Proben sollten ca. 1,5 cm vom Plattenrand entfernt sein, um Randeffekte zu vermeiden. Die Startlinie, die Auftragestellen für die Proben und die Probenbezeichnung können mit einem (weichen) Bleistift auf der DC-Platte markiert werden. Nach dem Auftragen der Proben wird die DC-Platte in die Kammer gestellt und entsprechend der Vorschrift über eine bestimmte Strecke (meistens 10 oder 15 cm) entwickelt (Abb. 17.3). Nach abgeschlossener Entwicklung wird das Fließmittel unter dem Abzug abgedampft. Ggf. kann die Platte nach der vollständigen Entfernung des Fließmittels mit einem anderen Fließmittel erneut entwickelt werden (Mehrfachentwicklung). Anschließend wird die Platte ausgewertet.

17.4 Detektionsmethoden

Zur Visualisierung der Substanzflecke gibt es mehrere Möglichkeiten:

- Die Substanzen sind gefärbt. In diesem Fall lässt sich die Lage der Bande an der Eigenfarbe der Substanzen erkennen.

Detektion von UV-absorbierenden Analyten

- Die Substanzen absorbieren im UV-Bereich. Substanzen, die in der Lage sind, UV-Licht mit einer Wellenlänge von 254 nm zu absorbieren, lassen sich mit

Tab. 17.3 Sprühreagenzien in der Dünnschichtchromatographie

Sprühreagenz	Substanzgruppe	Farbreaktion
Ioddampf	Universell	Braune Flecken
Kaliumpermanganat/ Schwefelsäure	Universell, reduzierende Verbindungen	Weiße Flecken auf rosa Grund
Anisaldehyd/Schwefelsäure	Zucker, Steroide, Terpene	Verschiedene Farben
Ninhydrin	Aminosäuren	Gelb bis violett
Eisen(III)chlorid/HCl	Phenole, Hydroxamsäuren	Blau, rot
Formaldehyd-Schwefelsäure	Mehrkernige Aromaten	Unterschiedlich
Molybdatophosphorsäure	Reduzierende Verbindungen, Lipide, Sterine, Steroide	Blau (Antioxidantien)
Nitroprussid-Natrium	SH-Verbindungen	Rote Flecken
4-Dimethylbenzaldehyd/HCl	Amine	Gelb bis violett

DC-Platten detektieren, die mit einem Fluoreszenzindikator imprägniert sind. Hält man diese Platten unter eine UV-Lampe, so wird der Indikator zur Fluoreszenz angeregt. Durch das abgestrahlte Fluoreszenzlicht erscheint die Platte als hell leuchtende Fläche. An Stellen, an denen sich UV-absorbierende Substanzen befinden, wird die Fluoreszenz gemindert, es entsteht ein dunkler Fleck (bei: Aromaten, Verbindungen mit konjugierten Doppelbindungen).

- Die Substanzen können entweder direkt oder nach dem Besprühen der Platten mit entsprechenden Reagenzien zur Fluoreszenz angeregt werden. Viele dieser Verbindungen können durch Einstrahlung von UV-Licht (365 nm) zur Fluoreszenz angeregt werden, wobei die Wellenlänge des abgestrahlten Lichts im sichtbaren Bereich liegt. Wird die DC-Platte mit UV-Licht bestrahlt, erscheinen diese Verbindungen als helle Flecken auf dunklem Grund.
- Die Substanzen sind weder UV- noch fluoreszenzaktiv. Derartige Verbindungen lassen sich u. U. durch den Einsatz von Sprühreagenzien sichtbar machen. In Tab. 17.3 sind verschiedene Sprühreagenzien beschrieben.

Die vom Auge wahrgenommene Fleckgröße hängt von der Nachweisgrenze des Detektionsverfahrens ab. Je niedriger die Nachweisgrenze des verwendeten Detektionsverfahrens ist, desto eher entspricht die von Auge wahrgenommene Fleckgröße (**visuelle Fleckgröße**) der **wahren Fleckgröße**.

Eine Alternative zum Besprühen ist bei manchen Derivatisierungsreaktionen das Eintauchen der DC-Platte in die Reagenzlösung. Das Verfahren eignet sich besonders für Reihenuntersuchungen und in Fällen, bei denen die DC-Platte quantitativ ausgewertet wird. Das Eintauchen gewährleistet eine gleichmäßigere Benetzung der Oberfläche mit dem Derivatisierungsreagenz als das Besprühen. Die Bedingungen müssen jedoch so gewählt werden, dass die Desorption von Substanzen beim Eintauchen vermieden wird.

17.5 Das chromatographische Resultat, R_f-Wert

Die Wanderung der Substanzflecke auf der DC-Platte lässt sich durch den **R_f-Wert** (**Retardationsfaktor**) charakterisieren. Der R_f-Wert ist der Quotient aus der Entfernung der Substanz vom Start und der Entfernung der Fließmittelfront vom Start (= Trennstrecke; Abb. 17.3).

$$R_f\text{-Wert} = \frac{\text{Entfernung der Substanz vom Start}}{\text{Entfernung der Fließmittelfront vom Start}}$$

R_f–Wert liegt zwischen 0 und 1

Da sich bei einem **inneren Chromatogramm** (▶ Kap. 15.1.4) alle Substanzen innerhalb der Trennstrecke befinden, kann der R_f-Wert lediglich Werte zwischen 0 und 1 annehmen. Je weniger eine Substanz während der Trennung wandert, d. h. je besser die Substanz von der stationären Phase festgehalten wird, desto geringer ist der R_f-Wert. Für Kieselgel gilt daher: Je niedriger der R_f-Wert bei einer bestimmten Trennung ist, desto hydrophiler ist die Verbindung.

Der R_f-Wert hängt außer von der verwendeten stationären und mobilen Phase noch von mehreren anderen Faktoren ab:

- der Aktivität des Sorbens,
- der relativen Luftfeuchtigkeit,
- der Temperatur,
- der Kammersättigung.

Der R_f-Wert ist somit keine Stoffkonstante und für qualitative Aussagen nur bedingt geeignet. Daher ist die Verwendung authentischer Vergleichssubstanzen bei der Charakterisierung bzw. dem Nachweis von Substanzen zu empfehlen. Stehen keine authentischen Vergleichssubstanzen zur Verfügung, so kann das Retentionsverhalten von Substanzen durch den R_{St}-Wert charakterisiert werden.

$$R_{St}\text{-Wert} = \frac{\text{Entfernung der Substanz vom Start}}{\text{Entfernung der Standardsubstanz vom Start}}$$

17.6 Hochleistungs-Dünnschichtchromatographie

Eigenschaften HPTLC-Platten

Der größte Nachteil der konventionellen Dünnschichtchromatographie ist die im Vergleich zur Gaschromatographie oder HPLC relativ niedrige Trennleistung. Durch Verkleinerung des Teilchendurchmessers des Sorbens (in der Regel 5 µm), Verwendung von Material mit enger Korngrößenverteilung und durch eine gleichmäßige Schichtdicke des Sorbens konnte die Trennleistung von DC-Platten gesteigert werden. Diese Verbesserungen führten zur Entwicklung der **Hochleistungs-Dünnschichtchromatographie** (HPTLC, *engl.* high performance thin layer chromatographie). Derartige Platten haben Abmessungen von 5 × 5 oder 5 × 10 cm. Die Applikation der Probe erfolgt mit speziellen Kapillaren und Auftragegeräten, das Auftragevolumen liegt meistens unter 1 µl. HPTLC-Platten werden meistens in speziellen Horizontalkammern mit der Kieselgelschicht nach unten entwickelt (Abb. 17.4). Die Fritte dient zum Übertragen des Fließmittels vom Fließmittelvorrat auf die Platte. Platten mit 10 cm Länge können gleichzeitig von beiden Seiten her

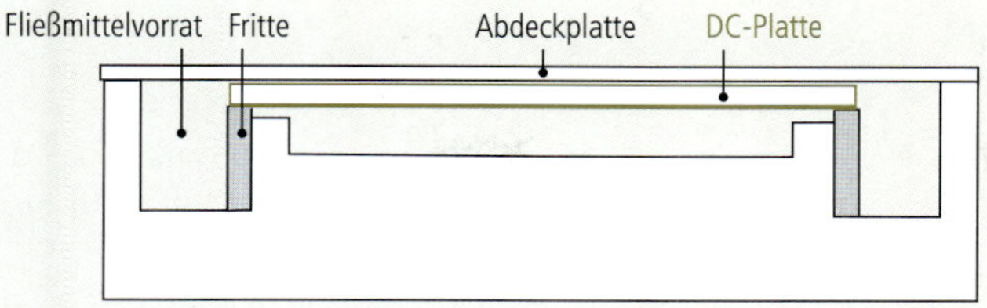

Abb. 17.4 HPTLC-Kammer

entwickelt werden. Die kurze Entwicklungsstrecke (ca. 4 cm) führt zu kurzen Analysenzeiten (wenige Minuten), außerdem ist der Lösungsmittelverbrauch bei Verwendung von HPTLC-Kammern gering (wenige ml). Aufgrund der hohen Trennleistung und der gleichmäßigen Beschichtung der HPTLC-Platten eignet sich die HPTLC sehr gut zur Durchführung quantitativer Bestimmungen.

Quantitative Dünnschichtchromatographie 17.7

Neben qualitativen Aussagen erlauben chromatographische Methoden auch die quantitative Bestimmung von Substanzen. Bei chromatographischen Quantifizierungen spielen v. a. säulenchromatographische Methoden eine Rolle (Gaschromatographie, HPLC), da in diesen Fällen das chromatographische Ergebnis mittels Detektor und Schreiber registriert wird und die Quantifizierung ohne großen Mehraufwand durchgeführt werden kann. Gegenüber säulenchromatographischen Methoden bietet die DC jedoch den Vorteil, dass auf einer DC-Platte mehrere Proben gleichzeitig analysiert werden können. Der Nachteil quantitativer DC-Bestimmungen liegt darin, dass der apparative Mehraufwand für die Quantifizierung im Vergleich zu rein qualitativen Anwendungen relativ hoch ist.

DC-Scanner 17.7.1

Fluoreszierende Substanzen (▶ Kap. 9) oder Substanzen, die in der Lage sind, Licht zu absorbieren (▶ Kap. 8) lassen sich durch Einsatz eines **DC-Scanners** quantifizieren. Ein DC-Scanner besteht prinzipiell aus einem Photometer oder Fluorimeter, dessen Lichtstrahl bzw. Messzelle über die Oberfläche der DC-Platte bewegt werden kann (Abb. 17.5). Auf diese Weise wird die Fluoreszenz oder Lichtabsorption der DC-Platte in Abhängigkeit von der Trennstrecke bzw. dem R_f-Wert erfasst.

Analyten-Quantifizierung durch DC-Scanner

Wird die Lichtabsorption gemessen, so entsteht beim Durchmessen (Scannen) einer Analysenbahn genau dann ein Signal, wenn sich der Messkopf über eine Stelle bewegt, an der sich eine lichtabsorbierende Substanz befindet (Abb. 17.5). Im Unterschied zur Photometrie wird bei dieser Methode in der Regel nicht der Anteil des Lichts gemessen, der durch die Probe tritt, sondern es wird der Anteil des Lichts bestimmt, der von der DC-Platte wieder zurückgestrahlt wird. Eine derartige Messmethode wird als **Remissionsmessung** bezeichnet. Befindet sich auf der DC-Platte eine Substanz, welche das eingestrahlte Licht absorbiert, so wird die Intensität des reflektierten Lichts vermindert (Remissionsminderung).

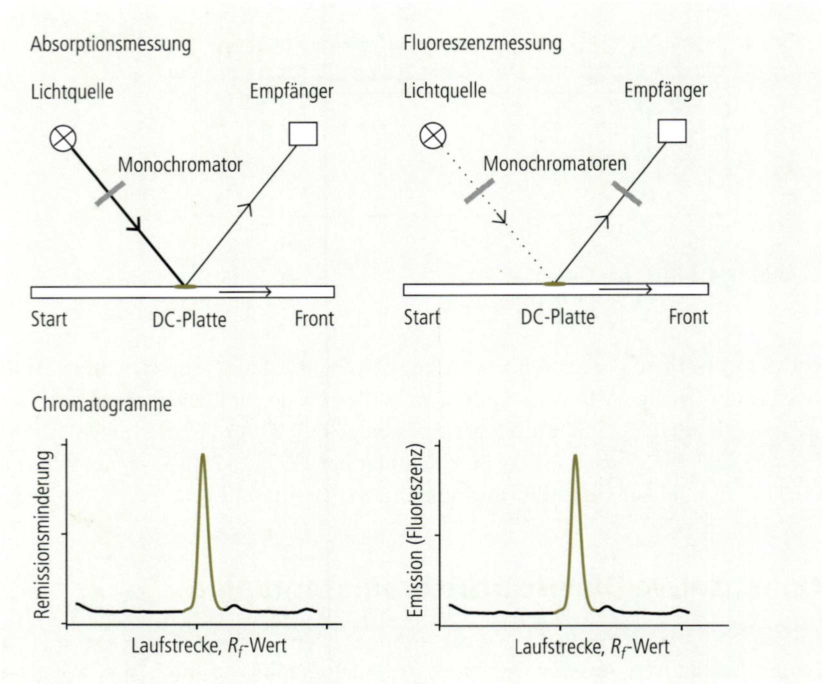

Abb. 17.5 Prinzip der quantitativen Direktauswertung

Beruht die Messung dagegen auf den fluoreszierenden Eigenschaften von Verbindungen, so wird die Intensität des Fluoreszenzlichts erfasst, welches von den Verbindungen bei entsprechender Anregung abgestrahlt wird (Abb. 17.5). Im Gegensatz zur Absorptionsmessung werden bei einer fluorimetrischen Bestimmung zwei Monochromatoren benötigt. Ein Monochromator (Anregungsmonochromator) sorgt für die Auswahl der richtigen Wellenlänge der Anregungsstrahlung, der zweite Monochromator (Fluoreszenz- oder Emissionsmonochromator) lässt das Fluoreszenzlicht durch und bewirkt, dass nur das von der Substanz emittierte Fluoreszenzlicht auf die Detektormesszelle trifft (Abb. 17.5).

17.7.2 Dünnschichtchromatogramm

Auswertung Remissionsgrad-Ortskurve

Im Gegensatz zur Säulenchromatographie, bei der das Signal in Abhängigkeit von der Zeit oder dem Elutionsvolumen seit der Probeninjektion erfasst wird, entstehen beim Einsatz eines DC-Scanners Chromatogramme, bei denen das Detektorsignal in Abhängigkeit von der Laufstrecke oder dem R_f-Wert aufgetragen ist (Abb. 17.5). Beruht die Messung auf der Ermittlung der Remission (was in der Regel der Fall ist), so werden die Chromatogramme auch als **Remissionsgrad-Ortskurve** bezeichnet. Zur quantitativen Bestimmung von Substanzen wird die *Peakfläche* herangezogen, die ein Maß für die in der Probe enthaltene Substanzmenge darstellt. Unter konstanten chromatographischen Bedingungen besitzt der Peak einer bestimmten Substanz eine konstante Peakbreite in halber Höhe, sodass die *Peakhöhe* ein Maß für die Substanzkonzentration darstellt. In diesen Fällen kann die Peakfläche oder die Peak-

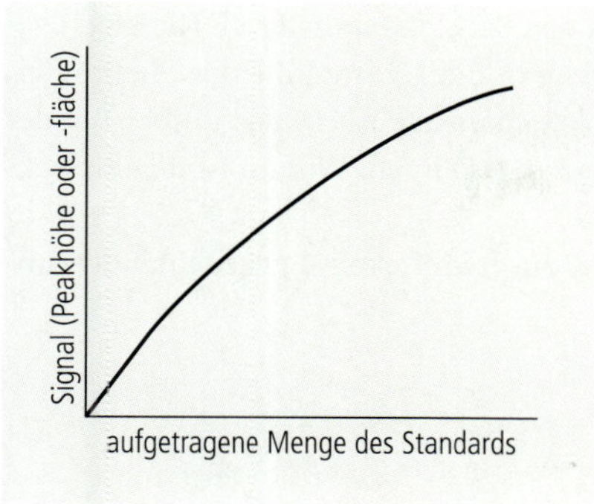

Abb. 17.6 Typische Kalibrierkurve bei Remissionsmessungen

höhe zur Quantifizierung einer Substanz herangezogen werden. Die Auswertung erfolgt anhand von Kalibrier- bzw. Eichkurven (Abb. 17.6). Im Gegensatz zu photometrischen Bestimmungen (▶ Kap. 8) verlaufen die Kalibrierkurven von Remissionsmessungen meistens gekrümmt.

Auswahl der Messparameter zur Quantifizierung 17.7.3

Die Ermittlung der optimalen Messwellenlänge ist ein wichtiger Parameter für die Quantifizierung. Die einfachste Methode, die optimale Wellenlänge zu ermitteln, ist die Aufnahme eines Absorptionsspektrums. Dabei wird die Lichtabsorption in Abhängigkeit von der eingestrahlten Wellenlänge bestimmt. Erfolgt die Messung der Absorption über die Bestimmung der Lichtremission, so wird das Spektrum als **Remissionsspektrum** bezeichnet. Das Remissionsspektrum einer Substanz kann sich vom Absorptionsspektrum, welches man bei der klassischen UV/VIS-Spektroskopie (▶ Kap. 8) mit der gelösten Substanz erhält, unterscheiden. Bei fluorimetrischen Bestimmungen ist darauf zu achten, dass eine Anregungswellenlänge gewählt wird, bei der die Substanz einen hohen Absorptionskoeffizienten besitzt (▶ Kap. 9). Außerdem sollten Anregungs- und Emissionswellenlänge so weit auseinanderliegen, dass der Emissionsmonochromator lediglich das emittierte Licht durchlässt.

Übungen 17.8

1. Bei der Trennung eines Stoffgemisches mittels DC besitzt Phenolrot einen R_f-Wert von 0,32 bei einer Entwicklungszeit von 10 min und einer Fließmittelfront von 12 cm. Berechnen Sie die Laufstrecken von Fließmittelfront und Phenolrot nach einer Zeit von 15 min.
2. Eine Substanz besitzt einen R_f-Wert von 0,8 bei Verwendung von Kieselgelplatten und einem Fließmittel von Dichlormethan/Methanol 90/10. Wie muss das Fließmittel verändert werden, um zu niedrigeren R_f-Werten zu kommen?
3. Sie werten eine dünnschichtchromatographische Trennung zuerst mittels UV-Licht aus. Danach besprühen Sie die DC-Platte mit einem geeigneten Reagenz und Ihnen fällt auf, dass der Substanzfleck bei diesem Detektionsverfahren größer ist. Worauf ist dies zurückzuführen?

4. Bei einer Substanz ist bei einem R_f-Wert von 0,2 (Plattenmaterial: Kieselgel) gerade noch ein Fleck zu erkennen. Sie steigern die Hydrophilie des Fließmittels und führen Trennung mit derselben Substanzmenge nochmals durch. Bei der Auswertung der Platte ist kein Fleck mehr zu erkennen. Worauf ist dies zurückzuführen?
5. Welche Größen werden bei einer Remissionsgradortskurve gegeneinander aufgetragen?

Hochleistungs-Flüssigkeitschromatographie (HPLC) 18

Die Hochleistungs-Flüssigkeitschromatographie (HPLC, *engl.* High performance liquid chromatography) stellt eine bestimmte Form der Säulenchromatographie dar. ○ Abb. 18.1 zeigt den einfachsten Aufbau einer HPLC-Säulenchromatographie. Ein säulenchromatographisches System besteht aus einer Vorrichtung zur Förderung der mobilen Phase, einem Injektor zur Applikation der Probe, einer Trennsäule und einem Detektor, der an einen Schreiber oder Integrator angeschlossen ist. Die Entwicklung der HPLC als Trennverfahren ist darauf zurückzuführen, dass die Trennleistung einer Säule vom Teilchendurchmesser und der Porengröße der Teilchen abhängt.

Merke
Je kleiner die Korngröße und je gleichmäßiger die Korngrößenverteilung der Partikel der stationären Phase ist, desto höher ist die Trennleistung.

Einfluss Korngröße auf Trennleistung

Kleinere Partikelgrößen führen jedoch zu einer hohen Packungsdichte der stationären Phase. Aufgrund der hohen Packungsdichte reicht die Schwerkraft für den Transport der mobilen Phase nicht mehr aus, das Fließmittel wird daher mit Hilfe spezieller HPLC-Pumpen durch das Säulenbett gepumpt.

18.1 HPLC-Pumpen

Die Pumpen sorgen für einen konstanten Fluss der mobilen Phase. HPLC-Pumpen für analytische Anwendungen liefern Flussraten von 0,1-10 ml/min und Drucke bis zu 400 bar. Zur Vermeidung von Signalschwankungen bei der Detektion sollten die Pumpen möglichst pulsationsarm arbeiten.

18.2 Stationäre und mobile Phasen in der HPLC

Wahl der stationären Phase

Prinzipiell lassen sich neben Kieselgel und dessen Modifikationen (□ Tab. 16.1) alle in der Säulenchromatographie üblichen stationären Phasen auch in der HPLC verwenden. In (□ Tab. 18.1 sind die typischen Kenndaten analytischer HPLC-Anwendungen aufgeführt. Im pharmazeutischen Bereich spielt die C-18-Umkehrphase heute die größte Rolle. Dabei werden häufig Methanol-Wasser oder Acetonitril-Wasser-Mischungen mit den entsprechenden Zusätzen (Puffer, Säuren, Ionenpaarreagenzien, ▶ Kap. 16.1.6) als Fließmittel verwendet. Die starke Verbreitung der Umkehrphasen ist z. T. darauf zurückzuführen, dass diese Phasen gegenüber den Normalphasen den Vorteil haben, dass Wasser ein relativ schwaches Elutionsmittel darstellt, sodass der Wassergehalt der organischen Fließmittelbestandteile die Elutionskraft kaum beeinflusst. Außerdem werden häufig wasserhaltige Fließmittel verwendet, sodass der Wasseranteil der organischen Fließmittelkomponenten für die Zusammensetzung der mobilen Phase unerheblich ist. Bei Normalphasen wird die

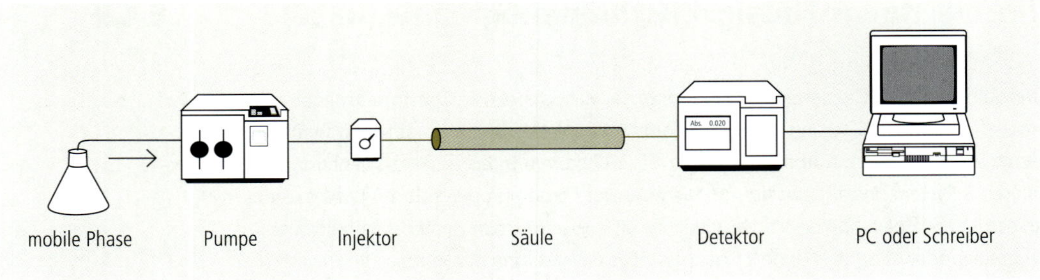

○ **Abb. 18.1** Aufbau der HPLC-Säulenchromatographie

□ **Tab. 18.1** Typische chromatographische Kenndaten analytischer HPLC-Anwendungen

Kenndaten	Beispiele
Trennprinzipien	Adsorptions und Verteilungschromatographie (Normalphasen, Umkehrphasen), Ionenpaarchromatographie, Ionenaustauschchromatographie, Ausschlusschromatographie
Säulen	Korngröße des Säulenmaterials 3–10 µm
	Säulenlänge 10–50 cm
	Säulendurchmesser 4–10 mm
Fließmittel	Wasser, Acetonitril, Methanol, Dichlormethan, n-Hexan, Propanol
Fließmittelzusätze	Mineralsäuren, Essigsäure, Trifluoressigsäure, aliphatische Sulfonsäuren, Tetrabutylammoniumchlorid, Puffer, Salze
Detektoren	UV-VIS-Detektor, Fluoreszenzdetektor, elektrochemischer Detektor Brechungsindexdetektor, Leitfähigkeitsdetektor, HPLC-MS-Kopplung

Elutionskraft des Fließmittels dagegen stark vom Wassergehalt der verwendeten organischen Lösungsmittel und von der relativen Luftfeuchte beeinflusst (▶ Kap. 17.1.2).

Wahl der mobilen Phase

Die Wahl der mobilen Phase hängt von den Eigenschaften der zu bestimmenden Substanz und von der stationären Phase ab. Erhöht man zum Beispiel die Elutionskraft des Fließmittels, so werden die Retentionszeiten von Substanzen verkürzt. Die Elution von Substanzen an einer bestimmten stationären Phase lässt sich folglich über die Zusammensetzung der mobilen Phase steuern (eluotrope Reihe, ▶ Kap. 16.1.5). Das Lösungsmittel für die Probe sollte eine niedrigere Elutionskraft als das Fließmittel aufweisen. Wird dies nicht beachtet, so kommt es insbesondere bei größeren Probenvolumina zur Verschlechterung der Trennung aufgrund des hohen Elutionsvermögens des injizierten Lösungsmittels und der dadurch verursachten Störung des chromatographischen Systems.

Isokratische Elution, Gradientenelution 18.2.1

Wird die Fließmittelzusammensetzung während eines chromatographischen Laufs konstant gehalten, so spricht man von einer **isokratischen Elution**. Dies ist die einfachste Form der Elution in der Säulenchromatographie. Zur isokratischen Elution wird bei der HPLC nur eine Pumpe für die Förderung des Fließmittels benötigt. Die isokratische Elution ist ausreichend, wenn die zu bestimmenden Substanzen keine zu großen Retentionszeitunterschiede aufweisen, sodass alle zu bestimmenden Komponenten innerhalb einer akzeptablen Zeit getrennt werden. Isokratische Elution

Merke
Unter isokratischer Elution versteht man die Durchführung des chromatographischen Laufs bei konstanter Fließmittelzusammensetzung.

Sollen jedoch mit einem chromatographischen Lauf Substanzen bestimmt werden, die sich in ihren chromatographischen Eigenschaften stark unterscheiden und daher stark unterschiedliche Retentionszeiten aufweisen, muss die Fließmittelzusammensetzung während einer chromatographischen Trennung verändert werden. Auf diese Weise gelingt es, große Retentionszeitunterschiede zu verringern.

○ Abb. 18.2 zeigt die Trennung der Probenkomponenten A, B, C und D mit Fließmittel 1 an einer C-18 Umkehrphase. Hier sind die Komponenten A und B zwar optimal getrennt, die Elutionskraft des Fließmittels reicht jedoch nicht aus, die Komponenten C und D innerhalb einer vernünftigen Zeit zu eluieren.

Wird die Elutionskraft des Fließmittel durch Steigerung der Lipohilie (z. B. Erhöhung des Methanolanteils) erhöht, so ist eine gute Trennung der Komponenten C und D zu beobachten, die Substanzen A und B können jedoch nicht mehr ausreichend getrennt werden, da sie sehr früh eluieren. Die Bestimmung der vier Komponenten in einem chromatographischen Lauf gelingt in so einem Fall meistens durch die Veränderung der Fließmittelzusammensetzung während der Trennung (○ Abb. 18.2). Diese Elutionsform wird als **Gradientenelution** bezeichnet. Da die Fließmittelzusammensetzung geändert wird, spricht man auch von einem **Fließmittelgradienten**. Gradientenelution

Merke
Unter isokratischer Elution versteht man die chromatographische Trennung bei konstanter Fließmittelzusammensetzung.

Niederdruck- und Hochdruckgradientensysteme 18.2.2

Prinzipiell gibt es mehrere Möglichkeiten, Fließmittelgradienten zu erzeugen. Die reproduzierbarsten Gradienten erhält man bei Verwendung von HPLC-Anlagen, bei denen die Mischung von Fließmitteln programmiert werden kann. Man unterscheidet zwei Bauweisen: **Hochdruck-** und **Niederdruckgradientensysteme** (○ Abb. 18.3). Beim Hochdruckgradientensystem werden die einzelnen Fließmittel von separaten Pumpen gefördert und die Fließmittelanteile nach den Pumpen, folglich auf der Hochdruckseite, gemischt. Die Steuerung der Fließmittelzusammensetzung erfolgt über die Regulation der Förderleistung der einzelnen Pumpen durch

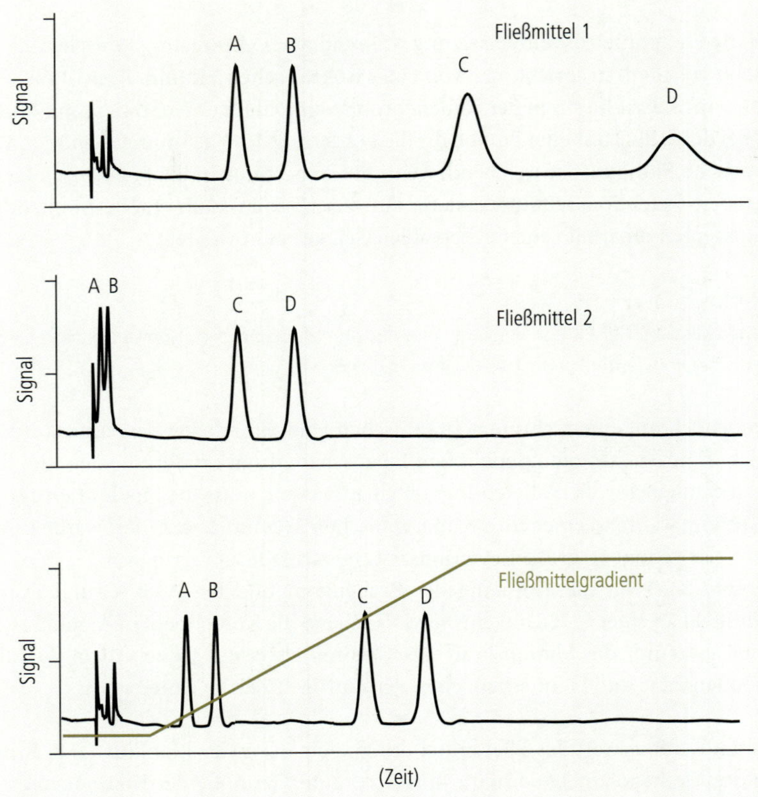

Abb. 18.2 Einfluss der Fließmittelzusammensetzung auf die Retentionszeit

eine programmierbare Steuereinheit. Beim Niederdruckgradienten werden die einzelnen Fließmittel vor der Pumpe, somit auf der Niederdruckseite, durch Schaltventile gemischt (Abb. 18.3). Die Schaltventile werden ebenfalls von einer programmierbaren Steuereinheit reguliert. Ein wichtiger Unterschied bei beiden Gradientensystemen ist das Fließmittelvolumen zwischen dem Punkt, an dem die Fließmittelkomponenten gemischt werden und dem Säulenanfang. Dieses Volumen, welches als Gradientenverzögerungsvolumen oder **Dwell-Volumen** bezeichnet wird, bestimmt ganz wesentlich, wie schnell ein in der Mischkammer hergestelltes Fließmittelgemisch auf der Säule ankommt. Das Dwellvolumen lässt sich experimentell leicht bestimmen.

Unterschied Hochdruck- und Niederdruckgradientensysteme

Da die Adsorption von Substanzen an die stationäre Phase temperaturabhängig ist, und mit zunehmender Temperatur die Retentionszeit von Substanzen abnimmt, kann die Elution von Verbindungen auch über die Säulentemperatur gesteuert werden. **Temperaturgradienten** werden im Vergleich zu Fließmittelgradienten seltener angewendet.

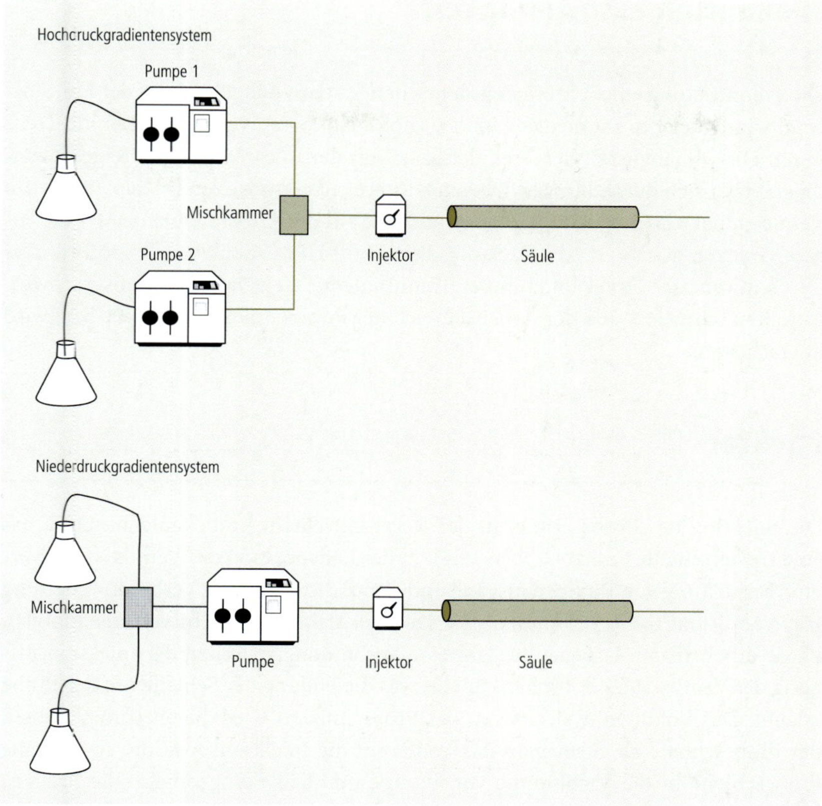

Abb. 18.3 Gradientensysteme in der HPLC, die Hochdruckseite ist farbig dargestellt

Anforderungen an das Fließmittel 18.2.3

Die bei der HPLC verwendeten Fließmittel müssen sehr rein sein und sollten vor Gebrauch entgast werden. Die Entgasung gelingt durch Ultraschallbehandlung im Vakuum, durch Inertgasspülung mit Helium oder durch Filtration durch engporige Filtermembranen. Die bei nicht entgasten Fließmitteln auftretende Gasblasenbildung stört die Förderleistung der Pumpen und führt zu Störsignalen bei der Detektion.

Fließmittel und Gasblasenbildung

Vor allem bei der Mischung verschiedener Lösungsmittel kommt es gerne zur Gasblasenbildung, was ein Problem bei Niederdruckgradientensystemen darstellt. In diesen Fällen muss besonders auf eine effektive Entgasung der Fließmittel geachtet werden. Da bei Hochdruckgradienten die Mischung der Fließmittel unter hohem Druck erfolgt, sind diese Systeme in der Hinsicht weniger störungsanfällig. Aufgrund der Druckentlastung nach dem Durchtritt des Fließmittels durch die Säule kann es jedoch im Detektor zur Gasblasenbildung kommen. Dies kann jedoch durch Installation eines Gegendruckventils am Ausgang des Detektors verhindert werden.

Wird ein UV-Detektor zum Nachweis der Probe eingesetzt, so ist bei der Wahl des Fließmittels darauf zu achten, dass es bei der gewählten Wellenlänge keine signifikante Eigenabsorption besitzt (Cut off von Lösungsmitteln, ▶ Kap. 18.5.1).

18.3 Fließmittelgeschwindigkeit

Die Trennleistung eines chromatographischen Systems hängt u. a. von der Elutionsgeschwindigkeit ab. Zu niedrige bzw. zu hohe Flussraten verschlechtern die Trennung. Die Abhängigkeit der Trennleistung von der linearen Fließmittelgeschwindigkeit lässt sich durch die Van-Deemter-Kurve charakterisieren (▶ Kap. 19.5.1). Im Vergleich zur Gaschromatographie sind der Wahl der Flussrate bei der HPLC engere Grenzen gesetzt, da die Packungsdichte von HPLC-Säulen sehr groß ist. Dadurch nimmt der Druckabfall in der Trennsäule bei steigenden Elutionsgeschwindigkeiten schnell zu und der Arbeitsbereich der Pumpe (meistens bis 400 bar) wird überschritten.

18.4 Injektor

Probenschleife von HPLC-Injektoren

Die Injektion der Probe erfolgt in der Regel mit einem Probenaufgabeventil, das eine Dosierschleife besitzt (○ Abb. 18.4). In der Ladeposition des Ventils ist die Verbindungsleitung von Pumpenausgang und Ventil direkt mit der Verbindungsleitung von Ventil und Säule verbunden. Die Dosierschleife wird nicht von der mobilen Phase durchströmt. Dagegen besteht eine Verbindung zwischen der Injektionsöffnung des Ventils und der Probenschleife, was die Füllung der Schleife mit der Probe erlaubt. Das Volumen, welches von der Probe injiziert wird, hängt vom Volumen der Probeschleife ab. Stellt man das Ventil auf die Injektionsposition, so wird die Probeschleife in die Verbindung von Pumpe und Säule eingebracht, die Probenschleife wird vom Elutionsmittel durchströmt, und die Probe zur Säule transportiert.

Das Volumen der Verbindungsleitungen zwischen Injektor und Säule und Säule und Detektor sollte möglichst gering gehalten werden. Damit lassen sich sogenannte Totvolumina vermeiden, die nicht am Trennprozess beteiligt sind, aber Diffusionsvorgänge begünstigen und dadurch die Trennleistung eines chromatographischen Systems verschlechtern. Deshalb werden für die Verbindungen zwischen den ein-

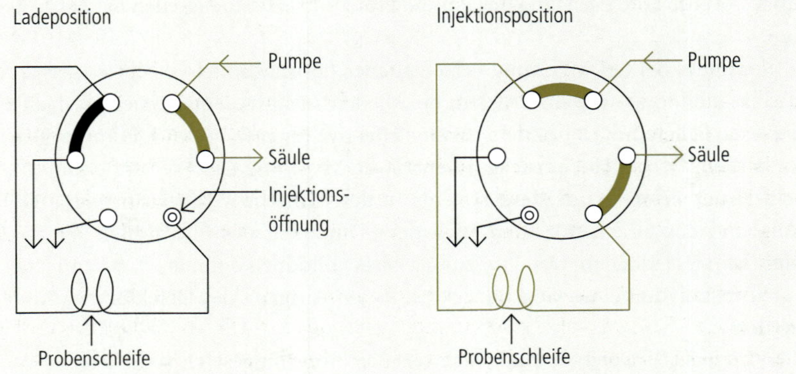

○ **Abb. 18.4** Probenaufgabeventil für die Flüssigkeitschromatographie zelnen HPLC-Komponenten Metall oder Kunststoffkapillaren mit sehr niedrigem Innendurchmesser (0,17-0,8 mm) verwendet.

18.5 Detektoren

Detektion von Analyten

Detektoren dienen der Erfassung der Substanzen nach ihrem Austritt aus der Trennsäule. Die Detektion der Substanzen ist eine wichtige Voraussetzung für den Nachweis und die Quantifizierung der Analysenkomponenten. Im Chromatogramm erscheinen daher nur die Bestandteile der Analyse, welche vom Detektor erfasst werden. Um kleine Substanzmengen in der Analyse erfassen zu können, sollte ein Detektor in der Lage sein, möglichst geringe Mengen nachzuweisen, d. h. er sollte eine hohe *Empfindlichkeit* für die zu bestimmende Substanz besitzen. Beispiele hierfür sind der UV/VIS-, der Fluoreszenz- und der elektrochemische Detektor. Mit diesen Detektoren lassen sich die entsprechenden Substanzen in niedrigen Konzentrationen bestimmen. Dagegen lassen sich Substanzen, die weder fluoreszieren, noch UV/VIS bzw. redox-aktiv sind, mangels geeigneter Detektoren mittels HPLC schlecht nachweisen.

Für eine bestimmte Methode ist es manchmal wünschenswert, einen möglichst *selektiven Detektor* zur Verfügung zu haben, der es erlaubt, die zu bestimmenden Analysenkomponenten selektiv und empfindich nachzuweisen. Ein Vertreter dieser Gattung ist der Fluoreszenzdetektor, mit dem sich fluoreszierende Verbindungen erfassen lassen.

> **Merke**
> Ein Detektor sollte eine möglichst hohe *Selektivität* und *Empfindlichkeit* für die zu analysierenden Substanzen aufweisen.

18.5.1 UV/VIS Detektor

Der UV/VIS-Detektor ist der mit Abstand am häufigsten eingesetzte Detektor in der HPLC. Er misst die Lichtabsorption des Eluats. Seine Bauweise entspricht einem Photometer, welches mit einer Durchflussküvette versehen ist (▶ Kap. 8). Es wird die Lichtabsorption des Eluats in der Küvette kontinuierlich bestimmt und das Signal an einen Schreiber weitergegeben. Gelangt eine Substanz, welche bei der eingestellten Messwellenlänge Licht absorbiert, in die Messzelle des Detektors, so steigt die Lichtabsorption an, die Substanz wird im Chromatogramm als Peak registriert. Substanzen, die keinen Chromophor besitzen, können mittels entsprechender Derivatisierungsreagenzien in lichtabsorbierende Derivate überführt werden. Die Derivatisierung kann vor der Applikation der Probe oder bei entsprechender apparativer Ausstattung auch nach der Trennung (*Postcolumn-Derivatisierung*) durchgeführt werden.

Detektion Licht-absorbierender Analyten

Eine wichtige Voraussetzung für den Einsatz eines UV/VIS-Detektors ist, dass die mobile Phase keine hohe Eigenabsorption aufweist. Die Wellenlänge, unterhalb der die verschiedenen Lösungsmittel nicht mehr eingesetzt werden können (Cut off), sind in ◘ Tab. 18.2 aufgelistet.

Tab. 18.2 Cut off verschiedener Lösungsmittel in HPLC-Qualität

Lösungsmittel	UV-Cut-off (nm)
Aceton	330
Acetonitril	200
Dichlormethan	233
Ethanol	205
Ethylacetat	255
Methanol	206
2-Propanol	205
Pyridin	330
Tetrahydrofuran	230
Toluol	285
Trifluoressigsäure	212

UV/VIS-Detektoren sind in verschiedenen Ausführungen erhältlich. Zum einen gibt es Detektoren, die bei einer oder mehreren festgelegten Wellenlängen messen können, zum anderen gibt es Geräte mit variabler Wellenlänge, bei denen die Messwellenlängen frei wählbar sind. Ein Spezialfall stellen die Photodiodenarray-Detektoren dar. Sie registrieren die Lichtabsorption des Eluats bei zahlreichen Wellenlängen gleichzeitig. Dadurch erhält man zu jedem Zeitpunkt des Chromatogramms ein UV-Spektrum des Eluats. Die Peaks können also also nicht nur aufgrund der Retentionszeit, sondern auch anhand ihres UV-Spektrums identifiziert werden.

18.5.2 Fluoreszenzdetektor

Mit Hilfe des Fluoreszenzdetektors lassen sich Substanzen erfassen, die zur Fluoreszenz angeregt werden können (▶ Kap. 9). Der Aufbau des Detektors entspricht dem eines Fluorimeters. Fluoreszierende Verbindungen lassen sich mit diesem Detektor selektiv und mit hoher Empfindlichkeit nachweisen.

18.5.3 Elektrochemischer Detektor

Mit dem elektrochemischen Detektor lassen sich redox-aktive Verbindungen nachweisen. Das Detektionsprinzip entspricht dem der Amperometrie (▶ Kap. 24.1.1). Mit Hilfe des elektrochemischen Detektors lassen sich z. B. phenolische Verbindungen (wie Adrenalin) in sehr geringen Mengen relativ selektiv nachweisen.

18.5.4 Brechungsindexdetektor

Dieser Detektor erlaubt die Detektion von Substanzen, die eine Änderung des Brechungsindexes verursachen. Da der Unterschied im Brechungsindex zwischen reinem Fließmittel und der Mischung von Substanz und Fließmittel für das Detektorsignal entscheidend ist, ist die Methode umso empfindlicher, je stärker der Brechungsindex des Fließmittels durch die jeweilige Substanz verändert wird. Im Vergleich zum UV/VIS-Detektor ist der Brechungsindexdetektor weit weniger sensitiv und reagiert empfindlich auf Druck und Temperaturänderungen. Da Änderungen der Fließmittelzusammensetzung in der Regel mit einer starken Änderung des Brechungsindexes verbunden sind, kann der Detektor bei Fließmittelgradienten nicht eingesetzt werden.

Leitfähigkeitsdetektor 18.5.5

Mit dem Leitfähigkeitsdetektor lassen sich Verbindungen erfassen, die in Lösung dissoziiert vorliegen und die Leitfähigkeit der mobilen Phase verändern. Das Messprinzip entspricht dem der Konduktometrie (▶ Kap. 22). In der Messzelle des Detektors befinden sich zwei Elektroden, an die eine konstante Wechselspannung angelegt wird. Je höher die Ionenkonzentration der Messlösung ist, desto höher ist die Leitfähigkeit (desto geringer ist der elektrische Widerstand) und desto größer ist die Stromstärke.

Massenselektiver Detektor (HPLC-MS-Kopplung) 18.5.6

Die HPLC-MS-Kopplung ist das aufwendigste Detektionsverfahren in der HPLC. Bei dieser Methode wird eine HPLC-Anlage mit einem Massenspektrometer (MS) über eine spezielle Kopplungseinrichtung (Interface) verbunden. Die mittels HPLC getrennten Substanzen werden über das Interface in das Massenspektrometer eingebracht und anschließend analysiert. Somit erhält man ein Massenspektrum von den Substanzen (▶ Kap. 13). Im Chromatogramm kann entweder der Gesamtionenstrom in Abhängigkeit von der Retentionszeit aufgezeichnet werden oder es kann das Auftreten von bestimmten, für die jeweiligen Substanzen charakteristischen Molekülfragmenten registriert werden. Im letzteren Modus lassen sich bestimmte Moleküle selektiv detektieren.

Analyten-Detektion mit MS

Technisch gesehen ist die Kopplung von HPLC und MS nicht trivial. Das im Massenspektrometer erforderliche Hochvakuum würde ohne eine entsprechende Kopplungseinrichtung (Interface) durch die großen Mengen an Fließmittel, die in das Massenspektrometer eintreten und verdampfen würden, zusammenbrechen. Das Interface hat daher vor allem die Aufgabe, das Fließmittel vor dem Eintritt der Substanzen in das Massenspektrometer zu entfernen.

Derivatisierung 18.5.7

Sollen Substanzen, die weder UV/VIS-Absorption besitzen noch fluoreszieren, mittels HPLC in geringen Mengen bestimmt werden, so müssen sie vor der Detektion (Ausnahme: HPLC-MS) mit geeigneten Reagenzien derivatisiert werden. Für die Derivatisierung müssen folgende Voraussetzungen vorliegen:

- Die zu bestimmende Substanz muss eine funktionelle Gruppe besitzen, welche die Umsetzung mit dem Derivatisierungsreagenz erlaubt (z. B. Hydroxy-, Amino-, Carboxyl- oder Carbonylfunktion).

- Die derivatisierte Probe muss entweder fluoreszieren oder eine UV/VIS-Absorption aufweisen, damit die Verbindung mit dem entsprechenden Detektor detektiert werden kann.
- Die Umsetzung der Probe mit dem Derivatisierungsreagenz sollte auch bei geringen Probekonzentrationen quantitativ verlaufen.
- Überschüssiges Derivatisierungsreagenz darf bei der chromatographischen Bestimmung des Derivats nicht stören.

18.6 Übungen

1. Welche Lösungsmittel eignen sich nicht als Fließmittel für die HPLC-Bestimmung von Salicylsäure mit UV-Detektion bei 235 nm?
2. Wann ist die Anwendung eines Fließmittelgradienten in der HPLC sinnvoll?
3. Welche Detektionsverfahren sind für Bestimmung von Fettsäuren mittels HPLC denkbar?
4. Welche Lösungsmittel eignen sich zum Lösen der Probe, wenn die Trennung an einer C-18 HPLC-Säule mit Acetonitril-Wasser 70/30 als Fließmittel durchgeführt wird?
5. Sie wollen die Trennleistung ihres HPLC-Systems erhöhen. Welche Maßnahmen müssen Sie treffen?

Gaschromatographie

19

Bei der Gaschromatographie werden Substanzen in gasförmigem Zustand unter Verwendung einer gasförmigen mobilen Phase (dem **Trägergas**) und einer flüssigen oder festen stationären Phase getrennt. Voraussetzung für die gaschromatographische Bestimmung einer Substanz ist somit, dass diese unter den chromatographischen Bedingungen in gasförmigem Zustand vorliegt. Schwerflüchtige Verbindungen lassen sich gaschromatographisch nicht oder nur nach entsprechender Derivatisierung bestimmen. Als Trägergase eignen sich u. a. (nach steigender Polarität geordnet) Helium, Wasserstoff, Argon, Stickstoff und Kohlendioxid. Bei flüssigen stationären Phasen beruht die Trennung v. a. auf Verteilungsvorgängen zwischen der gasförmigen mobilen und der flüssigen stationären Phase, bei festen stationären Phasen liegen vor allem Adsorptionsvorgänge vor. Ferner spielt die Flüchtigkeit der Probenkomponenten eine Rolle. Bei homologen Reihen werden die leichter flüchtigen Verbindungen zuerst eluiert.

Eignung Analyte und Trägergase

Elutionsreihenfolge

Aufbau eines Gaschromatographen

19.1

○ Abb. 19.1 zeigt den schematischen Aufbau eines Gaschromatographen. Die Gasdruckflasche, der Druckminderer und der Feinregler sorgen für die konstante Durchströmung der Säule mit dem Trägergas. Der Injektor dient zur Probenaufgabe. Nach der Trennung der Probenkomponenten durch die Säule werden die Substanzen mit dem Detektor registriert. Das Signal wird mit einem Schreiber oder Integrator (oder Computer) aufgezeichnet. Der Injektor, die Säule und der Detektor lassen sich genau temperieren. Dadurch lässt sich die Verdampfungs- und Trenntemperatur an die jeweiligen Substanzeigenschaften (v. a. den Siedepunkt) anpassen.

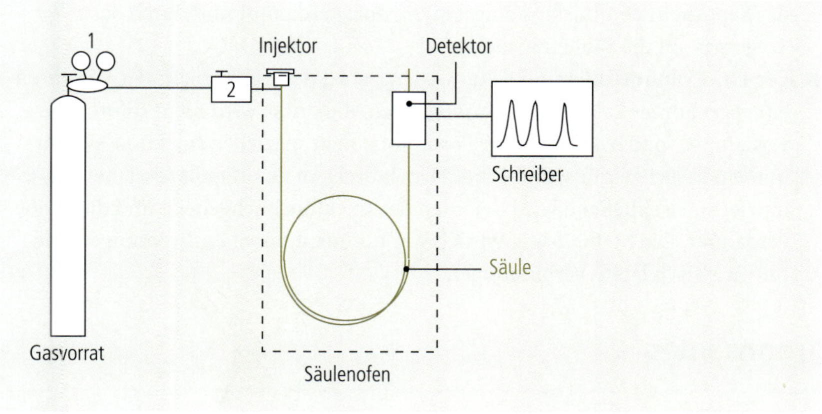

○ **Abb. 19.1** Aufbau eines Gaschromatographen (1 = Druckminderer, 2 = Feinregler für die Trägergasströmung)

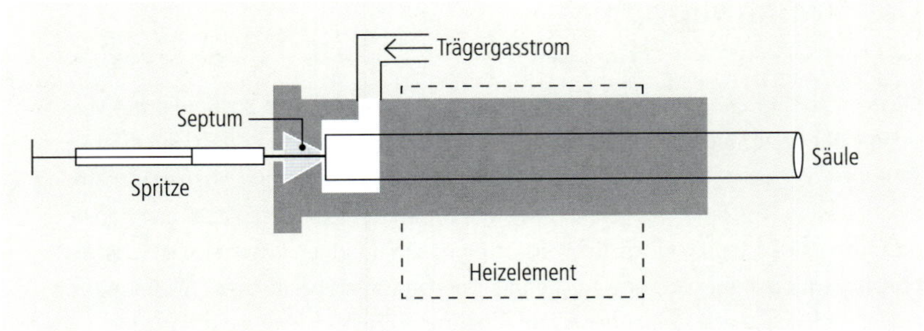

○ **Abb. 19.2** Injektor zur direkten Injektion bei gepackten Säulen

19.2 Injektor

Eine wichtige Aufgabe des Injektors ist die Überführung flüssiger Proben in den gasförmigen Zustand. Anschließend wird die Probe durch das Trägergas auf die Säule transportiert. Das Injektionsverfahren hängt u. a. von der verwendeten Säule ab:

- Die **Splitinjektion** ist die heute am meisten angewendete Technik bei Kapillarsäulen. Bei dieser Technik wird die Probe sofort nach der Injektion verdampft, aber nur ein Teil der verdampften Probe wird auf die Säule gebracht, die Probe wird gesplittet. Dadurch wird die Probenmenge, die auf die Säule kommt, reduziert und es wird verhindert, dass die Kapillarsäulen mit ihrer geringen Probenkapazität überladen werden.
- Die **splitlose Injektion** wird mit einem Splitinjektionssytem im nichtsplittenden Modus durchgeführt. Sie wird v. a. bei der Spurenanalyse mit Kapillarsäulen angewendet.
- Die **direkte Injektion** wird bei gepackten Säulen und Kapillarsäulen mit großem Innendurchmesser angewendet. Die Bauweise eines Injektors für die Direktinjektion ist relativ einfach (○ Abb. 19.2). Die Probe wird mit einer Spritze durch das Septum in den Injektor eingebracht, dort verdampft und durch das Trägergas auf die Säule transportiert.
- Die **On-Column-Injektion** ist im Gegensatz zu den obengenannten Verfahren ein sogenanntes kaltes Injektionsverfahren, die Probe wird nicht sofort verdampft, sondern in flüssiger Form mit einem speziellen Injektionssystem und einer Spritze mit sehr dünner Nadel direkt an den Kapillarsäuleneingang injiziert. Anschließend wird der Ofen des Injektors hochgeheizt und die Probe verdampft. Die Methode eignet sich v. a. für quantitative Bestimmungen und für thermisch labile Verbindungen.

19.3 Trennsäulen

Trennsäulen für die Gaschromatographie lassen sich in **gepackte Säulen** und **Kapillarsäulen** unterteilen.

Tab. 19.1 Adsorbenzien für die Gaschromatographie

Adsorbens	Chem. Zusammensetzung	Handelsname (Auswahl)
Kieselgel	SiO_2	Chromosil
Aluminiumoxid	Al_2O_3	
Aktivkohle	Kohlenstoff	Carbopack
Molekularsiebe	Auf Kohlenstoffbasis	Carboxen
	Aluminiumsilikat	Zeolite
Organische Polymere	Divinylbenzen-Ethylenglykoldimethacrylat-Copolymer	Chromosorb 100-Serie bzw. Porapak-Serie
	Divinylbenzen-Acrylnitril-Copolymer	
	Divinylbenzen-Styren-Copolymer	
	Divinylbenzen-Ethylvinylbenzen-Copolymer	

Gepackte Säulen 19.3.1

Gepackte Säulen bestehen aus einem Glas- oder Metallrohr (2–4 mm Innendurchmesser, 0,5–4 m Länge) das mit dem Säulenmaterial gefüllt ist. Als stationäre Phasen dienen entweder feste Adsorbenzien oder Trennflüssigkeiten, die auf einen Träger (z. B. Kieselgur) aufgebracht sind.

Adsorbenzien

Feste stationäre Phasen (Adsorbenzien) werden häufig bei Bestimmungen von Gasen oder kleinen organischen Molekülen verwendet. Als Adsorbenzien dienen u. a. Kieselgel, Al_2O_3, Aktivkohle und verschiedene organische Polymere (◘ Tab. 19.1).

Trägermaterialien für Trennflüssigkeiten

Neben festen stationären Phasen werden in der Gaschromatographie flüssige stationäre Phasen verwendet. Bei gepackten Säulen werden die flüssigen Phasen (bzw. Trennflüssigkeiten) auf entsprechende Trägermaterialien aufgebracht. Die Trennung beruht auf der Verteilung der Probenkomponenten zwischen der mobilen Phase (Gasphase) und der auf entsprechende Trägermaterialien aufgebrachten Trennflüssigkeit. Als Träger eignen sich z. B. Kieselgur (Chromosorb G, P, W, AW), Dimethyldichlorsilan-behandeltes Kieselgur und Teflon.

Trennflüssigkeiten

Die Anzahl der in der Gaschromatographie verwendeten Trennflüssigkeiten ist enorm. Die Belegung des Trägers mit der Trennflüssigkeit wird in Prozent angegeben und liegt im Bereich von 0,5–20 %. Die Polarität der verwendeten Trennflüssigkeiten erstreckt sich über einen breiten Bereich, sie ist ein wichtiger Parameter bei der Auswahl der stationären Phase für eine bestimmte Trennung.

Eigenschaften Trennflüssigkeiten

Damit eine Substanz als Trennflüssigkeit geeignet ist, muss sie bestimmte Eigenschaften besitzen:

- thermische Beständigkeit,
- geringer Dampfdruck bei der Trenntemperatur,
- geringe Viskosität bei der Trenntemperatur,
- chemisch inert,
- hohe Selektivität für das entsprechende Trennproblem.

Als Trennflüssigkeiten bei gepackten Säulen werden u. a. verwendet: Squalan, Squalen, Polyethylenglykole, Polypropylenglykole, Silikonöle (▶ Kap. 19.3.2), Phthalsäureester.

19.3.2 Kapillarsäulen

Die Trennleistung einer Säule ist umso höher, je länger eine Säule ist. Bei gepackten Säulen sind der Säulenlänge aufgrund des hohen Widerstands, der dem Trägergas durch die Säulenfüllung entgegengesetzt wird, enge Grenzen gesetzt. Kapillarsäulen besitzen im Gegensatz zu den gepackten Säulen keine Säulenfüllung, die sich über den gesamten Querschnitt erstreckt. Durch den Hohlraum in der Mitte der Kapillare ist der Säulenwiderstand geringer als bei einer gepackten Säule. Dies erlaubt die Verwendung von sehr langen Säulen, die Säulenlänge von Kapillarsäulen liegt im Bereich von 15–150 m. Die Kapillarenwand ist der Regel aus synthetischem Quarz (*engl.* fused silica) hergestellt und auf der Innenseite mit der Trennflüssigkeit beschichtet. Es werden in der Regel Kapillaren mit Innendurchmesser von 0,2–0,75 mm verwendet. Bei Kapillaren mit 0,2 mm Innendurchmesser liegen die Schichtdicken der Trennflüssigkeiten bei 0,1–0,8 µm, bei Kapillaren mit größerem Innendurchmesser (0,53 mm) sind Schichtdicken von 0,1–5 µm erhältlich.

Merke

Je größer die Schichtdicke der Trennflüssigkeit ist, desto größer ist die Kapazität der Trennsäule und desto geringer ist die Trennleistung.

Temperaturbeständigkeit der stationären Phase

Trennflüssigkeiten und Temperatur

Eine wichtige Angabe bei den Kapillarsäulen ist der Temperaturbereich, in dem die Säule verwendet werden kann. Ist die gewählte Trenntemperatur für eine bestimmte Trennflüssigkeit zu niedrig, so führt das zu einer schlechten Trennleistung, ist die Trenntemperatur zu hoch, so kann es zur Zersetzung der Trennflüssigkeit oder zum Ausbluten der Säule durch den erhöhten Dampfdruck der stationären Phase kommen.

Um das Ausbluten der Säule zu vermindern, wird die Trennflüssigkeit chemisch an der Kapillarwand fixiert. Man unterscheidet daher immobilisierte/chemisch gebundene Phasen (*engl.* bonded phases) von ungebundenen Phasen (nonbonded phases), bei denen die Trennflüssigkeit lediglich auf die Kapillarwand aufgetragen und nicht weiter in der Kapillare fixiert ist.

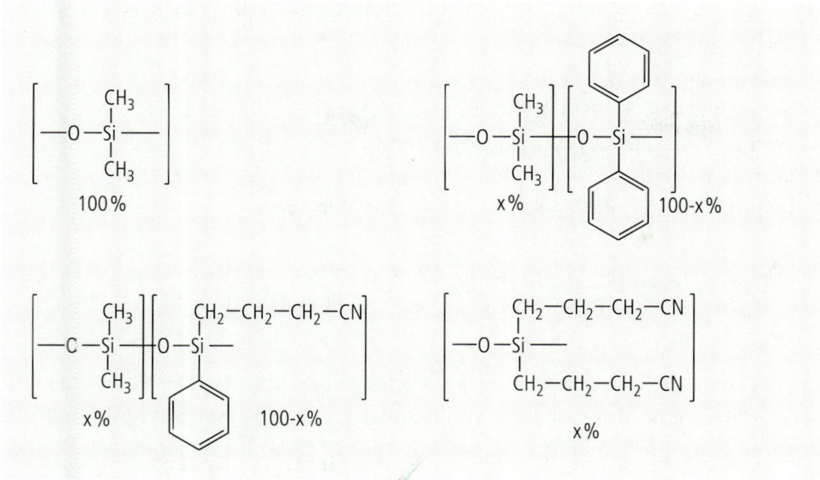

○ Abb. 19.3 Polysiloxane als Trennflüssigkeit

Trennflüssigkeiten

Silikonöle und Polyethylenglykole sind häufig verwendete Trennflüssigkeiten. Bei den Silikonölen (Polysiloxanen) hängt die Polarität von der Zusammensetzung ab. Reine Polydimethylsiloxane besitzen unpolare Eigenschaften (○ Abb. 19.3). Die Polarität der Polysiloxane steigt durch Erhöhung des Anteils an Diphenyl-, Cyanopropylphenyl- oder Dicyanopropylsiloxanen. Zu den polaren Trennflüssigkeiten zählen Polysiloxane mit einem hohen Anteil an Cyanopropyl- oder Phenylsiloxan und die Polyethylenglykolphasen. Die Trennflüssigkeiten werden durch Sauerstoff oxidiert und zersetzt. Dieser Effekt tritt insbesondere bei den hohen Trenntemperaturen auf. Daher ist darauf zu achten, dass die verwendeten Trägergase möglichst sauerstofffrei sind und dass die Trennsäulen bis zum Abkühlen mit Trägergas durchspült werden.

Trennflüssigkeiten: nicht sauerstoffbeständig

Detektoren 19.4

Wie bei der HPLC (▶ Kap. 18.5) werden bei der Gaschromatographie Detektoren eingesetzt, um die Substanzen nach der Elution von der Säule nachzuweisen. Die Wahl des Detektors hängt von den Eigenschaften der nachzuweisenden Substanz ab.

Flammenionisationsdetektor (FID) 19.4.1

Beim Flammenionisationsdetektor werden die Substanzen im Detektor mit Knallgas vermischt und beim Austritt aus der Düse verbrannt (○ Abb. 19.4). An der Düse und an der Spitze der Flamme befinden sich zwei Elektroden, an denen eine Spannung anliegt. Bei der Verbrennung der Probe entstehen Ionen, die einen Stromfluss und somit ein Signal erzeugen.

Das Signal wird vom Schreiber oder Integrator registriert. Da die Substanzen zur Detektion verbrannt werden, handelt es sich hierbei um einen destruktiven Detek-

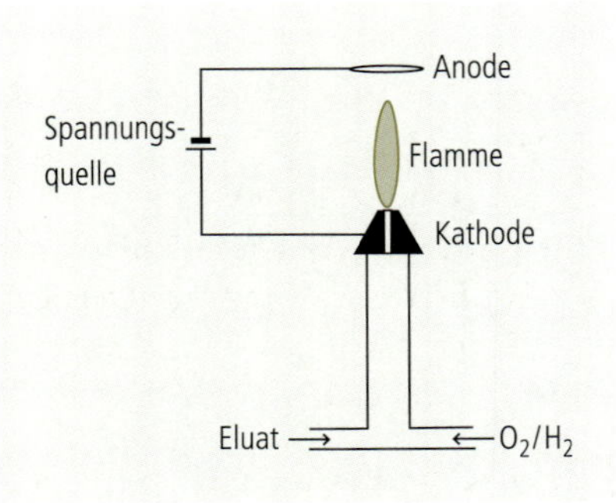

Abb. 19.4 Flammenionisationsdetektor

FID zur Detektion brennbarer Analyte

tor, der somit nicht für präparative Anwendungen geeignet ist. Der FID ist ein universeller Detektor für organische Verbindungen, er besitzt eine hohe Empfindlichkeit und einen großen Linearitätsbereich, was vor allem bei quantitativen Bestimmungen von Vorteil ist. Da die Detektion auf der Verbrennung der Probe beruht, spricht der FID nur auf brennbare Substanzen an. Verbindungen wie H_2O, N_2 sowie CO_2 werden daher nicht erfasst. Stark halogenierte Verbindungen ergeben meistens nur ein schwaches Signal.

FID ist Stoffmengendetektor

Das Signal des Flammenionisationsdetektors ist zur umgesetzten Stoffmenge proportional, es handelt sich um einen **Stoffmengendetektor**. Die meisten Detektoren sind dagegen konzentrationsabhängige Detektoren, das Signal dieser Detektoren ist proportional zur Konzentration der Probe, z. B. Wärmeleitfähigkeitsdetektor, UV/VIS-Detektor (HPLC), Leitfähigkeitsdetektor (HPLC) und Brechungsindexdetektor (HPLC). Konzentrations- und stoffmengenabhängige Detektoren zeigen u. a. ein unterschiedliches Verhalten gegenüber Änderungen des Fließmittelstromes. Da die Verweildauer des Eluats in der Detektorküvette von der Flussrate abhängt, hängt auch die Peakfläche im Chromatogramm, welche eine Funktion des Detektorsignals und der Zeit ist, von der Flussrate ab. Je geringer die Fließgeschwindigkeit ist, desto länger befindet sich eine bestimmte Substanzkonzentration im Detektor, desto größer wird die Peakfläche. Daher ist bei quantitativen Bestimmungen mit konzentrationsabhängigen Detektoren auf einen möglichst konstanten Fluss der mobilen Phase zu achten. Da bei einem stoffmengenabhängigen Detektor wie dem FID das Signal auf der Umsetzung der Substanz beruht, ist die Peakfläche in diesem Fall weitgehend unabhängig vom Trägergasstrom.

19.4.2 Elektroneneinfangdetektor (ECD)

Der Elektroneneinfangdetektor (*engl.* electron capture detector, ECD) besteht u. a. aus einer Kammer, in der sich ein β-Strahler (^{3}H oder ^{63}Ni) befindet. Enthält das Säuleneluat, welches kontinuierlich in die Kammer geleitet wird, Verbindungen mit hoher Elektronenaffinität, so nehmen diese Verbindungen ein Elektron auf. In der Messkammer befinden sich zwei Elektroden, an die eine elektrische Spannung angelegt ist. Aufgrund der Elektronenaufnahme und des Ladungstransports durch elektronenaffine Verbindungen kommt es zur Veränderung des Grundstroms zwischen beiden Elektroden. Der Elektroneneinfangdetektor eignet sich besonders zum Nachweis von halogenierten Verbindungen und wird somit häufig in der Umweltanalytik eingesetzt.

Wärmeleitfähigkeitsdetektor (WLD, TCD) 19.4.3

Mit dem Wärmeleitfähigkeitsdetektor (*engl.* thermal conductivity detector, TCD) wird die Änderung der Wärmeleitfähigkeit erfasst, welche bei der Elution von Substanzen im Vergleich zum reinen Trägergasstrom verursacht wird. Die Empfindlichkeit des Detektors ist folglich umso höher, je stärker sich die Wärmeleitfähigkeiten von Trägergas und Substanz unterscheiden. Da die Wärmeleitfähigkeit des Trägergases höher als die der Substanzen ist, ist die Empfindlichkeit am größten, wenn ein Trägergas mit einer hohen Wärmeleitfähigkeit (d. h. Helium oder Wasserstoff) gewählt wird.

Sensititivät Wärmeleitfähigkeitsdetektor

Der Detektor ist nicht so empfindlich wie der FID oder ECD, jedoch sehr universell einsetzbar und kann zur Detektion von N_2, CO, CO_2 und H_2O verwendet werden.

GC-MS-Kopplung 19.4.4

Bei diesem Verfahren wird ein Gaschromatograph (GC) mit einem Massenspektrometer (MS) gekoppelt. Diese Methode verbindet die Vorteile einer chromatographischen Methode mit dem selektiven und empfindlichen Nachweis von Substanzen durch die Massenspektrometrie (▶ Kap. 13). Außer der Retentionszeit kann bei diesem Verfahren das Massenspektrum zum qualitativen Nachweis herangezogen werden.

Bei Verwendung von gepackten Säulen wird ein Großteil des Trägergases vor dem Eintritt des Eluats in das Massenspektrometer durch entsprechende Kopplungsvorrichtungen entfernt (HPLC-MS Kopplung, ▶ Kap. 18.5.6). Bei Kapillarsäulen ist die direkte Kopplung von GC und MS aufgrund des niedrigeren Trägergasstromes möglich.

Trennbedingungen 19.5

Das chromatographische Ergebnis wird von mehreren Faktoren beeinflusst. Neben den Eigenschaften der zu analysierenden Substanz spielen die Polarität der stationären Phase, die Trenntemperatur, das Trägergas und die Trägergasgeschwindigkeit eine wesentliche Rolle.

Wahl der Trägergasgeschwindigkeit 19.5.1

Die Trennleistung eines chromatographischen Systems hängt von der Trägergasgeschwindigkeit ab. Die Abhängigkeit der Trennstufenhöhe h (oder HETP, ▶ Kap. 15.2.1 und ▶ Kap. 15.2.3) von der linearen Trägergasgeschwindigkeit u (Einheit $cm \cdot s^{-1}$) wird von der Van-Deemter-Kurve beschrieben (○ Abb. 19.5). Die lineare Trägergasgeschwindigkeit entspricht dem Quotienten aus der Säulenlänge und der Durchflusszeit einer nicht von der Säule festgehaltenen Substanz. Wie der Abbildung zu entnehmen ist, nimmt die Trennstufenhöhe h mit steigender Trägergasgeschwindigkeit zuerst ab, durchläuft dann ein Minimum und steigt wieder an. Das Minimum der Kurve gibt die optimale Trägergasgeschwindigkeit an, hier erhält man die kleinste Trennstufenstöhe bzw. die größte Anzahl an theoretischen Trennstufen. Voraussetzung für eine niedrige Trennstufenhöhe ist die schnelle, d. h. ungehemmte

Optimierung Trägergasgeschwindigkeit

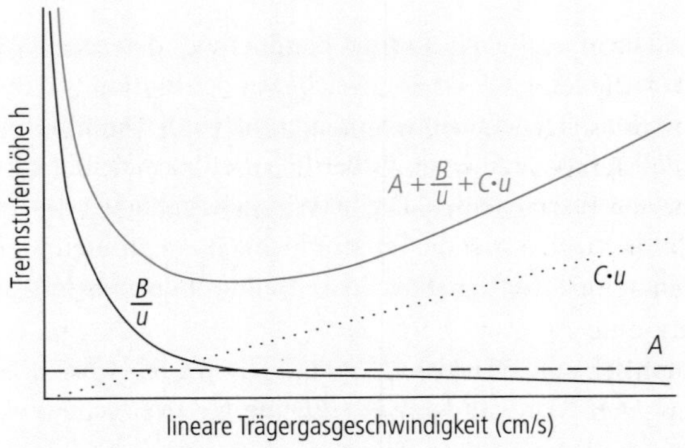

Abb. 19.5 Van-Deemter-Kurve, Abhängigkeit der Trennstufenhöhe von der Geschwindigkeit der mobilen Phase

Gleichgewichtseinstellung bei Adsorptions- oder Verteilungsvorgängen und eine geringe Diffusion während der Trennung. Beide Parameter gehen in die Van-Deemter-Gleichung ein, welche den Zusammenhang zwischen der linearen Trägergasgeschwindigkeit und der Trennstufenhöhe (HETP) beschreibt:

$$HETP = A + \frac{B}{u} + C \cdot u$$

Trägergasgeschwindigkeit und Trennleistung

Die Terme A, B, C stellen für ein bestimmtes chromatographisches System konstante Größen dar, wobei die A- und B-Terme Diffusionseffekte und der C-Term Gleichgewichtseffekte beschreiben. Um eine hohe Trennleistung zu erreichen, müssen die Terme einen geringen Wert annehmen. Die einzelnen Terme beschreiben Vorgänge, die bei sämtlichen chromatographischen Trennungen auftreten. Daher besitzt die Van-Deemter-Kurve bzw. -Gleichung bei allen chromatographischen Verfahren Gültigkeit.

A-Term: beschreibt die Streudiffusion. Je homogener die Säulenpackung und je geringer und einheitlicher die Korngröße des Säulenmaterials ist, desto geringer ist die Streudiffusion.

B-Term: beschreibt die Diffusion in Längsrichtung der Trennstrecke (Longitudinaldiffusion). Die Größe des B-Terms wird von den Oberflächeneigenschaften der stationären Phase wie Porenform und Porengröße bestimmt.

C-Term: Massenübergangsterm, er beinhaltet die Geschwindigkeit der Gleichgewichtseinstellung. Je weniger die Gleichgewichtseinstellung behindert ist, umso kleiner ist der Wert des C-Terms und umso besser ist die Trennung.

In Abb. 19.5 ist der Beitrag der einzelnen Terme zum Verlauf der Van-Deemter-Kurve aufgezeigt. Je größer die lineare Trägergasgeschwindigkeit ist, desto geringer ist die Diffusion, aber desto stärker wird die Gleichgewichtseinstellung behindert.

Temperatureinflüsse

19.5.2

Temperatur und Elutionsverhalten

Die Verweildauer von Substanzen in der stationären Phase nimmt mit steigender Temperatur ab (▶ Kap. 15.2.1). Die Retentionszeit einer Substanz ist daher stark temperaturabhängig und nimmt mit steigender Trenntemperatur ab. Die Trennung von Verbindungen bei konstanter Temperatur wird als **isotherme** Elution bezeichnet. Problematisch ist die isotherme Elution, wenn man Gemische von Verbindungen stark unterschiedlicher Polarität (und unterschiedlichen Siedepunkten) analysieren möchte. Bei konstanter Trenntemperatur besitzen die einzelnen Komponenten eines solchen Gemisches stark unterschiedliche Retentionszeiten und lassen sich oft nicht in einem chromatographischen Lauf erfassen. Die Retentionsunterschiede lassen sich durch die Erhöhung der Trenntemperatur während des chromatographischen Laufes vermindern, man führt einen **Temperaturgradienten** durch.

Merke

- Bei einer isothermen Elution wird die Trennung bei konstanter Temperatur durchgeführt.
- Die Erhöhung der Trenntemperatur führt zur Verringerung der Retentionszeit.

Probenvorbereitung

19.5.3

Lösungsmittel für Analyte

Voraussetzung für die gaschromatographische Analyse ist, dass das Lösungsmittel der Probe und die zu untersuchende Substanz bei der gewählten Temperatur verdampfbar sind. Das Lösungsmittel der Probe sollte außerdem bei hohen Temperaturen nicht mit der Substanz reagieren, sondern chemisch inert sein und bei der Verbrennung im FID keine Verbrennungsprodukte liefern, die den Detektor korrodieren. Sollen schwerflüchtige Verbindungen gaschromatographisch analysiert werden, so müssen sie durch Derivatisierung in leichter flüchtige Verbindungen überführt werden.

Bei der Bestimmung von Substanzen aus komplexen Gemischen (wie z. B. Serum) ist es in den meisten Fällen notwendig, die Substanzen vor der GC-Analyse zu extrahieren und vom Großteil der Verunreinigungen zu trennen. Die Methoden der Probenvorbereitung sind in ▶ Kap. 16.5 beschrieben.

Eine spezielle Methode zur Bestimmung flüchtiger Verbindungen in einer Lösung ist die **Headspace-Analyse** (oder Gasraumanalyse). Bei dieser Methode wird die Probe in einem verschlossenen Gefäß auf eine bestimmte Temperatur gebracht. Zwischen der Gasphase und der flüssigen Phase stellt sich ein Konzentrationsgleichgewicht ein. Mit einer Spritze wird ein bestimmtes Volumen aus der Gasphase entnommen und in den Injektor eingespritzt.

Derivatisierung

Erhöhung der Analyt-Flüchtigkeit durch Derivatisierung

Viele schwerflüchtige Substanzen lassen sich nach Derivatisierung zu leichter flüchtigen Verbindungen gaschromatographisch bestimmen. Der hohe Siedepunkt vieler Verbindungen ist auf polare funktionelle Gruppen (COOH-, OH- oder NH_2-Gruppen) zurückzuführen. Die Derivatisierung dieser Funktionen zu unpolareren Strukturelementen (z. B. Ester, Amide) senkt die Siedetemperatur (○ Abb. 19.6). Weitere Gründe für die Derivatisierung:

- Verbesserung der Trennung der entsprechenden Komponenten,
- Verbesserung der Nachweisgrenze durch Einführung detektorspezifischer Gruppen (z. B. bei Heptafluorbuttersäureanhydrid und ECD-Detektion),
- Verbesserung der thermischen Stabilität.

Eine wichtige Rolle spielt die Umsetzung von Verbindungen zu Trimethylsilyl-Derivaten (◘ Tab. 19.2, Abb. 19.6). Die Reaktionsgeschwindigkeit der Silylierungsmittel hängt stark vom gewählten Reagenz und der funktionellen Gruppe (OH, NH oder COOH-Funktion) sowie dem Lösungsmittel ab.

19.6 Retentionsindex

Analog zum R_f-Wert in der DC lässt sich das chromatographische Verhalten von Substanzen in der GC über die Retentionszeit charakterisieren. Da die Brutto- bzw. Nettoretentionszeit bei der GC aber von sehr vielen Parametern abhängt, wie der genauen Trenntemperatur, dem verwendeten Säulenmaterial, der Säulenlänge, dem Trägergasfluss usw., ist es sinnvoller, die Retentionszeit einer zu charakterisierenden Verbindung auf Standardsubstanzen zu beziehen (was mit dem R_{St}-Wert der DC vergleichbar ist), anstatt absolute Angaben zu machen.

Berechnung der C-Zahl

Als Standardsubstanzen werden in der GC n-Alkane verwendet. Bei dieser homologen Reihe besteht bei isothermen Trennbedingungen ein linearer Zusammenhang zwischen dem Logarithmus der Nettoretentionszeit und der C-Zahl des Alkans. Man kann daher das Retentionsverhalten einer Substanz als Retentionsindex oder C-Zahl angeben, was so viel bedeutet als dass eine Substanz mit einem Retentionsindex von 10 in einem bestimmten chromatographischen System dieselbe Retentionszeit wie Decan besitzt. Da zwischen der Nettoretentionszeit und der C-Zahl ein mathematischer Zusammenhang besteht, lassen sich auch Retentionszeiten, welche nicht genau der eines n-Alkans entsprechen, als C-Zahl ausdrücken und nach folgender Formel berechnen:

$$C\text{-Zahl} = z + \frac{\log(ts_a) - \log(ts_z)}{\log(ts_{z+1}) - \log(ts_z)}$$

ts_z: Nettoretentionszeit des Alkans, welches am kürzesten vor der zu charakterisierenden Substanz eluiert

ts_{z+1}: Nettoretentionszeit des Alkans, welches am schnellsten nach der zu charakterisierenden Substanz eluiert

z: Anzahl der C-Atome des Alkans mit der kürzeren Retentionszeit

$z+1$: Anzahl der C-Atome des Alkans mit der längeren Retentionszeit

ts_a: Nettoretentionszeit der zu charakterisierenden Substanz

Tab. 19.2 Häufig verwendete Derivatisierungsreagenzien in der Gaschromatographie

Reaktion	Reagenz	Substanzklasse
Acylierung	Trifluoressigsäureanhydrid	Amine, Alkohole
	N-Methyl-bis-trifluoracetamid	Amine, Alkohole
	Pentafluorpropionsäureanhydrid	Amine, Alkohole
	Essigsäureanhydrid	Amine, Alkohole
Alkylierung	Diazomethan	Carbonsäuren, Phenole, Enole
	Dimethylformamiddimethylacetal	Carbonsäuren, Amine, Alkohole
Silylierung	Trimethylchlorsilan (TMCS)	Alkohole, Amine, Carbonsäuren
	N-Methyltrimethylsilyltrifluoracetamid (MSTFA)	
	N,O-bis-(Trimethylsilyl)-acetamid (BSA)	
	N,O-bis-(Trimethylsilyl)-trifluoracetamid (BSTFA)	

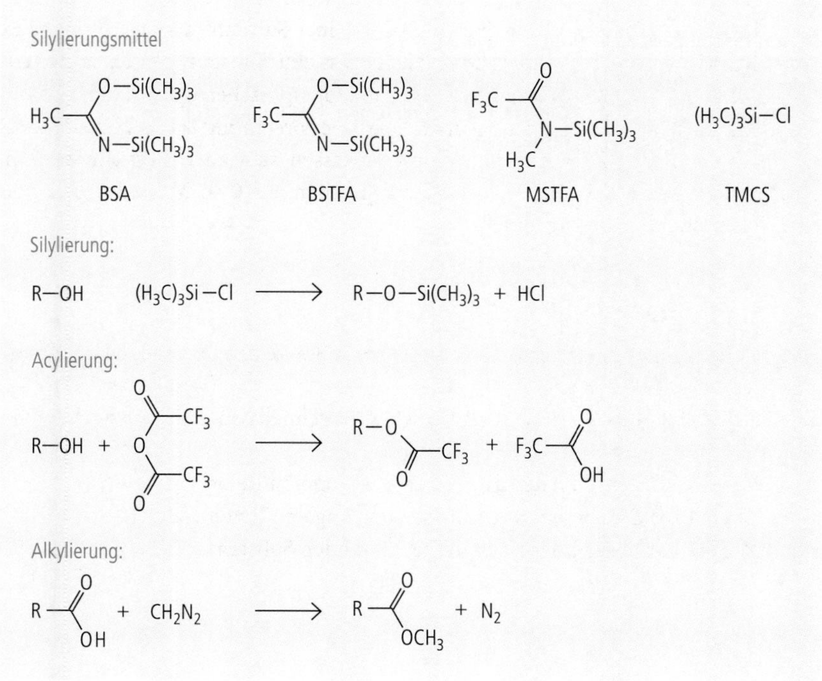

Abb. 19.6 Silylierungsmittel, Derivatisierungsreagenzien

19.7 Übungen

1. Welche Parameter (Säulentemperatur, Strömungsgeschwindigkeit des Trägergases, Polarität der stationären Phase, Dampfdruck der Probensubstanz usw.) beeinflussen die Retentionszeit und wie ist der jeweilige Effekt?
2. Welche Verbindungen lassen sich mit dem FID detektieren?
3. Wie verhalten sich Probenkapazität und Trennleistung einer Säule zueinander?
4. Gilt die Van-Deemter-Gleichung nur bei der Gaschromatographie oder auch bei anderen chromatographischen Verfahren?
5. Wie verändert sich die Peakfläche bei einem Stoffmengendetektor und einem Konzentrationsdetektor bei Halbierung der Trägergasgeschwindigkeit (retentionszeitbedingte Effekte seien zu vernachlässigen)?
6. Welche Substanzen werden bevorzugt gaschromatographisch bestimmt?
7. Wie ändern sich Totzeit, Bruttoretentionszeit, $b_{0,5}$ und die Peakhöhe, wenn bei einer gaschromatographischen Trennung die Säulentemperatur erhöht wird?
8. Wozu dient die Derivatisierung von Probesubstanzen, welche funktionellen Gruppen werden derivatisiert?
9. Um die optimale Trägergasgeschwindigkeit einer gaschromatographischen Trennung zu ermitteln, wurde eine Probe bei verschiedenen Trägergasgeschwindigkeiten in den Gaschromatographen eingespritzt (Säulenlänge 10 m). Dabei wurden die in ◘ Tab. 19.3 angegebenen Daten erhalten. Vervollständigen Sie die Tabelle und ermitteln Sie die optimale Trägergasgeschwindigkeit.

◘ **Tab. 19.3** Tabelle zu Übungen, Frage 9

Nr.	Totzeit	lin. Geschw. [m/min]	Retentionszeit Peak [cm]	Peakfläche [µVsec]	$b_{0.5}$ [mm]
1	1,5	?	30	6835	15,79
2	1,0	?	20	6778	4,71
3	0,75	?	15	6910	3,06
4	0,5	?	10	6752	2,35
5	0,25	?	5	6840	1,86

Teil 3: Elektrochemische Methoden

20 Grundlagen der Elektrochemie

20.1 Übersicht

Messgrößen

Bei elektrochemischen Analysenmethoden wird aus einer elektrischen Messgröße auf die Zusammensetzung der Analysenlösung geschlossen. Messgröße kann entweder Stromfluss, elektrische Spannung oder der elektrische Widerstand der Lösung sein. Das setzt voraus, dass die Lösung eine gewisse Leitfähigkeit für Gleichstrom oder Wechselstrom besitzt. Meist werden daher wässrige Lösungen von Salzen elektrochemisch bestimmt. In die Lösung werden zwei (oder mehr) sog. Elektroden getaucht, an die eine elektrische Spannung angelegt wird. Die Größe von Strom und Spannung erlaubt Rückschlüsse auf die Art der gelösten Teilchen und deren Konzentrationen. Viele elektrochemische Methoden vereinen eine hohe **Selektivität** (gezielter Nachweis einzelner Komponenten in Substanzgemischen) mit einer großen **Sensitivität** (kleine Nachweisgrenze und hohe Messgenauigkeit) und sind deshalb klassisch chemischen Analysenmethoden überlegen. Grundsätzlich gibt es zwei Möglichkeiten elektrochemische Analysen durchzuführen: Entweder wird die Probenkonzentration direkt aus der gemessenen elektrischen Größe abgeleitet, oder die elektrischen Eigenschaften der Probe werden nur als Indikator für eine Titration verwendet .

Hohe Selektivität / große Sensitivität

Elektrochemische Direktbestimmung

Indikation einer Titration

Elektrochemische Direktbestimmungen

Um aus einer gemessenen elektrischen Größe (wie Strom, Spannung oder Widerstand) direkt die Probenkonzentration zu berechnen, müssen alle elektrischen Vorgänge, die sich in der Lösung abspielen, berücksichtigt werden. In der Regel wird von der elektrischen Messgröße mit Hilfe von Kalibrierkurven oder Kalibriergeraden auf die Probenkonzentration geschlossen.

Kalibrierung

Elektrochemische Indikation

Bei der elektrochemischen Indikation dient die elektrische Messgröße nicht der Gehaltsbestimmung, sondern dem exakten Nachweis des Äquivalenzpunktes einer Titration. Dazu wird der Verlauf der Messgröße (Leitfähigkeit, Strom, Elektrodenspannung usw.) während der Titration beobachtet. Sehr oft zeigt dieser Verlauf genau am Äquivalenzpunkt eine typische Veränderung. Da die erhaltenen Titrations-

Signifiknate Änderung im Verlauf einer Messgröße am Äquivalenzpunkt kurven nur qualitativ interpretiert werden, muss bei diesen Methoden nicht im Detail erklärt werden, wie jeder einzelne Messwert zustande kommt. Deshalb erfordern diese Verfahren meist weniger Aufwand und keine Kalibrierung.

Merke

Elektrochemische Analysen lassen sich durchführen

- als Direktbestimmung,
- zur Indikation von Titrationen.

Elektroden

20.2

Elektrochemische Halbzelle

○ Abb. 20.1 zeigt schematisch den Aufbau einer **elektrochemischen Halbzelle** bzw. einer Elektrode. Im Probengefäß befindet sich die wässrige Lösung eines Salzes (im Beispiel $CuSO_4$). In die Lösung taucht ein Metallstab des gleichen Metalls (Kupfer). Die elektrisch leitende Lösung wird als **Elektrolyt** bezeichnet. Der Metallstab, der in die Lösung taucht und einen Elektronenleiter darstellt, wird als **Elektrode** bezeichnet. An der Elektrode können sich Redox-Gleichgewichte einstellen, deren Gleichgewichtslage von den elektrochemischen Potentialen der beteiligten Teilchen abhängt. Tauchen zwei Elektroden in die Lösung, an denen sich unterschiedliche Redox-Gleichgewichte einstellen, so kann der Potentialunterschied zwischen den Elektroden als elektrische Spannung gemessen werden.

Elektrochem. Zelle: besteht aus zwei in einen Elektrolyt tauchende Elektroden

Merke

- Eine elektrisch leitende Lösung heißt Elektrolyt.
- Eine Elektrode, die in den Elektrolyten eintaucht, besitzt ein Elektrodenpotential.
- Die elektrische Spannung, die eine Elektrode in einem bestimmten Elektrolyten liefern kann, wird als Elektrodenpotential bezeichnet.
- Die Potentialdifferenz zweier Elektroden kann als elektrische Spannung zwischen den Elektroden gemessen werden.

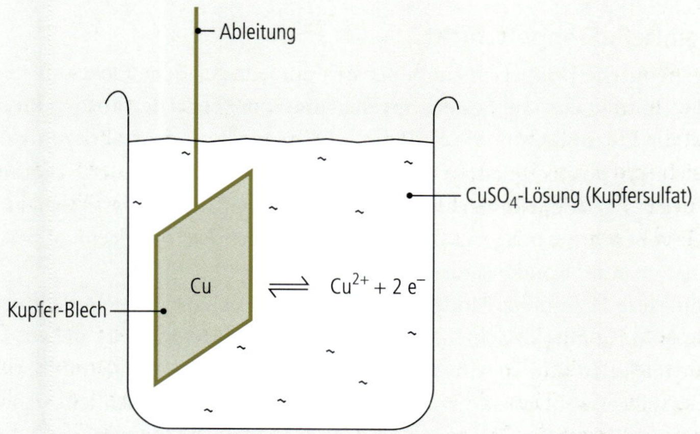

○ **Abb. 20.1** Schematischer Aufbau einer Kupfer/Kupfersulfat-Elektrode

Tab. 20.1 Zusammenstellung der wichtigsten elektrochemischen Analysenmethoden (GS = Gleichstrom, WS = Wechselstrom)

Verfahren	Messgröße	Stromart	Anwendung
Potentiometrie	Spannung zwischen Bezugs- und Indikatorelektrode	stromlos	Bestimmung + Indikation
Konduktometrie	Widerstand	WS	Indikation
Polarographie	Strom	GS/(WS)	Bestimmung
Amperometrie	Strom	GS	Indikation
Voltammetrie	Spannung	GS	Indikation
Elektrogravimetrie	Masse	GS	Bestimmung
Coloumetrie	Ladung	GS	Bestimmung + Indikation

20.2.1 Elektrodenpotential

Elektrodenreaktion

Im Beispiel taucht ein Kupferstab in eine Lösung von $CuSO_4$ in Wasser. Am Kupferstab kann sich deshalb ein Gleichgewicht zwischen den gelösten Kupfer(II)-Ionen und metallischem Kupfer einstellen:

$$Cu^{2+} + 2\,e^- \rightleftharpoons Cu$$

Reduktion: Metall-Ionen aus der Elektrolytlösung scheiden sich an der Elektrode ab

Oxidation: Das Metall aus der Elektrode geht in Lösung

Die Elektrodenreaktion ist eine Redox-Gleichung. Ob die Reaktion als Reduktion (von links nach rechts) oder als Oxidation (von rechts nach links) abläuft, hängt von den elektrochemischen Potentialen der an der Reaktion beteiligten Substanzen ab. Bei der Abscheidung eines Metalls (Reduktion der gelösten Ionen) werden Elektronen aus dem Metall verbraucht, und die Elektrode lädt sich positiv auf. Löst sich das Metall auf, hinterlässt jedes Ion Elektronen an der Elektrode, sodass diese sich negativ auflädt.

Elektrochemische Doppelschicht

Positiv geladenen Elektroden ziehen Anionen an

Die elektrochemische Doppelschicht verhält sich wie ein Kondensator

Innere und äußere Helmholtz-Schicht

Eine elektrochemische Doppelschicht bildet sich um jede geladene Elektrode in einer Elektrolyt-Lösung aus. Sie besteht aus der ionischen Zone der Lösung an der Grenzfläche zur Elektrode, die die Ladung der Elektrode zu neutralisieren sucht (○ Abb. 20.2). Eine positiv geladene Elektrode zieht entsprechend der Coloumb-Anziehung negativ geladene Ionen an, die sich als eine negativ geladene Schicht an der Elektrodenoberfläche anlagern. Die daraus resultierende Doppelschicht besitzt die Eigenschaften eines Kondensators.

Das komplexere Helmholtz-Modell der elektrochemischen Doppelschicht geht von einer inneren Helmholtz-Schicht (am nächsten zur Elektrode) aus, die aus Lösungsmittel-Molekülen und spezifisch adsorbierten Ionen, wie z. B. Bromid, oder Iodid, die nur teilweise solvatisiert vorliegen, gebildet wird. Daran schließt sich die äußere Helmholtz-Schicht an, die aus solvatisierten Ionen gebildet wird.

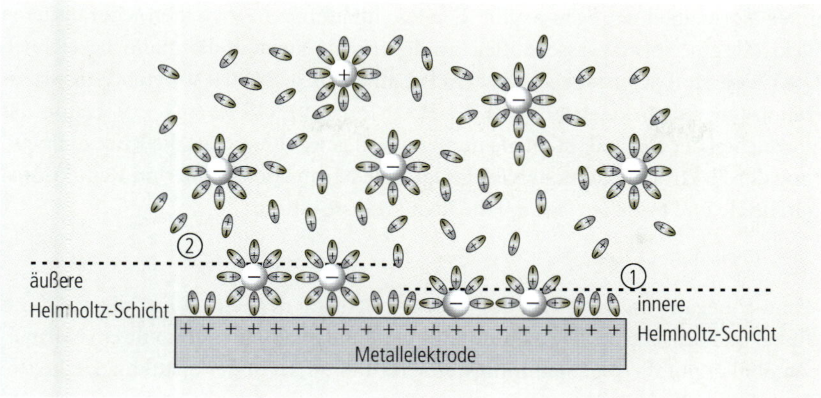

Abb. 20.2 Aufbau der elektrochemischen Doppelschicht am Beispiel einer positiv geladenen Metallelektrode; 1) innere Helmholtz-Schicht: besteht aus Lösungsmittel-Molekülen und spezifisch adsorbierten, nur teilweise solvatisierten Ionen; 2) äußere Helmholtz-Schicht: besteht aus vollständig solvatisierten, nicht-spezifisch adsorbierten Ionen

Diesem Modell entsprechend ist der Stoffumsatz bei einer Elektrodenreaktion nur sehr gering, da bei der Auflösung des Elektrodenmaterials die Elektrode immer stärker negativ aufgeladen wird und sich die dabei entstehenden Kationen an der Oberfläche anlagern und eine elektrochemische Doppelschicht ausbilden. Bei der Abscheidung eines Metalls wird die Elektrode positiv aufgeladen und die Elektrode wird von negativ geladenen Ionen aus der Lösung abgeschirmt. Dadurch kommt die Elektrodenreaktion sehr schnell zum Erliegen.

Nur geringer Stoffumsatz

Elektrodenpotential

Die Größe des Elektrodenpotentials hängt davon ab, wie groß die Tendenz der gelösten Metallionen ist, sich abzuscheiden, bzw. wie groß die Tendenz der Elektrode ist, sich aufzulösen. Diese *Tendenz* kann durch das Redoxpotential der Elektrodenreaktion und die Konzentration der Ionen im Elektrolyten beschrieben werden.

Normalpotential

Das Elektrodenpotential hat die Einheit der elektrischen Spannung (Volt, V). Zur Messung der Spannung sind immer zwei Pole nötig, die mit den beiden Polen des Messgerätes verbunden werden. Deshalb ist das Potential einer einzigen Elektrode nicht messbar. Erst wenn zwei Elektroden in den Elektrolyten eintauchen, kann eine Spannung gemessen werden, die die Potentialdifferenz zwischen den beiden Elektroden angibt.

Das Elektrodenpotential kann nur gegen eine andere Elektrode (Referenzelektrode) gemessen werden

Alle tabellierten Elektroden- und Redoxpotentiale sind demzufolge Potentialdifferenzen zwischen zwei Elektroden. Um die Werte der Potentiale trotzdem vergleichen zu können, wird immer dieselbe Elektrode als Referenzelektrode verwendet. Dies ist die sog. **Normal-Wasserstoff-Elektrode (NWE,** ▶ Kap. 20.2.4), die das Redoxpotential der Reaktion

$$2\,H_3O^+ + 2\,e^- \rightleftharpoons H_2 + 2\,H_2O$$

Normalbed.: Partialdruck des H_2-Gases $p^0 = 1013{,}25$ mbar; Temp. $T^0 = 298{,}15$ K: Konz. der H_3O^+-Ionen exakt 1 mol/l

Potential der Wasserstoffelektrode bei $c(H_3O^+) = 1$ mol/l ist 0,0 V

Unedle Metalle besitzen ein kleines, edle Metalle ein großes Normalpotential

unter Normalbedingungen angibt. Die Potentialdifferenz zwischen jeder anderen Elektrode zur Normalwasserstoffelektrode wird als **Normalpotential** E^0 bezeichnet. Die Wasserstoffelektrode selbst hat ein Potential von genau 0,0 V wenn die Konzentration (eigentlich Ionenaktivität) der H_3O^+-Ionen 1 mol/l ist (pH = 0). Damit das Vorzeichen der Normalpotentiale immer gleich gewählt wird, ist die Reaktionsrichtung der Elektrodenreaktionen festgelegt. Alle Normalpotentiale sind **Reduktionspotentiale** und beziehen sich auf die Reduktionsreaktion:

$$\mathrm{Ox} + n\,\mathrm{e}^- \rightleftharpoons \mathrm{Red}$$

Wenn E^0 negativ ist, dann liegt das Gleichgewicht auf der Seite der oxidierten Form (links) und umgekehrt. Die Anordnung aller Redoxreaktionen nach ihrem Normalpotential ergibt die sog. **Spannungsreihe** (◘ Tab. 20.2). In der Spannungsreihe stehen z. B. unedle Metalle oben (negatives E^0), sie werden deshalb leicht oxidiert.

Hinweis

Unter Normalbedingungen ist der Partialdruck des H_2-Gases $p^0 = 1013{,}25$ mbar, die Temperatur $T^0 = 298{,}15$ K und die Konzentration der H_3O^+-Ionen exakt 1 mol/l. Analog lässt sich die Standardwasserstoffelektrode (SWE) unter Standardbedingungen definieren, wobei keine Temperatur festgelegt ist und die Aktivitäten statt der Konzentrationen verwendet werden.

20.2.2 Nernst'sche Gleichung

Mathematischer Zusammenhang zwischen Elektrodenpotential, Normalpotential und Ionenaktivität

Der exakte mathematische Zusammenhang zwischen Elektrodenpotential, Normalpotential und den Ionenaktivitäten im Elektrolyten wird durch die **Nernst'sche Gleichung** beschrieben:

$$E = E^0 + \frac{RT}{nF} \cdot \ln \frac{a(ox)}{a(red)}$$

E:	Elektrodenpotential
E^0:	Normalpotential
R:	Gaskonstante, R = 8,31441 J/(K · mol)
n:	Zahl der ausgetauschten Elektronen
F:	Faraday-Konstante (Ladung von 1 mol Elektronen), F = 96485 C/mol
$a(ox)$:	Aktivität der oxidierten Reaktionspartner
$a(red)$:	Aktivität der reduzierten Reaktionspartner

Beachten Sie den Unterschied zwischen Ionenaktivität und Konzentration!

Statt den Ionenaktivitäten a werden zur Berechnung der Elektrodenpotentiale häufig die Konzentrationen verwendet. In die Aktivität einer Lösung geht neben der Konzentration noch der **Aktivitätsfaktor** f mit ein:

$$a = c \cdot f$$

Wenn der Wert für f nicht bekannt ist, muss ersatzweise mit den Konzentrationen c gerechnet werden (d. h. $f \approx 1$).

Üblicherweise werden die Konstanten in der Nernst'schen Gleichung zusammengefasst und der natürliche Logarithmus (ln) in den dekadischen Logarithmus

Tab. 20.2 Normalpotentiale von Redoxreaktionen, angeordnet in der Spannungsreihe. E^0(V): Normalpotential

Redoxreaktion	Normalpotential E^0(V)
$Li^+ + e^- \rightleftharpoons Li$	–3,05
$K^+ + e^- \rightleftharpoons K$	–2,92
$Ca^{2+} + 2e^- \rightleftharpoons Ca$	–2,87
$Na^+ + e^- \rightleftharpoons Na$	–2,71
$Mg^{2+} + 2e^- \rightleftharpoons Mg$	–2,34
$Al^{3+} + 3e^- \rightleftharpoons Al$	–1,67
$Zn^{2+} + 2e^- \rightleftharpoons Zn$	–0,76
$Fe^{2+} + 2e^- \rightleftharpoons Fe$	–0,44
$Co^{2+} + 2e^- \rightleftharpoons Co$	–0,28
$Ni^{2+} + 2e^- \rightleftharpoons Ni$	–0,25
$2\,H_3O^+ + 2e^- \rightleftharpoons 2\,H_2O + H_2$	0,00
$Cu^{2+} - e^- \rightleftharpoons Cu^+$	0,17
$Cu^{2+} + 2e^- \rightleftharpoons Cu$	0,35
$I_2 + 2e^- \rightleftharpoons 2I^-$	0,54
$O_2 + 2\,H_3O^+ + 2e^- \rightleftharpoons H_2O_2$	0,68
$Fe^{3+} + e^- \rightleftharpoons Fe^{2+}$	0,77
$Ag^+ + e^- \rightleftharpoons Ag$	0,80
$Hg^{2+} + 2e^- \rightleftharpoons Hg$	0,85
$Br_2 + 2e^- \rightleftharpoons 2Br^-$	1,07
$O_2 + 4\,H_3O^+ + 4e^- \rightleftharpoons 6\,H_2O$	1,23
$Cl_2 + 2e^- \rightleftharpoons 2Cl^-$	1,36
$Au^{3+} + 3e^- \rightleftharpoons Au$	1,42
$MnO_4^- + 8\,H_3O^+ + 5e^- \rightleftharpoons Mn^{2+} + 12\,H_2O$	1,52
$H_2O_2 + 2\,H_3O^+ + 2e^- \rightleftharpoons 4\,H_2O$	1,78
$F_2 + 2e^- \rightleftharpoons 2F^-$	2,85

(zur Basis 10) umgerechnet. Bei 25 °C ergibt sich eine Konstante von 0,059 V, bei 20 °C ein Wert von 0,058 V.

RT/F = 0,059 V (bei 25 °C)

$$E = E^0 + \frac{0{,}059}{n} \cdot \lg \frac{a(ox)}{a(red)}$$

Merke

Das Normalpotential

- ist die Spannung zwischen einer Elektrode und der Normalwasserstoffelektrode bei Normalbedingungen (Druck = 1013,25 mbar, Temperatur = 25 °C) und einer Konzentration von 1 mol/l,
- der Normalwasserstoffelektrode ist per Definition exakt 0,0 V,
- bezieht sich immer auf die Reduktionsreaktion.

Merke

- In der Spannungsreihe sind Redox-Reaktionen nach ihren Normalpotentialen geordnet.
- Unedle Metalle besitzen ein kleines (negatives) Normalpotential.
- Edle Metalle besitzen ein großes (positives) Normalpotential.
- Mit der Nernst'schen Gleichung kann aus dem Normalpotential und den Konzentrationen im Elektrolyten das Potential einer Elektrode berechnet werden.
- Nernst'sche Gleichung: $E = E^0 + \frac{0{,}059}{n} \cdot \lg \frac{a(ox)}{a(red)}$

20.2.3 Arten elektrochemischer Halbzellen (Elektroden)

Metallelektrode

Eine Metallelektrode besteht aus dem elementaren Metall, das in eine Lösung eines seiner Salze taucht (z. B. $Cu/CuSO_4$). In der Lösung befinden sich Metall-Kationen mit der Ladung *n*. An der Oberfläche stellt sich ein Gleichgewicht zwischen der Auflösung des Metalls und der Abscheidung aus der Lösung ein:

$$Me^{n+} + n\,e^- \rightleftharpoons Me$$

Je edler das Metall ist, desto größer ist die Tendenz zur Abscheidung aus der Lösung, d. h. zur Reduktion, und umso positiver ist dadurch das Elektrodenpotential.

Die Aktivität der reduzierten Form (Metallelektrode) = 1

Die Aktivität der reduzierten Form (der Metallelektrode selbst) ist gleich 1. Die Nernst'sche Gleichung der Metallelektrode lautet:

$$E = E^0 + \frac{0{,}059}{n} \cdot \lg a(Me^{n+})$$

Elektrode 1. Art

Die im Beispiel beschriebene Kupferelektrode ist eine typische Metallelektrode. Solche Elektroden, bei denen das Metall im Gleichgewicht mit seinem Ion steht werden als Elektroden 1. Art bezeichnet. Analog zur Kupferelektrode sind auch Anionenelektroden (Nichtmetall steht im Gleichgewicht mit seinem Ion) Elektroden 1. Art.

Gas-Elektrode

Wasserstoffelektrode oder Sauerstoffelektrode

Bei einer Gas-Elektrode ist an der Elektrodenreaktion ein Gas beteiligt. Typische Gas-Elektroden sind die Wasserstoffelektrode (▶ Kap. 20.2.4):

$$H_3O^+ + e^- \rightleftharpoons H_2O + \tfrac{1}{2}\,H_2$$

oder die Sauerstoffelektrode:

$$\tfrac{1}{2}\, O_2 + 2\, H_3O^+ + 2\, e^- \rightleftharpoons 3\, H_2O$$

Zur Ableitung des Potentials der Elektrodenreaktion aus der Lösung kann z. B. ein Platindraht verwendet werden, der aber nur die Aufgabe hat, die Elektronen für die Reaktion aufzunehmen oder abzugeben. Auf die Größe des Potentials hat das Material der sog. **Ableitelektrode** theoretisch keinen Einfluss. Allerdings gibt es bei der Abscheidung von Gasen an Metalloberflächen immer Überspannungen, die dazu führen, dass das Potential einer Gaselektrode in der Praxis doch vom Elektrodenmaterial abhängt.

Bei einer Gaselektrode wird eine Ableitelektrode, z. B. ein Platindraht, von einem Gas umspült

Redox-Elektrode

Bei vielen elektrochemischen Halbzellen sind Redoxreaktionen für das Entstehen der Elektrodenpotentiale verantwortlich. Mit der Bezeichnung Redoxelektrode sind aber speziell die Elektroden gemeint, bei denen das Elektrodenmaterial nicht an der Redoxreaktion beteiligt ist (d. h. das Elektrodenmaterial ist nicht **potentialbestimmend**). Das ist dann der Fall, wenn **alle**Reaktionspartner im Elektrolyten gelöst vorliegen.

Elektrodenmaterial bei Redox-Elektroden ist meist ein inertes Edelmetall wie Platin

Wenn z. B. Fe^{2+}- und Fe^{3+}-Ionen im Elektrolyten gelöst sind, dann stellt sich ein Redoxgleichgewicht ein:

$$Fe^{3+} + e^- \rightleftharpoons Fe^{2+}$$

Ein in die Lösung getauchter Platin-Draht nimmt das Potential dieser Redoxreaktion an, ohne selbst an der Reaktion beteiligt zu sein. Der Platin-Draht übernimmt nur die Ableitung des Potentials und wird deshalb **Ableitelektrode** genannt.

Die Nernst'sche Gleichung lautet:

Berechnung des Redoxpotentials für das System Fe^{2+}/Fe^{3+}

$$E = E^0 + 0{,}059 \cdot \lg \frac{a(Fe^{3+})}{a(Fe^{2+})}$$

Polarisierbare und nichtpolarisierbare Elektroden

Von polarisierbaren Elektroden spricht man, wenn das tatsächliche Elektrodenpotential vom mittels der Nernst'schen Gleichung errechneten Elektrodenpotential abweicht. Die Abweichungen kann durch verschieden Ursachen begründet sein, wie z. B.:

- Anlegen einer äußeren Spannung
- Stromfluss durch die Zelle
- Änderung der Konzentration der Ionen infolge der Elektrodenreaktion.

Bezugs- oder Referenzelektroden sollten demnach nichtpolarisierbare Elektroden sein, die ihr Potential gegenüber der Lösung auch bei Stromfluss beibehalten, wie z. B. die Silber/Silberchlorid- oder die Kalomel-Elektrode.

Nichtpolarisierbare Elektroden behalten bei Stromfluss ihr Elektrodenpotential bei

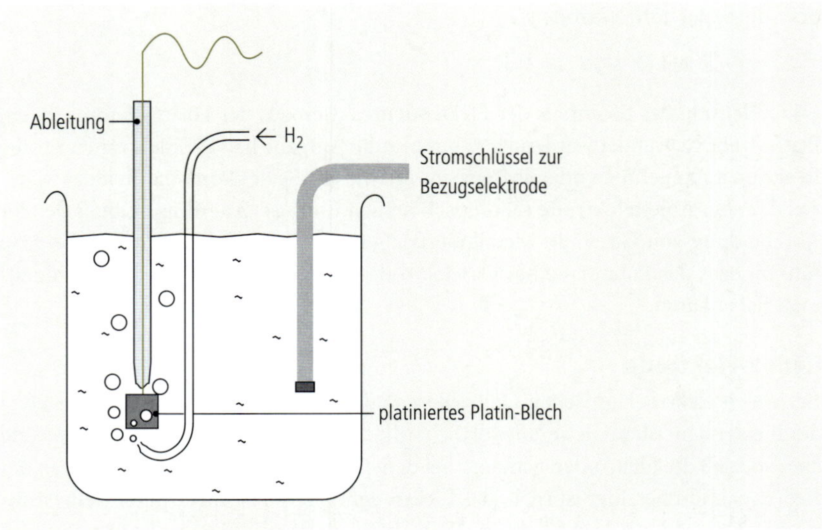

Abb. 20.3 Schematischer Aufbau einer Wasserstoff-Elektrode

20.2.4 Beispiele gebräuchlicher Elektroden

Wasserstoffelektrode

Das Potential der NWE ist per Definition gleich Null

Die Wasserstoffelektrode hat eine grundlegende Bedeutung für die Elektrochemie. Das Potential der Normalwasserstoffelektrode ist per Definition gleich Null. Die Wasserstoffelektrode ist die Elektrode, gegenüber der alle anderen Elektrodenpotentiale gemessen und angegeben werden. Sie besteht aus einer sog. *inerten* Platinelektrode, die in den Elektrolyten (Lösung von H_3O^+ in Wasser) taucht, und die mit Wasserstoff-Gas mit genau bekanntem Druck umspült wird (Abb. 20.3). Die Platin-Ableitelektrode gibt das Potential der Wasserstoffelektrode wieder:

$$H_3O^+ + e^- \rightleftharpoons H_2O + 1/2\, H_2$$

In der Nernst'schen Gleichung wird statt der Konzentration des Wasserstoff-Gases als Aktivität der Partialdruck $p(H_2)$ eingesetzt. Der Faktor 1/2 in der Reaktionsgleichung wird dabei (wie im Massenwirkungsgesetz) zu einer Wurzel:

$$E = E^0 + \frac{0{,}059}{n} \cdot \lg \frac{a(H_3O^+)}{\sqrt{p(H_2)}}$$

E^0 der Wasserstoffelektrode ist per Definition gleich Null. Nach den Rechenregeln wird log $(1 / \sqrt{p})$ zu $-\frac{1}{2}$ log (p). Beim Standarddruck ist $p = 1$ und $\log p = 0$. Somit vereinfacht sich die Gleichung:

$$E = 0{,}059 \cdot \{\lg a(H_3O^+) - 1/2 \lg p(H_2)\}$$
$$E = -0{,}059 \cdot \{pH + 1/2 \lg p(H_2)\}$$
$$E = -0{,}059 \cdot pH$$

Platiniertes Platin = Platinmohr

Die Platin-Ableitung muss *platiniert* sein, d. h. einen Überzug aus fein verteiltem Platin (sog. **Platinmohr**) besitzen. Dieser Überzug wird hergestellt, indem vor einer

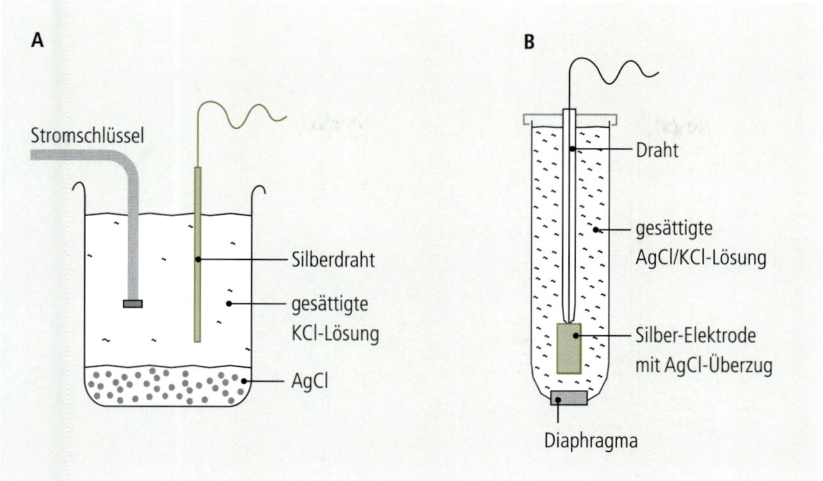

Abb. 20.4 Schematischer Aufbau einer Silber/Silberchlorid-Elektrode

Messung aus einer $PtCl_2$-Lösung Platin elektrolytisch auf der Elektrode abgeschieden wird. Dieses Platinmohr ist nötig, weil sonst bei der Wasserstoffabscheidung am Platin immer eine mehr oder weniger große Überspannung auftritt (Polarisierung der Elektrode).

Silber/Silberchlorid-Elektrode

Bei der Silber/Silberchlorid-Elektrode taucht eine Silber-Metallelektrode in eine gesättigte Lösung von schwerlöslichem Silberchlorid (Abb. 20.4). In einer solchen Lösung wird die Aktivität der Metallionen durch das Löslichkeitsprodukt $K_L(\text{AgCl})$ von Silberchlorid bestimmt. Neben der Reaktionsgleichung der Elektrodenreaktion muss deshalb auch noch das Lösungsgleichgewicht berücksichtigt werden:

Elektrodenreaktion an der Ag/AgCl-Elektrode

$$\text{Ag}^+ + e^- \rightleftharpoons \text{Ag}$$
$$\text{AgCl} \rightleftharpoons \text{Ag}^+ + \text{Cl}^-$$

Löslichkeitsprodukt:

Die Aktivität des Ag^+ wird durch das Löslichkeitsprodukt von AgCl bestimmt

$$K_L(\text{AgCl}) = a(\text{Ag}^+) \cdot a(\text{Cl}^-)$$

Nernst'sche Gleichung:

$$E = E^0 + 0{,}059 \cdot \lg a(\text{Ag}^+)$$
$$E = E^0 + 0{,}059 \cdot \lg \frac{K_L(\text{AgCl})}{a(\text{Cl}^-)}$$

Da K_L eine Konstante ist, kann es mit E^0 zu E^0_{neu} zusammengefasst werden:

Das Elektrodenpotential hängt nur von der Cl^--Konz. ab

$$E = E^0_{neu} - 0{,}059 \cdot \lg a(\text{Cl}^-)$$

Elektroden 2. Art: Das Metall steht im Gleichgewicht mit einem schwerlöslichen Salz dieses Metalls

Das Potential der Elektrode hängt nur noch von der Chlorid-Konzentration ab. Die Konzentration der an der Elektrodenreaktion beteiligten Ag^+-Ionen geht nicht in die Nernst'sche Gleichung ein. Solche Elektroden werden als Elektroden 2. Art bezeichnet. In der Praxis wird als Elektrolyt eine gesättigte Kaliumchlorid-Lösung verwendet. Durch den großen Überschuss der Chlorid-Ionen kann die Ag^+-Konzentra-

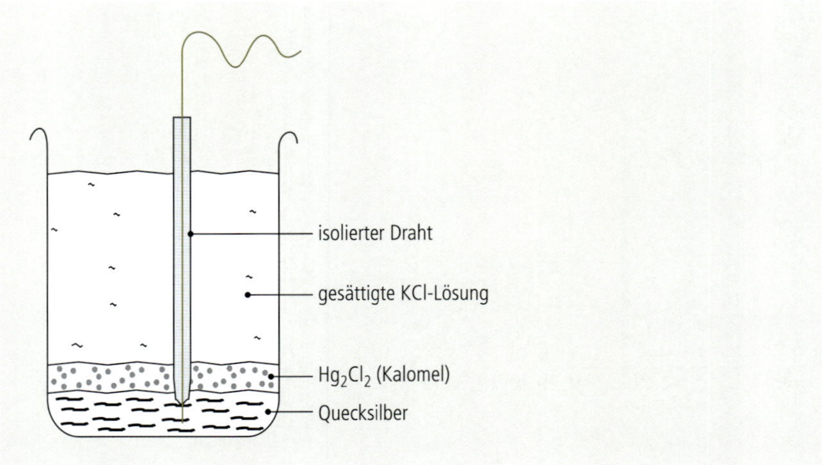

Abb. 20.5 Schematischer Aufbau einer Kalomel-Elektrode

tion in der Lösung, und somit das Potential, als konstant betrachtet werden, solange ein Bodenkörper aus Silberchlorid vorhanden ist und solange die Stromdichte (Strom pro Elektrodenfläche) klein ist. Das Potential einer solchen Elektrode hat deshalb bei 25 °C einen konstanten Wert von $E = 0{,}198$ V.

Sowohl die Silber/Silberchlorid-Elektrode, wie auch die Kalomel-Elektrode werden häufig an Stelle der schwer handhabbaren Wasserstoff-Elektrode als Bezugselektrode eingesetzt.

Kalomel-Elektrode und Silber/Silberchlorid-Elektrode sind Elektroden 2. Art

Kalomel-Elektrode

Kalomelelektrode: besteht aus metall. Quecksilber, überzogen mit Quecksilber(I)-chlorid und einer gesättigten KCl-Lösung als Elektrolyt

Auch die Kalomel-Elektrode ist eine Elektrode 2. Art, bei der metallisches Quecksilber mit einer Lösung von Quecksilber(I)-chlorid (Hg_2Cl_2 = *Kalomel*) im Gleichgewicht steht (Abb. 20.5). Der Elektrolyt besteht aus einer konzentrierten KCl-Lösung. Das Potential berechnet sich analog zu dem der Silber/Silberchlorid-Elektrode:

$$Hg_2^{2+} + 2\,e^- \rightleftharpoons 2\,Hg$$
$$Hg_2Cl_2 \rightleftharpoons Hg_2^{2+} + 2\,Cl^-$$

Elektrodenreaktion an der Kalomelelektrode

Löslichkeitsprodukt:

$$K_L(Hg_2Cl_2) = a(Hg_2^{2+}) \cdot a^2(Cl^-)$$

Nernst'sche Gleichung:

$$E = E^0 + \frac{0{,}059}{2} \cdot \lg a(Hg_2^{2+})$$
$$E = E^0 + \frac{0{,}059}{2} \cdot \lg \frac{K_L(Hg_2Cl_2)}{a^2(Cl^-)}$$
$$E = E^0_{neu} - 0{,}030 \cdot \lg a^2(Cl^-)$$
$$E = E^0_{neu} - 0{,}059 \cdot \lg a(Cl^-)$$

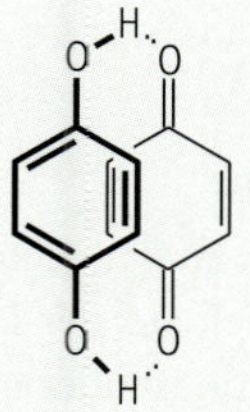

Abb. 20.6 Chinhydron

Mit einer gesättigten KCl-Lösung als Elektrolyt hat die Kalomel-Elektrode bei 25 °C ein Potential von $E = 0{,}241$ V. Im Vergleich dazu besitzt die Normal-Kalomel-Elektrode ($c(\text{KCl}) = 1$ mol/l) ein höheres Potential von $E = 0{,}280$ V.

Chinhydron-Elektrode

Die Chinhydron-Elektrode ist eine besonders einfache Redox-Elektrode. Chinhydron ist ein Charge-Transfer-Komplex, der aus je einem Molekül Hydrochinon und p-Benzochinon besteht (Abb. 20.6). Hydrochinon lässt sich zu Benzochinon oxidieren und umgekehrt. Wird Chinhydron in Wasser gelöst, dann wird ein kleiner Teil des Komplexes in die beiden Komponenten aufgespalten. Diese stehen dann miteinander im Redox-Gleichgewicht:

Die Chinhydron-Elektrode ist eine einfache Redoxelektrode

$$\text{p-Benzochinon} + 2\,H^+ + 2\,e^- \rightleftharpoons \text{Hydrochinon}$$
$$E^0 = 0{,}699 \text{ V}$$

Benzochinon lässt sich leicht zum Hydrochinon reduzieren und umgekehrt

Da durch den Zerfall des Chinhydrons die oxidierte und die reduzierte Form immer in exakt gleicher Menge produziert werden, vereinfacht sich die Nernst'sche Gleichung:

$$E = E^0 + \frac{0{,}059}{2} \cdot \lg \frac{a(p-\text{Benzochinon}) \cdot a^2(H^+)}{a(\text{Hydrochinon})}$$
$$E = E^0 + \frac{0{,}059}{2} \cdot \lg a^2(H^+)$$
$$E = E^0 + 0{,}059 \cdot \lg a(H^+)$$

$$E = E^0 - 0{,}059 \text{ pH} \quad E^0 = 0{,}699 \text{ V}$$

Das Potential der Chinhydron-Elektrode ist demnach nur vom pH-Wert der Lösung abhängig. In der Praxis besteht die Elektrode aus einer gepufferten Chinhydron-Lösung, in die zur Ableitung des Redoxpotentials ein Platindraht eintaucht.

Das Potential der Chinhydron-Elektrode ist pH-abhängig

Merke

Das Elektrodenpotential

- einer Metallelektrode hängt von der Konzentration der entsprechenden Metall-Ionen im Elektrolyten ab (Elektrode 1. Art),
- einer Gaselektrode hängt zusätzlich vom Druck des Gases ab,
- einer Elektrode zweiter Art hängt von der Konzentration des Gegenions ab,
- vieler Elektroden hängt vom pH-Wert des Elektrolyten ab.

20.3 Elektrochemische Zellen

20.3.1 Galvani-Element

Wird ein Kupferstab in eine Kupfersalz-Lösung getaucht, dann kann an der Metalloberfläche die Elektrodenreaktion anlaufen, und Kupfer scheidet sich aus der Lösung an der Elektrode ab. Das Ausmaß (der Stoffumsatz) der Reaktion ist aber nur sehr gering, weil sich die Elektrode bei der Reaktion positiv auflädt und damit die Annäherung weiterer positiv geladener Kupfer-Ionen unmöglich wird. Erst wenn die Ladungen abfließen können, ist ein Stoffumsatz möglich. Dazu werden zwei solcher sog. **Halbzellen** zu einem **galvanischen Element** kombiniert und die Elektroden mit einem Kabel verbunden (○ Abb. 20.7).

Zwischen den beiden Halbzellen besteht eine Potentialdifferenz; in der Folge fließt Strom

Da auch in den Elektrolyt-Lösungen ein Ladungsausgleich nötig ist, müssen die Elektrolyte ebenfalls so verbunden werden, dass ein Austausch der Ionen möglich ist. Dazu gibt es zwei einfache Möglichkeiten:

- Die beiden Halbzellen werden durch ein **Diaphragma** getrennt. Das ist eine Trennwand (Membran), die verhindert, dass sich die beiden Lösungen der Zellen vermischen und die zur Ermöglichung des Ladungsausgleichs trotzdem Ionen durchlässt. Einfache Diaphragmen sind z. B. eine Glasfritte oder ein Gel-Pfropfen, in dem sich die Ionen nur langsam bewegen können.
- Die Elektroden können sich in getrennten Gefäßen befinden, die durch eine **Salzbrücke** miteinander verbunden sind. Die Salzbrücke (auch Stromschlüssel genannt) ist ein Glasrohr, das mit einer konzentrierten Lösung eines inerten Salzes (z. B. Kaliumchlorid) gefüllt ist. Die Enden sind jeweils mit einem Diaphragma verschlossen, sodass sich die Elektrolyte nicht vermischen können.

Diaphragma: Membran, die eine Vermischung der beiden Lösungen verhindert

Salzbrücke = Stromschlüssel: Glasrohr gefüllt mit Elektrolyt

Anoden- und Kathodenreaktion

Zinkelektrode = Anode

Kupferelektrode = Kathode

Die Zink-Elektrode stellt die Anode dar: Oxidation von Zn zu Zn^{2+}

Die Kupferelektrode stellt die Kathode dar: Reduktion von Cu^{2+} zu Cu

Im Beispiel des Daniell-Elements besteht das galvanische Element aus einer Kupfer- und einer Zinkelektrode. Da Kupfer das positivere Normalpotential hat, ist die Kupferelektrode positiv und die Zinkelektrode negativ aufgeladen (gleiche Konzentrationen bzw. Aktivitäten vorausgesetzt. An der Zinkelektrode gehen deshalb Zn^{2+}-Ionen in Lösung und hinterlassen je zwei Elektronen. Die Elektronen fließen im Kabel dann zur Kupferelektrode. Dort verbinden sie sich mit den Cu^{2+}-Ionen der Lösung und metallisches Kupfer scheidet sich ab.

> **Hinweis**
> Achtung: Die physikalische „konventionelle" Stromrichtung geht immer von Plus nach Minus. Diese Definition stammt aus einer Zeit, in der noch nicht genau bekannt war, was der elektrische Strom eigentlich ist. Tatsächlich fließen die negativ geladenen Elektronen in entgegengesetzter Richtung!

An der einen Elektrode findet demzufolge eine Oxidation und an der anderen eine Reduktion statt. Die Elektrode, an der oxidiert wird (im Beispiel Zink zu Zn^{2+}), heißt Anode, die Elektrode, an der reduziert wird (im Beispiel Cu^{2+} zu Kupfer), ist die Kathode. Durch das Verbindungskabel der Elektroden fließt ein Strom; deshalb ist jedes galvanische Element eine Batterie, mit der elektrischer Strom erzeugt werden kann.

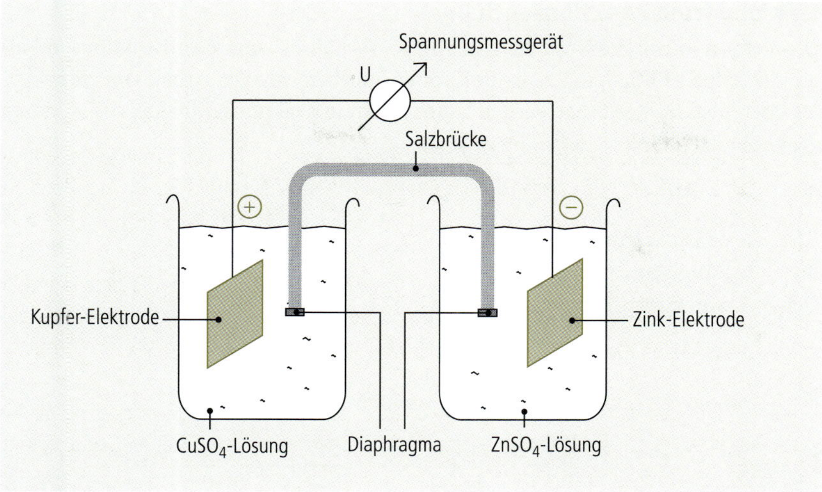

Abb. 20.7 Galvanisches Element (Daniell-Element)

Merke

- An der Anode findet immer eine Oxidation statt. Hier nimmt die Elektrode Elektronen aus dem Elektrolyten auf.
- An der Kathode findet immer eine Reduktion statt. Hier gibt die Elektrode Elektronen an den Elektrolyten ab.

Elektromotorische Kraft

Die Potentialdifferenz zwischen den Elektroden macht sich als elektrische Spannung bemerkbar. Diese Spannung ist am größten, solange kein Strom durch das Verbindungskabel fließt. Sobald sich die Ladungen ausgleichen können, wird die Spannung kleiner. Die Größe der stromlos gemessenen Spannung ist ein Maß für die Arbeit, die mit dem elektrischen Strom eines galvanischen Elements geleistet werden kann. Diese Spannung heißt **elektromotorische Kraft (EMK).** Die EMK eines Galvani-Elements lässt sich mit der Nernst'schen Gleichung berechnen (Bsp.: Daniell-Element):

Leerlaufspannung

Die EMK ist eine Spannung!

$$\mathrm{EMK} = E_{\left(\mathrm{Cu/Cu^{2+}}\right)} - E_{\left(\mathrm{Zn/Zn^{2+}}\right)}$$

$$\mathrm{EMK} = E^0_{\left(\mathrm{Cu/Cu^{2+}}\right)} + \frac{0{,}059}{2}\lg c_{\mathrm{Cu^{2+}}} - \left(E^0_{\left(\mathrm{Zn/Zn^{2+}}\right)} + \frac{0{,}059}{2}\lg c_{\mathrm{Zn^{2+}}}\right)$$

$$\mathrm{EMK} = \Delta E^0 + \frac{0{,}059}{2}\lg\frac{c_{\mathrm{Cu^{2+}}}}{c_{\mathrm{Zn^{2+}}}}$$

Bei gleicher Konzentration beider Elektrolytlösungen ergibt sich die EMK aus der Differenz der jeweiligen Normalpotentiale:

$$\mathrm{EMK} = E^0_{\left(\mathrm{Cu/Cu^{2+}}\right)} - E^0_{\left(\mathrm{Zn/Zn^{2+}}\right)}$$

EMK und freie Reaktionsenthalpie

Die elektromotorische Kraft steht in engem Verhältnis zur freien Reaktionsenthalpie ΔG (Gibbs-Enthalpie), da beide Größen angeben, wie viel Arbeit von einer chemischen Reaktion geleistet werden kann. Die freie Reaktionsenthalpie ΔG ist durch die Gibbs-Helmholtz-Gleichung gegeben:

$$\Delta G = \Delta H - T \cdot \Delta S$$

ΔH: Reaktionswärme
ΔS: Reaktionsentropie

Zusammenhang zwischen ΔG und EMK

Der Zusammenhang mit der EMK lautet:

$$\Delta G = -n \cdot F \cdot \text{EMK}$$

F: Faraday-Konstante (Ladung von einem Mol Elektronen)

Merke

- Im Galvanischen Element stehen zwei Elektroden miteinander in Kontakt, sodass der relative Unterschied der Elektrodenpotentiale gemessen werden kann.
- Die elektromotorische Kraft (EMK) ist die Spannung zwischen den Elektroden eines Galvanischen Elements bei stromloser Messung.
- Wird an ein Galvanisches Element eine genügend große Gegenspannung angelegt, so können die Elektrodenreaktionen umgekehrt werden (Elektrolyse).
- Die Zersetzungsspannung ist um den Betrag der Überspannung (η) größer als die EMK.

Konzentrationskette

Da das Potential einer Elektrode auch von der Konzentration im Elektrolyten abhängt, gibt es auch eine Potentialdifferenz (bzw. EMK) zwischen zwei gleichen Elektroden, bei denen nur die Konzentrationen verschieden sind. Für eine solche sog. Konzentrationskette aus zwei Kupfer-Metallelektroden ergibt sich:

Konzentrationskette aus 2 Kupferelektroden

$$E_{\text{Cu}} = E^0 + \frac{0{,}059}{2} \cdot \lg a(\text{Cu}^{2+})$$
$$\text{EMK} = \Delta E = E^1_{\text{Cu}} - E^2_{\text{Cu}}$$
$$\Delta E = \left(E^0 - 0{,}0295 \cdot \lg a_1(\text{Cu}^{2+})\right) - \left(E^0 - 0{,}0295 \cdot \lg a_2(\text{Cu}^{2+})\right)$$
$$\Delta E = 0{,}0295 \cdot \lg \frac{a_2(\text{Cu}^{2+})}{a_1(\text{Cu}^{2+})}$$

20.3.2 Elektrolyse

Umkehrung der Elektrodenreaktion durch Anlegen einer äußeren Spannung

Zersetzung durch elektrischen Strom

Durch das Anlegen einer elektrischen Spannung, die der elektromotorischen Kraft entgegengesetzt ist, lassen sich die Elektrodenreaktionen umkehren. Dies wird Elektrolyse genannt. Die Elektrode, an der vorher eine Oxidation stattfand, zeigt jetzt eine Reduktionsreaktion und umgekehrt. Deshalb ist die Elektrode, die beim Galvani-Element die Anode war, bei der Elektrolyse die Kathode. Die Polung der Elektroden ist aber die gleiche.

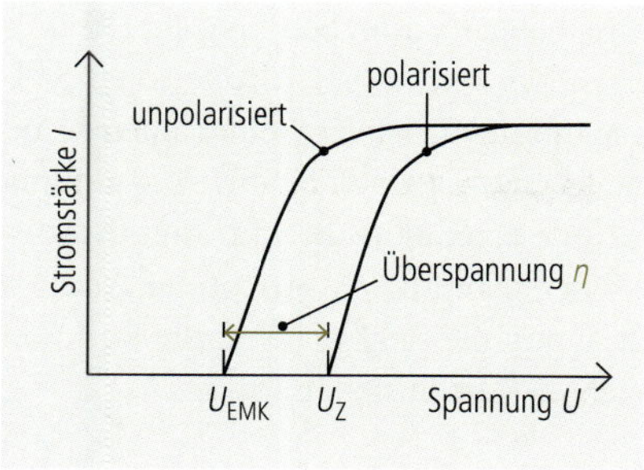

○ Abb. 20.8 Strom/Spannungs-Diagramm der Elektrolyse. Die angelegte Spannung kompensiert gerade die EMK (U_{EMK} = -EMK); *Uz*: Zersetzungsspannung; *η*: Überspannung

Zersetzungsspannung

Die ○ Abb. 20.8 zeigt schematisch die Größe des Stromes *I* in Abhängigkeit von der angelegten Spannung *U*. Ein Stromfluss setzt erst ein, wenn die angelegte Spannung größer ist als die Zersetzungsspannung U_z der Elektrolysezelle. Die Zersetzungsspannung ergibt sich aus der Differenz der Elektrodenpotentiale der Anode und der Kathode der Elektrolysezelle und ist abhängig von

- den Konzentrationen der an der Anode bzw. Kathode umgesetzten Substanzen
- den Normalpotentialen der an der Anode und Kathode ablaufenden Elektrodenreaktionen
- von der Temperatur des Elektrolyten
- vom pH-Wert der Lösung.

Strom und Spannung verhalten sich in einem großen Bereich proportional zueinander. In diesem Bereich gilt das **Ohm'sche Gesetz,** *R* ist der Ohm'sche Widerstand der Lösung:

$$U = R \cdot I$$

Der Strom in der Elektrolysezelle verhält sich wie der Strom in einem Metalldraht. Bei weiterer Erhöhung der Spannung steigt der Strom aber nicht über einen Maximalwert, den Grenzstrom, an.

Überspannung

Meist ist die Zersetzungsspannung U_z größer als die U_{EMK}.

$$U_Z = U_{EMK} + \eta$$

Überspannung bzw. Polarisation

Die Differenz *η* (*griech.* eta) wird Überspannung oder **Polarisation** genannt und die Elektrode als **polarisiert** bezeichnet. Die Überspannung kann als Maß für die Hemmung des Stromflusses aufgefasst werden: Je größer die Hemmung, desto größer muss die angelegte Spannung sein, damit es zum Stromfluss kommt. Eine Überspannung lässt sich immer dann beobachten, wenn für die Elektrodenreaktion eine Aktivierungsenergie notwendig ist. Diese muss erst noch aufgebracht werden, bevor die Reaktion starten kann. So muss Energie aufgewendet werden um die elektrochemische Doppelschicht zu überwinden (Durchtrittshemmung). Dazu kommt noch die Diffusionshemmung, die auf einer Behinderung der Bewegung der Ladungsträger in der Lösung beruht. Die Ladungsträger werden auf dem Weg zur Elektrode durch die Gegenionen, die in entgegengesetzte Richtung wandern, behindert. Eine

Durchtrittshemmung → Durchtrittsüberspannung

Diffusionshemmung → Diffusionsüberspannung

Reaktionshemmung → Reaktionsüberspannung

Diffusions- und Reaktionshemmung sind durch Konz. unterschiede bedingt → zusammengefasster Begriff Konz.hemmung

weitere Hemmung kann durch eine chemische Folgereaktion bedingt sein (Reaktionshemmung).

Bei einer Metallabscheidung ist die Überspannung meist vernachlässigbar klein. Wenn sich ein Gas an der Elektrode abscheidet, muss jedoch eine Überspannung beachtet werden, die vom Material der Elektrode abhängt (z. B. η für die Abscheidung von Wasserstoff an Pt: 0–0,5 V). Die Überspannung entspricht der Aktivierungsenergie, die überwunden werden muss, damit die elektrochemische Reaktion ablaufen und sich das elektrochemische Gleichgewicht einstellen kann.

20.4 Theorie der Leitfähigkeit

In Metallen sind die Elektronen frei beweglich

In Elektrolytlösungen sind Ionen für den Ladungstransport verantwortlich

Der Mechanismus, mit dem in Elektrolytlösungen der elektrische Strom geleitet wird, unterscheidet sich grundsätzlich von dem in einem metallischen Leiter („Draht"). In einem Metalldraht bewegen sich nur die Elektronen und alle Atome bleiben an ihren Plätzen. Deshalb sind die Geschwindigkeit dieser sog. elektronischen Stromleitung und die Leitfähigkeit sehr groß. Der elektrische Widerstand eines Drahtes ist relativ klein. In einer Elektrolyt-Lösung sind nicht bewegliche Elektronen für den Ladungstransport verantwortlich. Hier wandern Ionen (Anionen und Kationen), die in der Lösung beweglich sind.

20.4.1 Ionenleitung in Elektrolyten

Es gibt verschiedene mögliche Mechanismen, auf Grund derer sich Ionen in einer Lösung bewegen können. Die wichtigsten sind Konvektion, Migration und Diffusion.

Konvektion

Konvektion: Wanderung aufgrund einer äußeren physikalischen Kraft

Unter Konvektion werden alle Bewegungen bzw. Strömungen zusammengefasst, die das gesamte Lösungsmittel betreffen. Dabei bewegen sich auch alle enthaltenen Ionen mit. Ursachen können Temperaturunterschiede (thermische Konvektion) oder Rühren (mechanische Konvektion) sein.

Migration

Migration: Wanderung entlang eines elektrischen Felds

Unter dem Einfluss eines elektrischen Feldes wandern Ladungsträger in einem Elektrolyt entsprechend ihrer Polarität, d. h. alle positiven Ionen zum Minuspol und alle negativen zum Pluspol. Dieser Effekt heißt Migration oder **Überführung im elektrischen Feld** und tritt immer auf, wenn eine Spannung zwischen zwei Elektroden im Elektrolyten besteht. Die Migration ist die Grundlage der elektrischen Leitfähigkeit von Elektrolyt-Lösungen.

Leitsalz/Leitelektrolyt

Da die Migration zu Konzentrationsunterschieden der Ionen in einer Lösung führt, muss sie bei manchen elektrochemischen Methoden unterdrückt werden. Dazu wird ein sog. **Leitsalz** in hoher Konzentration zugegeben (meist Kaliumchlorid), deren Ionen nicht an der elektrochemischen Reaktion teilnehmen. Die Ionen dieses Leitsalzes wandern im elektrischen Feld und gleichen die Potentialunterschiede in der Lösung aus, bevor die zu bestimmenden Substanzen, die in viel kleinerer Konzentration vorliegen, zu wandern beginnen.

Diffusion

Unter Diffusion versteht man einen Stofftransport entlang eines Konzentrationsgradienten. Konzentrationsunterschiede entstehen durch Stoffumsatz an den Elektroden oder aber durch Migration. Wenn innerhalb des Elektrolyten Konzentrationsunterschiede einzelner Ionen bestehen, dann werden diese durch die Diffusion im Lauf der Zeit ausgeglichen.

Diffusion: Wanderung entlang eines Konzentrationsgradienten

Migration und Diffusion sind die wichtigsten Wege des Stoff- und Ladungstransports in Elektrolyt-Lösungen.

Leitfähigkeit des Elektrolyten 20.4.2

Widerstand der Ionen bei der Bewegung

Wenn ein elektrisches Feld im Elektrolyten besteht, versuchen alle Ionen zu wandern (Migration). Das elektrische Feld (E) zwischen den beiden Elektroden ist abhängig von der Spannung (U) und dem Abstand der Elektroden (l) von einander:

$$E = U/l$$

Das elektrische Feld ist abhängig von der Spannung und dem Elektrodenabstand.

Auf die Ionen wirkt dabei die Kraft F_{el}

$$F_{el} = n \cdot \varepsilon_0 \cdot E$$

ε_0: Elektrische Feldkonstante

Bei der Wanderung durch die Lösung werden die Ionen aber durch das Lösungsmittel gebremst. Die Ursache dieses Widerstandes, den die wandernden Ionen überwinden müssen, ist hauptsächlich der **Reibungswiderstand,** der aus der Reibung des wandernden Ions an den Lösungsmittelmolekülen resultiert. Er gehorcht dem Stokes'schen Gesetz und ist proportional zum Radius (r) und der Geschwindigkeit (v) der Ionen sowie zur Viskosität (η, *griech.*: eta) der Lösung:

Der Reibungswiderstand lässt sich mit dem Stokes'schen Gesetz errechnen

$$F_{\text{reib}} = 6 \cdot \pi \cdot r_i \cdot v_i \cdot \eta$$

F_{reib}: Reibungskraft (Reibungswiderstand)
r_i: Radius der Ionen
v_i: Geschwindigkeit der Ionen
η: Viskosität der Lösung

Bei der Bestimmung des Radius (r_i) muss allerdings beachtet werden, dass alle Ionen im Wasser hydratisiert vorliegen, und dass Ionen mit einem kleinen Radius meist eine große Hydrathülle besitzen. Da zumindest ein Teil dieser Hydrathülle immer mit dem Ion mit wandert, ist der effektive Radius des Ions sehr viel größer als der eigentliche Ionenradius. Daneben spielen aber auch der sog. Relaxationseffekt und der sog. elektrophoretische Effekt eine Rolle. Der **Relaxationseffekt** ist eine Folge der Anziehungskraft zwischen positiven und negativen Ionen in der Lösung. Da diese in verschiedene Richtungen wandern, muss die Anziehungskraft zwischen diesen Ionen überwunden werden. Auch der **elektrophoretische Effekt** folgt aus der entgegengesetzten Bewegungsrichtung der Ionen, weil sich jedes Kation gegen die Strömung der Anionen bewegen muss und umgekehrt.

Hydrathülle

Leitfähigkeit

Grundsätzlich leitet ein Elektrolyt den elektrischen Strom umso besser

- je größer die Konzentration c aller Ionen ist,
- je höher die Ladung n aller Ionen ist,
- je größer die Beweglichkeit u aller Ionen in der Lösung ist.

Die Leitfähigkeit κ (*griech.* kappa) einer Lösung ergibt sich als Summe der Leitfähigkeiten aller i Sorten gelöster Ionen:

$$\kappa = \sum_i F \cdot n_i \cdot c_i \cdot u_i$$

κ: Leitfähigkeit der Lösung, Einheit $[\kappa] = 1$ S/cm (Siemens/cm)
F: Faraday-Konstante, F = 96485 C/mol
n_i: Ladungszahl der Ionensorte i
c_i: Konzentration der Ionensorte i
u_i: Beweglichkeit der Ionensorte i

Leitwert

Der Leitwert (G) (auch Konduktanz) ist der Kehrwert des elektrischen Widerstands und definiert als

$$G = \kappa \cdot \frac{A}{l}$$

κ: Leitfähigkeit der Lösung
A: Elektrodenfläche
l: Elektrodenabstand

Die Einheit des Leitwerts ist $[G] = 1$ S (Siemens). In den Leitwert geht demnach die Geometrie der Elektrode mit ein.

Widerstand und Ohm'sches Gesetz

Das Ohm'sche Gesetz besagt, dass Spannung und Strom zueinander proportional sind (bei doppelter Spannung ist der Strom doppelt so groß). Das gilt in metallischen Leitern fast immer, in Elektrolyten allerdings nur innerhalb enger Grenzen. Trotzdem lässt sich formal auch in Lösungen ein elektrischer Widerstand R als Kehrwert des Leitwerts definieren. R hat die Einheit Ω (sprich: Ohm, *griech.* Omega).

$$R = \frac{U}{I} = \frac{1}{G}$$

U: Spannung
I: Stromstärke
G: Leitwert

Molare Leitfähigkeit

Die Leitfähigkeit einer Lösung ist abhängig von der Anzahl an Ladungsträgern. Die spezifische Leitfähigkeit nimmt mit steigender Konzentration der Elektrolyt-Lösung zu, wobei in verdünnten Lösungen (bis 1 mol/l) die spezifische Leitfähigkeit weitgehend proportional zur Salzkonzentration ist. Die molare Leitfähigkeit

Λ_m (*griech.*: Lambda) erhält man durch Division des spezifischen Leitfähigkeitswerts durch die jeweilige Konzentration:

Definition: Molare Leitfähigkeit

$$\Lambda_m = \frac{\kappa \cdot 1000}{c}$$

Λ_m: Molare Leitfähigkeit, Einheit $[\Lambda_m] = S \cdot cm^2 \cdot mol^{-1}$
κ: Leitfähigkeit der Lösung
c: Konzentration der Elektrolytlösung in mol/l

Äquivalentleitfähigkeit

Die Äquivalentleitfähigkeit Λ_{eq} bezieht sich auf die Äquivalentkonzentration und berücksichtigt auch noch die Ladungen der Kationen und Anionen.

Definiton: Äquivalentleitfähigkeit

$$\Lambda_{eq} = \frac{\kappa \cdot 1000}{n \cdot z \cdot c}$$

Hier ist n die Ladungszahl der Ionen, z die Zahl der Anionen und Kationen im Elektrolyt und c die Elektrolytkonzentration, angegeben in mol/l. Auch Λ_{eq} ist nicht konstant, sondern von der Konzentration der Elektrolytlösung abhängig.

Grenzleitfähigkeit

Alle bisherigen Größen zur Messung der Leitfähigkeit sind nicht tabellierbar, da sie von den Messbedingungen (v. a. von der Konzentration) abhängen. Je größer die Konzentration des Elektrolyten ist, desto mehr beeinflussen sich die Ionen in der Lösung gegenseitig, sodass die Äquivalentleitfähigkeit nicht so schnell steigt wie die Konzentration. Um die „ideale" Leitfähigkeit eines im Elektrolyt gelösten Salzes zu messen, müsste deshalb bei der Konzentration $c = 0{,}0$ mol/l gemessen werden. Das ist aber nicht möglich, weil dann überhaupt keine Ionen mehr vorhanden sind. In der Praxis wird deshalb die Äquivalentleitfähigkeit Λ_{eq} bei verschiedenen Konzentrationen bestimmt und in ein Diagramm (Leitfähigkeit gegen Konzentration) eingetragen. Somit kann die Äquivalentleitfähigkeit auf die Konzentration Null extrapoliert werden (**o** Abb. 20.9).

Grenzleitfähigkeit ist die molare Leitfähigkeit bei unendlicher Verdünnung

$$\lim_{c \to 0} \Lambda_{eq} = \lim_{c \to 0} \frac{\kappa}{n \cdot c} = \Lambda_0$$

Bei der Konzentration Null wird κ zwar Null (weil keine Ionen mehr in der Lösung sind), aber die Konzentration c wird auch Null und somit ist der Bruch κ/c nicht definiert ($\lambda = 0/0$). Der Grenzwert der Äquivalentleitfähigkeit bei einer Konzentration von *fast* Null ist die sog. Grenzäquivalentleitfähigkeit Λ_0 (kurz **Grenzleitfähigkeit**). Λ_0 ist eine von den Messbedingungen unabhängige stoffspezifische Konstante, die für alle Ionensorten in Tabellen angegeben werden kann.

Grenzleitfähigkeit ist eine stoffspezifische Konstante

Merke

- Die Leitfähigkeit eines Elektrolyten ist die Summe der Leitfähigkeiten aller gelösten Ionen.
- Der Leitwert ist der Kehrwert des elektrischen Widerstandes.
- Die Äquivalentleitfähigkeit Λ_{eq} ist die auf die Konzentration bezogene Leitfähigkeit; Λ_{eq} ist trotzdem konzentrationsabhängig.
- Die Grenzleitfähigkeit Λ_0 entspricht der Äquivalentleitfähigkeit einer unendlich verdünnten Lösung. Λ_0 ist eine Stoffkonstante.

Tab. 20.3 Grenzleitfähigkeiten einiger Ionen in wässriger Lösung bei 25 °C; ($[\Lambda_0]$ = S · cm² · mol⁻¹)

Kationen	Λ_0	Anionen	Λ_0
H_3O^+	349,8	OH^-	197,0
Li^+	38,6	F^-	55,4
Na^+	50,1	Cl^-	76,4
K^+	73,5	Br^-	78,4
NH_4^+	73,7	I^-	76,5
Ag^+	61,9	NO_3^-	71,5

20.4.3 Leitfähigkeit spezieller Lösungen

Die Art der Konzentrationsabhängigkeit der Äquivalentleitfähigkeit Λ_{eq} ist wiederum von der Art der gelösten Ionen abhängig.

Starke Elektrolyte

Starke Elektrolyte sind Lösungen von Substanzen, die vollständig dissoziiert sind (z. B. Salze oder starke Säuren). In grober Näherung ist hier die Äquivalentleitfähigkeit unabhängig von der Konzentration. Schon bei kleinen Konzentrationen treten allerdings Wechselwirkungen zwischen den Ionen auf, sodass bei einer Vergrößerung der Konzentration die Leitfähigkeit κ langsamer ansteigt. Die Äquivalentleitfähigkeit Λ_{eq} wird deshalb bei größeren Konzentrationen im Verhältnis kleiner (○ Abb. 20.9, **a**):

Kohlrausch'sches Quadratwurzelgesetz

$$\Lambda eq = \Lambda_0 - \text{Konst.} \cdot \sqrt{I}$$

Λ_{eq}: Leitfähigkeit der Lösung
Λ_0: Grenzleitfähigkeit der Lösung
I: Ionenstärke der Lösung

Der Effekt ist umso größer, je größer die Ionenstärke I der Lösung ist. Die Ionenstärke ist ein Maß für die gegenseitige Behinderung der Ionen im Elektrolyten.

Bei verdünnten Lösungen starker Elektrolyte ergibt sich die Ionenstärke aus der Summe der Konzentrationen aller i-Sorten gelöster Ionen:

Berechnung der Ionenstärke bei verdünnten Lösungen starker Elektrolyte

$$I = (1/2) \sum c_i \cdot n_{i^2}$$

c_i: Konzentration der Ionensorte i
n_i: Ladungszahl der Ionensorte i

Diese Abhängigkeit der Äquivalentleitfähigkeit von der Wurzel der Konzentrationen ist das sog. **Kohlrausch'sche Quadratwurzelgesetz.** Es gilt nur für Konzentrationen, die kleiner als 0,01 mol/l sind. Bei größeren Konzentrationen oder nicht vollständig dissoziierten Elektrolyten ist die Berechnung der Ionenstärke komplizierter.

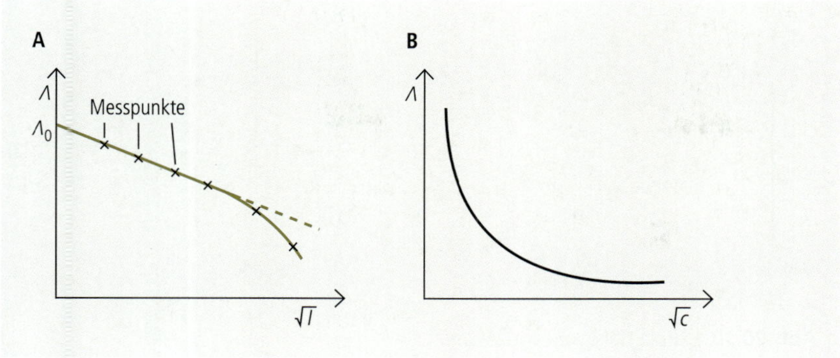

○ Abb 20.9 Abhängigkeit der Äquivalentleitfähigkeit Λ von der Konzentration des Elektrolyten; **A** für starke Elektrolyte, **B** für schwache Elektrolyte

Schwache Elektrolyte

Zur Berechnung der Äquivalentleitfähigkeit schwacher Elektrolyte (z. B. einer schwachen Säure) muss der Dissoziationsgrad, der auch von der Konzentration abhängig ist, mitberücksichtigt werden ($\Lambda = \Lambda_{eq}$):

$$\kappa = \Lambda \cdot n \cdot c = \Lambda_0 \cdot n \cdot c \cdot \alpha$$
$$\Lambda = \Lambda_0 \cdot \alpha$$

Der konzentrationsabhängige Dissoziationsgrad α kann durch das **Ostwald'sche Verdünnungsgesetz** beschrieben werden:

$$\frac{\alpha^2}{1-\alpha} = \frac{K_a}{c_0}$$

α: Dissoziationsgrad
K_a: Dissoziationskonstante
c_0: Gesamtkonzentration

Eingesetzt ergibt sich:

$$\frac{\Lambda^2 \cdot c}{\Lambda_0(\Lambda_0 - \Lambda)} = K_a$$

Wenn die Dissoziation sehr klein ist, dann ist Λ sehr klein gegenüber Λ_0, und die Formel vereinfacht sich näherungsweise zu:

$$\Lambda = \frac{Konst.}{\sqrt{c}}$$

Im Diagramm Λ gegen $\sqrt{c}$ ergibt sich ein hyperbelartiger Kurvenverlauf (○ Abb. 20.9B).

Extraleitfähigkeit von Wasser

Die Ionenleitfähigkeit von H_3O^+ und OH^- ist erstaunlich hoch

Die Leitfähigkeit von reinem Wasser ist zwar nicht groß, in Bezug auf die außerordentlich kleine Konzentration an H_3O^+- bzw. OH^--Ionen ist sie aber dennoch erstaunlich. Die Grenzleitfähigkeiten dieser Ionen sind auch um ein Vielfaches größer

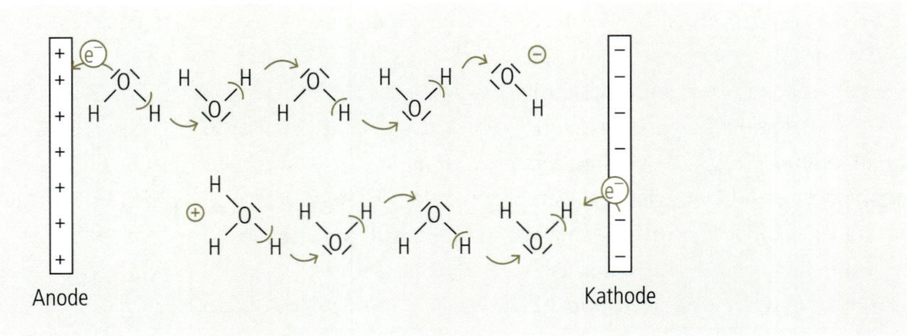

Abb. 20.10 Extraleitfähigkeit von Wasser

Besondere Art des Ladungstransports in Wasser

als die aller anderen Ionen (Tab. 20.3). Diese sog. Extraleitfähigkeit des Wassers kommt durch eine besondere Art des Ladungstransports im Wasser zustande. Zwischen den Wassermolekülen in flüssigem Wasser bestehen viele Wasserstoffbrücken. Durch einfaches Umklappen dieser Wasserstoffbrücken können im Wasser Ladungen zwischen den Molekülen weitergegeben werden, ohne dass diese dazu selbst wandern müssen (Abb. 20.10).

20.5 Elektrochemische Methoden in der pharmazeutischen Analytik

Besondere Bedeutung besitzen die pH-Wertbestimmung und die Indikation von Titrationen

In der pharmazeutischen Analytik spielen die elektrochemischen Analysenmethoden (Elektrometrie) eine wichtige Rolle. Neben potentiometrischen Direktbestimmungen (v. a. pH-Wert) werden hauptsächlich elektrochemisch indizierte Maßanalysen durchgeführt. Gegenüber klassischen, mit optischen Farbindikatoren durchgeführten Titrationen zeigen die Verfahren eine große Genauigkeit bei einfacher und schneller Durchführung. Außerdem fallen die Ergebnisse unmittelbar als elektrisches Signal an, das direkt an ein elektronisches Datenverarbeitungssystem (Computer) weitergegeben werden kann. Das ist v. a. für Reihen- und Routineuntersuchungen sinnvoll, da der Computer die Erstellung von Kalibrierkurven und die Auswertung der Ergebnisse vollautomatisch durchführen kann. Eine solche direkte Verbindung von Analysengerät und Computer wird **Online-Datenverarbeitung** genannt.

Elektrometrie in der Ph. Eur.

Potentiometrie

In der Ph. Eur. wird die Elektrochemie im allgemeinen Teil unter Punkt 2.2 „Methoden der Physik und der physikalischen Chemie" beschrieben. Allerdings sind die Methoden, im Vergleich zum Maße ihrer Anwendung in der Praxis, deutlich unterrepräsentiert. Im Abschnitt **Potentiometrie** (Ph. Eur., Allgemeine Methode 2.2.20) wird die potentiometrische Endpunktsbestimmung bei Titrationen beschrieben. Zur Messung des pH-Werts wird die potentiometrischeMethode mittels einer Glaselekrode vorgeschlagen (▶ Kap. 21, Potentiometrie). Die Ph. Eur. verwendet zur Bestimmung von Ionenkonzentrationen auch ionenselektive Indikatorelektroden

(Ph. Eur., Allgemeine Methode 2.2.31). Zur Anwendung kommen dabei silber-, blei-, fluorid- und nitrat-selektive Indikatorelektroden.

Desweiteren gibt es einen Abschnitt **Amperometrie** (Ph. Eur., Allgemeine Methode 2.2.19), worunter amperometrische Titrationen mit einer oder zwei polarisierbaren Elektroden (▶ Kap. 24) verstanden werden. Daneben verwendet die Ph. Eur. einen gepulsten, amperometrischen Detektor bei der Flüssigchromatographie zur Bestimmung verschiedener Substanzen, wie z. B. Gentamicinsulfat oder Neomycinsulfat. Amperometrie

Eine wichtige elektrochemische Analysenmethode stellt die **Elektrophorese** (Ph. Eur., Allgemeine Methode 2.2.31) dar (▶ Kap. 26). Diese Technik wird u. a. zur Produktcharakterisierung monoklonaler Antikörper, zur Identitätsprüfung bei Impfstoffen wie z. B. der Hepatitis-B-Komponente des Diphtherie-Tetanus-Hepatitis-B-Adsorbat-Impfstoffes, zur Validierung des Herstellungsverfahrens von Antithrombin-III-Konzentrat vom Menschen eingesetzt. Elektrophorese

Merke

Die Vorteile elektrochemischer Analysenmethoden sind

- große Empfindlichkeit (Sensitivität),
- große Genauigkeit,
- gezielter Nachweis einzelner Substanzen möglich (Selektivität),
- schnelle Durchführung,
- einfacher apparativer Aufbau,
- Online-Datenverarbeitung möglich.

Übungen 20.6

1. Wie groß ist die EMK eines elektrochemischen Elements, das aus einer Ag/$AgNO_3$-Halbzelle (0,5 mol/l) und einer Zn/$ZnSO_4$-Halbzelle (0,2 mol/l) besteht? An welcher Elektrode ist der Plus- bzw. der Minus-Pol? Welche Elektrode ist Anode bzw. Kathode?
2. Ein Silber-Draht, der in eine 1-molare Kaliumchlorid-Lösung taucht, die an AgCl gesättigt ist, zeigt ein Elektrodenpotential von $E = +0{,}222$ V (gegen H_2-Elektrode). Wie groß ist das Löslichkeitsprodukt von AgCl?
3. Welche Elektrodenreaktionen laufen an Anode und Kathode bei der Elektrolyse folgender elektrochemischer Zellen ab:

Elektrolyt	Anode	Kathode
a) HCl	Pt	Pt
b) H_2SO_4	Pt	Pt
c) $CuCl_2$	Pt	Pt
d) $Zn(NO_3)_2$	Zn	Pt

4. Beschreiben Sie kurz, welche Komponenten der folgenden Typen von elektrochemischen Zellen jeweils potentialbestimmend sind: Metallelektrode, Gaselektrode, Elektrode 2. Art, Konzentrationskette.

21 Potentiometrie

Die potentiometrischen Analysenmethoden basieren auf der Abhängigkeit des Elektrodenpotentials einer Indikator- oder Messelektrode von der Konzentration der Elektrolytlösung. Wenn die zu bestimmende Substanz an der Elektrodenreaktion der Messelektrode beteiligt ist, kann die Größe des Elektrodenpotentials als Maß für die Probenkonzentration verwendet werden.

Direktpotentiometrie

Bei **direkt-potentiometrischen Methoden** wird aus dem Wert des Elektrodenpotentials **direkt** die Konzentration der Probe ermittelt. Bei den **potentiometrischen Titrationen** wird die Größe des Potentials im Verlauf einer Titration kontinuierlich registriert. Der Endpunkt der Titration kann dem Potentialverlauf entnommen werden.

Potentiometrische Titrationen

21.1 Grundlagen der Potentiometrie

Messgröße: Potentialdifferenz zwischen Indikator- und Referenzelektrode

Zur Messung der Größe eines Elektrodenpotentials wird immer eine **Indikatorelektrode** (Messelektrode) und eine **Referenzelektrode** (Vergleichselektrode, Bezugselektrode) benötigt. Die Potentialdifferenz zwischen Indikatorelektrode und Referenzelektrode kann als elektrische Spannung gemessen werden. Damit der Stromkreis geschlossen ist, muss zwischen den Elektrolyten der Indikatorelektrode und der Referenzelektrode eine Verbindung bestehen. Um zu verhindern, dass sich die Elektrolyten über diese Verbindung vermischen, werden die beiden elektrochemischen Halbzellen meist mit einer Salzbrücke verbunden.

21.1.1 Referenzelektroden

Referenzelektroden: Elektroden 2. Art

Als Referenzelektroden kommen nur solche in Frage, deren Potential konstant ist; meist werden Elektroden 2. Art verwendet (▶ Kap. 20.2.4).

Silber/Silberchlorid-Elektrode

$E = 0{,}198$ V (25 °C)

Bei der Silber/Silberchlorid-Elektrode taucht ein mit festem Silberchlorid überzogener Silberdraht in eine gesättigte Lösung von schwerlöslichem Silberchlorid (▶ Kap. 20.2.4). Der Elektrolyt ist mit Kaliumchlorid (KCl) gesättigt. Das Potential einer solchen Elektrode ist bei 25 °C $E = 0{,}198$ V.

Kalomel-Elektrode

$E = 0{,}241$ V (25 °C)

Auch die Kalomel-Elektrode ist eine Elektrode 2. Art, bei der metallisches Quecksilber mit einer Lösung von Quecksilber(I)-chlorid (Hg_2Cl_2 = Kalomel) im Gleichgewicht steht (▶ Kap. 20.2.4). Der Elektrolyt besteht aus einer konzentrierten KCl-Lösung. Das Potential E ist bei 25 °C = 0,241 V.

Wasserstoff-Elektrode

Prinzipiell ist auch eine Wasserstoff-Elektrode als Referenzelelektrode geeignet, da alle Normalpotentiale ja sowieso auf diese Elektrode bezogen sind (▶ Kap. 20.2.4).

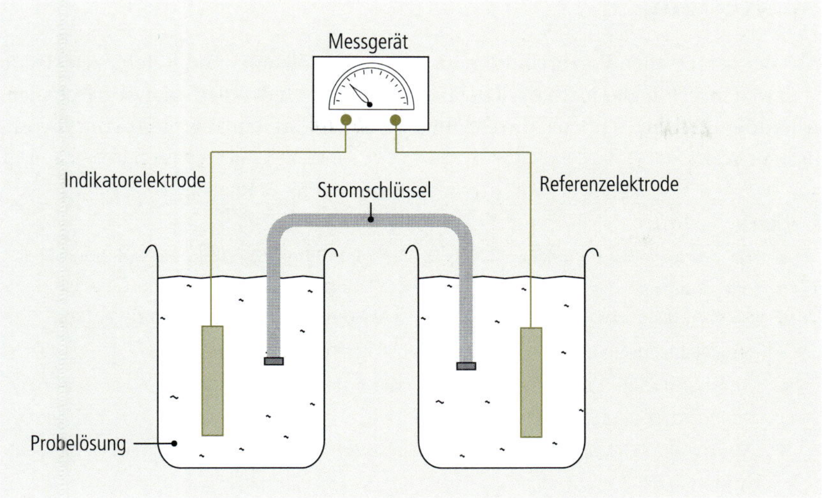

Abb. 21.1 Schematischer Aufbau einer potentiometrischen Messung

Allerdings wird sie in der Praxis nicht verwendet, da das Elektrodenpotential nicht konstant genug ist. Fehler entstehen bei:

- Schwankungen des Wasserstoffdrucks,
- Verunreinigungen des Wasserstoffs,
- Vergiftung der Elektrode (durch Abscheidung von Substanzen aus dem Elektrolyten),
- Anwesenheit von reduzierenden oder oxidierenden Substanzen in der Lösung,
- Alterung der platinierten Platin-Elektrode.

Messung des Potentials 21.1.2

Die Messung der Spannung zwischen den Elektroden muss immer **stromlos** (bzw. leistungslos) erfolgen; d. h. es darf im Stromkreis (im Elektrolyten und in den Verbindungskabeln) kein elektrischer Strom fließen (der Stromkreis muss aber trotzdem auf jeden Fall geschlossen sein!). Sobald ein Strom fließt, laufen die Elektrodenreaktionen ab, was zu einem Stoffumsatz an der Oberfläche der Elektroden führt. Dadurch würden die Konzentrationen in der Probenlösung verändert und das Elektrodenpotential verfälscht. Um eine stromlose Messung zu garantieren werden Spannungsmessgeräte mit hohem Innenwiderstand (Größenordnung 10^{12} Ω) eingesetzt. Mit einem solchen Messgerät lässt sich die Potentialdifferenz direkt bestimmen (Abb. 21.1). Früher wurde die Poggendorff'sche Kompensationsmethode verwendet. Dazu wird mit Hilfe eines regelbaren Widerstandes an die elektrochemische Zelle eine Gegenspannung angelegt, die so eingestellt wird, dass gerade kein Strom mehr fließt. Dann ist die Gegenspannung genau gleich groß wie die Potentialdifferenz der Elektroden, nur entgegengesetzt gerichtet.

Messung muss stromlos erfolgen

Spannungsmessgeräte mit hohem Innenwiderstand

Poggendorff'sche Kompensationsmethode

21.1.3 Auswertung

Aus der gemessenen Potentialdifferenz zwischen Indikator- und Referenzelektrode lässt sich mit Hilfe der Nernst'schen Gleichung der Gehalt einer Analyse berechnen. Allerdings kommt es oft zu Abweichungen des gemessenen Potentials vom theoretischen Wert.

Merke

- Für jede potentiometrische Messung wird eine Referenz- und eine Indikatorelektrode benötigt.
- Die Referenzelektrode muss ein konstantes Potential aufweisen (Ag/AgCl- oder Kalomelelektrode).
- Die zu bestimmenden Ionen müssen an der potentialbestimmenden Redoxreaktion der Indikatorelektrode beteiligt sein.
- Die Spannung zwischen Indikator- und Referenzelektrode muss stromlos gemessen werden.

Messfehler

Fehler des Potentials resultieren aus:
- unbekannter Zusammensetzung des Elektrolyten,
- Polarisation der Elektroden,
- Vergiftung der Elektroden.

Zudem wird bei allen potentiometrischen Messungen die Aktivität der Ionen gemessen und nicht deren Konzentration (siehe Nernst'sches Gesetz, ▶ Kap. 20.2.2). Besonders große Abweichungen zur Konzentration sind möglich bei:
- sehr konzentrierten Lösungen („die Ionen behindern sich gegenseitig“),
- Komplexen im Elektrolyten; dann ist die Aktivität der Ionen gleich der Konzentration der **unkomplexierten** Ionen, und nur diese wird bestimmt (andererseits können auf Grund dieser Tatsache komplexometrische Titrationen potentiometrisch durchgeführt werden!).

Kalibriergeraden

Zur Umrechnung des Potentials in Konzentrationen sind deshalb meist Kalibriergeraden nötig. Messgeräte für Routinemessungen sind heute mit kleinen Computern ausgestattet, die diese Kalibriergeraden berechnen und dann direkt die berechnete Konzentration anzeigen.

21.2 Direkt-potentiometrische Bestimmungen

Bei den sog. direkt-potentiometrischen Bestimmungen wird die Konzentration einer Ionensorte in der Probe aus der Größe des Elektrodenpotentials einer Indikatorelektrode berechnet. Das ist nur möglich, wenn die zu bestimmenden Teilchen an der Elektrodenreaktion beteiligt sind. Deshalb ist für jede Bestimmung eine passende Indikatorelektrode nötig.

Analyt muss an der Elektrodenreaktion teilnehmen

Ein einfaches Beispiel ist die Bestimmung von Cu^{2+} mit Hilfe einer Kupferelektrode. Das Potential dieser Elektrode gehorcht dem Nernst'schen Gesetz; es hängt direkt von der Cu^{2+}-Konzentration (bzw. Aktivität) im Elektrolyten ab:

$$Cu^{2+} + 2\,e^- \rightleftharpoons Cu$$

$$E = E^0 + \frac{0{,}059}{2} \cdot \lg a\left(Cu^{2+}\right)$$

Potential ist abhängig von der Aktivität (Konzentration)

Durch Messen des Potentials eines Kupferdrahtes, der in die Analysenlösung taucht, lässt sich deshalb die Cu^{2+}-Konzentration direkt bestimmen.

In der Praxis funktioniert dieser einfache Weg allerdings meist nicht, da an der Elektrode auch noch andere Elektrodenreaktionen ablaufen können. Wenn sich ein edleres Metall, wie z. B. Ag^+ in der Lösung befindet, dann scheidet sich dieses zuerst an der Elektrode ab und statt des Kupfer-Potentials wird das Ag^+/Ag-Potential gemessen. Deshalb ist eine solche einfache Metallelektrode nicht ausreichend **selektiv** und lässt sich nur anwenden, wenn die Zusammensetzung des Elektrolyten genau bekannt ist und keine Störungen auftreten können.

Selektive Indikatorelektroden notwendig

Damit einzelne Ionen in einer Lösung selektiv nachgewiesen werden können, wurden spezielle Indikatorelektroden entwickelt, an denen jeweils nur eine ganz bestimmte Elektrodenreaktion möglich ist. Ob eine Ionensorte direkt-potentiometrisch bestimmt werden kann, hängt somit davon ab, ob es eine dafür geeignete Indikatorelektrode gibt.

Elektroden zur pH-Wert-Messung

Die wichtigste Bestimmung, die so durchgeführt wird, ist die **pH-Wert-Messung,** d. h. die Bestimmung der H_3O^+-Konzentration. Dazu kann eine Wasserstoff-, Glas- oder Chinhydronelektrode verwendet werden.

Ionenselektive Elektroden

Auch für einige andere Ionen gibt es *selektive* Elektroden, d. h. Elektroden, die nur, bzw. hauptsächlich auf eine Ionensorte reagieren (▶ Kap. 21.2.2).

Indikatorelektroden zur pH-Wert-Messung 21.2.1

pH-Wert

In seiner ursprünglichen Bedeutung entspricht der pH-Wert dem negativen dekadischen Logarithmus der Konzentration von H_3O^+-Ionen in einer Lösung:

$$pH = -\lg c(H^+)$$

Standard-Pufferlösungen in der Ph. Eur.

Der pH-Wert wird zumeist mit einer Glaselektrode als Indikatorelektrode gegen eine Silber/Silberchlorid-Elektrode oder seltener gegen eine Kalomel-Elektrode als Referenzelektrode gemessen. Die so ermittelten pH-Werte stellen keine Absolutwerte dar und können vom tatsächlichen pH-Wert erheblich abweichen. Deshalb muss vorab eine Kalibirierung der Elektrode mit Standard-Pufferlösungen, wie sie im Europäischen Arzneibuch aufgelistet sind, erfolgen (◘ Tab. 21.1). Der pH-Wert dieser Lösungen ist per Definition festgelegt und in der Ph. Eur. für verschiedene Temperaturen angegeben.

Berechnung des pH-Werts

Empirische pH-Wert-Skala

Aus der gemessenen Spannung zwischen der pH-empfindlichen Elektrode und der Referenzelektrode kann der pH-Wert entweder über eine Kalibriergerade bestimmt oder berechnet werden. Die Ph. Eur. verwendet für die Praxis eine empirische pH-Skala und setzt dabei den pH-Wert der Prüflösung in Relation zum pH-Wert einer

Tab. 21.1 pH-Wert der Standardlösungen bei einer Temperatur von 25 °C

Lösung	Konzentration	pH-Wert (25° C)
Kaliumtetraoxalat $KH_3C_4O_8 \cdot 2\,H_2O$	0,05 M	1,68
Kaliumhydrogentartrat $KHC_4H_4O_6$	gesättigt	3,56
Kaliumhydrogencitrat $KHC_6H_6O_7$	0,05 M	3,78
Kaliumhydrogenphthalat $KHC_8H_4O_4$	0,05 M	4,01
Kaliumdihydrogenphosphat KH_2PO_4 und Natriumhydrogenphosphat Na_2HPO_4	je 0,025 M	6,87
Kaliumdihydrogenphosphat KH_2PO_4 und Natriumhydrogenphosphat Na_2HPO_4	0,0087 M und 0,0303 M	7,41
Natriumtetraborat $Na_2B_4O_7 \cdot 10\,H_2O$	0,01 M	9,18
Natriumcarbonat Na_2CO_3 und Natriumhydrogencarbonat $NaHCO_3$	je 0,025 M	10,01
Calciumhydroxid $Ca(OH)_2$	gesättigt	12,45

Referenz-Pufferlösung. Der pH-Wert errechnet sich demnach nach folgender Gleichung:

pH-Wertbestimmung nach Ph. Eur.

$$pH = pH_S - \frac{\Delta E_X - \Delta E_S}{k}$$

pH_S: pH-Wert der Eichlösung
ΔE_x: gemessene Potentialdifferenz der Probe
ΔE_s: gemessene Potentialdifferenz der Eichlösung
k: temperaturabhängiger Faktor

Der temperaturabhängige Faktor k ist in der Ph. Eur. für verschiedene Temperaturen angegeben. Diese Werte sind allerdings nur gültig, wenn das Potential der Indikatorelektrode exakt dem Nernst'schen Gesetz gehorcht. Deshalb sollte er für jedes Messgerät bei den tatsächlichen Messbedingungen bestimmt werden.

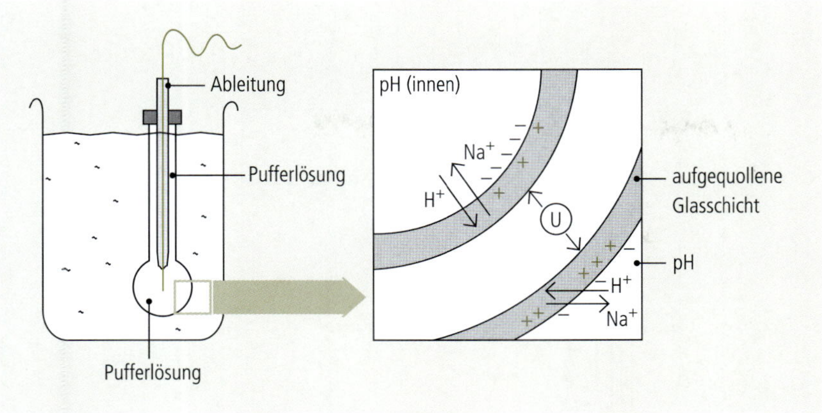

Abb. 21.2 Schematischer Aufbau einer Glaselektrode

Wasserstoffelektrode

Mit einer Wasserstoffelektrode lässt sich der pH-Wert einer Lösung bestimmen, da das Elektrodenpotential von der H_3O^+-Konzentration abhängt:

$$E = -0{,}059 \cdot \text{pH}$$

Bei der Verwendung der Wasserstoffelektrode als Indikatorelektrode treten allerdings dieselben technischen Schwierigkeiten auf, wie bei ihrer Verwendung als Referenzelektrode (▶ Kap. 21.1.1). Zur pH-Wert-Bestimmung wird die Elektrode deshalb heute nicht mehr verwendet.

Glaselektrode

Zur pH-Messung werden heute ausschließlich sog. Glaselektroden verwendet (Abb. 21.2). Diese bestehen aus einem kleinen dünnwandigen (ca. 0,5-0,05 mm) Glaskolben, der mit einer Pufferlösung gefüllt ist. Die Oberfläche des Glases (der sog. Glasmembran) kann im Wasser ein wenig aufquellen, sodass ein gewisser Austausch von Ionen zwischen Glas und Lösung möglich ist. Natrium-Ionen können aus dem Glas herausgelöst und durch H^+-Ionen ersetzt werden. Zwischen den H_3O^+-Ionen in der Quellschicht und denen im Elektrolyten stellt sich ein Gleichgewicht ein, dessen Lage vom pH-Wert abhängt. Daraus resultiert ein Potential an der Phasengrenze zwischen Glas und Elektrolyt (sog. Phasengrenzpotential). Dieser Vorgang spielt sich sowohl auf der Innenseite als auch auf der Außenseite der Glasmembran ab. Wenn der pH-Wert innen und außen verschieden ist, entsteht dadurch an der Glasmembran eine Potentialdifferenz zwischen Innen- und Außenseite. Die genauen Vorgänge an der Glasmembran sind allerdings bis heute noch nicht restlos geklärt.

Glasmembran quillt leicht

Aufbau der Glaselektrode

Zur Ableitung des Potentials im Innern dient meist eine Ag/AgCl-Elektrode. Dazu taucht in die Pufferlösung (die mit KCl gesättigt ist) ein mit AgCl überzogener Silberdraht.

Die Größe des Potentials, das sich an der Glasmembran einstellt, ist nur vom pH-Wert des äußeren Elektrolyten abhängig:

Potential ist nur vom pH-Wert der Probelösung abhängig

$$E = Konst. + 0{,}059\,(\text{pH}_{\text{innen}} - \text{pH}_{\text{X}})$$

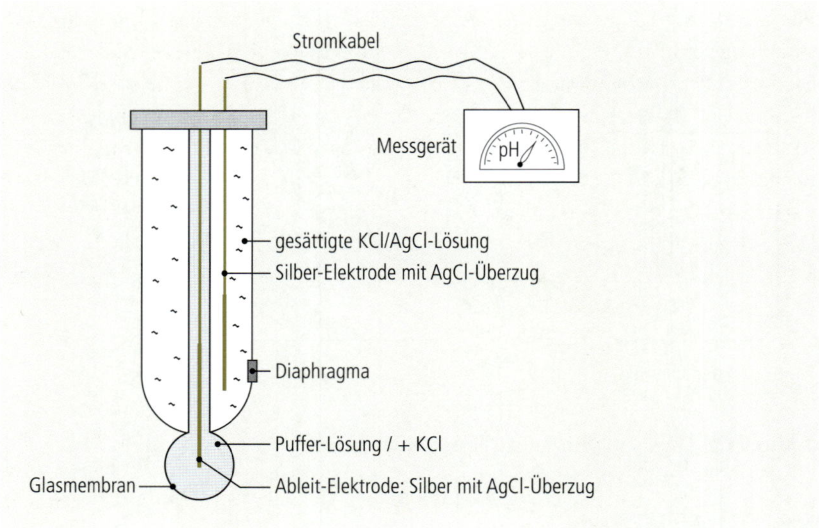

Abb. 21.3 Glaselektrode zur pH-Messung als Einstab-Messkette

Einstab-Messkette

Mit Hilfe einer Kalibriergerade wird aus dem gemessenen Potential der pH-Wert bestimmt. Für Routinemessungen werden heute pH-Meter verwendet, bei denen die Glaselektrode mit einer Referenzelektrode (Ag/AgCl- oder Kalomel-Elektrode) zu einer Einstab-Messkette kombiniert ist (Abb. 21.3). Das angeschlossene Spannungsmessgerät ist so geeicht, dass es direkt den pH-Wert anzeigt.

Fehler der Glaselektrode

Die Größe der Potentialdifferenz an einer Glaselektrode hängt von den Messbedingungen und vom aktuellen Zustand der Quellschichten an Innen- und Außenseite ab. Deshalb muss die Glaselektrode regelmäßig mit Pufferlösungen bekannten pH-Werts kalibriert werden. Als **Asymmetriepotential** wird die Spannung bezeichnet, die an der Glasmembran gemessen wird, wenn Außen- und Innenelektrolyt identisch sind (theoretisch sollte dann die Spannung exakt Null sein). Das Asymmetriepotential kann z. B. durch unterschiedlichen Aufbau oder Alterung der Quellschichten an Innen- und Außenseite entstehen. In Elektrolyten mit großen Ionenstärken kann ein **Salzfehler** auftreten, da sich hohe Konzentrationen von Fremdionen auch auf die Einstellung des Gleichgewichtspotentials an der Phasengrenze auswirken.

Idealer Messbereich: pH = 1 bis 12

Der optimale Messbereich der Glaselektrode liegt zwischen pH = 1 und pH = 12.

Säure- und Alkalifehler

Abweichungen vom idealen Potentialverlauf bei kleinerem pH-Wert werden als **Säurefehler,** Abweichungen bei größerem pH-Wert als **Alkalifehler** bezeichnet, wobei jeweils ein zu geringer pH-Wert gemessen wird. In der Praxis kommt dem Alkalifehler die größere Bedeutung zu.

Chinhydron-Elektrode

Das Potential einer Chinhydron-Elektrode ist vom pH-Wert der Lösung abhängig (▶ Kap. 20.2.4):

$$E = E^0 - 0{,}059\ \text{pH} \qquad E^0 = 0{,}699\ \text{V}$$

Für die pH-Messung werden der Analysenlösung einige Tropfen Chinhydron-Lösung beigefügt und ein Platindraht als Ableitelektrode eingetaucht. Diese einfache Methode der pH-Messung kann allerdings nur angewendet werden, wenn in der Lösung (im Elektrolyt) keine anderen Redox-Reaktionen ablaufen können, weil sonst deren Potential angezeigt wird. Es dürfen auch keine Ionen in der Lösung sein, die am Platindraht abgeschieden werden können (H_3O^+-Ionen stören nicht, da die Überspannung eine Wasserstoffabscheidung verhindert). Im alkalischen Bereich (pH >8) kann die Chinhydron-Elektrode nicht eingesetzt werden, da Chinhydron sonst polymerisiert und das Redox-System zerstört wird („Verharzung der Elektrode“).

Chinhydronelektrode: Nur Messung in saurer Lösung möglich

21.2.2 Spezielle ionenselektive Elektroden

Ionenselektive Elektroden bestehen wie die Glaselektrode aus einer Membran, in die nur ganz bestimmte Ionen eindringen können. Auf Grund der Diffusion einzelner Ionensorten in die Membran treten, ähnlich wie bei der Glaselektrode, Phasengrenzpotentiale auf. Als Membranen können spezielle Glassorten, wasserunlösliche Mineralien **(Feststoffmembran-Elektrode)** oder organische Polymere **(Flüssigmembran-Elektrode)** verwendet werden. Das Potential an einer solchen Elektrode lässt sich meist analog dem Nernst'schen Gesetz formulieren:

$$E = Konst. + (\frac{0{,}059}{n}) \cdot \lg a_i$$

Die Konstante *Konst.* enthält alle geräteabhängigen Größen und kann nicht vorhergesagt werden. Im Normalfall müssen deshalb Kalibriergeraden verwendet werden.

Glaselektroden

Mit speziellen Glassorten lassen sich Elektroden herstellen, die nicht für H_3O^+, sondern z. B. für Na^+ Ionen selektiv sind. Man spricht von einer pNa-Elektrode, deren Vorzüge eine einfache Instrumentation (Einstab-Messkette), hohe Robustheit, Schnelligkeit der Messung und großer Messbereich sind. Eine wichtige Anwendung der pNa-Elektrode ist die postoperative Überwachung des Blutes. Andere auf Glaselektroden basierende ionensensitive Elektroden besitzen den Nachteil einer hohen Querempfindlichkeit, d. h. diese Elektroden reagieren auf mehrere verschiedene Kationen.

Natriumelektrode

Glaselektroden besitzen meist eine geringe Selektivität

Festkörpermembran-Elektrode

Neben Glas können noch andere Materialien zur Herstellung einer Elektrodenmembran verwendet werden, sofern sie folgende Bedingungen erfüllen:

Eigenschaften der Membran

- Eine Ionensorte muss vom Elektrolyten in den Festkörper eindringen oder aus dem Kristallgitter austreten können.
- Der Kristall muss den elektrischen Strom wenigstens gering leiten, da sonst der Stromkreis in der elektrochemischen Zelle nicht geschlossen ist, und deshalb keine Spannungsmessung möglich ist.
- Das Membranmaterial darf nicht wasserlöslich sein.

Vor allem die zweite Bedingung schränkt die Zahl der verwendbaren Materialien drastisch ein. Die wichtigsten Materialien sind die Silbersalze Ag_2S, AgCl, AgBr,

Silbersulfid-Elektrode

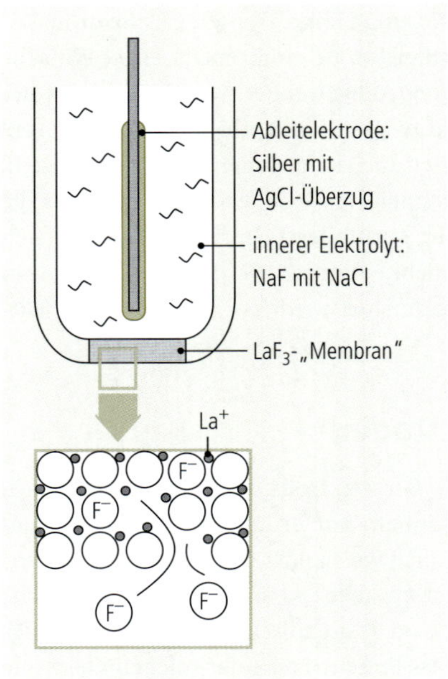

Abb. 21.4 Lanthanfluorid-Elektrode als Beispiel für eine ionenselektive Festkörpermembran-Elektrode

Tab. 21.2 Ionenselektive Festkörpermembran-Elektroden

Zu bestimmendes Ion	Membran
F^-	LaF_3
S^{2-}	Ag_2S
Ag^+	Ag_2S
Cl^-, Br^-, I^-	Ag_2S mit AgCl, AgBr bzw. AgI
Cu^{2+}	Ag_2S mit CuS
Pb^{2+}	Ag_2S mit PbS

Fluorid-Elektrode

AgI, AgSCN, sowie die Sulfide CuS, CdS und PbS und Lanthanfluorid (LaF_3). Diese Elektroden sind einerseits für die entsprechenden Kationen sensitiv, sprechen aber auch auf die jeweiligen Anionen an, da diese ebenfalls im chemischen Gleichgewicht mit dem Festkörper stehen.

Mit der Lanthanfluorid-Elektrode kann Fluorid bestimmt werden, da die F^--Ionen aus dem Kristallgitter in den Elektrolyten entkommen können, sodass sich ein konzentrationsabhängiges Gleichgewicht einstellt, das zu einem Potential an der Oberfläche führt.

Mit einer **Silbersulfid-Elektrode** lassen sich Ag^+ und S^{2-} bestimmen. Wenn zur Silbersulfid-Membran zusätzlich kleine Mengen anderer Ionen beigemischt werden, lassen sich noch weitere selektive Elektroden herstellen (Tab. 21.2).

Flüssigmembran-Elektroden

Neben festen Ionenaustauschern kann man auch flüssige Phasen mit Ionenaustauscheigenschaften zum Bau von Elektroden einsetzten. Hierbei muss die flüssige, meist lipophile, Austauschphase mit Hilfe einer Membran, wie z. B.: Polymermembran oder Keramikdiaphragma, stabilisiert werden. Die Selektivität der Elektrode wird durch eine spezifische Extraktion erreicht. Das erfordert, dass das zu bestimmenden Ion in der Austauschphase möglichst gut, Störionen hingegen möglichst schlecht löslich sind. Da es für die Austauschphasen eine große Variationsmöglichkeiten gibt, können heute viele Kationen und Anionen selektiv mit solchen Flüssigmembran-Elektroden bestimmt werden (z. B. Na^+, K^+, Mg^+, Cu^{2+}, NO_3^- usw.).

Aufbau der Flüssigmembran-Elektroden

Merke

Direktpotentiometrische Bestimmungen:

- Die Konzentration einer Ionensorte wird direkt aus der Größe des Elektrodenpotentials berechnet.
- Die wichtigste direktpotentiometrische Bestimmung ist die Messung des pH-Werts mit einer Glaselektrode (= Messung der H_3O^+-Konzentration).
- Für jede Bestimmung ist eine spezielle Elektrode notwendig.
- Heute sind ionenselektive Elektroden für eine große Zahl von Ionen erhältlich.

21.3 Potentiometrische Titrationen

Potentiometrische Messungen können zur Auswertung einer Titration verwendet werden. Dazu wird über den Äquivalenzpunkt hinaus titriert und in einem Diagramm die Spannung zwischen Indikator- und Bezugselektrode gegen die zugegebene Menge Maßlösung aufgetragen. Aus dem Diagramm kann der Endpunkt sehr genau abgelesen werden. Wird eine Maßanalyse (Titration) potentiometrisch verfolgt, dann ergibt sich oft eine Erhöhung der Messgenauigkeit in Verbindung mit geringem apparativem Aufwand. Das gilt sowohl im Vergleich zur „klassischen" Maßanalyse (mit Indikator) als auch im Vergleich zu potentiometrischen Direktbestimmungen.

Durchführung

Äquivalenzpunkt wird aus der Titrationskurve abgelesen

Der Vorteil gegenüber einer Titration mit Indikator besteht darin, dass die Genauigkeit der Analyse nicht mehr davon abhängt, wie genau der Endpunkt erkannt wird. Auch die Tropfengröße begrenzt die Messgenauigkeit nicht, da zwischen den einzelnen Messpunkten interpoliert werden kann. Es können auch trübe oder gefärbte Lösungen problemlos titriert werden. Auch die Bestimmung von Substanzen für die kein geeigneter Indikator zur Verfügung steht ist möglich.

Vorteile der potentiometrischen Titration

Kein Indikator notwendig

Im Gegensatz zur potentiometrischen Direktbestimmung ist bei der Auswertung einer Titrationskurve der exakte Wert der gemessenen Spannung völlig unwichtig. Der Äquivalenzpunkt kann jederzeit richtig abgelesen werden, auch wenn die Elektrode ein falsches Potential liefert (z. B. wegen Polarisation, Vergiftung usw.). Eine Kalibrierung wie bei der potentiometrischen Direktbestimmung notwendig, ist hier nicht nötig.

Anwendbarkeit

Fast jede beliebige Titration kann potentiometrisch ausgewertet werden, da zur Bestimmung keine Kalibrierung der Elektroden erforderlich ist und die Elektrodenreaktionen nicht genau bekannt sein müssen. Wichtig ist nur, dass sich zwischen Indikator- und Referenzelektrode ein Potential einstellt, das von der Konzentration ei-

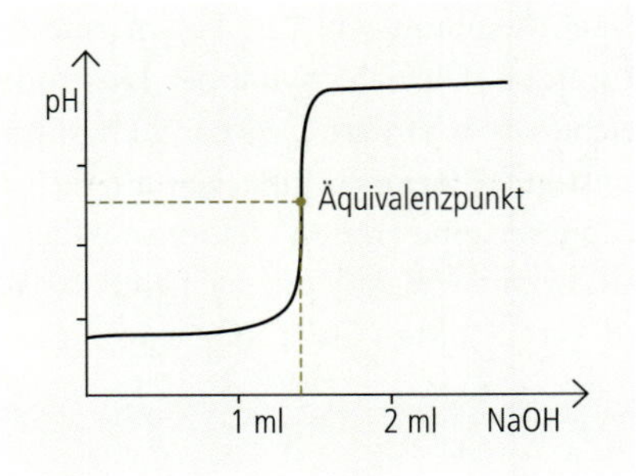

○ Abb. 21.5 Potentiometrische Titrationskurve einer starken Säure mit Natronlauge

nes an der Titration beteiligten Ions abhängt. Allerdings muss die Elektrode relativ schnell auf Konzentrationsänderungen ansprechen, weil ja eine zeitabhängige Kurve registriert wird (z. B. Feststoffmembran-Elektroden benötigen meist zu lange, bis das Potential einen konstanten Wert erreicht hat).

21.3.1 Auswertung der potentiometrischen Titrationskurven

Verlauf der potentiometrischen Titrationskurve

Normalerweise wird für die Titrationskurve das Volumen zugefügter Maßlösung auf der x-Achse und das gemessene Potential auf der y-Achse aufgetragen (○ Abb. 21.5). In der Nähe des Äquivalenzpunkts ändert sich das Potential meist sprunghaft, sodass eine einfache Auswertung der Kurve möglich ist.

Tangentenverfahren

Wenn der Kurvenverlauf am Äquivalenzpunkt nicht so steil ist, dann lässt sich das Volumen verbrauchter Maßlösung *nicht* mit ausreichender Genauigkeit direkt aus der Kurve ablesen. Mit Hilfe des Tangentenverfahrens lässt sich auch dann noch der Äquivalenzpunkt genau bestimmen. Dazu werden an die Kurve vor und hinter dem Äquivalenzpunkt zwei parallele Tangenten angelegt (○ Abb. 21.6). Genau in der Mitte wird eine weitere Parallele gezeichnet. Diese schneidet die Titrationskurve im Äquivalenzpunkt.

Merke

Potentiometrische Titrationen

- sind genauer als potentiometrische Direktbestimmungen und genauer als konventionelle Maßanalysen,
- liefern Titrationskurven, aus denen der Äquivalenzpunkt abgelesen werden kann,
- erlauben Simultanbestimmungen,
- sind möglich als Säure/Base-Titrationen, Fällungstitrationen, komplexometrische Titrationen oder Redoxtitrationen.

Differentielle Darstellung

Moderne Messgeräte für die Potentiometrie können die 1. oder 2. Ableitung des Potentialverlaufs ausdrucken. Die 1. Ableitung gibt an jedem Messpunkt die Differenz zum vorherigen Messpunkt an. In dieser Darstellung der Titrationskurve erscheint der Äquivalenzpunkt als Minimum oder Maximum und ist einfach abzulesen (○ Abb. 21.6).

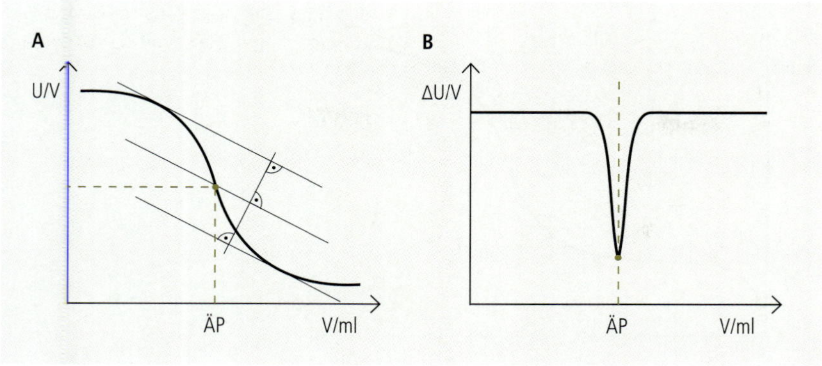

Abb. 21.6 Auswertung einer potentiometrischen Titrationskurve: **A** Tangentenverfahren, **B** differentielle Darstellung des Potentialverlaufs

Potentiometrie in der pharmazeutischen Analytik 21.4

Die wichtigste Anwendung einer potentiometrischen Direktbestimmung ist die pH-Wert-Messung mit einer Glaselektrode (▶ Kap. 21.2.1). Die Indikation von Säure-Base-Titrationen ist ein weiteres wichtiges Anwendungsgebiet. Aber auch viele Redoxtitrationen können potentiometrisch ausgewertet werden, was zu einer Erhöhung der Messgenauigkeit bei gleichzeitig vereinfachter Durchführung führt.

pH-Wert-Messung, Säure-Base-Titrationen, Redoxtitrationen

Neutralisation von Säuren und Basen 21.4.1

Die häufigste potentiometrische Titration ist die Neutralisation einer Säure oder Base, da sehr viele Gehaltsbestimmungen von Arzneistoffen auf diesem Prinzip beruhen. Zur Messung werden fast ausschließlich Einstabmessketten mit einer Glasindikatorelektrode und einer Silber/Silberchlorid- oder Kalomelreferenzelektrode verwendet. Im Folgenden werden nur die Bestimmungen von Säuren beschrieben, da alle Gesetzmäßigkeiten für die Titration von Basen ebenso gelten. Auch die Titrationskurven sehen analog aus, nur dass der pH-Wert (bzw. die Elektrodenspannung) während der Titration natürlich fällt.

Indikatorelektrode: Glaselektrode
Referenzelektrode: Silber/Silberchlorid- oder Kalomelelektrode

Neutralisation einer starken Säure

Die Titration einer starken Säure ergibt meist einfach auswertbare Titrationskurven (○ Abb. 21.5). Die an der Glaselektrode gemessene Spannung wird auf der y-Achse aufgetragen. Die Elektrode braucht dazu nicht geeicht zu sein, da der Äquivalenzpunkt ohne Kenntnis des pH-Werts abgelesen werden kann.

Titration einer schwachen Säure

In der Titrationskurve einer schwachen Säure ist der Äquivalenzpunkt nicht ganz so gut zu erkennen wie bei einer starken Säure (○ Abb. 21.7).

In der Kurve erkennt man einen zweiten Wendepunkt, an dem sie (fast) horizontal verläuft. Wenn die Glaselektrode kalibriert war, kann an diesem Punkt auf der pH-Skala der pK_s-Wert der Säure abgelesen werden.

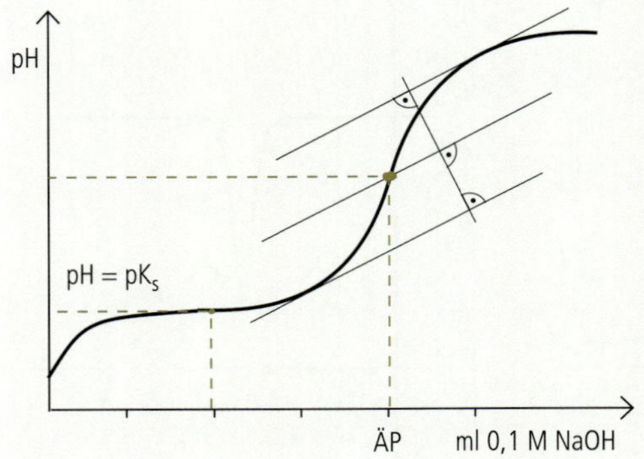

Abb. 21.7 Neutralisation einer schwachen Säure

Simultanbestimmung

Bei mehrwertigen Säuren, die mehrfach deprotoniert werden können, lassen sich mehrere Äquivalenzpunkte auf einmal (simultan) bestimmen, wenn die pK_s-Werte genügend weit auseinanderliegen (Abb. 21.8).

Gemische aus starken und schwachen Säuren oder Basen können simultan bestimmt werden

Dasselbe gilt für Gemische aus mehreren Säuren. Eine starke und eine schwache Säure lassen sich simultan titrieren, da beide Äquivalenzpunkte in der Titrationskurve gut zu erkennen sind.

21.4.2 Fällungstitration

Beim Ausfällen eines schwerlöslichen Salzes verändert sich die Metallionen-Konzentration in einer Lösung. Mit Hilfe einer einfachen Metallelektrode lässt sich diese Konzentrationsänderung potentiometrisch verfolgen.

Titration von Halogeniden mit Silbernitrat

Ein Beispiel ist die Halogenid-Bestimmung durch Ausfällen mit Silbernitrat-Lösung und Detektion mit einer Silberelektrode.

Simultanbestimmung mehrerer Halogenide

Dazu wird in die Analysenlösung ein Silberdraht getaucht und das Potential gegenüber einer Referenzelektrode gemessen. Auch die simultane Bestimmung mehrerer Halogenide ist möglich (Abb. 21.9).

21.4.3 Komplexometrische Titrationen

Auch komplexometrische Titrationen lassen sich potentiometrisch verfolgen. Da in die Nernst'sche Gleichung die Aktivität und nicht die Gesamtkonzentration der Ionen eingeht, spielen in Komplexen gebundene Ionen keine Rolle für das Elektrodenpotential, nur die freien Ionen werden erfasst.

Aktivität der nicht-komplexierten Ionen wird erfasst

Somit lässt sich die fortschreitende Komplexierung einer Metallionensorte Me^+ mit Hilfe einer *Me*-Metallelektrode verfolgen und als Titrationskurve aufzeichnen. Der Kurvenverlauf entspricht dem einer Fällungstitration. Ein Beispiel ist die Bestimmung der Calcium-Ionen-Aktivität mit einer calciumselektiven Elektrode bei der Titration mit EDTA-Lösung.

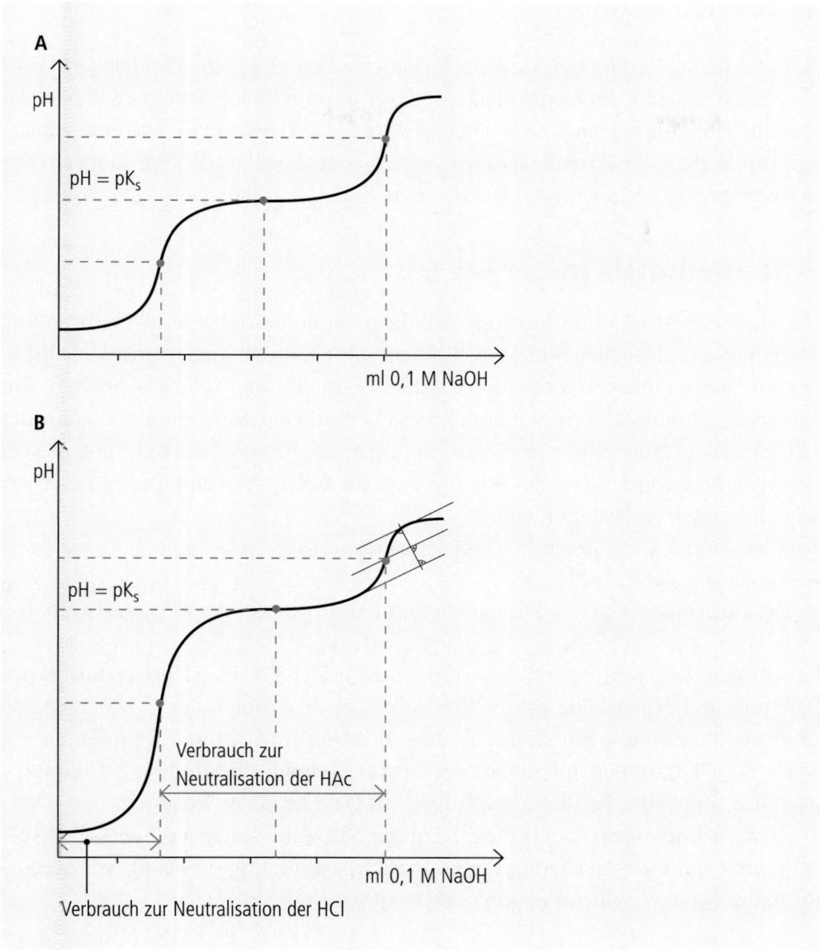

Abb. 21.8 Simultantitration von Säuren: **A** 0,1 M Schwefelsäure, **B** Gemisch aus 0,1 M Salzsäure und 0,5 M Essigsäure

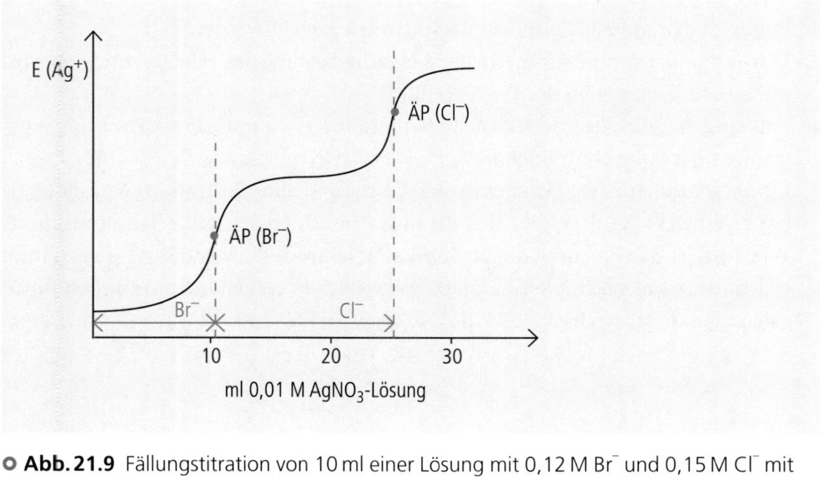

Abb. 21.9 Fällungstitration von 10 ml einer Lösung mit 0,12 M Br^- und 0,15 M Cl^- mit $AgNO_3$ an einer Silber-Metallelektrode

21.4.4 Redox-Titrationen

Fast alle Redox-Titrationen sind potentiometrisch verfolgbar. Als Elektrode wird ein Platindraht oder ein Platin-Blech zur Ableitung des Redox-Potentials verwendet und die Spannung gegen eine Referenzelektrode (z. B. Kalomel-Elektrode) gemessen. Der Verlauf der Titrationskurve hängt von der jeweiligen Bestimmung ab. Der Äquivalenzpunkt ist aber meist zu erkennen.

21.4.5 Potentiometrie in der Ph. Eur.

Die Ph. Eur. beschreibt im Methodenteil die potentiometrische Direktbestimmung des pH-Werts. Daneben werden zahlreiche Reinheitsprüfungen und Gehaltsbestimmung mit Hilfe der potentiometrischen Endpunktskontrolle beschrieben. Am häufigsten kommen hier potentiometrische Titrationen zum Einsatz, die auf der Neutralisation einer Säure bzw. Base beruhen, da viele Arzneistoffe mit diesem Prinzip erfasst werden können. Als Beispiele für Gehaltsbestimmungen dieser Art seien hier genannt: Titration von

Säure-Base-Titrationen

- Acesulfam-Kalium gegen Perchlorsäure (wasserfreie Titration)
- Mesalazin gegen NaOH
- D-Glucuronsäure gegen Tetrabutylammoniumhydroxid (wasserfreie Titration)

Fluoridbestimmung mit ionenselektiver Elektrode

Fällungstitrationen bei der Reinheitsprüfung von Halogeniden

Für die Reinheitsprüfung auf Fluorid kommt in der Ph. Eur. eine ionenselektive Elektrode mit Silber/Silberchlorid-Referenzelektrode zum Einsatz. Des Weiteren prüft die Ph. Eur. u. a. auf Acetat, Hydrogencarbonat, Lactat und freie Säuren mit Säure-Base-Titrationen mit potentiometrischer Endpunktsbestimmung. Fällungstitrationen finden bei der Reinheitsprüfung auf Halogenide Anwendung.

Zu berücksichtigen ist, dass die Ph. Eur. für alle Maßlösungen, die bei Gehaltsbestimmungen mit elektrochemischer Endpunktsbestimmung verwendet werden, die Einstellung mit derselben Endpunktsbestimmung verlangt.

21.5 Übungen

1. Welche Bedingungen müssen an Referenzelektroden gestellt werden? Welche Bedingungen müssen an Indikatorelektroden gestellt werden?
2. Warum muss die potentiometrische Messung leistungslos erfolgen und wie wird diese Voraussetzung in der Praxis erfüllt?
3. Was sind die Vorteile und Nachteile potentiometrisch indizierter Titrationen gegenüber Direktbestimmungen?
4. Eine argentometrische Halogenid-Bestimmung (Fällungstitration) wird potentiometrisch verfolgt. Es ergibt sich die in ○ Abb. 21.9 dargestellte Titrationskurve. Wie groß ist das Potential des als Indikatorelektrode verwendeten Silberdrahtes gegenüber einer gesättigten Kalomel-Elektrode am ersten und am zweiten Äquivalenzpunkt ($K_L(AgBr) = 5{,}23 \cdot 10^{-13}$, $K_L(AgCl = 1{,}67 \cdot 10^{-10})$?

Konduktometrie

22

Bei den konduktometrischen Analysenmethoden wird die elektrische Leitfähigkeit eines Elektrolyten gemessen. Da diese von der Konzentration sowie der Art der gelösten Ionen abhängt, können konduktometrische Gehaltsbestimmungen durchgeführt werden. Analog zur Potentiometrie können auch bei der Konduktometrie Titrationskurven registriert werden. Die Anwendbarkeit der konduktometrischen Indikation ist noch allgemeiner als die der potentiometrischen. Die Messgenauigkeit ist aber etwas geringer. Die Theorie der Leitfähigkeit eines Elektrolyten ist in ▶ Kap. 20.4 detailliert beschrieben.

Messgröße: Leitfähigkeit

22.1 Durchführung der Messung

Die Messung der Leitfähigkeit erfolgt in einer sog. Leitfähigkeitszelle. Es wird immer mit Wechselstrom gearbeitet, sodass Anode und Kathode ständig vertauscht werden und es zu keinem nennenswerten Stoffumsatz an den Elektroden kommen kann.

Wechselstrom

Je nach der Frequenz des Wechselstroms wird die Methode als Niederfrequenz-Messung oder als Hochfrequenz-Messung (Oszillometrie) bezeichnet.

22.1.1 Niederfrequenz-Messung (Konduktometrie)

„Normale" konduktometrische Messungen werden mit Wechselstrom von ca. 1 kHz (1000 Hz) durchgeführt. Unter dem Einfluss dieser Wechselspannung müssten die Elektrodenreaktionen 1000-mal in der Sekunde hin und her laufen, sodass an den Elektroden kein Stoffumsatz mehr stattfindet. Die Polung der Elektroden bleibt jeweils ca. eine tausendstel Sekunde gleich. In dieser Zeit wandern die Ionen ein Stück zur jeweils anderen Elektrode (Anionen zum Plus-Pol, Kationen zum Minus-Pol). Deshalb wird bei dieser Messfrequenz die Gleichstromleitfähigkeit registriert.

Kein Stoffumsatz an den Elektroden

Gleichstromleitfähigkeit

Die Leitfähigkeitszelle für Niederfrequenz-Konduktometrie besteht aus einem Glasgefäß mit Rührvorrichtung. Als Elektroden werden meist platinierte Platinelektroden verwendet, an denen kaum Überspannungen auftreten. Die Elektroden tauchen in die Elektrolyt-Lösung ein (○ Abb. 22.1). Zur Auswertung wird der Leitwert der Probenlösung registriert (▶ Kap. 20.4.2) bei dessen Berechnung Fläche und Abstand der beiden Elektroden berücksichtigt werden. Die Messung des Widerstandes erfolgte früher mit einer sog. **Wheatstone'schen Brückenschaltung**, heute werden ausschließlich elektronische Messgeräte (sog. Konduktometer) verwendet.

Die Messung erfolgt an unpolarisierten Elektroden

Der Leitwert ist gleich dem reziproken Widerstand

22.1.2 Hochfrequenz-Messung (Oszillometrie)

Zur Oszillometrie werden Wechselströme mit mehr als 1 MHz (1 Million Hz) verwendet. Die Polung der Elektroden, und damit die Wanderungsrichtung der Ionen ändert sich hier zweimillionenmal in der Sekunde. Die Ionen im Elektrolyten können diesen schnellen Änderungen nicht mehr folgen und führen deshalb nur noch

Es findet keine Wanderung der Ionen statt

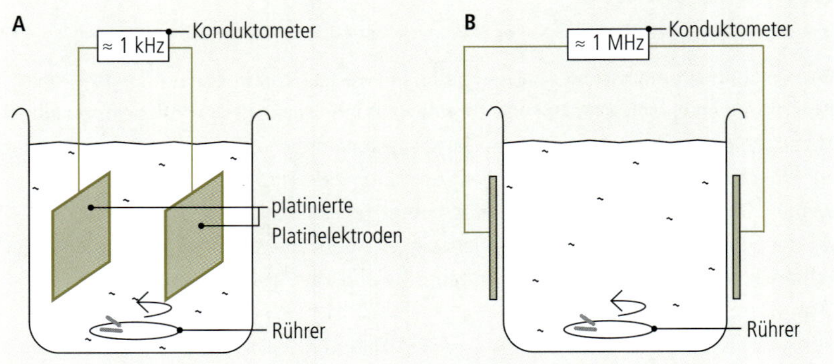

Abb. 22.1 **A** Aufbau von Leitfähigkeitszellen für die Konduktometrie **B** Oszillometrie

leichte Schwingungen um ihre Plätze aus. Die dabei registrierte Leitfähigkeit stimmt nicht mehr mit der überein, die mit Gleichstrom gemessen wird. Die Wechselstromleitfähigkeit hat ihre Ursache nicht mehr in der Wanderung der Ionen an die Elektroden und in den dort ablaufenden Redoxreaktionen. Der Wechselstromwiderstand wird deshalb auch Scheinwiderstand genannt und entspricht der Kondensatorkapazität der Messzelle. Die Leitfähigkeit wird umso größer, je größer die Messfrequenz ist:

Wechselstromleitfähigkeit

$$Z_C = \frac{1}{\omega \cdot C}$$

Z_C: Wechselstromwiderstand
ω: (*griech.* omega) Frequenz des Wechselstroms
C: Kapazität der Leitfähigkeitszelle mit Probe

Isolatoren zeigen bei hohen Frequenzen eine Wechselstromleitfähigkeit

Auch in Materialien, die den Gleichstrom nicht leiten (sog. Isolatoren), wie z. B. Glas, können die Atome oder Ionen solche Schwingungen ausführen. Deshalb haben auch Isolatoren bei einer sehr großen Messfrequenz einen kleinen Wechselstromwiderstand. Das führt zu großen Vereinfachungen im Aufbau der Leitfähigkeitszelle (Abb. 22.1) und in der Durchführung der Messung:

- Die Elektroden können **außerhalb** des Gefäßes angebracht werden.
- Es treten keine Störungen durch Elektrodenreaktionen auf.
- Die Elektroden können nicht polarisiert werden.
- Messungen können auch in Lösungsmitteln, die den elektrischen Strom nicht leiten, durchgeführt werden (z. B. organische Lösungsmittel).
- Auch Lösungen mit sehr großer Leitfähigkeit können vermessen werden.

Merke

Konduktometrie: Messung der Leitfähigkeit mit Wechselstrom niedriger Frequenz (ca. 1 kHz); entspricht der Gleichstromleitfähigkeit.

Oszillometrie: Messung der Wechselstromleitfähigkeit mit Wechselstrom hoher Frequenz (ca. 1 MHz). Die Leitfähigkeit wird durch den sog. Scheinwiderstand bzw. die Kondensatorkapazität der Messzelle bestimmt.

Konduktometrische Direktbestimmungen

22.2

Aus der Leitfähigkeit einer Elektrolyt-Lösung kann auf die Konzentration der Ionen geschlossen werden, da die Leitfähigkeit κ linear von den Konzentrationen aller Ionen i abhängig ist (▶ Kap. 20.4.2):

$$\kappa = F \cdot \sum_i n_i \cdot c_i \cdot u_i$$

Konduktometrische Direktbestimmungen besitzen nur eine sehr geringe Bedeutung

Allerdings gilt dieser Zusammenhang nur im Idealfall. In der Praxis treten so starke Abweichungen auf, dass sich Konzentrationsbestimmungen nur mit Kalibrierkurven durchführen lassen. Auch dann sind die Ergebnisse oft nicht reproduzierbar, weil sich Geräteparameter z. T. schon während einer Messung ändern:

- Die Elektroden altern und werden polarisiert.
- Die Leitfähigkeit hängt stark von der Temperatur der Lösung ab (die wiederum durch den elektrischen Strom bei der Messung verändert wird).
- Die Viskosität der Lösung beeinflusst die Wanderungsgeschwindigkeit der Ionen und damit die Leitfähigkeit
- Die Ionenstärke hängt von allen gelösten Ionen ab.

Deshalb werden solche Direktbestimmungen nur selten angewendet.

Konduktometrische Titrationen

22.3

Änderung des Leitwerts während der Titration

Der weitaus größte Teil der konduktometrischen Methoden betrifft die Indikation von Titrationen. Da sich die Zusammensetzung einer Lösung während einer Titration immer ändert, lassen sich fast alle Titrationen konduktometrisch verfolgen. Dazu wird die Veränderung des Leitwerts während der Titration gemessen und in einem Diagramm gegen das Volumen an zugesetzter Maßlösung aufgetragen. In vielen Fällen treten während der Titration charakteristische Veränderungen im Verlauf der Titrationskurve auf, aus denen der Äquivalenzpunkt bestimmt werden kann.

Neutralisation einer starken Säure

22.3.1

Bei der Neutralisation einer starken Säure oder Base ergibt sich eine einfache Titrationskurve (○ Abb. 22.2).

Konduktometrische Titrationskurve bei der Titrationen einer starken Säure/Base

Extraleitfähigkeit des Wassers

Der Kurvenverlauf lässt sich am Beispiel der Titration von HCl mit Natronlaugelösung beschreiben:

- Vor der Titration liegen H_3O^+- und Cl^--Ionen vor und führen zu einem bestimmten Leitwert G_0, wobei vor allem die H_3O^+-Ionen aufgrund ihrer großen Beweglichkeit zur Leitfähigkeit beitragen, während die großen, unbeweglichen Chlorid-Ionen die Gesamtleitfähigkeit nur geringfügig beeinflussen.
- Bei Zusatz von Natronlauge werden H_3O^+-Ionen verbraucht und durch Na^+ ersetzt. Die Reaktionsgleichung lautet:
  $H_3O^+ + Cl^- + Na^+ + OH^- \rightarrow Na^+ + Cl^- + 2\,H_2O$

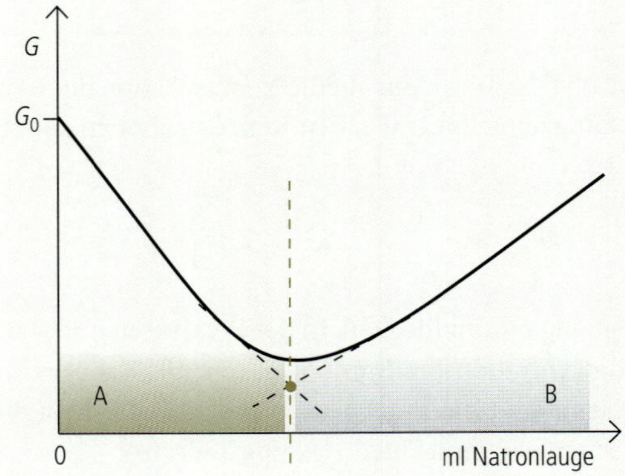

Abb. 22.2 Konduktometrische Titrationskurve bei der Neutralisation einer starken Säure (z. B. 0,1 M HCl mit NaOH)

Die Gesamtzahl der Ionen bleibt deshalb im Bereich **A** der Titrationskurve gleich. Da aber die Äquivalentleitfähigkeit von Na^+ viel kleiner ist als die von H_3O^+ nimmt *G* ab.

- Nach Überschreiten des Äquivalenzpunktes (Bereich **B** der Kurve) läuft keine chemische Reaktion mehr ab. Da aber weitere Natronlauge zugegeben wird, steigt die Konzentration von Na^+ und OH^- an, weshalb die Leitfähigkeit (und auch der Leitwert *G*) wieder ansteigt. Allerdings fällt der Anstieg geringer aus, da die Grenzleitfähigkeit von OH^--Ionen geringer ist, als die der H_3O^+-Ionen.
- Der Schnittpunkt zwischen den beiden Geraden im Bereich **A** und **B** ergibt den Äquivalenzpunkt (ÄP).

Volumenzunahme während des Titrationsvorgangs

Diesem idealen Kurvenverlauf überlagert sich noch die Volumenzunahme beim Titrieren. Alle Konzentrationen werden dadurch im Verlauf der Titration relativ kleiner. Um diesen Fehler klein zu halten, wird in der Praxis mit möglichst konzentrierten Maßlösungen gearbeitet (das ist möglich, da sich der Äquivalenzpunkt sehr genau bestimmen lässt).

22.3.2 Neutralisation einer schwachen Säure

Konduktometrische Titrationskurve bei der Titrationen einer schwachen Säure/Base

Bei der Titration einer schwachen Säure (z. B. 0,1 M Essigsäure) muss noch deren Dissoziation berücksichtigt werden, wodurch der Kurvenverlauf etwas komplizierter wird (Abb. 22.3):

- Zu Beginn der Titration liegt wenig dissozierte Essigsäure vor und *G* ist relativ klein.
- Die wenigen H_3O^+-Ionen werden bei Zugabe von Natronlauge verbraucht und *G* wird noch kleiner (Bereich **A** der Kurve).
- Durch die Neutralisation bildet sich Natriumacetat, dessen Konzentration immer mehr zunimmt. Damit steigt die Gesamtzahl der Ionen in der Lösung, der Gehalt an undissoziierter Essigsäure sinkt (diese leistet keinen Beitrag zur Leitfähigkeit!) und *G* steigt langsam an (Bereich **B**).

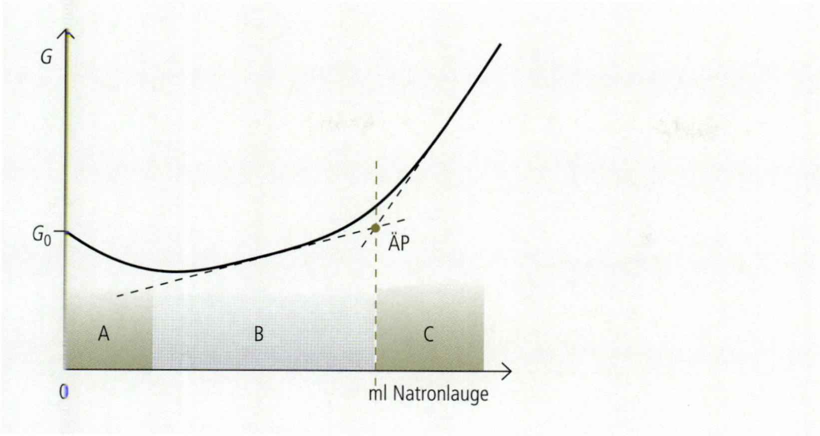

Abb. 22.3 Konduktometrische Titrationskurve bei der Neutralisation einer schwachen Säure (z. B. 0,1 M Essigsäure mit NaOH)

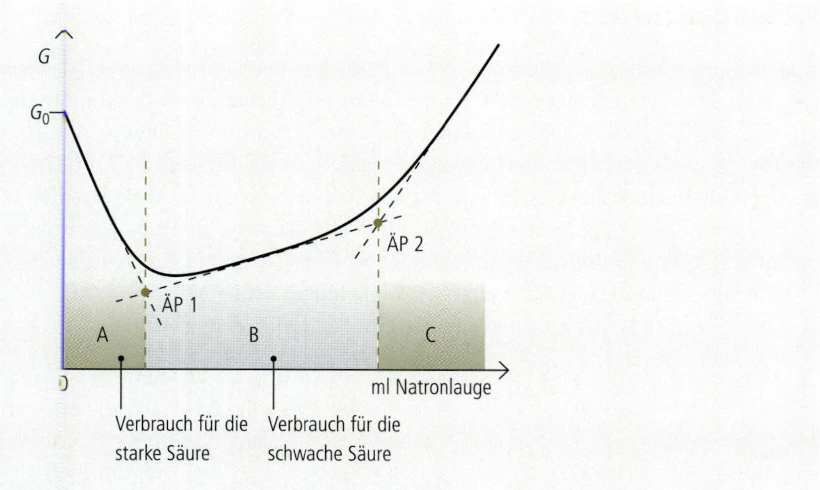

Abb. 22.4 Simultantitration einer starken und einer schwachen Säure (z. B. HCl und Essigsäure)

- Nach Überschreiten des Äquivalenzpunktes steigt die Zahl der OH^--Ionen (mit großer Äquivalentleitfähigkeit) weshalb die Leitfähigkeit schneller ansteigt.
- Der Äquivalenzpunkt ergibt sich wieder aus dem Schnittpunkt zweier Geraden (hier: **B** und **C**).

Simultantitration 22.3.3

Eine starke und eine schwache Säure können nebeneinander auf einmal (simultan) titriert werden, wenn ihre Säurekonstanten genügend weit auseinander liegen (Abb. 22.4). Da die Dissoziation der schwachen Säure bei kleinem pH-Wert zurückgedrängt ist, wird zuerst der Äquivalenzpunkt für die starke Säure beobachtet, dann der für die schwache.

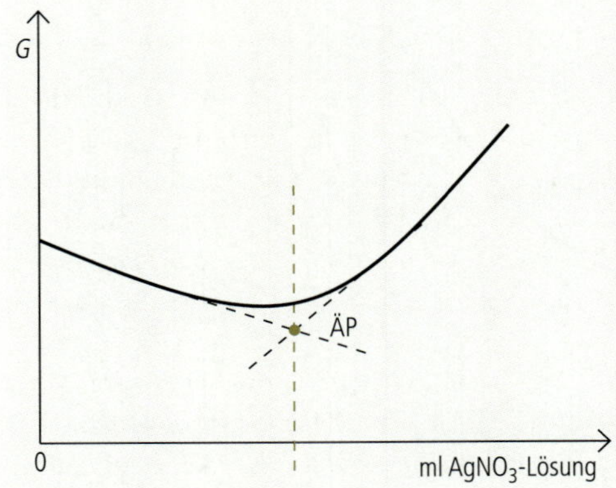

Abb. 22.5 Konduktometrische Fällungstitration von Br^- mit $AgNO_3$

22.3.4 Fällungstitration

Konduktometrische Titrationskurve bei der Fällungstitration

Auch Fällungstitrationen (für die es oft keinen geeigneten Farbindikator gibt) lassen sich konduktometrisch auswerten, da sich beim Ausfallen eines Salzes die Zusammensetzung des Elektrolyten und damit die Leitfähigkeit immer ändert. Auf diese Art und Weise lassen sich z. B. Halogenide mit Silbernitrat titrieren (Abb. 22.5).

- Kurvenbereich **A:** Die Gesamtzahl der Ionen ändert sich beim Ausfällen nicht. Die Veränderung der Leitfähigkeit resultiert aus den verschiedenen Äquivalentleitfähigkeiten der Ionensorten, und diese ist gering ausgeprägt. Das ausgefallene Silberbromid trägt nicht zur Leitfähigkeit der Lösung bei.
- Kurvenbereich **B:** Bei Zugabe von überschüssiger Maßlösung steigt die Ionenkonzentration.

Merke

Konduktometrische Direktbestimmungen sind möglich, werden aber selten durchgeführt (ungenau!).

Konduktometrische Indikation ist bei (fast) allen maßanalytischen Bestimmungen möglich:

- Säure-Base-Titrationen,
- Fällungstitrationen,
- Redox-Titrationen,
- Verdrängungs-Titrationen.

Konduktometrie in der pharmazeutischen Analytik

22.4

Fast alle Titrationen der pharmazeutischen Analytik lassen sich konduktometrisch indizieren. Besonders geeignet ist die Methode, wenn die Probelösungen trüb oder stark gefärbt sind, sodass optische Indikatoren zur Endpunktbestimmung nicht verwendet werden können. Nur wenn die Gesamtkonzentration an Ionen in der Analysenlösung sehr groß ist, führt die Leitfähigkeitsmessung nicht mehr zu auswertbaren Titrationskurven, weil dann die Änderung der Gesamtleitfähigkeit bei der Titration zu klein ist.

Qualitätskontrolle von demineralisiertem Wasser

Die Leitfähigkeitsmessung wird zur Qualitätskontrolle von demineralisiertem Wasser eingesetzt. Kommerziell erhältliche Geräte zur Herstellung von demineralisiertem Wasser sind meist serienmäßig mit einer entsprechenden Leitfähigkeits-Messeinheit ausgestattet.

Konduktometrie in der Ph. Eur.

Qualitätskontrolle von gereinigtem und hochgereinigtem Wasser und von Wasser für Injektionszwecke

Die Ph. Eur. beschreibt im Methodenteil (Ph. Eur., Methode 2.2.38) die Niederfrequenz-Messung der Leitfähigkeit einer Lösung mittels Konduktometer wie in ▶ Kap. 22.1.1 beschrieben. Anwendung findet diese bei der Qualitätskontrolle von Wasser. So darf gereinigtes Wasser bei 25 °C eine Leitfähigkeit von 5,1 µS · cm^{-1}, hochgereinigtes Wasser und Wasser für Injektionszwecke eine Leitfähigkeit von 1,3 µS · cm^{-1} aufweisen.

Bestimmung von niedermolekularen Heparinen

Zur Prüfung auf Reinheit bei niedermolekularen Heparinen ist in der Ph. Eur. eine Simultantitration mit konduktometrischer Äquivalenzpunktsbestimmung von Sulfat und Carboxylat vorgeschrieben.

Übungen

22.5

1. Warum können bei der Oszillometrie die Elektroden an der Außenseite der Leitfähigkeitskammer angebracht sein?
2. Welchen Einfluss hat die Temperatur auf die Leitfähigkeit Λ eines Elektrolyten?
3. Warum sind die Äquivalentleitfähigkeiten von OH^- und H_3O^+ in wässriger Lösung größer als die aller anderen Anionen?
4. Welche Maßanalysen lassen sich prinzipiell konduktometrisch auswerten? Welche besonders gut?

23 Voltammetrische Verfahren; Polarographie

Messgröße: Spannungsabhängige Stromstärke

Qualitative und quantitative Aussagen über die Analytlösung sind möglich

Arbeitselektrode bei der Polarographie ist die Quecksilbertropfelektrode

Basis der Polarographie und der Voltammetrie ist die Messung des Stromflusses zwischen zwei Elektroden bei kontinuierlich steigender Spannung. Im Polarogramm/Voltammogramm wird die Größe des Stromes in Abhängigkeit der angelegten Spannung registriert. Aus dem Verlauf dieser Kurve lässt sich die Konzentration der Ionen sowie die Ionensorte bestimmen (quantitative und qualitative Analyse).
Beide Methoden unterscheiden sich lediglich in der Art der verwendeten Arbeitselektrode, wobei bei der Polarographie die Elektrodenoberfläche ständig erneuert wird (Quecksilbertropf-Elektrode), während diese bei der Voltammetrie konstant bleibt.
Die Polarographie war bis in die 80er Jahre des letzten Jahrhunderts eine wichtige quantitative Nachweismethode in der Spurenanalytik, hat allerdings in den letzten Jahren stark an Bedeutung verloren. Spektroskopische und chromatographische Methoden haben der Polarographie den Rang abgelaufen. Daneben erfordert die Verwendung von gesundheitsschädlichem, metallischem Quecksilber umfangreiche Sicherheitsvorkehrungen.

23.1 Grundlagen der Polarographie

23.1.1 Prinzip der Gleichstrompolarographie

Aufbau moderner Polarographiesysteme

Drei-Elektroden-Anordnung: Arbeits-, Hilfs- und Referenzelektrode

Bei der Polarographie wird mit polarisierbaren Elektroden gearbeitet

Der Stoffumsatz ist bei der Polarographie verschwindend gering

Die Polarographie beruht im Prinzip auf der Elektrolyse. Dabei wird der Stromfluss zwischen der Quecksilbertropf-Elektrode als Kathode und der Hilfselektrode, meist eine Platinelektrode, als Anode in einer ruhenden Lösung gemessen. An die beiden Elektroden wird eine kontinuierlich steigende Spannung angelegt, die über eine Referenzelektrode kontrolliert wird (Drei-Elektroden-Anordnung). Befindet sich eine reduzierbare Substanz (Depolarisator) in der Lösung, so wird diese erst dann an der Kathode reduziert, wenn die Spannung einen ausreichend hohen Wert erreicht (Zersetzungsspannung). Mit der Reduktion verbunden ist ein Stromfluss zwischen den Elektroden. Bei weiterer Erhöhung der Spannung steigt zunächst die Stromstärke an, bis ein spannungsunabhängiger Grenzwert erreicht wird. Bei weiterer Erhöhung der Spannung bleibt der Grenzstrom konstant und steigt erst wieder an, wenn ein weiterer Depolarisator in der Lösung reduziert wird.

23.1.2 Verlauf und Auswertung des Polarogrammes

Strom-Spannungs-Kurven

Durch Auftragen der gemessenen Stromstärke gegen die angelegt Spannung erhält man die charakteristischen Strom-Spannungs-Kurven, die eine qualitative und quantitative Aussage über die Elektrolytlösung erlauben. Als einfaches Beispiel soll der Verlauf einer polarographischen Strom-Spannungs-Kurve erklärt werden, der sich ergibt, wenn eine Lösung von $CdSO_4$ bestimmt wird (○ Abb. 23.1).

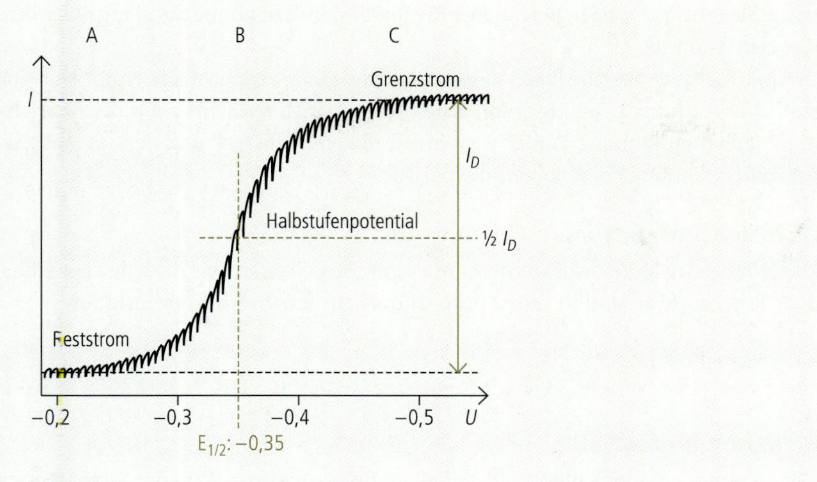

Abb. 23.1 Polarographische Strom-Spannungs-Kurve einer $CdSO_4$-Lösung

Kurvenverlauf

Bei kleiner Potentialdifferenz zwischen den Elektroden (positive Zellspannung *U*) am Beginn der Bestimmung ist die Zersetzungsspannung von Cadmium noch nicht erreicht und es wird kein Cadmium abgeschieden bzw. es fließt kein Strom. Im Bereich **A** der Kurve wird deshalb nur ein sog. **Grundstrom (Reststrom)** gemessen, der durch die Reduktion von gelöstem Sauerstoff und durch den Kapazitätsstrom zustande kommt. Die Reduktion von Sauerstoff ist eine zweistufige Reaktion, bei der zunächst Wasserstoffperoxid und dann Wasser gebildet wird. Der **Kapazitätsstrom** ist ein Resultat der elektrochemischen Doppelschicht (▶ Kap. 20.2.1), die sich an der Phasengrenzfläche zwischen Elektrode und umgebenden Elektrolyt-Lösung, ausbildet. Die dabei an der Phasengrenze entstehende Spannung wird durch den Kapazitätsstrom kompensiert, d. h. die Doppelschicht wird durch den Kapazitätsstrom wie ein Kondensator aufgeladen. Er ist zu Beginn des Tropfenwachstums am größten und fällt dann ab, da bei konstantem Quecksilberzufluss die Oberfläche des Tropfens immer langsamer wächst.

Grundstrom

Kapazitätsstrom

Wenn die Zellspannung in die Nähe der Zersetzungsspannung des Elektrolyten (hier Cd^{2+}) kommt, beginnt die Cd-Abscheidung an der Quecksilber-Tropfelektrode und die Stromstärke steigt (Bereich **B** der Kurve). Dies führt aber auch zu einer Verringerung der Cadmium-Ionenkonzentration in unmittelbarer Umgebung der Elektrodenoberfläche. Ein Konzentrationsgefälle zwischen der Lösung an der Elektrodenoberfläche und Analysenlösung entsteht, welches durch Diffusion von Cadmium-Ionen in Richtung der Elektrodenoberfläche ausgeglichen wird. Durch Erhöhen der Spannung kann der Strom weiter vergrößert werden, weil der Stoffumsatz dann steigt. Je mehr die Spannung steigt, desto mehr Ionen müssen zur Elektrode wandern, um dort zu reagieren. Wenn der Stoffumsatz an der Elektrode so groß wird, dass der Nachschub aus der Lösung nicht mehr ausreicht, dann kann die Stromstärke nicht weiter ansteigen, gleichgültig wie stark die Spannung erhöht wird. Der **Diffusionsgrenzstrom** (I_D) ist erreicht (Bereich **C** der Kurve). Die Größe der Stromstärke hängt dann ausschließlich davon ab, wie schnell neue Ionen aus der Lösung zur Elektrode wandern können und ist somit unabhängig von der Spannung. Sie ist umso größer, je schneller die Ionen wandern können und je größer ihre Konzentration ist.

Polarographische Stufe

Sind mehrere abscheidbare Ionensorten im Elektrolyten, dann ergibt sich für jede eine solche sog. **polarographische Stufe** (manchmal wird auch die Bezeichnung „polarographische Welle“ verwendet, die eine Übersetzung der angelsächsischen Bezeichnung *polarographic wave* ist).

Diffusionsgrenzstrom

Diffusionsgrenzstrom: Konzentrationsabhängig

Die Höhe jeder Stufe des Polarogrammes gibt den Grenzstrom für jede abgeschiedene Ionensorte an und ist direkt proportional zur jeweiligen Konzentration:

$$I_D = Konst. \cdot c$$

Halbstufenpotential

Halbstufenpotential: Konzentrationsunabhängig; charakteristisch für jede abgeschiedene Ionensorte (qualitative Aussage)

Die Spannung, bei der die Stromstärke gerade den halben Wert des Grenzstroms erreicht hat, heißt Halbstufenpotential. Diese Spannung ist unabhängig von der Probenkonzentration und entspricht im Prinzip dem Normalpotential der abgeschiedenen Ionen (wenn das Potential der Referenzelektrode abgezogen wurde!). Die Halbstufenpotentiale weichen stark von den tabellierten Normalpotentialen ab, da sie von der Zusammensetzung des Elektrolyten (pH-Wert, Komplexbildner) beeinflusst werden. Trotzdem sind sie bei gleichen Messbedingungen immer konstant und spezifisch für jede abgeschiedene Ionensorte, sodass ein qualitativer Nachweis einzelner Ionen möglich ist.

Auswertung

Ilkovič-Gleichung

Die Halbstufenpotentiale können zur Identifizierung einzelner Redox-Vorgänge verwendet werden. Der Diffusionsgrenzstrom jeder polarographischen Stufe ist ein Maß für die Probenkonzentration, wobei zu beachten ist, dass das Tropfenwachstum den Grenzstrom beeinflusst. Mit Hilfe der Ilkovič-Gleichung lässt sich aus dem Grenzstrom die Konzentration berechnen:

$$I_D = 607 \cdot n \cdot D^{1/2} \cdot m^{2/3} \cdot c_0 \cdot t^{1/6}$$

n: Zahl der übertragenen Elektronen
D: Diffusionskoeffizient in cm^2/s
m: Massenfluss des Quecksilbers durch die Kapillare (in mg/s)
c_0: Konzentration im Elektrolyten
t_1: Tropfzeit (Alter des Tropfens)

Der Grenzstrom steigt demnach während des Tropfenwachstums mit einem Zeitgesetz von $t^{1/6}$. Jedes Mal, wenn ein Tropfen abfällt, fällt der Strom wieder auf null, sodass sich ein sägezahnförmiger Kurvenverlauf ergibt (○ Abb. 23.2).

Zu berücksichtigen ist, dass die Temperatur einen nicht unbedeutenden Einfluss auf den resultierenden Grenzstrom nimmt, obwohl sie in der Ilkovič-Gleichung nicht aufscheint. Jedoch sind alle Faktoren, mit Ausnahme von n, temperaturabhängig.

In der Praxis ist eine direkte Berechnung der Analytkonzentration in der Lösung aus dem Grenzstrom mit Hilfe der Ilkovič-Gleichung nur selten möglich, da der

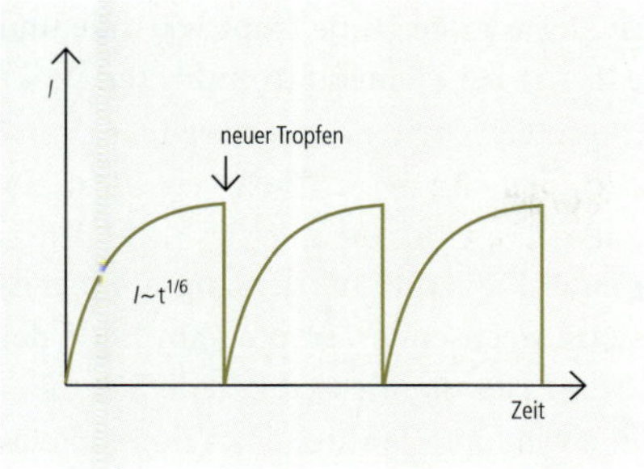

Abb. 23.2 Verlauf der Stromstärke an einer Quecksilber-Tropfelektrode nach der Ilkovič-Gleichung

Diffusionskoeffizient D nur schwer bestimmt werden kann. Deshalb wird mit Kalibriergeraden gearbeitet, die mit Hilfe mehrere Standardlösungen bekannter Konzentration des Depolarisators unter den Messbedingungen erstellt werden.

Merke

Die Polarographie ermöglicht gleichzeitig:

- qualitative Analysen (**Halbstufenpotentiale** zur Identifizierung von Substanzen),
- quantitative Analysen (**Grenzstrom** zur Gehaltsbestimmung),
- Trennungen (Nachweis einzelner Substanzen unabhängig von Verunreinigungen),
- Simultanbestimmungen vieler Substanzen nebeneinander,

Es wird immer in ruhender Lösung gearbeitet. Der Stoffumsatz ist vernachlässigbar klein. Die Ilkovič-Gleichung beschreibt die Größe des Grenzstromes einer Tropfelektrode in Abhängigkeit von der Tropfzeit.

23.2 Durchführung der Messung

23.2.1 Apparativer Aufbau

Elektroden

Eine polarographische Messzelle enthält normalerweise drei Elektroden (○ Abb. 23.3):

- An der **Quecksilber-Tropfelektrode** (QTE) scheiden sich die zu bestimmenden Ionen ab.
- Über die **Gegenelektrode** wird der Stromkreis geschlossen. Dazu wurde früher meist einfach der Quecksilbersee verwendet, der sich auf dem Grund der Messzelle durch das heruntertropfende Quecksilber ansammelt. In das Quecksilber taucht ein Metalldraht zur Ableitung des Potentials ein. Moderne Polarographiesysteme besitzen eine Platinelektrode als Hilfselektrode.
- Als **Referenzelektrode** wird eine Kalomel- oder Silber/Silberchlorid-Elektrode verwendet.

Die Strommessung erfolgt zwischen der QTE und der Gegenelektrode

Die Spannung wird zwischen der QTE und der Referenzelektrode gemessen

Zur Messung wird zwischen der Quecksilber-Tropfelektrode und der Gegenelektrode eine Spannung angelegt und der **Strom** zwischen den beiden Elektroden gemessen. Die Spannung (für die x-Achse des Polarogrammes) wird zwischen der Quecksilberelektrode und der Referenzelektrode gemessen. Zur Vereinfachung kann auch mit einer 2-Elektrodenzelle gearbeitet werden (z. B. Tropfelektrode und GKE). Das ist möglich, weil eine Elektrode 2. Art bei kleinen Stromdichten praktisch nicht polarisiert wird.

Quecksilber-Tropfelektrode

Aufbau der QTE

Die Quecksilber-Tropfelektrode besteht aus einer Kapillare, aus der langsam metallisches Quecksilber fließt, sodass sich ein stetig wachsender Tropfen am Ende der Kapillare bildet (○ Abb. 23.3). In regelmäßigen Zeitabständen (z. B. jede Sekunde) wird der Tropfen mit einem kleinen Hammer abgeklopft. Während bei älteren Polarographen die Tropfzeit über die Höhe des Quecksilbervorratsgefäßes reguliert wurde, wird diese bei modernen Geräten mittels Überdruck eines Inertgases, zumeist Stickstoff, im Reservoir gesteuert.

Vorteile der QTE

Die Quecksilbertropfelektrode besitzt eine ganze Reihe von Vorzügen:

- Da sich immer wieder neue Quecksilbertropfen bilden, hat die Elektrode immer eine saubere Oberfläche und ist vor Vergiftung geschützt.
- Eine hohe Wasserstoffüberspannung (–1 V), erlaubt Messungen ohne störende Wasserstoffgas-Entwicklung bei negativen Potentialen (bis –2,6 V).
- Der nutzbare Spannungsbereich ist sehr breit und wird im positiven Bereich bei ca. + 0,3 V durch die Bildung von Quecksilber(I)-oxid und im negativen Bereich bei ca. –2,6 V durch die Zersetzung der Wassermoleküle bzw. der Leitsalzkationen begrenzt.
- Die Amalgambildung erleichtert die Abscheidung vieler Metalle.
- Hohe Reproduzierbarkeit.

Nutzbarer Spannungsbereich: + 0,3 bis -2,6 V

Nachteile der QTE

Nachteile der Quecksilbertropfelektrode:

- Der Umgang mit metallischem Quecksilber stellt für den Nutzer ein Gesundheitsrisiko dar.
- Die ständige Änderung der Elektrodenoberfläche beeinflusst den Stromfluss und erschwert die Auswertung der experimentellen Ergebnisse.
- Durch das Tropfenwachstum hervorgerufene Kapazitätsströme begrenzen die Empfindlichkeit des Verfahrens.

Spannungsmessung

Eigentlich müsste vor dem Registrieren der gemessenen Spannung noch das konstante Potential der Referenzelektrode abgezogen werden. Normalerweise wird aber im Polarogramm einfach die gemessene Spannung registriert und die Art der Referenzelektrode mit angegeben (z. B. wird eine Potentialdifferenz von 1,3 V gegenüber einer gesättigten Kalomel-Elektrode als 1,3 V (GKE) bezeichnet).

Anoden- und Kathodenreaktionen

Die QTE ist als Kathode geschaltet

Normalerweise wird die Messzelle so geschaltet, dass an der Tropfelektrode Reduktionsreaktionen ablaufen (Tropfelektrode ist Kathode). Hier werden dann z. B. Metalle aus ihren Lösungen abgeschieden. An der Gegenelektrode muss dann eine Oxidation stattfinden (Anode); metallisches Quecksilber wird zu Hg_2^{2+} oxidiert, das in Lösung geht.

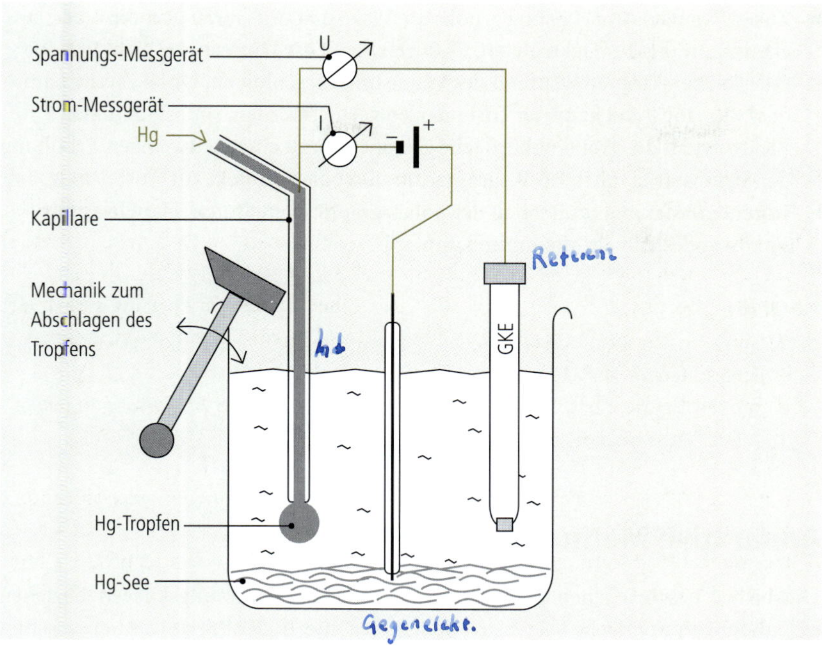

Abb. 23.3 Quecksilber-Tropfelektrode

Andere Indikatorelektroden

Um den bei der Quecksilberelektrode begrenzten Messbereich zu vergrößern, können auch andere Elektrodenmaterialien verwendet werden. Die gebräuchlichsten Alternativen sind rotierende Platinscheiben-Elektroden, rotierende Gold-Elektroden oder Kohlenstoff-Elektroden (Glassy-Carbon-Elektroden). Allen gemeinsam ist, dass sie anfällig gegen Vergiftung sind.

Alternative Elektrodenmaterialien

Probenvorbereitung

Zur Vorbereitung einer Probelösung für eine polarographische Untersuchung werden meist Leitsalz, Puffer, Komplexbildner und eventuell einige Tropfen Gelatine-Lösung zugegeben. Dann wird die Probe mit Stickstoff gespült, um den gelösten Sauerstoff zu entfernen. Das ist nötig, da gelöster Sauerstoff an der Quecksilber-Elektrode in zwei polarographische Stufen reduziert wird, die zwischen 0,0 V und –1,0 V liegen (pH-abhängig):

Gelöster Sauerstoff muss entfernt werden

$$O_2 + 2\,e^- + 2\,H_3O^+ \rightleftharpoons H_2O_2 + 2\,H_2O$$
E: 0,0 bis -0,05 V

$$H_2O_2 + 2\,e^- + 2\,H_3O^+ \rightleftharpoons 4\,H_2O$$
E: -0,7 bis –1,0 V

- Das **Leitsalz** (z. B. KCl) soll die Gesamtionenzahl im Elektrolyten erhöhen. Dadurch wird die **Migration** verhindert (▶ Kap. 20.4.1).

Leitsalz soll Migration unterbinden

- Arbeiten in **Pufferlösung** ist nötig, da viele Redox-Potentiale in wässriger Lösung vom pH-Wert abhängig sind.
- Mit Hilfe von **Komplexbildnern** lassen sich die Halbstufenpotentiale selektiv verschieben, sodass sie in den Messbereich fallen oder Trennungen möglich sind.

Verschiebung des Halbstufenpotentials durch Komplexbildung

Maximumdämpfer

- Zusatz von **Gelatine-Lösung** erhöht die Viskosität und verringert die Oberflächenspannung des Elektrolyten. Dadurch bleibt die Diffusionsschicht um den Quecksilber-Tropfen während des Wachstums geschlossen. Ohne Zusatz kann die Diffusionsschicht durch Turbulenzen gestört werden, sodass „frischer" Elektrolyt an die Tropfenoberfläche gelangt, was zu einer zeitweiligen Erhöhung der Stromstärke führt. Im Polarogramm führt dieser Effekt zur Ausbildung von störenden Maxima im Bereich der polarographischen Stufen. Der Gelatinezusatz wird deshalb als Maximumdämpfer bezeichnet.

Merke
- Immer frische Elektrodenoberfläche (keine Vergiftung, nur Diffusionspolarisation),
- abgeschiedene Metalle werden als Amalgam entfernt,
- große Überspannung der Wasserstoffabscheidung (deshalb Abscheidung unedler Metalle aus wässriger Lösung möglich).

23.2.2 Apparative Methoden der Polarographie

Die bisher beschriebenen polarographischen Strom-Spannungskurven beziehen sich alle auf eine einfache Gleichstrompolarographie. In der Praxis werden verschiedene Verbesserungen angewendet, die zu leichter interpretierbaren Polarogrammen führen (○ Abb. 23.4).

Einfache Gleichstrompolarographie

Im einfachsten Fall wird zwischen Tropfelektrode und Gegenelektrode eine Gleichspannung angelegt, die langsam einen Bereich von ca. 0,3 V bis -1,8 V überstreicht. Die Strom-Spannungskurve wird im Polarogramm registriert: Die x-Achse gibt das Potential zwischen Tropfelektrode und Vergleichselektrode an, die y-Achse die dazugehörige Stromstärke (○ Abb. 23.4, **A**). Der zick-zack-förmige Verlauf erschwert die Auswertung, da der Grenzstrom nur schlecht abgelesen werden kann. Zur Verbesserung lässt sich die Kurve *dämpfen*. Heute wird aber stattdessen normalerweise die Tast-Methode angewendet.

Tastpolarographie

Strommessung nur am Ende des Tropfenlebens

Bei dieser Methode registriert das Strommessgerät nicht den gesamten Kurvenverlauf des Stromes während des Wachstums jedes Tropfens. Stattdessen wird nur die Stromstärke am Ende des Tropfenwachstums gemessen. Daraus resultieren sehr viel glattere Polarogramme (○ Abb. 23.4, **B**). Außerdem wird der Fehler durch den Kapazitätsstrom am Ende des Tropfenwachstums kleiner.

Differenzial-Pulspolarographie

Bei dieser Polarographie wird der Spannung immer am Ende jedes Tropfenwachstums zusätzlich ein Spannungspuls von 10 bis 50 mV aufgesetzt. Der Strom wird jeweils kurz vor dem Puls (I_n) und wieder kurz vor dem Abfallen des Tropfens (I_p) gemessen. Im Polarogramm wird aber nur der Unterschied dieser beiden Stromstärken $\Delta I = I_p - I_v$ aufgezeichnet. In einem solchen Polarogramm erscheint für jede polarographische Stufe ein scharfer Peak. Das Maximum gibt das Halbstufenpotential an, die Höhe des Peaks ist proportional zur Konzentration (○ Abb. 23.4, **C**).

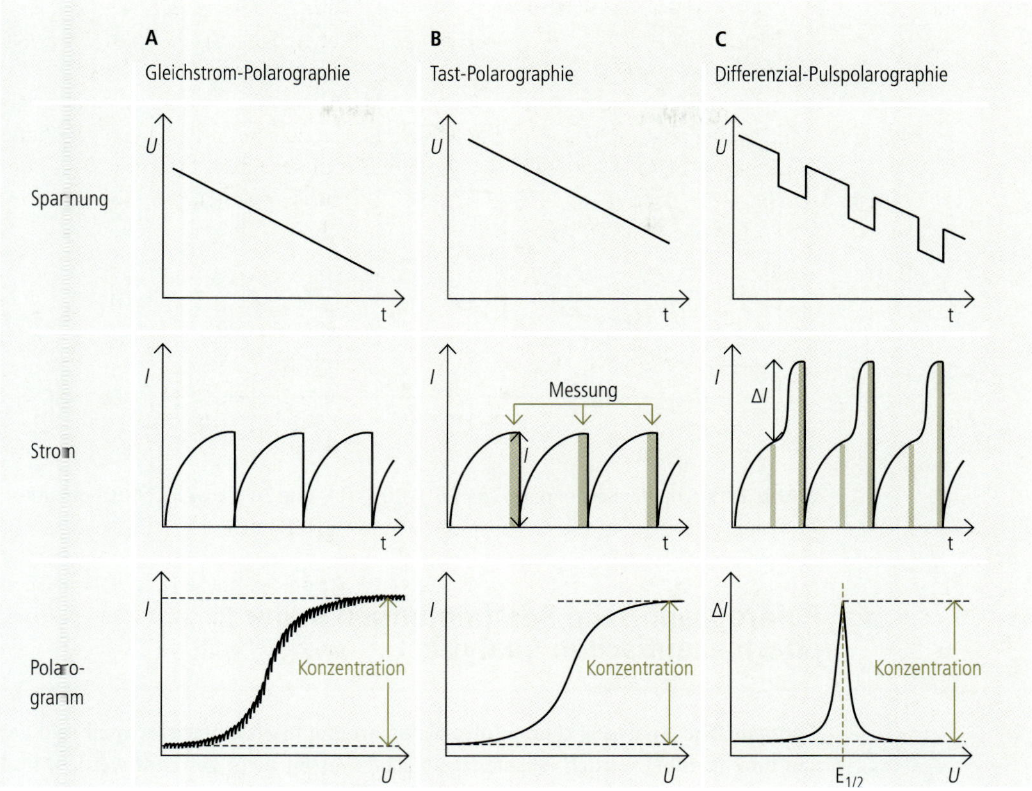

Abb. 23.4 Polarographische Methoden und die resultierenden Polarogramme

Inverse Polarographie / Inverse Voltammetrie

Mit dieser Methode lässt sich die Nachweisgrenze der Polarographie bis zur Spurenanalyse im ppb-Bereich (*engl.*: parts per billion, 1 ppb = 10^{-9}) steigern. Dazu wird an der hängenden Quecksilbertropfenelektrode gearbeitet, d. h. ein einziger Hg-Tropfen bleibt an der Tropfelektrode hängen. An diesem Quecksilbertropfen werden zuerst die Ionen der Lösung bei einem stark negativen Potential einige Minuten lang abgeschieden, ohne den Strom zu registrieren. Dadurch können die Bestandteile der Analyse im Quecksilber angereichert werden. Dann wird die Polung der Elektrode vertauscht, und die abgeschiedenen Metalle gehen wieder in Lösung. Jede Ionensorte ergibt auch jetzt eine Stufe, wobei das Polarogramm rückwärts durchlaufen wird. Die inverse Polarographie wird auch als **anodic-stripping polarography** bezeichnet.

Hängende Quecksilbertropfenelektrode

Wechselstrompolarographie

Polarographische Bestimmungen lassen sich auch mit Wechselstrom durchführen. Dem linearen Potentialverlauf wird dabei eine Wechselspannung von 1 bis 250 Hz und 10 bis 50 mV überlagert. Die Polarogramme ähneln denen der Differenzial-Pulspolarographie und sind leicht auswertbar. Allerdings ist die Theorie der Elektrodenvorgänge etwas komplizierter.

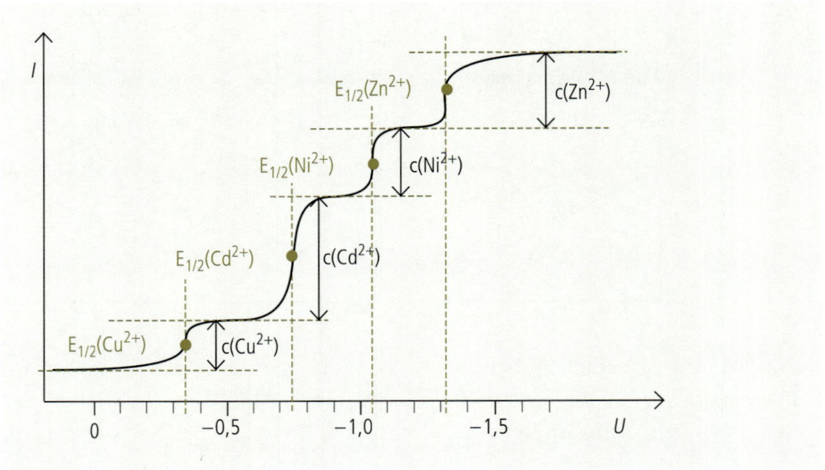

Abb. 23.5 Simultanbestimmung von Cd^{2+}, Cu^{2+}, Ni^{2+} und Zn^{2+} aus NH_3/NH_4Cl-gepufferter Lösung

23.3 Polarographische Bestimmungen in der pharmazeutischen Analytik

Organische Moleküle können bestimmt werden, wenn elektrochemisch aktive funktionelle Gruppen vorliegen

Bestimmung von Arzneistoffen (z. B. Benzodiazepine)

Anorganische Analysen können oftmals polarographisch einfach, schnell und genau durchgeführt werden. Substanzgemische müssen nicht getrennt werden, und kleinste Substanzmengen sind neben großem Überschuss qualitativ und quantitativ nachweisbar. Die Polarographie eignet sich auch zur Bestimmung organischer Moleküle, wenn diese reduzierbare funktionelle Gruppen enthalten. Deshalb sind in der pharmazeutischen Analytik von Arzneistoffen und von Naturstoffen solche Bestimmungen oft möglich und sinnvoll. Die Vorteile der Polarographie sind hier dieselben wie in der anorganischen Analytik: Eine große Messgenauigkeit wird erreicht, ohne dass eine aufwendige Trennung der Proben nötig ist. Viele Substanzgemische können simultan bestimmt werden, weil die verschiedenen Komponenten der Probe jeweils eine eigene polarographische Stufe ergeben. Beispiele für pharmazeutische Bestimmungen sind: Kohlenhydrate (Zucker), Benzodiazepine oder Vitamine.

23.3.1 Anorganische Analysen

Am häufigsten werden Konzentrationen von Metall-Kationen im Elektrolyten bestimmt. Wenn die an der Tropfelektrode angelegte Spannung das Reduktionspotential des Metalls unterschritten hat, kann die Redoxreaktion ablaufen und das Metall wird an der Quecksilberelektrode abgeschieden.

$$Me^{z+} + z\,e^- \rightleftharpoons Me$$

Verschiebung der Halbstufenpotentiale

Es ist zu beachten, dass das Reduktionspotential, und damit das Halbstufenpotential, oft nicht dem tabellierten Normalpotential entspricht. Das Reduktionspotential

Tab. 23.1 Abscheidung von Cd^{2+}, Cu^{2+}, Ni^{2+} und Zn^{2+} aus NH_3/NH_4Cl-gepufferter Lösung

Ion	Halbstufenpotential	Normalpotential
Cu^{2+}	-0,47 V	0,345 V
Cd^{2+}	-0,77 V	-0,402 V
Ni^{2+}	-1,03 V	-0,250 V
Zn^{2+}	-1,33 V	-0,762 V

kann durch Komplexbildung verschoben werden, wobei mögliche Liganden aus dem Leitsalz oder dem Puffer stammen können (OH^-, Cl^-, NH_3 usw.). Dadurch wird die Konzentration der freien Ionen, die in die Nernst'sche Gleichung einzusetzen ist, sehr klein, und das Reduktionspotential negativer (das Metall wird sozusagen *unedler*, da es sich weniger leicht abscheidet).

Komplexbildung

Gemische von Metall-Ionen

Jede reduzierbare Ionensorte im Elektrolyten führt zu einer Stufe in der Strom-Spannungskurve, und zwar an der Stelle seines Halbstufenpotentials. Wenn die Halbstufenpotentiale genügend weit auseinanderliegen, können mehrere Ionensorten nacheinander im selben Polarogramm erfasst werden.

Simultanbestimmung verschiedener Kationen

Hinweis
Die aus dem angelsächsischen stammende Bezeichnung ppb = parts per billion entspricht 10^{-9}, d. h. einem Milliardstel und **nicht** einem Billionstel, weil es die Bezeichnung Milliarde für 10^9 nur im deutschen Sprachgebrauch gibt. One billion ist deshalb gleich einer Milliarde (10^9).

Auf diese Weise sind **Simultanbestimmungen** von über 20 Metallen in einem Arbeitsgang möglich.

Auch Ionen, deren Halbstufenpotentiale an derselben Stelle liegen, sind oft noch simultan bestimmbar. Durch Zusatz eines Komplexbildners kann in vielen Fällen eine der Ionensorten selektiv komplexiert und dadurch das Halbstufenpotential verschoben werden. So ergibt sich aus dem Polarogramm in (Abb. 23.5 eine Abscheidungsreihenfolge von Cu^{2+}, Cd^{2+}, Ni^{2+}, Zn^{2+}, was nicht der Spannungsreihe entspricht. Die Änderung erklärt sich durch den Zusatz von NH_3/NH_4Cl-Puffer. Ni^{2+} bildet mit NH_3 einen besonders stabilen Komplex und scheidet sich daher erst später ab (Tab. 23.1).

23.3.2 Organische Analysen

Nicht nur Metall-Ionen lassen sich polarographisch bestimmen, sondern jede Redoxreaktion, deren Redoxpotential innerhalb des Messbereiches der Quecksilber-Tropfelektrode liegt. Da von allen Stofftransport-Mechanismen im Elektrolyten alleine die Diffusion erfasst wird, müssen die beteiligten Moleküle nicht geladen sein. Allerdings können mit der Quecksilber-Tropfelektrode fast ausschließlich Reduktions-Reaktionen zur Bestimmung verwendet werden, da im Messbereich (+ 0,3 V bis -1,8 V) nur sehr leicht oxidierbare Substanzen oxidiert werden können.

Reduktionsreaktionen

Gesättigte Kohlenwasserstoffe sind im Messbereich der Quecksilberelektrode **nicht** reduzierbar. Deshalb können nur solche Moleküle polarographisch bestimmt werden, die leicht reduzierbare funktionelle Gruppen enthalten. Wichtige erfassbare Gruppen sind:

Reduzierbare funktionelle Gruppen

- Konjugierte Doppelbindungen (Aromaten allerdings nicht!),
- Ketone und Aldehyde nur, sofern sie mit weiteren Doppelbindungen in Konjugation stehen,
- chinoide Systeme,
- Azoverbindungen,
- Azomethine, auch in ungesättigten stickstoffhaltigen Heterocyclen,
- Peroxysäuren,
- Nitro- und Nitrosogruppen,
- Disulfide.

Viele pharmazeutisch interessierende Verbindungen enthalten solche funktionellen Gruppen und können problemlos bestimmt werden.

Oxidationsreaktionen

An der Quecksilber-Tropfelektrode kann nur ein Potential von maximal + 0,3 V erreicht werden, da sich sonst die Elektrode selbst auflöst. Nur wenige Substanzen sind so leicht oxidierbar (z. B. Ascorbinsäure $E_{1/2} = 0{,}02$ V bei pH 7). Andere Elektrodenmaterialien (edlere Metalle, z. B. Silber) sind zwar grundsätzlich möglich, allerdings altern diese Elektroden schnell (Vergiftung).

23.3.3 Polarographie in der Ph. Eur.

Die Ph. Eur. kennt die Polarographie als Methode nicht.

23.4 Übungen

1. Welche Vorteile/Nachteile bringt die Verwendung der Quecksilbertropfelektrode in der Polarographie?
2. Welche Parameter bestimmen die Größe des Grenzstromes in der Polarographie?
3. Was gibt das Halbstufenpotential an? Welche Möglichkeiten gibt es, das Halbstufenpotential eines Elements zu verändern?
4. Was sind die Vorteile der Differenzial-Pulspolarographie gegenüber der einfachen Polarographie?

Voltammetrische Verfahren; Voltammetrische Titration 24

Prinzipiell ist es möglich, die Polarographie als Indikator für Titrationen zu verwenden. Dazu muss nach jeder Zugabe von Maßlösung ein Polarogramm registriert werden. Das Ergebnis ist eine Schar von Polarogrammen, die den Verlauf der Titration dokumentiert und aus der der Äquivalenzpunkt abgelesen werden kann (o Abb. 24.1). Alle Verfahren, bei denen Strom-Spannungskurven registriert werden, werden als voltammetrische Methoden bezeichnet (**Volt-Am**pero-**Metrie**).

In der Praxis ist dieser relativ große Aufwand allerdings nicht nötig. Um eine interpretierbare Titrationskurve zu erhalten, genügt es, den Verlauf des Stromes bei einer einzigen Spannung zu verfolgen **(Amperometrie)**. Alternativ dazu kann auch der Verlauf des Potentials der Elektrode bei konstanter Stromstärke registriert werden **(Voltametrie)**. Diese Vereinfachung ist möglich, weil hier (wie bei allen elektrochemisch indizierten Titrationen) keine Konzentration genau bestimmt werden muss, sondern nur der qualitative Verlauf der Änderung einer Messgröße ausgewertet wird.

Amperometrie: Spannung wird konstant gehalten, die Stromstärke gemessen

Voltametrie: Die Spannung wird bei konstanter Stromstärke gemessen

24.1 Grundlagen voltammetrischer Titrationen

o Abb. 24.1 zeigt die Polarogramme, die sich bei der komplexometrischen Titration einer Cu^{2+}-Lösung mit EDTA ergeben*. Der Aufbau der Analysenzelle ist der gleiche wie bei der Polarographie. Im Schaubild ist nach rechts das Potential der Quecksilber-Tropfelektrode gegenüber der Kalomel-Elektrode angegeben. Nach oben ist der Strom zwischen Tropf- und Gegenelektrode und nach vorne die Zugabe der Maßlösung (in ml) angegeben. Das erste Polarogramm (ganz hinten) zeigt die polarographische Stufe von Cu^{2+}, aus deren Höhe die Konzentration direkt bestimmt werden könnte. Die zweite polarographische Stufe stammt von einer unbekannten Verunreinigung, die aber nicht stört. Bei Zugabe von Komplexbildner wird Cu^{2+} komplexiert, sodass die Konzentration an freien Cu^{2+}-Ionen kleiner wird. Die Stufe, die den Cu^{2+}-Grenzstrom angibt, wird deshalb immer niedriger. Am Äquivalenzpunkt ist sie ganz verschwunden.

***Hinweis**

$ED\bar{}A$ (= Ethylendiamintetraacetat) bildet mit vielen Metall-Kationen sehr stabile 1:1-Komplexe (siehe Lehrbücher der anorganischen Analytik).

24.1.1 Amperometrie

Bei amperometrischer Indikation der Titration wird statt des gesamten Polarogrammes die Stromstärke bei nur einer einzigen Spannung gemessen. Diese muss größer sein als das Halbstufenpotential der zu bestimmenden Reaktion (im Beispiel: Kupfer-Abscheidung) und im Grenzstrombereich dieser Reaktion liegen. Mit kleiner werdender Cu^{2+}-Konzentration wird der Grenzstrom kleiner, bis er am Äquivalenzpunkt verschwunden ist. Aus einer solchen Titrationskurve ist der Endpunkt der Titration einfacher abzulesen als aus der Schar der Polarogramme (o Abb. 24.1, **B**).

Potentiostatische Arbeitsweise: Strommessung bei festgelegter Spannung

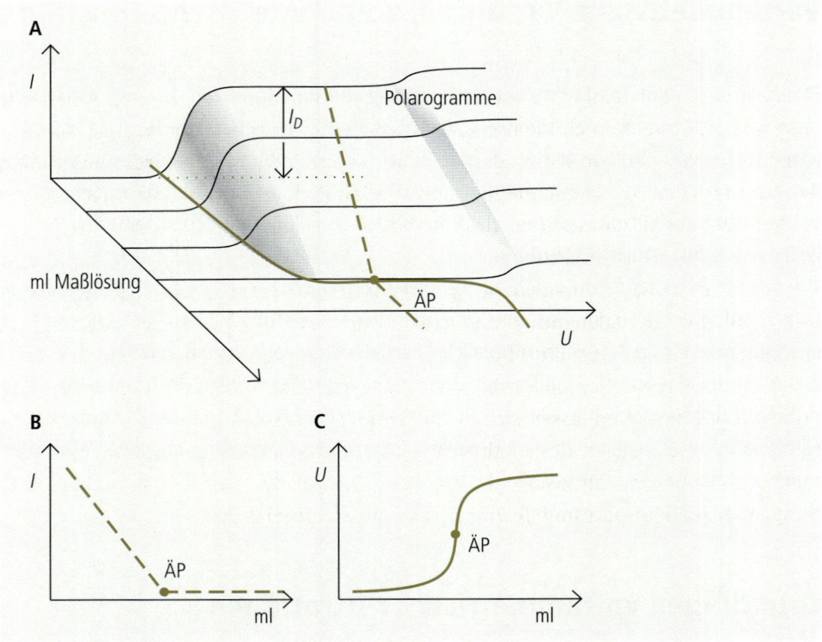

○ Abb. 24.1 Polarogramme während einer Titration, und die Vereinfachung zur Amperometrie (**B**) und Voltametrie (**C**)

Da die Spannung zwischen den Elektroden konstant ist, wird auch von einer **potentiostatischen** Arbeitsweise gesprochen.

24.1.2 Voltametrie

Galvanostatische Arbeitsweise: Spannungsmessung bei festgelegter Stromstärke

Bei voltametrischer Indikation der Titration wird der Strom an der Elektrode elektronisch gesteuert konstant gehalten (**galvanostatische** Arbeitsweise). In der Titrationskurve ist die Spannung dargestellt, die an die Elektroden angelegt werden muss, um diese Stromstärke aufrecht zu erhalten.

Am Beginn der Titration ist diese Spannung nur wenig kleiner als das Halbstufenpotential des Kupfers (entsprechend der gerade beginnenden Kupfer-Abscheidung). Sie bleibt nahezu konstant, solange Cu^{2+}-Ionen in der Lösung sind. Sobald keine freien Kupferionen mehr vorhanden sind, steigt sie sprunghaft an, weil dann der Stromfluss von einem anderen Redoxpaar übernommen werden muss (○ Abb. 24.1, C).

Merke

Voltametrie und Amperometrie sind voltammetrische Methoden zur Aufzeichnung von Titrationskurven. Es gibt vier mögliche Arbeitsweisen:

	eine polarisierbare Elektrode und eine Referenzelektrode	**zwei polarisierbare Elektroden**
potentiostatisch	Amperometrie	Biamperometrie
galvanostatisch	Voltametrie	Bivoltametrie

Am häufigsten angewendet wird die Biamperometrie (*Dead-Stop-Titration*).

Dead-Stop-Titrationen

24.1.3

Bei den Dead-Stop-Verfahren wird mit zwei polarisierbaren Elektroden gearbeitet. Dazu können z. B. einfach zwei Platindrähte verwendet werden. Der apparative Aufwand ist deshalb noch kleiner als bei den Verfahren mit Referenzelektrode. Da keine Referenzelektrode vorhanden ist, liefern diese Verfahren nur rein **qualitative** Titrationskurven, die ausschließlich zur Endpunktsbestimmung von Titrationen verwendet werden können (aus dem Anfangswert einer amperometrischen Kurve ließe sich theoretisch die Probenkonzentration noch bestimmen). Dafür ist aus den Kurven oftmals der Äquivalenzpunkt eindeutiger zu entnehmen. Der gemessene Strom fällt am Äquivalenzpunkt entweder abrupt auf Null ab oder steigt sprunghaft an (beides wird als Dead-Stop bezeichnet), in Abhängigkeit vom Titrationsverfahren. Heute werden in der analytischen Praxis meist diese Verfahren eingesetzt. Auch Dead-Stop-Titrationen lassen sich **amperometrisch** oder **voltametrisch** durchführen. Die Bezeichnungen der Methoden sind allerdings in der Literatur uneinheitlich. Die Methoden mit zwei polarisierbaren Elektroden werden zur Unterscheidung auch als **Biamperometrie** und **Bivoltametrie** bezeichnet.

Bei Dead-Stop-Titrationen kommen zwei polarisierbare Elektroden zum Einsatz

Dead-Stop-Verfahren nur zur Endpunktsbestimmung geeignet

Biamperometrie/ Bivoltametrie

24

Apparativer Aufbau

24.2

Elektroden

24.2.1

Drei-Elektroden-Zelle

Die Analysenzelle für voltammetrische Titrationen unterscheidet sich prinzipiell kaum von der Polarographie. Auch hier wird oft mit drei Elektroden gearbeitet. Der Strom wird zwischen Indikatorelektrode (Quecksilbertropfelektrode oder Edelmetallelektrode) und Gegenelektrode, die Spannung zwischen Indikatorelektrode und Referenzelektrode (z. B. Kalomel-Elektrode) gemessen (▶ Kap. 23.2.1).

Zwei-Elektroden-Zelle

Zur Vereinfachung können amperometrische und voltametrische Titrationen auch mit nur zwei Elektroden durchgeführt werden. Dann werden Spannung und Strom zwischen der Indikatorelektrode (Hg-Tropfelektrode, Pt-Elektrode) und der Referenzelektrode (z. B. Kalomel-Elektrode) gemessen (○ Abb. 24.2). Das ist möglich, da eine Elektrode 2. Art (Referenzelektrode) bei kleinen Stromdichten praktisch nicht polarisiert wird.

Amperometrie und Voltametrie mit zwei Elektroden

Der geringste apparative Aufwand wird bei der Messung mit zwei polarisierbaren Elektroden betrieben. Hier wird die Referenzelektrode durch eine weitere Platinelektroden ersetzt (Biamperometrie, Bivoltametrie).

Biamperometrie/ Bivoltametrie

Quecksilber-Tropfelektrode

Die Tropfelektrode hat den großen Vorteil, dass sie nicht vergiftet werden kann, weil immer frisches Quecksilber nachfließt und eine neue Oberfläche bildet. Allerdings stören Bewegungen des Elektrolyten den gleichmäßigen Aufbau der Quecksilbertropfen. Bei einer Titration muss aber gut gerührt werden. Deshalb kann es nötig sein, nach jedem Zusatz von Maßlösung für die Messung den Rührer abzuschalten.

QTE: Nur bedingt für voltametrische Titrationen geeignet

Ein weiterer Nachteil ist der begrenzte Messbereich aufgrund der elektrolytischen Auflösung des Quecksilbers (▶ Kap. 23.2.1).

Platinelektroden

Da zur Indikation von Titrationen Fehler des Elektrodenpotentials kaum stören, können neben Quecksilber auch andere (polarisierbare) Elektrodenmaterialien verwendet werden. Gebräuchlich sind **rotierende Platinelektroden,** die aus einem rotierenden Platinblech oder Platindraht bestehen.

Referenzelektrode

Referenzelektrode ist meist eine Kalomel- oder Silber/Silberchlorid-Elektrode.

24.2.2 Schaltbilder

Potentiostat

Amperometrie: Regulation der Spannung

Für die Amperometrie und die Biamperometrie wird eine Spannungsquelle benötigt, die ein konstantes Potential zwischen den Elektroden bereitstellt (potentiostatische Arbeitsweise). Im einfachsten Fall besteht ein solcher sog. Potentiostat (Spannungsteiler) aus einem regelbaren elektrischen Widerstand, an den eine Gleichspannung angeschlossen wird. Dazu kann z. B. ein langer, auf einen Keramikstab gewickelter Draht verwendet werden. Je nachdem, an welcher Stelle der Strom mit einem Schieber abgeleitet wird, ist die Spannung unterschiedlich (ganz am Anfang ist die Spannung Null, am Ende ist die Spannung so groß wie die der Stromquelle).

Galvanostat

Voltametrie: Regulation der Stromstärke

Für die Voltametrie und Bivoltametrie wird eine Stromquelle benötigt, die eine konstante Stromstärke zwischen den Elektroden bereitstellt (galvanostatische Arbeitsweise). Dazu genügt es, in den Stromkreis einen sehr großen Widerstand (ca. 10 MΩ) einzubauen. Die Änderung des Widerstandes der Analysenzelle während der Bestimmung ist dann vernachlässigbar gegenüber dem Gesamtwiderstand und die Stromstärke deshalb konstant.

Elektronische Messgeräte

Heute werden normalerweise elektronische Messgeräte verwendet, die ein konstantes Potential oder eine konstante Stromstärke zur Verfügung stellen. Bei Drei-Elektroden-Messzellen kann auch die Potentialdifferenz zur Referenzelektrode überwacht werden, um die Spannung zwischen den Elektroden ständig anzupassen.

24.3 Typen voltammetrischer Titrationskurven

Die Form der Titrationskurven hängt von den möglichen elektrochemischen Reaktionen der Probe und der verwendeten Maßlösung ab. Eine Lösung ist dann elektrochemisch aktiv, wenn sie Substanzen enthält, die an der Elektrode reduziert oder oxidiert werden können. Dann kann an der polarisierbaren Elektrode ein Strom fließen. Natürlich ist das auch von der Größe der Spannung zwischen den Elektroden abhängig. Diese sollte im Grenzstombereich der beobachteten Redoxreaktion

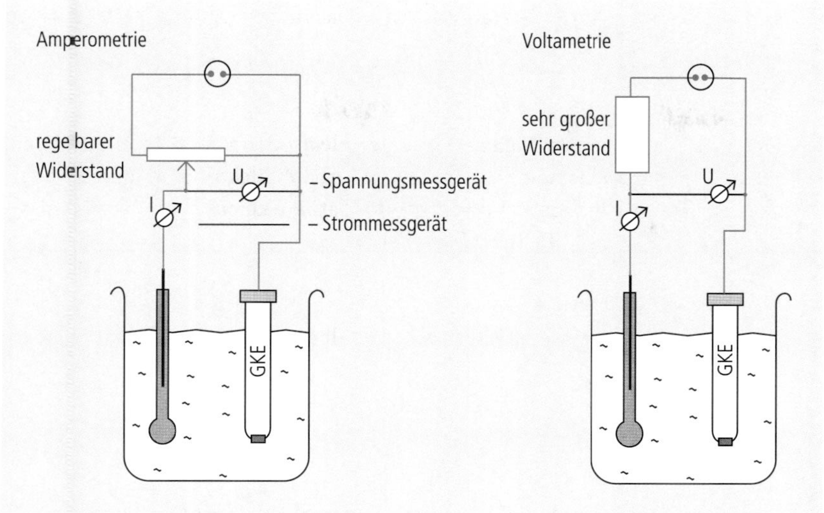

Abb. 24.2 Schaltbilder für die potentiostatische und galvanostatische Durchführung einer voltammetrischen Messung mit einer Hg-Tropfelektrode

liegen. Am einfachsten verständlich sind die amperometrischen Kurven. Es lassen sich drei Typen unterscheiden:

- **a:** Die Probelösung ist elektrochemisch aktiv, die Maßlösung nicht.
- **b:** Die Maßlösung ist elektrochemisch aktiv, die Probe nicht.
- **c:** Beide Lösungen sind elektrochemisch aktiv.

Typ a

Im Typ **a** fällt der Strom bei fortschreitender Titration, weil die Probenkonzentration abnimmt. Nach dem Äquivalenzpunkt bleibt er konstant, weil keine elektrochemisch aktiven Substanzen mehr vorhanden sind.

Analytlösung ist elektrochemisch aktiv, die Maßlösung nicht

Dead-Stop-Verfahren: Zu Beginn sind sowohl die oxidierte wie auch die reduzierte Form des reversiblen Redoxpaares in der Lösung vorhanden. Die reduzierte Form wird an der Kathode oxidiert, die oxidierte Form an der Anode reduziert. Im Verlauf der Titration nimmt die Konzentration einer Form ab. Am Äquivalenzpunkt erliegt der Stromfluss, da nur noch eine Form vorliegt. Solch eine Kurve wird bei der Rücktitration von Iod mit Thiosulfat erhalten.

Typ b

Im Typ **b** ist bis zum Äquivalenzpunkt kein Strom messbar, weil keine elektrochemisch aktiven Substanzen vorliegen und die Maßlösung ständig verbraucht wird. Nach dem Äquivalenzpunkt steigt der Strom, da jetzt unverbrauchte Maßlösung vorliegt.

Analytlösung ist elektrochemisch inaktiv, Maßlösung elektrochemisch aktiv

Dead-Stop-Verfahren: Es liegt kein reversibles Redoxpaar in der Lösung vor, daher fließt kein Strom. Die Zugabe von Maßlösung führt vorerst nicht dazu, dass ein reversibles Redoxpaar in der Lösung gebildet wird. Erst mit Erreichen des Äquivalenzpunktes liegt ein solches vor und es fließt Strom. Eine Kurve dieses Typs erhält man bei der Wasserbestimmung nach Karl-Fischer oder bei der Bestimmung von Stickstoff mit primären aromatischen Aminen.

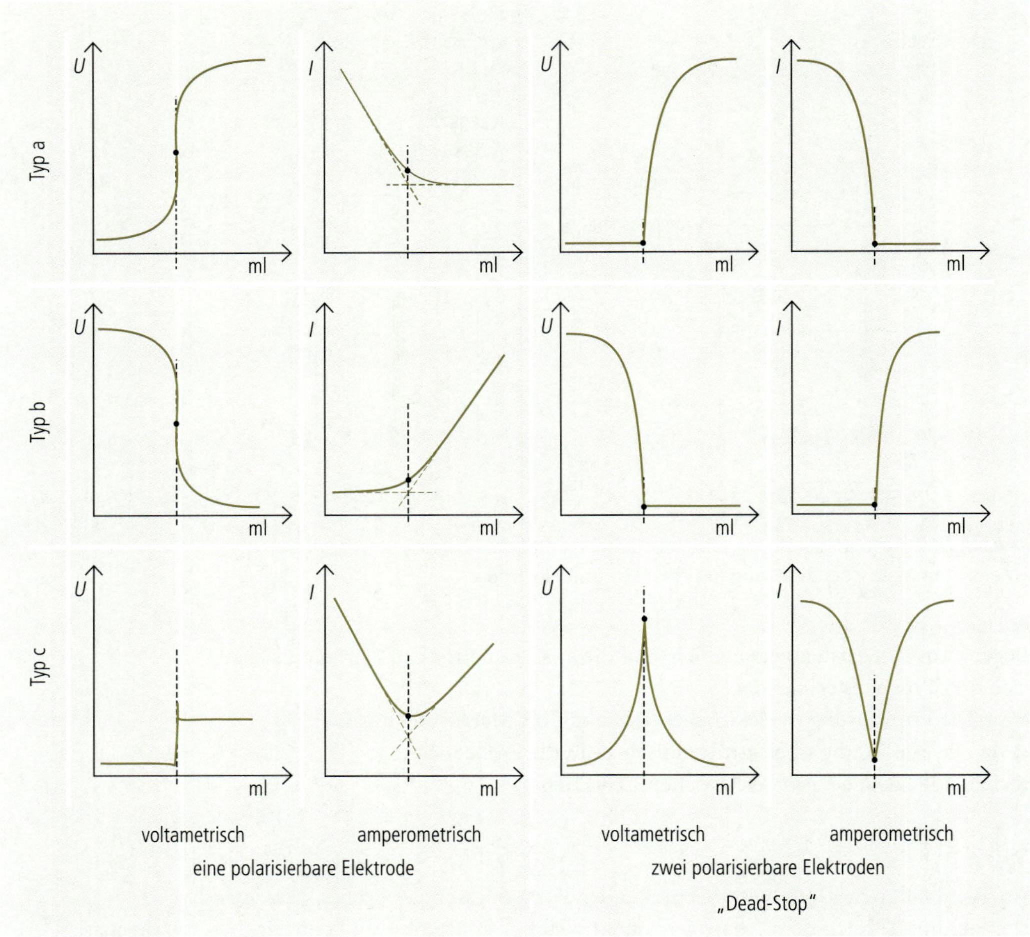

Abb. 24.3 Verlauf der Typen voltammetrischer Titrationskurven in der Nähe des Äquivalenzpunktes

Typ c

Analyt- und Maßlösung sind elektrochemisch aktiv

Im Typ **c** fällt der Strom bis zum Äquivalenzpunkt ab und steigt danach wieder an.

Dead-Stop-Verfahren: Es liegt ein reversibles Redoxpaar in der Lösung vor, dessen Konzentration im Verlauf der Titration abnimmt. Der Stromfluss geht gegen Null. Nach dem Äquivalenzpunkt tritt ein neues reversibles Redoxpaar auf und es fließt wieder Strom.

Dead-Stop-Titrationen

Besonderheiten der Dead-Stop-Verfahren

Dead-Stop-Messungen werden meist mit einer sehr kleinen Spannungen zwischen den Elektroden durchgeführt (50–100 mV). Unter diesen Bedingungen kann normalerweise keine Komponente der Lösung oxidiert oder reduziert werden. Ein Strom fließt dann durch die Messzelle, wenn ein *reversibles Redox-System* vorliegt, d. h. oxidierte und reduzierte Form sind beide vorhanden (z. B. Fe^{2+} und Fe^{3+}), oder wenn die Redoxpotentiale der reduzierbaren und oxidierbaren Bestandteile des

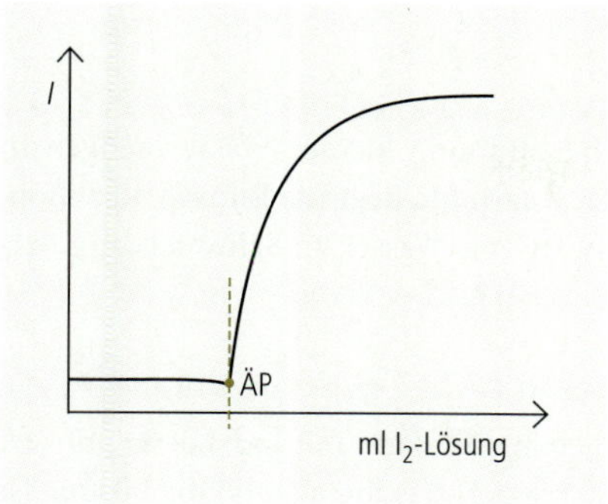

Abb. 24.4 (Bi)amperometrische Titrationskurve einer Karl-Fischer-Titration nach der Dead-Stop-Methode

Elektrolyten ähnlich sind. Nur dann kann sich an beiden Elektroden (Anode und Kathode) ein Redoxgleichgewicht einstellen und ein Strom fließen. Deshalb sind bei Dead-Stop-Titrationen nur Lösungen elektrochemisch aktiv, die ein reversibles Redox-System enthalten. Je nach Titrans und Titrator ergeben sich prinzipiell dieselben drei Typen von Titrationskurven wie bei den Verfahren mit einer polarisierbaren Elektrode. Die amperometrischen Kurven, die mit einer polarisierbaren Elektrode registriert wurden, zeigen meist einen linearen Verlauf. Die mit zwei polarisierbaren Elektroden registrierten Kurven sind oft steiler, sodass der Äquivalenzpunkt noch besser zu erkennen ist.

Reversibles Redoxpaar muss vorhanden sein

Merke

- Der Verlauf einer voltammetrischen Titrationskurve hängt davon ab, ob Titrans oder Titrator (oder beide) bei der gegebenen Spannung zwischen den Elektroden elektrochemisch oxidiert oder reduziert werden können.
- Daraus resultieren drei Typen von Kurven a-c.
- Alle maßanalytischen Bestimmungen, bei denen solche elektrochemisch aktiven Substanzen beteiligt sind, können voltammetrisch durchgeführt werden.
- Das Arzneibuch verwendet die Dead-Stop-Methode zur Karl-Fischer-Titration und zur nitritometrischen Bestimmung von primären aromatischen Aminen.

24.4 Anwendungen voltammetrischer Titrationen in der pharmazeutischen Analytik

Fast alle maßanalytischen Bestimmungen können voltammetrisch indiziert werden, da an der Reaktion zwischen Probe und Maßlösung fast immer wenigstens ein oxidierbares oder reduzierbares Teilchen beteiligt ist.

Alle Bestimmungen können sowohl amperometrisch (potentiostatisch) als auch voltametrisch (galvanostatisch) durchgeführt werden. Der Vorteil potentiostatischer Arbeitsweise liegt in der größeren Selektivität. Durch Einstellen der Spannung zwischen Mess- und Referenzelektrode kann die zu bestimmende Redox-Reaktion ausgewählt werden.

Galvanostatische Titrationen sind allerdings meist leichter interpretierbar, da der Knick am Äquivalenzpunkt stärker ausgeprägt ist.

24.4.1 Beispiele

Karl-Fischer-Titration

Karl-Fischer-Titrationen eignen sich zur Bestimmung kleiner Wassermengen in Lösungsmitteln, Hydraten, Komplexen, usw. Zugrunde liegt die Bunsen-Reaktion, nach der Schwefeldioxid mit Iod in Gegenwart von Wasser zu Schwefelsäure oxidiert wird:

$$SO_2 + I_2 + 2\,H_2O \rightleftharpoons 4\,H^+ + 2\,I^- + SO_4^{2-}$$

Nur die Iod-Maßlösung ist elektrochemisch aktiv

Zur Bestimmung kann SO_2 der Probe zugegeben und dann mit Iod-Lösung titriert werden. Solange noch Wasser vorhanden ist, reagiert das Iod ab, und die Lösung ist **nicht** elektrochemisch aktiv. Erst nach dem Äquivalenzpunkt kann überschüssiges Iod an der Elektrode reduziert werden, sodass ein Strom fließt. Es ergibt sich deshalb eine Titrationskurve vom Typ b.

$$I_2 + 2\,e^- \rightleftharpoons 2\,I^-$$

Hinweis

Das zur Titration eingesetzte Reagenz enthält Methanol. Es ergibt sich dann ein Molverhältnis von 1:1:1, d. h. es reagieren formal 1 Mol SO_2 mit 1 Mol I_2 und 1 Mol H_2O (siehe Lehrbücher der anorganischen Analytik).

Rücktitration von Iod mit Thiosulfat

Zur Bestimmung oxidierender Verbindungen können diese mit überschüssigem Kaliumiodid reduziert und dann das entstandene Iod mit Thiosulfat zurücktitriert werden:

Nur die Probelösung (Iod-Lösung) ist elektrochemisch aktiv

$$I_2 + 2\,S_2O_3^{2-} \rightleftharpoons 2\,I^- + S_4O_6^{2-}$$

Solange noch freies Iod vorhanden ist, kann bei amperometrischer Indikation ein Strom registriert werden, der auf Null abfällt, sobald der Äquivalenzpunkt erreicht ist (Dead-Stop). Es ergibt sich eine Titrationskurve vom Typ a.

Bestimmung von Stickstoff in primären aromatischen Aminen

Zur salzsauren Lösung des Amins wird Bromid zugesetzt (als Katalysator) und dann mit Natriumnitrit-Lösung titriert. Dabei wird das aromatische Amin diazotiert (**o** Abb. 24.5).

Bei einer Potentialdifferenz von 50-100 mV kann die Oxidation des Bromids noch nicht stattfinden, sodass kein Strom fließt. Erst nach Überschreiten des Äquivalenzpunktes wird Bromid durch überschüssige salpetrige Säure zu Brom oxidiert. Dann liegt ein reversibles Redoxgleichgewicht zwischen Brom und Bromid vor, das zu einem Strom führt. Es ergibt sich deshalb eine Titrationskurve vom Typ b.

Reversibles Redox-System: $2\,Br^- \rightleftharpoons Br_2 + 2\,e^-$

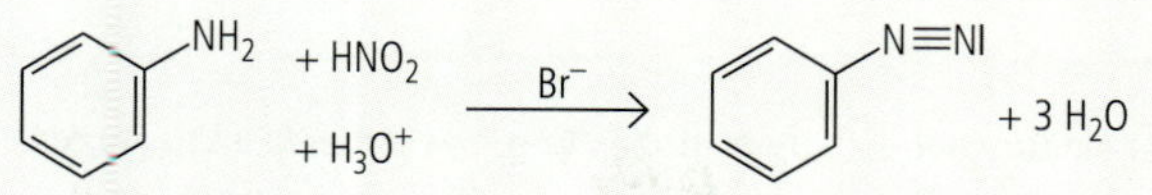

Abb. 24.5 Reaktionsgleichung der Diazotierung von primären aromatischen Aminen

Voltammetrische Titration in der Ph. Eur. 24.4.2

Im Methodenteil der Ph. Eur. wird im Abschnitt 2.2.19 die Amperometrie beschrieben. Damit ist die amperometrische sowie die biamperometrische (Dead-Stop) Indikation von Maßanalysen gemeint. Zur Messung darf sowohl ein Zwei-Elektroden-Aufbau als auch ein Drei-Elektroden-Aufbau verwendet werden.

Amperometrische/biamperometrische Endpunktsbestimmung nach Ph. Eur.

Zur Durchführung der Messung schlägt das Arzneibuch eine sehr schnelle Methode vor, die mit sechs Einzelmessungen der Stromstärke auskommt. 3 Messungen müssen dabei vor dem Endpunkt, die anderen drei Messungen nach dem Endpunkt liegen. Die 3 erhaltenen Werte vor und die drei erhaltenen Werte nach dem Endpunkt müssen jeweils auf einer Geraden liegen. Der Endpunkt der Titration ist der Schnittpunkt der beiden Geraden. Alternativ dazu kann bei einer Messung mit Zwei-Elektroden-Aufbau die gesamten Titrationskurven registriert werden, was mit heute üblichen Messgeräten kein Problem darstellt.

In den Monographien der Ph. Eur. wird die Amperometrie bisher noch nicht beschrieben. Angewendet wird sie zur Indikation der Halbmikrobestimmung von Wasser nach Karl-Fischer.

Übungen 24.5

1. Welche Vorteile besitzen die voltammetrischen Methoden mit zwei polarisierbaren Elektroden gegenüber denen mit Referenzelektrode?
2. Was sind die Vor- und Nachteile einer potentiostatischen Arbeitsweise (Amperometrie) gegenüber der galvanostatischen Arbeitsweise (Voltametrie)?
3. Eine Fällungstitration (argentometrische Bestimmung von Cl^- mit $AgNO_3$-Maßlösung) soll amperometrisch verfolgt werden. Wie groß sollte die Spannung zwischen Indikator-Elektrode und Referenzelektrode (gesättigte Kalomel-Elektrode) gewählt werden? Wie ist der prinzipielle Verlauf der Titrationskurve?
4. Welcher Kurvenverlauf ergibt sich bei einer voltametrischen Durchführung der Titration aus Aufgabe 3?

25 Elektrolytische Methoden

Elektrogravimetrie

Coulometrie

Eine Reihe relativ einfacher elektrochemischer Methoden beruhen auf der Elektrolyse der Analysenlösung. Bei der **Elektrogravimetrie** werden die zu bestimmenden Substanzen elektrolytisch auf einer Elektrode abgeschieden und dann gewogen. In der **Coulometrie** wird dagegen die elektrische Ladung gemessen, die zur Abscheidung nötig war. Dadurch kann der Wägefehler umgangen werden. Außerdem lassen sich noch sog. **coulometrische Titrationen** durchführen. Dabei wird keine Maßlösung zugetropft, sondern das Reagenz durch Elektrolyse direkt in der Probelösung erzeugt.

25.1 Grundlagen der Elektrolyse

Umkehrung der Elektrodenreaktion durch Anlegen einer Spannung

Zersetzungsspannung

An der Anode wird oxidiert, an der Kathode reduziert

Werden in die wässrige Lösung eines Salzes zwei Elektroden (z. B. Platinbleche) getaucht, zwischen denen eine elektrische Spannung anliegt, dann kann ein elektrischer Strom durch die Lösung fließen (▶ Kap. 20.3.2, Elektrolyse). Der Elektrolyt wird zersetzt, wobei eine Sorte der im Elektrolyt gelösten Teilchen an der Anode oxidiert, und eine andere an der Kathode reduziert wird. Die Größe der Spannung, die nötig ist, damit diese Oxidations- und Reduktionsreaktionen ablaufen können, heißt die Zersetzungsspannung.

25.1.1 Zersetzung des Elektrolyten

Die Spannung, bei der ein Elektrolyt zersetzt wird, hängt von den Redox-Potentialen der Elektrodenreaktionen ab, die jeweils mit der Nernst'schen Gleichung berechnet werden können:

$$E = E^0 + \frac{0{,}059}{n} \cdot \lg \frac{a(ox)}{a(red)}$$

Die Zersetzungsspannung ist die Differenz zwischen den Potentialen der Anoden- und der Kathodenreaktion:

$$|U_n| = E(\text{Anode}) - E(\text{Kathode})$$

Anodenreaktion

An der Anode entsteht Sauerstoff

Bei Elektrolysen von Metallsalzen werden meist schwefelsaure Lösungen der entsprechenden Sulfate verwendet. Als Oxidationsreaktion wird dann an der Anode das Lösungsmittel Wasser zersetzt und Sauerstoff abgeschieden:

$$4\,OH^- \rightarrow O_2\uparrow + 2\,H_2O + 4\,e^-$$

Chloride oder Nitrate sind zur Elektrolyse nicht so gut geeignet, weil diese nach der Abscheidung weiterreagieren oder die Elektrode zerstören können. Mit der

Nernst'schen Gleichung ergibt sich für das Potential der Oxidation von Wasser zu Sauerstoff:

Berechnung des Anodenpotentials

$$E(O_2) = E^0(O_2) - 0{,}059 \cdot pH + \eta\,(O_2)$$

$E^0(O_2)$: Normalpotential der Sauerstoffabscheidung, $E^0(O_2) = 1{,}23$ V
$\eta(O_2)$: Überspannung der Sauerstoffabscheidung

Das Potential der Sauerstoffelektrode ist vom pH-Wert abhängig und wird noch durch eine **Überspannung** $\eta(O_2)$ verändert. Eine solche Überspannung ist fast immer zu erwarten, wenn an einer Elektrode ein Gas entsteht. Die Überspannung hat hier meist eine Größe zwischen 0,3 V und 0,5 V.

Abscheidung eines Gases bedeutet eine hohe Überspannung

Kathodenreaktion

An der Kathode kommt es zur Reduktion der Metallionen, z. B. $Me^{2+} + 2\,e^- \rightarrow Me$, und nicht zur Wasserstoffentwicklung. Grund dafür ist die relativ große Überspannung (bis zu ca. 1 V) für die H_2-Entwicklung an Metallelektroden. Daher können unedle Metalle mit einem Normalpotential von bis zu ca. –1 V elektrolytisch abgeschieden werden, obwohl das Normalpotential für die Reduktion von H_3O^+-Ionen zu Wasserstoff bei pH = 0 nur 0 V beträgt.

Metallabscheidung an der Kathode

Wasserstoffüberspannung

Für die Reduktion eines Metall-Kations Me^{n+} zum Metall liefert die Nernst'sche Gleichung:

Berechnung des Kathodenpotentials

$$E(Me) = E^0(Me) + \frac{0{,}059}{n} \cdot \lg c\,(Me^{n+})$$

Das Potential, und damit auch die Zersetzungsspannung, ist von der Konzentration der gelösten Ionen abhängig. Während der Elektrolyse nimmt diese Konzentration natürlich ab, weshalb die Zersetzungsspannung steigt.

Zersetzungsspannung

Zusammenfassend ergibt sich für einen Elektrolyten, der ein gelöstes Metall Me^{n+} enthält, die Zersetzungsspannung:

Die Zersetzungsspannung ist abhängig von der Konzentration an Metallionen

$$U_Z = E\,(O_2) - E\,(Me)$$
$$= E^0(O_2) - 0{,}059 \cdot pH + \eta\,(O_2) - E^0(Me) + \frac{0{,}059}{n} \cdot \lg c\,(Me^{n+})$$

Zur Berechnung der Zersetzungsspannung einer elektrolytischen Bestimmung muss in die Gleichung die geforderte Konzentration $c(Me^{n+})$ am Ende der Abscheidung eingesetzt werden (z. B. 1/1000 der Probenkonzentration, wenn eine Genauigkeit von 0,1 % gefordert ist). Die Veränderung der Zersetzungsspannung ist, wie die Zersetzungsspannung selbst, pH-Wert-abhängig. Im sauren Milieu (pH = 1) beträgt die Veränderung meist weniger als 0,2 V, im neutralen maximal 0,5 V.

Trennungen

Sind im Elektrolyten mehrere Sorten von Metall-Kationen vorhanden, dann wird zuerst das abgeschieden, dessen Potential am positivsten ist (das *edelste* Metall) und deshalb die kleinste Zersetzungsspannung ergibt. Wenn die Elektrodenpotentiale der Metalle weit genug auseinanderliegen, so ist es möglich, durch geeignete Wahl der Elektrolysenspannung erst ein Metall vollständig abzuscheiden, und danach mit einer größeren Spannung ein weiteres zu bestimmen (Abb. 25.1).

25

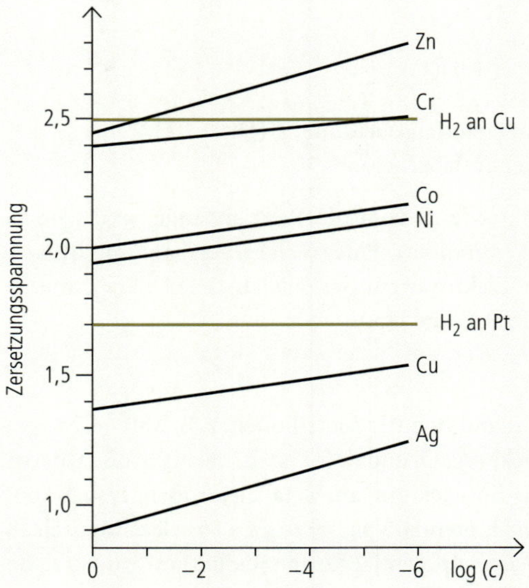

Abb. 25.1 Zersetzungsspannungen von Metallsulfaten in 0,1-molarer Schwefelsäure

25.1.2 Praktische Durchführung

Messzelle

Rühren und Erhitzen führen zu kürzeren Elektrolysezeiten

Bei einer Elektrolyse soll meistens der Stoffumsatz möglichst groß sein, damit die Abscheidung in möglichst kurzer Zeit vollständig ist. Deshalb müssen alle Mechanismen der Ionenwanderung im Elektrolyten ausgenutzt werden. Rühren und Erhitzen erhöhen die mechanische und thermische **Konvektion**. Bei höherer Temperatur wird auch die **Diffusion** beschleunigt und die abgeschiedenen Metalle haften besser an der Elektrode. Große Elektroden erlauben große Stromstärken.

Elektroden

Große Elektrodenoberfläche ermöglicht große Stromstärken

Als Elektroden werden zur Elektrolyse oft Platinnetze oder -bleche verwendet, die eine relativ große Oberfläche besitzen. Die Elektroden können vor der Messung elektrolytisch mit Kupfer überzogen werden (Elektrolyse einer $CuSO_4$-Lösung) um die höhere Überspannung der Wasserstoff-Abscheidung auszunutzen, oder um die Platinelektrode vor Beschädigung durch Folgereaktionen zu schützen.

Potentiostatische Elektrolyse

Höhere Selektivität bei Elektrolyse mit konstanter Spannung

Die Elektrolyse kann entweder mit einer konstanten Elektrolysenspannung oder mit einem konstanten Elektrolysenstrom durchgeführt werden. Der Vorteil einer konstanten Spannung (potentiostatische Methode) ist die **Selektivität,** weil dann nur Stoffe abgeschieden werden können, deren Zersetzungsspannung kleiner ist als die vorgegebene Elektrolysenspannung. Der Nachteil ist, dass der Strom im Verlauf der Elektrolyse immer kleiner wird, weil die Konzentration der abscheidbaren Ionen abnimmt. Die Elektrolyse wird dann abgebrochen, wenn die Stromstärke fast Null ist. Die konstante Spannung kann mit einem sog. **Potentiostat** erzeugt werden.

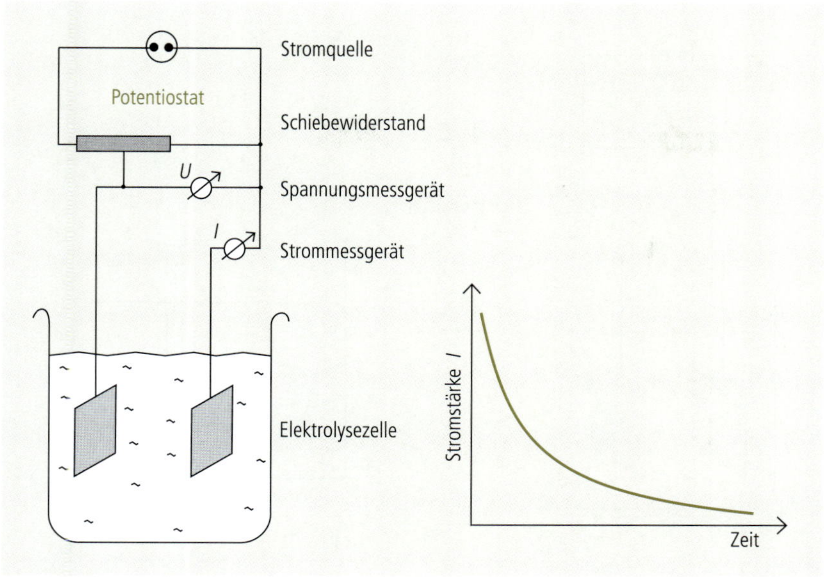

Abb. 25.2 Potentiostatische Elektrolyse

Das ist ein Schiebewiderstand, an dem eine Spannung anliegt, sodass ein Strom fließt. Durch Verschieben des Kontaktes kann eine Elektrolysenspannung genau eingestellt werden (Abb. 25.2).

Galvanostatische Elektrolyse

Bei einer galvanostatischen Arbeitsweise bleibt der Elektrolysenstrom während der gesamten Elektrolyse konstant. Dazu muss die Spannung immer mehr erhöht werden, um die kleiner werdende Ionenkonzentration im Elektrolyten auszugleichen. Dadurch ergibt sich während der gesamten Elektrolyse eine gleichbleibend hohe Abscheidungsgeschwindigkeit und als Folge eine kurze Elektrolysendauer. Der Nachteil der Methode ist, dass das Ende der Elektrolyse nicht am Stromverlauf erkannt werden kann. Wenn eine Ionensorte vollständig abgeschieden ist, steigt die Spannung automatisch, sodass gleich die nächste abgeschieden wird. Die Endpunktbestimmung muss deshalb mit einem Indikator erfolgen. Zur Bereitstellung der konstanten Stromstärke wird eine relativ starke Stromquelle und ein großer Widerstand (einige 1000 Ω) benötigt, der in den Stromkreis mit eingebaut wird (Abb. 25.3). Weil der elektrische Widerstand der Messzelle relativ klein ist und deshalb nur einen kleinen Anteil des Gesamtwiderstandes des Stromkreises ausmacht, bleibt die Stromstärke insgesamt (fast) gleich, wenn sich der Widerstand der Messzelle ändert. Heute werden allerdings meist Messgeräte verwendet, bei denen Stromstärke und Spannung elektronisch überwacht und gesteuert werden.

Kürzere Elektrolysedauer bei konstantem Elektrolysestrom

Indikator erforderlich

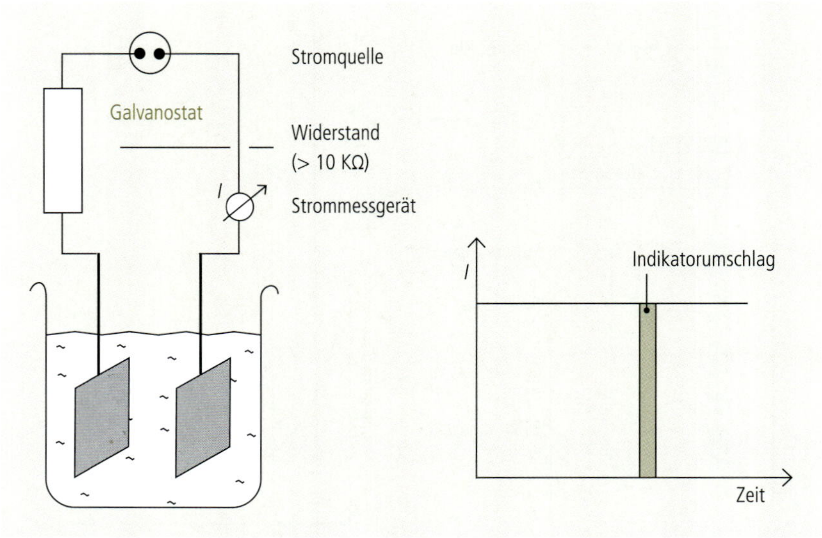

Abb. 25.3 Galvanostatische Elektrolyse

Merke

Eine Elektrolyse kann durchgeführt werden:

- **galvanostatisch:** mit konstanter Stromstärke (Vorteil: schnell; Nachteile: Nebenreaktionen; schwierige Endpunktbestimmung),
- **potentiostatisch:** mit konstanter Elektrolysenspannung (Vorteile: sehr genau, Endpunkt ergibt sich von selbst; Nachteil: lange Elektrolysendauer).

Drei-Elektroden-Messzellen

Kontrolle des Potentials

Manchmal ist es sinnvoll, den Verlauf der Elektrolysenspannung zu kontrollieren (bei potentiostatischer Arbeitsweise zur Kontrolle des aktuellen Potentials der Elektrode; bei galvanostatischer Arbeitsweise zur Indikation des Endpunktes). Die Spannung zwischen den Arbeitselektroden weicht allerdings von der erforderlichen U_z ab (Polarisierung).

Bei einer Drei-Elektroden-Messzelle wird deshalb zusätzlich eine Referenzelektrode (z. B. eine Kalomel-Elektrode) verwendet. Das Potential der Elektrode, an der die zu bestimmenden Ionen abgeschieden werden (meist Kathode), wird dann **stromlos** zwischen dieser Elektrode und der Referenzelektrode gemessen und gleichzeitig mit dem Elektrolysenstrom registriert (Abb. 25.4).

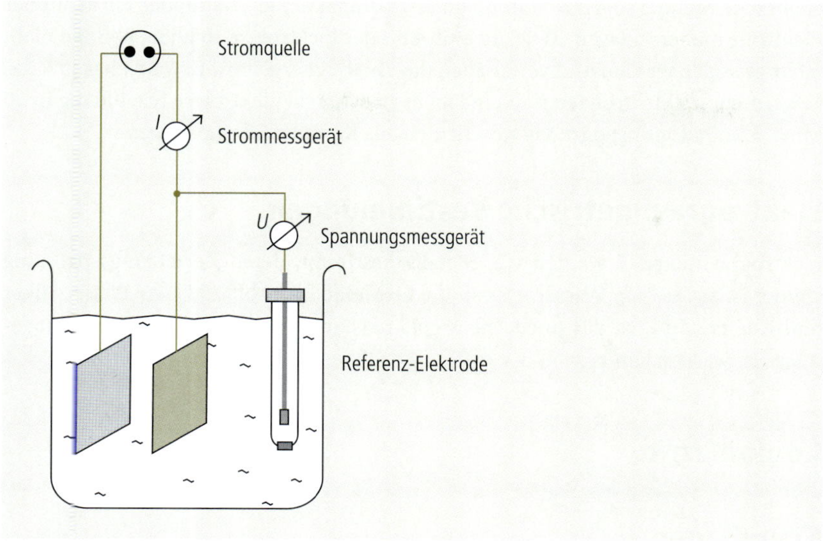

Abb. 25.4 Aufbau einer Drei-Elektroden-Messzelle

Elektrogravimetrie 25.2

Grundlagen 25.2.1

Für eine elektrogravimetrische Bestimmung wird ein genau gewogenes Platin- oder Kupfernetz als Kathode verwendet. Auf dieser Elektrode wird das zu bestimmende Metall möglichst vollständig abgeschieden. Die Masse des abgeschiedenen Metalls wird dann durch Wägen ermittelt.

Arbeitsbereich

Elektrogravimetrisch werden Metalle in Salzen bestimmt, deren Zersetzungsspannung kleiner ist als die von Wasser. Dabei muss die Überspannung der Wasserstoffentwicklung berücksichtigt werden.

Anwendungsmöglichkeiten

So lassen sich edle Metalle, mit positivem Normalpotential wie Kupfer oder Silber, an Platinelektroden abscheiden (Abb. 25.1). Für unedlere Metalle wie Nickel oder Zink können Kupferelektroden (bzw. elektrolytisch verkupferte Platinelektroden) verwendet werden. Auch Zink lässt sich so noch gut abscheiden, weil die Überspannung an Zink noch größer ist als an Kupfer; d. h. sobald ein Zinküberzug auf der Elektrode ist, kann kein Wasserstoff mehr entstehen.

Arbeitsweise

Vorteile der potentiostatischen Arbeitsweise

Elektrogravimetrische Bestimmungen werden meist potentiostatisch, d. h. mit konstanter Elektrolysenspannung durchgeführt. Dadurch ist gewährleistet, dass nur das gewünschte Metall abgeschieden wird (Selektivität). Steht eine Drei-Elektroden-Messzelle zur Verfügung, so kann das Potential an der Kathode (wo die Metalle abgeschieden werden) ständig kontrolliert werden. Die Spannung zwischen den Arbeitselektroden wird immer so angepasst, dass das Potential wirklich konstant bleibt. Die Metalle sollen sich in möglichst kompakter, fest haftender Form auf der Elektrode niederschlagen. Teile, die während der Elektrolyse abfallen, können nicht mehr gewogen werden und verfälschen das Analysenergebnis! Bewährt hat sich das Erwärmen des Elektrolyten und eine nicht zu schnelle Elektrolyse (ca. 100 mg in 30 Min). Ebenfalls günstig ist das Abscheiden aus Komplexsalz-Lösungen.

25.2.2 Elektrogravimetrische Bestimmungen

Für edle Metalle geeignet (Platin bis Zink)

Elektrogravimetrisch werden v. a. Metalle bestimmt, deren Zersetzungsspannung kleiner ist als die von Wasser. Das sind edle Metalle (○ Abb. 25.1) wie Platin, Silber und Kupfer. Zink ist das unedelste Metall, das aus einer wässrigen Lösung abgeschieden werden kann.

25.3 Coulometrie

25.3.1 Grundlagen

Prinzip der Coulometrie

Ladungsmenge = Stromstärke · Elektrolysezeit

Bei coulometrischen Bestimmungen gelten dieselben Gesetzmäßigkeiten wie für die Elektrogravimetrie. Der einzige Unterschied ist, dass hier die Menge an abgeschiedener Substanz nicht durch Wiegen ermittelt wird. Vielmehr wird aus der Zahl der Elektronen (Ladungsmenge), die durch die Messzelle geflossen sind, der genaue Umsatz errechnet. Die Ladungsmenge (Q) ergibt sich aus der Stromstärke und der Elektrolysezeit:

$$Q = I \cdot t$$

Coulometer: Messgerät, das den zeitlichen Verlauf der Stromstärke registriert

Einheit der Ladungsmenge: Coulomb (C)

2. Faraday'sches Gesetz

Die Bestimmung erfolgt mit einem sog. **Coulometer.** Der Zusammenhang zwischen umgesetzter Stoffmenge und geflossener Ladung wird durch die Faraday'schen Gesetze beschrieben. Die Ladungsmenge wird in der Einheit Coulomb (1 C) angegeben. 1 C entspricht ca. 0,0000104 mol Elektronen.

Aus dem 2. Faraday'schen Gesetz lässt sich eine Gleichung ableiten, mit der die Zahl der Elektronen in die Masse der an der Elektrode abgeschiedenen Substanz umgerechnet werden kann:

$$m = \frac{M}{n \cdot F} \cdot Q$$

m: Masse des abgeschiedenen Stoffes (in Gramm)
M: Molmasse (in g/mol)
n: stöchiometrischer Faktor (Äquivalentzahl)
F: Faraday-Konstante (1 F = 96 485 C/mol)
Q: Ladungsmenge (in C, 1 C = 1 A · s)

Voraussetzung für eine coulometrische Bestimmung ist eine Stromausbeute von 100 %, d. h. es dürfen keine Nebenreaktionen ablaufen.

Merke

Die Grundlage der Coulometrie sind die Faraday'schen Gesetze:

- **1. Faraday'sches Gesetz:** Die Gewichtsmenge eines elektrolytisch umgesetzten Stoffes ist der im Stromkreis geflossenen Ladungsmenge (der Fläche der Strom/Zeit-Kurve) proportional.
- **2. Faraday'sches Gesetz:** Die Gewichte verschiedener Stoffe, die durch dieselbe Ladungsmenge abgeschieden werden, verhalten sich wie die Äquivalentgewichte der Stoffe.

Potentiostatische Coulometrie

Bei der potententiostatischen Coulometrie wird das Elektrodenpotential mit Hilfe eines Potentiostaten konstant gehalten. Wegen der laufend abnehmenden Elektrolytkonzentration nimmt die Elektrolysestromstärke nimmt nach einer Exponentialfunktion ab. Das Ende der Elektrolyse ist dann erreicht, wenn der Elektrolysenstrom praktisch auf Null abgefallen ist. Die notwendige Ladungsmenge zur quantitativen Umsetzung ergibt sich aus

Stromstärke nimmt während der Elektrolyse exponentiell ab

$$Q = \int_0^{t_E} I_E \cdot dt$$

I_E: Elektrolysestromstärke
t_E: Elektrolysezeit

Die potentiostatische Coulometrie ist daher nur für geringe Analytmengen geeignet, da mit der Analytkonzentration auch die Analysenzeit steigt. So kann die Analysenzeit bei hoher Konzentration mehrere Stunden betragen. Als Vorteil der potentiostatischen Arbeitsweise ist der Ausschluss von Nebenreaktionen.

Nur für geringe Analytmengen geeignet

Galvanostatische Coulometrie

Wegen der kürzeren Analysenzeiten werden coulometrische Bestimmungen meist galvanostatisch durchgeführt. Dafür wird die Stromstärke wären der Elektrolyse konstant gehalten und die Zeit bis zum Endpunkt gemessen. Da durch eine ständige Erhöhung der Spannung Nebenreaktionen nicht ausgeschlossen werden können, muss hier ist eine Indikation des Endpunktes mittels Farbindikator erfolgen. Die Ladungsmenge Q ist das Produkt aus der Stromstärke und der Elektrolysezeit.

Kurze Elektrolysezeit

Indikator erforderlich

Merke

- Bei einer elektrogravimetrischen Bestimmung werden die zu bestimmenden Stoffe quantitativ an einer Elektrode abgeschieden und anschließend gewogen.
- Bei coulometrischen Bestimmungen wird statt der Masse die Menge des bei der Abscheidung geflossenen Stromes gemessen.
- Bei einer coulometrischen Titration wird das Maßreagenz durch eine Elektrolyse im Elektrolyten erzeugt.

25.3.2 Coulometrische Bestimmungen

Alle elektrogravimetrischen Analysen sind auch coulometrisch durchführbar. Zusätzlich können Substanzen bestimmt werden, die nicht wägbar sind (Gase, Flüssigkeiten oder Ionen, die wieder in Lösung gehen). Die meisten coulometrischen Bestimmungen werden allerdings als sog. coulometrische Titrationen ausgeführt, da diese sehr viel genauere Ergebnisse liefern.

Merke

Vorteile der Coulometrie gegenüber der Elektrogravimetrie

- Die Genauigkeit ist nicht durch die Waage, sondern nur durch die elektronischen Messgeräte begrenzt.
- Kein Fehler durch schlecht abgeschiedene Substanzen, die von der Elektrode wieder abfallen.
- Es sind auch Substanzen bestimmbar, die nach der Abscheidung nicht gewogen werden können, wie z. B. Gase oder Stoffe, die wieder in Lösung gehen.
- Es sind auch Analysen möglich, die auf Redoxreaktionen beruhen, bei denen keine Substanz an der Elektrode abgeschieden wird (z. B. Reduktion von Fe^{3+} zu Fe^{2+}).

25.4 Coulometrische Titrationen

25.4.1 Grundlagen

Die coulometrische Titration ist keine Maßanalyse im eigentlichen Sinne. Hier wird keine Maßlösung zugetropft, sondern das Reagenz wird in genau vorgegebener Menge in der Messzelle durch eine Elektrolyse erzeugt.

Arbeitsweise

Aus Zeitgründen wird meist galvanostatisch gearbeitet, sodass eine Indikation des Endpunktes erforderlich ist. Dazu eignen sich Farbindikatoren oder voltammetrische Methoden (Dead-Stop-Titrationen). Zur Durchführung der Bestimmung wird der Analysenlösung eine Vorstufe der eigentlichen Maßlösung zugesetzt. Aus dieser Vorstufe wird elektrolytisch die Maßlösung erzeugt, die dann mit der Analyse reagiert.

Merke

Vorteile der coulometrischen Titration

- Keine Maßlösung erforderlich.
- Keine Ungenauigkeit der Einstellung der Maßlösung möglich.
- Die Maßlösung kann nicht altern.
- Die Messgenauigkeit hängt nicht von der Ablesegenauigkeit der Bürette ab, sondern von der Genauigkeit der elektronischen Messgeräte.
- Das Ergebnis liegt als elektrisches Signal vor und kann online von einem Computer ausgewertet werden.

25.4.2 Coulometrische Titrationen in der pharmazeutischen Analytik

Viele klassische Titrationen lassen sich auch coulometrisch durchführen. Bei dieser „elektrischen Titration" ohne Bürette und Maßlösung können dieselben Indikatoren verwendet werden wie bei den entsprechenden *normalen* Titrationen.

Fällungstitration

Halogenide können durch Fällen als Silbersalze mit $AgNO_3$ titriert werden. Die Endpunktsbestimmung kann konduktometrisch, amperometrisch (▶ Kap. 24) oder mit Hilfe eines Farbindikators erfolgen (z. B. Eosin, siehe Lehrbücher der anorganischen Analytik). Statt durch Zutropfen einer Silbernitrat-Lösung können die Ag^+-Ionen auch durch elektrolytisches Auflösen einer Silberelektrode freigesetzt werden. Dazu wird ein Silberblech als Anode (d. h. hier am Plus-Pol der Stromquelle) angeschlossen. Durch anodische Oxidation wird das Silber zu Ag^+-Ionen umgesetzt, die dann als schwerlösliches Silberhalogenid ausfallen.

Endpunktsbestimmung: Konduktometrisch, amperometrisch oder mittels Farbindikator

Fällungsreagenz wird elektrolytisch erzeugt: z. B. Silberionen durch Auflösen einer Silberelektrode

Säure-Base-Titration

Auch Säure-Base-Titrationen lassen sich coulometrisch durchführen. H_3O^+-und OH^-–Ionen entstehen bei der Zersetzung von Wasser:

- Kathodenreaktion: $2\,H_2O + 2\,e^- \rightleftharpoons H_2 + 2\,OH^-$
- Anodenreaktion: $2\,H_2O \rightleftharpoons O_2 + 4\,H^+ + 4\,e^-$

Starke und schwache Säure/Basen bestimmbar

Da natürlich immer beide Reaktionen ablaufen, müssen die beiden Elektrodenräume durch ein Diaphragma oder eine Strombrücke getrennt sein.

Redoxtitration

Auch viele Redoxtitrationen lassen sich coulometrisch ohne Maßlösung durchführen (z. B. alle iodometrischen Bestimmungen). Dazu wird der Analysenlösung ein Überschuss Iodid zugesetzt, das dann zur Titration an der Anode nach und nach zu elementarem Ion oxidiert wird. Die Menge des freigesetzten Iods kann aus der Strom-Kurve abgelesen werden. Der Endpunkt der Titration kann wie bei der „normalen" Iodometrie z. B. mit Stärke-Lösung oder voltammetrisch erfolgen.

z. B. Iodometrie, Bromometrie, Manganometrie

Tab. 25.1 Beispiele für coulometrische Redox-Titrationen

Methode	„Maßlösung"	Vorstufe und elektrolytische Reaktion	Beispiele, Bestimmung von
Iodometrie	I_2	$2\,I^- \rightleftharpoons I_2 + 2\,e^-$	As(III), Sb(III), S^{2-}, H_2O nach Karl Fischer
Bromometrie	Br_2	$2\,Br^- \rightleftharpoons Br_2 + 2\,e^-$	As(III), Sb(III), I^-, NH_3
Manganometrie	MnO_4^-	$Mn^{2+} + 4\,H_2O \rightleftharpoons MnO_4^- + 8\,H^+ + 5\,e^-$	Fe(II), Oxalat, Peroxid, Nitrit
Ferrometrie	Fe^{2+}	$Fe^{3+} + e^- \rightleftharpoons Fe^{2+}$	CrO_4^{2-}, Nitrat

Coulometrie in der Ph. Eur.

Karl-Fischer-Titration

Trotz der vielfältigen Anwendungsmöglichkeiten hat die Coulometrie (wie auch die Elektrogravimetrie) bisher nur die Mikrobestimmung von Wasser mittels coulometrischer Titration Eingang in die Ph. Eur. gefunden. Bei der coulometrischen Wasserbestimmung nach Karl Fischer laufen die gleichen chemischen Reaktionen ab, wie bei der volumetrischen Karl-Fischer-Titration, d. h. der Verbrauch von 1 Mol I_2 entspricht einem 1 mol Wasser. Das Iod wird aus einem Überschuss an Kaliumiodid elektrolytisch erzeugt, was den Vorteil bietet, dass kein Titer bestimmt werden muss, es handelt sich also um eine Absolutmethode. Die Stromstärke wird während der Titration konstant gehalten und die Zeit bis zum Erreichen des Äquivalenzpunktes wird gemessen. Das Produkt aus Strom und Zeit ist direkt proportional zur Menge des gebildeten Iods und damit auch zur Wassermenge in der Probe. Die Elektrizitätsmenge von 10,71 C entspricht 1 mg Wasser. Die coulometrische Karl-Fischer-Titration ist zur Bestimmung geringer Wassermengen (10 µg bis 10 mg) geeignet. Die Ph. Eur. fordert eine Genauigkeit dieser Methode von ± 10 % bei 100 µg und ± 2,5 % bei 1000 µg Wasser.

25.5 Übungen

1. Wie groß ist die Zersetzungsspannung von Wasser? Durch welche Parameter kann sie bei einer Elektrolyse beeinflusst werden?
2. Wie groß muss die Elektrolysenspannung gewählt werden, um Blei aus einer Probelösung quantitativ abzuscheiden, wenn die Lösung eine Konzentration von 0,1 mol/l besitzt, und das Blei zu mindestens 99,99 % erfasst werden soll?
3. Warum müssen bei einer coulometrischen Säure-Base-Titration die beiden elektrischen Halbzellen durch ein Diaphragma getrennt werden?
4. Die bromometrische Bestimmung von Iodid soll coulometrisch durchgeführt werden. Wie ist die Vorgehensweise? Welche elektrochemischen Methoden sind zur Erkennung des Endpunktes geeignet?

Elektrophorese

26

Unter Elektrophorese versteht man die Wanderung geladener Teilchen in einem Elektrolyten durch Einwirkung eines elektrischen Feldes. Die geladenen Teilchen können in gelöster oder disperser Form vorliegen. Aufgrund der unterschiedlichen elektrophoretischen Beweglichkeit wandern die verschiedenen Teilchen unter dem Einfluss des elektrischen Feldes unterschiedlich schnell und lassen sich somit auftrennen.

Prinzip: Migration geladener Teilchen im elektrischen Feld

Grundlagen

26.1

Auf ein geladenes Teilchen wirkt im elektrischen Feld eine Kraft, die der Ladung und der elektrischen Feldstärke proportional ist. Es gilt:

Kraft auf ein geladenes Teilchen im elektrischen Feld

$$F_E = E \cdot n \cdot e$$

F_E: Kraft, die auf ein geladenes Teilchen einwirkt
n: Ladungszahl
e: Elementarladung
E: elektrische Feldstärke

Aufgrund der auf das geladene Teilchen wirkenden Kraft kommt es in der Anfangsphase zur Beschleunigung bis die Reibungskräfte, die der elektrischen Kraft entgegengesetzt wirken, den gleichen Betrag annehmen und die Teilchen sich mit konstanter Geschwindigkeit weiterbewegen. Die auftretenden Reibungskräfte lassen sich nach dem Stokes'schen Gesetz berechnen:

Stokes'sches Gesetz

$$F_R = 6 \cdot \pi \cdot r \cdot \eta \cdot v$$

F_R: Reibungskraft
r: Stokes-Radius
η: dynamische Viskosität der Lösung
v: Wanderungsgeschwindigkeit

Bei konstanter Wanderungsgeschwindigkeit gilt $F_E = F_R$. Für die Wanderungsgeschwindigkeit v ergibt sich aus den beiden obigen Gleichungen folgende Beziehung:

Die Wanderungsgeschwindigkeit eines Teilchens ist proportional zur Ladung und Feldstärke und umgekehrt proportional zu seinem Radius und zur Viskosität der Lösung

$$v = \frac{E \cdot n \cdot e}{6 \cdot \pi \cdot r \cdot \eta}$$

Wie aus der Gleichung hervorgeht, hängt die Wanderungsgeschwindigkeit eines Teilchens von seiner Ladung, seinem Radius, von der Feldstärke und von der Viskosität des Elektrolyten ab. Die Bewegungsrichtung hängt von der Ladung des Teilchens ab: Positiv geladene Teilchen wandern zur Kathode, negativ geladene zur Anode.

Merke
Je höher die Ladung und je kleiner ein Teilchen ist, desto größer ist die Wanderungsgeschwindigkeit.

Weitere Einflussfaktoren

Außer den Parametern, die direkt in die Gleichung eingehen, spielen für das elektrophoretische Ergebnis die Zusammensetzung, die Ionenstärke und der pH-Wert des Elektrolyten, die Temperatur, die Eigenschaften des elektrischen Feldes sowie die Oberflächeneigenschaften des Trägermaterials eine Rolle.

Elektrophorese mit und ohne Träger

Trägerelektrophorese: Trennung von Verbindungen

Trägerfreie Elektrophorese: Bestimmung der Ionenbeweglichkeit

Bei den elektrophoretischen Verfahren unterscheidet man die **trägerfreie Elektrophorese** und die **Trägerelektrophorese**. Zur Trennung von Verbindungen wird heute fast ausschließlich die Trägerelektrophorese verwendet, während die trägerfreie Methode hauptsächlich zur Bestimmung der Ionenbeweglichkeit benutzt wird.

Das Trägermaterial dient zum einen dazu, die Konvektionsströme zu vermeiden, welche durch Temperaturunterschiede in der Lösung entstehen, und die sich negativ auf die Trennung auswirken. Zum anderen wirken die Träger häufig als Molekularsiebe und verbessern so die Auflösung.

Trägermaterialien

Als Träger dienen:
- Polyacrylamidgele,
- Agarosegele,
- Agargele,
- Stärkegele,
- Celluloseacetat,
- Papier.

26.2 Prinzipieller Aufbau von Elektrophoreseapparaturen

Prinzipieller Aufbau einer Trägerelektrophoreseapparatur

Elektrodenräume werden durch das Gel verbunden

Eine Apparatur setzt sich aus einer Gleichstromquelle, die die entsprechende Spannung liefert und aus der Elektrophoresekammer zusammen (○ Abb. 26.1). Die Celluloseacetat-, Agarose- und die Stärke-Gelelektrophorese werden vor allem mit Gelen in horizontaler Anordnung, die Polyacrylamid-Gelelektrophorese häufig in Kammern mit vertikaler Ausrichtung der Gele (○ Abb. 26.2) durchgeführt. Ferner können die Träger nicht nur in Form von Platten bzw. Folien, sondern auch als Zylinder verwendet werden. Eine Kammer besteht aus zwei Elektrodenräumen, die durch das Gel verbunden sind. Das Gel dient oft gleichzeitig als leitende Verbindung zwischen dem Kathoden- und Anodenraum. Um die Verdampfung der Pufferflüssigkeit durch die Wärmeentwicklung während der Trennung zu vermeiden, werden die Kammern mit einem Deckel verschlossen. Als Elektroden dienen meist Platindrähte. Kommerziell erhältliche Apparaturen besitzen häufig noch eine Was-

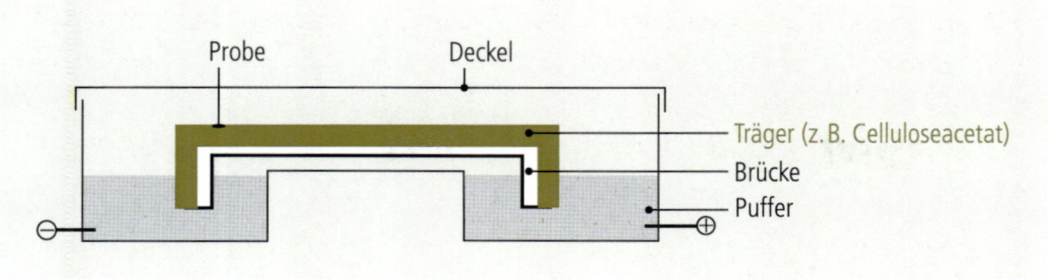

Abb. 26.1 Schematischer Aufbau einer Elektrophoresekammer

serkühlung, die dafür sorgt, dass die während der Elektrophorese erzeugte Joule'sche Wärme abgeleitet wird. Eine Kühlvorrichtung ist insbesondere bei hohen Spannungen erforderlich, um eine starke Hitzeentwicklung zu verhindern.

Joule'sche Wärme: Leitungsverluste des elektrischen Stroms aufgrund des elektrischen Widerstands

26.3 Elektrophoretische Verfahren

26.3.1 Agarose-Gelelektrophorese

Die Agarose-Gelelektrophorese wird häufig zur Auftrennung von DNA-Bruchstücken verwendet. Die Agarose besteht im Gegensatz zum Agar fast ausschließlich aus neutralen Zuckern, sie geliert bei ca. 40 °C. Zur Herstellung des Gels wird die Agarose in Puffer suspendiert und aufgekocht. Anschließend wird die Lösung in eine entsprechende Gussform gefüllt. Beim Abkühlen der Agarose bildet sich das Gel aus. Die Elektrophorese wird anschließend meistens in horizontaler Ausrichtung des Gels durchgeführt. Für Protein- und DNA-Trennungen werden in der Regel 1- bis 4 %ige Gele verwendet.

Trennung von Proteinen und DNA-Bruchstücken

26.3.2 Polyacrylamid-Gelelektrophorese – PAGE

Aufgrund der Ladung und der ausgeprägten Größenunterschiede ist die Elektrophorese ein hervorragendes Verfahren zur Auftrennung von Proteinen bzw. Peptiden und DNA. Außer an ihrem isoelektrischen Punkt (pI oder IEP) besitzen Proteine stets eine positive (pH-Wert des Puffers < pI) oder negative Ladung (pH > pI). Aufgrund der Phosphatreste besitzt DNA bei physiologischen pH-Werten mindestens eine negative Ladung pro Base. Die Polyacrylamid-Gelelektrophorese (Abk. PAGE) ist ein sehr häufig verwendetes Verfahren zur Trennung von Proteinen und DNA-Fragmenten.

Auftrennung von Proteinen, Peptiden und DNA

Polyacrylamidgele sind chemisch inert und werden durch Polymerisation von Acrylamid und Methylenbisacrylamid als Quervernetzer hergestellt. Bei der Herstellung lässt sich die Porengröße des Gels über das Verhältnis von Acrylamid zu Methylenbisacrylamid steuern. Polyacrylamidgele besitzen Molekularsiebwirkung (▶ Kap. 16.3), sodass für die Wanderungsgeschwindigkeit der Teilchen weniger die Ladung, sondern die Molekülgröße eine wesentliche Rolle spielt. Je kleiner ein Teilchen ist, desto weniger wird es durch das dreidimensionale Netz des Trägers in der Bewegung gehindert, desto schneller wandert es. Elektrophoretische Trennungen mit Polyacrylamidgelen werden meistens in Vertikalkammern durchgeführt

Trennung basiert auf der Molekularsiebwirkung des Gels und der Wanderungsgeschwindigkeit

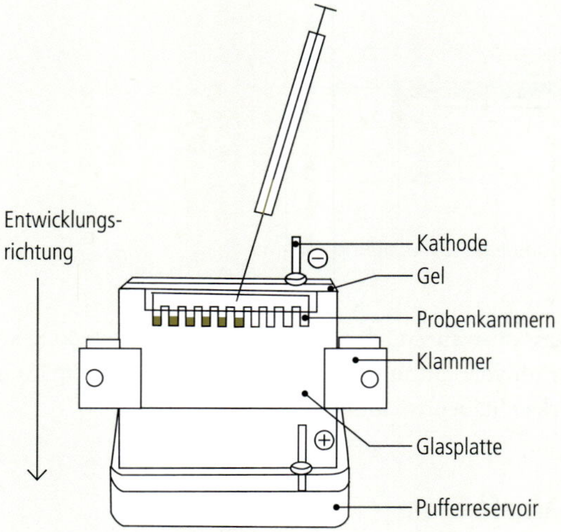

Abb. 26.2 Vertikalkammer für die Polyacrylamid-Gelelektrophorese

(Abb. 26.2). Die Probenaufgabe erfolgt in Probentaschen, welche beim Gießen des Gels durch entsprechende Einsätze entstehen.

Vorteil: Keine Denaturierung der Proteine

Die Polyacrylamid-Gelelektrophorese kann unter Bedingungen durchgeführt werden, die nicht zur Denaturierung der Proteine führen. Der Vorteil dieser Methode ist, dass die enzymatische Aktivität der Proteine erhalten bleibt. Der Nachteil ist, dass die Wanderungsgeschwindigkeit sowohl von der Ladung als auch von der Größe und Form des Proteins abhängt.

26.3.3 Natriumdodecylsulfat-Polyacrylamid-Gelelektrophorese – SDS-PAGE

Denaturierung der Proteine

Durch Komplexbildung werden die Proteine, proportinal zu ihrer Größe, stark negativ geladen

Trennung basiert auf der Molekülgröße

Zusatz von Natriumdodecylsulfat (*engl.* Sodium-Dodecylsulfate, SDS) als Detergens und Zugabe von Mercaptoethanol zur Reduktion von Disulfidbrücken führt zur Denaturierung der Proteine und zur Trennung von Aminosäureketten, die über Disulfidketten verknüpft sind. Außerdem entsteht ein Komplex aus SDS und dem Protein, dessen stark negative Ladung der Masse des Proteins ungefähr proportional ist. Die vom SDS verursachte negative Ladung übersteigt die Eigenladung des Proteins bei weitem, sodass die Eigenladung zu vernachlässigen ist. Die Trennung erfolgt somit lediglich aufgrund der Molekülgröße, sodass sich diese Methode zur Molekulargewichtsbestimmung von Proteinen eignet. Dieses Verfahren wird als Natriumdodecylsulfat-Polyacrylamid-Gelelektrophorese (**SDS-PAGE**) bezeichnet.

In Abb. 26.3 ist das Ergebnis einer SDS-PAGE abgebildet. Anhand der Wanderungsstrecke der Probe und der Standards mit bekanntem Molekulargewicht lässt sich das Molekulargewicht der Probe ermitteln. Es besteht eine inverse Korrelation zwischen dem Logarithmus des Molekulargewichts und der Wanderungsstrecke bzw. dem R_f-Wert. Wird der R_f-Wert der Standards gegen den Logarithmus des Molekulargewichts aufgetragen, so erhält man eine Gerade (Abb 26.4). Anhand der

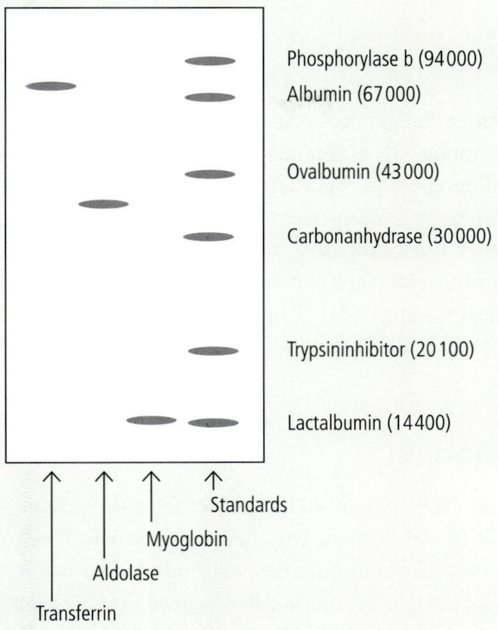

Abb. 26.3 Ergebnis einer SDS-Polyacrylamid-Gelelektrophorese

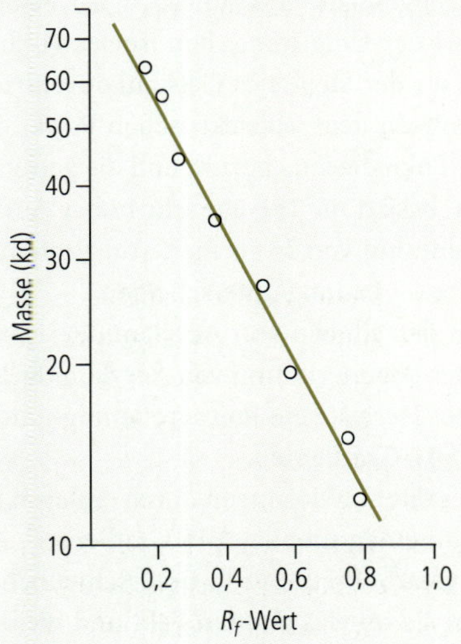

Abb. 26.4 Kalibriergerade zur Molekulargewichtsbestimmung

Eichgerade lässt sich das Molekulargewicht der einzelnen Proteinbanden über den R_f-Wert ermitteln.

Auswertung

Zur Auswertung des Gels kommen in Abhängigkeit vom jeweiligen Analyten verschiedene Techniken zur Anwendung. DNA-Fragmente werden entweder radioaktiv markiert und über Autoradiographie nachgewiesen oder mit Ethidiumbromid gefärbt und unter UV-Licht ausgewertet. Zum Nachweis von Proteinen haben sich zwei Färbetechniken durchgesetzt: Einerseits die Coomassie-Blue Färbung, mit der 1–10 µg Protein pro Zone bestimmt werden können und andererseits die empfindlicher Silberfärbung, mit der Bestimmungen bis 10 ng Protein pro Bande möglich sind. Alternativ können Proteine auch immunologisch nachgewiesen werden (Western Blot).

Protein-Färbetechniken

Immundetektion

26.3.4 Isoelektrische Fokussierung

Die isoelektrische Fokussierung (IEF) ist ein elektrophoretisches Verfahren, bei dem amphotere Makromoleküle (meist Proteine bzw. Peptide) in einem Elektrolyten mit einem entlang der Trennstrecke kontinuierlich steigendem oder fallendem pH-Wert aufgetrennt werden. Die Proteine wandern entsprechend ihrem isoelektrischen Punkt. Ist der pH-Wert des Elektrolyten kleiner als der isoelektrische Punkt (pI), dann ist das Protein positiv geladen und wandert zur Kathode, und zwar so lange, bis der pH-Wert der Umgebung dem isoelektrischen Punkt entspricht. An dieser Stelle des Gels ist das Protein ungeladen, es bleibt also stehen. Ist der pH-Wert der Umgebung dagegen höher als der isoelektrische Punkt wandert das Protein aufgrund seiner negativen Nettoladung in entgegengesetzter Richtung, d. h. zur Anode, und dies wiederum so lange bis der pH-Wert der Umgebung dem isoelektrischen Punkt entspricht. Das Protein wird folglich an der Stelle des Gels ankonzentriert (fokussiert), an der der pH-Wert des Elektrolyten dem isolelektrischen Punkt des Proteins entspricht. Da die Trennung auf der Fokussierung beruht und die getrennten Proteine nicht der Diffusion unterliegen, besitzt die IEF ein sehr hohes Auflösungsvermögen. Die IEF ist z. B. zur Auftrennung von Isoformen von Proteinen geeignet, die sich lediglich in 1 Aminosäure bzw. 1 Ladung unterscheiden.

pH-Gradient entlang der Trennstrecke

Trennung auf Basis des isoelektrischen Punkts

Hohe Auflösung

Der pH-Gradient kann zum einen durch den Einbau von Acrylamidderivaten mit sauren oder basischen Endgruppen bei der Polymerisation von Acrylamidgelen erreicht werden. Generiert man anhand dieser Derivate ein Polyacrylamidgradientengel, so erhält man einen **immobilisierten pH-Gradienten.**

Wird der pH-Gradient dagegen mit Trägerampholytlösungen durch Anlegen eines elektrischen Feldes erzeugt, so erhält man einen mobilen pH-Gradienten. Als Trägerampholyten eignen sich z. B. Polyamincarbonsäuren mit unterschiedlichen pI-Werten. Aufgrund ihrer Ladung wandern sie im elektrischen Feld und bleiben stehen, wenn sie den isoelektrischen Punkt erreicht haben und bauen auf diese Weise einen pH-Gradienten zwischen den Elektroden auf.

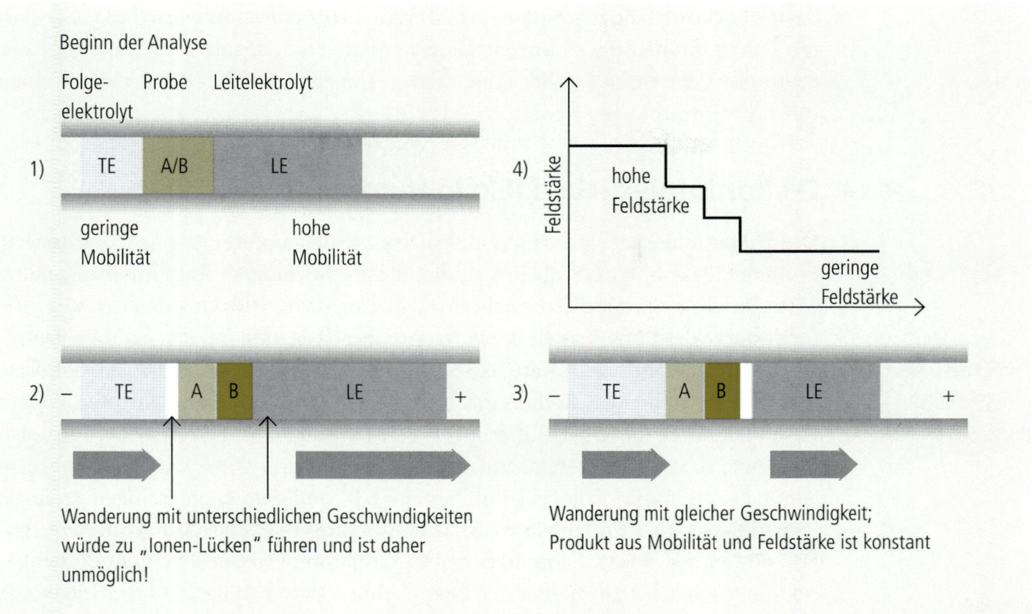

Abb. 26.5 Schematische Darstellung einer isotachophoretischen Trennung
1) Die Probe wird zwischen Leit-(LE) und Folgeelektrolyt (TE) eingebracht. 2) Bei Anlegen eines elektrischen Feldes würde aufgrund der hohen Wanderungsgeschwindigkeit eine Zone geringerer Konzentration (Ionen-Lücke) und damit geringerer Leitfähigkeit entstehen. 3) und 4) Der Stromfluss muss an allen Stellen gleich sein, daher wird die geringere Mobilität durch eine größere Feldstärke kompensiert

Isotachophorese

26.3.5

Bei der Isotachophorese werden Ionen oder ionisierbare Verbindungen im elektrischen Feld gemäß ihrer elektrophoretischen Mobilitäten getrennt, in diesem Fall aufgrund der experimentellen Randbedingungen jedoch mit gleicher (= iso) Wanderungsgeschwindigkeiten (tacho, phoresis). Es kommt ein diskontinuierliches Elektrolytsystem zum Einsatz, das aus 2 Elektrolytlösungen besteht. Der Leitelektrolyt (LE) enthält Ionen hoher Beweglichkeit, der Folgeelektrolyt (terminating electrolyte TE) Ionen geringer Beweglichkeit. Die Gegenionen sind in beiden Elektrolytlösungen gleich. Das Probegemisch wird zwischen die beiden Elektrolyten eingebracht (○ Abb 26.5). Bei Anlegen eines elektrischen Feldes wandert der Leitelektolyt schneller in Richtung der entsprechenden Elektrode als der Folgeelektrolyt, die Ionen des Probegemisches sortieren sich dazwischen entsprechend ihrer Mobilitäten in verschiedenen Zonen, den Abschluss bildet der Folgeelektrolyt. Aufgrund der raschen Wanderung des Leitelektrolytes entsteht hinter dieser Front eine Zone geringerer Konzentration und damit auch mit geringerer Leitfähigkeit. Da aber der Stromfluss an allen Stellen konstant sein muss, wird die geringere Leitfähigkeit mit einer höheren Feldstärke kompensiert. Durch die höhere Feldstärke werden die unbeweglicheren Ionen beschleunigt, so dass nach Einstellung eines Gleichgewichts alle Zonen mit gleicher Geschwindigkeit wandern. Die Tatsache, dass die Leitfähigkeit einer Elektrolytlösung nicht nur von der Beweglichkeit der Ionen, sondern auch noch von deren Konzentration abhängt, führt dazu, dass sich in jeder Zone eine von

Leitelektrolyt: Ionen mit hoher Beweglichkeit; Folgeelektrolyt: Ionen mit geringer Beweglichkeit

Probenaufgabe zwischen Leit- und Folgeelektrolyt

Alle Zonen wandern mit gleicher Geschwindigkeit

der Leitelektrolytkonzentration vorbestimmte Konzentration einstellt. Das bedeutet, Zonen mit niedriger Konzentration werden verkürzt, solche mit höherer Konzentration verbreitert. Aus der Zonenbreite kann daher auf die Menge der einzelnen Ionenarten geschlossen werden.

26.3.6 Diskontinuierliche Elektrophorese

Prinzip der Disk-Elektrophorese

Prinzipieller Aufbau

Isotachophorese im Sammelgel

Zonenelektrophorese

Engmaschiges Trenngel

Die diskontinuierliche Elektrophorese (Disk-Elektrophorese) ist eine trägerbasierte Form der Elektrophorese, die in erster Linie zur Auftrennung von Proteinen genutzt wird. Das diskontinuierlich bezieht sich dabei auf die Gelstruktur, den pH-Wert, die Ionenstärke des Puffers sowie die Pufferzusammensetzung mit Leit- und Folgeelektrolyt (Isotachophorese, ▶ Kap. 26.3.5). Durchgeführt wird die Disk-Elektrophorese in senkrecht stehenden Röhren mit oben liegender Kathode und entsprechendem Kathodenpuffer (Glycinat-Puffer, pH = 8,3) (⭘ Abb 26.6). Darunter befindet sich die Zone, in die das Proteingemisch eingebracht wird, gefolgt vom großporigen Sammelgel (125 mM Tris-HCl-Puffer, pH = 6,8) und dem engmaschigen Trenngel (375 mM Tris-HCl-Puffer, pH = 8,8). Den Abschluss bildet der Anodenpuffer (Tris-HCl-Puffer, pH = 8,3). Beim Start der Elektrophorese trennen sich die Probenbestandteile zunächst auf Basis ihrer Beweglichkeit zwischen den Chlorid-Ionen, die als Leitionen fungieren, und dem Glycinat als Folgeion in Zonen auf und wandern langsam in Richtung Anode. Das Glycinat läuft im Sammelgel sehr langsam, da der pH von 6,8 in dieser Zone nahe an seinem isoelektrischen Punkt liegt. Es läuft also zunächst eine Isotachophorese ab, bei der sich die Proteine gemäß ihrer Mobilität in scheibenförmigen Zonen anordnen. Das großporige Sammelgel trägt hier nicht zur Trennung bei. Beim Übertritt in das Trenngel ändert sich nicht nur der pH-Wert sondern auch die Porengröße. Durch die kleineren Poren erhöht sich vor allem bei den größeren Proteinen der Reibungswiderstand und es kommt an der Übertrittsstelle zu einer Art Stau. Das niedermolekulare Glycinat dagegen wird durch die pH-Wertänderung beschleunigt und überholt die Proteinzonen. Dies führt auch zu einer Änderung des pH-Werts in dieser Zone von 8,8 auf 9,5, was dem pK-Wert der basischen Gruppe des Glycins entspricht. Die Proteine beginnen sich nun innerhalb dieser homogenen Pufferzone nach dem Prinzip der Zonenelektrophorese zu trennen, wobei nun, aufgrund der kleinen Poren des Trenngels, neben der Ladung auch die Molekülgröße ein wichtiger Trennparameter ist. Es kommt demnach zu einer Neuanordnung der Proteine. Die Disk-Elektrophorese ermöglicht daher die Auftrennung eines Proteingemisches mit hoher Auflösung.

26.3.7 Zweidimensionale Elektrophorese

Kombination aus isoelektrischer Fokussierung und SDS-PAGE

Bei der zweidimensionalen Elektrophorese wird die isoelektrische Fokussierung (IEF) mit der Natriumdodecylsulfat-Polyacrylamid-Gelelektrophorese (SDS-PAGE) kombiniert. Zuerst werden die Bestandteile einer Probe durch die IEF aufgetrennt (⭘ Abb. 26.7). Anschließend wird der Gelstreifen horizontal auf ein SDS-Polyacrylamidgel gelegt und mittels SDS-PAGE analysiert. Mit dieser Methode lassen sich in einem einzigen Ansatz z. T. über tausend Proteine trennen und nachweisen. Die Lage des Signals gibt dabei Aufschluss über die Größe (in y-Richtung) und den isoelektrischen Punkt (in x-Richtung) des Proteins.

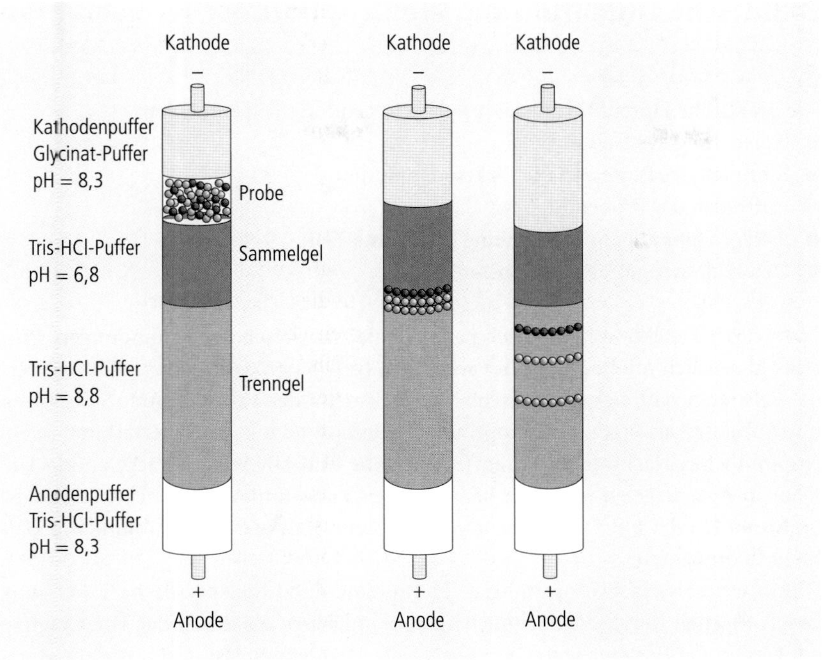

Abb. 26.6 Schematisch Darstellung des Prinzips der Disk-Elektrophorese

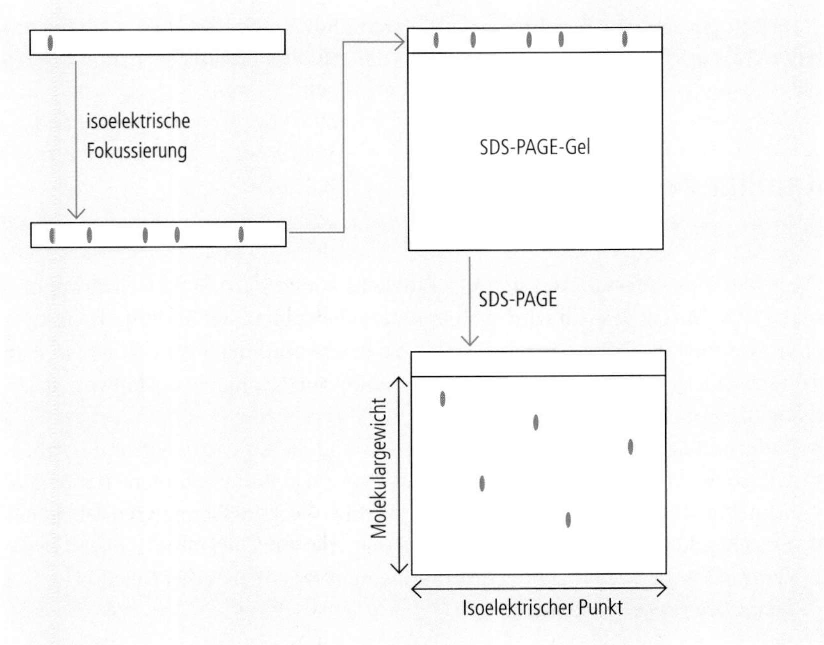

Abb. 26.7 Zweidimensionale Elektrophorese

26.4 Praktische Durchführung elektrophoretischer Verfahren

Die praktische Durchführung lässt sich in folgende Schritte einteilen:

- Herstellung des Gels,
- Einfüllen des Puffers in die Elektrodenräume,
- Auftragen der Proben,
- Anlegen einer Spannung für eine bestimmte Zeit,
- Detektion der getrennten Substanzen.

Die Art der Detektion richtet sich nach den nachzuweisenden Verbindungen. Proteine lassen sich mit bestimmten Farbstoffen (z. B. Coomassie-Blau) anfärben. Ferner existieren zahlreiche spezifische Nachweismethoden für bestimmte Substanzen und Substanzklassen (z. B. Glykoproteine, Hämoproteine). Die Silberfärbung ist ein empfindliches Nachweisverfahren für Proteine und DNA in Polyacrylamidgelen. DNA in Agarosegelen wird sehr häufig mittels Ethidiumbromid detektiert. Ethidiumbromid bildet mit DNA oder RNA Komplexe, welche bei Bestrahlung mit UV-Licht fluoreszieren.

Ein weiteres Nachweisverfahren für Proteine nützt die spezifische Erkennung von Antigenen durch die entsprechenden Antikörper aus. Nach der Übertragung der getrennten Proteine vom Gel auf spezielle Membranen lassen sich die einzelnen Proteine spezifisch mit entsprechenden Antiseren (Antigen-Antikörperreaktion) nachweisen. Diese Methode (der sog. Western Blot) kombiniert die elektrophoretische Trennung mit einem spezifischen, immunologischen Nachweisverfahren.

Elektrophoretische Verfahren liefern nicht nur qualitative sondern auch quantitative Aussagen. Die Intensitäten der nach der Färbung erhaltenen Banden lassen sich z. B. mit einem Scanner (▶ Kap. 17.7.1) ermitteln.

26.5 Kapillarelektrophorese

Diese Methode unterscheidet sich apparativ sehr von den klassischen elektrophoretischen Verfahren, deshalb wird sie hier separat behandelt. Bei der Kapillarelektrophorese erfolgt die Trennung von Substanzen in einer dünnen Röhre (Kapillare), an der ein elektrisches Feld anliegt. Die Verwendung von Kapillaren anstatt von Flachgelen bringt mehrere Vorteile mit sich:

Vorteile der Kapillarelektrophorese

- Aufgrund des geringen Innendurchmessers sind die Konvektionströme gering.
- Die große Oberfläche der Kapillare und das geringe Puffervolumen erlaubt den schnellen Abtransport der Wärme, man kann bei hohen Spannungen arbeiten.
- Es stehen Kapillarmaterialien zur Verfügung, die optische Durchlässigkeit besitzen, sodass die Komponenten direkt mit einem entsprechenden Detektor quantifiziert werden können.

Aufbau einer Kapillarelektrophoreseapparatur

Die Kapillarelektrophorese vereint somit die Trenntechnik der klassischen Elektrophorese mit den instrumentellen Möglichkeiten der Chromatographie. ○ Abb 26.8. zeigt den schematischen Aufbau einer Apparatur für die Kapillarelektrophorese. Zwei Pufferreservoirs, welche die Elektroden enthalten, werden durch die Kapillare

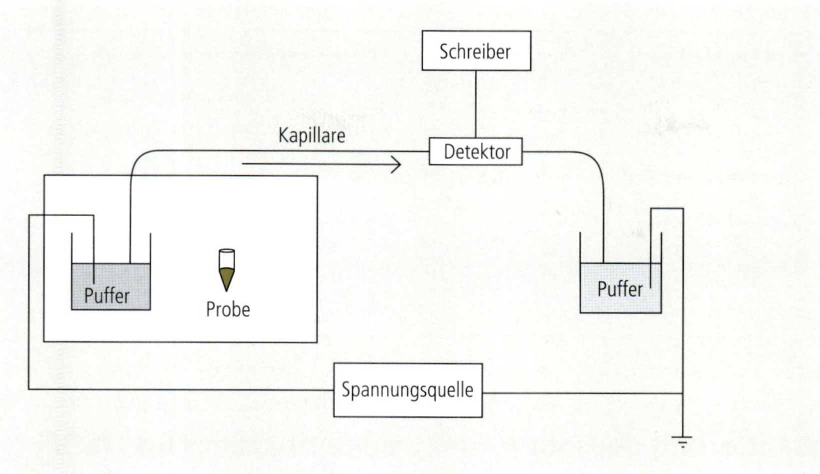

Abb. 26.8 Apparatur zur Kapillarelektrophorese

miteinander verbunden. Am Ende der Kapillaren befindet sich ein Detektor (meistens ein UV-Detektor), welcher die getrennten Substanzen registriert und das Signal an einen Schreiber bzw. Integrator weitergibt. Wie bei der GC oder HPLC wird das Signal in Abhängigkeit von der Zeit registriert, das elektrophoretische Ergebnis entspricht formal einem äußeren Chromatogramm (▶ Kap. 15.1.4, ▶ Kap. 15.2.2).

Detektion mittels UV-Detektor

Die Kapillaren besitzen einen Innendurchmesser zwischen 20 und 200 µm und sind in der Regel zwischen 20 und 150 cm lang. Das Wandmaterial der Kapillaren besteht normalerweise aus amorphem Siliciumdioxid (*fused silica,* ▶ Kap. 19.3.2). Um Bandenverbreiterung durch große Probenzonen zu vermeiden, sind die injizierten Probenvolumina sehr gering und liegen im Bereich von 2–30 nl. Die kleinen Auftragevolumina haben zur Folge, dass mit relativ hohen Probenkonzentrationen gearbeitet werden muss, um die Probenkomponenten noch detektieren zu können. Zum reproduzierbaren Auftragen derart kleiner Volumina wurden spezielle Injektionsverfahren entwickelt.

Die Trennleistungen, die mit der Kapillarelektrophorese erreicht werden sind sehr hoch, die durchschnittliche Anzahl der theoretischen Böden (▶ Kap. 15.2.3) liegt bei 100 000–300 000. Die Trennungen werden üblicherweise bei Spannungen von 10–30 kV durchgeführt. Je nach Trennbedingungen wird zwischen verschiedenen Arten der Kapillarelektrophorese unterschieden.

Hohe Trennleistung

Eine Trennung von Enantiomeren kann die klassische Kapillarelektrophorese dennoch nicht leisten. Hier ist der Zusatz von optisch aktiven Substanzen, sogenannten chiralen Selektoren, zum Trennpuffer notwendig (◻ Tab. 26.1). Die bei der Kapillarelektorphorese zum Einsatz kommenden chiralen Selektoren sind in der Regel wasserlöslich und werden dem Puffer zugesetzt. Zum Teil werden diese auch in der HPLC und GC eingesetzt.

Trennung von Enantiomeren nur mit Hilfe chiraler Selektoren

Tab. 26.1 Überblick über die chiralen Selektoren und Selektorklassen

Selektorklasse	Chiraler Selektor
Cyclodextrine	α-, β-, γ-Cyclodextrine, methylierte, aminierte und diaminierte Cyclodextrine
Chirale Kronenether	[18]Krone-6-tetracarboxylsäure
Chirale Polymere	Nichtcyclische Polymere, Albumin
Chirale Metallkomplexe	Kupfer(II)-L-Histidin
Chirale Micellbildner	SDS-Digitonin
Makrocyclische Antibiotika	Vancomycin

26.5.1 Wanderung der Ionen, elektroosmotischer Fluss (EOF)

Die Ionen einer Probe wandern entsprechend ihrer Ladung, d. h. Kationen wandern zur Kathode während Anionen zur Anode wandern. Bei der Verwendung von unbeschichtetem Kieselgel als Kapillare entsteht bei Elektrolyten (Puffern) mit einem pH-Wert > 2,5 wegen der teilweisen Deprotonierung der freien Silanolgruppen der Kapillarwand eine negative Ladung auf der Oberfläche der Kapillaren (○ Abb. 26.7). Durch die freigesetzten Protonen entsteht ein positiver Ladungsüberschuss im Elektrolyten. Wird eine Spannung angelegt, so wandern die Kationen des Elektrolyten zur Kathode und ziehen wegen ihrer Solvathüllen die gesamte Pufferlösung mit. Dieser Fluss in Richtung Kathode wird als elektroosmotischer Fluss bezeichnet. Bei einem kationischen Probenmolekül addieren sich die elektroosmotische und die elektrophoretische Mobilität, da beide gleich gerichtet sind. Andere Verhältnisse liegen bei negativ geladenen Teilchen vor. Hier sind die elektroosmotische und elektrophoretische Mobilität entgegen gerichtet. Übertrifft die Geschwindigkeit des elektroosmotischen Flusses die elektrophoretische Mobilität einer anionischen Probe, so wandert diese sogar zur Kathode, obwohl sie negativ geladen ist.

Entstehung des elektroosmotischen Flusses

Der EOF ist immer zur Kathode gerichtet

26.5.2 Kapillarzonenelektrophorese

Bei der Kapillarzonenelektrophorese ist die Kapillare ausschließlich mit dem Elektrolyten gefüllt. Die Kapillarwand ist negativ geladen, was zu einer Anhäufung positiv geladener Pufferbestandteile in der direkten Umgebung der Kapillarwand führt. Der daraus resultierende elektroosmotische Fluss ist demnach zur Kathode hin gerichtet. Die Trennung ionischer Analyten erfolgt entsprechend ihrer Mobilität in der Lösung, d. h. dem Quotienten aus ihrer Ladung (n) und ihrer Größe (r). Die absolute Wanderungsgeschwindigkeit der einzelnen Teilchen resultiert nun aus der Wanderung in Richtung der entsprechenden Elektrode und dem elektroosmotischen Fluss. In Summe wandern Kationen schneller als der EOF, ungeladene Teilchen mit dem EOF zur Kathode. Anionen wandern entgegen dem EOF Richtung Anode, wobei Anionen, die langsamer wandern als der EOF, auch in Richtung der Kathode gezogen werden. Dieses Verfahren ist die zurzeit am häufigsten angewendete Methode.

Prinzip der Kapillarzonenelektrophorese

Trennprinzip: Beweglichkeit der Ionen

Einfluss des EOF

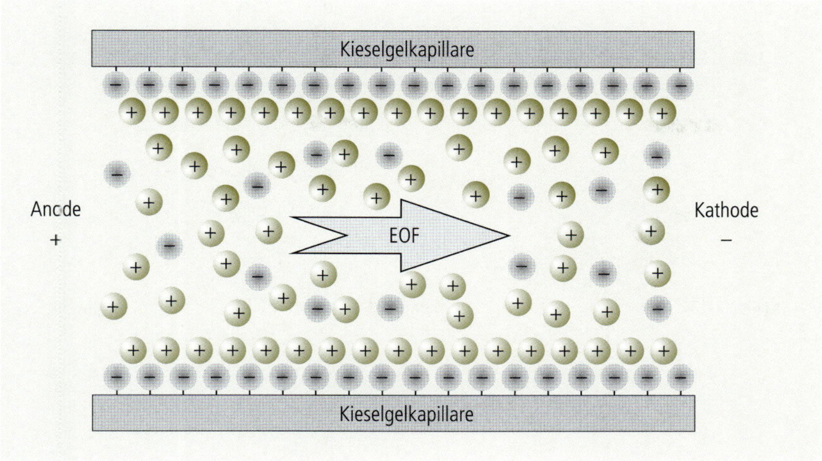

Abb. 26.9 Entstehung des elektroosmotischen Flusses

Kapillar-Gelelektrophorese

26.5.3

Bei der Kapillar-Gelelektrophorese ist die Kapillare mit einem Gel oder einer Polymerlösung gefüllt. Wie bei der normalen Gelelektrophorese hängt die Wanderungsgeschwindigkeit von der Molekülgröße und der Ladung ab.

Micellare elektrokinetische Chromatographie

26.5.4

Die micellare elektrokinetische Chromatographie (MEKC) ist eine Sonderform der Kapillarelektrophorese, mit der ungeladene Moleküle getrennt werden können. Dazu werden dem Puffer Detergenzien zugesetzt, welche ab einer bestimmten Konzentration, der kritischen micellaren Konzentration (CMC), Micellen ausbilden. Das Lumen der Micellen besitzt einen hydrophoben Charakter, während die Micellen nach außen, in Abhängigkeit von der Art des Tensids (anionisches, kationisches, amphoteres oder nichtionisches Tensid), geladen sind. Aufgrund der Ladung weisen die Micellen eine elektrophoretische Mobilität auf. In das Lumen der Micellen werden die Analyten, entsprechend ihrer Eigenschaften, mehr oder weniger gut eingeschlossen. Die Trennung der ungeladenen Analyte beruht auf der Verteilung (dem Verteilungskoeffizienten) der Analyte zwischen den Micellen (pseudostationären micellare Phase) und der wässrigen Elektrolytlösung. Die Wanderungsgeschwindigkeit einer Substanz hängt also vom Verteilungsverhalten zwischen den beiden Phasen ab. Diese Wechselwirkung entspricht der Verteilung zwischen mobiler und stationärer Phase in der Chromatographie (▶ Kap. 15.1.3), sodass es sich bei der MEKC um ein echtes chromatographisches Verfahren handelt.

Trennung ungeladener Moleküle

Das Trennprinzip der MEKC ist mit dem in der Verteilungschromatographie vergleichbar

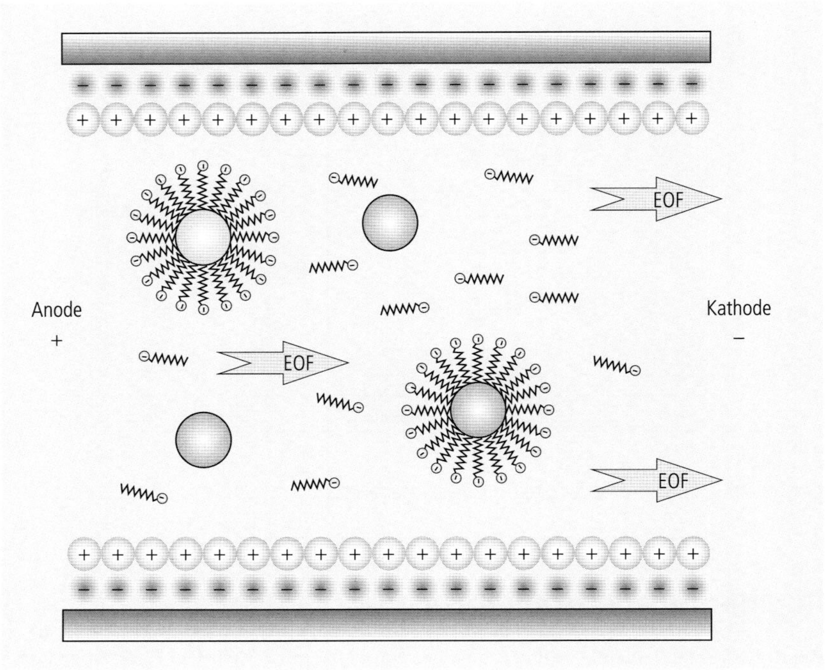

Abb. 26.10 Prinzip der micellaren elektrokinetischen Chromatographie

Teil 4: Lernhilfen

27 Lösungen der Übungsaufgaben

1 Einführung

Übung 1

In einem Spektrum wird immer die gemessene Intensität der elektromagnetischen Strahlung gegen die Energie aufgetragen. Die Intensität kann als Absorption, als Transmission oder als Emissionsintensität aufgetragen werden. Als Energieskala wird meist entweder die Wellenlänge oder die Frequenz der Strahlung angegeben.

Übung 2

NMR, IR, UV/VIS/AAS

Die Energie E der Strahlung ist proportional zu ihrer Frequenz ν bzw. umgekehrt proportional zur Wellenlänge λ.

$E = h \cdot \nu = h \cdot (c/\lambda)$

Die Wellenlängen der Methoden sind:

NMR	10 cm bis einige Meter
IR	2,5 µm bis 50 µm
UV/VIS	200 nm bis 800 nm.

AAS ist auch eine UV/VIS-spektroskopische Methode.

Übung 3

Es gelten die Beziehungen:

$E = h \cdot \nu$

$c = \nu \cdot \lambda$

$E = h \cdot (c/\lambda)$

E: Energie
ν: Frequenz der Strahlung
λ: Wellenlänge der Strahlung
h: Planck'sches Wirkungsquantum, $h = 6{,}626 \cdot 10^{-34}$ J s
c: Lichtgeschwindigkeit, $c = 2{,}998 \cdot 10^{8}\ \text{ms}^{-1}$

Um die Energie in Joule zu erhalten, müssen alle Größen in den Einheiten des SI angegeben werden.

a) $E = h \cdot (c/\lambda)$

$$= 6{,}626 \cdot 10^{-34}\ \text{Js} \cdot \frac{2{,}998 \cdot 10^{8}\ \text{ms}^{-1}}{500 \cdot 10^{-9}\ \text{m}}$$

$= 3{,}97 \cdot 10^{-19}$ J

b) $E = h \cdot (c/\lambda)$

$$= 6{,}626 \cdot 10^{-34}\ \text{Js} \cdot \frac{2{,}998 \cdot 10^{8}\ \text{ms}^{-1}}{0{,}005 \cdot 10^{-3}\ \text{m}}$$

$= 3{,}97 \cdot 10^{-20}\ J$

c) $E = h \cdot (c/\lambda)$

$= 6{,}626 \cdot 10^{-34}\ \text{Js} \cdot 60 \cdot 10^{6}\ \text{s}^{-1} = 3{,}97 \cdot 10^{-26}$ J

Übung 4

Licht (allgemein: elektromagnetische Strahlung) kann nur dann absorbiert werden, wenn die Energie jedes einzelnen Lichtquants ($E = h \cdot \nu$) genau ausreicht, um die Moleküle oder Atome in einen angeregte Zustand zu versetzen. Wenn die Energie der Quanten kleiner ist, findet keine Absorption statt, da es nicht möglich ist, die Energie mehrerer Quanten für eine Anregung aufzusummieren. Wenn die Energie der Quanten größer ist, findet auch keine Absorption statt, da die Strahlung ihre Energie nicht in kleineren „Portionen" als die der Quanten abgeben kann.

Übung 5

a) Die Transmission ist die Durchlässigkeit der Probe in Prozent:

$T = I/I_0 = 25/100 = 25\,\%$

b) Die Absorption ist logarithmisch definiert:

$A = \log_{10}(I_0/I) = \log_{10}(100/25) = 0{,}602$

c) Die Größe einer gemessenen Absorption darf im Bereich zwischen 0,2 und 1,5 liegen, da sonst der relative Fehler zu groß ist.

Übung 6

Eine Messung darf nur dann mit der Zumischmethode ausgewertet werden, wenn sichergestellt ist, dass im gesamten Messbereich ein linearer Zusammenhang zwischen der Messgröße (meist Absorption) und der Konzentration der Probe besteht. Da bei der Zumischmethode extrapoliert wird, kann dies nicht bei der grafischen Auswertung der Messung überprüft, sondern muss durch eine gesonderte Messreihe sichergestellt werden.

Darüber hinaus darf das Messgerät weder eine Verschiebung der Nulllinie noch eine fehlerhafte Eichung der Absorptionsskala aufweisen (▶ Kap. 1.5.4).

2 Refraktometrie

Übung 1

Totalreflexion kann nur auftreten, wenn der Austrittswinkel des Lichtstrahls zum Lot größer ist als der Eintrittswinkel.

Da der Winkel eines Lichtstrahls auf der Seite des optisch dünneren Medium immer kleiner ist als auf der des optisch dichteren, wird der Lichtstrahl beim Übergang vom optisch dünneren zum optisch dichteren Medium immer zum Lot hin gebrochen und es kann keine Totalreflexion auftreten.

Übung 2

Die relative Brechzahl ist gegenüber der von Luft definiert. Die relative Brechzahl von Luft ist deshalb **immer** exakt Eins.

Übung 3

Es gilt das Brechungsgesetz von Snellius:

$\sin \alpha / \sin \beta = n_2 / n_1$

α: Einfallswinkel (in Luft)

β: Ausfallswinkel (in Wasser)

n_1: relativer Brechungsindex von Luft ($n_1 = 1{,}0$)

n_2: relativer Brechungsindex von Wasser ($n_2 = 1{,}333$)

Das Brechungsgesetz muss nach sin β aufgelöst und der Sinus in den Winkel umgerechnet werden:

$\sin \beta = (n_1 / n_2) \cdot \sin 25° = 0{,}317$

$\beta = 18{,}5°$

Da Wasser das opt. dichtere Medium ist, kann keine Totalreflexion auftreten. Im umgekehrten Fall (Lichtstrahl vom Wasser in die Luft) ergibt sich der Grenzwinkel α, indem der Ausfallswinkel β gleich 90 ° gesetzt wird:

$\sin \alpha = (n_2 / n_1) \cdot \sin 90° = (1{,}0 / 1{,}333) \cdot 1 = 0{,}750$

$\alpha = 48{,}6°$

3 Polarimetrie

Übung 1

Der Drehwinkel ist proportional zur Probenkonzentration. Deshalb bringt eine zweite Messung mit anderer Konzentration Klarheit über das Vorzeichen des Drehwinkels. Wenn z. B. eine zweite Messung mit einer Konzentration von 3 g pro 100 ml Wasser durchgeführt wird, dann ergibt sich entweder ein Drehwinkel von + 97/2 = + 48,5 °, oder ein Drehwinkel von -263/2 = -131,5 °.

Übung 2

a) Zur Gehaltsbestimmung kann die Definitionsgleichung des spez. Drehwerts umgeformt werden:

$$c = \frac{\alpha_{gemessen} \cdot 100}{[\alpha]_D^{20} \cdot l}$$

$$c = \frac{0{,}51° \cdot 100}{2{,}7° \cdot \text{ml} \cdot \text{dm}^{-1} \cdot \text{g}^{-1} \cdot 1\,\text{dm}} = 18{,}9$$

Das Ergebnis ist die Konzentration in g/100 ml entsprechend der Definition des spezifischen Drehwerts. $c = 18{,}9\,\%$.

b) Alanin besitzt ein asymmetrisches Kohlenstoffatom. Es ist deshalb ein chirales Molekül.

c) L-Alanin und D-Alanin sind Enantiomere. Sie zeigen denselben Betrag der optischen Drehung, jedoch mit umgekehrtem Vorzeichen. Eine Lösung mit gleicher Konzentration an D-Alanin würde deshalb die Ebene von linear polarisiertem Licht um -0,51 ° drehen.

4 Spektralpolarimetrie

Übung 1

ORD: Der Betrag des Drehwerts wird bei normaler ORD mit zunehmender Wellenlänge immer kleiner. Das Vorzeichen ändert sich nicht und bleibt positiv. Da Glucose keine Absorption zeigt, liegt im gesamten Messbereich eine normale ORD vor.

CD: Im Bereich normaler ORD tritt kein Circulardichroismus auf! Die CD-Kurve ist deshalb im gesamten Messbereich Null.

Übung 2

Bei positivem Cotton-Effekt geht der erste Ausschlag der ORD-Kurve immer nach unten. Die ORD-Kurve verläuft im Bereich positiver Drehwinkel. Der Betrag des Drehwerts fällt mit größer werdender Wellenlänge. Bei ca. 238 nm tritt ein Cotton-Effekt auf. Der erste Ausschlag zeigt nach unten, der zweite nach oben.

Die CD-Kurve zeigt im Bereich der Absorptionswellenlänge einen positiven Ausschlag. Die Kurven entsprechen denen in ○ Abb. 4.2.

5 Kolorimetrie

Übung 1

Von einer orangeroten Substanz wird das Licht der Komplementärfarbe Blau absorbiert. Von einer blauen Substanz wird das Licht der Komplementärfarbe Orange absorbiert (□ Tab. 5.1). Da blaues Licht energiereicher ist, wird zur Anregung der Elektronen im β-Karotin mehr Energie benötigt als zur Anregung der Elektronen des Kupfersulfates.

Übung 2

Beim Eintauchkolorimeter können die Intensitäten direkt verglichen werden, weil auf gleiche Intensitäten abgeglichen wird. Theoretisch müssen auch hier die Absorptionen verglichen werden. Wenn aber die Absorptionen zweier Lösungen bei derselben Bestrahlungsintensität gleich sind, dann sind zwingend auch die absoluten Intensitäten gleich.

Das Lambert-Beer'sche Gesetz für die Probe *P* und für die Referenz *R* lautet:

$$A_P = \varepsilon \cdot c_P \cdot b_P$$
$$A_R = \varepsilon \cdot c_R \cdot b_R$$

Bei gleicher Absorption können die Formeln gleichgesetzt werden (die Extinktionskoeffizienten sind ebenfalls gleich):

$$\varepsilon \cdot c_P \cdot b_P = \varepsilon \cdot c_R \cdot b_R$$
$$c_P / c_R = b_R / b_P$$

6 Atomabsorptionsspektroskopie

Übung 1

Ein Bandenspektrum ergibt sich, wenn neben der zur Bestimmung verwendeten Anregung noch weitere relativ energiearme Anregungen des Moleküls möglich sind. Im UV/VIS-Spektrum sind z. B. die Molekülschwingungen als Feinstruktur der Absorptionsbanden zu sehen. Bei der AAS werden Anregungen gasförmiger Atome beobachtet. Mit UV/VIS-Strahlung können in gasförmigen Atomen nur Elektronen angeregt werden. Deshalb sind die Absorptionen sehr schmal (Absorptionslinien).

Übung 2

In der AAS gilt, wie bei allen absorptionsspektroskopischen Verfahren, das Lambert-Beer'sche Gesetz. Allerdings gibt es hier keine exakte Küvettenlänge oder Probenkonzentration. Diese geräteabhängigen Größen können nur mit Hilfe von Kalibriergeraden berücksichtigt werden. Die Absorptionskoeffizienten können deshalb auch nicht tabelliert und auf andere Messinstrumente übertragen werden.

Übung 3

Vorteile der AAS:

- Große Empfindlichkeit und Messgenauigkeit.
- Selektivität: Auf Grund der schmalen Absorptionslinien können einzelne Elemente ohne vorherige Abtrennung aus dem Probengemisch erfasst werden.
- Die Konzentration eines Elements in der Probe kann bestimmt werden, ohne dass die Art der chemischen Bindung des Elements bekannt sein muss.

7 Flammenphotometrie

Übung 1

In der Flammenphotometrie werden die Emissionslinien neutraler Atome zur Analyse herangezogen. Die Flammentemperatur muss hoch genug sein, um die Probe zu **atomisieren** und **anzuregen.** Je größer die Konzentration angeregter Atome ist, desto intensiver ist die Emission.

Wenn die Flammentemperatur allerdings zu hoch ist, können die Atome auch ionisiert werden. Ionisierte Atome zeigen andere Emissionslinien als neutrale. Die Intensität der Linien der neutralen Atome fällt daher bei sehr hohen Temperaturen wieder. Es gibt für jedes Element eine optimale Temperatur.

Übung 2

Zur quantitativen Bestimmung soll nur eine Linie eines Elements verwendet werden. Ohne Monochromator würde auch von anderen in der Probe vorhandenen Elementen emittiertes Licht registriert werden.

8 UV/VIS-Spektroskopie

Übung 1

Die Anregungsenergien der core-Elektronen sind zu groß. Sie liegen außerhalb des Messbereichs der UV/VIS-Spektroskopie.

Übung 2

- Chromophor: Strukturelement eines Moleküls, das Absorptionen im UV/VIS-Bereich des elektromagnetischen Spektrums zeigt.
- Auxochrome Gruppe: Strukturelement eines Moleküls, das die Absorptionen eines Chromophors verschiebt oder verändert.
- Bathochromer Shift: Verschiebung der Absorption zu größeren Wellenlängen (Rotverschiebung).
- Hypsochromer Shift: Verschiebung der Absorption zu kleineren Wellenlängen (Blauverschiebung).
- Hyperchromer Shift: Verstärkung einer Absorption.
- Hypochromer Shift: Abschwächung einer Absorption.

Übung 3

Die α-Bande des Benzols resultiert aus einem verbotenen Elektronenübergang. Bei substituierten Benzol-Derivaten ist die Symmetrie des Moleküls kleiner als beim Benzol selbst. Dadurch wird das Verbot *gelockert*. Zusätzlich gibt es bei substituierten Aromaten mehr Möglichkeiten zu Molekülschwingungen, die das Symmetrieverbot auch lockern.

Übung 4

Durch Protonierung wird immer ein freies Elektronenpaar eines Moleküls für eine neue kovalente Bindung benutzt. Wenn das Elektronenpaar zuvor an einem Chromophor (bzw. einer auxochromen Gruppe) beteiligt war, wird durch die Protonierung das mesomere System des Chromophors verkleinert. Die Absorption eines Moleküls ist aber umso langwelliger, je größer das mesomere System ist.

Übung 5

Mit der ersten Messung wird der spezifische Absorptionskoeffizient bestimmt:

$$A_{1\,\mathrm{cm}}^{1\%}(\lambda) = \frac{A}{c \cdot b}$$

$$A_{1\,\mathrm{cm}}^{1\%}(250\ \mathrm{nm}) = \frac{0{,}86}{9{,}5 \cdot 10^{-4}\,\% \cdot 1\ \mathrm{cm}} = 905{,}3$$

Damit kann die Konzentration der Analyse berechnet werden:

$$c = \frac{A}{A_{1\,\mathrm{cm}}^{1\%}(\lambda) \cdot b}$$

$$c = \frac{0{,}65}{905{,}3 \cdot 1\ \mathrm{cm}} = 7{,}2 \cdot 10^{-4}$$

Die Konzentration ist $c = 7{,}2 \cdot 10^{-4}\,\%$.

Übung 6

Beim Wechsel vom unpolaren zum polareren Lösungsmittels wird die Energie des $n \rightarrow \pi^*$-Übergangs größer und die des $\pi \rightarrow \pi^*$-Übergangs kleiner. Die Absorptionswellenlänge der verbotenen langwelligen Absorption wird deshalb kleiner (hypsochrom) und die Wellenlänge der kurzwelligen Absorption größer (bathochrom, ▶ Kap. 8.2.3).

9 Fluorimetrie

Übung 1

Vorteile

- Größere Selektivität, da nur wenige Verbindungen Fluoreszenz zeigen.
- Große Genauigkeit (bei hoher Quantenausbeute der Fluoreszenz), da nicht die Schwächung eines Lichtstrahls, sondern die Gesamtintensität des Fluoreszenzlichts registriert wird.

Nachteile

- Nur fluoreszierende Verbindungen können erfasst werden.
- Bei kleiner Quantenausbeute ist die Fluoreszenzintensität sehr klein.

Übung 2

Größere Selektivität, da nur wenige Verbindungen Fluoreszenz zeigen. Diese können neben einem Überschuss anderer Verbindungen erfasst werden. Die Spurenanalyse fluoreszierender Verbindungen ist sehr genau, wenn als Detektor für das Fluoreszenzlicht ein sehr empfindlicher Photoelektronenmultiplier verwendet wird.

Übung 3

Vor der Fluoreszenz findet immer eine teilweise Deaktivierung der Moleküle durch Abgabe von Energie als Wärme an das Lösungsmittel statt (vibrational relaxion, ▶ Kap. 1.3.2).

10 IR-Spektroskopie

Übung 1

Da im IR-Spektrum Schwingungen der kovalenten Bindungen von Molekülen erfasst werden, sind nur die Materialien uneingeschränkt IR-durchlässig, die keine chemischen Bindungen enthalten. Meist werden zur Herstellung der optischen Bauteile eines IR-Spektrometers Alkalihalogenide (z. B. Kaliumbromid, Natriumchlorid) verwendet.

Übung 2

Die Frequenz einer Valenzschwingung zwischen den Atomen *A* und *B* lässt sich mit der Formel

$$\nu = Konst. \cdot \sqrt{\frac{k_{AB}}{\mu_{AB}}}$$

k_{AB}: Kraftkonstante der chemischen Bindung zwischen *A* und *B*

μ_{AB}: reduzierte Masse der Atome *A* und *B*

abschätzen. Die Bindungsstärke der C-S-Bindung ist sicher kleiner als die der C-O-Bindung (größeres Atom, kleinere Elektronegativität). Die Masse des Schwefelatoms ist größer als die eines Sauerstoffatoms. Beide Effekte führen zu einer **kleineren** Schwingungsfrequenz und damit auch zu einer kleineren Wellenzahl gegenüber einer C-O-Valenzschwingung.

Übung 3

Polare Strukturelemente und funktionelle Gruppen ergeben intensive Banden im IR-Spektrum.

Übung 4

Schwach oder gar nicht zu sehen sind die Schwingungen von unpolaren Molekülteilen sowie die von symmetrischen Molekülen.

Übung 5

Die Frequenz einer Valenzschwingung kann direkt mit der Stärke der chemischen Bindung zwischen zwei Atomen korreliert werden (▶ Kap. 10.1.2).

Übung 6

Spektrum ○ Abb. 10.19

1. Erster Blick

sicher:

- 1700 cm^{-1}: Carbonyl-Gruppe
- > 3000 cm^{-1}: H an ungesättigten C-Atomen
- < 3000 cm^{-1}: H an gesättigten C-Atomen

2. Genauere Analyse

- 3600–3400 cm^{-1} (b): evtl. N-H-Valenzschwingung
- 1500–1600 cm^{-1}: 2 scharfe Banden, ν(C=C) oder Aromat
- 800–700 cm^{-1}: oop-Schwingungen eines Aromaten

3. Zuordnung zu funktionellen Gruppen

- Carbonyl-Verbindung. Nicht Säure/Ester, da keine ν(C-O). Vermutlich Säureamid
- Aromatische Struktur wegen C-H-Valenzschwingungen, oop-Schwingungen und den Valenzschwingungen der Doppelbindung
- Alkylreste wegen der C-H-Valenzschwingungen

4. Weitere charakteristische Banden

- 1220 cm^{-1}: ?
- ca. 1400 cm^{-1}: evtl. Amidbande bei sehr kleiner Wellenzahl, N-H-Deformationsschwingung (Amid II) oder C-N-Valenzschwingung (Amid III)

5. Ergebnis

Ergebnis

Wellenzahl, Form	Zuordnung	Strukturelement
3400 – 3600 cm^{-1} (b)	ν(N-H)	N-H-Valenzschwingung, sehr breit
3000 – 3090 cm^{-1}	ν(C-H)	Valenzschwingungen aromatischer und olefinischer C-H-Bindungen
3000 – 2800 cm^{-1}	ν(C-H)	Valenzschwingungen aliphatischer C-H-Bindungen
1700 cm^{-1} (ss)	Amid I	Valenzschwingung einer Carbonylverbindung
1600 cm^{-1} (w, sp) 1500 cm^{-1} (sp)	ν(C_{ar}-C_{ar})	Valenzschwingungen des Aromaten
690 cm^{-1} (sp) 770 cm^{-1} (sp)	Γ(Aromat)	Out-of-plane-Schwingung der H-Atome am Aromaten: monosubstituiert

Übung 7

- Das IR-Spektrum ist sehr viel charakteristischer für eine chemische Verbindung als das UV/VIS-Spektrum. Es gibt (praktisch) keine zwei Arzneistoffe mit identischen IR-Spektren.
- Jeder Arzneistoff zeigt ein IR-Spektrum!

11 Raman-Spektroskopie

Übung 1

Der Streuung des Lichts durch den Raman-Effekt liegt ein Zwei-Photonen-Prozess zugrunde. Ein Lichtquant des Anregungslichts wird absorbiert und ein anderes mit anderer Energie emittiert. Dementsprechend kann die Energie des Raman-Lichts kleiner oder größer sein als die des Anregungslichts.

Übung 2

Die Wellenlänge des Anregungslichts für die Raman-Spektroskopie liegt meist im sichtbaren Spektralbereich. Durch die Anregung von Molekülschwingungen ist das emittierte Raman-Licht um den Betrag der Schwingungsenergien gegenüber der Anregungswellenlänge verschoben. Die relativ kleinen Schwingungsenergien führen aber nur zu einer minimalen Veränderung der Wellenlänge, sodass das gesamte im Raman-Spektrum erfasste Licht im sichtbaren Bereich liegt. Im Raman-Schwingungsspektrum wird nicht die Wellenlänge des Streulichts, sondern die Differenz der Wellenlängen von Streulicht und Anregungslicht dargestellt.

12 Kernspinresonanz-Spektroskopie (NMR)

Übung 1

Bei allen spektroskopischen Methoden mit Ausnahme der Kernspinresonanz-Spektroskopie wird die Lage von Energieniveaus von Molekülen bestimmt, die von Natur aus vorhanden sind. Die verschiedenen Energien der Orientierungen der Kernspins entstehen dagegen erst im Magnetfeld des Spektrometers. Eine Probe außerhalb des Spektrometers zeigt keine Kernspinresonanz. Da auch die Größe der Anregungsenergien von der Magnetfeldstärke abhängt, kann im Spektrum keine absolute Energieskala verwendet werden.

Übung 2

Ein Isotop eines Elements wird empfindlich genannt, wenn es zu einem starken Signal im NMR-Spektrum führt. Dazu muss das Isotop

- im natürlichen Isotopengemisch mit großer Häufigkeit vorkommen,
- ein großes magnetogyrisches Verhältnis besitzen,
- eine Kernspinquantenzahl von ungleich null haben, da die Atomkerne dieses Isotops sonst kein magnetisches Moment besitzen.

Übung 3

Je stärker das Magnetfeld ist, desto größer ist der Energieunterschied der verschiedenen Orientierungen eines atomaren magnetischen Moments im Magnetfeld.

Je stärker das Magnetfeld ist, desto

- mehr unterscheiden sich die Resonanzenergien verschiedener Atomkerne
- intensiver werden die Absorptionen, weil weniger Atomkerne thermisch angeregt werden können (▶ Kap. 12.1.2)
- einfacher interpretierbar werden die NMR-Spektren.

In schwachen Magnetfeldern sind eher Aufspaltungen höherer Ordnung zu finden. In starken Magnetfeldern eher Aufspaltungen 1. Ordnung.

Übung 4

Die Energieeinheit im NMR-Spektrum ist die chemische Verschiebung δ. Die chemische Verschiebung ist der Unterschied der Resonanzfrequenz der Atome einer Probe zu der der Atome des Standards TMS, bezogen auf die TMS-Frequenz. Da die Unterschiede der Resonanzfrequenzen sehr klein sind, wird δ in ppm angegeben. Die chemische Verschiebung ist unabhängig von der Magnetfeldstärke (▶ Kap. 12.1.3).

Übung 5

Die ^{1}H-NMR-Spektroskopie ist heute die wichtigste Methode zur Strukturaufklärung organischer Verbindungen.

Übung 6

Die Feinstruktur eines NMR-Signals spiegelt die Kopplungen eines Atomkernes mit anderen Kernen des Moleküls wider. Es lassen sich deshalb Zahl, Art und Abstand von Atomen in der Umgebung eines Atomkerns ableiten.

Übung 7

Prinzipiell müssten im ^{1}H-NMR-Spektrum Kopplungen zwischen H-Atomen mit unterschiedlichen Abständen im Moleküls zu sehen sein:

- ^2J (geminale Kopplungen): Kopplungen von H-Atomen die am selben Kohlenstoff-Atom gebunden sind, werden im Routinespektrum meist nicht beobachtet, da geminale Wasserstoffatome meist (näherungsweise) isochron sind.
- ^3J (vicinale Kopplungen): Kopplungen von H-Atomen, die an benachbarten C-Atomen gebunden sind, bestimmen im Normalfall die Feinstruktur der Signale im Spektrum.
- ^nJ (long-range Kopplungen): Kopplungen von H-Atomen, die mehr als 3 Bindungen voneinander entfernt sind, zeigen meist eine sehr kleine Kopplungskonstante. Sie sind deshalb im Spektrum nur selten zu sehen.

Übung 8

Im ^{1}H-NMR-Spektrum von Iodethan ist durch die Spin-Spin-Kopplung mit den zwei Protonen der CH_2I-Gruppe das Signal der CH_3-Gruppe in 3 Linien aufgespalten (Triplett).

Das Signal der CH_2Br-Gruppe wird entsprechend in 4 Linien aufgespalten (Quartett).

Übung 9

(◘ Tab. 27.1) Zusammen mit der Summenformel C_3H_7Cl kommt als Struktur nur 2-Chlorpropan in Frage.

◘ **Tab. 27.1** Tabelle zu Übung 12.9

Nr.	δ [ppm]	Integral	Signalform	Nachbarn	J [Hz]	Fragment
a	4,1	1	Septett	6	7,2	C-H, stark entschirmt am Heteroatom
b	1,5	6	Dublett	1	7,2	chemisch äquivalente CH_3-Gruppen, entschirmt durch Heteroatom am Nachbarkohlenstoff

Übung 10

Bei einer Kopplungskonstanten von $J = 7$ Hz muss die Differenz der Resonanzfrequenzen mindestens 70 Hz sein, damit sich eine Aufspaltung 1. Ordnung ergibt. Die chemischen Verschiebungen sind $\delta_A = 2{,}26$ ppm und $\delta_B = 1{,}98$ ppm. Die Differenz beträgt $\Delta\delta = 0{,}28$ ppm.

$$\Delta\nu = x\,\text{MHz} \cdot 0{,}28\,\text{ppm}$$
$$x = 70 / 0{,}28 = 250\,\text{MHz}$$

Ab einer Messfrequenz von 250 MHz resultiert eine Aufspaltung 1. Ordnung. Bei kleineren Frequenzen ist die Aufspaltung höherer Ordnung.

Übung 11

Das Signal von TMS ist in einem gekoppelt registrierten ^{13}C-NMR-Spektrum in ein Quartett aufgespalten, weil jeder ^{13}C-Kern mit den drei Protonen der CH_3-Gruppe koppeln kann. Das Kopplungsmuster gleicht dem von ^{1}H-^{1}H-Kopplungen.

Im $CDCl_3$ kann das ^{13}C-Atom mit dem Deuterium-Atom koppeln. ^{2}D hat eine Kernspinquantenzahl von $I = 1$, weshalb eine Triplett-Aufspaltung mit dem Intensitätsverhältnis 1:1:1 resultiert.

13 Massenspektrometrie

Übung 1

Im elektrischen Feld werden geladene Teilchen beschleunigt. Negative Teilchen werden zum Pluspol und positive Teichen zum Minuspol des Feldes gezogen. Im magnetischen Feld wird eine Kraft nur auf sich bewegende geladene Teilchen ausgeübt. Diese werden von ihrer geradlinigen Bahn abgelenkt.

Übung 2

Für den Ablenkradius gilt folgende Formel (▶ Kap. 13.1.1):

$$r = \frac{m \cdot v}{z \cdot B}$$

Der Ablenkradius eines Teilchens wird größer, je größer seine Masse m/z, je größer seine Geschwindigkeit und je schwächer das Magnetfeld B ist.

Übung 3

Bei weicher Ionisierung sind im Massenspektrum mehr Fragmente mit großen Massenzahlen m/z zu finden. Solche Fragmente sind für die Strukturaufklärung aussagekräftiger als die kleinen Bruchstücke, die nach EI-Ionisierung auftreten.

Bei vielen Molekülen ist im EI-Massenspektrum kein oder nur ein sehr schwacher Molekülpeak zu erkennen. Der Molekülpeak enthält aber, ebenso wie die Isotopenpeaks des Molekülpeaks, wichtige Informationen (Molekülmasse, Zahl der Kohlenstoffatome, Art der Heteroatome).

Übung 4

Das Massenspektrum enthält die Signale des Tropylium-Ions und seiner Abbauprodukte.

An der Carbonyl-Gruppe sind zwei α-Spaltungen möglich, die zu vier verschiedenen Produkten führen. Das Fragment mit $m/z = 119$ kann entweder durch α-Spaltung oder durch De-

Tab. 27.2 Tabelle zu Übung 13.4

m/z	Fragment	Reaktion
91	Tropylium	Benzylspaltung
65	Pentadienyl-Kation	C_2H_2-Abspaltung aus Tropylium
77	Phenyl-Kation	Alkyl-Spaltung am Aromaten
51	Cyclobutadienyl-Kation	(77) - C_2H_2
59	$^+COO\text{-}CH_3$	α-Spaltung am Carbonyl
119	$C_6H_5\text{-}CH_2CH_2CH_2^+$	α-Spaltung oder CO-Abspaltung aus (147)
31	$^+O\text{-}CH_3$	α-Spaltung am Carbonyl
147	$C_6H_5\text{-}CH_2CH_2CH_2C(O)^+$	α-Spaltung am Carbonyl
74	$[H_2C{=}C(OH)\text{-}OCH_3]^+$	Abspaltung von Styrol (Phenylethen) durch McLafferty-Umlagerung

carbonylierung des Fragments mit $m/z = 147$ entstehen.

Eine McLaffery-Umlagerung führt zum Signal bei $m/z = 74$, das typisch für Methylester ist. Tab. 27.2.

Übung 5

p-Brom-ethylbenzol

Tab. 27.3 Tabelle zu Übung 13.5

m/z	
184 (51 %)/186 (49 %)	Zwei Molpeaks (Isotopenpeaks Br)
169/171	Tropylium (mit Brom und Isotopenpeak)
105	M – Br

Alle Fragmente, die Brom enthalten, sind in zwei Signale aufgespalten.

14 Thermoanalytische Methoden

Übung 1

Der Masseverlust ist 48 %. Bezogen auf eine molare Masse der Acetylsalicylsäure von 180 g/mol entspricht dies einer molaren Masse der entwichenen Fragmente von ca. 86 g/mol.

Übung 2

Zu erwarten ist die Abspaltung von Essigsäure. Zurück bleibt Salicylsäure mit einer molaren Masse von 138 g/mol. Die Differenz beträgt somit nur 42 g/mol.

Die verbleibende Differenz von 86 g/mol entspricht genau einem Äquivalent CO_2. Welches Reaktionsprodukt dabei entsteht, kann natürlich aus diese Analyse nicht entnommen werden.

Übung 3

Durch Abspaltung von CO_2 aus Salicylsäure kann Phenol entstehen. Unter den drastischen Bedingungen könnten sich aber andere Strukturen ausbilden, wie z. B. Salicylsäurephenylester.

Zur Unterscheidung möglicher Reaktionsprodukte eignet sich die IR-Spektroskopie sehr gut. Wenn noch eine C=O-Funktion im Molekül enthalten ist, müsste sich diese im IR zu erkennen geben.

Übung 4

Alle entstehenden Produkte verdampfen bei den erreichten Temperaturen.

15 Grundlagen der Chromatographie

Übung 1

Die Peakbreite in halber Höhe nimmt mit steigender Retentionszeit aufgrund der breiteren statistischen Verteilung der Substanz zu. Außerdem werden Diffusionsvorgänge mit zunehmender Retentionszeit begünstigt.

Übung 2

Eine hohe Trennleistung zeichnet sich durch schmale Peakbreiten im Chromatogramm aus.

Übung 3

Es lassen sich Totzeit, Nettoretentionszeit, Bruttoretentionszeit, die Trennleistung (Zahl der theoretischen Trennstufen, Trennstufenhöhe), der Kapazitätsfaktor, der Symmetriefaktor, die Selektivität, die Auflösung zweier Peaks sowie das Totvolumen des chromatographischen Systems (bei bekannter Flussrate) ermitteln.

Übung 4

Bei einem äußeren Chromatogramm (wie man es z. B. bei der HPLC oder GC erhält) wird in der Regel das Detektorsignal gegen die Zeit aufgetragen, die seit der Injektion der Probe vergangen ist. Bei einem inneren Chromatogramm (z. B. in der DC) wird das Detektorsignal gegen den R_f-Wert bzw. die Laufstrecke aufgetragen.

Übung 5

Es gibt verschiedene Möglichkeiten, die Trennleistung zu erhöhen:

- Vergrößerung der Säulenlänge
- Verwendung von Säulenmaterial mit geringerem Teilchendurchmesser
- Verringerung des Totvolumens des chromatographischen Systems
- Erniedrigung der Kapazität der Säule (falls möglich), z. B. durch eine geringere Belegung des Trägers mit Trennflüssigkeit (in der GC).

Übung 6

4 ml (2 ml/min · 2 min)

Übung 7

Die Peakhöhe kann zur Quantifizierung verwendet werden, wenn unter den entsprechenden chromatographischen Bedingungen konstante Peakbreiten in halber Höhe (d. h. relativ konstante Retentionszeiten) erreicht werden. Fehlerquellen können sein:

- leicht unterschiedliche Fließmittelzusammensetzungen der jeweiligen Fließmittelpräparationen führen zu Retentionszeitunterschieden und unterschiedlichen Peakbreiten in halber Höhe
- Verschlechterung der Trennleistung der Säule durch Alterung.

Übung 8

Berechnung der Peakflächen mit $F = b_{0,5} \cdot h$:

Tab. 27.4 Tabelle zu Übung 15.8

	Substanz	Fläche
Standards	Int. Standard	1433,6 mm²
	Diclofenac	856,8 mm²
Probe	Int. Standard	1144,0 mm²
	Diclofenac	375,2 mm²

Berechnung der Responsfaktoren anhand des Standardchromatogramms:

$f_{is} = 0{,}0837\ \text{mg/mm}^2$

$f_{Diclo} = 0{,}1371\ \text{mg/mm}^2$

Berechnung des Diclofenac-Gehalts mit der Formel:

$m_{Diclo} = (m_{is} \cdot F_{Diclo} \cdot f_{Diclo}) / (F_{is} \cdot f_{is})$

ergibt einen Diclofenac-Gehalt der Probe von 57,2 mg.

Berechnung der Wiederfindungsrate des internen Standards:

Zuerst wird die Peakfläche berechnet, die einer 100 %igen Wiederfindung entspricht:

$F_{theor} = m_{is} / f_{is}$

ergibt eine Fläche von 1271 mm².

Unter Berücksichtigung der unterschiedlichen Injektionsvolumina lässt sich die Wiederfindung wie folgt berechnen:

$\textit{Wiederfindung}\ (\%) = (30 \cdot 1144) / (35 \cdot 1271) = 77\ \%$

27

16 Stationäre Phasen und deren Elutionsverhalten

Übung 1
Ein starker Kationenaustauscher besitzt funktionelle Gruppen, die über einen weiten pH-Bereich hinweg eine negative Ladung tragen (Bsp.: $-SO_3^-$). Ein starker Anionenaustauscher trägt funktionelle Gruppen mit positiver Ladung (Bsp.: quartäre Ammoniumgruppen).Ein Peptid mit einem pK_i-Wert von > 6,6 besitzt bei einem pH-Wert 6,6 der mobilen Phase eine negative Ladung, bei niedrigerem pH-Wert dagegen eine positive Ladung. Ist der pH-Wert der mobilen Phase größer als 6,6, so bindet das Peptid an einen Anionenaustauscher, bei kleinerem pH-Wert wird es von einem Kationenaustauscher festgehalten. Die Elution des Peptids kann entweder durch Zusatz von Salzen (z. B. NaCl) zur mobilen Phase oder durch entsprechende Veränderung des pH-Werts der mobilen Phase erfolgen.

Übung 2
Die Molekülgröße.

Übung 3
Durch Erhöhung der Lipophilie des Fließmittels, d. h. durch Erhöhung des Methanolanteils.

Übung 4
Insulin wird zuerst eluiert, da bei der Gelfiltration größere Moleküle schneller eluiert werden als kleine.

17 Dünnschicht-chromatographie

Übung 1
Berechnung der Fließkonstante mit $s^2 = k \cdot t$:
$k = 14{,}4\ \text{cm}^2/\text{min}$
Nach derselben Gleichung lässt sich die Laufstrecke nach 15 min berechnen:
$s = 14{,}7\ \text{cm}$
Anhand des R_f-Werts lässt sich dann die Laufstrecke von Phenolrot errechnen:
$14{,}7\ \text{cm} \cdot 0{,}32 = 4{,}7\ \text{cm}$

Übung 2
Die Elutionskraft der mobilen Phase muss reduziert werden. Das bedeutet bei Kieselgel, dass die Lipophilie des Fließmittels erhöht werden muss, z. B. durch Erhöhung des Dichlormethananteils.

Übung 3
Die Nachweisgrenze wird durch Verwendung des Sprühreagenzes erniedrigt, sodass die visuelle Fleckgröße zunimmt und sich der wahren Fleckgröße nähert.

Übung 4
Aufgrund der gesteigerten Hydrophilie des Fließmittels wird der R_f-Wert der Substanz erhöht, was eine Fleckverbreiterung mit sich bringt. Aufgrund der Fleckverbreiterung nimmt die maximale Substanzkonzentration des Flecks ab und liegt dann unterhalb der Nachweisgrenze.

Übung 5
Detektorsignal gegen R_f-Wert (oder Laufstrecke).

18 Hochleistungs-Flüssigkeitschromatographie

Übung 1
Lösungsmittel mit einem Cut-off größer oder um 235 nm (z. B. Toluol, Ethylacetat, Dichlormethan).

Übung 2
Wenn zwei zu bestimmende Substanzen unter isokratischen Bedingungen sehr große Retentionszeitunterschiede aufweisen.

Übung 3
Umsetzung der Fettsäuren zu Estern oder Amiden, die im UV/VIS-Bereich Licht absorbieren oder fluoreszieren. Nach der chromatographischen Trennung erfolgt die Detektion der Derivate mittels UV/VIS- bzw. Fluoreszenzdetektor.

Übung 4
Es eignen sich Acetonitril-Wasser Mischungen mit einem Acetonitrilanteil bis ca. 70 %.

Übung 5
Verringerung des Totvolumens durch Verwendung dünner Verbindungskapillaren; Erhöhung der Säulenlänge; Verwendung von Material geringer Korngröße.

19 Gaschromatographie

Übung 1
Je höher die Säulentemperatur, desto kürzer die Retentionszeit; dasselbe gilt für die Strömungsgeschwindigkeit und den Dampfdruck. Für die Polarität der stationären Phase gilt: da es sich bei den meisten stationären Phasen in der GC um Verteilungsphasen handelt, ist die Retentionszeit einer Substanz bei diesen Phasen umso größer, desto besser sich die Substanz in der stationären Phase löst.

Übung 2
Brennbare Substanzen.

Übung 3
Umgekehrt proportional.

Übung 4
Die Van-Deemter-Gleichung gilt für alle chromatographischen Verfahren, welche auf einem Übergang der Probesubstanzen zwischen mobiler und stationärer Phase beruhen.

Übung 5
Stoffmengendetektor: Halbierung der Peakhöhe, Verdoppelung der Peakbreite. Konzentrationsdetektor: Konstante Peakhöhe, Verdoppelung der Peakbreite.

Übung 6
Leicht flüchtige Verbindungen.

Übung 7
Die Totzeit bleibt konstant, die Bruttoretentionszeit nimmt ab, $b_{0,5}$ nimmt ab, die Peakhöhe nimmt zu.

Übung 8
Die Derivatisierung dient der Erniedrigung des Siedepunkts. Derivatisiert werden polare funktionelle Gruppen wie Säure-, OH- und Aminogruppen.

Übung 9
Die Berechnung der linearen Geschwindigkeiten und der Trennstufenhöhen ergibt für die einzelnen Chromatogramme:

Tab. 27.5 Tabelle zu Übung 18.9

Nr.	lineare Geschwindigkeit [m/min]	Trennstufenzahl	Trennstufenhöhe [cm]
1	6,7	2000	5
2	10	10000	5
3	13,3	13300	0,75
4	20	10000	1
5	40	4000	2,5

Wird die Trennstufenhöhe gegen die lineare Trägergasgeschwindigkeit aufgetragen, so ergibt sich die Van-Deemter-Kurve. Aus der Van-Deemter-Kurve bzw. aus Tab. 27.5 wird ersichtlich, dass die optimale Trägergasgeschwindigkeit bei ca. 13,3 m/min liegt, da unter diesen Bedingungen die Trennstufenhöhe den kleinsten Wert annimmt.

20 Grundlagen der Elektrochemie

Übung 1
Potential der Silberelektrode:

$$
\begin{aligned}
E(\mathrm{Ag}) &= E^0(\mathrm{Ag}) + 0{,}059 \cdot \log c(\mathrm{Ag}^+) \\
&= 0{,}80\ V + 0{,}059\ V \cdot \log 0{,}5 \\
&= 0{,}78\ V
\end{aligned}
$$

Das Potential der Zinkelektrode ergibt sich analog zu $E(\mathrm{Zn})$ = -0,78 V.

Damit ist die elektromotorische Kraft:

EMK = 0,78 V - (-0,78 V) = 1,56 V

Der Pluspol ist an der Silberelektrode, denn dort werden Elektronen zur Reduktion der Ag^+-Ionen verbraucht. Dementsprechend ist die Silberelektrode die Kathode. Anode ist die Zinkelektrode, weil hier die Oxidationsreaktion abläuft.

27

Übung 2

Aus der Nernst'schen Gleichung folgt:

$\log c(Ag^+) = (E - E^0) / 0{,}059 = -9{,}797$

$c(Ag^+) = 1{,}597 \cdot 10^{-10}$ (mol / l)

Die Chlorid-Konzentration kann als konstant betrachtet werden. Damit ergibt sich das Löslichkeitsprodukt:

$K_L = 1 \cdot 1{,}597 \cdot 10^{-10}$ (mol²/l²)

$K_L = 1{,}6 \cdot 10^{-10}$ (mol²/l²).

Literaturwert: $K_L = 1{,}67 \cdot 10^{-10} (\frac{mol^2}{l^2})$.

Übung 3

Zur Bestimmung der Anoden- bzw. Kathodenreaktion muss das Redox-Potential jeder im Elektrolyt enthaltenen Spezies betrachtet werden. An der Anode werden die Ionen oxidiert, die am leichtesten oxidierbar sind (kleinstes Redox-Potential). An der Kathode werden die Ionen reduziert, die am leichtesten reduzierbar sind (größtes Redox-Potential).

Tab. 27.6 Tabelle zu Übung 20.3

	Anodenreaktion	Kathodenreaktion
a)	Chlorentwicklung	Wasserstoffentwicklung
b)	Sauerstoffentwicklung	Wasserstoffentwicklung
c)	Chlorentwicklung	Kupferabscheidung
d)	Zinkauflösung	Wasserstoffentwicklung

Übung 4

Metallelektrode

- Metalloberfläche (muss sich auflösen bzw. Abscheidung erlauben)
- Konzentration der Metall-Kationen in der Lösung

Gaselektrode

- Druck des Gases
- Konzentration der Ionen in Lösung

Elektrode 2. Art

- Metalloberfläche (muss sich auflösen bzw. Abscheidung erlauben)
- Konzentration der Gegenionen im Elektrolyten

Konzentrationskette

- Das Normalpotential geht **nicht** in die Berechnung der Zellspannung ein.
- Konzentrationen in den zwei Halbzellen.

21 Potentiometrie

Übung 1

Referenzelektroden müssen unter den Messbedingungen während der gesamten Messung ein konstantes Potential zeigen. Das Elektrodenpotential einer Indikatorelektrode muss selektiv von der Konzentration einer Ionensorte im Elektrolyt abhängen. Sie sollte unempfindlich gegen Polarisation sein. Das konzentrationsabhängige Potential sollte sich möglichst schnell einstellen.

Übung 2

Nur bei stromloser (leistungsloser) Messung ist die gemessene Zellspannung gleich der Galvanispannung zwischen Messelektrode und Indikatorelektrode. Wenn ein Strom fließt, findet ein Stoffumsatz an der Elektrode statt. Dann stimmen die Konzentrationen nicht mehr mit den Gleichgewichtskonzentrationen überein und die Elektrode ist polarisiert. Früher wurde zur leistungslosen Potentialmessung die Poggendorff'sche Kompensationsmethode verwendet (▶ Kap. 21.1.2). Heute werden ausschließlich hochohmige elektronische Spannungsmessgeräte verwendet.

Übung 3

Bei potentiometrischen Titrationen wirken sich Fehler des Elektrodenpotentials von Messelektrode und Referenzelektrode praktisch nicht auf das Ergebnis der Bestimmung aus. Die Bestimmungen werden kaum durch Polarisation der Elektroden beeinträchtigt. Nachteilig ist der größere Aufwand gegenüber einer Direktbestimmung. Für die Maßanalyse muss immer eine Maßlösung hergestellt und die Titration durchgeführt werden. Bei einer Direktbestimmung kann das Ergebnis nach wenigen Sekunden auf dem Messgerät abgelesen werden.

Übung 4

Das Potential des Silberdrahtes hängt von der Ag^+-Konzentration im Elektrolyten ab. Am ersten Äquivalenzpunkt ist die Ag^+-Konzentration genau gleich groß wie die Br^--Konzentration:

$c(Ag^+) = c(Br^-) = c_{ÄP}$

$K_L = c(Ag^+) \cdot c(Br^-) = c_{ÄP}^2$

$$E(Ag) = E^0(Ag) + 0{,}059 \cdot \log c(Ag)$$
$$= E^0(Ag) + 0{,}059 \cdot \log(\sqrt{K_L})$$
$$= E^0(Ag) + \frac{0{,}059}{2} \cdot \log K_L$$

$E(Ag) = 0{,}44$ V

Damit ergibt sich gegenüber der Kalomel-Elektrode ein Potential von

$\Delta E = E(Ag) - E(\text{Kalomel})$

$\Delta E = 0{,}44\ V - 0{,}24\ V = 0{,}20\ V$

Für den zweiten Äquivalenzpunkt ergibt sich aus dem Löslichkeitsprodukt von AgCl $E(Ag) = 0{,}51$ V und eine Potentialdifferenz von $\Delta E = 0{,}27$ V.

22 Konduktometrie

Übung 1

Bei einer oszillometrischen Messung wird der Wechselstromwiderstand Z (Scheinwiderstand) der Messzelle bestimmt. Z entspricht nicht der elektrischen Leitfähigkeit für Gleichstrom, sondern ist eine Folge der Kapazität (Kondensator-Eigenschaft). Deshalb können auch elektrische Isolatoren (z. B. Glas) einen kleinen Scheinwiderstand besitzen.

Übung 2

Die Temperatur wirkt sich v. a. auf die Viskosität des Elektrolyten aus. Diese wird bei Vergrößerung der Temperatur kleiner, sodass die Reibungskraft, welche die Ionen an ihrer Bewegung hindert, auch kleiner wird. Die Leitfähigkeit einer Elektrolyt-Lösung steigt deshalb mit steigender Temperatur.

Übung 3

Der Mechanismus der Ionenwanderung von H_3O^+- und OH^--Ionen in wässriger Lösung unterscheidet sich bei von dem aller anderen Ionen (Extraleitfähigkeit des Wassers). Die H_3O^+- und OH^--Ionen müssen nicht wandern, da über die Wasserstoffbrückenbindungen im Wasser nur die Ladungen weitergegeben werden (o Abb. 20.10).

Übung 4

Prinzipiell lassen sich alle Titrationen konduktometrisch auswerten. Auch bei Lösungsmitteln ohne elektrische Leitfähigkeit können, mit Hilfe der Oszillometrie, Titrationskurven erhalten werden. Besonders geeignet sind Maßanalysen, bei denen OH^-- oder H_3O^+-Ionen umgesetzt werden, da die Kurven dann am Äquivalenzpunkt einen besonders starken Knick zeigen. Auch Titrationen, bei denen sich die Gesamtionenkonzentration ändert, sind gut konduktometrisch indizierbar. Analysen, bei denen sich die Gesamtkonzentration der Ionen nicht ändert, ergeben u. U. schwer interpretierbare Titrationskurven. Hier resultiert die unterschiedliche Steigung der Kurvenäste vor und nach dem Äquivalenzpunkt nur aus der unterschiedlichen Äquivalentleitfähigkeit der Ionensorten.

23 Voltammetrische Verfahren; Polarographie

Übung 1

- Die Vorteile der Hg-Tropfelektrode sind:
- Ständige Erneuerung der Elektrodenoberfläche und damit Schutz vor Vergiftung.
- Keine störende Wasserstoffgas-Bildung, da eine hohe Wasserstoffüberspannung (-1 V) besteht.
- Breiter nutzbarer Spannungsbereich von + 0,3 V bis –2,6 V.
- Die Amalgambildung erleichtert die Abscheidung vieler Metalle.
- Hohe Reproduzierbarkeit.
- Nachteile der Quecksilbertropfelektrode:
- Der Umgang mit metallischem Quecksilber stellt für den Nutzer ein Gesundheitsrisiko dar.
- Die ständige Änderung der Elektrodenoberfläche beeinflusst den Stromfluss und erschwert die Auswertung der experimentellen Ergebnisse.
- Durch das Tropfenwachstum hervorgerufene Kapazitätsströme begrenzen die Empfindlichkeit des Verfahrens.

Übung 2

Der Diffusionsgrenzstrom resultiert aus der Reduktion des Depolarisoators an der Quecksilbertropfelektrode. Seine Höhe wird durch die Diffusionsgeschwindigkeit und die Konzentration Depolarisators in der Lösung begrenzt. Da die Diffusionsgeschwindigkeit der Teilchen konstant ist, ist der Diffusionsgrenzstrom der Konzentration proportional.

Übung 3
Das Halbstufenpotential entspricht dem Normalpotential der entsprechenden Redox-Reaktion. Der Zahlenwert stimmt aber nur dann mit dem Normalpotential überein, wenn als Referenzelektrode eine Wasserstoffelektrode verwendet wird. Meist werden die Halbstufenpotentiale gegenüber einer gesättigten Kalomelelektrode angegeben (GKE). Das Halbstufenpotential einzelner Ionen kann durch Zugabe von Komplexbildnern verändert werden, da komplexierte Ionen nicht am Redox-Gleichgewicht teilnehmen können.

Übung 4
Die Differenzial-Pulspolarographie ergibt einfach auswertbare Polarogramme.

24 Voltammetrische Verfahren; Voltammetrische Titration

Übung 1
Der apparative Aufbau der voltammetrischen Methoden mit zwei polarisierbaren Elektroden ist kleiner und die Titrationskurven zeigen meist einen deutlicheren Knick am Äquivalenzpunkt.

Übung 2
Bei potentiostatischer Arbeitsweise kann die Spannung zwischen den Elektroden so eingestellt werden, dass nur die zu bestimmende Elektrodenreaktion ablaufen kann. Somit ist ein selektiver Nachweis möglich, was die Probenvorbereitung erleichtert, da andere Inhaltsstoffe des Elektrolyten nicht stören. Voltammetrische Titrationskurven (galvanostatische Arbeitsweise) sind dagegen meist leichter auswertbar, da der Äquivalenzpunkt leichter zu erkennen und genauer abzulesen ist (○ Abb. 26.1).

Übung 3
Die Spannung sollte so groß gewählt werden, dass Ag^+-Ionen an der Elektrode abgeschieden werden können. $E^0(Ag) = 0{,}80$ V, $E(GKE) = 0{,}24$ V. Bei einer Ag^+-Konzentration von z. B. $c(Ag^+) = 10^{-4}$ mol/l beträgt das Elektrodenpotential $E = 0{,}56$ V. Das Halbstufenpotential ist bei ca. $E_{1/2} = +0{,}32$ V (GKE) zu erwarten. Das Potential kann z. B. auf +0,2 V eingestellt werden, sodass unedlere Metalle noch nicht abgeschieden werden können.

Der Grenzstrom ist proportional zur Ag^+-Konzentration in der Lösung. Vor Erreichen des Äquivalenzpunktes ist die Konzentration an Ag+ sehr klein, sodass nur ein minimaler Strom fließt. Nach Überschreiten des Äquivalenzpunktes steigt die Ag^+-Konzentration linear mit der Zugabe der Maßlösung. Es ergibt sich eine Titrationskurve vom Typ b.

Übung 4
Bei voltammetrischen Durchführung der Titration ergibt sich ebenfalls ein Kurvenverlauf vom Typ b. Vor dem Äquivalenzpunkt ist die Ag^+-Konzentration sehr klein, sodass Zellspannung sehr groß sein muss, um den geforderten elektrischen Strom zu erreichen. Nach Überschreiten des Äquivalenzpunktes gibt die Zellspannung das Potential der Ag/Ag^+-Elektrode an.

25 Elektrolytische Methoden

Übung 1
Die Zersetzungsspannung ist die Differenz von Anoden- und Kathodenreaktion. Anodenreaktion: Oxidation von H_2O zu O_2. Kathodenreaktion: Reduktion von H_2O zu H_2.

Die Zersetzungsspannung ist pH-unabhängig, da sich die pH-abhängigen Summanden der Nernst'schen Gleichung der Wasserstoffelektrode und der Sauerstoffelektrode gegenseitig aufheben.

Allerdings ist an beiden Elektroden mit einer Überspannung zu rechnen. Die Überspannung ist vom Elektrodenmaterial abhängig.

$U_Z = |E^0(O_2) - E^0(H_2)| + \eta(O_2) + \eta(H_2)$

$U_Z = 1{,}23\ \text{V} + \eta(O_2) + \eta(H_2)$

Übung 2
Wenn aus einer 0,1 molaren Lösung 99,99 % abgeschieden werden sollen, dann muss die Elektrolysenspannung groß genug sein, um aus einer 10^{-5} molaren Lösung gerade noch Blei abzuscheiden. Mit $E^0(O_2) = 1{,}23$ V, $\eta(O_2) = 0{,}4$ V und $E^0(Pb) = -0{,}13\ V$ ergibt sich:

$U_Z = E(O_2) - E(Pb)$

$$\begin{aligned} E(Pb) &= E^0(Pb) + (0{,}059/2) \cdot \log 10^{-5} \\ &= -0{,}13\ V + 0{,}0295 \cdot (-5) V \\ &= -0{,}278\ V \end{aligned}$$

$$E(O_2) = E^0(O_2) - 0{,}059 \cdot \text{pH} + \eta(O_2)$$
$$= 1{,}23\ V + 0{,}4\ V - 0{,}059 \cdot \text{pH}$$
$$= 1{,}63\ V - 0{,}059 \cdot \text{pH}$$

Die Zersetzungsspannung ist pH-abhängig:

pH = 1: $U_Z = 1{,}85$ V

pH = 7: $U_Z = 1{,}50$ V

pH = 14: $U_Z = 1{,}08$ V

Übung 3

Anoden- und Kathodenraum müssen bei der coulometrischen Säure-Base-Titration getrennt sein, weil an der Kathode Hydroxid-Ionen und an der Anode Hydronium-Ionen entstehen. Wenn sich die Elektrolyten vermischen, reagieren OH^- und H_3O^+ wieder zu Wasser und es findet insgesamt kein Stoffumsatz statt.

Übung 4

Bei der coulometrischen Durchführung der Bromometrie wird zur Analyse etwas an Bromid zugegeben. Das Bromid wird elektrolytisch zu Brom oxidiert, das als Reagenz für Iodid verwendet wird. Dabei wird Iodid zu Iod oxidiert und das Bromid zurückerhalten. Der Stoffumsatz entspricht der durch die Elektrolysezelle geflossenen Ladungsmenge.

Vor Erreichen des Äquivalenzpunktes liegen im Elektrolyt Bromid, Iodid und, mit fortschreitender Umsetzung, eine steigende Konzentration an Iod vor.

Nach Überschreiten des Äquivalenzpunktes liegt zusätzlich freies Brom vor.

Die Indikation des Endpunktes ist mit verschiedenen elektrochemischen Methoden möglich:

- **Konduktometrie:** Vor Erreichen des Äquivalenzpunktes fällt die I^--Konzentration, die Brom- und Bromid-Konzentrationen bleiben konstant. Nach dem Äquivalenzpunkt fällt die Bromid-Konzentration. Auf Grund der unterschiedlichen Äquivalentleitfähigkeiten von Br^- und I^- zeigt der Verlauf der Leitfähigkeit am Äquivalenzpunkt einen Knick.
- **Potentiometrie:** Das Potential einer Indikatorelektrode wird durch die Bromid-Abscheidung ($E^0 = +1{,}07$ V) bestimmt. Die Bromid-Konzentration bleibt bis zum Äquivalenzpunkt konstant und fällt dann.
- **Voltammetrie:** Wenn das Potential der Indikatorelektrode so eingestellt wird, dass nur Brom aber nicht Iod abgeschieden werden kann, dann bleibt der registrierte Strom bis zum Äquivalenzpunkt konstant, und fällt danach ab (gespiegelter Kurvenverlauf vom Typ b).
- **Dead-Stop:** Das Potential einer Indikatorelektrode wird vor Erreichen des Äquivalenzpunktes durch das Redox-Paar Iod/Iodid ($E^0 = +0{,}45$ V), nach Überschreiten des Äquivalenzpunktes durch das Redox-Paar Brom/Bromid ($E^0 = +1{,}07$ V)bestimmt.

Bei biamperometrischer oder bivoltammetrischer Durchführung ergibt sich ein Kurvenverlauf vom Typ c.

28 Original-IMPP-Fragen

Die in diesem Kapitel aufgeführten IMMP-Fragen zur Instrumentellen Analytik entstammen den Staatsexamina bis in die jüngste Vergangenheit. Das Staatsexamen, aus dem die jeweilige Frage stammt, ist der jeweiligen Zeichenfolge (z. B. H10 = Herbst 2010, F11 = Frühjahr 2011) zu entnehmen. Die zugehörigen Lösungen sind in den Kästen am Ende eines jeweiligen Fragenthemenblocks aufgeführt. Darüber hinaus befinden sich hilfreiche Erläuterungen zu einer Vielzahl der IMPP-Fragen in ▶ Kap. 29. Kommentare zu IMPP-Fragen.

1 Einführung

1.1 **H08** Welche Aussage trifft **nicht** zu?
In einem „Spektrum" können folgende Größen aufgetragen sein:

(A) Absorption gegen Wellenlänge
(B) Durchlässigkeit (in %) gegen Wellenzahl
(C) Frequenz gegen Wellenlänge
(D) Transmission gegen Wellenzahl
(E) Absorptionskoeffizient gegen Wellenlänge

1.2 **F07** Unter einem „Spektrum" versteht man beispielsweise die graphische Auftragung der

(A) Frequenz gegen die Wellenlänge
(B) Wellenlänge gegen die Wellenzahl
(C) Durchlässigkeit (%) gegen die Absorption
(D) Absorption gegen die Frequenz
(E) Transmission gegen die Absorption

1.3 **F02** Welche Aussage trifft nicht zu?
Das spektrale Absorptionsverhalten einer Substanz kann durch Auftragen folgender beider Größen gegeneinander dargestellt werden:

(A) Transmission und Wellenlänge
(B) Frequenz und Wellenlänge
(C) % Durchlässigkeit und Wellenzahl
(D) Absorption und Wellenlänge
(E) Absorptionskoeffizient und Wellenzahl

1.4 **H97** Unter einem „Spektrum" versteht man beispielsweise die grafische Auftragung der

(A) Frequenz gegen die Wellenlänge
(B) Wellenlänge gegen die Wellenzahl
(C) Durchlässigkeit (%) gegen die Absorption
(D) Absorption gegen die Frequenz
(E) Transmission gegen die Absorption

1.5 H91 Bei welchen der folgenden Methoden finden Gasentladungslampen als Lichtquelle Verwendung?

(1) UV-Photometrie
(2) Fluorimetrie
(3) Polarimetrie

(A) nur 2
(B) nur 3
(C) nur 1 und 2
(D) nur 2 und 3
(E) 1 bis 3 (alle)

1.6 H03 Welche Aussage trifft **nicht** zu?
In einem Monochromator ist zur Zerlegung weißen Lichts (λ = 400–800 nm) in seine spektralen Bestandteile geeignet:

(A) Quarzprisma
(B) Gitter
(C) Nicol'sches Prisma
(D) Glasprisma
(E) Geradsichtprisma

1.7 H92 Welche Aussagen treffen zu?
Zur Zerlegung des Lichtes in seine spektralen Bestandteile eignen sich in Spektrometern:

(1) geritzte Gitter
(2) Nicol'sche Prismen
(3) 60°-Prismen

(A) nur 3
(B) nur 1 und 2
(C) nur 1 und 3
(D) nur 2 und 3
(E) 1 bis 3 (alle)

Ordnen Sie bitte den Begriffen der Liste 1 die jeweils typischste Wirkung der Liste 2 zu!

Liste 1

1.8 F02 Röntgenstrahlen

1.9 F02 Mikrowellen

Liste 2

(A) Ionisation
(B) Anregung von Valenzelektronen
(C) Anregung von Molekülschwingungen
(D) Anregung von Molekülrotationen
(E) Kernresonanz

Ordnen Sie bitte den spektroskopischen Methoden der Liste 1 die jeweils zutreffenden Begriffe der Liste 2 zu!

Liste 1

1.10 F99 IR-Spektroskopie

1.11 F99 ^{1}H-NMR-Spektroskopie

Liste 2

(A) Kernspinänderung
(B) Schwingungsanregung
(C) Elektronenspinänderung
(D) Elektronenanregung
(E) Resonanzfluoreszenz

Ordnen Sie bitte den Verfahren aus Liste 1 den zutreffenden wirksamen Effekt aus Liste 2 zu!

Liste 1

1.12 F05 IR-Spektroskopie

1.13 F05 Raman-Spektroskopie

Liste 2

(A) Spinumkehr
(B) Totalreflexion
(C) Polarisierbarkeits-Änderung
(D) Spin-Spin-Koppelung
(E) Dipolmoment-Änderung

1.14 F02 Bei welchen analytischen Verfahren werden die zu bestimmenden Substanzen chemisch verändert?

(1) NMR-Spektroskopie
(2) IR-Spektroskopie
(3) Massenspektrometrie
(4) Atomabsorptionsspektroskopie

(A) nur 1 und 2
(B) nur 2 und 3
(C) nur 3 und 4
(D) nur 1, 2 und 4
(E) 1 bis 4 (alle)

1.15 **F06, F03, F92** Welche Aussagen treffen zu? Zu den emissionsspektroskopischen Verfahren gehören die

(1) Flammenphotometrie
(2) Kolorimetrie
(3) Fluorimetrie
(4) UV-Spektroskopie

(A) nur 1
(B) nur 3
(C) nur 1 und 3
(D) nur 2, 3 und 4
(E) 1 bis 4 (alle)

Ordnen Sie bitte den spektroskopischen Methoden der Liste 1 jeweils den Vorgang in Liste 2 zu, auf den die betreffende Messgröße zurückzuführen ist!

Liste 1

1.16 **H97** Flammenphotometrie (AES)

1.17 **H97** Fluoreszenz-Spektroskopie von Molekülen

Liste 2

(A) Absorption von Banden
(B) Absorption von Linien
(C) Emission von Banden
(D) Emission von Linien
(E) Reflexion von Linien

1.18 **F99** Welche der folgenden Methoden ist ein emissionsspektrometrisches Verfahren?

(A) Fluorimetrie
(B) IR-Spektrometrie
(C) NMR-Spektrometrie
(D) UV-Spektrometrie
(E) Vis-Spektrometrie

1.19 **F95** Bei welchen der folgenden spektroskopischen Methoden wird das von den Atomen bzw. Molekülen der Probe emittierte Licht gemessen?

(1) IR-Spektroskopie
(2) Atomabsorptionsspektroskopie
(3) Flammenphotometrie
(4) Fluorimetrie
(5) VIS-Spektroskopie

(A) nur 3
(B) nur 1 und 2
(C) nur 3 und 4
(D) nur 1, 2 und 3
(E) nur 3, 4 und 5

1.20 **F00** Welche der folgenden Analysenmethoden sind für die Strukturaufklärung einer unbekannten organischen achiralen Verbindung geeignet?

(1) Coulometrie
(2) Polarimetrie
(3) MS (Massenspektrometrie)
(4) NMR-Spektroskopie

(A) nur 1
(B) nur 2
(C) nur 4
(D) nur 3 und 4
(E) 1 bis 4 (alle)

1.21 **F93** Das Lambert-Beer'sche Gesetz gilt prinzipiell bei der Anwendung der:

(1) UV-VIS-Spektroskopie
(2) IR-Spektroskopie
(3) Atomabsorptions-Spektroskopie
(4) NMR-Spektroskopie

(A) nur 1
(B) nur 1 und 2
(C) nur 2 und 3
(D) nur 1, 2 und 3
(E) 1 bis 4 (alle)

1.22 H02 Welche der nachstehend angegebenen Einheiten bzw. Einheiten-Kombinationen trifft für die jeweilige photometrische Größe nicht zu?

(A)	Absorption A:	$l \cdot cm^{-1}$
(B)	spezifische Absorption $A^{1\%}_{1\,cm}$:	$l \cdot g^{-1} \cdot cm^{-1}$
(C)	molarer Absorptions-koeffizient ε:	$l \cdot mol^{-1} \cdot cm^{-1}$
(D)	Stoffmengenkonzentration c:	$mol \cdot l^{-1}$
(E)	Schichtdicke b:	cm

1.23 H95 Bei welchem der folgenden Vorgänge findet typischerweise eine zweifache Spinumkehr statt?

(A) IR-Absorption
(B) UV-Absorption
(C) Fluoreszenz
(D) Atomemission
(E) Phosphoreszenz

1.24 H99 Bei welchem der folgenden Vorgänge wird typischerweise intermediär ein Triplett-Zustand durchlaufen?

(A) Fluoreszenz
(B) Kernresonanz
(C) IR-Absorption
(D) Phosphoreszenz
(E) UV-Absorption

1.25 F10 Die chemisch eng verwandten Wirkstoffe Ampicillin (1) und Amoxycillin (2) können mit diversen instrumentell-analytischen Methoden untersucht werden.

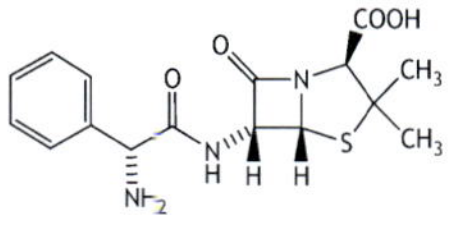

1

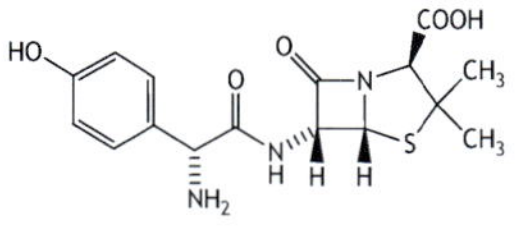

2

In welchen analytischen Informationen unterscheiden sich die Substanzen?

(1) FT-IR-Spektren von KBr-Presslingen
(2) Signale der aromatischen Protonen in den ^{1}H-NMR-Spektren (500 MHz, D_2O)
(3) Retentionszeiten in HPLC-Chromatogrammen (RP-18-Säule)
(4) m/z-Verhältnisse der Molpeaks im Massenspektrum (Elektrospray)
(5) Lage der Absorptionsmaxima (der jeweiligen Lösungen in Natronlauge der Konzentration $c = 0{,}1\ mol \cdot l^{-1}$) in den UV-Vis-Spektren

(A) nur 2
(B) nur 3
(C) nur 1, 2 und 4
(D) nur 3, 4 und 5
(E) 1 bis 5 (alle)

1.26 H06 Abgebildet ist das Antiphlogistikum Bufexamac.

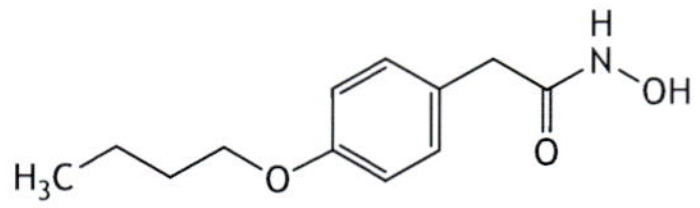

Welche Aussagen zur Analytik der Substanz treffen zu?

(1) Im IR-Spektrum findet man im Bereich zwischen 1600 und 1700 cm^{-1} eine intensive Bande, die auf die C=O-Valenzschwingung zurückzuführen ist.
(2) In saurer wässriger Lösung (pH < 5) spaltet sie spontan in der für Carbamidsäuren typischen Weise CO_2 ab.
(3) In methanolischer Lösung liegt ihr Absorptionsmaximum im UV/Vis-Spektrum bei 485 nm.
(4) Sie kann mittels der Schöniger-Methode quantitativ bestimmt werden.

(A) nur 1
(B) nur 1 und 2
(C) nur 2 und 3
(D) nur 2 und 4
(E) nur 1, 2 und 4

1.27 H06 Mit welcher der folgenden Methoden lassen sich die beiden abgebildeten Isomere am besten unterscheiden?

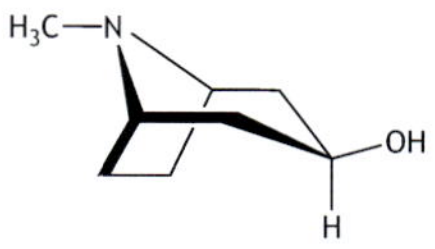

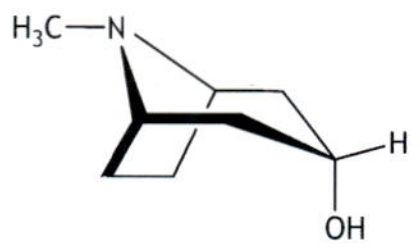

(A) Polarimetrie
(B) UV-Spektroskopie
(C) Fluorimetrie
(D) Kolorimetrie
(E) ¹H-NMR-Spektroskopie

1.28 F06 Bei der Untersuchung von RRR-α-Tocopherol wird eine Verunreinigung identifiziert, die in ethanolischer Lösung im UV-Spektrum die gleichen Absorptionsmaxima und bei der Gaschromatographie an Polydimethylsiloxan dieselbe Retentionszeit aufweist. Um welche der nachfolgenden Verbindungen handelt es sich mit höchster Wahrscheinlichkeit?

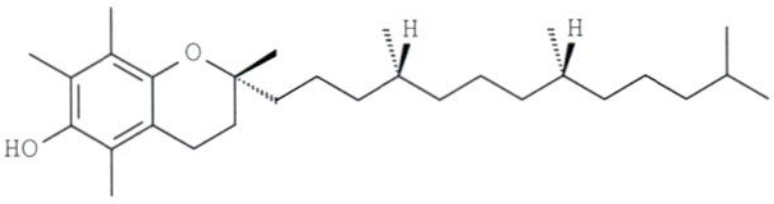

RRR-α-Tocopherol

(A)
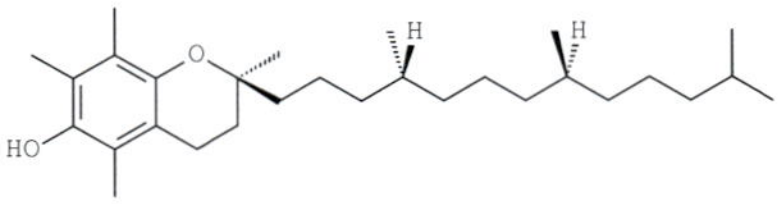

(B)
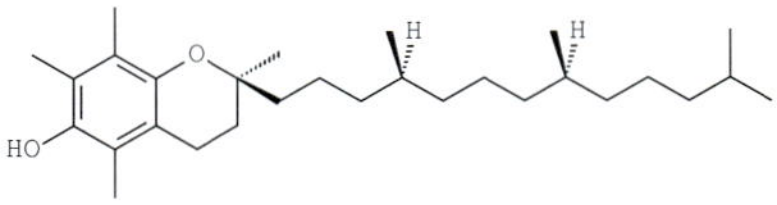

(C)
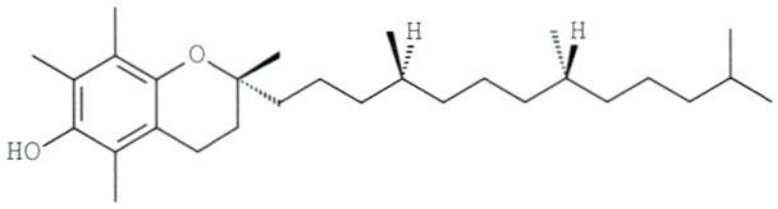

(D)
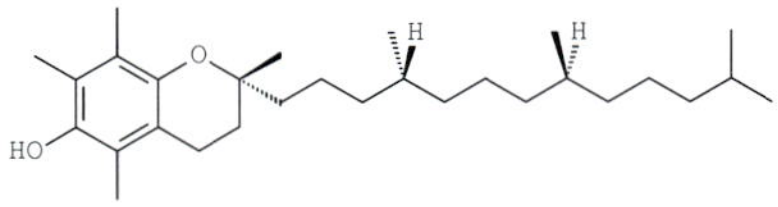

(E)
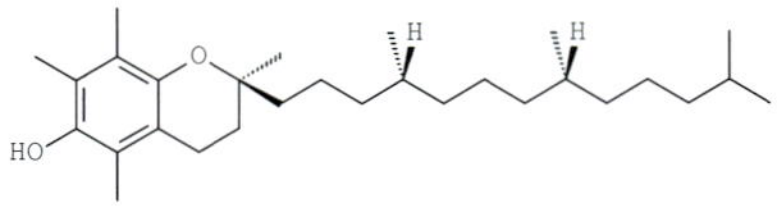

1.29 F06 Welche Aussage trifft nicht zu?
Reines Glycerol kann von einer Glycerol-Wasser-Mischung (1:1) unterschieden werden durch

(A) Bestimmung der relativen Dichte
(B) Bestimmung der Absorption bei 240 nm
(C) Bestimmung der Brechzahl (Brechungsindex)
(D) Titration nach Malaprade
(E) Wasserbestimmung durch azeotrope Destillation

1.30 H05 Welche spektroskopischen Techniken ermöglichen unmittelbar einen Rückschluss auf das Vorliegen eines Enantiomers?

(1) UV-Vis-Spektroskopie
(2) IR-Spektroskopie
(3) CD-Spektroskopie

(A) nur 1
(B) nur 2
(C) nur 3
(D) nur 2 und 3
(E) 1 bis 3 (alle)

1.31 F05 Welche der folgenden Aussagen treffen zu?
Zwei Enantiomere einer chiralen Substanz können prinzipiell unterschieden werden durch

(1) Messung der optischen Drehung
(2) CD-Spektroskopie
(3) IR-Spektroskopie
(4) HPLC an chiralen (optisch aktiven) Phasen

(A) nur 1, 2 und 3
(B) nur 1, 2 und 4
(C) nur 1, 3 und 4
(D) nur 2, 3 und 4
(E) 1 bis 4 (alle)

1.32 F04 Mit welcher Methode lassen sich folgende Isomere am besten unterscheiden?

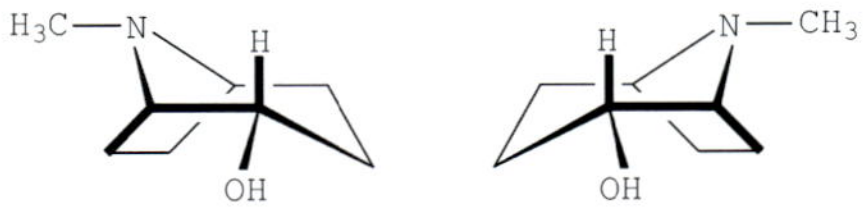

(A) Polarimetrie
(B) UV-Spektroskopie
(C) IR-Spektroskopie
(D) Kolorimetrie
(E) Schmelztemperatur

1.33 H02 Eine Verunreinigung von Atropin (= R/S-Hyoscyamin) durch S-Hyoscyamin kann am besten ermittelt werden mit der

(A) Infrarotspektroskopie
(B) Ultraviolettspektroskopie

(C) Polarimetrie
(D) Refraktometrie
(E) Atomabsorptionsspektroskopie

1.34 H05 Welche Aussage trifft zu?
Zur analytischen Unterscheidung von ^{13}C-Harnstoff und gewöhnlichem Harnstoff ist von den nachfolgend genannten Verfahren am besten geeignet:

(A) Massenspektrometrie
(B) Dünnschichtchromatographie
(C) Polarographie
(D) Polarimetrie
(E) UV-Spektroskopie

1.35 H04 Welche Aussagen treffen zu?
Zur analytischen Unterscheidung von ^{13}C-Harnstoff und gewöhnlichem Harnstoff ist von den nachfolgend genannten Verfahren geeignet:

(1) Massenspektrometrie
(2) Dünnschichtchromatographie
(3) Polarographie
(4) NMR-Spektroskopie

(A) nur 1
(B) nur 2
(C) nur 1 und 4
(D) nur 2, 3 und 4
(E) 1 bis 4 (alle)

1.36 F04 Welche Aussage trifft zu?
Zur analytischen Unterscheidung von ^{13}C-Harnstoff und gewöhnlichem Harnstoff ist von den nachfolgend genannten Verfahren am besten geeignet:

(A) UV-Spektroskopie
(B) Dünnschichtchromatographie
(C) Polarographie
(D) Polarimetrie
(E) NMR-Spektroskopie

1.37 H01 Acetylaceton liegt in einer Keto- und einer Enolform vor (vgl. Abbildung). Welches Verfahren ist zur Unterscheidung der beiden Formen geeignet?

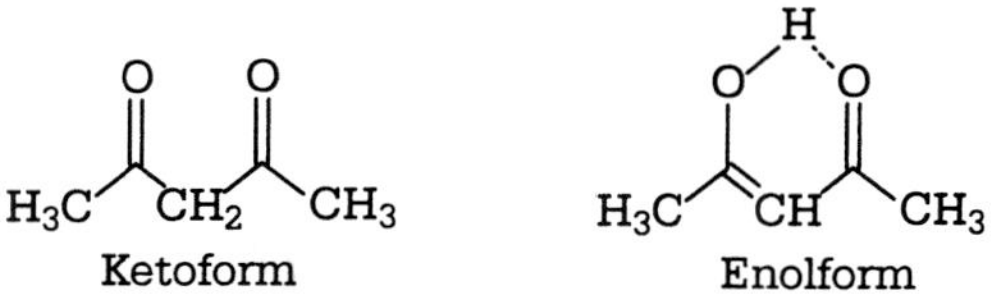

(A) ^{1}H-NMR-Spektroskopie
(B) Vis-Spektroskopie
(C) Atomabsorptions-Spektroskopie
(D) Polarimetrie
(E) Flammenphotometrie

1.38 H07 Welches aufgeführte analytische Verfahren ist prinzipiell am besten geeignet, um zwei Proben der abgebildeten Substanz Thiaminchloridhydrochlorid auf das vermutete Vorliegen zweier verschiedener polymorpher Formen zu untersuchen?

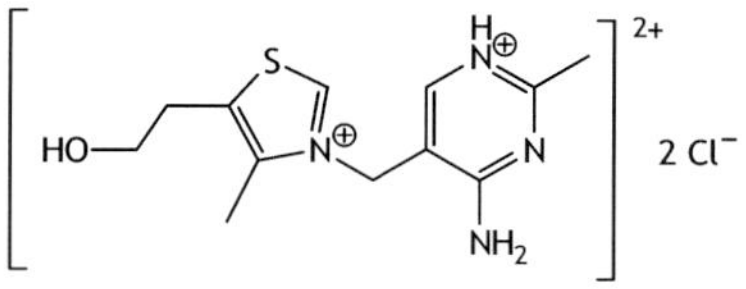

Thiaminchloridhydrochlorid

(A) ^{1}H-NMR-spektroskopische Vermessung in D_2O
(B) ^{1}H-NMR-spektroskopische Vermessung in $CDCl_3$
(C) ^{13}C-NMR-spektroskopische Vermessung in $CDCl_3$
(D) IR-Messung, z. B. mit ATR-Technik
(E) Massenspektroskopische Analyse mittels FAB-Ionisierung

1.39 H07 Welche der folgenden Verfahren sind geeignet, um die abgebildete Reduktion von 4-Phenylpropan-2-on zu 4-Phenylpropan-2-ol analytisch zu untersuchen?

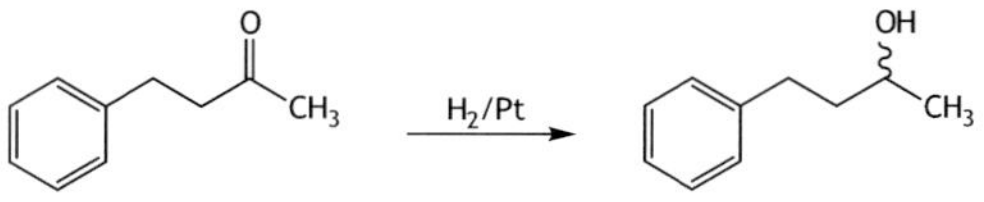

(1) NMR-Spektroskopie
(2) IR-Spektroskopie
(3) Fluorimetrie
(4) Dünnschichtchromatographie
(5) Polarimetrie

(A) nur 1 und 2
(B) nur 1 und 3
(C) nur 2 und 4
(D) nur 1, 2 und 4
(E) nur 1, 2, 4 und 5

1.40 H03 Mittels einer Polystyrolfolie kann die Wellenzahlenskala überprüft werden bei einem:

(A) AAS-Spektrometer
(B) IR-Spektrometer
(C) UV-Spektrometer
(D) Kolorimeter
(E) Fluorimeter

1.41 F04 Welche der folgenden analytischen Verfahren sind zur Identifizierung organischer Stoffe geeignet?

(1) Biamperometrie (mit zwei Indikatorelektroden)
(2) IR-Spektrometrie
(3) Massenspektrometrie
(4) NMR-Spektrometrie

(A) nur 3
(B) nur 4
(C) nur 1 und 3
(D) nur 1 und 4
(E) nur 2, 3 und 4

1.42 F04 Mit welcher Methode lassen sich die Halogenalkane $CH_3–CH_2–F$ und $CH_3–CH_2–Cl$ am besten unterscheiden?

(A) Polarimetrie
(B) UV-Spektroskopie
(C) Vis-Spektroskopie
(D) Kolorimetrie
(E) ^{1}H-NMR-Spektroskopie

1.43 F09 Nach Arzneibuch wird die Identität von Lithiumionen in Lithiumsalzen durch das Auftreten einer roten Flammenfärbung nachgewiesen.

Das Verfahren, durch welches die Färbung erhalten wird, gehört in den Bereich der

(A) Kolorimetrie
(B) Atomabsorptions-Spektroskopie
(C) Atomemissions-Spektroskopie
(D) Konduktometrie
(E) UV-Vis-Photometrie

1.44 H03 Welche Aussagen treffen zu?

Eine Verunreinigung von Cyclohexan mit ca. 5 % Benzen kann nachgewiesen werden durch:

(1) Bestimmung der Lichtabsorption bei ca. 255 nm
(2) Aufnahme eines ^{1}H-NMR-Spektrums im Bereich von $\delta = 6$ bis 8 ppm (TMS als Standard)
(3) Messung der IR-Absorption zwischen 2300 bis 2800 cm^{-1}

(A) nur 1
(B) nur 3
(C) nur 1 und 2
(D) nur 2 und 3
(E) 1 bis 3 (alle)

Ordnen Sie bitte den in Liste 1 aufgeführten spektroskopischen Analysenmethoden die in Liste 2 dargestellten Wellenlängenbereiche zu!

Liste 1

1.45 H04 IR (übliche Geräte)

1.46 H04 UV-VIS

Liste 2

(A) 1 mm – 1 cm
(B) 0,8 µm – 50 µm
(C) 200 nm – 800 nm
(D) 1 nm – 100 nm
(E) 0,01 nm – 1 nm

Ordnen Sie bitte den in Liste 1 aufgeführten Spektralbereichen den jeweils zutreffenden Wellenlängenbereich aus Liste 2 zu!

Liste 1

1.47 **H09** Vakuum-UV

1.48 **H09** Fernes IR

Liste 2

(A) 500 µm – 30 cm
(B) 50 µm – 500 µm
(C) 0,01 nm – 1 nm
(D) 100 nm – 200 nm
(E) 400 nm – 800 nm

Ordnen Sie bitte den in Liste 1 aufgeführten Spektralbereichen den zutreffenden Wellenlängenbereich aus Liste 2 zu!

Liste 1

1.49 **F09** Röntgenstrahlen

1.50 **F09** Mikrowellen

Liste 2

(A) 500 µm – 30 cm
(B) 50 µm – 500 µm
(C) 0,01 nm – 1 nm
(D) 100 nm – 200 nm
(E) 400 nm – 800 nm

1.51 **H99** Die Wellenlänge einer elektromagnetischen Welle betrage $2{,}5 \cdot 10^{-5}$ cm.
Welchem Spektralbereich gehört sie an?

(A) UV
(B) γ-Strahlung
(C) VIS
(D) IR
(E) Keinem der genannten Spektralbereiche.

Ordnen Sie bitte den in Liste 1 aufgeführten Spektralbereichen den größenordnungsmäßig zutreffenden Wellenlängen- bzw. Wellenzahlbereich zu!

Liste 1

1.52 **F00** Infrarot-Bereich

1.53 **F00** Ultraviolett-Bereich

Liste 2

(A) 0,01 bis 1 nm
(B) 200 bis 400 nm
(C) 400 bis 800 nm
(D) 500 µm bis 30 cm
(E) 12 500 bis 200 cm^{-1}

1.54 **F01** In eine Küvette der Schichtdicke b = 0,1 cm wird monochromatisches Licht der Intensität I_0 eingestrahlt. Der aus der Küvette austretende Lichtstrahl hat die Intensität

$$I = \frac{I_0}{10}$$

Die Absorption (früher Extinktion) beträgt:
(A) 0,1
(B) 1
(C) 10
(D) 100
(E) 10 %

1.55 **H02** Der abgebildete Strahlengang ist Teil einer Messanordnung ausfolgender analytischer Technik:

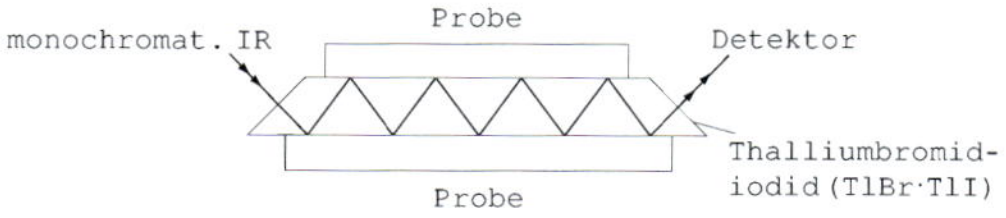

(A) Bestimmung der Brechzahl
(B) IR-Spektroskopie
(C) NMR-Spektroskopie
(D) UV-Vis-Spektroskopie
(E) Fluorimetrie

Lösungen

1.1 C	1.2 D	1.3 B	1.4 D	1.5 E
1.6 C	1.7 C	1.8 A	1.9 D	1.10 B
1.11 A	1.12 E	1.13 C	1.14 C	1.15 C
1.16 D	1.17 C	1.18 A	1.19 C	1.20 D
1.21 D	1.22 A	1.23 E	1.24 D	1.25 E
1.26 A	1.27 E	1.28 B	1.29 B	1.30 C
1.31 B	1.32 B	1.33 C	1.34 A	1.35 C
1.36 E	1.37 A	1.38 D	1.39 D	1.40 B
1.41 E	1.42 E	1.43 C	1.44 C	1.45 B
1.46 C	1.47 D	1.48 B	1.49 C	1.50 A
1.51 A	1.52 E	1.53 B	1.54 B	1.55 B

28

2 Refraktometrie

2.1 F10 Welche Aussagen zu nachfolgendem Schaubild zur Lichtbrechung treffen zu?

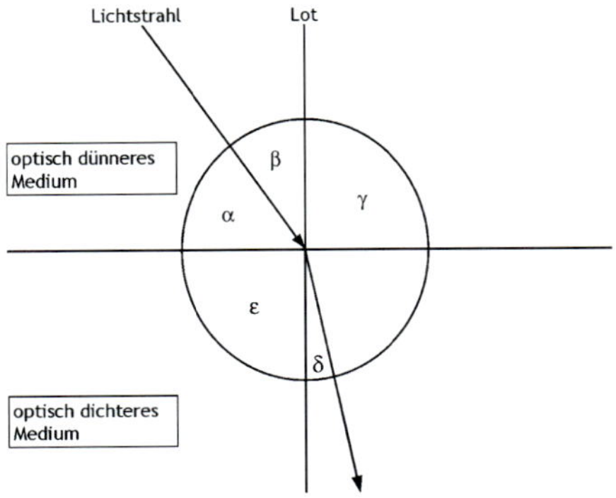

(1) Der Winkel α wird als Einfallswinkel bezeichnet.
(2) Der Winkel β wird als Einfallswinkel bezeichnet.
(3) Die Winkel γ und ε werden als Grenzwinkel der Totalreflexion bezeichnet.
(4) Der Winkel δ wird als Brechungswinkel bezeichnet.
(5) Der Grenzwinkel der Totalreflexion beträgt immer 90°.

(A) nur 1 und 4
(B) nur 2 und 4
(C) nur 3 und 5
(D) nur 2, 3 und 5
(E) nur 2, 3, 4 und 5

2.2 H08 Welche Aussagen zur Refraktometrie treffen zu?

(1) Im Gegensatz zum Brechungswinkel einer Substanz ist der „Grenzwinkel der Totalreflexion“ unabhängig von der Wellenlänge des eingestrahlten Lichts.
(2) Als „Grenzwinkel der Totalreflexion“ bezeichnet man den Einfallswinkel α, bei dem der Brechungswinkel β gerade 180° wird.
(3) Die absolute Brechzahl n einer Substanz bezeichnet den Quotienten aus der Lichtgeschwindigkeit c im Vakuum und der Lichtgeschwindigkeit c_S in der Substanz.

(A) nur 1
(B) nur 2
(C) nur 3
(D) nur 2 und 3
(E) 1 bis 3 (alle)

2.3 H09 Welche Aussage trifft **nicht** zu?

Die Brechzahl (früher: Brechungsindex) einer Substanz
(A) ist eine Stoffkonstante
(B) ist abhängig von der Temperatur
(C) hängt von der Wellenlänge des eingestrahlten Lichts ab
(D) ist abhängig vom Einfallswinkel des Lichts
(E) kann zu Identitäts- und Reinheitsprüfungen von Substanzen herangezogen werden

2.4 F09 Welche Aussage zur Refraktometrie trifft **nicht** zu?

(A) Die Brechzahl einer Substanz ist unabhängig von der Wellenlänge des eingestrahlten Lichts.
(B) Die Brechzahl einer Substanz kann als Maß für deren Reinheit verwendet werden.
(C) Die Brechzahl einer Substanz ist temperaturabhängig.
(D) Die absolute Brechzahl einer Substanz ist das Verhältnis der Lichtgeschwindigkeit im Vakuum zu der in dieser Substanz.
(E) Die absolute Brechzahl von Luft ist geringfügig größer als die des Vakuums.

2.5 H05 Welche Aussagen treffen zu?

Die Brechzahl einer Substanz ist abhängig von:
(1) der Wellenlänge des verwendeten Lichtes
(2) der Messtemperatur
(3) dem Einfallswinkel des Lichtes
(4) der Polarisierbarkeit der Probe

(A) nur 1
(B) nur 1 und 2
(C) nur 2 und 4

(D) nur 1, 2 und 4
(E) 1 bis 4 (alle)

2.6 F99 Welche Aussagen über die Brechzahl (Brechungsindex) treffen zu?

(1) Die Brechzahl ist von der Temperatur abhängig.
(2) Die Brechzahl ist von der Wellenlänge abhängig
(3) Die Brechzahl von Lösungen ist von ihrer Konzentration abhängig.
(4) Bei vielen gebräuchlichen Refraktometern (Beispiel: Abbé-Refraktometer) erfolgt die Messung der Brechzahl über die Ermittlung des Grenzwinkels der Totalreflexion.

(A) nur 1 und 2
(B) nur 3 und 4
(C) nur 1, 2 und 4
(D) nur 2, 3 und 4
(E) 1 bis 4 (alle)

2.7 H98 Welche Aussage trifft nicht zu?

Der bei der Brechzahlbestimmung einer Substanzlösung mittels eines mit monochromatischem Licht arbeitenden Refraktometers ermittelte Wert hängt ab von der:
(A) Wellenlänge des Messlichtes
(B) Schichtdicke des Substanzfilmes
(C) Probentemperatur
(D) Substanzkonzentration
(E) Art des Lösungsmittels

2.8 F03 Welche Aussagen zur Bestimmung der Brechzahl flüssiger organischer Stoffe zum Zweck ihrer Charakterisierung treffen zu?

(1) Zur Kontrolle des Refraktometers kann Toluen verwendet werden.
(2) Die Brechzahl wird meist auf die Wellenlänge der Na-D-Linie bezogen.
(3) Die Brechzahl flüssiger organischer Stoffe nimmt in der Regel mit der Temperatur zu.
(4) Die Messung muss bei definierter Temperatur erfolgen.

(A) nur 1 und 2
(B) nur 3 und 4
(C) nur 1, 2 und 4
(D) nur 2, 3 und 4
(E) 1 bis 4 (alle)

2.9 F90 Welcher Aussage zur Bestimmung der Brechzahl nach Arzneibuch stimmen Sie nicht zu?

(A) Zur Kontrolle des Refraktometers kann Toluol CRS verwendet werden.
(B) Die Brechzahl wird meist auf die Wellenlänge der Na-D-Linie bezogen.
(C) Das Refraktometer muss die Ablesung der Brechzahl auf mindestens drei Dezimalen gestatten.
(D) Die Brechzahl organischer Flüssigkeiten nimmt mit der Temperatur zu.
(E) Die Messung muss bei definierter Temperatur erfolgen.

2.10 F97

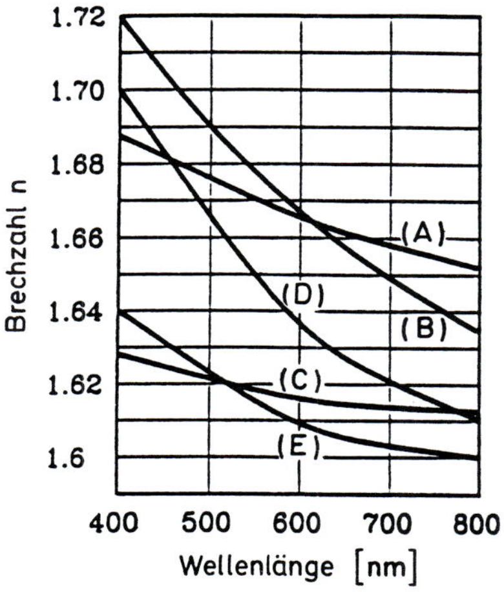

Obige Abbildung zeigt die Veränderung der Brechzahl für 5 Substanzen (A bis E) mit der Wellenlänge. Welche Substanz zeigt die größte Brechzahl n_{20}^{D}?

2.11 H96 Obige Abbildung zeigt die Veränderung der Brechzahl für 5 Substanzen (A bis E) mit der Wellenlänge (Abbildung Frage 2.10).

Welche Substanz zeigt im gesamten Bereich die größte Dispersion der Brechzahl?

Lösungen

2.1 B	2.2 C	2.3 D	2.4 A	2.5 D
2.6 E	2.7 B	2.8 C	2.9 D	2.10 B
2.11 D				

3 Polarimetrie

3.1 **F02** Welche Aussagen treffen zu?

Bei der Bestimmung der spezifischen Drehung eines Arzneistoffes sind folgende Größen von Bedeutung:
(1) abgelesener Drehwinkel
(2) Schichtdicke der Messlösung
(3) Konzentration der Messlösung
(4) Temperatur
(5) Wellenlänge des polarisierten Lichtes

(A) nur 1 und 2
(B) nur 1, 2 und 3
(C) nur 2, 3 und 4
(D) nur 3, 4 und 5
(E) 1 bis 5 (alle)

3.2 **F02** Welche der folgenden Faktoren beeinflussen den Betrag des polarimetrisch ermittelten Drehwerts optisch aktiver Verbindungen?

(1) die Messtemperatur
(2) die Viskosität des Lösungsmittels
(3) die Art des Lösungsmittels
(4) die Wellenlänge des polarisierten Lichtes

(A) nur 4
(B) nur 1 und 2
(C) nur 1, 2 und 3
(D) nur 1, 3 und 4
(E) nur 2, 3 und 4

3.3 **H90, F01** Welche Aussagen treffen zu?

Der Drehungswinkel einer optisch aktiven Substanz ist abhängig von der:
(1) Wellenlänge des polarisierten Lichtes
(2) Schichtdicke der durchstrahlten Lösung
(3) Konzentration der Substanz
(4) Temperatur der Lösung

(A) nur 1
(B) nur 1 und 4
(C) nur 2 und 3
(D) nur 1, 2 und 3
(E) 1 bis 4 (alle)

3.4 **F90** Welche Aussage über die spezifische Drehung der Weinsäure trifft nicht zu? Sie ist abhängig

(A) von der Art des Lösungsmittels.
(B) von der Wellenlänge des zur Messung verwendeten Lichtes.
(C) vom pH-Wert der Messlösung.
(D) von der Länge des Polarimeterrohres.
(E) von der Temperatur.

3.5 **F00** Welche Aussagen treffen zu?

Die spezifische Drehung der Lösung einer festen Substanz ist abhängig von
(1) der Frequenz des verwendeten Lichtes
(2) der Länge des verwendeten Polarimeterrohres

(3) der Beobachtungstemperatur
(4) dem Lösungsmittel

(A) nur 1
(B) nur 3
(C) nur 1 und 2
(D) nur 1, 3 und 4
(E) nur 2, 3 und 4

3.6 F95 Welche Aussagen treffen zu?

Der Betrag des Drehungswinkels α einer Substanz
(1) nimmt mit steigender Konzentration zu
(2) nimmt in der Regel mit abnehmender Wellenlänge des polarisierten Lichtes zu
(3) verändert sich bei Wechsel des Lösungsmittels

(A) nur 1
(B) nur 2
(C) nur 3
(D) nur 1 und 3
(E) 1 bis 3 (alle)

3.7 H07 Welche Aussage zur optischen Drehung trifft nicht zu?

(A) Der Drehwinkel der Lösung einer optisch aktiven Substanz ist unabhängig von der Wellenlänge des eingestrahlten linear polarisierten Lichts.
(B) Die spezifische Drehung ist eine stoffspezifische Größe.
(C) Der Drehwinkel der Lösung einer optisch aktiven Substanz kann zu deren Konzentrationsbestimmung herangezogen werden.
(D) Die spezifische Drehung wird üblicherweise mit linear polarisiertem Licht der Wellenlänge λ = 589,3 nm bestimmt.
(E) Der Drehwinkel der Lösung einer optisch aktiven Substanz ist von der Temperatur abhängig.

3.8 F06 Welche Aussage trifft nicht zu?

Der Drehwinkel α der Lösung einer optisch aktiven Substanz
(A) hängt ab von der verwendeten Lichtwellenlänge
(B) ist proportional der Zahl der Chiralitätszentren eines Moleküls der Substanz
(C) hängt ab von der Dicke der durchstrahlten Schicht
(D) hängt ab von der Temperatur
(E) hängt ab von der Konzentration der optisch aktiven Substanz

3.9 H03 Welche Aussagen treffen zu?

Der Wechsel des Lösungsmittels kann bei der Messung der spezifischen Drehung der Lösung einer chiralen Substanz prinzipiell bewirken:
(1) Umkehr des Vorzeichens beim Drehwinkel
(2) Verkleinerung des Drehwinkels
(3) Vergrößerung des Drehwinkels
(4) Verlust der Chiralität der Substanz

(A) nur 1 und 4
(B) nur 1, 2 und 3
(C) nur 1, 3 und 4
(D) nur 2, 3 und 4
(E) 1 bis 4 (alle)

3.10 F10 Welche Aussage zur chiroptischen Analyse einer Substanz trifft zu?

(A) Der Drehwert der Lösung einer optisch aktiven Substanz ist unabhängig vom verwendeten Lösungsmittel.
(B) Das Vorhandensein eines Chiralitätszentrums in einer Substanz ist eine **notwendige** Voraussetzung für optische Aktivität.
(C) Beim Durchgang linear polarisierten Lichts durch die Lösung einer optisch aktiven Substanz besitzen der links- und der rechtszirkular polarisierte Lichtstrahl die gleiche Ausbreitungsgeschwindigkeit.
(D) Beim Durchgang linear polarisierten Lichts durch die Lösung einer optisch aktiven Substanz sind die Brechzahlen für den links- und den rechtszirkular polarisierten Lichtstrahl unterschiedlich.
(E) Der Durchgang von linear polarisiertem Licht durch die Lösung einer optisch aktiven Substanz führt zur Änderung der Wellenlänge des Lichtstrahls.

Ordnen Sie bitte den Verfahren aus Liste 1 den zutreffenden wirksamen Effekt aus Liste 2 zu!

Liste 1

3.11 H04 Polarimetrie

3.12 H04 CD-Spektroskopie

Liste 2

(A) Polarisationstransfer
(B) Circulare Doppelbrechung
(C) Spinumkehr
(D) Circularer Dichroismus
(E) Leitfähigkeitsänderung

3.13 H09 Die polarimetrische Bestimmung der spezifischen Drehung $[\alpha]_D^{20}$ als Kenngröße für optisch aktive Substanzen nach dem Europäischen Arzneibuch kann in Lösung vorgenommen werden. Welche Aussagen treffen zu?

(1) Die spezifische Drehung der Substanz wird in Deuterium bestimmt.
(2) Die Bestimmung muss mit einer Konzentration der gelösten Substanz von 1 g/ml erfolgen.
(3) Es wird eine Schichtdicke von 1,00 dm vorgeschrieben.
(4) Die spezifische Drehung kann zu Identitäts- und Reinheitsprüfungen von Substanzen genutzt werden.
(5) Die Polarimetrie ist für Konzentrationsbestimmungen grundsätzlich ungeeignet.

(A) nur 1 und 3
(B) nur 3 und 4
(C) nur 4 und 5
(D) nur 1, 2, 3 und 4
(E) nur 1, 3, 4 und 5

3.14 F93 Welche Aussagen treffen zu?

Die spezifische Drehung $[\alpha]_D^{20}$ ist definiert als der Drehwinkel α, um den die Schwingungsebene des linear polarisierten Lichts durch eine optisch aktive Substanz gedreht wird

(1) unter Verwendung von Licht der Wellenlänge 589 nm
(2) in einer Konzentration von 1 g · ml^{-1}
(3) nur in wässriger Lösung
(4) in einer Schichtdicke von 10 cm

(A) nur 1 und 2
(B) nur 3 und 4
(C) nur 1, 2 und 3
(D) nur 1, 2 und 4
(E) 1 bis 4 (alle)

3.15 H07 Wie werden die für die Bestimmung der spezifischen Drehung verwendeten Größen Konzentration und Schichtdicke nach SI normiert?

(A) 1 mol/l; 1 cm
(B) 1 g/l; 1 cm
(C) 100 g/l; 1 cm
(D) 1 g/100 ml; 1 dm
(E) 1 kg/m^3; 1 m

3.16 H02 Welche Aussagen zur optischen Drehung treffen zu?

(1) Aus dem gemessenen Drehwinkel kann die Saccharose-Konzentration einer Lösung berechnet werden.
(2) Die spezifische Drehung einer optisch aktiven Substanz ist annähernd proportional zur Schichtdicke der Messprobe in der Küvette.
(3) Die spezifische Drehung der Lösung einer optisch aktiven Substanz ist unabhängig vom Lösungsmittel.
(4) Der Buchstabe D vor der Bezeichnung einer optisch aktiven Substanz bezeichnet gemäß internationaler Konvention Rechts-Drehung, der Buchstabe L Links-Drehung.

(A) nur 1
(B) nur 2 und 3
(C) nur 3 und 4
(D) nur 1, 2 und 4
(E) 1 bis 4 (alle)

3.17 **H90, F01** Welche Aussagen treffen zu?

Bei der Bestimmung der spezifischen Drehung wird ein Drehwert von 90 ° ermittelt. Zur Klärung, ob α entweder + 90 oder –270 beträgt, dient die:

(1) Verdünnung der Lösung auf die halbe Konzentration.
(2) Messung in einem Polarimeterrohr halber Länge.
(3) Drehung des Polarimeterrohres um 180 °.

(A) nur 1
(B) nur 2
(C) nur 3
(D) nur 1 und 2
(E) 1 bis 3 (alle)

3.18 **F07, H06** Mit welchen der folgenden Bezeichnungen kann das Ergebnis einer polarimetrischen Bestimmung unmittelbar korreliert werden?

(1) (–)/(–)
(2) *E*/*Z*
(3) *R*/*S*
(4) *D*/*L*

(A) nur mit 1
(B) nur mit 1 und 2
(C) nur mit 2 und 3
(D) nur mit 2, 3 und 4
(E) mit 1 bis 4 (allen)

3.19 **F06** Die Eigenschaft einer Substanz, die Schwingungsebene des linear polarisierten Lichts nach links zu drehen, wird üblicherweise gekennzeichnet durch:

(A) –
(B) l
(C) L
(D) s
(E) S

3.20 **F03** Bei welcher der genannten Verbindungen kann allein aus der Bezeichnung darauf geschlossen werden, dass sie in wässriger Lösung im Polarimeter die Ebene des linear polarisierten Lichtes nach rechts dreht?

(A) R-Hyoscyamin · HBr
(B) D-Glucose
(C) (+)-Weinsäure
(D) E-Zimtsäure
(E) α-Tropinol

3.21 **F02**

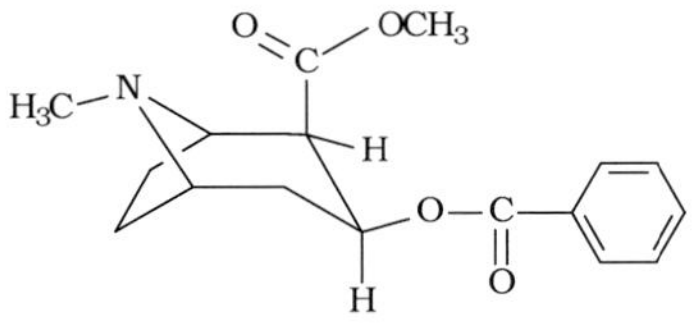

Cocain (s. obige Formel) dreht die Ebene des polarisierten Lichtes. Bei welchen der folgenden Verbindungen wäre ebenfalls eine optische Aktivität zu erwarten?

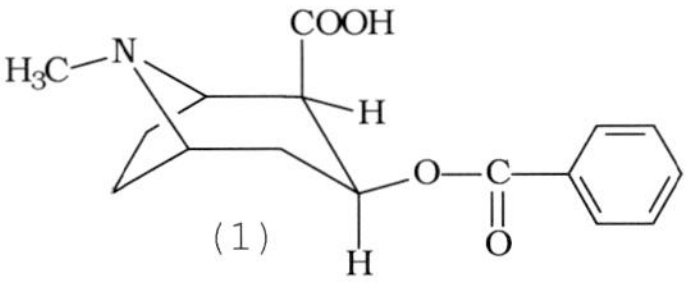

(1)

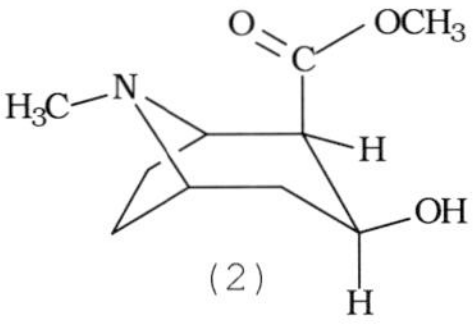

(2)

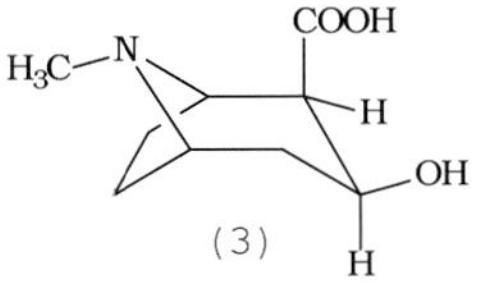

(3)

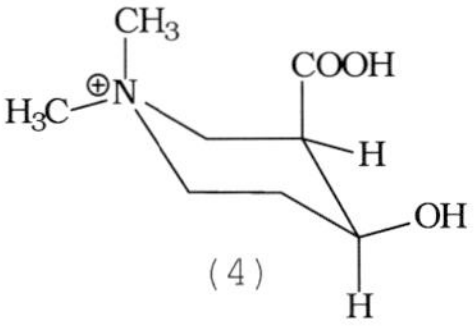

(4)

(A) nur bei 1
(B) nur bei 1 und 2
(C) nur bei 2 und 3
(D) nur bei 3 und 4
(E) bei 1 bis 4 (allen)

3.22 **F03, F93** Verbindung I zeige eine spezifische Drehung vong $[\alpha]_D^{20} = -48\,°$. Welche Verbindung zeigt als Enantiomer von I eine spezifische Drehung von + 48 °?

I

(A)

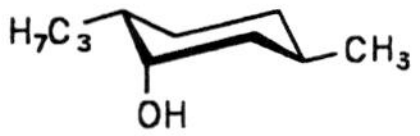

(B)

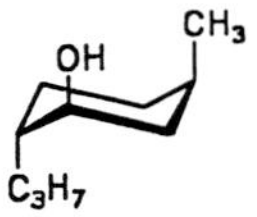

(C)

(D)

(E)

3.24 **H05, F93** Welche Aussagen treffen zu?

Ein ätherisches Ölgemisch zeige bei einer polarimetrischen Untersuchung eine Drehung linear polarisierten Lichtes. Verantwortlich hierfür können folgende Bestandteile des Öles sein:

(1)

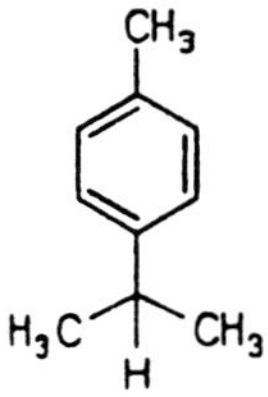

(2)

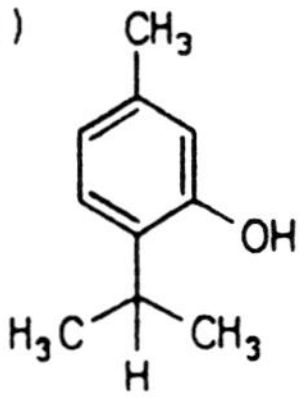

(3)

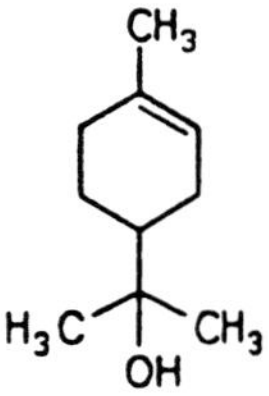

(4)

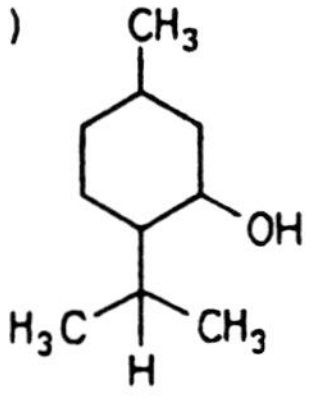

(A) nur 1
(B) nur 4
(C) nur 3 und 4
(D) nur 2, 3 und 4
(E) 1 bis 4 (alle)

3.23 **H06** Welche Aussagen treffen zu?

Die Berechnung des Enantiomerenüberschusses (ee) des Reaktionsprodukts einer enantioselektiven Synthese erfolgt nach

(1) $ee = \dfrac{\text{Drehwert des Reaktionsprodukts}}{\text{Drehwert des Edukts}}$

(2) $ee = \dfrac{\text{Masse des überwiegenden Enantiomers - Masse des anderen Enantiomers}}{\text{Summe der Massen der Enantiomere}}$

(3) $ee = \dfrac{\text{Drehwert des überwiegenden Enantiomers - Drehwert des anderen Enantiomers}}{\text{Summe der Drehwerte der Enantiomere}}$

(4) $ee = \dfrac{\text{Peakfläche des überwiegenden Enantiomers - Peakfläche des anderen Enantiomers}}{\text{Summe der Peakflächen der Enantiomere}}$

(5) $ee = \dfrac{\text{Molmasse des überwiegenden Enantiomers - Molmasse des anderen Enantiomers}}{\text{Summe der Molmassen der Enantiomere}}$

(A) nur 1
(B) nur 1 und 3
(C) nur 2 und 4
(D) nur 1, 3 und 5
(E) nur 2, 3 und 4

3.25 F95

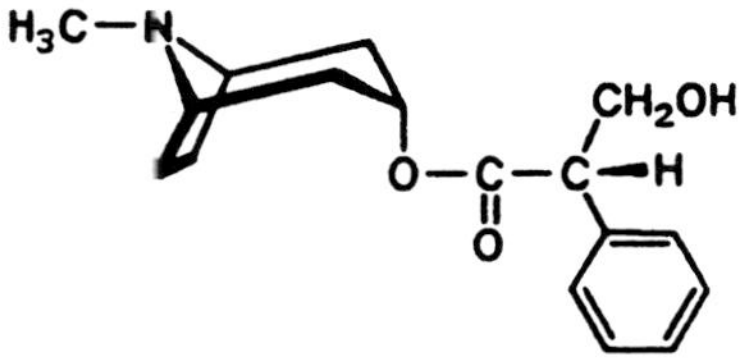

Hyoscyamin (siehe obige Formel) dreht die Ebene linear polarisierten Lichtes. Bei welchen der folgenden Reaktions- und Umwandlungsprodukte wäre ebenfalls eine optische Aktivität zu erwarten?

(A) nur 3
(B) nur 4
(C) nur 1 und 2
(D) nur 1 und 4
(E) nur 1, 3 und 4

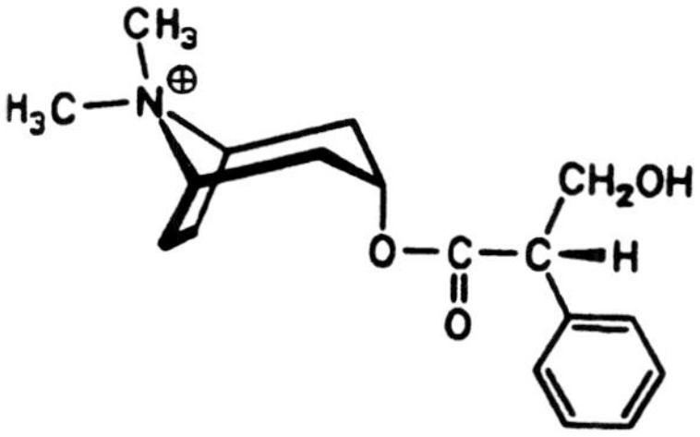

(1)

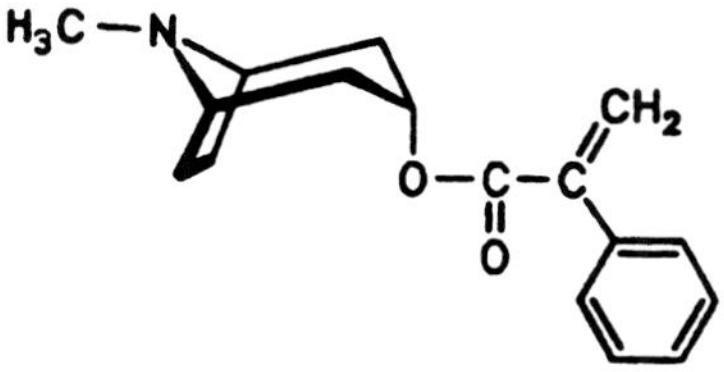

(2)

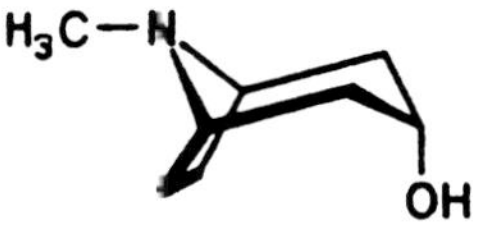

(3)

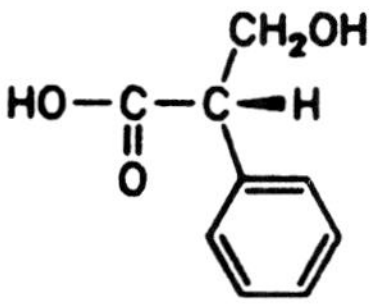

(4)

3.26 H08, F99 Welche Aussagen treffen zu?

Zur Bestimmung der spezifischen Drehung ist die Einstellung des Mutarotationsgleichgewichts abzuwarten bei:

(1) Mannit
(2) Mannose
(3) Saccharose
(4) Fructose

(A) nur 1 und 2
(B) nur 1 und 4
(C) nur 2 und 4
(D) nur 3 und 4
(E) 1 bis 4 (alle)

3.27 H05 Zur Überprüfung der Richtigkeit der von einem Polarimeter angezeigten optischen Drehung eignet sich grundsätzlich

(A) β-Alanin
(B) Maleinsäure
(C) meso-Weinsäure
(D) Citronensäure
(E) R,R-Weinsäure

3.28 F05 Zur Kontrolle der Linearität der Anzeige eines Polarimeters ist eine Lösung folgender Substanz geeignet:

(A) Cyclohexanol
(B) Saccharose
(C) Citronensäure
(D) Propylenglycol
(E) Salicylsäure

3.29 H04 Welche der folgenden Stoffe eignen sich grundsätzlich zur Überprüfung der Richtigkeit der von einem Polarimeter angezeigten optischen Drehung?

(1) Saccharose
(2) Glycin
(3) Traubensäure

(A) nur 1
(B) nur 2
(C) nur 3
(D) nur 1 und 3
(E) 1 bis 3 (alle)

3.30 F96

Zur Überprüfung der Richtigkeit der von einem Polarimeter angezeigten optischen Drehung eignet sich grundsätzlich
(A) β-Alanin
(B) Maleinsäure
(C) meso-Weinsäure
(D) Citronensäure
(E) Saccharose

3.31 H99 Welche Bauelemente in der folgenden Schema-Zeichnung eines Polarimeters sind vertauscht?

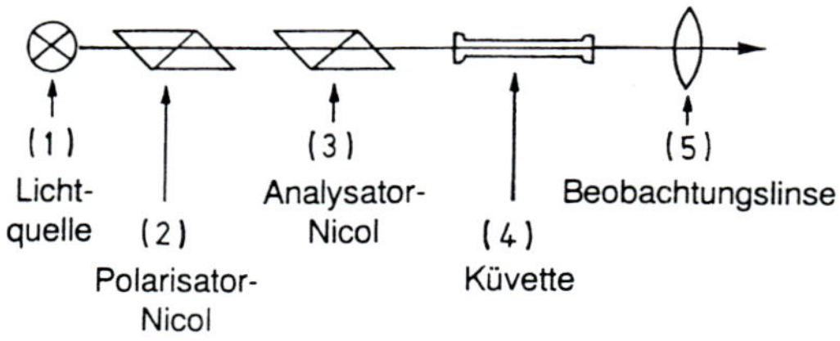

(A) 2 mit 3
(B) 2 mit 4
(C) 3 mit 4
(D) 4 mit 5
(E) Alle Bauteile sind richtig angeordnet.

Lösungen

3.1 E	3.2 D	3.3 E	3.4 D	3.5 D
3.6 E	3.7 A	3.8 B	3.9 B	3.10 D
3.11 B	3.12 D	3.13 B	3.14 D	3.15 E
3.16 A	3.17 D	3.18 A	3.19 A	3.20 C
3.21 E	3.22 A	3.23 C	3.24 C	3.25 D
3.26 C	3.27 E	3.28 B	3.29 A	3.30 E
3.31 C				

4 Spektralpolarimetrie

4.1 H09 Zur Qualitätskontrolle von Arzneistoffen kann die Untersuchung chiroptischer Erscheinungen wie Zirkulardichroismus herangezogen werden.

Was führt zum Auftreten von Zirkulardichroismus?
(A) die jeweils unterschiedliche Ausbreitungsgeschwindigkeit von rechts- und linkszirkular polarisiertem Licht in chiralen Medien
(B) die Wellenlängen-abhängige Ausbreitungsgeschwindigkeit von linear polarisiertem Licht in chiralen Medien
(C) die jeweils unterschiedliche Absorption von rechts- und linkszirkular polarisiertem Licht in chiralen Medien
(D) die Temperatur-abhängige Beugung von linear polarisiertem Licht in anisotropen Kristallen
(E) die jeweils unterschiedliche Ausbreitungsgeschwindigkeit von rechts- und linkszirkular polarisiertem Licht in Wasser

4.2 H03 Welche Aussage trifft zu?

Geräte zur Messung des Zirkulardichroismus (Dichrographen) messen die
(A) Differenz des Brechungsindex für rechts und linkszirkular polarisiertes Licht
(B) Differenz der Absorption für rechts und linkszirkular polarisiertes Licht
(C) Absorptionsmaxima zweifarbiger Indikatoren
(D) Differenz rechts und links umlaufender Ströme in Kryomagneten von NMR-Spektrometern
(E) Differenz rechts und links gerichteter Austauschvorgänge bei der Ionenaustauschchromatographie

4.3 F10 Zur Qualitätskontrolle von Arzneistoffen kann die Untersuchung chiroptischer Erscheinungen wie Zirkulardichroismus herangezogen werden. Hierzu werden Arzneistofflösungen in einem Dichrographen vermessen: Über einen bestimmten Wellenlängenbereich wird die Differenz ΔA zwischen den Absorptionen A_L für den linkszirkular sowie A_R für den rechtszirkular polarisierten Lichtstrahl bestimmt.

Welche Aussagen treffen zu?

(1) Für Racemate ist $A_L = A_R$.
(2) Für reines (S)-Phenylalanin ist im gesamten Wellenlängenbereich $A_R = 0$.
(3) Für optisch nicht aktive Verbindungen ist $\Delta A = 0$.

(A) nur 1
(B) nur 1 und 2
(C) nur 1 und 3
(D) nur 2 und 3
(E) 1 bis 3 (alle)

4.4 F94 Der Einfluss der Vakuum-Lichtwellenlänge auf die optische Drehung einer farblosen Substanz im sichtbaren Spektralbereich kann durch folgende Kurve beschrieben werden:

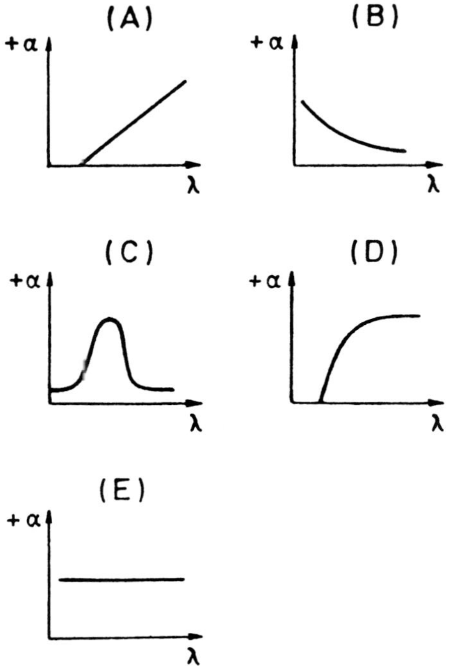

4.5 H91 Bei der Messung der spezifischen Drehung einer chiralen Substanz, die im UV-VIS-Bereich keine Absorption zeigt, wird anstelle der D-Linie des Natriums ($\lambda = 589{,}3$ nm) die Quecksilber-Linie bei $\lambda = 436$ nm verwendet. Was beobachten Sie?

(A) Eine Erhöhung des Drehwinkels (Betrag).
(B) Eine Erniedrigung des Drehwinkels (Betrag)
(C) Einen Verlust der optischen Aktivität.
(D) Keine Änderung.
(E) Eine Umkehr des Vorzeichens beim Drehwinkel.

4.6 H00 Von einer gelösten optisch aktiven Substanz wird bei nachfolgend genannten Wellenlängen die optische Drehung bestimmt. Unter der Voraussetzung des Vorliegens normaler Rotationsdispersion ist der Betrag der optischen Drehung am größten bei Verwendung von:

(A) 589 nm
(B) 578 nm
(C) 564 nm
(D) 436 nm
(E) 365 nm

4.7 F04 Der Circulardichroismus-Modulator (CD-Modulator) in einem CD-Spektrometer dient zur Erzeugung von

(A) zweifarbigem Licht
(B) linear polarisiertem Licht
(C) monochromatischem Licht
(D) kohärentem Licht
(E) rechts und links zirkular polarisiertem Licht

Lösungen

4.1 C 4.2 B 4.3 B 4.4 B 4.5 A
4.6 E 4.7 E

5 Kolorimetrie

5.1 H08 Welche Aussagen zu dem bei drei verschiedenen pH-Werten abgebildeten Pyridoxin treffen zu?

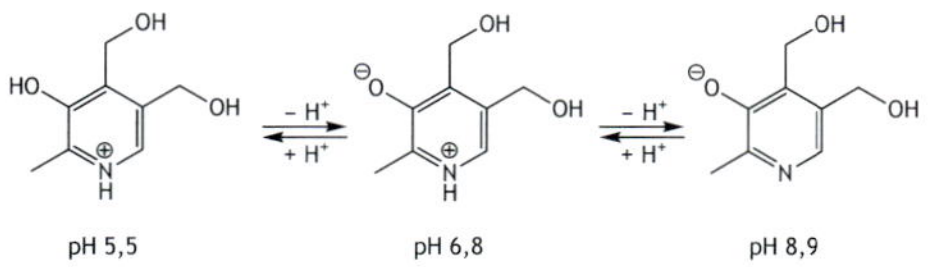

(1) Aufgrund des Polymethingerüsts ist Pyridoxin bei pH 8,9 tiefblau gefärbt.
(2) Wegen des amphoteren Charakters ist die UV-Absorption pH-abhängig.
(3) Die phenolartige Hydroxypyridin-Struktur bei pH 5,5 lässt sich mit Eisen(III)-chlorid nachweisen.
(4) Pyridoxin kann mit Salzsäure ein Hydrochlorid bilden.

(A) nur 1
(B) nur 2
(C) nur 1 und 4
(D) nur 2 und 3
(E) nur 2, 3 und 4

5.2 H04 Welches Reagenz ergibt mit Eisen(III)-Ionen eine gefärbte Verbindung und ermöglicht damit deren kolorimetrische Bestimmung?

(A) NH_4SCN
(B) $KClO_3$
(C) NH_3
(D) KCN
(E) Dithizon

5.3 H89 Welche Aussagen treffen zu?

Bei der Prüfung „Färbung von Flüssigkeiten" nach Arzneibuch werden Lösungen verwendet, welche aus folgenden (salzsauren) Stammlösungen hergestellt werden können:
(1) Eisen(III)chlorid-Lösung
(2) Kupfer(II)sulfat-Lösung
(3) Nickel(II)chlorid-Lösung
(4) Kobalt(II)chlorid-Lösung

(A) nur 3
(B) nur 1 und 2
(C) nur 1, 2 und 3
(D) nur 1, 2 und 4
(E) 1 bis 4 (alle)

5.4 F90 Welche Aussagen treffen zu?

Die „Prüfung auf Färbung von Flüssigkeiten" nach Arzneibuch ist ein kolorimetrisches Verfahren, bei welchem Farbvergleichslösungen über Farbreferenzlösungen durch Mischen wie folgt gefärbter (salzsäurehaltiger) Stammlösungen erhalten werden:
(1) Gelb (Eisen(III)chlorid)
(2) Blau (Kupfer(II)sulfat)
(3) Rot (Kobalt(II)chlorid)
(4) Braun (Holmium(III)perchlorat)

(A) nur 1 und 2
(B) nur 1 und 3
(C) nur 1, 2 und 3
(D) nur 2, 3 und 4
(E) 1 bis 4 (alle)

5.5 H97 Zur kolorimetrischen Bestimmung eines rot gefärbten Reaktionsproduktes muss der Vergleich folgende Farbe haben:

(A) rot
(B) gelb
(C) grün
(D) blau
(E) violett

Lösungen
5.1 E 5.2 E 5.3 D 5.4 C 5.5 A

6 Atomabsorptionsspektroskopie

6.1 H09 In der Atomabsorptionsspektroskopie werden gebildete Atome durch Einstrahlung von Licht angeregt und die Intensität des dabei absorbierten Lichts gemessen.

Welche Aussage zu den hierbei eingesetzten Strahlungsquellen trifft zu?

(A) Es wird ein Argon-Plasma-Brenner eingesetzt, der hohe Temperaturen und homogenes weißes Licht hoher Intensität erzeugt.
(B) Als Strahlungsquelle für die Untersuchung organischer Arzneistoffe wird ein Globar, z. B. aus Siliciumcarbid, verwendet.
(C) Es wird eine Strahlungsquelle benötigt (z. B. eine Hohlkathodenlampe), die Emissionslinien des zu bestimmenden Elements erzeugt.
(D) Um Licht definierter Wellenlänge und ausreichender Intensität zu generieren, wird ein roter Neon-Argon-Laser herangezogen.
(E) Es wird ein Photodioden-Array benutzt, um die erforderliche Anregungswellenlänge einstellen zu können.

6.2 F03 Welche Aussage trifft **nicht** zu?

Die Atomabsorptionsspektroskopie

(A) verwendet in der Regel das Licht der D-Linie des Natriums
(B) beruht darauf, dass Atome des zu bestimmenden Elements eingestrahltes Licht absorbieren
(C) ist ein Verfahren, bei dem mit zunehmender Konzentration des zu bestimmenden Elements die Intensität des aus der Probe austretenden Messlichtes abnimmt
(D) ist ein Verfahren zur Analyse von Metallen bzw. deren Verbindungen
(E) ermöglicht den Nachweis von **einigen** Elementen in Massenanteilen unterhalb 0,01 ppm

6.3 H92 Welche Aussage trifft nicht zu?

Die Atomabsorptionsspektroskopie

(A) verwendet in der Regel das Licht der D-Linie des Natriums.
(B) beruht darauf, dass Atome des zu bestimmenden Elements eingestrahltes Licht absorbieren.
(C) ist ein Verfahren, bei dem mit zunehmender Konzentration des zu bestimmenden Elements die Intensität des aus der Probe austretenden Messlichtes abnimmt.
(D) ist ein Verfahren zur Analyse von Metallen bzw. deren Verbindungen.
(E) ermöglicht den Nachweis von Elementen in Massenanteilen unterhalb 0,01 ppm.

6.4 H00 Welche Aussage trifft nicht zu?

Die Atomabsorptionsspektroskopie ist ein Verfahren bei dem

(A) die Absorption direkt proportional zur Konzentration der Probe ist
(B) meist das Licht der D-Linie des Natriums verwendet wird
(C) Metallionen (in Form ihrer Atome) quantitativ bestimmt werden können
(D) durch thermische Dissoziation von Salzen Atome entstehen
(E) die Bandbreite der verwendeten Linie der Lichtquelle kleiner als die Absorptionsbreite des Elementes der Probe sein muss

6.5 F10 Welche Aussage zur Atomabsorptionsspektroskopie (AAS) trifft nicht zu?

(A) Die AAS kann zu quantitativen Bestimmungen eingesetzt werden.
(B) Bei der AAS werden die Proben im gasförmigen Zustand vermessen.
(C) Atome müssen für die Messung zuerst ionisiert werden.
(D) Die Anregung der Atome erfolgt optisch, d. h. durch Einstrahlung von Licht.

(E) Es wird zur Messung typischerweise die Lichtwellenlänge genutzt, die der von den Atomen emittierten Wellenlänge entspricht (Resonanzabsorption).

6.6 H05, F89 Welche Aussagen treffen zu?

Die Atomabsorptionsspektrophotometrie
(1) dient zur quantitativen Bestimmung von Metallen.
(2) beruht darauf, dass bei der thermischen Dissoziation eines Salzes Atome entstehen.
(3) verwendet elektromagnetische Wellen der gleichen Wellenlänge, die auch von dem zu bestimmenden Element im angeregten Zustand emittiert werden.
(4) ist ein Verfahren, bei dem die Extinktion direkt proportional zur Konzentration der untersuchten Probe ist.

(A) nur 1
(B) nur 2
(C) nur 3
(D) nur 4
(E) 1 bis 4 (alle)

6.7 H07 Welche der folgenden Erscheinungen sind bei der Bestimmung von Kalium in Kaliumchlorid mittels Atomabsorptionsspektroskopie nicht erwünscht?

(A) Versprühen der Lösung (Aerosolbildung)
(B) Verdampfen des Lösungsmittels
(C) Verdampfen des Salzes
(D) Atomisierung der Salzbestandteile
(E) Ionisation der freien Atome

6.8 F98 Welches der Bauelemente in der folgenden Schema-Zeichnung eines Atomabsorptionsspektrometers ist nicht zutreffend (an der falschen Stelle) angeordnet?

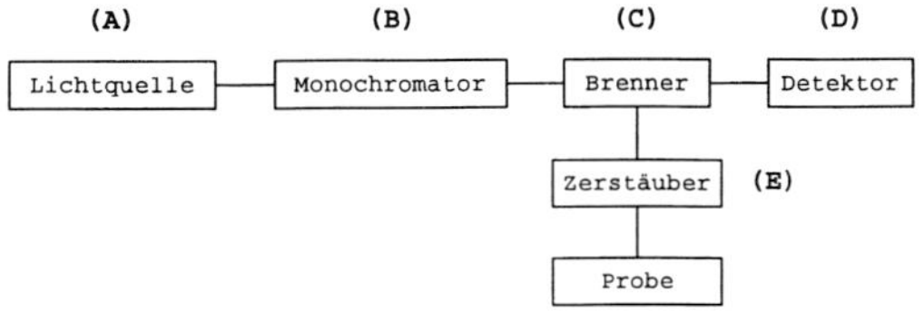

6.9 H08 Welche der folgenden Bauteile finden sich in einem Atomabsorptions-Spektrometer?

(1) Strahlungsquelle
(2) Magnetfeldanalysator
(3) Monochromator
(4) Detektor

(A) nur 1 und 4
(B) nur 1, 2 und 3
(C) nur 1, 3 und 4
(D) nur 2, 3 und 4
(E) 1 bis 4 (alle)

6.10 H98 Welche Aussagen treffen zu?

Bei der Flammen-AAS wird ein Monochromator benötigt. Dieser dient zur:
(1) Auswahl der Messwellenlänge
(2) Festlegung der Wellenlänge des in den Brenner eintretenden Messlichtes
(3) Ausblendung von Emissionen der Flamme
(4) Festlegung der spektralen Bandbreite der Messlinie

(A) nur 2
(B) nur 4
(C) nur 1 und 3
(D) nur 2 und 4
(E) 1 bis 4 (alle)

6.11 F97 Welche Einheiten gehören zum prinzipiellen Aufbau eines Atomabsorptionsspektrometers?

(1) Strahlenquelle
(2) Magnetfeldanalysator
(3) Monochromator
(4) Detektor

(A) nur 1 und 4
(B) nur 1, 2 und 3
(C) nur 1, 3 und 4
(D) nur 2, 3 und 4
(E) 1 bis 4 (alle)

6.12 F92, H95 Welche Aussage trifft nicht zu?

Bei der Atomabsorptionsspektroskopie
(A) muss die für die Messung ausgewählte Spektrallinie genügend weit von anderen Linien entfernt sein.
(B) nimmt die Intensität des aus der Flamme austretenden gemessenen Lichtes mit der Konzentration des zu bestimmenden Elements in der Probe zu.
(C) wird der zu untersuchende Stoff in einer Flamme oder in einem elektrisch beheizten Graphitrohr atomisiert.
(D) muss die Linienbreite der Messlinie kleiner sein als die der Atomabsorptionslinie des zu bestimmenden Elements.
(E) ist eine quantitative Auswertung mit Hilfe von Eichkurven möglich.

6.13 F09 Welche Aussage trifft nicht zu?

Bei der Atomabsorptionsspektroskopie
(A) muss die für die Messung ausgewählte Spektrallinie genügend weit von anderen Linien entfernt sein
(B) nimmt die Intensität des aus der Flamme austretenden, gemessenen Lichts mit der Konzentration des zu bestimmenden Elements in der Probe zu
(C) wird der zu untersuchende Stoff in einer Flamme oder in einem elektrisch beheizten Graphitrohr atomisiert
(D) muss die Linienbreite der Messlinie kleiner sein als die der Atomabsorptionslinie des zu bestimmenden Elements
(E) ist eine quantitative Auswertung mit Hilfe von Eichkurven möglich

6.14 H89 Welche Aussagen treffen zu?

In der Atomabsorptionsspektroskopie (AAS) werden an die Lichtquelle besondere Anforderungen gestellt.
Diese sind u. a.:
(1) Die für die Messung ausgewählte Linie muss genügend isoliert sein.
(2) Die Linie muss im sichtbaren Spektralbereich liegen.
(3) Die Bandenbreite der Linie muss bedeutend kleiner als die Absorptionsbandbreite des zu bestimmenden Elementes sein.
(4) Die Intensität der emittierten Linie muss während der Messreihe genügend konstant sein.

(A) nur 1
(B) nur 2
(C) nur 2 und 3
(D) nur 1, 3 und 4
(E) 1 bis 4 (alle)

6.15 F07, F93 Welche Aussage zur Atomabsorptionsspektroskopie trifft nicht zu?

(A) Die Strahlungsquelle darf im Sichtbaren (400 bis 700 nm) nur eine Linie ausstrahlen.
(B) Die für die Messung ausgewählte Linie muss genügend isoliert sein.
(C) Die Linienbreite der für die Messung ausgewählten Linie der Strahlungsquelle muss bedeutend kleiner als die Atomabsorptionslinienbreite des zu bestimmenden Elementes sein.
(D) Die Intensität der für die Messung ausgewählten Linie muss genügend groß und zeitlich konstant sein.
(E) Die Apparatur muss eine Einrichtung zur Erzeugung von Atomdämpfen haben.

6.16 F02 Welche Aussagen zur Atomabsorptionsspektroskopie treffen zu?

(1) Die Strahlungsquelle darf im Sichtbaren (400 bis 800 nm) nur eine Linie ausstrahlen.
(2) Die für die Messung ausgewählte Linie muss genügend isoliert sein.
(3) Die Linienbreite der für die Messung ausgewählten Linie der Strahlungsquelle muss bedeutend kleiner als die Atomabsorptionslinienbreite des zu bestimmenden Elementes sein.
(4) Die Intensität der für die Messung ausgewählten Linie muss genügend hoch und zeitlich konstant sein.

(A) nur 1
(B) nur 3

(C) nur 1 und 3
(D) nur 1 und 4
(E) nur 2, 3 und 4

6.17 H98 Welche Aussagen treffen zu?

Als Lichtquellen für die AAS werden verwendet
(1) Hohlkathodenlampen
(2) Wolframfadenlampe
(3) Deuteriumfadenlampe

(A) nur 1
(B) nur 3
(C) nur 1 und 2
(D) nur 2 und 3
(E) 1 bis 3 (alle)

6.18 F01 Als Lichtquelle für den Atomabsorptionsvorgang der ASS wird verwendet:

(A) Hohlkathodenlampe
(B) Wolframfadenlampe
(C) Deuteriumlampe
(D) Nernst-Stift
(E) Graphitrohrküvette

6.19 F10, H94 Welches der folgenden Gase eignet sich als Füllgas für eine Hohlkathodenlampe zur Bestimmung von Calcium mittels Atomabsorptionsspektroskopie (AAS)?

(A) N_2
(B) O_2
(C) Ne
(D) Cl_2
(E) H_2

6.20 H93 Die in der AAS verwendeten Hohlkathodenlampen enthalten ein Füllgas. Hierzu eignet sich:

(A) Cl_2
(B) O_2
(C) CO_2
(D) Ar
(E) CH_4

6.21 F02 Welche Aussagen treffen zu?

In der AAS werden Hohlkathodenlampen verwendet, welche ein Füllgas von geringem Druck enthalten. Die Aufgabe des Füllgases ist:
(1) nach Ionisierung Leitung des Entladungsstromes zwischen Anode und Kathode
(2) Reaktion mit dem Kathodenmaterial unter Bildung von Verbindungen
(3) Herauslösen von Atomen aus der Kathodenoberläche durch Gasionen
(4) Emission eines Bandenspektrums, aus welchem die Messwellenlänge ausgefiltert wird

(A) nur 2
(B) nur 1 und 3
(C) nur 1 und 4
(D) nur 2 und 3
(E) nur 1, 3 und 4

6.22 H06 Die Bestimmung kleiner Arsenmengen mit der Atomabsorptionsspektroskopie gelingt mit der Hydridtechnik.

Welche Aussage trifft **nicht** zu?
(A) Die Probenvorbereitung erfolgt so, dass der Analyt als gelöste Arsenverbindung vorliegt.
(B) Arsen-Verbindungen in den Oxidationsstufen + 3 und + 5 werden durch einen Reduktionsprozess in Arsenwasserstoff übergeführt.
(C) Der Arsenwasserstoff wird in eine Küvette geleitet und UV/Vis-spektroskopisch vermessen.
(D) Der Arsenwasserstoff wird thermisch in Arsen und Wasserstoff zerlegt.
(E) Der Arsendampf wird spektroskopisch quantitativ bestimmt.

6.23 H06 Die Atomabsorptionsspektroskopie (AAS) ist eine nachweisstarke Technik zur Elementbestimmung in pharmazeutischen Präparaten.

Bei welchem Element wird typischerweise eine Absorption im sichtbaren Spektralbereich genutzt?

(A) Aluminium
(B) Blei
(C) Cadmium
(D) Kalium
(E) Quecksilber

6.24 F04 Bei welchem der folgenden Elemente liegt bei der Atomabsorptionsspektrometrie (AAS) die von der Hohlkathodenlampe ausgehende Messwellenlänge im sichtbaren Bereich?

(A) Blei
(B) Cadmium
(C) Kalium
(D) Quecksilber
(E) Zink

6.25 H03 Welche Aussagen treffen zu?

Durch Atom**absorptions**spektroskopie lassen sich folgende Ionen quantitativ bestimmen:
(1) Ca^{2+}
(2) Na^{+}
(3) K^{+}
(4) Mg^{2+}

(A) nur 2
(B) nur 1 und 3
(C) nur 1, 2 und 3
(D) nur 2, 3 und 4
(E) 1 bis 4 (alle)

6.26 H02 Welche Aussagen treffen zu?

Durch Atom**absorptions**spektroskopie lassen sich folgende Ionen quantitativ bestimmen:
(1) Ca^{2+}
(2) Ba^{2+}
(3) Pb^{2+}
(4) Cu^{2+}

(A) nur 1
(B) nur 1 und 2
(C) nur 2 und 3
(D) nur 3 und 4
(E) 1 bis 4 (alle)

6.27 F05, H93 Welche Aussagen treffen zu?

Durch Atomabsorptionsspektroskopie können folgende Ionen bestimmt werden:
(1) Zn^{2+}
(2) Pb^{2+}
(3) Mg^{2+}
(4) Ca^{2+}

(A) nur 1 und 2
(B) nur 2 und 3
(C) nur 3 und 4
(D) nur 2, 3 und 4
(E) 1 bis 4 (alle)

6.28 H93 Der Zinkgehalt einer verdünnten Zink-EDTA-Lösung werde mit Hilfe der Atomabsorptionsspektroskopie bei 214 nm bestimmt. Durch welche der nachfolgend aufgeführten Teilchen wird diese Lichtabsorption verursacht?

(A) Zinkatome
(B) Zinkionen
(C) Zinkradikale
(D) Zinkhydroxid
(E) Zinkoxid

6.29 H04 Folgende Abbildung zeigt einen Ausschnitt des Termschemas von Natrium (die Zahlen geben die Wellenlängen der entsprechenden Übergänge in nm an).

Welcher der mit A bis E bezeichneten Übergänge ist für eine Natriumbestimmung mittels der Atomabsorptionsspektroskopie am geeignetsten?

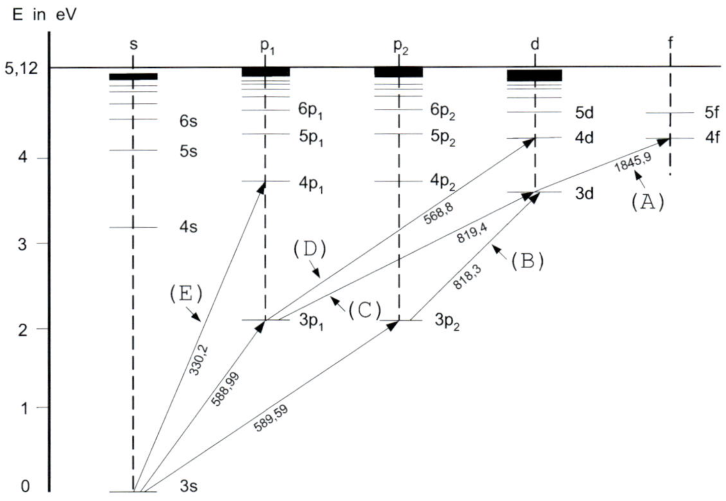

6.30 F93 Zur quantitativen Bestimmung von Quecksilber eignet sich die flammenlose Atomabsorption bei 254 nm. Welches der folgenden Materialien ist für das Austrittsfenster der hierzu nötigen Hohlkathodenlampe am besten geeignet?

(A) Glas
(B) KBr
(C) Quarz
(D) Polystyrol
(E) Thalliumbromid

Lösungen

6.1 C	6.2 A	6.3 A	6.4 B	6.5 C
6.6 E	6.7 E	6.8 B	6.9 C	6.10 C
6.11 C	6.12 B	6.13 B	6.14 D	6.15 A
6.16 E	6.17 A	6.18 A	6.19 C	6.20 D
6.21 B	6.22 C	6.23 D	6.24 C	6.25 E
6.26 E	6.27 E	6.28 A	6.29 E	6.30 C

7 Flammenphotometrie

7.1 H09 Bei der Atomemissionsspektroskopie von Erdalkalimetallen erhält man zumeist ein Linienspektrum.

Welche Aussagen treffen zu?

(1) Das Linienspektrum resultiert aus den unterschiedlichen Anregungszuständen der Atome.
(2) Das Linienspektrum repräsentiert das Isotopenverhältnis des Metalls.
(3) Die Intensität des emittierten Lichts korreliert weitgehend mit der Konzentration des Analyten.
(4) Die Intensität des emittierten Lichts ist weitgehend unabhängig von der Anregungstemperatur.

(A) nur 1 und 3
(B) nur 1 und 4
(C) nur 2 und 3
(D) nur 2 und 4
(E) nur 1, 3 und 4

7.2 **F07** Welche Aussagen zur Spektralanalyse treffen zu?

(1) Die Spektralanalyse ist eine Form der Emissionsspektroskopie.
(2) Bei der Spektralanalyse gehen Elektronen durch thermische Anregung zunächst in energiereichere unbesetzte Atomorbitale über.
(3) Einige Alkali- und Erdalkalimetalle können bereits mit der Energie der Bunsenbrennerflamme aktiviert und durch Flammenfärbung analysiert werden.
(4) Die von den Alkali- und Erdalkalimetallen erzeugten Linienspektren sind Ausdruck des Isotopenverhältnisses dieser Elemente.

(A) nur 1
(B) nur 1 und 2
(C) nur 2 und 3
(D) nur 1, 2 und 3
(E) nur 2, 3 und 4

7.3 **H08** Welcher der folgenden Vorgänge ist an der Identifizierung von Natriumsalzen in wässrigen Lösungen mittels Flammen-Atomemissions-Spektroskopie **nicht** beteiligt?

(A) Natrium-Ionen werden durch thermische Energie angeregt.
(B) NaCl-Partikel werden verdampft.
(C) NaCl-Partikel dissoziieren teilweise in Atome.
(D) Ein Teil der Atome im Gaszustand wird durch thermische Energie angeregt.
(E) Die Elektronen gasförmiger angeregter Natrium-Atome kehren in den Grundzustand zurück.

7.4 **F04, F94** Welche Aussagen treffen zu?

Bei der flammenphotometrischen Bestimmung der Konzentration einer verdünnten Natriumchlorid-Lösung wird das Licht der Natrium-D-Linie von folgenden Teilchen abgestrahlt:
(1) von Natriumchlorid-Molekülen
(2) von Natrium-Atomen
(3) von Natrium-Ionen

(A) nur 1
(B) nur 2
(C) nur 3
(D) nur 1 und 2
(E) 1 bis 3 (alle)

7.5 **H05** Welche Aussage trifft zu?

Die rote Flammenfärbung einer Bunsenflamme bei Einbringen von Lithiumchlorid wird hervorgerufen durch
(A) Li-Ionen
(B) Li-Atome
(C) LiCl-Moleküle
(D) Li_2-Moleküle
(E) freie Elektronen

7.6 **H99** Welche Aussagen zur Flammenphotometrie treffen zu?

(1) Bei der Flammenphotometrie werden die Absorptionsspektren organischer Verbindungen zu ihrer Identifizierung herangezogen.
(2) Bei der Flammenphotometrie erfolgt eine thermische Anregung von Elektronen des zu bestimmenden Elementes.
(3) Bei der Flammenphotometrie wird die Intensität des abgestrahlten Lichtes zur quantitativen Bestimmung von Elementen herangezogen.
(4) Zur Auswertung flammenphotometrischer Messungen werden Standardzumischverfahren oder Eichkurven herangezogen.

(A) nur 1 und 2
(B) nur 1 und 3
(C) nur 2 und 4
(D) nur 1, 2 und 4
(E) nur 2, 3 und 4

7.7 H95 Beim Zerstäuben einer Natriumchlorid-Lösung in der Bunsenflamme wird die gelbe „Natrium-D-Linie" emittiert. Diese Emission rührt her von

(A) undissoziierten NaCl-Molekülen im Dampfzustand
(B) NaCl-Kriställchen
(C) Natrium-Ionen (Na^+)
(D) dem dissoziierten Ionenpaar Na^+/Cl^-
(E) Natrium-Atomen

7.8 H96 Bei der Flammenphotometrie von NaCl geht die Emission aus von:

(A) Natriumionen
(B) Natriumchloridpartikeln
(C) Natriummolekülen
(D) freien Elektronen

7.9 H98 Die gelbe Emissionslinie des Natriums (sog. D-Linie) kommt zustande durch Änderung

(A) des Kerndrehimpulses
(B) der Rotationsenergie
(C) des Schwingungszustandes
(D) der Translationsenergie
(E) des elektronischen Zustandes

7.10 F07, F89 Welche Aussage trifft zu?

Unter „Serien" der Emissionsspektren von Alkalimetallen versteht man
(A) Gruppen äquidistanter Linien im Spektrum
(B) Folgen von Spektrallinien, deren Frequenzen (ν) einer allgemeinen Formel folgender Form gehorchen:

$$\nu = \text{const.} \cdot \left(\frac{1}{n^2} - \frac{1}{m^2}\right)$$

(C) Folgen zeitlich nacheinander auftretender Linien im Flammenspektrum
(D) die Gesamtheit jener Linien, welche der Natrium-D-Linie bei den anderen Alkalimetallen entsprechen
(E) durch Triplett-Übergänge entstehende Emissionslinien-Dreiergruppen

7.11 F06, H90 Unter „Serien" des Emissionsspektrums eines Elements versteht man

(A) Gruppen äquidistanter Linien im Wellenzahl-linearen Spektrum
(B) Spektrallinien, die zu Übergängen mit gemeinsamem Grundzustand gehören
(C) Folgen zeitlich nacheinander auftretender Linien im Flammenspektrum
(D) Spektrallinien mit gemeinsamem angeregten Zustand
(E) die Gesamtheit aller Linien des Elements

7.12 F05, H92 Welches Bauteil ist nicht Bestandteil eines Flammenphotometers für die Atomemissionsspektroskopie?

(A) Zerstäuber
(B) Detektor
(C) Brenner
(D) Monochromator
(E) Quarzküvette

7.13 H97 Welches der Bauelemente in der folgenden Schema-Zeichnung eines Flammenphotometers ist nicht zutreffend oder falsch angeordnet?

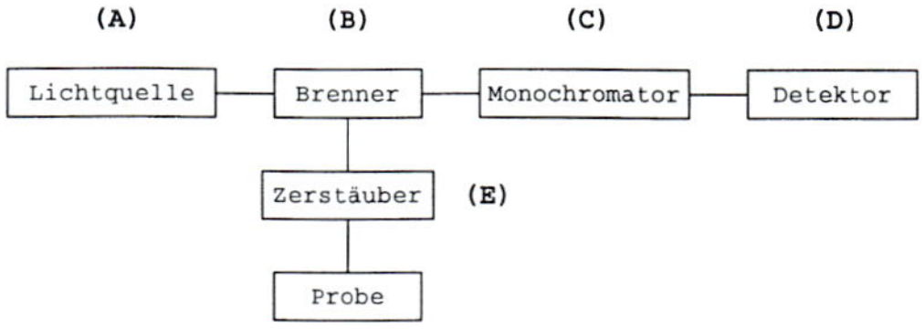

7.14 H07, H94 In welcher Reihenfolge sind die in der Flammenphotometrie verwendeten Brenngase nach steigender Flammentemperatur, die mit ihnen erreicht werden kann, zutreffend geordnet?

(A) Acetylen/Sauerstoff < Wasserstoff/Luft < Propan/Luft
(B) Acetylen/Sauerstoff < Propan/Luft < Wasserstoff/Luft
(C) Wasserstoff/Luft < Propan/Luft < Acetylen/Sauerstoff
(D) Wasserstoff/Luft < Acetylen/Sauerstoff < Propan/Luft

(E) Propan/Luft < Wasserstoff/Luft < Acetylen/Sauerstoff

7.15 H98 Welche Aussage trifft nicht zu?

Als Brenngasmischung für die Flammenphotometrie sind geeignet:

(A) Leuchtgas (Erdgas)/Luft
(B) Acetylen/Wasserstoff
(C) Sauerstoff/Acetylen
(D) Wasserstoff/Luft
(E) Sauerstoff/Dicyan

7.16 F92 Welche Aussage trifft zu?

Die rote Flammenfärbung einer Bunsenflamme bei Einbringen von Lithiumchlorid wird hervorgerufen durch

(A) Li-Ionen
(B) Li-Atome
(C) LiCl-Moleküle
(D) Li_2-Moleküle
(E) freie Elektronen

7.17 H95 Welche Aussagen treffen zu?

Eine rote Flammenfärbung tritt auf, wenn folgende Verbindung in die nichtleuchtende Bunsenflamme gebracht wird:

(1) $Ni(OH)_2$
(2) Li_2CO_3
(3) $SrCl_2$
(4) MnO_2
(5) $Cd(OH)_2$

(A) nur 2
(B) nur 1 und 2
(C) nur 2 und 3
(D) nur 4 und 5
(E) nur 1, 2, 3 und 5

7.18 F95 Welche der folgenden Verbindungen ergeben eine grüne oder blaugrüne Flammenfärbung, wenn sie in die nichtleuchtende Bunsenflamme gebracht werden?

(1) $SnCl_2$
(2) $CuCl_2$
(3) $B(OCH_3)_3$
(4) Cr_2O_3

(A) nur 2 und 3
(B) nur 3 und 4
(C) nur 1, 2 und 4
(D) nur 2, 3 und 4
(E) 1 bis 4 (alle)

7.19 H03 Was enthält ein Handspektroskop typischerweise nicht?

(A) Abbildungslinse (Sammellinse)
(B) Eintrittsspalt
(C) Amici-Prisma (Geradsichtprisma)
(D) Nicol'sches Prisma
(E) Wellenlängenskala

7.20 F03, F04, F90 Folgende Abbildung zeigt schematisch den Aufbau eines Handspektroskopes.

Welches Bauteil in diesem Aufbau ist dafür verantwortlich, dass beim Betrachten einer Natrium-Flamme eine gelbe Linie (und nicht etwa ein Punkt) beobachtet wird?

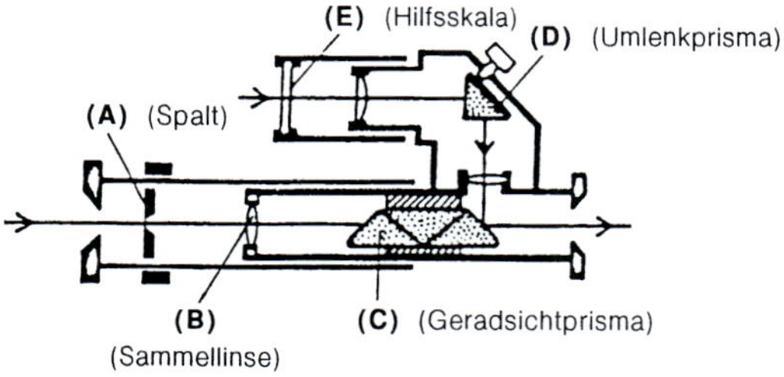

28

Lösungen

7.1 A	7.2 D	7.3 A	7.4 B	7.5 B
7.6 E	7.7 E	7.8 C	7.9 E	7.10 B
7.11 B	7.12 E	7.13 A	7.14 E	7.15 B
7.16 B	7.17 C	7.18 A	7.19 D	7.20 A

8 UV/VIS-Spektroskopie

8.1 F07, F96 Welche der folgenden Vorgänge im Molekül werden bei der UV-VIS-Spektroskopie angeregt?

(1) Rotation des Moleküls um seinen Schwerpunkt
(2) Schwingungen innerhalb des Moleküls
(3) Anhebung von Bindungs- oder Außenelektronen auf höhere Energieniveaus

(A) nur 1
(B) nur 2
(C) nur 1 und 2
(D) nur 2 und 3
(E) 1 bis 3 (alle)

8.2 F01 Welche der folgenden Anregungsarten ist für die UV-Spektroskopie am charakteristischsten?

(A) Anregung von Molekülrotationen
(B) Anregung von symmetrischen Molekülschwingungen
(C) Anregung des Elektronensystems der Moleküle
(D) Anregung von antisymmetrischen Molekülschwingungen
(E) Anregung von Atomkernen unter Änderung des Kernspins

8.3 F04 Welche Aussage trifft nicht zu?

Bei der UV-Vis-Spektrometrie
(A) sind die Absorptionsbanden umso breiter, je weniger beständig die Anregungszustände sind
(B) verursachen „verbotene Energieübergänge“ keine Absorptionsbanden
(C) nimmt die Breite der Absorptionsbanden mit der Polarität des Lösungsmittels zu
(D) sind die im Gaszustand gemessenen Absorptionsbanden schmaler als die in einem Lösungsmittel gemessenen
(E) sind die Absorptionsbanden umso intensiver, je größer die Wahrscheinlichkeit ist, dass ein Molekül mit der Strahlung in Wechselwirkung treten kann

8.4 F00 Zur Kalibrierung der Wellenlängenskala von UV-Vis-Spektralphotometern kann die in einer „Wasserstofflampe“ erzeugte Emissionslinie bei ca. 656 nm verwendet werden. Wodurch entsteht sie?

(A) Molekülschwingungen
(B) Rekombination von Wasserstoffatomen zu H_2
(C) Bildung von Protonen
(D) Elektronenübergänge in Wasserstoffatomen
(E) Elektronenübergänge in Wasserstoffmolekülen

8.5 F91 In welchem der folgenden Absorptionsbereiche ist die relative Genauigkeit einer Messung mit einem Einstrahlphotometer am größten?

(A) 0 bis 0,1
(B) 0,1 bis 0,3
(C) 0,3 bis 0,6
(D) 0,7 bis 1,0
(E) 1,0 bis 1,5

8.6 H09 Bei UV-spektroskopischen Gehaltsbestimmungen sollte die Probenlösung möglichst bei einer Wellenlänge vermessen werden, bei der die zu bestimmende Substanz ein relatives oder das absolute Absorptionsmaximum aufweist.

Der Grund dafür liegt darin, dass
(A) dadurch der lichtempfindliche Analysator geschont wird
(B) im Bereich von UV-Maxima die Zersetzung lichtempfindlicher Arzneistoffe minimal ist
(C) dann die Empfindlichkeit des Verfahrens am größten ist
(D) dann Verunreinigungen nicht miterfasst werden
(E) UV-Maxima spezifisch für die untersuchte Probe sind

8.7 **H01** Welche Aussagen treffen zu?

Eine sehr große spektrale Bandbreite führt bei spektralphotometrischen Messungen
(1) am Absorptions**maximum** zu einem zu kleinen Wert für die Absorption
(2) am Absorptions**minimum** zu einem zu großen Wert für die Absorption
(3) zu weitestgehend monochromatischem Licht des Messstrahls
(4) zu einer erhöhten Lichtintensität

(A) nur 1
(B) nur 3
(C) nur 4
(D) nur 3 und 4
(E) nur 1, 2 und 4

8.8 **F92** Das in der Photometrie gemessene Licht muss sein:

(A) linear polarisiert.
(B) zirkular polarisiert.
(C) weitgehend monochromatisch.
(D) weitgehend kohärent.
(E) weiß.

8.9 **H93** Zur Bestimmung der Absorption A einer Lösung mit Hilfe eines Zweistrahl-Photometers sollte sich im Referenz-Strahlengang befinden:

(A) keine Küvette
(B) eine leere Küvette
(C) eine mit dem betreffenden Lösungsmittel gefüllte Küvette
(D) eine 1 %ige Lösung der zu untersuchenden Substanz
(E) eine 1 %ige Lösung der Referenzsubstanz

8.10 **F03** Welche Aussage trifft zu?

Unter dem molaren Absorptionskoeffizienten versteht man
(A) eine Stoffkonstante einer Substanz, die der Absorption einer einmolaren Lösung bei gegebener Wellenlänge und gegebenem Lösungsmittel bei einer Schichtdicke von 1 cm entspricht
(B) eine Stoffkonstante einer Substanz, die der Absorption einer 1 %igen Lösung bei gegebener Wellenlänge und gegebenem Lösungsmittel bei einer Schichtdicke von 1 cm entspricht
(C) eine Stoffkonstante einer Substanz, die der Transmission einer einmolaren Lösung bei gegebener Wellenlänge und gegebenem Lösungsmittel bei einer Schichtdicke von 1 cm entspricht
(D) die Absorption einer einmolaren Lösung bei einer Schichtdicke von 1 dm im Absorptionsmaximum
(E) die Absorption einer 1 %igen Lösung bei einer Schichtdicke von 1 cm am Absorptionsmaximum

8.11 **F04** Welche Aussagen treffen zu?

Zur Umrechnung eines molaren Absorptionskoeffizienten in die spezifische Absorption muss (müssen) zusätzlich angegeben werden:
(1) die Konzentration der untersuchten Substanz
(2) die relative Molekülmasse („Molekulargewicht") der untersuchten Substanz
(3) die Schichtdicke
(4) die relative Dichte der Probenlösung

(A) nur 1
(B) nur 2
(C) nur 1 und 4
(D) nur 1, 2 und 3
(E) 1 bis 4 (alle)

8.12 **H99** Welche der folgenden Gleichungen beschreibt den Zusammenhang zwischen molarem Absorptionskoeffizient (ε) und spezifischer Absorption ($A^{1\%}_{1\,cm}$) richtig (M_r = relative Molekülmasse)?

(A) $A^{1\%}_{1\mathrm{cm}} = \dfrac{10 \cdot \varepsilon}{M_\mathrm{r}}$

(B) $A^{1\%}_{1\mathrm{cm}} = \dfrac{100 \cdot \varepsilon}{M_\mathrm{r}}$

(C) $A^{1\%}_{1\mathrm{cm}} = \dfrac{\varepsilon}{M_\mathrm{r}}$

(D) $A_{1\,cm}^{1\%} = \frac{M_r}{10 \cdot \varepsilon}$

(E) $A_{1\,cm}^{1\%} = \frac{M_r}{100 \cdot \varepsilon}$

8.13 F00 Zwischen der spezifischen Absorption ($A_{1\,cm}^{1\%}$) und dem molaren Absorptionskoeffizienten ε besteht folgende Beziehung (M_r = relative Molmasse):

(A) $A_{1\,cm}^{1\%} = 100 \cdot \varepsilon \cdot M_r$

(B) $A_{1\,cm}^{1\%} = \frac{\varepsilon}{10 \cdot M_r}$

(C) $A_{1\,cm}^{1\%} = \frac{M_r}{10 \cdot \varepsilon}$

(D) $A_{1\,cm}^{1\%} = \frac{10 \cdot \varepsilon}{M_r}$

(E) $A_{1\,cm}^{1\%} = \frac{10}{\varepsilon \cdot M_r}$

8.14 F07 Die Größe der Absorption einer Analysenlösung ist in der UV-Photometrie **nicht** abhängig von der

(A) Schichtdicke der Küvette
(B) Massenkonzentration des Analyten
(C) Stoffmengenkonzentration des Analyten
(D) Intensität des eingestrahlten Lichts
(E) Wellenlänge des eingestrahlten Lichts

8.15 H07 Welche Aussage zur Ermittlung von Probenkonzentrationen gefärbter Lösungen mittels Photometrie trifft **nicht** zu?

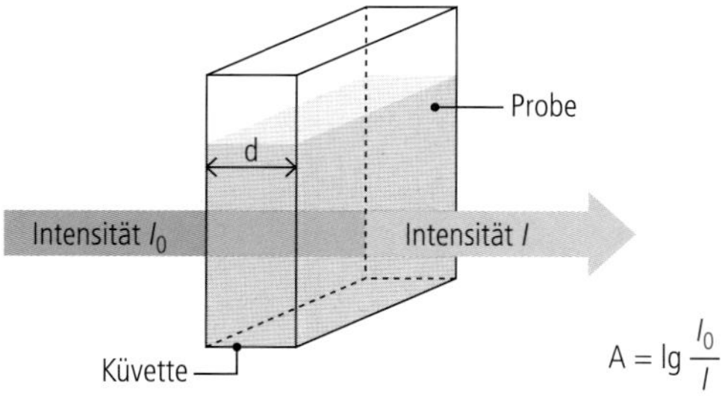

(A) Das Lambert-Beer'sche-Gesetz gilt bei Verwendung monochromatischen Lichts.
(B) Das Lambert-Beer'sche-Gesetz gilt für klare verdünnte Lösungen (A = 0,2 bis 0,8).
(C) Die Intensität I_0 muss wenigstens zehnmal so hoch sein wie die Intensität I.
(D) Die Schichtdicke d beträgt typischerweise 10 mm.
(E) Ein übliches Material für Einwegküvetten ist Polystyren.

8.16 H06 Welche Aussagen zur Absorptionsspektroskopie im UV/Vis-Bereich treffen zu?

(1) Der molare Absorptionskoeffizient gibt an, welcher Bruchteil einer auf eine Probe eingestrahlten Lichtintensität die Probe wieder verlässt.
(2) Das Lambert-Beer'sche Gesetz sagt u. a. aus, dass die Lichtabsorption umgekehrt proportional der Schichtdicke der durchstrahlten Probe ist.
(3) Der molare Absorptionskoeffizient einer Substanz ist unabhängig von der Frequenz des eingestrahlten Lichts.
(4) Zur Messung der Lichtabsorption kann neben der Absorption selbst auch die Transmission herangezogen werden.
(5) Bei Bestrahlung mit UV/Vis-Licht werden ausschließlich Elektronenübergänge angeregt.

(A) nur 4
(B) nur 1 und 2
(C) nur 3 und 4
(D) nur 1, 2, und 3
(E) 1 bis 5 (alle)

8.17 F06 Welche Aussage trifft zu?

Der molare Absorptionskoeffizient im Lambert-Beer'schen Gesetz hat die Dimension
(A) Stoffmenge · Länge/Volumen
(B) Stoffmenge · Masse
(C) Volumen/(Länge · Stoffmenge)
(D) Fläche/Masse
(E) Masse · Volumen/Länge

8.18 **F05** Welche Aussage trifft zu?

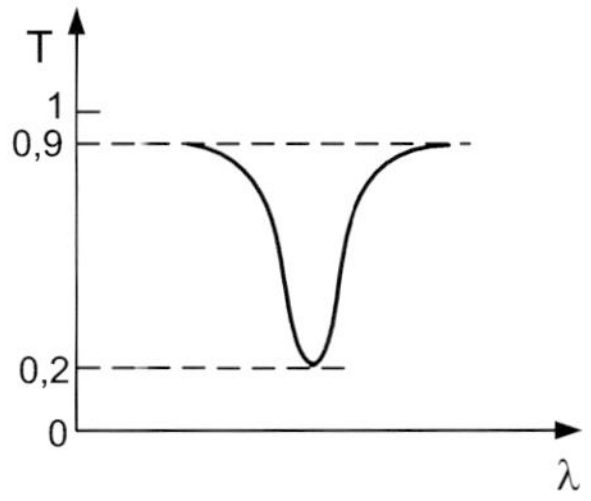

Die Lösung einer Substanz gibt obiges **Transmissionsspektrum** (Die Transmission des Lösungsmittels ist im betreffenden Spektralbereich konstant T = 0,9):
Wie groß ist die **Absorption** der gelösten Substanz bei der Wellenlänge (λ) des Transmissionsminimums?

(A) $-\lg 0{,}9$
(B) $-\lg 0{,}2$
(C) $-\lg (0{,}9 - 0{,}2)$
(D) $-\lg \frac{0{,}9}{0{,}2}$
(E) $-\lg \frac{0{,}2}{0{,}9}$

8.19 **H00** In eine Küvette der Schichtdicke b = 4 cm wird monochromatisches Licht der Wellenlänge λ = 500 nm und der Intensität I_0 eingestrahlt. Der aus der Küvette austretende Lichtstrahl hat die Intensität

$$I = \frac{1}{100} \cdot I_0$$

Wie groß ist die Absorption bei Durchgang durch die Küvette?

(A) 0,5
(B) 1
(C) 2
(D) 4
(E) 8

8.20 **H04** Wie groß ist die Konzentration einer Substanz, deren spezifische Absorption $A^{1\%}_{1\,cm} = 250$ beträgt, wenn die gemessene Absorption in einer Küvette von 1 cm Länge 0,5 beträgt?

(A) $10\ \mu g \cdot ml^{-1}$
(B) $20\ \mu g \cdot ml^{-1}$
(C) $50\ \mu g \cdot ml^{-1}$
(D) $2\ mg \cdot ml^{-1}$
(E) $20\ mg \cdot ml^{-1}$

8.21 **F94** Unter der spezifischen Absorption $A^{1\%}_{1\,cm}$ versteht man die Absorption (früher Extinktion) der Lösung einer Substanz mit einer Konzentration von 1 g/100 ml bei einer Schichtdicke von 1 cm bei einer bestimmten Wellenlänge. Für die Lösung eines Arzneistoffes wird nach Verdünnung 1:100 in einer Küvette von 0,5 cm Schichtdicke die Absorption 0,8 gemessen. Wie groß ist die Konzentration der Ausgangslösung, wenn der Zahlenwert der spezifischen Absorption 200 beträgt?

(A) 0,008 g/100 ml
(B) 0,08 g/100 ml
(C) 0,8 g/100 ml
(D) 8 g/100 ml
(E) 80 g/100 ml

8.22 **F91** Welche Absorption besitzt eine 0,01 %ige (m / v = 10 mg / 100 ml) Lösung eines Arzneistoffes bei einer Schichtdicke von 0,5 cm, wenn die spezifische Absorption (Definition und Einheit gemäß Arzneibuch) des Arzneistoffes 100 beträgt?

(A) 0,05
(B) 0,1
(C) 0,2
(D) 0,5
(E) 0,9

8.23 **F92** Für die Lösung eines Arzneistoffes mit einem molaren Absorptionskoeffizienten von $1000\ l \cdot mol^{-1} \cdot cm^{-1}$ wird eine Absorption von 0,5 gemessen. Die Schichtdicke betrug 0,5 cm. Wie groß ist die Konzentration der Lösung?

(A) $10\ mol \cdot l^{-1}$
(B) $10^{-1}\ mol \cdot l^{-1}$
(C) $10^{-2}\ mol \cdot l^{-1}$
(D) $10^{-3}\ mol \cdot l^{-1}$
(E) $10^{-4}\ mol \cdot l^{-1}$

28

8.24 H01 Ein Arzneistoff ($A_{1\,cm}^{1\%} = 200$) enthält als mögliche Verunreinigung eine Substanz, deren spezifische Absorption (gleiche Messbedingungen vorausgesetzt) 250 beträgt. Wie groß ist der prozentuale Anteil der Verunreinigung einer Probe, deren spezifische Absorption 201 beträgt?

(A) 1 %
(B) 1,5 %
(C) 2 %
(D) 2,5 %
(E) 5 %

8.25 H08, F93 Für die Lösung eines Arzneistoffes ($M_r = 200$, molarer Absorptionskoeffizient $\varepsilon = 4000$) wird in einer Lösung der Massenkonzentration c = 0,001 g/100 ml eine Absorption von 0,8 gemessen.

Wie groß ist die Schichtdicke der Küvette?
(A) 0,5 cm
(B) 1 cm
(C) 2 cm
(D) 3 cm
(E) 4 cm

8.26 F03 Welcher Kurvenverlauf deutet auf eine Abweichung vom Lambert-Beer'schen Gesetz infolge Assoziation der absorbierenden Moleküle hin (A = Absorption, c = Konzentration)?

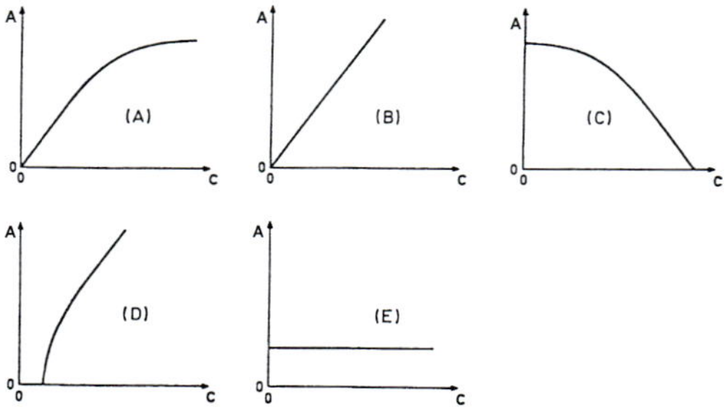

8.27 H97 Der Arzneistoff Chloramphenicol besitzt im Maximum bei 278 nm die spezifische Absorption $A_{1\,cm}^{1\%} = 300$

Welche Konzentration von Chloramphenicol gibt in einer Küvette der Schichtdicke 0,5 cm eine Absorption A von 0,30?

(A) 2 mg/l
(B) 3 mg/l
(C) 6 mg/l
(D) 15 mg/l
(E) 20 mg/l

Ordnen Sie bitte den Lösungsmitteln aus Liste 1 die für die UV-Photometrie praxisrelevanten UV-cut-offs (kurzwellige Durchlässigkeitsgrenzen) aus Liste 2 zu!

Liste 1

8.28 F10 Toluol

8.29 F10 Wasser

Liste 2

(A) 200 nm
(B) 245 nm
(C) 285 nm
(D) 330 nm
(E) 420 nm

8.30 H09 Ein Arzneistoff mit einem Absorptionsmaximum bei 250 nm soll UV-photometrisch bestimmt werden.

Welches der folgenden Lösungsmittel (gute Löslichkeit des Arzneistoffs sei vorausgesetzt) kann hierzu nicht verwendet werden?
(A) Benzol
(B) Cyclohexan
(C) Methanol
(D) Ethanol
(E) Acetonitril

8.31 H08 Für spektralphotometrische Untersuchungen in möglichst kurzwelligem UV-Bereich ist aufgrund seiner UV-Durchlässigkeit als Lösungsmittel am besten geeignet:

(A) Essigsäureethylester
(B) Methanol
(C) Dichlormethan
(D) Tetrachlormethan
(E) Toluol

8.32 F07 Die UV-photometrische Bestimmung von Nitrobenzol soll bei 269 nm durchgeführt werden.

Welche Lösungsmittel sind für die Bestimmung geeignet?

(1) Cyclohexan

(2) C_2H_5OH

(3) 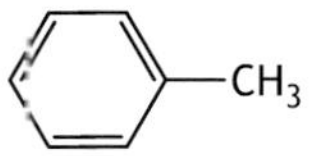

(A) nur 1
(B) nur 2
(C) nur 3
(D) nur 1 und 2
(E) nur 2 und 3

8.33 F06 Welche Aussage trifft nicht zu?

Zur Bestimmung von einer Substanz bei 225 nm eignet sich (hinreichende Löslichkeit sei vorausgesetzt) als Lösungsmittel:

(A) Methanol
(B) Wasser
(C) Cyclohexan
(D) n-Hexan
(E) Toluen

8.34 F03, H93 Welches der folgenden reinen Lösungsmittel hat bei 220 nm die höchste Absorption?

(A) 1-Propanol
(B) Diethylether
(C) Cyclohexan
(D) Cyclohexanol
(E) Toluen

8.35 H01 Zur UV-photometrischen Bestimmung einer Substanz bei 220 nm eignen sich nach dem Kriterium ihrer Eigenabsorption folgende Lösungsmittel:

(1) Methanol
(2) Wasser
(3) Cyclohexan
(4) 0,1 M-Salzsäure

(A) nur 1
(B) nur 2
(C) nur 1 und 2
(D) nur 2 und 4
(E) 1 bis 4 (alle)

8.36 F01 Welches der folgenden Lösungsmittel ist im ultravioletten Bereich bei Wellenlängen bis herab zu 230 nm wegen mangelnder Durchlässigkeit am wenigsten geeignet?

(A) Diethylether
(B) Wasser
(C) Ethanol
(D) Cyclohexan
(E) Benzen

8.37 F00 In welcher der Reihen (A) bis (E) sind die in der UV-Spektrometrie verwendeten Lösungsmittel mit ansteigender Durchlässigkeitsgrenze (in nm) aufgeführt (von links nach rechts)?

(A) Toluen, Dichlormethan, Wasser, Ethanol
(B) Dichlormethan, Ethanol, Wasser, Toluen
(C) Wasser, Ethanol, Dichlormethan, Toluen
(D) Ethanol, Toluen, Dichlormethan, Wasser
(E) Wasser, Toluen, Ethanol, Dichlormethan

8.38 H03 Was ist ein „hypsochromer Effekt" (Blauverschiebung) in der Elektronenspektroskopie?

(A) Erhöhung der Absorptionsintensität des Maximums der Extinktionskurve
(B) Erniedrigung der Absorptionsintensität des Maximums der Extinktionskurve
(C) Verschiebung des Absorptionsmaximums nach kürzeren Wellenlängen
(D) Verschiebung des Absorptionsmaximums nach größeren Wellenlängen
(E) Absorption von Licht bestimmter Wellenlänge aus einem eingestrahlten Gemisch (z. B. Tageslicht)

8.39 H00 In der UV-Vis-Spektroskopie wird eine Absorptionserhöhung (Vergrößerung von ε_{max}) einer Bande, z. B. durch Lösungsmittelwechsel, bezeichnet als:

(A) bathochromer Effekt
(B) hypochromer Effekt
(C) hypsochromer Effekt
(D) hyperchromer Effekt
(E) hypertoner Effekt

8.40 F97 Was versteht man unter Bathochromie?

(A) Verschiebung eines Absorptionsmaximums nach längeren Wellenlängen
(B) Verschiebung eines Absorptionsmaximums nach kürzeren Wellenlängen
(C) Erhöhung der Absorptionsintensität
(D) Erniedrigung der Absorptionsintensität
(E) Verkleinerung des molaren Absorptions(Extinktions)-koeffizienten

8.41 F96 Was versteht man unter Hypsochromie?

(A) Verschiebung eines Absorptionsmaximums nach längeren Wellenlängen
(B) Verschiebung eines Absorptionsmaximums nach kürzeren Wellenlängen
(C) Erhöhung der Absorptionsintensität
(D) Erniedrigung der Absorptionsintensität
(E) Vergrößerung des molaren Absorptions(Extinktions)-koeffizienten

8.42 H96 Bei Verschiebung einer Absorptionsbande einer funktionellen Gruppe zu kleinerer Wellenlänge nennt man diesen Effekt

(A) Hyperchromie
(B) Hypochromie
(C) Bathochromie
(D) Hypsochromie
(E) Auxochromie

8.43 H93 Welche Aussagen zur längstwelligen Absorptionsbande des Benzens im UV treffen zu?

(1) Ein Substituent mit einem +M-Effekt verschiebt die Bande bathochrom.
(2) Ein Substituent mit einem –M-Effekt verschiebt die Bande hypsochrom.
(3) Sie ist die intensivste Bande im UV-Spektrum.

(A) nur 1
(B) nur 2
(C) nur 1 und 2
(D) nur 2 und 3
(E) 1 bis 3 (alle)

8.44 F97 Bei konjugierten Polyenen kann der Zusammenhang zwischen der Lage des längstwelligen Absorptionsmaximums λ_{max} und der Zahl n der Doppelbindungen prinzipiell wie folgt formuliert werden:

(A) $\lambda_{max} = a \cdot \frac{1}{n^2} + b$

(B) $\lambda_{max} = a \cdot \frac{1}{n} + b$

(C) $\lambda_{max} = a^n + b$

(D) $\lambda_{max} = a \cdot n + b \cdot n^2$

(E) $\lambda_{max} = a \cdot \sqrt{n} + b$

8.45 F09 Welche der nachfolgend aufgeführten Verbindungen besitzen im UV-Bereich oberhalb von 220 nm ein Absorptionsmaximum?

(1) Cyclohexan
(2) Cyclohexanon
(3) Cyclohexanol
(4) 1,3-Cyclohexadien
(5) Cyclohexylmethylether

(A) nur 2
(B) nur 2 und 4
(C) nur 1, 2 und 3
(D) nur 3, 4 und 5
(E) 1 bis 5 (alle)

8.46 H07 Welche der nachfolgend aufgeführten Verbindungen zeigt die folgenden, in alkalischer bzw. saurer wässriger Lösung aufgenommenen UV/Vis-Spektren?

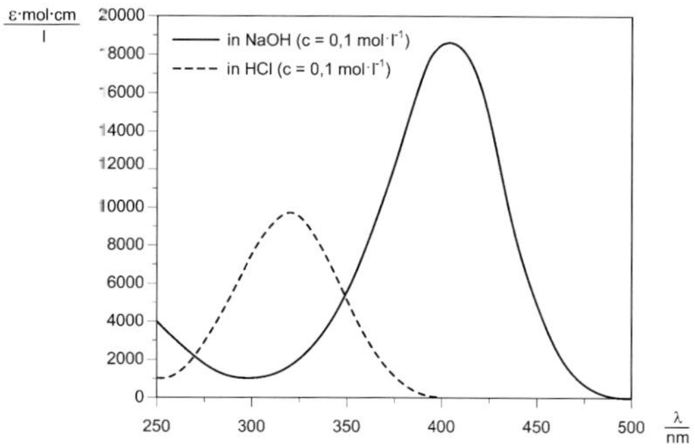

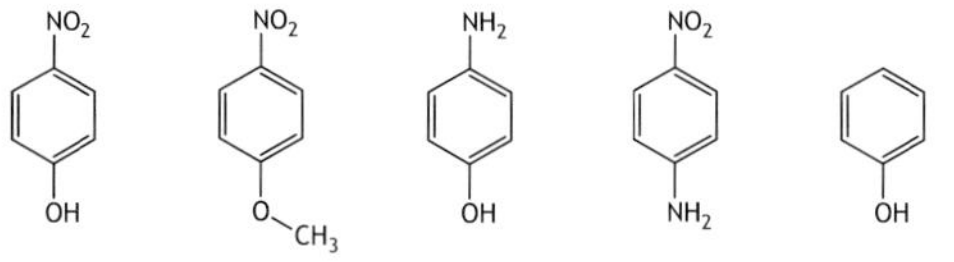

(A) (B) (C) (D) (E)

8.47 F04 Welche Aussage über die Spektren von Phenolat oder Benzoat im Bereich zwischen 240 nm und 300 nm trifft zu?

(A) Ansäuern einer wässrigen Phenolat-Lösung bewirkt eine bathochrome Verschiebung.
(B) Ansäuern einer wässrigen Benzoat-Lösung bewirkt eine hypsochrome Verschiebung.
(C) Das Maximum des Phenolatspektrums in Wasser liegt in längerwelligem Bereich als das Maximum des Spektrums von Benzen in n-Hexan.
(D) Das Maximum des Benzoatspektrums in Wasser ist kürzerwellig als das Maximum des Spektrums von Benzen in n-Hexan.
(E) Das Phenolatspektrum in Wasser weist eine stärker ausgeprägte Schwingungsfeinstruktur als das Spektrum von Benzen in n-Hexan auf.

8.48 F03 Welche Aussage trifft zu?

Ein Zusatz einer äquivalenten Menge von Natriumhydroxid-Lösung zur Lösung der folgenden Substanz in Methanol führt im UV-Spektrum zur Verschiebung des Absorptionsmaximums nach größerer Wellenlänge:

(A) 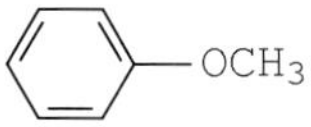

(B) 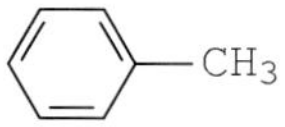

(C) 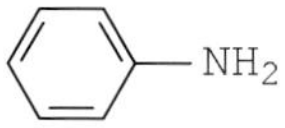

(D) 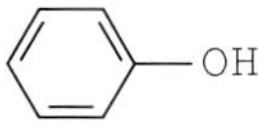

(E) 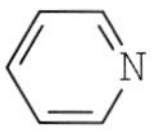

8.49 F92 Durch Protonierung der folgenden Verbindungen tritt eine bathochrome Verschiebung der UV-Absorption ein bei

(A) 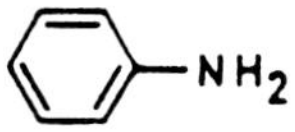

(B) 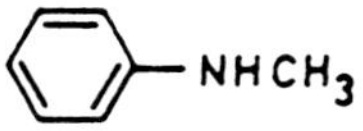

(C) 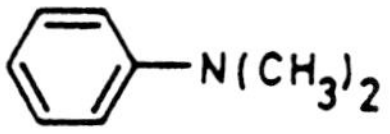

(D) 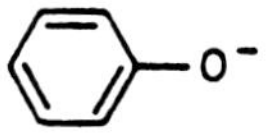

(E) 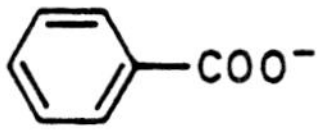

8.50 F99 Welche Aussagen treffen zu?

Das längstwellige Absorptionsmaximum (UV) der Lösung folgender Verbindungen in Methanol wird durch Zugabe von Natriumhydroxid-Lösung um mehrere nm bathochrom verschoben:

(1) Phenol
(2) Anilin
(3) 2-Phenylethanol
(4) 2-Phenylethylamin

(A) nur 1
(B) nur 2
(C) nur 2 und 3
(D) nur 3 und 4
(E) nur 2, 3 und 4

8.51 H01 Welcher der folgenden monosubstituierten Aromaten zeigt im UV-Spektrum bei Übergang vom neutralen zu alkalischem Medium eine deutliche Rotverschiebung?

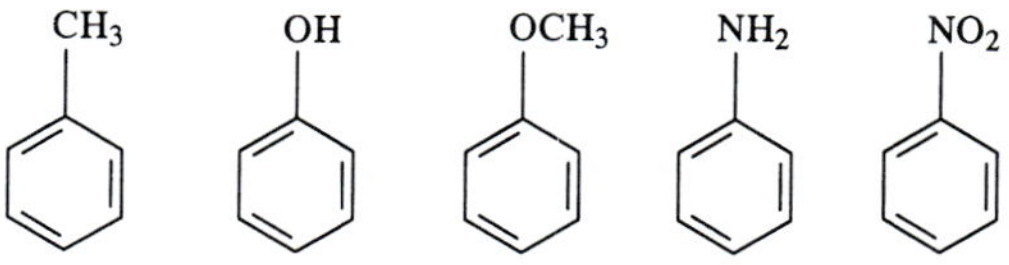

(A) (B) (C) (D) (E)

Ordnen Sie bitte dem jeweils energieärmsten Elektronenübergang der Liste 1 die jeweils zutreffende Verbindung aus Liste 2 zu!

Liste 1

8.52 F05 $n \rightarrow \pi^*$

8.53 F05 $\pi \rightarrow \pi^*$

Liste 2

(A) Hexatrien
(B) Wasser
(C) Aceton
(D) Methanol
(E) Cyclohexan

Ordnen Sie bitte den Strukturelementen in Liste 1 den jeweils für sie zutreffenden energieärmsten Elektronenübergang bei Absorption zu (Liste 2)!

Liste 1

8.54 F02

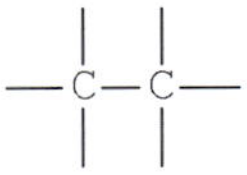

8.55 F02

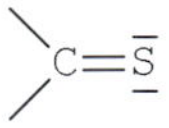

Liste 2

(A) $\sigma \rightarrow \sigma^*$
(B) $\pi \rightarrow \pi^*$
(C) $n \rightarrow \sigma^*$
(D) $n \rightarrow \pi^*$
(E) $\pi^* \rightarrow n$

8.56 H99 Welcher der folgenden Übergänge ist der längstwelligen Absorptionsbande (des Elektronenspektrums) einer Carbonylgruppe zuzuordnen?

(A) $n \rightarrow \pi^*$
(B) $\pi^* \rightarrow n$
(C) $\pi \rightarrow \pi^*$
(D) $\pi^* \rightarrow \pi$
(E) $n \rightarrow \sigma$

8.57 H96 Welche Aussage trifft nicht zu?

Im UV-Spektrum sind Maxima, welche auf $n \rightarrow \pi^*$-Übergänge zurückzuführen sind, bei Vorliegen folgender funktioneller Gruppen zu beobachten:

(A) Chinone
(B) Olefine
(C) Azomethine
(D) Ketone
(E) Aldehyde

Ordnen Sie bitte jeder der Substanzen der Liste 1 die zutreffende Art der Anregung im sichtbaren bzw. nahen UV-Bereich (Liste 2) zu!

Liste 1

8.58 **F96** Anthracen

8.59 **F96** Pyridin

Liste 2

(A) nur n → π*-Übergänge
(B) nur π → π*-Übergänge
(C) n → π*-Übergänge und π → π*-Übergänge
(D) σ → π*-Übergänge
(E) keine Anregung im UV- oder sichtbaren Bereich

Ordnen Sie bitte den C,C-Mehrfachbindungen in Liste 1 den jeweils für sie zutreffenden energieärmsten Elektronenübergang bei Absorption zu (Liste 2)!

Liste 1

8.60 **H00**

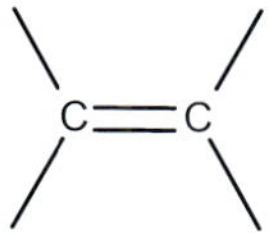

8.61 **H00**

Liste 2

(A) σ → σ*
(B) π → π*
(C) n → σ*
(D) n → π*
(E) π* → n

8.62 **H91** Primidon (Abbildung) weist drei Absorptionsbanden bei 252, 257 und 264 nm auf. Diese sind dem folgenden Elektronenübergang zuzuordnen:

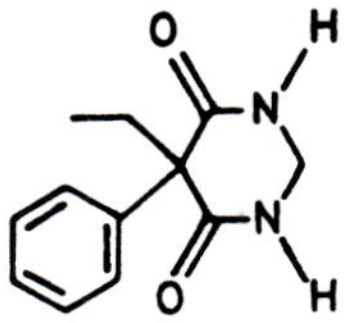

(A) π→π * der Phenyl-Gruppe
(B) n→σ* der Carbonyl-Gruppe
(C) σ→σ* der Carbonyl-Gruppe
(D) n→π * der Carbonyl-Gruppe
(E) π→π * der Carbonyl-Gruppe

8.63 **F92, F03** Primidon (siehe Formel) weist drei Absorptionsmaxima bei 252, 257 und 264 nm auf. Diese sind den folgenden Elektronenübergängen zuzuordnen:

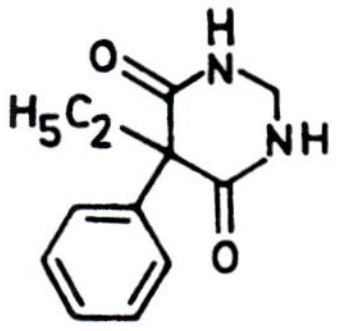

(1) π→π * der Phenyl-Gruppe
(2) π→π * der Carbonyl-Gruppe
(3) n→π * der Carbonyl-Gruppe

(A) nur 1
(B) nur 2
(C) nur 3
(D) nur 2 und 3
(E) 1 bis 3 (alle)

8.64 **H03** Benzophenon kann in Sonnenschutzmitteln als UV-Absorber eingesetzt werden.

Welche der folgenden Anregungen bzw. Zustände können durch das Sonnenlicht am wenigsten bzw. **nicht** bewirkt werden?

(A) π → π*-Übergänge
(B) n → π*-Übergänge
(C) Atomrotationen
(D) Molekülrotationen
(E) Molekülschwingungen

8.65 **F10** Welche Aussage zur UV-Vis-Spektroskopie trifft nicht zu?

(A) Verbotene Übergänge zeichnen sich durch eine geringe Intensität der Absorptionsbande aus.
(B) Bei Carbonylverbindungen erfordert der $n \rightarrow \pi^*$-Übergang eine höhere Energie der elektromagnetischen Strahlung als der $\pi \rightarrow \pi^*$-Übergang.
(C) Konjugation von Doppelbindungen führt zu einer Verringerung der Energiedifferenz zwischen dem höchsten besetzten (HOMO) und dem niedrigsten unbesetzten Orbital (LUMO).
(D) Nahe UV-Strahlung ist energiereicher als IR-Strahlung.
(E) Die UV-Vis-Spektroskopie gehört zu den molekülspektroskopischen Verfahren.

8.66 **F07, F95** Welchem Elektronenübergang ist das Absorptionsmaximum bei 290 nm im UV-Spektrum von Campher zuzuordnen?

(A) $\sigma \rightarrow \sigma^*$
(B) $n \rightarrow \sigma^*$
(C) $\pi \rightarrow \pi^*$
(D) $n \rightarrow \pi^*$
(E) Keine der Antworten (A) bis (D) trifft zu.

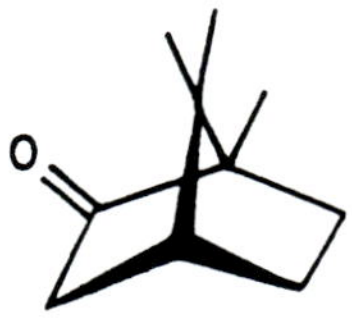

8.67 **H97** Bei einer stark verdünnten Benzylalkohol-Wasser-Emulsion wurde bei 420 nm und d = 1 cm eine Lichtabsorption von 0,1 gemessen. Die gemessene Absorption beruht auf

(A) einem $\pi \rightarrow \pi^*$-Übergang
(B) einem $n \rightarrow \pi^*$-Übergang
(C) einem $n \rightarrow \sigma^*$-Übergang
(D) einem $\sigma \rightarrow \sigma^*$-Übergang
(E) Lichtstreuung

Ordnen Sie bitte jeder Verbindung der Liste 1 das mit ihrer Struktur vereinbarte Absorptionsspektrum (A = Absorption, l = Wellenlänge, Zeichnungen schematisch) aus Liste 2 zu!

Liste 1

8.68 **F90**

$H_3C-CH(OH)-CH_2-CH_3$

8.69 **F90**

$H_3C-C(=O)-CH=CH_2$

Liste 2

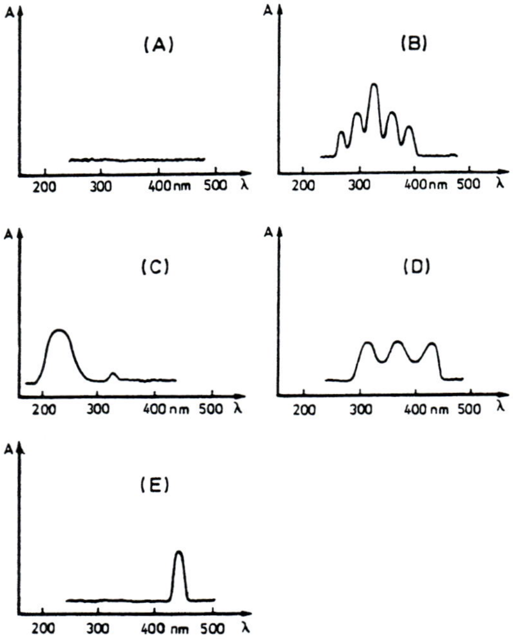

8.70 H92 Sorbinsäure (siehe Formel) zeigt bei 264 nm ein Maximum, dessen spezifische Absorption 2350 beträgt. Diese Absorption lässt sich zuordnen zu:

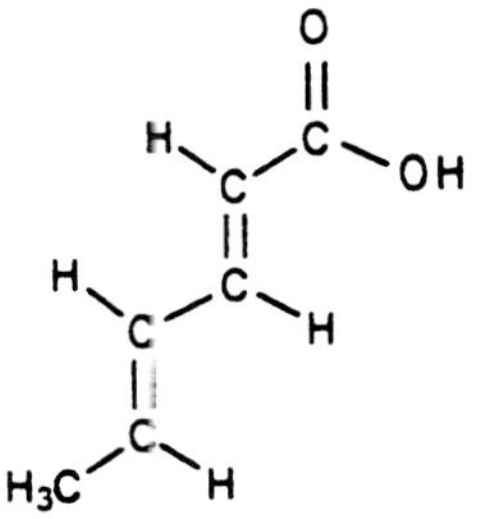

(A) π→π* des Diens
(B) π→π* der Carboxyl-Gruppe
(C) π→π* der α, β, γ, δ-ungesättigten Carbonsäure
(D) n→π* der Carbonyl-Gruppe
(E) n→σ* der Hydroxyl-Gruppe

8.71 H06 Welcher der aufgeführten Verbindungen ist das folgende UV-Spektrum zuzuordnen?

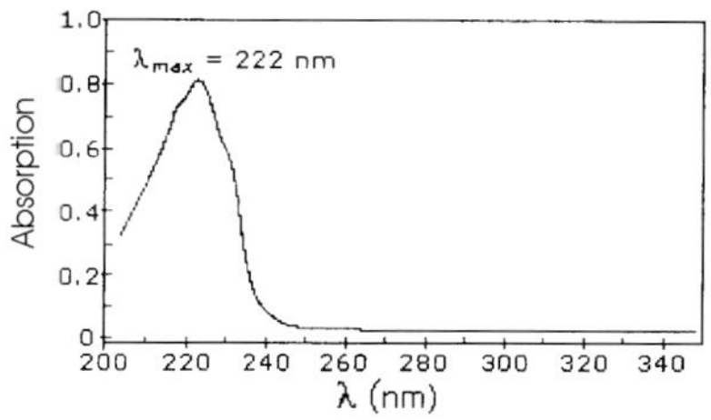

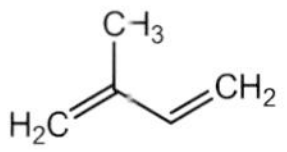

(A)

(B)

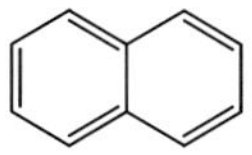

(C)

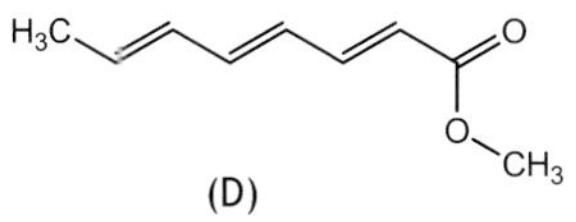

(D)

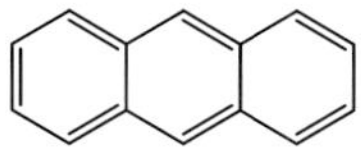

(E)

8.72 H06 Welche Aussagen zu nachfolgender Verbindung (4-Nitrophenol) treffen zu?

(1) Das Absorptionsmaximum im UV/Vis-Spektrum einer Lösung der Substanz in HCl ($c = 0,1\ mol \cdot l^{-1}$) ist im Vergleich zum Absorptionsmaximum einer Lösung in NaOH ($c = 0,1\ mol \cdot l^{-1}$) zu höheren Wellenlängen verschoben.
(2) Das Absorptionsmaximum im UV/Vis-Spektrum einer Lösung der Substanz in HCl ($c = 0,1\ mol \cdot l^{-1}$) ist im Vergleich zum Absorptionsmaximum einer Lösung in NaOH ($c = 0,1\ mol \cdot l^{-1}$) zu niedrigeren Wellenlängen verschoben.
(3) Die Absorptionsmaxima in den UV/Vis-Spektren der Substanz in HCl ($c = 0,1\ mol \cdot l^{-1}$) und NaOH ($c = 0,1\ mol \cdot l^{-1}$) treten bei etwa gleichen Wellenlängen auf.
(4) 4-Nitrophenol ist im Vergleich zu aliphatischen Alkoholen wie z. B. Ethanol eine stärkere Säure.
(5) 4-Nitrophenol ist im Vergleich zu aliphatischen Alkoholen wie z. B. Ethanol eine schwächere Säure.

(A) nur 1 und 4
(B) nur 1 und 5
(C) nur 2 und 4
(D) nur 2 und 5
(E) nur 3 und 4

8.73 **F06** Welche der folgenden Substanzen ist farbig?

(A) 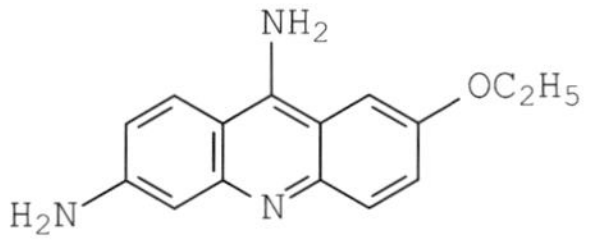

(B) 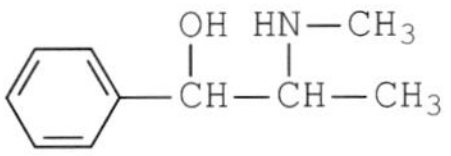

(C) 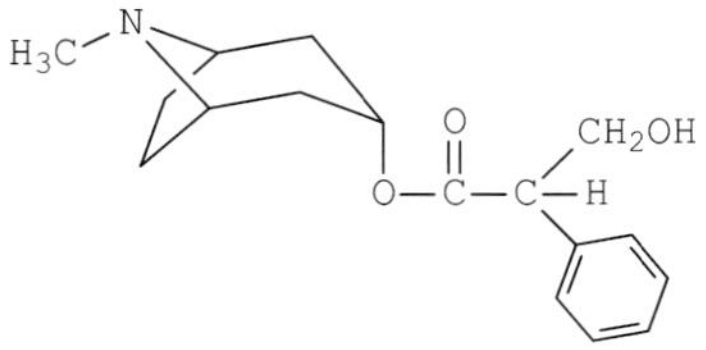

(D) 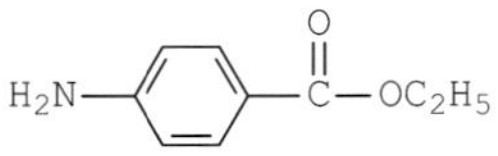

(E) 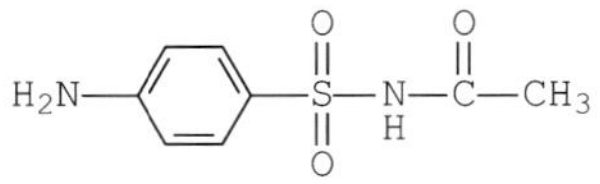

8.74 **F91** Vitamin A

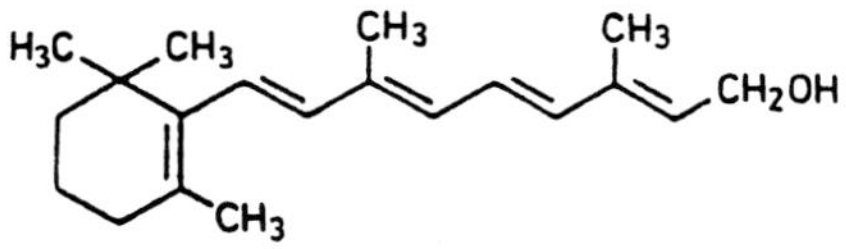

zeigt ein Absorptionsmaximum bei etwa

(A) 225 nm
(B) 325 nm
(C) 425 nm
(D) 525 nm
(E) 625 nm

8.75 **H90** Welche der folgenden Verbindungen hat das längstwellige Absorptionsmaximum im UV?

(A) $CH_2 = CH - CH = CH - Cl$
(B) $CH_2 = CH - CH = CH - CH_2$
(C) $CH_2 = CH - CH = CH - Br$
(D) $CH_2 = CH - CH = CH - S - CH_3$
(E) $CH_2 = CH - CH = CH - O - CH_3$

8.76 **F90** Welche Aussage trifft zu?

Das Primärprodukt der Carr-Price-Reaktion von Vitamin A

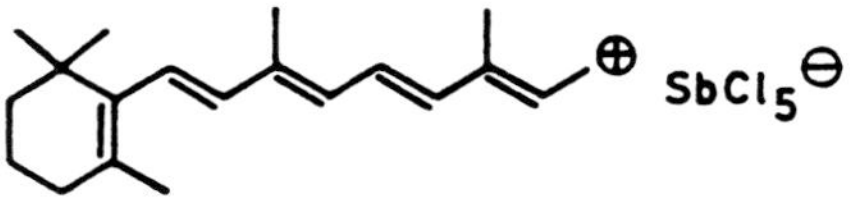

weist das längstwellige Maximum der Lichtabsorption auf bei etwa

(A) 300 nm
(B) 400 nm
(C) 500 nm
(D) 600 nm
(E) 700 nm

8.77 **H94**

Die längstwellige Absorption eines Cyanins folgender Struktur
$(CH_3)_2N\text{-}(CH{=}CH)_n\text{-}CH{=}N^+(CH_3)_2$
erhöht sich etwa um den angegebenen Betrag, wenn die Zahl n der Doppelbindungen von 3 auf 4 erhöht wird:

(A) 10 nm
(B) 20 nm
(C) 30 nm
(D) 100 nm
(E) 200 nm

8.78 **F93** Bei welchem der folgenden Stoffe (gelöst in Ethanol) liegt das längstwellige Absorptionsmaximum bei etwa 325 nm?

(A) 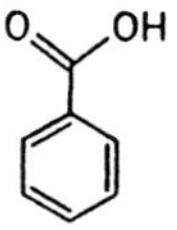

(B) 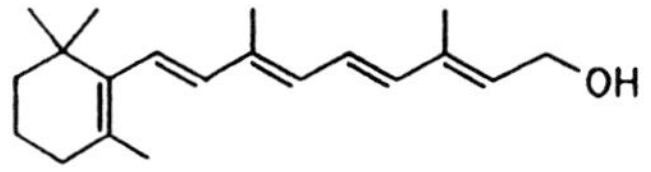

(C) 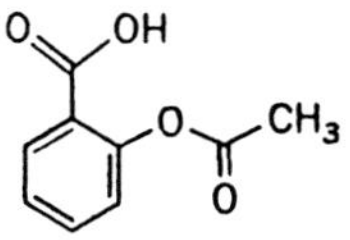

(D) 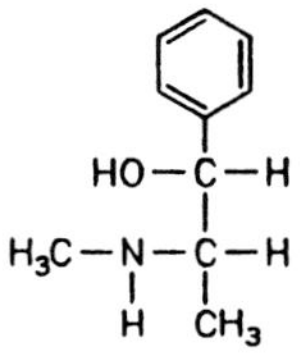

(E) 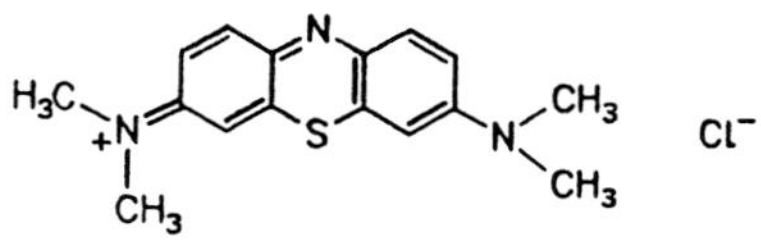

8.79 F03, H89 Welche Aussage trifft zu?

Von den folgenden Verbindungen hat im UV das längstwellige Absorptionsmaximum

(A) Atropinsulfat

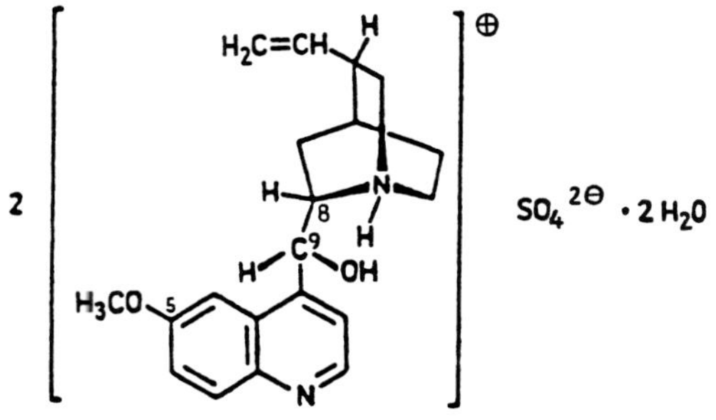

(B) Betanidinsulfat

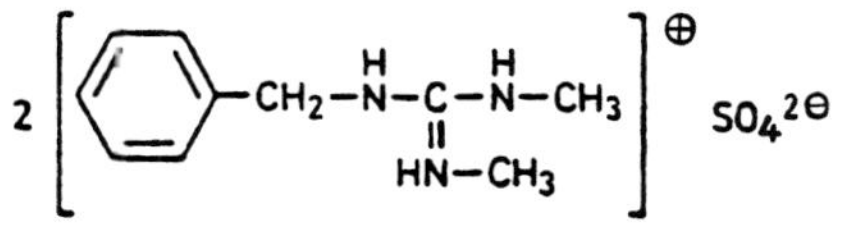

(C) Guanethidinsulfat

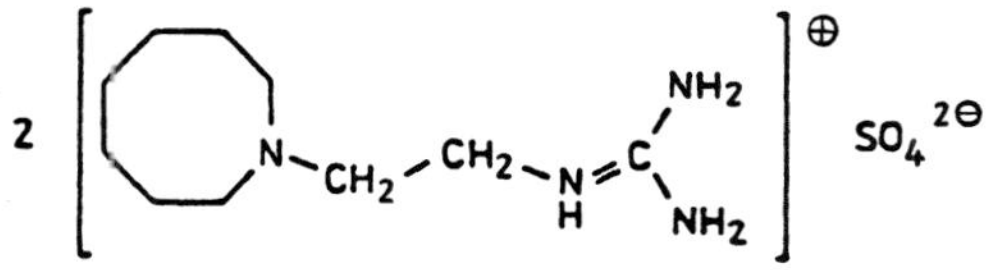

(D) Chininsulfat

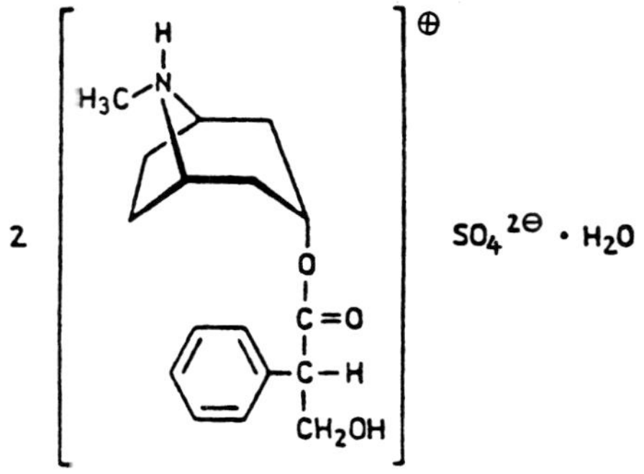

(E) Ephedrinhydrochlorid

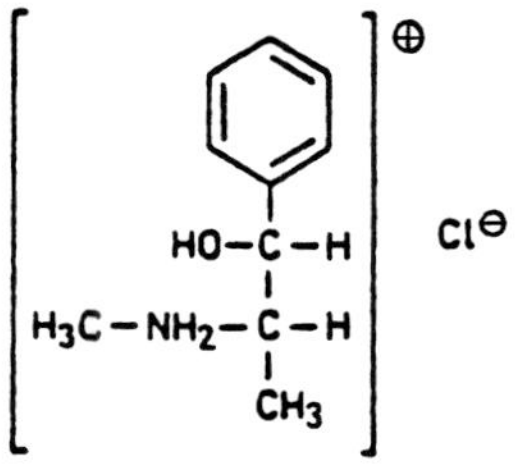

8.80 H05 Welche Aussagen über die UV-Absorption von Benzen und seinen monosubstituierten Derivaten treffen zu?

(1) Im Bereich zwischen 180 und 300 nm hat Benzen Absorptionsbanden, die z. T. eine ausgeprägte Schwingungsfeinstruktur besitzen.
(2) Phenol hat in ethanolischer Lösung schmalere Absorptionsbanden als Benzen.
(3) Substituenten wie OH verschieben die Absorptionsbanden des Benzens bathochrom.
(4) Substituenten wie NO verschieben die Absorptionsbanden des Benzens hypsochrom.

(A) nur 1
(B) nur 2
(C) nur 1 und 3
(D) nur 2 und 4
(E) 1 bis 4 (alle)

8.81 H04 Welche der folgenden Verbindungen hat im Bereich $\lambda > 250$ nm in Methanol das kürzestwellige Absorptionsmaximum?

(A) Benzen
(B) Anilin
(C) Phenol
(D) Benzoesäure
(E) Iodbenzen

8.82 H02 Welche der folgenden Verbindungen hat in Wasser (W) bzw. Ethanol (Eth) das längstwellige UV-Absorptionsmaximum?

(A) Anilinhydrochlorid (W)
(B) Phenolat (W)
(C) Benzoat (W)
(D) Benzoesäure (W)
(E) Toluen (Eth)

8.83 F94 Bei welchem der folgenden Stoffe (gelöst in Ethanol) liegt das längstwellige Absorptionsmaximum bei etwa 330 nm?

(A) 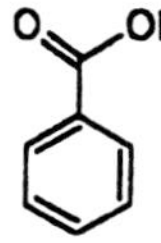

(B) 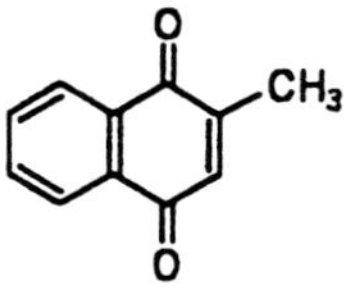

C) 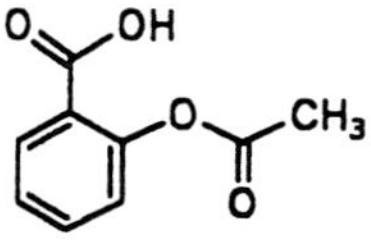

D) 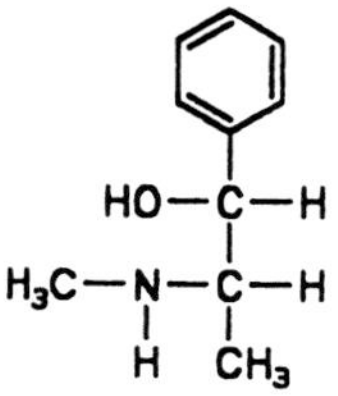

(E) 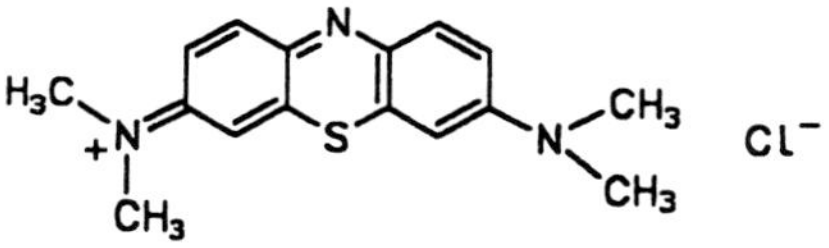

8.84 F07, F96 In welcher Reihenfolge nimmt im UV-Bereich die Wellenlänge des jeweils längstwelligen Absorptionsmaximums der folgenden Verbindungen zu (gemessen in methanolischer Lösung)?

a 

b 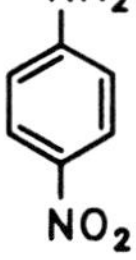

c 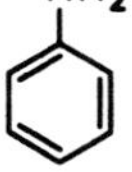

(A) a → b → c
(B) a → c → b
(C) b → c → a
(D) c → a → b
(E) c → b → a

8.85 H03 In welcher Reihenfolge nimmt im UV-Bereich die Wellenlänge des jeweils längstwelligen Absorptionsmaximums der folgenden Verbindungen zu?

(a) 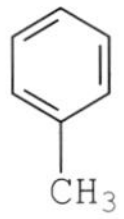

(b) 

(c) 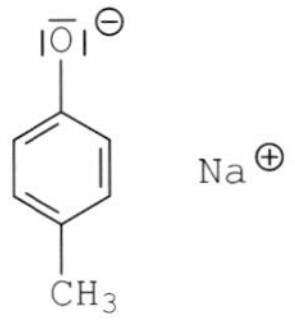

(A) a < b < c
(B) a < c < b
(C) b < c < a
(D) c < a < b
(E) c < b < a

8.86 H05 Welche der folgenden Verbindungen zeigt im UV-Vis-Spektralbereich das längstwellige Absorptionsmaximum?

(A)

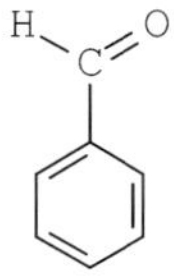
(B)

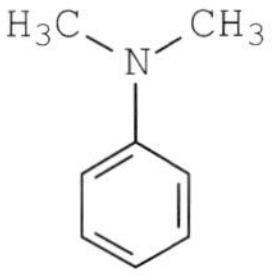
(C)

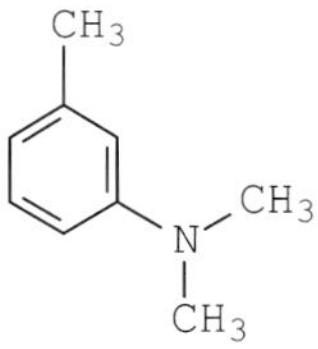
(D)

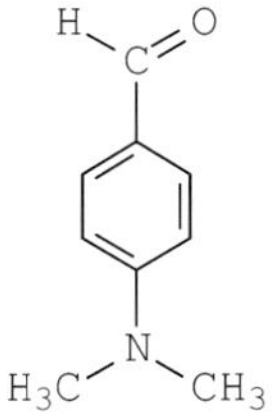
(E)

8.87 F00 Für welche der folgenden Verbindungen liegt das jeweils längstwellige Absorptionsmaximum im UV-Bereich bei der größten Wellenlänge (gemessen in methanolischer Lösung)?

(A) 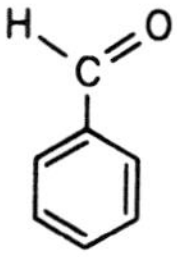

(B) 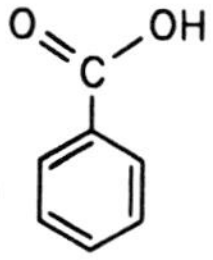

(C) 

(D) 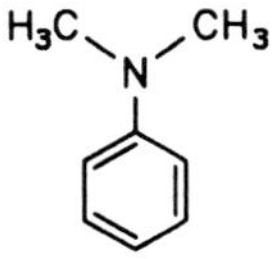

(E) 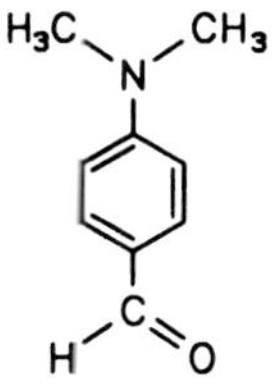

8.88 H95 Als isosbestischer Punkt wird bezeichnet

(A) die Wellenlänge, bei der zwei im Gleichgewicht zueinander befindliche Formen eines Stoffes mit unterschiedlichen Absorptionskurven den gleichen Absorptionskoeffizienten besitzen
(B) der pH-Wert, bei dem die Anzahlen der positiven und negativen Ladungen eines Ampholyten gleich sind
(C) die niedrigste Schmelztemperatur eines Gemisches von zwei nicht identischen Stoffen
(D) der Wendepunkt im Verlauf einer polarografischen Stufen einer voltammetrischen Strom-Spannungs-Kurve
(E) der Sättigungswert eines Adsorbens, d. h. die pro Flächeneinheit adsorbierte Stoffmenge bei maximaler Oberflächenbesetzung

8.89 F05 Welcher der angegebenen Chromophore weist das längstwellige Absorptionsmaximum auf (ohne Rücksicht auf ε)?

(A) 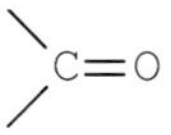

(B) 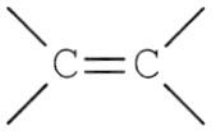

(C) 

(D) 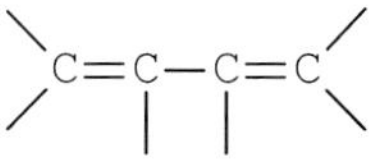

(E) 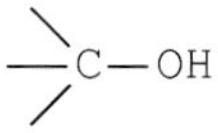

8.90 F01 Welche der folgenden chemischen Gruppen ruft bei der UV-Spektrometrie keine Absorptionsbanden oberhalb von 210 nm hervor?

(A) 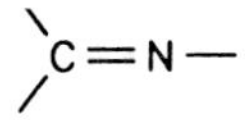

(B) 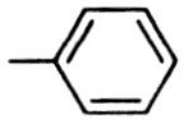

(C) 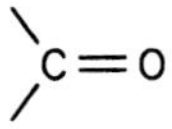

(D) 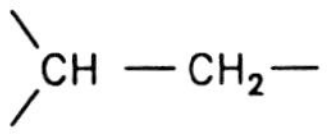

(E) —CH=CH—CH=CH—

8.91 H06 Was enthält ein UV-Vis-Absorptionsspektrometer typischerweise **nicht**?

(A) Glühlampe
(B) Natriumchlorid-Prisma
(C) D_2-Lampe
(D) Küvettenhalter
(E) Photozelle

8.92 F06 Zur Bestimmung der Absorption A einer Lösung mit Hilfe eines Zweistrahl-Photometers sollte sich im Referenz-Strahlengang befinden:

(A) keine Küvette
(B) eine leere Küvette
(C) eine mit dem betreffenden Lösungsmittel gefüllte Küvette
(D) eine 1 %ige Lösung der zu untersuchenden Substanz
(E) eine 1 %ige Lösung der Referenz-Substanz

8.93 F91 Im folgenden Grundschema eines Zweistrahl-Photometers sind zwei Bauteile miteinander vertauscht. Welche sind das?

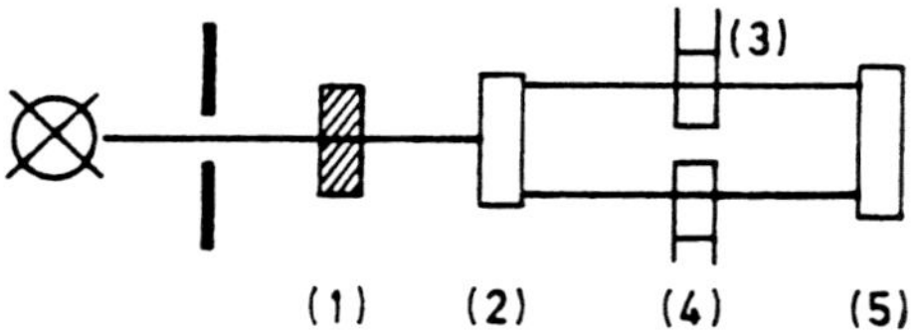

(1) Spektralfilter
(2) Detektorsystem
(3) Vergleichsküvette
(4) Messküvette
(5) Strahlenteiler

(A) 1 mit 2
(B) 2 mit 5
(C) 3 mit 4
(D) 3 mit 5
(E) 4 mit 5

8.94 F00 Bei welchem der folgenden spektroskopischen Verfahren kann eine Wolframfadenlampe als Quelle für die benötigte elektromagnetische Strahlung dienen?

(A) UV-Photometrie im Bereich 200–300 nm
(B) Vis-Spektroskopie im Bereich 400–800 nm
(C) Atomemissions-Spektroskopie
(D) Atomabsorptions-Spektroskopie
(E) ^{1}H-NMR-Spektroskopie

8.95 H98 Welche Aussage trifft nicht zu?

In einem Monochromator ist zur Zerlegung weißen Lichtes ($\lambda = 400–800$ nm) in seine spektralen Bestandteile geeignet ein:

(A) Quarzprisma
(B) Gitter
(C) Nicol'sches Prisma
(D) Glasprisma
(E) Geradsichtprisma

8.96 F99 Welches Küvettenmaterial eignet sich am besten für die UV-Spektroskopie?

(A) Kaliumbromid
(B) Natriumchlorid
(C) Geräteglas
(D) Polystyrol
(E) Quarz

Bei der Messung von UV-Vis-Spektren können Fehler auftreten, auf die mit entsprechenden Kontrollsubstanzen geprüft werden kann.

Ordnen Sie bitte den möglichen Fehlern aus Liste 1 die entsprechende Kontrollsubstanz aus Liste 2 zu!

Liste 1

8.97 F03 Fehler bei der Messung der Absorption

8.98 F03 Fehler bei der Messung der Wellenlänge

(A) KCl
(B) $NaNO_3$
(C) $K_2Cr_2O_7$
(D) $Ho(ClO_4)_3$
(E) H_2SO_4

8.99 F90 Welche der folgenden Lösungen wird nach Arzneibuch zur Überprüfung der Wellenlängenskala eines Spektralphotometers verwendet?

(A) Nickelsulfat-Lösung
(B) Holmiumperchlorat-Lösung
(C) Nitroprussidnatrium-Lösung
(D) Zirkonoxidchlorid-Lösung
(E) Hafniumperchlorat-Lösung

8.100 F91 Welche Aussage trifft nicht zu?

Die Kontrolle der Wellenlängenskala eines UV-VIS-Spektrometers kann nach Arzneibuch erfolgen mittels einer

(A) Wasserstoff-Entladungslampe
(B) Deuterium-Entladungslampe
(C) Quecksilberdampflampe
(D) Holmiumperchlorat-Lösung
(E) Kaliumdichromat-Lösung

8.101 H95 Welcher der folgenden Stoffe würde sich (in wässriger Lösung) am besten zur Justierung der Wellenlängenskala einer Spektralphotometers eignen?

(A) Neodymperchlorat
(B) Eisen(III)-chlorid
(C) Kobaltchlorid
(D) Nickelsulfat
(E) Kaliumdichromat

8.102 F09 Das Streulicht bei UV-Spektrometern kann kontrolliert werden mit einer:

(A) Holmiumperchlorat-Lösung
(B) Kaliumchlorid-Lösung
(C) Quecksilber-Hochdrucklampe
(D) Kaliumdichromat-Lösung
(E) Polystyrol-Folie

Lösungen

8.1 E	8.2 C	8.3 B	8.4 D	8.5 C
8.6 C	8.7 E	8.8 C	8.9 C	8.10 A
8.11 B	8.12 A	8.13 D	8.14 D	8.15 C
8.16 A	8.17 C	8.18 E	8.19 C	8.20 B
8.21 C	8.22 D	8.23 D	8.24 C	8.25 E
8.26 A	8.27 E	8.28 C	8.29 A	8.30 A
8.31 B	8.32 D	8.33 E	8.34 E	8.35 E
8.36 E	8.37 C	8.38 C	8.39 D	8.40 A
8.41 B	8.42 D	8.43 A	8.44 E	8.45 B
8.46 A	8.47 C	8.48 D	8.49 E	8.50 A
8.51 B	8.52 C	8.53 A	8.54 A	8.55 D
8.56 A	8.57 B	8.58 B	8.59 C	8.60 B
8.61 B	8.62 A	8.63 A	8.64 C	8.65 B
8.66 D	8.67 E	8.68 A	8.69 C	8.70 C
8.71 A	8.72 C	8.73 A	8.74 B	8.75 D
8.76 D	8.77 D	8.78 B	8.79 D	8.80 C
8.81 A	8.82 B	8.83 B	8.84 A	8.85 E
8.86 B	8.87 E	8.88 A	8.89 A	8.90 D
8.91 B	8.92 C	8.93 B	8.94 B	8.95 C
8.96 E	8.97 C	8.98 D	8.99 B	8.100 E
8.101 A	8.102 B			

9 Fluorimetrie

9.1 H09 Welche Aussage zur Fluorimetrie trifft **nicht** zu?

(A) Grundlage für Fluoreszenz ist die Absorption von Elektronenstrahlung.
(B) Bei der Fluoreszenz findet die Lichtemission aus einem angeregten Singulett-Zustand heraus statt.
(C) Anregungs- und Fluoreszenzspektrum einer Substanz sind bezüglich einer bestimmten Wellenlänge näherungsweise spiegelbildlich.
(D) Als Anregungsquelle können Laser verwendet werden.
(E) Unter „Quenching“ versteht man die Verringerung der Quantenausbeute und damit der Fluoreszenzintensität.

9.2 H92 Welche Aussage trifft **nicht** zu?

Bei der Fluorimetrie
(A) handelt es sich um eine selektivere Methode als bei der UV-VIS-Spektrometrie.
(B) ist die Wellenlänge des Anregungslichtes größer als die des Fluoreszenzlichtes.
(C) ist bei hoher Quantenausbeute (nahe 1) die Empfindlichkeit größer als bei der UV-VIS-Spektrometrie.
(D) handelt es sich um eine emissionsspektrometrische Methode.
(E) ist bei hinreichender Verdünnung die Intensität des Fluoreszenzlichtes der Konzentration der Substanz direkt proportional.

9.3 F10 Das Phänomen der Fluoreszenz basiert auf der Emission elektromagnetischer Strahlung nach Anregung mit monochromatischem Licht.

Diese beiden Prozesse gehen mit folgenden Elektronenübergängen des Jablonski-Termschemas einher:

(1) Übergang vom Singulett-Grundzustand (S_0) in den angeregten Triplett-Zustand (T_1)
(2) Übergang vom Singulett-Grundzustand (S_0) in den angeregten Singulett-Zustand (S_1)
(3) Übergang vom angeregten Triplett-Zustand (T_1) in den Singulett-Grundzustand (S_0)
(4) Übergang vom angeregten Singulett-Zustand (S_2) in den angeregten Singulett-Zustand (S_1)
(5) Übergang vom angeregten Singulett-Zustand (S_1) in den Singulett-Grundzustand (S_0)

(A) nur 1 und 3
(B) nur 1 und 5
(C) nur 2 und 4
(D) nur 2 und 5
(E) nur 3 und 5

9.4 H09 Welche Aussagen zu Elektronenübergängen von n- und π-Elektronen organischer Moleküle treffen zu?

(1) Beim Übergang von einem Singulett- in einen Triplett-Zustand erfolgt Spin-Umkehr.
(2) In einem Singulett-Zustand sind die Elektronenspins parallel.
(3) Bei der strahlungslosen Inaktivierung wird die Energie der Elektronen in Wärmeenergie umgewandelt (internal conversion).
(4) Fluoreszenz und Phosphoreszenz sind strahlungslose Elektronenübergänge.

(A) nur 1
(B) nur 1 und 2
(C) nur 1 und 3
(D) nur 3 und 4
(E) 1 bis 4 (alle)

9.5 F09 Welche Aussagen zu Elektronenübergängen von n- und π-Elektronen organischer Moleküle treffen zu?

(1) Die Elektronenübergänge werden üblicherweise mit Hilfe eines Jablonski-Termschemas veranschaulicht.
(2) Aus einem angeregten Zustand S_1 können die Elektronen durch strahlungslose Inaktivierung (*internal conversion*) in den Grundzustand S_0 zurückkehren.
(3) Aus einem angeregten Zustand S_1 können die Elektronen strahlungslos unter Spin-Umkehr in einen Triplett-Zustand T_1 (*intersystem crossing*) übergehen.
(4) Die Verweildauer der Elektronen in den einzelnen Energieniveaus ist immer gleich

(A) nur 1 und 2
(B) nur 1 und 4
(C) nur 2 und 3
(D) nur 2 und 4
(E) nur 1, 2 und 3

Ordnen Sie bitte den Lumineszenzerscheinungen der Liste 1 die ursächlich beteiligten Elektronenübergange aus Liste 2 zu!

Liste 1

9.6 F09 Fluoreszenz

9.7 F09 Phosphoreszenz

Liste 2

(A) Singulett–Singulett-Übergänge **ohne** Spin-Umkehr
(B) Singulett–Dublett-Übergänge **ohne** Spin-Umkehr
(C) Singulett–Dublett-Übergänge **mit** Spin-Umkehr
(D) Singulett–Triplett-Übergänge **ohne** Spin-Umkehr
(E) Singulett–Triplett-Übergänge **mit** Spin-Umkehr

9.8 **F97** Die Fluoreszenz eines organischen Moleküls beruht auf Übergängen zwischen folgenden Zuständen (S = Singulettzustand; T = Triplettzustand):

(A) S → S
(B) S → T
(C) T → S
(D) T → T
(E) Keine der obigen Aussagen trifft zu.

9.9 **H06, F89** Welche Aussage über die Fluoreszenz organischer Moleküle trifft nicht zu?

(A) Das Fluoreszenzmaximum eines Fluorophors ist gegenüber dem Absorptionsmaximum bathochrom verschoben.
(B) Fluoreszenz wird häufig bei starren Molekülen beobachtet.
(C) Es gibt Stoffe, die ultraviolettes Fluoreszenzlicht abstrahlen.
(D) Die Abklingdauer der Fluoreszenz liegt typischerweise im Sekundenbereich.
(E) Fluoreszenzerscheinungen beruhen nur auf Singulett-Singulett-Übergängen.

9.10 **F05** Welche Aussage zur Fluorimetrie einer organischen Substanz, z. B. von Chininsulfat, trifft **nicht** zu?

(A) Es wird die Intensität des Fluoreszenzlichtes gemessen, das von der zu untersuchenden Substanz ausgestrahlt wird.
(B) Die Anregungsstrahlung ist kurzwelliger als die Fluoreszenzstrahlung.
(C) Die Fluoreszenzintensität hängt von der Leistung der Lichtquelle ab.
(D) Messgröße ist der negative Logarithmus des Quotienten von Intensität des Anregungslichtes und des Fluoreszenzlichtes.
(E) Die quantitative Auswertung erfolgt mit Hilfe von Referenzsubstanz.

9.11 **H04** Welche Aussage trifft für die fluorimetrische Gehaltsbestimmung von Lösungen zu?

(A) Es wird die Verminderung der eingestrahlten Lichtintensität bei Durchgang durch die Analysenlösung gemessen.
(B) Die Messung der Intensität des Fluoreszenzlichtes erfolgt in einem bestimmten Winkel (meist 90 °) zum Erregerlicht.
(C) Das Fluoreszenzlicht ist stets kürzerwellig als die Erregerstrahlung.
(D) Zur Anregung der Fluoreszenz muss polychromatisches UV-Licht eingestrahlt werden.
(E) Die Intensität des Fluoreszenzlichtes ist unabhängig von der des Erregerlichtes.

9.12 **H08** Welche Aussagen treffen zu?

Bei der fluorimetrischen Bestimmung eines Arzneistoffs hängt die Fluoreszenzintensität ab von
(1) der Intensität des Anregungslichts
(2) dem molaren Absorptionskoeffizienten der fluoreszierenden Substanz bei der Anregungswellenlänge
(3) der Fluoreszenzquantenausbeute
(4) dem Lösungsmittel

(A) nur 1
(B) nur 2
(C) nur 1 und 4
(D) nur 2 und 3
(E) 1 bis 4 (alle)

9.13 **F99, F01** Welche Aussage zur Fluoreszenz trifft zu?

(A) Die Wellenlänge der Fluoreszenzstrahlung ist kleiner als die Wellenlänge der (monochromatischen) Anregungsstrahlung.
(B) Bei intensiv fluoreszierenden Substanzen ist die Quantenausbeute größer als 1.
(C) Die Fluoreszenzintensität ist unabhängig vom molaren Absorptionskoeffizienten der fluoreszierenden Substanz.
(D) Für einen gegebenen Stoff gilt, dass die Fluoreszenzintensität der Frequenz der Anregungsstrahlung proportional ist.
(E) Bei hinreichend kleinen Konzentrationen ist der Quotient aus der Intensität der Fluoreszenzstrahlung und der Konzentration der fluoreszierenden Substanz eine Konstante.

9.14 H08 Welche Aussagen zur Fluoreszenz treffen zu?

(1) Die Fähigkeit eines Arzneistoffs zur Fluoreszenz kann bei Absorption an feste Oberflächen zunehmen.
(2) Die Fähigkeit eines Arzneistoffs zur Fluoreszenz kann durch Komplexbildung zunehmen.
(3) Die Fähigkeit eines Arzneistoffs zur Fluoreszenz wird durch ^{19}F-Markierung vervielfacht.
(4) Die Fluoreszenzintensität kann durch Erhöhung der Anregungsintensität gesteigert werden.

(A) nur 1
(B) nur 2
(C) nur 3 und 4
(D) nur 1, 2 und 4
(E) 1 bis 4 (alle)

9.15 H03 Welche Aussagen treffen zu?

Die Fluoreszenzintensität einer wässrigen Chininsulfat-Lösung wird beeinflusst durch die:
(1) Intensität des Erregerlichtes
(2) Chininkonzentration
(3) Wellenlänge des Erregerlichtes
(4) Gegenwart eines größeren Überschusses von Halogenid-Ionen

(A) nur 1
(B) nur 2
(C) nur 1 und 2
(D) nur 2 und 4
(E) 1 bis 4 (alle)

9.16 F07 Welche Aussagen treffen zu?

(1) Die Fluoreszenzintensität bei gegebener Wellenlänge ist abhängig von der Intensität des Anregungslichts.
(2) Photolumineszenz wird nur bei organischen Verbindungen beobachtet.
(3) Lösungsmittel können die Fluoreszenz eines Stoffes nicht beeinflussen.
(4) Die emittierte Fluoreszenzstrahlung besitzt eine geringere Energie als die absorbierte elektromagnetische Strahlung.
(5) Quantitative Bestimmungen werden in der Fluorimetrie meist unter Verwendung einer Referenzlösung durchgeführt.

(A) nur 1
(B) nur 1 und 4
(C) nur 1, 2 und 4
(D) nur 1, 4 und 5
(E) nur 2, 3 und 5

9.17 F98 Welche Aussagen treffen zu?

Bei der Fluoreszenzspektroskopie wird
(1) die Lage einer bestimmten Fluoreszenzbande durch die Frequenz der Primärstrahlung beeinflusst
(2) die Lage einer bestimmten Fluoreszenzbande durch die Frequenz der Primärstrahlung nicht beeinflusst
(3) die Intensität des Fluoreszenzsignals durch die Frequenz der Primärstrahlung beeinflusst
(4) die Intensität des Fluoreszenzsignals durch die Frequenz der Primärstrahlung nicht beeinflusst

(A) nur 3
(B) nur 1 und 3
(C) nur 1 und 4
(D) nur 2 und 3
(E) nur 2 und 4

9.18 H07 Welche Aussagen zur Fluoreszenzspektroskopie treffen zu?

(1) Die Fluoreszenzspektroskopie zählt zur Emissionsspektroskopie.
(2) Die Fluoreszenz kann auch als Lumineszenz bezeichnet werden.
(3) Die Fluoreszenz beruht auf Singulett-Singulett-Übergängen.
(4) Fluoreszenz wird insbesondere bei organischen Molekülen mit starrem Grundgerüst beobachtet.
(5) Fluoreszenzerscheinungen sind zeitlich unmittelbar an das Vorhandensein von Anregungsstrahlung gebunden.

(A) nur 1 und 4
(B) nur 1, 3 und 4
(C) nur 2, 3 und 5
(D) nur 1, 2, 3 und 4
(E) 1 bis 5 (alle)

9.19 H05 Welche Aussagen zur Fluorimetrie treffen zu?

(1) Die Fluoreszenz unterscheidet sich von der Phosphoreszenz in Wellenlänge und Lebensdauer der Emissionserscheinung.
(2) Grundlage der Fluoreszenz ist die Absorption von Photonen.
(3) Organische Fluorophore verfügen gewöhnlich über ein ausgedehntes π-System und sind häufig planar.
(4) Fluoreszenzlicht ist in der Regel langwelliger als das Anregungslicht.
(5) Lumineszenz tritt nur bei organischen Molekülen auf.

(A) nur 2 und 3
(B) nur 2 und 4
(C) nur 1, 3 und 4
(D) nur 1, 2, 3 und 4
(E) 1 bis 5 (alle)

9.20 H09 Zur Beschreibung des Ausmaßes der Fluoreszenz eines Arzneistoffs in einer Analyse wird die Quantenausbeute angegeben.

Welcher Quotient gibt die Fluoreszenzquantenausbeute zutreffend wieder?
(A) Anzahl der emittierten Photonen pro Zeiteinheit
(B) Anzahl der absorbierten Photonen pro Zeiteinheit
(C) Anzahl der emittierten Photonen pro Anzahl der absorbierten Photonen
(D) Anzahl der emittierten Photonen pro Anzahl der fluoreszierenden Moleküle
(E) Anzahl der emittierten Photonen pro Masse der fluoreszierenden Moleküle

9.21 H94 Unter dem Begriff „Quantenausbeute“ versteht man in der Fluorimetrie:

(A) die Quantenzahl des Grundzustandes des für die Fluoreszenz verantwortlichen Überganges.
(B) die Zahl der Schwingungszustände des angeregten Zustandes des Fluorophors.
(C) eine Gerätekonstante.
(D) die Differenz zwischen der eingestrahlten und der ausgesandten Lichtintensität.
(E) den Quotienten aus der Zahl der emittierten Photonen zur Zahl der absorbierten Photonen.

9.22 H97 Unter dem Begriff „Fluoreszenz-Quantenausbeute“ versteht man

(A) das Verhältnis der Intensität des eingestrahlten Lichtes zur Fluoreszenzintensität
(B) die Differenz zwischen den Intensitäten von eingestrahltem und absorbiertem Licht
(C) das Produkt aus Anregungs- und Emissionswellenlänge
(D) den Quotienten aus den Zahlen der emittierten und der absorbierten Lichtquanten
(E) die Zahl der emittierten Lichtquanten pro mol Fluorophor

9.23 F07 Was wird bei der Fluoreszenzspektroskopie als „quenching“ bezeichnet?

(A) die Wellenlängendifferenz zwischen absorbierter und emittierter Strahlung
(B) die Verringerung der Quantenausbeute des emittierten Lichts durch äußere Effekte (wie z. B. Lösungsmittel, hohe Substanzkonzentrationen)
(C) die überproportionale Fluoreszenzzunahme bei konstanter Anregungsstrahlung durch Temperaturerhöhung
(D) die Verschiebung des absorbierten Lichts zu kleineren Wellenlängen durch mesomeriestabilisierte Strukturen
(E) der Wellenlängenbereich, in dem ein Fluoreszenzfarbstoff Licht emittiert

9.24 F06 Eine Verbindung zeige bei Bestrahlung sowohl Fluoreszenz als auch Phosphoreszenz. Die entsprechenden Absorptions- bzw. Emissionsmaxima lassen sich wie folgt nach steigender Wellenlänge ordnen:

(A) Phosphoreszenz, Fluoreszenz, Absorption
(B) Fluoreszenz, Phosphoreszenz, Absorption
(C) Fluoreszenz, Absorption, Phosphoreszenz
(D) Absorption, Fluoreszenz, Phosphoreszenz
(E) Absorption, Phosphoreszenz, Fluoreszenz

9.25 F03 Welche Aussagen treffen zu?

Zur Entscheidung, ob bei Lumineszenz einer Verbindung Fluoreszenz oder Phosphoreszenz vorliegt, können beitragen:
(1) die Größe des Extinktions(Absorptions)koeffizienten
(2) die Lage des Emissionsmaximums
(3) die Lage des Absorptionsmaximums
(4) das Zeitverhalten des Abklingens der Emission

(A) nur 1
(B) nur 1 und 2
(C) nur 2 und 3
(D) nur 2 und 4
(E) nur 3 und 4

9.26 F09 Das Europäische Arzneibuch schreibt zur fluorimetrischen Bestimmung eines Analyten in erster Wahl die Verwendung eines Fluorimeters vor, bei dem das emittierte Fluoreszenzlicht im Winkel von 90° zur Anregungsstrahlung vermessen wird.

Die Begründung dafür ist, dass bei diesem Winkel
(A) das Maximum der Fluoreszenzintensität erreicht wird
(B) Störungen durch das Erfassen des Anregungslichts minimiert werden können
(C) die Quantenausbeute der Fluorophore verbessert wird
(D) Quenching-Effekte vernachlässigt werden können
(E) ein linearer Zusammenhang von eingestrahlter und emittierter Lichtintensität besteht

9.27 H00 Eine verdünnte schwefelsaure Lösung eines Arzneistoffes ist farblos und zeigt bei entsprechender Anregung eine intensive blaue Fluoreszenz. Welche Anregungswellenlänge kann nicht geeignet sein?

(A) 200 nm
(B) 250 nm
(C) 300 nm
(D) 350 nm
(E) 500 nm

9.28 H05 Bei der fluorimetrischen Gehaltsbestimmung ergibt sich die Konzentration der zu prüfenden Lösung (c_x) (Proportionalität von Fluoreszenzintensität und Konzentration vorausgesetzt) ausfolgender Gleichung:

c_r= Konzentration der Referenzlösung
I_x= Fluoreszenzintensität der zu prüfenden Lösung
I_r= Fluoreszenzintensität der Referenzlösung

(A) $c_x = \frac{I_r \cdot c_r}{I_x}$

(B) $c_x = \frac{I_r}{I_x \cdot c_r}$

(C) $c_x = \frac{I_x \cdot I_r}{c_r}$

(D) $c_x = c_r \cdot (I_x - I_r)$

(E) $c_x = \frac{I_x \cdot c_r}{I_r}$

9.29 H01 Quantitative fluorimetrische Bestimmungen werden meistens mit Hilfe von Referenzlösungen bekannter Konzentration durchgeführt. Nach welcher Formel wird die Konzentration der zu untersuchenden Lösung berechnet?

(A) $C_x = \frac{I_S \cdot C_S}{I_X}$

(B) $C_x = \frac{I_S + C_S}{I_X}$

(C) $C_x = \frac{I_X \cdot C_S}{I_X}$

(D) $C_x = \frac{I_X \cdot I_S}{C_S}$

(E) $C_x = \frac{C_S}{I_S + I_X}$

C_x = Konzentration der Prüflösung
C_s = Konzentration der Referenzlösung
I_x = Intensität des Fluoreszenzlichtes der Prüflösung
I_s = Intensität des Fluoreszenzlichtes der Referenzlösung

9.30 **H91** Welche Aussagen treffen zu?

Bei der Fluorimetrie hängt die Fluoreszenzintensität von folgenden Größen ab:
(1) Intensität des Anregungslichtes
(2) molarer Absorptionskoeffizient der fluoreszierenden Substanz bei der Anregungswellenlänge
(3) Fluoreszenzquantenausbeute

(A) nur 1
(B) nur 2
(C) nur 1 und 2
(D) nur 2 und 3
(E) 1 bis 3 (alle)

9.31 **F92** Welche Aussagen treffen zu?

Die Bestimmungsgrenze bei der fluorimetrischen Bestimmung einer organischen Substanz ist u. a. abhängig von
(1) der Intensität des Anregungslichtes
(2) der Quantenausbeute
(3) der Wellenlänge des Anregungslichtes

(A) nur 1
(B) nur 2
(C) nur 3
(D) nur 1 und 3
(E) 1 bis 3 (alle)

9.32 **H99** Welche Aussagen treffen zu?

Die Fluoreszenzintensität einer Lösung hängt ab von:
(1) der Intensität des Anregungslichtes
(2) dem Absorptionskoeffizienten des Fluorophors
(3) der Konzentration der Substanz
(4) der Quantenausbeute

(A) nur 3
(B) nur 1 und 2
(C) nur 2 und 3
(D) nur 3 und 4
(E) 1 bis 4 (alle)

9.33 **F00** Welche Aussagen treffen zu?

Die Fluoreszenzintensität hängt ab von
(1) dem molaren Absorptionskoeffizienten bei der Anregungswellenlänge
(2) der Intensität des Anregungslichtes
(3) der Fluoreszenzquantenausbeute

(A) nur 1
(B) nur 2
(C) nur 3
(D) nur 1 und 2
(E) 1 bis 3 (alle)

9.34 **H07** Für welchen der folgenden Wirkstoffe ist die direkte fluorimetrische Bestimmung am besten geeignet?

(A)

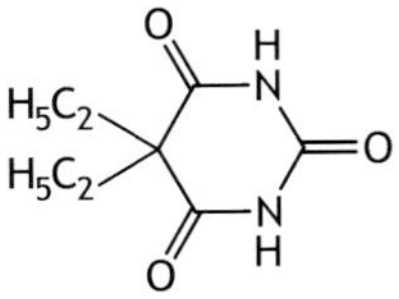

(B)

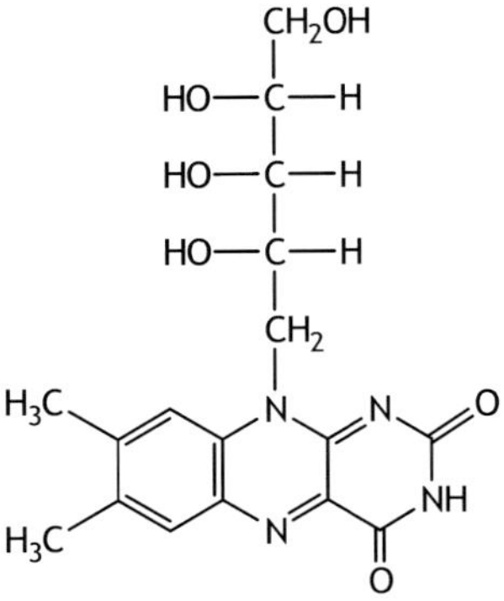

(C)

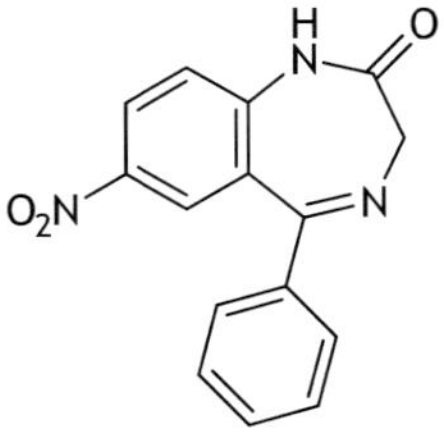

(D)

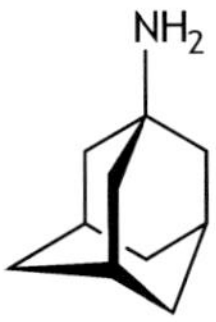

(E)

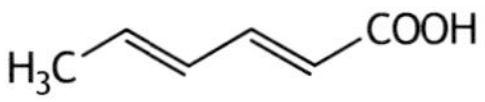

9.35 **F09** Aluminium-Ionen können nach Zusatz eines geeigneten Reagenzes fluorimetrisch bestimmt werden.

Welches der abgebildeten Moleküle ist hierzu am besten geeignet?

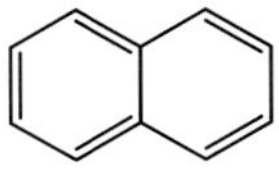

(A)

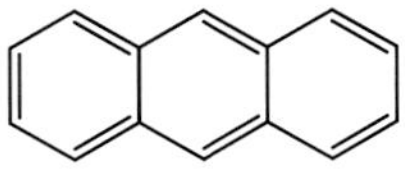

(B)

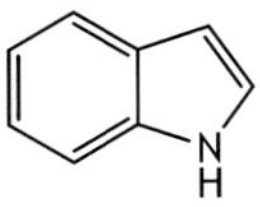

(C)

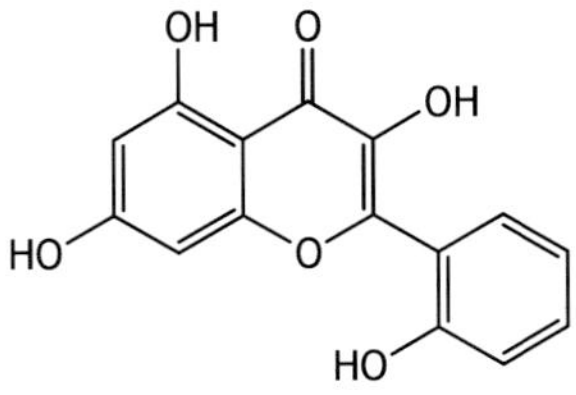

(D)

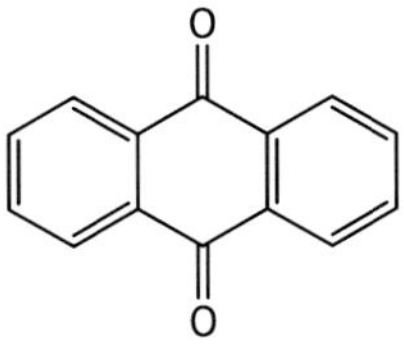

(E)

9.36 **F06** Welche der folgenden Reagenzien sind als Fluoreszenzmarker zur **Derivatisierung** von primären Aminen geeignet?

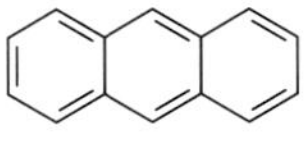

(1)

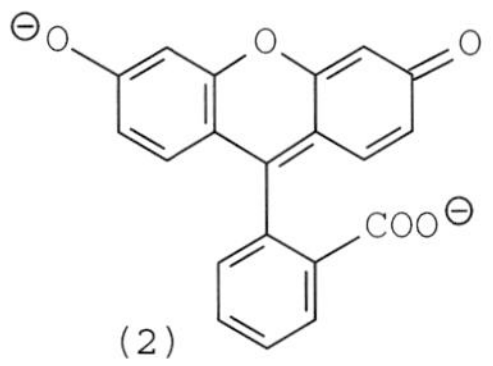

(2)

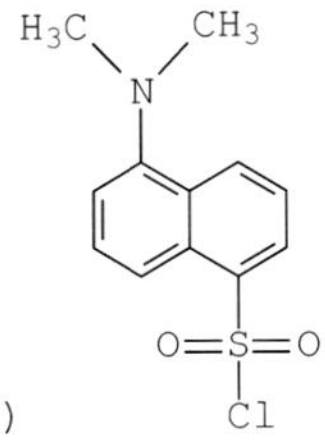

(3)

(A) nur 1
(B) nur 2
(C) nur 3
(D) nur 1 und 2
(E) nur 1 und 3

9.37 **F05** Welche der folgenden Reagenzien sind als Fluoreszenzmarker für die fluorimetrische Bestimmung von primären Aminen geeignet?

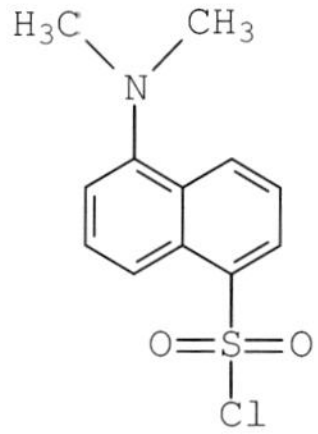

(1)

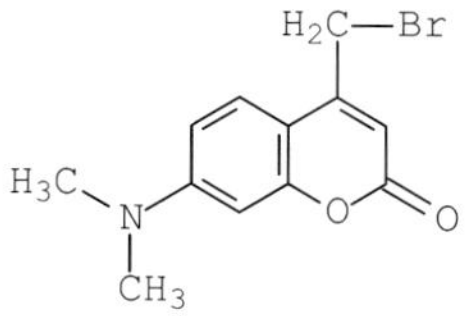

(2)

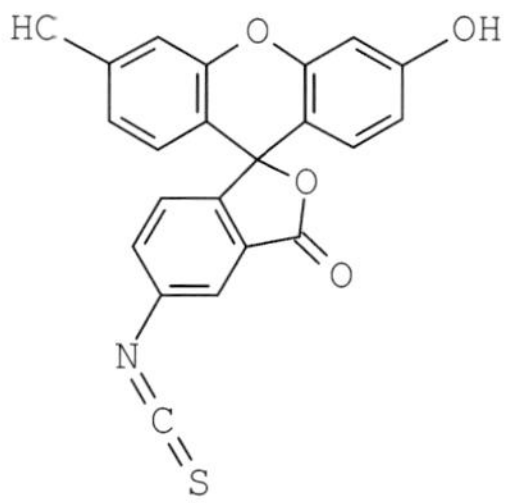

(3)

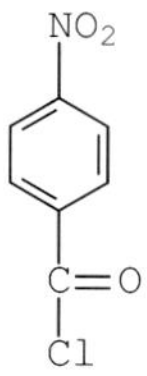

(4)

(A) nur 3
(B) nur 1 und 4
(C) nur 1, 2 und 3
(D) nur 2, 3 und 4
(E) 1 bis 4 (alle)

9.38 **H04** Aliphatische Carbonsäurechloride sollen fluorimetrisch bestimmt werden.

Welche der folgenden Reagenzien sind als Fluoreszenzmarker zur direkten Derivatisierung des Säurechlorids geeignet?

(1)

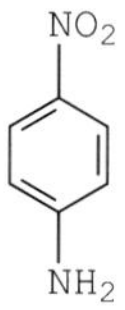

(2)

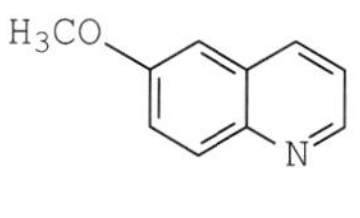

(3)

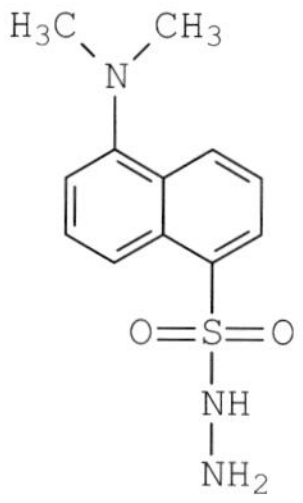

(A) nur 1
(B) nur 3
(C) nur 1 und 3
(D) nur 2 und 3
(E) 1 bis 3 (alle)

9.39 **H93** Primäre Amine sollen fluorimetrisch bestimmt werden. Welche der folgenden Reagenzien sind zur Derivatisierung als Fluoreszenzmarker geeignet?

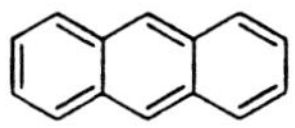

(1)

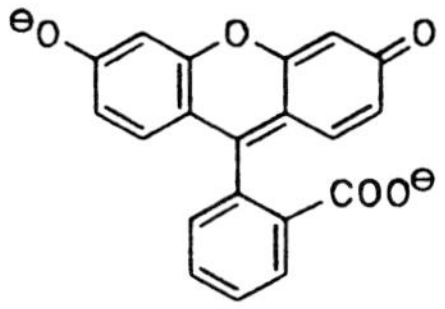

(2)

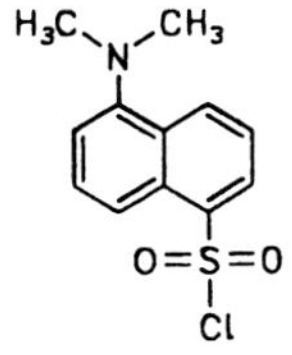

(3)

(A) nur 1
(B) nur 2
(C) nur 3
(D) nur 1 und 2
(E) nur 2 und 3

9.40 F04 Welche Verbindung zeigt – bei entsprechender Anregung – die intensivste Fluoreszenz?

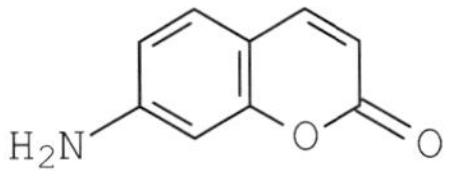

(A)

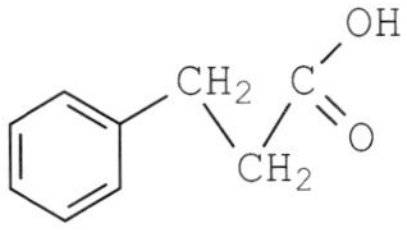

(B)

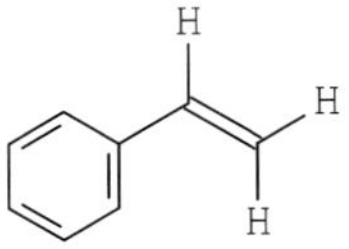

(C)

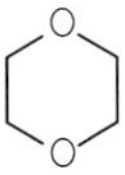

(D)

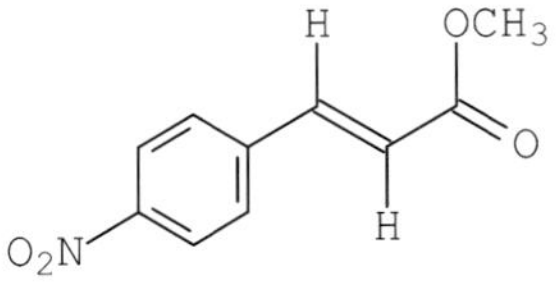

(E)

9.41 H97 Welche Verbindung zeigt – bei entsprechender Anregung – die intensivste Fluoreszenz?

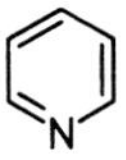

(A)

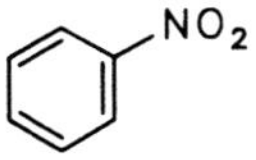

(B)

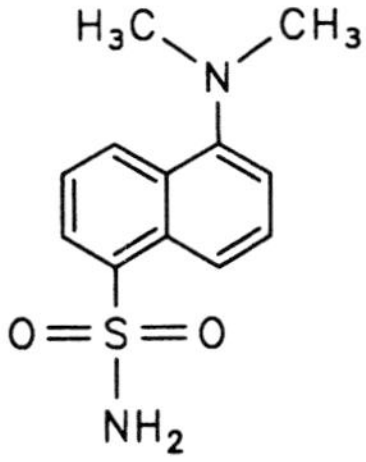

(C)

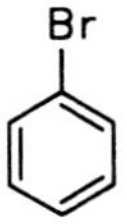

(D)

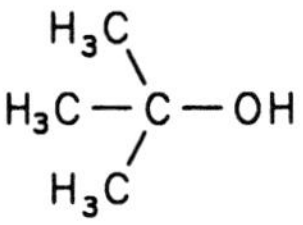

(E)

9.42 F99 Bei welchen der folgenden Arzneistoffe ist in Lösung bei Bestrahlung mit UV-Licht eine sichtbare Fluoreszenz zu erwarten?

(1)

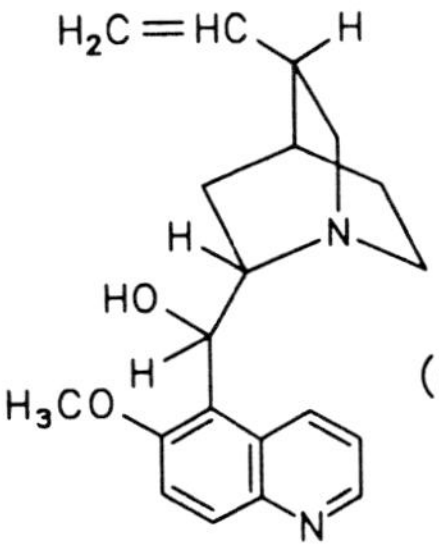

(als Sulfat)

(2)

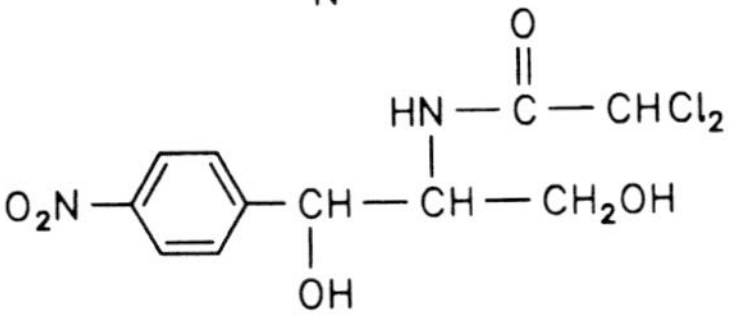

(3)

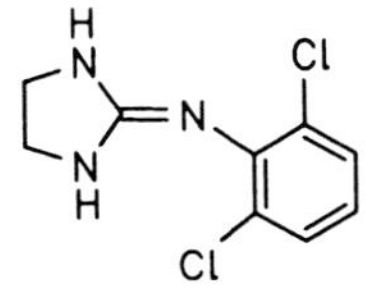

(4)

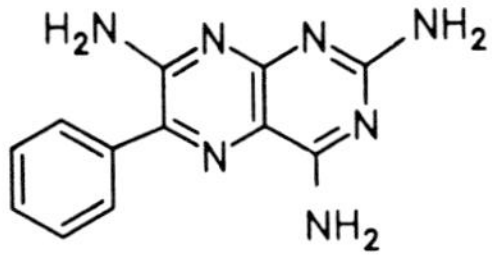

(in sauren Lösungen)

(A) nur 2
(B) nur 1 und 3
(C) nur 1 und 4
(D) nur 2, 3 und 4
(E) 1 bis 4 (alle)

9.43 **F97** Welche der folgenden Substanzen sollte bei Bestrahlung mit UV-Licht von 254 nm, ausgehend von ihrer Struktur, die geringste Fluoreszenz zeigen?

(A) 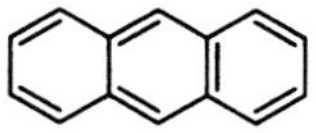

(B) 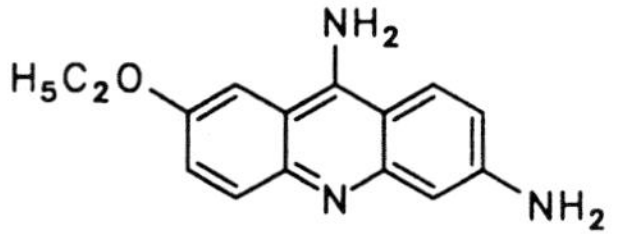

(C) 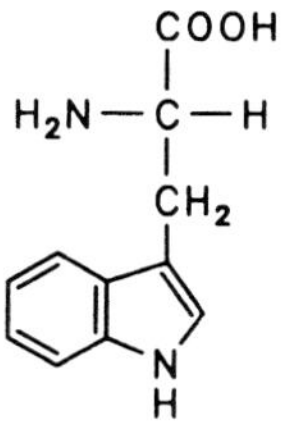

(D) 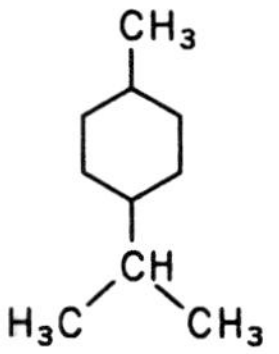

(E) 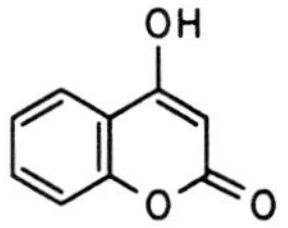

9.44 **H00** Bei welchem der formulierten Arzneistoffe ist am ehesten eine sichtbare Fluoreszenz zu erwarten?

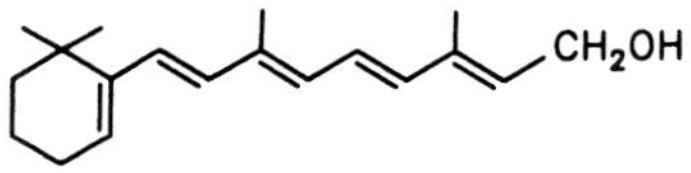

(A)

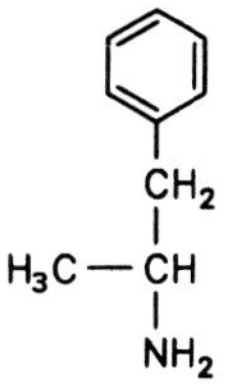

(B)

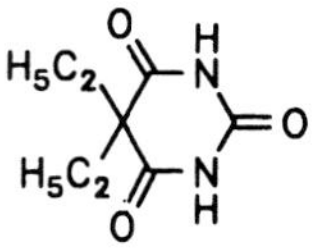

(C)

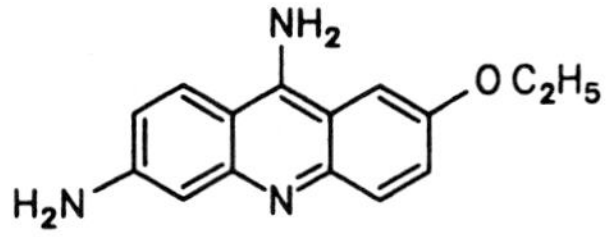

(D)

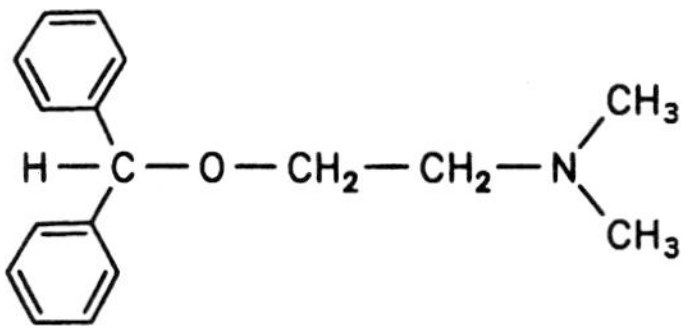

(E)

9.45 **F90** Welche Aussage trifft zu?

Als Detektor in Fluorimetern eignet sich besonders:

(A) Photozelle
(B) Fluorid-spezifische Elektrode
(C) Sekundärelektronenvervielfacher
(D) PbS-Zelle
(E) Thermoelement

9.46 **F03** Die Abbildung zeigt schematisch den (fehlerhaften) Aufbau eines Fluorimeters.

Welche Bauteile sind vertauscht?

(A) 2 mit 3
(B) 2 mit 4
(C) 2 mit 5
(D) 3 mit 4
(E) 4 mit 5

Lösungen

9.1 A	9.2 B	9.3 D	9.4 C	9.5 E
9.6 A	9.7 E	9.8 A	9.9 D	9.10 D
9.11 B	9.12 E	9.13 E	9.14 D	9.15 E
9.16 D	9.17 D	9.18 E	9.19 E	9.20 C
9.21 E	9.22 D	9.23 B	9.24 D	9.25 D
9.26 B	9.27 E	9.28 E	9.29 C	9.30 E
9.31 E	9.32 E	9.33 E	9.34 B	9.35 D
9.36 C	9.37 B	9.38 B	9.39 C	9.40 A
9.41 C	9.42 C	9.43 D	9.44 D	9.45 C
9.46 B				

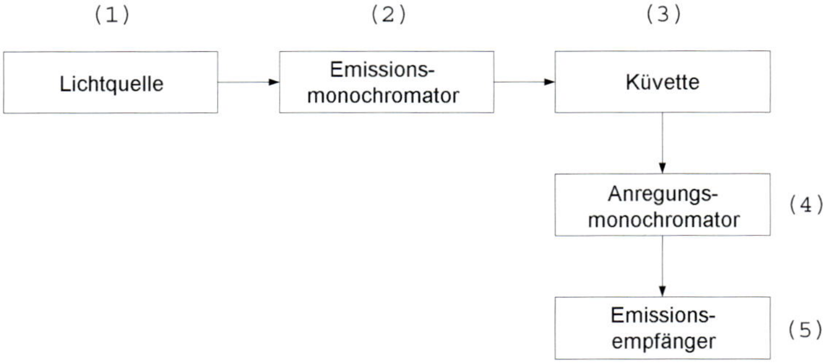

10 IR-Spektroskopie

10.1 **F05** Welche Aussage trifft zu?

Die NIR-Spektroskopie wird überwiegend eingesetzt zur

(A) Identitätsprüfung von festen und halbfesten Analyten
(B) Unterscheidung von Enantiomeren
(C) Konformationsanalyse
(D) Strukturbestimmung
(E) Molekulargewichtsbestimmung

10.2 **H97** Welche der folgenden durch Energiezufuhr induzierten Vorgänge werden in der IR-Spektroskopie ausgenutzt?

(A) Ionisation und Fragmentierung der Moleküle
(B) Umorientierung von ungepaarten Elektronen in einem Magnetfeld
(C) Umorientierung von Kernen in einem Magnetfeld
(D) Schwingungen innerhalb des Moleküls
(E) Keiner der angegebenen Vorgänge.

10.3 **F93** Welche Wellenlänge λ entspricht der Wellenzahl $\nu = 2500\ cm^{-1}$?

(A) 0,25 m
(B) 1 µm
(C) 4 µm
(D) 50 µm
(E) 100 µm

10.4 **H93** Welche Wellenzahl ν entspricht der Wellenlänge $\lambda = 4\ \mu m$?

(A) $500\ cm^{-1}$
(B) $1000\ cm^{-1}$
(C) $2500\ cm^{-1}$
(D) $4000\ cm^{-1}$
(E) $10\,000\ cm^{-1}$

10.5 H05 Welche Aussagen zur IR-Spektroskopie treffen zu?

(1) In der IR-Spektroskopie werden Moleküle durch Absorption von Strahlung in elektronisch angeregte Zustände angehoben.
(2) In der IR-Spektroskopie werden Moleküle durch Absorption von Strahlung zu Molekülschwingungen und -rotationen angeregt.
(3) Die IR-Spektroskopie ist eine emissionsspektroskopische Methode.
(4) Die IR-Spektroskopie ist eine absorptionsspektroskopische Methode.
(5) Als IR-Strahlung wird der Bereich des elektromagnetischen Spektrums mit Wellenlängen zwischen 800 nm und 500 µm bezeichnet.

(A) nur 1
(B) nur 2 und 4
(C) nur 1, 4 und 5
(D) nur 2, 3 und 5
(E) nur 2, 4 und 5

10.6 F09 Welche Aussagen zur IR-Spektroskopie treffen zu?

(1) Die Lage einer IR-Absorptionsbande korreliert mit der Masse der an der Bindung beteiligten Atome.
(2) Je höher die Masse der an einer Bindung beteiligten Atome, umso geringer ist die Wellenlänge der zur Anregung notwendigen elektromagnetischen Strahlung.
(3) Die Anregungswellenlänge der Valenzschwingung einer Einfachbindung ist in der Regel größer als die Anregungswellenlänge der Valenzschwingung der entsprechenden Doppelbindung gleicher Atome.

(A) nur 1
(B) nur 3
(C) nur 1 und 3
(D) nur 2 und 3
(E) 1 bis 3 (alle)

10.7 H97 Die Wellenzahl der IR-Absorptionsbande einer Molekülschwingung

(A) ist bei Einfachbindungen zwischen zwei Atomen A und B größer als bei Doppelbindungen zwischen A und B
(B) nimmt ab bei zunehmenden Massen der beteiligten Atome bzw. Molekülteile
(C) ist bei Valenzschwingungen von X-H-Gruppen besonders wichtig
(D) ist in der Regel für die Deformationsschwingungen einer Gruppierung höher als für ihre Valenzschwingung
(E) ist in der Regel für Dreifachbindungen niedriger als für Doppelbindungen

10.8 F01 Welche Aussagen treffen zu?

Die Wellenzahl der IR-Absorptionsbande einer Molekülschwingung nimmt zu bei
(1) zunehmenden Massen der beteiligten Atome bzw. Molekülteile
(2) abnehmenden Massen der beteiligten Atome bzw. Molekülteile
(3) zunehmender Bindungsstärke zwischen den beteiligten Atomen bzw. Molekülteilen
(4) abnehmender Bindungsstärke zwischen den beteiligten Molekülteilen

(A) nur 1
(B) nur 1 und 3
(C) nur 1 und 4
(D) nur 2 und 3
(E) nur 2 und 4

10.9 H07 Welche Aussagen zur NIR-Spektroskopie treffen zu?

(1) Im nahen IR-Bereich zwischen $\tilde{\nu} = 12\,500$ und $4000\ cm^{-1}$ wirken höhere Energiebeträge auf die Moleküle ein als im normalen mittleren IR-Bereich.
(2) Mit der NIR-Spektroskopie lassen sich feste Substanzen nicht direkt vermessen.
(3) Die Suspension einer Substanz lässt sich mit der NIR-Spektroskopie prinzipiell nicht vermessen.
(4) Mit der NIR-Spektroskopie sind auch quantitative Bestimmungen möglich.
(5) Ein Messverfahren in der NIR-Spektroskopie ist die Messung der diffusen Reflexionen.

(A) nur 4 und 5
(B) nur 1, 2 und 3
(C) nur 1, 4 und 5
(D) nur 2, 3 und 4
(E) nur 3, 4 und 5

10.10 H06 Welche Aussagen zur NIR-Spektroskopie treffen zu?

(1) Im nahen IR-Bereich zwischen $\tilde{\nu} = 12\,500$ und $4000\ cm^{-1}$ wirken niedrigere Energiebeträge auf die Moleküle ein als im normalen mittleren IR-Bereich.
(2) Mit der NIR-Spektroskopie lassen sich auch feste Substanzen direkt vermessen.
(3) Die Suspension einer Substanz lässt sich mit der NIR-Spektroskopie prinzipiell nicht vermessen.
(4) Mit der NIR-Spektroskopie sind quantitative Bestimmungen nicht möglich.
(5) Ein Messverfahren in der NIR-Spektroskopie ist die Messung der diffusen Reflexionen.

(A) nur 1 und 2
(B) nur 2 und 3
(C) nur 2 und 5
(D) nur 3 und 4
(E) nur 4 und 5

10.11 H05 Welche Aussage trifft **nicht** zu?

Im IR-Spektrum treten Banden auf, die sowohl auf symmetrische als auch auf asymmetrische Valenzschwingungen der gekennzeichneten Moleküle oder Molekülteile zurückzuführen sind:

(A) 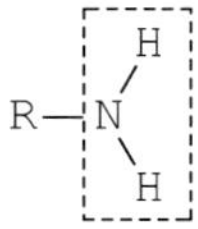

(B) 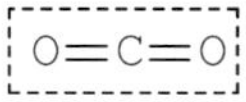

(C) 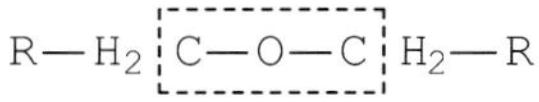

(D) 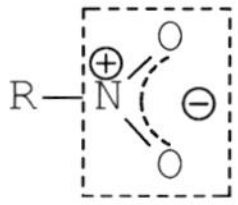

(E) 

10.12 H00 Welche der folgenden Valenzschwingungen sind IR-inaktiv?

(1) $\overrightarrow{O} = C = \overleftarrow{O}$
(2) $\overleftarrow{O} = C = \overrightarrow{O}$
(3) $\overleftarrow{O} = \overrightarrow{C} = \overleftarrow{O}$
(4) $\overrightarrow{O} = \overleftarrow{C} = \overrightarrow{O}$

(A) nur 1 und 2
(B) nur 2 und 3
(C) nur 3 und 4
(D) nur 2, 3 und 4
(E) 1 bis 4 (alle)

10.13 H95 Welche der folgenden Vorgänge im Molekül werden bei der IR-Spektroskopie von Gasen oder gelösten Stoffen angeregt?

(1) Rotationen des Moleküls um seinen Schwerpunkt
(2) Schwingungen innerhalb des Moleküls
(3) Anhebung von Bindungs- oder Außenelektronen auf höhere Energieniveaus
(4) Spaltung von Bindungen und Ionisation

(A) nur 1
(B) nur 3
(C) nur 1 und 2
(D) nur 2 und 3
(E) 1 bis 4 (alle)

10.14 F93 Welche Aussagen über die O-H-Valenzschwingung im IR-Spektrum einer Lösung von Ethanol in Tetrachlorkohlenstoff treffen zu?

(1) Die Bande für die freie OH-Gruppe tritt bei größeren Wellenzahlen auf als die Bande für die assoziierte OH-Gruppe.
(2) Die Halbwertbreite der Bande der freien OH-Gruppe ist kleiner als die Halbwertbreite der Bande der assoziierten OH-Gruppe.
(3) Beim Verdünnen der Lösung nimmt die Intensität der Bande der freien OH-Gruppe **relativ** zur Intensität der Bande der assoziierten OH-Gruppe zu.

(A) nur 1
(B) nur 3
(C) nur 1 und 2
(D) nur 1 und 3
(E) 1 bis 3 (alle)

10.15 H03 Welche Aussagen über Gerüstschwingungen eines Moleküls treffen zu?

(1) Die Gerüstschwingungen organischer Moleküle erzeugen häufig Absorptionen im IR-Bereich.
(2) Die Gerüstschwingungen eines Moleküls erzeugen in der Regel Absorptionen bei größerer Wellenzahl als die in ihm enthaltenen funktionellen Gruppen.
(3) Gerüstschwingungen eignen sich zur Identifizierung von Substanzen.

(A) nur 1
(B) nur 2
(C) nur 1 und 3
(D) nur 2 und 3
(E) 1 bis 3 (alle)

10.16 H93 Welche Aussagen treffen zu?

In der Spektroskopie versteht man unter Gerüstschwingungen

(1) durch IR-Strahlung angeregte Schwingungen, an denen im allgemeinen alle Atome eines Moleküls beteiligt sind.
(2) durch elektromagnetische Strahlung angeregte Überführung von Elektronen in energiereichere Orbitale.
(3) Molekülschwingungen im sog. fingerprint-Bereich.
(4) Absorptionen, die durch Rotation gelöster oder gasförmiger Moleküle hervorgerufen werden.

(A) nur 1
(B) nur 3
(C) nur 4
(D) nur 1 und 3
(E) nur 2 und 4

10.17 F07, H96 Welchem der dargestellten Wellenzahlengesamtbereiche sind Deformationsschwingungen zuzuordnen?

(A) 4000 bis 2800 cm^{-1}
(B) 2800 bis 2100 cm^{-1}
(C) 2100 bis 1500 cm^{-1}
(D) 4000 bis 1500 cm^{-1}
(E) 1600 bis 500 cm^{-1}

10.18 F01 Welche der nachfolgend aufgeführten Wellenzahlen liegt im charakteristischen Bereich der Deformationsschwingungen organischer Arzneistoffe?

(A) 1 cm^{-1}
(B) 10 cm^{-1}
(C) 100 cm^{-1}
(D) 1000 cm^{-1}
(E) 10 000 cm^{-1}

10.19 **H98** In der IR-Spektroskopie versteht man unter dem Begriff „Biegeschwingungen“ (Deformationsschwingungen)

(A) die auf den Infrarotbereich oberhalb 2000 cm^{-1} beschränkten Schwingungen
(B) Schwingungen, bei denen sich die Massenschwerpunkte der beteiligten Atome entlang der (gedachten) Bindungsachse verschieben
(C) die auf flexible Cycloalkane beschränkten, charakteristischen Schwingungen
(D) Schwingungen, die durch eine Änderung von Bindungswinkeln charakterisiert sind
(E) Schwingungen in Richtung der Bindung zwischen zwei Atomen sehr unterschiedlicher Masse

10.20 **F03** Welche Aussage trifft zu?

In der IR-Spektroskopie versteht man unter dem Begriff „Streckschwingungen“ (Valenzschwingungen)
(A) Schwingungen, die nur im fernen Infrarot zu Absorptionen führen
(B) Schwingungen, bei denen sich die Massenschwerpunkte der beteiligten Atome entlang der (gedachten) Bindungsachse verschieben
(C) Schwingungen, die im IR-Bereich nicht beobachtet werden können
(D) vorwiegend die im Wellenzahlbereich unterhalb von 1500 cm^{-1} festzustellenden Absorptionsbanden
(E) die auf geradkettige Alkane beschränkten, charakteristischen Schwingungen bei etwa 730 cm^{-1}

10.21 **F95** In der IR-Spektroskopie versteht man unter dem Begriff „Streckschwingungen“ (Valenzschwingungen)

(A) Schwingungen, die nur im fernen Infrarot zu Absorptionen führen
(B) Schwingungen, bei denen sich die Massenschwerpunkte der beteiligten Atome entlang der (gedachten) Bindungsachse verschieben
(C) die im Bereich unterhalb 1500 cm^{-1} festzustellenden Absorptionsbanden
(D) die auf geradkettige Alkane beschränkten, charakteristischen Schwingungen
(E) Keine der obigen Aussagen trifft zu.

Ordnen Sie bitte den Molekülen (Liste 1) die jeweils zutreffende Zahl der Normalschwingungen (Liste 2) zu!

Liste 1

10.22 **H05** SO_2

10.23 **H05** CO_2

Liste 2

(A) 0
(B) 1
(C) 2
(D) 3
(E) 4

Ordnen Sie bitte den Molekülen (Liste 1) die jeweils zutreffende Zahl der Normalschwingungen (Liste 2) zu!

Liste 1

10.24 **H95** H_2O

10.25 **H95** N_2O

Liste 2

(A) 0
(B) 1
(C) 2
(D) 3
(E) 4

10.26 **H93** Welche Aussagen lassen sich dem IR-Spektrum eines stickstofffreien Ketons entnehmen?

(1) Identität der Verbindung aufgrund eines Vergleichsspektrums.
(2) Anwesenheit einer Carbonyl-Gruppe.

(3) Lage des n→π*-Elektronenüberganges der Carbonyl-Gruppe.
(4) Lage des π→π*-Elektronenüberganges der Carbonyl-Gruppe.
(5) eine stärkere Verunreinigung durch den entsprechenden Alkohol (ca. 10 % oder mehr).

(A) nur 1 und 2
(B) nur 1, 2 und 5
(C) nur 1, 3 und 4
(D) nur 2, 3, 4 und 5
(E) 1 bis 5 (alle)

10.27 F98 Welche der folgenden Aussagen lässt sich ohne weiteren Vergleich einem IR-Spektrum einer gelösten Substanz entnehmen?

(A) Verfälschung einer optisch aktiven Verbindung durch das entsprechende Racemat
(B) Lage des n→π*-Elektronenübergangs der Carbonylgruppe
(C) Lage des π→π*-Elektronenübergangs der Carbonylgruppe
(D) Zahl der im Molekül vorhandenen konjugierten Doppelbindungen
(E) Unterscheidung von β- und γ-Lactamen.

10.28 H96 Welche der folgenden Aussagen lassen sich dem IR-Spektrum einer gelösten Substanz üblicherweise entnehmen?

(1) Zahl der konjugierten C=C-Doppelbindungen
(2) Anwesenheit einer Carbonylgruppe
(3) Anwesenheit einer Nitrilgruppe
(4) Verfälschung einer optisch aktiven Verbindung durch das entsprechende Racemat

(A) nur 1 und 2
(B) nur 2 und 3
(C) nur 3 und 4
(D) nur 1, 2 und 4
(E) 1 bis 4 (alle)

10.29 F05 Welche Aussagen treffen zu?

Im IR-Spektrum wird die Wellenzahl der C=O-Valenzschwingung durch folgende Faktoren beeinflusst:

(1) durch Konjugation, z. B. in α,β-ungesättigten Carbonylverbindungen
(2) durch die Elektronegativität des Substituenten X in Verbindungen der Struktur X-C(=O)-R
(3) durch Wasserstoffbrückenbindungen, an welchen der Sauerstoff der untersuchten C=O-Gruppe beteiligt ist

(A) nur 1
(B) nur 2
(C) nur 3
(D) nur 1 und 3
(E) 1 bis 3 (alle)

Aus der Lage der Carbonyl-Absorption im IR-Spektrum lassen sich Einflüsse der molekularen Umgebung ablesen.
Ordnen Sie bitte den Lactonen aus Liste 1 den Wellenzahlbereich aus Liste 2 zu, in dem bei der Aufnahme eines IR-Spektrums (KBr-Pressling) die Carbonyl-Absorption zu beobachten sein wird!

Liste 1

10.30 H05

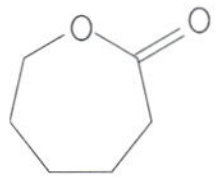

10.31 H05

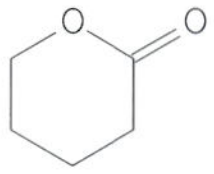

Liste 2

(A) 1930–1950 cm^{-1}
(B) 1830–1850 cm^{-1}
(C) 1770–1790 cm^{-1}
(D) 1730–1750 cm^{-1}
(E) 1670–1690 cm^{-1}

28

10.32 **F09** Dem Auftreten der intensivsten Absorptionsbande im FT-IR-Spektrum des Gases Kohlendioxid bei ca. 2350 cm^{-1} liegt eine Änderung des dynamischen Dipolmoments des Moleküls zugrunde.

Welcher der folgenden Vorgänge bewirkt diese Bande?

(A) π-π *-Übergang
(B) Nuclear-Overhauser-Enhancement
(C) Symmetrische Deformationsschwingung
(D) Symmetrische Streckschwingung
(E) Asymmetrische Valenzschwingung

10.33 **H98** Die folgenden Verbindungen sind nach steigender Wellenzahl ihrer Carbonyl-Valenzschwingung geordnet:

(A) Ethylacetat < Benzaldehyd < Divinylketon
(B) Benzaldehyd < Ethylacetat < Divinylketon
(C) Divinylketon < Ethylacetat < Benzaldehyd
(D) Ethylacetat < Divinylketon < Benzaldehyd
(E) Divinylketon < Benzaldehyd < Ethylacetat

10.34 **H98** In welchem der folgenden Schwingungsbereiche liegt die IR-Valenzschwingung von

C = O?

(A) 500–1000 cm^{-1}
(B) 1000–1500 cm^{-1}
(C) 1500–2100 cm^{-1}
(D) 2100–2800 cm^{-1}
(E) 2800–4000 cm^{-1}

10.35 **H98** Welche Aussage trifft nicht zu?

Das IR-Spektrum von Essigsäureethylester weist mittelstarke bis starke Banden auf bei etwa

(A) 2900 cm^{-1}
(B) 2200 cm^{-1}
(C) 1750 cm^{-1}
(D) 1450 cm^{-1}
(E) 1250 cm^{-1}

Ordnen Sie bitte den in Liste 1 aufgeführten Strukturen die entsprechenden Wellenzahlenbereiche (in cm^{-1}) der Valenzschwingungen im IR-Spektrum aus Liste 2 zu!

Liste 1

10.36 **F01** Alkene ($\tilde{\nu}_{CC}$)

10.37 **F01** Alkohole ($\tilde{\nu}_{OH}$)

Liste 2

(A) 2500–3700
(B) 2000–2500
(C) 1600–1700
(D) 1050–1300
(E) 500–1500

10.38 **F07** Welche der folgenden Informationen lassen sich dem IR-Spektrum einer Substanz üblicherweise entnehmen?

(1) Zahl der konjugierten C=C-Doppelbindungen
(2) Anwesenheit einer Carbonylgruppe
(3) Anwesenheit einer Nitrilgruppe
(4) Verfälschung einer optisch aktiven Verbindung durch das entsprechende Racemat

(A) nur 1 und 2
(B) nur 2 und 3
(C) nur 3 und 4
(D) nur 1, 2 und 4
(E) 1 bis 4 (alle)

10.39 **F03** Welche Aussage trifft zu?

Eine sehr starke Absorptionsbande im IR-Spektrum bei etwa 1700 cm^{-1} ist charakteristisch für:

(A) OH-Gruppen von Alkoholen
(B) CH3-Gruppen
(C) OH-Gruppen von Phenolen
(D) NH-Gruppen in Aminen (Valenzschwingungen)
(E) Carbonyl-Gruppen

10.40 **H01** Welche Molekülgruppierung ist im IR-Spektrum nicht durch eine Streckschwingung im Bereich zwischen 2900–2100 cm^{-1} zu erkennen (R = Alkyl)?

(A) $R-C\equiv N$
(B) $R-C\equiv C-H$
(C) $R-C\equiv C-CH_3$

(D) R – N = C = S
(E) R – CH = O

10.41 F10 Worauf ist der gekennzeichnete Bereich des abgebildeten IR-Spektrums des Arzneistoffs Carbamazepin zurückzuführen?

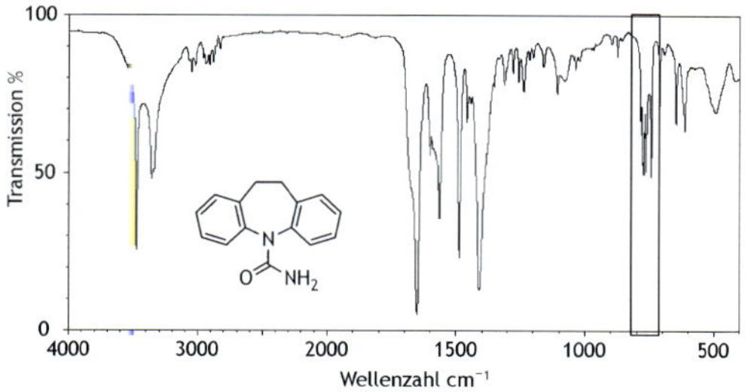

(A) (C-H)-Deformationsschwingungen der Aromaten
(B) (C-N)-Valenzschwingungen
(C) (C=C)-Valenzschwingungen der Aromaten
(D) (C=O)-Valenzschwingung der Harnstoff-Partialstruktur
(E) Wasserspuren im KBr-Pressling: Schulter der zugehörigen OH-Bande

10.42 H09 Ein KBr-Pressling eines Arzneistoffs wird IR-spektroskopisch untersucht.
Worauf deutet eine breite Absorptionsbande bei 3450 cm^{-1} hin?

(1) Die Verbindung ist wahrscheinlich aromatisch.
(2) Die Verbindung ist mit großer Sicherheit aliphatisch.
(3) Die Verbindung ist wahrscheinlich farbig.
(4) Die Verbindung enthält möglicherweise Kristallwasser.

(A) nur 1
(B) nur 2
(C) nur 3
(D) nur 4
(E) nur 1 und 3

10.43 F09 Worauf ist die gekennzeichnete Bande des abgebildeten IR-Spektrums des Arzneistoffs Lidocain zurückzuführen?

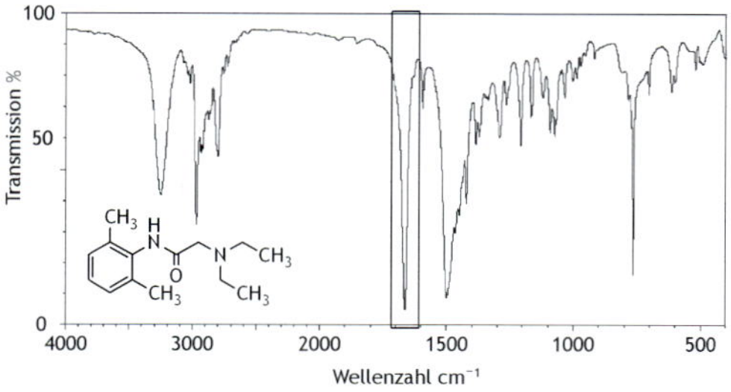

(A) (C-H)-Valenzschwingung des Aromaten
(B) Oberschwingungen des Aromaten
(C) (C=C)-Valenzschwingung des Aromaten
(D) (C=O)-Valenzschwingung des Amids
(E) Wasserspuren im KBr-Pressling

10.44 F02 Welche der folgenden Schwingungen tritt im IR-Spektrum der jeweils links genannten Verbindung **nicht** auf?

(A)	HCl	H-Cl-Deformationsschwingung
(B)	CH_3-CH_3	C-H-Valenzschwingung
(C)	CH_3-CCl_3	C-C-Valenzschwingung
(D)	CH_2=CH_2	C-H-Valenzschwingung
(E)	CH_3-CH_3	C-H-Deformationsschwingung

10.45 H08 Im IR-Spektrum einer farblosen organischen Flüssigkeit wird eine intensive Bande bei 1735 cm^{-1} beobachtet.

Welche der folgenden Molekülschwingungen kann diese Bande verursachen?
(A) (C=O)-Valenzschwingung
(B) (C-H)-Valenzschwingung
(C) (C-O)-Valenzschwingung
(D) (C≡N)-Valenzschwingung
(E) (C-H)-Valenzschwingung

10.46 H06

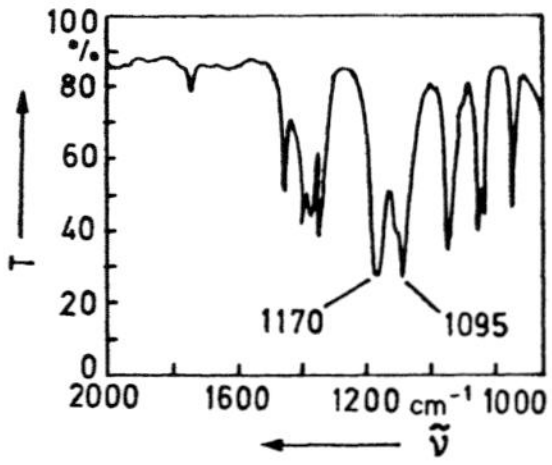

Das oben abgebildete IR-Spektrum trifft auf folgende Substanz zu:

(A) 1,4-Benzochinon
(B) Paraldehyd
(C) Campher
(D) Aceton
(E) Essigsäureethylester

10.47 H07 Eine unbekannte Substanz ergibt folgendes IR-Spektrum:

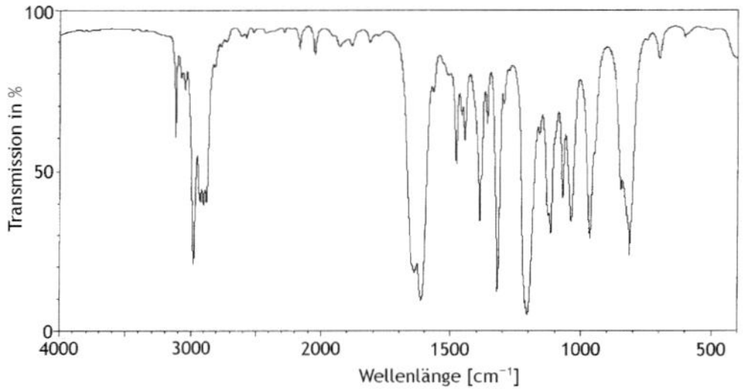

Um welche der nachfolgend aufgeführten Verbindungen kann es sich bei der Substanz handeln?

(A) 2-Methylpropanal 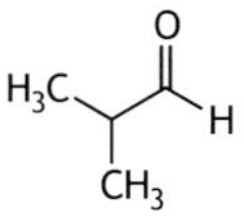

(B) Butan-2-on 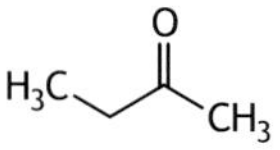

(C) Ethylvinylether 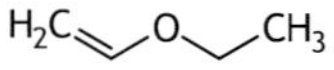

(D) Benzonitril 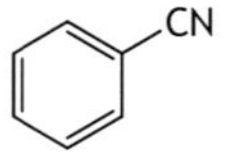

(E) Hexafluoraceton 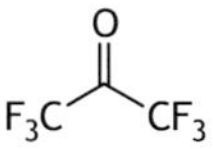

10.48 F07 Eine unbekannte Substanz ergibt folgendes IR-Spektrum:

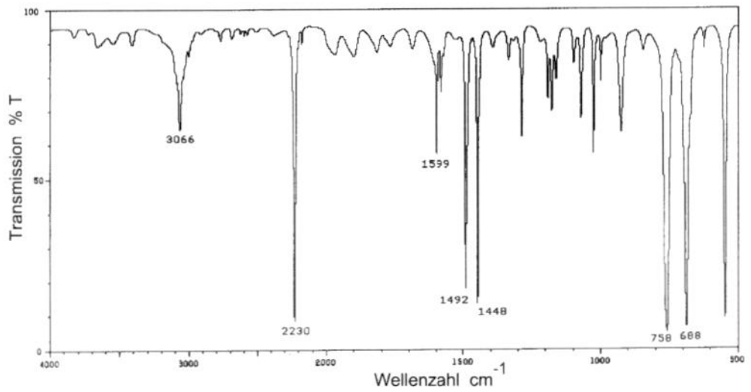

Um welche der nachfolgend aufgeführten Verbindungen kann es sich bei der Substanz handeln?

(A) Valeriansäureamid 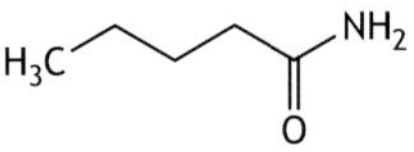

(B) Benzonitril 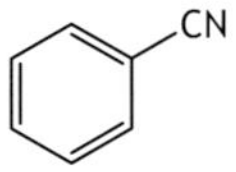

(C) Hexafluoraceton 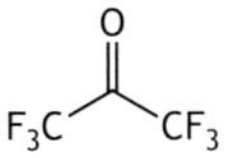

(D) Butan-2-on 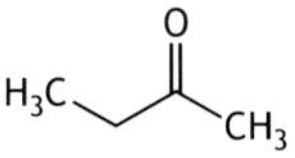

(E) Ethylvinylether 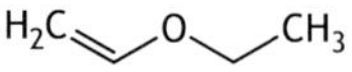

10.49 H03 Das abgebildete IR-Spektrum trifft auf folgende Substanz zu:

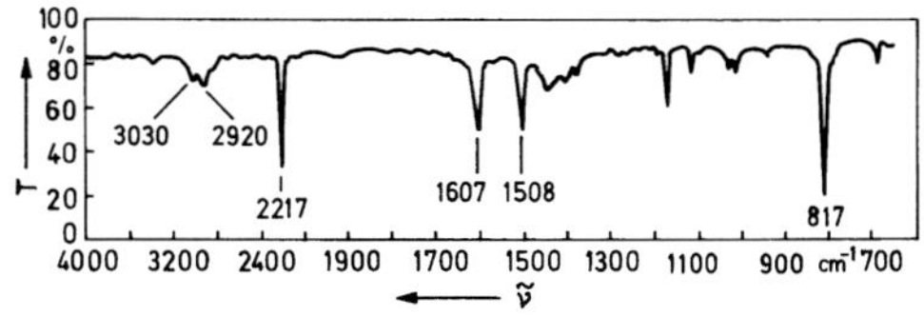

(A) 3-Methylpentan
(B) o-Xylen
(C) Heptatrien
(D) p-Methylbenzonitril
(E) Allylacetat

10.50 **F06** Eine unbekannte Substanz ergibt folgendes IR-Spektrum:

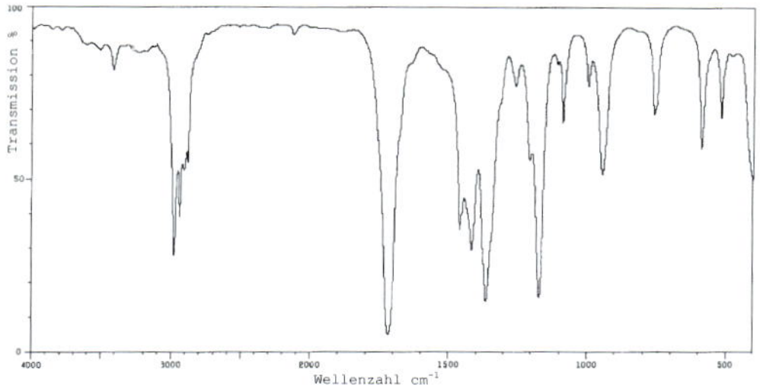

Um welche der nachfolgend aufgeführten Verbindungen kann es sich bei der Substanz handeln?

(A) Butan-2-on

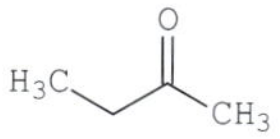

(B) Cyclobutanol

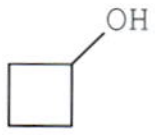

(C) 2-Methyl-2-propen-1-ol

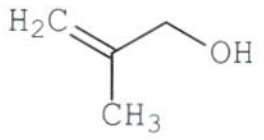

(D) Ethylvinylether

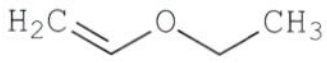

(E) Phenol

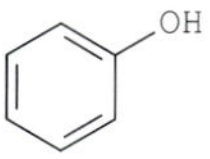

10.51 **H93** Das abgebildete IR-Spektrum trifft auf folgende Substanz zu:

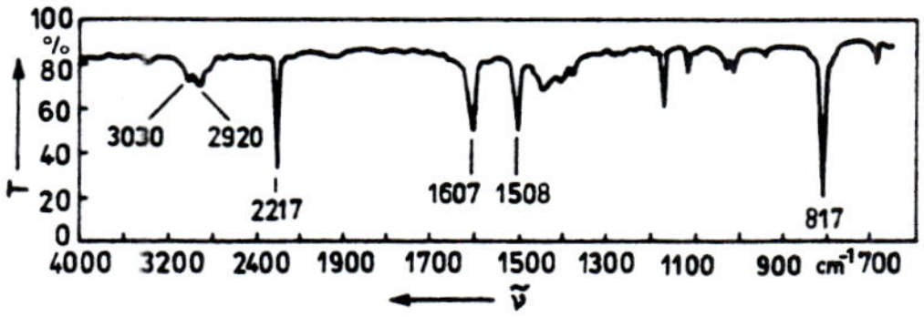

(A) 3-Methylpentan
(B) o-Xylol
(C) Heptatrien
(D) p-Methylbenzonitril
(E) Allylacetat

10.52 **F94** Das abgebildete IR-Spektrum trifft auf folgende Substanz zu:

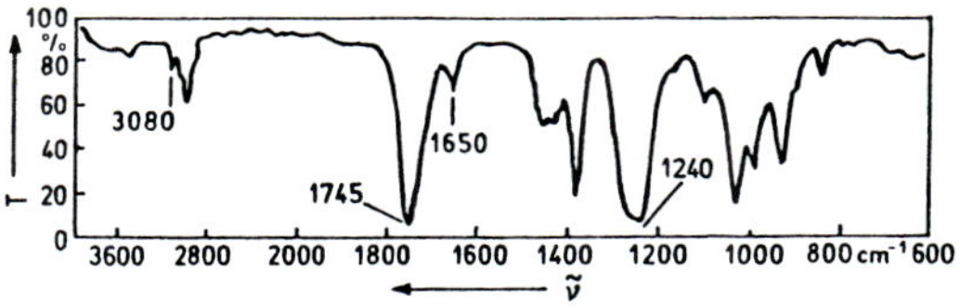

(A) 3-Methylpentan
(B) o-Xylol
(C) Heptatrien
(D) p-Methylbenzonitril
(E) Essigsäureallylester

10.53 **F95** Die folgende Abbildung stellt das IR-Spektrum dar von

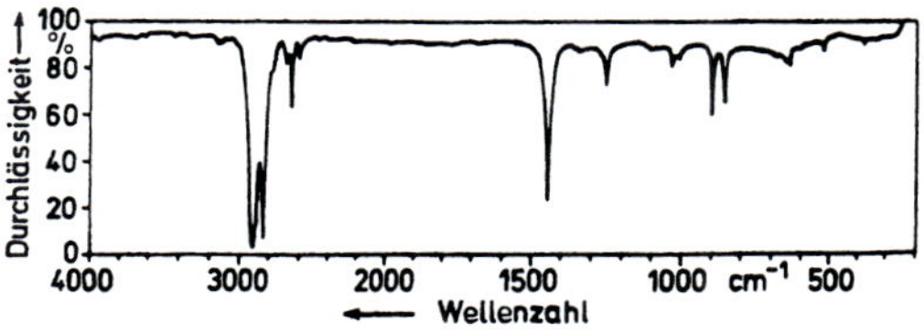

(A) Cyclohexan
(B) Phenol
(C) Essigsäureethylester
(D) Ethanol
(E) Aceton

10.54 **H98** Für welche der folgenden Verbindungen gilt das obige IR-Spektrum?

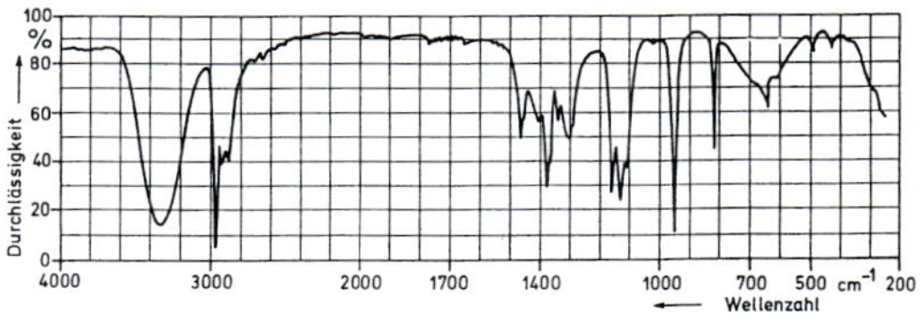

(A) Aceton
(B) Chlorbenzen
(C) Chloroform
(D) n-Hexan
(E) Isopropanol

10.55 H97

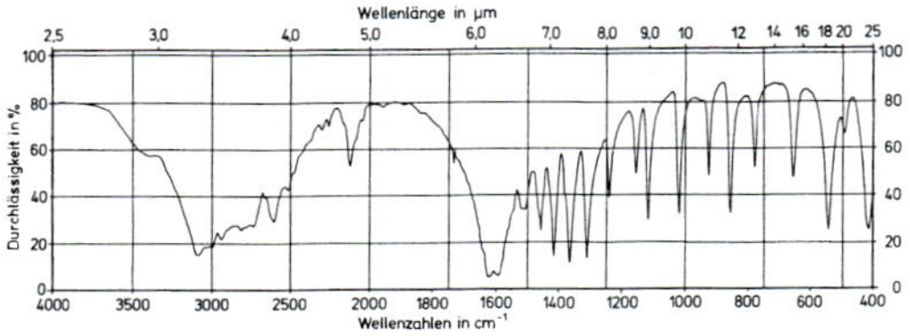

Das oben abgebildete IR-Spektrum wurde erhalten mit

(A) Alanin

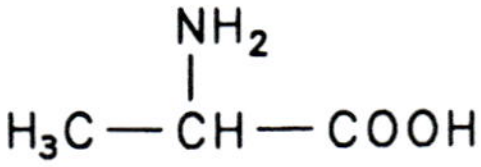

(B) Cyclohexanol
(C) Aceton
(D) Benzylalkohol
(E) Menthol

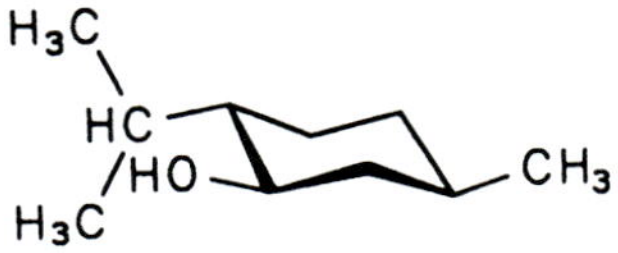

Ordnen Sie bitte den in der Formel gekennzeichneten funktionellen Gruppen von Verapamilhydrochlorid (Liste 1) die zugehörigen Wellenzahlen der Valenzschwingungen im IR-Spektrum (Liste 2) zu!

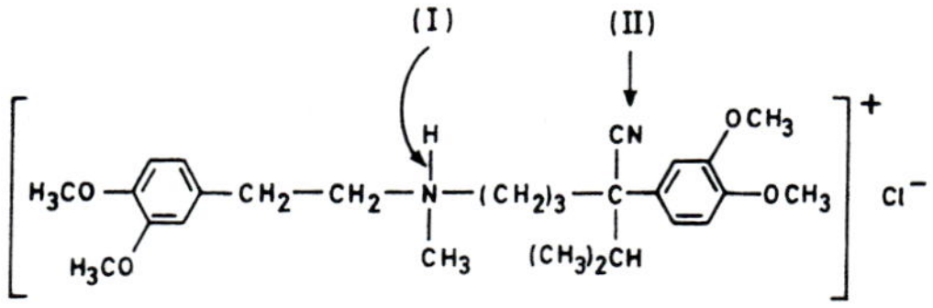

Liste 1

10.56 H02, H92 I

10.57 H02, H92 II

Liste 2

(A) 2700–2400 cm^{-1}
(B) 2200 cm^{-1}
(C) 1700 cm^{-1}
(D) 1550, 1350 cm^{-1}
(E) 700 cm^{-1}

Ordnen Sie bitte den in Liste 1 aufgeführten Strukturen die entsprechenden Wellenzahlenbereiche (cm^{-1}) der Valenzschwingungen im IR-Spektrum aus Liste 2 zu!

Liste 1

10.58 H98

aromatische Ringe (C $\overset{\cdots}{-}$ C)

10.59 H98

Nitrile (C ≡ N)

Liste 2

(A) 3500–3700
(B) 2200–2300
(C) 1700–2000
(D) 1450–1700
(E) 500–1450

10.60 H04 Welche der folgenden Gase können bei einem Einstrahl-IR-Gerät durch Eigenabsorption zu Störungen führen?

(1) N_2
(2) O_2
(3) CO_2
(4) H_2O

(A) nur 1
(B) nur 4
(C) nur 2 und 3
(D) nur 3 und 4
(E) 1 bis 4 (alle)

10.61 H94 Welche der folgenden Gase lassen sich durch ein IR-Spektrum identifizieren?

(1) Wasserstoff
(2) Helium
(3) Sauerstoff
(4) Stickstoff
(5) Distickstoffmonoxid

(A) nur 2
(B) nur 5
(C) nur 1, 3 und 4
(D) nur 1, 2, 3 und 4
(E) 1 bis 5 (alle)

10.62 **F10** Ein FT-IR-Spektrum des Arzneistoffs Lidocain (siehe Formel), vermessen als KBr-Pressling gegen Luft, wurde unter unvollständiger Kompensation mit der Umgebungsluft aufgenommen.

Welche der folgenden Erscheinungen deutet auf diesen Umstand hin?

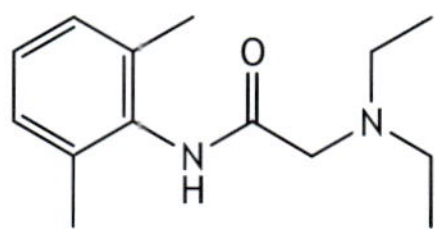

(A) eine intensive Absorptionsbande bei ca. 2350 cm^{-1} (Kohlendioxid-Bande)
(B) das Ausbleiben der Carbonylabsorption bei 1750–1650 cm^{-1} (Säurequenching)
(C) eine extrem hohe Absorption von über 80 % im Bereich von 4000–3800 cm^{-1} (Streueffekt)
(D) das Auftreten charakteristischer Oberschwingungen im Fingerprint-Bereich (Signalaufspaltung)
(E) eine Verschiebung aller Signale um ca. 10 cm^{-1} zu kleineren Wellenzahlen (Downfield-Shift)

10.63 **H08** Welche der folgenden Substanzeigenschaften können das Erscheinungsbild eines NIR-Spektrums beeinflussen?

(1) Teilchengröße
(2) Kristallstruktur
(3) Molekülstruktur
(4) Kristallwassergehalt

(A) nur 1 und 2
(B) nur 1 und 3
(C) nur 2 und 3
(D) nur 1, 2 und 4
(E) 1 bis 4 (alle)

10.64 **F90** Welche Aussagen treffen zu?

Die IR-spektroskopische Identifizierung von Arzneistoffen kann nach Arzneibuch u. a. in den folgenden Formen ausgeführt werden:

(1) Flüssigkeit als Film
(2) Feststoff als Lösung
(3) Feststoff als Dispersion in Paraffin
(4) Gas in spezieller Gasküvette

(A) nur 1
(B) nur 1 und 2
(C) nur 2 und 3
(D) nur 1, 2 und 3
(E) 1 bis 4 (alle)

10.65 **H98** Unter welche Bedingungen können IR-Spektren von Proben prinzipiell aufgenommen werden?

(1) als Suspension in Paraffinöl
(2) als KBr-Pressling
(3) in der Gasphase
(4) im geschmolzenen Zustand

(A) nur 2
(B) nur 1 und 3
(C) nur 2 und 4
(D) nur 3 und 4
(E) 1 bis 4 (alle)

10.66 **H09** Zur Untersuchung des Vorliegens inter- und/oder intramolekularer Wasserstoffbrücken eignet sich der Vergleich von IR-Spektren verschieden konzentrierter Lösungen in geeigneten Lösungsmitteln und Zellen.

Welche Kombination aus Lösungsmittel und Küvettenmaterial ist geeignet?
(A) Chloroform in Quarzglas-Küvetten
(B) Aceton in Polystyren-Küvetten
(C) Wasser in KBr-Küvetten
(D) Tetrachlormethan in NaCl-Küvetten
(E) Aceton in Borosilikatglas-Küvetten

10.67 **F06** Welche Aussagen treffen zu?

Übliche Materialien für Küvetten bei der IR-Spektroskopie im Bereich von 4000 cm^{-1} bis 670 cm^{-1} sind:
(1) Natriumchlorid
(2) Quarz
(3) Kaliumbromid
(4) Teflon

(A) nur 1
(B) nur 1 und 3
(C) nur 2 und 4
(D) nur 1, 2 und 3
(E) 1 bis 4 (alle)

10.68 H04 Welche Aussage trifft nicht zu?

Zur Aufnahme eines IR-Spektrums im Bereich von 4000 bis 670 cm^{-1} eignen sich:
(A) Pressling mit KBr
(B) Paste in Paraffin zwischen NaCl-Platten
(C) Film zwischen NaCl-Platten
(D) Lösung in Quarz-Küvette
(E) Film auf Thalliumbromidiodid

10.69 H06 Welche Aussagen treffen zu?

Bei der Aufnahme eines Infrarotspektrums ist es möglich, die zu untersuchende Substanz zu messen
(1) als Film zwischen zwei plangeschliffenen NaCl-Platten, wenn eine wenig flüchtige Flüssigkeit vorliegt
(2) in Lösung (in der Regel in $CHCl_3$ oder CCl_4) in geeigneten Küvetten
(3) als Pressling in Kaliumbromid bei Festsubstanzen
(4) als Suspension in Paraffinöl („Nujol“) bei Festsubstanzen

(A) nur 1 und 2
(B) nur 2 und 3
(C) nur 1, 3 und 4
(D) nur 2, 3 und 4
(E) 1 bis 4 (alle)

10.70 F90 Welche Aussage trifft nicht zu?

Als strahlungsdurchlässiges Material in IR-Spektrometern sind geeignet:
(A) Quarz
(B) LiF
(C) CsBr
(D) NaCl
(E) KBr

10.71 H91 Welche Aussage trifft nicht zu?

Folgende Küvettenmaterialien sind für die IR-Spektroskopie im Bereich von 4000 bis 625 cm^{-1} geeignet:
(A) Natriumchlorid
(B) Kaliumbromid
(C) Caesiumiodid
(D) Quarz
(E) Calciumfluorid

10.72 H93 Welche Aussagen treffen zu?

Übliche Materialien für Küvetten bei der IR-Spektroskopie im Bereich von 4000 bis 670 cm^{-1} sind:
(1) Natriumchlorid
(2) Quarz
(3) Kaliumbromid
(4) Teflon

(A) nur 1
(B) nur 1 und 3
(C) nur 2 und 4
(D) nur 1, 2 und 3
(E) 1 bis 4 (alle)

10.73 H01 Welches der folgenden Materialien ist (bei Ausschluss von Wasser) als Küvettenmaterial für die IR-Spektroskopie am besten geeignet?

(A) Glas
(B) Quarzglas
(C) Natriumchlorid
(D) Natriumaluminiumsilicat
(E) Polymethylmethacrylat

10.74 F95, H95 Festkörper-Infrarotspektren erhält man durch Herstellung eines Presslings. Dabei wird die Testsubstanz zunächst üblicherweise verrieben mit

(A) Na_2HPO_4
(B) KBr
(C) $MgSO_4$
(D) NH_4NO_3
(E) LiF

10.75 H08 Das obere FT-IR-Spektrum ist das Ergebnis der Messung von Leitungswasser.

Durch Messung welcher Probe unter identischen Bedingungen wurde das untere Spektrum erhalten?

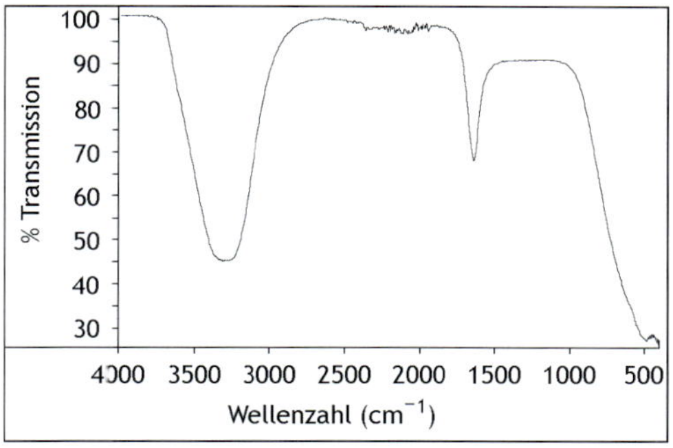

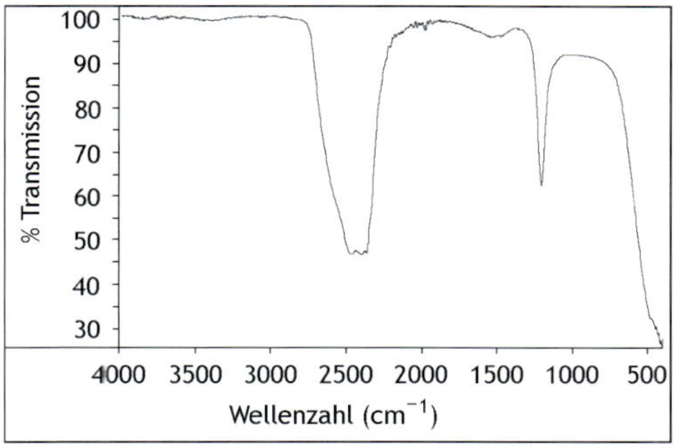

(A) Leitungswasser nach Zugabe von Trifluoressigsäure
(B) NMR-Lösungsmittel D_2O
(C) Gesättigte Kochsalzlösung
(D) Demineralisiertes Wasser (Ionenaustausch)
(E) Destilliertes Wasser (Glasapparatur)

10.76 H02 Zur Identifizierung von Arzneistoffen im Infrarotbereich kommt der folgende Wellenzahlbereich in Betracht:

(A) 2,5 bis 17 cm^{-1}
(B) 18 bis 57 cm^{-1}
(C) 58 bis 105 cm^{-1}
(D) 106 bis 200 cm^{-1}
(E) 670 bis 4000 cm^{-1}

10.77 H90 Die gemäß Arzneibuch zur Messung von Spektren im Infrarotbereich geeigneten Geräte müssen mindestens folgenden Wellenzahlbereich erfassen:

(A) 2,5 bis 15 cm^{-1}
(B) 80 bis 200 cm^{-1}
(C) 200 bis 800 cm^{-1}
(D) 600 bis 800 cm^{-1}
(E) 700 bis 4000 cm^{-1}

10.78 F91 Welche der nachfolgend aufgeführten Wellenzahlen liegt in dem vom Arzneibuch vorgeschriebenen Messbereich eines IR-Absorptionsspektrometers?

(A) 0,7 cm^{-1}
(B) 7 cm^{-1}
(C) 70 cm^{-1}
(D) 700 cm^{-1}
(E) 7000 cm^{-1}

10.79 F10 Welche Aussage trifft zu?

Zur Kontrolle der Auflösung eines IR-Spektrometers eignet sich die Aufnahme des Spektrums eines

(A) Polystyrolfilms
(B) Presslings aus einer Mischung aus Thallium(I)-bromid (TlBr) und Thallium(I)-iodid (TlI)
(C) Nujolfilms
(D) CaF_2-Presslings
(E) Quarzkristalls

10.80 H08 Die Kontrolle der Wellenzahlenskala von IR-Spektrometern kann vorgenommen werden mit:

(A) Holmiumperchlorat-Lösung
(B) Kaliumchlorid-Lösung
(C) Quecksilber-Hochdrucklampe
(D) Kaliumdichromat-Lösung
(E) Polystyrol-Folie

10.81 **F04** Zur Kontrolle der Wellenzahlskala von IR-Spektrometern eignet sich:

(A) ein reiner KBr-Pressling
(B) eine Holmiumperchlorat-Lösung
(C) ein Polystyrol-Film
(D) eine Saccharose-Lösung
(E) Tetramethylsilan

10.82 **H89** Welche Substanz eignet sich besonders zur Überprüfung der Wellenzahlenskala eines Infrarot-Spektralphotometers?

(A) Wasser
(B) Chloroform
(C) Tetrachlorkohlenstoff
(D) Benzol
(E) Polystyrol

10.83 **H09** Der obere Teil der Abbildung zeigt ein FT-IR-Spektrum von Methenamin in der üblichen Darstellung (Transmission T als Funktion der Wellenzahl).

Im unteren Teil der Abbildung sehen Sie das gleiche Spektrum, bei dem für die Abszisse eine andere Auftragung gewählt wurde.

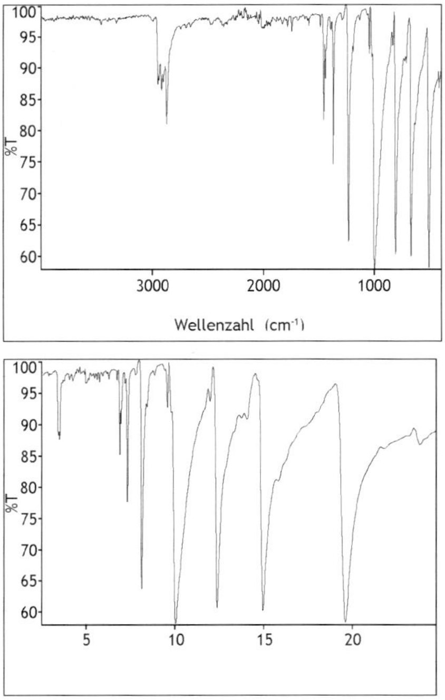

Welche Größe wurde auf der Abszisse aufgetragen?
(A) Frequenz in GHz
(B) Frequenz in MHz
(C) Wellenlänge in nm
(D) Wellenlänge in µm
(E) kinetische Energie in eV

10.84 **H91**

Die Stoffmengenkonzentration c einer Lösung kann aus dem abgebildeten Transmissionsspektrum nach der in der Abbildung dargestellten Methode nach folgender Formel berechnet werden (die Schichtdicke d und der molare Absorptionskoeffizient ε seien bekannt):
(A) $\lg (T_0 - T) = \varepsilon \cdot c \cdot d$
(B) $T - T_0 = \varepsilon \cdot c \cdot d$
(C) $\lg T_0 - \lg T = \varepsilon \cdot c \cdot d$
(D) $\lg \frac{T}{T_0} = \varepsilon \cdot c \cdot d$
(E) c kann nicht in einer der von A bis D angegebenen Weisen ermittelt werden

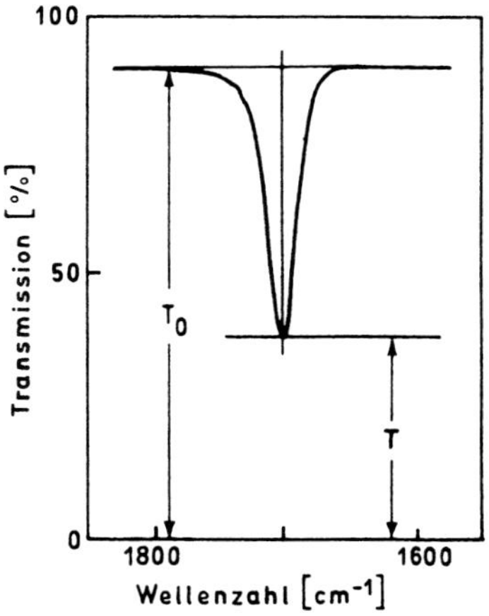

10.85 **H96** Zur Bestimmung der Konzentration einer Probelösung aus den Werten des abgebildeten Spektrums ist u. a. folgende Berechnung durchzuführen:

(A) $1 - T_0$
(B) $1 - T$
(C) $T_0 - T$
(D) $\lg T_0 - \lg T$
(E) $\lg[(1 - T_0)/(1 - T)]$

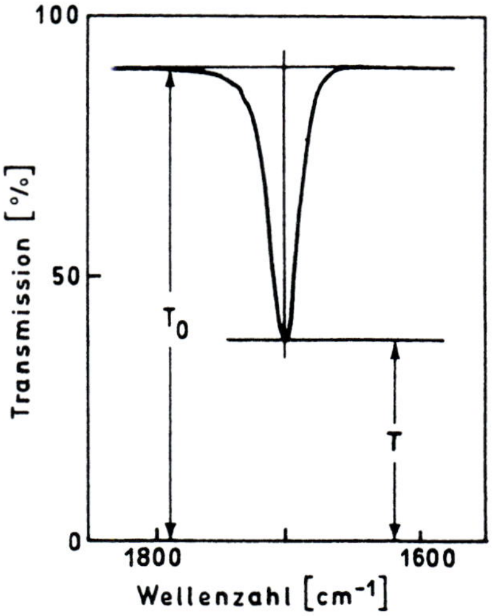

10.86 **F98** Zur Bestimmung der Konzentration einer Probelösung aus den Werten des abgebildeten Spektrums ist u. a. folgende Berechnung durchzuführen:

(A) $1 - T_0$
(B) T_0/T
(C) $T_0 - T$
(D) $T - T_0$
(E) $1 - T$

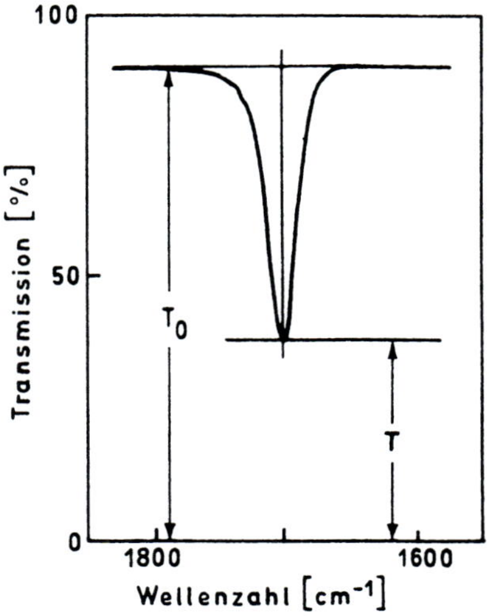

10.87 **F97** Welche der folgenden Schritte sind zur Bestimmung der Konzentration einer Lösung mit Hilfe der Bande bei 1750 cm^{-1} des abgebildeten Spektrums u. a. erforderlich?

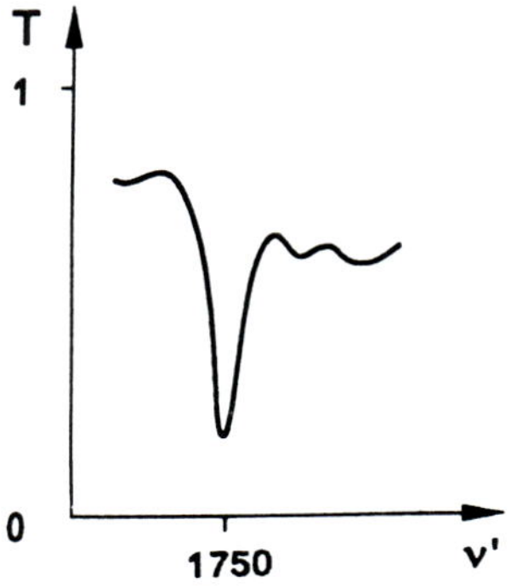

(1) Festlegung einer Basislinie und Ermittlung von T_0
(2) Ermittlung von T
(3) Berechnung von $\lg(T_0/T)$

(A) nur 1
(B) nur 2
(C) nur 3
(D) nur 1 und 2
(E) 1 bis 3 (Alle Schritte sind notwendig.)

Lösungen

10.1 A	10.2 D	10.3 C	10.4 C	10.5 E
10.6 C	10.7 B	10.8 D	10.9 C	10.10 C
10.11 B	10.12 A	10.13 C	10.14 E	10.15 C
10.16 D	10.17 E	10.18 D	10.19 D	10.20 B
10.21 B	10.22 D	10.23 E	10.24 D	10.25 E
10.26 B	10.27 E	10.28 B	10.29 E	10.30 D
10.31 D	10.32 E	10.33 E	10.34 C	10.35 B
10.36 C	10.37 A	10.38 B	10.39 E	10.40 E
10.41 A	10.42 D	10.43 D	10.44 A	10.45 A
10.46 B	10.47 C	10.48 B	10.49 D	10.50 A
10.51 D	10.52 E	10.53 A	10.54 E	10.55 A
10.56 A	10.57 B	10.58 D	10.59 B	10.60 D
10.61 B	10.62 A	10.63 E	10.64 E	10.65 E
10.66 D	10.67 B	10.68 D	10.69 E	10.70 A
10.71 D	10.72 B	10.73 C	10.74 B	10.75 B
10.76 E	10.77 E	10.78 D	10.79 A	10.80 E
10.81 C	10.82 E	10.83 D	10.84 C	10.85 D
10.86 B	10.87 E			

11 Raman-Spektroskopie

11.1 H05 Welche Aussage zur Raman-Spektroskopie trifft zu?

(A) Die Raman-Spektroskopie ist eine Atom-Spektroskopie.
(B) Raman-Spektren sind Emissions-Spektren.
(C) Im Raman-Spektrum besitzen alle Banden eine größere Wellenlänge als das Anregungslicht.
(D) Alle optischen Bauteile von Raman-Spektrometern, wie Linsen, Fenster, Küvetten, müssen aus Quarzglas hergestellt sein.
(E) Im Raman-Spektrum treten die Absorptionen der asymmetrischen Molekülschwingungen auf.

Lösungen
11.1 B

12 Kernspinresonanz-Spektroskopie

12.1 F07 Welche Aussagen zu den Grundlagen der NMR-Spektroskopie treffen zu?

(1) Die chemische Verschiebung eines Protons wird wesentlich von der Verteilung der Elektronendichte, von sterischen Effekten und Anisotropieeffekten beeinflusst.
(2) Die Fläche unter der Kurve eines ^{13}C-Resonanzsignals ist zwar korreliert mit der Zahl der an dieser Stelle des Spektrums absorbierenden Kerne, kann aber trotzdem nur eingeschränkt für quantitative Analysen herangezogen werden.
(3) Sind Protonen chemisch äquivalent, so sind sie auch magnetisch äquivalent.
(4) Der Resonanzbereich für acetylenische Protonen liegt gegenüber olefinischen Protonen prinzipiell tieffeldverschoben.

(A) nur 1
(B) nur 1 und 2
(C) nur 2 und 3
(D) nur 1, 3 und 4
(E) nur 2, 3 und 4

12.2 H03 In der NMR-Spektroskopie ist das Maß für die Zahl der NMR-aktiven Kerne in der Probe

(A) die Fläche unter dem Resonanzsignal
(B) die bei halber Höhe gemessene Linienbreite des Signals
(C) die Größe der Kopplungskonstanten
(D) die Größe der chemischen Verschiebung δ
(E) die Höhe des Signals

12.3 H04 Welche der folgenden Eigenschaften des Moleküls können die chemische Verschiebung in der ^{1}H-NMR-Spektroskopie beeinflussen?

(1) van der Waals-Kräfte zwischen den Protonen
(2) Mesomerie-Effekte
(3) elektrische Dipole
(4) Wasserstoffbrücken

(A) nur 1
(B) nur 4
(C) nur 1 und 2
(D) nur 3 und 4
(E) 1 bis 4 (alle)

12.4 H95 Welcher der folgenden durch Energieeinwirkung induzierten Vorgänge im Molekül wird in der NMR-Spektroskopie ausgenutzt?

(A) Rotation des Moleküls um seinen Schwerpunkt
(B) Schwingungen innerhalb des Moleküls
(C) Anhebung von Bindungs- oder Außenelektronen auf höhere Energieniveaus
(D) Umorientierung von Kernen in einem Magnetfeld
(E) Ionisierung von Doppelbindungen

12.5 F96 Welche der folgenden instrumentellen Teile bzw. Parameter sind zur Beobachtung eines kernmagnetischen Resonanz-Signals mit Protonen irrelevant?

(1) ein Radiofrequenzsender
(2) ein homogenes Magnetfeld
(3) ein Radiofrequenzempfänger
(4) elektromagnetische Strahlung im Mikrowellenbereich

(A) nur 1
(B) nur 2
(C) nur 4
(D) nur 1 und 4
(E) nur 3 und 4

12.6 H05 Ein Signal im ^{1}H-NMR-Spektrum wird um 120 Hz verschoben gegenüber Tetramethylsilan als innerem Standard bei einer Resonanzfrequenz von 400 MHz registriert.

Die chemische Verschiebung δ_H (ppm) beträgt
(A) 0,30
(B) 1,20
(C) 3,00
(D) 4,00
(E) 12,00

12.7 H05 Unter Relaxation versteht man in der NMR-Spektroskopie die

(A) Energieübertragung vom Sender auf das Spinsystem im Resonanzfall
(B) Zeit, welche zur Anregung des Systems gebraucht wird
(C) Justierung des TMS-Signals auf $\delta = 0$ ppm
(D) Desaktivierung angeregter Kerne (Übergang vom angeregten in den Ausgangszustand)
(E) Auftreten einer Quermagnetisierung

12.8 F05 Unter Relaxation versteht man in der NMR-Spektroskopie die

(A) Energieübertragung vom Sender auf das Spinsystem im Resonanzfall
(B) Zeit, welche zur Anregung des Systems gebraucht wird
(C) Justierung des TMS-Signals auf $\delta = 0$ ppm
(D) Anzahl der Messungen bei FT-NMR
(E) Desaktivierung angeregter Kerne (Übergang vom angeregten in den Ausgangszustand)

12.9 H06 Welche Aussagen treffen zu?

In der Kernresonanzspektroskopie bezeichnet man eine große chemische Verschiebung eines Signals gegenüber Tetramethylsilan als innerem Standard durch die folgenden synonymen Begriffe
(1) hohes Feld
(2) entschirmt
(3) größere ppm-Werte (δ-Werte)
(4) diamagnetischer Effekt

(A) nur 1
(B) nur 4
(C) nur 1 und 2
(D) nur 2 und 3
(E) nur 3 und 4

12.10 H94 Welche der folgenden Eigenschaften sind günstig für ein Kernresonanz-Experiment?

(1) „empfindliche Kerne" (hohes gyromagnetisches Verhältnis)
(2) Kerne mit Kernspinquantenzahl $I = 1/2$
(3) Kerne mit großem magnetischen Moment
(4) Kerne mit hoher natürlicher Häufigkeit

(A) nur 4
(B) nur 1 und 2
(C) nur 2 und 3
(D) nur 3 und 4
(E) 1 bis 4 (alle)

12.11 **H09** In der ^{1}H-NMR-Spektroskopie wird Deuterochloroform ($CDCl_3$) anstelle des viel preisgünstigeren Chloroforms ($CHCl_3$) als Lösungsmittel eingesetzt, weil der Deuteriumkern in $CDCl_3$ im Gegensatz zum H-Atomkern in $CHCl_3$ kein störendes Signal im ^{1}H-NMR-Spektrum verursacht.

Was ist die zutreffende Begründung für dieses Phänomen?

(A) Moleküle, die den Kern ^{2}D enthalten, haben kein Magnetfeld und sind somit nicht NMR-aktiv.
(B) Der Kern ^{2}D hat keinen Kernspin und ist somit Kernresonanzmessungen nicht zugänglich.
(C) Es wird bei einer gegebenen Feldstärke des Magneten eine für den Kern ^{1}H geeignete Betriebsfrequenz eingestellt, bei der für ^{2}D-Kerne keine Kernresonanzsignale registriert werden.
(D) Deuterium wird durch Bestrahlung im NMR-Gerät in das kurzlebige, instabile und zudem stark entschirmte Isotop Tritium umgewandelt und so der Registrierung entzogen.
(E) Die Signale für ^{2}D-Kerne werden zwar registriert, aber durch Puls-Einstrahlung unterdrückt und mittels Fouriertransformation aus dem Datensatz entfernt (PFT-NMR), so dass sie nicht im bearbeiteten Spektrum erscheinen.

12.12 **H03** Welche Aussage trifft nicht zu?

Folgende Substanzen werden üblicherweise als **Lösemittel** in der ^{1}H-NMR-Spektroskopie verwendet?

(A) Deuterochloroform ($CDCl_3$)
(B) Deuteriumoxid (D_2O)
(C) Deuteriertes Methanol (CD_3OD)
(D) Tetramethylsilan ($(CH_3)_4Si$)
(E) Deuterodimethylsulfoxid ($(CD_3)_2SO$)

12.13 **F03** Welches der folgenden Lösungsmittel benutzt man in der ^{13}C-NMR-Spektroskopie üblicherweise für polare, hydrophile Stoffe?

(A) Hexadeuterobenzen
(B) Deuterochloroform
(C) D_2O
(D) Kohlendisulfid
(E) Tetrachlormethan

12.14 **F10** Welches der folgenden Isotope ist NMR-Messungen **nicht** zugänglich?

(A) ^{29}Si
(B) ^{15}N
(C) ^{19}F
(D) ^{31}P
(E) ^{32}S

12.15 **F07** Welcher der folgenden Atomkerne ist **nicht** NMR-aktiv?

(A) ^{1}H
(B) ^{2}H (= D)
(C) ^{13}C
(D) ^{19}F
(E) ^{16}O

12.16 **H05** Welcher der folgenden Atomkerne ist für Kernresonanzmessungen prinzipiell nicht geeignet?

(A) ^{2}D
(B) ^{13}C
(C) ^{15}N
(D) ^{19}F
(E) ^{32}S

12.17 **H03** Welcher der folgenden Atomkerne ist **nicht** NMR-aktiv?

(A) ^{1}H
(B) ^{2}H
(C) ^{13}C
(D) ^{19}F
(E) ^{32}S

12.18 F02 Welcher der folgenden Atomkerne ist **nicht** NMR-aktiv?

(A) ^{1}H
(B) ^{2}H (= D)
(C) ^{12}C
(D) ^{13}C
(E) ^{19}F

12.19 H04 Welche der folgenden Atomkerne sind NMR-aktiv?

(1) ^{1}H
(2) D
(3) ^{12}C
(4) ^{16}O

(A) nur 3
(B) nur 4
(C) nur 1 und 2
(D) nur 3 und 4
(E) 1 bis 4 (alle)

12.20 H02 Welches der aufgeführten Elemente ist unter Berücksichtigung der natürlichen Häufigkeitsverteilung der Isotope für die NMR-Spektroskopie am besten geeignet?

(A) Bor
(B) Fluor
(C) Kohlenstoff
(D) Stickstoff
(E) Sauerstoff

12.21 F94 Welcher der folgenden Atomkerne ist nicht NMR-aktiv?

(A) ^{1}H
(B) ^{2}H (= D)
(C) ^{13}C
(D) ^{19}F
(E) ^{16}C

12.22 H00 Welche der folgenden Atomkerne sind NMR-inaktiv?

(1) ^{1}H
(2) ^{19}F
(3) ^{12}C
(4) ^{16}O

(A) nur 1
(B) nur 2
(C) nur 1 und 2
(D) nur 3 und 4
(E) 1 bis 4 (alle)

12.23 F01 Welcher der folgenden Atomkerne ist nicht NMR-aktiv?

(A) ^{15}N
(B) ^{2}D (^{2}H)
(C) ^{13}C
(D) ^{19}F
(E) ^{16}O

12.24 H01 Welche Atomkernsorte besitzt die Kernspinquantenzahl I = 1?

(A) ^{1}H
(B) ^{2}H (D)
(C) ^{13}C
(D) ^{19}F
(E) ^{31}P

12.25 H08 Welche Aussagen treffen zu?

Ein Atomkern ist NMR-aktiv, wenn
(1) Ordnungszahl und Massenzahl gerade sind
(2) Ordnungszahl und Massenzahl ungerade sind
(3) die Ordnungszahl gerade und die Massenzahl ungerade ist
(4) die Ordnungszahl ungerade und die Massenzahl gerade ist

(A) nur 1 und 2
(B) nur 3 und 4
(C) nur 1, 2 und 3
(D) nur 1, 3 und 4
(E) nur 2, 3 und 4

12.26 H09 Welche Aussagen treffen zu?

Damit ein Isotop NMR-Messungen zugänglich ist,
(1) müssen Ordnungszahl und Massenzahl gerade Zahlen sein
(2) müssen die Elektronen eine Spinquantenzahl von + 1/2 aufweisen
(3) muss die Spinquantenzahl seines Kerns größer null sein

(A) nur 1
(B) nur 2
(C) nur 3
(D) nur 2 und 3
(E) 1 bis 3 (alle)

12.27 H98 Welche Aussagen treffen zu? Ein Atomkern ist NMR-aktiv, wenn

(1) seine Ordnungs- und Massenzahl gerade sind
(2) seine Ordnungs- und Massenzahl ungerade sind
(3) seine Ordnungszahl gerade und seine Massenzahl ungerade sind
(4) seine Ordnungszahl ungerade und seine Massenzahl gerade sind

(A) nur 1 und 2
(B) nur 3 und 4
(C) nur 1, 2 und 3
(D) nur 1, 3 und 4
(E) nur 2, 3 und 4

12.28 F10 Die beiden abgebildeten Substanzen sollen in Bezug auf ihre Eignung als innerer Standard in der ^{1}H-NMR-Spektroskopie im Lösungsmittel Deuteriumoxid (D_2O) verglichen werden.

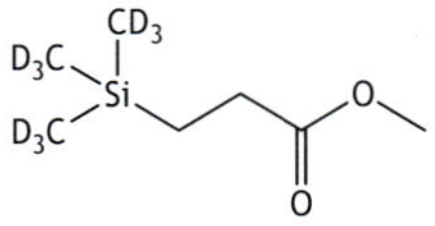

1

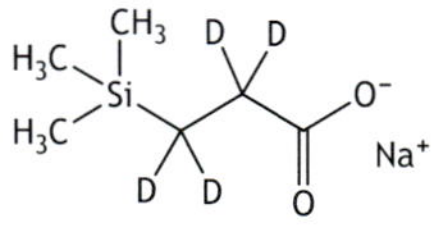

2

Welche Aussagen treffen zu?
(1) Die Verbindung **1** trägt neun chemisch äquivalente ^{2}H-Kerne.
(2) Die Verbindung **1** ergibt im ^{1}H-NMR-Spektrum ein Singulett der Intensität 9 H.
(3) Die Verbindung **2** ist polarer als die Verbindung **1**.
(4) Die Protonen der Verbindung **2** sind stärker abgeschirmt als die der Verbindung **1**.
(5) Die Verbindung **2** ist als interner Standard im Lösungsmittel D_2O besser geeignet als die Verbindung **1**.

(A) nur 1
(B) nur 3
(C) nur 1, 2 und 4
(D) nur 1, 3, 4 und 5
(E) 1 bis 5 (alle)

Ordnen Sie bitte den folgenden funktionellen Gruppen der Liste 1 jeweils die typische in Liste 2 aufgeführte chemische Verschiebung (in ppm) im ^{1}H-NMR-Spektrum zu! (Lösungsmittel $CDCl_3$)

Liste 1

12.29 H06

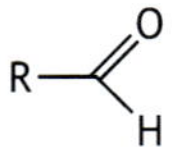

(R = Alkyl, Aryl)

12.30 H06

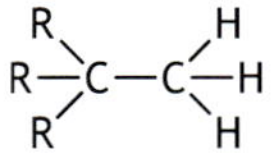

(R = Alkyl)

Liste 2

(A) 0,5–2
(B) 4–5
(C) 5–6
(D) 6–7
(E) 9–11

12.31 H02 Welchen der folgenden Stoffe verwendet man in der ^{1}H-NMR-Spektroskopieüblicherweise als internen Standard?

(A) Aceton
(B) Tetramethylsilan
(C) Dichlormethan
(D) Dimethylsulfoxid
(E) Chloroform

12.32 F97

Für die Festlegung des Nullpunktes der δ [ppm]-Skala bei der ^{1}H-NMR-Spektrometrie wird als innerer Standard verwendet:

(A) Dimethylformamid
(B) Tetramethylsilan
(C) Tetrachlorethan
(D) Tetranitromethan
(E) Trichlormethylsilan

12.33 H01 Welches Element in Fluostigmin (vgl. Abb.) lässt sich – natürliche Isotopenverteilung vorausgesetzt – am schlechtesten kernresonanzspektroskopisch erfassen?

(A) Wasserstoff
(B) Kohlenstoff
(C) Sauerstoff
(D) Phosphor
(E) Fluor

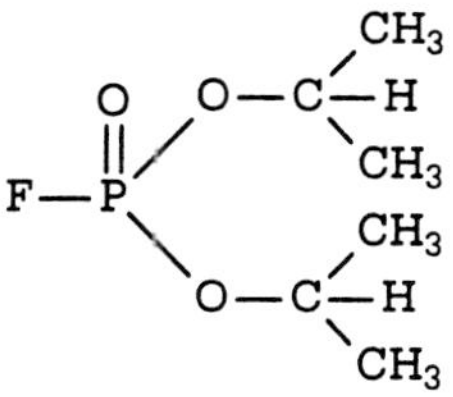

12.34 H93 In einem mit einer Betriebsfrequenz von 60 MHz aufgenommenen ^{1}H-NMR-Spektrum entsprechen 0,5 ppm auf der δ-Skala?

(A) 1/120 Hz
(B) 30 Hz
(C) 60 Hz
(D) 90 Hz
(E) 120 Hz

12.35 F94 Tetramethylsilan zeigt im ^{1}H-NMR-Spektrum bei einer Magnetfeldstärke von 2,35 Tesla ein Resonanzsignal bei 100 MHz. Bei Erhöhung der Feldstärke auf 4,70 Tesla ist das Signal zu erwarten bei

(A) 25 MHz
(B) 50 MHz
(C) 100 MHz
(D) 200 MHz
(E) 400 MHz

12.36 F10 Kernresonanzspektrometer werden nach der Betriebsfrequenz in MHz in Bezug auf die ^{1}H-NMR-Messung bezeichnet. Für ein 400 MHz-NMR-Gerät benötigt man einen Magneten mit einer magnetischen Flussdichte B_0 von 9,4 T (Tesla).

Welche Aussage zu Messungen anderer Kerne trifft zu?

(A) Der ^{2}H-Kern hat unter diesen Messbedingungen (von nur 9,4 T) keinen Kernspin.
(B) Der ^{12}C-Kern besitzt keinen resultierenden Kernspin und ist somit Kernresonanzmessungen mit diesem Gerät nicht zugänglich.
(C) Die natürliche Häufigkeit des ^{13}C-Kerns reicht für eine Erfassung mit diesem Gerät nicht aus.
(D) Der ^{13}C-Kern besitzt ein größeres gyromagnetisches Verhältnis als der ^{1}H-Kern und benötigt daher mit ca. 2,4 GHz eine viel höhere Resonanzfrequenz als mit diesem Gerät erreicht werden kann.
(E) Der Bereich der chemischen Verschiebung δ von ^{13}C-Kernen liegt im ppb-Bereich, ist damit wesentlich kleiner als bei ^{1}H-Kernen und kann nur mit erheblich höheren magnetischen Flussdichten untersucht werden.

12.37 F98 Tetramethylsilan gibt in einem ^{1}H-NMR-Experiment bei einer magnetischen Induktion von 2,35 Tesla bei ca. 100 MHz ein Resonanzsignal. Zur Beobachtung dieses Signals bei 400 MHz müsste folgende magnetische Induktion angewandt werden:

(A) 1,18 T
(B) 1,53 T
(C) 4,7 T
(D) 5,52 T
(E) 9,39 T

12.38 **F10** Welcher der folgenden Nitroaromaten liefert das nachfolgende ^{1}H-NMR-Spektrum?

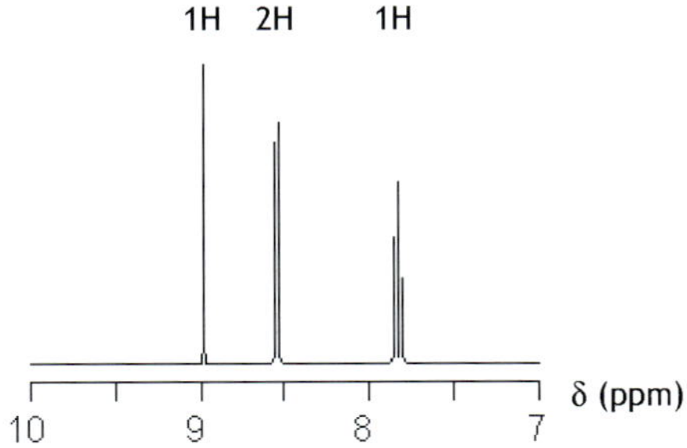

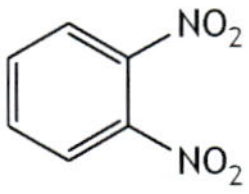
(A)

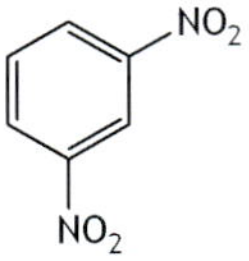
(B)

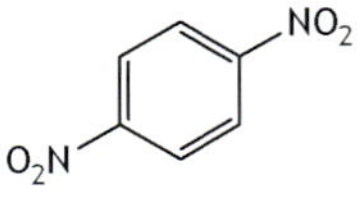
(C)

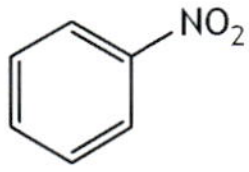
(D)

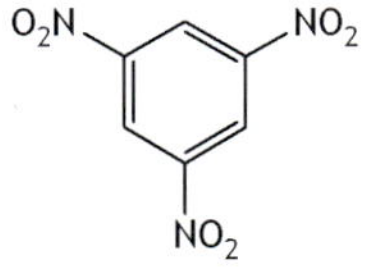
(E)

Abgebildet ist das ^{1}H-NMR-Spektrum (400 MHz, $CDCl_3$) des Arzneistoffs Ibuprofen.

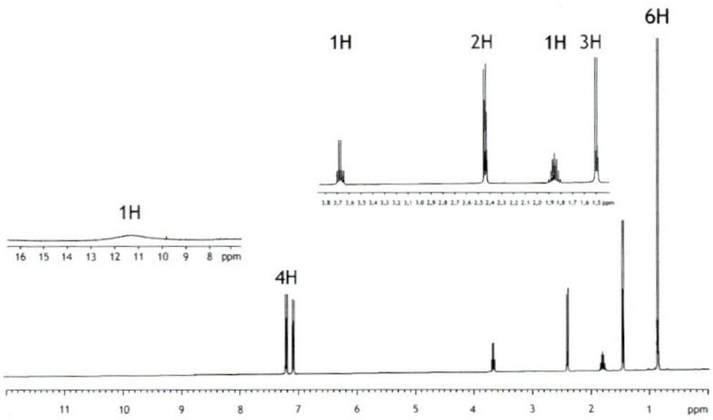

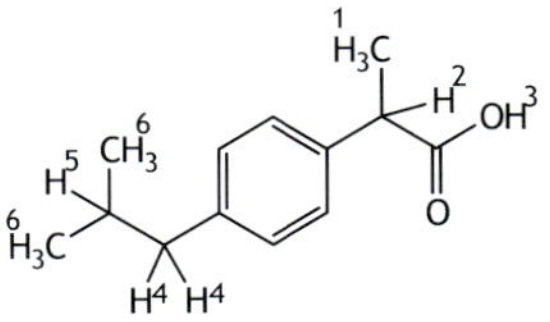

Ibuprofen

Ordnen Sie bitte den Signalen der Liste 1 (d in ppm) die entsprechenden Protonen der Liste 2 zu!

Liste 1

12.39 **H09** 1,48

12.40 **H09** 3,69

Liste 2

(A) H-1
(B) H-2
(C) H-4
(D) H-5
(E) H-6

12.41 **H08** In dem abgebildeten Ausschnitt eines ^{1}H-NMR-Spektrums des Arzneistoffs Primidon in deuteriertem Dimethylsulfoxid lassen sich zwei Signalgruppen mit einer Kopplungskonstante $J = 7{,}0$ Hz erkennen.

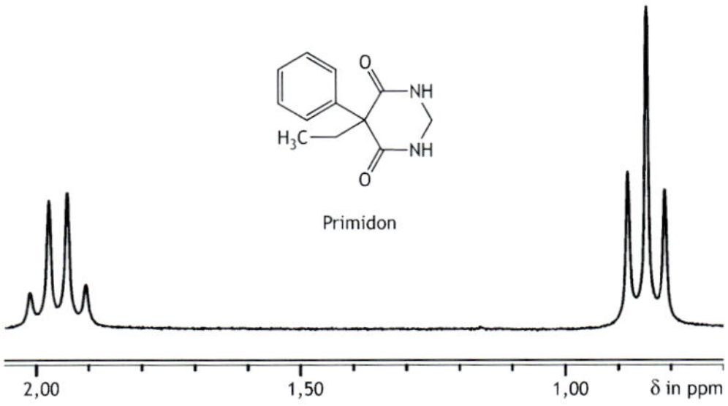

Welches Strukturelement ruft dabei das Quartett hervor?
(A) der Phenylring
(B) die Carbonsäureamidfunktion
(C) die Methylengruppe im Ring
(D) die Methylgruppe der Ethylgrupppe
(E) die Methylengruppe der Ethylgruppe

12.42 F09 In dem abgebildeten Ausschnitt eines ^{1}H-NMR-Spektrums des Arzneistoffs Primidon in deuteriertem Dimethylsulfoxid lassen sich zwei Signalgruppen mit einer Kopplungskonstante $J = 7{,}0$ Hz erkennen.

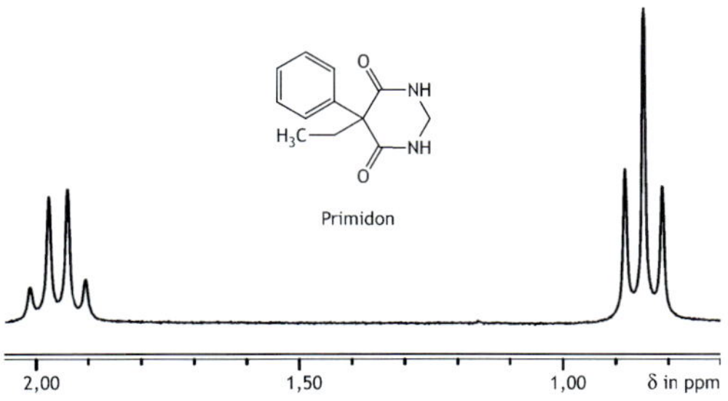

Die Kopplung welcher Kerne ruft dabei das Triplett hervor?

(A) Protonen der CH_3-Gruppe (Kopplung über zwei Bindungen)
(B) Protonen der CH_2-Gruppen, die mit den C-Atomen der gleichen Gruppe koppeln (Kopplung über eine Bindung)
(C) Protonen der Carbonsäureamidgruppen, die mit den Stickstoffatomen koppeln
(D) Protonen der CH_3-Gruppe, die mit den Protonen der benachbarten CH_2-Gruppe koppeln
(E) Protonen der CH_3-Gruppe, die mit den C-Atomen der gleichen Gruppe koppeln (Kopplung über eine Bindung)

Abgebildet ist das ^{1}H-NMR-Spektrum (400 MHz, $CDCl_3$) des Arzneistoffs Methylsalicylat.

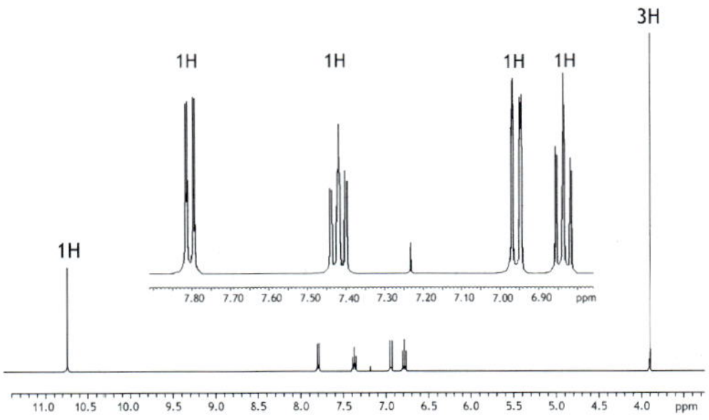

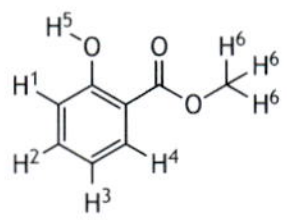

Methylsalicylat

Ordnen Sie bitte den Signalen der Liste 1 (δ in ppm) die entsprechenden Protonen der Liste 2 zu!

Liste 1

12.43 H08 3,92

12.44 H08 10,74

(A) H-1
(B) H-2
(C) H-4
(D) H-5
(E) H-6

12.45 F09 Abgebildet ist ein bei 400 MHz in $CDCl_3$ aufgenommenes ^{1}H-NMR-Spektrum.

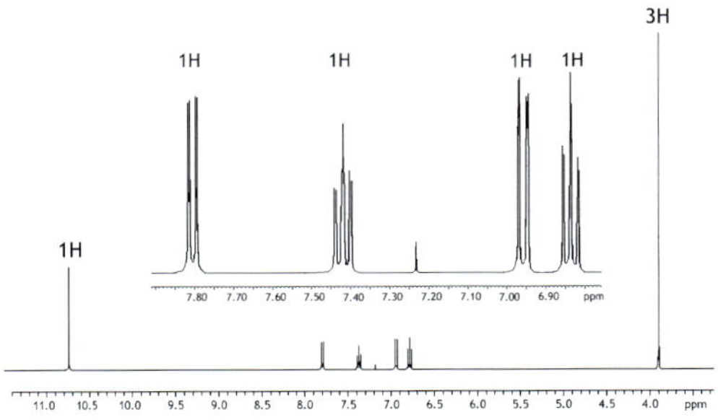

Welche der folgenden Substanzen ergibt dieses Spektrum?

(A)
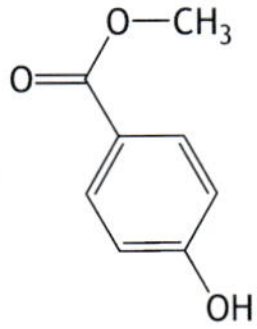

(B)
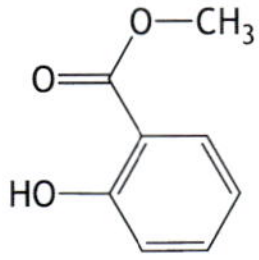

(C)
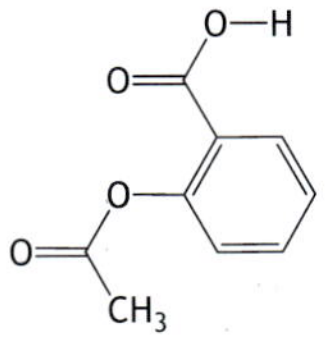

(D)
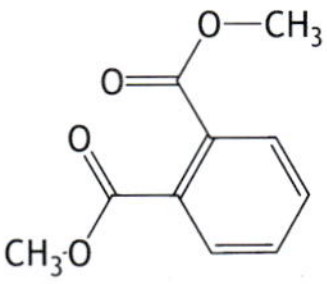

(E)
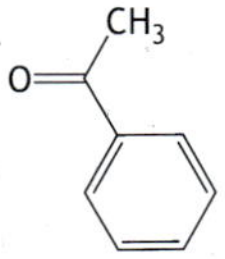

Abgebildet ist das ^{1}H-NMR-Spektrum von 1,3-Dinitrobenzol.

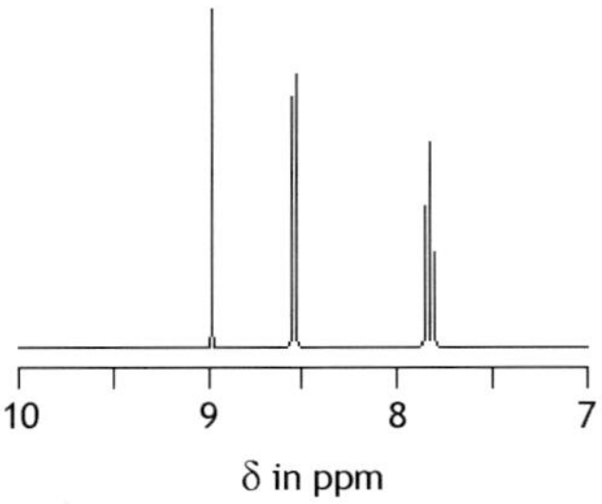

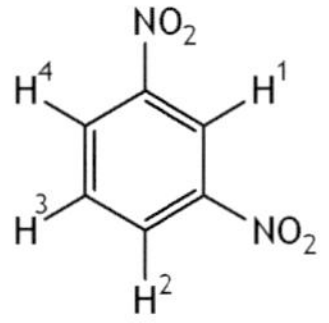

Ordnen Sie bitte den Signalen der Liste 1 (δ in ppm) die entsprechenden Protonen der Liste 2 zu!

Liste 1

12.46 **H07** 7,8

12.47 **H07** 8,55

12.48 **H07** 9,0

Liste 2

(A) H-1
(B) nur H-2
(C) H-3
(D) nur H-4
(E) H-2 und H-4

12.49 **H07** Die untenstehende Abbildung zeigt schematisch ein NMR-Spektrum der Substanz L-Ascorbinsäure.

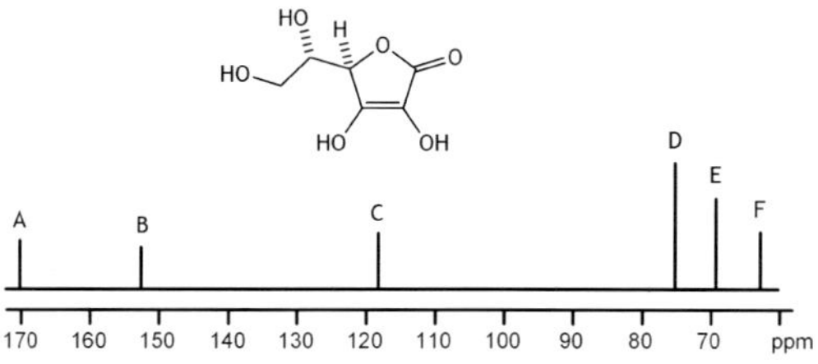

Welche Aussagen zu diesem Spektrum treffen zu?

(1) Es handelt sich um ein breitbandentkoppeltes ^{13}C-NMR-Spektrum.
(2) Es handelt sich um ein gepulstes ^{16}O-NMR-Spektrum.
(3) Ohne Integrale kann das Spektrum nicht ausgewertet werden.
(4) Die Kopplung zwischen den Signalen D, E und F ist typisch für Endiole.
(5) Die Carbonylgruppe liefert das Signal E.

(A) nur 1
(B) nur 2
(C) nur 2 und 3
(D) nur 4 und 5
(E) nur 3, 4 und 5

12.50 **F07** Eine unbekannte, bei Raumtemperatur und Normaldruck flüssige Substanz ergibt folgendes ^{1}H-NMR-Spektrum, das ohne weitere Lösungsmittel aufgenommen wurde:

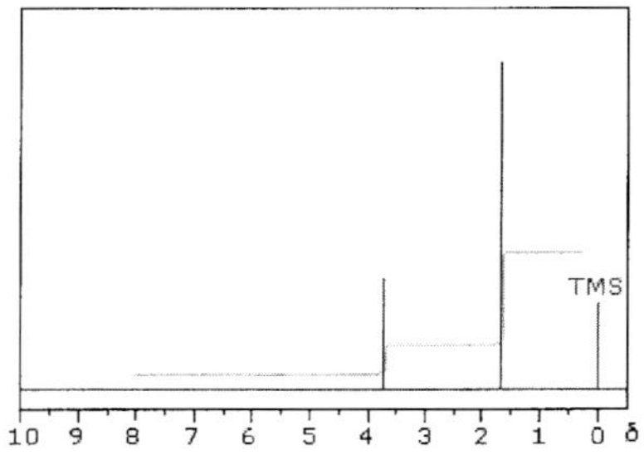

Um welche der folgenden Verbindungen handelt es sich?

(A) Methylacetat

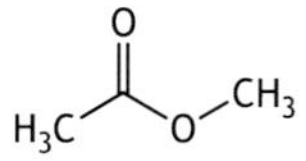

(B) Ethylacetat

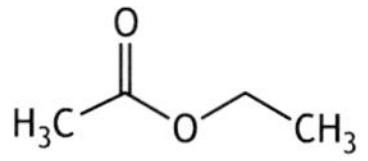

(C) Aceton

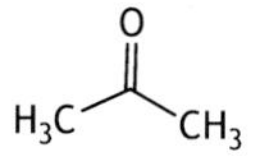

(D) *p*-Xylol

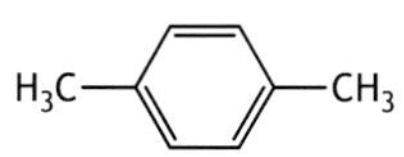

(E) 1,2-Dichlor-2-methylpropan

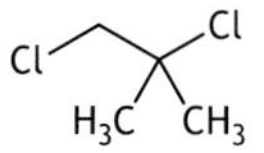

12.51 **F06** Eine unbekannte, bei Raumtemperatur und Normaldruck flüssige Substanz ergibt folgendes ^{1}H-NMR-Spektrum, das ohne Lösungsmittel aufgenommen wurde:

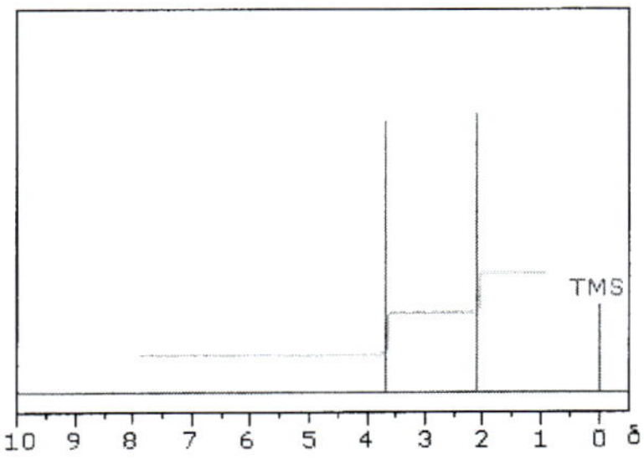

Um welche der folgenden Verbindungen handelt es sich?

(A) Essigsäuremethylester 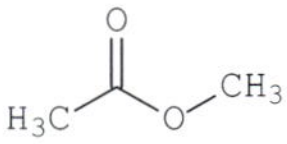

(B) Essigsäureethylester 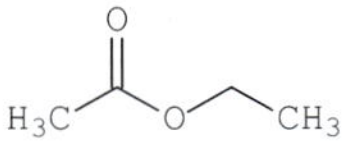

(C) Aceton 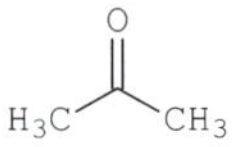

(D) Methanol 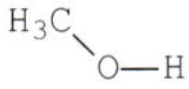

(E) Prcpionsäuremethylester 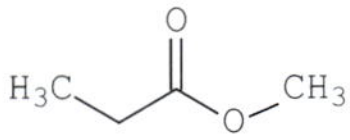

(A) C_2H_5OH
(B) $C_2H_5OC_2H_5$
(C) $C_2H_5NH_2$
(D) C_2H_5COOH
(E) C_2H_5SH

12.52 **H05**

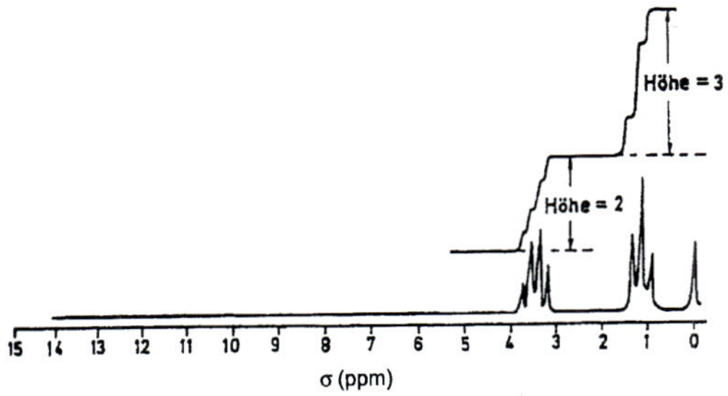

Obige Abbildung zeigt (gegen TMS als inneren Standard gemessen) das **vollständige** ^{1}H-NMR-Spektrum von

12.53 **F04**

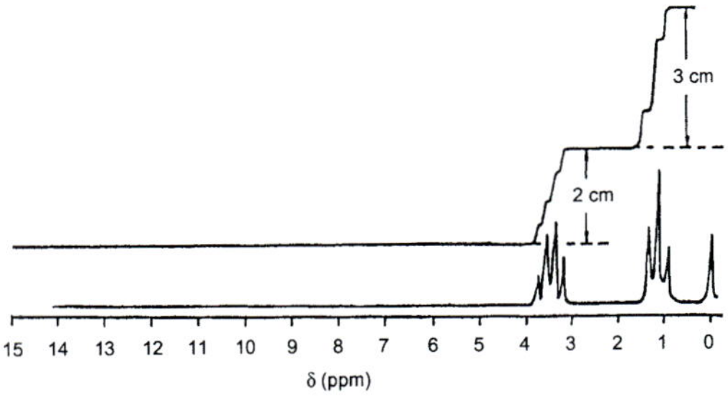

Obige Abbildung zeigt (gegen TMS als Standard) das ^{1}H-NMR-Spektrum von

(A) $C_2H_5—O—CH_3$

(B) $C_2H_5—O—C_2H_5$

(C) $C_2H_5—C(=O)—O—C_2H_5$

(D) $C_2H_5—O—$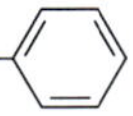

(E) $C_2H_5—C(=O)—CH_3$

12.54 **F05** ^{13}C-Harnstoff wird für diagnostische Zwecke bei Ulcus-Erkrankungen verwendet.

Welche Aussagen zu Charakterisierung, Reinheits- und Gehaltsbestimmung dieser Verbindung treffen zu?

(1) Die Gehaltsbestimmung von ^{13}C-Harnstoff kann nach der Kjeldahl-Methode erfolgen, gestattet aber keine quantitative Aussage über die Isotopenzusammensetzung.

(2) Die Fläche unter der Kurve der ^{13}C-Resonanzsignale im NMR-Spektrum ist (bei gleichem Probengehalt) bei ^{13}C-Harnstoff gegenüber der entsprechenden Fläche für Harnstoff mit natürlicher Isopenverteilung stark erhöht.

(3) Die Überprüfung der Isotopenreinheit von ^{13}C-Harnstoff kann durch HPLC an chiralen stationären Phasen erfolgen.

(A) nur 2
(B) nur 1 und 2
(C) nur 1 und 3
(D) nur 2 und 3
(E) 1 bis 3 (alle)

12.55 **H94** Von dem Arzneistoff „Dexamethasondihydrogenphosphat-Dinatrium“ (siehe Formel) werden NMR-Spektren mit einem PFT-Spektrometer aufgenommen.

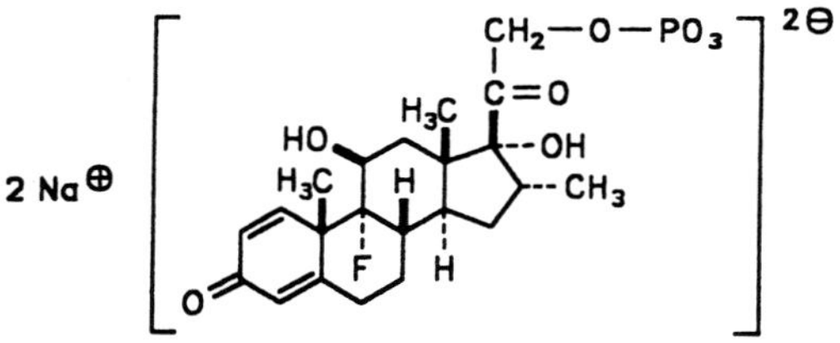

Das NMR-Spektrum welchen Kerns liefert den größten Informationsgehalt über die Struktur des Grundgerüstes?
(A) ^{13}C
(B) ^{19}F
(C) ^{23}Na
(D) ^{17}O
(E) ^{31}P

12.56 **H94** Das ^{1}H-NMR-Spektrum von Ethylbromid besitzt folgende Signale:

(A) ein Singulett, ein Dublett
(B) ein Dublett, ein Triplett
(C) ein Singulett, ein Triplett
(D) ein Dublett, ein Quartett
(E) ein Triplett, ein Quartett

12.57 **F95** Welches der schematisiert dargestellten ^{1}H-NMR-Spektren entspricht dem von Ethylbromid?

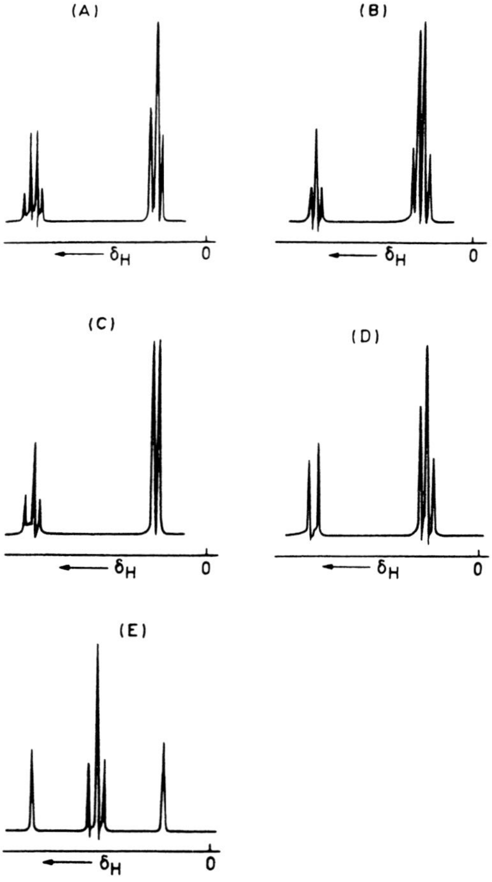

12.58 **F99** Welche Methylgruppen-Resonanz tritt im ^{1}H-NMR-Spektrum bei tiefstem Feld auf?

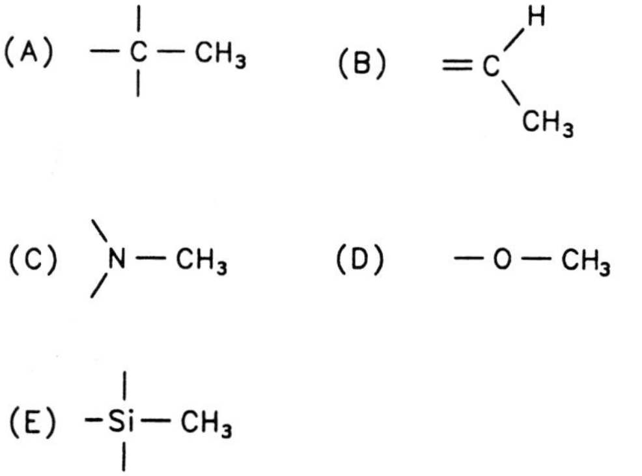

12.59 H98 Die folgenden Strukturelemente sind nach **zunehmender** chemischer Verschiebung der Methylgruppensignale im ^{1}H-NMR-Spektrum geordnet (OC = Carbonyl):

(A) $H_2C\text{-}CH_3 < OC\text{-}CH_3 < O\text{-}CH_3$
(B) $H_2C\text{-}CH_3 < O\text{-}CH_3 < OC\text{-}CH_3$
(C) $O\text{-}CH_3 < H_2C\text{-}CH_3 < O\text{-}CH_3$
(D) $O\text{-}CH_3 < OC\text{-}CH_3 < H_2C\text{-}CH_3$
(E) $OC\text{-}CH_3 < O\text{-}CH_3 < H_2C\text{-}CH_3$

12.60 H02 Welches Bauelement enthält ein NMR-Spektrometer typischerweise nicht?

(A) Empfängerspule
(B) Senderspule
(C) Hochfrequenzsender
(D) Prisma
(E) Magnet

12.61 H04 Welche Aussage trifft zu?

Die ESR (Elektronenspinresonanz)-Spektroskopie ist ein Verfahren, das im Prinzip folgender spektroskopischen Technik am nächsten kommt:

(A) Fluorimetrie
(B) UV-VIS-Spektroskopie
(C) IR-Spektroskopie
(D) NIR-Spektroskopie
(E) NMR-Spektroskopie

Lösungen

12.1 B	12.2 A	12.3 E	12.4 D	12.5 C
12.6 A	12.7 D	12.8 E	12.9 D	12.10 E
12.11 C	12.12 D	12.13 C	12.14 E	12.15 E
12.16 E	12.17 E	12.18 C	12.19 C	12.20 B
12.21 E	12.22 D	12.23 E	12.24 B	12.25 E
12.26 C	12.27 E	12.28 D	12.29 E	12.30 A
12.31 B	12.32 B	12.33 C	12.34 B	12.35 D
12.36 B	12.37 E	12.38 B	12.39 A	12.40 B
12.41 E	12.42 D	12.43 E	12.44 D	12.45 B
12.46 C	12.47 E	12.48 A	12.49 A	12.50 E
12.51 A	12.52 B	12.53 B	12.54 B	12.55 A
12.56 E	12.57 A	12.58 D	12.59 A	12.60 D
12.61 E				

13 Massenspektrometrie

13.1 F09 Welche Aussagen zur massenspektrometrischen Untersuchung organischer Arzneistoffe treffen zu?

(1) Analyten werden atomisiert.
(2) Analyten werden ionisiert.
(3) Geladene Teilchen werden im elektrischen Feld beschleunigt.
(4) Ungeladene Teilchen werden im Hochvakuum beschleunigt.
(5) Ungeladene Teilchen werden in Hochdruckkammern beschleunigt.

(A) nur 1
(B) nur 2
(C) nur 1 und 4
(D) nur 1 und 5
(E) nur 2 und 3

13.2 H09 Welche Aussagen zu den in der Massenspektrometrie gebräuchlichen Quadrupol-Massen-Analysatoren treffen zu?

(1) Sie dienen zur Detektion ungeladener Moleküle.
(2) Sie dienen zur Ionentrennung.
(3) Die Ionentrennung wird durch Ablenkung der Massen mittels elektrischer Felder erreicht.
(4) Ihr Bauprinzip besteht aus vier kreuzförmig angeordneten Helium-Neon-Lasern.
(5) Arzneistoffmoleküle werden im Focus des Quadrupols mittels eines Laserstrahls thermisch fragmentiert.

(A) nur 1
(B) nur 2
(C) nur 1 und 4
(D) nur 2 und 3
(E) nur 1, 4 und 5

13.3 H06 Welche Aussagen zur Massenspektrometrie treffen zu?

(1) Die Registrierung der Fragmente im Elektronenstoßionisations-Massenspektrum erfolgt nach ihrer relativen Häufigkeit.
(2) Das Signal mit der höchsten relativen Intensität wird auch als Basispeak verwendet, auf den andere Fragmentintensitäten bezogen werden.
(3) Elektronenstoßionisation ist ein schonendes Ionisierungsverfahren.
(4) Proteine sind als Analyte für die Elektronenstoßionisations-Massenspektrometrie im Allgemeinen ungeeignet.

(A) nur 2
(B) nur 3 und 4
(C) nur 1, 2 und 3
(D) nur 1, 2 und 4
(E) nur 1, 3 und 4

13.4 F04 Die Abbildung zeigt schematisch den Aufbau eines Massenspektrometers. Welche Bauteile sind vertauscht?

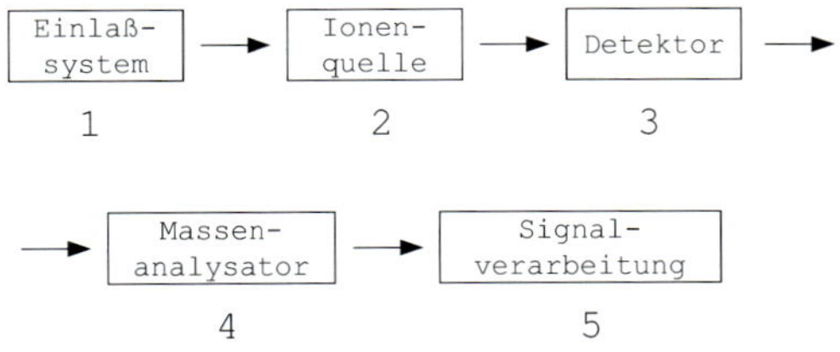

(A) 1 mit 2
(B) 2 mit 4
(C) 3 mit 4
(D) 3 mit 5
(E) 4 mit 5

13.5 F05 Welcher Vorgang gehört nicht zu den Grundprinzipien der EI-Massenspektrometrie?

(A) Ionisation der Moleküle
(B) Fragmentierung der Moleküle
(C) Trennung der Teilchen nach ihrem (Masse/Ladung)-Verhältnis
(D) Detektion der Ionen
(E) Sammeln der Molekülbruchstücke in präparativem Maßstab

13.6 F10 Welcher Analysator wird in der Massenspektrometrie nicht eingesetzt?

(A) Magnetsektor-Analysator
(B) Quadrupol-Analysator
(C) Ioneneinfang-Analysator
(D) Flugzeit-Analysator
(E) Elektroneneinfang-Analysator

13.7 F07 In der Massenspektrometrie ist zur Ionentrennung als Analysator **nicht** geeignet:

(A) magnetischer Analysator
(B) elektrostatischer Analysator
(C) Quadrupol-Analysator
(D) Polarisations-Analysator
(E) Flugzeit-Analysator

13.8 H08 Welche der folgenden Verfahren werden in der Massenspektrometrie zur Ionenerzeugung eingesetzt?

(1) Elektronenstoß-Ionisation (EI)
(2) Elektro-Spray-Ionisation (ESI)
(3) Atmosphärendruck-Photoionisation (APPI)
(4) Chemische Ionisierung (CI)

(A) nur 1 und 2
(B) nur 1 und 4
(C) nur 2 und 3
(D) nur 3 und 4
(E) 1 bis 4 (alle)

13.9 F10 Welche Aussagen zur massenspektrometrischen Fragmentierung nach Elektronenstoß-Ionisation treffen zu?

(1) Zur Spaltung chemischer Bindungen muss die vom Molekül durch Elektronenbeschuss aufgenommene Überschussenergie mindestens der Aktivierungsenergie der Zerfallsreaktion entsprechen.
(2) Bei der Fragmentierung des Molekülions entsteht immer ein geladenes Fragmention.

(3) Die durch Spaltung des Molekülions resultierenden Fragmentionen sind immer Radikale.
(4) Ionische Fragmente können in Folgeschritten weiter fragmentieren.

(A) nur 1 und 2
(B) nur 1 und 3
(C) nur 2 und 4
(D) nur 1, 2 und 4
(E) 1 bis 4 (alle)

13.10 **H09** Welche Aussage zur massenspektrometrischen Fragmentierung nach Elektronenstoß-Ionisation trifft **nicht** zu?

(A) Zur Spaltung chemischer Bindungen muss die vom Molekül durch Elektronenbeschuss aufgenommene Überschussenergie mindestens der Aktivierungsenergie der Zerfallsreaktion entsprechen.
(B) Bei der Fragmentierung des Molekülions entsteht immer ein geladenes Fragment.
(C) Molekülionen mit geringer Überschussenergie werden entsprechend ihrerMassenzahl als Molpeak registriert.
(D) Radikalionen werden im Massenspektrometer als doppelt geladene Fragmentionen registriert.
(E) Nur ionische Fragmente können in Folgeschritten weiter fragmentiert und registriert werden.

13.11 **F09** Welche Aussagen treffen zu?

Zu den weichen Ionisationsmethoden in der Massenspektrometrie, bei denen die zu untersuchende Substanz nicht oder nur geringfügig fragmentiert, zählen:
(1) Elektronenstoß-Ionisation (EI)
(2) Fast Atom Bombardment (FAB)
(3) Elektrospray-Ionisation (ESI)
(4) Matrix Assisted Laser Desorption Ionisation (MALDI)

(A) nur 1
(B) nur 1 und 2
(C) nur 2 und 3
(D) nur 3 und 4
(E) nur 2, 3 und 4

13.12 **H07** Welche der folgenden Ionisationsverfahren in der Massenspektrometrie finden im Hochvakuum statt?

(1) EI (Elektronenstoß-Ionisation)
(2) ESI (Elektro-Spray-Ionisation)
(3) MALDI (Matrix Assisted Laser Desorption Ionisation)

(A) nur 2
(B) nur 1 und 2
(C) nur 1 und 3
(D) nur 2 und 3
(E) 1 bis 3 (alle)

13.13 **F10** Welche der folgenden chemischen Reaktionen ist **keine** im Massenspektrometer ablaufende Fragmentierungsreaktion?

(A) α-Spaltung von Carbonylverbindungen
(B) Retro-Diels-Alder-Reaktion
(C) Hinsberg-Spaltung
(D) McLafferty-Umlagerung
(E) Onium-Umlagerung

13.14 **H09** Welche der folgenden Prozesse sind typische, im Massenspektrometer ablaufende Fragmentierungen von Ionen?

(1) α-Spaltung von Carbonylverbindungen
(2) Retro-Diels-Alder-Reaktion
(3) Allyl-Spaltung
(4) Hofmann-Eliminierung
(5) Onium-Umlagerung

(A) nur 1 und 2
(B) nur 1, 3 und 5
(C) nur 2, 3 und 4
(D) nur 1, 2, 3 und 5
(E) 1 bis 5 (alle)

13.15 **H04** Welche Reaktion ist für die EI-Massenspektrometrie nicht typisch?

(A) Alkylspaltung
(B) Allylspaltung
(C) Oniumspaltung
(D) McLafferty-Umlagerung
(E) Beckmann-Umlagerung

13.16 H08 Das in Massenspektren häufig registrierte Fragment-Ionen-Signal m/z = 149 kann ein Indiz für Verunreinigungen einer Probe durch Phthalsäureester wie z. B. Phthalsäuredibutylester sein.

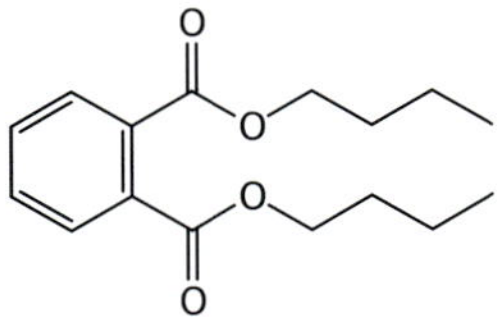

Phthalsäuredibutylester

Welche der nachfolgend abgebildeten Spezies können im Massenspektrum ebenfalls einen Peak mit m/z = 149 verursachen?

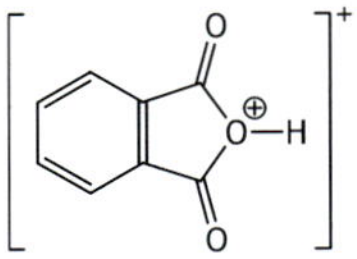

1

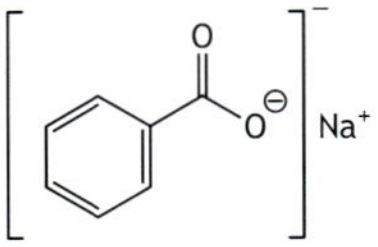

2

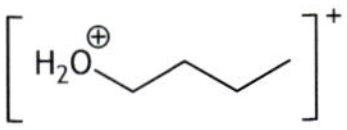

3

(A) keine der abgebildeten Spezies
(B) nur 1
(C) nur 2
(D) nur 3
(E) 1 bis 3 (alle)

Lösungen

13.1 E	13.2 D	13.3 D	13.4 C	13.5 E
13.6 E	13.7 D	13.8 E	13.9 D	13.10 D
13.11 E	13.12 C	13.13 C	13.14 D	13.15 E
13.16 B				

14 Thermoanalytische Methoden

14.1 H09 In der Thermogravimetrie werden Massenänderungen von Substanzproben unter dem Einfluss eines äußeren Temperaturprogramms untersucht. Grafisch dargestellt wird die Masse m der Substanzprobe als Funktion der Temperatur T.

Welche Informationen können solchen Thermogravimetrie-Kurven entnommen werden?

(1) die Temperatur, bei der eine Kristallwasser enthaltende Substanz das Kristallwasser verliert
(2) die Temperatur, bei der eine Substanz zersetzungsfrei schmilzt
(3) die Stabilität einer Substanz bezüglich Oxidation durch Luftsauerstoff

(A) nur 1
(B) nur 2
(C) nur 3
(D) nur 1 und 3
(E) 1 bis 3 (alle)

Ordnen Sie bitte den in Liste 1 angegebenen thermischen Analyseverfahren die analytische Problemstellung aus Liste 2 zu, die mit diesem Verfahren am ehesten bearbeitet werden kann!

Liste 1

14.2 H07 Thermogravimetrie

14.3 H07 Differenzthermoanalyse

Liste 2

(A) Bestimmung der Lösungsenthalpie bei einem exothermen Lösevorgang eines Salzes in Wasser
(B) Bestimmung der Lösungsenthalpie bei einem endothermen Lösevorgang eines Salzes in Wasser
(C) Bestimmung des Kristallwassergehalts eines Salzes
(D) Bestimmung der molaren Masse organischer Arzneistoffe
(E) Bestimmung der Polymorphie organischer Arzneistoffe

14.4 H05 Welche der folgenden Aufgaben und Fragestellungen können mit den Methoden der Thermoanalyse gelöst werden?

(1) Bestimmung von Kristallwasser
(2) Untersuchung von Reaktionsmechanismen nicht-isothermer Prozesse
(3) Aufstellung von Phasendiagrammen
(4) Untersuchungen zur Kristallinität von Polymeren
(5) Bestimmung von Enthalpien u. a. thermochemischen Daten

(A) nur 1
(B) nur 2
(C) nur 1 und 3
(D) nur 2 und 4
(E) 1 bis 5 (alle)

14.5 F10 Das abgebildete Diagramm wird bei der thermoanalytischen Untersuchung eines Arzneistoffs erhalten. Dargestellt ist der Verlauf der Masse *m* einer Substanzprobe in Abhängigkeit von der Temperatur *T*.

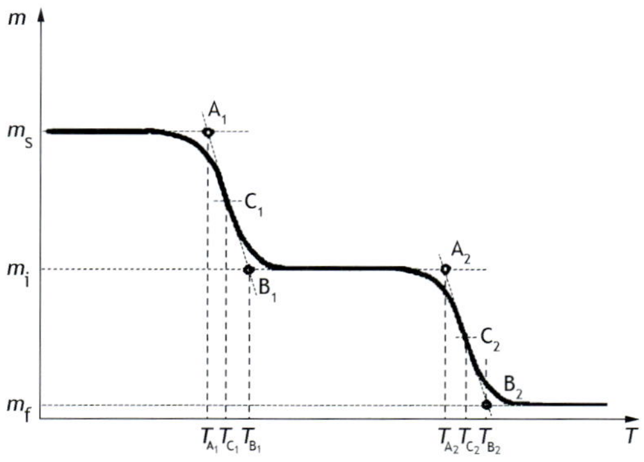

Welches thermoanalytische Verfahren ergibt ein solches Diagramm?

(A) Elektrothermische Analyse
(B) Thermogravimetrie
(C) Differenzialthermogravimetrie
(D) Differenzthermoanalyse
(E) Differenzscanningkalorimetrie

Lösungen
14.1 D 14.2 C 14.3 E 14.4 E 14.5 B

28

15 Grundlagen der Chromatographie

15.1 H91 Bei welchen chromatographischen Verfahren liegt ein inneres Chromatogramm vor?

(1) DC
(2) GC
(3) HPLC
(4) PC

(A) nur 3
(B) nur 1 und 4
(C) nur 2 und 3
(D) nur 1, 2 und 3
(E) 1 bis 4 (alle)

15.2 H90 Bei welchen chromatographischen Methoden liegt ein äußeres Chromatogramm vor?

(1) DC
(2) GC
(3) HPLC
(4) PC

(A) nur 3
(B) nur 1 und 4
(C) nur 2 und 3
(D) nur 1, 2 und 3
(E) 1 bis 4 (alle)

15.3 H90 Welche Aussagen treffen zu?

Die essenziellen Bestandteile **aller** chromatographischen Verfahren sind:
(1) Mobile Phase
(2) Stationäre Phase
(3) Gegenstromverteilung
(4) Absorptionsvorgänge

(A) nur 1 und 2
(B) nur 1 und 3
(C) nur 2 und 4
(D) nur 1, 2 und 3
(E) 1 bis 4 (alle)

15.4 F02 Welche Aussage trifft nicht zu?

Die chromatographische Trennung von Substanzen durch Flüssigchromatographie kann im Prinzip erfolgen durch
(A) Adsorption
(B) Ionenaustausch
(C) Verteilung
(D) Ausschluss nach Molekülgröße
(E) Diffusion

15.5 F89, F02 Welcher Graph gibt die Abhängigkeit der Trennstufenhöhe (HETP) von der linearen Strömungsgeschwindigkeit (u) der mobilen Phase (cm · min^{-1}) im Prinzip richtig wieder?

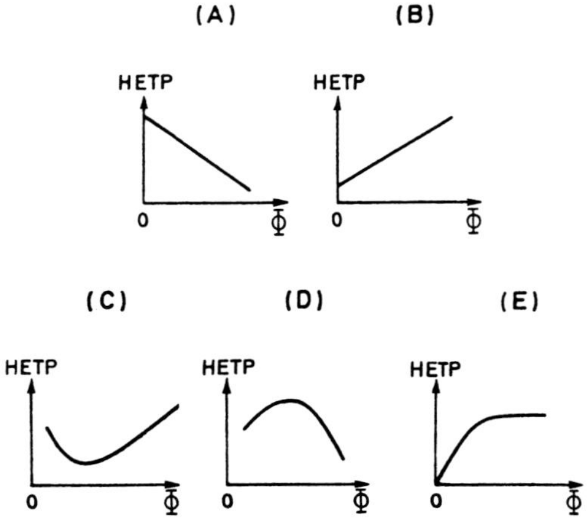

15.6 H02 Welche Bedeutung besitzt die in nachfolgendem Gaschromatogramm mit t_R bezeichnete Größe?

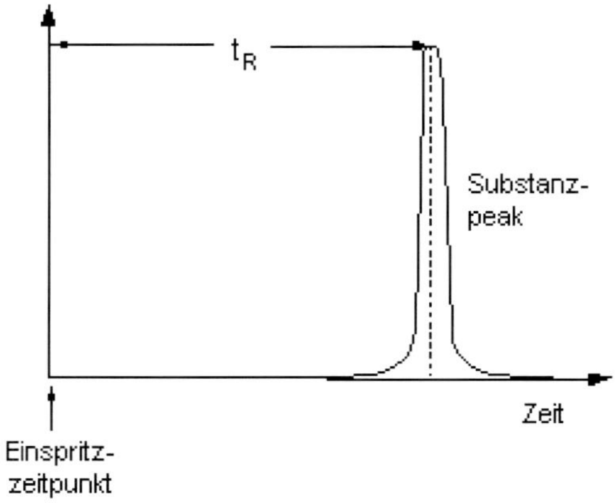

(A) relative Retentionszeit
(B) Nettoretentionszeit
(C) Gesamtretentionszeit
(D) relative Trennzeit
(E) Totzeit

15.7 F03 Wie muss eine Adsorptionsisotherme verlaufen, damit es in der Chromatographie (z. B. DC) zum sogenannten Tailing (Schwanzbildung) kommt?

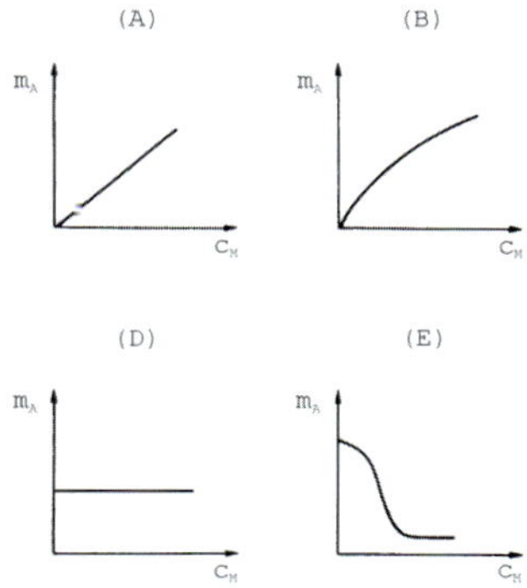

m_A = adsorbierte Masse (bezogen auf Masse Adsorbens)
c_M = Konzentration in der mobilen Phase

15.8 F92 Bei der Auswertung einer nach der Standardzumischmethode durchgeführten Analyse wurde folgendes Diagramm erhalten:

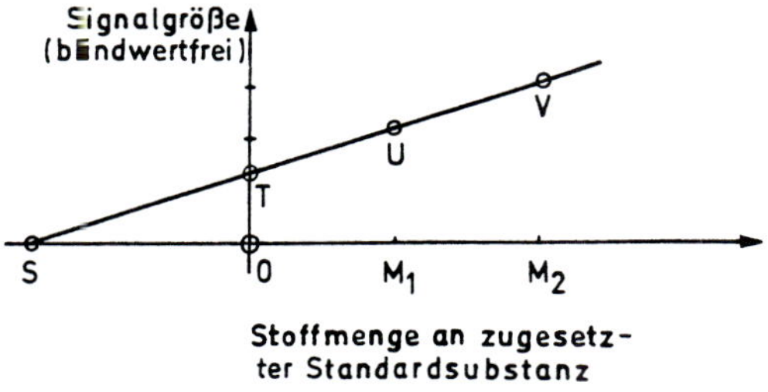

Welche der folgenden Strecken gibt unmittelbar die Stoffmenge der in der Probe enthaltenen Substanz an?

(A) OT
(B) ST
(C) OS
(D) SM_1
(E) SU

15.9 F91 Welche Aussagen treffen zu?

Die folgenden chromatographischen Kenngrößen (Definition nach DAB 9) sind sowohl für die Gaschromatographie (isotherm) als auch für die Flüssigchromatographie (isokratisch) nach den jeweils gleichen Formeln zu berechnen?

(1) Symmetriefaktor
(2) Auflösung
(3) Anzahl der theoretischen Böden

(A) nur 1
(B) nur 2
(C) nur 3
(D) nur 1 und 2
(E) 1 bis 3 (alle)

15.10 H03

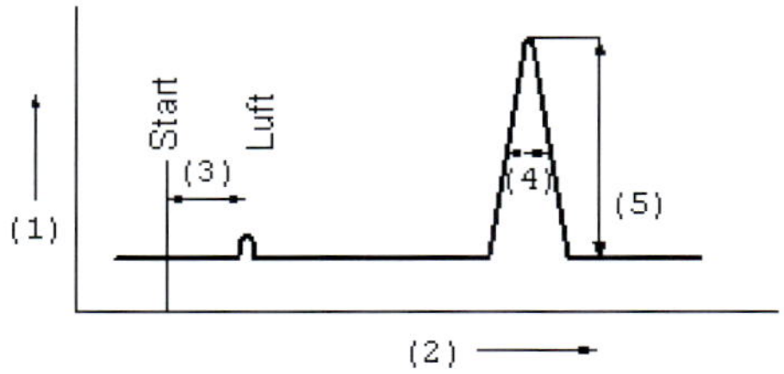

(1) Schreiberausschlag
(2) Zeit
(3) Halbwertsbreite
(4) Totzeit
(5) Signalintensität

Welche Bezeichnungen in obigem Gaschromatogramm sind vertauscht?

(A) 1 mit 2
(B) 2 mit 3
(C) 3 mit 4
(D) 2 mit 5
(E) 4 mit 5

15.11 F95 Welche Aussagen treffen zu?

Für ein „inneres" Chromatogramm ist charakteristisch

(1) die Verwendung eines inneren Standards
(2) die Chromatographie in einer Trennsäule
(3) bei der DC das Auftragen der Probe zwischen 2 Referenzsubstanzen

(A) Keine der Aussagen 1 bis 3 trifft zu
(B) nur 1
(C) nur 2
(D) nur 3
(E) nur 1 und 2

15.12 **H99** Welche Aussage trifft nicht zu?

Als Kenngröße für das chromatographische Verhalten eines Stoffes lässt sich verwenden
(A) der „R_f-Wert“ bei Dünnschichtchromatographie
(B) die „Austauschkapazität“ bei der Ionenaustauscherchromatographie
(C) die „relative Retention“ bei der Gaschromatographie
(D) die „Nettoretentionszeit“ bei Gaschromatographie
(E) der „scheinbare Verteilungskoeffizient“ bei der Größenausschlusschromatographie.

15.13 **H96** Durch welche Parameter erfolgt die Bewertung einer chromatographischen Säule bezüglich ihrer Trennleistung?

(1) Trennstufenzahl
(2) relative Retention
(3) Auflösungsvermögen

(A) Keine der Aussagen trifft zu.
(B) nur 1
(C) nur 2
(D) nur 1 und 2
(E) 1 bis 3 (alle)

Ordnen Sie bitte den chromatographischen Verfahren in Liste 1 die jeweils üblicherweise verwendete Kenngröße eines Stoffes für sein chromatographisches Verhalten der Liste 2 zu!

Liste 1

15.14 **H96, H06** Größenausschlusschromatographie

15.15 **H96, H06** Gaschromatographie

Liste 2

(A) relative Retention
(B) Austauschkapazität
(C) scheinbarer Verteilungskoeffizient
(D) Ionenbeweglichkeit
(E) R_f-Wert

15.16 **F98** Welche der dargestellten Kurven gibt die Abhängigkeit der Trennstufenzahl N einer bestimmten Säule von der linearen Trägergasgeschwindigkeit u bei der Gaschromatographie schematisch richtig wieder?

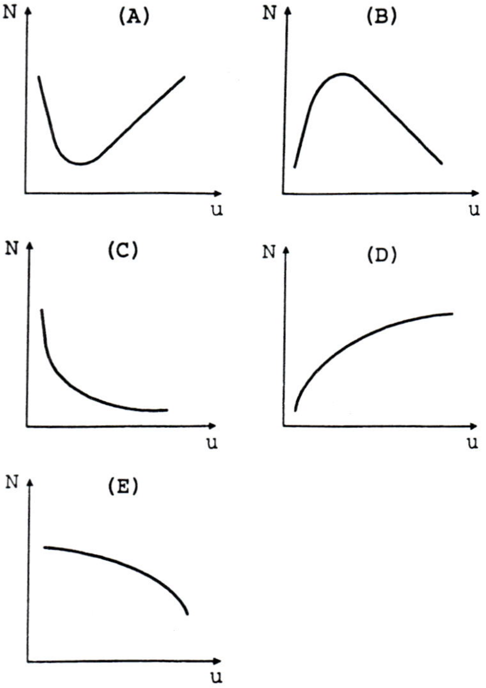

15.17 **F96** Welche der folgenden Zusammenhänge werden durch die Van-Deemter-Gleichung beschrieben (HETP = Höhenäquivalent einer theoretischen Trennstufe)?

(1) zwischen HETP und Volumenfließgeschwindigkeit ($ml \cdot min^{-1}$)
(2) zwischen HETP und linearer Fließgeschwindigkeit ($cm \cdot min^{-1}$)
(3) zwischen HETP und Teilchengröße der stationären Phase
(4) zwischen linearer Fließgeschwindigkeit ($cm \cdot min^{-1}$) und Volumenfließgeschwindigkeit ($ml \cdot min^{-1}$).

(A) nur 4
(B) nur 1 und 2
(C) nur 2 und 3
(D) nur 1, 2 und 4
(E) 1 bis 4 (alle)

Ordnen Sie bitte den Aussagen der Liste 1 die entsprechende Kennzeichnung in der Abbildung des Gaschromatogramms (Liste 2) zu!

Liste 1

15.18 F99 Verweilzeit der Substanz in der stationären Phase

15.19 F99 Verweilzeit der Substanz in der mobilen Phase

Liste 2

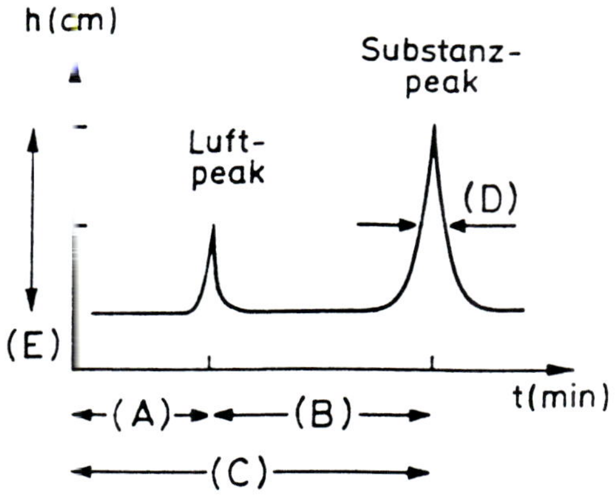

15.20 F04 Ordnen Sie bitte die nachfolgenden Chromatogramme nach fallendem Auflösungs- bzw. Resolutionsfaktor *R* für die Komponenten 1 und 2 (α = Trenn- bzw. Separationsfaktor)

(A) 3 > 2 > 1
(B) 1 > 2 > 3
(C) 2 > 1 > 3
(D) 1 = 2 > 3
(E) 1 = 2 = 3

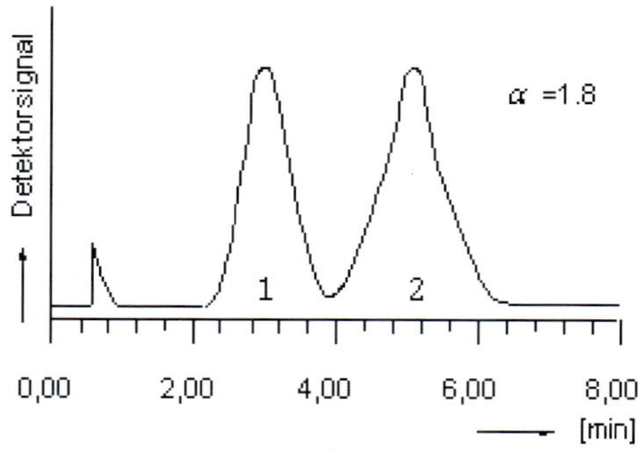

(1)

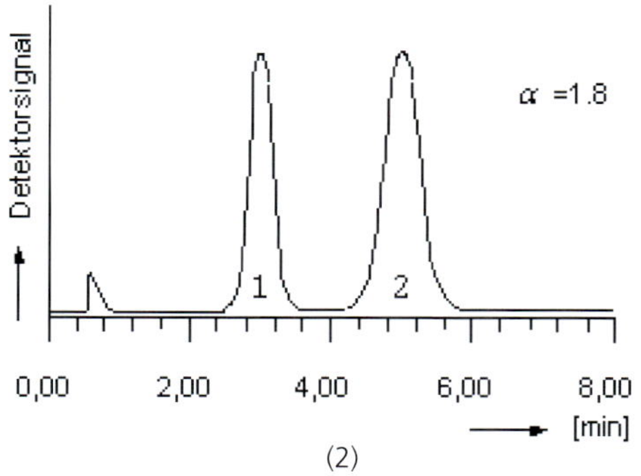

(2)

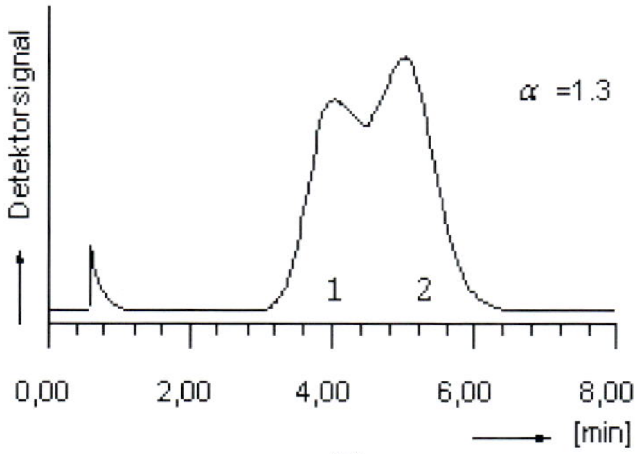

(3)

15.21 F98, F10 Welche Aussagen treffen zu?

Die quantitative Auswertung eines Gaschromatogramms kann näherungsweise erfolgen durch (symmetrische Peaks vorausgesetzt):

(1) Auswertung der Peakhöhen
(2) Multiplikation der Halbwertbreite mit der Peakbasisbreite
(3) Multiplikation der Peakhöhe mit der Halbwertbreite
(4) Division der Halbwertbreite durch die Retentionszeit
(5) Bildung des Quotienten aus Retentionszeit und Totzeit.

(A) nur 1 und 3
(B) nur 2 und 4
(C) nur 3 und 5
(D) nur 1, 2 und 3
(E) nur 3, 4 und 5

15.22 **F01** Von welchen der folgenden Parameter hängt die Trennleistung in der HPLC ab?

(1) Strömungsgeschwindigkeit
(2) Teilchengröße der stationären Phase
(3) Empfindlichkeit des Detektors

(A) nur von 1
(B) nur von 2
(C) nur von 1 und 2
(D) nur von 2 und 3
(E) von 1 bis 3 (allen)

15.23 **H00** Bei welchen chromatographischen Verfahren liegt ein inneres Chromatogramm vor?

(1) DC
(2) GC
(3) HPLC
(4) HPTLC

(A) nur 3
(B) nur 1 und 4
(C) nur 2 und 3
(D) nur 1, 2 und 3
(E) 1 bis 4 (alle)

15.24 **F04** Welche der Aussagen treffen zu?

Wodurch wird bei einer flüssigchromatographischen Trennung die Trennstufenzahl beeinflusst?
(1) Länge der Säule
(2) Partikelgröße der stationären Phase
(3) Oberflächeneigenschaften der stationären Phase

(A) nur 1
(B) nur 2
(C) nur 1 und 3
(D) nur 2 und 3
(E) 1 bis 3 (alle)

15.25 **F04** Welche Aussage zum Symmetriefaktor trifft **nicht** zu?

(A) Der Symmetriefaktor muss für jeden Peak separat ermittelt werden.
(B) S = 0 symmetrischer Peak
(C) S < 1 Leading-Peak
(D) S > 1 Tailing-Peak (Schwanzbildung)
(E) Der Symmetriefaktor wird auch als Tailing-Faktor bezeichnet.

15.26 **F05** Welche der folgenden Größen werden zur Bestimmung des Höhenäquivalents einer theoretischen Trennstufe (HETP) benötigt?

(1) die Retentionszeit des Peaks
(2) die Halbwertbreite des Peaks
(3) die Säulenlänge

(A) nur 1
(B) nur 2
(C) nur 3
(D) nur 1 und 2
(E) 1 bis 3 (alle)

15.27 **F06** Die chromatographische Auftrennung eines Gemisches aus zwei Substanzen ergibt in drei verschiedenen chromatographischen Systemen folgende Peaks:

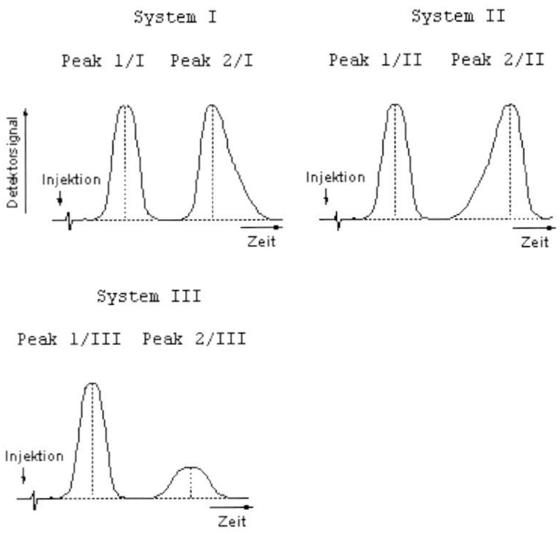

Welcher der dargestellten Peaks zeigt eine Schwanzbildung (Tailing)?

(A) Peak 2/I
(B) Peak 1/II
(C) Peak 2/II
(D) Peak 1/III
(E) keiner der dargestellten Peaks

15.28 **H06** Die abgebildeten Verbindungen können prinzipiell mit folgenden Verfahren unterschieden werden:

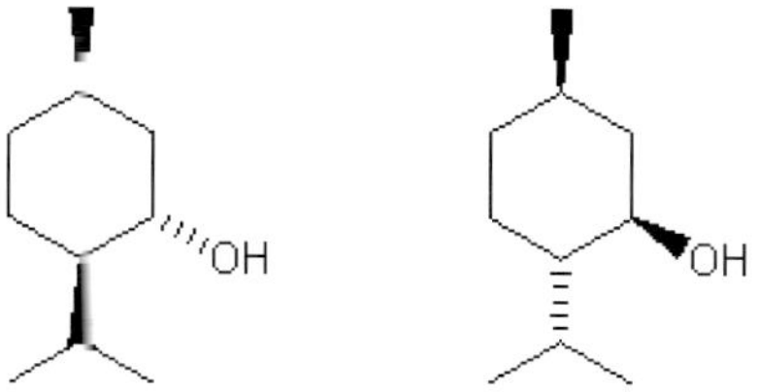

(1) Schmelzpunktbestimmung
(2) Gaschromatographie
(3) Flüssigchromatographie
(4) Kapillarzonenelektrophorese
(5) Bestimmung der optischen Drehung

(A) nur 1 und 3
(B) nur 2, 3 und 4
(C) nur 2, 4 und 5
(D) nur 2, 3, 4 und 5
(E) 1 bis 5 (alle)

Ordnen Sie bitte den chromatographischen Kennzahlen der Liste 1 die zur Berechnung benötigten Parameter der Liste 2 zu!

Liste 1

15.29 **H06** Trennstufenzahl

15.30 **H06** Auflösung

Liste 2

(A) Retentionszeit und Peakhalbwertsbreite
(B) Kapazitätsverhältnis und Peakhöhe
(C) Retentionszeit und Peakfläche
(D) Kapazitätsverhältnis und Peakhalbwertsbreite
(E) Retentionszeit und Trennstufenhöhe

15.31 **F07** Welche Aussage trifft zu?

Die Leistungsfähigkeit einer chromatographischen Säule vorgegebener Länge wird am besten charakterisiert durch

(A) die Auflösung
(B) das Signal-Rausch-Verhältnis
(C) die Bruttoretentionszeit
(D) die Peakhöhe
(E) die Trennstufenzahl

15.32 **F08** Welche Faktoren können die chromatographische Auflösung (R_S) beeinflussen?

(1) Peaktailing
(2) Zusammensetzung der mobilen Phase
(3) Flussrate der mobilen Phase
(4) Herstellungsverfahren der stationären Phase
(5) Säulentemperatur

(A) nur 2 und 3
(B) nur 1, 2 und 5
(C) nur 3,4 und 5
(D) nur 2, 3, 4 und 5
(E) 1 bis 5 (alle)

15.33 **F10** Welche Faktoren können die chromatographische Auflösung (R_S) beeinflussen?

(1) Peaktailing
(2) Zusammensetzung der mobilen Phase
(3) Säulentemperatur
(4) Konzentration der Probelösung

(A) nur 1 und 2
(B) nur 2 und 3
(C) nur 3 und 4
(D) nur 1, 2 und 4
(E) 1 bis 4 (alle)

15.34 **F09** Der Verteilungskoeffizient eines Arzneistoffs in der HPLC-Analytik hängt ab von:

(1) der Kristallstruktur des Arzneistoffs vor der Auflösung
(2) dem Dampfdruck der mobilen Phase
(3) der Polarität der stationären Phase
(4) der Polarität der mobilen Phase

(A) nur 3
(B) nur 1 und 4
(C) nur 3 und 4
(D) nur 1, 3 und 4
(E) 1 bis 4 (alle)

15.35 H10 Welche der folgenden Größen charakterisieren die chromatographische Trennung zweier Analyten?

(1) Auflösung
(2) Trennfaktor (Selektivität)
(3) Zahl der theoretischen Böden
(4) Peak-Tal-Verhältnis
(5) Trennstufenhöhe

(A) nur 1 und 2
(B) nur 2 und 4
(C) nur 1, 2 und 4
(D) nur 1, 3 und 5
(E) nur 1, 2, 4 und 5

15.36 H10 Bei HPLC- oder GC-Trennungen wird häufig das so genannte Tailing (Abflachung der abfallenden Flanke eines Peaks) beobachtet.

Wodurch wird das Ausmaß dieser Peakasymmetrie beeinflusst?
(1) Totvolumina im Aufgabesystem
(2) Totvolumina im Detektor
(3) Adsorption von stärker polaren Substanzen an aktiven Oberflächen des Aufgabesystems
(4) Zersetzung der Probe während des chromatographischen Prozesses
(5) Auftreten von mesomeren Grenzformen des Analyten

(A) nur 1
(B) nur 2
(C) nur 1,2 und 4
(D) nur 1, 2, 3 und 4
(E) 1 bis 5 (alle)

15.37 H10 Bei der quantitativen Auswertung eines Chromatogramms kann der Anteil einer oder mehrerer Komponenten in dem Analysengemisch als prozentualer Anteil bezogen auf die Fläche des Hauptpeaks oder die Gesamtfläche aller Peaks angegeben werden. (Die Peaks des Lösungsmittels oder von Substanzen unterhalb der Bestimmungsgrenze werden nicht berücksichtigt.)

Wie bezeichnet man diese Vorgehensweise der Auswertung zutreffend?
(A) Normalisierung (Flächennormalisierung, 100 %-Methode)
(B) Externer-Standard-Methode
(C) Interner-Standard-Methode
(D) Standard-Additionsverfahren
(E) Kalibrierung (Mehrpunktkalibrierung)

15.38 F11 Die chromatographische Trennung von Arzneistoffen basiert auf Mechanismen, die zu unterschiedlichem Retentionsverhalten der zu trennenden Substanzen führen.

Welche der folgenden physikalisch-chemischen Vorgänge sind – in der jeweils angegebenen chromatographischen Methode – Grundlage einer Trennung?
(1) unterschiedliches Beschleunigungsverhalten und unterschiedliche maximal erreichbare Fließgeschwindigkeit der Analyten in der HPLC
(2) aufgrund unterschiedlicher Molekülgröße eintretende -Siebeffekte in der Größenausschlusschromatographie
(3) unterschiedliche Verteilungskoeffizienten zwischen Gasphase und flüssiger Phase in der Gas-Flüssig-Chromatographie (GC)
(4) unterschiedliches Ausmaß der reversiblen Bindung an Sorbensoberflächen in der Säulenchromatographie (SC).

(A) nur 1
(B) nur 2
(C) nur 1 und 3
(D) nur 2, 3 und 4
(E) 1 bis 4 (alle)

15.39 F11 Welche Aussagen zu chromatographischen Kenngrößen treffen zu?

(1) Zur Charakterisierung der Trennleistung einer Säule kann die Bodenhöhe dienen.
(2) Bei Verwendung chiraler stationärer Phasen kann die Bodenzahl nicht berechnet werden.

(3) In der Gaschromatographie ist der Kapazitätsfaktor *k* ein Maß für die Aufenthaltszeit einer Substanz in der mobilen Phase.
(4) Die Auflösung ist ein Maß für die Qualität einer chromatographischen Trennung.

(A) nur 4
(B) nur 1 und 4
(C) nur 2 und 3
(D) nur 1, 3 und 4
(E) nur 2, 3 und 4

Lösungen

15.1 B	15.2 C	15.3 A	15.4 E	15.5 C
15.6 C	15.7 B	15.8 C	15.9 E	15.10 C
15.11 A	15.12 B	15.13 B	15.14 C	15.15 A
15.16 B	15.17 C	15.18 B	15.19 A	15.20 C
15.21 A	15.22 C	15.23 B	15.24 E	15.25 B
15.26 E	15.27 A	15.28 E	15.29 A	15.30 A
15.31 E	15.32 E	15.33 E	15.34 C	15.35 C
15.36 D	15.37 A	15.38 D	15.39 B	

16 Stationäre Phasen und deren Elutionsverhalten

16.1 F06 Die folgende Abbildung zeigt von links nach rechts die zeitliche Abfolge einer chromatographischen Trennung der Analyte A und B. Die stationäre Phase ist Kieselgel, das Elutionsmittel besteht aus Dichlormethan/Methanol im Verhältnis 95:5.

Welche Aussagen zu dieser chromatographischen Trennung treffen zu?

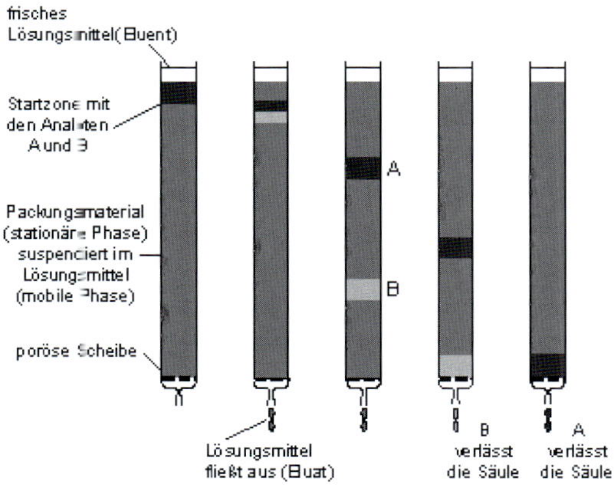

(1) Substanz A hat eine größere Affinität zu Kieselgel als Substanz B.
(2) Würde der Methanolanteil des Elutionsmittels verdoppelt, würde die Verweildauer der Substanzen A und B auf der Säule deutlich erhöht werden.
(3) Würde das Verhältnis von Dichlormethan zu Methanol umgekehrt, würde sich wahrscheinlich auch die Elutionsreihenfolge der Substanzen A und B umkehren.
(4) Die Zusammensetzung des sukzessiv auf die Säule gegebenen Elutionsmittelgemisches darf während einer chromatographischen Trennung keinesfalls verändert werden.

(A) nur 1
(B) nur 2
(C) nur 3
(D) nur 1 und 3
(E) nur 1, 2 und 4

16.2 H92 Welche Reihenfolge stellt eine eluotrope Reihe auf polaren Sorbenzien dar (geordnet nach zunehmendem Elutionsvermögen)?

(A) Petrolether, Benzol, Chloroform, Aceton, Methanol
(B) Aceton, Methanol, Chloroform, Benzol, Petrolether
(C) Benzol, Chloroform, Aceton, Methanol, Petrolether
(D) Petrolether, Methanol, Aceton, Chloroform, Benzol
(E) Petrolether, Benzol, Methanol, Aceton, Chloroform

16.3 **H93** Welche Folge gibt die eluotrope Reihe der genannten mobilen Phasen für die Chromatographie an Kieselgel richtig wieder?

(A) Wasser, Methanol, Aceton, Petrolether, Ether
(B) Wasser, Methanol, Aceton, Ether, Petrolether
(C) Methanol, Wasser, Aceton, Petrolether, Ether
(D) Wasser, Methanol, Ether, Petrolether, Aceton
(E) Methanol, Wasser, Petrolether, Aceton, Ether

16.4 **H92** Ein stark basischer Anionenaustauscher besitze eine Austauschkapazität von 5 mmol/g für 1-wertige Ionen. Wie viel mg Chloridionen (Mr = 35,5) tauschen 10 g dieses Austauschers, frisch regeneriert, bis zur völligen Erschöpfung der Kapazität aus?

(A) ca. 0,7 mg
(B) ca. 1,4 mg
(C) ca. 17 mg
(D) ca. 71 mg
(E) ca. 1775 mg

16.5 **H93, F05** Zur Gehaltsbestimmung von Natriumsulfat wird die wässrige Lösung der Substanz über eine Säule chromatographiert und das Eluat mit 0,1 N-Salzsäure-Lösung titriert. Welche Säulenfüllung ist dazu geeignet?

(A) basisches Aluminiumoxid
(B) saures Aluminiumoxid
(C) basischer Anionenaustauscher
(D) saurer Kationenaustauscher
(E) Kieselgur

16.6 **H03** Welche der folgenden Reihenfolgen stellt eine eluotrope Reihe für die DC an Kieselgel dar?

(A) Aceton, Ethanol, Dichlormethan, Wasser
(B) Cyclohexan, Dichlormethan, Ethanol, Wasser
(C) Dichlormethan, Etyhlacetat, Wasser, Ethanol
(D) Cyclohexan, Aceton, Diethylether, Wasser
(E) Dimethylformamid, Dichlormethan, Cyclohexan, Ethanol

16.7 **H91, H02** Welche der nachfolgenden chromatographischen Methoden ist zur (näherungsweisen) Bestimmung von Molekülmassen von Proteinen am besten geeignet?

(A) Gaschromatographie
(B) Hochdruckflüssigkeitschromatographie an Silicagel
(C) Hochdruckflüssigkeitschromatographie an einer RP-Phase
(D) Dünnschichtchromatographie an Kieselgur
(E) Ausschlusschromatographie

16.8 **F92** Welche der nachfolgenden chromatographischen Methoden ist zur (näherungsweisen) Bestimmung von Molekülmassen von Peptiden am besten geeignet?

(A) Gaschromatographie
(B) Hochdruckflüssigkeitschromatographie an Silicagel
(C) Hochdruckflüssigkeitschromatographie an einer RP-Phase
(D) Dünnschichtchromatographie an Kieselgur
(E) Ausschlusschromatographie

16.9 **F10** Welche Aussage zur Ausschlusschromatographie trifft zu?

(A) Die Substanztrennung in der Ausschlusschromatographie beruht in erster Linie auf Adsorptionsvorgängen.
(B) Das Verfahren eignet sich bevorzugt zur Trennung geladener Substanzen.
(C) Das Elutionsvolumen einer Substanz ist direkt proportional zu ihrer relativen Molekülmasse.
(D) Die sogenannte Permeationsgrenze charakterisiert diejenige Molekülgröße, ab der Verbindungen vollständig in die Poren der stationären Phase eindringen.
(E) Voraussetzung für die Trennbarkeit von Verbindungen ist ein Unterschied ihrer relativen Molekülmassen um mindestens den Faktor 2.

16.10 H89, F09 Welche Aussage trifft zu?

Bei der Ausschlusschromatographie wird der Verteilungskoeffizient K_D einer Substanz wie folgt berechnet:
V_o = Elutionsvolumen einer nicht permeierenden Substanz,
V_t = Elutionsvolumen einer total permeierenden Substanz,
V_e = Elutionsvolumen der zu prüfenden Substanz

(A) $K_D = \frac{V_e \cdot V_t}{V_0}$

(B) $K_D = \frac{V_e - V_0}{V_t - V_0}$

(C) $K_D = \frac{V_t - V_0}{V_e}$

(D) $K_D = \frac{V_t}{V_e \cdot V_0}$

(E) $K_D = \frac{V_e \cdot V_0}{V_t - V_0}$

16.11 F04 Mit welcher der folgenden Methoden lässt sich die Molekülgröße unbekannter organischer Verbindungen mit großer Molekülmasse am besten bestimmen?

(A) HPLC an Umkehrphasen
(B) Dünnschichtchromatographie an Kieselgel
(C) Gelchromatographie
(D) Ionenaustauschchromatographie
(E) Gaschromatographie

16.12 H95 Welche Aussage trifft nicht zu?

Als Kenngröße für das chromatographische Verhalten eines Stoffes lässt sich verwenden?
(A) der „R_f-Wert" bei der Dünnschichtchromatographie
(B) die „Austauschkapazität" bei der Ionenaustauschchromatographie
(C) die „relative Retention" bei der Gaschromatographie
(D) die „Nettoretentionszeit" bei der Gaschromatographie
(E) der „scheinbare Verteilungskoeffizient" bei der Größenausschlusschromatographie

16.13 H96 Welche Aussagen treffen zu?

Kaliumnitrat lässt sich prinzipiell titrieren nach Säulenchromatographie über einen stark
(1) sauren Kationenaustauscher mit Salzsäure-Maßlösung
(2) basischen Anionenaustauscher mit Salzsäure-Maßlösung
(3) sauren Kationenaustauscher mit Natriumhydroxid-Maßlösung
(4) basischen Anionenaustauscher mit Natriumhydroxid-Maßlösung

(A) nur 1
(B) nur 4
(C) nur 1 und 2
(D) nur 2 und 3
(E) nur 3 und 4

16.14 F98

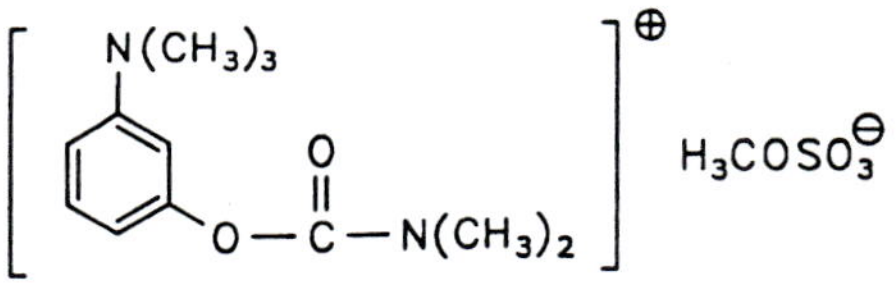

Zur Gehaltsbestimmung von Neostigminmetilsulfat (siehe obige Formel) wird die wässrige Lösung der Substanz über eine Säule chromatographiert und das Eluat mit 0,1 N-Salzsäure-Lösung titriert. Welche Säulenfüllung ist dazu am besten geeignet?
(A) basisches Aluminiumoxid
(B) saures Aluminiumoxid
(C) basischer Anionenaustauscher
(D) saurer Kationenaustauscher
(E) Kieselgur

16.15 F96, H04 Was versteht man unter Umkehrphasenchromatographie?

(A) Verwendung von hydrophilen Laufmitteln an polaren Trägern
(B) Trennung an polaren, unbehandelten stationären Phasen
(C) Trennung von stark dissoziierten Verbindungen an Adsorberharzen
(D) Trennung an unpolaren, chemisch modifizierten, stationären Phasen mit längerkettigen gebundenen oder adsorbierten Kohlenwasserstoffen
(E) Gradientenelutionstechnik mit schrittweiser Senkung der Elutionskraft des Eluenten.

16.16 H96 Aufgrund welcher Parameter kann eine Trennung eines Analysengemisches in einzelne Stoffe mit chromatographischen Verfahren erfolgen?

(1) Molekülmassen
(2) pK_a-Werte
(3) Lipophilie
(4) spezifische Affinität zu funktionellen Gruppen der stationären Phase

(A) nur 1
(B) nur 2
(C) nur 1, 2 und 3
(D) nur 1, 3 und 4
(E) 1 bis 4 (alle)

16.17 H98 Welche der folgenden Eigenschaften einer Probe können bei der Auswahl einer chromatographischen Methode prinzipiell eine Rolle spielen?

(1) Molekülmasse
(2) Löslichkeit
(3) Polarität
(4) pK_a-Wert

(A) nur 2
(B) nur 1 und 2
(C) nur 3 und 4
(D) nur 2, 3 und 4
(E) 1 bis 4 (alle)

16.18 F98 Die folgenden in der Normalphasen-Flüssigkeitschromatographie verwendeten Lösungsmittel sind nach steigender Elutionskraft geordnet (eluotrope Reihe):

(A) Dichlormethan – Ethylacetat – n-Hexan – Methanol
(B) Methanol – Dichlormethan – n-Hexan – Ethylacetat
(C) n-Hexan – Dichlormethan – Ethylacetat – Methanol
(D) Ethylacetat – Dichlormethan – Methanol – n-Hexan
(E) n-Hexan – Ethylacetat – Dichlormethan – Methanol

16.19 F96 Welche Reihenfolge stellt eine eluotrope Reihe in der Reversed-Phase-HPLC dar (geordnet nach zunehmendem Elutionsvermögen)?

(A) Petrolether, Toluen, Chloroform, Methanol, Wasser
(B) Wasser, Chloroform, Toluen, Methanol, Petrolether
(C) Wasser, Methanol, Chloroform, Toluen, Petrolether
(D) Petrolether, Methanol, Wasser, Chloroform, Toluen
(E) Petrolether, Toluen, Methanol, Wasser, Chloroform

16.20 F97

Werden funktionelle Gruppen in einen Kohlenwasserstoff eingeführt, so erhöht sich die Adsorptionsaffinität auf Kieselgel in der Reihenfolge

(A) $-CH_3$, $>C{=}O$, $-O-$Alkyl, $-COOH$, $-OH$
(B) $-COOH$, $-OH$, $-O-$Alkyl, $>C{=}O$, $-CH_3$
(C) $-CH_3$, $-O-$Alkyl, $>C{=}O$, $-OH$, $-COOH$
(D) $-CH_3$, $-OH$, $-O-$Alkyl, $>C{=}O$, $-COOH$
(E) $-COOH$, $>C{=}O$, $-O-$Alkyl, $-OH$, $-CH_3$

16.21 **F96, H02** Ein stark basischer Ionenaustauscher enthält

(A) fixierte $-SO_3H$-Gruppen
(B) kovalent gebundene –OH-Gruppen
(C) primäre Aminogruppen
(D) quartäre Ammoniumreste
(E) fixierte Carboxylgruppen

16.22 **H99** Ein stark basischer Anionenaustauscher (OH^--Form)

(A) besteht aus basischem Aluminiumoxid
(B) enthält fixierte $-SO_3H$-Gruppen
(C) enthält kovalent gebundene –OH-Gruppen
(D) enthält tertiäre Aminogruppen
(E) kann bei der Gehaltsbestimmung einer NaCl-Lösung verwendet werden

16.23 **H05** Ein Arzneistoff soll aus 20 ml einer wässrigen Lösung (Phase 1) mit dem Lösungsmittel Dichlormethan (Phase 2) extrahiert werden. Welches Volumen V Dichlormethan wird ungefähr benötigt, wenn der Verteilungskoeffizient K der Substanz in diesem Fall 3,96 beträgt und die Extraktion des Arzneistoffs mit einmaligem Ausschütteln zu 99 % vollständig verlaufen soll?

(A) 20 ml
(B) 80 ml
(C) 0,2 l
(D) 0,5 l
(E) 0,8 l

16.24 **F00** Zur Gehaltsbestimmung von Natriumsulfat wird wässrige Lösung der Substanz über eine Säule chromatographiert und das Eluat mit 0,1 M-Natriumhydroxid-Lösung titriert. Welche Säulenfüllung ist dafür geeignet?

(A) basisches Aluminiumoxid
(B) saures Aluminiumoxid
(C) basischer Anionenaustauscher
(D) saurer Kationenaustauscher
(E) Kieselgur

16.25 **F01, H06** Welche Folge gibt die eluotrope Reihe der genannten mobilen Phasen für die Chromatographie an Kieselgel richtig wieder?

(A) Diethylether, Petroläther, Aceton, Methanol, Wasser
(B) Petroläther, Diethylether, Aceton, Methanol, Wasser
(C) Diethylether, Petroläther, Aceton, Wasser, Methanol
(D) Aceton, Petroläther, Diethylether, Methanol, Wasser
(E) Diethylether, Aceton, Petroläther, Wasser, Methanol

16.26 **H00** Welche Aussagen treffen zu?

Bei chromatographischen Prozessen kann die Trennung eines Stoffgemisches in einzelne Stoffe u. a. erfolgen aufgrund von
(1) unterschiedlichen Polaritäten der Substanzen
(2) unterschiedlichen Verteilungskoeffizienten zwischen zwei miteinander nicht mischbaren Phasen
(3) unterschiedlichen Molekülgrößen der Substanzen
(4) Ionenaustauschvorgängen

(A) nur 1 und 4
(B) nur 2 und 3
(C) nur 2 und 4
(D) nur 3 und 4
(E) 1 bis 4 (alle)

16.27 **H00** Welche Aussagen über Kationenaustauscher treffen zu?

(1) Sie besitzen z. B. fixierte Sulfonat- oder Carboxylat-Gruppen.
(2) Mit Natriumionen beladene Austauscher können Natriumionen nicht gegen andere Metallionen austauschen.
(3) Zur Überführung von mit Metallionen beladenen Austauschern in ihre saure Form (Regenerierung) ist Salzsäure geeignet.
(4) Ihre Austauschkapazität nimmt mit steigender Stärke der sauren funktionellen Gruppe ab.

(A) nur 1 und 3
(B) nur 2 und 4
(C) nur 1, 2 und 4
(D) nur 2, 3 und 4
(E) 1 bis 4 (alle)

16.28 H05 Kieselgelpartikel sind ein wichtiges Sorbensmaterial in der Flüssigchromatographie. Welche Aussage zu dem (schematisch für pH 2-3) abgebildeten Kieselgelpartikel trifft **nicht** zu?

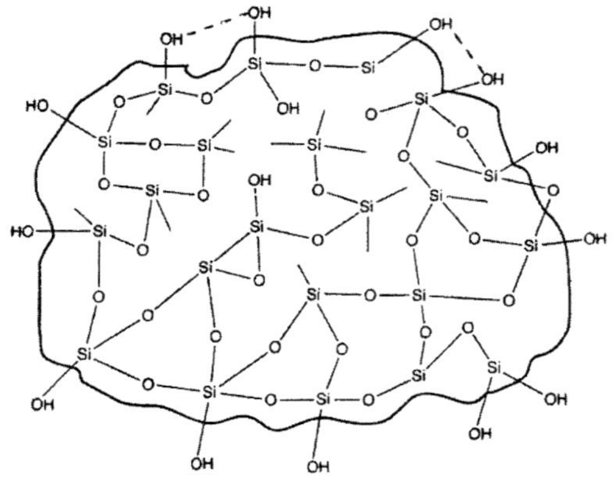

(A) Kieselgel enthält bei pH-Werten oberhalb von 3 zunehmend dissoziierte Si–O⁻-Gruppen.
(B) Kieselgel enthält bei pH 6–7 isolierte Silanolgruppen.
(C) Kieselgel enthält bei pH 4–5 geminale Silanolgruppen.
(D) Kieselgel enthält bei pH 2–3 durch Wasserstoffbrückenbindungen assoziierte vicinale Silanolgruppen.
(E) Kieselgelpartikel sind unlöslich im pH-Bereich 1–14.

16.29 H01 Aufgrund welches Parameters kann eine Trennung eines Analysengemisches in einzelne Stoffe mit chromatographischen Verfahren nicht erfolgen?

(A) Molekülmassen
(B) pK_a-Werte
(C) Normalpotentiale
(D) Lipophilie
(E) spezifische Affinität zu funktionellen Gruppen der stationären Phase

---

16.30 H01 Werden funktionelle Gruppen in einen aromatischen Kohlenwasserstoff wie Benzen eingeführt, so erhöht sich die Adsorptionsaffinität auf Kieselgel in der Reihenfolge (von links nach rechts)

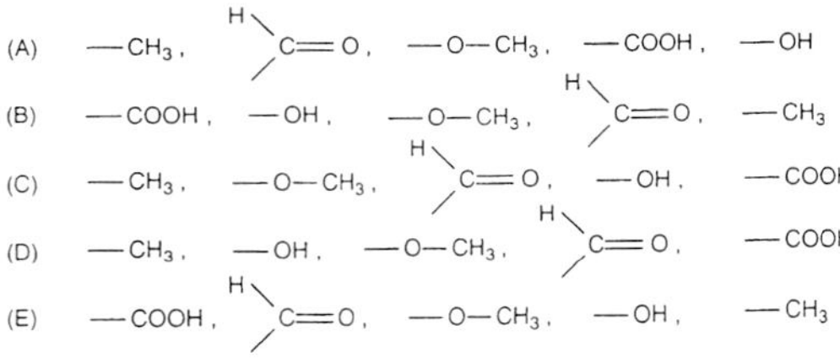

16.31 H04 Aufgrund welcher Parameter kann eine Trennung eines Analysengemisches in einzelne Stoffe mit chromatographischen Verfahren erfolgen?

(1) Molekülmassen
(2) Normalpotentiale
(3) Extinktionskoeffizienten
(4) spezifische Affinität zu funktionellen Gruppen der stationären Phase

(A) nur 2
(B) nur 3
(C) nur 1 und 4
(D) nur 2, 3 und 4
(E) 1 bis 4 (alle)

16.32 F06 Welche Aussagen über stark basische Anionenaustauscher treffen zu?

(1) Sie enthalten kovalent gebundene Dimethylamino-Gruppen.
(2) Das Grundgerüst kann aus Styren-Divinylbenzen-Copolymer bestehen.
(3) Die Chloridform des Austauschers kann mit 1 M-Natriumhydroxid-Lösung in die OH-Form übergeführt werden.

(A) nur 1
(B) nur 1 und 2
(C) nur 1 und 3
(D) nur 2 und 3
(E) 1 bis 3 (alle)

16.33 F07 Ordnen Sie bitte die abgebildeten Verbindungen nach steigenden Retentionszeiten in Bezug auf die isokratische HPLC-Trennung auf einer Normalphasen-Säule mit Hexan/2-Propanol im Verhältnis 80:20 bei Raumtemperatur!

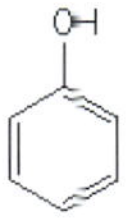

1

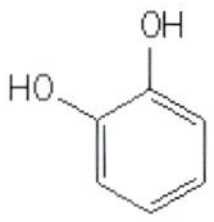

2

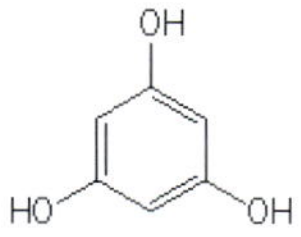

3

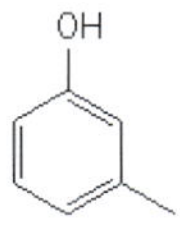

4

(A) 1, 2, 3, 4
(B) 2, 1, 4, 3
(C) 2, 3, 4, 1
(D) 3, 2, 1, 4
(E) 4, 1, 2, 3

16.34 F07 Welche Aussagen zur Flüssigchromatographie treffen zu?

(1) In der Normalphasenchromatographie besitzt die stationäre Phase eine geringere Polarität als die mobile Phase.
(2) In der Normalphasenchromatographie werden die Analyte nach steigender Lipophilie eluiert.
(3) In der Normalphasenchromatographie wird generell nur Kieselgel als stationäre Phase eingesetzt.
(4) Mit Cyanopropylgruppen derivatisiertes Kieselgel kann sowohl in der Normalphasenchromatographie als auch in der Umkehrphasenchromatographie als stationäre Phase eingesetzt werden.
(5) In der Normalphasenchromatographie können organische Lösungsmittel wie n-Hexan und Methanol in der mobilen Phase eingesetzt werden.

(A) nur 2 und 3
(B) nur 4 und 5
(C) nur 1, 3 und 4
(D) nur 2, 4 und 5
(E) nur 1, 2, 4 und 5

16.35 F07 Durch welche Behandlung kann octadecylsilyliertes Kieselgel in seinen Eigenschaften so verändert werden, dass der unerwünschte Effekt des so genannten Tailings von basischen Arzneistoffen zurückgedrängt werden kann?

(A) Äquilibrieren der verwendeten Säule mit wässriger Natronlauge ($c = 10\ mol \cdot l^{-1}$)
(B) Sequentielles Waschen mit Salzsäure und Wasser
(C) Wiederholtes Spülen mit Octadecylalkohol
(D) Nachsilanisieren verbliebener Silanol-Gruppen
(E) Sintern bei 780 °C

16.36 F07 Die flüssigchromatographische Trennung von 2,00 mg eines Gemischs der Verbindungen 1 und 2 ergibt, dass in diesem Gemisch 1,60 mg der Verbindung 1 neben 0,40 mg der Verbindung 2 enthalten sind.

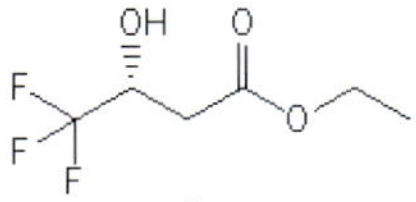

1

\+

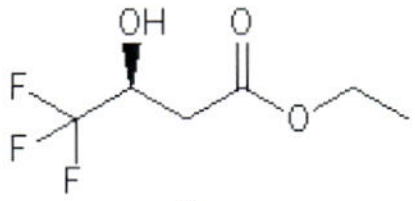

2

Welche Aussagen zu diesem Analysenergebnis treffen zu?
(1) Der Enantiomerenüberschuss beträgt 60 %.
(2) Der Enantiomerenüberschuss beträgt 4,00.
(3) Das Enantiomerenverhältnis beträgt 80:20.
(4) Das Enantiomerenverhältnis beträgt 60 %.
(5) Der Diastereomerenüberschuss beträgt 40 %.

(A) nur 2
(B) nur 1 und 3
(C) nur 2 und 4
(D) nur 1, 3 und 5
(E) nur 2, 3 und 5

16.37 **H07** Welche Materialien können als stationäre Phasen in der Umkehrphasenchromatographie eingesetzt werden?

(1) Kieselgel
(2) Cyanopropyl-derivatisiertes Kieselgel
(3) Octadecylsilyl-derivatisiertes Kieselgel
(4) Polysiloxane

(A) nur 1 und 2
(B) nur 2 und 3
(C) nur 3 und 4
(D) nur 1, 2 und 3
(E) 1 bis 4 (alle)

16.38 **H07** Ordnen Sie bitte die abgebildeten Verbindungen nach steigenden Retentionszeiten in Bezug auf die isokratische HPLC-Trennung auf einer RP-18-Säule mit Acetonitril/Wasser im Verhältnis 70:30 bei Raumtemperatur!

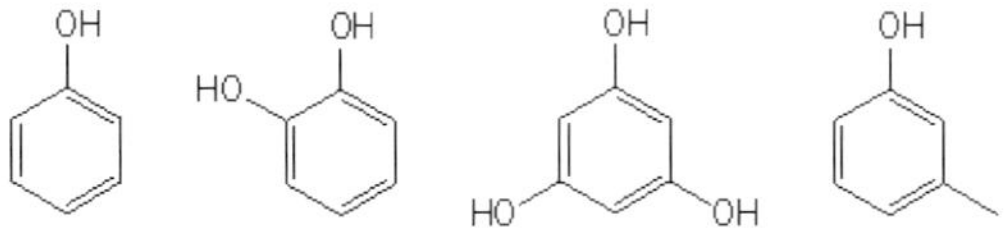

1 **2** **3** **4**

(A) 1, 2, 3, 4
(B) 2, 1, 4, 3
(C) 2, 3, 4, 1
(D) 3, 2, 1, 4
(E) 4, 1, 2, 3

16.39 **H07** Das makrozyklische Antibiotikum Vancomycin (Abbildung) wird als Bestandteil stationärer Phasen in der HPLC verwendet.

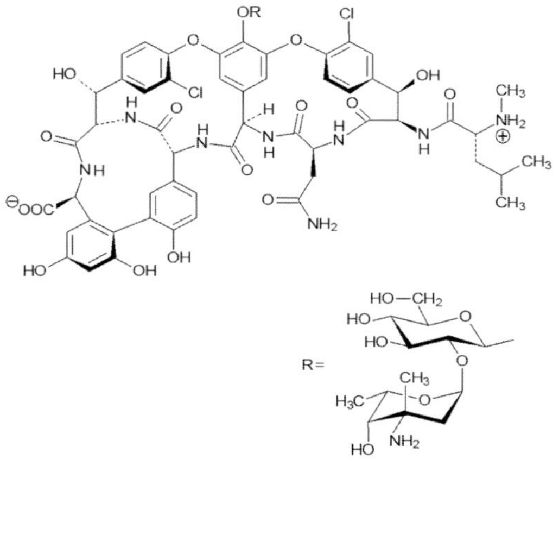

Welche Aussagen treffen zu?
Vancomycin
(1) dient hierbei der chiralen Diskriminierung
(2) ist ein Cyclodextrin
(3) kann hierbei zur Analytik von α-Aminocarbonsäuren herangezogen werden
(4) soll hierbei die Verkeimung des Pumpenkopfs der HPLC-Pumpe bei Verwendung wässriger Pufferlösungen verhindern.

(A) nur 1
(B) nur 2
(C) nur 1 und 3
(D) nur 2 und 4
(E) 1 bis 4 (alle)

16.40 **H07** Die Prüfung chiraler Arzneistoffe auf Enantiomerenreinheit mittels HPLC kann nach Derivatisierung mit dem chiralen Reagenz (R)-(-)-1-(1-Naphthyl)-ethylisocyanat erfolgen.

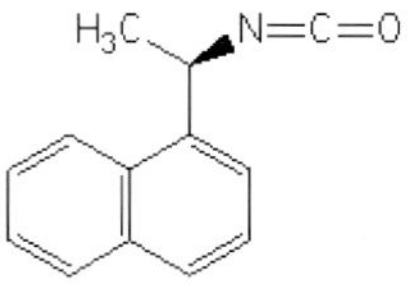

Auf welche der folgenden Verbindungsklassen kann dieses Verfahren angewendet werden?
(1) Alkohole
(2) primäre Amine
(3) tertiäre Amine
(4) Thiole

(A) nur 1
(B) nur 3
(C) nur 2 und 3
(D) nur 3 und 4
(E) nur 1, 2 und 4

16.41 **H07** Wichtigster Trennparameter der Ausschlusschromatographie (SEC) ist die Molekülgröße.

Welche Aussagen zu diesem Parameter der SEC treffen zu?
(1) Verbindungen mit identischer molarer Masse können prinzipiell getrennt werden, wenn sich ihre Größe (Raumerfüllung) hinreichend unterscheidet.

(2) Verbindungen mit identischer molarer Masse können prinzipiell nicht getrennt werden.
(3) Die unterschiedliche Hydratisierung von Molekülen beim Wechsel von Lösungsmitteln ist ohne praktische Bedeutung für die SEC.
(4) Bei der Bestimmung der molaren Masse per SEC ist eine Kalibrierung mit Standards erforderlich.

(A) nur 1
(B) nur 2
(C) nur 1 und 4
(D) nur 2 und 3
(E) nur 2, 3 und 4

16.42 F08 Zur Trennung von Stoffgemischen können folgende Eigenschaften der Analyten ausgenutzt werden:

(1) Molekülgröße
(2) Ladungen
(3) Polarität
(4) Chiralität
(5) Löslichkeit in miteinander nicht mischbaren Flüssigkeiten

(A) nur 1 und 5
(B) nur 2 und 3
(C) nur 1, 4 und 5
(D) nur 2, 3, 4 und 5
(E) 1 bis 5 (alle)

16.43 F08 Welche Aussagen treffen zu?

Kaliumnitrat lässt sich prinzipiell titrieren nach Ionenaustausch über einen stark
(1) sauren Kationenaustauscher mit Salzsäure-Maßlösung.
(2) basischen Anionenaustauscher mit Salzsäure-Maßlösung.
(3) sauren Kationenaustauscher mit Natriumhydroxid-Maßlösung.
(4) basischen Anionenaustauscher mit Natriumhydroxid-Maßlösung.

(A) nur 1
(B) nur 4
(C) nur 1 und 2
(D) nur 2 und 3
(E) nur 3 und 4

16.44 F08 Welche Aussage über die chromatographische Trennung eines racemischen Arzneistoffs trifft **nicht** zu?

Bei der **indirekten** Enantiomerentrennung
(A) werden Derivate des Arzneistoffs getrennt, die Diastereomeren sind.
(B) wird der Arzneistoff vor der Trennung mit einem enantiomerenreinen Derivatisierungsreagenz umgesetzt.
(C) wird für die Derivatisierung des Arzneistoffs die Reaktivität funktioneller Gruppen ausgenutzt.
(D) erfolgt die Trennung typischerweise an einer chiralen stationären Phase.
(E) kann das enantiomerenreine Derivatisierungsreagenz zusätzlich einen Fluorophor besitzen.

16.45 H08 Eine arzneilich verwendete Lösung enthält Paracetamol, Coffein und Natriumbenzoat.

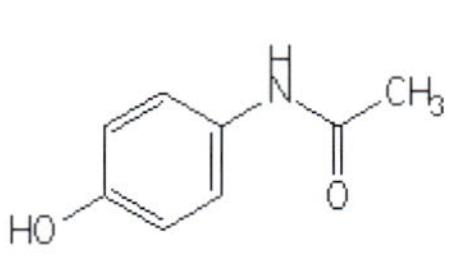

Paracetamol

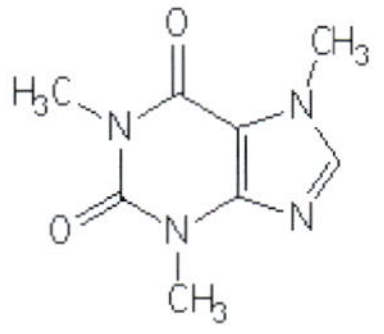

Coffein

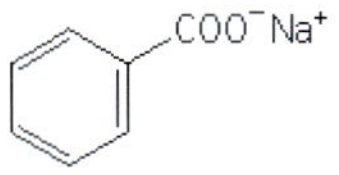

Natriumbenzoat

Welche Aussagen zur chromatographischen Trennung der Substanzen treffen zu?
(1) Unter Verwendung einer C-18-Umkehrphase und einer Methanol/Wasser-Mischung als mobiler Phase wird zuerst Natriumbenzoat, dann Paracetamol und zuletzt Coffein eluiert.

(2) Bei Verwendung einer unmodifizierten Kieselgelsäule wird zuerst Natriumbenzoat eluiert.
(3) Die Elution von Natriumbenzoat von einer C-18-Umkehrphase erfordert den Zusatz des Ionenpaarbildners Natriumoctylsulfonat.

(A) nur 1
(B) nur 2
(C) nur 1 und 2
(D) nur 1 und 3
(E) nur 2 und 3

Bei der chromatographischen Racemattrennung eines Arzneistoffs können zwei grundsätzlich unterschiedliche Prinzipien angewendet werden. Ordnen Sie bitte diesen Prinzipien in Liste 1 das **üblicherweise** angewendete Verfahren aus Liste 2 zu!

Liste 1

16.46 H08 Direkte Enantiomerentrennung

16.47 H08 Indirekte Enantiomerentrennung

Liste 2

(A) Trennung des racemischen Arzneistoffs an achiralen stationären Phasen
(B) Trennung des racemischen Arzneistoffs an chiralen stationären Phasen
(C) Trennung des racemischen Arzneistoffs nach Polarität mittels hydrophiler Interaktionschromatographie (HILIC)
(D) Derivatisierung des racemischen Arzneistoffs mit achiralen Reagenzien und Trennung an achiralen stationären Phasen
(E) Derivatisierung des racemischen Arzneistoffs mit chiralen Reagenzien und Trennung an achiralen stationären Phasen.

16.48 F09 Welche Aussagen zur Normalphasenchromatographie treffen zu?

(1) Die mobile Phase ist stets polarer als die stationäre Phase.
(2) Cyanopropylkieselgel kann als stationäre Phase eingesetzt werden.
(3) n-Hexan ist häufig Bestandteil der mobilen Phase.
(4) Die am wenigsten lipophilen Analyte werden zuerst eluiert.
(5) Normalphasenchromatographie ist zur Kopplung mit der Massenspektrometrie ungeeignet.

(A) nur 1 und 4
(B) nur 2 und 3
(C) nur 3 und 5
(D) nur 1, 3 und 5
(E) nur 2, 3 und 4

16.49 F09 Welche Aussagen zur Flüssigchromatographie treffen zu?

In der Normalphasenchromatographie
(1) besitzt die stationäre Phase eine höhere Polarität als die mobile Phase
(2) werden die am wenigsten lipophilen Analyte zuerst eluiert
(3) kann ein Fließmittelgemisch aus n-Hexan und Wasser als mobile Phase eingesetzt werden.

(A) nur 1
(B) nur 2
(C) nur 1 und 2
(D) nur 1 und 3
(E) nur 2 und 3

16.50 H09 Welche Reihenfolge von in der Normalphasenchromatographie verwendeten Solvenzien gibt die eluotrope Reihe, beginnend mit dem Solvens der geringsten Elutionskraft, korrekt wieder?

(A) Pentan < Cyclohexan < Dichlormethan < Acetonitril < Wasser
(B) Cyclohexan < Dichlormethan < Pentan < Acetonitril < Wasser
(C) Pentan < Cyclohexan < Dichlormethan < Wasser < Acetonitril
(D) Acetonitril < Wasser < Dichlormethan < Pentan < Cyclohexan
(E) Wasser < Acetonitril < Dichlormethan < Cyclohexan < Pentan

16.51 H09 Welche Aussagen zur Umkehrphasenchromatographie treffen zu?

(1) Die mobile Phase ist stets polarer als die stationäre Phase.
(2) Cyanopropylkieselgel kann als stationäre Phase eingesetzt werden.
(3) n-Hexan ist häufig Bestandteil der mobilen Phase.
(4) Umkehrphasenchromatographie ist zur Kopplung mit der Massenspektrometrie ungeeignet.

(A) nur 1
(B) nur 2
(C) nur 1 und 2
(D) nur 3 und 4
(E) nur 2, 3 und 4

16.52 H09 Welches der folgenden Materialien ist zum Einsatz als stationäre Phase in der Planarchromatographie nicht geeignet?

(A) Kieselgel
(B) Cellulose
(C) Umkehrphasenkieselgel
(D) Polyethylenglycol
(E) Papier

16.53 H09 Welche Aussagen zur Papierchromatographie treffen zu?

(1) Die Papierchromatographie gehört zu den planarchromatographischen Trennverfahren.
(2) Die Trennung der Stoffe beruht wesentlich auf ihrem unterschiedlichen Verteilungsverhalten zwischen stationärer und mobiler Phase.
(3) Die Trennung der Stoffe beruht wesentlich auf ihrer unterschiedlichen Fähigkeit zur Bildung von Cellulose-Einschlussverbindungen (Clathrate).
(4) Die Trennung der Stoffe beruht zu einem geringeren Anteil auch auf Adsorptions-Vorgängen.

(A) nur 3
(B) nur 1 und 3
(C) nur 3 und 4
(D) nur 1, 2 und 4
(E) nur 1, 3 und 4

16.54 F10 Welches der folgenden Materialien ist zum Einsatz als stationäre Phase in der Flüssigchromatographie **nicht** geeignet?

(A) Aluminiumoxid
(B) Kieselgel
(C) Cyanopropyl-derivatisiertes Kieselgel
(D) RP-Kieselgel C 30 (RP: reversed phase)
(E) Hartparaffin

16.55 F10 Vor der Prüfung chiraler Arzneistoffe auf Enantiomerenreinheit mittels HPLC kann eine Derivatisierung vorgenommen werden.

Welches der folgenden chiralen Derivatisierungsreagenzien ist für die direkte Umsetzung von primären Aminen nicht geeignet?

(A) 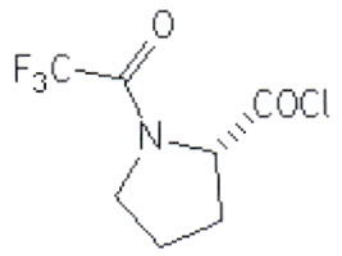

(B) 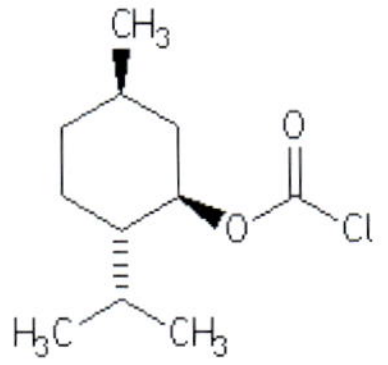

(C) 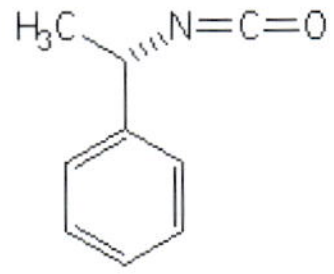

(D) 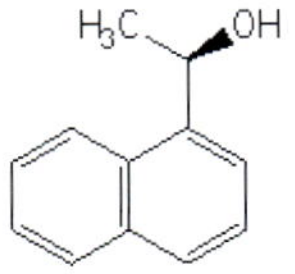

(E) 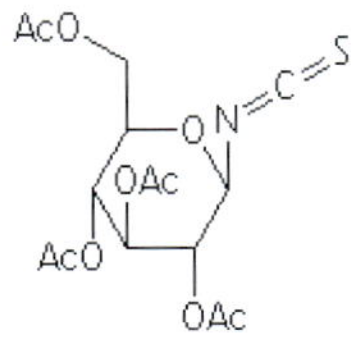

16.56 **H10** Welche stationären Phasen können in der Normalphasenchromatographie eingesetzt werden?

(1) Kieselgel
(2) Cyanopropyl-derivatisiertes Kieselgel
(3) Octadecylsilyl-derivatisiertes Kieselgel

(A) nur 1
(B) nur 1 und 2
(C) nur 1 und 3
(D) nur 2 und 3
(E) 1 bis 3 (alle)

16.57 **H10** Abgebildet ist der Arzneistoff Ibuprofen.

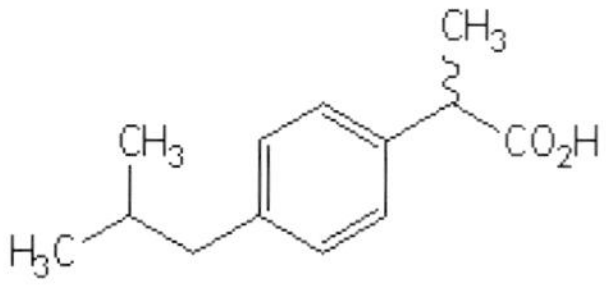

Welche der folgenden Verfahren sind zu dessen Racemattrennung prinzipiell geeignet?

(1) Fraktionierende Kristallisation der mit (*R*)-1-Phenylethylamin gebildeten diastereomeren Salze.
(2) Fraktionierende Kristallisation der mit (*S*)-1-Phenylethylamin gebildeten diastereomeren Salze.
(3) HPLC unter Verwendung einer β-Cyclodextrin-Phase.
(4) HPLC unter Verwendung einer Cellulose-tris(4-methylbenzoat)-Phase.

(A) nur 1
(B) nur 2 und 3
(C) nur 1, 3 und 4
(D) nur 2, 3 und 4
(E) 1 bis 4 (alle)

16.58 **F11** Der Wirkstoff Ampicillin (1) und die darin als Verunreinigung auftretende Verbindung L-Ampicillin (2) können mit diversen instrumentell-analytischen Methoden untersucht werden.

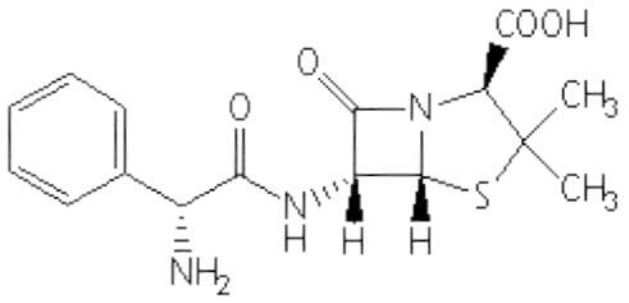

1

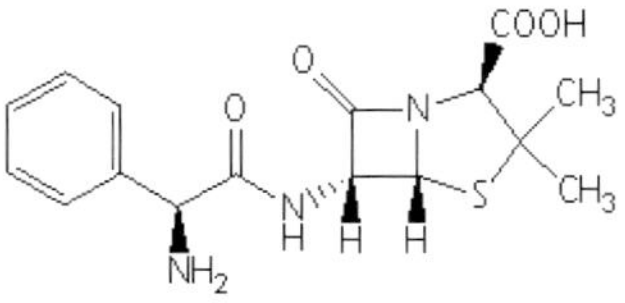

2

In welchen Analysendaten unterscheiden sich die Substanzen 1 und 2?

(1) FT-IR-Spektren ihrer KBr-Presslinge
(2) Signalmultiplizität der aromatischen Protonen in den ^{1}H-NMR-Spektren (500 MHz, D_2O)
(3) Retentionszeiten in HPLC-Chromatogrammen an achiralen stationären RP-18-Phasen unter Verwendung nicht-chiraler mobiler Phasen
(4) C,H,N-Zusammensetzung durch Mikroanalyse (Elementaranalyse)
(5) Schmelzpunkte

(A) nur 2
(B) nur 3
(C) nur 1, 3 und 5
(D) nur 3, 4 und 5
(E) 1 bis 5 (alle)

16.59 **F11** Zwei unterschiedliche Proben eines organischen Arzneistoffs, von denen die eine in amorpher Form (Probe X) und die andere in kristalliner Form als Trihydrat (Probe Y) vorliegt, werden unter folgenden Bedingungen vergleichend chromatographisch analysiert:

Stationäre Phase: RP-18-Säule
Elutionsmittel: Acetonitril/Wasser (1:1)
Detektion: PDA-Detektor und ESI-Massenspektrometrie
Die Probe X löst sich in dem gewählten Elutionsmittel schneller und in höherem Ausmaß als die Probe Y.
Welche Aussage trifft zu?

(A) Wegen der besseren Löslichkeit von X im Elutionsmittel wird X schneller eluiert als Y.
(B) Wegen der besseren Löslichkeit von X im Elutionsmittel wird Y schneller eluiert als X.
(C) Die Chromatogramme der Proben X und Y lassen weitgehend identische UV-Spektren der Hauptpeaks erwarten.
(D) Das UV-Spektrum der Probe Y zeigt gegenüber dem der Probe X eine deutliche Schulter im kurzwelligen Bereich (OH-Bauch).
(E) Im ESI-Massenspektrum wird der Molpeak der Probe Y bei einem gegenüber X um 54 amu erhöhten Masse/Ladungsverhältnis *m/z* registriert.

Lösungen

16.1 A	16.2 A	16.3 B	16.4 E	16.5 C
16.6 B	16.7 E	16.8 E	16.9 D	16.10 B
16.11 C	16.12 B	16.13 D	16.14 C	16.15 D
16.16 E	16.17 E	16.18 C	16.19 C	16.20 C
16.21 D	16.22 E	16.23 D	16.24 D	16.25 B
16.26 E	16.27 A	16.28 E	16.29 C	16.30 C
16.31 C	16.32 D	16.33 E	16.34 B	16.35 D
16.36 B	16.37 B	16.38 D	16.39 C	16.40 E
16.41 C	16.42 E	16.43 D	16.44 D	16.45 A
16.46 B	16.47 E	16.48 B	16.49 A	16.50 A
16.51 C	16.52 D	16.53 D	16.54 E	16.55 D
16.56 B	16.57 E	16.58 C	16.59 C	

17 Dünnschichtchromatographie

17.1 H92 Der R_f-Wert einer Substanz ist definiert als

(A) Entfernung Start-Substanzfleck : Entfernung Start-Lösungsmittelfront
(B) Entfernung Start-Lösungsmittelfront
(C) Entfernung Substanzfleck-Lösungsmittelfront in cm
(D) Entfernung Start-Substanzfleck in cm
(E) Entfernung Start-Substanzfleck : Gesamtlänge der Sorptionsschicht

17.2 F90 Welche Aussage trifft zu?

Der F_{St}-Wert in der Dünnschichtchromatographie
(A) ist der R_f-Wert einer Standard-(Vergleichs)-Substanz.
(B) ist der Quotient aus den R_f-Werten der untersuchten und einer Standard-Substanz.
(C) hat immer den Wert 1 oder kleiner als 1.
(D) ist ein Maß für die Strömungsgeschwindigkeit der mobilen Phase.
(E) ist umso kleiner, je besser zwei Substanzen im gleichen Chromatogramm getrennt werden.

17.3 H02 Der R_f-Wert einer Substanz ist definiert als

(A) Entfernung Start-Substanzfleck : Entfernung Start-Lösungsmittelfront
(B) Entfernung Start-Lösungsmittelfront : Entfernung Substanzfleck-Lösungsmittelfront
(C) Entfernung Start-Lösungsmittelfront : Entfernung Start-Substanzfleck
(D) Entfernung Start-Substanzfleck : Fleckdurchmesser
(E) Entfernung Start-Substanzfleck : Gesamtlänge der Sorptionsschicht

17.4 F89 Welche Aussagen treffen zu?

In der Dünnschichtchromatographie auf Kieselgel erfolgt üblicherweise eine Erhöhung des R_f-Werts bei sonst unveränderten Parametern mit
(1) zunehmender Polarität des Fließmittels.
(2) abnehmender Polarität der zu untersuchenden Substanz.
(3) zunehmender Aktivität der stationären Phase.
(4) abnehmendem Wassergehalt der stationären Phase.

(A) nur 1 und 2
(B) nur 2 und 3
(C) nur 3 und 4
(D) nur 1, 2 und 3
(E) nur 2, 3 und 4

17.5 H94 Welche Aussage trifft nicht zu?

Bei der Dünnschichtchromatographie mit Kieselgel als Schichtmaterial
(A) besitzen unter gleichen Bedingungen unpolare Stoffe einen größeren R_f-Wert als polare Stoffe.
(B) ist für die Chromatographie polarer Stoffe ein polares Fließmittel erforderlich.
(C) wandern unpolare Stoffe mit polaren Fließmitteln eine weitere Strecke als mit unpolaren Fließmitteln.
(D) sind für Stoffe mittlerer Polarität Gemische aus polaren und unpolaren Lösungsmitteln als Fließmittel ungeeignet.
(E) ist die Trennung eines Gemisches aus polaren und unpolaren Stoffen nur mit einem Fließmittelgemisch aus polaren und unpolaren Lösungsmitteln möglich.

17.6 H91, F02 Welche Aussagen treffen zu?

Zur quantitativen Auswertung eines Dünnschichtchromatogramms sind geeignet:
(1) Vergleich von Größe und Farbintensität des Flecks mit Vergleichsfleck bekannter Konzentration.
(2) Spektralphotometrische Direktauswertung des Chromatogramms (Remissionsmessung).
(3) Auskratzen des Sorbens mit Fleck, Extraktion des Flecks mit geeignetem Lösungsmittel und photometrische Bestimmung der Lösung.

(A) nur 1
(B) nur 3
(C) nur 1 und 2
(D) nur 1 und 3
(E) 1 bis 3 (alle)

17.7 F04 Welche der Aussagen treffen zu?

Bei der Dünnschichtchromatographie an einer Umkehrphase (RP; alkylsubstituiertes Kieselgel) erfolgt üblicherweise eine Erhöhung des R_f-Werts bei sonst unveränderten Parametern mit zunehmender
(1) Polarität des Fließmittels
(2) Polarität des Analyten
(3) Kettenlänge des Alkylrestes an der Umkehrphase

(A) nur 1
(B) nur 2
(C) nur 3
(D) nur 1 und 3
(E) 1 bis 3 (alle)

17.8 F95 Welche Aussagen treffen zu?

In der Dünnschichtchromatographie auf Kieselgel erfolgt üblicherweise eine Erhöhung des R_f-Werts bei sonst unveränderten Parametern mit **zunehmender**
(1) Polarität des Fließmittels
(2) Polarität der zu untersuchenden Substanz
(3) Aktivität der stationären Phase
(4) relativer Feuchte der Atmosphäre, in der die DC-Platte vorher aufbewahrt wurde

(A) nur 1 und 4
(B) nur 2 und 3
(C) nur 1, 2 und 3
(D) nur 1, 3 und 4
(E) nur 2, 3 und 4

17.9 H04 In der Dünnschichtchromatographie auf Kieselgel erfolgt üblicherweise eine Erhöhung des R_f-Werts bei sonst unveränderten Parametern mit **abnehmender**

(1) Polarität des Fließmittels
(2) Polarität der zu untersuchenden Substanz
(3) Aktivität der stationären Phase
(4) relativer Feuchte der Atmosphäre, in der die DC-Platte vorher aufbewahrt wurde.

(A) nur 1
(B) nur 4
(C) nur 1 und 4
(D) nur 2 und 3
(E) nur 1, 3 und 4

17.10 **H97** Welche Aussage trifft nicht zu?

Als Fließmittelkombination für die Dünnschichtchromatographie an Kieselgel eignen sich:
(A) Dichlormethan/Ethanol (90 + 10)
(B) Cyclohexan/Wasser (80 + 20)
(C) Ethanol/Wasser (50 + 50)
(D) Toluen/Aceton (60 + 40)
(E) Ethylacetat/Methanol (80 + 20)

17.11 **H97** Welcher Stoff verursacht bei der Dünnschichtchromatographie auf einer Platte mit Kieselgel GF254 praktisch keine Fluoreszenzminderung?

(A) Benzoesäure
(B) Zimtsäure
(C) Essigsäure
(D) Benzaldehyd
(E) Acetophenon

17.12 **H01, F06**

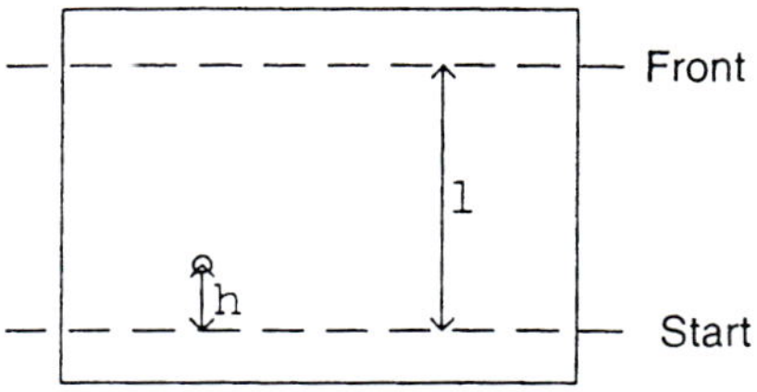

Der R_f-Wert eines Substanzfleckes (siehe obige Abb.) in der Dünnschichtchromatographie ist definiert als
(A) h/l
(B) l/h
(C) h in cm
(D) h in mm
(E) (l-h) in cm

Ordnen Sie bitte den in Liste 1 aufgeführten Parametern in der DC jeweils die entsprechenden Definitionen aus Liste 2 zu!

Liste 1

17.13 **F01** R_f-Wert

17.14 **F01** R_{St}-Wert

Liste 2

(A) Entfernung Start-Lösungsmittelfront
(B) Entfernung Start-Substanzfleck : Entfernung Start-Standardsubstanzfleck
(C) Entfernung Start-Substanzfleck : Entfernung Start-Lösungsmittelfront
(D) Entfernung Substanzfleck : Lösungsmittelfront
(E) Entfernung Start-Substanzfleck : Länge der Sorptionsschicht.

17.15 **H00** Welcher Parameter in der DC beeinflusst den R_f-Wert der Substanz nicht?

(A) Polarität des Fließmittels
(B) Polarität der stationären Phase
(C) Nachweisgrenze des Detektionsmittels
(D) Temperatur
(E) Dissoziationsgrad der Substanz

17.16 **F05** Ein stark basischer Arzneistoff zeigt bei der dünnschichtchromatographischen Untersuchung (SiO_2/Laufmittel Toluen) einen sehr niedrigen R_f-Wert.

Der Zusatz welcher Lösungsmittel kann am ehesten eine Steigerung des R_f-Werts bewirken?
(1) Cyclohexan
(2) Benzen
(3) Methanol
(4) Dimethylamin

(A) nur 1
(B) nur 1 und 2
(C) nur 2 und 3
(D) nur 3 und 4
(E) nur 2, 3 und 4

17.17 **H04** Welche der folgenden Aussagen treffen zu?

Eine Carbonsäure zeigt bei der dünnschichtchromatographischen Untersuchung (SiO_2/Laufmittel Toluen) einen sehr niedrigen R_f-Wert.
Folgende Lösungsmittel bewirken eine Steigerung des Werts:

(1) Cyclohexan
(2) Benzen
(3) Eisessig
(4) Methanol

(A) nur 1
(B) nur 2
(C) nur 1 und 4
(D) nur 2 und 3
(E) nur 3 und 4

17.18 **H08** Bei welchem quantitativen Analyseverfahren werden Remissions-Orts-Kurven registriert?

(A) Differenz-Scanning-Kalorimetrie (DSC)
(B) Differentielle Puls-Polarographie mit Quecksilbertropfelektrode
(C) Quantitative Dünnschichtchromatographie mit Scanner
(D) Differenzthermoanalyse (DTA) mit Thermo-Ofen
(E) Quantitative Raman-Spektroskopie

17.19 **F09** Welche Aussage zur DC-Analytik organischer Arzneistoffe trifft zu?

(A) Die Masse eines Analyten in einem Substanzfleck ist homogen verteilt.
(B) Zu Beginn der Analyse muss die Startlinie in das Laufmittelgemisch eintauchen.
(C) Auf DC-Platten mit Lumineszenzindikator erscheinen die meisten Arzneistoffe bei Bestrahlung mit UV-Licht (254 nm) als fluoreszierende Flecke.
(D) Für die Auswertung günstig sind R_f-Werte zwischen 0,2 und 0,8.
(E) Octan-1-ol/Wasser im Verhältnis 50:50 ist ein bewährtes Laufmittelgemisch zur Alkaloid-Trennung.

17.20 **H09** Ein Gemisch von Arzneistoffen mit aromatischen Ringsystemen wird dünnschichtchromatographisch (Kieselgel F 254) in einem geeigneten Laufmittel getrennt.

Welche Aussagen treffen zu?

(1) F 254 ist eine Korngrößenbezeichnung des Kieselgels.
(2) Das Kieselgel enthält eine Indikatorsubstanz, die bei Bestrahlung mit Licht einer Wellenlänge von 254 nm eine starke Lumineszenz zeigt.
(3) Die Arzneistoffe bilden mit der Indikatorsubstanz fluoreszierende Komplexe.
(4) Die Arzneistoffe löschen die Lumineszenz des Indikators durch Absorption.
(5) Die Lumineszenzauswertung kann auch nach Behandlung der Platte mit Sprühreagenzien uneingeschränkt durchgeführt werden.

(A) nur 1
(B) nur 2 und 3
(C) nur 2 und 4
(D) nur 1, 3 und 5
(E) nur 2, 4 und 5

17.21 **F10** Ein stark basischer Arzneistoff zeigt bei der dünnschichtchromatographischen Untersuchung auf Kieselgel im Laufmittelgemisch n-Hexan/Essigsäureethylester (10:1) einen sehr niedrigen R_f-Wert.

Der Zusatz welcher Lösungsmittel kann am ehesten eine Erhöhung des R_f-Werts bewirken?

(1) Cyclohexan
(2) Toluol
(3) Methanol

(A) nur 2
(B) nur 3
(C) nur 1 und 2
(D) nur 1 und 3
(E) 1 bis 3 (alle)

17.22 **F11** Propylgallat und Gallussäure werden, in Aceton gelöst, dünnschichtchromatographisch analysiert.

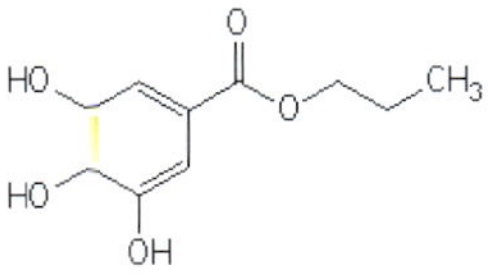

Propylgallat

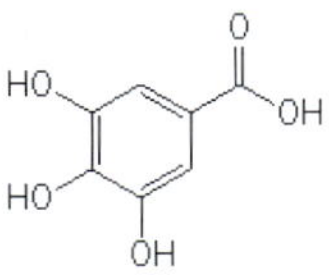

Gallussäure

Welche Aussage trifft **nicht** zu?

(A) Propylgallat hat auf Kieselgel einen höheren R_f-Wert als Gallussäure.

(B) Ein Elutionsmittelgemisch aus Toluol/Ethylformiat mit einem Zusatz von 10 % Ameisensäure ist geeignet, das Tailing saurer Analyten zurückzudrängen.

(C) Sowohl Propylgallat als auch Gallussäure sind auf Kieselgel GF254-Platten durch Lumineszenzminderung bei 254 nm detektierbar.

(D) Sowohl Propylgallat als auch Gallussäure sind auf Kieselgel GF254-Platten durch intensive rote Eigenfluoreszenz bei 486 nm detektierbar.

(E) Sowohl Propylgallat als auch Gallussäure lassen sich mit Eisen(lll)-chlorid- Sprühreagenz zu farbigen Chelatkomplexen umsetzen.

Lösungen

17.1 A	17.2 B	17.3 A	17.4 A	17.5 E
17.6 E	17.7 B	17.8 A	17.9 D	17.10 B
17.11 C	17.12 A	17.13 C	17.14 B	17.15 C
17.16 D	17.17 E	17.18 C	17.19 D	17.20 C
17.21 B	17.22 D			

18 Hochleistungs-Flüssigkeitschromatographie

18.1 **H89** Welche Aussage trifft zu?

Isokratische Elution bei der Chromatographie bedeutet:

(A) Zusammensetzung der mobilen Phase bleibt konstant.

(B) Zusammensetzung der mobilen Phase wird kontinuierlich verändert.

(C) Chromatographie bei konstantem Druck.

(D) Chromatographie bei konstanter Temperatur.

(E) Chromatographie bei konstanter Fließgeschwindigkeit.

18.2 **F94, F02** Welche Aussage trifft nicht zu?

In unter vergleichbaren, isothermen Bedingungen erhaltenen HPLC-Chromatogrammen:

(A) nimmt die Peakbreite mit zunehmender Retentionszeit zu.

(B) nimmt die Peakhöhe mit zunehmender Retentionszeit ab.

(C) ist die Peakfläche von der Retentionszeit weitgehend unabhängig.

(D) ist das Produkt aus Peakbreite und zugehöriger Retentionszeit proportional der den Peak hervorrufenden Stoffmenge.

(E) erhält man durch die Retentionszeit ähnliche Informationen wie durch den R_f-Wert eines Dünnschichtchromatogramms.

18.3 **F95** Als „isokratisch" bezeichnet man eine chromatografische Trennung mit

(A) konstanter Zusammensetzung des Fließmittelgemisches

(B) konstanter Fließgeschwindigkeit der mobilen Phase

(C) durch eine Pufferlösung konstant gehaltenem pH-Wert

(D) konstantem Druck

(E) einer stationären Phase, deren Partikel eine möglichst einheitliche Korngröße besitzen.

18.4 **H96, H02** Was versteht man unter Gradientenelution?

(A) Die Zusammensetzung der mobilen Phase bleibt über den Zeitraum der Analyse gleich.
(B) stufen- oder schrittweise Veränderung der Temperatur der mobilen Phase
(C) kontinuierlicher Zusatz eines Lösungsmittels mit höherer Elutionskraft zur mobilen Phase
(D) graduelle Änderung der Detektionswellenlänge
(E) kontinuierliche Erhöhung der Fließgeschwindigkeit der mobilen Phase.

18.5 **F96, H08** Welche der folgenden Methoden sind als allgemeine Detektionsverfahren in der HPLC geeignet?

(1) Refraktometrie
(2) Photometrie
(3) Fluorimetrie
(4) Amperometrie

(A) nur 1
(B) nur 3
(C) nur 1 und 4
(D) nur 2 und 3
(E) 1 bis 4 (alle)

18.6 **F98** Ein elektrochemischer Detektor kann eingesetzt werden bei der

(A) Dünnschichtchromatographie
(B) Papierchromatographie
(C) Gaschromatographie
(D) Hochdruckflüssigkeitschromatographie
(E) hochauflösenden Dünnschichtchromatographie

18.7 **F02** Was versteht man unter Gradientenelution in der Umkehrphasenchromatographie?

(A) konstante Zusammensetzung des Fließmittels
(B) steigender Anteil der lipophilen Komponente des binären Fließmittels
(C) Veränderung des Druckes während des chromatographischen Laufs
(D) Veränderung der Säulentemperatur während des chromatographischen Laufs
(E) stufenweise veränderte Partikelgröße der stationären Phase

18.8 **H03** Welche Aussagen über einen internen Standard in der HPLC treffen zu?

(1) Er muss der zu untersuchenden Substanz chemisch unähnlich sein.
(2) Die relative Retention von Substanz und Standard muss möglichst groß sein.
(3) Seine Anwesenheit in der ursprünglichen Substanz oder Analysenmischung sollte ausgeschlossen sein.
(4) Er darf keine chemischen Reaktionen mit Komponenten des Analysengemisches eingehen.

(A) nur 1
(B) nur 1 und 2
(C) nur 1 und 4
(D) nur 2 und 4
(E) nur 3 und 4

18.9 **H03** In der Flüssigchromatographie versteht man unter „isokratischer Elution“:

Elution bei konstanter/konstantem
(A) Zusammensetzung der mobilen Phase
(B) Temperatur (in K)
(C) Druck
(D) Steigerung der Elutionsgeschwindigkeit
(E) Steigerung der Temperatur (K/min)

18.10 **H03** Ein Differenzialrefraktometer kann als Detektor eingesetzt werden bei der

(A) Dünnschichtchromatographie (DC, TLC)
(B) Papierchromatographie (PC)
(C) Gaschromatographie (GC)
(D) Hochleistungsflüssigkeitschromatographie (HPLC)
(E) hochauflösenden Dünnschichtchromatographie

18.11 F04 Für einen Arzneistoff mit dem Absorptionsmaximum λ_{max} bei 232 nm soll eine HPLC-Methode entwickelt werden.

Welches Lösungsmittel ist als Komponente in der mobilen Phase im Rahmen einer UV-Messung dabei **nicht** geeignet?

(A) Wasser
(B) Methanol
(C) n-Hexan
(D) Toluen
(E) Cyclohexan

18.12 F05 Welche der nachfolgenden Anordnungen stellt eine Mikrodurchflusszelle für die HPLC mit besonders günstigem Verhältnis von Lichtweg zu Füllvolumen dar?

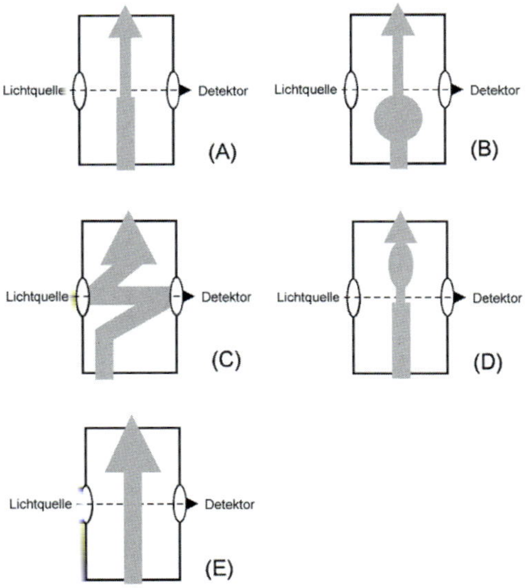

18.13 F07 Welche Bedeutung hat eine Beschriftung RP-18 auf der folgenden Anordnung?

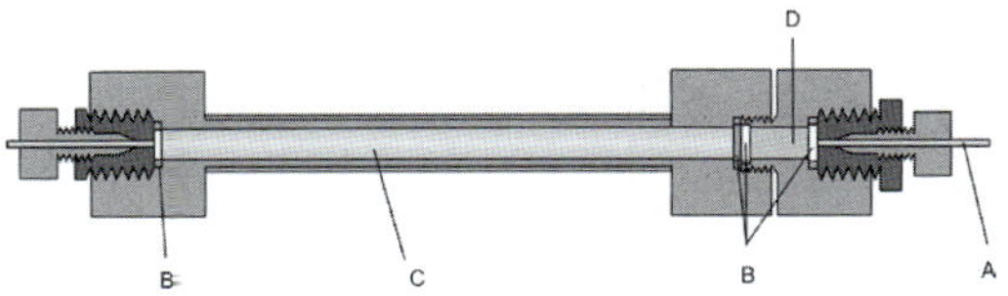

(A) Bauteil A enthält octadecylsilyliertes Kieselgel.
(B) Bauteile B sind aus RP-18-Stahl.
(C) Bauteil C enthält octadecylsilyliertes Kieselgel.
(D) Bauteil D enthält Polystyren mit einer mittleren Molmasse von 18000.
(E) Der durchschnittliche Radius der verwendeten Sorbenspartikel beträgt 18 µm.

18.14 H07 Die unten stehende Abbildung zeigt das Bauprinzip eines elektrochemisch arbeitenden HPLC-Detektors.

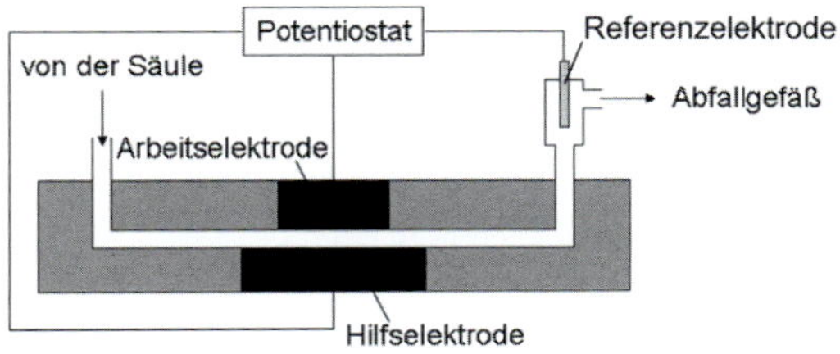

Welche Aussagen zu Bauart und Detektionsmöglichkeiten dieses Detektortyps treffen zu?

(1) Die Anordnung ist als amperometrische Dünnschicht-Durchflusszelle geeignet.
(2) Der Stromfluss während der Detektion eines erfassbaren Analyten wird hauptsächlich zwischen Arbeits- und Referenzelektrode gemessen.
(3) o-Diphenolische Verbindungen wie Adrenalin sind oxidativ detektierbar.
(4) Nitroaromatische Verbindungen sind reduktiv detektierbar.

(A) nur 1
(B) nur 1 und 4
(C) nur 2 und 3
(D) nur 1, 3 und 4
(E) 1 bis 4 (alle)

18.15 F08 Ein elektrochemischer Detektor kann eingesetzt werden bei der

(A) Dünnschichtchromatographie
(B) Papierchromatographie
(C) Gaschromatographie
(D) Hochdruckflüssigkeitschromatographie
(E) Hochauflösende Dünnschichtchromatographie

18.16 **F09** Was versteht man unter „isokratischer“ Arbeitsweise in der HPLC?

(A) Der Druck wird konstant gehalten.
(B) Die Zusammensetzung der mobilen Phase wird konstant gehalten.
(C) Es wird mit einem Brechzahldetektor gearbeitet.
(D) Als mobile Phase wird ein Puffer verwendet.
(E) Die Trennung beruht auf Ionenaustauschprozessen (Ionenchromatographie).

18.17 **H09** Welcher der folgenden Detektoren ist für den Einsatz in der HPLC an Umkehrphasen prinzipiell nicht geeignet?

(A) Fluoreszenz-Detektor
(B) Flammenionisations-Detektor
(C) UV-Detektor
(D) Photodiodenarray-Detektor
(E) Amperometrischer Detektor

18.18 **F11** Welches der folgenden chromatographischen Trennverfahren wird nicht in der HPLC angewendet?

(A) Adsorptionschromatographie
(B) Verteilungschromatographie
(C) Ionenpaarchromatographie
(D) Ionen(austausch)chromatographie
(E) Micellare elektrokinetische Chromatographie

Lösungen

18.1 A	18.2 D	18.3 A	18.4 C	18.5 E
18.6 D	18.7 B	18.8 E	18.9 A	18.10 D
18.11 D	18.12 C	18.13 C	18.14 D	18.15 D
18.16 B	18.17 B	18.18 E		

19 Gaschromatographie

19.1 **F92** Welcher Bauteil in der folgenden schematischen Abbildung eines im Betrieb befindlichen Gaschromatographen ist nicht richtig angeordnet?

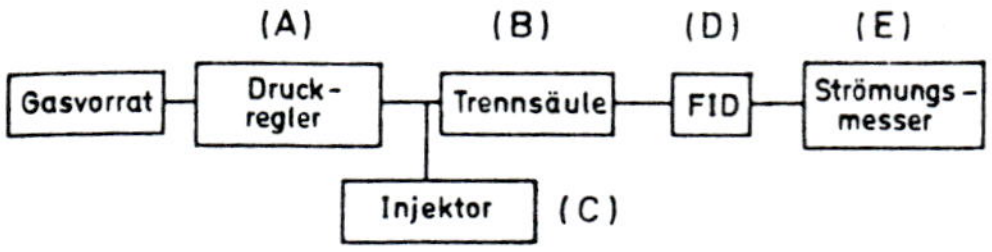

19.2 **F91, H02** Welche Aussage trifft nicht zu?

Üblich sind bei der Durchführung der Gaschromatographie folgende Geräteteile:
(A) Säulenofen
(B) Einspritzvorrichtung
(C) Entwicklungskammer
(D) Detektor
(E) Strömungsregler

19.3 **H92, H08** Welche der folgenden Aussagen trifft für die Nettoretentionszeit der Gaschromatographie zu?

(A) Summe der Aufenthaltszeiten einer Substanz in der stationären und in der mobilen Phase.
(B) Aufenthaltszeit einer Substanz in der stationären Phase.
(C) Aufenthaltszeit einer Substanz in der mobilen Phase.
(D) Summe der Aufenthaltszeiten einer Substanz im Einspritzblock und im Detektor.
(E) Differenz der Aufenthaltszeiten einer Substanz in mobiler und stationärer Phase.

19.4 F92 Welche Bezeichnungen im folgenden Chromatogramm sind vertauscht?

(1) Schreiberausschlag
(2) Retentionszeit
(3) Halbwertbreite
(4) Totzeit
(5) Signalintensität

(A) 1 mit 2
(B) 2 mit 3
(C) 3 mit 4
(D) 4 mit 5
(E) 2 mit 5

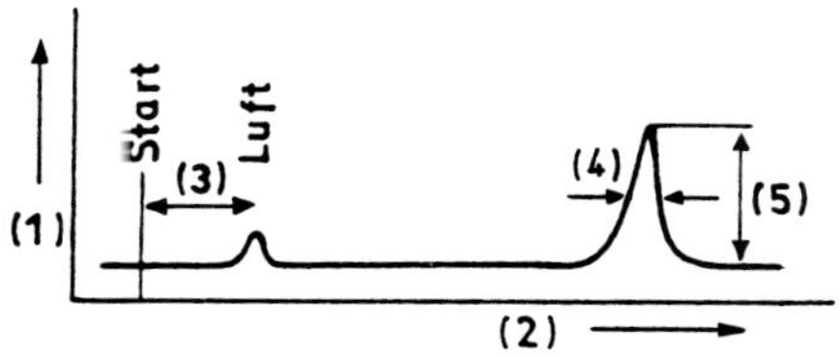

19.5 F92 Welche Aussagen treffen zu?

Im Vergleich zu einem unter isothermen Bedingungen (180 °C) aufgenommenen Gaschromatogramm eines Gemisches von Palmitinsäure und Stearinsäuremethylester ergeben sich bei Anwendung eines Temperaturgradienten (180 °C bis 200 °C von 0 bis 5 Min.) folgende Änderungen:

(1) Die Retentionszeit des Stearinsäuremethylesters wird kleiner.
(2) Die Retentionszeit des Palmitinsäureesters bleibt konstant.
(3) Das Verhältnis der Peakhöhen beider Ester bleibt konstant.

(A) nur 1
(B) nur 2
(C) nur 3
(D) nur 1 und 2
(E) nur 2 und 3

19.6 F93 Bei der Gaschromatographie einer Mischung aus gleichen Gewichtsteilen von Methanol und Ethanol an Macrogol 1500 unter Verwendung eines FID werden 2 getrennte Peaks erhalten. Welche Aussagen über die beiden Peaks treffen zu?

(1) die gleiche Fläche
(2) die gleiche Höhe
(3) die gleiche Halbwertbreite

(A) Keine der Aussagen 1 bis 3 treffen zu
(B) nur 1
(C) nur 2
(D) nur 3
(E) nur 1 und 2

19.7 F94 Welche Aussagen treffen zu?

Bei einer gaschromatographischen Analyse eines Gemisches von Fettsäuremethylestern an einer gepackten Säule (z. B. Macrogoladipat auf einem Trägermaterial) kann eine Erhöhung der Zahl der Trennstufen pro Meter erreicht werden durch:

(1) Erhöhung des Durchmessers der Teilchen des Trägermaterials.
(2) Verminderung der Dicke des Films der stationären Phase (geringe Beladung der Säule vorausgesetzt).
(3) Ersatz eines kugelförmigen Trägermaterials durch ein unregelmäßig geformtes Trägermaterial, um möglichst breite Peaks zu erhalten.

(A) nur 1
(B) nur 2
(C) nur 1 und 2
(D) nur 2 und 3
(E) 1 bis 3 (alle)

19.8 H93, F05 Welche der folgenden Detektoren sind in der Gaschromatographie üblich?

(1) Flammenionisationsdetektor
(2) Wärmeleitfähigkeitsdetektor
(3) Polarimeterdetektor
(4) Elektroneneinfangdetektor

(A) nur 1 und 3
(B) nur 3 und 4
(C) nur 1, 2 und 4
(D) nur 1, 3 und 4
(E) 1 bis 4 (alle)

19.9 **H94** Welcher der folgenden Detektoren setzt nicht zwangsläufig eine chemische Veränderung bei der Detektion erfasster Moleküle voraus?

(A) Elektroneneinfangdetektor
(B) Flammenionisationsdetektor
(C) Massenselektiver Detektor
(D) Thermoionischer Detektor
(E) Wärmeleitfähigkeitsdetektor

19.10 **H90, F03** In einem Detektorsystem entsteht ein messbares Signal, indem eine Substanz in einer Wasserstoff/Luft-Flamme verbrannt wird. Die dabei entstehenden Radikale bzw. Ionen bewirken zwischen zwei Elektroden einen Stromfluss, der in geeigneter Weise registriert wird. Welcher der folgenden Detektoren arbeitet nach diesem Prinzip?

(A) Flammenionisationsdetektor
(B) Elektroneneinfangdetektor
(C) Elektrochemischer Detektor
(D) Fluoreszenzdetektor
(E) Massenselektiver Detektor

19.11 **H91** Welche Aussagen treffen zu?

Die quantitative Auswertung eines Gaschromatogramms kann erfolgen durch:
(1) Vergleich der Peakhöhen bei symmetrischen Peaks.
(2) Ausschneiden und Wägen der Peaks.
(3) Multiplikation der Peakhöhe mit der Halbwertsbreite.
(4) Multiplikation der Retentionszeit mit der Peakbasisbreite.
(5) Vergleich der Peakbasisbreiten.

(A) nur 1 und 2
(B) nur 3 und 4
(C) nur 4 und 5
(D) nur 1, 2 und 3
(E) nur 1, 2, 4, und 5

19.12 **F95** Welche der folgenden Aussagen über die Totzeit trifft in der Gaschromatographie zu? Sie ist die

(A) Summe der Aufenthaltszeiten einer Substanz in der stationären und in der mobilen Phase
(B) Aufenthaltszeit einer Substanz in der stationären Phase
(C) Aufenthaltszeit einer Substanz in der mobilen Phase
(D) Summe der Aufenthaltszeiten einer Substanz außerhalb der Trennsäule, z. B. im Einspritzblock und im Detektor
(E) Differenz der Aufenthaltszeiten einer Substanz in mobiler und stationärer Phase.

19.13 **F95** Welche der folgenden Verbindungen ist bei der Gaschromatographie durch den Flammenionisationsdetektor (FID) gut detektierbar?

(A) Stickstoff
(B) Kohlenmonoxid
(C) Kohlendioxid
(D) Tetrachlormethan
(E) Keine der obigen Verbindungen ist gut detektierbar.

19.14 **F95** Welches Bauteil in der folgenden schematischen Abbildung eines im Betrieb befindlichen Gaschromatographen ist nicht richtig angeordnet?

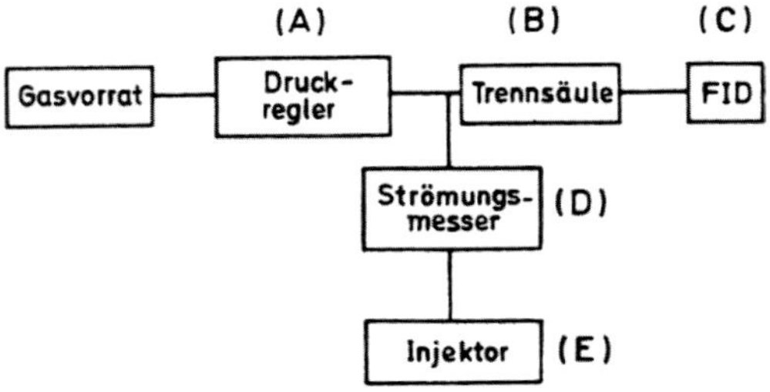

19.15 **F95** Welche Verfahren werden in der Gaschromatographie bei schwerflüchtigen Verbindungen angewandt, um eine stärkere Verdampfung zu erreichen?

(1) Temperaturerhöhung im Einspritzblock
(2) Lyophilisation
(3) Derivatisierung

(A) nur 1
(B) nur 1 und 2
(C) nur 1 und 3
(D) nur 2 und 3
(E) 1 bis 3 (alle)

19.16 F02 Welche der folgenden Gleichungen gilt für die Totzeit (t_d) der Gaschromatographie (t_{dr} = Gesamtretentionszeit, t_r = Nettoretentionszeit)?

(A) $t_d = t_{dr} + t_r$
(B) $t_d = t_{dr} - t_r$
(C) $t_d = t_r - t_{dr}$
(D) $t_d = t_{dr} \cdot t_r$
(E) $t_d = \frac{t_{dr}}{t_r}$

19.17 F96 Welche Größe der Gaschromatographie hat die gleiche Bedeutung wie der R_{St}-Wert in der Dünnschichtchromatographie?

(A) Nettoretentionszeit
(B) Totzeit
(C) relative Retention
(D) Gesamtretentionszeit
(E) linearer Retentionsindex

19.18 F97 Welche Aussagen treffen zu?

Durch die Erhöhung der Ofentemperatur bei einer gaschromatographischen Analyse eines Stoffgemisches
(1) tritt eine Verkürzung der Retentionszeit ein
(2) vergrößert sich der Abstand zwischen den Signalen (Peaks)
(3) nimmt die Peakbreite ab

(A) nur 1
(B) nur 2
(C) nur 3
(D) nur 1 und 3
(E) nur 2 und 3

19.19 F98 Welche Aussage trifft nicht zu?

Erhöhung der Ofentemperatur bei einer gaschromatographischen Analyse bewirkt eine
(A) Verkleinerung der Nettoretentionszeit
(B) Verkleinerung der Peak-Halbwertbreite
(C) Erhöhung der Säulenkapazität
(D) Vergrößerung der Peakhöhe
(E) Verkürzung der Totzeit

19.20 F97 Welche Aussagen über HETP (= Höhenäquivalent einer theoretischen Trennstufe) bei einer GC-Trennung treffen zu?

(1) Die Abhängigkeit des HETP von der Trägergasgeschwindigkeit kann mit der Van-Deemter-Gleichung beschrieben werden.
(2) Bei Trägergasgeschwindigkeiten, die kleiner als der optimale Wert sind, steigt HETP an.
(3) Bei Trägergasgeschwindigkeiten, die größer als der optimale Wert sind, fällt HETP ab.
(4) Die optimale Trägergeschwindigkeit ist für alle Trägergase gleich.

(A) nur 1
(B) nur 3
(C) nur 1 und 2
(D) nur 2, 3 und 4
(E) 1 bis 4 (alle)

19.21 F98 Welche Aussagen treffen zu?

Bei der Gaschromatographie gehen in die Berechnung der Anzahl der theoretischen Böden u. a. ein:
(1) Differenz der Retentionszeiten von 2 Substanzen
(2) Peakhöhe einer Subsatnz
(3) Verhältnis der Peakhöhen von 2 Substanzen
(4) Peakbreite in halber Peakhöhe

(A) nur 1
(B) nur 3
(C) nur 4
(D) nur 1 und 3
(E) 1 bis 4 (alle)

19.22 F99 Welche Aussage trifft nicht zu?

Die gaschromatographische Trennstufenhöhe
(A) ist von der Art des verwendeten Trägergases abhängig
(B) wird mit zunehmender Trennleistung höher
(C) ändert sich bei niedriger Trägergasgeschwindigkeit stärker als bei hoher Trägergasgeschwindigkeit
(D) besitzt bei einer bestimmten Trägergasgeschwindigkeit ein Optimum
(E) kann bei sehr niedriger Trägergasgeschwindigkeit ebenso groß sein wie bei sehr hoher Trägergasgeschwindigkeit.

19.23 F96 Welche Aussagen treffen zu?

Eine Derivatisierung in der Gaschromatographie ist
(1) eine chemische Modifizierung von Proben, um sie in eine leichter verdampfbare Verbindung zu überführen
(2) ein physikalisches Verfahren, um eine Probe in den Dampfzustand zu versetzen
(3) die chemische Veränderung des Trägergases

(A) nur 1
(B) nur 2
(C) nur 3
(D) nur 1 und 3
(E) 1 bis 3 (alle)

19.24 H02 Welche Gleichgewichtsvorgänge können bei der Gaschromatographie stattfinden?

(1) Adsorption
(2) Verteilung zwischen Gas und Flüssigkeit
(3) Verteilung zwischen Gas und chemisch gebundener Phase

(A) nur 1
(B) nur 2
(C) nur 1 und 2
(D) nur 2 und 3
(E) 1 bis 3 (alle)

19.25 H99 Zur gaschromatographischen Trennung werden Fettsäuren im Allgemeinen derivatisiert. Welches der folgenden Reagenzien ist für die Bildung leichter flüchtiger Derivate der Fettsäuren geeignet?

(A) Trifluoressigsäureanhydrid
(B) Diazomethan
(C) Essigsäureanhydrid
(D) Trichlormethylsilan
(E) p-Nitrobenzylchlorid

19.26 F98 Zur gaschromatographischen Trennung werden Fettsäuren im allgemeinen derivatisiert.

Für die Bildung leichter flüchtiger Derivate der Fettsäuren ist geeignet
(A) Trifluoressigsäureanhydrid
(B) Diazomethan
(C) Essigsäureanhydrid
(D) Trichlormethylsilan
(E) Tetramethylsilan

Ordnen Sie bitte den in Liste 1 dargestellten Grundprinzipien eines Detektors den jeweils zutreffenden Detektor in Liste 2 zu!

Liste 1

19.27 H97 Die bei der Verbrennung entstehenden Radikale bzw. Ionen führen zwischen zwei Elektroden zu einem Stromfluss.

19.28 H97 Die geladenen Fragmente werden in einem magnetischen oder elektrischen Feld getrennt und registriert.

Liste 2

(A) Massenselektiver Detektor
(B) Flammenionisationsdetektor
(C) chem. Reaktionsdetektor
(D) Elektroneneinfangdetektor
(E) Thermionischer Detektor

19.29 **F97** Der Gehalt eines pharmazeutischen Hilfsstoffs an chlorierten Kohlenwasserstoffen soll nach Anreicherung gaschromatographisch bestimmt werden.

Als Detektor eignet sich hierfür am besten ein
(A) Wärmeleitfähigkeitsdetektor
(B) Elektroneneinfangdetektor
(C) Flammenionisationsdetektor
(D) infrarotspektroskopischer Detektor
(E) Brechzahl-Detektor

19.30 **H99** Ein Wärmeleitfähigkeitsdetektor kann eingesetzt werden bei der

(A) Gaschromatographie
(B) Papierchromatographie
(C) Dünnschichtchromatographie
(D) Hochdruckflüssigkeitschromatographie
(E) hochauflösenden Dünnschichtchromatographie

19.31 **F96** Welche der folgenden Aussagen über den Wärmeleitfähigkeitsdetektor treffen zu?

(A) Gemessen wird der Strom, der u. a. durch die entstehenden Ionen verursacht wird.
(B) Gemessen wird die durch eine Untersuchungssubstanz verursachte Änderung der Wärmeleitfähigkeit gegenüber der ionisierten Substanz.
(C) Gemessen wird die durch eine Untersuchungssubstanz verursachte Änderung der Wärmeleitfähigkeit gegenüber dem Trägergas.
(D) Gemessen wird die Ionisation durch ein radioaktives Präparat im Vergleich zur Ionisation des Trägergases.
(E) Gemessen wird die Durchlässigkeit einer Flamme für UV-Strahlung.

19.32 **H99** In einem Detektorsystem entsteht ein messbares Signal, indem eine Substanz in einer Wasserstoff/Luft-Flamme verbrannt wird. Die dabei entstehenden Radikale bzw. Ionen bewirken zwischen zwei Elektroden einen Strom, der in geeigneter Weise registriert wird. Bei welchem der folgenden Analyseverfahren wird dieses Detektorsystem häufig verwendet?

(A) Atomabsorptionsspektroskopie
(B) Elektrophorese
(C) Flammenphotometrie
(D) Fluorimetrie
(E) Gaschromatographie

19.33 **F96, H02** Welche der folgenden Verbindungen ist bei der Gaschromatographie durch den Flammenionisationsdetektor (FID) am schlechtesten detektierbar?

(A) Cyclohexan
(B) n-Hexan
(C) Toluen
(D) Wasser
(E) Dichlormethan

19.34 **F99** Bei welchen der folgenden Verfahren kann ein Flammenionisationsdetektor eingesetzt werden?

(1) Dünnschichtchromatographie
(2) Papierchromatographie
(3) Gaschromatographie
(4) hochauflösende Dünnschichtchromatographie

(A) nur 1
(B) nur 3
(C) nur 1 und 3
(D) nur 1, 2 und 4
(E) 1 bis 4 (alle)

19.35 **F96, H06** Welche der folgenden Trägergase werden in der Gaschromatographie bei Verwendung eines Flammenionisationsdetektors üblicherweise verwendet?

(1) Helium
(2) Stickstoff
(3) Luft

(A) nur 1
(B) nur 3
(C) nur 1 und 2
(D) nur 1 und 3
(E) nur 2 und 3

19.36 **F97** Welche der folgenden Gase werden als Trägergase in der Gaschromatographie verwendet?

(1) Helium
(2) Stickstoff
(3) Sauerstoff
(4) Acetylen

(A) nur 1
(B) nur 2
(C) nur 1 und 2
(D) nur 2 und 3
(E) nur 3 und 4

19.37 **H97, F09** Welche der aufgeführten Gase werden in der Gaschromatographie als Trägergas verwendet?

(1) H_2
(2) He
(3) O_2
(4) N_2

(A) nur 1
(B) nur 2
(C) nur 3
(D) nur 1 und 4
(E) nur 1, 2 und 4

19.38 **F98, H02** Welche der aufgeführten Gase werden in der Gaschromatographie als Trägergas verwendet?

(1) H_2
(2) He
(3) C_2H_2
(4) N_2

(A) nur 1
(B) nur 2
(C) nur 3
(D) nur 1 und 4
(E) nur 1, 2 und 4

19.39 **F00** Welche Aussagen über HETP (Höhenäquivalent einer theoretischen Trennstufe) bei einer GC-Trennung treffen zu?

(1) Je größer HETP ist, umso kleiner ist die Trennleistung der Säule.
(2) Die optimalen Trägergasgeschwindigkeiten von H_2 und N_2 sind verschieden.
(3) Bei Übergang zu Trägergasgeschwindigkeiten, die kleiner als der optimale Wert sind, steigt HETP an.

(A) nur 1
(B) nur 2
(C) nur 3
(D) nur 2 und 3
(E) 1 bis 3 (alle)

19.40 **F00** Die quantitative Auswertung eines Gaschromatogramms kann nach folgender Gleichung erfolgen:

c_x gesuchte Konzentration
c Konzentration des Standards
F_x zur Konzentration cx gehörige Fläche
F zur Konzentration des Standards gehörige Fläche

(A) $c_x = c \cdot \frac{F}{F_x}$

(B) $c_x = \frac{1}{c} \cdot F \cdot F_x$

(C) $c_x = c \cdot \frac{F + F_x}{2}$

(D) $c_x = c \cdot \frac{F_x}{F}$

(E) $c_x = \frac{1}{c} \cdot \frac{F}{F_x}$

19.41 **F00** In der Gaschromatographie ist die Nettoretentionszeit (t_r) einer Substanz (t_{dr} = Gesamtretentionszeit; t_d = Totzeit) wie folgt definiert:

(A) $t_r = t_{dr} + t_d$
(B) $t_r = t_{dr} - t_d$
(C) $t_r = t_d - t_{dr}$
(D) $t_r = t_d \cdot t_{dr}$
(E) $t_r = \frac{t_{dr}}{t_d}$

19.42 F00 Welche der folgenden Aussagen über den Flammenionisationsdetektor (FID) trifft zu?

(A) Gemessen wird der Strom, der u. a. durch die entstehenden Ionen verursacht wird.
(B) Gemessen wird die durch eine Untersuchungssubstanz verursachte Änderung der Wärmeleitfähigkeit gegenüber dem Trägergas.
(C) Gemessen wird die durch eine Untersuchungssubstanz verursachte Änderung der Wärmeleitfähigkeit gegenüber der ionisierten Substanz.
(D) Gemessen wird die Ionisation durch ein radioaktives Präparat im Vergleich zur Ionisation des Trägergases.
(E) Gemessen wird die Durchlässigkeit einer Flamme für UV-Strahlung.

19.43 F01, F03 Welche Aussagen treffen zu?

In der Gaschromatographie wird, sachgemäße Durchführung vorausgesetzt, die Gesamtretentionszeit einer Probensubstanz beeinflusst durch:

(1) die Temperatur der Trennsäule
(2) Strömungsgeschwindigkeit des Trägergases
(3) die Polarität der stationären Phase
(4) den Dampfdruck der Probensubstanz

(A) nur 3
(B) nur 1 und 3
(C) nur 2 und 4
(D) nur 1, 2 und 4
(E) 1 bis 4 (alle)

19.44 F01 Welche der folgenden Gase werden üblicherweise als Trägergase in der Gaschromatographie verwendet?

(1) Kohlenmonoxid
(2) Sauerstoff
(3) Stickstoff
(4) Dichlordifluormethan

(A) nur 2
(B) nur 3
(C) nur 1 und 2
(D) nur 2 und 3
(E) nur 3 und 4

19.45 H00 Welche Aussage trifft nicht zu?

In der Gaschromatographie wird die Retentionszeit einer Probensubstanz beeinflusst durch:

(A) die Temperatur der Trennsäule
(B) den Verteilungskoeffizienten zwischen stationärer und mobiler Phase
(C) die Polarität der stationären flüssigen Phase
(D) die Trägergasgeschwindigkeit
(E) die Art des Detektors

19.46 H01 Welches Geräteteil wird bei der Gaschromatographie nicht verwendet?

(A) Detektor
(B) Einspritzvorrichtung
(C) Polarisator
(D) Strömungsregler
(E) Säulenofen

19.47 H00 Welche der folgenden Trägergase werden in der Gaschromatographie bei Verwendung eines Wärmeleitfähigkeitsdetektors verwendet?

(1) Helium
(2) Wasserstoff
(3) Luft

(A) nur 2
(B) nur 3
(C) nur 1 und 2
(D) nur 1 und 3
(E) nur 2 und 3

19.48 H00 Welche Aussagen treffen zu?

Für die näherungsweise quantitative Auswertung eines Gaschromatogramms kann herangezogen werden:

(1) bei symmetrischen Peaks die Peakhöhe
(2) das Produkt aus Peakhöhe und Halbwertsbreite
(3) das Produkt aus Retentionszeit und Peakbasisbreite
(4) die Retentionszeit

(A) nur 1 und 2
(B) nur 2 und 3
(C) nur 3 und 4
(D) nur 1, 3 und 4
(E) nur 2, 3 und 4

19.49 H01 Welches der folgenden Gase kann in der Gaschromatographie grundsätzlich nicht als Trägergas verwendet werden?

(A) Argon
(B) Acetylen
(C) Helium
(D) Stickstoff
(E) Wasserstoff

19.50 H01 Welcher Parameter in der GC beeinflusst die Retentionszeit nicht?

(A) Strömungsgeschwindigkeit des Trägergases
(B) Dampfdruck der Probensubstanz
(C) Empfindlichkeit des Detektors
(D) Temperatur der Trennsäule
(E) Polarität der stationären Phase

19.51 H02 Welche Aussagen treffen zu?

Für die Gaschromatographie von Alkoholen bzw. Phenolen geeignete Derivate können durch folgende Umsetzungen erhalten werden (R = Alkyl):

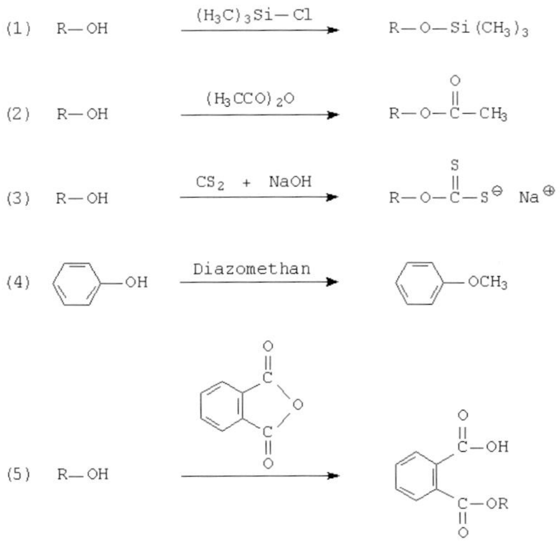

(A) nur 1 und 3
(B) nur 1 und 5
(C) nur 2 und 3
(D) nur 1, 2 und 4
(E) nur 3, 4 und 5

19.52 F03 Welche der folgenden Aussagen trifft für die Gesamtretentionszeit in der Gaschromatographie zu? Sie ist die

(A) Summe der Aufenthaltszeiten einer Substanz in der stationären und in der mobilen Phase
(B) Aufenthaltszeit einer Substanz in der stationären Phase
(C) Aufenthaltszeit einer Substanz in der mobilen Phase
(D) Summe der Aufenthaltszeiten einer Substanz außerhalb der Trennsäule, z. B. im Einspritzblock und im Detektor
(E) Differenz der Aufenthaltszeiten einer Substanz in mobiler und stationärer Phase.

19.53 F03 Welche Aussagen über einen in der GC eingesetzten internen Standard treffen zu?

(1) Er muss der zu untersuchenden Substanz chemisch unähnlich sein.
(2) Die relative Retention von Substanz und Standard muss möglichst groß sein.
(3) Seine Anwesenheit in der zu analysierenden Substanz sollte ausgeschlossen sein.
(4) Er darf keine chemischen Reaktionen mit Komponenten des Analysengemisches eingehen.

(A) nur 1
(B) nur 1 und 2
(C) nur 1 und 4
(D) nur 2 und 4
(E) nur 3 und 4

19.54 H03 Welche Gründe gibt es für die Derivatisierung in der GC?

(1) Erhöhung der Flüchtigkeit von Substanzen
(2) Verringerung der Polarität von Substanzen
(3) Verbesserung der Detektion

(A) nur 1
(B) nur 2
(C) nur 3
(D) nur 2 und 3
(E) 1 bis 3 (alle)

19.55 F04 Welche der folgenden Aussagen über den Elektroneneinfangdetektor trifft zu?

Gemessen wird
(A) die Stromstärke, die u. a. durch die thermisch erzeugten Ionen verursacht wird
(B) die durch eine Untersuchungssubstanz verursachte Änderung der Wärmeleitfähigkeit gegenüber dem Trägergas
(C) die durch eine Untersuchungssubstanz verursachte Änderung der Wärmeleitfähigkeit gegenüber der ionisierten Substanz
(D) die durch ein radioaktives Präparat ausgelöste Ionisation der Analysensubstanz
(E) die Durchlässigkeit einer Flamme für UV-Strahlung.

19.56 H04 Welche Aussagen treffen zu?

Bei einer gaschromatographischen Analyse eines Gemisches von Fettsäuremethylestern an einer gepackten Säule (z. B. Macrogoladipat auf einem Trägermaterial) kann eine Erhöhung der Zahl der Trennstufen pro Meter erreicht werden durch:
(1) Erhöhung des Durchmessers der Teilchen des Trägermaterials
(2) Verminderung der Dicke des Films der stationären Phase (geringe Beladung der Säule vorausgesetzt)
(3) Ersatz eines kugelförmigen Trägermaterials durch ein unregelmäßig geformtes Trägermaterial, um möglichst breite Peaks zu erhalten.

(A) nur 1
(B) nur 2
(C) nur 1 und 2
(D) nur 2 und 3
(E) 1 bis 3 (alle)

19.57 H05 Die folgende Abbildung zeigt das Ergebnis einer gaschromatographischen Trennung. Welche Aussagen zu dieser gaschromatographischen Trennung treffen zu?

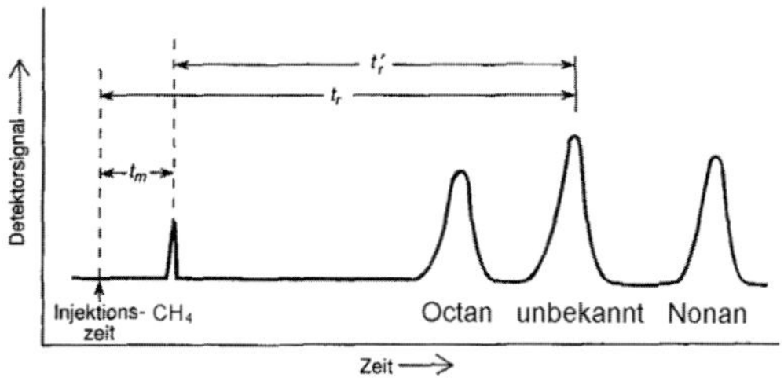

(1) Die Zeit t_r für alle Substanzen kann durch Messung der Retentionszeit t_r von Methangas ermittelt bzw. abgeschätzt werden.
(2) Die unbekannte Substanz ist wahrscheinlich Heptan.
(3) Je länger eine Substanz auf der Säule verweilt, desto größer ist ihr Kapazitätsfaktor (Retentionsfaktor) k' mit

$$k' = \frac{t_r - t_m}{t_m}$$

(4) Je größer die relative Retention α ist, desto kleiner ist die Trennung zweier Probenbestandteile 1 und 2 für

$$\alpha = \frac{t_{r2}}{t_{r1}}$$

(A) nur 1
(B) nur 2
(C) nur 1 und 3
(D) nur 2 und 4
(E) nur 2, 3 und 4

19.58 F06 Welcher Aussage zur folgenden Abbildung stimmen Sie zu?

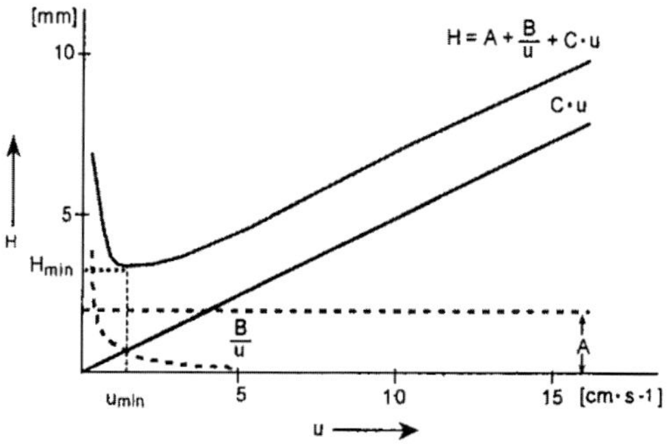

(A) Die Van-Deemter-Gleichung in der einfachsten Form stellt die Abhängigkeit der theoretischen Trennstufenhöhe H von der linearen Strömungsgeschwindigkeit *u* ($cm \cdot s^{-1}$) der mobilen Phase einer chromatographischen Analyse dar.
(B) Die Abbildung stellt eine Anwendung der Langmuir'schen Adsorptionsisotherme dar und gestattet die Abschätzung der Ausbildung monomolekularer Grenzflächenbeladungen H in mm.
(C) Der initiale Abfall des Partialdruckes in mm beim Durchströmen eines porösen Festkörpers mit metallischem Quecksilber ist abhängig von der Strömungsgeschwindigkeit und erlaubt die Berechnung des Porenvolumens.
(D) Die Höhe der Stufe eines differentiellen Pulspolarogramms H in mm kann unter Kenntnis der Geschwindigkeit des ausströmenden Quecksilbers *u* ($cm \cdot s^{-1}$) zur Charakterisierung von reversiblen Redoxprozessen herangezogen werden.
(E) Die Abhängigkeit der oszillometrisch ermittelten Leitfähigkeit in CE-Leitfähigkeitsdetektoren von der Schichtdicke und der Fließgeschwindigkeit lässt sich als Hyperbel darstellen.

19.59 **F07** Vertreter welcher der aufgeführten Substanzklassen werden am weitaus häufigsten als dünner Film in Kapillarsäulen als stationäre Phase für die gaschromatographische Analyse eingesetzt?

(A) Polystyrene
(B) Cyclodextrine
(C) Cellulosen
(D) Polysiloxane
(E) Polyurethane

19.60 **F07** Polyethylenglykole werden in der Gaschromatographie in Form eines dünnen Films als flüssige stationäre Phase in Kapillarsäulen eingesetzt.

Welche Aussagen zu dieser flüssigen stationären Phase treffen zu?
Sie ist
(1) unpolar
(2) stark polar
(3) für die Untersuchung von Aminen geeignet
(4) für die Untersuchung von Aldehyden geeignet
(5) für die Untersuchung von Fettsäuren geeignet

(A) nur 1
(B) nur 2
(C) nur 1 und 5
(D) nur 1, 3, 4 und 5
(E) nur 2, 3, 4 und 5

19.61 **H07** Der in der Gaschromatographie verwendete Flammenionisationsdetektor (FID) spricht prinzipiell nur auf in Knallgas umsetzbare Verbindungen an.

Welche Aussagen zu diesem Detektor treffen zu?
(1) Die Verbindungen H_2O, N_2 und CO_2 werden vom FID nicht erfasst.
(2) Das vom FID erzeugte Primärsignal muss durch ein Kalorimeter in ein Sekundärsignal umgewandelt werden.
(3) Die unter Verwendung eines FID erfassten Peakflächen werden in hohem Maße von Schwankungen des Trägergasstroms beeinträchtigt.

(A) nur 1
(B) nur 2
(C) nur 3
(D) nur 2 und 3
(E) 1 bis 3 (alle)

19.62 **F08** Welche Aussage trifft **nicht** zu?

Als Detektoren in der Gaschromatographie können eingesetzt werden:
(A) Flammenionisationsdetektor
(B) Elektroneneinfangdetektor
(C) Brechzahldetektor
(D) Wärmeleitfähigkeitsdetektor
(E) Massenselektiver Detektor

19.63 **H08** Der Elektroneneinfang-Detektor in der Gaschromatographie ionisiert das Trägergas (z. B Helium), wobei langsame Elektronen freigesetzt werden.

Diese Ionisierung wird erzwungen durch:

(A) ein Lichtbogen-Thermoelement
(B) einen β-Strahler
(C) Beschuss mit Hydridionen (im Vakuum)
(D) Hochspannung (im Vakuum)
(E) UV-C-Strahlung

19.64 **H08** In einer Blutprobe soll Ethanol quantitativ bestimmt werden.

Welches der folgenden Verfahren ist hierzu besonders gut geeignet, da störende Matrixeffekte konstruktionsbedingt minimiert werden können?

(A) Quantitative Dünnschichtchromatographie mit Scanner
(B) HPLC-Analyse mit Photodiodenarray (PDA)-Detektor
(C) GC-Analyse mit Headspace-Technik
(D) Atomabsorptions-Spektroskopie
(E) Atomemissions-Spektroskopie mit induktiv gekoppeltem Plasma (ICP)

19.65 **H09** Ordnen Sie bitte die folgenden stationären gaschromatographischen Phasen nach steigender Polarität!

(1) Polydimethylsiloxan
(2) Polyethylenglycol
(3) Poly(dimethyl)(phenyl)siloxan
(4) Poly(cyanopropyl)(phenylmethyl)siloxan

(A) $1 < 2 < 3 < 4$
(B) $1 < 3 < 4 < 2$
(C) $2 < 3 < 4 < 1$
(D) $4 < 2 < 3 < 1$
(E) $3 < 1 < 2 < 4$

19.66 **F10** Welche Aussagen zum in der Gaschromatographie verwendeten Flammenionisationsdetektor (FID) treffen zu?

(1) Das Signal des FID ist zur umgesetzten Stoffmenge proportional.
(2) N_2 und He sind mit der FI-Detektion kompatible Trägergase.
(3) Die unter Verwendung eines FID erfassten Peakflächen sind in hohem Maße von Schwankungen des Trägergasstroms abhängig.

(A) nur 1
(B) nur 2
(C) nur 3
(D) nur 1 und 2
(E) nur 2 und 3

19.67 **H10** Welche Aussage zur Van-Deemter-Kurve trifft zu?

Sie beschreibt für gas- und flüssigchromatographische Trennungen den Zusammenhang zwischen der Strömungsgeschwindigkeit der mobilen Phase und der

(A) Peakbreite
(B) Peakfläche
(C) Auflösung
(D) Peakhöhe
(E) Trennstufenhöhe

19.68 **H10** Bestimmte lineare Polymere können in der Gaschromatographie mit Kapillarsäulen als stationäre Phase in Form eines dünnen Films eingesetzt werden.

Aus welchem Monomer bestehen solche Polymere für stark polare stationäre Phasen formal?

(A) Styren
(B) β-D-Fructose
(C) Ethen
(D) Vinylchlorid
(E) Ethylenglykol

19.69 F11 Welche der folgenden Stoffe lassen sich in der abgebildeten Form unzersetzt mittels GC bestimmen?

(A) nur 1
(B) nur 2 und 5
(C) nur 3 und 4
(D) nur 1, 3 und 4
(E) 1 bis 5 (alle)

(1) Diclofenac-Kalium

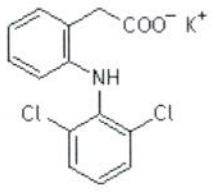

(2) Menthol

(3) Stearylalkohol

(4) Digitoxin

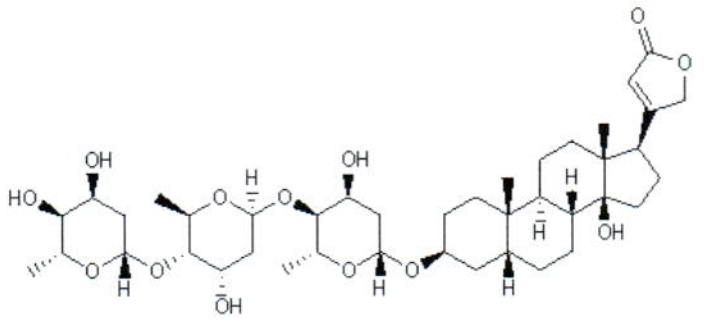

(5) Nicotin

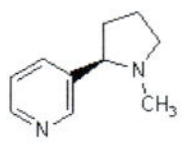

Lösungen

19.1 E	19.2 C	19.3 B	19.4 C	19.5 A
19.6 A	19.7 B	19.8 C	19.9 E	19.10 A
19.11 D	19.12 C	19.13 E	19.14 D	19.15 C
19.16 B	19.17 C	19.18 D	19.19 C	19.20 C
19.21 C	19.22 B	19.23 A	19.24 E	19.25 B
19.26 B	19.27 B	19.28 A	19.29 B	19.30 A
19.31 C	19.32 E	19.33 D	19.34 B	19.35 C
19.36 C	19.37 E	19.38 E	19.39 E	19.40 D
19.41 B	19.42 A	19.43 E	19.44 B	19.45 E
19.46 C	19.47 C	19.48 A	19.49 B	19.50 C
19.51 D	19.52 A	19.53 E	19.54 E	19.55 D
19.56 B	19.57 C	19.58 A	19.59 D	19.60 E
19.61 A	19.62 C	19.63 B	19.64 C	19.65 B
19.66 D	19.67 E	19.68 E	19.69 B	

20 Grundlagen der Elektrochemie

20.1 F90, F01 Welche Aussage trifft zu?

Die Zersetzungsspannung eines beliebigen Elektrolyten einer elektrolytischen Zelle

(A) stimmt stets überein mit der jeweils angelegten äußeren Spannung.
(B) errechnet sich aus der Leitfähigkeit der in der Lösung enthaltenen Ionen.
(C) ist stets gleich der Summe der Normalpotentiale der anodischen und kathodischen Elektronenreaktion.
(D) errechnet sich aus dem Widerstand des Elektrolyten bei einer Stromstärke von 1 Ampere.
(E) Keine der Aussagen (A) bis (D) trifft zu.

20.1a H00 Welche Aussagen treffen zu?

Die Zersetzungsspannung eines Elektrolyten einer elektrolytischen Zelle

(1) errechnet sich aus der Leitfähigkeit der in der Lösung vorhandenen Ionen
(2) ist die Summe der Normalpotentiale der in der Zelle ablaufenden Elektrodenreaktionen
(3) hängt von der Temperatur des Elektrolyten ab
(4) hängt im Falle der Zersetzung von Wasser vom pH-Wert der Lösung ab

(A) nur 1
(B) nur 1 und 2
(C) nur 3 und 4
(D) nur 1, 2 und 3
(E) 1 bis 4 (alle)

20.2 F92 Welche Aussagen treffen zu?

Die Zersetzungsspannung eines Elektrolyten einer elektrolytischen Zelle hängt ab von
(1) der Temperatur des Elektrolyten.
(2) den Konzentrationen der anodisch und kathodisch umgesetzten Substanzen.
(3) den Normalpotentialen der an Anode und Kathode ablaufenden Elektrodenreaktionen.

(A) nur 1
(B) nur 2
(C) nur 3
(D) nur 1 und 3
(E) 1 bis 3 (alle)

20.3 H04 Welche Aussage trifft **nicht** zu?

Das mit einer kombinierten Pt-Elektrode gemessene Redoxpotential einer Dichromat-Lösung ist abhängig von
(A) der Konzentration der Lösung an Dichromat
(B) der Konzentration der Lösung an Chrom(III)-Ionen
(C) dem pH-Wert
(D) der Temperatur
(E) der Vorbehandlung der Indikatorelektrode.

20.4 H90 Welche Aussage zu einer Elektrode, an der elektrochemisches Gleichgewicht besteht, trifft zu?

(A) Der Betrag der kathodischen Stromstärke ist gleich dem Betrag der anodischen Stromstärke.
(B) Direkt an der Elektrodenoberfläche muss die Aktivität der oxidierten Form gleich der Aktivität der reduzierten Form sein.
(C) Das Elektrodenpotential muss dem Halbstufenpotential gleich sein.
(D) Das Elektrodenpotential muss dem Normalpotential gleich sein.
(E) Die Elektrode ist polarisiert.

20.5 F92 Welche Aussage trifft über die elektrochemische Doppelschicht zu, die sich an der Grenzfläche einer negativ geladenen Edelmetallelektrode in KCl-Lösung ausbildet?

(A) Sie besteht aus einer monomolekularen Schicht von Kalium-Atomen, die von einer monomolekularen Schicht von K^+-Ionen gegen die Lösung abgeschirmt wird.
(B) In ihr sind doppelt so viele K^+-Ionen wie Cl^-- Ionen enthalten.
(C) Sie besteht überwiegend aus hydratisierten Elektronen.
(D) Sie weist Eigenschaften eines Kondensators auf.
(E) Ihr elektrisches Verhalten entspricht dem eines Ohm'schen Widerstandes.

20.6 F08 Welche Aussage trifft über die elektrochemische Doppelschicht zu, die sich an der Grenzfläche einer negativ geladenen Edelmetallelektrode in KCl-Lösung ausbildet?

(A) Sie besteht aus einer monomolekularen Schicht von Kalium-Atomen, die von einer monomolekularen Schicht von K^+-Ionen gegen die Lösung abgeschirmt wird.
(B) In ihr sind doppelt so viele K^+-Ionen wie Cl^--Ionen enthalten.
(C) Sie besteht überwiegend aus hydratisierten Elektronen.
(D) Ihr elektrisches Verhalten entspricht dem eines Kondensators.
(E) Sie verhält sich wie ein Ohm'scher Widerstand.

20.7 H94, H08 Bei einer Elektrolyse ist eine größere Zellspannung erforderlich als die mit Hilfe der Nernst'schen Gleichung berechnete Gleichgewichtspotentialdifferenz. Wie heißt die zusätzlich erforderliche Potentialdifferenz?

(A) Leerlaufspannung
(B) Überspannung
(C) Wechselspannung
(D) Zellspannung
(E) Zersetzungsspannung

20.8 **F03** Bei einer Elektrolyse ist eine größere Zellspannung erforderlich als die mit Hilfe der Nernst'schen Gleichung berechnete Gleichgewichtspotentialdifferenz.

Wie heißt die zusätzlich erforderliche Potentialdifferenz?

(A) Leerlaufspannung
(B) Überspannung
(C) Wechselspannung
(D) Zellspannung
(E) EMK („Elektromotorische Kraft")

H97 Ordnen Sie bitte den Begriffen der Liste 1 die zugehörigen Aussagen der Liste 2 zu!

Liste 1

20.9 **H97, H07** Überspannung

20.10 **H97, H07** Leerlaufspannung

Liste 2

(A) die bei der Elektrolyse eines Stoffes über den Betrag der elektromotorischen Kraft der Zelle hinaus erforderliche zusätzliche Spannung
(B) die zwischen der Elektronenquelle und dem Elektronenauffänger angelegte Spannung in einem Massenspektrometer
(C) die zur Zersetzung eines Elektrolyten mindestens erforderliche Gegenspannung
(D) angelegte entgegengerichtete Zellspannung bei Amperometrie
(E) Spannung einer galvanischen Zelle in stromlosem Zustand.

20.11 **H94** Ein Platindraht taucht in eine wässrige Lösung ein, in der gleiche Stoffmengen von H_2SO_4, $FeSO_4$, NaOH, NaCl, $CdCl_2$ und $FeCl_3$ gelöst wurden. Welches Redoxpaar bestimmt das Potential des Platindrahtes?

(A) Pt^{2+}/Pt
(B) H^+/H_2
(C) Cd^{2+}/Cd
(D) Fe^{3+}/Fe^{2+}
(E) Na^+/Na

20.12 **H09** Welcher Parameter spielt bei der Berechnung des Elektrodenpotentials des Redoxpaars Zn^{2+}/Zn **keine** Rolle?

(A) Normalpotential des Redoxsystems Zn^{2+}/Zn
(B) Zinkionen-Konzentration
(C) Faraday-Konstante
(D) Allgemeine Gaskonstante
(E) Konvektion der Lösung

20.13 **H95** Welche Anordnung der folgenden Metalle entspricht einer Spannungsreihe, geordnet nach steigenden Standardpotentialen?

(A) K Al Zn Fe **H** Cu Ag Pt
(B) **H** Ag Pt Fe Cu K Al Zn
(C) Ag Pt Fe Cu K Al Zn **H**
(D) Pt Ag Cu **H** Fe Zn Al K
(E) K Al **H** Fe Zn Cu Ag Pt

20.14 **F97, F09** Eine galvanische Zelle werde unter Zuhilfenahme eines sogenannten Stromschlüssels (Salzbrücke) aufgebaut. Welches der folgenden Salze eignet sich in wässriger Lösung am besten zur Füllung des Schlüssels?

(A) Bariumsulfat
(B) Kaliumchlorid
(C) Kaliumpermanganat
(D) Magnesiumcarbonat
(E) Lithiumiodid

20.15 **H92** Die in der Abbildung skizzierte Konzentrationskette (Aktivitätsangaben a in mol l^{-1}) besitzt bei 20 °C eine leistungslos gemessene Spannung von etwa

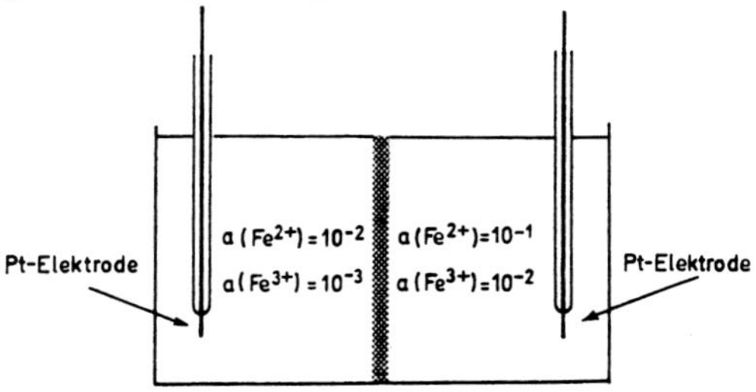

(A) 0 V
(B) 0,058 V
(C) 0,116 V

(D) 0,175 V
(E) 0,58 V

20.16 **F93, H06** Die in der Abbildung skizzierte Konzentrationskette (Aktivitätsangaben a in mol · l^{-1}) besitzt bei 20 °C eine leistungslos gemessene Spannung (Betrag) von etwa

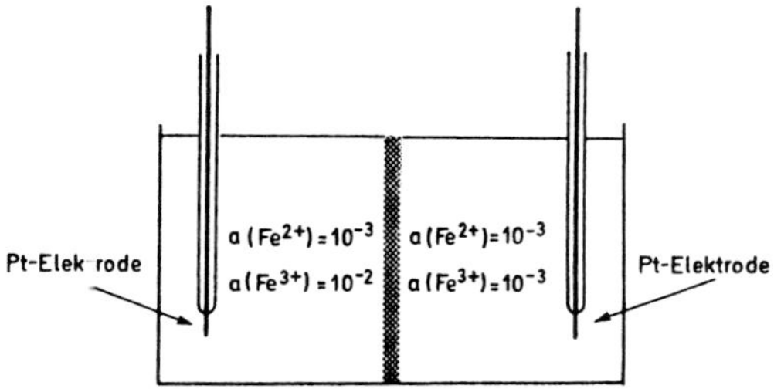

(A) 0 V
(B) 0,058 V
(C) 0,116 V
(D) 0,175 V
(E) 0,58 V

20.17 **H93,H01** Die in der Abbildung skizzierte Konzentrationskette (Aktivitätsangaben a in mol · l^{-1}) besitzt bei 20 °C eine leistungslos gemessene Spannung (Betrag) von etwa

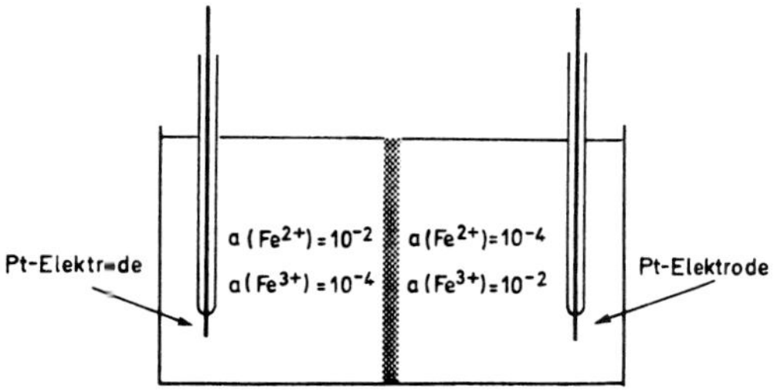

(A) 0 V
(B) 0,058 V
(C) 0,116 V
(D) 0,175 V
(E) 0,232 V

20.18 **F96 H02** Die in der Abbildung skizzierte Konzentrationskette (Aktivitätsangaben a in mol · l^{-1}) besitzt bei 20 °C eine leistungslos gemessene Spannung von etwa

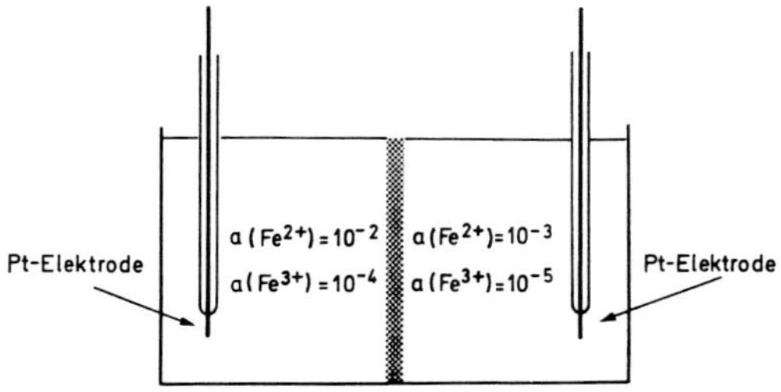

(A) 0 V
(B) 0,058 V
(C) 0,116 V
(D) 0,175 V
(E) 0,58 V

20.19 **F00** Die in der Abbildung skizzierte Konzentrationskette (Aktivitätsangaben a in mol · l^{-1}) besitzt bei 20 °C eine leistungslos gemessene Spannung (Betrag) von etwa

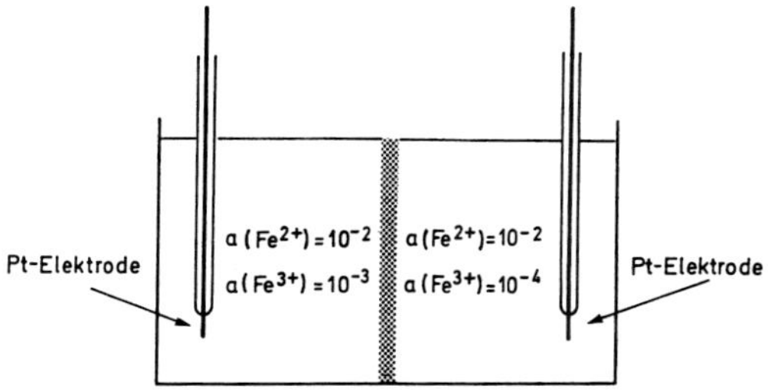

(A) 0 V
(B) 0,058 V
(C) 0,116 V
(D) 0,175 V
(E) 0,58 V

20.20 F99 Die in der Abbildung skizzierte Konzentrationskette (Aktivitätsangaben a in mol/l^{-1}) besitzt bei 20 °C eine leistungslos gemessene Spannung von etwa

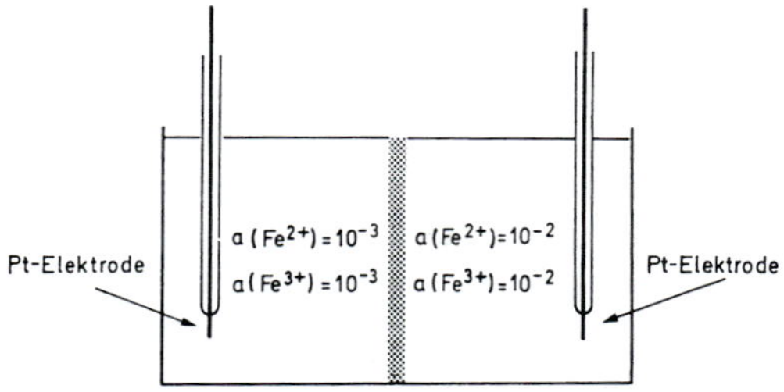

(A) 0 V
(B) 0,058 V
(C) 0,116 V
(D) 0,175 V
(E) 0,58 V

20.21 H08

Die in der Abbildung skizzierte Konzentrationskette (Aktivitätsangaben a in mol · l^{-1}) besitzt bei 20°C eine leistungslos zu messende Spannung von etwa

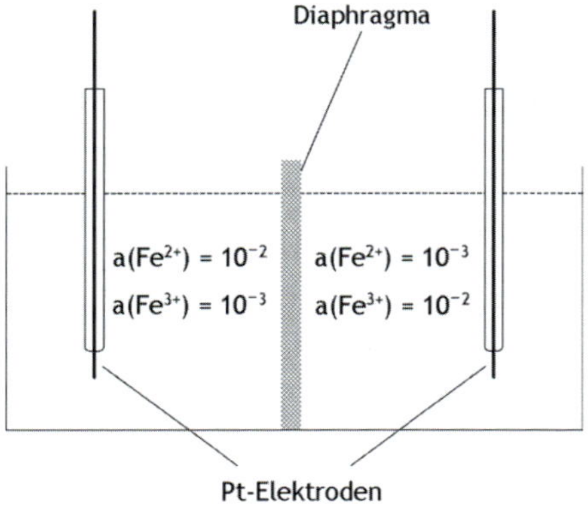

(A) 0 V
(B) 0,058 V
(C) 0,116 V
(D) 0,175 V
(E) 0,58 V

20.22 F94, F06 Die in der folgenden Abbildung skizzierte Zelle zeigt bei 20 °C (und sonst gleichen Bedingungen) eine leistungslos gemessene Zellspannung von annähernd

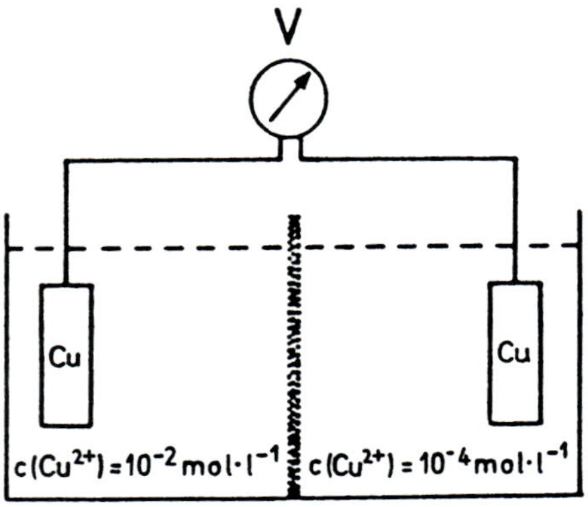

(A) 0,580 V
(B) 0,116 V
(C) 0,058 V
(D) 0,0116 V
(E) 0,0058 V

20.23 H99, F10 Die in der folgenden Abbildung skizzierte Zelle zeigt bei 20 °C (und sonst gleichen Bedingungen) eine leistungslos gemessene Zellspannung (Betrag) von annähernd

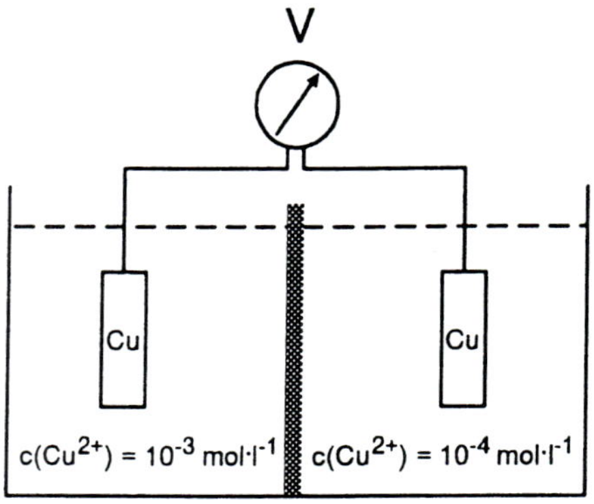

(A) 0,580 V
(B) 0,116 V
(C) 0,058 V
(D) 0,029 V
(E) 0,0058 V

20.24 F02

Die in der folgenden Abbildung skizzierte „Konzentrationskette" (Aktivitätsangaben a in mol · l^{-1}) besitzt bei 20 °C (und sonst gleichen Bedingungen) eine Leerlaufspannung (leistungslos gemessene Zellspannung) von annähernd

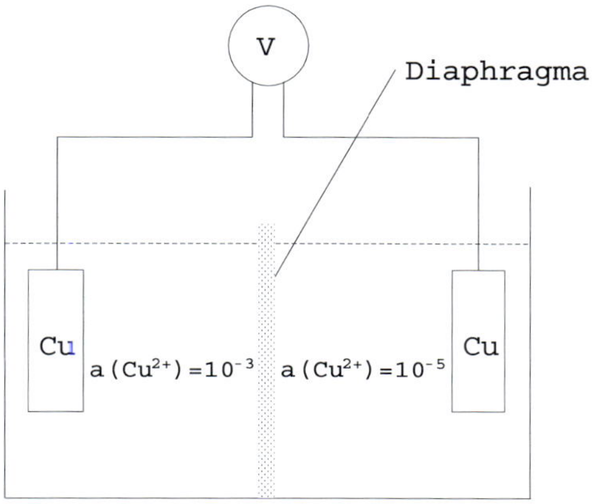

(A) 0,580 V
(B) 0,116 V
(C) 0,058 V
(D) 0,0116 V
(E) 0,0058 V

20.25 F08 Die Konzentrationskette Cu^{2+} (0,01 mol·l^{-1}) / Cu^{2+} (0,1 mol·l^{-1}) besitzt eine EMK von ca.

(A) 0,03 V
(B) 0,03 W
(C) 0,03 C
(D) 0,06 V
(E) 0,06 W

20.26 H90, F01 Die in der folgenden Abbildung skizzierte „Konzentrationskette" besitzt bei 20 °C (und sonst gleichen Bedingungen) eine Leerlaufspannung (leistungslos gemessene Zellspannung) von annähernd

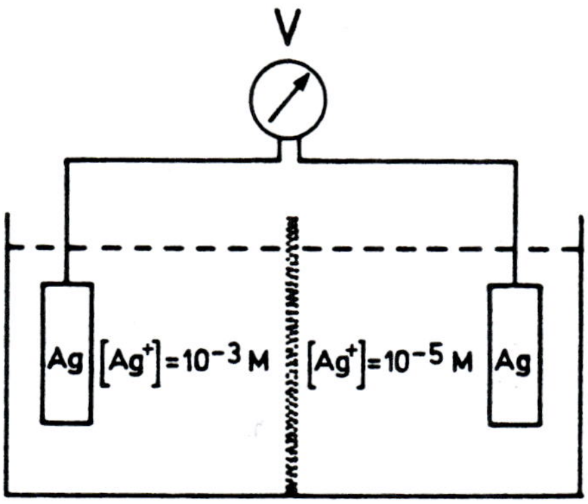

(A) 0,580 V
(B) 0,116 V
(C) 0,058 V
(D) 0,0116 V
(E) 0,0058 V

20.27 H96 Ein mit Silberchlorid beschichteter Silberdraht zeigt in einer 1-molaren Kaliumchlorid-Lösung bei 25 °C gegen die Standardwasserstoffelektrode eine Potentialdifferenz von etwa 230 mV. Welche Potentialdifferenz zeigt der Draht unter sonst gleichen Bedingungen gegen die Standardwasserstoffelektrode in einer 0,1-molaren Kaliumchlorid-Lösung ungefähr?

(A) 30 mV
(B) 100 mV
(C) 230 mV
(D) 290 mV
(E) 2,3 V

20.28 F94 Bei der Elektrolyse einer 1-M-$CuSO_4$-Lösung wurde eine Zersetzungsspannung von 1,5 V gemessen. Am Ende der Elektrolyse war die Cu^{2+}-Konzentration 10^{-6} M, die H^+-Ionenkonzentration blieb während der Elektrolyse praktisch konstant.

Der Betrag der Zersetzungsspannung betrug am Ende der Elektrolyse etwa:

(A) 1,5 + 0,36 V
(B) 1,5 + 0,18 V
(C) 1,5 + 0,06 V
(D) 1,5 - 0,18 V
(E) 1,5 - 0,36 V

20.29 **F94** In einer wässrigen Lösung von $FeSO_4$ werden 9 % des Fe^{2+} zu Fe^{3+} oxidiert. Welches Redoxpotential wird in dieser Lösung gegen die Standardwasserstoffelektrode (Standardpotential des Fe^{3+}/Fe^{2+}-Redoxpaares = 0,75 V) annähernd gemessen?

(A) – 0,0075 V
(B) + 0,075 V
(C) + 0,63 V
(D) + 0,69 V
(E) + 0,87 V

20.30 **F89**

Eine Redoxreaktion läuft nach folgendem Schema ab:
$x\ Ox_1 + y\ Red_2 \rightleftharpoons x\ Red_1 + y\ Ox_2$
Unter welchen der folgenden Voraussetzungen ist das Potential am Äquivalenzpunkt gleich dem arithmetischen Mittel der Normalpotentiale des Reduktions- und Oxidationsvorganges (die Potentiale seien pH-unabhängig)?
(A) x = 1, y = 2
(B) x = 1, y = 3
(C) x = 2, y = 1
(D) x = 2, y = 2
(E) x = 3, y = 1

20.31 **H94,F01** Zwischen der freien Enthalpieänderung ΔG und der elektromotorischen Kraft (EMK) einer elektrochemischen Zelle besteht folgende Beziehung (n = Zahl der ausgetauschten Ladungen pro Formelumsatz):

(A) $EMK = ((R \cdot T) / (n \cdot F)) \cdot \ln \Delta G$
(B) $\Delta G + EMK = n \cdot F$
(C) $\Delta G = - n \cdot F \cdot EMK$
(D) $EMK = 0{,}059 / (n \cdot \Delta G)$
(E) $\Delta G = -n \cdot F \cdot \ln EMK$

20.32 **H89** Welche Aussage trifft zu?

Die Leitfähigkeit einer Elektrolytlösung ist abhängig
(A) vom Dissoziationsgrad der gelösten Stoffe.
(B) von der Zellkonstante der Leitfähigkeitszelle.
(C) vom Volumen der Elektrolytlösung.
(D) bei gesättigten Lösungen von der Stoffmenge des nicht gelösten Elektrolyten (Bodenkörper).
(E) von keiner der unter (A) bis (D) angegebenen Möglichkeiten.

20.33 **F00** Welche Aussagen treffen zu?

Die elektrische Leitfähigkeit einer Elektrolytlösung ist
(1) abhängig von der Konzentration des Elektrolyten
(2) abhängig von dem Ausmaß der Dissoziation des Elektrolyten
(3) abhängig von den Ladungszahlen der Anionen und Kationen
(4) proportional der elektrischen Feldstärke

(A) nur 1 und 2
(B) nur 1 und 4
(C) nur 3 und 4
(D) nur 1, 2 und 3
(E) nur 2, 3 und 4

20.33 a **H01** Die elektrische Leitfähigkeit einer Elektrolytlösung hängt **nicht** ab von

(A) den Ionenkonzentrationen
(B) der Temperatur der Lösung
(C) der Viskosität der Lösung
(D) den Ionenbeweglichkeiten
(E) der Zellkonstante der Leitfähigkeitszelle

20.34 **H03** Welche der folgenden Maßnahmen führt **nicht** zu größerer elektrischer Leitfähigkeit einer Elektrolyt-Lösung?

Erhöhung der:
(A) Anzahl der frei beweglichen Ionen in der Lösung
(B) Anzahl der Elementarladungen pro Ion
(C) Ionenbeweglichkeit
(D) Stromstärke
(E) Temperatur der Elektrolyt-Lösung

20.35 H02 Welche Aussage trifft **nicht** zu?

Die elektrische Leitfähigkeit einer Elektrolytlösung ist
(A) abhängig von der Konzentration des Elektrolyten
(B) abhängig von dem Ausmaß der Dissoziation des Elektrolyten
(C) proportional zur elektrischen Feldstärke
(D) abhängig von den Ladungszahlen der Anionen und Kationen
(E) abhängig von den Ionenwanderungsgeschwindigkeiten.

20.36 F94 Welche Aussage trifft **nicht** zu?

Die Äquivalentleitfähigkeit einer Elektrolytlösung ist abhängig von:
(A) der Art der leitenden Ionen.
(B) bei starken Elektrolyten in sehr verdünnter Lösung von der Anzahl der Ladungsträger.
(C) der Temperatur.
(D) bei schwachen Elektrolyten dem Dissoziationsgrad der gelösten Stoffe.
(E) dem verwendeten Lösungsmittel.

20.37 H05 Die Leitfähigkeit einer Elektrolytlösung ist abhängig

(A) bei gesättigten Lösungen von der Stoffmenge des nicht gelösten Elektrolyten (Bodenkörper)
(B) von Fläche und Abstand der Elektroden der Leitfähigkeitszelle
(C) vom Volumen der Elektrolytlösung bei unveränderter Konzentration
(D) vom Dissoziationsgrad der gelösten Stoffe
(E) von der Amplitude der angelegten Wechselspannung.

20.38 F05 Welche Aussagen treffen zu?

Die elektrische Leitfähigkeit einer Elektrolytlösung hängt ab von:
(1) der Konzentration der Kationen des Elektrolyten
(2) der Temperatur der Lösung
(3) der Amplitude der angelegten Wechselspannung
(4) den Beweglichkeiten der Kationen und Anionen

(A) nur 1
(B) nur 2 und 3
(C) nur 2 und 4
(D) nur 1, 2 und 4
(E) 1 bis 4 (alle)

20.39 F07 Die Leitfähigkeit einer Elektrolytlösung ist abhängig

(A) bei gesättigten Lösungen von der Stoffmenge des nicht gelösten Elektrolyten (Bodenkörper)
(B) von der Fläche der Elektroden der Leitfähigkeitszelle
(C) vom Abstand der Elektroden der Leitfähigkeitszelle
(D) vom Volumen der Elektrolytlösung bei unveränderter Konzentration
(E) vom Dissoziationsgrad der gelösten Stoffe.

20.40 F98 Welche Aussagen über die elektrische Leitfähigkeit einer NaCl-Lösung treffen zu?

(1) Sie ist direkt proportional zur Konzentration.
(2) Sie ist umso größer, je mehr Ionen in Lösung frei beweglich sind.
(3) Sie ist der Kehrwert des spezifischen Widerstands einer Lösung.
(4) Sie beruht auf der Ionenwanderung im elektrischen Feld (Migration).

(A) nur 1
(B) nur 1 und 2
(C) nur 1, 2 und 3
(D) nur 2, 3 und 4
(E) 1 bis 4 (alle)

20.41 **F93** Die größte Äquivalentleitfähigkeit in wässriger Lösung bei unendlicher Verdünnung hat

(A) Mg^{2+}
(B) K^+
(C) F^-
(D) SO_4^{2-}
(E) OH^-

20.42 **F02** Die größte Ionenäquivalentleitfähigkeit in wässriger Lösung bei unendlicher Verdünnung (Grenzäquivalentleitfähigkeit) hat

(A) Ba^{2+}
(B) K^+
(C) Li^+
(D) NH_4^+
(E) H_3O^+

20.43 **H08** Welches der folgenden Ionen hat in wässriger Lösung bei unendlicher Verdünnung die größte Ionenäquivalentleitfähigkeit?

(A) Ba^{2+}
(B) K^+
(C) F^-
(D) SO_4^{2-}
(E) OH^-

20.44 **F08** Welches der nachfolgenden Ionen trägt zur elektrolytischen Leitfähigkeit in einer wässrigen Lösung von Natriumchlorid, Natriumnitrat und Schwefelsäure (jeweils in der Konzentration $c = 1{,}0\ mol \cdot l^{-1}$) am meisten bei?

(A) Na^+
(B) Cl^-
(C) SO_4^{2-}
(D) NO_3^-
(E) H_3O^+

20.45 **H04** Welche Wassersorte hat die kleinste elektrolytische Leitfähigkeit?

(A) Regenwasser
(B) hartes Trinkwasser
(C) Schwimmbadwasser
(D) bidestilliertes Wasser
(E) Meerwasser

20.46 **H05** Welches der folgenden Ionenpaare hat die größte Differenz ihrer Ionenäquivalentleitfähigkeit?

(A) K^+ und Cl^-
(B) Na^+ und I^-
(C) Mg^{2+} und Ca^{2+}
(D) Na^+ und OH^-
(E) NO_3^- und Br^-

20.47 **H08** Welche Aussage trifft **nicht** zu?

In einer wässrigen Lösung von Natriumchlorid, Kaliumnitrat und Schwefelsäure wird bei Stromfluss Ladung transportiert durch:
(A) H_3O^+-Ionen
(B) solvatisierte Elektronen
(C) Na^+-Ionen
(D) Cl^--Ionen
(E) K^+-Ionen

20.48 **F04** Welche Aussage trifft **nicht** zu?

Der Betrag der Wanderungsgeschwindigkeit von Ionen, die sich in wässriger Lösung zwischen 2 Elektroden befinden, hängt ab von:
(A) der Feldstärke in der Lösung
(B) der angelegten Spannung (bei unverändertem Elektrodenabstand)
(C) dem Elektrodenabstand (bei unveränderter Spannung)
(D) dem Betrag ihrer Ladung
(E) dem Vorzeichen ihrer Ladung (bei gleichem Ladungsbetrag).

20.49 **H06** Wie bezeichnet man die Wanderung von geladenen Teilchen im elektrischen Feld?

(A) Konvektion
(B) Diffusion
(C) Migration
(D) Polarisation
(E) Konfusion

20.50 **H95 H06** Durch eine wässrige Elektrolytlösung, welche einmolare Mengen Natriumchlorid, Kaliumnitrat und Essigsäure enthält, fließe ein elektrischer Strom. Welches Ion trägt am wenigsten zum Ladungstransport bei?

(A) Na^+
(B) K^+
(C) Cl^-
(D) NO_3^-
(E) CH_3COO^-

20.51 H08 Welche Aussagen treffen zu?

Eine Platin-Elektrode wird üblicherweise verwendet

(1) zur Indikation einer Redox-Titration
(2) zur Indikation einer Säure-Base-Titration im wässrigen Milieu
(3) als ionensensitive Elektrode in der Direktpotentiometrie von Fluorid-Ionen
(4) mit einer zweiten Platin-Elektrode zur biamperometrischen Indikation von Redoxtitrationen

(A) nur 1
(B) nur 2
(C) nur 1 und 2
(D) nur 1 und 4
(E) 1 bis 4 (alle)

20.52 F92 Werden Protonen in wässriger Lösung an Metall-Kathoden zu Wasserstoff reduziert, so wird für diesen Vorgang häufig eine Überspannung beobachtet. Für welches der folgenden Metalle ist diese Überspannung – unter sonst gleichen Bedingungen – am größten?

(A) Ag
(B) Cu
(C) Zn
(D) Hg
(E) Pt

20.53 F02 Welche Aussagen über die Standardwasserstoffelektrode treffen zu?

(1) Der Wasserstoffdruck beträgt 1 atm (1 atm $\approx 10^5$ Pa).
(2) Als Elektrodenmaterial dient platiniertes Platin.
(3) Das Elektrodenmetall taucht in eine Säure der H_3O^+-Aktivität 1 $mol \cdot l^{-1}$ ein.
(4) Die Elektrode stellt eine Indikatorelektrode dar.

(A) nur 1
(B) nur 3
(C) nur 1 und 4
(D) nur 2 und 4
(E) nur 1, 2 und 3

20.54 H93 Welches der folgenden Metalle eignet sich besonders gut zum Bau einer Wasserstoff-Elektrode?

(A) Silber
(B) mit Silberchlorid überzogenes Silber
(C) Zink
(D) Platin
(E) Edelmetallamalgam

20.55 H98, H00 Welches Metall eignet sich am besten als Elektrodenmaterial, um das Potential des Systems

$2\,H^+ + 2\,e^- \rightleftharpoons H_2$ zu bestimmen?

(A) Hg
(B) Zn
(C) Pb
(D) Pt
(E) Cd

20.56 F09 Welche Aussagen treffen zu? - Eine Silber-Elektrode kann verwendet werden

(1) als ionensensitive Elektrode für Silber-Ionen
(2) mit einem dünnen Überzug aus Silberchlorid als Chlorid-sensitive Elektrode
(3) als Tropfelektrode in der Polarographie
(4) mit festem Silberchlorid in KCl-Lösung ($c = 3\ mol \cdot l^{-1}$) als Referenzelektrode

(A) nur 1
(B) nur 4
(C) nur 3 und 4
(D) nur 1, 2 und 4
(E) 1 bis 4 (alle)

28

20.57 **F03** Welche Aussagen über eine Silber/Silberchlorid-Elektrode treffen zu?

(1) Mit steigender Konzentration des KCl-Elektrolyten wird der gegen die Standardwasserstoffelektrode gemessene Betrag der Potentialdifferenz größer.
(2) Das Potential ist unabhängig von der Temperatur.
(3) Als Elektrolyt kann grundsätzlich NaCl oder KCl verwendet werden.

(A) nur 1
(B) nur 2
(C) nur 3
(D) nur 1 und 2
(E) nur 2 und 3

20.58 **H92, H00** Welches Material enthält eine Kalomelelektrode typischerweise nicht?

(A) Pt
(B) Hg
(C) KCl
(D) Hg_2Cl_2
(E) $HgCl_2$

20.59 **H96, H05** Welche Aussage trifft nicht zu? Die Kalomelelektrode enthält:

(A) KCl-Lösung
(B) einen Kontaktanschluss (z. B. Platin)
(C) metallisches Quecksilber
(D) $HgCl_2$
(E) Hg_2Cl_2

20.60 **F00** Welche der folgenden Komponenten enthält die Kalomelelektrode nicht?

(A) KCl-Lösung
(B) einen Kontaktanschluss (z. B. Platin)
(C) metallisches Quecksilber
(D) Hg_2Cl_2
(E) $HgSO_4$

20.61 **F09** Welcher Bestandteil kommt in der Kalomel-Bezugselektrode **nicht** in nennenswerter Menge vor?

(A) Wasser
(B) Quecksilber(I)-chlorid
(C) Quecksilber(II)-chlorid
(D) Quecksilber
(E) Kaliumchlorid

20.62 **H92, H04** Die Normal-Kalomelelektrode enthält eine Kaliumchlorid-Lösung folgender Konzentration (M_r(KCl) = 74,6; M_r(Cl) = 35,5):

(A) 1 g/100 ml
(B) 1 kg/1 m^3
(C) 1 mol/l
(D) 0,746 mol/l
(E) 0,355 mol/l

20.63 **H95, F06** Welche Aussage über die gesättigte Kalomelelektrode trifft nicht zu?

(A) Ihr Potential unterscheidet sich von dem einer 0,1-N-Kalomelelektrode.
(B) Sie zeigt gegenüber der 0,1-N-Kalomelelektrode ein negatives Potential.
(C) Die Elektrode enthält u. a. Hg_2Cl_2
(D) Der potentialbildende Vorgang ist $Hg^{2+} + 2\,e^- \rightleftharpoons Hg^0$.
(E) Ihr Potential ist temperaturabhängig.

20.64 **H99** Welche der Aussagen über die gesättigte Kalomelelektrode trifft nicht zu?

(A) Ihr Potential unterscheidet sich von dem einer „0,1-N-Kalomelelektrode" (0,1 M-KCl-Lösung).
(B) Sie zeigt gegenüber der „0,1 N-Kalomelelektrode" (0,1 M-KCl-Lösung) ein negatives Potential.
(C) Die Elektrode enthält u. a. Hg_2Cl_2.
(D) Sie ist in der Argentometrie als Indikatorelektrode (Arbeitselektrode) bei dead-stop-Indizierung verwendbar.
(E) Ihr Potential ist temperaturabhängig.

20.65 **F97** Welche Aussagen treffen zu? Die Kalomelelektrode enthält:

(1) KCl-Lösung
(2) einen geeigneten pH-Puffer
(3) metallisches Quecksilber
(4) Hg_2Cl_2

(A) nur 1 und 3
(B) nur 1 und 4
(C) nur 1, 3 und 4
(D) nur 2, 3 und 4
(E) 1 bis 4 (alle)

20.66 **F99** Welche Bestandteile der abgebildeten Elektrode sind potentialbestimmend?

(1) Platin-Draht
(2) Hg
(3) Hg_2Cl_2
(4) KCl-Lösung

(A) nur 1
(B) nur 2
(C) nur 2 und 3
(D) nur 2, 3 und 4
(E) 1 bis 4 (alle)

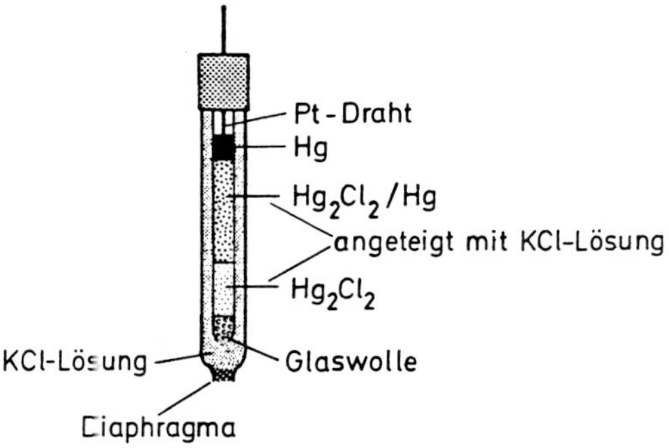

20.67 **F96** Welche der folgenden Elektroden werden als Elektroden 1. Art bezeichnet?

(1) Platindraht in Fe^{2+}/Fe^{3+}-Lösung
(2) Wasserstoff-Elektrode
(3) Kalomel-Elektrode
(4) Silber-Silberchlorid-Elektrode

(A) nur 1 und 2
(B) nur 2 und 3
(C) nur 3 und 4
(D) nur 2, 3 und 4
(E) 1 bis 4 (alle)

20.68 **F03** Welche der folgenden Elektroden sind Elektroden 2. Art?

(1) Kalomel-Elektrode
(2) Silber-Silberchlorid-Elektrode
(3) Platin-Elektrode in Fe^{2+}/Fe^{3+}-Lösung
(4) Wasserstoff-Elektrode

(A) nur 1 und 2
(B) nur 1 und 4
(C) nur 2 und 3
(D) nur 1, 3 und 4
(E) 1 bis 4 (alle)

20.69 **H09** Welche der folgenden Elektroden werden in der Elektrochemie als Elektroden 2. Art bezeichnet?

(1) Silber-Elektrode
(2) Wasserstoffelektrode
(3) gesättigte Kalomelelektrode
(4) $Ag/AgCl/Cl^-$ ($\alpha = 3$)-Elektrode

(A) nur 4
(B) nur 1 und 2
(C) nur 2 und 3
(D) nur 3 und 4
(E) 1 bis 4 (alle)

20.70 **F08** Welche Aussagen treffen zu?

Eine Platin-Elektrode wird üblicherweise verwendet

(1) als Gegen- oder Hilfselektrode in der Voltammetrie/Polarographie
(2) als Referenzelektrode in der Potentiometrie
(3) zur Indikation einer Säure-Base-Titration im wässrigen Milieu
(4) mit einer zweiten Platin-Elektrode zur Leitfähigkeitsmessung.

(A) nur 1
(B) nur 2
(C) nur 1 und 2
(D) nur 1 und 4
(E) 1 bis 4 (alle)

20.71 H97 Welche Aussagen treffen zu?

Als Bezugselektrode sind geeignet:
(1) Quecksilbertropfelektrode
(2) Silber/Silberchloridelektrode
(3) Kalomelelektrode

(A) nur 1
(B) nur 2
(C) nur 3
(D) nur 1 und 2
(E) nur 2 und 3

20.72 H08 Welche Aussagen treffen zu?

Als Bezugselektrode sind geeignet:
(1) Quecksilbertropfelektrode
(2) Silber/Silberchlorid/3 M-KCl-Elektrode
(3) Quecksilber/Quecksilber(I)-chlorid/gesättigte KCl-Elektrode

(A) nur 1
(B) nur 2
(C) nur 1 und 2
(D) nur 1 und 3
(E) nur 2 und 3

Die Ionen in Liste 1 sollen mittels einer ionenselektiven Elektrode quantitativ bestimmt werden. Ordnen Sie bitte den Ionen der Liste 1 die hierzu jeweils am besten geeignete Elektrode der Liste 2 zu!

Liste 1

20.73 H09 Sulfid-Ionen (S^{2-})

20.74 H09 Silber-Ionen (Ag^{+})

Liste 2

(A) Silbersulfid-Elektrode
(B) Lanthanfluorid-Einkristall-Elektrode
(C) Chinhydron-Elektrode
(D) Antimon-Elektrode
(E) Kalomel-Elektrode

20.75 F10 Welche Aussage zu Elektroden trifft **nicht** zu?

(A) Bei einer Elektrode 2. Art ist das Elektrodenmetall von einer Schicht eines schwerlöslichen Salzes des Metalls bedeckt.
(B) Eine Ag/AgCl/Cl(α= 3)-Elektrode ist eine Elektrode 2. Art.
(C) Eine Silberelektrode, die in eine $AgNO_3$-Lösung eintaucht, ist eine Elektrode 1. Art.
(D) In die Berechnung des Potentials einer Ag/AgCl/Cl(α = 3)-Elektrode geht das Löslichkeitsprodukt von AgCl ein.
(E) Eine Kalomel-Elektrode ist eine Elektrode 1. Art.

20.76 H92, H05 Die Chinhydron-Elektrode kann zur Bestimmung des pH-Werts herangezogen werden. Sie besteht aus einem Pt-Blech, welches in die fragliche Lösung, welche mit Chinhydron (1:1-Verbindung aus Chinon und Hydrochinon) gesättigt ist, eingetaucht. Welche potentialbildende Reaktion liegt der genannten Anwendung zugrunde?

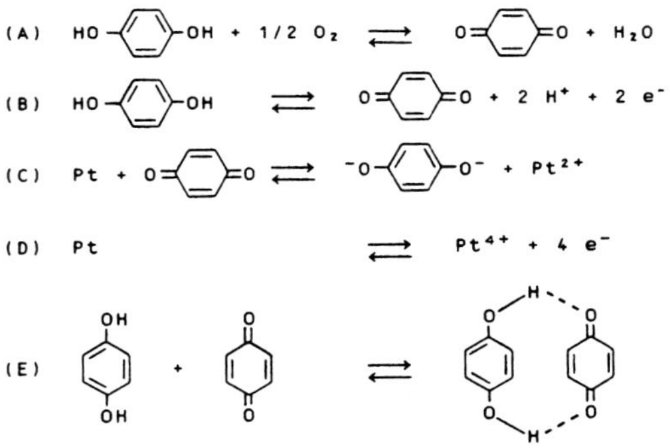

Welche der in Liste 2 genannten Analysenmethoden gehört jeweils zur Messgröße in Liste 1?

Liste 1

20.77 F92, F06 Ladung

20.78 F92, F06 elektrische Leitfähigkeit

Liste 2

(A) Elektrogravimetrie
(B) Potentiometrie
(C) Konduktometrie
(D) Coulometrie
(E) Polarographie

Ordnen Sie bitte den Verfahren in Liste 1 die jeweils zutreffende Messgröße der Liste 2 zu!

Liste 1

20.79 a F01 Konduktometrie

20.79 b F01 Konduktometrie

Liste 2

(A) Gleichspannung der Zelle
(B) Diffusionsgrenzstrom
(C) durch die Zelle transportierte elektrische Ladung
(D) elektrischer Widerstand (bzw. Leitfähigkeit) der Zelle
(E) Wanderungsgeschwindigkeit im elektrischen Feld

20.80 H91, F08 Bei welchem elektroanalytischen Verfahren ist die Diffusionskontrolle der Stromstärke Voraussetzung für eine erfolgreiche Durchführung?

(A) Potentiometrie
(B) Elektrogravimetrie
(C) Coulometrie
(D) Konduktometrie
(E) Polarographie

20.81 F08 Bei welchem elektrochemischen Analyseverfahren beruht die Messgröße **nicht** auf einem Stromfluss infolge von Stoffumsatz?

(A) Voltammetrie
(B) Amperometrie
(C) Konduktometrie
(D) Polarographie
(E) Coulometrie

F04 Ordnen Sie bitte den in Liste 1 aufgeführten Analysenmethoden die zutreffende Messgröße, die zur quantitativen Bestimmung dient, aus Liste 2 zu!

Liste 1

20.82 Potentiometrie

20.83 Polarographie

Liste 2

(A) elektrische Leitfähigkeit
(B) Ionenbeweglichkeit
(C) Potentialdifferenz
(D) Diffusionsgrenzstrom
(E) abgeschiedene Stoffmenge

20.84 H94 Bei welchem der folgenden instrumental-analytischen Verfahren tritt immer eine vollständige stoffliche Umsetzung der zu untersuchenden Substanz ein?

(A) Elektrogravimetrie
(B) Fluorimetrie
(C) Kernresonanzspektrometrie
(D) Direktpotentiometrie
(E) Refraktometrie

20.85 H90 Welche der folgenden Methoden wird häufig zur Bestimmung des pH-Werts einer Elektrolytlösung verwendet?

(A) Potentiometrie
(B) Polarimetrie
(C) Polarographie
(D) Konduktometrie
(E) Refraktometrie

20.86 F04 Welches Verfahren eignet sich **nicht** zur Endpunkt-Bestimmung von Titrationen?

(A) Amperometrie
(B) Voltametrie
(C) Potentiometrie
(D) Coulometrie
(E) Konduktometrie

20.87 **F96, F07** Welche der folgenden elektrochemischen Verfahren sind üblicherweise zur Indizierung des Endpunktes einer Neutralisationstitration verwendbar?

(1) Biamperometrie
(2) Coulometrie
(3) Konduktometrie
(4) Potentiometrie

(A) nur 1 und 2
(B) nur 1 und 4
(C) nur 2 und 3
(D) nur 3 und 4
(E) nur 1, 2 und 3

20.88 **H99**

Die elektrische Leitfähigkeit oder der Leitwert einer Elektrolytlösung wird – als Messgröße – bestimmt bei der

(A) Konduktometrie
(B) Potentiometrie
(C) Amperometrie
(D) Coulometrie
(E) Voltammetrie

20.89 **H07** Bei welchem der folgenden Verfahren wird als Messgröße die elektrische Leitfähigkeit einer Elektrolytlösung bestimmt?

(A) Konduktometrie
(B) Potentiometrie
(C) Elektrophorese
(D) Coulometrie
(E) Voltammetrie

20.90 **H95** Bei der potentiometrischen Titration erfolgt die

(A) leistungslose Messung der Potentialdifferenz zwischen Indikator- und Referenzelektrode in Abhängigkeit von der Reagenzzugabe
(B) Messung des Stromflusses zwischen einer Indikator- und einer Referenzelektrode bei konstanter Spannung
(C) Messung des Stromflusses zwischen zwei Indikatorelektroden bei konstanter Spannung
(D) Messung des Stromflusses zwischen Indikator- und Referenzelektrode bei Veränderung der Spannung
(E) Messung der Leitfähigkeit an zwei polarisierbaren Elektroden bei konstanter Spannung.

20.91 **H92** Welche Aussagen treffen zu?

Die im Folgenden gezeigte Anordnung ist geeignet zur Durchführung der:

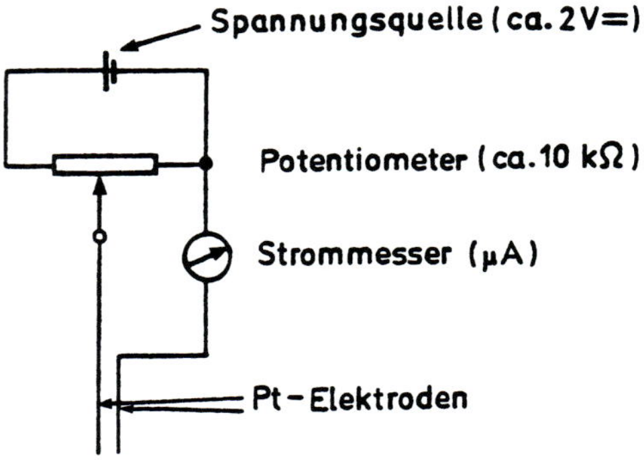

(1) Polarographie
(2) Biamperometrie
(3) Konduktometrie

(A) nur 1
(B) nur 2
(C) nur 3
(D) nur 1 und 2
(E) nur 2 und 3

Ordnen Sie bitte den elektrochemischen Analyseverfahren der Liste 1 den in Liste 2 genannten Vorgang zu, der jeweils für den Massentransport der zu bestimmenden Teilchen verantwortlich ist!

Liste 1

20.92 **H95, F07**

Polarographie

20.93 **H95, F07**

Elektrophorese

Liste 2

(A) Konvektion
(B) Migration (unter Einfluss eines elektrischen Feldes)
(C) Diffusion
(D) Dispersion
(E) Absorption

Ordnen Sie bitte den schematischen Diagrammen der Liste 1 das jeweils entsprechende elektrochemische Verfahren der Liste 2 zu (*I* = Gleichstromstärke, *U* = Gleichspannung, *c* = Konzentration)!

Liste 1

20.94 **H98**

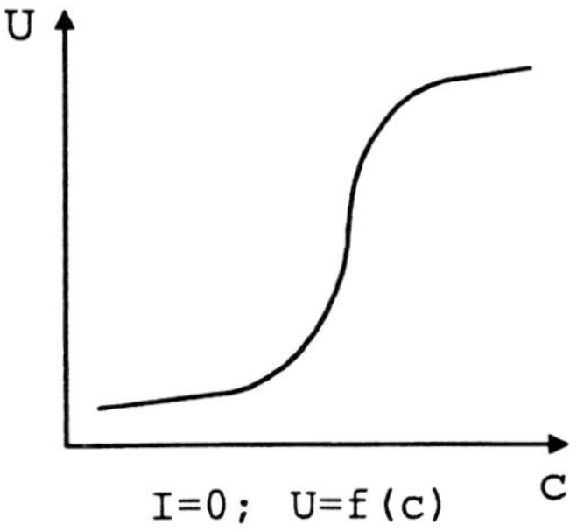

20.95 **F98**

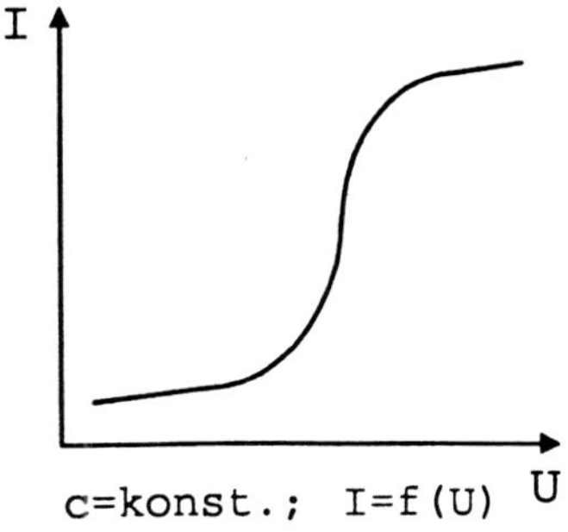

Liste 2

(A) Amperometrie
(B) Konduktometrie
(C) Polarographie
(D) Potentiometrie
(E) Polarimetrie

Ordnen Sie bitte den Titrationskurven der Liste 1 das jeweils entsprechende elektrochemische Indikationsverfahren der Liste 2 zu (*I* = Gleichstromstärke, *U* = Gleichspannung, *c* = Konzentration)!

Liste 1

20.96 **F97** **20.96 a** **F03**

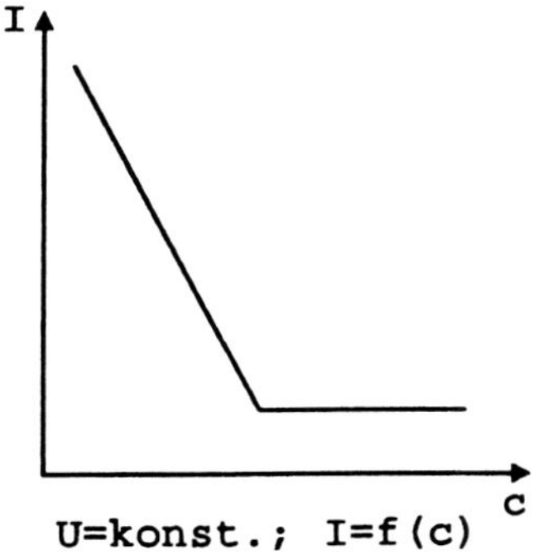

20.97 **F97** **20.97 a** **F03**

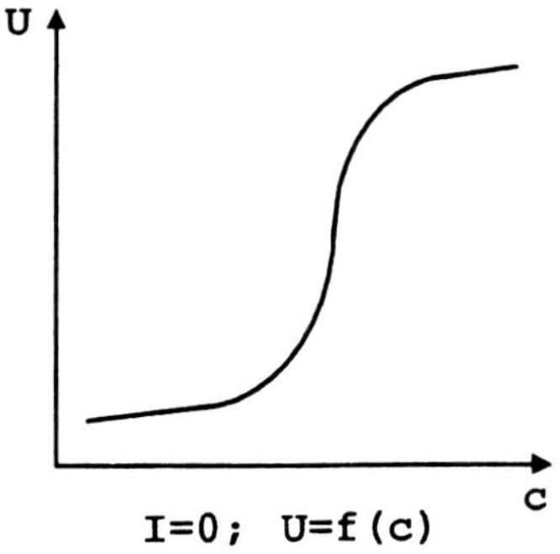

Liste 2 (20.96 und 20.97)

(A) Amperometrie
(B) Konduktometrie
(C) Polarographie
(D) Potentiometrie
(E) Voltametrie

Liste 2 (20.96 a und 20.97 a)

(A) Monoamperometrie mit einer Indikatorelektrode
(B) Konduktometrie
(C) Polarographie
(D) Potentiometrie
(E) Coulometrie

20.98 **H96, F07** Bei welchem der folgenden elektrochemischen Analyseverfahren wird der Diffusionsstrom (I_D) als Funktion der angelegten Gleichspannung gemessen?

(A) Potentiometrie
(B) Amperometrie mit 2 Indikatorelektroden
(C) Polarographie
(D) Konduktometrie
(E) Coulometrie

20.99 **F02** Welche der paarweise aufgeführten Namen sind Bezeichnungen für dieselbe Elektrode?

(A) Bezugselektrode – Referenzelektrode
(B) Gegenelektrode – Arbeitselektrode
(C) Glaselektrode – Redoxelektrode
(D) Indikatorelektrode – Vergleichselektrode
(E) Graphitelektrode – Ionensensitive Elektrode

Ordnen Sie bitte den aufgeführten elektrochemischen Bestimmungsmethoden eine Substanz zu, die man mit dieser Methode bestimmen kann!

Liste 1

20.100 **F07** Titration mit biamperometrischer Indikation

20.101 **F07** Differenzial-Pulspolarographie

Liste 2

(A) $HOOC—CH_2—COOH$

(B) 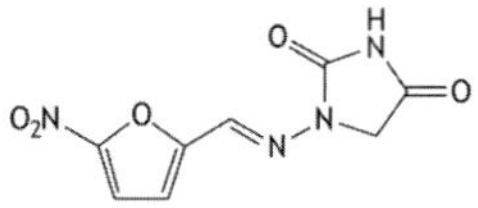

(C) $Cl_3C—CH(OH)_2$

(D) 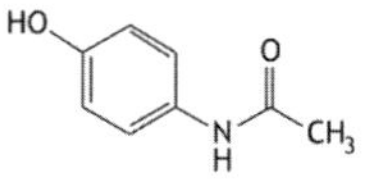

(E) 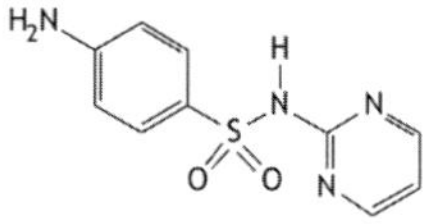

Ordnen Sie bitte den in Liste 1 aufgeführten analytischen Verfahren die für sie zutreffende Aussage (Liste 2) zu!

Liste 1

20.102 **H03** Amperometrische Titration

20.103 **H03** Potentiometrie

Liste 2

(A) Ein Äquivalenzpunkt wird durch die Änderung der Stromstärke bei einer an die Elektroden angelegten Gleichspannung bestimmt.
(B) Ein Äquivalenzpunkt wird durch die Änderung der Spannung bei einer an die Elektroden angelegten konstanten Stromstärke bestimmt.
(C) Aus der Messung der Leitfähigkeit wird die Konzentration bestimmt.
(D) Durch praktisch stromlose Spannungsmessung zwischen Indikator- und Bezugselektrode wird die Konzentration bestimmt.
(E) Aus der bis zum Äquivalenzpunkt umgesetzten Ladungsmenge wird die Menge an zu analysierender Substanz bestimmt.

Lösungen

20.1 E	20.1 a C	20.2 E	20.3 E	20.4 A
20.5 D	20.6 D	20.7 B	20.8 B	20.9 A
20.10 E	20.11 D	20.12 E	20.13 A	20.14 B
20.15 A	20.16 B	20.17 E	20.18 A	20.19 B
20.20 A	20.21 C	20.22 C	20.23 D	20.24 C
20.25 A	20.26 B	20.27 D	20.28 B	20.29 D
20.30 D	20.31 C	20.32 A	20.33 D	20.33 a E
20.34 D	20.35 C	20.36 B	20.37 D	20.38 D
20.39 E	20.40 D	20.41 E	20.42 E	20.43 E
20.44 E	20.45 D	20.46 E	20.47 B	20.48 E
20.49 C	20.50 E	20.51 D	20.52 D	20.53 E
20.54 D	20.55 D	20.56 D	20.57 C	20.58 E
20.59 D	20.60 E	20.61 C	20.62 C	20.63 D
20.64 D	20.65 C	20.66 D	20.67 A	20.68 A
20.69 D	20.70 D	20.71 E	20.72 E	20.73 A
20.74 A	20.75 E	20.76 B	20.77 D	20.78 C
20.79 a C	20.79 b D	20.80 E	20.81 C	20.82 B
20.83 D	20.84 A	20.85 A	20.86 D	20.87 D
20.88 A	20.89 A	20.90 A	20.91 B	20.92 C
20.93 B	20.94 D	20.95 C	20.96 A	20.96 a A
20.97 D	20.97 a D	20.98 C	20.99 A	20.100 E
20.101 B	20.102 A	20.103 D		

21 Potentiometrie

21.1 F94 Welche der folgenden Verfahren können prinzipiell zur Bestimmung des pH-Werts der Lösung einer schwachen Säure bzw. Base herangezogen werden?

(1) potentiometrische Messung an einer in die Lösung eintauchenden Glaselektrode (gegen Bezugselektrode).
(2) Bestimmung des Verbrauchs an Messlösung bei der Neutralisationstitration (bis zum Äquivalenzpunkt).
(3) potentiometrische Messung an einer in der Lösung eintauchenden, wasserstoffumspülten (entsprechend konditionierten) Platinelektrode (gegen Bezugselektrode).
(4) potentiometrische Messung an zwei gleichen in die Lösung eintauchenden Platinelektroden.

(A) nur 1 und 3
(B) nur 2 und 4
(C) nur 1, 2 und 3
(D) nur 2, 3 und 4
(E) 1 bis 4 (alle)

21.2 F89 Welche der folgenden Methoden werden nach Arzneibuch zur Bestimmung des pH-Werts einer Lösung herangezogen?

(1) potentiometrisch mit Hilfe einer Glaselektrode
(2) konduktometrisch mit zwei Platinelektroden
(3) kolorimetrisch mit Hilfe von Säure-Base-Indikatoren

(A) nur 1
(B) nur 2
(C) nur 1 und 2
(D) nur 1 und 3
(E) 1 bis 3 (alle)

21.3 F90 Welche Aussagen über die im Abschnitt „pH-Wert, Potentiometrische Methode", Ph. Eur., angegebene, nachfolgende Formel treffen zu?

$$pH = pH_s - \frac{E - E_S}{k}$$

E = Spannung der Zelle mit der zu untersuchenden Lösung
E_S = Spannung der Zelle mit der Lösung bekannten pH-Werts
pH_S = pH-Wert der Referenzlösung
k = temperaturabhängiger Parameter

(1) Sie dient zur Kontrolle des pH-Werts der Referenzlösung.
(2) Ihr liegt zugrunde, dass sich die Spannungsdifferenz der Messkette bei Änderung der H_3O^+-Aktivität um eine pH-Stufe um einen jeweils gleichen Betrag ändert.
(3) Sie ermöglicht die Berechnung von k bei konstanter Temperatur.

(A) nur 1
(B) nur 2
(C) nur 3
(D) nur 1 und 2
(E) nur 2 und 3

21.4 F93 In der Potentiometrie kann nachstehende Formel verwendet werden:

$$pH = pH_s - \frac{U - U_S}{k}$$

U = Spannung der Zelle mit der zu untersuchenden Lösung
U_S = Spannung der Zelle mit der Lösung bekannten pH-Werts
pH_S = pH-Wert der Referenzlösung
k = temperaturabhängiger Parameter

Welche Aussagen über diese Gleichung treffen zu?

(1) Für ideal verdünnte Lösungen ist k = 1.

(2) Sie ist unmittelbar aus der Henderson-Hasselbalch-Gleichung abgeleitet.

(3) Ihr liegt zugrunde, dass sich die Spannungsdifferenz der Messkette bei Änderung der H_3O^+-Aktivität um eine pH-Stufe um einen jeweils gleichen Betrag ändert.

(A) nur 1
(B) nur 2
(C) nur 3
(D) nur 1 und 2
(E) nur 2 und 3

21.5 H02 Welche der Kurven gibt die Abhängigkeit des Potentials *U* des Redoxpaares $2\,H^+/H_2$ gegen die Standardwasserstoffelektrode vom pH-Wert richtig wieder (25 °C, Standarddruck)?

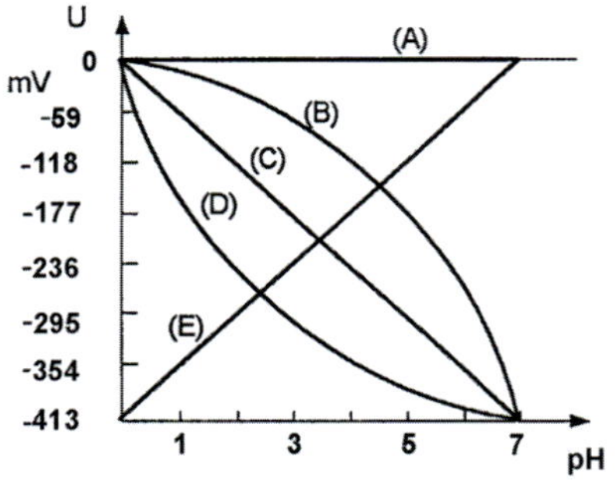

21.6 H06 Eine Glaselektrode, kombiniert mit einer Bezugselektrode, zeigt in einer Lösung bei 25 °C pH = 7,00 an.

Wird die Elektrodenkombination unter sonst gleichen Bedingungen in eine Lösung mit einem pH-Wert von 7,5 getaucht, ändert sich der Betrag des Potentials um

(A) 0,03 V
(B) 0,06 V
(C) 0,12 V
(D) 0,24 V
(E) 0,48 V

21.7 F07 Mit einer für Wasserstoff-Ionen empfindlichen Elektrode und einer Bezugselektrode (Glaselektrodenmesskette) wird in einer Lösung mit pH = 7,00 bei 20 °C eine Potentialdifferenz von 0 Volt gemessen.

Eine Lösung von unbekanntem pH-Wert ergibt unter den gleichen Bedingungen eine Potentialdifferenz mit dem Betrag 0,029 V.
Der pH-Wert dieser Lösung kann ca. betragen (ideales Verhalten entsprechend der Nernst'schen Gleichung sei vorausgesetzt):

(A) 7,25
(B) 7,29
(C) 7,50
(D) 7,58
(E) 7,75

21.8 H94, H06 Die pH-Bestimmung mittels der Glaselektrode beruht auf der pH-Abhängigkeit der Potentialdifferenz

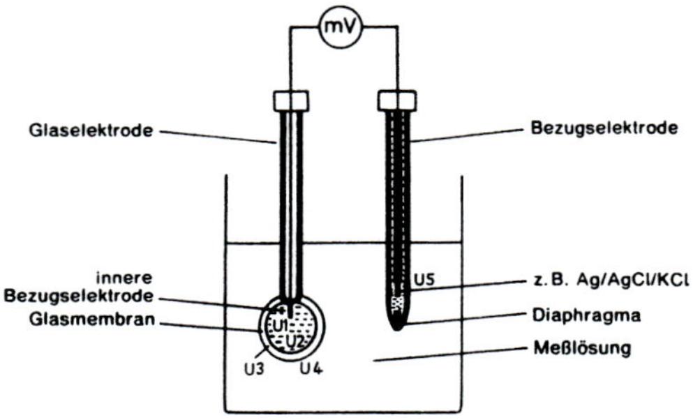

(A) in der inneren Bezugselektrode (U1).

(B) an der Grenzfläche innerer Elektrolyt/ Glasmembran (U2).

(C) innerhalb der Glasmembran (U3).

(D) an der Grenzfläche Glasmembran/ Messlösung (U4).

(E) zwischen Silberelektrode und KCl-Lösung (U5).

21.9 F02 Welche Aussagen treffen zu?

Für die Kalibrierung einer Glaselektrode zur pH-Messung eignen sich:

(1) 1 M-Salzsäure für pH = 0

(2) Bidestilliertes Wasser für pH = 7

(3) 1 M-Natriumhydroxid-Lösung für pH = 14

(4) Referenz-Pufferlösungen bestimmter Zusammensetzung und Temperatur

(A) nur 2
(B) nur 4
(C) nur 1 und 3
(D) nur 2 und 4
(E) 1 bis 4 (alle)

21.10 **F03** Für die Kalibrierung einer Glaselektrode zur pH-Messung eignet sich folgende Vergleichslösung:

(A) eine Kaliumhydrogenphthalat-Lösung bestimmten Gehaltes
(B) 1 M-Essigsäure für pH = 5
(C) Bidestilliertes Wasser für pH = 7
(D) 1 M-Natriumhydroxid-Lösung für pH = 14
(E) 1 M-Salzsäure für pH = 0

21.11 **H96, F06** Bei einer als Einstab-Messkette konstruierten Glaselektrode treten mehrere Potentialdifferenzen auf.

Auf welcher Potentialdifferenz beruht die pH-Messung?
Potentialdifferenz
(A) der inneren Ableitelektrode
(B) an der inneren Phasengrenze Glasmembran/ Kaliumchloridlösung
(C) an der äußeren Phasengrenze Glasmembran/ Lösung
(D) am Diaphragma der Bezugselektrode
(E) der Bezugselektrode

21.12 **F94**

Der mit einer Glaselektroden-Einstabmesskette gemessene pH-Wert kann durch ein Diffusionspotential verfälscht werden.
Grund für das Auftreten dieses Diffusionspotentials ist (sind)
(A) eine zu langsame Diffusion der Protonen in der Glasmembran.
(B) eine verminderte Diffusionsgeschwindigkeit der Na^+-Ionen in der Glasmembran.
(C) die temperaturabhängige Diffusion der Hg^+-Ionen in der Kalomel-Bezugselektrode.
(D) unterschiedliche Diffusionsgeschwindigkeiten der Ionenarten der Elektrolytlösung der Bezugselektrode am Diaphragma.
(E) unterschiedliche Diffusionsgeschwindigkeit der H^+-Ionen an der inneren und an der äußeren Glasmembran.

21.12 a **F01** Bei der pH-Bestimmung mit einer Glaselektrode in stark natronalkalischer Lösung kann ein sogenannter Alkalifehler auftreten. Ursache dafür ist

(A) Auflösung der Glasmembran
(B) Querempfindlichkeit gegenüber Natriumionen
(C) Dehydratisierung der Membranoberfläche
(D) Fällung von unlöslichem Siliciumhydroxid auf der Membran
(E) Auftreten eines Asymmetriepotentials

21.12 b **F10** Bei der pH-Bestimmung mit einer kombinierten Glaselektrodenmesskette in stark natronalkalischer Lösung kann ein so genannter Alkalifehler auftreten. Ursache dafür ist die

(A) Auflösung der Glasmembran
(B) Querempfindlichkeit gegenüber Natriumionen
(C) Dehydratisierung der Membranoberfläche
(D) Fällung von unlöslichem Siliciumhydroxid auf der Membran
(E) Verstopfung des Diaphragmas

21.12 c **H01** Welche Aussagen über den Säurefehler einer Glaselektrode treffen zu?

(1) Im stark sauren Bereich ($pH < 0{,}5$) ist der gemessene pH-Wert größer als der mit einer Elektrode ohne Säurefehler gemessene Wert.
(2) Im stark sauren Bereich ($pH < 0{,}5$) ist der gemessene pH-Wert kleiner als der mit einer Elektrode ohne Säurefehler gemessene Wert.
(3) Er hängt von der Art der inneren Bezugselektrode der Glaselektrode ab.
(4) Er hängt von der Zusammensetzung der Glasmembran ab.

(A) nur 2
(B) nur 3
(C) nur 1 und 4
(D) nur 2 und 3
(E) nur 3 und 4

21.12 d **H03** Welche Aussagen über den Alkalifehler einer Glaselektrode treffen zu?

(1) Im alkalischen Bereich ist der gemessene pH-Wert größer als der mit einer Elektrode ohne Alkalifehler gemessene Wert.
(2) Im alkalischen Bereich ist der gemessene pH-Wert kleiner als der mit einer Elektrode ohne Alkalifehler gemessene Wert.
(3) Einfach geladene Kationen verursachen besonders große Alkalifehler.
(4) Er hängt von der Zusammensetzung der Glasmembran ab.

(A) nur 1
(B) nur 2
(C) nur 1 und 3
(D) nur 2 und 3
(E) nur 2, 3 und 4

21.13 **F04** Der Ohm'sche Innenwiderstand einer Glaselektrode liegt typischerweise im Bereich von einigen

(A) $\mu\Omega$
(B) $m\Omega$
(C) Ω
(D) $k\Omega$
(E) $M\Omega$

21.14 **F09** Ein Messgerät soll zur Bestimmung des pH-Werts eingesetzt werden.

Welches der Messgeräte ist geeignet *und* besitzt **gerade noch** die Mindestgenauigkeit, um eine Änderung um 0,1 pH-Einheit zu erfassen?
(A) Potentiometer mit einer Ablesegenauigkeit von 0,1 mV
(B) Potentiometer mit einer Ablesegenauigkeit von 1 mV
(C) Potentiometer mit einer Ablesegenauigkeit von 10 mV
(D) Amperemeter mit einer Ablesegenauigkeit von 1 µA
(E) Amperemeter mit einer Ablesegenauigkeit von 1 mA

21.15 **F92** Welche Aussage trifft nicht zu?

Zur pH-Bestimmung können folgende Indikatorelektroden verwendet werden:
(A) Chinhydron-Elektrode
(B) Wasserstoff-Elektrode
(C) Antimon-Elektrode
(D) Silber-Elektrode
(E) Glas-Elektrode

21.16 **H94, F07** Welche der folgenden Elektroden können als Indikatorelektroden zur pH-Bestimmung dienen?

(1) Wasserstoff-Elektrode
(2) Antimon-Elektrode
(3) Glas-Elektrode
(4) Normal-Wasserstoff-Elektrode
(5) Silber-Silberchlorid-Elektrode

(A) nur 3
(B) nur 2 und 3
(C) nur 4 und 5
(D) nur 1, 2 und 3
(E) nur 1, 2, 3 und 4

21.17 **H02** Welche Aussagen treffen zu?

Die Potentiometrie kann folgende analytische Anwendungen finden:
(1) Ermittlung von Konzentrationen elektrochemisch inaktiver Teilchen
(2) Indizierung des Endpunktes von Redoxtitrationen
(3) Indizierung des Endpunktes von Fällungstitrationen
(4) Indizierung des Endpunktes komplexometrischer Titrationen

(A) nur 1 und 2
(B) nur 2 und 3
(C) nur 3 und 4
(D) nur 1, 2 und 3
(E) nur 2, 3 und 4

21.18 F05 Welche Aussagen treffen zu?

Zur Indizierung von Säure/Base-Titrationen lassen sich als Messelektrode verwenden:

(1) Antimonelektrode
(2) Glaselektrode
(3) Kalomelelektrode
(4) Wasserstoffelektrode

(A) nur 2
(B) nur 3
(C) nur 1, 2 und 3
(D) nur 1, 2 und 4
(E) nur 2, 3 und 4

21.19 F98 Welche Aussage trifft nicht zu?

Zur potentiometrischen Bestimmung des pH-Werts lässt sich als Messelektrode (Indikatorelektrode) verwenden eine:

(A) Antimonelektrode
(B) Chinhydronelektrode
(C) Glaselektrode
(D) Kalomelelektrode
(E) Wasserstoffelektrode

21.20 F94 Welche Aussage trifft nicht zu?

Als Indikatorelektroden können in der Potentiometrie verwendet werden:

(A) in das Titrationsgemisch eingetauchter Silberdraht
(B) Glaselektrode
(C) Wasserstoff-Elektrode
(D) Normal-Wasserstoff-Elektrode
(E) Platin-Elektrode

21.21 FC6 Bei der potentiometrischen Titration erfolgt die

(A) leistungslose Messung der Potentialdifferenz zwischen Indikator- und Referenzelektrode in Abhängigkeit von der Reagenzzugabe
(B) Messung des Stromflusses zwischen einer Indikator- und einer Referenzelektrode bei konstanter Spannung
(C) Messung des Stromflusses zwischen zwei Indikatorelektroden bei konstanter Spannung
(D) Messung des Stromflusses zwischen Indikator- und Referenzelektrode bei Veränderung der Spannung
(E) Messung der Leitfähigkeit an zwei polarisierbaren Elektroden bei konstanter Spannung.

21.22 H95 Das Potential am Äquivalenzpunkt der Titration einer Fe^{2+}-Lösung mit Ce^{4+} betrage 1,07 V.

Wie groß ist dann das Verhältnis cFe^{3+}/cFe^{2+} ungefähr (Normalpotential E^0 (Fe^{2+}/Fe^{3+}) = 0,77 V)?

(A) 10^0
(B) 10^1
(C) 10^3
(D) 10^5
(E) 10^7

21.23 H95

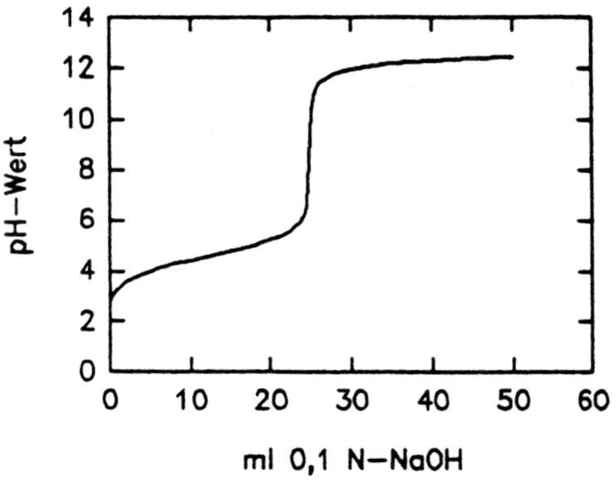

Die oben abgebildete Titrationskurve kann erhalten worden sein bei der Titration einer

(A) Oxalsäure-Lösung
(B) Dihydrogenphosphat-Lösung
(C) Monohydrogenphosphat-Lösung
(D) 0,1 N-Essigsäure
(E) 0,1 M-Borsäure

21.24 **H06** Welchen der folgenden Graphen erhält man bei einer mittels Silberelektrode potentiometrisch indizierten Titration mit $AgNO_3$-Maßlösung ($c = 0{,}1$ mol · l^{-1})?

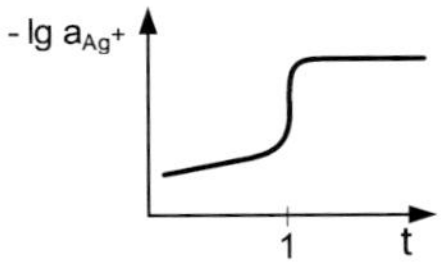

(A)

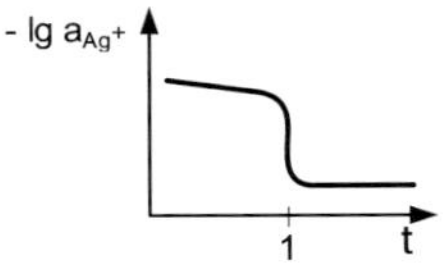

(B)

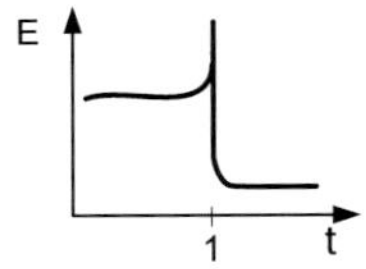

(C)

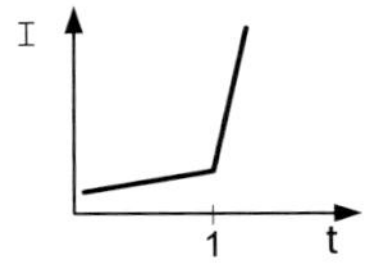

(D)

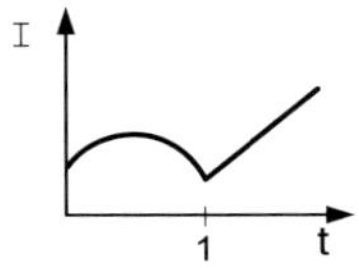

(E)

21.25 **H95** Welches Metall eignet sich am besten als Elektrodenmaterial der Indikatorelektrode, um das Potential des Redoxsystems $2\,H^+ + 2\,e^- \rightleftharpoons H_2$ zu messen?

(A) Ag
(B) Pb
(C) Pt
(D) Hg
(E) Cu

21.26 **H07** Welche der folgenden Elektroden können für die potentiometrische Indikation einer Redoxtitration als **Indikator**-Elektroden eingesetzt werden?

(1) Glasmembran-Elektrode
(2) Platin-Elektrode
(3) Gold-Elektrode

(A) nur 1
(B) nur 2
(C) nur 1 und 3
(D) nur 2 und 3
(E) 1 bis 3 (alle)

21.27 **H07** Das Europäische Arzneibuch schreibt für den abgebildeten Arzneistoff, das Dihydrat des Chininhydrochlorids, eine Gehaltsbestimmung in Ethanol mit Natriumhydroxid-Maßlösung ($c = 0{,}1$ mol · l^{-1}) vor, wobei vor der Titration ein definiertes Volumen Salzsäure ($c = 0{,}01$ mol · l^{-1}) zugegeben wird. Der Endpunkt der Titration wird potentiometrisch erfasst. Das Volumen zwischen den beiden Wendepunkten in den steilen Bereichen der Titrationskurve wird für die Berechnung des Gehalts herangezogen.

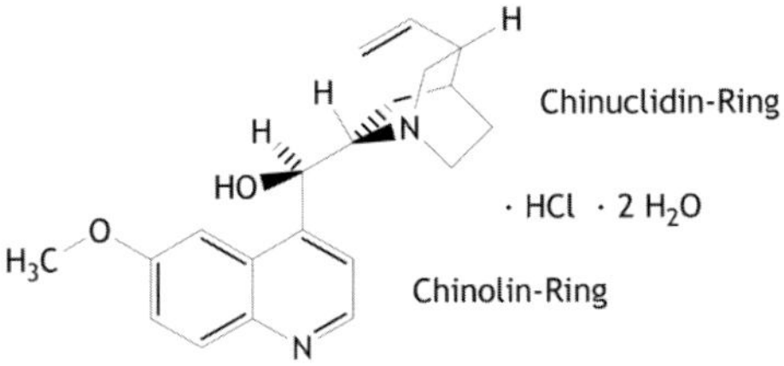

Welche Aussagen treffen zu?

(1) Bei der Titration wird das Chlorid-Ion erfasst.
(2) Die Basizität des Chinuclidin-Stickstoffatoms ist größer als die des Chinolin-Stickstoffatoms.
(3) Das Volumen zwischen den Wendepunkten der Titrationskurve entspricht zwei Äquivalenten Natriumhydroxid-Maßlösung.
(4) Der Gehalt an Chininhydrochlorid kann auch durch Titration in wasserfreiem Medium mit Perchlorsäure-Maßlösung bestimmt werden.

(A) nur 2
(B) nur 1 und 4
(C) nur 2 und 4
(D) nur 1, 2 und 3
(E) 1 bis 4 (alle)

21.28 F10 Das Europäische Arzneibuch schreibt für den abgebildeten Arzneistoff, das Dihydrat des Chininsulfats, eine Gehaltsbestimmung in wasserfreiem Medium mit Perchlorsäure-Maßlösung ($c = 0{,}1$ mol · l^{-1}) vor. Der Endpunkt wird potentiometrisch erfasst.

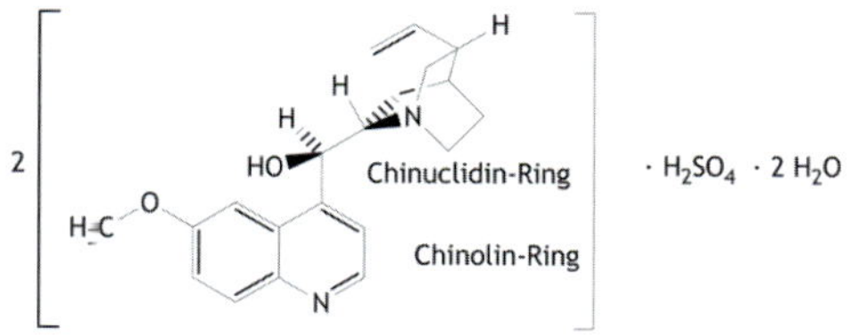

Welche Aussagen treffen zu?

(1) Die Basizität des Chinolin-Stickstoffatoms ist größer als die des Chinuclidin-Stickstoffatoms.
(2) Die Basizität des Chinuclidin-Stickstoffatoms ist größer als die des Chinolin-Stickstoffatoms.
(3) Bis zum Endpunkt der Titration werden insgesamt drei Äquivalente Perchlorsäure-Maßlösung verbraucht.
(4) Bis zum Endpunkt der Titration werden insgesamt vier Äquivalente Perchlorsäure-Maßlösung verbraucht.

(A) nur 1
(B) nur 2
(C) nur 1 und 3
(D) nur 2 und 3
(E) nur 2 und 4

21.29 F08 Das Arzneibuch schreibt häufig die potentiometrische Indizierung mit der kombinierten Glaselektrode bei der wasserfreien Titration mit Perchlorsäure in Essigsäure vor. Dabei wird das Leitsalz Kaliumchlorid in der Elektrode durch ein anderes, besser geeignetes Salz ersetzt.

Dazu ist am besten geeignet:

(A) Natriumchlorid
(B) Bariumsulfat
(C) Silberchlorid
(D) Lithiumchlorid
(E) Calciumfluorid

21.30 F10 Welche Aussagen zu ionenselektiven Elektroden treffen zu?

(1) Mit ionenselektiven Elektroden können nur Kationen, nicht aber Anionen bestimmt werden.
(2) Je nach Art des Membranglases kann eine Glaselektrode auch als eine natriumsensitive Elektrode verwendet werden.
(3) Als Festkörpermembranelektrode ist die Ag_2S-Elektrode sowohl für Silber- als auch für Sulfid-Ionen sensitiv.

(D) nur 1
(E) nur 2
(F) nur 1 und 2
(G) nur 2 und 3
(H) 1 bis 3 (alle)

21.31 F08 Zur direktpotentiometrischen Bestimmung von Fluorid-Ionen ist am besten geeignet:

(A) Glaselektrode
(B) Silber-Elektrode
(C) Natriumfluorid-Membran-Elektrode
(D) Lanthanfluorid-Einkristall-Elektrode
(E) Silber/Silberfluorid/Kaliumfluorid ($c = 3$ mol · l^{-1})-Elektrode

21.32 H08 Welche Aussagen zur direktpotentiometrischen Fluoridbestimmung mit LaF_3-Einkristall-Membranelektroden treffen zu?

(1) Bei Messungen im sauren Bereich treten Störungen durch Bildung von undissoziiertem HF auf.
(2) Die Messungen sind störungsempfindlich gegenüber Hydroxidionen.
(3) Unterhalb einer bestimmten Fluoridionen-Aktivität der Analysenlösung macht sich die Löslichkeit von LaF_3 störend bemerkbar.

(A) nur 1
(B) nur 2
(C) nur 3
(D) nur 2 und 3
(E) 1 bis 3 (alle)

21.33 F09 Die Indizierung des Endpunkts von Titrationen im wasserfreien Milieu wird nach Arzneibuch häufig potentiometrisch vorgenommen.

Messgröße dieses Verfahrens ist:

(A) die Spannung
(B) die Änderung der Spannung
(C) die Stromstärke
(D) die Änderung der Stromstärke
(E) der elektrische Widerstand

21.34 H09 Glutaminsäure wird durch Titration mit NaOH-Maßlösung unter potentiometrischer Indikation des Endpunkts titriert.

Welche Aussagen treffen zu?

(1) Es werden 2 Potentialsprünge erhalten.
(2) Es werden 3 Potentialsprünge erhalten.
(3) Der erste Potentialsprung ist größer als der zweite.
(4) Nach Verbrauch von 1 Äquivalent Base liegt ein neutrales Zwitterion vor.

(A) nur 1
(B) nur 2
(C) nur 3
(D) nur 1 und 3
(E) nur 2 und 4

21.35 H04 Bei welchem der folgenden Verfahren zur Bestimmung von Calcium wird nicht die Calciumionen**konzentration**, sondern die Calciumionen**aktivität** einer Lösung unmittelbar bestimmt?

(A) Titration mit EDTA und geeignetem Indikator
(B) Gravimetrische Bestimmung als Calciumoxalat
(C) Direktpotentiometrie mittels calciumionenselektiver Elektrode
(D) Flammen-Atomabsorption
(E) Atomemission

Lösungen

21.1 C	21.2 D	21.3 B	21.4 C	21.5 C
21.6 A	21.7 C	21.8 D	21.9 B	21.10 A
21.11 C	21.12 D	21.12a B	21.12b B	21.12c C
21.12d E	21.13 E	21.14 B	21.15 D	21.16 D
21.17 E	21.18 D	21.19 D	21.20 D	21.21 A
21.22 D	21.23 D	21.24 B	21.25 C	21.26 D
21.27 C	21.28 D	21.29 D	21.30 D	21.31 D
21.32 E	21.33 B	21.34 D	21.35 C	

22 Konduktometrie

22.1 F89 Welche Aussage zum elektrischen Leitvermögen einer Natriumchlorid-Lösung trifft zu?

(A) Sie ist größer als die Leitfähigkeit einer Chlorwasserstoff-Lösung gleicher Molarität.
(B) Die Wanderungsgeschwindigkeit der Kationen und Anionen ist nur von ihrer Ladung abhängig.
(C) Die Leitfähigkeit nimmt mit zunehmender Verdünnung zu.
(D) Die Äquivalentleitfähigkeit nimmt mit zunehmender Verdünnung zu.
(E) Keine der Aussagen trifft zu.

22.2 F93 Zur konduktometrischen Indikation der Titration von Salzsäure mit Natriumhydroxid-Lösung eignet sich am besten die Elektrodenkombination:

(A) Platin- und Silber/Silberchlorid-Elektrode
(B) Glas- und Kalomel-Elektrode
(C) zwei Silber/Silberchlorid-Elektroden
(D) zwei Platin-Elektroden
(E) zwei Chinhydron-Elektroden

22.3 **F02** Zur konduktometrischen Indikation der Titration von Salzsäure mit Natriumhydroxid-Lösung eignet sich am besten die Elektrodenkombination:

(A) eine Platin- und eine Silber/Silberchlorid-Elektrode
(B) eine Glas- und eine Kalomelelektrode
(C) eine Quecksilbertropf- und eine Kalomelelektrode
(D) zwei Platin-Elektroden
(E) eine Natrium- und eine Chlorid-sensitive Elektrode

22.4 **H06** Zur konduktometrischen Indikation der Titration von Salzsäure mit Natriumhydroxid-Lösung eignet sich am besten die Elektrodenkombination:

(A) Platin- und Silber/Silberchlorid-Elektrode
(B) Glas- und Kalomel-Elektrode
(C) zwei Silber/Silberchlorid-Elektroden
(D) zwei Platin-Elektroden
(E) zwei Glas-Elektroden

22.5 **H03** Die Verwendung von Wechselspannung bei der Konduktometrie erfolgt zur Vermeidung von

(A) Doppelschichtkapazitäten
(B) Ohm'schen Lösungswiderständen
(C) Phasenverschiebungen
(D) Faraday'schen (elektrolytischen) Vorgängen
(E) Ionenbewegungen

F98 In dem schematisierten Diagramm der konduktometrischen Titration von Salzsäure mit Natriumhydroxid-Maßlösung ist der Verlauf der Gesamtleitfähigkeit und der Teilleitfähigkeiten der einzelnen Reaktionsteilnehmer während der Titration dargestellt.
Ordnen Sie bitte den Reaktionsteilnehmern in Liste 1 die zugehörige Leitfähigkeitskurve im Diagramm (Liste 2) zu!

Liste 1

22.6 **F98** Hydroxylionen

22.7 **F98** Natriumionen

Liste 2

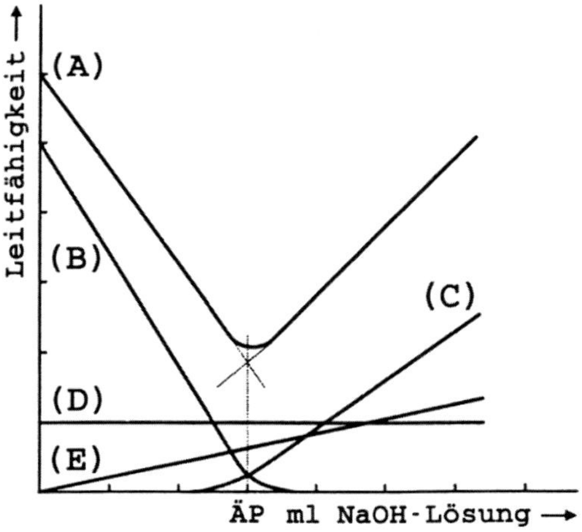

22.8 **F95, H06** Welche Aussage trifft für die konduktometrische Indizierung einer Titration zu?

(A) Es wird während der Titration eine zunehmende Gleichspannung an die Elektroden gelegt.
(B) Es werden eine polarisierbare Elektrode (z. B. Platin) und eine unpolarisierbare Elektrode (2. Art, z. B. Kalomelelektrode) verwendet.
(C) Es wird eine Wechselspannung an die Zelle gelegt und die Änderung des fließenden Wechselstromes verfolgt.
(D) Als Maß für die titrierte Stoffmenge dient die bis zum Titrationsendpunkt durch die Lösung transportierte elektrische Gesamtladung.
(E) Die Lösung muss vor der Titration zur Erhöhung der Leitfähigkeit mit einem Leitsalz versetzt werden.

22.9 F95 Welche der folgenden konduktometrischen Titrationskurven entspricht schematisch der Titration eines Gemisches von Salzsäure und Essigsäure mit 0,1 N-Natriumhydroxid-Lösung?

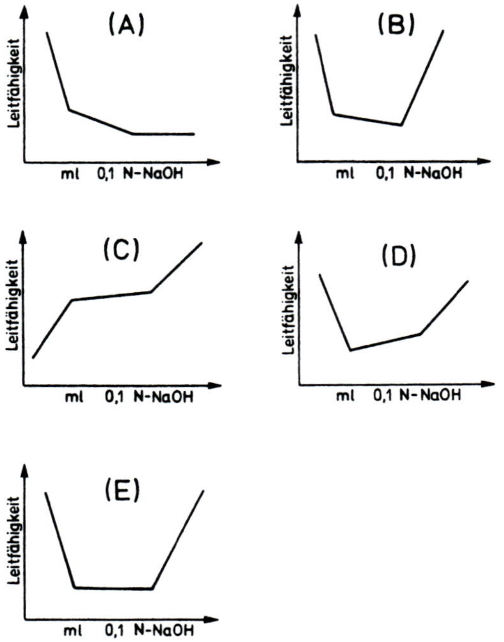

22.10 F02 Bei konduktometrischer Indikation zeigt die Titrationskurve von HCl mit NaOH schematisch folgenden Verlauf

(κ = Leitfähigkeit, τ = Titrationsgrad):

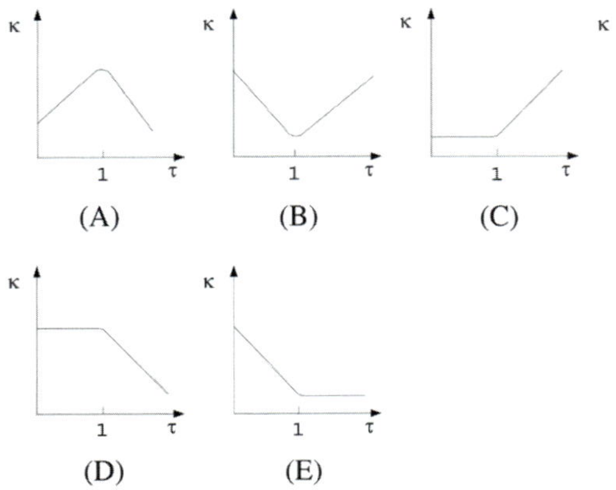

Eine starke Base wie NaOH-Lösung werde durch direkte Titration mit HCl-Maßlösung und in einer Parallelbestimmung durch Rücktitration unter Verwendung überschüssiger HCl-Maßlösung mit NaOH-Maßlösung bei konduktometrischer Indizierung bestimmt.

Ordnen Sie bitte den Titrationen in Liste 1 den jeweils im Prinzip zutreffenden Kurvenverlauf in Liste 2 zu!

Liste 1

22.11 H05 direkte Titration,

22.11 a H05 Rücktitration

Liste 2

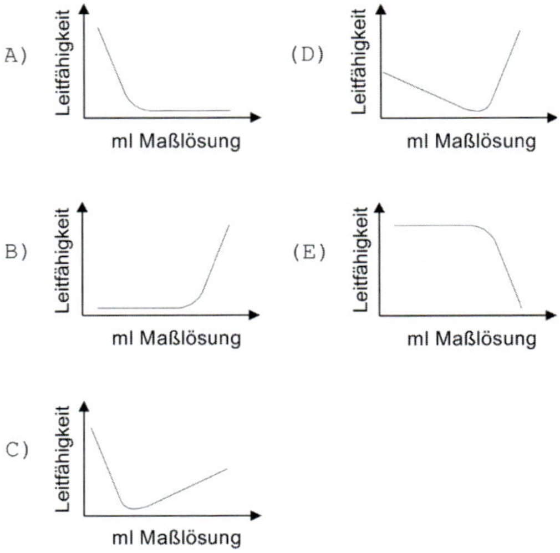

22.12 H08 Welche der folgenden Titrationskurven wird bei der konduktometrischen Titration einer schwachen Säure mit NaOH-Maßlösung erhalten?

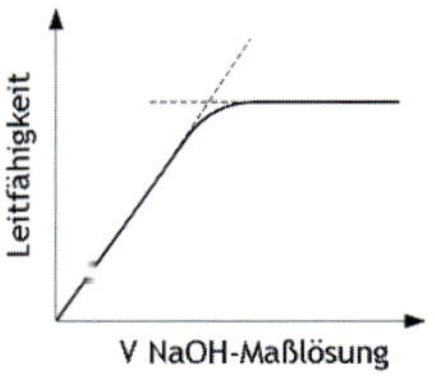

(A)

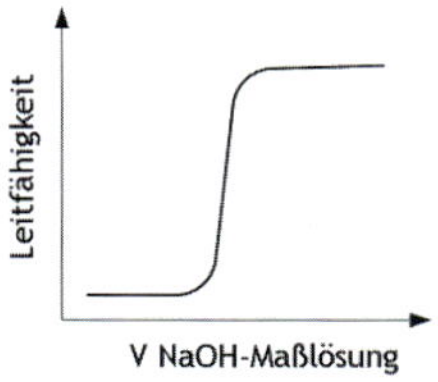

(B)

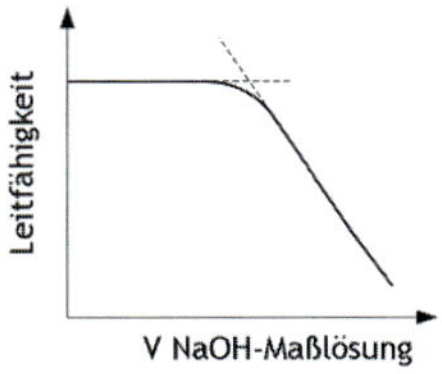

(C)

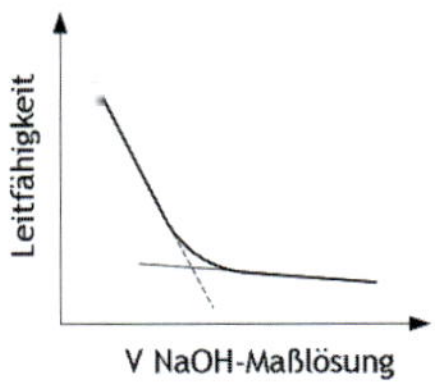

(D)

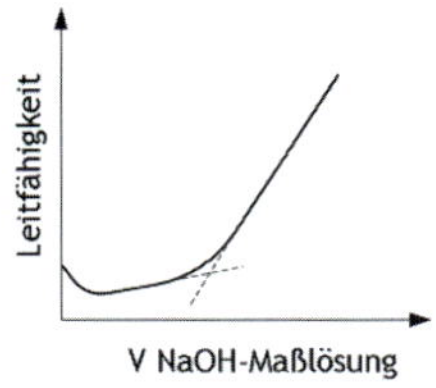

(E)

Lösungen

22.1 D	22.2 D	22.3 D	22.4 D	22.5 D
22.6 C	22.7 E	22.8 C	22.9 D	22.10 B
22.11 D	22.11 a C	22.12 E		

23 Voltammetrische Verfahren; Polarographie

23.1 F00 Welches Teil in der folgenden Prinzipskizze eines Gleichspannungspolarographen (z. B. bei Bestimmung von Pb^{2+} oder Cd^{2+}) ist nicht richtig angeordnet?

(A) Spannungsquelle (2 V)
(B) Widerstand mit Abgriff (Potentiometer)
(C) Amperemeter
(D) Quecksilbertropfelektrode
(E) Gesättigte Kalomelelektrode

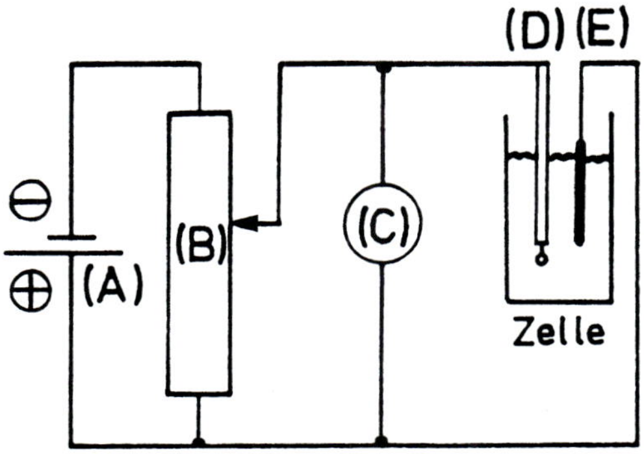

23.2 **H01** Zur möglichst leistungslosen Messung der Spannung einer polarografischen Zelle eignet sich ein

(A) Tensiometer mit hohem Widerstand
(B) Leistungsmessgerät mit einem Innenwiderstand von mindestens 10^{-3} Ohm
(C) Drehspulmessinstrument mit einem Messbereich von 0 bis 2 V
(D) Voltmeter mit einem Eingangswiderstand, der viel größer als der Widerstand der Zelle ist
(E) Amperemeter, dessen Innenwiderstand mindestens 1000 mal kleiner ist als der Widerstand der Zelle

23.3 **H93, H07** Welche Aussage über die Polarographie trifft nicht zu?

In der Polarographie
(A) wird die tropfende Hg-Elektrode als Kathode verwendet.
(B) ist das Halbstufenpotential identisch mit den Redoxpotential der Probelösung, wenn es gegen eine Kalomelelektrode gemessen wird.
(C) wird im Polarogramm die Stromstärke gegen die Spannung registriert.
(D) wird nur ein Teil der in Lösung befindlichen Substanz an der Hg-Elektrode umgesetzt.
(E) ist die Höhe des Diffusionsgrenzstromes der Konzentration des zu bestimmenden Stoffes proportional.

23.4 **H09** Welche Aussagen zur Polarographie treffen zu?

(1) Die Stromstärke wird in Abhängigkeit von einer zeitlich veränderlichen Spannung gemessen.
(2) Als Arbeitselektrode wird die Quecksilbertropfelektrode eingesetzt.
(3) In der Methode Gleichstrompolarographie ist die mittlere Diffusionsgrenzstromstärke der Konzentration der elektroaktiven Spezies proportional.
(4) Die Diffusionsgrenzstromstärke ist abhängig von der Viskosität der Lösung.

(A) nur 1
(B) nur 3
(C) nur 1 und 2
(D) nur 3 und 4
(E) 1 bis 4 (alle)

23.5 **F94** Welche Aussage über einen an einer Quecksilbertropfelektrode fließenden anodischen Strom trifft nicht zu?

(A) Er tritt z. B. bei der polarografischen Bestimmung von Ascorbinsäure auf.
(B) Er tritt bei der Auflösung des Elektrodenquecksilbers auf.
(C) Er ist durch die Übertragung von Elektronen von den umgesetzten Teilchen auf die Quecksilberelektrode charakterisiert.
(D) Voraussetzung für sein Auftreten ist ein positives Elektrodenpotential (> 0 V) gegen die gesättigte Kalomelelektrode.
(E) Ein anodischer Grenzstrom kann diffusionskontrolliert sein.

23.6 **H06** Welche Aussage trifft **nicht** zu?

Bei einer polarographischen Bestimmung mittels Quecksilbertropfelektrode müssen folgende Bedingungen eingehalten werden:
(A) Störender Sauerstoff muss aus der Lösung entfernt worden sein.
(B) Die Temperatur soll konstant bleiben.
(C) Die Lösung darf getrübt sein.
(D) Die Lösung muss gerührt werden.
(E) Ein Leitsalz muss zugesetzt werden.

23.7 **F91** Welche Aussagen treffen zu?

Der Zusatz von Kaliumchlorid bei der Polarographie soll folgende störende Erscheinungen verhindern:
(1) Konvektion
(2) Migration
(3) Diffusion
(4) Polarisation

(A) nur 2
(B) nur 3
(C) nur 1 und 2
(D) nur 3 und 4
(E) nur 2, 3 und 4

23.8 H90, F05 Welche Aussagen treffen zu?

Der Zusatz von Kaliumchlorid bei der Polarographie soll folgende störende Erscheinungen verhindern
(1) Konvektion
(2) Migration
(3) Diffusion

(A) nur 1
(B) nur 2
(C) nur 3
(D) nur 1 und 2
(E) nur 2 und 3

23.9 F99, H07 Unter den Bedingungen einer polarografischen Zink-Bestimmung erfolgt der Transport der Zn^{2+}-Ionen zur Elektrode hauptsächlich durch

(A) Migration
(B) Diffusion
(C) Konversion
(D) Konvektion
(E) Polarisation

23.10 F89 Welche Aussagen treffen zu?

Die Höhe des polarografischen Diffusionsgrenzstromes einer 10^{-4} molaren wässrigen Lösung von Pb^{2+} ist abhängig von
(1) dem Diffusionskoeffizienten der Blei-Ionen.
(2) dem Volumen der Lösung in der polarografischen Zelle.
(3) der Ausflussgeschwindigkeit des Quecksilbers aus der Kapillare.

(A) nur 3
(B) nur 1 und 2
(C) nur 1 und 3
(D) nur 2 und 3
(E) 1 bis 3 (alle)

23.11 H97 Welche Aussage trifft nicht zu?

Der polarografische Diffusionsgrenzstrom einer Cd^{2+}-Lösung ist abhängig von:
(A) dem Volumen der Probelösung
(B) dem Diffusionskoeffizienten des Cd^{2+}
(C) der Ausflussgeschwindigkeit des Quecksilbers
(D) der Tropfzeit
(E) der Temperatur

23.12 H95 Die Polarogramme einer 10^{-4} M-Pb^{2+}-Lösung

- in einem Essigsäure/Acetat-Puffer und
- in einem Ammoniak/Ammoniumchlorid-Puffer

unterscheiden sich am meisten
(A) in der Größe des Diffusionsgrenzstromes
(B) in der Größe des Kapazitätsstromes
(C) im Halbstufenpotential
(D) in der Steilheit der Stufe
(E) in der Zahl der auftretenden Stufen

23.13 H98 Welche Aussage trifft nicht zu?

In der Ilkovič-Gleichung sind explizit folgende Größen enthalten:
(A) Zahl der pro Teilchen der umgesetzten Substanz ausgetauschten Elektroden
(B) Temperatur der Probelösung
(C) Ausflussgeschwindigkeit (Massenfluss) des Quecksilbers
(D) Konzentration der zu bestimmenden Substanz
(E) Diffusionskoeffizient

23.14 H00 Welche Aussage trifft nicht zu?

In die Ilkovič-Gleichung gehen folgende Größen ein:
(A) der bei der betreffenden Elektrodenreaktion ablaufende Wertigkeitswechsel in Form eines Ladungsumsatzes pro Mol Stoffumsatz
(B) die Tropfzeit der Kapillare
(C) die Spannung der polarografischen Zelle
(D) die Konzentration des elektrochemisch aktiven Stoffes
(E) der Diffusionskoeffizient des elektrochemisch aktiven Stoffes

23.15 F10 Die grundlegende Gleichung der Polarographie und der Voltammetrie, die Ilkovič-Gleichung, lautet:

$I_D = 607 \cdot n \cdot D^{1/2} \cdot m^{2/3} \cdot t^{1/6} \cdot c$

Welche der darin vorkommenden Variablen ist nachstehend nicht zutreffend bezeichnet?

(A) I_D: mittlere Diffusionsgrenzstromstärke
(B) n: Zahl der pro Teilchen umgesetzten Ladungen (Elektronenzahl)
(C) D: Diffusionskoeffizient
(D) m: Masse des Quecksilbertropfens
(E) t: Tropfzeit

23.16 H91 Die nachfolgende Abbildung zeigt das Polarogramm einer Lösung, die Cd^{2+} und Zn^{2+} enthält. Welche Größe gibt das Halbstufenpotential des Zn^{2+} an?

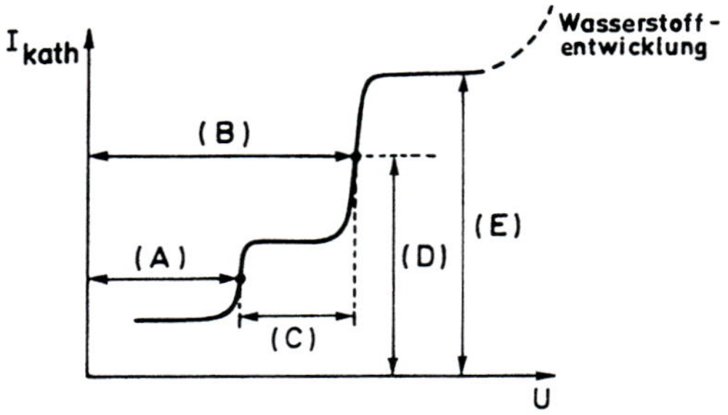

I_{kath} = kathodische Stromstärke
U = an die Zelle angelegte Spannung

23.17 F96 Bei der polarografischen Bestimmung von Zink(II)- neben Cadmium(II)-Ionen

(A) werden bei fortschreitend negativem Potential zuerst praktisch alle in der Lösung enthaltenen Cadmium(II)- und dann die Zink(II)-Ionen an der Kathode reduziert
(B) wird die Konzentration an Zink(II)- und Cadmium(II)-Ionen aus der Höhe des jeweiligen Diffusionsgrenzstromes bestimmt
(C) werden die Konzentrationen an Zink(II)- und Cadmium(II)-Ionen aus den Halbstufenpotentialen berechnet
(D) stören starke Elektrolyte wie Kaliumchlorid, da solche Elektrolyte die strombestimmte Wanderung der zu reduzierenden Ionen im elektrischen Feld unmöglich machen
(E) geht eine äquivalente Menge Quecksilber an der Kathode in Lösung.

23.18 H99, F07

Bei der polarografischen Bestimmung (Gleichspannungspolarographie) von Zink(II)- Ionen neben Cadmium(II)-Ionen

(A) werden zuerst die Cadmium(II)-Ionen weitgehend (> 99,9 % des Gesamtgehaltes der Lösung) zu metallischem Cadmium reduziert, bevor die Reduktion der Zink(II)-Ionen einsetzt
(B) wird die zu untersuchende Lösung durch ein Inertgas wie Stickstoff weitgehend von gelöstem Sauerstoff befreit
(C) wird der Gehalt an Zink(II)-Ionen aus dem Halbstufenpotential berechnet
(D) stören Elektrolyte wie KCl, da diese Elektrolyte die Leitfähigkeit der Lösung zu stark erhöhen
(E) ist die Größe der Diffusionsgrenzströme den Redoxpotentialen der Redoxprozesse
$Zn(II) \rightarrow Zn + 2e^-$
$Cd(II) \rightarrow Cd + 2e^-$
proportional.

23.19 F95, F06 Die Abbildung zeigt das Polarogramm einer Lösung, die Blei(II) und Thallium(I) enthält.

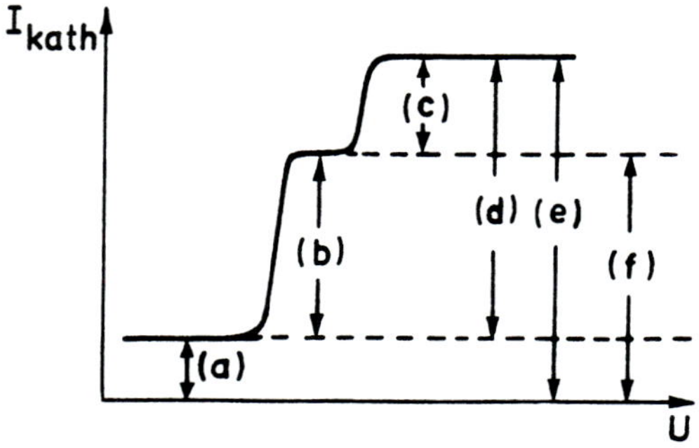

Aus welche(n) Größe(n) kann die **Gesamt**konzentration an beiden Metallionen ermittelt werden (I_{kath} = kathodische Stromstärke, U = an Zelle gelegte Spannung)?

(A) aus d
(B) aus e
(C) aus a und e
(D) aus b und c
(E) aus c und f

23.20 **H91** Welche Größe stellt den Diffusionsgrenzstrom in nebenstehendem Polarogramm dar (I = Stromstärke, U = an Zelle angelegte Spannung)?

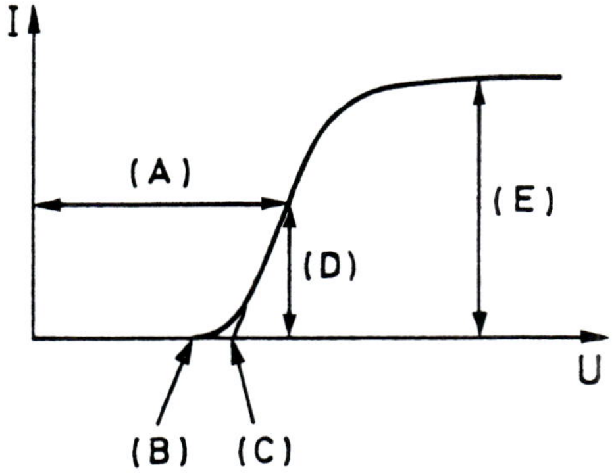

23.21 **F92, H02** Die nachfolgende Abbildung zeigt das Polarogramm einer Blei(II)-Lösung. Welche Größe stellt den Diffusionsgrenzstrom des Blei (II) dar (I_{kath} = kathodische Stromstärke, U = Zellspannung)?

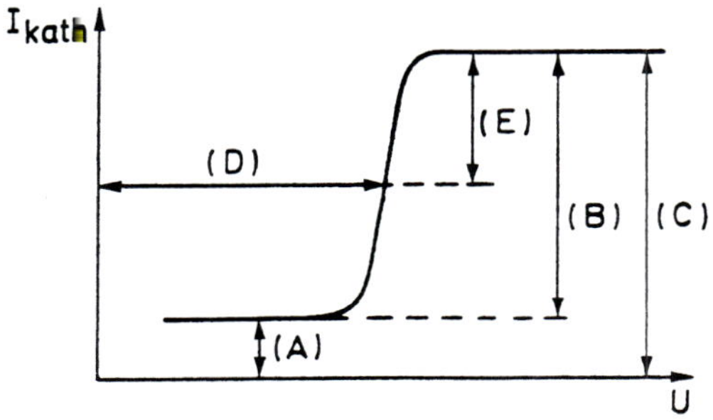

23.22 **H92, F02** Nachfolgende schematische Abbildung zeigt den Zusammenhang zwischen Strom I und Spannung U einer elektrolytischen Zelle. Welcher der eingezeichneten Punkte A bis E gibt die Zersetzungsspannung an?

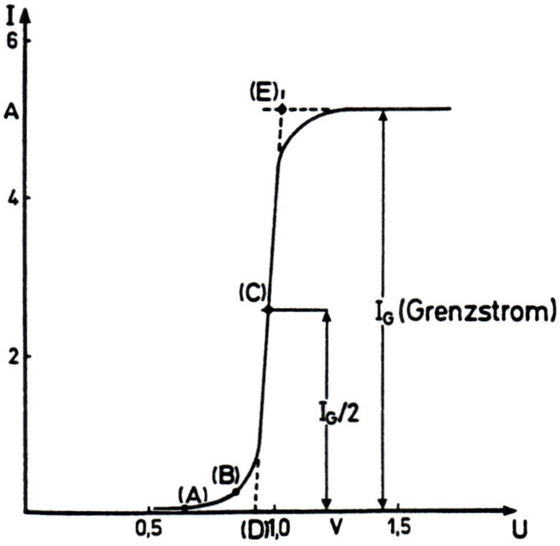

23.23 **F90, F02** Welche Aussagen treffen zu?

Die folgenden Kationen können an der Quecksilbertropfelektrode unter Ausbildung von 2 getrennten Stufen entsprechend dem Schema $Me^{2+} + e = Me^{+}$; $Me^{+} + e = Me^{0}$ reduziert werden:

(1) Cu^{2+}
(2) Pb^{2+}
(3) Cd^{2+}
(4) Zn^{2+}

(A) nur 1
(B) nur 3
(C) nur 1 und 3
(D) nur 2, 3 und 4
(E) 1 bis 4 (alle)

28

23.24 F08 Die folgende Abbildung zeigt schematisch das Polarogramm einer Lösung von Zinkchlorid und Cadmiumchlorid in geeigneter Grundlösung.

Welcher der markierten Punkte A bis E gibt das Halbstufenpotential von Cadmium an?

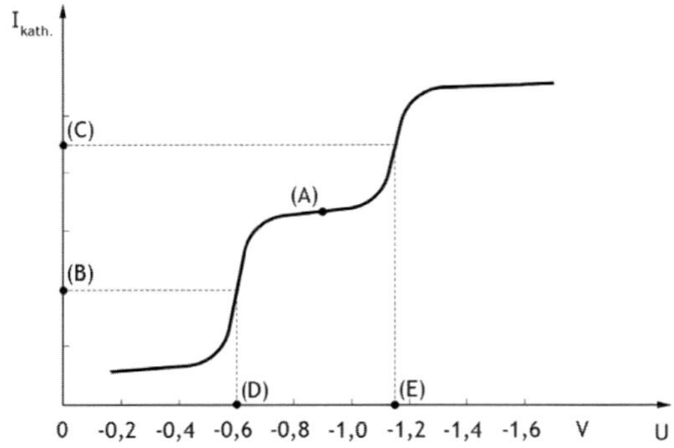

23.25 H02 Welche der folgenden Teilchenarten können prinzipiell an der Quecksilbertropfelektrode reduziert werden?

(1) Kationen
(2) Anionen
(3) ungeladene Moleküle (Neutralteilchen)
(4) gelöste Gase

(A) nur 1
(B) nur 2
(C) nur 4
(D) nur 1 und 3
(E) 1 bis 4 (alle)

23.26 F07 Welche der folgenden Stoffklassen können polarografisch erfasst werden?

(1) Disulfide
(2) Nitroverbindungen
(3) Hydrazide
(4) Aldehyde
(5) Peroxide

(A) nur 2
(B) nur 1 und 3
(C) nur 2, 3 und 5
(D) nur 2, 3, 4 und 5
(E) 1 bis 5 (alle)

23.27 F92, H04 Welcher der folgenden Stoffe wird an der Quecksilbertropfelektrode unter gleichen experimentellen Bedingungen am leichtesten reduziert?

(A) 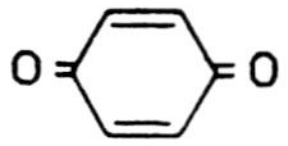

(B) 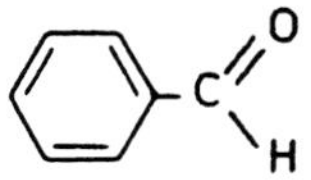

(C) 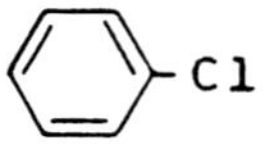

(D) 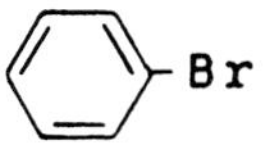

(E) 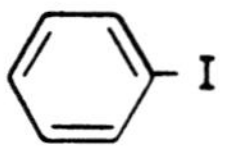

23.28 F99 Das schematisch wiedergegebene Polarogramm kann in saurer Lösung mit einer Verbindung erhalten worden sein, die folgende funktionelle Gruppe enthält:

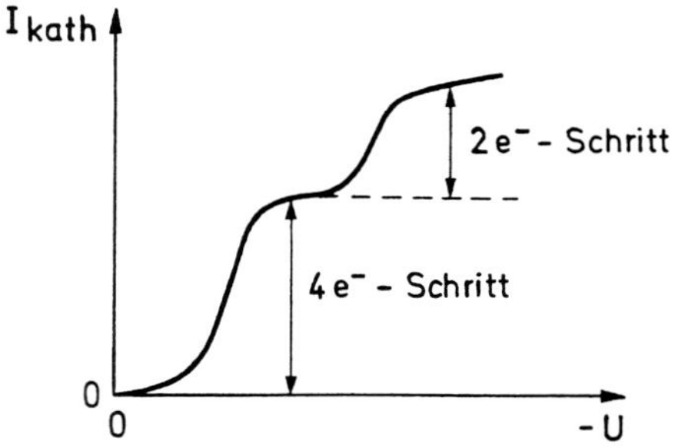

(A) —O—O—

(B) 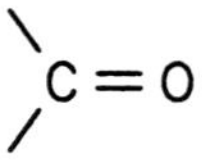

(C) 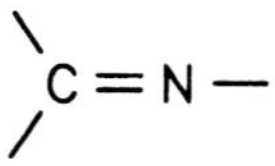

(D) —N=O

(E) $—NO_2$

23.29 H98 Welcher der folgenden Stoffe ist polarografisch an einer Quecksilberelektrode am schwersten reduzierbar?

(A) 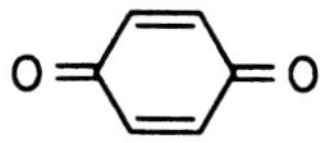

(B) 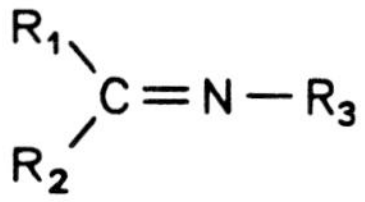

(C) $R-NO_2$

(D) 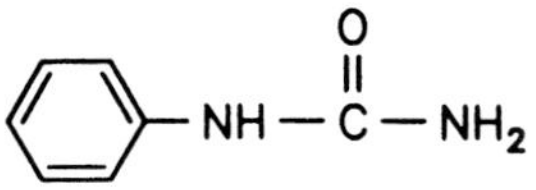

(E) $R-CH_2-Br$

23.30 F03 Welche Aussage trifft **nicht** zu?

An der Quecksilbertropfelektrode können in wässriger Lösung im Potentialbereich von 0 bis -2 V (gegen gesättigte Kalomelelektrode) folgende (schematisch formulierte) Reaktionen ablaufen:

(A) $Zn^{2+} \xrightarrow{+\ 2e^-} Zn(Amalgam)$

(B) 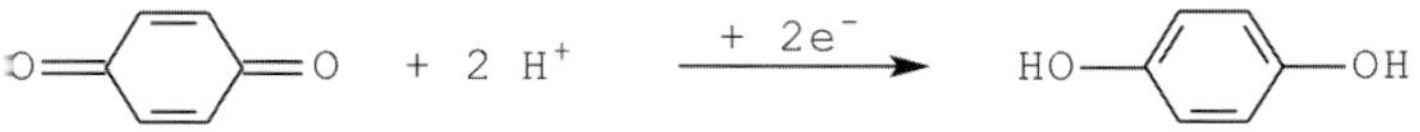

(C) 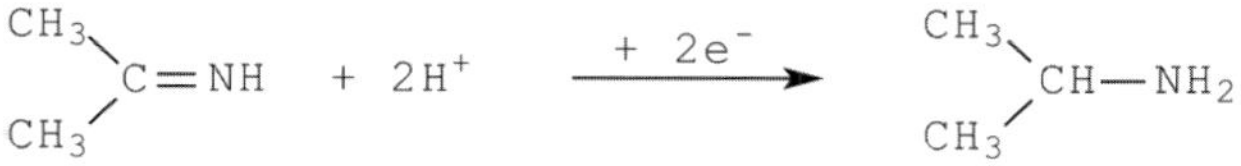

(D) $O_2 + 2\ H^+ \xrightarrow{+\ 2e^-} H_2O_2$

(E) $CH_3-CH_2-OH + 2\ H^+ \xrightarrow{+\ 2e^-} CH_3-CH_3 + H_2O$

Ordnen Sie bitte den Stoffen (Liste 1) den zutreffenden Elektronenumsatz pro Molekül bei der polarographischen Bestimmung (Liste 2) zu!

Liste 1

23.31 H05

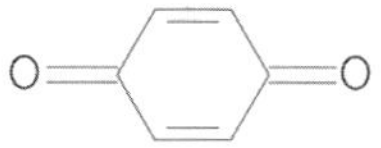

23.32 H05

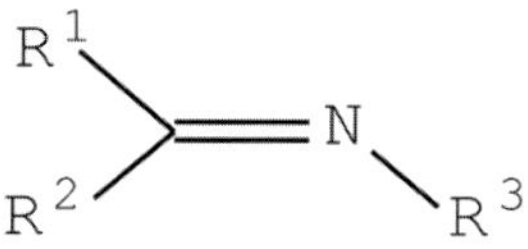

Liste 2

(A) 1 e^-
(B) 2 e^-
(C) 4 e^-
(D) 6 e^-
(E) 8 e^-

23.33 **H01** Welche der folgenden Aussagen bezüglich Sauerstoff in einer polarografisch untersuchten Lösung treffen zu?

Sauerstoff
(1) blockiert die Quecksilbertropfelektrode
(2) kann zu Wasserstoffperoxid reduziert werden
(3) kann zu Wasser reduziert werden
(4) greift die Elektrodenoberfläche an
(5) liefert zwei polarografische Stufen

(A) nur 2
(B) nur 3
(C) nur 5
(D) nur 1 und 4
(E) nur 2, 3 und 5

23.34 **H08** Bei der Pulspolarographie wird im Verlauf der Spannungserhöhung bei der Aufnahme des Puls-Polarogramms kurz vor dem Abfallen des Quecksilbertropfens ein Spannungsimpuls an die elektrochemische Zelle gelegt.

Was zeichnet den dafür optimalen Zeitpunkt aus?
(A) Der Diffusionsgrenzstrom fällt steil ab.
(B) Der Ladestrom hat seinen Maximalwert erreicht.
(C) Die Differenz zwischen Kapazitätsstrom und Faraday-Strom ist null.
(D) Die Differenz zwischen Kapazitätsstrom und Faraday-Strom ist minimal.
(E) Die Differenz zwischen Kapazitätsstrom und Faraday-Strom ist am größten.

23.35 **F09** Zur Bestimmung des Arzneistoffgehalts einer Tablette der Masse 500 mg wurde diese gelöst und in einem Messkolben zu 25,0 ml mit Grundelektrolytlösung aufgefüllt. Dann wurden 2,0 ml dieser Lösung auf 20,0 ml aufgefüllt und nach Entlüften ein differentielles Puls-Polarogramm aufgenommen. Dabei wurde das Signal **4** erhalten. Messungen des Arzneistoffs bei den angegebenen bekannten Konzentrationen ergaben die Signale **1** bis **3** (Schreiberausschlag: 10 nA/mm).

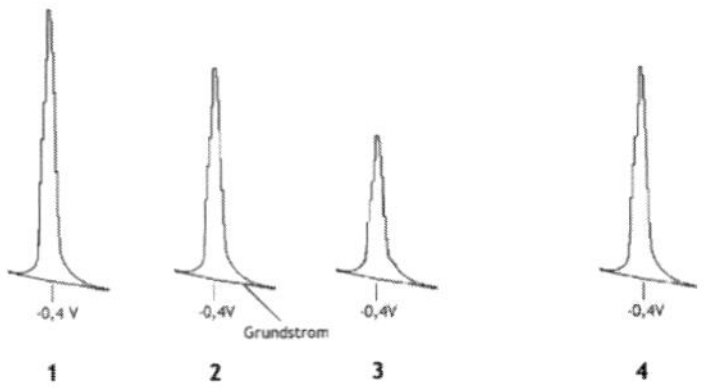

	1	2	3	4
Signalhöhe:	13,0 cm	10,0 cm	7,0 cm	10,0 cm
Arzneistoff-konzentration:	$0{,}13\ \frac{mg}{ml}$	$0{,}10\ \frac{mg}{ml}$	$0{,}07\ \frac{mg}{ml}$	

Welcher Gehalt der Tablette ergibt sich aus dem Vergleich mit den Messungen bekannter Konzentrationen desselben Arzneistoffs?
(A) 1 %
(B) 2 %
(C) 3 %
(D) 4 %
(E) 5 %

23.36 **F04** Welche Aussage trifft zu?

Zur Bestimmung von Bleispuren unter 40 ppb eignet sich als unmittelbares Verfahren (also ohne vorherige chemische Anreicherung) am besten die
(A) Polarimetrie
(B) CD-Spektroskopie
(C) Inverse Voltammetrie
(D) IR-Spektroskopie
(E) NMR-Spektroskopie

Lösungen

23.1 C	23.2 D	23.3 B	23.4 E	23.5 D
23.6 D	23.7 A	23.8 B	23.9 B	23.10 C
23.11 A	23.12 C	23.13 B	23.14 C	23.15 D
23.16 B	23.17 B	23.18 B	23.19 D	23.20 E
23.21 B	23.22 D	23.23 A	23.24 D	23.25 E
23.26 E	23.27 A	23.28 E	23.29 D	23.30 E
23.31 B	23.32 B	23.33 E	23.34 E	23.35 E
23.36 C				

24 Voltammetrische Verfahren; Voltammetrische Titration

24.1 F90, F02 Welche Aussage zur abgebildeten Messanordnung, die zur Karl-Fischer-Titration mit Iod-haltiger Maßlösung verwendet werden kann, trifft **nicht** zu?

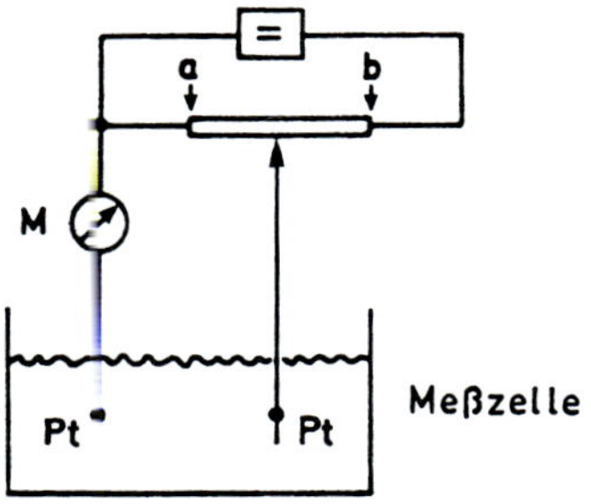

(A) Während der Titration bleibt die Spannung zwischen a und b praktisch konstant.
(B) Der Zellwiderstand steigt nach Überschreiten des Endpunktes an.
(C) Als Messinstrument M eignet sich ein Mikroamperemeter.
(D) Die zwischen den Elektroden angelegte Spannung ist kleiner als die zu Beginn der Titration für die Lösung erforderliche Zersetzungsspannung.
(E) Kurz vor Erreichen des Endpunktes wird nach jedem Reagenzzusatz ein vorübergehender Anstieg der Stromstärke beobachtet.

24.2 H04 Bei der voltametrisch indizierten Titration mit einer Indikatorelektrode erfolgt die

(A) Messung der Potentialdifferenz zwischen Indikator- und Referenzelektrode bei konstanter Stromstärke
(B) leistungslose Messung der Potentialdifferenz zwischen Indikator- und Referenzelektrode ohne Stromfluss
(C) Messung des Stromflusses zwischen Indikator- und Referenzelektrode bei konstanter Spannung
(D) Messung des Stromflusses bei konstanter Wechselspannung
(E) Messung des Stromflusses zwischen Indikator- und Referenzelektrode bei Veränderung der Spannung

24.3 F91 Welche der nachfolgenden Abbildungen gibt schematisch die Titrationskurve einer Karl-Fischer-Titration (Dead-stop-Titration nach Ph. Eur., Methode A = „direkte" Titration) wieder?

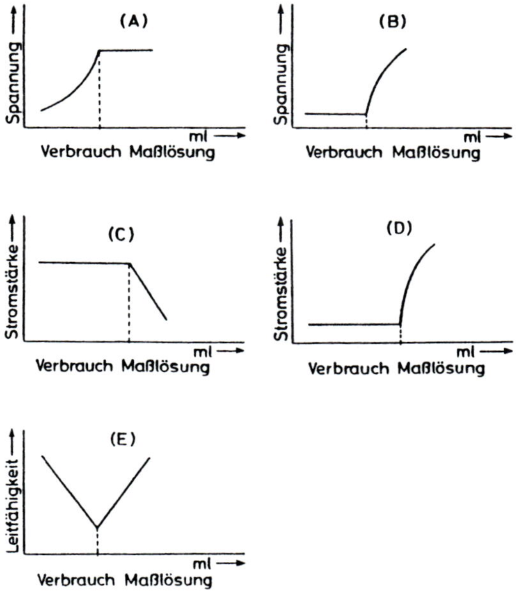

28

24.4 **F95, F06** Welches Teil der in folgender Darstellung angegebenen Apparatur muss gegen ein anderes ausgetauscht werden, damit bei einer Wasserbestimmung nach Karl Fischer (Titration mit I_2-Lösung) die unten abgebildete Titrationskurve erhalten wird?

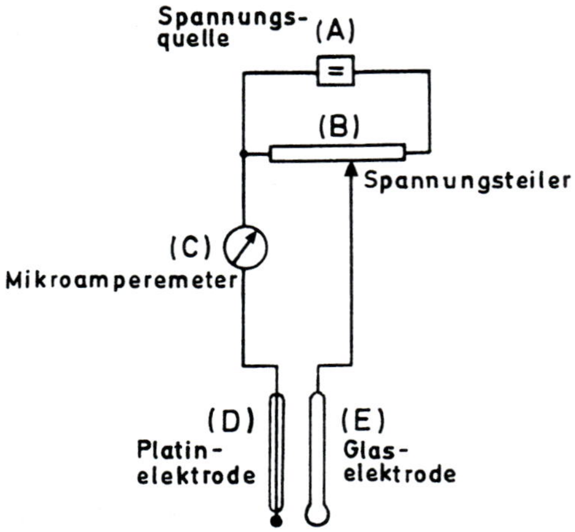

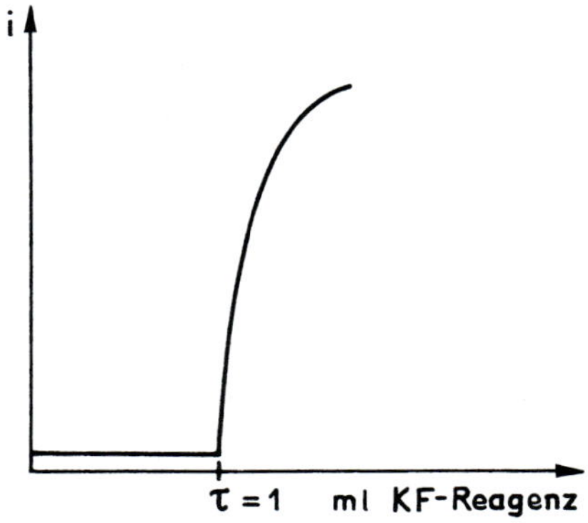

Ordnen Sie bitte den in Liste 1 dargestellten Titrationskurven die jeweils zutreffende, in Liste 2 genannte amperometrische Titration zu! (Messbedingungen: Zelle mit Quecksilbertropfelektrode und Ag/AgCl-Elektrode; U = -0,8 V (Hg geg. Ag/AgCl))

Liste 1

24.5 **F92**

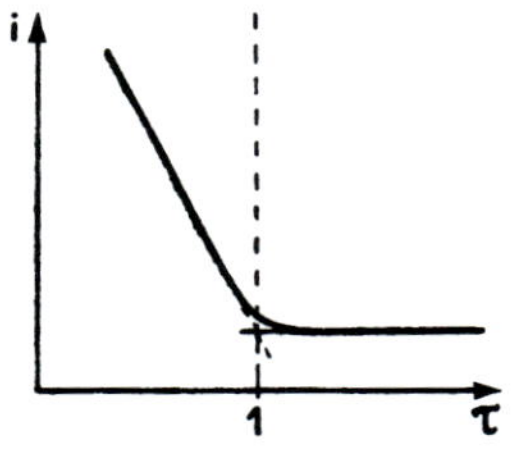

24.6 **F92**

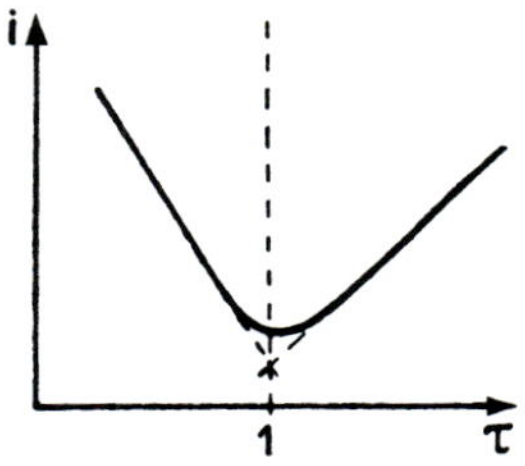

Liste 2

	Titrans	Titrator
(A)	Mg^{2+}	EDTA
(B)	Pb^{2+}	CrO_4^{2-}
(C)	Ca^{2+}	CrO_4^{2-}
(D)	Pb^{2+}	$(COO)_2^{2-}$
(E)	Ca^{2+}	$(COO)_2^{2-}$

24.7 **H96** Bei einer amperometrisch indizierten Fällungstitration von Pb^{2+} mit Kaliumdichromat-Maßlösung wird folgende Kurve erhalten:

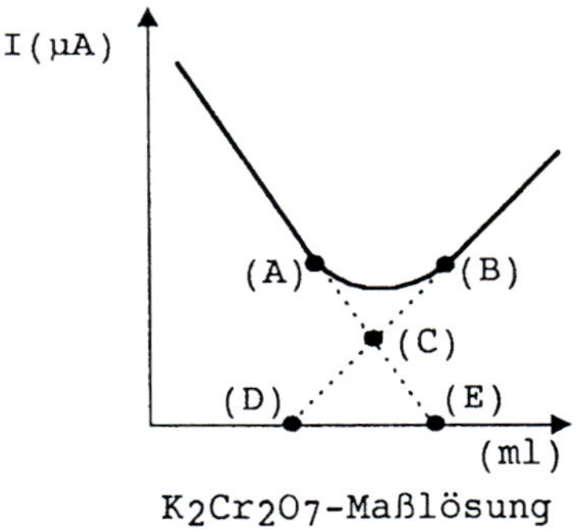

Welcher der Punkte (A) bis (E) dient zur Bestimmung des Verbrauchs an Maßlösung bis zum Äquivalenzpunkt?

24.8 **F89** Bei der oxidimetrischen Titration von Fe^{2+} mit Ce^{4+} betrage der Verbrauch bis zum Äquivalenzpunkt 25 ml Messlösung. Nach Zugabe von weiteren 25 ml Messlösung wird in der Titrationslösung ein Potential von + 1,44 V gemessen. Wie groß ergibt sich daraus das Normalpotential des Ce^{4+}/Ce^{3+}-Redoxsystems?

(A) + 2,88 V
(B) + 1,44 V
(C) + 1,25 V
(D) + 0,72 V
(E) + 0,44 V

Iod-Maßlösung wird mit Thiosulfat-Maßlösung titriert.
Ordnen Sie bitte den schematischen Graphen der Liste 1 den jeweils zutreffenden Begriff (mit Erläuterung) aus Liste 2 zu!

Liste 1

24.9 F05

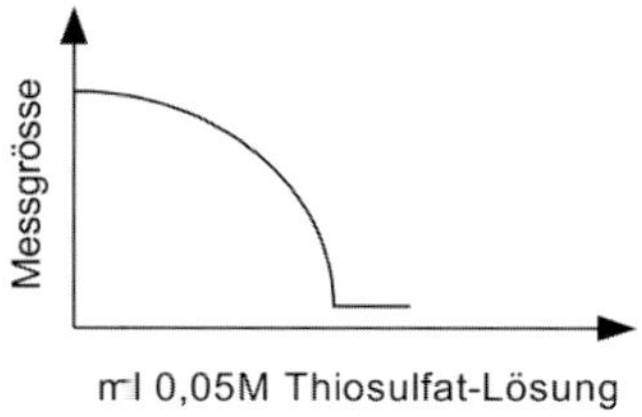

24.10 F05

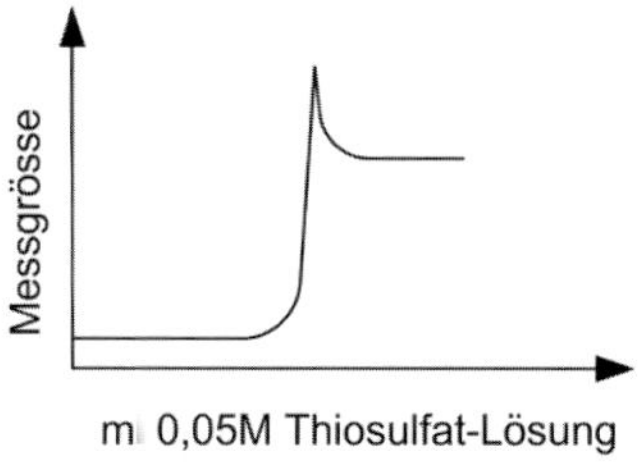

Liste 2

(A) Amperometrie mit einer Indikatorelektrode, Arbeitselektrode als Kathode
(B) Amperometrie mit einer Indikatorelektrode, Arbeitselektrode als Anode
(C) Amperometrie mit zwei Indikatorelektroden, E klein
(D) Potentiometrie, Pt-Elektroden
(E) Voltametrie mit zwei Indikatorelektroden, I klein

24.11 H89 Welche Aussagen treffen zu?

Der Endpunkt einer Titration „Stickstoff in primären aromatischen Aminen" kann indiziert werden:

(1) mit Ferrocyphen.
(2) durch Messung der Stromstärke (als Funktion von t), die zwischen zwei in die Lösung eintauchenden, gleichen, polarisierbaren Platinelektroden ($\Delta E = 200$ mV) fließt.
(3) durch Messung der Spannung (als Funktion von τ), die zwischen einer Platinelektrode und einer Ag/AgCl-Elektrode, die beide in die Lösung eintauchen, besteht.

(A) nur 1
(B) nur 2
(C) nur 3
(D) nur 1 und 2
(E) 1 bis 3 (alle)

24.12 H95, F06 Welcher der folgenden Kurventypen wird bei der amperometrischen Titration (mit einer Indikatorelektrode) erhalten, wenn der Titrand und der Titrator unter den Bedingungen der Titration elektrochemisch aktiv sind?

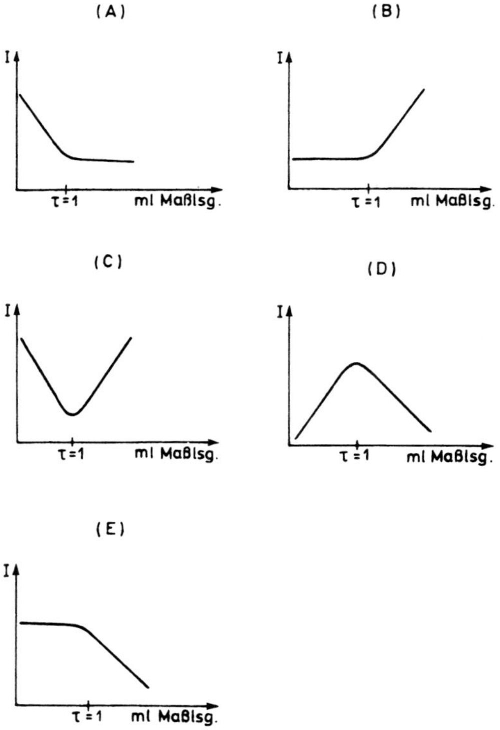

Ordnen Sie bitte den in Liste 1 aufgeführten mono-amperometrisch (mit einer Indikatorelektrode) indizierten Titrationsverfahren die entsprechenden Titrationskurven aus Liste 2 zu!

Liste 1

24.13 H02 Reduktion des Analyten, keine Reduktion des Titrationsmittels

24.14 H02 Reduktion des Titrationsmittels, keine Reduktion des Analyten

Liste 2

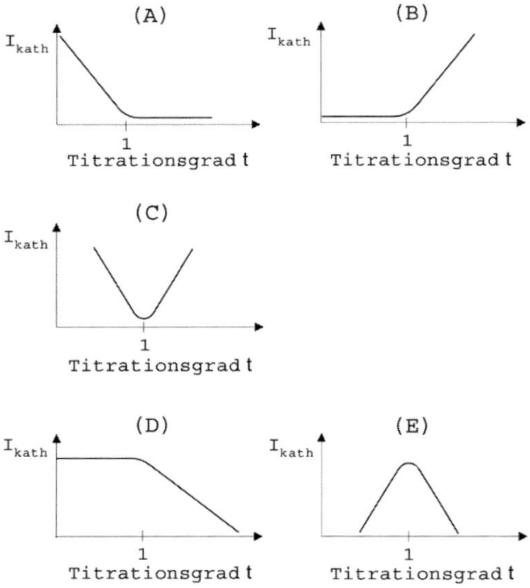

24.15 H05 Welche Aussage trifft zu?

Die komplexometrische Titration von Cu^{2+}-Ionen mit EDTA wurde biamperometrisch indiziert unter Verwendung einer Doppel-Cu-Elektrode. Folgende Graphik beschreibt den prinzipiellen Verlauf der Titration am besten ($U = \Delta E = 200$ mV):

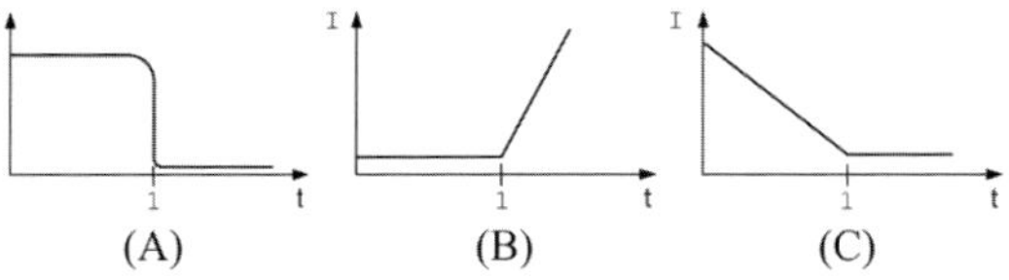

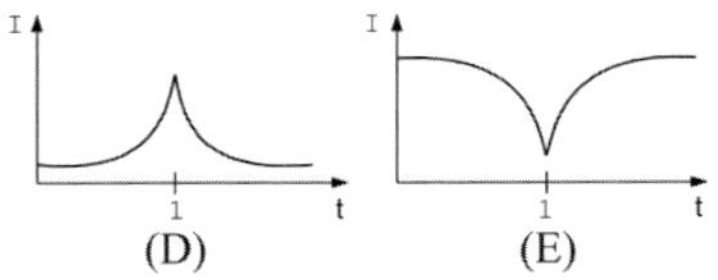

24.16 F00 Welche Aussagen sind richtig?

Die Amperometrie mit zwei polarisierbaren Elektroden („Biamperometrie")

(1) gehört zu den potentiometrischen Indikationsmethoden
(2) erfolgt bei konstanter Spannung
(3) ist ein Verfahren, bei dem durch zunehmende Depolarisation die Stromstärke (Betrag) kleiner wird

(A) nur 1
(B) nur 2
(C) nur 3
(D) nur 1 und 2
(E) nur 2 und 3

24.17 H04 Welche der folgenden Darstellungen zeigt ein funktionsfähiges Schaltbild zur bivoltametrischen (Voltametrie mit zwei polarisierbaren Elektroden) Indikation (*I* = Stromstärke, *U* = Spannung)?

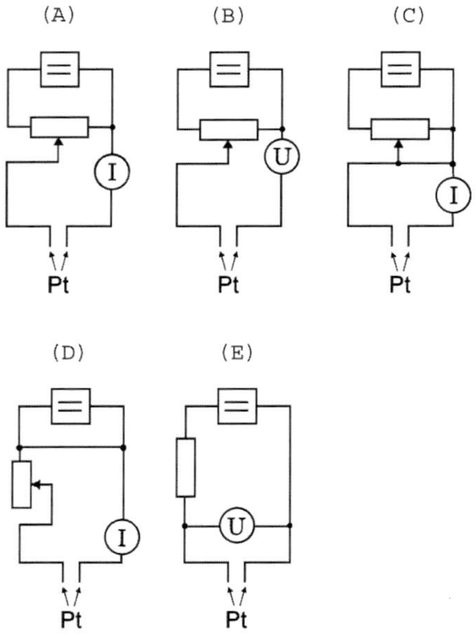

24.17a **H03** Welche der folgenden Darstellungen zeigt ein funktionsfähiges Schaltbild zur biamperometrischen Indikation (Amperometrie mit zwei polarisierbaren Elektroden; I = Stromstärke, U = Spannung)?

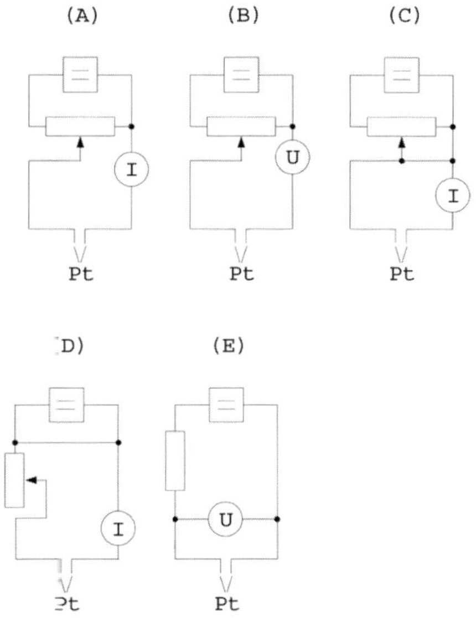

Eine Apparatur nach dem abgebildeten Schaltschema ist für amperometrische Endpunkt-Bestimmungen geeignet.
Ordnen Sie bitte den Schaltelementen der Liste 1 die entsprechenden Stellen in dem Schaltschema (Liste 2) zu!

Liste 1

24.18 **H00** Voltmeter

24.19 **H00** veränderbarer Widerstand („Potentiometer")

Liste 2

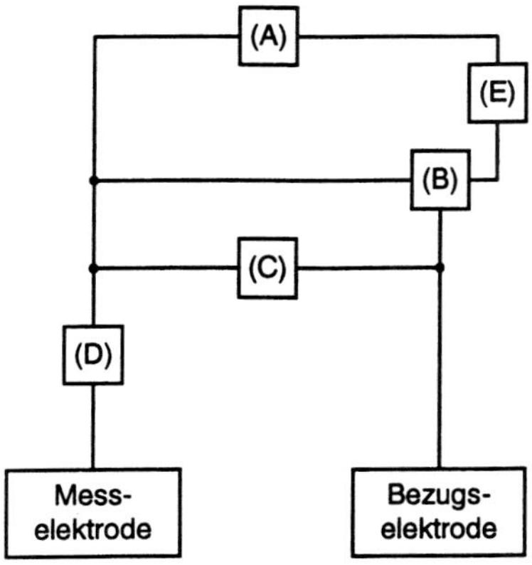

24.20 **F06** Die folgende Zeichnung gibt das Schaltbild für eine biamperometrische Indikation an.

Welches Bauelement ist falsch angeordnet?

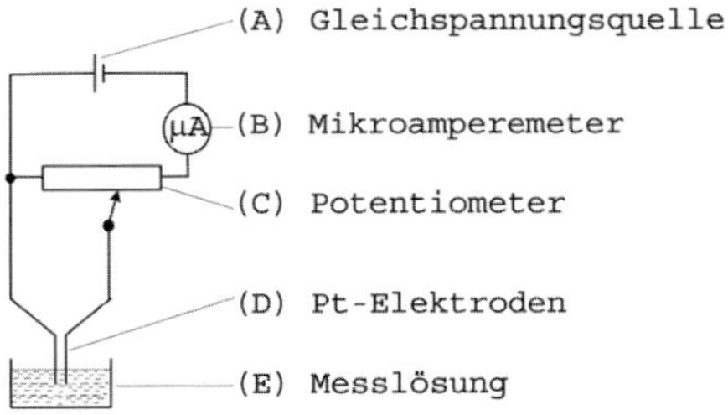

24.21 **H00** Vorgelegte Eisen(II)-Ionen sollen cerimetrisch nach folgender Gleichung bestimmt werden:

$Fe^{2+} + Ce^{4+} \rightarrow Fe^{3+} + Ce^{3+}$

Welches Potential würde ein Platindraht als Arbeitselektrode bezogen auf das Potential der Normalwasserstoffelektrode bei Halbtitration ($\tau = 0{,}5$) aufweisen?

($E^{o}_{Fe}{}^{3+/2+} = 0{,}77$ V; $E^{o}_{Ce}{}^{4+/3+} = 1{,}44$ V)?

(A) 0,77 V
(B) 1,11 V
(C) 1,44 V
(D) 2,21 V
(E) 4,42 V

24.22 F09 Zur Indikation einer nitritometrischen Titration eignet sich **nicht**:

(A) Zusatz von Ferrocyphen als Indikator
(B) Zusatz von KI-Stärke-Lösung als Indikator
(C) Biamperometrie mit Doppel-Pt-Stift-Elektroden
(D) Biamperometrie mit zwei Pt-Blech-Elektroden
(E) Bivoltametrie mit Doppel-Pt-Elektrode und einem Konstantstrom von 1 µA

24.23 H07 Die nitritometrische Titration eines Sulfonamids liefert folgende Titrationskurve.

Welche Indikation wurde benutzt?

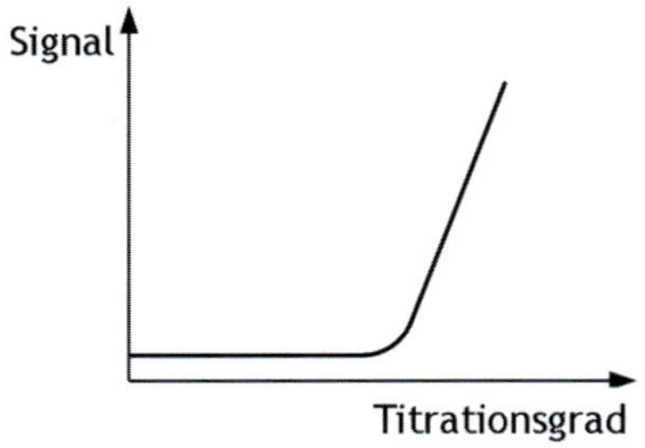

(A) Potentiometrie mit kombinierter Glas-Elektrode
(B) Potentiometrie mit kombinierter Platin-Elektrode
(C) Bivoltametrie mit Doppel-Platin-Elektrode
(D) Biamperometrie mit Doppel-Platin-Elektrode
(E) Konduktometrie

24.24 H08 Welche Aussagen treffen zu?

Der Endpunkt der Titration eines primären aromatischen Amins mit $NaNO_2$-Lösung in verdünnter Salzsäure kann indiziert werden:

(1) amperometrisch unter Verwendung einer stickstoffselektiven Elektrode
(2) amperometrisch an zwei polarisierbaren Platinelektroden („biamperometrisch")
(3) potentiometrisch

(A) nur 2
(B) nur 3
(C) nur 1 und 2
(D) nur 2 und 3
(E) 1 bis 3 (alle)

24.25 H06 Welche Aussage trifft zu?

Das nachfolgende Schaltbild zeigt schematisch eine instrumentelle Anordnung zur

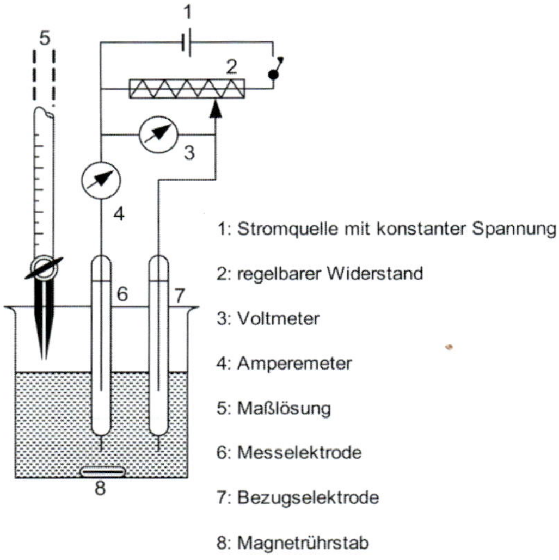

(A) Elektrogravimetrie
(B) coulometrischen Titration
(C) Polarographie
(D) Konduktometrie
(E) amperometrischen Titration

Lösungen

24.1 B	24.2 A	24.3 D	24.4 E	24.5 D
24.6 B	24.7 C	24.8 B	24.9 C	24.10 E
24.11 E	24.12 C	24.13 A	24.14 B	24.15 C
24.16 B	24.17 E	24.17 a A	24.18 C	24.19 B
24.20 B	24.21 A	24.22 B	24.23 D	24.24 D
24.25 E				

25 Elektrolytische Methoden

25.1 H99 Welcher der folgenden Kurvenverläufe entspricht der potentiostatischen Coulometrie (I = Stromstärke, U = Spannung, t = Zeit)?

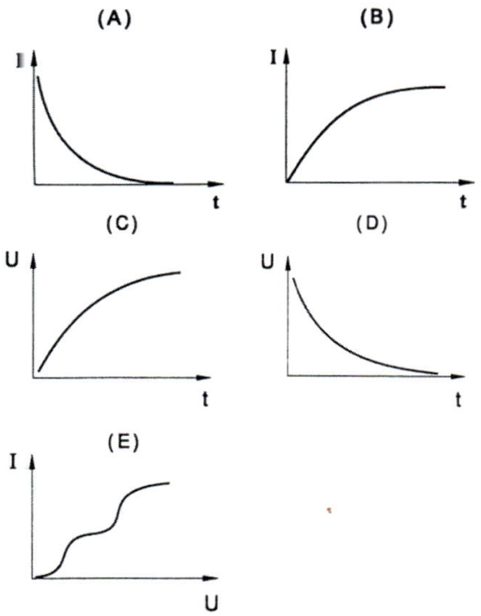

25.1a F01 Welcher der folgenden Kurvenverläufe entspricht der galvanostatischen Coulometrie (I = Stromstärke, U = Spannung, t = Zeit)?

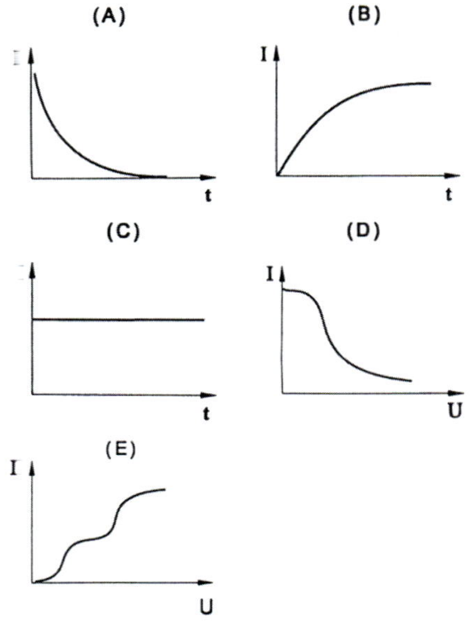

25.2 H06 Welcher der folgenden Kurvenverläufe entspricht der galvanostatischen Coulometrie?

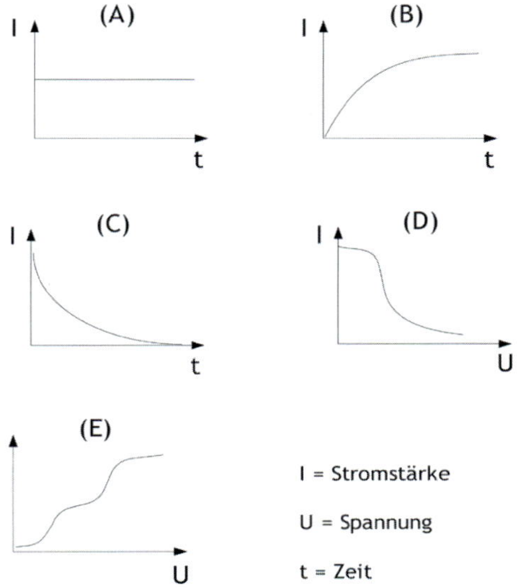

25.3 F09 Welches der folgenden Diagramme resultiert aus der potentiostatischen Coulometrie?

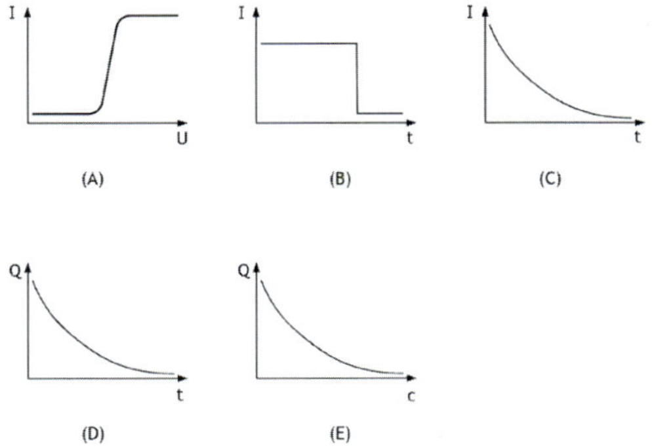

28

25.4 F95 Bei der elektrogravimetrischen Kupferbestimmung aus schwefelsaurer Lösung ist die Zersetzungsspannung (Überspannung bleibe außer Betracht)

(A) der Quotient aus Anoden- und Kathodenpotential
(B) das Produkt aus Anoden- und Kathodenpotential
(C) die Quadratwurzel aus dem Produkt von Anoden- und Kathodenpotential
(D) gleich dem Kathodenpotential
(E) abhängig von der Kupferionen-Konzentration

25.5 F09 Welche Aussage trifft **nicht** zu?

In die Berechnung der Zersetzungsspannung bei der elektrogravimetrischen Bestimmung von Kupfer in einer schwefelsauren Kupfer(II)-sulfat-Lösung geht ein:
(A) das Normalpotential des Redoxsystems Cu^{2+}/Cu^0
(B) das Normalpotential des Redoxsystems O_2/H_2O
(C) eine eventuell vorhandene Sauerstoffüberspannung
(D) die Cu^{2+}-Konzentration
(E) der elektrische Widerstand der Lösung

25.6 H02 Welche Aussagen treffen zu?

Die Größe der Zersetzungsspannung bei einer elektrogravimetrischen Bestimmung von Kupfer in einer verdünnten Kupfersulfat-Lösung hängt ab von (alle Aktivitätskoeffizienten seien gleich 1):
(1) der Temperatur der Lösung
(2) den Normalpotentialen der an Anode und Kathode ablaufenden Redoxvorgänge
(3) der Konzentration der Cu^{2+}-Ionen

(A) nur 1
(B) nur 2
(C) nur 1 und 3
(D) nur 2 und 3
(E) 1 bis 3 (alle)

25.7 F03 Welche Aussage trifft zu?

Die bei der elektrogravimetrischen Kupferbestimmung in verdünnter schwefelsaurer Lösung ablaufende Reaktion lässt sich durch folgende Bruttogleichung wiedergeben:
(A) $Cu^{2+} + 3\,H_2O \rightarrow Cu + 1/2\,O_2 + 2\,H_3O^+$
(B) $Cu^{2+} + 2\,H_3O^+ \rightarrow Cu + 1/2\,O_2 + 2\,H_2O$
(C) $Cu^{2+} + 3\,H_2O \rightarrow Cu^+ + 1/2\,O_2 + 2\,H_3O^+$
(D) $2\,Cu^{2+} + 2\,H_2O \rightarrow Cu + 1/2\,O_2 + 2\,H_3O^+$
(E) $Cu^{2+} + H_2O \rightarrow Cu + 1/2\,O_2 + H_2$

25.8 H99 Bei einer elektrogravimetrischen Bestimmung von Nickel(II) (relative Atommasse ≈ 58) entsteht gleichzeitig Wasserstoff an der Kathode. Nach 965 s Elektrolysezeit bei einem Strom von 1 A werden 58 mg Nickel ausgewogen.

Wie viel % der Elektrizitätsmenge wurden etwa für die Nickel-Abscheidung aufgewendet (Faraday-Konstante 96500 C pro Äquivalent)?
(A) 5 %
(B) 10 %
(C) 20 %
(D) 50 %
(E) 80 %

25.9 F05 Bei der Wasserbestimmung nach Karl Fischer wurde das Reagenz I_2 coulometrisch erzeugt. Bis zum Äquivalenzpunkt vergingen 200 Sekunden bei einer konstant eingestellten Stromstärke von 100 mA.

Wie groß ist die erzeugte Stoffmenge I_2 (Faraday-Konstante $F = 10^5\ A \cdot s \cdot mol^{-1}$)?

(A) 10 µmol
(B) 20 µmol
(C) 100 µmol
(D) 200 µmol
(E) 1 mmol

25.10 F07 Welche Aussagen treffen zu?

Bei der coulometrischen Bestimmung von Arsen(III) mit konstanter Stromstärke durch anodisch erzeugtes Iod
(1) kann der Titrationsendpunkt durch Auftreten einer Blaufärbung nach Stärkezusatz angezeigt werden

(2) wird die Menge an Arsen(III) aus der Stromstärke und der Elektrolysedauer bis zum Titrationsendpunkt berechnet
(3) steigt beim Erreichen des Titrationsendpunktes die Stromstärke durch Bildung von freiem Iod sprunghaft an.

(A) nur 1
(B) nur 3
(C) nur 1 und 2
(D) nur 2 und 3
(E) 1 bis 3 (alle)

25.11 **H95** Welche Aussage trifft nicht zu?

In die Berechnung der Zersetzungsspannung bei der gravimetrischen Elektrolyse einer schwefelsauren Kupfer(II)-sulfat-Lösung gehen ein:
(A) das Normalpotential Cu^{2+}/CuO
(B) das Normalpotential O_2/H_2O
(C) die Sauerstoffüberspannung
(D) die Cu^{2+}-Konzentration
(E) der Widerstand der Lösung

25.12 **H89, H00** Welche Aussage trifft zu?

Bei der coulometrischen Titration einer Base werden unter geeigneten Bedingungen zur Erzeugung von so viel Mol Protonen, wie sie in 1,0 ml einer 0,1 N-Salzsäure enthalten sind, ungefähr benötigt:
(A) 0,5 C
(B) 1 C
(C) 5 C
(D) 10 C
(E) 50 C

25.13 **F00** Bei der coulometrischen Titration von 49,05 mg Schwefelsäure (Mr = 98,1), Na_2SO_4 als Elektrolyt, Pt-Kathode/Diaphragma/Pt-Anode, Äquivalenzpunkt: pH = 7, werden verbraucht (Faraday-Konstante: 96 500 C · mol^{-1}):

(A) 98,1 C
(B) 96,5 C
(C) 49,05 C
(D) 48,25 C
(E) Keine der obigen Angaben trifft zu.

25.14 **H07** Bei der Elektrolyse des Chlorids eines dreiwertigen Metalls entstehen an der Anode 11,2 ml Cl_2 (Gas, bezogen auf Normbedingungen) und an der Kathode 40 mg Metall.

Wie groß ergibt sich daraus angenähert die relative Atommasse des Metalls?
(A) 40
(B) 60
(C) 80
(D) 120
(E) 180

25.15 **F03** Welche Aussage hinsichtlich der coulometrischen Titration trifft **nicht** zu?

(A) Bei der Titration starker Säuren werden im Anodenraum Säureäquivalente erzeugt.
(B) Bei der Titration starker Basen werden im Kathodenraum Basenäquivalente erzeugt.
(C) Die Titrationskurve einer starken Säure ist in der Nähe des Äquivalenzpunktes punktsymmetrisch.
(D) Die Coulometrie macht Reagenzien zugänglich, die als Maßlösung nur schwer zu handhaben sind wie z. B. Ti^{3+}.
(E) Eine Endpunktsindikation wie bei der Volumetrie ist nicht erforderlich.

25.16 **H09** Der Wassergehalt einer Probe wurde coulometrisch nach Karl Fischer bestimmt. Dabei wurde der Äquivalenzpunkt bei einem Strom von 20 mA nach 5 min erreicht (Faraday-Konstante $F = 10^5$ A · s · mol^{-1}).

Welcher Wassermenge entspricht dieses Messergebnis?
(A) 9 µg
(B) 18 µg
(C) 0,18 mg
(D) 0,54 mg
(E) 2,7 mg

25.17 H07 Welche Aussagen zur coulometrischen Titration treffen zu?

(1) Der Titrationsendpunkt wird coulometrisch ermittelt.
(2) Die am System anliegende Spannung muss konstant sein.
(3) Der Stromfluss im System wird konstant gehalten.
(4) Die Messgröße bei der coulometrischen Titration ist die Zeit.

(A) nur 1
(B) nur 3
(C) nur 2 und 4
(D) nur 3 und 4
(E) nur 1, 2 und 4

25.18 F05 Bei welchem der folgenden instrumentalanalytischen Verfahren tritt immer eine vollständige stoffliche Umsetzung der zu untersuchenden Substanz ein?

(A) Elektrogravimetrie
(B) Fluorimetrie
(C) Kernresonanzspektrometrie
(D) Direktpotentiometrie
(E) Refraktometrie

Lösungen

25.1 A	25.1 a C	25.2 A	25.3 C	25.4 E
25.5 E	25.6 E	25.7 A	25.8 C	25.9 C
25.10 C	25.11 E	25.12 D	25.13 B	25.14 D
25.15 E	25.16 D	25.17 D	25.18 A	

26 Elektrophorese

26.1 H92, F06, H08 Welche Aussagen treffen zu?

Bei der Elektrophorese hängt die Wanderungsgeschwindigkeit der Teilchen ab von:
(1) der elektrischen Feldstärke
(2) der Viskosität des Mediums
(3) dem Radius der Teilchen
(4) der Ladung der Teilchen

(A) nur 1
(B) nur 1 und 2
(C) nur 1 und 4
(D) nur 2 und 3
(E) 1 bis 4 (alle)

26.2 H07 Welche Aussagen treffen zu?

Bei der Elektrophorese hängt die Ionenbeweglichkeit der Teilchen ab von
(1) der Ladung der Teilchen
(2) der Größe der Teilchen
(3) den Eigenschaften des Trennmediums

(A) nur 1
(B) nur 2
(C) nur 3
(D) nur 1 und 2
(E) 1 bis 3 (alle)

26.3 F90, F08 Welche Aussagen treffen zu?

Elektrophoretische Trennungen beruhen auf:
(1) Migration
(2) Konvektion
(3) Diffusion

(A) nur 1
(B) nur 2
(C) nur 3
(D) nur 1 und 2
(E) nur 2 und 3

26.4 H96 Von welchen Parametern ist die Wanderungsgeschwindigkeit geladener Teilchen in der Elektrophorese abhängig?

(1) elektrische Feldstärke
(2) Größe der Ladung
(3) Teilchenradius
(4) Viskosität des Elektrolyten

(A) nur 1
(B) nur 2
(C) nur 1 und 2
(D) nur 1, 2 und 3
(E) 1 bis 4 (alle)

26.5 **F10** Welche Aussagen treffen zu?

Bei elektrophoretischen Trenntechniken ist die Wanderungsgeschwindigkeit v eines Ions abhängig von:
(1) der angelegten Spannung
(2) der Ionenladung
(3) dem Ionenradius
(4) der Viskosität des Mediums

(A) nur 1 und 2
(B) nur 1 und 3
(C) nur 2 und 3
(D) nur 2 und 4
(E) 1 bis 4 (alle)

26.6 **H09** Welche Materialien können als Träger bei der Elektrophorese verwendet werden?

(1) Agarose-Gel
(2) Papier
(3) Celluloseacetat-Folie
(4) Polyacrylamid-Gel

(A) nur 1 und 3
(B) nur 1 und 4
(C) nur 3 und 4
(D) nur 1, 3 und 4
(E) 1 bis 4 (alle)

26.7 **F10** Welches der folgenden Materialien kann als Träger in der Niederspannungs-Elektrophorese **nicht** eingesetzt werden?

(A) Agarose-Gel
(B) Papier
(C) Celluloseacetat-Folie
(D) SDS
(E) Polyacrylamid-Gel

26.8 **H02** Welche Aussage im Zusammenhang mit der klassischen trägerfreien Elektrophorese (Grenzflächenelektrophorese) trifft **nicht** zu?

(A) Teilchen mit Ladungen entgegengesetzten Vorzeichens wandern makroskopisch in entgegengesetzter Richtung.
(B) Die Beweglichkeit elektrophoretisch trennbarer Teilchen ist u. a. abhängig von ihrer Form und Größe und von der verwendeten Pufferlösung.
(C) Der pH-Wert der verwendeten Pufferlösung hat keinen Einfluss auf das Elektropherogramm von Aminosäuren.
(D) Die zu trennenden Teilchen bewegen sich einige Zeit nach Beginn der Elektrophorese jeweils mit konstanten Geschwindigkeiten.
(E) Die Wanderungsgeschwindigkeit elektrophoretisch trennbarer Teilchen nimmt mit der Stärke des auf sie einwirkenden elektrischen Feldes zu.

26.9 **H09** Welche Aussage zur Elektrophorese trifft zu?

(A) Lösungen von Elektrolyten in organischen Lösungsmitteln können nicht eingesetzt werden.
(B) Eine Erhöhung der Ionenstärke des Elektrolyten führt bei gleicher Spannung zu einem höheren Stromfluss.
(C) Der Stromfluss ist unabhängig von der Elektrolytkonzentration.
(D) Zur Unterdrückung des elektroosmotischen Flusses werden besonders niedrig konzentrierte Elektrolytlösungen eingesetzt.
(E) Die durch den Stromfluss verursachte Wärmeentwicklung ist unabhängig von der Elektrolytkonzentration.

26.10 **H06** Die Trennung eines Substanzgemischs mittels Trägerelektrophorese ergibt das unten stehende Elektropherogramm.

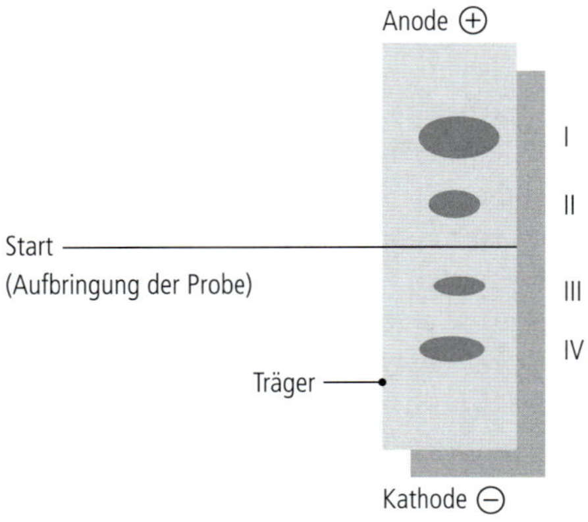

Welche Zuordnung der Banden zu den Analyten ist richtig?

(A) Banden I und II sind anionische Komponenten.
(B) Banden I und II sind kationische Komponenten.
(C) Banden III und IV sind anionische Komponenten.
(D) Banden I – IV sind kationische Komponenten.
(E) Banden I – IV sind neutrale, nicht-ionisierbare Komponenten.

26.11 **F04** Peptide, Proteine und DNA-Fragmente können durch Elektrophorese an Polyacrylamidgelen getrennt werden.

Auf welchen der nachfolgend aufgeführten Mechanismen ist diese Trennung vorwiegend zurückzuführen?

(A) Adsorption am Polyacrylamidgel
(B) Molekularsiebeffekt des Polyacrylamidgels (Trennung nach Molekülgröße)
(C) Ionische Interaktion mit dem Polyacrylamidgel
(D) Ionische Interaktion mit der negativ geladenen Oberfläche der Elektrophoresekammer
(E) Interaktion der Analyten mit ionischen Pufferbestandteilen

26.12 **H98, H08** Welche Aussagen über die elektrophoretische Trennung von Serumalbumin (Isoelektrischer Punkt: 4,6) und γ-Globulin (Isoelektrischer Punkt: 6,5) treffen prinzipiell zu?

(1) Bei Verwendung eines Puffers mit einem pH von 8 bis 9 wandern beide Proteine zur Anode.
(2) Bei Verwendung eines Puffers mit einem pH = 6,5 wandert Serumalbumin zur Kathode.
(3) Bei Verwendung eines Puffers mit einem pH = 4,6 erfolgt nur eine Wanderung des γ-Globulins.

(A) nur 1
(B) nur 2
(C) nur 3
(D) nur 1 und 3
(E) 1 bis 3 (alle)

26.13 **H99** Welche Aussage zur Elektrophorese trifft zu?

(A) Elektrophorese ist ohne Verwendung eines Trägers, z. B. eines Polyacrylamids, nicht möglich.
(B) Die Ionenbeweglichkeit ist dem Radius der wandernden Teilchen proportional.
(C) Die Ionenbeweglichkeit ist der Zahl der Elementarladungen pro Teilchen umgekehrt proportional.
(D) Am isoelektrischen Punkt ist die Wanderungsgeschwindigkeit eines Proteins am größten.
(E) Am isoelektrischen Punkt eines Proteins findet keine elektrophoretische Wanderung des Proteins statt.

26.14 **H06** Welche Aussage trifft zu?

Die effektive Wanderungsgeschwindigkeit eines geladenen Analyten in der Kapillarelektrophorese ist **am wenigsten** abhängig von

(A) dem elektroosmotischen Fluss
(B) der effektiven Ladung des Analyten
(C) dem Durchmesser der Kapillare
(D) dem hydrodynamischen Radius des Analyten
(E) der Viskosität des Laufpuffers

26.15 **H05** Welche der folgenden Aussagen treffen zu?

Die effektive Wanderungsgeschwindigkeit eines geladenen Analyten in der Kapillarelektrophorese ist unmittelbar abhängig von
(1) dem elektroosmotischen Fluss
(2) der effektiven Ladung des Analyten
(3) der Viskosität des Laufpuffers
(4) dem hydrodynamischen Radius des Analyten

(A) nur 1
(B) nur 1 und 4
(C) nur 2 und 3
(D) nur 2, 3 und 4
(E) 1 bis 4 (alle)

26.16 **F10** Welche Aussagen zum elektroosmotischen Fluss (EOF) in Glaskapillaren treffen zu?

Der EOF
(1) ist unabhängig von der angelegten Spannung
(2) sinkt mit steigender Pufferkonzentration
(3) steigt mit zunehmendem pH-Wert
(4) sinkt mit steigender Temperatur der Pufferlösung
(5) steigt mit zunehmender Viskosität der Pufferlösung

(A) nur 1 und 3
(B) nur 2 und 3
(C) nur 1, 2 und 5
(D) nur 2, 3 und 4
(E) nur 1, 3, 4 und 5

26.17 **H09** Eine Lösung, die Kationen, Anionen und Neutralteilchen enthält, wird elektrophoretisch in einer Quarzglaskapillare analysiert.

Welcher Effekt bewirkt, dass alle gelösten Teilchen – trotz ihrer unterschiedlichen Ladungen – zu derselben Elektrode wandern?
(A) der oszillierende Diffusionsgrenzstrom
(B) die gyromagnetische Abschirmung
(C) eine Wechselspannung hoher Frequenz
(D) eine Gleichspannung mit aufgesattelten Pulsspitzen
(E) der elektroosmotische Fluss

26.18 **F05** Bei der Kapillarelektrophorese in freier Lösung (unbeschichtete Quarzkapillare, Probenaufgabe an anodischer Seite der Kapillare, wässriger Phosphatpuffer pH = 7) wird das Gemisch der drei Analyten Benzoesäure, Benzylalkohol und Benzylamin getrennt. In welcher Reihenfolge werden diese Analyten detektiert?

(A) Benzoesäure – Benzylalkohol – Benzylamin
(B) Benzylamin – Benzylalkohol – Benzoesäure
(C) Benzylalkohol – Benzoesäure – Benzylamin
(D) Benzylamin – Benzoesäure –Benzylalkohol
(E) Benzoesäure – Benzylamin – Benzylalkohol

26.19 **H07** Welche der folgenden Mischungen ist kapillarelektrophoretisch unter Verwendung einfacher anorganischer Puffer prinzipiell **nicht** trennbar?

(A)

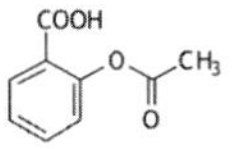

Acetylsalicylsäure

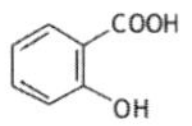

Salicylsäure

(B)

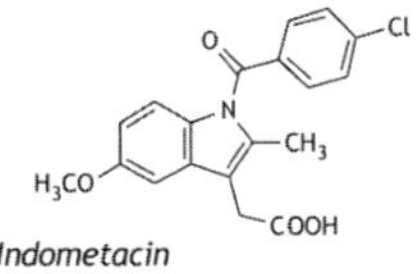

Indometacin

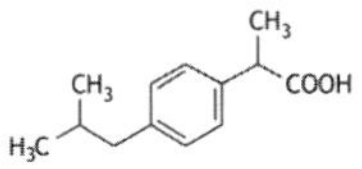

Ibuprofen

(C)

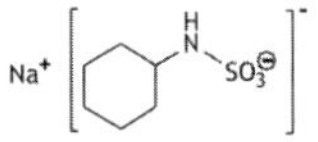

Natriumcyclamat

Na_2SO_4

Natriumsulfat

(D)

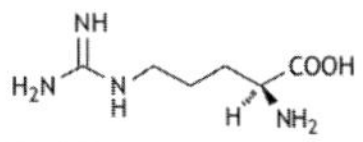

Arginin

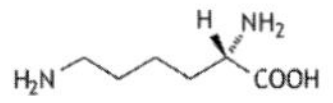

Lysin

(E)

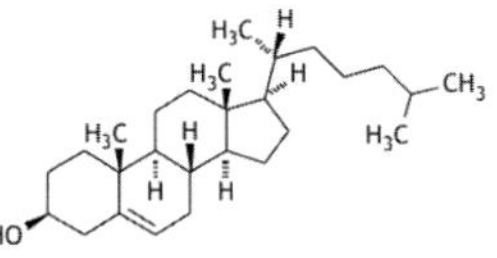

Cholesterol

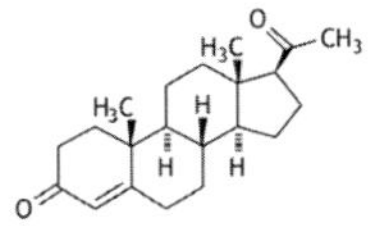

Progesteron

26.20 **F08** Welche der folgenden Substanzpaare sind durch Kapillarelektrophorese in freier Lösung (wässriger Phosphatpuffer ohne weitere Zusätze wie Micellbildner) prinzipiell trennbar?

(1) 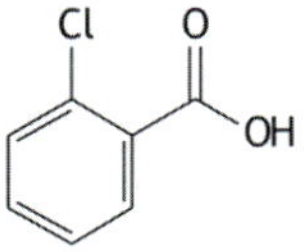 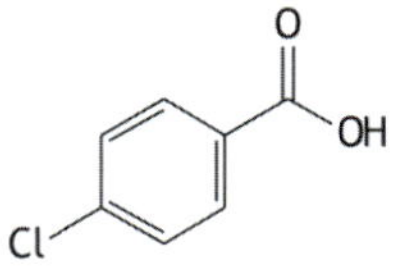

(2) 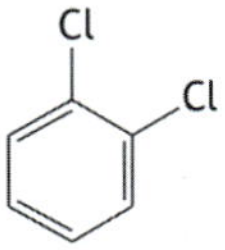 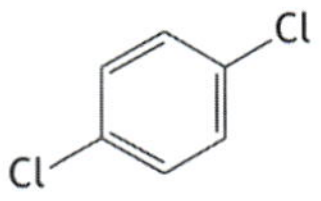

(3) 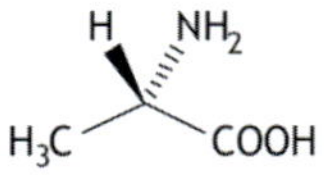 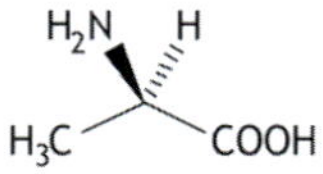

(A) nur 1
(B) nur 3
(C) nur 1 und 2
(D) nur 2 und 3
(E) 1 bis 3 (alle)

26.21 **F07** Welche der folgenden Substanzpaare sind durch Kapillarelektrophorese in freier Lösung (wässriger Phosphatpuffer ohne weitere Zusätze wie Micellbildner) prinzipiell trennbar?

(1) 2-Methylbenzoesäure/2-Ethylbenzoesäure
(2) 2-Methylbenzylamin/2-Ethylbenzylamin
(3) 2-Methylbenzylalkohol/2-Ethylbenzylalkohol

(A) nur 1
(B) nur 2
(C) nur 3
(D) nur 1 und 2
(E) 1 bis 3 (alle)

26.22 **F09** Welche der folgenden Substanzpaare sind durch Kapillarelektrophorese in freier Lösung (wässriger Phosphatpuffer ohne weitere Zusätze wie Micellbildner) prinzipiell trennbar?

(1) 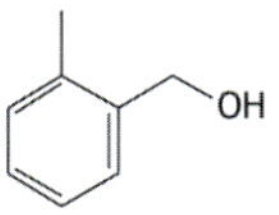 und 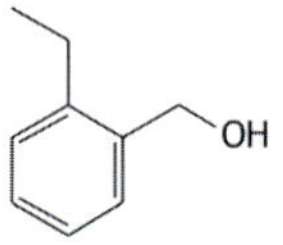

(2)  und 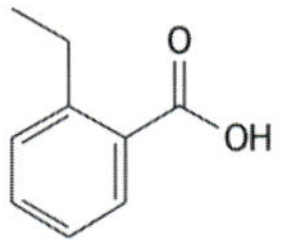

(3) 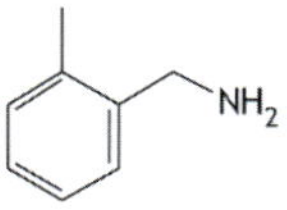 und 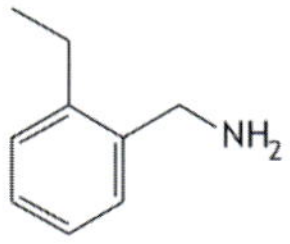

(A) nur 1
(B) nur 2
(C) nur 3
(D) nur 1 und 2
(E) nur 2 und 3

26.23 **F08** Racemische Gemische von Arzneistoffen können durch Kapillarelektrophorese in ihre Enantiomere getrennt werden. Dies setzt voraus, dass dem Trennsystem ein Selektor zugesetzt wird.

Als solcher ist geeignet:
(A) Natriumhexadecylsulfat
(B) β-Cyclodextrin
(C) Acrylamid
(D) Polyethylenglycol
(E) Polysiloxan

26.24 **H07** Racemische Gemische von Arzneistoffen können durch Kapillarelektrophorese in ihre Enantiomere getrennt werden. Dies setzt voraus, dass dem Trennsystem ein Selektor zugesetzt wird.

Als solcher ist geeignet:
(A) Natriumhexadecylsulfat
(B) Kupfer(II)-Histidin
(C) Acrylamid
(D) Polyethylenglycol
(E) Polysiloxan

26.25 H05 Welche Aussagen zur micellaren elektrokinetischen Chromatographie (MEKC) treffen zu?

(1) Das Trennprinzip der MEKC beruht auf der Verteilung der Analyte zwischen der wässrigen Elektrolytlösung und den Micellen.
(2) Die Migrationsreihenfolge der Analyte ist unabhängig vom Verteilungskoeffizienten.
(3) Bei der MEKC werden ausschließlich geladene Mizellbildner eingesetzt.
(4) Die MEKC eignet sich nur zur Trennung geladener Analyte.

(A) nur 1
(B) nur 1 und 2
(C) nur 2 und 4
(D) nur 1, 2 und 3
(E) nur 1, 3 und 4

26.26 F06 Welche Aussage zur micellaren elektrokinetischen Chromatographie (MEKC) trifft zu?

(A) Die MEKC eignet sich nur zur Trennung geladener Analyte.
(B) Das Trennprinzip der MEKC beruht auf der Eigenmobilität ungeladener Analyte.
(C) Die Migrationsreihenfolge der Analyte ist abhängig von ihren Verteilungskoeffizienten.
(D) Bei der MEKC werden ausschließlich geladene Mizellbildner eingesetzt.
(E) Bei der Verwendung kationischer Detergentien als Mizellbildner kommt es zu einer Verstärkung des elektroosmotischen Flusses zur Kathode.

26.27 F07 Welche Aussagen zur micellaren elektrokinetischen Chromatographie (MEKC) treffen zu?

(1) In der MEKC gibt man dem Puffer ausschließlich nicht-ionische Tenside zu, so dass sich ungeladene Micellen bilden.
(2) UV-Detektoren sind für die MEKC geeignet.
(3) Die Micellen bilden eine von der wässrigen Phase unterscheidbare pseudostationäre Phase.
(4) Die Trennung von ungeladenen, mäßig polaren Analyten erfolgt durch die Verteilung zwischen den Micellen und der wässrigen Phase.
(5) Bei der MEKC werden im Gegensatz zur Kapillarelektrophorese 125 mm kurze Trennsäulen mit einem Durchmesser von 3–4 mm eingesetzt.

(A) nur 1
(B) nur 3
(C) nur 2, 3 und 4
(D) nur 3, 4 und 5
(E) nur 1, 2, 4 und 5

26.28 F04 Welches der nachfolgend aufgeführten Additive charakterisiert die micellare elektrokinetische Chromatographie (MEKC)?

(A) starke Säuren wie Schwefelsäure
(B) starke Basen wie Natronlauge
(C) oberflächenaktive Substanzen wie Natriumdodecylsulfat
(D) chirale Additive wie Cyclodextrine
(E) feinstkörnige Kieselgele wie RP-18-Phasen

26.29 F08 Welche Aussage zu elektrophoretischen Verfahren trifft zu?

(A) Die isoelektrische Fokussierung eignet sich besonders zur Analyse von kleinen organischen Molekülen.
(B) Die Analyse von Neutralsubstanzen mit elektrophoretischen Verfahren ist generell nicht praktikabel.
(C) Elektrophoretische Verfahren werden immer mit einem Gel als Träger durchgeführt.

(D) Für elektrophoretische Trennungen ist die Ladung eines Moleküls, nicht aber seine Größe ausschlaggebend.
(E) Bei der Isotachophorese wandern alle Substanzen in separaten Zonen mit gleicher Geschwindigkeit.

26.30 F10 Welche Aussage zur Isotachophorese trifft **nicht** zu?

(A) Es werden Leit- und Folgeelektrolyten verwendet.
(B) Die Ionen des Leitelektrolyten besitzen unter den experimentellen Bedingungen eine größere Beweglichkeit als die zu trennenden Substanzen.
(C) Die zu trennenden Substanzen wandern mit gleicher Geschwindigkeit.
(D) Die Feldstärke ist über die gesamte Trennstrecke konstant.
(E) Die Aufkonzentrierung von Proteinen durch Verwendung eines Sammelgels bei der Disk-Elektrophorese beruht auf einer Isotachophorese.

26.31 F09 Welche Aussagen zu elektrophoretischen Verfahren treffen zu?

(1) Bei der Isotachophorese wandern alle Substanzen in Zonen mit gleicher Geschwindigkeit.
(2) Auch für die Analyse von Neutralsubstanzen stehen geeignete elektrophoretische Verfahren zur Verfügung.
(3) Die Wanderungsgeschwindigkeit der Teilchen steigt mit sinkender Viskosität der eingesetzten Pufferlösung.
(4) Zur Vermeidung der Aufheizung des Systems durch einen hohen elektrischen Strom dürfen den Pufferlösungen keine organischen Lösungsmittel zugesetzt werden.

(A) nur 1 und 4
(B) nur 2 und 3
(C) nur 3 und 4
(D) nur 1, 2 und 3
(E) 1 bis 4 (alle)

26.32 H09 Nachstehend ist (unter Angabe der verwendeten Pufferlösungen) schematisch von links nach rechts der Ablauf eines elektrophoretischen Analyseverfahrens dargestellt.

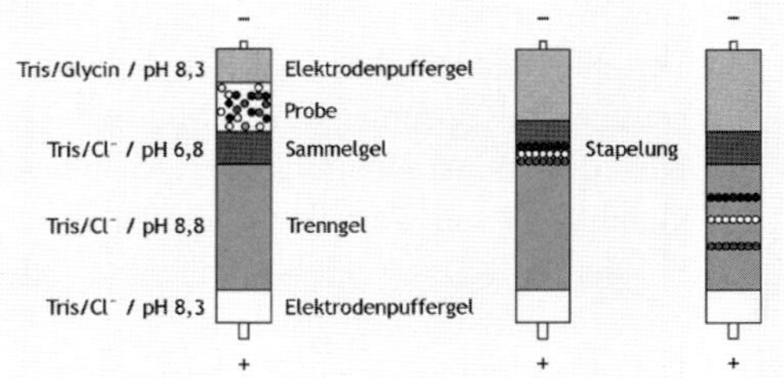

Um welches Verfahren handelt es sich?
(A) Disk-Elektrophorese
(B) Isotachophorese
(C) Isoelektrische Fokussierung
(D) Zonenelektrophorese
(E) kontinuierliche SDS-PAGE

Lösungen

26.1 E	26.2 E	26.3 A	26.4 E	26.5 E
26.6 E	26.7 D	26.8 C	26.9 B	26.10 A
26.11 B	26.12 D	26.13 E	26.14 C	26.15 E
26.16 B	26.17 E	26.18 B	26.19 E	26.20 A
26.21 D	26.22 E	26.23 B	26.24 B	26.25 A
26.26 C	26.27 C	26.28 C	26.29 E	26.30 D
26.31 D	26.32 A			

29 Kommentare zu IMPP-Fragen

Die in diesem Kapitel aufgeführten Kommentare liefern hilfreiche Erläuterungen zu einer Vielzahl der in ▶ Kap. 28 Original-IMPP-Fragen aufgeführten Fragen/Lösungen. Die Zuordnung der Kommentare zu den IMPP-Fragen ist der jeweiligen Fragen-Nummerierung einschließlich ihrer Lösung (Buchstaben A bis E des IMPP-Systems) zu entnehmen.

1 Einführung

1.1 C 1.2 D 1.3 B 1.4 D

In einem Spektrum wird immer die Intensität einer Strahlung gegen die Strahlungsenergie aufgetragen. Auf beiden Achsen können auch abgeleitete Größen angegeben sein, die aber immer die Intensität, bzw. die Energie, repräsentieren.

Statt der Intensität selbst können so z. B. die Absorption, die Transmission (= Durchlässigkeit), der Absorptionskoeffizient (bzw. Extinktionskoeffizient) verwendet werden. Die Energie kann auch als Frequenz, Wellenlänge oder Wellenzahl der Strahlung angegeben sein.

1.5 E

Gasentladungslampen werden als Lichtquellen für den UV/VIS-Bereich verwendet. Da alle drei angegebenen Methoden (UV-Photometrie, Fluorimetrie und Polarimetrie) in diesem Spektralbereich arbeiten, können bei allen Gasentladungslampen verwendet werden.

1.6 C 1.7 C

zu (1) und (3) Zur spektralen Zerlegung von Licht können Gitter oder Prismen verwendet werden. Bei Gittern erfolgt die Auftrennung auf Grund von Beugung der elektromagnetischen Welle am Spalt, bei Prismen auf Grund von Brechung an der Prismenoberfläche (▶ Kap. 2). In der Praxis werden Gitter eher für Strahlung mit größeren Wellenlängen (IR-Bereich, VIS-Bereich) und Prismen für kleinere Wellenlängen (UV-Bereich) verwendet (siehe ◘ Tab. 8.3).

Ein Nicol'sches Prisma wird zur Herstellung von linear polarisiertem Licht verwendet und nicht zur spektralen Zerlegung (Polarisator, ▶ Kap. 3).

1.8 A 1.9 D 1.10 B 1.11 A

In Abhängigkeit der Wellenlänge der elektromagnetischen Strahlung werden andere Effekte in Molekülen ausgelöst. In der Reihenfolge von energiearm zu energiereich (entsprechend „lange Wellenlänge" zu „kurze Wellenlänge") sind dies:

◘ Effekte elektromagnetischer Strahlung auf Moleküle und Atome

Strahlung	Effekt	Analytische Methode
Radiowellen	Kernspin-anregung, Elektronen-spinänderung	NMR-Spektroskopie, ESR-Spektroskopie
Mikrowellen	Molekülrotation	Rotations-spektroskopie
Infrarot-strahlung	Molekülschwingung und Molekülrotation	IR-Spektroskopie, Ramanspektroskopie
Sichtbares Licht und ultraviolettes Licht	Elektronen-anregung	UV-VIS-Spektroskopie, Fluorimetrie, usw.
Röntgen-strahlung	Ionisierung	Röntgen-Photo-elektronen-Spektroskopie (XPS)

Kernspinresonanz-Spektroskopie ist NMR-Spektroskopie (Nuclear Magnetic Resonance). Elektronenspinänderungen werden in der EPR- (Electron Pair Resonance) Spektroskopie (früher als ESR-Spektroskopie [ESR: Electron Spin Resonance] bezeichnet) zur Analyse verwendet. Die EPR-Spektroskopie wird hier nicht näher beschrieben, da sie in der pharmazeutischen Analytik nur in Ausnahmefällen angewendet wird.

Molekülschwingungen und -rotationen werden in der IR- und Raman-Spektroskopie registriert. Mit energieärmeren Mikrowellen lassen sich z. B. Gasmoleküle zu Rotationen anregen.

Elektronenanregung ist das Prinzip aller spektroskopischen Methoden, die mit sichtbarem oder ultraviolettem Licht arbeiten.

1.12 E **1.13** C

Obwohl IR- und Raman-Spektroskopie beide Molekülschwingungen und -rotationen anregen, beruhen sie auf unterschiedlichen physikalischen Effekten. Die zur IR-Spektroskopie verwendete Infrarotstrahlung wechselwirkt direkt mit dem Dipolmoment der Moleküle. Im IR-Spektrum sind deshalb alle Schwingungen zu sehen, bei denen sich das Dipolmoment des Moleküls ändert.

Im Gegensatz dazu sind im Raman-Spektrum nur Schwingungen zu sehen, bei denen sich die Polarsisierbarkeit des Moleküls ändert. Deshalb unterscheiden sich Raman- und IR-Spektrum.

1.14 C

Bei den meisten spektroskopischen Methoden werden in den Molekülen Effekte angeregt, die nicht zu einer chemischen Veränderung führen. Sie arbeiten sozusagen **zerstörungsfrei**.

Bei der Atomabsorptionsspektroskopie und der Flammenphotometrie wird die Probe allerdings in einer Brennerflamme zerstäubt und dabei natürlich auch chemisch verändert.

Bei der Massenspektroskopie werden die Moleküle fragmentiert; d. h. ebenfalls zerstört.

1.15 C **1.16** D **1.17** C **1.18** A **1.19** C

Die spektroskopischen Methoden lassen sich in absorptions- und emissionsspektroskopische Verfahren einteilen.

Bei den **Absorptionsverfahren** wird die Schwächung eines Lichtstrahls (genauer: eines Strahls elektromagnetischer Strahlung) beim Durchdringen der Probe registriert. Die Wellenlängenabhängigkeit der Absorption (= Spektrum) dient zur Identifizierung von Substanzen. Durch exakte Messung der Größe der Absorption bei einer Wellenlänge ist eine quantitative Bestimmung möglich (Photometrie). Beispiele: UV/VIS-Spektroskopie, IR-Spektroskopie, Atomabsorptionsspektroskopie, Kolorimetrie.

Bei den **Emissionsverfahren** wird die Probe dazu gebracht, selbst Licht auszusenden, dessen spektrale Zusammensetzung und Intensität zur Analyse verwendet wird. Beispiele: Flammenphotometrie, Fluorimetrie, Raman-Spektroskopie.

Werden bei einer spektroskopischen Methode sehr scharfe Absorptionen oder Emissionen registriert, so spricht man von Linien-Spektren. Dies ist dann der Fall, wenn nur ein einziger Effekt beobachtet wird. Beispiele: Anregung von Elektronen bei der Flammenphotometrie oder Atomabsorptionsspektroskopie.

Werden jedoch mehrere Effekte gleichzeitig beobachtet (z. B. Elektronenanregung und Anregung von Schwingungen im Molekül), dann verbreitern sich die Linien im Spektrum zu sog. Banden. Beispiele: Fluoreszenz-, UV/VIS-Spektroskopie, IR-Spektroskopie.

1.20 D

Zur Strukturaufklärung einer unbekannten organischen Substanz sind nur Methoden geeignet, die konkrete Information über die Molekülstruktur liefern. Coulometrische Messungen dienen zur Gehaltsbestimmung. Polarimetrie liefert nur die grobe Aussage, ob ein Molekül optisch aktiv ist oder nicht.

MS liefert Information über vorhandene Molekülfragmente und aus einem NMR-Spektrum lässt sich in vielen Fällen die Molekülstruktur ebenfalls exakt bestimmen.

1.21 D

Bei der quantitativen Auswertung eines Spektrums können drei Fälle unterschieden werden:

Absorptionsspektroskopische Verfahren: Bei allen Methoden, bei denen die Absorption eines Lichtstrahls gemessen wird, gilt grundsätzlich das Lambert-Beer'sche Gesetz. Hier ist die Absorption *A* proportional zur Konzentration der Probe (z. B. UV/VIS-Spektroskopie, IR-Spektroskopie, Atomabsorptionsspektroskopie).

$$A = \varepsilon \cdot c \cdot d$$

$$A = \log_{10} \frac{I_0}{I}$$

Emissionsspektroskopische Verfahren: Bei allen Methoden, bei denen von der Probe ausgesendetes Licht gemessen wird, gilt das Lambert-Beer'sche Gesetz **nicht.** Bei diesen Methoden ist die Intensität der emittierten Strahlung direkt proportional zur Konzentration der Probe (z. B. Flammenphotometrie, Fluorimetrie, auch ^{1}H-NMR-Spektroskopie).

$$I = Konst. \cdot c$$

Spezielle Verfahren: Bei manchen spektroskopischen Verfahren ist der Zusammenhang zwischen der Konzentration der Probe und der gemessenen Intensität sehr kompliziert, sodass eine quantitative Bestimmung nur mit Kalibrierkurven möglich ist (z. B. Photometrie an festen Proben, Remissionsmessungen an DC-Platten).

1.22 A

Die Einheiten lassen sich vom Lambert-Beer'schen Gesetz ableiten, wobei folgende Definitionen verwendet werden:

$$A = \varepsilon \cdot c \cdot d$$

Schichtdicke *d*: in cm

Spezifische Absorption: Absorption einer 1 %igen Lösung (1 g pro Liter) mit 1 cm Schichtdicke.

Molarer Absorptionskoeffizient: Absorption einer 1-molaren Lösung (1 mol pro Liter) mit 1 cm Schichtdicke.

1.23 E 1.24 D

Bei Absorption und Emission von elektromagnetischer Strahlung ist die Spinumkehr durch die Gesetze der Quantenmechanik verboten. Deshalb treten bei Molekülen, die ausschließlich gepaarte Elektronen enthalten, nur Singulett-Zustände auf (▶ Kap. 1.3.2). Durch Zusammenstöße mit Lösungsmittelmolekülen kann jedoch ein Elektronenspin gedreht werden, sodass das Molekül in einen Triplett-Zustand gelangen kann (internal conversion). Da die Rückkehr in den Singulett-Grundzustand eine Spinumkehr erfordert und verboten ist, kann das Molekül sehr lange (bis zu einigen Stunden!) im angeregten Triplett-Zustand bleiben. Solche Moleküle leuchten deshalb noch lange Zeit nach der Bestrahlung. Dieser Effekt wird Phosphoreszenz genannt.

1.25 E

Die beiden Verbindungen unterscheiden sich durch die phenolische Hydroxylgruppe am Phenylring. Dies führt mit Sicherheit zu

- Unterschieden der Molekülschwingungen (IR-Spektroskopie),

- unterschiedlicher Entschirmung sowie Kopplung der aromatischen Protonen (^{1}H-NMR),
- Unterschieden in der Polarität und damit der Löslichkeit (Retentionszeit im HPLC),
- unterschiedlicher Molekülmasse (MS),
- bathochromer Verschiebung der Maxima im UV/VIS-Spektrum durch die Vergrößerung des mesomeren Systems.

1.26 A

Nur (1) ist korrekt: Die C=O-Valenzschwingung ist eine der am einfachsten zu erkennenden Banden im IR-Spektrum.

Bufexamac ist keine Carbamidsäure und kann auch nicht CO_2 abspalten. Das UV/VIS-Absorptionsmaximum ist nicht so einfach vorherzusagen. Das Absorptionsmaximum von Benzol liegt bei 203,5 nm, das von Phenol bei 210,5 nm und das von Toluol bei 207 nm. Beim zweifach substituierten Aromaten (ohne zusätzliche Mesomerie oder Push-Pull-Effekte) wird das Maximum nicht so weit bathochrom verschoben sein.

1.27 E

Bei diesen chiralen Verbindungen geht die erste Idee natürlich in Richtung Polarimetrie. Bei näherer Betrachtung ist jedoch zu erkennen, dass die beiden Strukturen zwar Stereoisomere sind, jedoch keine Enantiomere (sie sind **nicht** Bild und Spiegelbild). Nur wenn es Enantiomere wären, könnte man sicher sagen, dass eines der beiden linksdrehend, das andere rechtsdrehend ist. Hier dagegen ist es nicht ohne Weiteres möglich, die optische Drehung vorherzusagen – diese könnte auch bei beiden Molekülen ähnlich sein.

In UV/VIS-Spektroskopie, Fluorimetrie und Kolorimetrie unterscheiden sich Stereoisomere nicht zwingend.

Die chemische Umgebung des eingezeichneten Wasserstoffs unterscheidet sich allerdings signifikant in den Strukturen. Deshalb zeigt das ^{1}H-NMR-Spektrum hier mit Sicherheit einen deutlichen Unterschied.

1.28 B

Alle vorgeschlagenen Verbindungen sind Stereoisomere. Nur (B) ist das Enantiomer zu RRR-α-Tocopherol. Deshalb ist nur bei (B) sicher, dass es die gleichen physikochemischen Eigenschaften (Polarität, Löslichkeit, UV-Spektrum) hat. Die anderen Stereoisomere unterscheiden sich z. B. in ihrer Polarität und damit in ihrem Retentionsverhalten in der Gaschromatographie.

1.29 B

Weder Wasser noch Glycerol zeigen im UV-Spektrum bei 240 nm eine Absorption. Wasser kann für Wellenlängen größer als 200 nm als Lösungsmittel verwendet werden. Alkohole (z. B. Ethanol) können für Messungen ab 210 nm verwendet werden.

1.30 C 1.31 B 1.32 B 1.33 C

UV/VIS-, IR-Spektroskopie oder Kolorimetrie sind nicht geeignet, optisch aktive Substanzen zu erkennen. Ebenso zeigen Enantiomere denselben Schmelzpunkt und ein gleiches Massenspektrum.

Polarimetrie (bei einer Wellenlänge) oder Spektralpolarimetrie (Circulardichroismusmessung) sind die Methoden der Wahl zur Unterscheidung von Enantiomeren.

Enantiomere lassen sich auch durch Chromatographie an chiralen stationären Phasen auftrennen – an nicht-chiralen Phasen werden Enantiomere jedoch nicht unterschieden.

1.34 A 1.35 C 1.36 E

Isotope eines Elements unterscheiden sich in ihrer Masse und in ihrer Kernspinquantenzahl. Deshalb werden isotopenmarkierte Substanzen (z. B. ^{13}C-Harnstoff) oft massenspektrometrisch oder durch NMR-Spektroskopie identifiziert. Auch im IR-Spektrum sind Unterschiede zu erkennen, da Schwingungs- und Rotationszustände von der Masse der Atome abhängen.

Andere physikalische Eigenschaften der Moleküle, wie z. B. Löslichkeit, UV/VIS-Absorption oder optische Drehung werden durch Ersatz eines Isotops nicht oder nur unerheblich beeinflusst.

1.37 A

Aus einem ^{1}H-NMR-Spektrum lassen sich Anzahl und Positionen, an denen Wasserstoffatome in einem Molekül gebunden sind, sehr genau bestimmen. Deshalb ist ^{1}H-NMR-Spektroskopie hier die Methode der Wahl. Keines der beiden dargestellten Tautomere zeigt im Bereich des sichtbaren Lichts Absorptionen, weshalb alle anderen vorgeschlagenen Alternativen wegfallen.

1.38 D

Polymorphe Formen sind unterschiedliche Modifikationen derselben chemischen Verbindung oder Elements. Z. B. sind Graphit und Diamant Modifikationen von Kohlenstoff.

Viele Arzneistoffe können in mehr als einer polymorphen Form vorliegen. Dabei sind die Moleküle anders gepackt, z. B. anders kristallisiert.

Diese Packung kann das NMR-Spektrum nicht beeinflussen, da die Probe dazu gelöst wird und somit der Unterschied zwischen den polymorphen Formen aufgehoben wird. Ähnliches gilt für die Massenspektrometrie, da hier einzelne Moleküle oder Fragmente detektiert werden.

Auf das IR-Spektrum eines Feststoffs hat die Anordnung der Moleküle hingegen großen Einfluss, da die Wechselwirkung zwischen den Molekülen deren Schwingungen beeinflusst.

1.39 D

Bei dieser Reaktion wird ein Keton zum racemischen Gemisch der beiden enantiomeren Alkohole reduziert. Weder das Edukt (Keton) noch das Produkt (Gemisch) zeigt eine optische Aktivität. Deshalb kann die Reaktion nicht polarimetrisch verfolgt werden.

Weder Edukt noch Produkt zeigen Fluoreszenz.

Deutliche Unterschiede zu erwarten sind im NMR-Spektrum (zwei H-Atome mehr im Produkt) im IR-Spektrum (Verschwinden der Valenzschwingung der Carbonylgruppe) sowie im DC (polare OH-Gruppe im Produkt).

1.40 B

Die Lage der charakteristischen C-H-Valenzschwingungen von Polystyrol wird zur Eichung von IR-Spektrometern verwendet.

1.41 E

Biamperometrie wird zur Titration von Redoxreaktionen verwendet, nicht zur Identifizierung oder Strukturaufklärung organischer Stoffe.

1.42 E

Die beiden Halogenalkane sind beide nicht optisch aktiv und deshalb polarimetrisch nicht erfassbar. Sie zeigen beide keine Absorption im UV/VIS-Bereich und sind deshalb auch beide nicht farbig.

Als einzige der vorgeschlagenen Methoden ist die NMR-Spektroskopie möglich. Stark elektronegative (elektronenziehende) Substituenden entschirmen die benachbarten Protonen. Deshalb unterscheiden sich die chemischen Verschiebungen der Protonen.

Das in der Natur zu 100 % vorkommende Fluorisotop ^{19}F hat eine Kernspinquantenzahl $I = 1/2$. Somit koppeln die Protonen mit dem Fluor, was zu einer Änderung der Signalaufspaltung gegenüber dem Chloralkan führt.

1.43 C

Die rote Flammenfärbung entsteht durch Emission von rotem Licht durch thermisch angeregte Lithiumatome.

1.44 C

Bei 255 nm wird im UV/VIS-Spektrum die α-Bande von Benzol detektiert. Cyclohexan zeigt keine UV/VIS-Absorption.

Im ^{1}H-NMR-Spektrum sind im Bereich zwischen $\delta = 6$ bis 8 ppm die aromatischen Protonen zu sehen, während die Protonen von Alkanen bei kleinen chemischen Verschiebungen ($\delta = 1$) erkennbar sind.

Die C-H-Valenzschwingungen bei ca. 3000 cm^{-1} unterscheiden sich nur wenig zwischen Aromaten ($> 3000\ cm^{-1}$) und Aliphaten ($< 3000\ cm^{-1}$). Die

Verunreinigung von 5 % wird im IR-Spektrum nicht auffallen.

▫ Wellenlängenbereiche und spektroskopische Methoden

Wellenlängenbereich	Strahlung	Methoden
> 10 cm	Radiowellen	NMR, EPR
Zentimeter – Millimeter	Mikrowellen	–
Millimeter – 800 nm	Infrarot	IT, Raman
800–400 nm	Sichtbares Licht	UV/VIS, Fluoreszenz, Photometrie, Kolorimetrie, usw.
400–100 nm	UV-Licht	UV/VIS
1–0,1 nm	Röntgenstrahlung	–
< 0,1 nm	γ-Strahlung	–

1.45 B **1.46** C **1.47** D **1.48** B **1.49** C **1.50** A **1.51** A **1.52** E **1.53** B

Die Tabelle zeigt die Wellenlängen der elektromagnetischen Strahlung für die spektroskopischen Methoden. Da für die Dimensionen von einem Meter bis 10^{-10} Meter unterschiedliche Einheiten verwendet werden, müssen diese zur Beantwortung der Frage umgerechnet werden:

▫ Längeneinheiten

Vorsilbe	Größe
1 m	1 m
1 cm	10^{-2} m
1 mm	10^{-3} m
1 µm	10^{-6} m
1 nm	10^{-9} m
1 Å (Ångström)	10^{-10} m

1.54 B

Die Absorption kann mit der Formel

$$A = \log_{10} \frac{I_0}{I}$$

berechnet werden.
Hier ist $A = \log_{10} \frac{1}{T}$ und log 10 = 1.
Die Absorption ist deshalb 1.

1.55 B

In der Abbildung ist eingezeichnet, dass hier mit IR-Strahlung gearbeitet wird. Es handelt sich um den Strahlengang eines ATR-Infrarotspektrometers (Attenuated Total Reflection, abgeschwächte Totalreflexion).

2 Refraktometrie

2.1 B

Einfalls- und Ausfallswinkel werden immer zum Lot hin gemessen. Deshalb ist β der Einfallswinkel und δ der Ausfallswinkel oder Brechungswinkel. γ und ε haben mit dem einfallenden Strahl nichts zu tun.

2.2 C

Die Ursache der Lichtbrechung ist die unterschiedliche Ausbreitungsgeschwindigkeit von Licht in unterschiedlichen Medien. Die **absolute** Brechzahl eines Mediums entspricht genau dem Quotienten aus der Vakuumlichtgeschwindigkeit und der Ausbreitungsgeschwindigkeit im Medium.

Die **relative** Brechzahl entspricht dem Quotienten aus Lichtgeschwindigkeit in Luft und der Ausbreitungsgeschwindigkeit im Medium. Aus praktischen Gründen wird diese verwendet.

2.3 D **2.4** A **2.5** D **2.6** E

Der Brechungsindex ist eine Eigenschaft der Substanz. Er ist abhängig von der Wellenlänge des eingestrahlten Lichts und von der Temperatur. Für die Temperaturabhängigkeit des Brechungsindex ist u. a. die Temperaturabhängigkeit der Dichte einer Substanz verantwortlich. Wenn sich die Zusammensetzung einer Probe ändert, beeinflusst dies ihren Brechungsindex. Deshalb kann eine Messung der Refraktion zur Reinheitsbestimmung eingesetzt werden.

Die Brechzahl ist nicht abhängig vom Einfallswinkel. Mit Hilfe der Brechzahl kann aus dem Einfallswinkel der Ausfallswinkel berechnet werden.

Im Abbé-Refraktometer wird der Grenzwinkel der Totalreflexion zur Messung des Brechungsindex verwendet (○ Abb. 2.1). Die Brechzahlen von Flüssigkeiten sind, wie die aller Materialien, größer als 1. Da das Vakuum eine Brechzahl von exakt 1 hat, müsste eine Substanz mit einer Brechzahl kleiner 1 optisch dünner sein als das Vakuum. Der Brechungsindex von Gasen ist nur wenig größer als 1.

2.7 B

Der Brechungsindex ist von den physikalischen Eigenschaften einer Probe und von den Messbedingungen abhängig. Die Schichtdicke der Probe spielt keine Rolle, da die Brechung nur an den Grenzflächen beim Eindringen des Lichtstrahls in die Probe und beim Verlassen der Probe stattfindet.

2.8 C **2.9** D

Toluol CRS ist eine standardisierte Referenzsubstanz (sog. **CRS, c**hemische **R**eferenz**s**ubstanz), die vom Sekretariat der europäischen Arzneibuchkommission bezogen werden kann.

Da die Brechzahl wellenlängenabhängig ist, wird zur Messung die Wellenlänge der Na-D-Linie vorgeschrieben (oder das Refraktometer muss einen Kompensator besitzen, der die Abweichung der Brechzahl von Tageslicht ausgleicht).

Das Arzneibuch schreibt eine Ablesegenauigkeit von drei Dezimalstellen vor, da sich die Brechzahl bei einer Verunreinigung oft nur geringfügig ändert.

Die Brechzahl nimmt **meist** mit zunehmender Temperatur **ab,** weil die Dichte von Flüssigkeiten im Normalfall kleiner wird. Die Brechzahl (optische Dichte) ist eng mit der Dichte einer Substanz verknüpft.

Da der Brechungsindex temperaturabhängig ist, wird im Arzneibuch eine Messtemperatur vorgeschrieben (20 °C).

2.10 B **2.11** D

Die D-Linie des Natriums hat eine Wellenlänge von 589,3 nm. Zur Beantwortung der Frage würde es auch genügen zu wissen, dass das Licht der Natrium-D-Linie gelb ist, und dass gelbes Licht im kurzwelligen Bereich des sichtbaren Teils des Spektrums angeordnet ist. Bei allen Wellenlängen von kleiner als 600 nm hat die Substanz B die größte Brechzahl. Als Dispersion der Brechzahl wird die Veränderung der Brechzahl bezeichnet. Diese ist für Substanz D am größten.

3 Polarimetrie

3.1 E **3.2** D **3.3** E **3.4** D **3.5** D **3.6** E **3.7** A **3.8** B **3.9** B

Die **optische Drehung** einer optisch aktiven Substanz hängt ab von der

- Wellenlänge des Messlichts,
- Konzentration der Substanz,
- Temperatur,
- Schichtdicke der Lösung,
- Art und pH-Wert des Lösungsmittels.

Die **spezifische Drehung** hängt dagegen im Prinzip nicht von der Konzentration ab, da die Konzentrationsabhängigkeit bei der Umrechnung vom gemessenen Drehwinkel auf die spez. Drehung berücksichtigt wird. Bei genauer Betrachtung ist allerdings trotzdem eine mehr oder weniger große Konzentrationsabhängigkeit der spez. Drehung festzustellen. Besonders stark kann der Effekt bei optisch aktiven Säuren oder Basen sein, da sich dann mit der Konzentration der Substanz auch der pH-Wert des Lösungsmittels ändert.

Eine Änderung des Lösungsmittels hat meist einen Einfluss auf die Größe der optischen Drehung, jedoch nicht auf die grundsätzliche Eigenschaft der Substanz.

Moleküle mit chiralen Zentren sind **meist** optisch aktiv, allerdings nicht immer (nur wenn es Enantiomere gibt). Enantiomere, die kein Chiralitätszentrum enthalten, sind natürlich auch ohne dieses optisch aktiv.

3.10 D **3.11** B **3.12** D

Die optische Aktivität hat ihre Ursache in der unterschiedlichen Ausbreitungsgeschwindigkeit der links- und den rechtszirkular polarisierten Lichtstrahlen. Da die Ausbreitungsgeschwindigkeit ebenfalls für die Brechung an Phasengrenzen verantwortlich ist, muss die Brechzahl für den links- und den rechtszirkular polarisierten Lichtstrahl unterschiedlich sein.

Deshalb zeigen optisch aktive Substanzen den Circulare Doppelbrechung genannten Effekt.

Messung der unterschiedlich starken Absorption von links- bzw. der rechtszirkular polarisiertem Licht führt zum Circular-Dichroismus-Spektrum (CD-Spektrum).

3.13 B **3.14** D

Die spezifische Drehung (spezifischer Drehwert) $[\alpha]_D^{20}$ einer Lösung entspricht dem Drehwinkel α (in Grad), um den die Polarisationsebene linear polarisierten Lichts gedreht wird, wenn die Konzentration 1 g/ml und die Dicke der Küvette 10 cm (1 dm) beträgt.

Die Angabe $[\alpha]_D^{20}$ bedeutet, dass die Messung mit Licht der D-Linie des Natriums (Wellenlänge $\lambda = 589{,}3$ nm) bei einer Temperatur von 20 °C erfolgte. Wird die Messung mit einer anderen Konzentration in einer anderen Küvette durchgeführt, so kann $[\alpha]_D^{20}$ aus dem gemessenen Winkel α berechnet werden:

$$[\alpha]_D^{20} = \frac{\alpha \cdot 100}{l \cdot c}$$

α: gemessener Winkel α in Grad
l: Schichtdicke in dm
c: Konzentration der Probe in g/100 ml

Das Lösungsmittel ist in der Definition des spez. Drehwerts **nicht** vorgeschrieben. Es sind sowohl Reinheitsbestimmungen als auch Konzentrationsmessungen möglich.

3.15 E

Üblicherweise in der Polarometrie verwendeten Einheiten sind Schichtdicke *l* in cm und Konzentration *c* in g/100 ml.

Die SI-Einheiten sind jedoch kg und m. Die Schichtdicke muss deshalb dann in m und Konzentration in kg/m³ umgerechnet werden.

3.16 A

Konzentrationsbestimmung von Kohlehydraten ist eine der typischen Anwendungen der Polarimetrie.

Da die spezifische Drehung eine Stoffeigenschaft der gelösten Substanz ist, ist sie unabhängig von der Schichtdicke, aber abhängig vom Lösungsmittel.

Mit D/L werden nach der Fischer-Nomenklatur Enantiomere unterschieden. Davon lässt sich aber nicht die Richtung der optischen Drehung ableiten. Diese kann bei Bedarf durch (+) = im Uhrzeigersinn oder (-) = gegen den Uhrzeigersinn zusätzlich angegeben werden.

3.17 D

Um mit Sicherheit zu klären, ob ein positiver oder ein negativer Drehwert vorliegt, muss der Drehwinkel bei zwei unterschiedlichen Konzentrationen oder Schichtdicken gemessen werden. Eine Konzentrationsänderung wirkt sich nur auf den Betrag und nicht auf das Vorzeichen des Drehwerts aus.

3.18 A 3.19 A 3.20 C

D, L: Mit den Buchstaben **D** und **L** werden nach der Fischer-Nomenklatur chirale Verbindungen gekennzeichnet. Es gibt allerdings *keine* nachvollziehbare Verbindung zwischen der Struktur einer Substanz (D- oder L-) und dem Vorzeichen des Drehwerts.

R, S: Mit den Buchstaben **R, S**, bzw. **r, s** werden chirale Moleküle nach der heute gültigen CIP-Nomenklatur (Cahn-Ingold-Prelog) gekennzeichnet. Ebenso wie die Präfixe der Bezeichnung nach Fischer sagen diese Buchstaben nichts über das Vorzeichen der opt. Drehung aus.

(+), (-): Das Vorzeichen der optischen Drehung einer chemischen Substanz wird als (+) oder (-) vor dem Namen angegeben.

3.21 E

Cocain besitzt mehrere chirale Zentren und dreht die Ebene polarisierten Lichts. Wie groß die spezifische Drehung ist oder welches Vorzeichen sie hat, lässt sich jedoch nicht einfach vorhersagen.

Alle vier vorgeschlagenen Moleküle enthalten ebenfalls chirale Zentren. Zu allen Molekülen gibt es Stereoisomere, die Enantiomere sind. Deshalb sind alle optisch aktiv.

3.22 A

Enantiomere Moleküle zeigen denselben Betrag der spez. Drehung, jedoch mit umgekehrtem Vorzeichen. Enantiomere treten immer als Paare auf und sind exakte Spiegelbilder. Alle abgebildeten Verbindungen sind optisch aktiv auf Grund asymmetrischer Kohlenstoffatome, aber nur (A) ist das Enantiomer zu (I).

Zu (A) (A) ist das Spiegelbild zur Verbindung (I).

Zu (B) (B) ist ein Diastereomer zu (I). Alle Atome sind wie bei Enantiomeren gleich miteinander verknüpft. (B) und (I) sind allerdings keine Spiegelbilder.

Zu (C) (C) ist eine andere Konformation von (I). Bei Raumtemperatur kann der Sechsring zwischen den beiden möglichen Sesselkonformationen wechseln. (C) und (I) sind deshalb identisch.

Zu (D) und (E) (D) und (E) sind Konfigurationsisomere zu (I). Die Atome der Moleküle sind auf eine unterschiedliche Art miteinander verbunden, die Substituenten sind an unterschiedlichen Positionen des Ringes gebunden.

3.23 C

Der Enantiomerenüberschuss gibt den *Überschuss* an, also das Verhältnis der Differenz der Stoffmengen der beiden Enantiomere zu deren Summe.

Da Enantiomere die gleiche molare Masse haben, kann die Stoffmenge durch die Masse ersetzt werden.

Formel (4) ist mehrdeutig, da nicht genau angegeben ist, welche Peaks hier gemeint sind. Wenn z. B. Peaks aus einer HPLC-Trennung an einer chiralen Säule stammen, dann ist die Peakfläche wieder (näherungsweise) proportional zur Stoffmenge.

Da die Lösungen (1), (3) und (5) offensichtlich sinnlos sind, muss C die richtige Lösung sein.

3.24 C

Nur optisch aktive Verbindungen können die Schwingungsebene linear polarisierten Lichts drehen. Nur die Moleküle (3) und (4) sind optisch aktiv. Sie besitzen beide asymmetrisch substituierte Kohlenstoffatome. Die aromatischen Verbindungen (1) und (2) sind nicht chiral, weil sie eben gebaut sind.

3.25 D

Chemische Verbindungen drehen die Ebene linear polarisierten Lichts wenn sie chiral sind, d. h. wenn sie in zwei enantiomeren Formen vorkommen. Meist (aber nicht immer) sind die Ursache der Chiralität asymmetrisch konfigurierte Kohlenstoffatome im Molekül. Im Ringsystem des Hyoscyamin führt die assymetrische Substitution nicht zur Chiralität, da die Symmetrie dafür sorgt das Bild und Spiegelbild identisch sind – sie können durch Drehung um 180° wieder zur Deckung gebracht werden.

Zusätzlich ist im Hyoscyamin das C-Atom in Benzyl-Stellung zum Aromaten asymmetrisch. Nur bei den Verbindungen (1) und (4) ist dieses Strukturelement noch enthalten.

3.26 C

D-Glucose kann in drei verschiedenen Formen vorliegen: Als offenkettiger Aldehyd oder als Sechsring (sog. Pyranose), wobei es zwei verschiedene Möglichkeiten des Ringschlusses gibt, die als α-D-Glucose bzw. β-D-Glucose bezeichnet werden. Käufliches Glucose-Pulver enthält ausschließlich α-D-Glucose. Beim Lösen dieser Pyranose kann sich der Ring öffnen, und es stellt sich ein Gleichgewicht zwischen den möglichen Formen ein (α-D-Glucose: 36 %, β-D-Glucose: 64 %, offenkettige Form: weniger als 0,1 %). Deshalb wird zunächst der Drehwert der α-D-Glucose beobachtet ($[\alpha]_D^{20}$ = +112,2). Mit der Zeit wird aber α-D-Glucose in β-D-Glucose umgewandelt ($[\alpha]_D^{20}$ = 18,7), wodurch sich der Drehwert ändert, bis die Gleichgewichtskonzentrationen erreicht sind und der Drehwert einen konstanten Wert von ca. 52,7° behält. Dieser Vorgang dauert je nach pH-Wert des Lösungsmittels einige Minuten bis ca. eine Stunde und wird **Mutarotation** genannt. Anzumerken ist, dass α-D-Glucose und β-D-Glucose kein Enantiomerenpaar sind. Diese spezielle Art von Diastereoisomeren bezeichnet man als Anomere.

Mutatrotation tritt bei allen Kohlehydraten auf, die im Gleichgewicht zwischen Ring- und offenkettiger Form vorliegen.

Mannit ist ein Zuckeralkohol, bei dem die Aldehydgruppe zum Alkohol reduziert ist. Mannit kann deshalb keine Ringform mehr bilden, und es kann keine Mutarotation stattfinden.

Saccharose ist ein Dimer aus je einem Molekül α-D-Glucose und β-D-Fructose, die über die beiden anomeren C-Atome O-glycosidisch miteinander verknüpft sind. Deshalb können sich die Ringe im neutralen Milieu (fast) nicht öffnen. Daher besteht kein Gleichgewicht zwischen Ring- und offenkettiger Form und Saccharose zeigt keine Mutarotation.

3.27 E 3.28 B 3.29 A 3.30 E

Das Arzneibuch verwendet Zuckerlösungen zur Kontrolle des Polarimeters, da diese einen großen spezifischen Drehwert besitzen, sowie einfach verfügbar und zu handhaben sind.

Prinzipiell geeignet sind Lösungen aller optisch aktiven Substanzen.

β-Alanin trägt die NH_2-Gruppe am β-C-Atom und ist deshalb nicht chiral.

Maleinsäure und Citronensäure besitzen kein asymmetrisches C-Atom und sind nicht chiral.

R,R-Weinsäure ist eines der beiden Enantiomere der Weinsäure (L-(+)-Weinsäure) und deshalb chiral. R,S-Weinsäure (meso-Weinsäure) ist aufgrund seiner Symmetrie nicht chiral, obwohl es 2 asymmetrische Kohlenstoffatome besitzt. Die racemische Mischung der beiden Enantiomere der Weinsäure heißt Traubensäure. Diese dreht die Ebene polarisierten Lichts nicht, da sich die Effekte der beiden Enantiomere aufheben.

Cyclohexanol ist nicht chiral und nicht optisch aktiv.

Atropinsulfat wäre prinzipiell auch geeignet, da es ebenfalls eine optisch aktive Substanz ist. Alle anderen angegebenen Verbindungen zeigen keine optische Aktivität und drehen die Ebene linear polarisierten Lichts nicht!

3.31 C

Die Nicol'schen Prismen haben die Aufgabe, Licht mit einer definierten Schwingungsebene (linear polarisiertes Licht) aus dem Lichtstrahl der Lichtquelle herauszufiltern. Die Probenküvette muss sich zwischen Polarisator und Analysator befinden.

4 Spektralpolarimetrie

4.1 C 4.2 B

Bei der Messung des Zirkulardichroismus (auch Circulardichroismus) wird die Stärke der Absorption für rechts- bzw. linkszirkular polarisiertes Licht gemessen. Die Messung des Brechungsindex rechts- bzw. linkszirkular polarisiertes Licht entspricht der normalen Polarimetrie.

4.3 B

Messung des Zirkulardichroismus setzt voraus, dass eine Substanz optisch aktiv ist **und** im Messbereich eine Absorption zeigt.

Bei Racematen hebt sich die optische Aktivität durch die Mischung der Enantiomere gerade auf.

Nicht optisch aktive Verbindungen zeigen keinen Unterschied in der Absorption rechts- bzw. linkszirkular polarisierten Lichts.

(S)-Phenylalanin ist optisch aktiv und zeigt eine Absorption im UV/VIS-Bereich.

4.4 B 4.5 A 4.6 E

Wenn eine Substanz im angegebenen Spektralbereich keine Absorption zeigt, dann liegt eine sog. normale ORD (optische Rotationsdispersion) vor. Der Betrag der optischen Drehung wird mit größer werdender Wellenlänge stetig kleiner (▶ Kap. 4.1.1).

4.7 E

Zur Messung des Circulardichroismus wird rechts- und linkszirkular polarisiertes Licht benötigt.

5 Kolorimetrie

5.1 E

Die UV/VIS-Absorption von Pyridoxin ist pH-abhängig, da die die Größe des mesomeren Systems durch die mögliche Protonierung bzw. Deprotonierung verändert wird.

Die genaue Wellenlänge der Absorption ist nicht ohne Weiteres abzuschätzen, diese wird aber im UV-Bereich sein.

Die Substanz wird sicher einen farbigen Komplex mit Eisen(III)-Ionen bilden und mit Salzsäure ein Hydrochlorid (siehe Formel bei pH 5,5).

Deshalb kann, trotz der Unsicherheit bei Antwort (1) nur (E) korrekt sein.

5.2 E

Ammoniumthiocyanat NH_4SCN bildet mit Eisen(III)-Ionen intensiv rote Komplexe und wird zum Nachweis von Eisen(III) verwendet.

Die Frage ist allerdings etwas ungünstig, da Dithizion ebenfalls farbige Komplexe mit Schwermetallen bildet.

5.3 D 5.4 C

Das DAB verwendet drei farbige Stammlösungen:

- Gelbe Lösung: Eisen(III)-chlorid ($FeCl_3$).
- Rote Lösung: Kobalt(II)-chlorid ($CoCl_2$).
- Blaue Lösung: Kupfer(II)-sulfat ($CuSO_4$).

Durch Mischen dieser Lösungen werden fünf Farbreferenzlösungen hergestellt, deren Farbe zum Vergleich mit einer Probe verwendet wird. Außerdem wird für jede Farblösung eine Reihe genau definierter Verdünnungen festgelegt.

5.5 A

Um die Farbtiefe von Probenlösung und Referenzlösung möglichst gut vergleichen zu können, sollten die Farben der Lösungen möglichst ähnlich sein.

6 Atomabsorptionsspektroskopie

6.1 C

Da die Breite der Absorptionslinien der im AAS zu bestimmenden Atome sehr schmal sind, muss mit einer extrem kleinen spektralen Bandbreite gemessen werden. Dieses Licht wird in Hohlkathodenlampen hergestellt, die das zu bestimmende Element enthalten und genau die benötigten Emissionslinien erzeugen.

6.2 A 6.3 A 6.4 B 6.5 C 6.6 E

Zur Bestimmung jedes Elements muss eine geeignete Absorptionslinie dieses Elements verwendet werden. Als Lichtquelle wird eine Hohlkathodenlampe verwendet, die das Emissionsspektrum des zu bestimmenden Elements liefert. Mit der Na-D-Linie wäre deshalb nur die Bestimmung von Natrium möglich.

AAS ist eine absorptionsspektroskopische Methode, mit der Elemente selektiv quantitativ bestimmt werden können. Die Absorption ist (näherungsweise) proportional zur Konzentration der Probe. Extinktion ist die alte Bezeichnung für die Absorption. Da v. a. Metallatome starke Absorptionslinien im UV/VIS-Bereich des Spektrums zeigen, können diese sehr genau bestimmt werden.

6.7 E

Bei der Atomabsorptionsspektroskopie wird eine Lösung, die das zu bestimmende Element enthält in eine Flamme versprüht und verdampft. Durch die hohe Temperatur werden die zuvor gelösten Salze in die einzelnen Atome zerlegt (atomisiert).

Die Konzentration dieser neutralen Atome wird durch Messung der Absorption bestimmt.

Nicht erwünscht ist eine Ionisierung der Ionen (z. B. durch eine zu hohe Temperatur der Flamme), da die Ionen andere Absorptionslinien zeigen und sich der Analyse entziehen.

6.8 B 6.9 C 6.10 C

Im Atomabsorptionsspektrometer ist der Monochromator direkt vor dem Detektor angeordnet. Damit kann Licht, das bei der Verbrennung von Probe und Lösungsmittels entsteht, weitgehend ausgeblendet werden. Die spektrale Bandbreite der Messlinie ist bei Verwendung einer Hohlkathoden-Lampe als Lichtquelle schon kleiner als dies mit einem Monochromator erreichbar wäre.

6.11 C

Ein Magnetfeldanalysator ist im Atomabsorptionsspektrometer nicht nötig, da hier die Anregung von Elektronen betrachtet wird.

6.12 B

zu (A) Die zur Messung verwendete Spektrallinie sollte *isoliert* sein. Das bedeutet, sie sollte genügend weit von anderen Spektrallinien des zu bestimmenden Elements sowie von Spektrallinien anderer in der Probe vorhandener Elemente entfernt sein.

zu (B) Die AAS ist eine Absorptionsmethode, im Gegensatz zur Flammenphotometrie, bei welcher die Emission eines Elements zur Bestimmung verwendet wird.

zu (C) Bei der AAS muss die Probe zur Messung **atomisiert**, d. h. in ihre Atome zerlegt werden. Dies kann durch Erhitzen in einer Flamme oder in einem speziellen elektrischen Ofen geschehen.

zu (D) Die spektrale Bandbreite des Messlichts sollte kleiner sein als die Breite der Absorptionslinie, da nur eine einzige Absorptionslinie eines Elements erfasst werden soll. Erreicht wird die benötigte sehr schmale Bandbreite durch die Verwendung von Hohlkathodenlampen als Lichtquelle.

zu (E) Bei allen instrumentellen Methoden ist eine Auswertung mit einer Eichkurve möglich, da dazu die Gesetzmäßigkeit zwischen Messgröße und Probenkonzentration nicht bekannt sein muss. Bei der AAS gilt das Lambert-Beer'sche Gesetz, sodass sich sogar eine Eichgerade ergibt, wenn die Absorption ($A = \log (I_0 / I)$) gegen die Konzentration aufgetragen wird.

6.13 B 6.14 D 6.15 A 6.16 E 6.17 A 6.18 A

Bei der AAS werden besondere Anforderungen an die Lichtquelle gestellt:

- Da die Absorptionslinien sehr schmal sind, muss auch die spektrale Bandbreite des Messlichts sehr klein sein. Sie sollte kleiner sein als die Breite der Absorptionslinie, da sonst das Lambert-Beer'sche Gesetz nicht gilt (▶ Kap. 1.4). Erreicht wird die benötigte sehr schmale Bandbreite durch die Verwendung von Hohlkathodenlampen als Lichtquelle.
- Die zur Messung verwendete Spektrallinie sollte **isoliert** sein. Das bedeutet, sie sollte genügend weit von anderen Spektrallinien des zu bestimmenden Elements sowie von Spektrallinien anderer in der Probe vorhandener Elemente entfernt sein.
- Ein Atomabsorptionsspektrometer arbeitet im UV/VIS-Bereich. Die Messlinie muss deshalb im Bereich des sichtbaren oder des ultravioletten Lichts liegen. Die Grenzen werden durch apparative Bedingungen festgelegt (Durchlässigkeit der optischen Bauteile, Einsatzbereich des Monochromators und des Detektors).
- Bei der AAS wird das Absorptionsspektrum neutraler Atome erfasst. Dadurch ist die große Selektivität und der Nachweis der Elemente unabhängig von ihrer chemischen Bindung in der Probe möglich. Da in der Probe die Atome in Molekülen oder Salzen gebunden sind, ist eine **Atomisierung** nötig, die durch die große Hitze in einer Flamme oder einem speziellen elektrischen Ofen erfolgt.
- Im Prinzip gilt bei der AAS das Lambert-Beer'sche Gesetz. Allerdings kann kein Absorptionskoeffizient berechnet werden, da weder die Konzentration in der Flamme noch die Schichtdicke angegeben werden können. Deshalb werden zur quantitativen Bestimmung Eichkurven angelegt.

$$A = \varepsilon \cdot c \cdot d$$

A: Absorption
ε: Extinktionskoeffizient
c: Konzentration
b: Schichtdicke

Merke

Das Lambert-Beer'sche Gesetz lautet:

$$A = \varepsilon \cdot c \cdot d$$

A: Absorption
ε: molarer Extinktionskoeffizient
c: Konzentration
b: Schichtdicke

29

6.19 C 6.20 D

Das Füllgas der Hohlkathodenlampe muss **chemisch inert** sein; d. h. es darf nicht mit den Elektrodenmaterialien reagieren. Deshalb werden ausschließlich Edelgase verwendet.

6.21 B

Das Füllgas hat die Aufgabe, einen Ladungsstrom zwischen Anode und Kathode der Lampe herzustellen und Atome aus der Kathodenoberfläche herauszulösen.

Das Gas soll aber chemisch inert sein und auch selbst keine Strahlung abgeben. Das Licht der Messwellenlänge soll durch die Atome des Kathodenmaterials erzeugt werden.

6.22 C

Bei der Hydridtechnik wird Arsen in der Probenlösung mit Hilfe von naszierendem Wasserstoff in gasförmigen Arsenwasserstoff AsH_3 überführt, der dann in einem heißen Quarzrohr wieder in die Atome zerlegt wird.

Der Vorteil der Methode besteht darin, dass die Heizung elektrisch erfolgt und somit die optimale Temperatur eingestellt werden kann. Außerdem wird das zu bestimmende Arsen aus der Analysenlösung abgetrennt und kann ohne Störungen durch andere Inhaltsstoffe detektiert werden.

6.23 D 6.24 C 6.25 E 6.26 E 6.27 E

Die meisten Metalle lassen sich mit der AAS bestimmen. Besonders geeignet sind Alkalimetalle, die oftmals eine intensive und isolierte Absorption im sichtbaren Licht zeigen (gefärbte Flamme).

6.28 A

Bei der AAS wird die Absorption neutraler Atome bestimmt. Bei der Atomisierung entstehen natürlich neben den neutralen Atomen auch Ionen mit unterschiedlichen Ladungszahlen. Diese besitzen aber ein anderes Absorptionsspektrum, sodass sie nicht erfasst werden.

6.29 E

(E) ist der einzige der vorgeschlagenen Übergänge, der vom Grundzustand ausgeht. Unter der Annahme, dass sich die meisten Atome im Grundzustand befinden, müsste dieser Übergang die stärkste Absorption zeigen, da bei allen anderen Wellenlängen nur Natriumatome erfasst werden, die bereits angeregt sind.

6.30 C

Das Austrittsfenster der Hohlkathodenlampe muss für ultraviolettes Licht der Wellenlänge 254 nm durchlässig sein. Üblicherweise wird in UV/VIS-Spektrometern deshalb Quarz für die optischen Bauteile verwendet.

Zu (A) Glas ist für UV-Licht nicht durchlässig.

Zu (B), (E) Kaliumbromid und Thalliumbromid sind für Infrarot-Licht durchlässige Materialien und werden für die optischen Bauteile im IR-Spektrometer verwendet.

Zu (D) Polystyrol ist ein Polymer, das Phenylreste enthält. Es absorbiert daher UV-Licht. Das Absorptionsspektrum ähnelt dem von Toluol, mit einem Absorptionsmaximum bei 260 nm (○ Abb. 8.9).

7 Flammenphotometrie

7.1 A

Bei der Flammenphotometrie (Atomemissionsspektroskopie) wird das Licht gemessen, das **neutrale** Atome, die durch die Hitze der Flamme angeregt werden, aussenden. Da die Atome in mehrere unterschiedliche Zustände angeregt werden können, wird nicht nur eine Linie, sondern ein Linienspektrum registriert.

Die Intensität des emittierten Lichts ist direkt proportional zur Zahl der Atome in der Flamme: doppelt so viele Atome = doppelt so hohe Intensität.

7.2 D 7.3 A 7.4 B 7.5 B 7.6 E 7.7 E 7.8 C 7.9 E

Bei der Flammenphotometrie (Atomemissionsspektroskopie) wird das Licht gemessen, das **neutrale** Atome, die durch die Hitze der Flamme angeregt werden, aussenden. In der Flamme sind neben den neutralen Atomen auch Ionen vorhanden. Diese zeigen aber andere Emissionslinien und stören daher nicht. Allerdings sollte die Flammentemperatur so eingestellt werden, dass ein möglichst großer Anteil neutraler Atome vorliegt. Bei zu großer Temperatur können die Atome ionisiert werden und werden der Bestimmung entzogen. Bei zu kleiner Temperatur können die Atome nicht angeregt werden und zeigen dann nur eine schwache Emission. Die Intensität der Emission durchläuft daher bei steigender Temperatur ein Maximum.

Alkali- und Erdalkalimetalle zeigen eine sichtbare Flammenfärbung; d. h. Emission von sichtbarem Licht (z. B. Natrium: gelb, Lithium: rot).

7.10 B 7.11 B

Als Serie im Absorptionsspektrum eines Elements werden alle Linien zusammengefasst, die durch Anregung eines Elektrons vom gleichen Ausgangszustand heraus entstehen (**o** Abb. 6.1).

Ähnliche Serien treten auch im Emissionsspektrum auf. Die Energien der Linien gehorchen tatsächlich der in der Aufgabe angegebenen Formel. Die richtige Lösung kann bei manchen Aufgaben durch Ausschluss aller sicher falschen Aussagen gefunden werden, ohne die Formel zu kennen.

7.12 E

zu (A), (B), (C) Zerstäuber, Detektor und Brenner sind ohne Frage Bestandteile eines Flammenphotometers.

zu (D) Ein Monochromator ist nötig, um eine Emissionslinie eines Elements zur Bestimmung auszuwählen. Nur dann kann das Element selektiv bestimmt werden, ohne dass andere Elemente stören.

zu (E) Eine Quarzküvette erfüllt in einem Flammenspektrometer keinen Zweck.

7.13 A

Brenner und Zerstäuber sind die Lichtquelle der Flammenphotometrie. Eine zusätzliche Lichtquelle ist bei diesem emissionsspektroskopischen Verfahren nicht nötig.

7.14 E 7.15 B

Die erreichbare Flammentemperatur hängt sowohl vom Brenngas als auch von der Luftzufuhr ab. Mit Sauerstoff lassen sich grundsätzlich höhere Temperaturen erreichen als mit Luft (die nur ca. 20 % Sauerstoff enthält).

Die Temperatur der Brenngase bei gleichem Sauerstofflieferant steigt in der Reihenfolge: Propan < Wasserstoff < Acetylen.

Eine Brenngasmischung besteht immer aus einem brennbaren Gas und Sauerstoff oder Luft.

7.16 B

Auch bei der Flammenfärbung werden, wie bei der Flammenphotometrie, Anregungen von neutralen Atomen beobachtet.

7.17 C

Von wenigen Ausnahmen abgesehen zeigen nur Alkali- und Erdalkalimetalle Flammenfärbungen. Hier: Lithium und Strontium.

7.18 A

Außer Alkali- und Erdalkalimetallen ergeben nur wenige Elemente eine Flammenfärbung. Die grüne bis blaugrüne Farbe von Kupfer- und Borverbindungen ist eine wichtige Ausnahme.

7.19 D 7.20 A

Im Handspektroskop wird das Licht der Flamme mit Hilfe eines Geradesichtprismas (C) in seine spektralen Bestandteile zerlegt. Die Linse (B) dient dazu, den Spalt (A) scharf abzubilden.

Der obere Teil dient nur dazu, eine Skala in den Lichtweg einzublenden.

Ein Linienspektrum entsteht, da die Eintrittsöffnung ein Spalt ist.

Ein Nicol'sches Prisma dient zur Herstellung von polarisiertem Licht. Im Spektroskop wird es nicht benötigt.

8 UV/VIS-Spektroskopie

8.1 E 8.2 C

Bei der UV/VIS-Spektroskopie werden Anregungen des Elektronensystems eines Moleküls beobachtet. Diesen elektronischen Anregungen sind innere Molekülschwingungen sowie teilweise Rotationen des gesamten Moleküls im Lösungsmittel überlagert. Obwohl somit Schwingungen und Rotationen angeregt werden, lassen sich Rotationsspektren oder Schwingungsspektren in Lösung nicht registrieren. Die zusätzliche Schwingungsanregung führt aber zur Verbreiterung der Absorptionen zu Absorptionsbanden im UV/VIS-Spektrum.

8.3 B

Die Breite der Banden eines UV/VIS-Spektrums resultiert aus der Anregung von Molekülschwingungen und -rotationen. Da diese aber im Lösungsmittel nicht ungehindert möglich sind, sondern durch die Wechselwirkung mit den Lösungsmittelmolekülen behindert werden, entstehen breite Absorptionsbanden. Diese sind umso breiter, je stärker die Beeinflussung durch das Lösungsmittel ist: Z. B. Erhöhung der Temperatur oder der Polarität.

Die Intensität der Banden wird durch die Übergangswahrscheinlichkeit vom Ausgangszustand zum angeregten Zustand bestimmt. Sehr unwahrscheinliche Übergänge heißen **verbotene** Übergänge. Diese können allerdings dennoch beobachtet werden – mit entsprechend kleinem Absorptionskoeffizienten. Die langwelligste Absorption von Benzol ist z. B. ein verbotener Übergang.

8.4 D

Eine Wasserstoff-Lampe erzeugt das Emissionsspektrum von Wasserstoffatomen.

8.5 C

Die Genauigkeit, mit der Absorptionen angegeben werden, hängt von der Größe der Absorption ab. Am genauesten sind Werte zwischen 0,3 und 0,7. In der Praxis können Absorptionen im Bereich zwischen 0,2 und 1,5 abgelesen und verwendet werden. Bei Werten, die außerhalb dieses Bereichs liegen, ist der Fehler prinzipiell zu groß, und die Messung muss mit einer anderen Verdünnung wiederholt werden. Dieser Fehler der Absorption resultiert aus der Art, wie sie aus der gemessenen Intensität *I* berechnet wird, und darf nicht mit der Messgenauigkeit des Gerätes verwechselt werden (▶ Kap. 1.4.1).

8.6 C

Die photometrische Bestimmung wird natürlich umso genauer, je größer der Absorptionskoeffizient an der Messwellenlänge ist.

Liegt die Messwellenlänge an einer „Flanke" einer Absorptionsbande, so kann schon eine kleine Veränderung der Messwellenlänge eine Verfälschung des Ergebnisses hervorrufen. In der Nähe des Absorptionsmaximums ändert sich der Absorptionskoeffizient bei Veränderung der Messwellenlänge dagegen nicht oder kaum.

8.7 E

Bei Messungen mit einer großen spektralen Bandbreite wird die Absorption nicht bei einer Wellenlänge, sondern über einen Wellenlängenbereich hinweg gemittelt bestimmt. Je nach Form des Spektrums in diesem Bereich ergibt sich ein zu großer oder ein zu kleiner Wert. Die Lichtintensität wird umso höher, je breiter der Monochromatorspalt eingestellt ist.

8.8 C

zu (A), (B) Polarisiertes Licht wird bei der Polarimetrie und den chiroptischen Methoden der Circulardichroismus-Messung (CD) und optischen Rotationsdispersion (ORD) verwendet.

zu (C) Die Strahlung für die Photometrie muss monochromatisch sein, damit das Lambert-Beer'sche Gesetz, das zur Auswertung verwendet wird, gilt.

zu (D) Bei kohärentem Licht schwingen alle Wellen in Phase, d. h. alle Wellenberge und Täler sind genau an denselben Stellen. In der Spektroskopie wird solches Licht nicht benötigt.

zu (E) Weißes Licht ist polychromatisch, es enthält alle Wellenlängen des sichtbaren Spektralbereichs (ca. 400–800 nm).

8.9 C

Im Referenzstrahlengang muss sich eine Küvette mit reinem Lösungsmittel befinden, damit die Absorption des Lösungsmittels und der Küvette bei der Messung von I_0 berücksichtigt werden. I_0 ist die Intensität im Referenzstrahlengang.

8.10 A 8.11 B 8.12 A 8.13 D

Der molare Absorptionskoeffizient entspricht der Absorption einer 1-molaren Lösung von 1 cm Schichtdicke. Die spezifische Absorption entspricht der Absorption einer 1 %igen Lösung von ebenfalls 1 cm Schichtdicke. Eine 1 %ige Lösung enthält 10 g Substanz pro Liter. Die korrekte Formel lautet deshalb:

$$A_{\text{cm}}^{\%} = \frac{10 \cdot \varepsilon}{M_R}$$

8.14 D

Nach dem Lambert-Beer'schen Gesetz ist die Absorption:

$$A = \varepsilon \cdot c \cdot b$$

Sie ist deshalb direkt abhängig von der Konzentration, der Schichtdicke sowie dem Absorptionskoeffizienten, der wiederum von der Wellenlänge abhängt.

Die absolute Intensität des eingestrahlten Lichts spielt keine Rolle, da in die Messung der Absorption nur das Verhältnis I_0/I eingeht:

$$A = \log\frac{I_0}{I}$$

8.15 C

Das Verhältnis I_0/I ist gerade die Größe, die gemessen wird. Dieses kann deshalb natürlich nicht vorgegeben werden.

8.16 A

Die Absorption wird meist als $A = \log\frac{I_0}{I}$ angegeben. Ebenso kann auch die Transmission $\frac{I_0}{I} = 100$ angegeben werden. Die Transmission gibt anschaulich an, wie viel Prozent der eingestrahlten Intensität die Küvette wieder verlässt.

Der molare Absorptionskoeffizient ist eine Stoffkonstante und unabhängig mit der Lichtintensität.

Nach dem Lambert-Beer'schen Gesetz ist die Lichtabsorption *proportional* zur Schichtdicke (je größer die Schichtdicke, desto größer die Absorption).

Der molare Absorptionskoeffizient einer Substanz hängt von der Frequenz des eingestrahlten Lichts ab – der Zusammenhang wird durch das Spektrum dargestellt.

Bei der UV/VIS-Spektroskopie werden Anregungen des Elektronensystems eines Moleküls sowie innere Molekülschwingungen und teilweise Rotationen des gesamten Moleküls beobachtet.

8.17 C

Die Dimension des molaren Absorptionskoeffizienten lässt sich mit dem Lambert-Beer'schen Gesetz ableiten:

$$A = \varepsilon \cdot c \cdot b$$

$$\varepsilon = \frac{A}{c \cdot b}$$

Da die Absorption keine Einheit hat, ergibt sich 1/(Stoffmenge/Volumen · Länge).

8.18 E

Die Absorption ist definiert als $A = \log\frac{I_0}{I}$ bzw.

$$A = -\log\frac{I_0}{I}$$

8.19 C

Die Definition der Absorption lautet:

$$A = \log\frac{I_0}{I}$$

Durch Umformen erhält man:

$$\frac{I_0}{I} = 100$$

$$A = \log 100 = 2$$

8.20 B

Zur Berechnung der Konzentration einer Lösung kann das Lambert-Beer'sche Gesetz umgeformt und die Zahlenwerte eingesetzt werden:

$$c = \frac{A}{A_{1cm}^{1\%} \cdot b}$$

$$c = \frac{0,5}{250 \cdot 1,0} = 0,002$$

Die Konzentration ist c = 0,002 %.

Dies muss jetzt noch mit den Angaben der Aufgabe verglichen werden. 1% entspricht 1 g pro 100 ml oder 10 g pro Liter oder 10 mg pro ml. 0,002 % sind dann 0,02 mg pro ml; oder 20 µg · ml^{-1}.

8.21 C

Zur Berechnung der Konzentration einer Lösung kann das Lambert-Beer'sche Gesetz umgeformt und die Zahlenwerte eingesetzt werden:

$$c = \frac{A}{A_{1cm}^{1\%} \cdot b}$$

$$c = \frac{0,8}{200 \cdot 0,5} = 0,008$$

Da die Verdünnung 100-fach war, ist die richtige Lösung 0,008 g/100 ml · 100 = 0,8 g/100 ml.

8.22 D

Bei einer Konzentration von 10 mg/100 ml und einer spezifischen Absorption vom 100 ergibt sich nach dem Lambert-Beer'schen Gesetz eine Absorption *A* von:

$$A = A_{1cm}^{1\%} \cdot c \cdot b$$
$$A = 100 \cdot 10 \cdot 10^{-3} \cdot 0,5$$
$$A = 0,5$$

8.23 D

Zur Berechnung der Konzentration einer Lösung kann das Lambert-Beer'sche Gesetz umgeformt werden:

$$c = \frac{A}{\varepsilon \cdot b}$$

$$c = \frac{0,5}{1000 \frac{1}{\text{mol} \cdot \text{cm}} \cdot 0,5\ \text{cm}} = 0,001 \frac{\text{mol}}{\text{l}}$$

$$c = 10^{-3} \frac{\text{mol}}{\text{l}}$$

8.24 C

Die spezifische Absorption setzt sich additiv aus den einzelnen Absorptionen von Arzneistoff und Verunreinigung zusammen. Es sind:

A_{ges}: spezifische Absorption der Probe
A_V: spezifische Absorption der Verunreinigung
A_A: spezifische Absorption des Arzneistoffs
x: Anteil der Verunreinigung in der Probe
$(1-x)$: Anteil des Arzneistoffs in der Probe

Dann gilt:

$$\begin{aligned} A_{ges} &= A_V \cdot x + A_A \cdot (1 - x) \\ &= A_V \cdot x + A_A - A_A \cdot x \\ &= A_A + x \cdot (A_V - A_A) \end{aligned}$$

$$x = \frac{A_{ges} - A_A}{A_V - A_A}$$

Eingesetzt ergibt sich:

$$x = \frac{201 - 200}{250 - 200}$$

$$x = \frac{1}{50} = 2\%$$

8.25 E

Durch Umformen des Lambert-Beer'schen Gesetzes lässt sich die Schichtdicke berechnen. Wenn der molare Extinktionskoeffizient verwendet werden soll, muss auch die Konzentration in mol/l umgerechnet werden. 0,001 g entsprechen 0,001/200 mol = $0{,}5 \cdot 10^{-5}$ mol. Die Konzentration ist demnach $0{,}5 \cdot 10^{-5}$ mol/100 ml oder $5{,}0 \cdot 10^{-5}$ mol/l.

$$b = \frac{A}{\varepsilon \cdot c}$$

$$b = \frac{0{,}8}{4000 \cdot 5 \cdot 10^{-5}} = 4$$

Die Schichtdicke war 4 cm.

8.26 A

Durch Assoziation der Moleküle wird die scheinbare gemessene Konzentration kleiner als die tatsächliche Stoffkonzentration.

Dies wird durch Kurve (A) gezeigt: Bei kleinen Konzentrationen gilt das Lambert-Beer'sche Gesetz und der Zusammenhang zwischen Konzentration und Absorption ist linear. Bei großen Konzentrationen ist die Absorption kleiner als nach dem Lambert-Beer'schen Gesetze erwartet.

8.27 E

Umformen des Lambert-Beer'schen-Gesetzes ergibt:

$$A = A_{1cm}^{1\%} \cdot c \cdot b$$

$$c = \frac{A}{A_{1cm}^{1\%} \cdot b}$$

$$c = \frac{0{,}30}{300 \cdot 0{,}5} = 0{,}002\ c$$

Da sich die spezifische Absorption auf eine Konzentration von 10 g pro Liter bezieht, entspricht ein Ergebnis von c = 0,002 einer Konzentration von 0,002 bis 10 g pro Liter = 0,02 g pro Liter. Das sind 20 mg pro Liter.

8.28 C 8.29 A 8.30 A 8.31 B 8.32 D 8.33 E 8.34 E 8.35 E 8.36 E 8.37 C

Alle Lösungsmittel zeigen selbst Absorptionen im UV/VIS-Bereich. Deshalb wird in der Praxis der Messbereich für eine Messung durch das verwendete Lösungsmittel begrenzt.

Bei Wellenlängen größer als 200 nm können Kohlenwasserstoffe oder Wasser verwendet werden. Lösungsmittel mit funktionellen Gruppen zeigen schon bei größeren Wellenlängen Absorption. Mehrfach halogenierte oder aromatische Lösungsmittel können nur bei großen Wellenlängen eingesetzt werden, da ihre Absorptionsmaxima bei 240–270 nm liegen.

Lösungsmittel	Messbereich größer als
Wasser	200 nm
n-Hexan, Petrolether, Cyclohexan	200 nm
Methanol, Ethanol, Isopropanol	210 nm
Diethylether	215 nm
Dichlormethan	220 nm
Chloroform	240 nm
Tetrachlorkohlenstoff	260 nm
Benzol, Toluol	280 nm

8.38 C 8.39 D 8.40 A 8.41 B 8.42 D

Es lassen sich vier Effekte unterscheiden:

- **Bathochromer Effekt** (Rotverschiebung): Verschiebung der Wellenlänge des Absorptionsmaximums zu größeren Wellenlängen (im sichtbaren Spektrum ist rotes Licht auf der langwelligen Seite).
- **Hypsochromer Effekt** (Blauverschiebung): Verschiebung der Wellenlänge des Absorptionsmaximums zu kleineren Wellenlängen (im sichtbaren Spektrum ist blaues Licht auf der kurzwelligen Seite).

- **Hyperchromer Effekt:** Verstärkung der Absorption.
- **Hypochromer Effekt:** Abschwächung der Absorption.

8.43 A

zu (1), (2) Jeder Substituent mit einem M-Effekt (+M sowie –M) verursacht eine bathochrome Verschiebung, da der mesomere M-Effekt zu einer Vergrößerung des mesomeren Systems führt.

zu (3) Die langwelligste Absorption des Benzols ist die am wenigsten intensive, verbotene α-Bande!

8.44 E

Die Energiedifferenz zwischen HOMO und LUMO sinkt, je mehr Doppelbindungen in Konjugation stehen. Deshalb ist die Wellenlänge der langwelligsten Absorption umso größer, je länger die Kette konjugierter Doppelbindungen ist. Die Wellenlänge des längstwelligen Absorptionsmaximums konjugierter Polyene kann den sichtbaren Bereich des Spektrums erreichen. Die Substanzen sind dann gefärbt. Die Abhängigkeit zwischen der Wellenlänge des längstwelligen Absorptionsmaximums und der Zahl konjugierter Doppelbindungen lässt sich beschreiben mit der Formel

$$\lambda_{max} = \alpha \cdot \sqrt{n+b}$$

8.45 B

Alle Moleküle, die Mehrfachbindungen enthalten, können prinzipiell Absorptionen im UV/VIS-Bereich des Spektrums zeigen (sie müssen dies allerdings nicht – es kann sein, dass die Banden außerhalb des Messbereichs liegen, oder dass die Übergänge verboten sind!). In Molekülen ohne Mehrfachbindungen müssten $\sigma \rightarrow \sigma^*$-Übergänge angeregt werden. Die Energie hierfür kann von UV/VIS-Strahlung nicht aufgebracht werden.

8.46 A

Die Spektren zeigen, dass bei der gesuchten Substanz durch eine Protonierung das mesomere System verkleinert bzw. durch Deprotonierung vergrößert wird. In Natronlauge liegt Absorption im sichtbaren Spektralbereich, d. h. die Lösung ist gefärbt.

Somit kommt nur eine der Substanzen mit phenolischer OH-Gruppe in Frage.

Phenol selbst ist nicht farbig! Auch bei Verbindung (C) ist das mesomere System nicht groß genug um eine Absorption im sichtbaren Bereich zu rechtfertigen.

8.47 C

Phenole zeigen bei Deprotonierung eine bathochrome Versschiebung der UV/VIS-Absorption (die Absorption findet bei einer längeren Wellenlänge statt).

zu (A) Ansäuern führt zur Protonierung und deshalb zu einer hypsochromen Verschiebung.

zu (B) Bei aromatischen Carbonsäuren (z. B. Benzoesäure) gibt es diesen Effekt nicht.

zu (C) Da das mesomere System bei Phenol und Phenolat größer ist als bei Benzen, müssen die Absorptionen bei größeren Wellenlängen (d. h. bathochrom verschoben) sein.

zu (D) Da das mesomere System bei Benzoat größer ist als bei Benzen, müssen die Absorptionen bei größeren Wellenlängen (d. h. bathochrom verschoben) sein.

zu (E) Die Schwingungsfeinstruktur des Benzenspektrums ist typisch und verschwindet bei polarer Substitution und in polarem Lösungsmittel, da bei diesen Molekülen die Wechselwirkung mit dem Lösungsmittel stärker ist und die Ausbildung definierter Molekülschwingungen verhindert.

8.48 D **8.49** E

In vielen Fällen wird durch eine Protonierung das mesomere System verkleinert. Dadurch wird die Wellenlänge der langwelligsten Absorption kleiner (die Absorption wird energiereicher, weil der Abstand zwischen HOMO und LUMO größer wird) = hypsochromer Effekt.

Eigentlich könnte man auch bei Protonierung eines Benzoatanions eine Verkleinerung des mesomeren Systems und somit eine hypsochrome Verschiebung zu erwarten. Tatsächlich zeigen aromatische Carbonsäure-Anionen bei Protonierung sogar einen sehr schwachen bathochromen Effekt, weil die Elektronen der ungeladenen Moleküle eher für die Mesomerie zur Verfügung stehen.

8.50 A 8.51 B

Beim Wechsel in ein alkalisches Lösungsmittel ist in vielen Fällen eine bathochrome Verschiebung der Absorptionsbanden zu beobachten. Durch die Deprotonierung werden die bisher zur Bindung des Protons benötigten Elektronenpaare dem mesomeren System zur Verfügung gestellt. Wenn dieses dadurch vergrößert wird, verringert sich die Energie der elektronischen Anregungen.

Von den vorgeschlagenen Substanzen ist nur Phenol deprotonierbar.

8.52 C 8.53 A 8.54 A 8.55 D 8.56 A 8.57 B 8.58 B 8.59 C 8.60 B 8.61 B

In mesomeren Systemen organischer Moleküle können Elektronen entweder ausgehend von π-Orbitalen oder von *n*-Orbitalen in die unbesetzten π*-Orbitale angeregt werden. Da die *n*-Orbitale energetisch zwischen π und π* liegen, sind *n*→π*-Anregungen immer energieärmer als die π→π*-Anregungen. Deshalb sind die langwelligsten Absorptionen auf *n*→π*-Anregungen zurückzuführen – sofern die Moleküle funktionelle Gruppen mit nichtbindenden *n*-Elektronen enthalten.

Die wichtigsten Beispiele für *n*→π*-Anregungen sind Carbonyl-Verbindungen (Ketone und Aldehyde). Aber auch bei vielen Hetero-Aromaten und Molekülen mit Stickstoff- und Sauerstoffhaltigen funktionellen Gruppen können *n*→π*-Anregungen möglich sein. Voraussetzung für π→π*-Anregungen ist das Vorhandensein mindestens einer Doppel- oder Dreifachbindung. Dies ist aber bei Molekülen, die Absorptionen im UV/VIS-Bereich zeigen, immer der Fall.

8.62 A 8.63 A

Die drei dicht beieinander liegenden Absorptionsmaxima müssen als Feinstruktur der α-Bande eines substituierten Aromaten gedeutet werden. Es sind deshalb die Banden der π→π*-Übergänge der Phenylgruppe von Primidon.

Die Absorptionswellenlängen der Säureamid-Strukturen (Lactam) sind nicht einfach vorherzusagen, führen aber sicher nicht zu einer Benzol-ähnlichen Feinstruktur.

8.64 C

In Benzophenon können sowohl π→π*- als auch n→π*-Übergänge durch UV-Strahlung angeregt werden. Diesen Übergängen sind immer auch Molekülrotationen und Molekülschwingungen überlagert, die dazu führen, dass die Absorptionen als mehr oder weniger breite Banden erscheinen.

Atomrotationen sind mit keinem spektroskopischen Verfahren erfassbar.

8.65 B

n-Orbitale liegen mit ihrer Energie zwischen π- und π*-Orbitalen, Deshalb sind π→π*-Übergänge energiereicher als n→π*-Übergänge.

8.66 D

Bei ca. 290 nm ist die schwache Absorption des n→π*-Übergangs zu erwarten. Die Energie den erlaubten π→π*-Übergangs ist größer, er erscheint deshalb bei kleineren Wellenlängen. Bei Ketonen ohne weitere Doppelbindungen liegt diese Wellenlänge gerade am Rand des Messbereichs unterhalb 200 nm (▶ Kap. 8.2.2).

8.67 E

420 nm ist auf jeden Fall zu langwellig (d. h. zu energiearm) für eine π → π*-Anregung der Elektronen des Phenylrings. Da eine Wellenlänge von 420 nm im sichtbaren Bereich des Spektrums liegt, würde das bedeuten, dass Benzylalkohol farbig wäre.

Die langwelligste Absorption bei Benzol ist bei 245 nm zu finden; eine Vergrößerung des mesomeren Systems liegt beim Benzylalkohol nicht vor. Deshalb muss die scheinbare Lichtabsorption auf einer Störung der Messung durch Lichtstreuung an den Tröpfchen der Emulsion beruhen.

8.68 A

Ein aliphatischer Alkohol zeigt keine Absorption im UV/VIS-Bereich.

8.69 C

Im Spektrum zu sehen ist der erlaubte $\pi \rightarrow \pi^*$-Übergang mit einem großen Extinktionskoeffizienten bei ca. 210 nm Wellenlänge und der intensitätsschwache verbotene $n \rightarrow \pi^*$-Übergangs der Carbonyl-Verbindung oberhalb 300 nm Wellenlänge.

8.70 C

Hier liegt ein Chromophor vor, das sich über drei Doppelbindungen erstreckt. Die Verbindung zeigt deshalb **nicht** die Absorptionsbanden der isolierten Molekülfragmente (Carbonyl, Dien usw.), sondern langwelligere Absorptionen als die aller Einzelteile. Die Wellenlänge der erlaubten $\pi \rightarrow \pi^*$-Absorption der Carbonsäure mit zwei weiteren konjugierten Doppelbindungen lässt sich mit der Keton-Regel abschätzen (○ Abb. 8.6):

- Basischromophor: 193 nm
- weitere Doppelbindung: + 30 nm
- Alkylrest in δ-Position: + 18 nm
- Summe: 241 nm

8.71 A

Zu sehen ist das Spektrum eines Diens. Das Maximum der $\pi \rightarrow \pi^*$-Absorption kann mit der Dien-Regel berechnet werden:

- Basischromophor: 217 nm
- Alkylrest: + 5 nm
- Summe: 222 nm

8.72 C

In salzsaurer Lösung liegt die Substanz protoniert vor, in alkalischer Lösung deprotoniert. Phenole zeigen einen deutlichen bathochromen Effekt bei Deprotonierung.

Die Säurestärke des 4-Nitrophenols ist stärker als die von Ethanol, da das entstehende Anion durch Mesomerie stabilisiert wird (die negative Ladung wird delokalisiert).

8.73 A

Nur Verbindung (A) hat ein Chromophor, das groß genug ist, um Licht im sichtbaren Bereich zu absorbieren. Alle anderen Verbindungen haben (fast) unverändertes Benzen als Chromophor.

8.74 B

Die Wellenlänge des langwelligsten Absorptionsmaximum von Vitamin A lässt sich mit der Dien-Regel berechnen (○ Abb. 8.3). Basischromophor ist das nicht in einem Ring fixierte Dien:

- Basischromophor: 217 nm
- 3 weitere DB: + 90 nm
- 6 Alkylreste: + 30 nm
- Summe: 337 nm

8.75 D

Die Frage ist hier, welcher Substituent das langwelligste Absorptionsmaximum eines Diens am stärksten bathochrom verschiebt: -Cl, -CH_3, -Br, -S- CH_3, oder -O-CH_3. Alkylreste und Halogen haben nur einen geringen Einfluss auf die Absorptionswellenlänge (ca. 5 nm). Ein -O-Alkyl-Rest führt zu einer etwas größeren Verschiebung. Die Auswirkung eines -S-Atoms in Konjugation zum Chromophor ist aber hier am stärksten, weil die freien Elektronenpaare des Schwefel-Atoms mit denen des Diens wechselwirken und so das Chromophor vergrößern.

8.76 D 8.77 D

Das langwelligste Absorptionsmaximum von geladenen Verbindungen lässt sich mit der Dien-Regel nicht berechnen. In fast allen Fällen sind die Absorptionen von geladenen Verbindungen sehr viel langwelliger (energieärmer) als die der ungeladenen (eine wichtige Ausnahme sind aromatische Carbonsäuren). Geladene Verbindungen (Anionen und Kationen) absorbieren oft sichtbares Licht und sind deshalb farbig. Die einfachste Modifikation der Regel zur Anpassung an geladene Verbindung ist ein zusätzliches Inkrement von 60 nm für jede Doppelbindung des Moleküls.
Im Beispiel ergibt sich:

- Basischromophor: 217 nm
- 3 weitere DB: + 90 nm
- 6 Alkylreste: + 30 nm
- 5 Doppelbindungen: + 5 · 60 nm
- Summe: 637 nm

Bei Erhöhung der Zahl der Doppelbindungen eines Moleküls verschiebt sich die Absorptionswellenlänge demzufolge um 30 nm + 60 nm = 90 nm.

8.78 B

zu (A) Benzoesäure zeigt ein langwelligstes Absorptionsmaximum bei 273 nm.

zu (B) Die Wellenlänge des langwelligsten Absorptionsmaximum von Vitamin A lässt sich mit der Dien-Regel berechnen (Abb. 8.3). Basischromophor ist das nicht in einem Ring fixierte Dien:

- Basischromophor: 217 nm
- 3 weitere DB: + 90 nm
- 6 Alkylreste: + 30 nm
- Summe: 337 nm

zu (C) Die Wellenlänge der Absorptionen mehrfach substituierter Benzole sind schwierig vorherzusagen. Da der ortho-Substituent der Benzoesäure allerdings das mesomere System nicht vergrößert, liegen die Absorptionswellenlängen nur wenig über denen der Benzoesäure.

zu (D) Das Chromophor der Verbindung (Ephedrin) ist ein Alkyl-substituierter Aromat. Die langwelligste Absorption liegt bei ca. 265 nm (Toluol).

zu (E) Die Verbindung enthält ein sehr großes mesomeres System, das sich über das gesamte Molekül erstreckt und zudem geladen ist. Eine sehr grobe Abschätzung nach der Regel ergibt bei 5 konjugierten Doppelbindungen eine Wellenlänge von über 400 nm.

8.79 D

zu (A) Chromophor ist der Alkyl-substituierte Benzolring; λ_{max} ist ca. 260–270 nm.

zu (B) Chromophore sind der Alkyl-substituierte Benzolring (λ_{max} ca. 260–270 nm) und eine protonierte Guanidino-Gruppe. Die beiden Chromophore sind aber isoliert, d. h. sie stehen nicht miteinander in Konjugation. Deshalb ist die Absorption der Substanz nicht langwelliger als die der einzelnen Chromophore.

zu (C) Hier liegt, wie beim Betanidindisulfat (B), eine protonierte Guanidinogruppe vor.

zu (D) Chininsulfat besitzt das größte mesomere System (Chromophor) der abgebildeten Verbindungen. Der Chinolin-Heterocyclus zeigt Absorptionen bei Wellenlängen von mehr als 300 nm. Da die Ladung der Verbindung nicht am Chromophor lokalisiert ist, hat sie kaum Einfluss auf die Absorptionswellenlänge (Chinin: λ_{max}= 332 nm; Chininsulfat: λ_{max}= 345 nm).

zu (E) Chromophor ist der Alkyl-substituierte Benzolring (λ_{max} ca. 260–270 nm).

8.80 C

Die schwache α-Bande des verbotenen $\pi \rightarrow \pi^*$-Übergangs ist bei Benzen im Bereich um 256 nm zu sehen. Sie zeigt bei Benzen und einfach substituierten Aromaten die typische Feinstruktur.

Polare Gruppen und polare Lösungsmittel führen zu einer stärkeren Wechselwirkung zwischen den Molekülen. Das stört Molekülschwingungen und führt zu einer Verbreiterung der Banden.

Substituenden, die das mesomere System vergrößern, verschieben die Absorptionsbanden eher bathochrom. Dies gilt für OH sowie für NO.

8.81 A

Alle Substituenden am Benzolring führen potentiell zu einer Vergrößerung der Molekülorbitale und somit zu einer bathochromen Verschiebung. Auch ohne die genauen Werte zu kennen, muss daher das unsubstituierte Benzen das kürzestwellige Absorptionsmaximum zeigen.

8.82 B

Phenole zeigen einen typischen bathochomen Effekt bei Deprotonierung. Dieser Effekt ist sogar größer als bei Benzoesäure.

8.83 B

zu (A) Benzoesäure zeigt ein langwelligstes Absorptionsmaximum bei 273 nm.

zu (B) Chinone zeigen neben den für Aromaten typischen Banden noch eine relativ langwellige Absorption, die durch den $n \rightarrow \pi^*$-Übergang an den Carbonylgruppen hervorgerufen wird. Beim 1,4-Naphtochinon liegt die Bande bei ca. 330 nm (ε = 2500).

zu (C) Die Wellenlänge der Absorptionen mehrfach substituierter Benzole sind schwierig vorherzusagen. Da der ortho-Substituent der Benzoesäure allerdings das mesomere System nicht vergrößert, liegen die Absorptionswellenlängen nur wenig über denen der Benzoesäure.

zu (D) Das Chromophor der Verbindung (Ephedrin) ist ein Alkyl-substituierter Aromat. Die langwelligste Absorption liegt bei ca. 265 nm (Toluol).

zu (E) Die Verbindung enthält ein sehr großes mesomeres System, das sich über das gesamte Molekül erstreckt und zudem geladen ist. Eine sehr grobe Abschätzung nach der im Kommentar zu Aufgabe 8.74 angegebenen Regel ergibt bei 5 konjugierten Doppelbindungen eine Wellenlänge von über 400 nm.

Für die Absorptionswellenlängen der Chinone gibt es keine einfache Regel. Die Aufgabe ist allerdings auch lösbar, wenn die genaue Absorptionswellenlänge des Naphtochinons nicht bekannt ist, da alle anderen Verbindungen mit Sicherheit ihre langwelligste Absorption nicht bei 330 nm haben.

8.84 A 8.85 E 8.86 B

Die Wellenlänge des längstwelligen Absorptionsmaximums steigt mit der Größe des mesomeren Systems. Jeder zusätzliche Substituent wird das System mehr oder weniger erweitern. Der Effekt ist umso größer, wenn freie Elektronenpaare oder Doppelbindungen direkt in die Mesomerie eingebunden werden können.

Die Deprotonierung einer phenolischen OH-Gruppe bewirkt einen zusätzlichen bathochromen Effekt.

8.87 E

Verbindung E hat das am weitesten ausgedehnte mesomere System. Zusätzlich sind noch freie Elektronenpaare vorhanden, die $n \rightarrow \pi^*$-Anregungen möglich machen. (In der Aufgabe sind die freien Elektronenpaare allerdings nicht eingezeichnet!)

8.88 A

Wenn im Verlauf einer chemischen Reaktion ($A \rightarrow B$) UV/VIS-Spektren des Reaktionsgemisches registriert werden, dann verändert sich das Spektrum von dem des Edukts A zu dem des Produkts B. Werden alle Kurven in dasselbe Schaubild gezeichnet, dann ergibt sich ein Wirrwarr von Linien. Nur an manchen Punkten schneiden sich alle Kurven. Bei diesen Wellenlängen besitzen alle an der Reaktion beteiligten Substanzen denselben Absorptionskoeffizienten. Da die Gesamtkonzentration von Edukt und Produkt $c(A+B)$ während der Reaktion gleich bleibt, ändert sich die Gesamtabsorption der Reaktionslösung an diesen Stellen nicht. Solche Punkte werden als isosbestische Punkte bezeichnet.

8.89 A

Die Carbonylgruppe besitzt als einziges der vorgeschlagenen Chromophore nicht-bindende Elektronen. Deshalb sind hier $n \rightarrow \pi^*$-Übergänge möglich. Diese sind sehr viel energieärmer (und deshalb langwelliger) als $\pi \rightarrow \pi^*$-Übergänge. Allerdings ist dieser Übergang verboten und deshalb nur sehr schwach.

8.90 D

Alle Moleküle, die Mehrfachbindungen enthalten, können prinzipiell Absorptionen im UV/VIS-Bereich des Spektrums zeigen (sie müssen dies allerdings nicht – es kann sein, dass die Banden außerhalb des Messbereichs liegen, oder dass die Übergänge verboten sind!). In Molekülen ohne Mehrfachbindungen müssten $\sigma \rightarrow \sigma^*$-Übergänge angeregt werden. Die Energie hierfür kann von UV/VIS-Strahlung nicht aufgebracht werden.

8.91 B

Glühlampen oder Deuteriumlampen können als Lichtquellen für die UV/VIS-Spektroskopie verwendet werden.

Da Lösungen vermessen werden, benötigt man Küvetten und Küvettenhalter.

Mit Photozellen wird die Intensität von UV/VIS-Licht gemessen.

Natriumchlorid-Prismen werden nicht benötigt, da die Strahlung von Quarz- oder Glasbauteilen nicht absorbiert wird (Glas nur für Wellenlängen > 300 nm; d. h. dem VIS-Bereich).

Prismen aus Natriumchlorid (oder anderen Alkali-Halogeniden) werden als Monochromatoren im IR-Spektrometer eingesetzt. Im UV/VIS-Spektrometer können Prismen aus Quarz verwendet werden, da diese für UV-Licht durchlässig sind.

8.92 C

Nach dem Lambert-Beer'schen Gesetz wird die Absorption als $A = -\log \frac{I}{I_0}$ berechnet. I bezeichnet dabei die Intensität des Lichtstrahls nach der Küvette mit der zu bestimmenden Lösung. I_0 bezeichnet die Intensität des Lichtstrahls nach einer Küvette mit dem reinen Lösungsmittel.

So kann die Absorption des Lösungsmittels direkt von der Messung ausgeschlossen werden.

8.93 B

Der Detektor muss die Lichtintensität nach Durchlaufen der Probe- bzw. der Referenzküvette messen.

8.94 B

Eine Wolframfadenlampe ist eine normale Glühlampe – im Haushalt übliche „Glühbirnen" sind Wolframfadenlampen. Sie kann deshalb im sichtbaren Bereich eingesetzt werden.

8.95 C

Prismen und Gitter sind grundsätzlich geeignet, um Licht in seine spektralen Bestandteile aufzutrennen. Beim Prisma wird der Effekt der Lichtbrechung, beim Gitter die sog. Beugung nutzbar gemacht. Das Prismenmaterial schränkt den Arbeitsbereich des Prismas ein, weil dieses für die gewünschte Wellenlänge durchgängig sein muss.

Nicol'sche Prismen werden zur Erzeugung linear polarisierten Lichts in der Polarographie verwendet.

8.96 E

Quarz eignet sich am besten, da er die beste Durchlässigkeit im UV/VIS-Bereich besitzt. Glas ist nur für Wellenlängen > 300 nm durchlässig, Quarz bis ca. 200 nm.

8.97 C 8.98 D 8.99 B 8.100 E 8.101 A

Eichung der Wellenlängenskala: Das DAB verwendet eine Holmiumperchlorat-Lösung oder eine Neodymperchlorat-Lösung zur Eichung der Wellenlängenskala eines UV/VIS-Spektrometers, da diese Lösung mehrere intensive Absorptionen im Messbereich zeigt. Alternativ kann auch eine Gasentladungslampe, die mehrere scharfe Emissionslinien erzeugt, zur Eichung verwendet werden. Das DAB tabelliert die Linien einer Quecksilberdampflampe, einer Wasserstoff- und einer Deuteriumgasentladungslampe.

Zur Eichung der Absorptionsskala des Detektors kann nach DAB eine Lösung von Kaliumdichromat, Cobaltsulfat, Nickelsulfat oder Kaliumpermanganat verwendet werden. Diese Lösungen zeigen mehrere sehr intensive Absorptionen im UV/VIS-Bereich.

8.102 B

Zur Kontrolle des Streulichts sollte eine Lösung verwendet werden, die keine Absorption im Messbereich zeigt.

9 Fluorimetrie

9.1 A

Bei Absorption und Fluoreszenz tritt keine Spinumkehr ein. Da die meisten Moleküle im Grundzustand als Singulett vorliegen (nur gepaarte Elektronen), treten während des gesamten Vorganges nur Singulett-Zustände auf. Zur Anregung muss Licht einer Wellenlänge verwendet werden, bei der die Substanz eine Absorption zeigt.

Bei der Fluoreszenz wird elektromagnetische Strahlung (Licht im UV/VIS-Bereich) absorbiert und elektromagnetische Strahlung größerer Wellenlänge wieder ausgestrahlt. Elektronenstrahlung tritt dabei nicht auf.

9.2 B

zu (A) Die Fluorimetrie ist eine selektivere Methode als die UV/VIS-Spektroskopie, da viele Moleküle Absorptionen im UV/VIS-Bereich zeigen, aber nur wenige eine Fluoreszenz.

zu (B) Da der Fluoreszenz immer eine teilweise strahlungslose Deaktivierung vorausgeht, ist die Energie des Fluoreszenzlichts immer kleiner als die des anregenden Lichts. Die Wellenlänge des Fluoreszenzlichts ist deshalb immer größer als die des anregenden Lichts.

zu (C), (D) Die Empfindlichkeit der Fluorimetrie ist größer, weil nicht die Schwächung eines Lichtstrahls, sondern die Gesamtintensität des Fluoreszenzlichts gemessen wird. Dies ist apparativ einfacher und genauer möglich.

Bei hoher Quantenausbeute wird praktisch die gesamte absorbierte Energie wieder als Fluoreszenzlicht ausgestrahlt. Bei einer sehr kleinen Quantenausbeute wird nur ein kleiner Bruchteil (die Ausbeute absorbierter Quanten) wieder ausgesendet, wodurch die Empfindlichkeit verringert wird.

zu (E) Bei allen emissionsspektroskopischen Methoden ist die Intensität (im Idealfall) direkt proportional zur Konzentration, weil die doppelte Zahl strahlender Teilchen zur einer doppelten Strahlungsintensität führt.

9.3 D 9.4 C 9.5 E

Bei Absorption und Fluoreszenz tritt keine Spinumkehr ein. Da die meisten Moleküle im Grundzustand als Singulett vorliegen (nur gepaarte Elektronen), treten während des gesamten Vorganges nur Singulett-Zustände auf. Die Absorption erfolgt deshalb vom Grundzustand S_0 in den angeregten Zustand S_1, die Emission vom angeregten Zustand S_1in den Grundzustand S_0.

Die Energiedifferenz zwischen Absorption und Emission kommt durch die gleichzeitige Anregung von Molekülschwingungen zustande. Diese Schwingungen können bei manchen Molekülen ohne Abgabe von Strahlung deaktivieren; die Energie wird dabei z. B. durch Stöße an Lösungsmittelmoleküle abgegeben.

Durch strahlungslose Deaktivierung können Moleküle auch vom angeregten Singulett-Zustand in einen angeregten Triplett-Zustand wechseln (sog. intersystem crossing). Da ein Wechsel von Singulett zu Triplett bzw. von Triplett zu Singulett verboten ist, ist dieser Triplett-Zustand sehr langlebig (die Moleküle können durch Abstrahlung eines Lichtquants nicht in den Singulett-Grundzustand zurück). Dieses Phänomen führt daher zur Phosphoreszenz: Die Emission der Strahlung kann Sekunden bis Minuten später erfolgen.

9.6 A 9.7 E 9.8 A 9.9 D

zu (A) Fluoreszenzlicht ist immer langwelliger als das anregende Licht.

zu (B) Fluoreszenz wird v. a. bei Molekülen beobachtet, bei denen eine strahlungslose Deaktivierung über energiearme Schwingungen des Moleküls nicht möglich ist. Solche energiearme Schwingungen sind z. B. Torsionen um drehbare Bindungen. Starre Moleküle, mit wenig drehbaren Bindungen, zeigen deshalb häufiger Fluoreszenz als flexible Moleküle.

zu (C) Fluoreszenzlicht ist immer langwelliger als das anregende Licht. Es muss keineswegs immer im sichtbaren Spektralbereich liegen.

zu (D), (E) Das Fluoreszenzlicht wird nur Sekundenbruchteile nach der Absorption wieder emittiert. Eine Abklingdauer im Sekundenbereich ist typisch für Phosphoreszenz (Nachleuchten). Phosphoreszenz tritt immer dann auf, wenn durch strahlungslose Prozesse ein Wechsel vom Singulett-Zustand des Moleküls in einen Triplett-Zustand erfolgt. Da eine Deaktivierung des Triplett-Zustandes in den Singulett-Grundzustand durch Emission von Licht verboten ist, können diese Triplett-Zustände sehr langlebig sein. Bei der Fluoreszenz treten keine Triplett-Zustände auf.

9.10 D 9.11 B 9.12 E 9.13 E

Die Fluoreszenzstrahlung ist energieärmer und deshalb langwelliger als die Anregungsstrahlung.

Die Quantenausbeute kann nicht größer als 1 sein – dann würde mehr Energie abgestrahlt, als die Probe aufgenommen hat.

Die Fluoreszenzintensität hängt stark vom Absorptionskoeffizienten der Probe bei der Anregungswellenlänge ab. Nur Lichtquanten, die absorbiert wurden, können als Fluoreszenzstrahlung wieder abgegeben werden.

Die Fluoreszenzintensität hängt von der Anregungswellenlänge ab, da der Absorptionskoeffizient der Probe wellenlängenabhängig ist. Allerdings ist der Zusammenhang nicht proportional.

Die Messung der Fluoreszenz erfolgt am besten im Winkel 90° zum Erregerlicht, da so nur Fluoreszenzlicht (und Streulicht) detektiert werden.

Bei kleiner Konzentration ist die Intensität der Fluoreszenzstrahlung proportional zur Konzentration. Es gilt:

$$I(\lambda) = \varepsilon \cdot I_0 \cdot Q \cdot c \cdot const.$$

$I(\lambda)$: Fluoreszenzintensität
ε: Absorptionskoeffizient der Anregungswellenlänge
I_0: Intensität des Anregungslichts
Q: Quantenausbeute
c: Konzentration der Probe
const.: Konstante, die mit einer Eichgerade bestimmt werden muss.

In der Praxis wird mit einer Referenzsubstanz eine Eichkurve bzw. Eichgerade angelegt um quantitative Messungen vorzunehmen.

Merke
Bei kleiner Konzentration der Probe ist die Fluoreszenzintensität proportional
- zum Absorptionskoeffizienten der Probe bei der Anregungswellenlänge,
- zur Intensität der Anregungsstrahlung,
- zur Quantenausbeute
- und zur Konzentration der Probe.

9.14 D 9.15 E

Die Fähigkeit zur Fluoreszenz einer Substanz hängt primär von ihrer Struktur ab. Zusätzlich können aber das Lösungsmittel, zusätzliche Ionen in der Lösung, Komplexbildung oder Adsorption (in der Aufgabe nicht ganz korrekt als Absorption bezeichnet) an die Oberflächen die Fluoreszenz beeinflussen. Durch all diese Effekte kann die Möglichkeit zur strahlungslosen Deaktivierung erhöht oder erniedrigt werden.
Die Fluoreszenz einer Chininsulfat-Lösung wird durch Zugabe von Chlorid-Ionen gelöscht, weil Chininchlorid eine sehr viel schwächere Fluoreszenz zeigt als Chininsulfat.

9.16 D 9.17 D

Das Fluoreszenzspektrum ist eine Stoffeigenschaft wie das UV/VIS-Spektrum. Die Lage der Fluoreszenzbanden wird nicht durch die Primärstrahlung beeinflusst.

Die Intensität der Fluoreszenzbanden wird von der Frequenz der Primärstrahlung beeinflusst, da die Anregungswellenlänge bestimmt, welcher Anteil der Anregungsstrahlung überhaupt absorbiert wird. Normalerweise wird man im Absorptionsmaximum der zu bestimmenden Substanz anregen. Wenn die Probe die Anregungsstrahlung nicht absorbieren kann (kleiner Absorptionskoeffizient), dann ist auch keine Fluoreszenz zu sehen.

Als Photolumineszenz werden Fluoreszenz und Phosphoreszenz zusammengefasst (Lumineszenz bedeutet, es wird Licht emittiert; Photolumineszenz gibt an, dass der Auslöser der Lumineszenz vorherige Absorption von Licht ist). Viele Mineralien und Halbleiter zeigen ebenfalls Photolumineszenz.

9.18 E 9.19 E

Im Fluoreszenzspektrometer wird die von der Probe ausgestrahlte (emittierte) Strahlung gemessen.

Lumineszenz ist der Überbegriff für alle Vorgänge, bei denen von deiner Substanz Licht emittiert wird (z. B. Fluoreszenz, Phosphoreszenz, Chemolumineszenz, usw.). Sie tritt bei manchen organischen und bei manchen anorganischen Verbindungen auf.

Die Möglichkeit von Fluoreszenz ist abhängig vom Vorhandensein definierter Schwingungszustände sowie der Möglichkeit strahlungsloser Deaktivierung. Besonders bei starren und planaren Molekülen ist dies gegeben. Ein ausgedehntes π-System begünstigt Fluoreszenz aus zwei Gründen: Das Molekül ist starr und es absorbiert im UV/VIS-Bereich.

Fluoreszenz tritt immer unmittelbar nach Anregung auf.

Fluoreszenzlicht ist immer energieärmer als das Anregungslicht, da vor der Emission ein Teil der Energie durch strahlungslose Deaktivierung an das Lösungsmittel abgegeben wird.

9.20 C 9.21 E 9.22 D

Die Quantenausbeute gibt den Anteil absorbierter Photonen (Lichtquanten) an, die vom Molekül als Fluoreszenz wieder emittiert werden. Bsp.: Bei einer Quantenausbeute von $\varphi = 1{,}0$ würde das gesamte absorbierte Licht als Fluoreszenzlicht emittiert; bei $\varphi = 0{,}5$ nur die Hälfte.

9.23 B

Durch sog. „Quenching" wird die Fluoreszenz gestört bzw. unterdrückt. Dadurch reduziert sich die Quantenausbeute. Ursachen können falsches Lösungsmittel, zu hohe Konzentrationen oder Anwesenheit von „Fluoreszenzquenchern" sein.

9.24 D 9.25 D

Fluoreszenzlicht ist immer energieärmer als das Anregungslicht, da vor der Emission ein Teil der Energie durch strahlungslose Deaktivierung an das Lösungsmittel abgegeben wird.

Phosphorenzenzlicht ist noch energieärmer, da nach der strahlungslosen Deaktivierung innerhalb des angeregten Singulett-Zustandes noch ein weiteres strahlungsloses *intersystem crossing* zu einem Triplett-Zustand stattfindet.

Fluoreszenz findet nur Sekundenbruchteile nach der Absorption statt (fast zeitgleich), Phosphoreszenz Sekunden oder Minuten (also deutlich messbar) später.

9.26 B

Die Messung der Fluoreszenz erfolgt am besten im Winkel 90° zum Erregerlicht, da so Fluoreszenzlicht (und Streulicht), aber nicht das Erregerlicht detektiert werden.

9.27 E

Wenn die Substanz farblos ist, ist sie nicht in der Lage, sichtbares Licht zu absorbieren. Das sichtbare Licht umfasst den Wellenlängenbereich von ca. 400–800 nm. Anregungslicht von 500 nm Wellenlänge liegt demnach im sichtbaren Bereich des Spektrums und kann nur von einer farbigen Substanz absorbiert werden.

9.28 E 9.29 C

Da die Intensität des Fluoreszenzlichts proportional zur Konzentration der Probe ist, gilt:

$$\frac{C_X}{I_X} = \frac{C_S}{I_S}$$

$$C_X = \frac{C_S \cdot I_X}{I_S}$$

9.30 E 9.31 E 9.32 E 9.33 E

Die Fluoreszenzintensität ist umso stärker je

- intensiver das Anregungslicht ist,
- mehr des Anregungslichts absorbiert wird (großer Absorptionskoeffizent bei der Anregungswellenlänge),
- je mehr des absorbierten Lichts wieder als Fluoreszenzlicht abgegeben wird (große Quantenausbeute).

9.34 B 9.35 D 9.36 C 9.37 B 9.38 B 9.39 C

Die Möglichkeit von Fluoreszenz ist abhängig vom Vorhandensein definierter Schwingungszustände, sowie der Möglichkeit strahlungsloser Deaktivierung. Besonders bei starren und planaren Molekülen ist dies gegeben. Ein ausgedehntes π-System begünstigt Fluoreszenz aus zwei Gründen: Das Molekül ist starr und es absorbiert im UV/VIS-Bereich.

Wenn Fluoreszenzfarbstoffe als Reagenz zur Fluoreszenzmarkierung von Kationen (z. B. Al^{3+}) verwendet werden sollen, muss der Farbstoff in Wasser löslich sein sowie stabile Komplexe mit dem Metallion bilden können.

Wenn Fluoreszenzfarbstoffe als Reagenz zur Fluoreszenzmarkierung von organischen Verbindungen verwendet werden sollen, muss er drei Bedingungen erfüllen:

- Er muss eine Absorption im UV/VIS zeigen.
- Er muss ein starres Molekülgerüst enthalten, das Fluoreszenz zeigt.
- Er muss sich mit einer einfachen chemischen Reaktion mit Verbindungen der zu bestimmenden Substanzklasse verknüpfen lassen. Zur Bindung an primäre Amine eignen sich z. B. Sulfonsäurechloride oder Säurechloride sehr gut. Zur Derivatisierung eines Säurechlorids wiederum eignen sich aliphatische Amine oder auch ein Sulfonylhydrazid.

9.40 A 9.41 C 9.42 C

Allgemeine Vorhersagen, ob Moleküle Fluoreszenz zeigen oder nicht, sind nur schwierig oder überhaupt nicht möglich. Voraussetzungen für das Auftreten von Fluoreszenz sind: Vorhandensein eines Chromophors für die Anregungswellenlänge und ein starres Molekülgerüst, das die strahlungslose Deaktivierung bis in den Grundzustand verhindert. Wenn die Fluoreszenz sichtbar sein soll, dann muss die Wellenlänge der Fluoreszenzbanden im sichtbaren Bereich des Spektrums liegen. Dann muss die betreffende Substanz ein Chromophor für den UV/VIS-Bereich besitzen, d. h. das mesomere System muss so groß sein, dass Elektronenübergänge mit der Energie von UV oder sichtbarem Lichts möglich sind.

9.43 D

Auch bei diesen Verbindungen ist es schwierig vorherzusagen, welche fluoreszieren und welche nicht. Allerdings wird Substanz (D) im UV/VIS-Bereich keine Absorption zeigen, und kann deshalb mit Licht der Wellenlänge 254 nm mit Sicherheit nicht angeregt werden – und damit auch keine Fluoreszenz zeigen.

9.44 D

Voraussetzung für eine sichtbare Fluoreszenz ist ein ausgedehntes mesomeres System, in dem Elektronenübergänge mit der Energie des sichtbaren Lichts möglich sind. Ein solches Chromophor ist mit Sicherheit im Molekül (D) vorhanden. Molekül (A) könnte auch in Frage kommen – da hier aber nur eine Substanz ausgewählt werden kann, muss die Entscheidung auf (D) fallen.

9.45 C

Als Detektor im Fluorimeter eignet sich besonders ein Sekundärelektronenvervielfacher, weil dieser sehr kleine Lichtintensitäten noch genau bestimmen kann. Für Bestimmungen, bei denen eine große Fluoreszenzintensität vorliegt, kann auch eine Photozelle verwendet werden.

9.46 B

Der Anregungsmonochromator erzeugt das Licht zur Anregung des Chromophors. Er sollte auf das entsprechende Absorptionsmaximum eingestellt sein.

Der Emissionsmonochromator stellt sicher, dass ausschließlich Fluoreszenzlicht in den Detektor gelangt.

10 IR-Spektroskopie

10.1 A

IR-Spektroskopie eignet sich zwar auch zur Strukturaufklärung unbekannter Substanzen. Da ein IR-Spektrum wie ein Fingerabdruck typisch für eine chemische Struktur ist, eignet sich die Methode optimal zur Identifizierung bekannter Substanzen.

10.2 D

Ionisierte Molekülfragmente werden bei der Massenspektroskopie registriert. Elektronenspinänderungen werden in der EPR (Electron Pair Resonance) Spektroskopie (früher als ESR [Electron Spin Resonance] Spektroskopie bezeichnet) zur Analyse verwendet.

Die EPR-Spektroskopie wird hier nicht näher beschrieben, da sie in der pharmazeutischen Analytik nur in Ausnahmefällen angewendet wird.

Kernspinresonanz-Spektroskopie ist NMR-Spektroskopie (Nuclear Magnetic Resonance).

Molekülschwingungen werden in der IR und Raman-Spektroskopie registriert.

10.3 C

Die Wellenzahl gibt die Zahl der Wellen pro Zentimeter an. Eine Wellenzahl von 2500 cm^{-1} entspricht deshalb

$$\frac{1}{2500} \cdot cm = \frac{1}{25} \cdot 10^{-4} m = 4 \cdot 10^{-6} m = 4\ \mu m$$

10.4 C

Die Wellenzahl gibt die Zahl der Wellen pro Zentimeter an. Zur Umrechnung muss man überlegen, wie viele Wellen mit einer Länge von 4 µm in 1 cm Platz finden:

$$\frac{1\ cm}{4\ \mu m} = \frac{1 \cdot 10^{-2} m}{4 \cdot 10^{-6} m} = \frac{1}{4} \cdot 10^{4} = 2500$$

4 µm entsprechen deshalb 2500 cm^{-1}.

10.5 E

Die IR-Spektroskopie registriert die Absorption elektromagnetischer Strahlung durch die Anregung von Molekülschwingungen und -rotationen.

Der dazu notwendige Wellenlängenbereich liegt im Infrarot; d. h. zwischen 800 nm und 500 µm.

10.6 C 10.7 B 10.8 D

Die in der IR-Spektroskopie gebräuchliche Wellenzahl ist proportional zur Frequenz und zur Energie der Strahlung:
Es gilt:

$$\tilde{\nu} = \frac{1}{c} \cdot \nu$$

$\tilde{\nu}$: Wellenzahl
c: Lichtgeschwindigkeit
ν: Frequenz

Die Energie einer Molekülschwingung nimmt zu, je stärker die Bindung zwischen den Atomen ist und je kleiner die Masse der Atome ist:

$$\tilde{\nu} = const \cdot \sqrt{\frac{k}{\mu}}$$

$\tilde{\nu}$: Wellenzahl
k: Kraftkonstante
μ: reduzierte Masse

Die Bindungsstärke (entspr. der Kraftkonstante) ist bei einer Doppelbindung größer als bei einer Einfachbindung und bei einer Dreifachbindung noch größer. Deshalb sind die entsprechenden Valenzschwingungen einer Dreifachbindung bei höheren Wellenzahlen als bei einer Doppelbindung und diese bei höheren Wellenzahlen als bei einer Einfachbindung zu sehen.

10.9 C 10.10 C

Der nahe Infrarotbereich umfasst größere Wellenzahlen, d. h. kleinere Wellenlängen als der mittlere und der ferne. Er ist näher am sichtbaren Licht und die Energie der Strahlung ist höher.

Quantitative Bestimmungen sind möglich, da das Lambert-Beer'sche Gesetz gilt.

Im IR sind prinzipiell alle Arten von Proben zugänglich. Bei Lösungen stört allerdings die IR-Absorption des Lösungsmittels, da alle organischen Moleküle ein IR-Spektrum zeigen.

10.11 B

Eine Schwingung ist im IR nur dann sichtbar (aktiv), wenn sich während der Schwingung das Dipolmoment des Moleküls ändert. Ansonsten kann die elektromagnetische Welle nicht mit dem Molekül wechselwirken.

Bei den meisten Schwingungen ist dies der Fall; bei symmetrischen Schwingungen an symmetrischen Molekülen kann es jedoch Schwingungen geben, die nicht IR-aktiv sind.

Die ist z. B. bei der symmetrischen Streckschwingung von O=C=O der Fall. Das Dipolmoment bleibt immer null, auch wenn sich die beiden O-Atome symmetrisch vom zentralen C wegbewegen:

O=C=O   O==C==O   O===C===O

Beim Ether ($R{-}H_2C{-}O{-}CH_2{-}R$) tritt dieser Effekt nicht auf, da dieser in Wirklichkeit **gewinkelt** aufgebaut ist!

10.12 A

Kohlendioxid kann eine symmetrische und eine asymmetrische Valenzschwingung ausführen. Bei der symmetrischen Valenzschwingung bewegen sich die beiden O-Atome gleichzeitig vom Kohlenstoff-Atom weg und wieder darauf zu. Das Kohlendioxid-Molekül ändert deshalb während einer solchen Schwingung sein Dipolmoment nicht und die Schwingung ist nicht IR-aktiv. Bei der asymmetrischen Valenzschwingung bewegen sich die O-Atome jeweils entgegengesetzt. Das Molekül erhält dabei ein Dipolmoment, weshalb die Schwingung IR-aktiv ist.

10.13 C

Die Energie der IR-Strahlung genügt, um Rotationen und Schwingungen der Probenmoleküle anzuregen.

Zur Anregung von Elektronen oder gar zur Spaltung chemischer Bindungen reicht die Energie nicht aus. Zur Elektronenanregung ist Licht des UV/VIS-Bereichs nötig. Zur Spaltung chemischer Bindungen ist noch mehr Energie, d. h. elektromagnetische Strahlung mit noch kleinerer Wellenlänge, nötig.

10.14 E

zu (1) Bei einer O-H-Gruppe, die an einer Wasserstoffbrückenbindung beteiligt ist, ist die Stärke der Bindung zwischen Sauerstoff- und Wasserstoffatom kleiner als bei einer freien O-H-Gruppe. Deshalb erscheint die Bande der O-H-Valenzschwingung einer freien O-H-Gruppe bei größeren Wellenzahlen.

zu (2) Die Banden assoziierter O-H-Gruppen sind breiter als die von freien O-H-Gruppen. Die genaue Energie der Valenzschwingung hängt von der Bindungsstärke ab. Diese kann jedoch von Molekül zu Molekül variieren, da die Wasserstoffbrücken unterschiedlich stark sein können.

zu (3) Je verdünnter eine Lösung ist, desto größer sind die Abstände zwischen den gelösten Molekülen. Deshalb können in verdünnten Lösungen weniger Wasserstoffbrücken ausgebildet werden und die entsprechenden Banden werden schwächer.

Dies gilt natürlich nur, wenn das Lösungsmittel selbst keine Wasserstoffbrücken zu den Molekülen ausbilden kann. „Lösungsmittel" in der IR-Spektroskopie ist meist KBr.

10.15 C 10.16 D

Gerüstschwingungen sind Schwingungen an denen alle (oder zumindest viele) Atome eines Moleküls beteiligt sind. Die Banden der Gerüstschwingungen sind meist im Detail nicht auswertbar. Das Muster der Banden der Gerüstschwingungen lässt sich aber mit dem bekannter Spektren vergleichen. Da dieses Muster sehr charakteristisch für eine Verbindung ist, kann so eine Substanz identifiziert werden. Aus diesem Grund wird auch der Bereich des Spektrums, der diese Gerüstschwingungen enthält, als Fingerprintbereich bezeichnet.

Polare funktionelle Gruppen enthalten relativ starke chemische Bindungen. Deshalb sind die Valenzschwingungen funktioneller Gruppen im IR-Spektrum bei großen Wellenzahlen zu sehen (Beispiele: OH oder NH_2 um 3500 cm^{-1}).

Anregung von Elektronen ist mit elektromagnetischer Strahlung im UV/VIS-Bereich des Spektrums möglich. Dabei können zusätzlich Molekülschwingungen angeregt werden, was im UV/VIS-Spektrum zur Ausbildung mehr oder weniger breiter Absorptionsbanden führt.

Rotationen gasförmiger Moleküle können mit sehr energiearmer Strahlung angeregt werden. Dies führt zur Mikrowellenspektroskopie. Mikrowellen sind elektromagnetische Strahlen, deren Wellenlänge größer ist als die von IR-Licht (○ Abb. 1.3).

10.17 E 10.18 D

Infrarot-Spektren werden meist für einen Wellenzahlbereich von 4000 cm^{-1} bis 400 cm^{-1} registriert. Deformationsschwingungen sind relativ energiearm, und liegen deshalb im Bereich kleiner Wellenzahlen – im Spektrum auf der rechten Seite. Die Wellenzahl ist das Maß für die Energie im IR-Spektrum. Sie ist proportional zur Energie und zur Frequenz.

10.19 D

Biegeschwingungen oder Deformationsschwingungen sind Schwingungen, bei denen sich die Bindungswinkel im Molekül verändern (im Gegensatz zu Valenzschwingungen, bei denen sich die Atome entlang der Bindungen bewegen). Da Deformationsschwingungen energieärmer sind als Valenzschwingungen, sind sie im Spektrum im Bereich kleiner Wellenzahlen zu finden.

10.20 B 10.21 B

Streckschwingungen oder Valenzschwingungen sind Schwingungen, bei denen sich die Atome entlang der Bindungsachsen aufeinander zu bzw. voneinander weg bewegen. Valenzschwingungen polarer funktioneller Gruppen führen oft zu intensiven charakteristischen Banden im Spektrum (▶ Kap. 10.1.2).

10.22 D 10.23 E 10.24 D 10.25 E

Die Zahl der Normalschwingungen nicht linearer Moleküle berechnet sich nach (▶ Kap. 10.1.2):

$$N = 3n - 6$$

N: Zahl der Normalschwingungen
n: Zahl der Atome im Molekül

Da sich bei linearen Molekülen bei einer Rotation um die Bindungsachse kein Atom bewegt, steht bei diesen Molekülen ein Freiheitsgrad mehr für Schwingungen zur Verfügung.

Die Zahl der Normalschwingungen linearer Moleküle berechnet sich deshalb nach:

$$N = 3n - 5$$

Damit ergibt sich für H_2O und SO_2 (gewinkelt):

$$N(H_2O) = 3 \cdot 3 - 6 = 3$$

und für N_2O und CO_2 (linear):

$$N(N_2O) = 3 \cdot 3 - 5 = 4$$

10.26 B

zu (1) Eine **Fingerprint-Auswertung** des Spektrums durch Vergleich mit einem Referenzspektrum ist bei jedem Spektrum jeder Verbindungsklasse möglich (Referenzsubstanz muss vorhanden sein, Vorsicht bei Polymorphie).

zu (2) Die intensive Bande der C=O-Valenzschwingung ist in jedem Spektrum einer Carbonyl-haltigen Substanz vorhanden. Sie liegt bei ca. 1700 cm^{-1}.

zu (3), (4) Elektronenübergänge erfordern Energie von Licht aus dem UV/VIS-Bereich des Spektrums. Sie können mit IR-Strahlung **nicht** angeregt werden.

zu (5) Das Spektrum des Alkohols zeigt die Bande der O-H-Valenzschwingung bei Wellenzahlen oberhalb 3000 cm^{-1}.

Wenn keine Amino-Gruppen und keine weiteren Hydroxy-Gruppen im Molekül vorhanden sind, können im Spektrum des reinen Ketons im Bereich oberhalb 3000 cm^{-1} keine Banden auftreten.

10.27 E

Enantiomere (spiegelbildliche Moleküle) zeigen dieselben physikalischen Eigenschaften – mit Ausnahme der Drehung der Polarisationsebene polarisierten Lichts. Sie sind deshalb auch IR-spektroskopisch nicht unterscheidbar.

Die Energie für alle Elektronenübergänge liegt im UV/VIS-Bereich des Spektrums.

Lactame sind cyclische Amide, und Amide zeigen typische Amid-Banden im IR-Spektrum. Die Unterscheidung von β- und γ-Lactamen ist deshalb sicher möglich (auch ohne die genaue Lage der Banden zu kennen).

10.28 B

Carbonyl- und Nitril-Gruppen geben sich im IR-Spektrum durch die typischen Banden ihrer Valenzschwingungen zu erkennen. Die Bande der υ(C=O) liegt zwischen 1750 cm^{-1} und 1690 cm^{-1} und ist im Normalfall nicht zu übersehen, wenn eine Carbonyl-Gruppe im Molekül vorhanden ist.

Die genaue Lage der Banden kann ● Abb. 10.9 im Lehrbuchteil entnommen werden. Die Bande der υ (C≡N) liegt zwischen 2300 cm^{-1} und 2200 cm^{-1} und ist nicht so intensiv wie die der Carbonylvalenzschwingung.

10.29 E 10.30 D 10.31 D

Die genaue Lage der Bande der C=O-Valenzschwingung wird von der Stärke der C=O-Bindung bestimmt. Je nach chemischer Umgebung ist die Bindung stärker oder weniger stark, was zu einer höheren oder niedrigeren Wellenzahl für die Valenzschwingung führt.

Die Bindungsstärke kann beeinflusst werden durch

- Mesomerie, wenn weitere Doppelbindungen in Konjugation zur Carbonylgruppe stehen.
- die Elektronegativität weiterer Substituenden am C-Atom.
- Wasserstoffbrücken der Carbonylgruppe.

Bei Ketonen liegt die Bande fast immer zwischen 1690 cm^{-1} und 1750 cm^{-1}.

10.32 E

CO_2 ist ein lineares Molekül und zeigt kein Dipolmoment. Absorption im IR-Spektrum ist aber dennoch zu erkennen, da bei manchen der möglichen Schwingungen durch die Schwingung ein Dipolmoment entsteht. Dies wird *dynamisches Dipolmoment* genannt.

Ein dynamisches Dipolmoment entsteht bei der Deformationsschwingung sowie bei der asymmetrischen Valenzschwingung (bei der – einfach gesagt – der Kohlenstoff zwischen den beiden Sauerstoffatomen hin und her schwingt).

Die Energie bei 2350 cm^{-1} ist sehr hoch für eine Schwingungsenergie – fast am Rand des Spektrums; zum Vergleich: Eine normale Carbonyl-Valenzschwingung liegt bei ca. 1700 cm^{-1}. Die Deformationschwingung des CO_2 muss aber sehr viel energieärmer sein (tatsächlich liegt sie bei nur ca. 700 cm^{-1}).

Symmetrische Schwingungen am CO_2 führen nicht zur Ausbildung eines Dipolmoments.

Es kommt daher nur die asymmetrische Valenzschwingung in Frage.

10.33 E 10.34 C 10.35 B

Die genaue Lage der Bande der C=O-Valenzschwingung hängt von der Art der funktionellen Gruppe ab.

Bei Ketonen liegt sie bei ca. 1700 cm^{-1} bis 1750 cm^{-1}, bei Estern zwischen 1750 cm^{-1} und 1800 cm^{-1}. Bei Aldehyden ist die Bande meist zwischen 1700 cm^{-1} und 1750 cm^{-1} zu finden.

10.36 C 10.37 A

Die Valenzschwingung von C=C-Doppelbindungen tritt zwischen 1700 cm^{-1} und 1600 cm^{-1} auf und ist allerdings nicht sehr intensiv. Bei symmetrischen Alkenen ist die Schwingung nicht IR-aktiv.

Die Valenzschwingung von O–H-Bindungen liegt zwischen 3600 cm^{-1} und 3100 cm^{-1} und ist sehr intensiv und oft auch sehr breit. Dies ist auf die Gegenwart von Wasserstoffbrücken zwischen verschiedenen Molekülen zurückzuführen, die die Bindungsstärke der O–H-Bindung verändern.

10.38 B

Die Zahl konjugierter Doppelbindungen lässt sich dem IR-Spektrum nicht entnehmen. Allenfalls kann die komplette Struktur durch Vergleich des Spektrums mit einem Katalog identifiziert werden.

Es gibt aber keine typischen Muster im Spektrum für verschiedene Grundgerüste.

Carbonyle und Nitrile geben sich durch die typischen intensiven Banden ihrer Valenzschwingungen zu erkennen:

Carbonyl: 1800–1700 cm^{-1}, ss
Nitril: 2300–2200 cm^{-1}, s

Die Bande der Nitrilgruppe kann allerdings auch mit der Valenzschwingung eines Alkins verwechselt werden.

10.39 E 10.40 E

Zur Beantwortung dieser Frage muss man nur wissen, dass Aldehyde die typische Bande der C=O-Valenzschwingung im Bereich zwischen 1750 cm^{-1} und 1700 cm^{-1} zeigen.

10.41 A

Alle Valenzschwingungen sind bei deutlich größeren Wellenzahlen zu finden. Im eingezeichneten Bereich finden sich typische Banden der Out-of-plane-Schwingungen eines Aromaten. Dies ist eine Gruppe nicht allzu starker aber scharfer Banden, deren Muster mit etwas Glück sogar einem Substitutionsmuster des Aromaten zugeordnet werden kann (in diesem Fall nicht!).

10.42 D

Eine breite Bande bei ca. 3400 cm^{-1} deutet immer auf vorhandenes Wasser – entweder als Kristallwasser oder als Verunreinigung (z. B. im KBr-Pressling, da KBr hygroskopisch ist).

10.43 D

Die sehr intensive Bande bei ca. 1660 cm^{-1} (stärkste Bande des Spektrums) deutet stark auf eine Carbonyl-Valenzschwingung. Die genaue Lage deutlich unterhalb 1700 cm^{-1} deutet auf ein Säureamid.

10.44 A

HCl ist ein zweiatomiges Molekül und kann deshalb keine Deformationsschwingung ausführen! Es ist nur eine einzige Schwingung möglich.

10.45 A

Die intensive Bande zwischen 1700 cm^{-1} und 1750 cm^{-1} deutet zunächst immer auf eine Carbonyl-Valenzschwingung.

10.46 B

Die intensivsten Banden im Spektrum sind die bei 1170 cm^{-1} und 1095 cm^{-1}. Dies sind C-O-Valenzschwingungen (Etherschwingung). Die Bande ist sehr intensiv wegen der polaren Bindung und der Tatsache, dass 3 Etherbrücken im Molekül vorhanden sind.

Allerdings ist die Frage etwas gemein, da der Trivialname verwirrend ist. Die korrekte Bezeichnung ist 2,4,6-Trimethyl-1,3,5-trioxan.

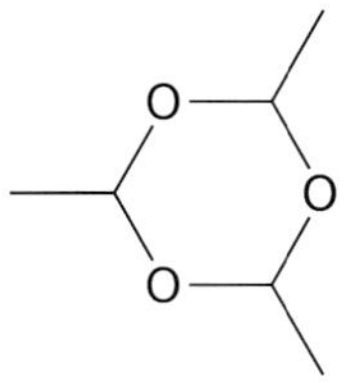

Alle anderen vorgeschlagenen Verbindungen enthalten eine Carbonylgruppe, die auf jeden Fall bei ca. 1700 cm^{-1} als intensive Bande sichtbar sein müsste.

10.47 C

Das Spektrum zeigt auf den ersten Blick folgende Banden:

Wellenzahl, Form	Zuordnung	Strukturelement
Ca. 3000 cm^{-1} (s)	ν (C-H)	Valenzschwingungen von aliphatischen (größer 3000) und aromatischen bzw. olefinischen C-H-Bindungen
1600–1650 cm^{-1} (ss)	ν (C=C)	Valenzschwingungen von C=C-Doppelbindungen
1200 cm^{-1} (ss)	ν (O-C-O)	Valenzschwingung der Etherbindung

Fast interessanter ist die Feststellung, dass keine Bande einer Carbonylgruppe zu sehen ist (diese müsste sehr intensiv und oberhalb 1700 cm^{-1} sein).

Ebenfalls nicht zu sehen ist die Bande der C-N-Valenzschwingung einer Nitrilgruppe, die bei 2300 cm^{-1} – 2200 cm^{-1} zu sehen sein müsste.

Somit bleibt in jedem Fall nur der Ethylvinylether.

10.48 B

Das Spektrum zeigt auf den ersten Blick die Bande der Valenzschwingung der Nitrilgruppe bei 2230 cm^{-1}. Damit bleibt von den vorgeschlagenen Molekülen nur Benzonitril.

10.49 D

Das Spektrum zeigt auf den ersten Blick die Bande der Valenzschwingung der Nitrilgruppe bei 2217 cm^{-1}. Damit bleibt von den vorgeschlagenen Molekülen nur p-Methylbenzonitril.

10.50 A

Das Spektrum zeigt auf den ersten Blick die Bande der Valenzschwingung der Carbonylgruppe bei 1730 cm^{-1}. Damit bleibt von den vorgeschlagenen Molekülen nur Butan-2-on.

10.51 D

Das Spektrum zeigt folgende charakteristische Banden:

Wellenzahl, Form	Zuordnung	Strukturelement
3030 cm^{-1} (w)	ν (C-H)	Valenzschwingungen aromatischer bzw. olefinischer C-H-Bindungen
2920 cm^{-1} (w)	ν (C-H)	Valenzschwingungen aliphatischer C-H-Bindungen
2217 cm^{-1} (ss, sp)	ν (C≡N)	Valenzschwingung der C≡N-Dreifachbindung. Die Wellenzahl könnte auch für ein Alkin sprechen, dann müsste die Bande aber sehr schwach sein.
1607 cm^{-1} (sp)	ν (C=C)	Valenzschwingungen eines Aromaten
817 cm^{-1} (ss, sp)	Γ	Out-of-plane-Schwingung eines Aromaten

Diese Banden können nur bei Verbindung **D** (*p*-Methylbenzonitril) auftreten. Allein die Bande der Nitril-Gruppe genügt für eine sichere Zuordnung, da nur diese Verbindung eine Nitril-Gruppe hat. Nur diese Verbindung hat eine aromatische Teilstruktur.

10.52 E

Das Spektrum zeigt folgende charakteristische Banden:

Wellenzahl, Form	Zuordnung	Strukturelement
3080 cm^{-1} (w)	ν (C-H)	Valenzschwingungen aromatischer bzw. olefinischer C-H-Bindungen
3000–2900 cm^{-1}	ν (C-H)	Valenzschwingungen aliphatischer C-H-Bindungen
1745 cm^{-1} (ss)	ν (C=O)	Valenzschwingung einer Carbonyl-Gruppe
1650 cm^{-1} (w, sp)	ν (C=O)	Valenzschwingung eines Aromaten oder einer C=O-Doppelbindung
1240 cm^{-1} (ss)	ν (C-O)	Valenzschwingung einer C-O-Einfachbindung (hier Säure oder Ester)

Diese Banden können nur beim Essigsäureallylester auftreten. Allein die Carbonyl-Bande genügt hier für eine sichere Zuordnung.

10.53 A

Das Spektrum zeigt folgende charakteristische Banden:

Wellenzahl, Form	Zuordnung	Strukturelement
3000–2850 cm^{-1}	ν (C-H)	Valenzschwingungen aliphatischer C-H-Bindungen
1450 cm^{-1} (s, sp)	δ (CH_2)	evtl. CH_2-Deformationsschwingungen

29

Im Spektrum sind nur wenige Banden zu finden. Mit Sicherheit zuzuordnen ist nur die Bande unterhalb 3000 cm^{-1} von Valenzschwingungen aliphatischer C-H-Bindungen.

Eine Lösung der Aufgabe ist aber im Ausschlussverfahren leicht möglich.

Phenol müsste die Banden des Aromaten (C=C-Valenzschwingungen bei 1500 cm^{-1} und 1600 cm^{-1}, aromatische C-H-Valenzschwingungen oberhalb 3000 cm^{-1} sowie Banden der Γ-Schwingungen) und die Bande der OH-Valenzschwingung zeigen.

Essigsäureethylester zeigt die Bande der Carbonyl-Valenzschwingung bei ca. 1600 bis 1700 cm^{-1}.

Im Spektrum von Ethanol müsste die Bande der OH-Valenzschwingung zu sehen sein.

Aceton zeigt die Bande der Carbonyl-Valenzschwingung bei ca. 1700 cm^{-1}.

10.54 E

Die Anwesenheit einer breiten Bande einer O–H- oder N–H-Valenzschwingung bei 3600 cm^{-1} bis 3300 cm^{-1} genügt hier, um die Auswahl auf Isopropanol einzuschränken.

10.55 A

Die intensive Bande bei 1600 cm^{-1} zeigt eine Carbonyl-Gruppe an, sodass die Auswahl auf Alanin und Aceton eingeschränkt wird.

Bei 3400 cm^{-1} ist eine breite Bande einer O–H- oder N–H-Valenzschwingung zu erkennen; deshalb kommt nur Alanin als Antwort in Frage.

Die scharfen Banden zwischen 1400 cm^{-1} und 1300 cm^{-1} können C–O-Valenzschwingungen und O–H-Deformationsschwingungen sein, die auch nur bei der Carbonsäure möglich sind.

10.56 A 10.57 B

zu (A) Die Bande der N-H-Valenzschwingung eines quartären Ammoniumsalzes erscheint bei Wellenzahlen kleiner als 3000 cm^{-1}. Da die N-H-Bindung auf Grund der positiven Ladung am Stickstoff-Atom gegenüber der in einem neutralen Amin geschwächt ist, wird weniger Energie zur Anregung benötigt. Im Amin liegt die *ν(N-H)* bei 3300–3700 cm^{-1}.

zu (B) Die Bande der C-N-Valenzschwingung einer Nitril-Gruppe erscheint als scharfe Bande bei ca. 2300–2200 cm^{-1}. Sie ist oft schwach, aber meist charakteristisch, da in diesem Bereich des Spektrums sonst keine Absorptionsbanden auftreten.

zu (C) Bei 1700 cm^{-1} erscheint die Bande der Valenzschwingung einer Carbonyl-Gruppe. In diesem Molekül ist keine Carbonyl-Gruppe vorhanden.

zu (D) Banden bei 1550 cm^{-1} und 1350 cm^{-1} liegen im Fingerprint-Bereich und sind Gerüstschwingungen des Moleküls zuzuordnen (z. B. Deformationsschwingungen von Alkyl-Gruppen). Eine scharfe Bande bei 1550 cm^{-1} könnte noch die Valenzschwingung eines aromatischen Kernes sein.

zu (E) Scharfe und intensive Bande um 700 cm^{-1} sind meist Out-of-plane-Schwingungen eines Aromaten oder eines Alkens.

10.58 D 10.59 B

Aromatische Ringe geben sich im IR-Spektrum durch meist mehrere schwache, aber scharfe Banden ihrer Gerüstschwingung zwischen 1600 cm^{-1} und 1450 cm^{-1} zu erkennen. Diese Banden entsprechen der C–C-Valenzschwingung, die aber nicht für jede Bindung einzeln auftritt, sondern eine gekoppelte Schwingung des Aromaten ist.

Die C≡N-Valenzschwingung der Nitrile tritt zwischen 2300 und 2200 cm^{-1} in Erscheinung.

10.60 D 10.61 B

Helium ist ein Edelgas. Es besteht aus einzelnen Atomen und zeigt daher kein Schwingungs- oder Rotationsspektrum.

Nur Moleküle, die IR-aktive Schwingungen durchführen können, zeigen Absorptionen im IR-Spektrum. Eine Schwingung ist dann IR-aktiv, wenn sich das Dipolmoment des Moleküls im Verlauf der Schwingung ändert.

Zweiatomige Moleküle können nur eine (symmetrische) Valenzschwingung ausführen. Wenn das Molekül aus zwei gleichen Atomen besteht, so besitzt es kein Dipolmoment und bekommt auch während der Schwingung keines. Die Schwingung ist daher nicht IR-aktiv und die Moleküle zeigen keine Absorptionsbanden im IR-Spektrum. Die

Energien der Valenzschwingungen der elementaren Gase liegen in dem Bereich, der von IR-Licht erfasst wird. Die Moleküle zeigen deshalb Absorptionen im Raman-Spektrum.

Ein anderes Verhalten zeigen zweiatomige Moleküle aus zwei verschiedenen Elementen (z. B. H-Cl, C=O). Diese Moleküle heben ein Dipolmoment. Die symmetrische Valenzschwingung dieser Moleküle ist deshalb IR-aktiv und führt zu intensiven Banden im IR-Spektrum.

Distickstoffmonoxid (N_2O: N=N=O) ist ein dreiatomiges lineares Molekül, das nicht symmetrisch gebaut ist und deshalb ein großes Dipolmoment besitzt. Es sind mehrere Schwingungen möglich, die IR- bzw. Raman-aktiv sind.

Einen interessanten Sonderfall stellt CO_2 dar. Es ist ein dreiatomiges lineares Molekül ohne Dipolmonent: O=C=O. Es gibt jedoch Schwingungen, bei denen ein Dipolmoment entsteht:

- Durch die Deformationsschwingung wird das Molekül im Verlauf der Schwingung gewinkelt, wodurch ein Dipolmonent entsteht. Diese Schwingung ist IR-aktiv.
- Bei der asymmetrischen Valenzschwingung bewegen sich die O-Atome jeweils entgegengesetzt. Das Molekül erhält dabei ein Dipolmoment, weshalb die Schwingung IR-aktiv ist.
- Die symmetrische Valenzschwingung bewegen sich die beiden O-Atome gleichzeitig vom Kohlenstoff-Atom weg und wieder darauf zu. Das Kohlendioxid-Molekül ändert deshalb während einer solchen Schwingung sein Dipolmoment nicht und die Schwingung ist nicht IR-aktiv.

Normalschwingungen gasförmiger Moleküle

Molekü	IR-Banden	Raman-Banden	Schwingung
H_2	-	4160 cm^{-1}	sym. Valenzschwingung
N_2	-	2331 cm^{-1}	sym. Valenzschwingung
O_2	-	1555 cm^{-1}	sym. Valenzschwingung
F_2	-	892 cm^{-1}	sym. Valenzschwingung
Cl_2	-	556 cm^{-1}	sym. Valenzschwingung
HCl	2886 cm^{-1}	2886 cm^{-1}	sym. Valenzschwingung
CO	2145 cm^{-1}	2145 cm^{-1}	sym. Valenzschwingung
CO_2	–	1335 cm^{-1}	sym. Valenzschwingung
	2349 cm^{-1}	–	asym. Valenzschwingung
	667 cm^{-1}	–	Deformationsschwingung
N_2O	1285 cm^{-1}	1286 cm^{-1}	sym. Valenzschwingung
	2224 cm^{-1}	2223 cm^{-1}	asym. Valenzschwingung
	589 cm^{-1}	–	Deformationsschwingung

10.62 A

Lidocain selbst zeigt im Bereich von 2400 bis 2300 cm^{-1} keine intensive Absorption. Eine starke Bande an dieser Stelle kann nur durch eine Verunreinigung hervorgerufen werden. Hier ist es die asymmetrische Valenzschwingung von CO_2.

10.63 E

Alle aufgeführten Effekte beeinflussen das IR-Spektrum. Teilchengröße und Kristallstruktur beeinflussen die Energie der Schwingungszustände.

Die Molekülstruktur kann aus dem IR-Spektrum sogar bestimmt werden.

Kristallwasser gibt sich durch die typischen Banden des Wassers zu erkennen.

10.64 E 10.65 E

Alle Möglichkeiten sind richtig (▶ Kap. 10.2.1).

10.66 D **10.67** B **10.68** D **10.69** E **10.70** A
10.71 D **10.72** B **10.73** C

Da von IR-Licht Schwingungen von kovalenten chemischen Bindungen angeregt werden können, zeigen alle Substanzen, die chemische Bindungen enthalten oder aus Molekülen bestehen, IR-Absorptionen. Als IR-durchlässige Materialien werden deshalb **binäre Salze** (meist Alkalihalogenide) verwendet, die rein ionisch aufgebaut sind und keine kovalenten Bindungen enthalten.

Quarz besteht zwar nicht aus Molekülen, die Atome im Kristall sind aber durch kovalente Bindungen miteinander verknüpft (Si-O-Si-O-Ketten). Quarz kann deshalb nicht als Material für Küvetten und optische Bauteile im IR-Spektrometer verwendet werden.

Auch **Teflon** ist ungeeignet, da es ein organisches Polymer ist (ein Makromolekül) und deshalb IR-Strahlung absorbiert.

Für Lösungsmittel gelten ähnliche Einschränkungen, da praktisch alle organischen und anorganischen Flüssigleiten selbst IR-Absorptionen zeigen. Als „Lösungsmittel" wird deshalb meist KBr verwendet.

Muss ein organisches Lösungsmittel verwendet werden, dann sollte dies möglichst wenig eigene Absorptionsbanden zeigen. Verwendet werden z. B. Tetrachlormethan, Tetrachlorethen oder Schwefelkohlenstoff.

10.74 B

Der Pressling muss aus einem IR-durchlässigen Material hergestellt sein. Salze, die Molekülionen enthalten, zeigen auch Absorptionen im IR-Bereich und sind daher ungeeignet. Die Presslinge werden aus Kaliumbromid hergestellt, weil KBr unter Druck zerfließt und eine einheitliche glasklare Masse bildet, die keine Kristalle mehr enthält und völlig IR-durchlässig ist.

10.75 B

Im **IR-Spektrum von Wasser** zu sehen sind die Normalschwingungen von Wasser. Das 3-atomige Molekül zeigt $3n-6=3$ Normalschwingungen. Dies sind die asymmetrische und die symmetrische Valenzschwingung und die symmetrische Deformationsschwingung.

Nach der Faustregel sind die Valenzschwingungen energiereicher als die Deformationsschwingungen sowie die asymmetrischen energiereicher als die symmetrischen. Da Wasser ein polares Molekül ist, sind alle Schwingungen IR-aktiv.

Zwischen 3500 und 3000 cm^{-1} ist die Bande der Valenzschwingungen, die beide zu einer breiten Bande verschmelzen. Bei ca. 1600 cm^{-1} erscheint die Bande der Deformationsschwingung.

Das **IR-Spektrum von D_2O** zeigt dieselben Schwingungen, weil D_2O prinzipiell dieselben Normalschwingungen wie H_2O hat. Da aber Deuterium eine größere Masse hat als Wasserstoff, sind alle Schwingungen weniger energiereich; d. h. haben eine kleinere Schwingungsfrequenz und eine kleinere Wellenzahl.

Durch Zugabe von Substanzen oder Entmineralisieren wird das Schwingungsspektrum von Wasser nicht verändert.

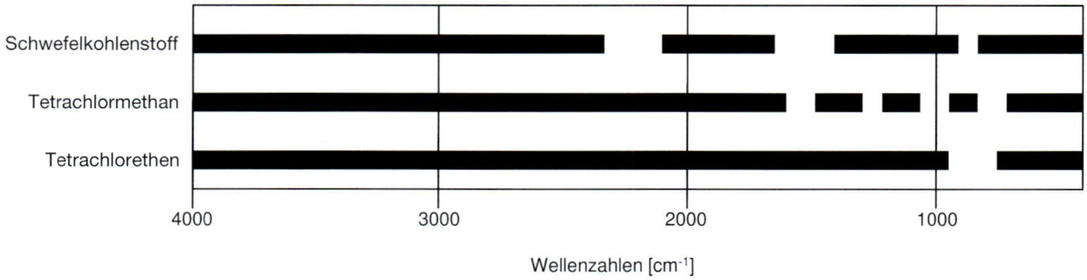

Durchlässigkeitsbereiche von organischen Lösungsmitteln für die IR-Spektroskopie

10.76 E **10.77** E **10.78** D

Der Messbereich üblicher IR-Spektrometer reicht von 700 bis 4000 cm^{-1}. Innerhalb dieses Bereichs liegen die meisten charakteristischen Valenz- und Deformationsschwingungen organischer Moleküle.

10.79 A **10.80** E **10.81** C **10.82** E

Das Arzneibuch schlägt zur Eichung des Spektrometers das Spektrum eines Polystyrolfilms vor. Polystyrol zeigt scharfe Absorptionsbanden, die z. T. so dicht beieinander liegen, dass auch das Auflösungsvermögen des Messgerätes überprüft werden kann.

10.83 D

Diese Frage lässt sich ohne Wissen der Formeln, mit dem gesunden Menschenverstand, schnell beantworten:

- Die Wellenzahlskala ist proportional zur Energie und zur Frequenz aber umgekehrt proportional zur Wellenlänge. Da die Skala im rechten Spektrum in entgegengesetzter Richtung verläuft (links die kleinste Zahl, rechts die größte Zahl) muss hier die Wellenlänge aufgetragen sein.
- Infrarotlicht ist langwelliger als sichtbares Licht, dessen Bereich etwa von 400 bis 800 nm reicht. Damit müssen die ein- und zweistelligen Zahlen µm bezeichnen, sonst wäre die Wellenlänge ja kürzer als im Sichtbaren.

10.84 C

Zur quantitativen Auswertung eines IR-Spektrums muss die registrierte Transmission in die logarithmische Größe Absorption umgerechnet werden (▶ Kap. 10.4).
Es gilt das Lambert-Beer'sche Gesetz:

$$A = \log_{10} \frac{I}{I_0}$$

$$A = \varepsilon \cdot c \cdot b$$

A: Absorption
ε: Extinktionskoeffizient
c: Konzentration
b: Schichtdicke der Probe

Die Schichtdicke kann statt mit dem Symbol *b* auch mit *d* gekennzeichnet werden. Statt dem molaren Extinktionskoeffizienten ε wird im Arzneibuch meist die spezifische Absorption $A^{1\%}_{1cm}$ verwendet. Statt der Intensitäten kann auch die Transmission T_0 und T Verwendung finden, da der Bruch I_0/I denselben Wert besitzt wie der Bruch T_0/T.

Nach den Rechenregeln für Logarithmen ist der Logarithmus eines Bruchs gleich der Differenz der Logarithmen von Zähler und Nenner:

$$\log \frac{I_0}{I} = \log I_0 - \log I$$

zu (A), (B) Der logarithmische Zusammenhang ist nicht richtig wiedergegeben.

zu (C) Die Lösung C ergibt nach Umformen das korrekte Lambert-Beer'sche Gesetz.

zu (D) Da im Bruch (innerhalb des Logarithmus) Zähler und Nenner vertauscht sind, stimmt hier das Vorzeichen nicht. Es gilt:

$$\log \frac{a}{b} = -\log \frac{b}{a}$$

10.85 D **10.86** B **10.87** E

Die quantitative Auswertung des IR-Spektrums muss nach dem Lambert-Beer'schen-Gesetz durchgeführt werden. Im Spektrum registriert wird aber die Transmission. Deshalb muss zuerst die Basislinie bestimmt werden.

Dann kann T und T_0 abgelesen und das Verhältnis T_0/T berechnet werden. Der Logarithmus dieses Verhältnisses ist proportional zur Konzentration. Mit der Transmission formuliert lautet das Lambert-Beer'sche Gesetz:

$$c = const \cdot \lg \frac{T_0}{T}$$

Nach den Rechenregeln für Logarithmen kann dies auch folgendermaßen formuliert werden:

$$c = const \cdot (\lg T_0 - \lg T)$$

11 Raman-Spektroskopie

11.1 B

Im Raman-Spektrum werden, wie im IR-Spektrum Molekülschwingungen und -rotationen erfasst. Der Messbereich ist daher gleich groß. Allerdings wird im Raman-Spektrometer ein 2-Photonen-Effekt ausgenutzt: Ein Photon hoher Energie wird absorbiert; ein zweites Photon wird wieder abgestrahlt. Die Energie des emittierten Photons kann sich dabei von der Energie des eingestrahlten Photons unterscheiden, und zwar gerade um die Energie der Molekülschwingungen und -rotationen.

Somit lassen sich Schwingungsspektren registrieren, obwohl z. B. mit sichtbarem Licht gearbeitet wird. Im Spektrum aufgetragen wird dann nicht die Wellenlänge der gemessenen Strahlung, sondern immer die Differenz zur Anregungswellenlänge.

Deshalb bestehen hier die strengen Einschränkungen für Bauteile und Lösungsmittel der IR-Spektroskopie nicht.

12 Kernspinresonanz-Spektroskopie

12.1 B **12.2** A **12.3** E

Die Atomkerne sind durch die Elektronen des Atoms abgeschirmt, sodass das lokale Magnetfeld am Ort des Atomkerns schwächer ist als das vom Spektrometer erzeugte Feld. Je nach Zahl und Art der chemischen Bindungen, die ein Atom im Molekül eingeht, wird diese Abschirmung mehr oder weniger geschwächt – man sagt „der Kern wird entschirmt".

Da dieser Effekt von der chemischen Umgebung jedes Atoms abhängt, zeigen die Kerne eines Moleküls unterschiedliche Resonanzfrequenzen. Diese Entschirmung führt zur chemischen Verschiebung des Signals. Sie hängt ab von

- den chemischen Bindungen,
- den Atomen in der Nachbarschaft,
- der Geometrie im Umfeld des Protons,
- den besonders starken Anisotropieeffekten von Mehrfachbindungen und mesomeren Systemen.

Generell ist die Fläche unter einem NMR-Signal ein Maß für die Zahl der Kerne. Bei der ^{1}H-NMR-Spektroskopie ist dies sehr genau und kann ausgewertet werden. Bei der ^{13}C-NMR-Spektroskopie sind diese Integrale sehr ungenau und werden meist nicht ausgewertet.

Auch chemisch äquivalente Protonen (z. B. die zwei Wasserstoffatome einer CH_2-Gruppe) können in vielen Fällen im NMR unterschieden werden, wenn sie durch die Geometrie des Moleküls eine andere Nachbarschaft haben. Sie sind dann nicht magnetisch äquivalent. Chemisch äquivalente Atomkerne können – müssen aber nicht – magnetisch äquivalent sein.

Da Wasserstoffatome an C≡C-Dreifachbindungen genau in der Verlängerung der Bindungsachse angeordnet sind, bewirkt der Anisotropieeffekt der Dreifachbindung eine hohe Abschirmung und somit eine Verschiebung ins hohe Feld.

12.4 D

zu (D) In der NMR-Spektroskopie wird die Umorientierung der magnetischen Momente der Atomkerne im Magnetfeld des Spektrometers registriert.

zu (A) Rotationen von Molekülen in gasförmigen Proben werden mit der Mikrowellenspektroskopie untersucht.

zu (B) Die Energie von Molekülschwingungen liegt im IR-Bereich des Spektrums.

zu (C) Elektronenspektroskopie wird mit UV/VIS- Licht durchgeführt.

zu (E) Zur Ionisierung von Molekülen ist mehr Energie erforderlich, als bei den normalen spektroskopischen Methoden verwendet wird.

12.5 C

Die Messung der Kernspinresonanz erfolgt im Bereich der Radiofrequenzen. Deshalb ist sowohl ein Sender als auch ein Empfänger unverzichtbar. Ein homogenes Magnetfeld ist nötig, um einen Energieunterschied zwischen den verschiedenen Spineinstellungen zu erreichen. Ohne Magnetfeld gibt es keine bevorzugte Ausrichtung der Kernspins.

Mit Strahlung im Mikrowellenbereich lässt sich Rotationsspektroskopie betreiben. Die Strahlung ist um vieles energiereicher als die beim NMR benötigte (**o** Abb. 1.3 im Lehrbuchteil).

12.6 A

1 ppm heißt ein Millionstel Teil (10^{-6}). 1 ppm von 400 MHz (= 400 · 10^6 Hz) ist deshalb 400 Hz.

120 Hz/ (400 Hz/ppm) = 0,30 ppm

12.7 D 12.8 E

Durch Bestrahlung der Probe (im Magnetfeld) mit Radiowellen können Atomkerne mit einer Kernspinquantenzahl ungleich null in angeregte Zustände gehoben werden. Nach einiger Zeit fallen sie wieder in den Grundzustand zurück. Dieser Vorgang wird Relaxation genannt.

12.9 D

Zur Bezeichnung der Lage von Signalen im NMR-Spektrum können synonym verwendet werden für eine große chemische Verschiebung:

- Große δ-Werte,
- verschoben ins tiefe Feld,
- stark entschirmt.

Und für eine kleine chemische Verschiebung:

- Kleine δ-Werte,
- verschoben ins hohe Feld,
- kleine Entschirmung.

12.10 E

Voraussetzung für ein NMR-Experiment ist, dass der zu untersuchende Atomkern ein magnetisches Moment besitzt. Das hat er nur, wenn seine Kernspinquantenzahl ungleich null ist.

Günstig für ein NMR-Experiment ist eine große Empfindlichkeit des Kerns. Als relative Empfindlichkeit werden normalerweise das magnetogyrische Verhältnis (in der Literatur auch als gyromagnetisches Verhältnis bezeichnet) und die Häufigkeit eines Kernes im natürlichen Isotopengemisch zusammengefasst. Beides sollte möglichst groß sein. Deshalb sind alle Auswahlmöglichkeiten richtig.

12.11 C 12.12 D 12.13 C

Deuteriumkerne haben die Kernspinquantenzahl $I = 1$. Sie haben daher ein magnetisches Moment und können grundsätzlich im NMR-Spektrometer angeregt werden. Die Resonanzfrequenzen von Deuterium liegen allerdings außerhalb des Messbereichs, der im ^{1}H-NMR registriert wird und sind deshalb im Spektrum nicht zu sehen.

Deshalb werden in der NMR-Spektroskopie bevorzugt vollständig deuterierte Lösungsmittel verwendet.

Tetramethylsilan – $(CH_3)_4Si$ – wird als interner Standard verwendet, da die Wasserstoffkerne alle magnetisch äquivalent sind und nur ein einziges Signal geben. Zudem ist ihre Entschirmung so gering, dass dieses Signal im Normalfall auf der rechten Seite des Spektrums, am Rande des Messbereichs liegt.

12.14 E **12.15** E **12.16** E **12.17** E **12.18** C **12.19** C **12.20** B **12.21** E **12.22** D **12.23** E **12.24** B

Atomkern	Kernspinquantenzahl I
^{1}H	1/2
^{2}H (= D)	1
^{12}C	0
^{13}C	1/2
^{14}N	1
^{15}N	1/2
^{16}O	0
^{17}O	5/2
^{18}O	0
^{19}F	1/2
^{31}P	1/2
^{32}S	0
^{33}S	3/2

Grundsätzlich sind alle Atomkerne einer NMR-Messung zugänglich, deren Kernspinquantenzahl ungleich null ist. Deshalb sind alle Kerne erfassbar, von denen im natürlichen Isotopengemisch ein Isotop mit $I \neq 0$ vorkommt.

Viele Elemente kommen in der Natur fast ausschließlich in Form eines Isotops vor. Wichtig zu wissen ist, dass die „normalen" Isotope ^{12}C, ^{16}O, ^{32}S eine Kernspinquantenzahl von $I = 0$ haben und deshalb im NMR nicht zu sehen sind.

Das Kohlenstoffisotop ^{13}C kommt zu 1,1 % vor und kann deshalb im NMR erfasst werden.

Das Sauerstoff-Isotop ^{17}O kommt nur zu 0,04 % vor und kann daher nicht erfasst werden.

12.25 E **12.26** C **12.27** E

Der Kernspin eines Atomkerns hängt von der Zahl seiner Protonen und Neutronen ab. Die Zahl der Protonen gibt genau die Ordnungszahl im Periodensystem an. Die Summe aus Protonen und Neutronen bezeichnet man als Massenzahl, da sie in etwa der Atommasse entspricht.

Beispiel: ^{12}C hat die Massenzahl 12 und wie jedes Kohlenstoffatom die Ordnungszahl 6. Der Kern besteht demnach aus 6 Protonen und 6 Neutronen. Ein ^{13}C-Kern enthält ebenfalls 6 Protonen, aber 7 Neutronen.

Ob ein Atomkern eine Kernspinquantenzahl von null hat, lässt sich mit folgender Regel ableiten:

Atomkerne sind nicht magnetisch aktiv (haben eine Kernspinquantenzahl von $I = 0$) wenn

- ihre Massenzahl ungerade ist,
- ihre Massenzahl gerade **und** ihre Ordnungszahl ungerade ist.

Alle anderen Atomkerne sind magnetisch aktiv.

12.28 D

Verbindung (1) trägt 9 Deuteriumkerne; ^{2}H ist die korrekte Schreibweise für den Deuteriumkern.

Verbindung (1) ergibt im ^{1}H-NMR kein Singulett der Intensität 9, da die 9 Deuteriumkerne im ^{1}H-NMR nicht zu sehen sind. Die insgesamt 7 Protonen der Ethyl- und der Methylgruppe geben andere Muster.

Sicher ist die geladene Verbindung (2) polarer als (1).

Verbindung (2) ist als Standard in D_2O besser geeignet da

- sich das Salz sicher sehr gut in D_2O löst,
- die 9 Protonen der Methylgruppen nur ein einziges Signal ergeben, da sie mit keinen anderen Kernen koppeln können.

12.29 E **12.30** A

Protonen eines Aldehyds sind wegen des Anisotropieeffekts und der Elektronegativität des Sauerstoffs extrem stark entschirmt.

Protonen einer CH_3-Gruppe in einem gesättigten Kohlenwasserstoff sind gegenüber dem Standard TMS fast nicht entschirmt.

12.31 B **12.32** B

Im Tetramethylsilan haben alle Kohlenstoff- und Wasserstoffatome exakt die gleiche chemische Umgebung und liefern deshalb im NMR-Spektrum jeweils nur ein einziges Signal. Dieses Signal wird zur Nullpunktseinstellung der Skala verwendet.

12.33 C

Von den Sauerstoffisotopen ^{16}O, ^{17}O und ^{18}O hat nur ^{17}O eine Spinquantenzahl $\neq 0$. Dieses Isotop kommt aber nur zu 0,04 % im natürlichen Isotopengemisch vor.

12.34 B

1 ppm heißt ein Millionstel Teil (10^{-6}). 1 ppm von 60 MHz ($= 60 \cdot 10^6$ Hz) ist deshalb 60 Hz.

0,5 ppm :
$0{,}5 \cdot 10^{-6} \cdot 60 \cdot 10^6\ \text{Hz} = 30\ \text{Hz}$

12.35 D

Die Resonanzfrequenz eines Kernes ist proportional zur Magnetfeldstärke (○ Abb. 12.3). Wenn die Feldstärke verdoppelt wird ergibt sich deshalb eine doppelte Resonanzfrequenz. Die chemische Verschiebung δ der Protonen von TMS im ^{1}H-NMR ist dagegen bei allen Feldstärken exakt null, weil TMS der Standard ist, auf den die δ-Werte bezogen werden.

12.36 B

Die richtige Aussage ist leicht zu finden: Der ^{12}C-Kern hat keinen Kernspin und ist mit keinem NMR-Gerät gleich welcher Bauart erfassbar.

12.37 E

Die Resonanzfrequenz eines Kernspins ist proportional zur Magnetfeldstärke (bzw. korrekt ausgedrückt zur Stärke der magnetischen Induktion). Um eine 4-fach höhere Resonanzfrequenz zu erhalten, muss deshalb des Magnetfeld 4-mal so stark sein.

12.38 B

Auf den ersten Blick zeigt das Spektrum, dass im Molekül 4 Protonen vorhanden sind, von denen 2 magnetisch äquivalent sind. Dies ist nur bei (B) der Fall:

(A) und (D) haben 5 Protonen.
(E) hat 3 Protonen.
(C) hat 4 Protonen, aber diese sind alle 4 chemisch und magnetisch äquivalent.

12.39 A 12.40 B

1,48 ppm: Dublett aus 3 Protonen: Die einzige Gruppe mit 3 äquivalenten Protonen ist H^1.

3,69 ppm: Quartett aus 1 Proton: H^2 und H^5 sind einzelne Protonen. H^5 muss als Septett, H^2 als Quartett erscheinen.

Das gesamte Spektrum:

δ [ppm]	Integral	Signalform	Koppelnde Protonen	Fragment
0,85	6	Dublett	1	H^6
1,48	3	Dublett	1	H^1
1,85	1	Septett	6	H^5
2,43	2	Dublett	1	H^4
3,68	1	Quartett	3	H^2
7,15	4	Höherer Ordnung	?	Aromat. Protonen
11,2	1	Singulett, breit	0	H^3

12.41 E 12.42 D

Das Spektrum zeigt ein typisches Muster für eine Ethylgruppe:

Die Protonen der endständigen CH_3-Gruppe erscheinen bei einer kleinen chemischen Verschiebung (< 1). Ihr Signal ist durch die Kopplung mit den 2 Protonen der benachbarten CH_2-Gruppe zum Triplett aufgespalten.

Das Signal der CH_2-Gruppe erscheint in etwas tieferem Feld und ist durch die Kopplung mit den 3 Protonen der CH_3-Gruppe zum Quartett aufgespalten.

Die beiden Peakgruppen zeigen einen leichten Dacheffekt, der anzeigt, dass diese beiden Gruppen tatsächlich miteinander koppeln.

12.43 E 12.44 D

3,92 ppm: Singulett aus 3 Protonen: Die einzige Gruppe mit 3 äquivalenten Protonen ist H^6. Die Wasserstoffatome der Methylgruppe sind durch den benachbarten Sauerstoff entschirmt. Deshalb erscheint das Signal bei verhältnismäßig tiefem

Feld (aliphatische CH_3-Gruppen wären bei δ-Werten kleiner als 1 zu erwarten).

10,74 ppm: Singulett aus 1 Proton: Die einzige Gruppe mit einem Proton ist H^5. Das Proton der OH-Gruppe ist durch die elektronenziehende Wirkung des Sauerstoffs stark entschirmt. Zusätzlich befindet es sich noch im Bereich des Anisotropieeffekts des Aromaten.

12.45 B

Auf den ersten Blick im Spektrum zu erkennen sind:

1 Proton bei 10,75 ppm: Dies deutet auf eine OH-, COOH-, NH- oder Aldehydgruppe hin, wobei das Proton keine Partner für Kopplungen hat. Das schließt die Moleküle (D) und (E) aus.

4 Protonen mit einer Aufspaltung höherer Ordnung zwischen 6,7 ppm und 7,9 ppm: Dies können nur die Protonen am Aromaten sein. Das schließt wieder Molekül (E) aus.

Genauere Analyse:

Die Form der Aufspaltung des Signals der aromatischen Protonen ist nicht typisch für p-disubstituierte Aromaten; diese zeigen meist eine AA'BA'-Aufspaltung, die 2 eng beieinanderstehenden Dubletts ähnelt (○ Abb. 12.17). Somit kann auch Molekül (A) ausgeschlossen werden.

Um zwischen (B) und (C) zu unterscheiden, müssen nun die chemischen Verschiebungen der Strukturelemente verglichen werden: 10,75 ppm kann sowohl für COOH als auch für ein phenolisches OH passen.

Die Methylgruppe eines Esters (B) ist bei 4–5 ppm zu erwarten. Die Methylgruppe an einer Carbonsäure erscheint bei 2–3 ppm. Somit muss (B) die gesuchte Struktur sein.

Anmerkung: Diese Aufgabe ist extrem schwierig und ohne Tabellen mit den erwarteten chemischen Verschiebungen tatsächlich kaum lösbar.

12.46 C 12.47 E 12.48 A

Dargestellt ist das Spektrum eines disubstituierten Aromaten, in so guter Auflösung, dass die Signale der aromatischen Protonen nicht zu einem Multiplett höherer Ordnung zusammenfallen, sondern schön getrennt erscheinen.

Auch ohne Angabe der Integrale lassen sich die Peaks zuordnen, da die Aufspaltung direkt mit der Zahl koppelnder Atomkerne übereinstimmt:

Signal [ppm]	Aufspaltung	Koppelnde Kerne	Zuordnung
9,0	Singulett	keine	H^1
8,55	Dublett	einer	H^2 und H^4 können jeweils nur mit H^3 koppeln
7,8	Triplett	zwei	H^3 koppelt mit H^2 und H^4

12.49 A

Auf ein breitbandentkoppeltes ^{13}C-NMR-Spektrum deutet:

- Messbereich bis 170 ppm,
- keine Aufspaltung der Signale.

Das „normale" Sauerstoffisotop ^{16}O hat eine Kernspinquantenzahl von $I = 0$ und ist deshalb nicht für eine NMR-Analyse geeignet.

Integrale sind im ^1H-NMR hilfreich, jedoch nicht grundsätzlich notwendig.

12.50 E

Im Spektrum sind 2 Singuletts zu sehen. Die kleine chemische Verschiebung deutet auf aliphatische CH_3-, CH_2- oder CH-Gruppen hin. Die Protonen koppeln nicht, d. h. am jeweils benachbarten C-Atom sind keine Wasserstoffatome gebunden.

Zur Beantwortung der Frage genügt schon eine Analyse der Integrale: Es darf im Molekül nur 2 Sorten von H-Atomen geben, im Verhältnis 1:3 (also z. B. 1 und 3, oder 2 und 6). Dies ist nur bei Vorschlag (E) der Fall.

12.51 A

Im Spektrum sind 2 Singuletts zu sehen. Die chemische Verschiebung deutet auf aliphatische CH_3-, CH_2- oder CH-Gruppen hin, die aber durch die Nähe zu einem Heretoatom (z. B. O) entschirmt sind. Die Protonen koppeln nicht, d. h. am jeweils benachbarten C-Atom sind keine Wasserstoffatome gebunden.

Das Integral ist bei beiden Signalen gleich groß. Das bedeutet, dass nur 2 Arten von Protonen im Molekül sind und von beiden Arten gleich viele. Wie groß die Zahl ist kann nicht gesagt werden.

Auf den ersten Blick könnten noch (A) Essigsäuremethylester oder (C) Aceton möglich sein. Beim Aceton sind aber, wegen der Symmetrie des Moleküls, die beiden CH_3-Gruppen chemisch und magnetisch äquivalent; d. h. im ^1H-NMR-Spektrum von Aceton gibt es nur einen einzigen Peak.

12.52 B

Im Spektrum sind ein Triplett und ein Quartett zu sehen. Die chemische Verschiebung deutet auf aliphatische CH_3-, CH_2- oder CH-Gruppen hin. Die beiden Gruppen koppeln miteinander.

Das ist eine typische Anordnung für eine Ethylgruppe: Das Signal der CH_3-Gruppe ist zum Triplett aufgespalten (Kopplung mit 2 Protonen der CH_2-Gruppe). Das Signal der CH_2-Gruppe ist zum Quartett aufgespalten (Kopplung mit 3 Protonen der CH_3-Gruppe).

Alle vorgeschlagenen Moleküle enthalten diese Ethylgruppe. Bei allen – außer (B) – müsste aber noch zusätzlich das Signal eines weiteren Protons zu sehen sein: O-H, COO-H, N-H oder S-H müssten tieffeldverschoben als Singulett erscheinen.

Ohne dieses Signal kann nur (B) richtig sein. Die beiden Ethylgruppen im Diethylether sind chemisch und magnetisch äquivalent und ergeben keine getrennten Signale.

12.53 B

Im Spektrum sind ein Triplett und ein Quartett zu sehen. Die chemische Verschiebung deutet auf aliphatische CH_3-, CH_2- oder CH-Gruppen hin. Die beiden Gruppen koppeln miteinander. Das Integral zeigt ein Verhältnis von 3:2.

Das ist eine typische Anordnung für eine Ethylgruppe: Das Signal der CH_3-Gruppe ist zum Triplett aufgespalten (Kopplung mit 2 Protonen der CH_2-Gruppe). Das Signal der CH_2-Gruppe ist zum Quartett aufgespalten (Kopplung mit 3 Protonen der CH_3-Gruppe).

Alle vorgeschlagenen Moleküle enthalten diese Ethylgruppe. Bei allen – außer (B) – müsste aber noch zusätzliche Signale weiterer Protonen zu sehen sein. Ohne diese kann nur (B) richtig sein.

Die beiden Ethylgruppen im Diethylether sind chemisch und magnetisch äquivalent und ergeben keine getrennten Signale.

12.54 B

Eine Gehaltsbestimmung von Harnstoff ist mit der Kjeldahlmethode immer möglich, unabhängig von der Isotopenzusammensetzung. Aussagen über die Isotopenzusammensetzung sind aber natürlich nicht möglich.

Die Fläche unter den Peaks im NMR-Spektrum korrelieren mit der Anzahl erfasster Atomkerne. Wenn durch Isotopenmarkierung die Zahl der ^{13}C-Kerne erhöht wird, muss auch diese Fläche größer werden.

Die chemischen und physikalischen Eigenschaften von isotopenmarkiertem und nicht isotopenmarkiertem Harnstoff sind sich so ähnlich, dass die beiden Substanzen nicht chromatographisch getrennt werden können.

12.55 A

Einen großen Informationsgehalt enthalten die NMR-Spektren der Kerne, von denen viele im Molekül vorhanden sind. Das sind i. a. die ^1H- und die ^{13}C-NMR-Spektren. NMR-Spektren anderer Kerne werden meist registriert, um spezielle analytische Fragen (z. B. Geometrie des Moleküls in der Umgebung eines Heteroatoms) zu klären.

12.56 E 12.57 A

Ethylbromid besitzt eine CH_3-Gruppe und eine benachbarte CH_2Br-Gruppe.

Durch die Spin-Spin-Kopplung mit den zwei Protonen der CH_2Br-Gruppe wird das Signal der CH_3-Gruppe in drei Linien aufgespalten (Triplett).

Das Signal der CH_2Br-Gruppe wird entsprechend in vier Linien aufgespalten (Quartett).

Da die terminale CH3-Gruppe weniger entschirmt ist, erscheint ihr Signal bei kleineren δ-Werten.

Das ^{1}H-NMR-Spektrum entspricht in etwa dem von Iodethan (○ Abb. 12.5), nur dass die chemischen Verschiebungen auf Grund der größeren Elektronegativität von Brom etwas größer sind.

12.58 D 12.59 A

Tiefes Feld ist gleichbedeutend mit starker Entschirmung, einer großen Resonanzfrequenz bzw. großen Werten für die chemische Verschiebung δ.

Eine starke Entschirmung wird durch elektronenziehende Nachbargruppen oder durch Anisotropieeffekte erreicht.

Zu 12.58 Die stärkste Entschirmung der Methylgruppe wird in dieser Liste durch das benachbarte Sauerstoff-Atom erreicht.

Zu 12.59 Auch hier wird die stärkste Entschirmung der Methylgruppe durch das benachbarte Sauerstoff-Atom verursacht. Ein Heteroatom mit einer Bindung mit mehr Abstand führt auch noch zu einer – weniger starken – Entschirmung gegenüber einer benachbarten Methylengruppe.

12.60 D

Ein NMR-Spektrometer arbeitet mit Radiowellen, weshalb ein Prisma unnötig ist.

12.61 E

Ein ESR-Spektrometer ähnelt in seiner Funktion einem NMR-Spektrometer. Es werden jedoch keine Zustände von Kernspins sondern von Elektronenspins angeregt.

13 Massenspektrometrie

13.1 E 13.2 D

Das Prinzip der Massenspektrometrie beruht darauf, dass Molekülfragmente ionisiert werden. Diese Ionen können dann im elektrischen Feld beschleunigt und im magnetischen Feld abgelenkt werden.

Beim Quadrupolanalysator wird die Massentrennung mit elektrischen Feldern eines sog. Quadrupols durchgeführt.

13.3 D

In der Massenspektrometrie werden sehr empfindliche Detektoren eingesetzt, um einzelne ionisierte Molekülfragmente nachweisen zu können. Das Signal wird umso stärker, je mehr Ionen in den Detektor gelangen.

Der höchste Peak im MS-Spektrum wird als Basispeak bezeichnet.

Elektronenstoßionisation ist eine sehr „brutale" Methode der Ionisation. Durch die hohe Energie des Elektronenstrahls werden die Moleküle stark fragmentiert. Deshalb wurden in den vergangenen Jahren bessere, sog. weiche Ionisierungsmethoden entwickelt, mit denen Molekül schonend ionisiert werden können (z. B. MALDI, ESI).

13.4 C

Die Vorgehensweise ist:

- Probe einbringen,
- ionisieren,
- Masse der Ionen analysieren,
- Ionen detektieren,
- Signal verarbeiten.

13.5 E

Massenspektrometrie arbeitet mit extrem kleinen Substanzmengen – im Extremfall mit einzelnen Molekülen. Präparatives Arbeiten ist nicht möglich.

13.6 E 13.7 D

Auch ohne alle Techniken zu kennen, lässt sich sagen, dass im MS-Detektor Ionen eingefangen werden müssen und nicht Elektronen.

Ebenso unsinnig sind Polarisatoren.

13.8 E

Elektronenstoß-Ionisation (EI) ist die älteste Ionisierungsmethode. Dabei wird die verdampfte Probe mit einem Elektronenstrahl beschossen.

Bei der **Elektro-Spray-Ionisierung** (ESI) wird die Probe in ein elektrisches Feld gesprüht und dabei sehr schonend ionisiert.

Die **Atmosphärendruck-Photoionisation** (APPI) verwendet Licht einer Gasentladungslampe zu Ionisierung der Moleküle.

Zur **Chemischen Ionisierung** (CI) wird der Probe in der Ionisierungskammer ein weiteres Gas im Überschuss zugesetzt. Dadurch wird zunächst überwiegend dieses Gas ionisiert. Erst durch Stöße werden die Probenmoleküle ionisiert.

13.9 D 13.10 D

Durch Beschuss der Probe mit einem Elektronenstrahl wird sehr viel Energie auf die Probenmoleküle übertragen. Diese Energie reicht meist aus, um neben der Ionisierung auch noch die Aktivierungsenergie einer Fragmentierung aufzubringen.

Bei der Fragmentierung entsteht immer ein geladenes Fragmention. Nicht geladene Fragmente können im MS nicht registriert werden.

Die Fragmentionen können – müssen aber nicht – Radikale sein.

Wenn durch die Ionisierung genügend Energie auf das Molekül übertragen wurde, können die Fragmente auch noch weiter fragmentieren.

13.11 E

Elektronenstoßionisation ist eine sehr harte Methode der Ionisation. Durch die hohe Energie des Elektronenstrahls werden die Moleküle stark fragmentiert. Deshalb wurden in den vergangenen Jahren bessere, sog. weiche Ionisierungsmethoden entwickelt, mit denen Molekül schonend ionisiert werden können. Beispiele sind FAB, ESI, MALDI.

13.12 C

Im Massenspektrometer muss Hochvakuum herrschen, da die Moleküle ja ungehindert über größere Distanzen fliegen müssen (bis zu Metern).

Bei der Elektro-Spray-Ionisierung (ESI) wird die Probe zur schonenden Ionisierung in ein elektrisches Feld gesprüht. In der Ionisierungskammer herrscht daher natürlich kein Hochvakuum.

13.13 C 13.14 D 13.15 E

α-Spaltung, Benzyl-Spaltung, Allyl-Spaltung, Retro-Diels-Alder-Reaktion, McLafferty-Umlagerung, Onium-Umlagerung und die Decarbonylierung sind die häufigsten Fragmentierungsreaktionen die im MS beobachtet werden können.

Nicht im MS finden die folgenden Reaktionen statt:

- Die Hinsberg-Reaktion, eine chemische Reaktion, die zur Unterscheidung von primären, sekundären und tertiären Aminen mit Hilfe von Benzensulfonylchlorid verwendet wird.
- Die Hofmann-Eliminierung, die zum Abbau aliphatischer Amine zum Alken verwendet werden kann.
- Die Beckmann-Umlagerung, mit der z. B. ε-Caprolactam (Ausgangsstoff für die Perlonproduktion) aus Cyclohexanonoxim hergestellt wird.

13.16 B

Diese Frage lässt sich beantworten, ohne die genauen Fragmentierungsreaktionen zu kennen. (1) hat gerade die Masse 149 ($C_8O_3H_5 = 8 \cdot 12 + 3 \cdot 16 + 5 = 149$). Es ist auch plausibel, dass dieses relativ stabile Ion bei der Fragmentierung des Phthalsäureesters entsteht.

Die Spezies selbst wird als Molekülpeak sicher ein Signal bei $m/z = 149$ verursachen.

Die anderen angegebenen Alternativen sind alle von vorneherein schon kleiner und können deshalb keine Fragmente mit einer so großen Massenzahl ergeben. Da im Massenspektrometer Hochvakuum herrscht, ist ein Zusammenschluss von zwei oder mehr Molekülen praktisch ausgeschlossen.

14 Thermoanalytische Methoden

14.1 D 14.2 C

In der Thermogravimetrie wird – im einfachsten Fall – das Gewicht einer Probe während des Aufheizens protokolliert.

Wenn die Temperatur erreicht ist, bei der Kristallwasser entweichen kann, wird die Masse der Probe kleiner. Dies wird registriert.

Wenn der Versuch an Luft durchgeführt wird, führt auch eine Reaktion mit Luftsauerstoff sicher zu einer registrierbaren Masseänderung (entweder weil ein massereicheres Produkt entsteht oder weil ein Verbrennungsgas entweicht).

Beim Schmelzen ändert sich die Masse der Probe jedoch nicht.

14.3 E

Bei der Differenzthermoanalyse wird während des Aufheizens nicht die Masse der Probe gemessen, sondern ihre Temperatur. Diese wird mit der Temperatur eines in gleichem Maße beheizten Referenztiegels verglichen.

Ist eine Temperatur erreicht, bei der exotherme oder endotherme Vorgänge ausgelöst werden, verhält sich die Temperatur in der Probe anders als in der Referenz.

Substanzen, die Polymorphie zeigen (die in mehreren unterschiedlichen festen Phasen vorliegen können) können ihre Struktur bei bestimmten Temperaturen ändern. Dies ist ein Phasenübergang, der entweder exotherm oder endotherm ist und somit zur Erhöhung oder zur Erniedrigung der Temperatur in der Probe führt.

14.4 E

Bestimmung von Kristallwasser: Mit der Thermogravimetrie kann exakt bestimmt werden wie viel Kristallwasser bei welcher Temperatur die Probe verlässt. Da dies auch mit einem Energieumsatz verbunden ist, kann zumindest die Temperatur auch mit einer DTA bestimmt werden.

Untersuchung von Reaktionsmechanismen nichtisothermer Prozesse: Die DTA detektiert jede chemische Reaktion, weil damit immer auch ein Wärmeumsatz verbunden ist. Wenn Reaktionsgase entstehen oder gebunden werden, kann eine Reaktion auch mit TGA untersucht werden.

Aufstellung von Phasendiagrammen: Phasenumwandlungen sind immer mit Energieumsatz verbunden. Deshalb können sie in einer DTA untersucht werden.

Untersuchungen zur Kristallinität von Polymeren: Polymere verändern ihre Struktur in Abhängigkeit von der Temperatur. Dies führt auch zu exothermen oder endothermen Phasenübergängen.

Bestimmung von Enthalpien u.a. thermochemischen Daten: Wenn die Temperaturveränderungen sehr exakt gemessen werden und die Wärmekapazität von Probe und Gefäß bekannt ist (z. B. in einem Mikrokalorimeter), dann können auch z. B. Reaktionsenthalpien quantitativ mit einer DTA bestimmt werden.

14.5 B

In der Thermogravimetrie wird – im einfachsten Fall – das Gewicht einer Probe während des Aufheizens protokolliert.

Das Diagramm zeigt den Verlauf der Masse bei steigender Temperatur. An zwei Stellen nimmt die Masse ab – bei diesen Temperaturen entweicht z. B. Wasser aus der Probe.

15 Grundlagen der Chromatographie

15.1 B 15.2 C

DC und PC ergeben ein inneres Chromatogramm, säulenchromatographische Verfahren (GC, HPLC) ein äußeres (▶ Kap. 15.1.4).

15.3 A

Bei allen chromatographischen Methoden werden eine stationäre und eine mobile Phase zur Auftrennung verwendet (▶ Kap. 15.1.1). Das Trennprinzip (Adsorption oder Verteilung) hängt dagegen von der verwendeten stationären Phase ab (▶ Kap. 15.1.3).

zu (4) Absorptionsvorgänge sind keine Bestandteile chromatographischer Verfahren, sie spielen bei spektroskopischen Methoden eine Rolle.

15.4 E

Bei der Trennung von Substanzen mittels Flüssigchromatographie (z. B. DC, HPLC, Säulenchromatographie) können Absorptionsvorgänge (z. B. mit Kieselgel als stationärer Phase), Ionenaustauschvorgänge (an Ionenaustauscherphasen), Verteilungsvorgänge (Papierchromatographie) oder die Molekülgröße (Gelfiltration) für die Trennung herangezogen werden. Die Diffusion von Substanzen ist ungerichtet und verschlechtert die Auftrennung.

15.5 C

○ Abb. 19.5.

15.6 C

Die in der Abbildung mit t_R bezeichnete Größe gibt die Gesamtretentionszeit an (○ Abb. 15.8).

15.7 B

Tailing entsteht dann, wenn die an der stationären Phase absorbierte Menge der Substanz bei niedrigen Konzentrationen in der mobilen Phase höher ist, was bei Abbildung B der Fall ist. Dies wirkt sich so aus, dass die Substanz im Peakmaximum (hohe Konzentration) weniger gut festgehalten wird und somit schneller eluiert als bei abnehmender Konzentration (abfallende Peakflanke). Dadurch wird die Elution der Substanz am Peakende verzögert und es kommt zum Tailing. Die Adsorptionsisotherme in Abb. A führt zu einem symmetrischen Peak, bei Abb. C wäre Heading zu beobachten.

15.8 C

Die Gerade, die man bei der Standardzumischmethode erhält, entspricht im Prinzip einer Eichgerade bei der externen Standardmethode, welche durch die in der Probe enthaltene Substanz in y-Richtung verschoben ist. Bei einer blindwertfreien Signalgröße entspricht folglich die Strecke OT dem Signal der reinen Substanz (d. h. ohne Zumischung des Standards). Die Stoffmenge, welche diesem Signal entspricht, lässt sich über die Strecke SO ermitteln.

15.9 E

Alle drei Größen sind allgemeine chromatographische Kenngrößen (▶ Kap. 15.2.3).

15.10 C

Vertauscht sind Peakhalbwertsbreite (eigentlich 4) mit Totzeit (eigentlich 3), ○ Abb. 15.8 und 15.9.

15.11 A

zu (1) Als interner Standard wird eine Substanz bezeichnet, welche zur Quantifizierung einer Probe zugesetzt wird und die sich qualitativ von denen zu analysierenden Probekomponenten unterscheidet.

zu (2) Ein inneres Chromatogramm entsteht dann, wenn für das chromatographische Ergebnis die zurückgelegte Trennstrecke nach einer bestimmten Zeit erfasst wird. In der Regel trifft dies für die Papier- oder Dünnschichtchromatographie zu. Bei den säulenchromatographischen Verfahren wird dagegen die Zeit erfasst, die zum Transport einer Substanz entlang der Trennstrecke (Säulenlänge) benötigt wird; man erhält ein äußeres Chromatogramm.

15.12 B

Zur Charakterisierung des chromatographischen Verhaltens von Substanzen eignen sich generell Kenngrößen, welche die Adsorption bzw. Verteilung von Substanzen direkt oder indirekt beschreiben.

zu (A) Der R_f-Wert charakterisiert das chromatographische Verhalten, da er bei einem gegebenen Fließmittel von der Affinität einer Substanz zur stationären Phase abhängt.

zu (B) Die Austauschkapazität beschreibt nicht das chromatographische Verhalten, sondern ist ein Maß für die Probenmenge, die auf die Säule gegeben werden kann.

zu (C), (D) und (E) Sowohl die relative Retention als auch die Nettoretentionszeit und der scheinbare Verteilungskoeffizient sind Kenngrößen für das chromatographische Verhalten. Dagegen wäre die Totzeit keine Kenngröße für das chromatographische Verhalten, da diese lediglich die Aufenthaltszeit einer Substanz in der mobilen Phase beschreibt, und die ist bei einem säulenchromatographischen Verfahren für alle Probenkomponenten gleich groß.

15.13 B

Sowohl die relative Retention als auch das Auflösungsvermögen beschreiben, wie gut zwei Substanzen voneinander getrennt sind (▶ Kap. 15.2.3). Allerdings stellen weder die relative Retention noch das Auflösungsvermögen eine allgemeine Angabe der Trennleistung dar, sondern sind lediglich zur Charakterisierung einer bestimmten Trennung geeignet. Dagegen ist die Trennstufenzahl ein allgemeines Maß für die Trennleistung einer bestimmten Säule.

15.14 C

Der scheinbare Verteilungskoeffizient ist ein Maß für das chromatographische Verhalten einer Substanz in der Größenausschlusschromatographie. Er beschreibt die Verteilung einer Substanz zwischen dem Volumen der freien mobilen Phase und dem Porenvolumen.

15.15 A

Die relative Retention beschreibt das Retentionsverhalten einer Substanz in der Gaschromatographie.

15.16 B

Die Abhängigkeit der Trennleistung einer Säule von der linearen Trägergasgeschwindigkeit lässt sich über die Van-Deemter-Kurve beschreiben. Üblicherweise wird dabei die Trennstufenhöhe (HETP) gegen die lineare Trägergasgeschwindigkeit aufgetragen (▶ Kap. 19.5.1). Hier wird jedoch die Abhängigkeit der Trennstufenzahl gegen die Trägergasgeschwindigkeit aufgetragen. Deshalb ergibt sich ein Kurvenverlauf wie in Antwort (B).

15.17 C

zu (1), (2) Die Van-Deemter-Gleichung beschreibt die Abhängigkeit der HETP von der linearen Fließgeschwindigkeit, nicht jedoch von der Volumenfließgeschwindigkeit. Sowohl die lineare Fließgeschwindigkeit als auch die Trennstufenhöhe (HETP) gehen in die Gleichung ein (▶ Kap. 19.5.1).

zu (3) Da die Teilchengröße z. B. in den A-Term der Van-Deemter-Gleichung eingeht, ist diese Aussage richtig.

15.18 B

Die Verweilzeit einer Substanz in der stationären Phase entspricht der Nettoretentionszeit, welche durch die Strecke B gekennzeichnet wird.

15.19 A

Die Verweilzeit einer Substanz in der mobilen Phase entspricht der Totzeit (Strecke A). C beschreibt die Bruttoretentionszeit, welche der Summe der Aufenthaltszeiten einer Substanz in mobiler und stationärer Phase entspricht. D markiert die Peakbreite in halber Höhe.

15.20 C

Die beste Auflösung zeigt Chromatogramm 2, da hier das beste Verhältnis zwischen dem Abstand der Peaks und der Summe der Peakhalbwertsbreiten vorliegt, gefolgt von Chromatogramm 1 und dann Chromatogramm 3 (▶ Kap. 15.2.3).

15.21 A

Zutreffend sind die Möglichkeiten, die bei symmetrischen Peaks ein Maß für die Peakflächen darstellen. Das sind unter bestimmten Voraussetzungen (▶ Kap. 15.3) die Peakhöhe und das Produkt aus Peakhöhe und Halbwertsbreite.

15.22 C

zu (1) Die Trennleistung chromatographischer Systeme (egal ob GC oder HPLC) hängt von der Fließgeschwindigkeit der mobilen Phase ab. Mathematisch wird dieser Zusammenhang von der Van-Deemter-Gleichung beschrieben.

zu (2) Je kleiner die Teilchengröße und je homogener die Verteilung der Teilchengröße der stationären Phase ist, desto höher ist die Trennleistung.

zu (3) Die Empfindlichkeit des Detektors wirkt sich auf die Höhe des Peaks im Chromatogramm aus, nicht jedoch auf die Trennleistung.

15.23 B

Säulenchromatographische Verfahren wie die GC oder HPLC ergeben in der Regel ein äußeres Chromatogramm, während dünnschichtchromatographische Verfahren wie die DC oder HPTLC ein inneres Chromatogramm liefern.

15.24 E

Alle drei genannten Parameter wirken sich aus. Je länger eine Säule und desto kleiner die Partikelgröße der stationären Phase ist, desto besser ist die Trennleistung. Die Oberflächeneigenschaften wirken sich ebenfalls auf die Trennleistung aus.

15.25 B

Der Symmetriefaktor wird wie in Abb. 15.12. beschrieben für jeden Peak berechnet. Da der Symmetriefaktor (oder Tailingfaktor) bei symmetrischen Peaks den Wert 1 annimmt, ist Aussage B falsch.

15.26 E

Um die Trennleistung einer Säule zu ermitteln, wird zunächst die Zahl der theoretischen Böden (▶ Kap. 15.2.3) mit Hilfe der Gesamtretentionszeit und der Peakbreite in halber Höhe berechnet. Für den HETP-Wert wird die Säulenlänge durch die Anzahl der theoretischen Böden dividiert, so dass alle drei Angaben benötigt werden.

15.27 A

Schwanzbildung zeigt Peak 2/I, Peak 2/II zeigt Heading, alle anderen Peaks sind symmetrisch.

15.28 E

Die Verbindungen sind Isomere mit drei chiralen C-Atomen, von denen allerdings nur die Konfiguration an zwei der drei Chiralitätszentren invertiert ist. Daher sind die beiden Verbindungen Diastereomere und keine Enantiomere. Sie unterscheiden sich daher in chemisch-physikalischen Parametern wie Schmelzpunkt und lassen sich an achiralen stationären Phasen chromatographisch oder elektrophoretisch trennen.

15.29 A

Die Trennstufenzahl lässt sich aus der Retentionszeit und der Peakbreite in halber Höhe mit $n = 5{,}54 \cdot (t_{m+s}/b_{0,5})^2$ berechnen (▶ Kap. 15.2.3).

15.30 A

Für die Auflösung zweier Peaks wird die Differenz der Retentionszeiten und die Summe der Peakbreiten in halber Höhe der beiden Peaks benötigt. Also müssen die Retentionszeiten und die Peakbreiten in halber Höhe bekannt sein.

15.31 E

Die Trennstufenzahl ist das Maß für die Trennleistung einer Säule. Die Auflösung beschreibt, wie gut zwei Peaks an einer bestimmten Säule unter bestimmten chromatographischen Bedingungen getrennt werden. Die Auflösung hängt hauptsächlich von der Ähnlichkeit der Substanzen im chromatographischen Verhalten ab.

15.32 E

Alle Faktoren, welche die Retentionszeit oder die Form bzw. Breite der Peaks von Substanzen beeinflussen, können sich auf die Auflösung zweier Peaks auswirken.

15.33 E

Siehe Kommentar zu Frage 15.32

15.34 C

Die Verteilung eines Arzneistoffs zwischen mobiler und stationärer Phase ist eine Frage der Polarität von stationärer und mobiler Phase. Natürlich spielt die Polarität des Arzneistoffs eine ganz entscheidende Rolle für die Frage, wie er sich zwischen beiden Phasen verteilt. Die Kristallstruktur des Arzneistoffs ist irrelevant, da die Trennung in gelöstem Zustand erfolgt. Ferner spielt der Dampfdruck der mobilen Phase keine Rolle für die Verteilung der Substanz.

15.35 C

Die Trennstufenhöhe und die Zahl der theoretischen Böden charakterisieren die Trennleistung einer Säule, aber nicht die Trennung zweier Analyten. Die Charakterisierung der Trennung von Analyten erfolgt anhand der Auflösung, des Trennfaktors oder des Peak-Tal-Verhältnisses (▶ Kap. 15.2.3).

15.36 D

Außer einer lichtlinearen Adsoptionsisothermen existieren weitere Ursachen von Tailing. Totvolumina können Tailing verstärken, ferner kann die unspezifische Adsorption einer Substanz an aktive Oberflächen der eingesetzten Materialien zu Tailing führen. Mesomere Grenzstrukturen beeinflussen das Elutionsverhalten dagegen nicht.

15.37 A

Die beschriebene Methode ist die Normalisierung, da das Ergebnis entweder auf einen bestimmten Peak oder eine bestimmte Anzahl von Peaks bezogen wird. Man erhält bei dieser Methode aber keine absolute Quantifizierung eines Analyten. Die Absolutmenge eines Analyten lässt sich über die externe Standardmethode (mittels Eichgerade), das Standard-Additionsverfahren oder über die interne Standardmethode ermitteln.

15.38 D

Wie in ▶ Kap. 15.1.3 beschrieben, können Trennmechanismen auf Größenausschlussvorgängen (2), Verteilungsvorgängen (3), Adsorptionsvorgängen (4) oder ionischen Wechselwirkungen beruhen.

zu (1) Die Fließgeschwindigkeit der mobilen Phase kann zwar die Auftrennung von Analyten durch die o. g. Mechanismen beeinflussen, ist aber selbst kein Trennmechanismus.

15.39 B

zu (1) Zur Charaktersierung der Trennleistung einer Säule dient die Trennstufenhöhe (=Bodenhöhe=HETP) und die Anzahl der theoretischen Böden (hier nicht gefragt).

zu (2) Die Bodenzahl lässt sich für alle stationären Phasen in der Säulenchromatographie berechnen, egal ob chiral oder achiral.

zu (3) Der Kapazitätsfaktor ist kein Maß für die Aufenthaltszeit einer Substanz in der mobilen Phase, sondern ein Maß für die Verteilung einer Substanz zwischen mobiler und stationärer Phase (▶ Kap. 15.2.3).

zu (4) Die Auflösung (R_s) ist ein Maß für die Güte der Trennung von zwei Analyten, die Antwort ist also korrekt.

16 Stationäre Phasen und deren Elutionsverhalten

16.1 A

zu (1) Substanz A hat die größere Affinität zum Kieselgel, daher wandert die Substanz langsamer als Substanz B.

zu (2) Methanol weist im Vergleich zu Chloroform die höhere Elutionskraft an Kieselgel auf, so dass die Verweildauer beider Substanzen auf der Säule bei der Verdoppelung des Methanolanteils herabgesetzt würde.

zu (3) Die Elutionsreihenfolge bleibt gleich, da diese von der relativen Affinität der beiden Substanzen zur stationären Phase abhängt.

zu (4) Selbstverständlich kann hier mit einem Lösungsmittelgradienten eluiert werden, die Antwort ist daher falsch.

16.2 A 16.3 B

Je polarer ein Lösungsmittel ist, desto höher ist dessen Elutionsvermögen an einer polaren stationären Phase. Eine Aufstellung, bei der die Lösungsmittel nach ihrem Elutionsvermögen geordnet sind, bezeichnet man als eluotrope Reihe (◘ Tab. 16.2).

16.4 E

Die Austauschkapazität von 10 g des Ionenaustauschers beträgt 5 mmol/g · 10 g = 50 mmol. 50 mmol Chlorid entsprechen 50 · 35,5 mg = 1775 mg Cl^-.

16.5 C

Da das Eluat mit HCl titriert wird, muss auf der Säule ein Austausch eines Ions gegen ein alkalisch reagierendes Ion wie z. B. OH^- stattfinden. Die Austauschreaktion läuft somit wie folgt ab:

2 $Austauscher^+ OH^- + Na_2SO_4 \rightarrow$ 2 $Austauscher^+ SO_4^{2-}$ + 2 NaOH

Bei der Säulenfüllung handelt es sich also um einen basischen Anionenaustauscher.

16.6 B

Die richtige eluotrope Reihe ist B (geordnet nach steigender Polarität). (eluotrope Reihe ▶ Kap. 16.1.5).

16.7 E

Zur näherungsweisen Bestimmung von Molekülmassen eignen sich chromatographische Verfahren, bei denen die Trennung auf Siebeffekten beruht (z. B. die Ausschlusschromatographie). Als stationäre Phasen können u. a. Agarose- oder Dextrangele verwendet werden. Ungeeignet sind dagegen Kieselgel, Kieselgur oder Umkehrphasen, da die Trennung an diesen Phasen nicht auf der Molekülgröße sondern auf der Polarität der Substanzen beruht.

16.8 E

Zur Bestimmung von Molekülmassen ist ein chromatographisches Verfahren geeignet, bei dem die Trennung der Substanzen auf der unterschiedlichen Molekülgröße der Analyten beruht. Das ist die Ausschlusschromatographie.

16.9 D

Die Trennung von Substanzen bei der Ausschlusschromatographie beruht darauf, dass Moleküle ab einer bestimmten Größe nicht mehr in die Poren eindringen können, daher ist Antwort D richtig. Adsoptionsvorgänge (Antwort A) spielen dagegen in der DC (mit Kieselgel als stationäre Phase) eine Rolle. Zur Trennung geladener Substanzen (Antwort B) ist z. B. die Elektrophorese geeignet.

16.10 B ▶ Kap. 16.3.2.

16.11 C

Zur Bestimmung von Molekülmassen ist ein chromatographisches Verfahren geeignet, bei dem die Trennung der Substanzen auf der unterschiedlichen Molekülgröße der Analyten beruht. Das ist die Ausschlusschromatographie bzw. Gelfiltration.

16.12 B

Als Kenngrößen für das chromatographische Verhalten eignen sich Größen, die in direkter oder indirekter Weise das Verhältnis der Aufenthaltszeiten einer Substanz in mobiler und stationärer Phase beschreiben. Zu diesen Größen zählen der R_f-Wert, die relative Retention, die Nettoretentionszeit und der scheinbare Verteilungskoeffizient.

zu (B) Die Austauschkapazität eines Ionenaustauschers gibt an, wie viel Substanz auf die Säule aufgetragen werden kann, beschreibt aber nicht das chromatographische Verhalten.

16.13 D

zu (1), (3) Wird Kaliumnitrat auf einen sauren Kationenaustauscher gegeben, so werden die Protonen des Kationenaustauschers gegen Kalium ausgetauscht. Die eluierten Protonen lassen sich dann mit NaOH-Maßlösung titrieren.

zu (2), (4) Bei einem basischen Anionenaustauscher wird Nitrat an den Austauscher gebunden und setzt im Austausch Hydroxidionen frei. Die eluierten Hydroxidionen lassen sich mit Salzsäure-Maßlösung titrieren.

16.14 C

Da das Eluat mittels Salzsäure-Maßlösung titriert werden soll, eignet sich nur der basische Anionenaustauscher. An dem basischen Anionenaustauscher wird das Methylsulfat gegen Hydroxidionen ausgetauscht. Die eluierten Hydroxidionen lassen sich anschließend mit Salzsäure titrieren.

16.15 D

Unter Umkehrphasenchromatographie versteht man chromatographische Trennungen unter Verwendung von unpolaren, chemisch modifizierten stationären Phasen wie z. B. einer C 8-, C 18- oder Phenylphase (▶ Kap. 16.1.4).

16.16 E

zu (1) Die Trennung aufgrund unterschiedlicher Molekülmassen erfolgt z. B. in der Größenausschlusschromatographie.

zu (2) Die Trennung aufgrund unterschiedlicher pK_a-Werte erfolgt z. B. in der Ionenaustauschchromatographie. Die Ladung eines Moleküls hängt vom Protonierungsgrad d. h. vom pK_s-Wert der Substanz und vom pH-Wert der mobilen Phase ab. Mit Hilfe eines pH-Gradienten lassen sich Substanzen an Ionenaustauschersäulen entsprechend ihrem pK_s-Wert eluieren.

zu (3) Die Trennung aufgrund der Lipophilie erfolgt z. B. bei Verwendung von Kieselgel oder Umkehrphasen als stationärer Phase.

zu (4) Die Trennung aufgrund spezifischer Affinität erfolgt in der Affinitätschromatographie (▶ Kap. 16.4).

16.17 E

Die Molekülmasse ist ein wichtiger Parameter für die Trennung in der Ausschlusschromatographie, die Löslichkeit bei der Verteilungschromatographie, die Polarität bei der Adsorptionschromatographie und der pK_a-Wert bei der Ionenaustauschchromatographie.

16.18 C

Bei der Normalphasenchromatographie steigt die Elutionskraft eines Fließmittels mit zunehmender Polarität an (eluotrope Reihe ▶ Kap. 16.1.5).

16.19 C

Bei der Umkehrphasenchromatographie steigt die Elutionskraft eines Fließmittels mit zunehmender Lipophilie an (eluotrope Reihe, ▶ Kap. 16.1.5).

16.20 C

Die Affinität eines Analyten gegenüber Kieselgel erhöht sich mit zunehmender Polarität seiner funktionellen Gruppen, da Kieselgel eine polare stationäre Phase darstellt.

16.21 D

zu (A) Kationenaustauscher enthalten fixierte -SO_3H-Gruppen. Diese reagieren allerdings sauer.

zu (B) Kovalent gebundene OH-Gruppen kommen in vielen stationären Phasen vor, nicht jedoch in stark basischen Ionenaustauschern.

zu (C) Primäre Aminogruppen kommen in schwachen Kationenaustauschern vor.

zu (D) Stark basische Ionenaustauscher enthalten quartäre Ammoniumreste und Hydroxidionen können als Gegenionen auftreten.

zu (E) Fixierte Carboxylgruppen kommen in schwachen Anionenaustauschern (z. B. Carboxymethylphasen, ◘ Tab. 16.1) vor.

16.22 E

Ein stark basischer Anionenaustauscher enthält kovalent gebundene quartäre Ammoniumgruppen. Daher treffen die Aussagen (A) bis (D) nicht zu.

zu (E) In der OH^--Form kann ein Anionenaustauscher bei der Gehaltsbestimmung von NaCl verwendet werden, da die Hydroxidionen gegen Chlorid ausgetauscht werden. Die freigesetzten Hydroxidionen lassen sich z. B. anschließend mit Salzsäure titrieren.

16.23 D

Berechnung:

x / 20 ml = 99 / 3,96, daraus ergibt sich x = 500 ml = 0,5 l

16.24 D

Für diese Gehaltsbestimmung eignet sich der saure Kationenaustauscher. An dieser stationären Phase werden die Natriumionen gegen Protonen ausgetauscht, die anschließend mit der NaOH-Lösung titriert werden können.

16.25 B

Das Elutionsvermögen mobiler Phasen an Kieselgel nimmt mit steigender Polarität zu und steigt folglich von Petrolether, Diethylether usw. bis Wasser an.

16.26 E

Alle genannten Eigenschaften von Molekülen lassen sich für die chromatographische Trennung ausnutzen.

zu (1) Die Trennung aufgrund unterschiedlicher Polarität der Substanzen erfolgt z. B. an Kieselgel oder verschiedenen Umkehrphasen.

zu (2) Bei der Papierchromatographie erfolgt z. B. die Trennung aufgrund der unterschiedlichen Verteilung von Substanzen in nicht mischbaren Phasen. Die Trennung beruht v. a. auf Verteilungsvorgängen zwischen der mobilen Phase und der Hydratschicht der Cellulose.

zu (3) Bei der Größenausschlusschromatographie erfolgt die Trennung der Substanzen aufgrund unterschiedlicher Molekülgröße.

zu (4) Ein Beispiel für die Nutzung von Ionenaustauschvorgängen für die chromatographische Trennung ist die Ionenaustauschchromatographie.

16.27 A

zu (1) Kationenaustauscher besitzen fixierte negative Ladungen an der Oberfläche. Als Ladungsträger eignen sich u. a. Sulfonat- oder Carboxylatgruppen.

zu (2) Die Natriumionen können gegen andere Kationen ausgetauscht werden. Das Ausmaß des Austauschs hängt dabei von der Konzentration der Kationen ab.

zu (3) Salzsäure ist geeignet, da Salzsäure in Wasser zu H_3O^+ und Cl^- dissoziiert und H_3O^+ als Kation andere Kationen wie Na^+ austauschen kann.

zu (4) Die Austauschkapazität nimmt mit steigender Stärke der sauren funktionellen Gruppen zu und nicht ab.

16.28 E

Kieselgel ist im pH-Bereich 2–8 stabil. Bei stark alkalischen pH-Werten wird die Oberfläche angegriffen. Stationäre Phasen auf der Basis von ultrareinem Kieselgel können im Alkalischen sogar bis zu etwa pH 11 eingesetzt werden.

16.29 C

Molekülmassen lassen sich in der Größenausschlusschromatographie, pK_a-Werte in der Ionenaustauschchromatographie, die Lipophilie in der Adsorptionschromatographie und die spezifische Affinität in der Affinitätschromatographie für die Trennung ausnutzen. Dagegen lassen sich unterschiedliche Normalpotentiale zwar für die selektive Detektion ausnutzen, nicht jedoch für die chromatographische Trennung von Substanzen.

16.30 C

Die Adsorptionsaffinität an Kieselgel steigt mit zunehmender Polarität der funktionellen Gruppen an, also von $-CH_3$ zu -COOH.

16.31 C

zu (1), (4) Molekülmassen und spezifische Affinitäten lassen sich in der Gelchromatographie bzw. Affinitätschromatographie für Trennungen ausnutzen.

zu (2), (3) Das Normalpotential (als Maß für die Redox-Aktivität einer Substanz) bzw. die Absorption (charakterisiert durch den Extinktionskoeffizienten) lassen sich für die Detektion von Substanzen ausnutzen, aber nicht für die Trennung.

16.32 D

zu (1) Stark basische Anionenaustauscher enthalten quartäre Ammonium-Gruppen und keine tertiären Ammoniumgruppen wie die Dimethylamino-Funktion. Letztere sind in schwach basischen Ionenaustauschern enthalten.

zu (2), (3) Styren-Divinylbenzen-Copolymere können als Trägermaterialen fungieren. Das an den Anionenaustauscher über elektrostatische Wechselwirkungen gebundene Chlorid kann gegen Hydroxidionen ausgetauscht werden.

16.33 E

Bei der HPLC-Trennung an einer Normalphase eluieren die lipophilen Analyten zuerst, da sie am wenigsten von der stationären Phase festgehalten werden. Daher ist die Reihenfolge Substanz 4, 1, 2 und dann 3.

16.34 B

zu (1) Die Aussage ist falsch. In der Normalphasenchromatographie benutzt man eine polare stationäre Phase und eine lipophile mobile Phase.

zu (2) An einer Normalphase eluieren die lipophilen Analyte zuerst, da sie am wenigsten von der stationären Phase festgehalten werden, die Aussage ist daher falsch.

zu (3) und (4) In der Normalphasenchromatographie können auch andere polare stationäre Phasen verwendet werden. Cyanopropylphasen sind Phasen mittlerer Polarität, die sich sowohl in der Umkehrphasen- als auch in der Normalphasenchromatographie einsetzen lassen.

zu (5) Die Aussage ist korrekt. In der Normalphasenchromatographie werden lipophile mobile Phasen verwendet.

16.35 D

Das Tailing kann auf Silanolgruppen beruhen, die aufgrund unvollständiger Silanisierung auf der Oberfläche der stationären Phase verblieben sind. Diese lassen sich in einem weiteren Silanisierungsschritt (typischerweise mit Trimethylchlorsilan) entfernen. Der Prozess wird als Endcapping bezeichnet (▶ Kap. 16.1.4).

16.36 B

Bei den Verbindungen handelt es sich um Enantiomere. Das Enantiomerenverhältnis beträgt $1{,}60/0{,}4 = 4/1 = 80{:}20$. Der Enantiomerenüberschuss ergibt sich daraus, dass bei einem Racemat in 2 g Substanz jeweils 1 g Enantiomer enthalten sind. Bei 1,6 g Enantiomer liegt somit ein Überschuss von 0,6 g vor, was einem relativen Überschuss von 60 % entspricht.

16.37 B

zu (2) und (3) Als Umkehrphasen werden u. a. Kieselgele verwendet, welche an der Oberfläche mit lipophilen Gruppen chemisch modifiziert sind. Dazu zählen eben Cyanopropyl- und C 18-Phasen. Cyanopropylphasen lassen sich im Gegensatz zu C 18-Phasen auch in der Normalphasenchromatographie einsetzen.

zu (1) und (4) Kieselgel wird in der Normalphasenchromatographie eingesetzt, Polysiloxane in der Gaschromatographie.

16.38 D

Ähnliche Frage wie 15.33, nur dass jetzt eine Umkehrphase verwendet wird. Daher werden polare Verbindungen schneller eluiert als unpolare. Die Elutionsreihenfolge ist daher: Verbindung 3, 2, 1 und dann 4.

16.39 C

Vancomycin ist ein chirales Antibiotikum, welches Affinitäten zu Aminosäuren besitzt und sich somit zur Enantiomerentrennung von Aminosäuren oder verwandten Verbindungen einsetzen lässt.

16.40 E

Enantiomere lassen sich durch Umsetzung mit chiralen Verbindungen wie dem hier abgebildeten Agens in Diastereomere überführen und anschließend chromatographisch an achiralen Phasen trennen. Isocyanate können mit Alkoholen, primären Aminen oder Thiolen reagieren, tertiäre Amine können dagegen nicht mit Isocyanaten umgesetzt werden.

16. 41 C

zu (1) und (2) Verbindungen identischer molarer Masse lassen sich trennen, wenn sich ihre Größe hinreichend unterscheidet.

zu (3) Alle Parameter, welche die scheinbare Ausdehnung (Größe) eines Moleküls verändern (dazu zählt auch die Größe der Hydrathülle), verändern das Elutionsverhalten in der Größenausschlusschromatographie.

zu (4) Zur Absolutbestimmung der molaren Masse ist eine Kalibrierung erforderlich.

16.42 E

Alle genannten Eigenschaften können zur Trennung von Substanzen verwendet werden, wenn die entsprechend geeigneten stationären Phasen eingesetzt werden (▶ Kap. 16).

16.43 D

Kaliumnitrat lässt sich sowohl mit einem starken Anionenaustauscher als auch einen starken Kationenaustauscher bestimmen. Beim Anionenaustauscher erfolgt der Austausch von Nitrat gegen OH^-, welches sich dann mittels HCl titrieren lässt. Beim Kationenaustauscher erfolgt der Austausch von K^+ gegen H_3O^+, welches sich anschließend mit Natronlauge titrieren lässt.

16.44 D

Bei der indirekten Enantiomerentrennung werden die beiden Enantiomere mit einem chiralen Agens zu Diastereomeren umgesetzt. Die Trennung erfolgt dann an einer achiralen Phase. Aussage D ist daher falsch.

16.45 A

zu (1) An einer Umkehrphase werden zunächst die polaren und anschließend die lipophilen Analyte eluiert, die Aussage ist daher korrekt.

zu (2) An einer Normalphase eluieren zuerst die lipophilen Analyte, die Aussage ist daher falsch

zu (3) Der genannte Ionenpaarbildner wird bei basischen und nicht bei sauren Analyten verwendet (▶ Kap. 16.1.6). Die Aussage ist daher falsch.

16.46 B

Unter der direkten Enantiomerentrennung versteht man die Trennung eines racemischen Analyten (Arzneistoffs) an einer chiralen Phase.

16.47 E

Die indirekte Enantiomerentrennung erfolgt bei der Derivatisierung eines racemischen Arzneistoffs mit einem chiralen Agens. Dadurch werden die Enantiomere in Diastereomere überführt, die sich anschließend an einer achiralen stationären Phase trennen lassen.

16.48 B

zu (1) Bei der Normalphasenchromatographie ist die stationäre Phase (z. B. Kieselgel) deutlich polarer als die mobile Phase (z. B. Methanol/Hexan).

zu (2) Cyanopropylkieselgel kann sowohl in der Normalphasen- als auch Umkehrphasenchromatographie eingesetzt werden (Lieblingsfrage der Damen und Herren aus Mainz)

zu (4) In der Normalphasenchromatographie werden lipophile Analyte zuerst eluiert, da sie weniger an der polaren stationären Phase festgehalten werden als hydrophile Substanzen.

zu (5) Da die in der Normalphasenchromatographie verwendeten mobilen Phasen größtenteils MS-kompatibel sind, lässt sich diese Form der Chromatographie ebenfalls mit der MS kombinieren.

16.49 A

Siehe Ausführungen zu 16.48

zu (3) Die Mischung aus n-Hexan und Wasser ist als Fließmittel ungeeignet, die die beiden Flüssigkeiten nicht miteinander mischbar sind.

16.50 A

In der Normalphasenchromatographie steigt die Elutionskraft der mobilen Phase mit zunehmender Polarität an (◘ Tab. 16.2).

16.51 C

zu (2) Cyanopropylkieselgel kann sowohl in der Normalphasen- als auch Umkehrphasenchromatographie eingesetzt werden.

zu (3) In der Umkehrphasenchromatographie arbeitet man häufig mit Acetonitril- oder Methanol-Wasser-Mischungen. n-Hexan wird häufig in der Normalphasenchromatographie als Bestandteil der mobilen Phase verwendet, nicht jedoch in der Umkehrphasenchromatographie.

16.52 D

Polyethylenglycol wird in der GC, nicht aber in der DC/Planarchromatographie als stationäre Phase verwendet.

16.53 D

Die Papierchromatographie gehört zu den planarchromatographischen Verfahren. Die Trennung von Analyten beruht größtenteils auf der Verteilung zwischen der mobilen Phase und der Hydratschicht der Cellulose. Ferner spielt die Adsorption von Analyten an die stationäre Phase noch eine Rolle.

16.54 E

Hartparaffin ist nicht geeignet, da es sich in den mobilen Phasen löst.

16.55 D

Verbindung D ist ungeeignet, da sie nicht mit primären Aminen reagiert.

16.56 B

Kieselgel ist eine typische Normalphase, Cyanopropyl-derivatisiertes Kieselgel hat sowohl Normalphasen- als auch Umkehrphasen-Eigenschaften. Octadecylsilyl-derivatisiertes Kieselgel (bzw. die C 18 Phase) ist eine Umkehrphase. Antwort 3 ist daher falsch.

16.57 E

zu (1) und (2) Sowohl die fraktionierte Kristallisation mit (*R*)-1-Phenylethylamin als auch mit (*S*)-1-Phenylethylamin führt zu diastereomeren Salzen und ist daher zur Racemattrennung geeignet.

zu (3) und (4) Eine weitere Möglichkeit besteht in der direkten chromatographischen Racemattrennung mittels chiraler stationärer Phasen wie β-Cyclodextrin oder Cellulose-tris(4-methylbenzoat).

16.58 C

Die beiden Substanzen besitzen vier chirale C-Atome, sie unterscheiden sich in der Konfiguration aber nur an einem C-Atom. Daher handelt es sich bei den beiden Verbindungen um Diastereomere und nicht um Enantiomere. Sie unterscheiden sich daher in chemisch-physikalischen Eigenschaften wie im Schmelzpunkt, in FT-IR-Spektren und sie lassen sich an achiralen stationären Phasen trennen. Dagegen ist die Signalmultiplizität in ^{1}H-Spektren identisch, da die Anzahl und die chemische Verschiebung der benachbarten Protonen gleich sind. Da es sich bei den Verbindungen um Diastereomere bzw. Isomere handelt, ist die Elementarzusammensetzung ebenfalls identisch.

16.59 C

zu (A) und (B) Für die Elutionsgeschwindigkeit einer Substanz spielt die Löslichkeit in der mobilen Phase keine Rolle, sondern die Affinität zur bzw. Interaktion mit der stationären Phase.

zu (C), (D) und (E) Bei Messungen mit gelöster Probe verhalten sich beide Substanzen identisch. Aussage C ist daher richtig.

17 Dünnschichtchromatographie

17.1 A ▶ Kap. 17.5

17.2 B

zu (A), (B) Der R_{St}-Wert ist definiert als der Quotient aus der Laufstrecke der zu untersuchenden Substanz und der Laufstrecke der Standardsubstanz, was dem Quotienten der beiden R_f-Werte entspricht (▶ Kap. 17.5).

zu (C) Der R_f-Wert liegt definitionsgemäß zwischen 0 und 1. Da es sich beim R_{St}-Wert um den Quotienten zweier R_f-Werte handelt, kann der R_{St}-Wert im Gegensatz zum R_f-Wert auch Werte größer 1 annehmen.

zu (D) Der R_{St}-Wert beschreibt das relative Laufverhalten zweier Substanzen und hat nichts mit der Strömungsgeschwindigkeit der mobilen Phase zu tun.

zu (E) Ist die Laufstrecke von Standard und der Probensubstanz identisch, dann nimmt der R_{St}-Wert den Wert von 1 an. Je besser die beiden Substanzen voneinander getrennt sind, desto mehr weicht der Wert von 1 ab. Ist die Laufstrecke des Standards kleiner als die der untersuchten Substanz, so ergibt sich ein R_{St}-Wert > 1.

17.3 A

Der R_f-Wert ist der Quotient aus der Wanderungsstrecke der Substanz durch die Wanderungsstrecke des Fließmittels (▶ Kap. 17.5).

17.4 A

zu (1) Bei Kieselgel gilt: je höher die Polarität des Fließmittels ist, desto besser ist das Elutionsvermögen und desto höher werden die R_f-Werte.

zu (2) Je unpolarer eine Substanz ist, desto weniger wird sie vom Kieselgel adsorbiert, desto höher wird folglich der R_f-Wert.

zu (3) Je höher die Aktivität des Sorbens ist, desto besser werden die Substanzen adsorbiert und desto kleiner ist der R_f-Wert.

zu (4) Je niedriger der Wassergehalt von Kieselgel ist, desto höher ist die Aktivität des Kieselgels, der R_f-Wert wird daher erniedrigt (▶ Kap. 17.1.2).

17.5 E

zu (A) Je unpolarer eine Substanz ist, desto weniger wird sie vom Kieselgel adsorbiert, desto höher ist folglich der R_f-Wert.

zu (B) Für polare Stoffe, die sehr gut von Kieselgel adsorbiert werden, muss eine mobile Phase mit hoher Elutionskraft (also mit hoher Polarität: eluotrope Reihe, ▶ Kap. 16.1.5) verwendet werden.

zu (C) Polare Fließmittel besitzen an Kieselgel eine höhere Elutionskraft als unpolare und setzen die Wechselwirkung zwischen Substanz und polarer stationärer Phase herab.

zu (D) Bei Stoffen mittlerer Polarität eignet sich ein Fließmittel mittlerer Polarität, welches u. a. durch Mischen von polaren und unpolaren Lösungsmitteln hergestellt werden kann.

zu (E) Die Elutionseigenschaften der mobilen Phase sind eine Funktion der Summe der Eigenschaften der einzelnen Komponenten. Es ist daher für die Trennung von polaren und unpolaren Verbindungen keineswegs zwingend notwendig, ein Fließmittelgemisch aus polaren und unpolaren Fließmitteln zu verwenden.

17.6 E

Alle drei Methoden sind prinzipiell möglich, wobei jedoch Antwort (1) eher eine semiquantitative Methode darstellt (▶ Kap. 17.7).

17.7 B

zu (1) Die Elutionskraft des Fließmittels nimmt bei Umkehrphasen mit zunehmender Polarität ab. Dies führt dann zu einer Erniedrigung und nicht zu einer Erhöhung des R_f-Werts.

zu (2) Je polarer der Analyt, desto weniger wird er von der stationären Phase festgehalten, desto höher ist der R_f-Wert. Die Aussage ist daher richtig.

zu (3) Wie sich die Verlängerung der Kettenlänge der stationären Umkehrphase auf das Elutionsverhalten auswirkt, lässt sich nicht verallgemeinern und hängt von der Polarität des Analyten ab.

17.8 A

Eine Erhöhung des R_f-Werts tritt auf, wenn die Aufenthaltsdauer einer Substanz in der mobilen Phase erhöht wird, bzw. die Aufenthaltsdauer in der stationären Phase erniedrigt wird.

zu (1) Je größer die Polarität des Fließmittels ist, desto höher ist dessen Elutionskraft bei einer polaren stationären Phase wie Kieselgel, d. h. die Aufenthaltsdauer der Substanz in der mobilen Phase und der R_f-Wert nehmen zu.

zu (2) Je höher die Polarität einer Verbindung ist, desto besser wird sie von der polaren Oberfläche des Kieselgels adsorbiert, die Aufenthaltsdauer in der stationären Phase nimmt daher zu, der R_f-Wert nimmt ab.

zu (3) Die Aktivität ist ein Maß für das Adsorptionsvermögen des Kieselgels. Erhöhung der Aktivität führt zu einer stärkeren Adsorption von Substanzen an die stationäre Phase (Kieselgel) und somit zu niedrigeren R_f-Werten.

zu (4) Die relative Feuchte beeinflusst die Aktivität des Kieselgels. Je höher die relative Feuchte ist, desto geringer ist die Aktivität der stationären Phase, der R_f-Wert nimmt zu.

17.9 D

zu (1) Die Aussage ist richtig. Je geringer die Polarität des Fließmittels ist, desto niedriger ist dessen Elutionskraft und der R_f-Wert **sinkt.**

zu (2) Je geringer die Polarität der Substanz ist, desto weniger interagiert sie mit der stationären Phase, desto höher ist folglich der R_f-Wert.

zu (3) Je geringer die Aktivität der stationären Phase ist, desto weniger wird die Substanz an der stationären Phase festgehalten, so dass der R_f-Wert ansteigt.

zu (4) Die relative Feuchte spielt bei Normalphasen eine große Rolle, da Wasser an Normalphasen ein sehr hohes Elutionsvermögen aufweist. Je geringer die relative Feuchte, desto geringer die Elutionskraft der mobilen Phase, desto **niedriger** ist der R_f-Wert.

17.10 B

zu (B) Cyclohexan/Wasser ist nicht als Fließmittel für die Dünnschichtchromatographie geeignet, da die beiden Lösungsmittel nicht miteinander mischbar sind.

17.11 C

Damit sich eine Substanz mit Kieselgelplatten, die mit Fluoreszenzindikator imprägniert sind, detektieren lässt, muss sie im UV-Bereich absorbieren, d. h. einen Chromophor besitzen. Sowohl Benzoesäure, Zimtsäure, Benzaldehyd als auch Acetophenon besitzen einen Phenylring, der als Chromophor dient. Dagegen weist Essigsäure im relevanten UV-Bereich keine Absorption auf und kann somit nicht detektiert werden.

17.12 A

Der R_f-Wert in der Dünnschichtchromatographie ist definiert als der Quotient aus der Laufstrecke der Substanz (h) und der Laufstrecke des Fließmittels (l).

17.13 C 17.14 B
17.15 C

Alle Parameter, welche die Aufenthaltszeiten einer Substanz in der mobilen bzw. stationären Phase beeinflussen, verändern das Retentionsverhalten und somit den R_f-Wert. Dazu gehören z. B. Veränderungen der Polarität der stationären und mobilen Phase, der Temperatur und des Dissoziationsgrads einer Substanz.

zu (C) Die Nachweisgrenze des Detektionsmittels beeinflusst die visuelle Fleckgröße, nicht jedoch die Lage des Flecks.

zu (D) Temperaturänderungen wirken sich z. B. auf Adsorptionsvorgänge an einer stationären Phase wie Kieselgel aus.

zu (E) Veränderungen des Dissoziationsgrads einer Verbindung führen zu Änderungen der Polarität oder Ladung der Verbindung.

17.16 D

Der R_f-Wert lässt sich durch Erhöhung der Elutionskraft des Fließmittels (z. B. durch Methanolzusatz) steigern. Eine zweite Möglichkeit ist die Verringerung der Affinität des Analyten zur stationären Phase durch Deprotonierung mittels Zusatz einer basischen Fließmittelkomponente (Dimethylamin).

17.17 E

Siehe Frage 17.16. Der R_f-Wert lässt sich durch Erhöhung der Elutionskraft des Fließmittels (z. B. durch Methanolzusatz) steigern. Eine zweite Möglichkeit ist die Verringerung der Affinität des Analyten zur stationären Phase durch Zusatz von Eisessig, wodurch die Dissoziation der Carbonsäure zurückgedrängt wird.

17.18 C

○ Abb. 17.5.

17.19 D

zu (A) Die Massenverteilung des Analyten in einem Fleck entspricht idealerweise einer Gaußverteilung mit der höchsten Substanzkonzentration in der Mitte des Flecks.

zu (B) Das darf natürlich nicht der Fall sein, sonst wird die Substanz ins Fließmittelreservoir eluiert.

zu (C) Die Aussage ist falsch, da an der Stelle des Flecks durch die Lichtabsorption der Substanz die Fluoreszenz des Indikators gemindert wird. Dadurch erscheint die Substanz als dunkler Fleck.

zu (E) Octanol/Wasser ist kein geeignetes Fließmittel, da sich die beiden Fließmittelkomponenten nicht mischen.

17.20 C

zu (1), (2) F254 weist auf die Imprägnierung der Platten mit einem Fluoreszenzindikator hin, der bei Bestrahlung mit UV-Licht von 254 nm zur Fluoreszenz angeregt wird (○ Abb. 17.1).

zu (4) An der Stelle des Flecks wird durch die Lichtabsorption der Substanz die Fluoreszenz des Indikators gemindert. Dadurch erscheint die Substanz als dunkler Fleck auf hellem Hintergrund.

zu (5) Viele Sprühreagenzien interferieren mit der Fluoreszenz des Indikators, so dass die Auswertung mittels Fluoreszenzindikator in der Regel nach dem Besprühen nicht mehr funktioniert.

17.21 B

Das Lösungsmittel sollte eine höhere Elutionskraft als das eingesetzte Fließmittelgemisch (n-Hexan/Essigsäureethylester) besitzen. Dies trifft nur für Methanol zu (eluotrope Reihe, ▶ Kap. 16.1.5).

17.22 D

Weder Propylgallat noch Gallussäure weisen eine rote Eigenfluoreszenz auf.

18 Hochleistungs-Flüssigkeitschromatographie

18.1 A

Unter isokratischer Elution versteht man die Elution von Verbindungen bei konstanter Fließmittelzusammensetzung. Wird die Fließmittelzusammensetzung während eines chromatographischen Laufs verändert, so spricht man von Gradientenelution (▶ Kap. 18.2.1).

18.2 D

zu (A), (B) und (C) Mit zunehmender Retentionszeit werden die Peaks breiter. Da sich die injizierte Substanz über einen größeren Bereich verteilt, nimmt die Peakhöhe ab. Die Peakfläche (eine Funktion der Peakbreite und der Peakhöhe) hängt lediglich von der injizierten Substanzmenge ab, bleibt also in diesem Fall konstant.

zu (D) Das Produkt aus Peakbreite und Retentionszeit liefert keine Aussage zur Stoffmenge, da die Retentionszeit stoffmengenunabhängig ist und von den Substanzeigenschaften, der stationären und der mobilen Phase abhängt.

zu (E) Sowohl der R_f-Wert als auch die Retentionszeit charakterisieren das Verteilungsverhalten einer Substanz zwischen mobiler und stationärer Phase. Beide Angaben hängen von den Eigenschaften der Substanz ab und liefern eine ähnliche Information.

18.3 A

Unter isokratischer Elution versteht man die chromatographische Trennung mit konstanter Zusammensetzung des Fließmittelgemisches. Wird dagegen die Zusammensetzung des Fließmittels während der chromatographischen Trennung geändert, so handelt es sich um einen Fließmittelgradienten.

18.4 C

zu (A) Die konstante Zusammensetzung der mobilen Phase wird als isokratische Elution bezeichnet.

zu (B), (C) Unter Gradientenelution versteht man in der Regel den graduellen Zusatz eines Lösungsmittels mit höherer Elutionskraft zur mobilen Phase. Bei der schrittweisen Veränderung der Temperatur spricht man von einem Temperaturgradienten, sodass Antwort C die beste Lösung darstellt.

18.5 E

Alle genannten Methoden sind als allgemeine Detektionsverfahren in der HPLC geeignet. Die Refraktometrie bildet die Grundlage für den Brechungsindexdetektor, die Photometrie für den UV/VIS-Detektor, die Fluorometrie für den Fluoreszenzdetektor und die Amperometrie für den elektrochemischen Detektor.

18.6 D

Der elektrochemische Detektor lässt sich bei säulenchromatographischen Verfahren mit flüssiger mobiler Phase einsetzen. Unter den genannten chromatographischen Verfahren trifft dies nur auf die Hochdruckflüssigkeitschromatographie (HPLC) zu.

18.7 B

Unter Graduentenelution versteht man die Elution unter Veränderung der Zusammensetzung der mobilen Phase zur Steigerung der Elutionskraft. Bei einer Umkehrphase als stationärer Phase bedeutet dies, dass die Lipophilie der mobilen Phase durch den Gradienten erhöht wird.

18.8 E

Der interne Standard sollte ähnliche Eigenschaften wie der Analyt aufweisen. Auch sollten die Retentionszeitunterschiede zwischen internem Standard und Substanz nicht zu groß sein. Die Quantifizierung wird verfälscht, wenn die Analyse ursprünglich (vor der Standardzugabe) den internen Standard enthält. Der interne Standard sollte unter den Analysenbedingungen chemisch inert sein.

18.9 A

Unter isokratischer Elution versteht man die Elution bei konstanter Zusammensetzung der mobilen Phase (Achtung: ein Lieblingsthema der Damen und Herren in Mainz).

18.10 D

Ein Differenzialrefraktometer misst den Brechungsindex und kann daher nur bei Verwendung einer flüssigen mobilen Phase wie in der HPLC (oder generell: Säulenchromatographie) eingesetzt werden.

18.11 D

Toluen ist ungeeignet, da es wegen seines aromatischen Systems eine zu hohe Eigenabsorption bei 232 nm aufweist (◘ Tab. 18.2, Cut off von Fließmitteln).

18.12 C

Da die Lichtabsorption gemäß dem Lambert-Beer'schen Gesetz proportional zur Schichtdicke der Flüssigkeit ist, ist der Aufbau C die günstigste Variante.

18.13 C

RP-18 steht für *r*eversed *p*hase und octadecylsilyliertes Kieselgel.

18.14 D

Bei dem gezeigten amperometrischen Detektor wird der Stromfluss zwischen Arbeitselektrode und Hilfselektrode gemessen.

18.15 D

Der amperometrische Detektor erfordert, dass das Eluat durch die Messzelle geleitet wird. Daher eignet er sich nur als Detektor bei säulenchromatographischen Verfahren wie die HPLC.

18.16 B

Wieder einmal eine Frage zur isokratischen Elution, worunter man übrigens in der HPLC die Elution bei konstanter Zusammensetzung des Fließmittels versteht.

18.17 B

Aufgrund seines Funktionsprinzips eignet sich der Flammenionisationsdetektor nur für gasförmige mobile Phasen und wird deshalb in der Gaschromatographie verwendet.

18.18 E

Die micellare elektrokinetische Chromatographie ist eine Sonderform der Elektrophorese (▶ Kap. 26.5.4).

19 Gaschromatographie

19.1 E ○ Abb. 19.1

19.2 C

Die Entwicklungskammer ist ein Bestandteil der DC, die anderen Geräteteile sind Bestandteile eines Gaschromatographen (○ Abb. 19.1 im Lehrbuch).

19.3 B

Die Nettoretentionszeit entspricht der Aufenthaltszeit einer Substanz in der stationären Phase (▶ Kap. 15.2.2).

19.4 C

zu (1), (2) Bei einem Gaschromatogramm wird das Detektorsignal (= Schreiberausschlag, y-Achse) gegen die Retentionszeit (x-Achse) aufgetragen, die Bezeichnungen sind daher richtig.

zu (3), (4) Die Totzeit entspricht der Retentionszeit des Luftpeaks, die Halbwertbreite der Peakbreite in halber Höhe, daher sind beiden Angaben in der Abbildung vertauscht.

zu (5) Die Peakhöhe ist ein Maß für die Signalintensität.

19.5 A

zu (1) und (2) Da der Temperaturgradient bei 0 min anfängt, wird die Trenntemperatur bei beiden Verbindungen während der Elution erhöht. Somit verkürzt sich die Retentionszeit von beiden Verbindungen.

zu (3) Das Verhältnis der Peakhöhen bleibt nicht konstant, da das Verhältnis der Retentionszeiten und somit das Verhältnis der Peakhalbwertsbreiten verändert wird.

19.6 A

zu (1) und (2) Ethanol und Methanol führen höchstwahrscheinlich zu einem unterschiedlichen Respons des Detektors, Peakhöhe und Fläche sind folglich verschieden.

zu (3) Da beide Substanzen unterschiedliche Retentionszeiten besitzen, liegen unterschiedliche Halbwertbreiten vor.

19.7 B

zu (1) Erhöhung des Teilchendurchmessers des Trägermaterials führt zur Verschlechterung der Trennleistung der Säule (▶ Kap. 15.2.1).

zu (2) Eine große Schichtdicke der Trennflüssigkeit führt zwar zu einer hohen Beladbarkeit der Säule, sie wirkt sich aber negativ auf die Trennleistung aus.

zu (3) Je regelmäßiger das Trägermaterial geformt ist, desto höher ist die Trennleistung. Eine hohe Trennleistung zeichnet sich nicht durch breite, sondern durch möglichst schmale Peaks aus.

19.8 C

Polarimeterdetektoren sind in der Flüssigchromatographie aber nicht in der GC üblich.

19.9 E

Die Messung der Wärmeleitfähigkeit ist ein physikalisches Verfahren, welches die Substanz nicht verändert. Alle anderen Verfahren beruhen auf chemischen Veränderungen (Elektronenaufnahme, Verbrennung usw.) der Substanz.

19.10 A

Prinzip des FID ▶ Kap. 19.4.1.

19.11 D

zu (1), (2) und (3) Die Peakfläche und die Peakhöhe sind ein Maß für die injizierte Substanzmenge. Alle Verfahren, die eine Aussage zu diesen beiden Parametern liefern, können zur quantitativen Auswertung herangezogen werden. Dazu gehört die direkte Bestimmung der Peakhöhe, das Ausschneiden und Wägen der Peaks als Maß für die Peakfläche oder die Berechnung der Peakfläche über das Produkt aus Peakhalbwertbreite und Peakhöhe

zu (4) und (5) Retentionszeit und Peakbasisbreite liefern keine Aussage über die injizierte Substanzmenge.

19.12 C

Die Totzeit ist die Aufenthaltszeit einer Substanz in der mobilen Phase. Die Nettoretentionszeit entspricht der Aufenthaltsdauer in der stationären Phase, die Bruttoretentionszeit der Summe der Aufenthaltszeiten in der stationären und mobilen Phase. Die Aufenthaltszeiten von Substanzen im Einspritzblock und im Detektor gehen zwar in die Totzeit mit ein, ihr prozentualer Anteil an der Totzeit ist jedoch in der Regel gering.

19.13 E

Die Brennbarkeit einer Verbindung ist Voraussetzung für die Detektion mittels FID. Bei Kohlenstoffverbindungen nimmt die Brennbarkeit mit zunehmender Oxidationsstufe des Kohlenstoffs ab. Daher sind die oben aufgeführten Verbindungen mit einem FID gar nicht oder nur sehr schlecht zu detektieren.

19.14 D

Die Anordnung des Strömungsmessers ist falsch, da dieser zur Messung der Trägergasgeschwindigkeit in den Trägergasstrom eingebracht werden muss.

19.15 C

zu (1), (3) Eine stärkere Verdampfung erreicht man entweder durch Erhöhung der Verdampfungstemperatur oder durch Derivatisierung der Probensubstanz, wenn das Derivat leichter flüchtig ist als die Ausgangsverbindung.

zu (2) Die Lyophilisation beschleunigt die Lösungsgeschwindigkeit von Substanzen in bestimmten Lösungsmitteln, sie hat aber keinen Einfluss auf den Dampfdruck einer gelösten Verbindung.

19.16 B

Die Totzeit ist die Differenz aus Gesamtretentionszeit und Nettoretentionszeit (○ Abb. 15.8).

19.17 C

Der R_{St}-Wert in der Dünnschichtchromatographie gibt das relative Retentionsverhalten einer Substanz im Vergleich zu einer Standardsubstanz an und entspricht somit der relativen Retention in der Gaschromatographie.

19.18 D

Bei einer Erhöhung der Ofentemperatur nimmt die Verweilzeit einer Substanz in der stationären Phase ab. Dadurch kommt es zu einer Verkürzung der Retentionszeit und folglich zu einem *geringeren* Abstand zwischen den Peaks. Verbunden mit der Abnahme der Retentionszeit kommt es zu einer Abnahme der Peakbreite.

19.19 C

zu (A) Bei der Erhöhung der Ofentemperatur kommt es zur Abnahme der Verweilzeit einer Substanz in der stationären Phase. Somit nimmt die Nettoretentionszeit ab.

zu (B) Die Verkürzung der Retentionszeit bewirkt eine Abnahme der Peak-Halbwertbreite.

zu (C) Die Säulenkapazität hat nichts oder nur wenig mit der Trenntemperatur zu tun. Die Säulenkapazität wird durch die Abmessungen der Säule, d. h. Innendurchmesser der Kapillare und Schichtdicke der stationären Phase (= Trennflüssigkeit) bestimmt.

zu (D) Die Verkürzung der Retentionszeit führt zum einen zu einer Reduktion der Retentionszeit und der Peak-Halbwertbreite, andererseits nimmt die Peakhöhe zu.

zu (E) Wegen der temperaturbedingten Volumenzunahme der mobilen Phase kommt es in der Gaschromatographie bei der Erhöhung der Trenntemperatur zu einer Verkürzung der Totzeit.

19.20 C

zu (1) Die Van-Deemter-Gleichung beschreibt die Abhängigkeit der theoretischen Trennstufenhöhe von der linearen Trägergasgeschwindigkeit. Grafisch lässt sich dieser Zusammenhang über die Van-Deemter-Kurve (▶ Kap. 19.5.1) darstellen.

zu (2), (3) Wie man aus dem Verlauf der Van-Deemter-Kurve entnehmen kann, nimmt HETP bei kleineren und größeren Trägergasgeschwindigkeiten als der optimale Wert zu. Aussage (3) ist daher falsch.

zu (4) Die optimale Trägergasgeschwindigkeit muss individuell für jedes Trägergas ermittelt werden.

19.21 C

In die Berechnung der Anzahl der theoretischen Böden gehen die Retentionszeit und die Peakbreite in halber Peakhöhe ein (▶ Kap. 15.2.3).

zu (1) Die Differenz der Retentionszeiten von zwei Substanzen geht in die Berechnung der Auflösung ein.

zu (2) Die Peakhöhe wird zur Quantifizierung einer Substanz herangezogen.

zu (3) Das Verhältnis der Peakhöhen von zwei Substanzen wird zur Quantifizierung mittels eines internen Standards verwendet.

19.22 B

zu (A) Alle Parameter, die den Übergang von der stationären Phase in die mobile Phase und umgekehrt beeinflussen, wie z. B. die Art des Trägergases, wirken sich auf die Trennleistung und somit auf die Trennstufenhöhe aus.

zu (B) Je größer die Trennleistung ist, desto größer ist die Anzahl der theoretischen Trennstufen, aber desto kleiner wird die Trennstufenhöhe. Die Trennstufenhöhe entspricht der Säulenlänge, auf der ein theoretischer Übergang zwischen stationärer und mobiler Phase stattfindet.

zu (C) Die Aussage ist richtig, da die Steigung der Van-Deemter-Kurve bei niedrigen Trägergasgeschwindigkeiten größer ist.

zu (D, E) Die Aussagen sind richtig und ergeben sich aus dem U-förmigen Verlauf der Van-Deemter-Kurve.

19.23 A

Die Derivatisierung von Probesubstanzen dient in der Gaschromatographie zur Überführung schwer flüchtiger Probesubstanzen in leichter verdampfbare Derivate.

19.24 E

Alle drei Gleichgewichtsvorgänge können in der Gaschromatographie auftreten. Adsorptionsvorgänge spielen z. B. bei festen stationären Phasen eine große Rolle, Verteilungsvorgänge bei Verwendung von flüssigen oder chemisch gebundenen stationären Phasen.

19.25 B 19.26 B

Die Derivatisierung von Fettsäuren erfolgt in der Regel mit Diazomethan, was zur Bildung der entsprechenden Methylester führt. Anhydride wie Acetanhydrid oder Trifluoressigsäureanhydrid und Halogenalkylsilane wie Trimethylchlorsilan werden zur Derivatisierung von Alkoholen und Aminen benutzt. Trichlormethylsilan und Tetramethylsilan werden allerdings nicht zur Derivatisierung verwendet.

19.27 B

Die Beschreibung entspricht dem Funktionsprinzip des Flammenionisationsdetektors (▶ Kap. 19.4.1).

19.28 A

Die Beschreibung entspricht dem massenselektiven Detektor. Beim massenselektiven Detektor werden die Probenmoleküle in der Ionisierungskammer ionisiert und fragmentiert. Die geladenen Molekülfragmente werden anschließend durch ein elektrisches Feld beschleunigt und in einem magnetischen oder elektrischen Feld getrennt und dann registriert (▶ Kap. 13).

19.29 B

Wärmeleitfähigkeitsdetektoren, IR-Detektoren und Brechzahldetektoren sind zwar universell einsetzbare Detektoren, sie besitzen aber eine geringe Empfindlichkeit. Mit den Flammenionisationsdetektoren lassen sich zwar viele Substanzen mit hoher Empfindlichkeit nachweisen, allerdings ergeben gerade stark halogenierte Verbindungen mit diesem Detektor nur ein schwaches Signal. Der Elektroneneinfangdetektor eignet sich zum Nachweis geringer Mengen halogenierter Verbindungen aufgrund der hohen Elektronenaffinität dieser Substanzen (▶ Kap. 19.4.2).

19.30 A

Aufgrund seines Funktionsprinzips (▶ Kap. 19.4.3) kann der Wärmeleitfähigkeitsdetektor nur bei gasförmigen mobilen Phasen (d. h. in der GC) eingesetzt werden.

19.31 C

Mit dem Wärmeleitfähigkeitsdetektor wird die Änderung der Wärmeleitfähigkeit erfasst, welche durch die Probesubstanzen im Vergleich zum reinen Trägergasstrom verursacht wird (▶ Kap. 19.4.3).

19.32 E

Bei dem beschriebenen Detektor handelt es sich um den Flammenionisationsdetektor, der ausschließlich in der Gaschromatographie eingesetzt wird.

19.33 D

Mit dem Flammenionisationsdetektor lassen sich Verbindungen detektieren, die brennbar sind und somit bei der Verbrennung Ionen und Radikale liefern, die anschließend als Strom registriert werden können. Von den genannten Verbindungen lässt sich daher Wasser nicht detektieren, Dichlormethan lässt sich noch einigermaßen detektieren während sich Cyclohexan, n-Hexan und Toluen mit dem FID sehr gut nachweisen lassen.

19.34 B

Aufgrund seines Funktionsprinzips kann der Flammenionisationsdetektor nur mit gasförmigen mobilen Phasen, d. h. in der Gaschromatographie eingesetzt werden.

19.35 C

Es werden von den genannten Gasen nur Helium und Stickstoff verwendet. Luft enthält Sauerstoff, der die meisten Trennflüssigkeiten zerstören würde. Daher eignet sich Sauerstoff nicht als Trägergas in der GC.

19.36 C

Siehe Kommentar zu Frage 19.35. Acetylen eignet sich aufgrund seiner physikalisch-chemischen Eigenschaften nicht als Trägergas. Es wird dagegen z. B. in der AAS als Brenngas eingesetzt.

19.37 E

Siehe Kommentar zu Frage 19.35. Wasserstoff wird in der GC manchmal als Trägergas eingesetzt wenn ein Wärmeleitfähigkeitsdetektor verwendet wird. Wasserstoff besitzt eine hohe Wärmeleitfähigkeit, was sich positiv auf die Nachweis-Empfindlichkeit des Detektors auswirkt (▶ Kap. 19.4.3).

19.38 E

Siehe Kommentare zu den Fragen 19.35–19.37.

19.39 E

zu (1) Je größer HETP ist, desto geringer ist die Anzahl der theoretischen Trennstufen bei einer GC-Trennung und desto kleiner ist folglich die Trennleistung. Es sollte jedoch erwähnt werden, dass dieser Zusammenhang nicht nur in der GC besteht, sondern für alle chromatographischen Trennungen gilt.

zu (2) Die optimale Trägergasgeschwindigkeit hängt von der Art des verwendeten Trägergases ab, da das Trägergas z. B. verschiedene Parameter, die in die Van-Deemter-Gleichung eingehen, beeinflusst.

zu (3) Aufgrund des u-förmigen Verlaufs der Van-Deemter-Kurve führen Abweichungen von der optimalen Trägergasgeschwindigkeit (zu höheren **und** niedrigeren Werten) zu einem Anstieg der HETP.

19.40 D

Voraussetzung für diese Berechnung ist allerdings, dass die Kalibriergerade linear ist und durch den Ursprung geht. Die Kalibriergerade ist linear, wenn eine lineare Beziehung zwischen der Substanzkonzentration und dem Detektorsignal besteht.

19.41 B

Die Gesamtretentionszeit entspricht der Summe von Nettoretentionszeit (=Aufenthaltszeit in der stationären Phase) und Totzeit (=Aufenthaltszeit in der mobilen Phase) ($t_{dr} = t_r + t_d$). Daraus ergibt sich, dass die Nettoretentionszeit der Differenz von Bruttoretentionszeit und Totzeit entspricht.

19.42 A

Der Flammenionisationdetektor erfasst die bei der Verbrennung einer Probesubstanz entstehenden Ionen, da diese bei dem angelegten elektrischen Feld zum Stromfluss zwischen den Elektroden führen.

19.43 E

Alle Parameter, welche die Aufenthaltszeit einer Substanz in der mobilen bzw. stationären Phase beeinflussen, führen zu Veränderungen der Gesamtretentionszeit.

zu (1) Mit zunehmender Temperatur verkürzt sich die Aufenthaltszeit einer Substanz in der stationären Phase, die Retentionszeit nimmt ab.

zu (2) Die Erhöhung der Trägergasgeschwindigkeit führt zur Verkürzung der Retentionszeit.

zu (3), (4) Die Polarität der stationären Phase und der Dampfdruck der Probensubstanz beeinflussen die Aufenthaltszeit des Analyten in der stationären Phase und somit die Gesamtretentionszeit.

19.44 B

Siehe Kommentare zu den Fragen 19.35–19.39.

19.45 E

Alle Parameter, welche die Aufenthaltszeit einer Substanz in der mobilen bzw. stationären Phase beeinflussen, führen zu Veränderungen der Gesamtretentionszeit (vgl. Frage 19.43).

zu (E) Die Art des Detektors beeinflusst die Art der nachzuweisenden Verbindungen aber nicht die Retentionszeit.

19.46 C

Detektor, Einspritzvorrichtung, Strömungsregler und Säulenofen sind Bestandteile eines Gaschromatographen (▶ Kap. 19.1).

zu (C) Ein Polarisator ist Bestandteil eines Polarimeters.

19.47 C

Bei der Verwendung eines Wärmeleitfähigkeitsdetektors werden häufig Helium oder Wasserstoff als Trägergase verwendet, da beide Gase eine hohe Wärmeleitfähigkeit besitzen, sodass die Erniedrigung der Wärmeleitfähigkeit durch Analyte bei den beiden Trägergasen am meisten ausgeprägt ist. Dies führt im Vergleich zu anderen Trägergasen (z. B. Stickstoff) zu einer höheren Empfindlichkeit des Detektors.

19.48 A

zu (1), (2) Für die quantitative Auswertung eignet sich einerseits unter bestimmten Bedingungen die Peakhöhe. Anderseits kann die Quantifizierung über die Peakfläche erfolgen, die sich aus dem Produkt von Peakhöhe und Halbwertsbreite näherungsweise berechnen lässt.

zu (3), (4) Die Retentionszeit steht in keiner Relation zur applizierten Substanzmenge, die beiden Antworten sind daher falsch.

19.49 B

Siehe Kommentare zu den Fragen 19.35–19.38.

19.50 C

Alle Parameter, welche die Aufenthaltszeit einer Substanz in der mobilen bzw. stationären Phase beeinflussen, führen zu Veränderungen der Retentionszeit (siehe Kommentar zu Frage 19.43).

zu (C) Die Empfindlichkeit des Detektors beeinflusst die Höhe des Peaks im Chromatogramm, aber nicht die Retentionszeit.

19.51 D

Die Derivatisierung von Analyten in der Gaschromatographie dient v. a. der Überführung schwerflüchtiger Substanzen in leichter flüchtige Derivate. Ungeeignet sind die Reaktionen 3 und 5, da sie nicht zu leicht flüchtigen Derivaten führen.

19.52 A

▶ Kap. 15.2.2.

19.53 E

Vergleiche Frage 18.8. In der Gaschromatographie gelten prinzipiell die gleichen Anforderungen für einen internen Standard wie bei der HPLC. Der interne Standard sollte ähnliche Eigenschaften wie der Analyt aufweisen. Auch sollten die Retentionszeitunterschiede zwischen internem Standard und Substanz nicht zu groß sein. Die Quantifizierung wird verfälscht, wenn die Analyse ursprünglich (vor der Standardzugabe) den internen Standard enthält. Der interne Standard sollte unter den Analysenbedingungen chemisch inert sein.

19.54 E

Alle drei Möglichkeiten sind korrekt. Die Derivatisierung kann z. B. dazu dienen, dass schlecht detektierbare Analyte in gut detektierbare Derivate überführt werden.

19.55 D

Das Funktionsprinzip des Elektroneneinfangdetektors ist in Kap. 19.4.2 dargestellt.

19.56 B

zu (1) Je größer der Durchmesser der Teilchen des Trägermaterials ist, desto **schlechter** wird die Trennleistung.

zu (2) Je dünner die Filmdicke der stationären Phase ist, desto besser ist die Trennleistung, aber desto geringer ist die Beladungskapazität für den Analyten.

zu (3) Je regelmäßiger das Trägermaterial geformt ist, desto besser ist die Auftrennung. Kugelförmiges Material eignet sich daher hervorragend. Der Ersatz von kugelförmigem Material gegen unregelmäßig geformtes führt daher zu breiten Peaks, das wirkt sich allerdings ungünstig auf die Trennleistung aus.

19.57 C

zu (1) Die Aussage ist korrekt, da die C-Zahl eines n-Alkans zum Logarithmus der Retentionszeit proportional ist. Somit lässt sich die Retentionszeit von n-Alkanen vorhersagen, wenn man die Retentionszeit von Methan kennt.

zu (2) Heptan würde vor Octan eluieren.

zu (3) ▶ Kap. 15.2.3

zu (4) Je größer die relative Retention ist, desto mehr unterscheiden sich die beiden Retentionszeiten und desto **besser** sind die Peaks getrennt.

19.58 A

▶ Kap. 19.5.1

19.59 D

Polysiloxane sind häufig benutzte Trennflüssigkeiten in der Gaschromatographie bei Verwendung von Kapillarsäulen (▶ Kap. 19.3.2).

19.60 E

Polyethylenglykole gehören zu den polaren stationären Phasen in der Gaschromatographie.

19.61 A

zu (1) Wasser, Stickstoff und Kohlendioxid lassen sich nicht verbrennen und ergeben daher kein Signal.

zu (3) Da es sich beim Flammenionisationsdetektor um einen Stoffmengendetektor handelt, ist sein Signal vom Trägergasstrom weitgehend unabhängig. Erfasst wird die umgesetzte Substanzmenge. Bei einem Detektor wie dem UV-VIS-Detektor, der ein von der Substanzkonzentration abhängiges Signal liefert, führt die Verlängerung der Verweildauer der Analyten in der Detektormesszelle z. B. durch Herabsetzung der Fließgeschwindigkeit der mobilen Phase zu einer entsprechenden Vergrößerung der Peakfläche.

19.62 C

Der Brechzahldetektor ist in der Gaschromatographie nicht einsetzbar, da keine flüssige mobile Phase verwendet wird.

19.63 B

Das Funktionsprinzip des Elektroneneinfangdetektors ist in ▶ Kap. 19.4.2 beschrieben.

19.64 C

Die Headspace-Analyse mittels Gaschromatographie eignet sich sehr gut zur Ethanolbestimmung. Dabei wird die Ethanolkonzentration im Gasraum eines auf eine bestimmte Temperatur gebrachten geschlossenen Probengefäßes bestimmt. Ethanol lässt sich nach der gaschromatographischen Auftrennung mit dem Flammenionisationsdetektor nachweisen.

19.65 B

Polyethylenglykole sind sehr polare stationäre Phasen. Bei den im Vergleich zu den Polyethylenglykolen weniger polaren Siloxanen hängt die Polarität von den Eigenschaften der Substituenten ab.

19.66 D

zu (1) und (3) Da es sich beim Flammenionisationsdetektor um einen Stoffmengendetektor handelt, ist sein Signal vom Trägergasstrom weitgehend unabhängig. Erfasst wird die umgesetzte Substanzmenge.

19.67 E

▶ Kap. 19.5.1

19.68 E

Polyethylenglykol sind typische, in der Gaschromatographie eingesetzte stationäre Phasen. Das Monomer dazu ist Ethylenglykol.

19.69 B

Methanol und Nikotin lassen sich gaschromatographisch bestimmen, da sie flüchtig sind. Die anderen Verbindungen lassen sich bei den in der Gaschromatographie üblichen Trenntemperaturen nicht verdampfen.

20 Grundlagen der Elektrochemie

20.1 E 20.1 a C

Die Zersetzungsspannung ist eine Eigenschaft des Elektrolyten und deshalb unabhängig von der angelegten äußeren Spannung. Die Zersetzungsspannung hängt von den Redoxpotentialen der im Elektrolyten gelösten Ionen ab und nicht von deren Leitfähigkeit. Die Zersetzungsspannung ist nicht gleich der Summe der Normalpotentiale von Anoden- und Kathodenreaktion, da die Elektrodenpotentiale konzentrationsabhängig sind. Zusätzlich treten bei den meisten Elektrodenreaktionen Überspannungen auf, weshalb die Zersetzungsspannung meist etwas größer ist als die Summe der Elektrodenpotentiale.

20.2 E

Alle drei Aussagen sind richtig. Die Zersetzungsspannung ist (näherungsweise) die Differenz der Elektrodenpotentiale von Anode und Kathode. Die Elektrodenpotentiale lassen sich mit der Nernst'schen Gleichung berechnen. Die Nernst'sche Gleichung beinhaltet eine Abhängigkeit von den Konzentrationen, der Temperatur und dem Normalpotential.

20.3 E

Das Redoxpotential ist von den äußeren Bedingungen wie Druck, Temperatur oder pH-Wert abhängig, weshalb die Normalpotentiale, die in der elektrochemischen Spannungsreihe aufgeführt sind, bei Standardbedingungen gemessen werden. Die Nernst'sche Gleichung beschreibt u. a. die Abhängigkeit des Redoxpotenials von der Konzentration und der Temperatur.

20.4 A

zu (A) Wenn sich eine Elektrode im elektrochemischen Gleichgewicht befindet, dann ändern sich die Konzentrationen im Elektrolyten nicht; d. h. die elektrochemische Oxidation läuft genauso schnell ab wie die elektrochemische Reduktion. Deshalb muss die anodische Stromstärke gleich der kathodischen Stromstärke sein.

zu (B), (D) Wenn die Aktivitäten von oxidierter und reduzierter Form gleich groß sind, dann ist das Elektrodenpotential gleich dem Normalpotential. Dies ist ein Sonderfall, im Gleichgewicht kann die Elektrode aber auch mit anderen Konzentrationen (Aktivitäten) sein.

zu (C) Der Begriff Halbstufenpotential stammt aus der Polarographie. Wenn im Polarogramm ein Halbstufenpotential gemessen wird, dann sind die Aktivitäten von oxidierter und reduzierter Form gerade gleich groß, die Elektrode befindet sich aber nicht im Gleichgewicht.

zu (D) Wenn die Elektroden eines galvanischen Elements polarisiert sind, dann zeigt das Element eine größere Zersetzungsspannung.

20.5 D 20.6 D

zu (A) Die negative Ladung der Elektrode wird gegenüber der Lösung durch eine Schicht aus K^+-Ionen kompensiert, sodass eine Ladungsdoppelschicht entsteht.

zu (B) Cl^--Ionen sind in der Doppelschicht nicht enthalten.

Merke

Das Potential einer Elektrode lässt sich mit der Nernst'schen Gleichung berechnen:

$$E = E^0 + \frac{RT}{nF} \ln \frac{a\,(ox)}{a\,(red)}$$

E	Elektrodenpotential
E^0	Normalpotential
R	Gaskonstante, R = 8,31441 J/(Kmol)
n	Zahl der ausgetauschten Elektronen
F	Faraday-Konstante (Ladung von 1 mol Elektronen), F = 96485 C/mol
$a(ox)$	Aktivität der oxidierten Reaktionspartner
$a(red)$	Aktivität der reduzierten Reaktionspartner

zu (C) Sie besteht einerseits aus Ladungen im Edelmetall und andererseits aus hydratisierten K^+-Ionen.

zu (D), (E) Eine elektrische Doppelschicht weist die Eigenschaften eines Kondensators auf, da dieser auch aus einer positiv und einer negativ geladenen Platte besteht. Wird eine Wechselspannung an die Elektrode angelegt, so lässt sich die Kapazität der Doppelschicht als Scheinwiderstand eines Kondensators messen.

20.7 B 20.8 B

Bei der Elektrolyse muss zusätzlich zur Gleichgewichtsspannung noch die **Überspannung** aufgebracht werden. Die Überspannung ist eine Folge der Aktivierungsenergien der Elektrodenreaktionen und tritt v. a. auf, wenn an einer Elektrode ein Gas abgeschieden wird (▶ Kap. 20.3.2).

20.9 A 20.10 E

Überspannung: Siehe Kommentar zu Frage 20.7. Leerlaufspannung: Im stromlosen Zustand kann die Leerlaufspannung gemessen werden. Sobald ein Strom durch den Elektrolyten einer galvanischen Zelle fließt, verändert sich die Spannung.

20.11 D

An einer Elektrode kann sich nur dann ein Redox-Gleichgewicht einstellen, wenn oxidierte und reduzierte Form vorhanden sind. Nur vom Redoxpaar Fe^{3+}/Fe^{2+} sind beide Reaktionspartner vorhanden. Deshalb ist diese Reaktion potentialbestimmend (▶ Kap. 24.1.2).

20.12 E

Das Elektrodenpotential lässt sich mit Hilfe der Nernst'schen Gleichung berechnen. In die Gleichung gehen das Normalpotential, die Konzentrationen bzw. Aktivitäten der oxidierten und reduzierten Form, die Faraday-Konstante sowie die Gaskonstante ein. Die Konvektion der Lösung spielt keine Rolle.

20.13 A

Metalle mit einem großen (positiven) Standardpotential sind **edel.** Sie lösen sich nicht in wässrigen Säuren, d. h. sie können nicht von H_3O^+ oxidiert werden. Metalle mit einem kleinen (negativen) Standardpotential sind **unedel.** Sie lösen sich in wässrigen Säuren, d. h. sie können von H_3O^+ oxidiert werden. Auch ohne die genauen Normalpotentiale zu kennen kann die Frage beantwortet werden, weil alle unedlen Metalle links und alle edlen rechts von Wasserstoff angeordnet sein müssen.

20.14 B

Der Elektrolyt im Stromschlüssel muss inert sein. Die Ionen dürfen also nicht an Oxidations- oder Reduktionsreaktionen beteiligt sein, da dies die Potentialdifferenz der galvanischen Zelle verfälschen würde. Häufig wird Kaliumchlorid-Lösung als Füllung des Stromschlüssels verwendet. Alle anderen zur Auswahl angegebenen Salze sind entweder oxidierbar oder reduzierbar.

20.15 A

Das Potential einer Konzentrationskette lässt sich einfach, ohne Kenntnis der Normalpotentiale, berechnen (siehe Merke). Potentialbestimmend ist die Redoxreaktion

$$Fe^{3+} + e^- \rightleftharpoons Fe^{2+}$$

Der Platindraht dient lediglich als Ableitung.

$$\Delta E = \frac{0{,}058}{n} \cdot (\lg \frac{a_1\,(ox)}{a_1\,(red)} - \lg \frac{a_2\,(ox)}{a_2\,(red)})$$

$$= \frac{0{,}058}{1} \cdot (\lg \frac{10^{-3}}{10^{-2}} - \lg \frac{10^{-2}}{10^{-1}})$$

$$= 0{,}058 \cdot (\lg 10^{-1} - \lg 10^{-1})$$

$$= 0{,}058 \cdot (-1 - (-1)) = 0{,}059 \cdot 0$$

$$= 0$$

Merke

Die Spannung zwischen den Elektroden einer Konzentrationskette ist nicht vom Normalpotential der Elektrodenreaktion abhängig:

$$\Delta E = E_1 - E_2$$

$$= E_1^0 + \frac{0{,}058}{n} \cdot \lg \frac{a_1\,(ox)}{a_1\,(red)}$$

$$-E_2^0 - \frac{0{,}058}{n} \cdot \lg \frac{a_2\,(ox)}{a_2\,(red)}$$

$$\Delta E = \frac{0{,}058}{n} \cdot \lg \left(\frac{a_1\,(ox)}{a_1\,(red)} - \lg \frac{a_2\,(ox)}{a_2\,(red)}\right)$$

Nach den Rechenregeln für Logarithmen lassen sich die Logarithmen noch zusammenziehen:

$$\Delta E = \frac{0{,}058}{n} \cdot \lg \left(\frac{a_1\,(ox)}{a_1\,(red)} \cdot \frac{a_2\,(red)}{a_2\,(ox)}\right)$$

20.16 B

Das Potential einer Konzentrationskette lässt sich einfach, ohne Kenntnis der Normalpotentiale, berechnen (siehe Merke). Potentialbestimmend ist die Redoxreaktion

$$Fe^{3+} + e^- \rightleftharpoons Fe^{2+}$$

Der Platindraht dient lediglich als Ableitung.

$$\Delta E = \frac{0{,}058}{n} \cdot \left(\lg \frac{a_1\,(ox)}{a_1\,(red)} - \lg \frac{a_2\,(ox)}{a_2\,(red)}\right)$$

$$= \frac{0{,}058}{1} \cdot \left(\lg \frac{10^{-2}}{10^{-3}} - \lg \frac{10^{-3}}{10^{-3}}\right)$$

$$= 0{,}058 \cdot (\lg 10^1 - \lg 10^0)$$
$$= 0{,}058 \cdot (1 - 0) = 0{,}058 \cdot 1)$$
$$= 0{,}058$$

20.17 E

Das Potential einer Konzentrationskette lässt sich einfach, ohne Kenntnis der Normalpotentiale, berechnen (siehe Merke). Potentialbestimmend ist die Redoxreaktion

$$Fe^{3+} + e^- \rightleftharpoons Fe^{2+}$$

Der Platindraht dient lediglich als Ableitung.

$$\Delta E = \frac{0{,}058}{1} \cdot \left(\lg \frac{10^{-4}}{10^{-2}} - \lg \frac{10^{-2}}{10^{-4}}\right)$$

$$= 0{,}058 \cdot (\lg 10^{-2} - \lg 10^2)$$
$$= 0{,}058 \cdot (-2 - 2) = 0{,}058 \cdot -4$$
$$= -0{,}232$$

20.18 A

Das Potential einer Konzentrationskette lässt sich einfach, ohne Kenntnis des Normalpotentials, berechnen (siehe Merke). Potentialbestimmend ist die Redoxreaktion

$$Fe^{3+} + e^- \rightleftharpoons Fe^{2+}$$

Der Platindraht dient lediglich als Ableitung.

$$\Delta E = \frac{0{,}058}{1} \cdot \left(\lg \frac{10^{-4}}{10^{-2}} - \lg \frac{10^{-5}}{10^{-3}}\right)$$

$$= 0{,}058 \cdot (\lg 10^{-2} - \lg 10^{-2})$$
$$= 0{,}058 \cdot (-2 + 2)$$
$$= 0$$

Das Potential ist 0 V.

20.19 B

Das Potential einer Konzentrationskette lässt sich einfach, ohne Kenntnis des Normalpotentials, berechnen (siehe Merke). Potentialbestimmend ist die Redoxreaktion

$$Fe^{3+} + e^- \rightleftharpoons Fe^{2+}$$

Der Platindraht dient lediglich als Ableitung.

$$\Delta E = \frac{0{,}058}{1} \cdot \left(\lg \frac{10^{-3}}{10^{-2}} - \lg \frac{10^{-4}}{10^{-2}}\right)$$

$$= 0{,}058 \cdot (\lg 10^{-1} - \lg 10^{-2})$$
$$= 0{,}058\,(-1 + 2)$$
$$= 0{,}058$$

Das Potential ist 0,058 V.

20.20 A

Das Potential einer Konzentrationskette lässt sich einfach, ohne Kenntnis des Normalpotentials, berechnen (siehe Merke). Potentialbestimmend ist die Redoxreaktion

$$Fe^{3+} + e^- \rightleftharpoons Fe^{2+}$$

Der Platindraht dient lediglich als Ableitung.

$$\Delta E = \frac{0{,}058}{1} \cdot (\lg \frac{10^{-3}}{10^{-3}} - \lg \frac{10^{-2}}{10^{-2}})$$
$$= 0{,}058 \cdot (\lg 100 - \lg 100)$$
$$= 0{,}058 \cdot (0 - 0)$$
$$= 0$$

Das Potential ist 0 V.

20.21 C

$$Fe^{3+} + e^- \rightleftharpoons Fe^{2+}$$

Der Platindraht dient lediglich als Ableitung.

$$\Delta E = \frac{0{,}058}{1} \cdot (\lg \frac{10^{-3}}{10^{-2}} - \lg \frac{10^{-2}}{10^{-3}})$$
$$= 0{,}058 \cdot (\lg 10^{-1} - \lg 10)$$
$$= 0{,}058 \cdot (-1 - (+1))$$
$$= 0{,}058 \cdot -2$$

Das Potential ist -0,116 V, der Betrag ist daher 0,116 V!

20.22 C

Das Potential einer Konzentrationskette lässt sich einfach, ohne Kenntnis der Normalpotentiale, berechnen (siehe Merke). Potentialbestimmend ist die Redoxreaktion

$$Cu^{2+} + 2\,e^- \rightleftharpoons Cu$$

Die Aktivität des metallischen Kupfers kann gleich Eins gesetzt werden:

$$a(Cu) = a(red) = 1$$

$$\Delta E = \frac{0{,}058}{n} \cdot (\lg \frac{a_1\,(ox)}{1} - \lg \frac{a_2\,(ox)}{1})$$

$$= \frac{0{,}058}{2} \cdot (\lg 10^{-2} - \lg 10^{-4})$$

$$= \frac{0{,}058}{2} \cdot \left(-2\,(-4)\right) = 0{,}029 \cdot 2 = -0{,}058$$

20.23 D

Das Potential einer Konzentrationskette lässt sich einfach, ohne Kenntnis des Normalpotentials, berechnen (siehe Merke). Potentialbestimmend ist die Redoxreaktion

$$Cu^{2+} + 2\,e^- \rightleftharpoons Cu$$

Die Aktivität des elementaren Kupfers kann gleich eins gesetzt werden.

$$\Delta E = \frac{0{,}058}{2} \cdot (\lg \frac{10^{-3}}{1} - \lg \frac{10^{-4}}{1})$$
$$= 0{,}029 \cdot (\lg 10^{-3} - \lg 10^{-4})$$
$$= 0{,}029 \cdot (-3 + 4)$$
$$= 0{,}029$$

Das Potential ist 0,029 V.

20.24 C

Das Potential einer Konzentrationskette lässt sich einfach, ohne Kenntnis des Normalpotentials, berechnen (siehe Merke). Potentialbestimmend ist die Redoxreaktion

$$Cu^{2+} + 2\,e^- \rightleftharpoons Cu$$

Die Aktivität des elementaren Kupfers kann gleich eins gesetzt werden.

$$\Delta E = \frac{0{,}058}{2} \cdot (\lg \frac{10^{-3}}{1} - \lg \frac{10^{-5}}{1})$$
$$= 0{,}029 \cdot (\lg 10^{-3} - \lg 10^{-5})$$
$$= 0{,}029 \cdot (-3 + 5)$$
$$= 0{,}029 \cdot 2 = 0{,}058\ V$$

Das Potential ist 0,058 V.

20.25 A

Das Potential einer Konzentrationskette lässt sich einfach, ohne Kenntnis des Normalpotentials, berechnen (siehe Merke). Potentialbestimmend ist die Redoxreaktion

$$Cu^{2+} + 2\,e^- \rightleftharpoons Cu$$

Die Aktivität des elementaren Kupfers kann gleich eins gesetzt werden.

$$\Delta E = \frac{0{,}059}{2} \cdot (\lg \frac{10^{-2}}{1} - \lg \frac{10^{-1}}{1})$$
$$= 0{,}03 \cdot (\lg 10^{-2} - \lg 10^{-1})$$
$$= 0{,}03 \cdot (-2 + 1)$$
$$= 0{,}03 \cdot -1 = -0{,}03\ V$$

Das Potential (der Betrag) ist 0,03 V.

20.26 B

Das Potential einer Konzentrationskette lässt sich einfach, ohne Kenntnis der Normalpotentiale, berechnen (siehe Merke). Potentialbestimmend ist die Redoxreaktion

$$Ag^+ + e^- \rightleftharpoons Ag$$

Die Aktivität des metallischen Silbers kann gleich Eins gesetzt werden:

$$a(Ag) = a(red) = 1$$

$$\Delta E = \frac{0{,}058}{2} \cdot (\lg \frac{a_1\,(ox)}{1} - \lg \frac{a_2\,(ox)}{1})$$

$$= \frac{0{,}058}{1} \cdot (\lg 10^{-3} - \lg 10^{-5})$$

$$= 0{,}058 \cdot (-3 - (-5)) = 0{,}058 \cdot 2$$

$$= 0{,}116$$

20.27 D

Bei einer Silber/Silberchlorid-Elektrode ist die Konzentration an potentialbestimmenden Ag^+-Ionen über das Löslichkeitsprodukt von Silberchlorid an die Chlorid-Konzentration gekoppelt. Die Nernst'sche Gleichung einer solchen Elektrode 2. Art vereinfacht sich und das Elektrodenpotential ist nur von der Chlorid-Konzentration abhängig.

$$E = const - 0{,}059 \cdot \lg a\,(Cl^-)$$

Die Konstante *const* kann aus den Angaben der Aufgabe ohne Wissen der Normalpotentials von Silber oder des Löslichkeitsprodukts berechnet werden.

$$const = E + 0{,}059 \cdot \lg a\,(Cl^-)$$
$$= 0{,}230 + 0{,}059 \cdot \lg (1)$$
$$= 0{,}230 + 0$$
$$= 0{,}230$$

Damit wird das gesuchte Potential:

$$E = const - 0{,}059 \cdot \lg a\,(Cl^-)$$
$$= 0{,}230 - 0{,}059 \cdot \lg (0{,}1)$$
$$= 0{,}230 - 0{,}059 \cdot (-1)$$
$$= 0{,}289$$

Das Potential ist 0,289 V.

20.28 B

Die Differenz der Zersetzungsspannung zu Beginn und am Ende der Elektrolyse ist gleich der Spannung an einer Konzentrationszelle, bei der eine Halbzelle eine CuSO4-Lösung von 1 mol/l und die andere eine $CuSO_4$-Lösung von $1 \cdot 10^{-6}$ mol/l enthält. Die Spannungsdifferenz ergibt sich deshalb analog zu der einer Konzentrationskette:

$$\Delta E = \frac{0{,}058}{z} \cdot (\lg \frac{a_1\,(ox)}{1} - \lg \frac{a_2\,(ox)}{1})$$

$$= \frac{0{,}058}{2} \cdot (\lg 1 - \lg 10^{-6})$$

$$= 0{,}029 \cdot (0 - (-6)) = 0{,}029 \cdot 6$$

$$= +\,0{,}175$$

Die Zersetzungsspannung ist am Ende einer Elektrolyse immer größer als zu Beginn, da die Kupfer-Abscheidung umso schwieriger ist, je weniger Cu^{2+}-Ionen im Elektrolyten sind.

20.29 D

Die Berechnung des Redoxpotentials kann mit der Nernst'schen Gleichung erfolgen. Wenn 9 % des Fe^{2+} zu Fe^{3+} oxidiert wurden, beträgt das Verhältnis der Konzentrationen (das in die Nernst'sche Gleichung einzusetzen ist):

$$\frac{c\,(Fe^{3+})}{c\,(Fe^{2+})} = \frac{9\%}{91\%} \sim \frac{1}{10}$$

Das Normalpotential ist in der Aufgabe angegeben. Als Elektrodenpotential ergibt sich:

$$E = E^0 + \frac{RT}{zF} \cdot \ln \frac{c\,(ox)}{c\,(red)}$$

$$E = 0{,}75 + 0{,}058 \cdot \lg \frac{1}{10}$$

$$= 0{,}75 + 0{,}058 \cdot (-1)$$
$$= 0{,}75 - 0{,}058$$
$$= 0{,}692$$

20.30 D

In der Lösung liegen zwei Redox-Paare vor:

$$x\,Ox_1 + z\,e^- \rightleftharpoons x\,Red_1$$
$$y\,Ox_2 + z\,e^- \rightleftharpoons y\,Red_2$$

Das Redoxpotential beider Reaktionen lässt sich zu jedem Zeitpunkt einer Titration mit der

Nernst'schen Gleichung aus den aktuellen Konzentrationen berechnen. Am Äquivalenzpunkt sind die Konzentrationen von oxidierter und reduzierter Spezies jeweils genau gleich groß. Dann haben nur noch die stöchiometrischen Faktoren einen Einfluss auf das Potential. Wenn diese auch gleich sind, dann tragen beide Redox-Paare entsprechend ihrem Normalpotential zum Potential der Elektrode bei, da die beiden Logarithmen dann gleich groß sind:

$$1: E_1 = E_1^0 + \frac{RT}{nF} \cdot \ln \frac{c^x\,(ox_1)}{c^x\,(red_1)}$$

$$2: E_2 = E_2^0 + \frac{RT}{nF} \cdot \ln \frac{c^y\,(ox_2)}{c^y\,(red_2)}$$

$$E_{gesamt} = \frac{E_1 + E_2}{2}$$

20.31 C

Der Zusammenhang zwischen der elektromotorischen Kraft (EMK) und der freien Reaktionsenthalpie lautet:

$$\Delta G = -n \cdot F \cdot \text{EMK}$$

Je größer die EMK ist, desto größer ist der Betrag der Reaktionsenthalpie. Das negative Vorzeichen resultiert aus der Definition von EMK bzw. ΔG:

- Die EMK einer elektrochemischen Reaktion, bei der Energie frei wird, ist per Definition **positiv,**
- ΔG einer chemischen Reaktion, bei der Energie frei wird, ist per Definition **negativ.**

20.32 A

zu (A) Die Leitfähigkeit einer Elektrolyt-Lösung ist vom Dissoziationsgrad abhängig, da nur geladene Teilchen zur Leitfähigkeit beitragen können. Bei schwachen Elektrolyten, die nicht vollständig dissoziiert sind, lässt sich die Leitfähigkeit mit Hilfe des Oswald'schen Verdünnungsgesetzes beschreiben. Für die Äquivalentleitfähigkeit ergibt sich:

$$\Lambda = \frac{Konst.}{\sqrt{c}}$$

20.33 D 20.33 a E

Die elektrische Leitfähigkeit einer Elektrolyt-Lösung hängt von einer Vielzahl von Parametern ab, wie z. B. Konzentration der Ionen, Ausmaß der Dissoziation des Elektrolyten, Ladungszahlen, Temperatur, Viskosität der Lösung oder Aktivitätsfaktoren der Ionen. Sie ist aber alleine eine Eigenschaft des Elektrolyten und hängt nicht von äußeren Parametern wie Form und Zellkonstante der Zelle oder der angelegten Feldstärke ab.

20.34 D

Die Leitfähigkeit einer Elektrolyt-Lösung ist umso besser, je größer die Konzentration an freien Ionen ist, je höher die Ladung n aller Ionen ist und je größer die Beweglichkeit aller Ionen ist. Eine Erhöhung der Temperatur führt zu einer verminderten Viskosität der Flüssigkeit und damit zu einer besseren Beweglichkeit der Ionen.

20.35 C

Die Feldstärke hat keinen Einfluss auf die Leitfähigkeit einer Elektrolytlösung, da diese nur von den Elektrolyten abhängt, nicht aber von den äußeren Parametern.

20.36 B

zu (B) Die Äquivalentleitfähigkeit Λ^{eq} ist die auf die Konzentration bezogene Leitfähigkeit eines Elektrolyten. Im Idealfall ist Λ^{eq} deshalb unabhängig von der Konzentration. In der Praxis ist auf Grund der Wechselwirkung zwischen den gelösten Ionen eine Konzentrationsabhängigkeit der Äquivalentleitfähigkeit festzustellen, die umso kleiner wird, je verdünnter die Lösung ist.

zu (A), (C), (D), (E) Die Äquivalentleitfähigkeit hängt von der Art und Zahl gelöster Ionen, der Temperatur, dem Dissoziationsgrad sowie vom verwendeten Lösungsmittel ab (▶ Kap. 20.4.2).

20.37 D

Die Leitfähigkeit einer Elektrolytlösung ist abhängig von:

- der Konzentration an Ladungsträgern (und damit auch vom Dissoziationsgrad der gelösten Stoffe)
- der Art und Größe der Ladungsträger (Beweglichkeit der Ionen)
- der Ladung der Ladungsträger
- der Wanderungsgeschwindigkeit der Ladungsträger

20.38 D

Siehe Kommentar zu Frage 20.34.

20.39 E

Die Leitfähigkeit einer Elektrolytlösung ist von der Art, der Größe und der Konzentration der Ionen in der Lösung abhängig. Je stärker dissoziiert der Elektrolyt ist, desto mehr Ladungsträger befinden sich in der Lösung.

20.40 D

Die elektrische Leitfähigkeit einer Elektrolyt-Lösung hängt von einer Vielzahl von Faktoren ab und ist mit Sicherheit nicht linear von der Konzentration abhängig.

20.41 E 20.42 E 20.43 E 20.44 E

OH^-- und H^+-Ionen zeigen in wässriger Lösung eine besonders große Leitfähigkeit, die weit über der aller anderen Ionen liegt. Diese sogenannte Extraleitfähigkeit kommt durch einen besonderen Mechanismus des Ladungstransports zustande (▶ Kap. 20.4.3). Da im flüssigen Wasser ein loses Netzwerk aus Wasserstoffbrücken zwischen den Wassermolekülen besteht, kann hier die Ladung wandern, ohne dass H^+-Ionen oder OH^--Ionen bewegt werden müssen (○ Abb. 20.10).

20.45 D

Bidestilliertes Wasser ist hochrein und enthält daher nur H^+ und OH^--Ionen in geringer Zahl. Ionen, wie z. B. Ca^{2+}, Mg^{2+}, Cl^-, die in anderen Wassersorten enthalten sind und zur Leitfähigkeit beitragen, fehlen hier gänzlich.

20.46 E

In Wasser wird die Ladung von einem Molekül auf das andere durch Umklappen der Wasserstoffbrücken zwischen den Molekülen übertragen. Dies führt dazu, dass H^+-und OH^--Ionen eine extrem hohe Grenzleitfähigkeit besitzen: Extraleitfähigkeit des Wassers (○ Abb. 20.10).

20.47 B

Solvatisierte Elektronen müssen z. B. durch Radiolyse erzeugt werden. Aufgrund der geringen Lebensdauer von ca. 1 µs tragen sie aber nicht zum Ladungstransport bei.

20.48 E

Die Ionenwanderungsgeschwindigkeit ist von der Ionenladung abhängig, aber unabhängig vom Vorzeichen der Ladung. Das Vorzeichen gibt nur vor, in welche Richtung das Ion wandert, Anionen zur Anode, Kationen zur Kathode. Die Wanderungsgeschwindigkeit ist jedoch bei gleichen Bedingungen gleich.

20.49 C

Die Ionenwanderung in einer Lösung kann durch verschiedene Mechanismen hervorgerufen werden. Unter Migration versteht man die Wanderung von Ionen in einem elektrischen Feld, während bei Konvektion eine Strömung, hervorgerufen durch Rühren oder Temperaturunterschiede, für die Teilchenwanderung verantwortlich ist. Als Diffusion wird die Wanderung entlang eines Konzentrationsgradienten bezeichnet.

20.50 E

Die Beweglichkeit eines Ions in wässriger Lösung hängt von seinem Radius ab. Je größer der Radius, desto stärker wird das Teilchen bei einer Bewegung im Lösungsmittel gebremst. Deshalb zeigt das Acetat-Anion von den angegebenen Ionen die kleinste Äquivalentleitfähigkeit. Ausnahmen dieser Regel gibt es bei kleinen und hochgeladenen Ionen. Bei diesen Ionen ist die Hydrathülle so fest gebunden, dass sie sich mit dem Ion mit bewegt. Dann ist der Radius des sich bewegenden Teilchens nicht der des Ions, sondern der der Hydrathülle.

20.51 D

Bei der Platinelektrode ist das Elektrodenmaterial nicht an der Redoxreaktion beteiligt, d. h. das Elektrodenmaterial ist nicht potentialbestimmend. Eine Platinelektrode nimmt das Potential einer Redoxreaktion an und leitet es ab (Ableitelektrode). Solche Elektroden werden Redox-Elektroden genannt und eignen sich zur Indikation von Redox-Titration. In der Amperometrie und der Voltammetrie wird wahlweise mit einer oder zwei Platinelektroden gearbeitet.

20.52 D

Die Überspannung der Wasserstoffabscheidung ist an einer Quecksilberkathode besonders groß. Deshalb kann z. B. in der Polarographie im negativen Potentialbereich gearbeitet werden. Ebenfalls große Überspannungen treten an Kupfer- oder Zink-Oberflächen auf. An solchen Elektroden lassen sich z. B. unedle Metalle elektrolytisch abscheiden. An Pt-Oberflächen tritt fast keine Überspannung auf, weshalb bei der Wasserstoffelektrode eine platinierte Platinelektrode zur Ableitung des Potentials verwendet wird (▶ Kap. 20.2.4).

20.53 E

zu (1), (2) und (3) Die Standard- oder Normalwasserstoffelektrode besteht aus einer inerten Platinelektrode mit einem Überzug aus fein verteiltem Platin (platiniertes Platin), die in eine saure wässrige Lösung taucht und mit Wasserstoffgas umspült wird. Die Standardbedingungen, unter denen dieser Elektrode das Potential 0 V zugewiesen wird, sind ein Druck von 1 atm, eine H_3O^+-Konzentration von 1 mol · l^{-1}.

zu (4) Als Indikatorelektroden werden Messelektroden bei Titrationen bezeichnet. Beispiele dafür sind Metallelektroden, ionensensitive Elektroden, pH-sensitive Elektroden.

20.54 D 20.55 D

Platin eignet sich besonders gut als Elektrodenmaterial, da die Überspannung der Wasserstoffabscheidung sehr klein ist. Bei Silber, Zink und Quecksilber bzw. Amalgam treten große Überspannungen auf, welche das Redoxpotential des Wasserstoffs verfälschen würden.

20.56 D

zu (1) und (2) Ionensensitive Elektroden gibt es für die wichtigsten Silbersalze Ag_2S, AgCl, AgBr, AgI und AgSCN. Diese Elektroden sind einerseits für die entsprechenden Kationen, also Silber, sensitive, sprechen aber auch auf die jeweiligen Anionen an, da diese ebenfalls im chemischen Gleichgewicht mit dem Festkörper stehen.

zu (3) In der Polarographie kommt die Quecksilbertropfelektrode zum Einsatz.

zu (4) Als Referenzelektroden werden Elektroden verwendet, deren Potential weitgehend konstant ist. Bei der Silber/Silberchlorid-Elektrode, einer Elektrode 2. Art, ist das Potential nur von der Chlorid-Ionenkonzentration abhängig. Die Chlorid-Ionenkonzentration wird durch Verwendung einer gesättigten Kaliumchlorid-Lösung sehr hoch und damit konstant gehalten.

20.57 C

zu (1) Die Silber/Silberchlorid-Elektrode ist eine Elektrode 2. Art. Das Potential ist allein von der Chlorid-Ionenkonzentration abhängig:

$E = E^0_{neu} - 0{,}059 \cdot \lg a(Cl^-)$. Dies bedeutet, dass eine Zunahme der Chlorid-Ionenkonzentration zu einer Verringerung des Potenials führt.

zu (2) Wie aus der Nernst'schen Gleichung ersichtlich, sind Elektrodenpotentiale temperaturabhängig.

zu (3) Grundsätzlich werden NaCl- und KCl-Lösungen als Elektrolyt eingesetzt.

20.58 E 20.59 D 20.60 E

$HgCl_2$ enthält eine Kalomelelektrode nicht. Bei einer Kalomelelektrode wird das Redox-Gleichgewicht zwischen Hg^+ und Hg^0 ausgenutzt. Die Oxidationszahl +2, wie im Quecksilber-(II)-chlorid

$HgCl_2$ tritt bei dieser Reaktion nicht auf. Ein Platindraht wird zur Ableitung des Potentials verwendet. Der Platindraht ist in der Kalomelelektrode **nicht** potentialbestimmend. Das metallische Quecksilber steht mit Hg^+ (in Form der Hg_2^{2+}-Molekülionen) im Gleichgewicht. Der Elektrolyt der Kalomelelektrode besteht aus einer konzentrierten KCl-Lösung. Dadurch wird die Konzentration von schwerlöslichem Kalomel (Hg_2Cl_2) konstant gehalten. Ein Bodensatz von Kalomel ist nötig, damit der Elektrolyt immer gesättigt ist.

20.61 C

Die Kalomel-Elektrode ist eine Elektrode 2. Art, bei der elementares Quecksilber mit einer Lösung von Quecksilber(I)-chlorid im Gleichgewicht steht. Wie auch bei der Silber/Silberchlorid-Elektrode wird als Elektrolytlösung zumeist eine gesättigte, wässrige Kaliumchlorid-Lösung verwendet.

20.62 C

Die Normal-Kalomelelektrode enthält einen Elektrolyten der genau 1 mol/l Kaliumchlorid enthält. Oft wird auch eine gesättigte Kalomelelektrode verwendet. Diese enthält eine gesättigte KCl-Lösung (GKE).

20.63 D 20.64 D

Der potentialbildende Vorgang ist:

$$Hg_2^{2+} + 2\,e^- \rightleftharpoons 2\,Hg^0$$

Das Potential der Kalomelelektrode ist von der Chlorid-Konzentration im Elektrolyt abhängig (Elektrode 2. Art, ▶ Kap. 23.2.3). Die Konzentration an Hg_2^{2+} ist umso kleiner, je größer die Chlorid-Konzentration ist. Deshalb zeigt die GKE ein negatives Potential gegenüber einer 0,1 N Kalomelelektrode. Kalomel: Hg_2Cl_2. Das Potential ist temperaturabhängig, da die Gleichgewichtslage aller chemischen Gleichgewichtsreaktionen temperaturabhängig ist. In der Nernst'schen Gleichung kommt die Temperaturabhängigkeit im Faktor RT/nF zur Geltung.

20.65 D

Siehe Kommentar zu Frage 20.58.

20.66 D

Potentialbestimmend sind Quecksilber und Hg_2Cl_2 als Teilnehmer an der Redox-Reaktion und die KCl-Lösung, da die Chlorid-Konzentration über das Löslichkeitsprodukt von Hg_2Cl_2 dessen Konzentration im Elektrolyt bestimmt. Die Menge an Hg und Hg_2Cl_2 in der Elektrode sind nicht von Bedeutung, da die Aktivität des Quecksilbers gleich Eins ist und die Hg^+-Konzentration durch den Chlorid-Überschuss bestimmt wird. Der Platindraht dient nur zur Ableitung.

20.67 A 20.68 A 20.69 D

Bei den Elektroden 2. Art (z. B. Kalomelelektrode, Silber/Silberchloridelektrode) wird die Konzentration der oxidierten Species durch das vorgelagerte Löslichkeitsprodukt eines schwer löslichen Salzes bestimmt und ist daher nur indirekt einstellbar.

20.70 D

Platinelektroden zählen zu den Redoxelektroden, deren Charakterisikum ist, dass ihr Elektrodenmaterial nicht an der Redoxreaktion teilnimmt. Das Elektrodenmaterial ist demnach nicht potentialbestimmend. Die Platinelektrode nimmt das Potential der in der Lösung ablaufenden Redoxreaktion an und übernimmt die Ableitung des Potentials (Ableitelektrode). Als solche wird die Platinelektrode in der Polarographie eingesetzt. Platinelektroden werden weiterhin bei der potentiometrischen Indizierung von Redoxreaktionen sowie zur Leitfähigkeitsmessung verwendet.

20.71 E 20.72 E

Als Bezugselektroden sind Elektroden mit einem exakt einstellbaren Elektrodenpotential geeignet. Die Quecksilbertropfelektrode wird in der Polarographie als polarisierbare Messelektrode verwendet.

20.73 A **20.74** A

Ionenselektive Elektroden bestehen wie die Glaselektrode aus einer Membran, in die nur ganz bestimmte Ionen eindringen können. Ionenselektive Elektroden gibt es für die wichtigsten Silbersalze Ag_2S, AgCl, AgBr, AgI und AgSCN sowie die Sulfide CuS, CdS und PbS und Lanthanfluorid (LaF_3). Diese Elektroden sind einerseits für die entsprechenden Kationen, also Silber, sensitive, sprechen aber auch auf die jeweiligen Anionen an, da diese ebenfalls im chemischen Gleichgewicht mit dem Festkörper stehen. Mit einer **Silbersulfid-Elektrode** lassen sich somit Ag^+ und S^{2-} bestimmen.

20.75 E

Elektroden 1. Art sind Elektroden aus elementarem Metall, die in eine Lösung eines ihren eigenen (leichtlöslichen) Salze tauchen (Kupfer in $CuSO_4$ oder Silber in $AgNO_3$). Bei Elektroden 2. Art tauchen elementare Metallelektroden in eine gesättigte Lösung eines eigenen schwerlöslichen Salzes (Silber in eine gesättigte Silberchlorid-Lösung oder bei der Kalomel-Elektrode Quecksilber in eine Quecksilber(I)-chlorid-Lösung). Bei Elektroden 2. Art ist die Konzentration an freien Metall-Ionen abhängig vom Löslichkeitsprodukt und damit konstant, solange ein Bodenkörper besteht.

20.76 B

zu (B) Der pH-Messung mit einer Chinhydronelektrode liegt das elektrochemische Redox-Gleichgewicht zwischen Hydrochinon und Benzochinon zugrunde.

zu (A) Auch bei Gegenwart von Sauerstoff (z. B. Luftsauerstoff) kann sich ein Redoxgleichgewicht zwischen Hydrochinon und Benzochinon einstellen. Dieses ist allerdings nicht pH-abhängig, und kann deshalb nicht zur pH-Wert-Messung verwendet werden.

zu (C) Benzochinon ist nicht in der Lage, metallisches Platin zu oxidieren. Dazu müsste das Normalpotential (Reduktionspotential) größer (positiver) sein als das von Platin.

zu (D) Der Platindraht in der in der Aufgabe beschriebenen Messvorrichtung dient lediglich zur Ableitung des Redoxpotentials des Redoxgleichgewichts von Chinhydron. Platin ist nicht potentialbestimmend.

zu (E) Das Komplexbildungs-Gleichgewicht von Chinhydron ist keine Redoxreaktion und zeigt daher auch kein Redoxpotential.

20.77 D **20.78** C **20.79 a** C **20.79 b** D **20.80** E **20.81** C **20.82** B **20.83** D

Die Messgrößen der elektrochemischen Analyseverfahren sind:

- Elektrogravimetrie: Masse der abgeschiedenen Stoffmenge,
- Potentiometrie: Elektrodenpotential,
- Konduktometrie: Leitfähigkeit des Elektrolyts,
- Coulometrie: Ladung,
- Polarographie: Diffusionsgrenzstrom,
- Voltammetrie: Spannungsabhängiger Strom.

20.84 A

zu (A) Bei der Gravimetrie wird die Masse einer in der Analyse enthaltenen zu bestimmenden Substanz durch Wiegen bestimmt. Dazu ist eine vollständige Abscheidung oder Ausfällung der Substanz erforderlich.

zu (B) Fluorimetrie ist ein emissionspektroskopisches Verfahren, mit dem der Gehalt fluoreszierender Verbindungen in einer Probe sehr genau erfasst werden kann (▶ Kap. 9).

zu (C) Kernresonanzspektroskopie ist ein spektroskopisches Verfahren zur Strukturaufklärung organischer Verbindungen (▶ Kap. 12).

zu (D) Bei der Direktpotentiometrie wird die Potentialdifferenz zwischen einer ionenselektiven Elektrode und einer Bezugselektrode stromlos gemessen. Es findet deshalb kein Stoffumsatz statt.

zu (E) Refraktometrie ist die Bestimmung des Brechungsindex, die hauptsächlich zur Identifizierung und Reinheitskontrolle von Flüssigkeiten angewendet wird (▶ Kap. 2).

20.85 A

Die pH-Wert-Messung ist der klassische Anwendungsbereich direktpotentiometrischer Bestimmungen (▶ Kap. 21.2.1, 21.5). Als pH-sensitive Indikatorelektrode wird heute fast ausschließlich eine Glaselektrode verwendet.

20.86 D **20.87** D **20.88** A **20.89** A

Bei der Konduktometrie wird die Leitfähigkeit des Elektrolyten, bei der Potentiometrie das aktuelle Potential gegenüber einer Referenzelektrode gemessen. Beide Methoden können verwendet werden, um Neutralisations-Titrationen zu verfolgen und zu indizieren. Biamperometrische Titrationen werden meist als Dead-Stop-Titrationen an zwei polarisierbaren Elektroden durchgeführt. Coulometrische Bestimmungen sind Elektrolysen, bei denen die umgesetzte Ladung zur quantitativen Auswertung herangezogen wird, der Endpunkt muss mittels eines Indikators oder einer anderen elektrochemischen Indikationsmethode bestimmt werden.

20.90 A

zu (A) **Potentiometrie** ist die leistungslose (stromlose) Potentialmessung zwischen einer Indikatorelektrode und einer Referenzelektrode.

zu (B) Die Messung des Stromes zwischen Referenz- und Indikatorelektrode wird bei der **Amperometrie** vorgenommen.

zu (C) Bei der **Biamperometrie** wird der Strom zwischen zwei polarisierbaren Indikatorelektroden gemessen.

zu (D) Eine Strom-Spannungskurve wird bei der **Polarographie** registriert.

zu (E) Leitfähigkeitsmessung führt zur **Konduktometrie.**

20.91 B

Die Messanordnung beinhaltet einen Potentiostat, mit dem ein konstantes Potential (Spannung) zwischen den Elektroden eingestellt werden kann, ein Strommessgerät und zwei polarisierbare Platinelektroden.

zu (2) Polarisierbare Elektroden werden für voltammetrische Titrationen verwendet. In diesem Fall eines Aufbaues mit Potentiostat und Strommessgerät kommt nur die Biamperometrie (Dead-Stop-Titration) in Frage (▶ Kap. 24.1.3).

zu (1) Zur Polarographie wird meist eine Hg-Tropfelektrode verwendet, an welcher ausschließlich die Diffusionspolarisation auftreten kann (▶ Kap. 26).

zu (3) Bei der Konduktometrie dürfen die Elektroden nicht polarisiert werden. Dies wird durch eine möglichst große Elektrodenfläche (Drahtnetz) und die Verwendung von Wechselstrom erreicht (▶ Kap. 25).

20.92 C **20.93** B

zu (A) Konvektion muss bei den meisten elektrochemischen Verfahren verhindert werden, da sie zu einer ungleichmäßigen Verteilung der Ionen im Elektrolyt führt. Eine gleichmäßige Konvektion kann durch kräftiges Rühren erreicht werden.

zu (B) Die Geschwindigkeit der Migration unterschiedlicher Ionen ist die Grundlage der Konduktometrie und der Elektrophorese.

zu (C) Grundlage der Polarographie ist die Diffusion der Ionen im Elektrolyt.

zu (D), (E) Dispersion und Absorption sind Begriffe der optischen und nicht der elektrochemischen Analysenmethoden.

20.94 D **20.95** C **20.96** A **20.96 a** A **20.97** D **20.97 a** D **20.98** C

In den Titrationskurven der elektrochemischen Analyseverfahren werden folgende Größen gegeneinander aufgetragen (◘ Tab. 20.1).

20.99 A

Arbeitselektrode: Dient bei elektrochemischen Reaktionen von im Elektrolyten gelösten Stoffen als Elektronenakzeptor oder –donator, ist aber an der eigentlichen Reaktion nicht beteiligt. Zu den inerten Arbeitselektroden zählen Quecksilbertropf-, Gold-, Platin- und Glaskohlenstoffelektroden

Referenzelektrode = **Bezugselektrode** = **Vergleichselektrode:** Elektroden mit einem konstanten Gleichgewichtspotential. Beispiel sind die Normalwasserstoffelektrode, und Elektroden 2. Art wie die Silber/Silberchlorid-Elektrode oder die Kalomelelektrode

Gegenelektrode = **Hilfselektrode:** Bei der 3-Elektrodenanordnung in der Polarographie fließt der Strom zwischen der QTE (Arbeitselektrode) und der Hilfselektrode (meist ein Platindraht). Die Referenzelektrode bleibt so stromlos.

Glaselektrode: Elektrode zur pH-Wert-Messung

Redoxelektrode: Elektrode aus einem inerten Metall, die an der eigentlichen Reaktion nicht teilnimmt, sondern nur den Übertrag der Elektronen ermöglicht.

Indikatorelektrode: Zeigt eine Potentialänderung im Verlauf einer potentiometrischen Titration an. Zum Einsatz kommen Redoxelektroden, pH-Elektroden oder **Ionensensitive (ionenselektive) Elektroden.**

Graphitelektrode: Gegenelektrode aus Graphit

20.100 E

Primäre aromatische Amine können gut mittels biamperometrischener Tritartion bestimmt werden (Diazotitration).

20.101 B

Organische Moleküle können nur polarographisch bestimmt werden, wenn sie reduzierbare (oder oxidierbare) Gruppen enthalten. Einzig die Nitrogruppe in Antwort B ergibt eine eindeutige polarographische Stufe.

20.102 A 20.103 D

zu (A) Amperometrische Indikation: Während der Titration wird die Spannung konstant (oberhalb des Halbstufenpotentials des Analyten) gehalten, der Analyt scheidet sich an der Elektrode ab und es kann ein Strom gemessen werden. Mit abnehmender Analytkonzentration wird der Stromfluss geringer bis er schließlich zum Erliegen kommt.

zu (B) Voltammetrische Indikation: Die Spannung wird während der Titration gemessen, wobei der Strom konstant gehalten wird. Die Spannung bleibt solange konstant, wie Analyt in der Lösung ist. Ist der Analyt komplett abgeschieden steigt die Spannung sprunghaft an.

zu (C) Konduktometrie

zu (D) Potentiometrie: Die Spannung zwischen Indikator- und Bezugselektrode wird während der Titration, möglichst stromlos, gemessen.

zu (E) Coulometrie: Aus der Ladungsmenge wird die Menge an Analyt errechnet. Der Äquivalenzpunkt muss mit anderen Methoden (z. B. Indikator) bestimmt werden.

Methode	X-Achse	Y-Achse
Amperometrie	ml zugegebener Maßlösung	Stromstärke I
Voltammetrie	ml zugegebener Maßlösung	Spannung U
Potentiometrie	ml zugegebener Maßlösung	Spannung U
Konduktometrie	ml zugegebener Maßlösung	Stromstärke I
Polarographie	Potential U zwischen Mess- und Referenzelektrode	Diffusionsstromstärke

21 Potentiometrie

21.1 C

zu (1) Die pH-Messung mit einer Glaselektrode ist die am häufigsten angewendete potentiometrische Direktbestimmung. Das Potential an der Glasmembran ist in einem großen pH-Bereich linear vom pH-Wert abhängig.

zu (2) Der pH-Wert entspricht theoretisch dem Logarithmus der Konzentration an H_3O^+-Ionen in der Lösung. Mittels einer Säure-Base-Titration kann der Säure- bzw. Basengehalt der Lösung bestimmt werden. Daraus lässt sich dann der pH-Wert berechnen.

zu (3) Eine wasserstoffumspülte platinierte Platinelektrode nimmt das Potential des Redox-Gleichgewichts zwischen Wasserstoff und H_3O^+ an:

$$H_2 + 2\,H_2O \rightleftharpoons 2\,H_3O^+ + 2\,e^-$$

Nach der Nernst'schen Gleichung hängt die Größe dieses Potentials von der H_3O^+-Konzentration und somit vom pH-Wert der Lösung ab.

zu (4) Zwischen zwei gleichen in eine Lösung eintauchenden Platinelektroden besteht keine Potentialdifferenz und somit keine messbare Spannung.

21.2 D

zu (1) Die pH-Messung mit einer Glaselektrode ist die am häufigsten angewendete potentiometrische Direktbestimmung. Das Potential an der Glasmembran ist in einem großen pH-Bereich linear vom pH-Wert abhängig.

zu (2) Prinzipiell lässt sich die H_3O^+-Konzentration auch über die Leitfähigkeit einer Lösung bestimmen (konduktometrisch). Allerdings stören dabei alle anderen gelösten Ionen, die auch zur Leitfähigkeit beitragen. Solche Messungen sind daher sehr ungenau sowie fehleranfällig und werden in der Praxis nicht durchgeführt.

zu (3) Eine Säure-Base-Titration lässt sich auch kolorimetrisch auswerten. Dabei wird die Farbintensität des Indikatorfarbstoffs während der Titration mit einer Photozelle gemessen und als Titrationskurve registriert. Der Äquivalenzpunkt kann einer solchen Kurve genauer entnommen werden, als es durch Betrachten der Lösung mit dem Auge möglich ist.

21.3 B 21.4 C 21.5. C

Mit Hilfe der angegebenen Formel kann die an einer Messkette gemessene Spannung (z. B. die Potentialdifferenz zwischen einer Glaselektrode und einer Silber/Silberchlorid-Elektrode) in den pH-Wert der Lösung umgerechnet werden. Der Gleichung liegt zugrunde, dass das Potential einer H_3O^+-sensitiven Elektrode linear vom pH-Wert abhängt. Wenn sich der pH-Wert um eine Stufe ändert, dann ändert sich das gemessene Potential jeweils um den gleichen Betrag, nämlich um 59,2 mV bei 25 °C und um 58,2 mV bei 20 °C. Die Gleichung kann aus der Nernst'schen Gleichung abgeleitet werden. Der temperaturabhängige Faktor k ist in der Ph. Eur. für verschiedene Temperaturen angegeben. Diese Werte sind allerdings nur gültig, wenn das Potential der Indikatorelektrode exakt dem Nernst'schen Gesetz gehorcht. Deshalb sollte er für jedes Messgerät bei den tatsächlichen Messbedingungen bestimmt werden.

29

21.6 A 21.7 C

Mit der Formel: $pH = pH_s - ((E - E_s)/\,k)$ lässt sich der pH-Wert einer Prüflösung ermitteln, indem die Potentialdifferenz $(E - E_s)$ zwischen der Indikatorelektrode und einer Bezugselektrode jeweils in der Prüflösung und in einer Referenz- oder Standardlösung gemessen wird. Die k-Werte können für verschiedene Temperaturen in der Ph. Eur. nachgeschlagen werden.

Die Potentialänderung pro pH-Einheit beträgt unter Normbedingungen (20 °C) 58,2 mV. Eine Potentialdifferenz von 29 mV entspricht demnach einer Änderung um 0,5 pH-Einheiten, von 7 nach 7,50.

21.8 D

Die pH-Bestimmung mit einer Glaselektrode beruht auf der Ausbildung eines pH-abhängigen Potentials an der Oberfläche der Glasmembran (▶ Kap. 21.2.1).

zu (A) Die innere Bezugselektrode dient zur Messung des Potentials an der inneren Oberfläche der Glasmembran. Das Potential dieser Ableitung **muss** konstant sein. Als Ableitelektrode wird daher meist ein mit Silberchlorid überzogener Silberdraht verwendet, der das Potential einer Ag/AgCl-Elektrode zeigt (Elektrode 2. Art).

zu (B) Die Potentialdifferenz an der inneren Grenzfläche innerer Elektrolyt/Glasmembran ist pH-abhängig. Dieses Potential kann konstant gehalten werden, wenn als innerer Elektrolyt eine Pufferlösung verwendet wird.

zu (C) Innerhalb der Glasmembran bildet sich kein Potential aus, da die Hydronium-Ionen des Elektrolyten nicht tief in das Glas eindringen können.

zu (D) Auf Grund der Diffusion von H_3O^+-Ionen in die Quellschicht an der Oberfläche der Glasmembran bildet sich an der äußeren Oberfläche ein pH- abhängiges Potential aus.

zu (E) Das Potential U5 ist das Potential der Referenzelektrode, das während der Messung in jedem Fall konstant bleiben muss.

21.9 B 21.10 A

Die pH-Empfindlichkeit des Potentials einer Glaselektrode beruht auf der Tatsache, dass aus der Quellschicht an der Glasoberfläche Na^+-Ionen herausgelöst und durch H_3O^+-Ionen ersetzt werden. Die aktuelle Konzentration an H_3O^+-Ionen in der Quellschicht hängt dann von der Konzentration der H_3O^+-Ionen in der Messlösung ab. Liegt im Elektrolyten eine hohe Konzentration von Na^+-Ionen vor, dann können diese wieder in die Quellschicht einwandern und somit die pH-Abhängigkeit des Potentials der Glaselektrode verfälschen. Diese Abweichung wird als Alkalifehler bezeichnet. Im stark sauren Bereich kommt es zu Abweichungen der pH-Abhängigkeit des Potentials vom idealen Verlauf. Dieser sog. Säurefehler führt dazu, dass bei pH-Werten deutlich unterhalb von Eins ein zu großer pH-Wert gemessen wird. Deshalb ist in der Ph. Eur. eine Reihe von Standardpufferlösungen zur Kalibrierung einer Glaselektrode angegeben, deren pH-Werte im optimalen Messbereich einer Glaselektrode (pH = 1 bis 12) liegen.

zu 21.9 (3) Bidestilliertes Wasser eignet sich aufgrund seiner Ionenarmut und dem daraus resultierenden hohen Widerstand nicht zur Kalibrierung einer Glaselektrode.

zu 21.10 (B) Als Standardlösungen werden immer Pufferlösungen und nie reine Säuren oder Basen verwendet.

21.11 C

Nur die äußere Oberfläche der Glaselektrode steht mit der Messlösung in Kontakt. Hier bildet sich durch Diffusion von H_3O^+-Ionen in die Quellschicht an der Oberfläche der Glasmembran ein Potential aus, das vom pH-Wert der Messlösung abhängt. Aller anderen in der Aufgabe genannten Potentiale müssen zur Messung konstant gehalten werden.

21.12 D

Die Diffusionsgeschwindigkeit der Ionen an den Elektroden spielt in der Potentiometrie keine Rolle, da sich zur Messung alle Elektrodenreaktionen im Gleichgewichtszustand befinden müssen. Probleme können auftreten, wenn die Diffusionsgeschwindigkeit der Ionen zu klein ist. Dann muss mit der Messung gewartet werden, bis sich die Gleichgewichtskonzentrationen aller an der Elektrodenreaktion beteiligten Spezies eingestellt haben. Dies führt zu langen Ansprechzeiten v. a. bei Feststoffmembranelektroden und manchmal auch bei Glaselektroden. Diffusionspotentiale können am Diaphragma oder an der Salzbrücke auftreten, wenn die verschiedenen Ionen im Elektrolyten stark unterschiedliche Diffusionsgeschwindigkeiten besitzen.

21.12 a B 21.12 b B 21.12 c C 21.12 d E

Die pH-Empfindlichkeit des Potentials einer Glaselektrode beruht auf der Tatsache, dass aus der Quellschicht an der Glasoberfläche Na^+-Ionen herausgelöst und durch H_3O^+-Ionen ersetzt werden. Die aktuelle Konzentration an H_3O^+-Ionen in der

Quellschicht hängt dann von der Konzentration der H_3O^+-Ionen in der Messlösung ab. Liegt im Elektrolyten eine hohe Konzentration von Na^+-Ionen vor, dann können diese wieder in die Quellschicht einwandern und somit die pH-Abhängigkeit des Potentials der Glaselektrode verfälschen. Diese Abweichung wird als Alkalifehler bezeichnet. Auch im stark sauren Bereich kommt es zu Abweichungen der pH-Abhängigkeit des Potentials vom idealen Verlauf. Dieser sog. Säurefehler führt dazu, dass bei pH-Werten deutlich unterhalb von Eins ein zu großer pH-Wert gemessen wird.

21.13 E

Der elektrische Widerstand einer Glasmembran ist grundsätzlich sehr hoch. Das bedeutet, dass der Innenwiderstand der Glaselektrode im MΩ-Bereich liegt.

21.14 B

Die Potentialänderung pro pH-Einheit beträgt unter Normbedingungen (20 °C) 58,2 mV bzw. 59,2 mV (25 °C), also ungefähr 0,06 V. Eine Änderung von 0,1 pH-Einheiten führt daher zu einer Spannungsänderung von 0,006 V oder 6 mV, d. h. das Messgerät sollte eine Ablesegenauigkeit von 1 mV besitzen.

21.15 D 21.16 D

Zur pH-Wert-Messung können prinzipiell alle Elektroden verwendet werden, deren Potential vom pH-Wert des Elektrolyten abhängt. In wässriger Lösung sind viele Redox-Gleichgewichte von der H_3O^+-Konzentration und damit vom pH-Wert abhängig. Zur Messung finden v. a. die Elektroden Verwendung, die apparativ einfach und unempfindlich sind und deren Potential reproduzierbar ist:

- Glaselektrode: Messung der H_3O^+-Konzentration auf Grund der Diffusion der Hydronium-Ionen in die Quellschicht der Glasmembran (▶ Kap. 21.2.1).
- Wasserstoffelektrode: Messung des Potentials der Redox-Gleichgewichts von Wasserstoff (▶ Kap. 20.2.4): $H_2 + 2\,H_2O \rightleftharpoons 2\,H_3O^+ + 2\,e^-$
- Chinhydron-Elektrode: Messung des Potentials des Redox-Gleichgewichts von Benzochinon und Hydrochinon (▶ Kap. 20.2.4).
- Antimon-Elektrode: Messung des Potentials des Redox-Gleichgewichts von Antimon und Antimonoxid. Nicht verwendet können die folgenden, in den Aufgaben vorgeschlagenen Elektroden:
- Silber-Elektrode: Das Potential der Metallabscheidung ist nicht vom pH-Wert des Elektrolyten abhängig. Die Reaktionsgleichung lautet: $Ag^+ + e^- \rightleftharpoons Ag$
- Silber/Silberchlorid-Elektrode: Die Ag/AgCl-Elektrode ist eine Elektrode 2. Art. Sie weist ein konstantes Elektrodenpotential auf und wird deshalb als Referenzelektrode verwendet.
- Normalwasserstoff-Elektrode: Die Normalwasserstoff-Elektrode ist eine Referenzelektrode. Ihr Potential ist per Definition genau Null V. Der pH-Wert des Elektrolyten der Elektrode ist genau festgelegt (pH = 0); sie kann daher nicht als Indikatorelektrode verwendet werden.

21.17 E

Fast jede Titration ist potentiometrisch auswertbar, Voraussetzung ist nur, dass das Potential zwischen der Indikator- und der Referenzelektrode von der Konzentration einer an der Titration beteiligten Substanz abhängig ist. Bei Fällungstitrationen kommt es zur Ausfällung eines schwerlöslichen Salzes und damit zu einer Konzentrationsänderung des entsprechenden Metallions. So kann mit Hilfe einer einfachen Metallelektrode die Konzentrationsänderung verfolgt werden. Ähnliches gilt für Komplextitrationen, da hier im Komplex gebundene Metallionen eine andere Aktivität besitzen wie freie Metallionen. Zur Verfolgung von Redoxtitratonen wird meist eine Platinelektrode in Kombination mit einer klassischen Referenzelektrode (Kalomel- oder Silber/Silberchlorid-Elektrode) verwendet.

zu (1) Elektrochemisch inaktive Teilchen lassen sich potentiometrisch in der Regel nicht erfassen.

21.18 D 21.19 D

Prinzipiell können zur Bestimmung des pH-Werts alles Elektroden als Indikator- oder Messelektroden eingesetzt werden, deren Potential von der H_3O^+-Konzentration in der Elektrolytlösung abhängig ist. Dazu zählt natürlich die Wasserstoffelektrode, deren Verwendung aufgrund der technischen Schwierigkeiten stark eingeschränkt ist. Hauptsächlich wird eine Glaselektrode zur pH-Wertbestimmung eingesetzt (siehe Kommentar zu Frage 21.12 a). Die Antimonelektrode besteht aus einem Antimondraht, der mit Antimon(III)-oxid beschichtet ist. Es handelt sich um eine Elektrode 2. Art mit folgender Elektrodenreaktion: $Sb(OH)_3 + 3\,H^+ + 3\,e^- \rightleftharpoons Sb + 3\,H_2O$. Aus der Reaktionsgleichung wird ersichtlich, dass diese Elektrodenreaktion die pH-abhängig ist und daher diese Elektrode zur pH-Wertbestimmung eingesetzt werden kann.

Das Potential der Chinhydron-Elektrode ist ebenfalls vom pH-Wert der Lösung abhängig (▶ Kap. 20.2.4).

Von allen in der Aufgabe genannten Elektroden sind nur bei der Kalomel-Elektrode keine Protonen an der Elektrodenreaktion beteiligt, da hier Quecksilber(I)-chlorid (Kalomel) im Gleichgewicht mit elementarem Quecksilber steht.

21.20 D

Jedes Redox-Gleichgewicht, an dessen Reaktionsgleichung die zu bestimmende Ionensorte beteiligt ist, kann zur Bestimmung dieser Ionensorte verwendet werden.

zu (A) An einem Silberdraht kann sich das Redox-Gleichgewicht

$$Ag^+ + e^- \rightleftharpoons Ag$$

einstellen. Eine solche Silberdraht-Elektrode ist deshalb zur Bestimmung der Ag^+-Konzentration im Elektrolyten geeignet (z. B. bei der argentometrischen Fällungstitration von Halogeniden, ▶ Kap. 21.4.2).

zu (B) Die pH-Messung mit einer Glaselektrode ist die am häufigsten angewendete potentiometrische Direktbestimmung, da das Potential an der Glasmembran vom pH-Wert abhängig ist.

zu (C) Da das Potential der Wasserstoff-Elektrode von der Hydronium-Konzentration abhängig ist, kann seine Messung zur pH-Bestimmung verwendet werden:

$$H_2 + 2\,H_2O \rightleftharpoons 2\,H_3O^+ + 2\,e^-$$

In der Praxis wird die Elektrode allerdings nicht verwendet, da sie zu störanfällig ist (▶ Kap. 21.1.2).

zu (E) Eine Platin-Elektrode kann wie die Silber-Elektrode zur Messung der Platin-Ionenkonzentration im Elektrolyten verwendet werden. Meist werden Platinelektroden aber als inerte (d. h. nicht potentialbestimmende) Elektroden zur Ableitung eines Redoxpotentials eingesetzt. Die Elektrode nimmt das Potential eines Redox-Paares im Elektrolyten an, wenn sich keine Platin-Ionen in der Lösung befinden.

zu (D) Die Normalwasserstoff-Elektrode ist eine Referenzelektrode. Ihr Potential ist per Definition genau Null V. Der pH-Wert des Elektrolyten der Elektrode ist genau festgelegt (pH = 0); sie kann daher nicht als Indikatorelektrode verwendet werden.

21.21 A

Die Messgröße in der Potentiometrie ist die Potentialdifferenz (in V) zwischen einer Indikator- und einer Referenzelektrode. Die Messung der Potentialdifferenz muss immer stromlos erfolgen, denn sobald Strom fließt, läuft eine Elektrodenreaktion ab, die wiederum mit Konzentrationsänderungen in der Elektorlytlösung einhergeht.

zu (B) Die Messung des Stromflusses zwischen einer Indikator- und einer Referenzelektrode bei konstanter Spannung wird als Amperometrie bezeichnet (▶ Kap. 24.1.1).

zu (C) Die Messung des Stromflusses zwischen zwei Indikatorelektroden bei konstanter Spannung wird als Biamperometrie bezeichnet (▶ Kap. 24.1.1).

zu (D) Die Messung des Stromflusses zwischen einer Indikator- und einer Referenzelektrode bei Veränderung der Spannung ist, bei Verwendung einer QTE, die klassische Polarographie (▶ Kap. 23).

zu (E) Die Messung der Leitfähigkeit wird als Konduktometrie bezeichnet (▶ Kap. 22).

21.22 D

Unter der Annahme, dass die Redox-Reaktion

$$Fe^{3+} + e^- \rightleftharpoons Fe^{2+}$$

potentialbestimmend ist, gilt die Nernst'sche Gleichung:

$$E = E^0 + 0{,}058 \cdot \lg \frac{c\,(Fe^{3+})}{c\,(Fe^{2+})}$$

Umgeformt ergibt sich:

$$\frac{E - E^0}{0{,}058} = \lg \frac{c\,(Fe^{3+})}{c\,(Fe^{2+})}$$

$$\lg \frac{c\,(Fe^{3+})}{c\,(Fe^{2+})} = \frac{0{,}3}{0{,}06} = \frac{30}{6} = 5$$

Damit ist das Verhältnis der Konzentrationen 10^5.

21.23 D

Es ist die Titrationskurve einer schwachen einwertigen Säure. Der Wendepunkt bei pH = 4,2 gibt den pK_S-Wert der Säure an.

Bei der Titration einer starken Säure tritt dieser Wendepunkt nicht auf.

zu (A), (B), (C), (E) Bei der Titration von mehrwertigen Säuren sind auch mehrere Äquivalenzpunkte zu erwarten.

21.24 B

Ein Beispiel für die hier angeführte Titration mit Silbernitrat-Lösung ist die Bestimmung von Halogeniden. Die zugegebenen Silber-Ionen werden sofort als Silberhalogenide ausgefällt, weshalb die Aktivität der Silber-Ionen zu Beginn der Titration sehr gering ist. Erst wenn alle Halogenid-Ionen ausgefällt wurden, d. h. am Äquivalenzpunkt, kommt es zu einem sprunghaften Anstieg der Silber-Ionenaktivität, wie in Antwort B gezeigt.

21.25 C

Platin eignet sich am besten, da die Überspannung der Wasserstoffabscheidung an Platin sehr klein ist. V. a. an Quecksilber- und Kupferoberflächen ist die Überspannung sehr groß. Das bedeutet, dass für die Reduktionsreaktion eine Aktivierungsenergie nötig ist. Das Redox-Gleichgewicht kann sich dann an der Elektrode nicht einstellen und es wird ein falsches Potential wiedergegeben.

21.26 D

Bei der potentiometrischen Indikation können Metallelektroden oder ionensensitive Elektroden eingesetzt werden. Vorwiegend werden Platin-, aber auch Gold-Elektroden verwendet.

21.27 C

zu (1) Es handelt sich um eine Säure-Base-Titration, das Chlorid-Ion ist an der Neutralisationsreaktion nicht beteiligt.

zu (2) Ja, das tertiäre Amin im Chinuclidin-Ring ist stärker basisch, als das aromatische Stickstoffatom im Chinolin-Ring.

zu (3) Nein, es handelt sich bei der Reaktion zwischen Salzsäure und Natronlauge um eine 1:1 Umsetzung

zu (4) Hydrochloride lassen sich in wasserfreier Lösung mit Perchlorsäure bestimmen.

21.28 D

zu (1) und (2) Das tertiäre Amin im Chinuclidin-Ring ist stärker basisch, als das aromatische Stickstoffatom im Chinolin-Ring.

zu (3) und (4) Es wird das N-Atom im Chinolin-Ring (x2, da 2 Chinin-Moleküle vorliegen) wie auch das Sulfat protoniert, wobei die Protonierung des Sulfats nur bis zum Hydrogensulfat abläuf. In Summe werden also 3 Äquivalente Perchlorsäure verbaucht.

21.29 D

Kaliumchlorid ist als Elektrolyt bei dieser Titration nur schlecht geeignet, das ausfallendes Kaliumperchlorat das Diaphragma verstopfen kann. Lithiumperchlorat ist dagegen leichtlöslich, weshalb Kaliumchlorid gegen Lithiumchlorid ausgetauscht wird. Die schwerlöslichen Salze Bariumsulfat, Silberchlorid und Calciumfluorid sind als gänzlich ungeeignet.

21.30 D 21.31 D

Die bekannteste ionenselektive Elektrode ist die Glaselektrode zur Bestimmung des pH-Werts. Im Prinzip sind ionenselektive Elektroden vergleichbar aufgebaut. Nur eine Ionensorte ist in der Lage in die Membran (Glas-, Feststoff- oder Flüssigmembran) einzudringen. Je nach Ausgestaltung der Membran können Kationen (Silbersulfid-Elektrode) oder Anionen (Lanthanfluorid-Kristall zur Bestimmung von Fluorid-Ionen) bestimmt werden. Die Glas- wie auch die Silbersulfidelektrode können so modifiziert werden, dass damit auch andere Ionen bestimmbar sind.

21.32 E

zu (1) Wasserstoff-Ionen und Fluorid-Ionen bilden undissoziierte Verbindungen wie z. B. HF, HF_2^- usw. Das bedeutet, dass mit abnehmendem pH-Wert der Lösung die Aktivität der freien Fluorid-Ionen abnimmt.

zu (2) Hydroxid-Ionen können sich an die Bindeplätze für F^- anlagern (Bildung von $La(OH)_3$) und damit die Gegenwart von Fluorid-Ionen in der Lösung vortäuschen. Deshalb muss die Hydroxid-Ionenkonzentration gering halten (pH < 5)

zu (3) Das Löslichkeitsprodukt von Lanthanfluorid ist mit $KL = 1 \cdot 10^{-29}$ $mol^4 \cdot L^{-4}$ sehr gering, jedoch ist die Substanz nicht absolut unlöslich in Wasser ist. Nach dem Eintauchen des Lanthannitrat-Kristalls in eine wässrige Lösung stellt sich ein Gleichgewicht ein, welches von der in Lösung vorliegenden Aktivität vorhandener Fluoridionen abhängt. In Abhängigkeit von der Fluorid-Ionenkonzentration werden entweder Fluoridionen aus der Kristalloberfläche herausgelöst oder angelagert. Bei sehr geringer Fluoridkonzentration macht sich die Löslichkeit des LaF_3 störend bemerkbar.

21.33 B

Bei potentiometrischen Verfahren wird das Potential im Verlauf der Titration über den Äquivalenzpunkt hinaus registriert. In einem Diagramm werden die gemessenen Spannungen gegen die zugegebene Menge an Maßlösung aufgetragen. Daraus lässt sich der Endpunkt sehr genau ablesen.

21.34 D

Die sauren Aminosäuren Glutaminsäure besitzen drei pK_S-Werte: Zwei im sauren Bereich (von den beiden COOH-Gruppen $pK_{S1} = 2{,}13$, $pK_{S2} = 4{,}23$) und einen im basischen Bereich (NH_2-Gruppe $pK_{S3} = 9{,}95$). Der erste Potentialsprung ist zwischen pK_{S1} und pK_{S2} zu erkennen. Dieser ist jedoch nur gering ausgeprägt, da die Differenz zwischen pK_{S1} und pK_{S2} nur gering ist. Der 2. Potentialsprung zwischen pK_{S2} und pK_{S3} dagegen ist deutlich zu erkennen.

21.35 C

Bei der Direkt-potentiometrischen Bestimmung von Ca^{2+}-Ionen wird das Elektrodenpotential einer (möglichst selektiven) Indikatorelektrode bestimmt. Das Elektrodenpotential gehorcht dem Nernst'schen Gesetz und ist damit direkt abhängig von der Aktivität der Ca^{2+}-Ionen (▶ Kap. 21.2).

22 Konduktometrie

22.1 D

zu (A) Die Leitfähigkeit einer HCl-Lösung ist bedeutend größer als die einer NaCl-Lösung, weil die Leitfähigkeit von H_3O^+- und OH^--Ionen um vieles größer ist als die aller anderen Ionen in wässriger Lösung (Extraleitfähigkeit, ▶ Kap. 20.4.3).

zu (B) Die Wanderungsgeschwindigkeit ist von der Ladung **und** vom Radius der Ionen abhängig.

zu (C) Die Leitfähigkeit nimmt mit zunehmender Verdünnung ab, da die Zahl der Ladungsträger kleiner wird.

zu (D) Die Äquivalentleitfähigkeit nimmt mit zunehmender Verdünnung zu, da die störende Wechselwirkung der gelösten Ionen untereinander kleiner wird. Die Äquivalentleitfähigkeit berechnet sich aus der Leitfähigkeit, indem durch die Konzentration geteilt wird:

$$\Lambda^{eq} = \kappa / n \cdot c$$

Λ^{eq}: Äquivalentleitfähigkeit
κ: Leitfähigkeit
n: Ladungszahl der Ionen
c: Konzentration in mol/ml

22.2 D 22.3 D 22.4 D

Zur konduktometrischen Indikation einer Titration eignen sich am besten inerte Ableitelektroden, die selbst kein Potential ausbilden. In einer Lösung, die frei von Platin-Ionen ist, zeigt ein eingetauchter Platindraht kein eigenes Elektrodenpotential.

22.5 D

Bei der Konduktometrie wird grundsätzlich mit Wechselstrom gearbeitet, um einem Stoffumsatz an den Elektroden, also einen elektrolytischen Vorgang, zu unterbinden.

22.6 C 22.7 E

Die Konzentration der Natrium-Ionen nimmt von Beginn an mit dem Verlauf der Titration linear zu, da diese mit der Maßlösung zugesetzt werden. Hydroxyl-Ionen treten erst nach Überschreiten des Äquivalenzpunktes in nennenswertem Ausmaß auf, da deren Konzentration über das Autoprotolyse- Gleichgewicht des Wassers direkt an den pH-Wert gekoppelt ist.

22.8 C

zu (A) Eine (im Betrag) zunehmende Gleichspannung wird bei der Polarographie an die Elektroden angelegt.

zu (B) Die Polarisation der Elektroden wird bei der Konduktometrie durch die Verwendung von Wechselstrom verhindert.

zu (C) Die Leitfähigkeit wird **immer** mit Wechselstrom gemessen. Zur Konduktometrie ist der Wechselstrom niederfrequent (ca. 1000 Hz), sodass die Leitfähigkeit der von Gleichstrom entspricht.

Zur Oszillometrie wird hochfrequenter Wechselstrom (ca. 1 MHz) verwendet, sodass die Wechselstromleitfähigkeit bestimmt wird, die sich von der Gleichstromleitfähigkeit unterscheidet.

zu (D) Bei den coulometrischen Verfahren wird die Messung der Ladung als Maß für den Stoffumsatz verwendet.

zu (E) Ein Leitsalz wird in der Polarographie verwendet um die Migration als Quelle der Polarisation auszuschließen. Bei einer konduktometrischen Messung ist ein Leitsalz störend, da eine hohe Grundleitfähigkeit des Elektrolyten nicht erwünscht ist.

22.9 D

Simultantitration einer starken und einer schwachen Säure ▶ Kap. 22.3.3. Der erste Teil der Kurve entspricht der Titration einer starken Säure, da die Dissoziation der schwachen Säure zurückgedrängt ist. Nach Überschreiten des ersten Äquivalenzpunktes gleicht die Kurve der Titrationskurve einer schwachen Säure mit einem flachen Äquivalenzpunkt.

22.10 B

Die Titrationskurve bei der Neutralisation einer starken Säure mit einer starken Base lässt sich einfach beschreiben. Zu Beginn der Titration liegen H_3O^+-Ionen und Cl^--Ionen in der Lösung vor. Dabei tragen in erster Linie die H_3O^+-Ionen zur Leitfähigkeit der Lösung bei (siehe Extraleitfähigkeit von Wasser, ▶ Kap. 20.4.3). Durch Zusatz von Natronlauge werden H_3O^+-Ionen verbraucht und durch Na^+-Ionen ersetzt. Obwohl die Gesamtzahl an Ionen gleich bleibt, nimmt die Leitfähigkeit der Lösung bis zum Erreichen des Äquivalenzpunktes ab, da die Äquivalentleitfähigkeit der Na^+-Ionen geringer ist als die von H_3O^+. Nach Überschreiten des Äquivalenzpunktes steigt neben der Na^+-Ionenkonzentration auch noch die OH^--Ionenkonzentration an und damit steigt auch die Leitfähigkeit der Lösung wieder. Daraus resultiert die Titrationskurve, die in Lösung B angegeben ist.

22.11 D 22.11 a C

Im Fall der Rücktitration (22.11b) handelt es sich um die Neutralisation von Salzsäure mit Natronlauge (siehe Kommentar zu Frage 22.10). Der Anstieg nach dem Äquivalenzpunkt ist geringer ausgeprägt, da die Äquivalentleitfähigkeit der Hydroxidionen deutlich geringer ist, als die der Oxonium-Ionen.

Bei der direkten Titration (22.11a) verhält es sich genau umgekehrt. Die Abnahme der Leitfähigkeit der Lösung ist geringer ausgeprägt, da zu Beginn der Titration nur Na^+-Ionen und Hydroxidionen in der Lösung vorliegen. Durch Zugabe von Salzsäure werden die Hydroxidionen durch Cl^--Ionen ersetzt und die Leitfähigkeit der Lösung nimmt ab. Der Anstieg der Leitfähigkeit nach Überschreiten des Äquivalenzpunktes ist deutlich stärker, da nun wieder Oxoniumionen in der Lösung vorliegen.

22.12 E

Bei der Titration einer schwachen Säure mit Natronlauge muss die geringe Dissoziation der Säure zu Beginn berücksichtigt werden. Die Zugabe von Natronlauge führt nun dazu, dass die wenigen Oxoniumionen neutralisiert werden, wodurch die Leitfähigkeit der Lösung zunächst abnimmt. Bei weiterer Zugabe von Natronlauge verringert sich die Konzentration der undissoziierten Säure, die keinen Beitrag zur Leitfähigkeit leistet, und die Konzentration der korrespondierenden Base steigt an. Dies führt zu einem leichten Ansteigen der Leitfähigkeit bis zum Äquivalenzpunkt. Nach Überschreiten des Äquivalenzpunktes steigt die Leitfähigkeit deutlich an, da nun überschüssige Natronlauge bzw. Hydroxidionen in der Lösung vorliegen.

23 Voltammetrische Verfahren; Polarographie

23.1 C

Der Schreiber ist bei der Polarographie an ein Ampèrometer gekoppelt, das den Strom misst, der durch die Messzelle fließt. Das Strommessgerät muss deshalb in den Stromkreis integriert sein. Die eingezeichnete Schaltung ist nur sinnvoll, wenn (C) ein Spannungsmessgerät ist, das die aktuelle Spannung zwischen Mess- und Referenzelektrode misst.

23.2 D

Der Innenwiderstand eines Spannungsmessgerätes muss sehr groß sein, damit kein nennenswerter Strom durch das Gerät fließt. Dieser würde das Potential an den Elektroden verfälschen.

23.3 B

zu (B) Das Halbstufenpotential ist identisch mit dem Redoxpotential, wenn es gegen eine **Wasserstoffelektrode** gemessen wird. Wird eine gesättigte Kalomelelektrode (GKE) als Referenz verwendet, dann werden alle Halbstufenpotentiale um das Potential der GKE (= 0,241 V) verschoben.

23.4 E

Bei der Polarographie werden Strom-Spannungskurven aufgezeichnet, wobei die Spannung kontinuierlich verändert und die Stromstärke gemessen wird. Dabei wird meist eine Drei-Elektroden-Anordnung verwendet: Quecksilbertropf-Elektrode (QTE) als Arbeitselektrode, Platin-Elektrode oder der Quecksilbersee am Boden der Messzelle als Hilfselektrode und eine Kalomel- oder eine Silber/Silberchlorid-Elektrode als Referenzelektrode. Der Analyt in direkter Umgebung der QTE wird bei ausreichendem Potential reduziert. Daraus resultiert ein Konzentrationsgradient zwischen der Umgebung um die QTE und der restlichen Elektrolytlösung. Dieser Konzentrationsgradient wird durch Diffusion ausgeglichen, weshalb der maximale Stromfluss diffusionsabhängig und damit auch konzentrationsabhängig ist.

23.5 D

Ein anodischer Strom bedeutet, dass an der Quecksilberelektrode eine elektrochemische Oxidation abläuft (Definition: An der Anode findet immer eine elektrochemische Oxidation, an der Kathode immer eine elektrochemische Reduktion statt). Abscheidung von Metallen, die den größten Teil polarografischer Bestimmungen ausmachen, sind Reduktionen, sodass an der Hg-Elektrode ein kathodischer Strom fließt:

$$\text{Reduktion: } Me^{n+} + n\,e^- \longrightarrow Me^0$$

Nur in wenigen Ausnahmefällen wird eine Hg-Elektrode als Anode verwendet, da die Auflösung des Quecksilbers den Arbeitsbereich einschränkt.

zu (A) Ascorbinsäure kann durch elektrochemische **Oxidation** polarografisch bestimmt werden. Dabei ist die Hg-Elektrode die Anode der Zelle.

zu (B) Die Auflösung eines Metalls ist eine Oxidationsreaktion.

zu (C) Bei der anodischen Oxidation gehen Elektronen von den umgesetzten Ionen auf die Elektrode über.

zu (D) Ein anodischer Strom an der Quecksilbertropfelektrode tritt immer dann auf, wenn die Elektrode gegenüber der Gegenelektrode ein positives Potential besitzt (d. h. zur Analyse wird eine positive Spannung an die Tropfelektrode angelegt). Das sagt aber nichts darüber aus, wie groß das Elektrodenpotential gegenüber einer Kalomelelektrode ist. Das Potential der zu bestimmenden Oxidationsreaktion kann gegenüber der GKE trotzdem noch negativ sein.

zu (E) Der anodische Grenzstrom kann ebenso wie der kathodische diffusionskontrolliert sein.

23.6 D

zu (A) In der Lösung gelöst vorliegender Sauerstoff muss entfernt werden, da sonst zwischen 0 V und –1 V zwei polarografische Stufen der Reduktion von elementarem Sauerstoff zu H_2O_2 und Wasser registriert werden.

zu (B) Die Temperatur beeinflusst den Diffusionsgrenzstrom und muss daher konstant gehalten werden. Die Temperatur selbst ist kein Parameter in der Ilkovič-Gleichung, allerdings ist z. B. der Diffusionskoeffizient temperaturabhängig.

zu (C) Eine Trübung der Lösung beeinflusst die Messung nicht.

zu (D) Bei der Polarographie erfolgt der Stofftransport zur Quecksilbertropfelektrode hin durch Diffusion. Alle anderen Transportmechanismen müssen vermieden werden.

zu (E) Der Zusatz eines Leitelektolyten/Leitsalzes soll die Migration verhindern.

23.7 A 23.8 B

Der Zusatz von Kaliumchlorid soll die Migration verhindern (▶ Kap. 20.4.1).

Migration ist die Überführung geladener Teilchen im elektrischen Feld (Anionen zum Minuspol, Kationen zum Pluspol).

Als **Konvektion** wird die Bewegung des gesamten Elektrolyten (d. h. des Lösungsmittels), z. B. durch Rühren, bezeichnet.

Diffusion bewirkt den spontanen Konzentrationsausgleich innerhalb eines Elektrolyten, auf den sonst kein Einfluss ausgeübt wird (wie Rühren oder Anlegen eines elektrischen Feldes).

23.9 B

Bei der Polarographie wird die Ionenkonzentration durch Messung des Diffusionsgrenzstroms bestimmt. In der Diffusionsgrenzschicht beruht die Ionenwanderung fast ausschließlich auf Diffusion. Nur dann gilt die Ilkovič-Gleichung, nach der die Größe des Diffusionsgrenzstroms proportional zur Konzentration im Elektrolyten ist.

23.10 C 23.11 A

Je größer der Diffusionskoeffizient einer Ionensorte ist, desto leichter beweglich sind die Ionen. Damit ergibt sich eine größere Leitfähigkeit und ein größerer Diffusionsgrenzstrom. Das Volumen der polarografischen Zelle ist unerheblich, da lediglich die Vorgänge innerhalb der Diffusionsgrenzschicht an der Elektrodenoberfläche erfasst werden. Die Ausflussgeschwindigkeit des Quecksilbers beeinflusst den Grenzstrom, da dieser proportional zur Quecksilberoberfläche ist. Je größer die Ausflussgeschwindigkeit, desto größer ist die Oberfläche und desto größer ist der Strom.

23.12 C

zu (C) Die Polarogramme unterscheiden sich im Halbstufenpotential, da das Halbstufenpotential der Abscheidung von Metallen durch Komplexbildner beeinflusst wird (▶ Kap. 23.3.1). Ionen, die im Komplex gebunden sind, können nicht am Redox-Gleichgewicht teilnehmen. Das Halbstufenpotential eines Metalls M^{n+} ist deshalb umso größer, je stabiler der Komplex $M(Lig)_n^{x+}$ ist.

zu (A) Der Diffusionsgrenzstrom unterscheidet sich bei den beiden Bestimmungen auch, da die verschiedenen Elektrolyte eine unterschiedliche Grundleitfähigkeit besitzen. Die Höhe der polarografischen Stufe unterscheidet sich aber kaum.

zu (B) Der Kapazitätsstrom ist der Strom, der fließt, während die dipolare Grenzschicht an der Elektrodenoberfläche aufgebaut wird. Er ist von den Ionenkonzentrationen im Elektrolyt abhängig.

zu (D) Die Steilheit der polarografischen Stufe ist von der Ionenbeweglichkeit abhängig. Diese ändert sich ein wenig, wenn sich die Ionenzusammensetzung ändert.

zu (E) Die Zahl der polarografischen Stufen ist bei beiden Bestimmungen gleich, da in beiden Fällen nur Pb^{2+}-Ionen reduziert werden können.

23.13 B 23.14 C 23.15 D

Die Ilkovič-Gleichung beschreibt den zeitlichen Verlauf des Stroms an der Tropfelektrode.

$$I_D = 607 \cdot n \cdot D^{1/2} \cdot m^{2/3} \cdot t^{1/6} \cdot c$$

Demach ist der Strom proportional

- zur Zahl der übertragenen Elektronen (pro Äquivalent; *n*),
- zur Wurzel der Diffusionskonstante *(D)*,
- zum Massenfluss des Hg $(m)^{2/3}$,
- zur Konzentration im Elektrolyt *(c)*,
- zur 6. Wurzel der Lebenszeit des Tropfens *(t)*.

23.16 B

Zink ist das unedlere der beiden Metalle, und wird deshalb nach Cadmium, bei einem negativeren Potential abgeschieden.

zu (A) Halbstufenpotential des Cadmiums

zu (C) Differenz der Halbstufenpotentiale (wird nicht ausgewertet)

zu (D) Die Stromstärke bei halber Stufenhöhe wird normalerweise nicht ausgewertet.

zu (E) Grenzstrom nach der Abscheidung von Zn^{2+}. Diese Höhe wird auch nicht ausgewertet, da zur Bestimmung der Zn^{2+}-Konzentration nur die Höhe der Zink-Stufe berücksichtigt werden darf.

23.17 B

Simultanbestimmung mehrerer Ionen aus einem Elektrolyt ist möglich, wenn die Abscheidungspotentiale genügend weit auseinander liegen. Die Einzelkonzentrationen werden aus den jeweiligen Stufenhöhen bestimmt. Die Halbstufenpotentiale können zur Identifizierung der Ionen herangezogen werden. Da an der Tropfelektrode nur minimaler Stoffumsatz stattfindet, werden die Ionen bei der Bestimmung nicht quantitativ abgeschieden. Gelöster Sauerstoff muss aus dem Elektrolyten entfernt werden, da sonst zwischen 0 V und –1 V zwei polarografische Stufen der Reduktion von elementarem Sauerstoff zu H_2O_2 und Wasser registriert würden.

23.18 B

zu (A) Bei der Polarographie wird jeweils nur ein sehr geringer Teil des Analyten reduziert. Es kommt niemals zur vollständigen Reduktion eines Analyten.

zu (B) Die Reduktion von Sauerstoff würde stören, daher die Enfernung mit Stickstoff.

zu (C) und (E) Nicht das Halbstufenpotential, sondern der Diffusionsgrenzstrom ist proportional zur Konzentration der Ionen

zu (D) Leitelektrolyte werden in großem Überschuss eingesetzt, beeinflussen aber die elektrochemische Reaktion nicht

23.19 D

Zur Bestimmung der Konzentration einer Ionensorte aus dem Polarogramm muss die Höhe der entsprechenden polarografischen Stufe ausgewertet werden. Im Beispiel muss für die Bleibestimmung sowie für die Thallium-Bestimmung jeweils eine Kalibriergerade gezeichnet werden. Mit den Kalibriergeraden kann die jeweilige Stufenhöhe in die Konzentration umgerechnet werden. Die Gesamtkonzentration ist die Summe der beiden Einzelkonzentrationen.

zu (A) Die Stufenhöhen dürfen nicht addiert werden, da die Höhe der Stufen zwar immer linear von der jeweiligen Konzentration abhängt, die Steigung der Kalibriergeraden aber für jede Ionensorte unterschiedlich ist.

zu (B), (C), (E) Der Gesamtstrom hat für die polarografische Bestimmung keine Bedeutung, da nur die Stufenhöhen ausgewertet werden.

23.20 E

zu (A) Halbstufenpotential

zu (B), (C), (D) Diese Werte werden einem Polarogramm normalerweise nicht entnommen.

23.21 B

zu (A) Reststrom vor Erreichen der polarografischen Stufe von Pb^{2+}

zu (D) Halbstufenpotential

zu (C), (E) Diese Werte werden einem Polarogramm normalerweise nicht entnommen.

23.22 D

zu (D) Die Zersetzungsspannung ist die Spannung, bei der die elektrochemische Reaktion (Elektrolyse) gerade beginnt anzulaufen.

zu (C) An diesem Punkt ist gerade das Halbstufenpotential erreicht. Die Halbstufenpotentiale sind charakteristische Größen jeder Redox-Reaktion. Sie entsprechen, bei entsprechender Eichung der Spannungsskala, dem Normalpotential der Reaktion.

zu (A), (B) und (E) Diese Punkte haben keine besondere Bedeutung.

23.23 A

Zwei getrennte polarografische Stufen sind nur bei denjenigen zweiwertigen Metallen zu erwarten, bei denen beide Oxidationsstufen in wässriger Lösung stabil sind. Von den angegebenen ist das nur bei Kupfer der Fall:

1. Stufe: $CuCl_2 + e^- \rightleftharpoons CuCl + Cl^-$
2. Stufe: $CuCl + e^- \rightleftharpoons Cu_{Metall} + Cl^-$

Die entsprechenden Oxidationsstufen von Blei, Cadmium und Zink treten in wässriger Lösung nicht auf, sodass diese in einem Schritt zum Metall reduziert werden:

$$ZnCl_2 + 2\,e^- \rightleftharpoons Zn_{Metall} + 2\,Cl^-$$

23.24 D

zu (A) Bezeichnet den Diffusionsgrenzstrom für Cadmium, welches entsprechend des positiveren Normalpotentials im Vergleich zu Zink, früher reduziert wird.

zu (B) und (C) Auf der y-Achse ist die Stromstärke aufgetragen. Es kann sich hier also nicht um das Halbstufenpotential handeln.

zu (D) Halbstufenpotential von Cadmium

zu (E) Halbstufenpotential von Zink.

23.25 E

zu (1) und (2) Kationen und Anionen können polarographisch erfasst werden, wenn ihre Zersetzungsspannung im Bereich von + 0,2 bis – 2,4 V liegt.

zu (3) Neutralteilchen, wie z. B. NO, O_2, H_2O_2 sind redoxaktiv und daher polarographisch bestimmbar. Organische Moleküle können ebenfalls erfasst werden. Voraussetzung ist das Vorhandensein reduzierbarer oder oxidierbarer Gruppen im Molekül.

zu (4) Auch gelöste Gase, wie Sauerstoff, werden an der Quecksilbertropfelektrode reduziert, weshalb Sauerstoff mit Stickstoff aus der Elektrolyt-Lösung entfernt werden muss.

23.26 E

Voraussetzung für die Bestimmbarkeit einer organischen Verbindung mittels Polarographie ist das Vorhandensein einer reduzierbaren oder oxidierbaren funktionellen Gruppe. Dazu zählen: Konjugierte Doppel- und Dreifachbindungen, Aldehyde und Ketone (bedingt), C=N–Doppelbindungen, Nitrogruppen, Peroxide (O-O), Disulfide (S-S) und Hydrazide (N-N).

23.27 A

Als einzige der vorgeschlagenen Verbindungen ist Benzochinon (A) ein Oxidationsmittel. Oxidationsmittel werden selbst leicht reduziert.

23.28 E 23.29 D

Von den in der Aufgabe dargestellten funktionellen Gruppen kann nur die Nitrogruppe über insgesamt 6 Reduktionsstufen bis zum Amin reduziert werden (Oxidationsstufen $-N^{+IV}O_2$; $-N^{-II}H_2$)

23.30 E

zu (A) Metall-Ionen wie Zn^{2+} werden an der Quecksilbertropfelektrode zum Element reduziert.

zu (B) und (C) Aldehyd, Ketone (C=O Doppelbindung) und insbesondere Chinone lassen sich leicht reduzieren. Ebenso Imine (C=N Doppelbindung).

zu (D) Gelöster Sauerstoff wird zu H_2O_2 und Wasser reduziert

zu (E) C-O Bindungen lassen sich in der Regel nur sehr schwer spalten!

23.31 B

Reduktion von Chinon zum Hydrochinon unter Verbrauch von 2 Elektronen:

$$O{=}Ph{=}O + 2\,e^- + H^+ \rightarrow HO\text{-}Ph\text{-}OH$$

23.32 B

Das Imin wird unter Verbrauch von 2 Elektronen zum Amin reduziert:

$$R_2C{=}N\text{-}R + 2\,e^- + H+ \rightarrow R_2CH\text{-}NHR$$

23.33 E

Gelöster Sauerstoff muss aus dem Elektrolyten entfernt werden, da sonst zwischen 0 V und -1 V zwei polarografische Stufen der Reduktion von elementarem Sauerstoff zu H_2O_2 und zu Wasser registriert würden.

23.34 E

Bei der Pulspolarographie wird der ansteigenden Spannung ein Spannungsimpuls überlagert. Dieser Spannungsimpuls wird kurz vor dem Tropfenabfall angelegt, da zu dieser Zeit die Differenz zwischen Faraday- und Kapazitätsstrom am größten ist. Am Ende des Tropfenlebens ist die Oberflächenzunahme des Tropfens am geringsten und damit auch der kapazitive Ladestrom!

23.35 E

Bei der Differentiellen Pulspolarographie ist die Höhe des Signals proportional zur Konzentration der Lösung. Signal 4 entspricht in der Höhe dem Signal 2, d. h. die gemessene Lösung hat eine Konzentration von 0,1 mg/ml. Daraus lässt sich die Konzentration der Arzneistofflösung berechnen: 0,1 mg/ml · 20 ml / 2 ml = 1 mg/ml. Die Masse Arzneistoff berechnet sich: m(Arzneistoff) = c(Arzneistoff) · Volumen = 1 mg/ml · 25 ml = 25 mg. Der Arzneistoffgehalt ist demnach 25 mg/500 mg = 0,05 → 5 %

23.36 C

Bei der Inversen Voltammetrie (auch Inverse Polarographie oder *engl.* anodic stripping polarography) werden die Analytionen zuerst mit stark negativem Potential am hängenden Quecksilbertropfen über längere Zeit abgeschieden und damit angereichert. Dann wird die Polung der Elektroden umgedreht und die abgeschiedenen Metallionen gehen wieder in Lösung und geben wieder eine polarographische Stufe. Durch die Anreicherung im 1. Schritt ist diese Methode sehr empfindlich.

24 Voltammetrische Verfahren; Voltammetrische Titration

24.1 B

zu (A) Die Anordnung stellt einen Potentiostat dar, bei dem ein regelbarer Widerstand verwendet wird um eine konstante Zellspannung zu erzeugen. Da der Strom durch die Messzelle gegenüber dem Strom, der insgesamt durch den Widerstand des Potentiostat fließt, zu vernachlässigen ist, bleibt die Spannung zwischen **a** und **b** ebenso konstant wie die Zellspannung.

zu (C) Die Abbildung zeigt das Schaltbild einer biamperometrischen Bestimmung *(Dead-Stop)*. Die Zellspannung bleibt während der Titration praktisch konstant. Die Messgröße, die in der Titrationskurve gegen das Volumen zugesetzter Maßlösung aufgetragen wird, ist der Zellstrom, der mit einem Amperometer (bzw. einem empfindlicheren Mikroamperometer) gemessen wird.

zu (D) Die Zellspannung muss kleiner sein als die Zersetzungsspannung des Elektrolyten, damit zu Beginn der Titration **kein** Strom fließen kann.

zu (E) Kurz vor Erreichen des Äquivalenzpunktes tritt nach jedem Zusatz von Maßlösung eine Schwankung der Stromstärke auf, da jeweils eine kurze Zeit bis zur gleichmäßigen Durchmischung nötig ist.

zu (B) Nach Überschreiten des Äquivalenzpunktes steigt der Messstrom sprunghaft an. Der elektrische Widerstand ist deshalb kleiner als zu Beginn der Bestimmung.

24.2 A

zu (A) und (C) Das Prinzip der Voltametrie ist, dass das Zellpotential bei konstanter Stromstärke gemessen wird. Im Gegensatz dazu wird bei der Amperometrie die Zellspannung konstant gehalten und die Stromstärke aufgezeichnet.

zu (B) Eine leistungslose Spannungsmessung ist bei der Potentiometrie notwendig, da hier ein Stromfluss, d. h. eine Elektrodenreaktion, zu einem Stoffumsatz und damit zu einer Veränderung der Konzentration in der Lösung führt.

zu (D) Bei der Wechselspannungsvoltammetrie wird der Stromfluss gemessen, während der die an der Zelle anliegende Gleichspannung durch ein Wechselspannung überlagert wird (vergleichbar mit der Pulspolarographie).

zu (E) Dies ist das Prinzip der Polarographie.

24.3 D

Bei den Dead-Stop-Bestimmungen mit zwei polarisierbaren Elektroden und einer Zellspannung, die unterhalb der Zersetzungsspannung des Elektrolyten liegt, kann nur dann ein Strom durch die Messzelle fließen, wenn der Elektrolyt ein **reversibles Redoxpaar** enthält. Dazu müssen alle Edukte **und** Produkte einer Redox-Reaktion im Elektrolyt vorhanden sein. Eine solche Lösung wird elektrochemisch aktiv genannt.

Karl-Fischer-Titrationen eignen sich zur Bestimmung kleiner Wassermengen in Lösungsmitteln, Hydraten, Komplexen, usw. Zugrunde liegt die Bunsen-Reaktion, nach der Schwefeldioxid mit Iod in Gegenwart von Wasser zu Schwefelsäure oxidiert wird:

$$SO_2 + I_2 + 2\,H_2O \rightleftharpoons 4\,H^+ + 2\,I^- + SO_4^{2-}$$

Zur Bestimmung wird SO_2 zur Probe zugegeben und dann mit Iod-Lösung titriert. Solange noch Wasser vorhanden ist, reagiert das Iod ab, und die Lösung ist **nicht** elektrochemisch aktiv. Erst nach Überschreiten des Äquivalenzpunktes kann überschüssiges Iod an der Elektrode reduziert werden, sodass ein Strom fließt. Das reversible Redoxpaar ist:

$$I_2 + 2\,e^- \rightleftharpoons 2\,I^-$$

24.4 E

Die dargestellte Titrationskurve ist das Ergebnis einer Dead-Stop-Bestimmung (biamperometrische Bestimmung mit zwei polarisierbaren Elektroden). Der Versuchsaufbau zur Biamperometrie enthält einen Potentiostaten, ein Amperometer zur Strommessung und zwei Platinelektroden. Im Schaubild muss deshalb die Glaselektrode durch eine Platinelektrode ersetzt werden.

24.5 D 24.6 B

Der Grenzstrom an der Quecksilbertropfelektrode ist proportional zur Konzentration der Ionensorte, die bei der vorgegebenen Zersetzungsspannung reduziert werden kann.

zu (A), (C), (E) Zur Abscheidung von Mg^{2+} ist eine negativere Zellspannung (größere Zersetzungsspannung) nötig. Das Normalpotential der Reaktion

$$Mg^{2+} + 2\,e^- \rightleftharpoons Mg$$

beträgt -2,34 V. Das liegt außerhalb des Messbereichs der Elektrode, weil schon bei kleineren Zersetzungsspannungen (positiveres Potential) H_3O^+-Ionen zu Wasserstoff reduziert werden.

Die amperometrische Indikation der komplexometrischen Titration von Mg^{2+} ist deshalb nicht möglich.

Dasselbe gilt für die Abscheidung von Ca^{2+}. Das Normalpotential der Reaktion

$$Ca^{2+} + 2\,e^- \rightleftharpoons Ca$$

beträgt E^0 = -2,87 V.

zu (B) Bei der amperometrisch durchgeführten Titration von Pb^{2+} mit Chromat ergibt sich die in Aufgabe 24.5 dargestellte Kurve. Vor Erreichen des Äquivalenzpunktes kann Pb^{2+} zu Blei reduziert werden (Normalpotential E^0 = -0,126 *V*). Da die Pb^{2+}-Konzentration während der Titration fällt, sinkt auch die registrierte Stromstärke.

Nach Überschreiten des Äquivalenzpunktes kann überschüssiges Chromat an der Hg-Elektrode reduziert werden, weshalb die Stromstärke wieder ansteigt. Die unterschiedliche Steigung der Kurvenäste repräsentiert die unterschiedlichen Leitfähigkeiten der Pb^{2+}- bzw. Cr_2O_4 -Ionen.

zu (D) Auch die komplexometische Titration von Pb^{2+} lässt sich amperometrisch auswerten. Der Grenzstrom an der Quecksilberelektrode entspricht der Konzentration freier (unkomplexierter) Pb^{2+}-Ionen. Diese Konzentration nimmt bis zum Äquivalenzpunkt ab. Nach Überschreiten des Äquivalenzpunktes ist die Konzentration unkomplexierter Pb^{2+}-Ionen Null, sodass kein Strom mehr registriert wird.

24.7 C

Der Äquivalenzpunkt kann aus dem Schnittpunkt der Verlängerung der geraden Äste der Titrationskurve bestimmt werden.

24.8 B

Bis zum Äquivalenzpunkt wird das zugesetzte Ce^{4+} vollständig zu Ce^{3+} reduziert:

$$Fe^{2+} + Ce^{4+} \longrightarrow Fe^{3+} + Ce^{3+}$$

So wird das gesamte in 25 ml Maßlösung enthaltene Ce^{4+} umgesetzt. Wenn dann zusätzlich nochmals 25 ml Maßlösung zugegeben werden, ist die Konzentration des Elektrolyten an Ce^{3+} und Ce^{4+} exakt gleich groß. Das Elektrodenpotential ist dann gleich dem Normalpotential:

$$E = E^0 + 0{,}059 \cdot \lg \frac{c\,(ox)}{c\,(red)}$$

$$E = E^0 + 0{,}059 \cdot lg\,1 = E^0 + 0{,}059 \cdot 0$$

$$E = E^0$$

24.9 C 24.10 E

Bei der Titration von Iod mit Thiosulfat ist nur das System $I_2 + 2\,e^- \rightleftharpoons 2I^-$ reversibel und damit elektrochemisch aktiv. Nur der Titrand bildet also ein reversibles Redoxsystem (Abb. 24.3).

Bei Graph 24.9 muss es sich um eine amperometrische Titration mit 2 Elektroden (Antwort C) handeln, da es offensichtlich ein Dead-Stop-Verfahren ist, bei dem die Messgröße (Stromfluss) im Verlauf der Titration abfällt und dann bei nahe Null ein Plateau ergibt. Strom fließt bei dieser Titration nur so lange, wie noch Iod in der Lösung ist. Am Äquivalenzpunkt ist das Iod vollständig aufgebraucht und es fließt kein Strom mehr.

Der Graph in Frage 24.10 stellt die Titrationskurve dar, die man bei einer bivoltammetrischen Dead-Stop-Methode erhält. Der Äquivalenzpunkt wird durch einen sprunghaften Anstieg des Potentials angezeigt.

24.11 E

Die Bestimmung kann mit einem Farbindikator sowie mit biamperometrischer oder voltammetrischer Indikation durchgeführt werden. Die elektrochemische Indikation des Endpunktes beruht auf der Oxidation von, als Katalysator zugesetztem, Bromid durch überschüssige salpetrige Säure nach Überschreiten des Äquivalenzpunktes (▶ Kap. 3.1).

zu (2) Dead-Stop-Titration: Eine Spannung von 200 mV genügt nicht um eine Bromid-Lösung zu zersetzen. Deshalb kann kein Strom durch die Messzelle fließen. Nach Überschreiten des Äquivalenzpunktes kann Bromid durch Nitrit zu Brom oxidiert werden. Dann liegt ein **reversibles Redox-Paar** vor (die Lösung ist elektrochemisch aktiv) und ein Strom kann registriert werden. Die Titrationskurve ist vom Typ b.

zu (3) Potentiometrische Indikation: Der Platindraht leitet das Potential der Lösung ab. Vor Erreichen des Äquivalenzpunkt liegt als einzige zu einer Redoxreaktion fähige Ionensorte Bromid vor. Die potentialbestimmende Redox-Reaktion ist:

$$Br_2 + 2\,e^- \rightleftharpoons 2\,Br^-$$

Das Normalpotential ist $E^0 = +1{,}07\ V$.

Nach Ende der Umsetzung liegt auch noch unverbrauchte Maßlösung (Nitrit) vor, sodass zusätzlich die Oxidation oder Reduktion von NO möglich ist. Deshalb ist nach Überschreiten des Äquivalenzpunktes eine andere Redox-Reaktion potentialbestimmend und das am Platindraht gemessene Potential verändert sich.

24.12 C

Wenn Titrand und Titrator elektrochemisch aktiv sind, kann bei einer amperometrischen Messung sowohl vor als auch nach dem Äquivalenzpunkt ein Strom beobachtet werden. Die Kurve durchläuft am Äquivalenzpunkt ein Minimum, da hier weder unverbrauchte Probe noch überschüssige Maßlösung im Elektrolyt vorhanden ist.

24.13 A

Wenn nur der Analyt (Titrand) elektrochemisch aktiv ist, kann bei einer amperometrischen Messung nur vor dem Äquivalenzpunkt ein Strom beobachtet werden. Danach ist keine elektrochemisch aktive Substanz in der Lösung vorhanden und es fließt nahezu kein Strom.

24.14 B

Wenn nur die Maßlösung (Titrator) elektrochemisch aktiv ist, kann bei einer amperometrischen Messung vor dem Äquivalenzpunkt kein Stromfluss beobachtet werden. Die Kurve steigt nach dem Äquivalenzpunkt an, da hier nun überschüssige, elektrochemisch aktive Maßlösung im Elektrolyt vorhanden ist.

24.15 C

Bei der Titration von Cu^{2+}-Ionen mit EDTA-Lösung handelt es sich um eine komplexometrische Titration die biamperometisch verfolgt werden kann. Bei dieser Titration ist nur der Analyt elektrochemisch aktiv, während EDTA-Lösung inaktiv ist. Daher kann bei der Biamperometrie nur vor dem Äquivalenzpunkt ein Stromfluss registriert werden, der im Verlauf der Titration kontinuierlich abnimmt (Graph C).

24.16 B

Bei der Biamperometrie wird eine Titration mit Hilfe von zwei polarisierbaren Elektroden verfolgt. Dabei wird der Strom bei konstanter Spannung registriert, und aus dem Kurvenverlauf der Äquivalenzpunkt bestimmt.

24.17 E 24.17 a A

Die Schaltbilder für die voltammetrischen bzw. amperometrische Apparatur sind in Abb 24.2 dargestellt.

24.18 C 24.19 B

Das Schaltbild ist korrekt gezeichnet. Das Voltmeter (Spannungsmessgerät) ist zwischen Mess- und Bezugselektrode geschaltet. Der veränderbare Widerstand dient zur Einstellung des Potentials (der Spannung) zwischen den beiden Elektroden.

24.20 B

Der Versuchsaufbau zur Biamperometrie enthält einen Potentiostaten, ein Amperemeter zur Strommessung und zwei Platinelektroden. Im Schaubild ist das Mikroamperemeter an der falschen Stelle (○ Abb. zu Frage 24.1)

24.21 A

Bei Halbtitration wurden genau halb so viele Ce^{4+}-Ionen zugesetzt wie Fe^{2+}-Ionen in der Lösung enthalten waren. Alle Ce^{4+}-Ionen wurden durch die Umsetzung zu Ce^{3+}-Ionen reduziert und exakt die Hälfte der Fe^{2+}-Ionen zu Fe^{3+}-Ionen oxidiert. Potentialbestimmend ist demnach nur das Fe^{2+}/Fe^{3+}-Gleichgewicht, da keine Ce^{4+}-Ionen mehr in der Lösung sind. Die Konzentration von Fe^{2+}-Ionen und Fe^{3+}-Ionen ist genau gleich groß. Deshalb lautet die Nernst'sche Gleichung hier:

$$E = E + 0{,}059 \cdot \lg \frac{c(ox)}{c(red)}$$
$$= E_0 + 0{,}059 \cdot \lg 1$$
$$= E_0 + 0{,}059 \cdot 0$$
$$= E_0$$

Das Potential am Platindraht wäre deshalb gleich dem Normalpotential $Fe^{2+/3+}$. 0,77 V.

24.22 B

Bei der Nitritometrie kommen entweder visuelle Indikatoren (Ferrocyphen, Tropäolin 00) zum Einsatz, oder der Endpunkt wird voltammetrisch bestimmt (Arzneibuchmethode). Bevorzugt wird hier die Biamperometrie (▶ Kap. 22.4.1).

24.23 D 24.24 D

Grundlage der nitridometrischen Titration ist die Diazotierung eines primäres aromatischen Amins mit salpetriger Säure. Die Umsetzung des primären aromatischen Amins erfolgt quantitativ und kann zur Gehaltsbestimmung herangezogen werden. Da salpetrige Säure instabil ist, wird die Titration in salzsaurer Lösung mit Natriumnitrit durchgeführt. Kaliumbromid wird als Katalysator (zwischenzeitlicher Bildung von Nitrosylbromid) zugesetzt um einen schnellen Reaktionsablauf zu garantieren.

Der Endpunkt der Diazotitration wird biamperometrisch bestimmt. An zwei polarisierbare Platin-Elektroden wird eine Spannung von ca. 50 - 100 mV angelegt. Es fließt kein Strom, da kein reversibles Redoxpaar vorliegt. Erst nach Überschreiten des Äquivalenzpunktes erfolgt die Oxidation von Bromid zu Brom durch überschüssige salpetrige Säure. Jetzt liegt sowohl oxidierbares Bromid als auch reduzierbares Brom gleichzeitig vorliegen. Der Strom steigt deshalb nach Überschreiten des Äquivalenzpunktes steil an (Deadstop-Titration).

Prinzipiell ist natürlich auch eine potentiometrische Indikation möglich.

Eine weitere Bestimmungsmöglichkeit ist die Überführung organischer Stickstoffverbindungen, insbesondere Aminoverbindungen, nach Kjeldahl durch Erhitzen mit konzentrierter Schwefelsäure. Der Kohlenstoff wird dabei zu Kohlendioxid oxidiert, während der zuvor organisch gebundene Stickstoff quantitativ in Ammoniumsulfat überführt wird, welches mit einer ionenselektiven Ammoniumelektrode bestimmt werden kann.

24.25 E

▶ Kap. 24.2.2

25 Elektrolytische Methoden

25.1 A 25.1a C

Bei der potentiostatischen Coulometrie wird das zu bestimmende Element bei konstanter Spannung quantitativ an der Elektrode abgeschieden. Da die Konzentration im Elektrolyten während der Abscheidung ständig kleiner wird, muss die gemessene Stromstärke im Laufe der Zeit fallen. Bei der galvanostatischen Coulometrie wird die Spannung während der Abscheidung so nachreguliert, dass der Abscheidungsstrom konstant bleibt. Im Diagramm *I* gegen *t* muss sich deshalb eine horizontale Gerade ergeben.

25.2 A

Das Prinzip der galvanostatischen Elektrolyse ist ein konstanter Elektrolysestrom während der gesamten Elektrolyse. Der Endpunkt kann bei dieser Methode nicht am Stromverlauf erkannt werden!

25.3 C

Bei der potentiostatischen Elektrolyse wird eine Spannung vorgegeben und konstant gehalten, die nur knapp über der Zersetzungsspannung des Analyten liegt. Vorteil der Methode ist die höhere Selektivität, da nur Substanzen abgeschieden werden können, deren Zersetzungsspannung unter der vorgegeben Spannung liegt. Der Nachteil ist der im Verlauf der Elektrolyse stetig abnehmende Strom, da die Konzentration des Analyten in der Lösung abnimmt (Kurve C). Die Elektrolyse wird beendet, wenn der Strom nahe Null ist.

25.4 E

Die Zersetzungsspannung ist der Betrag der Differenz zwischen Anoden- und Kathodenpotential (▶ Kap. 25.11):

$$U_Z = |\, E\,(\text{Anode}) - E\,(\text{Kathode})\,|$$

Das Kathodenpotential (Kupferabscheidung) ist von der Cu^{2+}-Konzentration im Elektrolyt abhängig.

25.5 E

$$Cu^{2+} + 3\,H_2O \rightarrow Cu + \tfrac{1}{2}\,O_2 + 2\,H_3O^+$$

Die Zersetzungsspannung ist entsprechend der Gleichung abhängig vom Normalpotential beider Redoxsysteme (A und B). Gasentwicklung bedeutet immer eine erhebliche Überspannung, die natürlich auch berücksichtigt werden muss (C). Mit zunehmender Abscheidung von Cu^{2+} ändert sich die Cu^{2+}-Konzentration in der Lösung und damit auch das Halbzellenpotential: $E_{Cu} = E^0(Cu^{2+}/Cu) + 0{,}059/2 \lg [Cu^{2+}]$ (D).

25.6 E

Die Zersetzungspannung stimmt mit der EMK der Zelle überein, sofern keine Überspannung auftritt. Die Berechnung der EMK erfolgt mittels der Nernst'schen Gleichung über die beiden Elektrodenpotentiale (▶ Kap. 25.5). In die Gleichung gehen der Konzentration, das Normalpotentialen natürlich auch die Temperatur mit ein ($0{,}059 = RT/F$).

25.7 A

Die geringste Zersetzungsspannung an der Kathode hat Cu^{2+}. Damit wird an der Kathode Cu abgeschieden. An der Anode wird das Lösungsmittel Wasser zersetzt und Sauerstoff freigesetzt. Die vollständige Gleichung lautet:

$$Cu^{2+} + 3\,H_2O \rightarrow Cu + 1/2\,O_2 + 2\,H_3O^+$$

25.8 C

Es wurden 58 mg Nickel abgeschieden. Das sind 10^{-3} mol. Zur Reduktion von 10^{-3} mol (= 1 mmol) Ni^{2+} zu elementarem Nickel wurden deshalb zweimal so viele Elektronen verbraucht (= 2 mmol). Insgesamt sind in 965 s bei 1 A genau 965 C Ladung ausgetauscht worden, was 10^{-2} mol (= 10 mmol) Elektronen entspricht. Wenn mit Hilfe von 10 mmol Elektronen 2 mmol Nickel abgeschieden werden, beträgt die Ausbeute 20 %.

29

25.9 C

2. Faraday'sches Gesetz: $m = MQ/nF$

Stoffmenge $n = m \cdot M \rightarrow n(I_2) = Q/nF$
$Q = I \cdot t = 0{,}1\ A \cdot 200\ s = 20\ C$
(A· s)
$n(I_2) = 20 / 2 \cdot 10^5 = 0{,}0001\ mol = 100\ \mu mol$

25.10 C

zu (1) Bei dieser Titration laufen folgende Reaktionen ab:

An der Anode wird aus $2I^- \rightarrow I_2 + 2\,e^-$

Das entstandene Iod oxidiert dann Arsen(III) zu Arsen(V):

$AsO_3^{3-} + I_2 + H_2O \rightarrow AsO_4^{3-} + 2\,HI$

Der Äquivalenzpunkt kann dann entsprechend der Iodometrie mit Stärke bestimmt werden.

zu (2) Das Prinzip der Coulometrie ist die Bestimmung der Ladungsmenge, die zur Umsetzung des Analyten benötigt wird.

zu (3) Die Stromstärke wird konstant gehalten!

25.11 E

Die Zersetzungsspannung ist die Differenz aus Anodenpotential (Oxidationsreaktion) und Kathodenpotential (Reduktionsreaktion). Bei der Elektrolyse ist die **Anodenreaktion** meist die Sauerstoffabscheidung. Daher geht das Normalpotential und die Überspannung der Sauerstoffentwicklung in die Berechnung der Zersetzungsspannung ein. Das Anodenpotential hängt außerdem vom pH-Wert ab. Das Normalpotential von Kupfer und die Konzentration an Kupferionen bestimmen das Kathodenpotential.

25.12 D

Die Umrechnung zwischen Stoffmenge und Ladung erfolgt mit der Faraday-Konstante *F = 96 485 C/mol.* Das bedeutet, 1 mol entspricht 96 485 C, bzw. 1 C entspricht $1{,}04 \cdot 10^{-5}$ mol.

1 l einer 0,1 N-Salzsäure enthält 0,1 mol H^+
1 ml enthält $1 \cdot 10^{-4}$ mol H^+

Wenn 1 mol ca. 100 000 C ($1 \cdot 10^5$ C) entsprechen, dann sind $1 \cdot 10^{-4}$ Ladungen $1 \cdot 10^{-4} \cdot 1 \cdot 10^5$ C = 10 C.

25.13 B

49,05 mg Schwefelsäure entsprechen 0,5 mmol. Da für ein mol Schwefelsäure zwei Äquivalente Elektronen verbraucht werden, werden hier genau 1 mmol Elektronen benötigt.

25.14 D

Die Elektrodenreaktionen sind:

Anode: $2\,Cl^- \rightarrow Cl_2 + 2\,e^-$
Kathode: $Me^{3+} + 3\,e^- \rightarrow Me$
Gesamtreak.: $2\,MeCl_3 \rightarrow 2\,Me + 3\,Cl_2$

Die Freisetzung von 11,2 ml Cl_2 Gas bedeutet, dass 0,5 mmol Cl_2 gebildet bzw. 1 mmol Cl^- oxidiert wird. Aus der Reaktionsgleichung folgt, dass bei Umsetzung von 1 mmol Cl^- 1/3 mmol Me^{3+} reduziert wird. M = m/n = 40 mg/ 1/3 mmol = 120 g

25.15 E

zu (A) und (B) Bei der coulometrischen Säure-Base-Titration müssen Anoden- und Kathodenraum getrennt sein, weil an der Kathode Hydroxid-Ionen und an der Anode Hydronium-Ionen entstehen.

zu (C) Der Vorteil bei coulometrischen Titration ist, dass keine Maßlösung zugetropft werden muss und daher keine Verdünnungseffekte auftreten. Die erhaltenen Titrationskurven sind daher fast idealsymmetrisch.

zu (D) Eine Ti^{3+}-Maßlösung ist sehr oxidationsempfindlich und daher schwierig in der Handhabung. Einfacher ist es Ti^{3+}-Ionen coulometrisch zu erzeugen.

zu (E) Bei einer coulometrischen Titration muss der Endpunkt entweder mit Hilfe eines Farbindikators oder durch zusätzliches Registrieren der Titrationskurve mit einem weiteren elektrochemischen Verfahren indiziert werden.

25.16 D

Es laufen die gleichen chemischen Prozesse wie bei der volumetrischen KF-Titration ab, das heißt, 1 mol H_2O verbraucht 1 mol I_2. $2I^- - 2\,e^- \rightarrow I_2$. Daraus folgt: n = 2

Nach dem Faraday'schen Gesetz errechnet sich die Masse des abgeschiedenen Stoffes aus:

$m = M \cdot Q/n \cdot F$

Die Ladungsmenge Q ergibt sich aus

$0{,}02\ A \cdot 300\ s = 6\ A \cdot s$

$m = 18\ [g/mol] \cdot 6\ [A{\cdot}s] / 2 \cdot 10^5$
$[A{\cdot}s{\cdot}mol^{-1}] = 0{,}00054\ g = 0{,}054\ mg$

25.17 D

Bei der Coulometrie wird die Menge an abgeschiedener Substanz aus der durch die Zelle geflossene Ladungsmenge errechnet. Die Ladung ergibt sich aus der Stromstärke und Zeit. Meist wird die Stromstärke, nicht aber die Spannung, konstant gehalten und die Zeit gemessen. Für die Endpunktsanzeige ist diese Methode nicht geeignet, es muss ein anderes Indikationsverfahren eingesetzt werden.

25.18 A

Bei der Elektrogravimetrie wird das zu bestimmenden Metall möglichst quantitativ an der Elektrode abgeschieden.

26 Elektrophorese

26.1 E

Wie aus der Gleichung zur Berechnung der Wanderungsgeschwindigkeit (▶ Kap. 26.1) hervorgeht, hängt die Wanderungsgeschwindigkeit eines Teilchens im elektrische Feld von der elektrischen Feldstärke (d. h. der angelegten Spannung), der Viskosität des Mediums, dem Teilchenradius und der Teilchenladung ab.

26.2 E

Die Beweglichkeit gelöster Ionen hängt von folgenden Parametern ab: Ionengröße, Ladung und Hydrathülle bzw. anderen Wechselwirkungen mit dem Lösungsmittel. Siehe auch Frage 26.1.

26.3 A

Die elektrophoretische Trennung beruht auf der gerichteten Bewegung eines geladenen Teilchens im elektrischen Feld, welche als Migration bezeichnet wird. Konvektions- und Diffusionsvorgänge beeinträchtigen dagegen die elektrophoretische Trennung.

26.4 E 26.5 E

Die Wanderungsgeschwindigkeit geladener Teilchen ist bei der Elektrophorese proportional zur Ladung und der elektrischen Feldstärke und umgekehrt proportional zum Radius der Teilchen und zur Viskosität des Elektrolyten. Alle vier genannten Parameter beeinflussen somit die Wanderungsgeschwindigkeit geladener Teilchen im elektrischen Feld.

26.6 E

Bei der Elektrophorese mit Träger können verschiedenste Träger eingesetzt werden (▶ Kap. 26.1): Polyacrylamidgele, Agarosegele, Agargele, Stärkegele, Celluloseacetat und Papier.

26.7 D

SDS (Natriumdodecylsulfat = Sodium Dodecylsulfate) wird als anionisches Detergens bei der Polyacrylamid-Gelelektrophorese zugeben. SDS bildet mit den Proteinen Komplexe, wobei die stark negative Ladung des SDS die Eigenladung der Proteine überdeckt. Die Trennung der Proteine erfolgt dann über die Siebwirkung des Gels auf Basis der Molekülgröße.

26.8 C

zu (A), (B), (D) und (E) Die Wanderungsgeschwindigkeit eines Teilchens hängt von seiner Ladung, seinem Radius, von der Feldstärke und der Viskosität des Elektrolyten ab. Nach dem Anlegen des elektrischen Feldes kommt es aufgrund der am geladenen Teilchen angreifenden coulomb'schen Kraft in der Anfangsphase zur Beschleunigung bis die Reibungskräfte, die der elektrischen Kraft entgegengesetzt wirken, den gleichen Betrag annehmen und sich das Teilchen mit konstanter Geschwindigkeit weiterbewegt. Die Bewegungsrichtung ist abhängig von der Ladung des Teilchens: Positiv geladene Teilchen wandern zur Kathode, negative geladene Teilchen zur Anode.

zu (C) Der pH-Wert beeinflusst die Ladung von Aminosäuren. In Abhängigkeit vom pH-Wert kann die Aminosäure als Zwitterion (isoelektrischer Punkt: Aminogruppe protoniert, Carboxygruppe deprotoniert), als Kation (saure Lösung: Aminogruppe protoniert, Carboxygruppe protoniert) oder als Anion (alkalische Lösung: Aminogruppe nicht protoniert, Carboxygruppe deprotoniert) vorliegen.

26.9 B

zu (A) Auch organische Lösungsmittel können eingesetzt werden, es muss nur eine ausreichende Leitfähigkeit der Lösung sichergestellt sein.

zu (B und C) In einer Elektrolytlösung erfolgt der Ladungstransport über die enthaltenen Kationen und Anionen. Die Leitfähigkeit einer Elektrolytlösung ist dabei von der Konzentration der Ionen, deren Ladung und Beweglichkeit abhängig.

zu (D) Der Elektroosmotische Fluss (EOF) ist stark vom pH-Wert abhängig, da bei einem pH-Wert > 2,5 die Silanolgruppen der Quarzkapillaren teilweise deprotoniert werden. Die Stärke des EOF ist bei niedrigem pH-Wert wird kleiner, bei hohem größer. Daneben ist er auch von der Elektrolytkonzentration abhängig. Hier gilt: Steigt die Elektrolytkonzentration, sinkt der EOF bzw. umgekehrt.

zu (E) Nach dem Joule'schen Gesetz ist die in einem Stromkreis erzeugte Wärme proportional der Leistung des Stromkreises. Die Elektrolytkonzentration beeinflusst den Stromfluss in der Elektrophoreseapparatur und damit auch die erzeugte Wärmemenge.

26.10 A

Bei der Trägerelektrophorese wandern die Analyten in einem Elektrolyten unter Einwirkung eines elektrischen Feldes. Die Bewegungsrichtung der Analyten ist dabei von ihrer Ladung abhängig: Kationen wandern zur Kathode, Anionen zur Anode.

26.11 B

26.12 D

Die Wanderungseigenschaften von Proteinen in der Elektrophorese hängen von der Ladung der Moleküle ab. Die Nettoladung der Proteine wird von zwei Parametern determiniert: dem isoelektrischen Punkt des Proteins und dem pH-Wert des Lösungsmittels bzw. des Elektrolyten. Entspricht der pH-Wert des Elektrolyten dem isolelektrischen Punkt des Proteins, so ist die Ladung des Proteins gleich null. Ist der pH-Wert größer als der isoelektrische Punkt, dann ist das Protein negativ geladen; ist der pH-Wert kleiner als der isolektrische Punkt, so ist das Protein positiv geladen.

zu (1) Der pH-Wert liegt über den isolelektrischen Punkten von Serumalbumin und 03B3-Globulin, beide Proteine sind daher negativ geladen und wandern zur Anode.

zu (2) Bei einem pH-Wert von 6,5 ist die Ladung von γ-Globulin gleich null (keine Wanderung), die von Albumin ist negativ, es wandert daher zur Anode.

zu (3) Bei einem pH-Wert von 4,6 ist Insulin ungeladen, folglich wandert nur das γ-Globulin.

26.13 E

zu (A) Man unterscheidet zwischen der trägerfreien Elektrophorese und der Elektrophorese unter Verwendung von Trägern. Prinzipiell ist die trägerfreie Elektrophorese möglich, allerdings spielt sie in der Praxis bei Anwendungen zur Trennung von Substanzen kaum eine Rolle.

zu (B) Die Ionenbeweglichkeit ist dem Radius der wandernden Teilchen umgekehrt proportional (▶ Kap. 26.1).

zu (C) Die Ionenbeweglichkeit ist der Zahl der Elementarladungen direkt proportional (▶ Kap. 26.1).

zu (D), (E) Am isoelektrischen Punkt eines Proteins findet keine Wanderung statt, da die Nettoladung des Proteins gleich Null ist.

26.14 C 26.15 E

Die Wanderungsgeschwindigkeit geladener Teilchen ist bei der klassischen Elektrophorese abhängig von der Ladung der Teilchen, der elektrischen Feldstärke, dem Radius der Teilchen und der Viskosität des Elektrolyten. Bei der Kapillarelektrophorese kommt noch ein wesentlicher Parameter hinzu, der Elektroosmotische Fluss.

Der Kapillardurchmesser hat zu vernachlässigenden Einfluss auf die Wanderungsgeschwindigkeit der Teilchen.

26.16 B

zu (1) Der EOF resultiert aus der Migration der positiven Ionen samt ihrer Solvathüllen in Richtung der Kathode. Durch die Solvathüllen wird die gesamte Pufferlösung mitgezogen. Die Wanderungsgeschwindigkeit ist natürlich abhängig von der angelegten Spannung.

zu (2) und (3) Der Elektroosmotische Fluss (EOF) ist stark vom pH-Wert abhängig, da bei einem pH-Wert > 2,5 die Silanolgruppen der Quarzkapillaren teilweise deprotoniert werden. Die Stärke des EOF ist bei niedrigem pH-Wert wird kleiner, bei hohem größer. Daneben ist er auch von der Elektrolytkonzentration abhängig. Hier gilt: Steigt die Elektrolytkonzentration, sinkt der EOF bzw. umgekehrt.

zu (4) und (5) Der EOF ist umgekehrt proportional zur Viskosität, d. h. mit zunehmender Viskosität sinkt der EOF. Gleichzeitig ist die Viskosität temperaturabhängig. Die Viskosität nimmt bei steigender Temperatur ab → Eine Temperaturzunahme führt zu einem höheren EOF.

26.17 E

Der elektroosmotischer Fluss (EOF) beschreibt die Bewegung einer Flüssigkeit relativ zu einer geladenen Oberfläche unter dem Einfluss eines elektrischen Feldes. Dieser Effekt tritt dann auf, wenn eine unbeschichtete Kieselgel-Kapillare und eine Puffer mit einem pH-Wert > 2,5 verwendet wird. Dabei kommt es zur Deprotonierung der Silanolgruppen der Kapillarwand und damit zu einem Überschuss an positiven Ladungen in der Elektrolytlösung. Wird eine Spannung angelegt, wandern die Kationen des Elektrolyten in Richtung der Kathode und ziehen aufgrund ihrer großen Solvathülle die gesamte Pufferlösung mit. So kann es vorkommen, dass auch Anionen in Richtung der Kathode wandern.

26.18 B

Unter diesen Bedingungen werden alle drei Analyten, aufgrund des EOF, in Richtung der Kathode wandern. Benzylamin wird bei pH-7 protoniert, liegt also als Kation vor und wandert deshalb am schnellsten Richtung Kathode. Gefolgt vom neutralen Benzylalkohol. Am langsamsten wandert die Benzoesäure, die deprotoniert, also als Anion, vorliegt.

26.19 E

Grundlage der kapillarelektrophoretischen Trennung ist die Ladung der Teilchen. Aus Cholesterol und Progesteron lassen sich mit Hilfe einfacher anorganischer Puffer keine geladenen Ionen erzeugen.

26.20 A

Von den aufgeführten Substanzpaaren unterscheiden sich nur die p-Chlorbenzoesäure und die o-Chlorbenzoesäure deutlich in ihren pK_S-Werten. Bei Einstellung eines geeigneten pH-Werts mit Hilfe eines Phosphatpuffers kann daher eine kapillarelektrophoretische Trennung erfolgen.

26.21 D

2-Methylbenzylalkohol/2-Ethylbenzylalkohol können mit Hilfe des Phosphat-Puffers nicht protoniert/deprontoniert werden. Neutralteilchen können mittels klassischer Kapillarelektrophorese nicht getrennt werden.

26.22 E

▶ Kap. 26.21

26.23 B 26.24 B

Eine Trennung von Enantiomeren mit Hilfe der CE ist nur möglich, wenn sogenannte chiralen Selektoren dem Puffer zugesetzt werden. Die Enantiomere unterscheiden sich in ihren Wechselwirkungen mit den chiralen Selektoren, wodurch die Wanderungsgeschwindigkeit differiert.

Als chirale Selektoren werden

- Cyclodextrine,
- chirale Kronether,
- chirale Mizellbildner (SDS-Digitoxin),
- chirale Metallkomplexbildner (Kupfer(II)-L-Histidin).

26.25 A 26.26 C 26.27 C

Die Trennung ungeladener Analyte ist bei der Kapillarelektrophorese, aufgrund fehlender Eigenmobilität im elektrischen Feld, nicht oder nur mit der Geschwindigkeit des Elektroosmotischen Flusses möglich. Mit der micellaren elektrokinetischen Chromatographie (MEKC) können zusätzlich ungeladenen Analyte getrennt werden. Dazu wird dem Trennelektrolyten eine bestimmte Konzentration eines Tensids zugesetzt. Diese Konzentration muss oberhalb der kritischen micellaren Konzentration (CMC) liegen, da dann diese Tenside aufgrund ihres hydrophoben Restes Micellen ausbilden. Das Lumen der Micellen besitzt einen hydrophoben Charakter, während die Micellen nach außen, in Abhängigkeit von der Art des Tensids (anionisches, kationisches, amphoteres oder nichtionisches Tensid), geladen sind. Aufgrund der Ladung weisen die Micellen eine elektrophoretische Mobilität auf. In das Lumen der Micellen werden die Analyten, entsprechend ihrer Eigenschaften, mehr oder weniger gut eingeschlossen. Die Trennung der ungeladenen Analyte beruht auf der Verteilung (dem Verteilungskoeffizienten) der Analyte zwischen den Micellen (pseudostationären micellare Phase) und der wässrigen Elektrolytlösung. Bei der MEKC handelt es sich eigentlich um eine Verteilungschromatographie.

Als Detektor kommt meist ein UV-Detektor zum Einsatz. Daneben finden noch Fluoreszenzdetektoren, induktive Leitfähigkeitsdetektoren, elektrochemische oder radioaktive Detektoren Anwendung. Auch eine MS-Detektion ist prinzipiell möglich.

26.28 C

Die MEKC ist durch die Zugabe eines Tensids, und der daraus resultierenden Micellbildung, charakterisiert. Es gibt eine Vielzahl möglicher Tenside, jedoch wird weithin SDS eingesetzt.

26.29 E

zu (A) Bei der Isoelektrischen Fokussierung erfolgt die Trennung auf Basis eines pH-Gradienten. Auf diese Weise lassen sich vor allem Ampholyte wie Aminosäure bzw. Proteine gut trennen. Jedes Molekül wandert nur bis zu seinem Isoelektrischen Punkt.

zu (B) Neutralsubstanzen können mit der MEKC getrennt werden.

zu (C) Elektrophorese kann sowohl als trägerfreie Elektrophorese (z. B. Kapillarelektrophorese) oder Trägerelektrophorese (Gelelektrophorese) durchgeführt werden.

zu (D) Zur Verbesserung der Auflösung wirkt bei der Trägerelektrophorese der Träger häufig auch als Molekularsieb.

zu (E) Bei der Isotachophorese wird die Probe zwischen einem Leitelektrolyte und einem Folgeelektrolyt aufgetragen. Die Ionen des Leitelektrolyts besitzen eine höhere elektrophoretische Mobilität als die Analyt-Ionen, die getrennt werden sollen. Die Ionen des Folgeelektrolyts besitzen die geringste elektrophoretische Mobilität. Durch Anlegen eines elektrischen Feld wandern die Ionen zu entsprechenden Elektrode, wobei die Ion des Leitelektrolyten am schnellsten wandern. Dadurch entsteht eine Ionenlücke, was wiederum zu einem

Anstieg der Feldstärke führt. Die Folge ist, dass sich zwischen Leit- und Folgeelektrolyt ein Feldstärkegradient ausbildet, der dafür sorgt, dass sich der Leitelektrolyt genauso schnell bewegt wie der Folgeelektrolyt. Die Analytionen spalten sich gemäß ihrer Mobilität in der Zwischenzone in verschiedene Zonen auf.

26.30 D

Siehe Kommentar zu Frage 26.29

26.31 D

zu (1) siehe Kommentar zu Frage 26.29

zu (2) siehe Kommentar zu Frage 26.25

zu (3) Die Wanderungsgeschwindigkeit ist umgekehrt proportional zur Viskosität der Lösung (▶ Kap. 26.1)

zu (4) Nach dem Joule'schen Gesetz ist die in einem Stromkreis erzeugte Wärme proportional der Leistung des Stromkreises. Organische Lösungsmittelt beeinflussen den Stromfluss in der Elektrophoreseapparatur nicht und damit auch nicht die erzeugte Wärmemenge.

26.32 A

Die diskontinuierliche Elektrophorese (Disk-Elektrophorese) ist eine trägerbasierte Form der Elektrophorese, bei der unterschiedliche Gele (Sammelgel, Trenngel) und Puffersysteme zum Einsatz kommen. Durchgeführt wird die Disk-Elektrophorese in senkrecht stehenden Röhren mit oben liegender Kathode und entsprechendem Kathodenpuffer (Glycinat-Puffer, pH = 8,3). Darunter befindet sich die Zone, in die das Proteingemisch eingebracht wird, gefolgt vom großporigen Sammelgel (125 mM Tris-HCl-Puffer, pH = 6,8) und dem engmaschigen Trenngel (375 mM Tris-HCl-Puffer, pH = 8,8). Den Abschluss bildet der Anodenpuffer (Glycinat-Puffer, pH = 8,3).

Anhang

Wichtige Naturkonstanten

Tab.1 Naturkonstanten

Größe	Symbol	Wert
Absoluter Nullpunkt der Temperatur	T_0	-273,15 °C
Normaltemperatur	T_0	25 °C (298,15 K)
Normaldruck	p_0	1013,25 mbar
Molvolumen	V_0	22,41383 l
Loschmidt'sche Konstante	N_A	$6{,}022045 \cdot 10^{23}$ mol^{-1}
Gaskonstante	R	8,31441 J K^{-1} mol^{-1}
Bolzmannkonstante	$k = R/N_A$	$1{,}380622 \cdot 10^{-23}$ J K^{-1}
Lichtgeschwindigkeit im Vakuum	c	$2{,}99792458 \cdot 10^{8}$ m s^{-1}
Elementarladung	e	$1{,}6021892 \cdot 10^{-19}$ C
Faraday-Konstante	$F = N_A \cdot e$	$9{,}6485456 \cdot 10^{4}$ C mol^{-1}
Planck'sches Wirkumsquantum	h	$6{,}626176 \cdot 10^{-34}$ J s
Bor'sches Magneton	μ_B	$9{,}274078 \cdot 10^{-24}$ J T^{-1}
Magnetogyrisches Verhältnis des Protons	γ_P	$6{,}2751987 \cdot 10^{8}$ s^{-1} T^{-1}

Physikalische Einheiten

SI-System

Das SI-System wurde von der Conférence Générale des Poids et Mesures entwickelt, um international einheitliche Einheiten für physikalische und chemische Größen einzuführen. Alle Größen des SI-Systems werden von sieben Basiseinheiten abgeleitet.

SI Basiseinheiten

Tab. 2 Basiseinheiten und deren Definition

Größe	Einheit	Symbol	Definition
Länge *l, s*	Meter	m	1 m ist gleich der Strecke, die ein Lichtstrahl im Vakuum in einer 299792458stel Sekunde zurücklegt
Masse *m*	Kilogramm	kg	1 kg ist gleich der Masse des Platin-Iridium-Zylinders, der als Kilogramm-Prototyp in Paris aufbewahrt wird
Zeit *t*	Sekunde	s	1 s ist gleich der Dauer von 9192631770,0 Schwingungen der ^{133}Cs-Uhr (Atomuhr)
Elektrische Stromstärke *I*	Ampere	A	1 A ist der Strom, der durch zwei unendlich lange parallele elektrische Leiter von 1 m Abstand fließt, und zwischen diesen eine Kraft von $2 \cdot 10^{-7}$ N je Meter Leitungslänge hervorruft
Temperatur *T*	Kelvin	K	1 K ist der 273,16te Teil der thermodynamischen Temperatur des Tripelpunktes von Wasser. Der Nullpunkt der Kelvin-Skala ist der absolute Nullpunkt der Temperatur
Strahlungsstärke I_v	Candela	cd	1 cd ist die Strahlungsstärke eines schwarzen Strahlers mit 1/600000 m^2 Fläche, bei der Schmelztemperatur von Platin bei einem Druck von 101325 N/m^2
Stoffmenge *n*	Mol	mol	1 mol ist die Zahl der Atome in 0,012 kg des Kohlenstoff Isotops ^{12}C

A

Von den Basiseinheiten abgeleitete Einheiten

Alle anderen physikalischen Einheiten werden von den Basiseinheiten abgeleitet, bzw. über diese definiert:

Tab. 3 Abgeleitete Einheiten

Größe	Definition	Einheit	Symbol	Als Basiseinheiten
Kraft *F*	$F = m \cdot a$	Newton	N	$m \cdot kg \cdot s^{-2}$
Druck *p*	$p = F/A$	Pascal Bar	Pa bar	$m^{-1} \cdot kg \cdot s^{-2}$ (= N / m^2) 10^5 Pa
Energie *W, E*	$W = F \cdot s$	Joule	J	$m^2 \cdot kg \cdot s^{-2}$ (= $N \cdot m$)
Leistung *P*	$P = W/t$	Watt	W	$m^2 \cdot kg \cdot s^{-3}$ (= J / s)
elektrische Ladung *Q*	$Q = I \cdot t$	Coulomb	C	$A \cdot s$
elektrische Spannung *U*	$U = W/Q$	Volt	V	$m^2 \cdot kg \cdot s^{-3}$ (= $J \cdot A^{-1} \cdot s^{-1}$)
elektrischer Widerstand *R* elektrischer Leitwert L	$R = U/I$ $L = I/U$	Ohm Siemens	Ω S	$m^2 \cdot kg \cdot s^{-3} \cdot A^{-2}$ (= V / A) $m^{-2} \cdot kg^{-1} \cdot s^3 \cdot A^2$ (= Ω^{-1})
magnetische Feldstärke *H*	-	-	-	$A \cdot m^{-1}$
magnetische Induktion *B*	$B = m_0 \cdot m_r \cdot H$	Tesla	T	$kg \cdot s^{-2} \cdot A^{-1}$ (= $V \cdot s \cdot m^{-1}$)
Frequenz v	v = 1/t	Hertz	Hz	s^{-1}
Beleuchtungsdichte *D*	$D = W/A$	Lux	lx	$W\ m^{-2}$
elektrische Kapazität *C*	$C = Q/U$	Farad	F	$m^2 \cdot kg \cdot s^4 \cdot A^2$ (= C / V)
Volumen *V*	$V = a \cdot b \cdot c$	- Liter	- l	m^3 $10^{-3}\ m^3$

Andere Einheiten

Obwohl heute eigentlich ausschließlich die SI-Einheiten verwendet werden sollten, sind oftmals noch die alten Einheiten und Bezeichnungen gebräuchlich.

Tab. 4 Alte Einheiten und Bezeichnungen

Größe	Alte Einheit	Symbol	Umrechnung
Kraft	Dyn	dyn	1 dyn = 10^{-5} N
	Pond	P	1 p = 9,80665 · 10^{-3} N
Energie	Calorie	cal	1 cal = 4,1868 J
	Erg	erg	1 erg = 10^{-7} J
	Watt-Sekunde	Ws	1 Ws = 1 J
Leistung	Pferdestärke	PS	1 PS = 735,499 W
Druck	Standard-Atmosphäre	atm	1 atm = 1,01325 · 10^5 Pa (= 760 Torr)
	technische Atmosphäre	at	1 at = 0,980665 · 10^5 Pa (= 1 kp/cm^2)
	Torr	Torr	1 Torr = 1,33322 · 10^2 Pa
	mm Quecksibersäule	mmHg	1 mm Hg = 1,33322 · 10^2 Pa
Ladung	Faraday	F	1 F = 9,6484 · 10^4 C
	Elementarladung	e	1 e = 1,602189 · 10^{-19} C

Präfixe im metrischen System

Das international verwendete metrische System erlaubt, dezimale Vielfache und Teile von Einheiten mit einer Vorsilbe (Präfix) zu benennen:

Tab. 5 Präfixe

Multiplikator	Präfix	Zeichen	$10^0 = 1$	Multiplikator	Präfix	Zeichen
10^{-18}	Atto	a		10	Deka	da
10^{-15}	Femto	f		10^2	Hekto	H
10^{-12}	Pico	p		10^3	Kilo	K
10^{-9}	Nano	n		10^6	Mega	M
10^{-6}	Micro	µ		10^9	Giga	G
10^{-3}	Milli	m		10^{12}	Tera	T
10^{-2}	Centi	c		10^{15}	Peta	P
10^{-1}	Dezi	d		10^{18}	Exa	E

A

Besondere Einheiten in der Spektroskopie

Spektroskopische Energieskalen

Bei verschiedenen spektroskopischen Methoden werden aus historischen Gründen unterschiedliche Einheiten für die Strahlungsenergie verwendet. Statt einer Energieeinheit, wie Joule oder Calorie, wird meist die Wellenlänge oder die Frequenz verwendet.

Tab. 6 Energieskalen

Größe	Symbol	Einheit	Definition	Umrechnungsfaktor
Frequenz	v	Hz	$E = h \cdot v$	1 Hz entspricht $6{,}626 \cdot 10^{-34}$ J
Wellenlänge	l	m	$E = h \cdot c \cdot 1 / \lambda$	kein linearer Zusammenhang!
Wellenzahl	$\tilde{v}$	cm-1	$E = h \cdot c \cdot \tilde{v} \cdot 100$*	1 cm^{-1} entspricht $1{,}968 \cdot 10^{-23}$ J
Elektronen-volt	-	eV	-	$1\ eV = 1 \cdot e \cdot 1\ V = 1{,}6022 \cdot 10^{-19}$ J

*Der Faktor 100 ist notwendig, um von der Wellenzahl (cm^{-1}) in Meter umzurechnen.

Spektroskopische Längeneinheiten

Als Längeneinheiten für die Wellenlänge der elektromagnetischen Strahlung wird aus praktischen Gründen meist nicht 1 m, sondern eine kleinere Einheit verwendet:

Tab. 7 Längeneinheiten

Einheit	Symbol	Umrechnung
Nanometer	nm	$1\ nm = 10^{-9}$ m
Ångström	Å	$1\ Å = 10^{-10}\ m = 0{,}1$ nm
Mikron	µ	$1\ µ = 10^{-6}$ m
Milliµ	mµ	$1\ mµ = 10^{-9}\ m = 1$ nm

Griechisches Alphabet

α	Α	Alpha
β	Β	Beta
γ	Γ	Gamma
δ	Δ	Delta
ε	Ε	Epsilon
ζ	Ζ	Zeta
η	Η	Eta
ϑ	Θ	Theta
ι	Ι	Iota
κ	Κ	Kappa
λ	Λ	Lambda
μ	Μ	My
ν	Ν	Ny
ξ	Ξ	Xi
ο	Ο	Omikron
π	Π	Pi
ρ	Ρ	Rho
σ	Σ	Sigma
τ	Τ	Tau
υ	Υ	Ypsilon
φ	Φ	Phi
χ	Χ	Chi
ψ	Ψ	Psi
ω	Ω	Omega

Sachverzeichnis

A

B

C

D

E

F

G

J

K

L

M

Q

R

S

T

U

Die Autoren

Prof. Dr. Andreas Dominik

Studium der Chemie an der Universität Tübingen. 1996 Promotion am Lehrstuhl für Pharmazeutische Chemie in Tübingen unter der Leitung von Prof. Dr. H. J. Roth. 1997 bis 2007 Wissenschaftler und Abteilungsleiter für Chemo- und Bioinformatik bei der Altana Pharma AG sowie Hauptabteilungsleiter mit Verantwortung für Technologien in der Pharmaforschung. Danach international als Berater für globale Pharmaunternehmen in den Bereichen Arzneistoffdesign, Bioinformatik und Laborinformationssysteme tätig. Seit 2009 Professor für Bioinformatik an der Technischen Hochschule Mittelhessen und Leiter des Bachelorstudiengangs Bioinformatik.

Prof. Dr. Dieter Steinhilber

Pharmaziestudium an der Universität Tübingen. 1983 Approbation als Apotheker. 1987 Promotion am Lehrstuhl für Pharmazeutische Chemie in Tübingen unter der Leitung von Prof. Dr. H. J. Roth. 1988 bis 1989 und 1991 bis 1995 wissenschaftlicher Angestellter an der Universität Tübingen. 1989 bis 1991 als Postdoc (DFG-Stipendiat) am Karolinska Institut, Dept. of Physiological Chemistry, bei Nobelpreisträger Prof. Bengt Samuelsson. 1994 Habilitation im Fach Pharmazeutische Chemie in Tübingen, 1995 C3-Professur für Pharmazeutische Chemie an der Goethe-Universität Frankfurt/M. Seit 2000 C4-Professor für Pharmazeutische Chemie an der Universität Frankfurt. Mitautor der beim Deutschen Apotheker Verlag bzw. bei der Wissenschaftlichen Verlagsgesellschaft erschienenen Bücher Dominik/Steinhilber, Instrumentelle Analytik für Pharmazeuten, Steinhilber/Schubert-Zsilavecz/Roth, Medizinische Chemie – Targets, Arzneistoffe, Chemische Biologie und Klose et al., Lifestyle-Arzneimittel.

Dr. Mario Wurglics

Pharmaziestudium an der Karl-Franzens-Universität Graz. 1995 Sponsion zum Magister der Pharmazie. Von 1995 bis 1999 Dissertation zum dem Thema „Entwicklung eines validierten elektrochemischen Analyseverfahrens zur Bestimmung von wirksamkeitsbestimmenden Naphthochinonen in pflanzlichen Arzneimitteln" unter Anleitung von Prof. Dr. M. Schubert-Zsilavecz. 1999 Promotion zum Doktor der Naturwissenschaften an der Karl-Franzens-Universität Graz. Seit 1997 wissenschaftlicher Angestellter an der Goethe-Universität Frankfurt/Main mit dem Forschungsschwerpunkt Analytik von Naturstoffen.